C. A. Marchaj

Aerodynamik und Hydrodynamik des Segelns

C. A. Marchaj

Aerodynamik und Hydrodynamik des Segelns

Deutsche Übersetzung: Reinhard Siegel

Verlag Delius, Klasing & Co., Bielefeld

Titel der englischen Originalausgabe
AERO-HYDRODYNAMICS OF SAILING

erschienen bei Granada Publishing
Adlard Coles Ltd. 1979

ISBN 37688-0390-2

Die Rechte für die deutsche Ausgabe liegen beim
Verlag Delius, Klasing & Co., Bielefeld
Printed in Germany 1982

Umschlag: Ekkehard Schonart
Gesamtherstellung: Universitätsdruckerei H. Stürtz AG, Würzburg

Inhaltsverzeichnis

Teil 3

Zusammenstellung der wichtigsten Bezeichnungen

A	Fläche (allgemein), Lateralfläche des Rumpfes, der Kielflosse oder des Ruders
a_0	Auftriebsanstieg beim Tragflügel in zweidimensionaler Umströmung
A_S	Segelfläche
B	Breite des Rumpfes
b	Spannweite des Tragflügels
c	Profiltiefe des Tragflügels
C_D	aerodynamischer Widerstandsbeiwert
c_d	Profilwiderstandsbeiwert
C_f	Reibungsbeiwert
C_K	Beiwert der aerodynamischen Krängungskraft
C_L	Beiwert des aerodynamischen Auftriebs (Querkraft)
C_l	örtlicher Auftriebsbeiwert
c_l	Profilauftriebsbeiwert
C_p	Druckbeiwert
C_R	Beiwert der aerodynamischen Vortriebskraft
c_r	Profiltiefe (-sehnenlänge) an der Tragflügelwurzel
C_S	Beiwert der hydrodynamischen Seitenkraft
C_T	Beiwert der aerodynamischen Gesamtkraft
c_t	Profiltiefe (-sehnenlänge) an der Tragflügelspitze
C_X	Beiwert der Komponente der aerodynamischen Gesamtkraft in Längsschiffsrichtung
C_Y	Beiwert der Komponente der aerodynamischen Gesamtkraft in Querschiffsrichtung

D	aerodynamischer Widerstand, Strömungswiderstand
D_f	Reibungswiderstand (aerodynamischer)
D_i	induzierter Widerstand
D_p	schädlicher Widerstand
DP	Druckpunkt (Segel)
DPL	Lateraldruckpunkt
D_T	Gesamtwiderstand (aerodynamischer)
F_K	Krängungskraft
$F_{K\,lat}$	Horizontalkomponente der Krängungskraft
F_R	Vortriebskraft (aerodynamische)
F_S	Seitenkraft (hydrodynamische)
F_T	aerodynamische Gesamtkraft
F_V	senkrechte Komponente der aerodynamischen Gesamtkraft
G	Gewichtsschwerpunkt
g	Erdbeschleunigung (9,81 m/s)
h	aufrichtender Hebelarm
I	Höhe des Vorsegeldreiecks
J	Basis des Vorsegeldreiecks
k_{zul}	zulässige Rauhigkeitshöhe
L	Rumpflänge, sowie Strömungsauftrieb (Querkraft)
$L_{üa}$	Länge über alles
L_{WL}	Länge in der Wasserlinie
M_K	krängendes Moment
M_{St}	Stabilitätsmoment
O	Ursprung des Koordinatensystems, Nullpunkt
p	statischer Druck (örtlich)
p_0	mittlerer Luftdruck (1013 mbar)
q	Staudruck, dynamischer Druck
R	hydrodynamischer Gesamtwiderstand des Rumpfes
R_n	Reynolds-Zahl
R_f	hydrodynamischer Reibungswiderstand
R_K	hydrodynamischer Widerstand infolge Krängung
R_T	hydrodynamische Gesamtkraft am Rumpf
R_W	Wellenwiderstand
S	benetzte Rumpfoberfläche
T	Rumpftiefgang
t	Profildicke
V_A	Geschwindigkeit des scheinbaren Windes
V_W	Geschwindigkeit des wahren Windes
V_z	Zirkulationsgeschwindigkeit
V_{Luv}	Zielgeschwindigkeit nach Luv
V_0	ungestörte Anströmgeschwindigkeit
V_S	Fahrtgeschwindigkeit
W	Gewicht der Yacht

α	geometrischer Anstellwinkel des Tragflügels
α_{ef}	effektiver Anstellwinkel
α_G	Anstellwinkel des Großsegels
α_i	induzierter Anstellwinkel
α_0	Nullauftriebswinkel
$\alpha-\alpha_0$	Anstellwinkel, bezogen auf die Nullauftriebsrichtung
α_V	Anstellwinkel des Vorsegels
β	Abdriftwinkel
γ_A	Kurswinkel zum scheinbaren Wind
γ_W	Kurswinkel zum wahren Wind
$\gamma_A-\beta$	Kurswinkel zum scheinbaren Wind, bezogen auf die Bootslängsachse
Γ	Zirkulationsstärke
δ_G	Einstellwinkel des Großsegels
δ_V	Einstellwinkel des Vorsegels
Δ	Deplacement
Δp	Differenzdruck
ε_A	aerodynamischer Gleitwinkel
ε_H	hydrodynamischer Gleitwinkel
φ	Krängungswinkel
ν	kinematische Zähigkeit
ρ_A	Dichte der Luft
ρ_W	Dichte des Wassers
Λ	Seitenverhältnis

Weitere Bezeichnungen werden bei ihrer Einführung erklärt.

Mathematische Zeichen und Abkürzungen

$\approx$	angenähert gleich
$>$	größer als
$<$	kleiner als
a^n	n-te Potenz von *a*
$\sim$	proportional zu
$f(\ )$	ist proportional oder ist eine Funktion der zwischen den Klammern stehenden Variablen
∞	unendlich

Vorwort des Verfassers

Unwissenheit ist keine Tugend

A. HUXLEY

Als ich das vorliegende Buch, ein Nachfolger meines erstmals vor etwa zwanzig Jahren erschienenen Buches *Sailing Theory and Practice**, schrieb, verfolgte ich zwei Absichten. Zum einen sollte es einen Überblick über die Fortschritte und Entwicklungen in der Segelpraxis, im Yachtentwurf und in der Grundlagenforschung der letzten zwei Jahrzehnte geben; zum anderen sollte es so anschaulich und einsichtig wie möglich einige Grundlagen der Aerodynamik und der Hydrodynamik, die unentbehrlich für die Auseinandersetzung mit der Technologie moderner Segelyachten sind, vermitteln.

Besonderes Augenmerk wurde darauf gelegt, die Materie für den technisch interessierten und wißbegierigen Laien lesbar und verständlich darzustellen. Auch wer sich bislang nicht mit den theoretischen und praktischen Problemen des Segelns befaßte, sollte wenig Mühe haben, der Diskussion zu folgen und später in der Lage sein, vernünftig über Verhalten, Trimm, Leistungsvermögen etc. von Segelyachten zu urteilen. Innerhalb des in diesem Buch betrachteten Rahmens zeigen die mitgeteilten Theorien gute Übereinstimmung mit dem Experiment, so daß die vorgetragenen Gedanken auch dem Leser von Nutzen sein können, dessen Hauptinteresse in der Anwendung dieser Ideen auf konkrete, praktische Probleme besteht.

Wie *Sailing Theory and Practice* ist auch dieses Buch mit zahlreichen Bildern und Diagrammen versehen. Auf diese Weise sollen, mehr als durch den Gebrauch von Worten und Mathematik, Verständnisschwierigkeiten umgangen werden. Eine bildliche Darstellung läßt einen Sachverhalt nicht nur klarer hervortreten, sondern verstärkt die Ausführungen im Text und vermittelt einen großen Teil dessen, was Worte nicht angemessen ausdrücken können.

* *Deutsch: Segeltheorie und -praxis; Delius Klasing + Co, Bielefeld.*

Im Text wurde eine möglichst anschauliche Behandlung der Probleme in den Vordergrund gestellt, das Anschauungsmaterial soll die physikalische Bedeutung unbekannter Begriffe und Ausdrücke beleben. Der Meinung eines bekannten Experten für angewandte Mathematik folgend, der sagte: „... der Sinn des Rechnens liegt in der Einsicht, nicht in den Zahlen", werden nahezu alle quantitativen Aussagen als einfache Kurven statt als mathematische Gleichungen gegeben.

Dieses Buch ersetzt nicht *Sailing Theory and Practice,* obwohl man der Ansicht sein kann, es sei in mancher Hinsicht nicht mehr aktuell. Meine Meinung über einige Aspekte der Segeltheorie, zum Beispiel über die gegenseitige Beeinflussung der Segel, hat sich wesentlich geändert. Theorien sind wandelbar, und glücklicherweise – oder auch nicht, je nach persönlicher Auffassung und Erwartung – ist die Theorie des Segelns, wie jede andere Wissenschaft auch, weder starr noch statisch, sondern entwickelt sich kontinuierlich weiter und weitet sich aus, sobald neue Beobachtungen und Tatsachen vorliegen.

Trotzdem muß man erkennen – und dies sei besonders denen gesagt, die nur den harten Fakten und der Praxis Wert zumessen – das Wissenschaft, um I.B. Conant zu zitieren, „... sich nicht durch Anhäufung neuer Tatsachen weiter entwickelt, ... sondern durch das ständige Schaffen neuer und fruchtbarer Konzepte". Mit anderen Worten, all die Dinge, die wir beobachten, und dies trifft auf die gesamte menschliche Erfahrungswelt zu, werden von uns durch unsere bewußt oder unbewußt zum Verständnis der physikalischen Welt verwendeten Theorien interpretiert. Aus diesem Grund gelangt bei der Betrachtung der gleichen Tatsachen auch nicht jeder zu den gleichen Ansichten.

Die Theorie des Segelns hat, wie jedes andere Begriffs- oder Interpretationssystem für die Tatsachen des Lebens auch, mithin keine Grenzen, sondern kann bei anhaltend fortschreitendem Erkenntnisgewinn stets modifiziert oder verbessert werden. In diesem Sinne ist das vorliegende Buch unter keinen Umständen als eine Ansammlung von Dogmen zu verstehen, vielmehr soll es Anregungen vermitteln und nicht irgendeine definitive Antwort liefern auf die immer größer werdende Anzahl praktischer Probleme, mit denen die Segler sich auseinanderzusetzen haben.

In diesem Zusammenhang ist Gewißheit nicht die Tugend der Wissenschaften. Anfänglich nicht erkennbare Einflußgrößen können im Laufe der Zeit immer auftreten und zu unübersehbaren, herausfordernden Unstimmigkeiten in einer Theorie führen. Bejaht man dies, muß man auch K.R. Popper zustimmen, wenn er sagt: „... Demgemäß behaupte ich, daß wir nicht von Beobachtungen, sondern stets von Problemen ausgehen – entweder von praktischen Problemen oder von einer Theorie, die in Schwierigkeiten geraten ist, das heißt, die Erwartungen erweckt und dann enttäuscht hat ... Man kann also sagen, der Erkenntnisfortschritt bewege sich von alten Problemen hin zu neuen, und zwar mittels Vermutungen und Widerlegungen, durch Widerlegung unserer Theorien, oder allgemeiner, unserer Erwartungen."

Auf die eine oder andere Weise wurde von vielen Seiten zu diesem Buch beigetragen. So erkenne ich dankend meine Schuld gegenüber allen Autoren an, deren Namen sich im Verzeichnis des Schrifttums finden. Zu besonderem Dank bin ich Thomas Tanner (†) verpflichtet, dessen Werk mir bei vielen Gelegenheiten half und der mir jederzeit mit freundlichem, unparteiischem Rat zur Seite stand. Dank sagen möchte ich auch H. Barkla, A. Gentry, H. Glauert, P.V. MacKinnon und A.M.O. Smith. Obwohl ich manche Anregung durch ihre Arbeiten erhielt, möchte ich sie keinesfalls für die in meinem Buch enthaltenen Ansichten in irgendeiner Weise verantwortlich machen.

Weiterhin möchte ich J. Flewitt von der Universität Southampton für seine nie versagende Hilfe und seinen großzügig erteilten Rat, sowie für die Durchsicht des Probeabdruckes dieses Buches meine Wertschätzung ausdrücken.

Mein Dank gilt auch B. Hayman und J. Driscoll von *Yachting World,* P. Cook von *Yachts and Yachting,* G.C. Comer von der Lands' End Publishing Corporation Ltd., Dr. G. Corbellini, der Beken of Cowes Ltd., der British Hovercraft Corporation Ltd., der Society of Naval Architects and Marine Engineers und der ICI Fibres Ltd. für die freundliche Erlaubnis zur Verwendung ihrer Fotografien.

Schließlich stehe ich in großer Schuld bei meinem Verleger Jeremy Howard-Williams für seine Ratschläge bezüglich des Manuskriptes und seine Bemühungen, mein ausländisches Englisch zu verbessern. Obwohl er mit sehr viel Geduld und Takt auf ein Ergebnis wartete, nahm er mich fest bei meinem Wort.

Southampton im November 1978 *C.A. Marchaj*

Für Jana und Martin zur Erinnerung an schöne Tage

Teil 1

Grundfaktoren der Fahrtleistung von Yachten

Wer sich ohne Wissenschaft in die Praxis verliebt, gleicht einem Seefahrer, der ein Schiff ohne Ruder oder Kompaß steuert, und der niemals weiß, wohin er getrieben wird.

LEONARDO DA VINCI

Einleitung: Der Kern des Problems

In ihrer berühmten Abhandlung *What Price Speed?* (Geschwindigkeit um welchen Preis?) stellen G. Gabrielli und Th. v. Kármán fest: „Die Geschichte der Technik und der Ingenieurswissenschaften zeugt von einem unwiderstehlichem Verlangen des Menschen, seine Fortbewegungsgeschwindigkeit immer weiter zu steigern. Fortbewegungsmittel zu Land, auf und unter Wasser, in der Luft und eines Tages vielleicht im Weltraum wetteifern mit ständig steigendem Einsatz um immer höhere Geschwindigkeiten. Es ist offensichtlich, daß alle Fortbewegungsarten ihre Grenzen haben. Jede wird bei einer bestimmten Geschwindigkeit so uneffektiv und unwirtschaftlich, daß sie mit zweckmäßigeren nicht länger konkurrieren kann."

In seinem 1916 veröffentlichtem futuristischen Manifest *La nuova religione-morale della velocità* entwickelt F.T. Marinetti, der Begründer des italienischen Futurismus, seine Vorstellung von der neuen Moral der Geschwindigkeit. Der folgende Auszug ist ein Beweis für die bemerkenswerte Empfindsamkeit Marinettis, der einer zu seiner Zeit noch kaum wahrnehmbaren mächtigen Strömung Ausdruck verleihen konnte.

> „Die Geschwindigkeit, in ihrem Wesen die intuitive Synthese aller Kräfte in der Bewegung, ist natürlich rein. Die Langsamkeit, in ihrem Wesen die rationale Analyse der Erschöpfung in der Ruhe, ist natürlich unrein. Nach der Zerstörung des antiken Guten und des antiken Bösen, schaffen wir ein neues Gutes: Geschwindigkeit, und ein neues Böses: Langsamkeit.
>
> Geschwindigkeit = Synthese allen Mutes zur Tat. Streitbar und kriegerisch.
>
> Langsamkeit = Analyse aller verharrenden Vorsicht. Duldend und friedliebend.

...

Das Hochgefühl großer Geschwindigkeiten im Automobil ist nichts anderes als die Lust an der Empfindung, mit der einzigen Gottheit zu verschmelzen. Als erste fallen die Sportler dieser Religion anheim. Ihnen folgt die Zerstörung der Häuser und Städte, um Versammlungsstätten für Automobile und Aeroplane zu schaffen."

Die besondere Fazination hoher Geschwindigkeit unter Segel war und ist noch immer zweifellos ein machtvoller, die kreative Phantasie und den Wunsch des Menschen beflügelnder Anreiz, immer schnellere Boote zu entwerfen und zu segeln. Die Steigerung der Geschwindigkeit erfolgt jedoch nicht immer in einem stetigen Prozeß – in dieser Beziehung war die Entwicklung im Laufe der letzten 100 Jahre im Segelsport recht wechselhaft. Bis heute scheint die Mehrzahl aller Segler durch Träume über Höchstgeschwindigkeiten unter Segeln beseelt zu sein. Das Transatlantik-Einhandrennen und der John Player-Segelweltrekord-Wettbewerb sind zwei extreme Beispiele für den Wettkampfgeist, der die Segelszene beherrscht.

Aus unmittelbar nicht ersichtlichen Gründen bringt dieses Interesse am Hochgeschwindigkeitssegeln die Menschen dahin, über neue Hochleistungssegelmaschinen nachzudenken, sie zu verwirklichen und schließlich nahezu unvorstellbare, phantastisch anmutende, groteske Seeungeheuer zu segeln.

Unter Beschränkung auf den Wettbewerbs- und Geschwindigkeitsaspekt lassen sich jetzige und zukünftige Segelfahrzeuge in fünf Kategorien einteilen:

1. Boote geringer Verdrängung mit flachbodiger, gleitfähiger Rumpfform (Jollen, Scows)
2. Schwerdeplacementboote (schwere, konventionelle Yachten mit Ballast)
3. Mehrrumpfboote (Katamarane, Trimarane, Proas)
4. Tragflügelsegelboote
5. Sonstige Fahrzeuge mit Segelantrieb (Landyachten, Eisyachten, Segelbretter)

Welche Faktoren begrenzen das Leistungsvermögen in jeder dieser Kategorien? Welchen Aufwand muß man für die erreichte Geschwindigkeit treiben? Wie weit ist die Entwicklung fortgeschritten? Bestehen Aussichten auf weitere Verbesserungen? Um Mittel und Wege für ein schnelleres Segeln zu finden, werden wir im folgenden für eine Reihe von Segelfahrzeugen – von der Schwerdeplacementyacht, die durch das Wasser „pflügt", dem Tragflügelsegelboot, der Eisyacht, bis hin zu anderen modernen Fahrzeugen, die ohne hydrostatischen Auftrieb segeln und infolgedessen an keine wie auch immer geartete Wellenwiderstandsgrenze stoßen – die ihr Verhalten und ihr Leistungsvermögen bestimmenden Grundgrößen und Grundprinzipien betrachten.

Da Segelboote sich im Gegensatz zu Flugzeugen nicht mit konstanter Geschwindigkeit fortbewegen, sondern bei von Flaute bis Sturm reichenden wechselnden Winden und wechselnden Kursen relativ zum Wind segeln, ist nicht zu erwarten, daß zur Beurteilung der Eigenschaften von Rigg oder Rumpf irgendein einfaches Kriterium erfolgreich herangezogen werden kann.

Die Entscheidung für ein Rigg oder für ein Entwurfskonzept für einen Rumpf bei vorgegebenem Rigg muß notwendigerweise ein Kompromiß sein, abhängig davon, was man zu erreichen sucht: die Verbesserung der Leistungsfähigkeit eines Bootes auf einem Dreieckskurs oder auf einem willkürlichen Kurs eines Hochseerennens, die Einstellung eines Geschwindigkeitsrekordes in geschütztem Gewässer oder eine Einhand-Atlantiküberquerung in kürzester Zeit usw., usw.

Um die Qualität eines Segelbootes und eventuell erreichter Fortschritte beurteilen zu können, bedarf es gewisser Bewertungskriterien, wie grob und schwierig zu bestimmen sie auch sein mögen. Ohne derartige Kriterien ist eine vernünftige Bewertung eines Entwurfes oder eines Entwicklungsschrittes schwerlich möglich. Die Maßstäbe, an denen die Vorzüge eines bestimmten Bootstyps sich messen lassen, werden dabei sicherlich von den speziellen Entwurfszielen abhängig sein, darüberhinaus sich aber auch mit der Zeit verändern. Dieser Punkt erfordert eine etwas nähere Betrachtung.

Es gibt möglicherweise keinen besseren Weg eine stürmische Diskussion zu entfachen, als unter Seglern zu fragen, was eine moderne schnelle Kreuzer-Rennyacht ausmacht. Wir könnten darin übereinkommen, daß folgende, in Tabelle 1.1 aufgeführten Eigenschaften oder Forderungen von Wichtigkeit sind:

Tabelle 1.1

1. Wohnlichkeit, ausreichend Wohnraum (bequeme Einrichtung mit ausreichend Stehhöhe etc.)
2. Stabilität, Ballastanteil (Segeltragvermögen)
3. Geschwindigkeit (am Wind und auf anderen Kursen; Allround-Eigenschaften)
4. Trockenes Segeln (angemessener Reserveauftrieb vorn und achtern)
5. Seegangsverhalten (große Rolldämpfung, geringe Stampfbewegungen)
6. Steuer- und Manövriereigenschaften (ausgeglichenes Ruder, Kursstabilität, Kurshaltevermögen)
7. Seetüchtigkeit (starke, dauerhafte, wasserdichte Bauweise; Langlebigkeit)

Versucht man diese Eigenschaften jedoch in eine Rangfolge zu bringen, werden sie augenblicklich erneut Gegenstand der Auseinandersetzung, und das aus mindestens zwei Gründen: Zum einen widersprechen sich einige Forderungen, zum anderen gehen die Vorstellungen über die Ideal- oder Traumyacht aus eher emotionalen als rationalen Gründen weit auseinander und sind darum sehr fraglich.

Zumindest einige der Eigenschaften 1 bis 7 sind untereinander austauschbar, und es ist das Problem des Eigners und/oder Yachtkonstrukteurs zu entscheiden, ob die Vernachlässigung einer Eigenschaft durch Vorteile in anderen wieder wettgemacht wird. Niemand ist in der Lage, eine Yacht zu entwerfen, die alle zu voller Zufriedenheit ausgeführten Merkmale von 1 bis 7 besitzt – ein Kompromiß ist unvermeidlich.

Fahrtleistung

Sieht man die Geschwindigkeit als Ausdruck der Leistungsfähigkeit an, so haben die konventionell beballasteten Segelyachten eine nahezu endgültige Grenze erreicht, die streng durch die das Rumpfverhalten bestimmenden Gesetze bedingt ist. Allen sogenannten Verdrängungsyachten, deren schwere Metallkiele für die zum Tragen der Segel notwendige Querstabilität sorgen, ist die sehr starke Zunahme ihres Wellenwiderstandes gemeinsam, sobald die relative Geschwindigkeit $V_S/\sqrt{L}$ [das heißt Fahrtgeschwindigkeit V_S (in Knoten) im Verhältnis zur Rumpflänge L (in Metern)] größer als 1,8, oder die sogenannte Froude-Zahl $F_n = V_S/\sqrt{L \cdot g}$ (Fahrtgeschwindigkeit V_S in Meter pro Sekunde, Rumpflänge L in Meter, Erdbeschleunigung $g = 9{,}81$ m/s) größer als 0,295 wird. Diese Tatsache, in Abb. 1.17 anschaulich am Beispiel der Yacht NY 32 dargestellt, setzt wirkungsvoll ihrer erreichbaren Höchstgeschwindigkeit, die kaum $V_S/\sqrt{L} = 2{,}5$ ($F_n = 0{,}41$) überschreitet, eine Grenze. Schon lange ist bekannt, daß man nicht davon ausgehen kann, daß die Geschwindigkeit einer Verdrängungsyacht sich ständig immer weiter steigern läßt.

Die grundlegenden geschwindigkeitsbeeinflußenden Faktoren oder Parameter, die jeder Yachtkonstrukteur beim Entwurf eines neuen Bootes beachten muß, sind in Tabelle 1.2 zusammengestellt.

Tabelle 1.2

1. Wasserlinienlänge des Rumpfes (L)
2. Segelfläche (A_S)
3. Deplacement (Δ)
4. Benetzte Oberfläche des Rumpfes (S)
5. Stabilität oder Segeltragvermögen
6. Zylinderkoeffizient (ein Maß für die Verteilung des eingetauchten Volumens über der Rumpflänge)
7. Verhältnis Segelfläche/Deplacement (A_S/Δ)
8. Verhältnis Segelfläche/benetzte Rumpfoberfläche (A_S/S)
9. Verhältnis Deplacement/Länge ($\Delta/(L/10)^3$)

Abhängig von der emotionalen oder rationalen Entscheidung für bestimmte zu erfüllende Forderungen nach Tabelle 1.1 und der Wahl der Faktoren nach Tabelle 1.2 ergeben sich verschiedene Bootstypen. Was heute noch „in Mode“ ist, kann morgen schon verworfen sein, nach einiger Zeit aber glücklich wiederentdeckt werden.

Für eine wirklich schnelle Regattayacht könnte die Forderung bezüglich der Inneneinrichtung vielleicht so umschrieben werden, wie es ein Scherz karikiert: „Die beste Einrichtung für eine Rennyacht ist ein leerer Rumpf voll einer Fuhre Heu. Das ergibt das beste Ballastverhältnis, die Mannschaft kann darin schlafen und es essen; am Ende der Wettfahrt wird das Schiff ausgemistet, bereit für eine frische Ladung beim nächsten Mal.“ Ein derartiges, gleichwohl extremes Vorgehen wird von den „Go-Fast“-Fanatikern akzeptiert, womit erklärt ist, warum mehr und mehr Yachten, die an internationalen Wettbewerben teilnehmen, im Inneren nur noch wie große Segellasten aussehen; sie sind unerbittlich ausschließlich dafür gebaut, ihre vielen Segel unter allen Bedingungen so wirkungsvoll wie möglich zu führen.

Wer sowohl gerne Regatta- als auch Tourensegelei betreibt, wird vielleicht etwas mehr Gewicht auf die Forderungen 1, 5 und 7 aus Tabelle 1.1 legen und dennoch ganz zufrieden sein, wenn seine Traumyacht nur mäßige Gewinnaussichten hat. Eine bequeme Inneneinrichtung, die mit 50 kg mehr Deplacement erkauft wird, könnten ihm mehr Wert sein, als die größere Stabilität, die dieselben 50 kg im Ballastkiel bewirken würden.

Der starke Wettbewerb oder das Gewicht, das der Geschwindigkeit beigemessen wird, gestatten kein halbherziges Vorgehen. Die Regattaerfolge ihrer Yachten bestimmen sowohl das Ansehen des Konstrukteurs als das der Bauwerft. Folglich wird der Entwurfskonflikt zwischen den Eigenschaften 1 bis 7 aus Tabelle 1.1 heute fast ausschließlich zugunsten hoher Fahrtleistung entschieden, aber es muß dafür bezahlt werden, so oder so.

A Kräfte und Geometrie beim Segeln am Wind

Wir wollen unsere Aufmerksamkeit zuerst dem Am-Wind-Kurs zuwenden, der im allgemeinen als wichtigster Segelkurs angesehen wird. Auf diesem Kurs tritt mehr als auf allen anderen das gegenseitige Zusammenspiel zwischen der aerodynamischen Wirksamkeit eines Riggs und der hydrodynamischen Wirksamkeit eines Rumpfes, zusammen mit seinen Stabilitätseigenschaften, in den Vordergrund. Den offensichtlichsten Ausdruck findet diese Wechselbeziehung bei der traditionellen Einrumpfyacht in dem Entwurfskonflikt zwischen Widerstand und Stabilität (geringe Breite und geringes Gewicht ergeben einen geringen Widerstand – große Breite und großes Gewicht bewirken ein großes Segeltragvermögen). Die Fahrtleistung einer Yacht, besonders am Wind, bestimmt sich in der Tat durch ein sehr komplexes Zusammenwirken der Vortriebskräfte der Segel, der Widerstandskräfte des Rumpfes und dessen Stabilitätsverhalten [1.1]*. In diesem Zusammenhang ist weiterhin der in letzter Zeit sehr aktuell gewordene Widerstreit zwischen benetzter Oberfläche des Rumpfes und Steuerfähigkeit, sowie zwischen geringem Rumpfgewicht und Festigkeit, Seetüchtigkeit und Wohnlichkeit, zu erwähnen.

Bevor der jeweilige Einfluß dieser Faktoren auf die Leistung eines Bootes etwas genauer betrachtet werden kann, ist es sinnvoll, die Mechanik des Segelns an einer einfachen, aufrecht segelnden Jolle zu studieren. Obwohl eine Jolle sich deutlich von einer Schwerdeplacementyacht unterscheidet, kann diese Betrachtung infolge ihrer Einfachheit unserem Verständnis des Segelns dienlich sein. Es ist sogar gerechtfertigt zu sagen, daß große Yachten, einschließlich der hochentwickelten 12-m-R-Yachten, im Grunde nichts anderes als große Jollen

* Siehe Literaturhinweise und Anmerkungen am Ende von Teil 1.

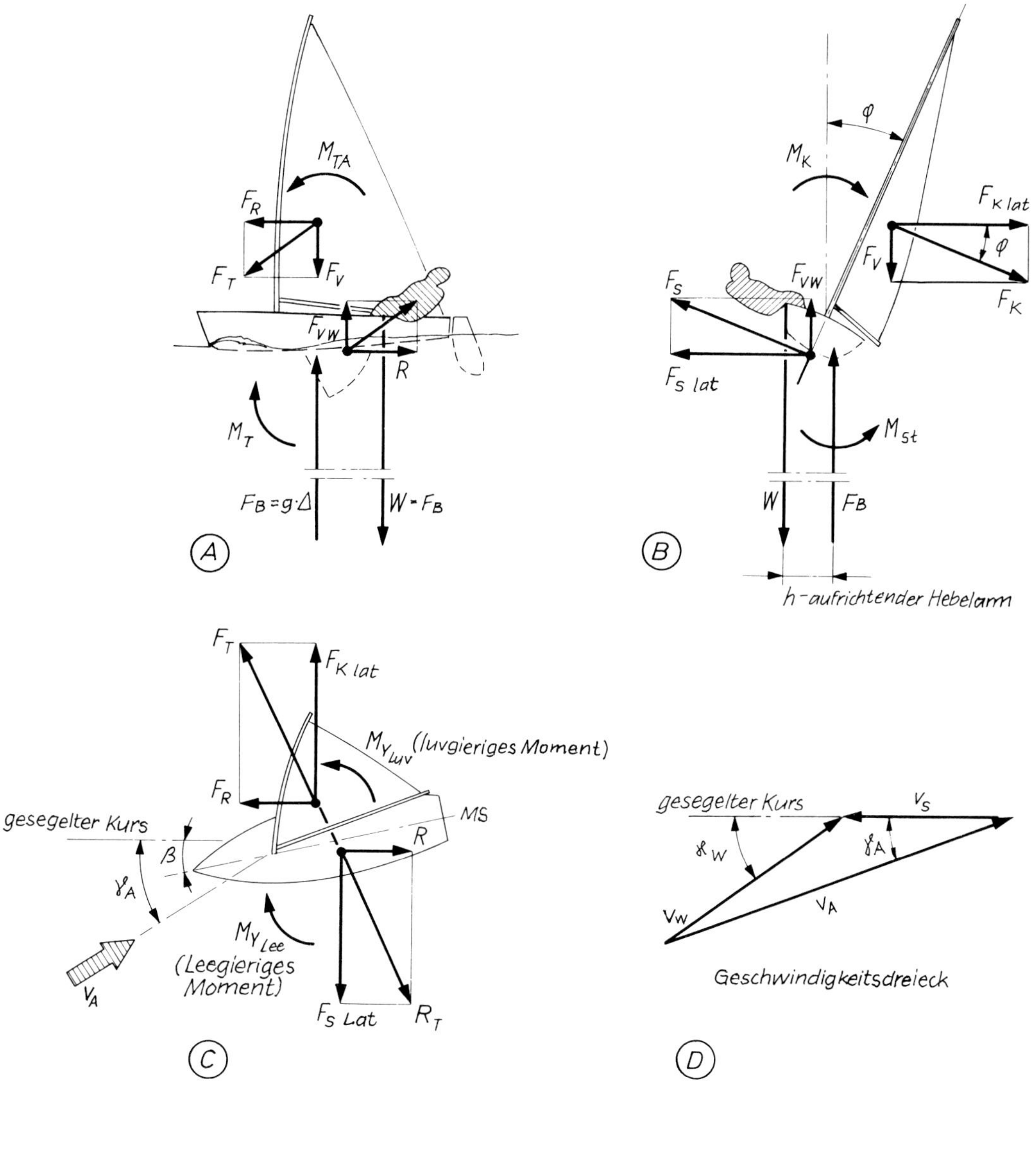

Abb. 1.1 Gleichgewicht der Kräfte und Momente bei stationärem Segelzustand

F_R:	Vortriebskraft	Luft	R:	Rumpfwiderstand	Wasser
$F_{K\,lat}$:	Horizontalkomponente der Krängungskraft		$F_{S\,lat}$:	Horizontalkomponente der Seitenkraft	
F_V:	Vertikalkomponente der Krängungskraft		F_{VW}:	Vertikalkomponente der Seitenkraft	
M_{TA}:	aerodynamisches Trimmoment		M_T:	hydrodynamisches Trimmoment	
M_K:	Krängungsmoment		M_{St}:	Stabilitätsmoment	
$M_{Y\,Luv}$:	luvgieriges Moment		$M_{Y\,Lee}$:	leegieriges Moment	

W: Gewicht des Bootes

Δ: Deplacement des Bootes

sind. Sind die ihr Verhalten bestimmenden Prinzipien oder Geheimnisse deutlich geworden, können sie auf alle anderen Segelyachttypen übertragen werden. Wenn erforderlich, wird auch auf die Besonderheiten der Schwerdeplacementyachten eingegangen werden.

Aerodynamische und hydrodynamische Kräfte

Die Abb. 1.1 stellt die verschiedenen Komponenten der aerodynamischen und hydrodynamischen Kräfte und ihre jeweilige Lage zueinander, sowie durch sie hervorgerufene Momente an einer katgetakelten, Finn-Dinghy ähnlichen Jolle, bei stationärem Segelzustand am Wind, dar.

Dann gilt:

$$\left.\begin{array}{ll} 1.\ F_R & = R \\ 2.\ F_{K\,lat} & = F_{S\,lat} \\ 3.\ F_V & = F_{VW} \end{array}\right\}\text{Kräfte}$$

$$\left.\begin{array}{ll} 4.\ M_{TA} & = M_T \\ 5.\ M_K & = M_{St} \\ 6.\ M_{Y\,Luv} & = M_{Y\,Lee} \end{array}\right\}\text{Momente}$$

Um die Fahrtleistung des Bootes bei verschiedenen Windgeschwindigkeiten zu bestimmen, genügt es im Sonderfall der Jolle, wo das Mannschaftsgewicht ausreichend ist, um das Boot fast aufrecht zu halten, mit guter Näherung nur die in horizontaler Richtung wirkenden Kräfte zu betrachten [1.2]. Diese zeigt Abb. 1.2. Die Wirkung des Windes oder die aerodynamischen Kräfte am Überwasserschiff können wir in der Aufsicht wie in Abb. 1.2A darstellen. Die resultierende Kraft F_T, die aerodynamische Gesamtkraft, deren Wirkungslinie durch den Punkt DP (Druckpunkt) verläuft, entsteht durch die Wirkung des scheinbaren Windes V_A, und schließt die Luftkräfte auf Rumpf, Mast und Takelage sowie die des Segels allein, ein. Die aerodynamische Gesamtkraft F_T kann man in zwei Komponenten zerlegen: in die Windquerkraft, beziehungsweise den aerodynamischen Auftrieb L, und in den Widerstand D. Diese Komponenten L und D lassen sich im Windkanal ermitteln. Der Widerstand D wird in der Richtung des scheinbaren Windes und der Auftrieb L senkrecht dazu gemessen. Die Kraft F_T läßt sich aber auch in zwei andere Komponenten zerlegen, an denen jeder Segler direkt interessiert ist, nämlich in die Vortriebskraft F_R und die Krängungskraft F_K. Die in Richtung des gesegelten Kurses zeigende Vortriebskraft F_R treibt das Boot an; die Krängungskraft F_K, im rechten Winkel zu F_R wirkend, verursacht die Abdrift und die Krängung.

Das Segel soll in erster Linie die Vortriebskomponente F_R erzeugen, und dies geht nur – außer beim Segeln platt vor dem Wind – unter gleichzeitiger Produktion einer Krängungskraft F_K. Die sich ergebende Vortriebskraft ist abhängig von dieser Krängungskraft. Hart am Wind macht F_R etwa ein Drittel bis ein Viertel von F_K aus. Mit anderen Worten, mit jeder durch das Segel erzeugten

Abb. 1.2 A Aerodynamische Kräfte an einer nahezu aufrecht segelnden Yacht: die Wind-Querkraft L und der Widerstand D können im Windkanal gemessen werden; ihre Resultierende F_T läßt sich in die Vortriebskraft F_R und die Krängungskraft F_K zerlegen, die beide das Verhalten des Bootes bestimmen.

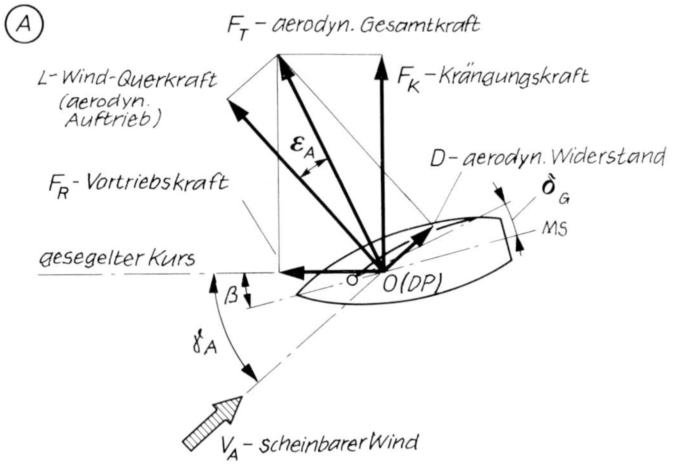

Abb. 1.2 B Hydrodynamische Kräfte an einem Yachtrumpf, der sich mit dem Driftwinkel β durch das Wasser bewegt

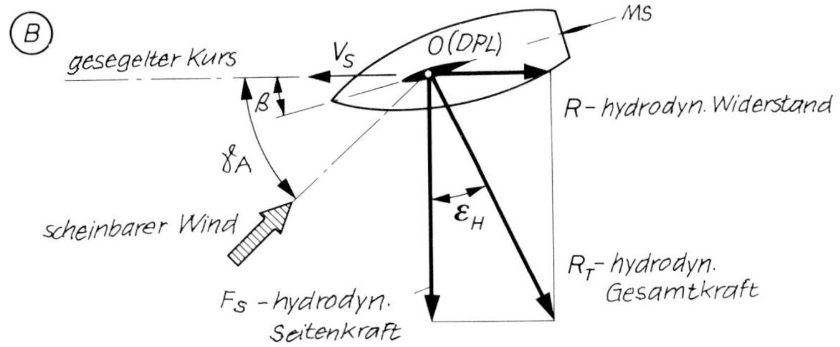

Abb. 1.2 C Gleichgewicht der Luft- und Wasserkräfte

Sind die aerodynamische Gesamtkraft F_T und die hydrodynamische Gesamtkraft R_T entgegengesetzt gleich, und liegen sie auf einer Wirkungslinie, treten keine Beschleunigungskräfte auf, und das Boot segelt mit konstanter Geschwindigkeit geradeaus (stationärer Segelzustand).

Steigt die Windgeschwindigkeit an, so werden die Luftkräfte größer und das Boot beschleunigt. Nimmt der Wind ab, so wird das Boot langsamer, bis sich wieder ein neues Kräftegleichgewicht einstellt.

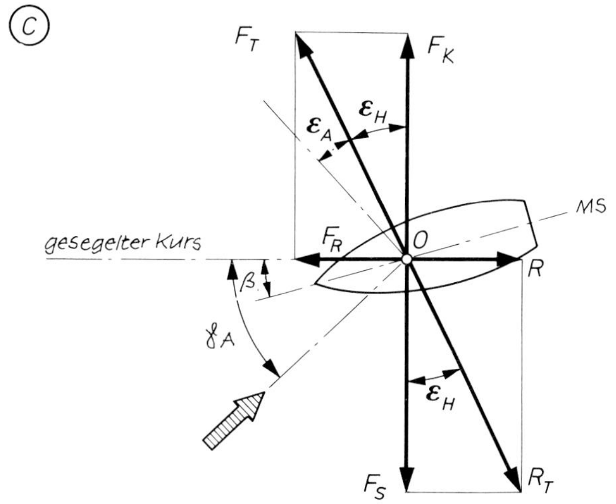

Vortriebskraft ist eine drei- bis viermal so große Krängungskraft verbunden, deren Wirkung die Stabilität der Yacht beansprucht. Man kann die Krängungskraft und die mit ihr verbundene Krängung in ihrer Auswirkung mit dem Gashebel in einem Motorboot vergleichen: Je aufrechter das Boot gehalten wird, um so schneller wird es segeln.

Betrachtet man ein Segel als Tragflügel oder querkrafterzeugenden Körper, läßt sich der Widerstand D als Preis für den Auftrieb L auffassen. Der Winkel ε_A zwischen dem Auftrieb L und der aerodynamischen Gesamtkraft F_T kann als Maß für die aerodynamische Wirksamkeit oder Güte des Segels dienen. Könnte der Widerstand D in irgendeiner Weise verringert werden, ohne die Größe der Auftriebskraft L zu ändern, würde das Segel am Wind wirkungsvoller. Die Gesamtkraft F_T wäre dann etwas mehr nach vorne gerichtet und die Vortriebskraft F_R ein größerer Bruchteil der unerwünschten Krängungskraft F_K.

Man erkennt leicht, daß bei größer werdendem Verhältnis L/D der Winkel ε_A immer kleiner wird. Mathematisch läßt sich dieser Sachverhalt wie folgt ausdrücken:

$$\cot \varepsilon_A = \frac{L}{D}.$$

In gleicher Weise veranschaulicht Abb. 1.2B die hydrodynamischen Kräfte auf den sich mit der Geschwindigkeit V_S und dem Abdriftwinkel β durch das Wasser bewegenden Rumpf. Auch das Unterwasserschiff kann als ein Tragflügel angesehen werden, der die hydrodynamische Seitenkraft F_S und einen Widerstand R erzeugt. Die zwei Komponenten F_S und R sind im Schleppkanal meßbar; sie können zu einer einzigen hydrodynamischen Gesamtkraft R_T zusammengefaßt werden, die durch den Lateraldruckpunkt (DPL) des Rumpfes verläuft. Die Wasserkräfte sind abhängig von der Geschwindigkeit V_S, dem Krängungswinkel φ und dem Driftwinkel β des Bootes. Die Erzeugung einer hydrodynamischen Seitenkraft F_S kann zu einem beträchtlichen Anstieg des Rumpfwiderstands R über den bei aufrechter Schwimmlage und Null Grad Driftwinkel gemessenen Wert führen. Diese Widerstandszunahme ist ein zusätzlicher Preis, den man für die vom Segel produzierte Vortriebskraft F_R zu entrichten hat.

In gleicher Weise wie beim Segel, beschreibt der Winkel ε_H, gegeben durch:

$$\cot \varepsilon_H = \frac{F_S}{R},$$

die hydrodynamische Wirksamkeit oder Güte des Rumpfes beim Erzeugen der Seitenkraft F_S. Es ist einleuchtend, daß die Leistungsfähigkeit des als Tragflügel betrachteten Unterwasserschiffs darauf beruht, bei bestimmter Geschwindigkeit die notwendige Seitenkraft F_S bei geringstem Widerstand R zu entwickeln.

Um den Zusammenhang zwischen den Wind- und Wasserkräften herzustellen, können wir Newtons Trägheitsgesetz heranziehen, das auf unseren Fall angewandt besagt, daß bei einem sich in geradliniger gleichförmiger Bewegung befindlichem Segelboot die resultierenden Luft- und Wasserkräfte sich gegenseitig aufheben müssen. Abb. 1.2C, die das Zusammenwirken der Luft- und Wasserkräfte zeigt, besagt nicht nur, daß die aerodynamischen und hydrodynamischen Kräfte F_T und R_T gleich groß und entgegengerichtet sind, sondern daß die gleichwertigen Systeme der Komponenten ebenfalls gleich und entgegengesetzt sind. Aus dieser Abbildung wird deutlich, daß die Segelvortriebskraft F_R den Rumpfwiderstand

R überwinden muß, während die unerwünschte, aber unvermeidliche Segelkrängungskraft F_K durch die vom Unterwasserschiff erzeugte hydrodynamische Seitenkraft F_S ausgeglichen wird.

Die bei der Bewegung einer Yacht durch Luft und Wasser entwickelten aero- und hydrodynamischen Kräfte, die ihr Verhalten bestimmen, sind wechselseitig voneinander abhängig. Dies soll verdeutlicht werden. Die Wirksamkeit eines Riggs als Bootsantrieb hängt von der Einstellung des Segels relativ zu Wind und Boot ab. Beginnt das Boot am Wind Fahrt aufzunehmen, bestimmen die Luftkräfte am Segel den augenblicklichen Driftwinkel. Während das Boot unter der Wirkung der sich ständig ändernden Segelkräfte beschleunigt, ändert sich der Driftwinkel und bestimmt die vom Rumpf erzeugten momentanen hydrodynamischen Kräfte. Infolge einer Rückkopplung zwischen den Segel- und Rumpfkräften beeinflußt die wechselnde Rumpfgeschwindigkeit und das Rumpfverhalten laufend das Segelverhalten und die scheinbare Windgeschwindigkeit, bis zwischen Luft- und Wasserkräften Gleichgewicht herrscht. Das Boot bewegt sich nun mit konstanter Geschwindigkeit, vorausgesetzt die Windstärke bleibt gleich. Nimmt der wahre Wind zu, wird das Boot beschleunigen, nimmt er ab, wird es langsamer, bis sich jeweils ein neues Gleichgewicht der Kräfte einstellt. Die Rückkopplung zwischen den aero- und hydrodynamischen Kräften ist teils selbststeuernd, dem Einfluß des Steuermanns entzogen, teils durch Änderung der Segelstellung oder durch Ruderlegen beeinflußbar [1.3].

Die Bewegung eines nahezu aufrecht segelnden Bootes wird unter den in Abb. 1.2 gezeigten Verhältnissen durch neun Grundgrößen bestimmt, die sich nach Tabelle 1.3 in drei Kategorien einteilen lassen:

Tabelle 1.3

Geometrie des Geschwindigkeitsdreiecks (Abb. 1.1 D)	Segel	Rumpf
V_S	V_A	V_S
V_A	γ_A, δ_G	β
γ_A	F_R, F_K	R, F_S

Wenn wir wissen, wie die Luftkräfte F_R und F_K von V_A, γ_A und δ_G und die Wasserkräfte R und F_S von V_S und β abhängen, können wir die wichtige Frage beantworten: Bei welcher scheinbaren Windgeschwindigkeit V_A und Fahrtgeschwindigkeit V_S stehen die aero- und hydrodynamischen Kräfte im Gleichgewicht. Wir können dann mit angemessener Genauigkeit vorhersagen, wie schnell eine Yacht bei verschiedener Scheinwindstärke V_A auf unterschiedlichen Kursen γ_A segeln wird. Davon ausgehend, können wir dann die Fahrtleistung bei vorgegebener wahrer Windstärke V_W ermitteln.

Eine bemerkenswerte Beziehung folgt aus Abb. 1.2C, auf die F.W. Lanchester 1907 in einem bedeutenden, allerdings für damalige Verhältnisse zu fortschrittlichen Beitrag zur Aerodynamik hinwies [1.4]:

„Das Problem der Segelmechanik einer Yacht läßt sich in die Betrachtung einer Tragflügelkombination auflösen, wobei ein in der Luft arbeitender Tragflügel (ein Segel) und ein im Wasser wirkender Tragflügel (Kiel, Flosse, Schwert) sich wechselseitig beeinflussen. Das augenfällige Ergebnis dieser Betrachtungsweise ist, daß der kleinstmögliche Winkel zwischen gesegeltem Kurs und scheinbarer Windrichtung die Summe der Unter- und Überwassergleitwinkel ist."

Diese Gleitwinkel sind unsere schon bekannten Winkel ε_A und ε_H.

Mathematisch kann man Lanchesters Gedanken wie folgt ausdrücken:

$$\gamma_A = \varepsilon_A + \varepsilon_H, \tag{1.1}$$

mit

$$\varepsilon_A = \cot^{-1}\left(\frac{L}{D}\right) \quad \text{oder} \quad \cot \varepsilon_A = \frac{L}{D},$$

$$\varepsilon_H = \cot^{-1}\left(\frac{F_S}{R}\right) \quad \text{oder} \quad \cot \varepsilon_H = \frac{F_S}{R}.$$

Der Ausdruck $\cot \varepsilon_A = L/D$ ist gleichbedeutend der Aussage: „ε_A ist der Winkel, dessen Cotangens gleich L/D ist." Man kürzt dies ab durch:

$$\varepsilon_A = \cot^{-1}\left(\frac{L}{D}\right),$$

wobei „$\cot^{-1}$" bedeutet: „der Winkel, dessen Cotangens gleich ... ist"; „$\cot^{-1}$" bedeutet nicht die -1. Potenz von $\cot \varepsilon_A$.

Die Tabelle 1.4 gibt Werte für ε_A und ε_H in Grad für verschiedene Verhältnisse L/D und F_S/R an. Danach gehören kleine Winkel ε_A, beziehungsweise ε_H, zu großen Verhältnissen L/D, beziehungsweise F_S/R.

Tabelle 1.4

ε_A oder ε_H	L/D oder F_S/R	ε_A oder ε_H	L/D oder F_S/R	ε_A oder ε_H	L/D oder F_S/R
4°	14,30	11°	5,14	18°	3,08
5°	11,43	12°	4,70	19°	2,90
6°	9,51	13°	4,33	20°	2,75
7°	8,14	14°	4,01	21°	2,60
8°	7,12	15°	3,73	22°	2,47
9°	6,31	16°	3,48	23°	2,36
10°	5,67	17°	3,27	24°	2,25

Siehe auch die ausführlichere Tabelle 1.4A.

Aus Gl. (1.1) läßt sich eine Anzahl nützlicher Schlußfolgerungen für die Interpretation von Windkanal- und Schlepptankversuchen ableiten, die sowohl für das Wettsegeln als auch für den Yachtentwurf von besonderer Bedeutung sind. Es ist zum Beispiel einleuchtend, daß eine Vergrößerung des Verhältnisses von

Tabelle 1.4A Natürliche Werte des Cotangens

	0′	6′	12′	18′	24	30′	36′	42′	48′	54′
0°	∞	573,0	286,5	191,0	143,2	114,6	95,49	81,85	71,62	63,66
1	57,29	52,08	47,74	44,07	40,92	38,19	35,80	33,69	31,82	30,14
2	28,64	27,27	26,03	24,90	23,86	22,90	22,02	21,20	20,45	19,74
3	19,08	18,46	17,89	17,34	16,83	16,35	15,89	15,46	15,06	14,67
4	14,30	13,95	13,62	13,30	13,00	12,71	12,43	12,16	11,91	11,66
5	11,43	11,20	10,99	10,78	10,58	10,39	10,20	10,02	9,845	9,677
6	9,5144	3572	2052	0579	9152	7769	6427	5126	3863	2636
7	8,1443	0285	9158	8062	6996	5958	4947	3962	3002	2066
8	7,1154	0264	9395	8548	7720	6912	6122	5350	4596	3859
9	6,3138	2432	1742	1066	0405	9758	9124	8502	7894	7297
10°	5,6713	6140	5578	5026	4486	3955	3435	2924	2422	1929
11	5,1446	0970	0504	0045	9594	9152	8716	8288	7868	7453
12	4,7046	6646	6252	5864	5483	5107	4737	4374	4015	3662
13	4,3315	2972	2635	2303	1976	1653	1335	1022	0713	0408
14	4,0108	9812	9520	9232	8947	8667	8391	8118	7848	7583
15	3,7321	7062	6806	6554	6305	6059	5816	5576	5339	5105
16	3,4874	4646	4420	4197	3977	3759	3544	3332	3122	2914
17	3,2709	2506	2305	2106	1910	1716	1524	1334	1146	0961
18	3,0777	0595	0415	0237	0061	9887	9714	9544	9375	9208
19	2,9042	8878	8716	8556	8397	8239	8083	7929	7776	7625
20°	2,7475	7326	7179	7034	6889	6746	6605	6464	6325	6187
21	2,6051	5916	5782	5649	5517	5386	5257	5129	5002	4876
22	2,4751	4627	4504	4383	4262	4142	4023	3906	3789	3673
23	2,3559	3445	3332	3220	3109	2998	2889	2781	2673	2566
24	2,2460	2355	2251	2148	2045	1943	1842	1742	1642	1543
25	2,1445	1348	1251	1155	1060	0965	0872	0778	0686	0594
26	2,0503	0413	0323	0233	0145	0057	9970	9883	9797	9711
27	1,9626	9542	9458	9375	9292	9210	9128	9047	8967	8887
28	1,8807	8728	8650	8572	8495	8418	8341	8265	8190	8115
29	1,8040	7966	7893	7820	7747	7675	7603	7532	7461	7391
30°	1,7321	7251	7182	7113	7045	6977	6909	6842	6775	6709
31	1,6643	6577	6512	6447	6383	6319	6255	6191	6128	6066
32	1,6003	5941	5880	5818	5757	5697	5637	5577	5517	5458
33	1,5399	5340	5282	5224	5166	5108	5051	4994	4938	4882
34	1,4826	4770	4715	4659	4605	4550	4496	4442	4388	4335
35	1,4281	4229	4176	4124	4071	4019	3968	3916	3865	3814
36	1,3764	3713	3663	3613	3564	3514	3465	3416	3367	3319
37	1,3270	3222	3175	3127	3079	3032	2985	2938	2892	2846
38	1,2799	2753	2708	2662	2617	2572	2527	2482	2437	2393
39	1,2349	2305	2261	2218	2174	2131	2088	2045	2002	1960
40°	1,1918	1875	1833	1792	1750	1708	1667	1626	1585	1544
41	1,1504	1463	1423	1383	1343	1303	1263	1224	1184	1145
42	1,1106	1067	1028	0990	0951	0913	0875	0837	0799	0761
43	1,0724	0686	0649	0612	0575	0538	0501	0464	0428	0392
44	1,0355	0319	0283	0247	0212	0176	0141	0105	0070	0035

Rumpfseitenkraft zu Rumpfwiderstand (F_S/R), entweder durch Erhöhung von F_S oder Verringerung von R, im ganzen beim Segeln auftretenden Abdriftwinkelbereich, gleichbedeutend mit einer Abnahme von ε_H, die potentiellen Am-Wind-Eigenschaften eines jeden Segelbootes verbessert.

Der gleiche Schluß läßt sich auch auf das Segel anwenden: Ein größeres Verhältnis L/D oder F_R/F_K und damit ein kleineres ε_A im ganzen beim Segeln auftretenden Anstellwinkelbereich des Riggs, führt zu besseren Am-Wind-Eigenschaften.

Um den möglichen Einfluß der Eigenschaften des Segels auf das Verhalten einer Yacht abzuschätzen, wollen wir die geometrischen Beziehungen nach Abb. 1.2C betrachten. Beim Segeln ist es möglich, durch allmähliches Anluven und Verringern des Winkels γ_A einen Zustand zu erreichen, wo die Yacht ihre Vorwärtsbewegung verliert und nur nach Lee treibt. Dies tritt ein, wenn die aerodynamische Gesamtkraft F_T rechtwinklig zum gesegelten Kurs wirkt, das heißt, wenn die Vortriebskomponente F_R verschwindet. Somit gibt es beim Am-Wind-Segeln einen Grenzwert für γ_A. Aus dem bereits gesagten kann man folgern, daß der Winkel γ_A zwischen gesegeltem Kurs und der Richtung des scheinbaren Windes in hohem Maße vom Verhältnis L/D abhängig ist. Es kann vorweggenommen werden, daß bei gegebenem Winkel γ_A und konstanter Gesamtkraft F_T die Vortriebskraft F_R zunimmt, wenn auch das Verhältnis L/D zunimmt. Allgemeiner gesagt, ein kleiner Winkel ε_A oder ein großes Verhältnis L/D ist erstrebenswert, da dadurch eindeutig die Am-Wind-Leistung des Bootes verbessert wird. Wie wir später sehen werden, ist das größtmögliche Verhältnis L/D trotzdem nur begrenzt als Kriterium für die Beurteilung der Leistungsfähigkeit der Segel herkömmlicher Boote anwendbar. Dennoch ist es von vorrangiger Bedeutung bei schnellen Segelfahrzeugen, wie zum Beispiel bei Eis- oder Landyachten.

Aus Gl. (1.1) und Abb. 1.2C läßt sich weiter schließen, daß

1. das Minimum des Winkels γ_A gleich der Summe der Kleinstwerte der Winkel ε_A und ε_H ist;
2. die Vortriebskraft F_R gleich dem Produkt aus aerodynamischer Gesamtkraft F_T und dem Sinus des Winkels ε_H ist.

Der zweite Schluß mag etwas befremden, da die aerodynamische Wirksamkeit des Riggs direkt mit dem Gleitwinkel ε_H des Unterwasserschiffs verknüpft wird.

Die erste Folgerung scheint recht vielversprechend zu sein, kann aber leicht irreführen. Tatsächlich hat man von Gl. (1.1) ausgehend versucht, ein Konzept für die „schnellste Yacht" zu entwickeln. Das folgende Beispiel wird zeigen, wie riskant und enttäuschend es sein kann, in diese Gleichung zu viel hineinzuinterpretieren.

Die Zehn-Grad-Yacht

Es wurde darauf hingewiesen (siehe die Veröffentlichungen Nr. 56 und Nr. 61 der Amateur Yacht Research Society), daß

„die Gleitwinkel jeweils bis auf 3° reduziert werden können, wenn man den Entwurf von Rumpf und Segel ins Extreme treibt. Das führt zu einer Yacht, die mit 6° am scheinbaren Wind segeln könnte. Auch aus Gründen der Forschung wäre es sinnvoll, die Bemühungen auf Schleppkanalversuche mit einer Serie von Yachtrümpfen zu konzentrieren, die von 10° abwärts alle möglichen hydrodynamischen Gleitwinkel aufwiesen. Gleichzeitig könnte durch Windkanalexperimente herausgefunden werden, wie sehr sich der aerodynamische Gleitwinkel des Riggs verringern läßt. Wenn diese Untersuchungen beendet sind“,

so fährt der Autor von *The Most Efficient Yacht,* fort,

„und die Segeleigenschaften der sich so ergebenden Yacht sich herausstellen, glaube ich, daß die Yacht hart am Wind langsamer sein wird, als eine, die etwas freier segelt. Meiner Meinung nach wird die beste Fahrtleistung

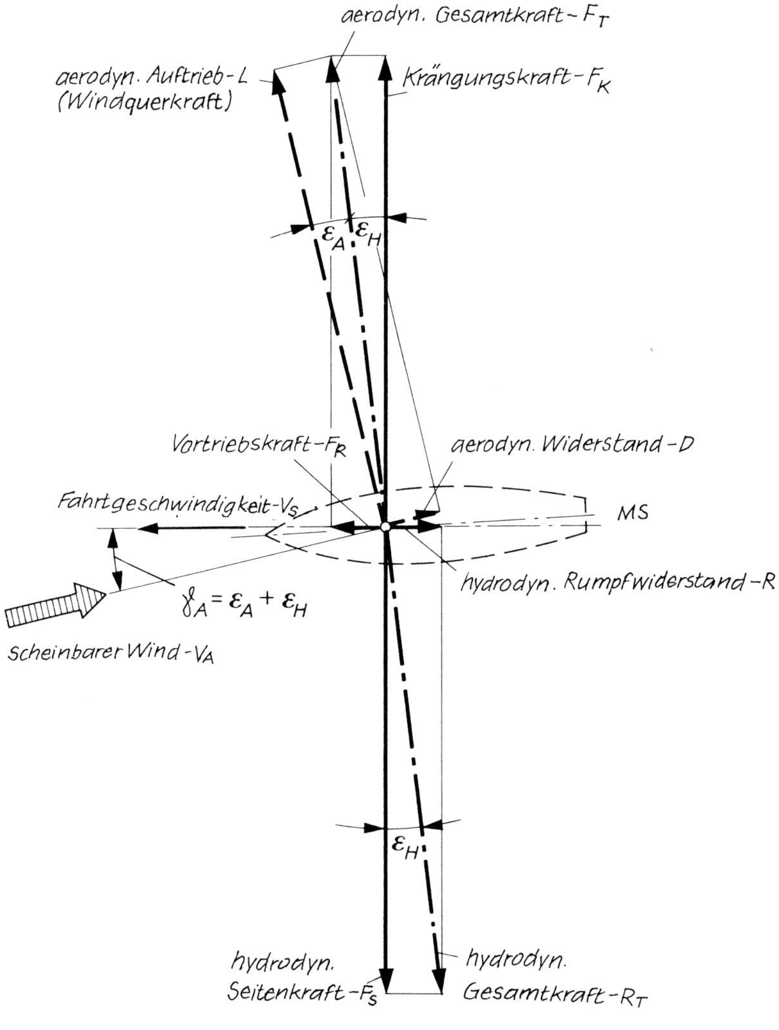

Abb. 1.3 Konzept der Zehn-Grad-Yacht

am Wind mit hydro- und aerodynamischen Gleitwinkeln von jeweils 5° erzielt werden, also mit einer ‚Zehn-Grad-Yacht'".

Sind derartige Überlegungen vernünftig?

Die Abb. 1.3 gibt den Grundgedanken ($\gamma_A = \varepsilon_A + \varepsilon_H$) und die geometrischen Beziehungen zwischen den an der „schnellen Yacht" angreifenden Kräften wieder. Um die sehr kleinen Winkel ε_A und ε_H deutlicher darzustellen und um die Größe der Zeichnung zu begrenzen, segelt die in der Aufsicht gezeigte Yacht mit $\gamma_A = 13°$ statt mit $\gamma_A = 10°$. Diese Abweichung vom Konzept der „Zehn-Grad-Yacht" entkräftet natürlich nicht die Argumente gegen die ganze Idee.

Bei sehr leichtem Wind kann man ungeachtet der Beschränkungen aus Stabilitätsgründen annehmen, daß es für die Höhe und Größe der Segel eigentlich keine Grenzen geben würde, und es deshalb durchaus möglich wäre, ein Rigg mit so großem Seitenverhältnis zu entwerfen, daß das angestrebte maximale Verhältnis L/D von 11,4, das heißt $\varepsilon_{A\,min} = 5°$ (siehe Tabelle 1.4), erreicht wird.

Im Bereich verhältnismäßig niedriger Fahrtgeschwindigkeiten, in dem das Verhalten der Yacht durch den Reibungswiderstand bestimmt wird (der sich ungefähr mit dem Quadrat der Geschwindigkeit ändert), könnte eine Kielflosse mit großem Seitenverhältnis den gewünschten Gleitwinkel $\varepsilon_{H\,min}$ von 5° sicherstellen. Dieser kleine hydrodynamische Gleitwinkel ε_H wächst jedoch ständig mit zunehmender Geschwindigkeit, da dann der Wellenwiderstand nicht länger vernachlässigt werden kann. Dieses Anwachsen von ε_H ist unvermeidlich, da der Rumpfwiderstand R (einschließlich des Wellenwiderstands) stärker als mit dem Quadrat der Fahrtgeschwindigkeit zunimmt, während gleichzeitig sich die hydrodynamische Seitenkraft F_S mit dem Quadrat von V_S ändert.

Zur Erhärtung dieses Arguments können wir Abb. 1.4 heranziehen, die die Kräfte am Bootskörper durch eine Schar Polarkurven wiedergibt und aufzeigt, wie die Seitenkraft F_S und der Widerstand R für konstante Geschwindigkeit V_S vom Abdriftwinkel β abhängen. Diese Kurvenschar nach [1.5] beschreibt für Geschwindigkeiten von 2,0 bis 6,0 Knoten die hydrodynamischen Eigenschaften der Großausführung des Internationalen Segelkanus. Auf der vertikalen Achse kann die Seitenkraft F_S, auf der horizontalen Achse der Widerstand R abgelesen werden; die Abdriftwinkel sind entlang den Kurven eingetragen. Das Verhältnis von Seitenkraft F_S zu Widerstand R für einen bestimmten Kurvenpunkt ist durch die Steigung der Geraden durch diesen Punkt und dem Nullpunkt gegeben. Man erhält den Maximalwert des Verhältnisses F_S/R (gleichbedeutend mit dem Minimalwert von ε_H) für eine gewählte Geschwindigkeit V_S, wenn die Gerade durch den Ursprung die entsprechende Kurve tangiert. Diese Auftragung von F_S über R bezeichnet man als Polardiagramm, da ein Vektor vom Ursprung zu einem beliebigen Kurvenpunkt Stärke und Richtung der resultierenden Kraft beschreibt, vorausgesetzt die Achsen sind im gleichen Maßstab geteilt.

Die zwei dick gestrichelten Vektoren repräsentieren die bei 2 und 4 Knoten Fahrtgeschwindigkeit und 5° Abdrift entwickelten hydrodynamischen Gesamtkräfte. Man erkennt, daß bei Verdopplung von V_S die Seitenkraft um das Vierfa-

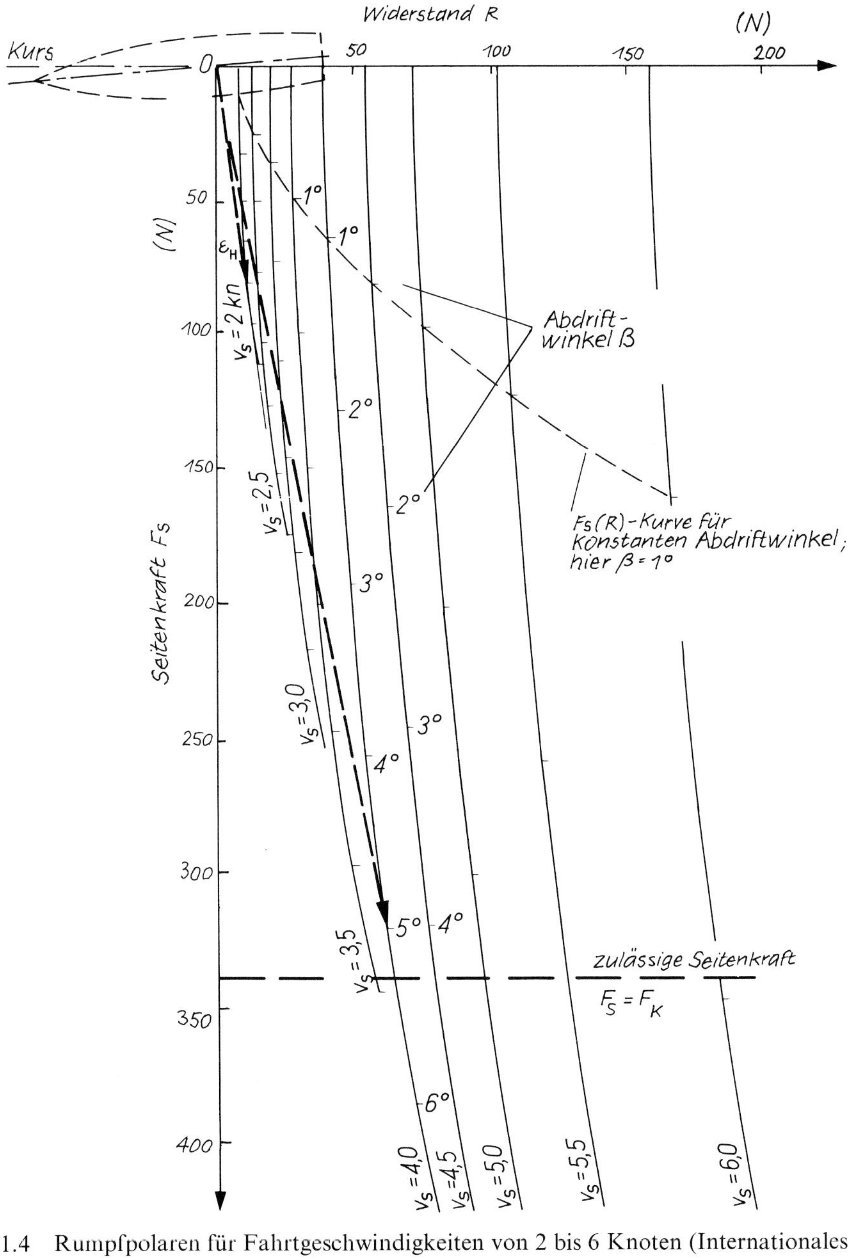

Abb. 1.4 Rumpfpolaren für Fahrtgeschwindigkeiten von 2 bis 6 Knoten (Internationales Segelkanu)

che anwächst, der damit verbundene Widerstand sich aber versechsfacht; die entsprechenden Gleitwinkel ε_H sind deshalb unterschiedlich.

Der kleinste Gleitwinkel ε_H bei gegebenem V_S wird durch die Tangente an die betreffende Polarkurve bestimmt. Wie bereits erwähnt, nimmt ε_{Hmin} allmählich mit steigender Fahrtgeschwindigkeit infolge des wachsenden Wellenwiderstandsanteils am Gesamtwiderstand des Rumpfes zu. Der Wellenwiderstand steigt stärker mit V_S an als der Reibungswiderstand und hängt weitgehend vom Deplacement-Längen-Verhältnis $\Delta/(L/10)^3$ und dem Geschwindigkeits-Längen-Verhältnis $V_S/\sqrt{L}$ (beziehungsweise der Froude-Zahl F_n) des Bootes ab. Die Tabelle 1.5 zeigt diese Beziehung zwischen $\varepsilon_{H\min}$ und der Fahrtgeschwindigkeit.

Tabelle 1.5 (Internationales Segelkanu)

V_S in Knoten	$\varepsilon_{H\min}$	F_S/R
2,0	ca. 8,0°	ca. 7,0
3,5	9,3°	6,1
4,0	10,8°	5,3
4,5	12,0°	4,6
5,0	14,0°	4,0
5,5	17,5°	3,2

Das Internationale Segelkanu, dessen Widerstandsverhalten bei aufrechter Schwimmlage und Null Grad Abdrift Abb. 1.5 darstellt, ist ein Leichtdeplacementboot mit einem sehr kleinem Deplacement-Längen-Verhältnis von 1,49. Es besitzt ein sehr schlankes Profilschwert, infolgedessen ist die Widerstandserhöhung durch Schräganströmung (Abdrift) ziemlich gering im Vergleich zu einer schweren Verdrängeryacht mit durchgehendem Lateralplan.

Der Zusammenhang zwischen ε_A (oder L/D) und ε_H (oder F_S/R) für eine Reihe konstanter Kurswinkel γ_A ist in Abb. 1.6 dargestellt. Die allgemeine Schlußfolgerung aus dieser Abbildung ist unmittelbar für das Konzept der „Zehn-Grad-Yacht" von Bedeutung. Es ist augenfällig, daß bei Zunahme von ε_H, was zwangsläufig bei einer Steigerung der Fahrtgeschwindigkeit die Folge ist, der Winkel ε_A unvermeidlich reduziert, werden muß, wenn ein bestimmter Kurs γ_A eingehalten werden soll. Müssen jedoch, wie im Konzept der „Zehn-Grad-Yacht" zugrunde gelegt, die Gleitwinkel jeweils 5° betragen, bedeutet dies für die Praxis, daß die Yacht nicht mit dem Kurswinkel $\gamma_A = 10°$ segeln kann, sobald die Windgeschwindigkeit einen bestimmten, sehr niedrigen Grenzwert überschreitet.

Diese Beschränkung der Anpassungsmöglichkeit der Gleitwinkel an die stets wechselnden Windverhältnisse wird aus Abb. 1.6 offensichtlich, betrachtet man den mit einem kleinen Kreis markierten Punkt auf der Kurve für $\gamma_A = 10°$. Da bei zunehmender Fahrtgeschwindigkeit der hydrodynamische Gleitwinkel ε_H nicht seinen Kleinstwert von 5° beibehält und der kleinste, erreichbare aerodynamische Gleitwinkel $\varepsilon_A = 5°$ beträgt, muß γ_A automatisch größer als 10° werden. Das beschriebene Konzept der „Zehn-Grad-Yacht" ist deshalb eine Fiktion, die nicht in der Realität funktionieren kann, es sei denn, der Rumpf kann auf irgendeine Weise aus dem Wasser herausgehoben werden, so daß kein Wellenwiderstand auftritt, wie dies bei Eis- und Landsegelyachten und vielleicht bei einigen futuristischen Vehikeln mit Segelantrieb der Fall ist.

Mit wirklichkeitsnahen Angaben über die Eigenschaften von Rumpf und Segel können wir die Frage beantworten, wie groß die Gleitwinkel ε_A und ε_H bei realen Segelbedingungen sind. An Hand der Daten über die Rumpfeigenschaften

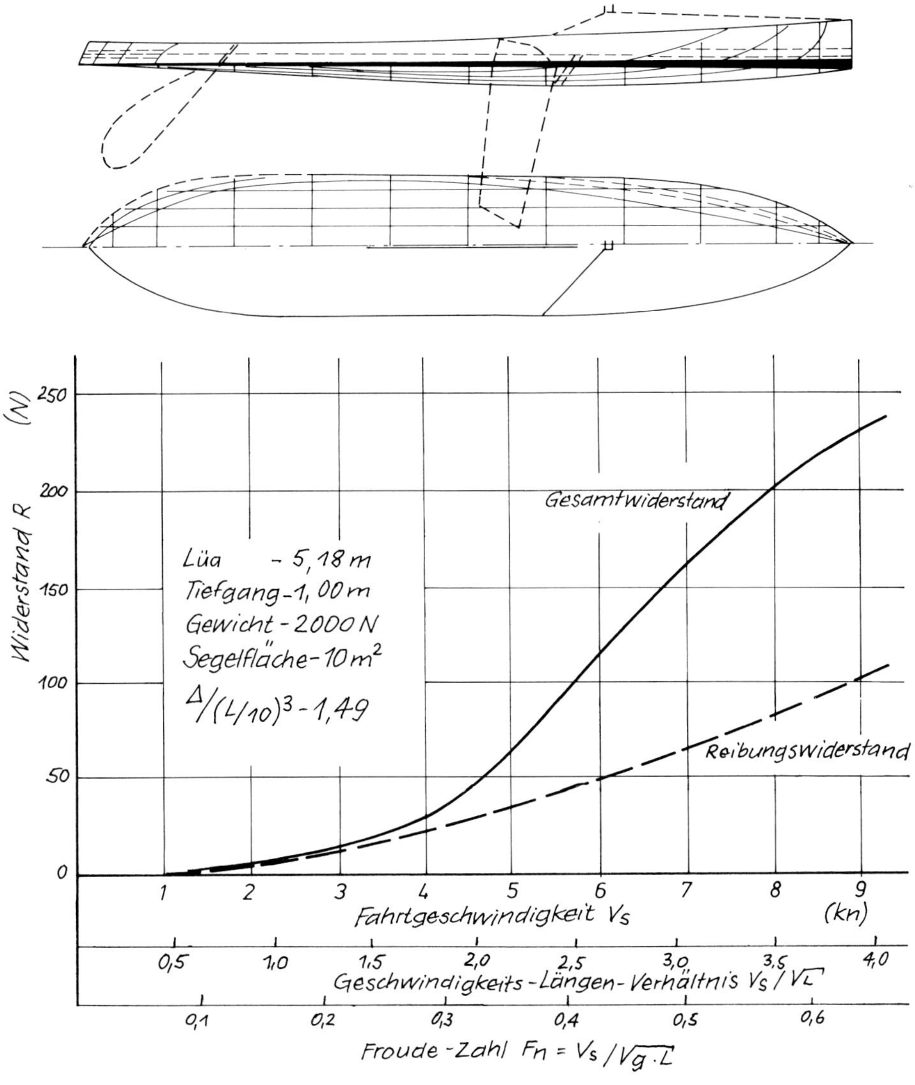

Abb. 1.5 Rumpfwiderstandskurve des Internationalen Segelkanus ($\varphi = 0°$; $\beta = 0°$)

des Internationalen Segelkanus in Abb. 1.4 und Tabelle 1.5 finden wir für das Minimum von ε_H bei der niedrigen Fahrtgeschwindigkeit von 2 Knoten einen Wert von etwa 8°, entsprechend $F_S/R = 7{,}0$; dieser Wert ist auf der waagrechten Achse der Abb. 1.6 gekennzeichnet. Verwendet man als Antrieb für diesen Rumpf das Segel des Finn-Dinghys, beträgt (bei entsprechendem Trimm des Riggs) das kleinste erreichbare ε_A ungefähr 10°, entsprechend einem Verhältnis L/D etwas unter 6,0; dieser Grenzwert ist auf der senkrechten Achse der Abb. 1.6 eingezeichnet.

Der schraffierte Bereich zwischen den durch Rumpf und Segel festgelegten Werten von ε_A und ε_H veranschaulicht die wahrscheinlichen Verhältnisse beim

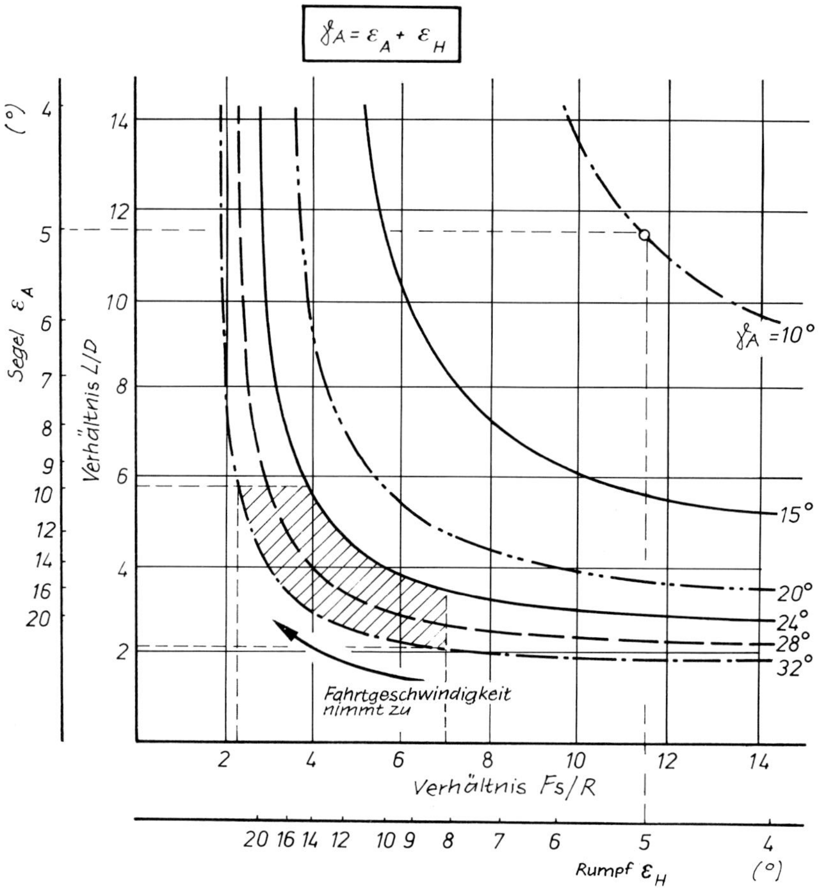

Abb. 1.6 Zusammenhang zwischen aero- und hydrodynamischem Gleitwinkel (ε_A und ε_H) für Kurswinkel $\gamma_A = 10°$ bis 32°

Segeln am Wind für Kurswinkel γ_A von 24° bis 32°. Betrachtet man $\gamma_A = 28°$ als typischen Am-Wind-Kurswinkel, so wird deutlich, daß bei niedrigen Fahrtgeschwindigkeiten, wenn ε_H ungefähr gleich 8° ist, der zugehörige Gleitwinkel ε_A des Riggs möglichst 20° betragen sollte, entsprechend einem Verhältnis L/D von nur 2,5. Umgekehrt, wenn die Fahrtgeschwindigkeit zunimmt und ε_H größer und größer wird, muß der aerodynamische Gleitwinkel ε_A allmählich verringert werden, das heißt, das Segel muß so getrimmt werden, daß das Verhältnis L/D größer wird. Dies folgt aus elementaren geometrischen Gründen.

Die Abb. 1.7 beruht auf der Tabelle 1.5 und veranschaulicht etwas vereinfacht (es wird angenommen, daß das Schwert mit dem zu $\varepsilon_{H\min}$ gehörigen Driftwinkel angeströmt wird) die Änderung der Gleitwinkel ε_A und ε_H bei Zunahme der Fahrtgeschwindigkeit. Der Kurswinkel γ_A zum scheinbaren Wind beträgt 28°. Es ist offensichtlich, daß γ_A nur dann konstant bleiben kann, wenn das Segel so getrimmt wird, daß der aerodynamische Gleitwinkel ε_A den hydrodynamischen

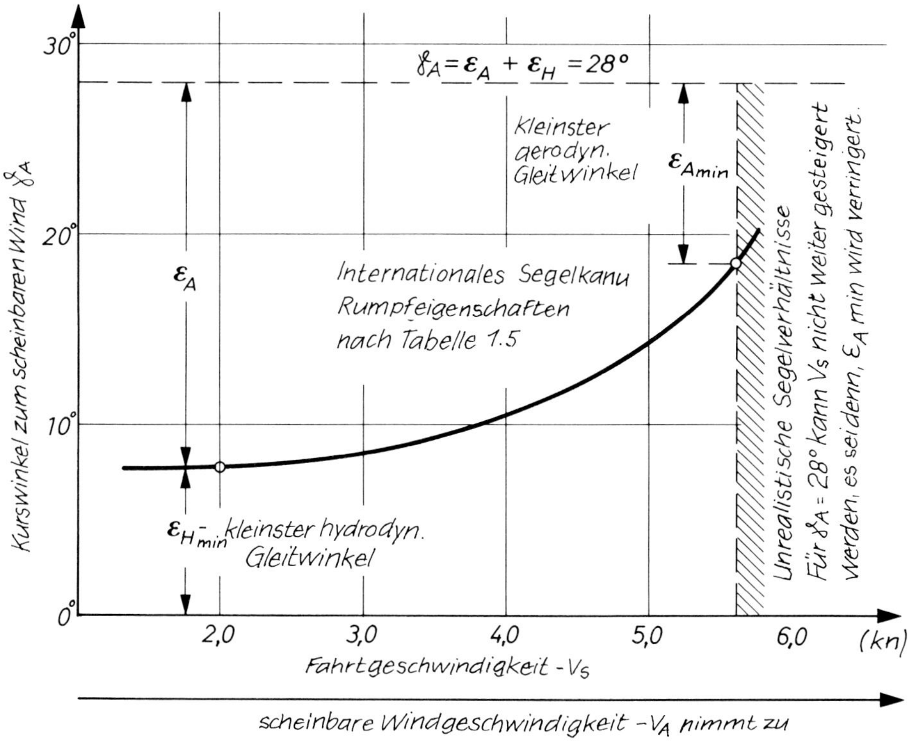

Abb. 1.7 Zusammenhang zwischen ε_A und $\varepsilon_{H\min}$ bei konstantem Kurswinkel γ_A und zunehmender Fahrtgeschwindigkeit

Gleitwinkel $\varepsilon_{H_{\min}}$ zu 28° ergänzt. Nimmt die Fahrtgeschwindigkeit zu, wird früher oder später der kleinstmögliche Winkel ε_A erreicht; das Boot kann dann auf diesem bestimmten Kurs ($\gamma_A = 28°$) nicht schneller segeln. Der schraffierte Bereich in Abb. 1.7 kennzeichnet diese durch ε_A bedingte Grenze, das dem schnell zunehmenden Wert von $\varepsilon_{H_{\min}}$ nicht weiter angepaßt werden kann.

Weiter läßt sich aus Abb. 1.7 entnehmen, daß der in der Praxis gesegelte Kurswinkel γ_A beträchtlich größer ist als die Summe der Minima von ε_A und ε_H. Damit wird das Argument entkräftet, es wäre vorteilhaft, ε_A und ε_H jeweils für sich zu minimieren, in der Annahme, daß unter realen Verhältnissen beide Kleinstwerte zusammen auftreten. Da dies nicht der Fall ist, ist es angemessen, der Frage nachzugehen, ob die optimale Fahrtleistung am Wind mit dem für verschiedene Windstärken jeweils kleinstmöglichen Kurswinkel γ_A zusammenhängt.

Zielgeschwindigkeit nach Luv

Um diese Frage zu beantworten, müssen wir genauer erklären, was mit optimaler Fahrtleistung am Wind gemeint ist. Heute ist es allgemein üblich, den in bestimm-

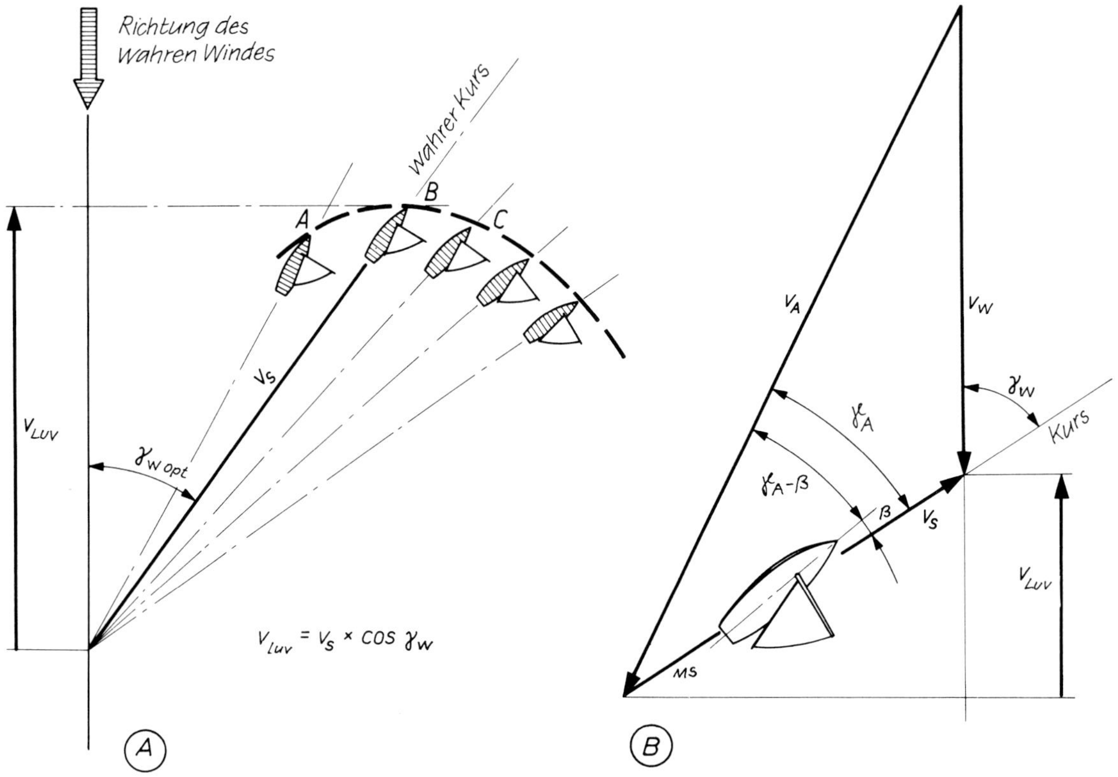

Abb. 1.8 Definition von V_{Luv} (Zielgeschwindigkeit nach Luv)

ter Zeit nach Luv zurückgelegten Weg als Maß für die Fahrtleistung einer hart am Wind segelnden Yacht anzusehen. Die entsprechende Geschwindigkeit wird gewöhnlich als „Zielgeschwindigkeit nach Luv“ V_{Luv} bezeichnet und sollte für jede wahre Windgeschwindigkeit V_W so groß wie möglich sein.

Die Definition von V_{Luv}, sowie das Geschwindigkeitsdreieck für den Am-Wind-Kurs zeigt Abb. 1.8. Bemerkenswert ist die Tatsache, daß die Zielgeschwindigkeit nach Luv das Produkt aus Fahrtgeschwindigkeit V_S und dem Cosinus des Kurswinkels γ_W zum wahren Wind ist:

$$V_{Luv} = V_S \times \cos \gamma_W . \qquad (1.2)$$

An Hand der Abb. 1.8 A erkennt man, daß es keinen Wert hat, ausschließlich so hoch wie möglich am Wind zu segeln. Obwohl Boot A höher anliegt als Boot B, ist sein V_{Luv} kleiner als das von Boot B.

B Das Zusammenwirken von Rumpf und Segel bei leichtem und starkem Wind

Eine Untersuchung des Zusammenwirkens des Segelkanu-Rumpfes (Abb. 1.5) mit einem Finn-Dinghy-Segel (Foto 1.5 B) – wir wollen dieses Boot als Kanu-Finn-Dinghy bezeichnen – soll die Wechselwirkung zwischen Rumpf und Segel weiter erhellen. Dies geschieht mit Hilfe der Abb. 1.9 für den Am-Wind-Kurs bei leichtem und starkem Wind. Die ganze Abbildung besteht aus acht Teilen: die zwei Skizzen oberhalb der Abb. 1.9 C stellen das Polardiagramm der Segelbeiwerte C_L und C_D dar. Im linken Diagramm ist der bei leichtem Wind verwendete Polarenpunkt eingezeichnet, im rechten der bei starkem Wind. Diese Zeichnungen sind den Lesern, die das Buch „Segeltheorie und -praxis" [1.5] kennen, vertraut. Die Segelpolare ähnelt den schon in Abb. 1.4 gezeigten Rumpfpolaren. Auf den Koordinatenachsen können die Beiwerte der aerodynamischen Querkraft (Auftrieb) und des Widerstands abgelesen werden, der jeweilige Anstellwinkel α des Segels ist an der Kurve vermerkt. Ein vom Nullpunkt zu einem beliebigen Polarenpunkt ausgehender Vektor beschreibt Größe und Richtung des Beiwerts der aerodynamischen Gesamtkraft C_T. Das größte Verhältnis L/D, gleichbedeutend mit dem kleinsten Gleitwinkel ε_A, ist durch den Berührpunkt der Tangente durch den Ursprung an die Polarkurve gegeben. Der Nullpunkt des Polardiagramms liegt in beiden Fällen im Segeldruckpunkt DP; der Umriß des Bootes in der Aufsicht deutet den gesegelten Kurs zum scheinbaren Wind γ_A an.

Die Segelpolare beruht auf Windkanalversuchen mit einem Finnsegel, die im Teil 3, Kapitel D 1, dieses Buches beschrieben und analysiert werden. Mit den Segelbeiwerten C_L und C_D aus dieser Polare wurden dann für drei beziehungsweise vier verschiedene Kurse zum scheinbaren Wind ($\gamma_A = 25{,}0°$; $27{,}5°$; $30{,}0°$ und $35{,}0°$) die entsprechenden Werte für C_R, C_K und das jeweilige Verhältnis C_K/C_R ermittelt. Sie sind in Abb. 1.9 A und Abb. 1.9 B aufgetragen. Abb. 1.10 zeigt

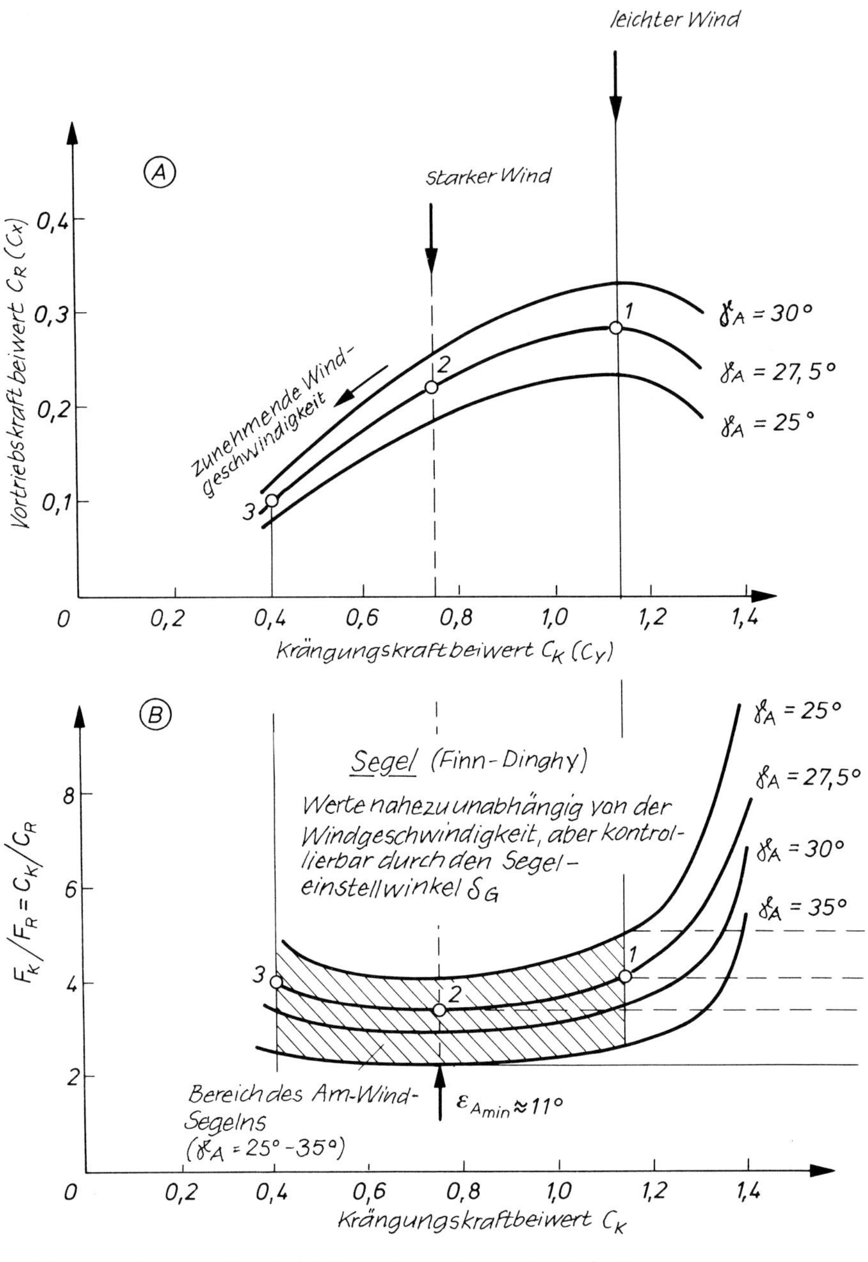

Abb. 1.9 Eigenschaften von Segel und Rumpf des Kanu-Finn-Dinghy

ergänzend den Zusammenhang zwischen den Beiwerten C_L und C_D und den Beiwerten C_R und C_K der Vortriebs-, beziehungsweise Krängungskraft. Sie enthält auch die Gleichungen, die den Zusammenhang zwischen der Auftriebskraft L, dem Widerstand D, der Vortriebskraft F_R und der Krängungskraft F_K beschreiben. Vorsicht ist bei der Bedeutung der Bezeichnungen F_R, C_R, F_K und C_K geboten.

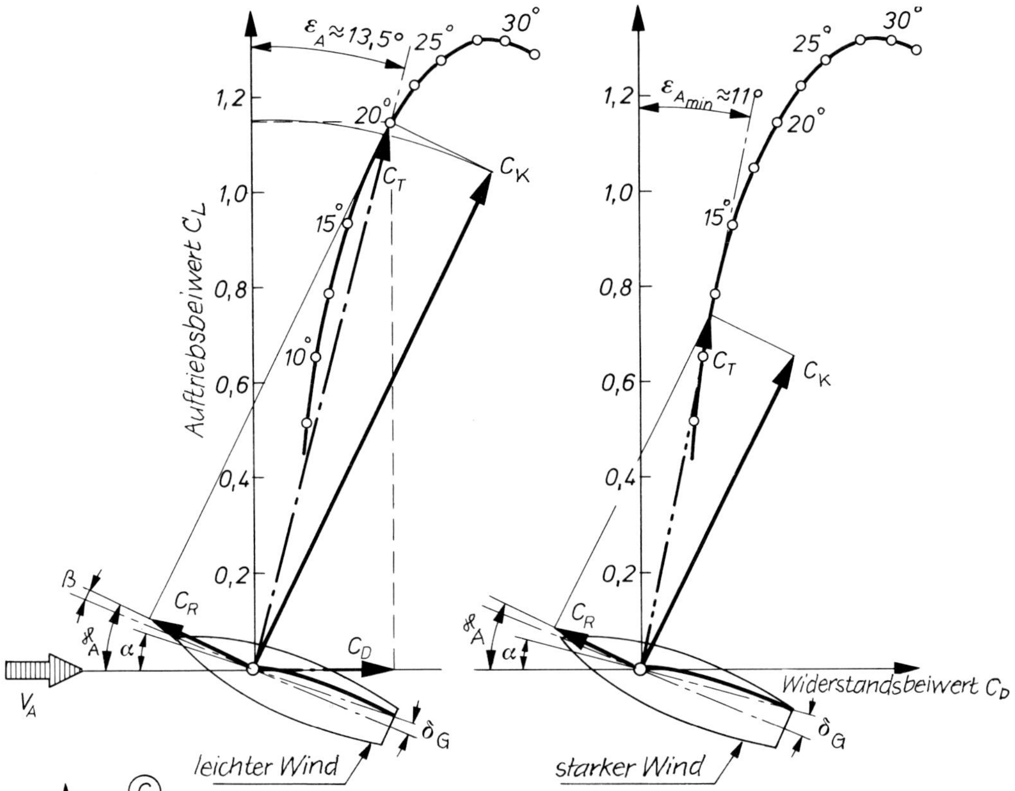

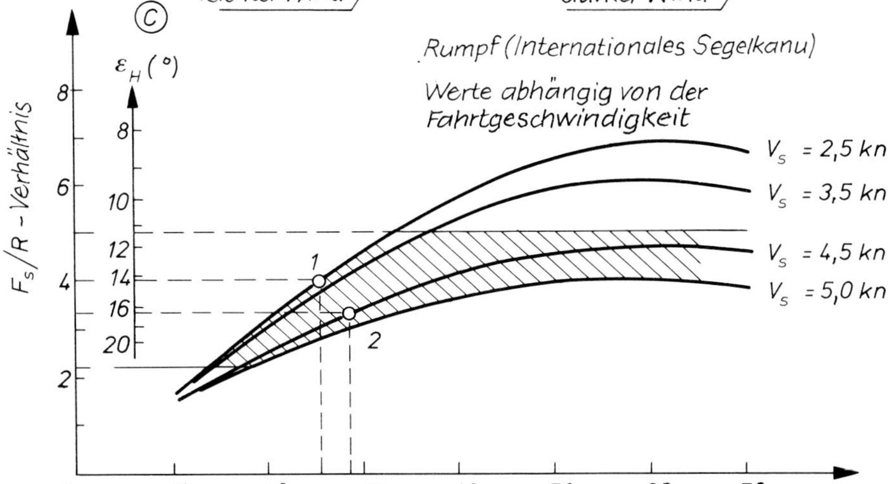

Sie repräsentieren die in Richtung des gesegelten Kurses γ_A sowie senkrecht dazu ermittelten horizontalen Kraftkomponenten, beziehungsweise deren Beiwerte. Da der Abdriftwinkel im voraus nicht bekannt ist, können die Vortriebs- und Krängungskraft F_R und F_K oder ihre Beiwerte C_R und C_K nicht berechnet werden. Deshalb zerlegt man die aerodynamische Gesamtkraft in eine Kompo-

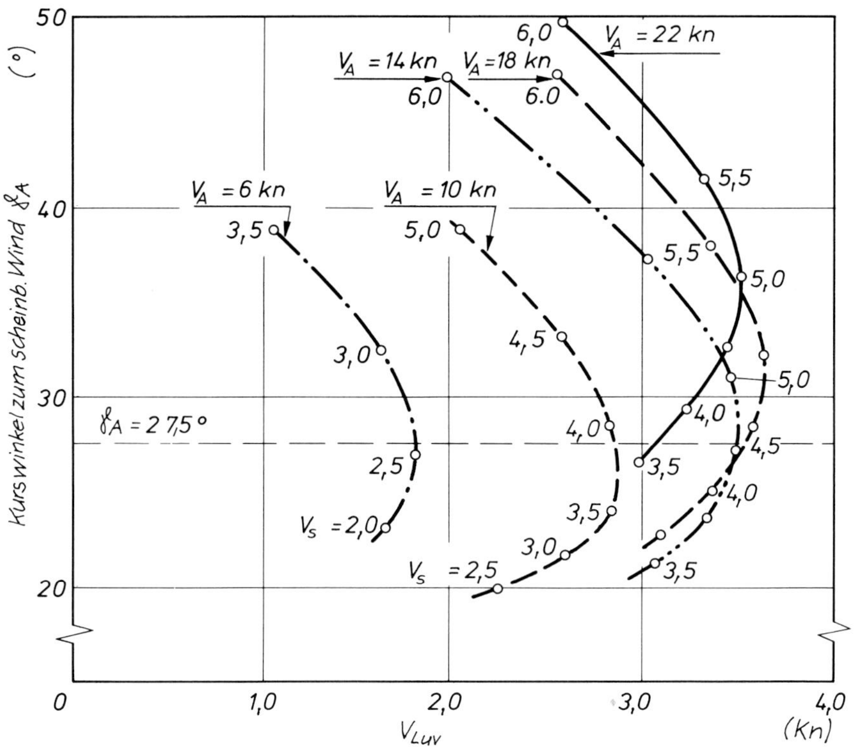

Abb. 1.9D Abhängigkeit des optimalen Kurswinkels γ_A (für größtes V_{Luv}) von der scheinbaren Windgeschwindigkeit V_A

nente in Richtung der Bootslängsachse und in eine Komponente senkrecht dazu (siehe Abb. 3.14, Teil 3); üblicherweise bezeichnet man diese Kräfte mit F_X und F_Y. Sie können in gleicher Weise wie F_R und F_K ermittelt werden, nur muß statt γ_A der Winkel $(\gamma_A - \beta)$ zwischen der Bootslängsachse und der Richtung des scheinbaren Windes eingesetzt werden. Für kleine Abdriftwinkel, was normalerweise der Fall ist, wird der Unterschied zwischen F_X, F_Y und F_R, F_K gering sein. Ist der Gegenstand der Untersuchung nur ein qualitativer Vergleich, kann man ihn vernachlässigen.

Im folgenden wird nicht zwischen dem F_X, F_Y-System und dem F_R, F_K-System unterschieden. Es werden die vertrauten Bezeichnungen wie Vortriebskraft F_R und Krängungskraft F_K weiter verwendet. Abb. 1.9A zeigt die Vortriebseigenschaften des Finn-Riggs: C_R ist für drei verschiedene Kurswinkel γ_A (25,0°; 27,5°; 30,0°) über dem Krängungskraftbeiwert C_K aufgetragen. Abb. 1.9B gibt die Änderung des Krängungskraft-Vortriebskraft-Verhältnisses F_K/F_R mit dem Beiwert C_K wieder. Abb. 1.9C beschreibt das Rumpfverhalten bei vier ausgewählten Geschwindigkeiten (V_S=2,5; 3,5; 4,5; 5,0 kn) durch die Abhängigkeit des Seitenkraft-Widerstand-Verhältnisses F_S/R vom Abdriftwinkel β.

Da wir einige qualitative Aussagen über das Zusammenwirken von Segel und der Rumpf-Schwert-Kombination machen wollen, soll der Einfluß von Faktoren

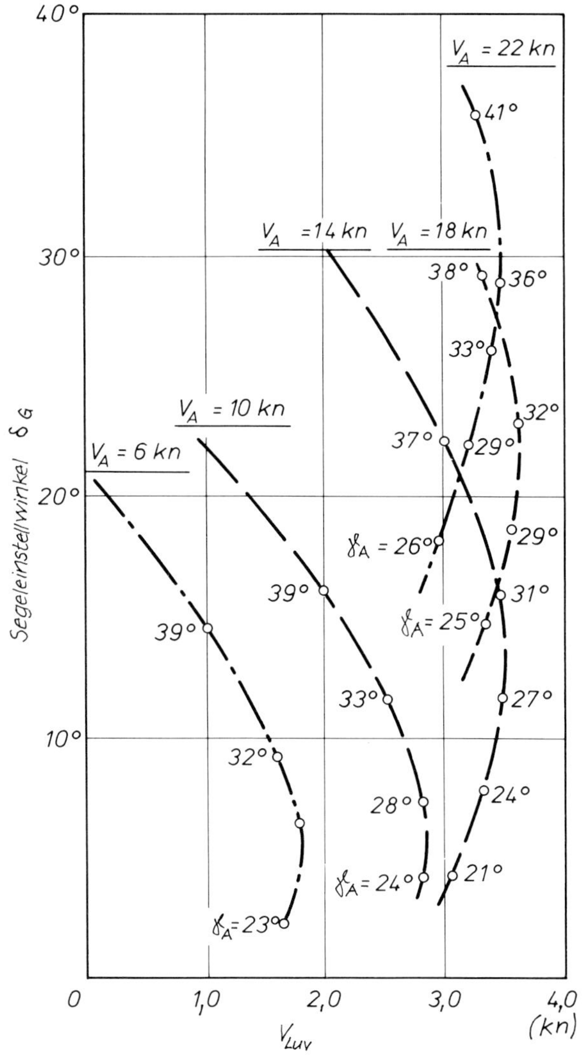

Abb. 1.9 E Abhängigkeit des optimalen Segeleinstellwinkels δ_G von V_A

mit zweitrangiger Bedeutung für das Verhalten der Yacht unbeachtet bleiben. Wir treffen folgende Annahmen:

a) Ein leichter Steuermann (Gesamtgewicht etwa 800 N) kann durch Ausreiten eine Krängungskraft F_K von maximal 340 N ausgleichen (Abb. 1.4 und 1.22). Andernfalls, wenn das Boot über einen bestimmten kritischen Winkel hinaus krängt, wachsen die Gleitwinkel ε_A und ε_H beide an, zuerst langsam, dann immer stärker. Der Einfluß der Krängung, der unsere vorläufigen Betrachtungen nur unnötig komplizieren würde, wird vernachlässigt. Es wird angenommen, daß der Krängungswinkel unabhängig von der Windstärke etwa 10° beträgt.

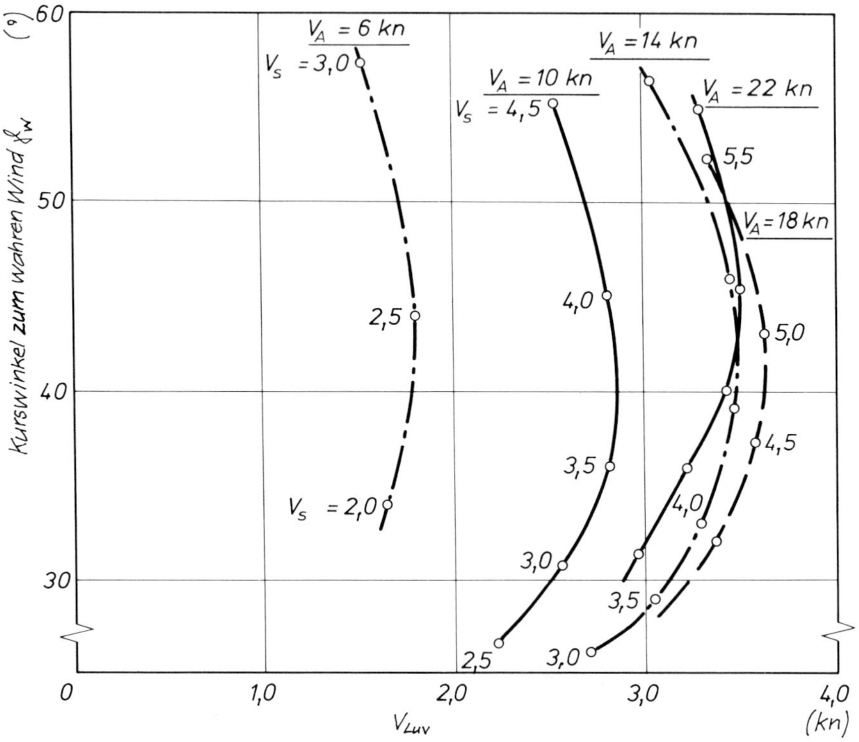

Abb. 1.9F Optimaler Kurswinkel γ_W zum wahren Wind in Abhängigkeit von V_A

b) Die Eigenschaften des Segels, dargestellt durch das Polardiagramm in Abb. 1.9, sind ebenfalls nicht von der Geschwindigkeit des scheinbaren Windes abhängig; das heißt, die Mast-Segel-Kombination ist starr, und die Wölbung, deren Verteilung sowie die Verwindung des Segels verändern sich nicht.

Der Steuermann kann nur den Einstellwinkel δ_G des Segels oder den damit verbundenen Anstellwinkel α relativ zur scheinbaren Windrichtung ändern, nicht aber Segelform oder Segelfläche.

Mit den obigen Annahmen wurden nach der in „Segeltheorie und -praxis" [1.5] beschriebenen Methode zur Fahrtleistungsberechnung ergänzend die Abb. 1.9D, 1.9E und 1.9F erstellt. Sie zeigen, wie für verschiedene Segelbedingungen der Kurs zum scheinbaren Wind γ_A, der Segeleinstellwinkel δ_G, der Kurs zum wahren Wind γ_W, die Fahrtgeschwindigkeit V_S und die Zielgeschwindigkeit nach Luv V_{Luv} miteinander verknüpft sind.

So stellt Abb. 1.9D für mehrere Geschwindigkeiten des scheinbaren Windes V_A dar, wie sich Änderungen von γ_A auf V_{Luv} auswirken. Die Fahrtleistung ist für V_A=6 kn (3,05 m/s); 10 kn (5,18 m/s); 14 kn (7,32 m/s); 18 kn (9,14 m/s) und 22 kn (11,58 m/s) ermittelt. Die jeweilige Bootsgeschwindigkeit V_S ist an den Kurven vermerkt. Man beachte, wie schnell man von der größten Zielge-

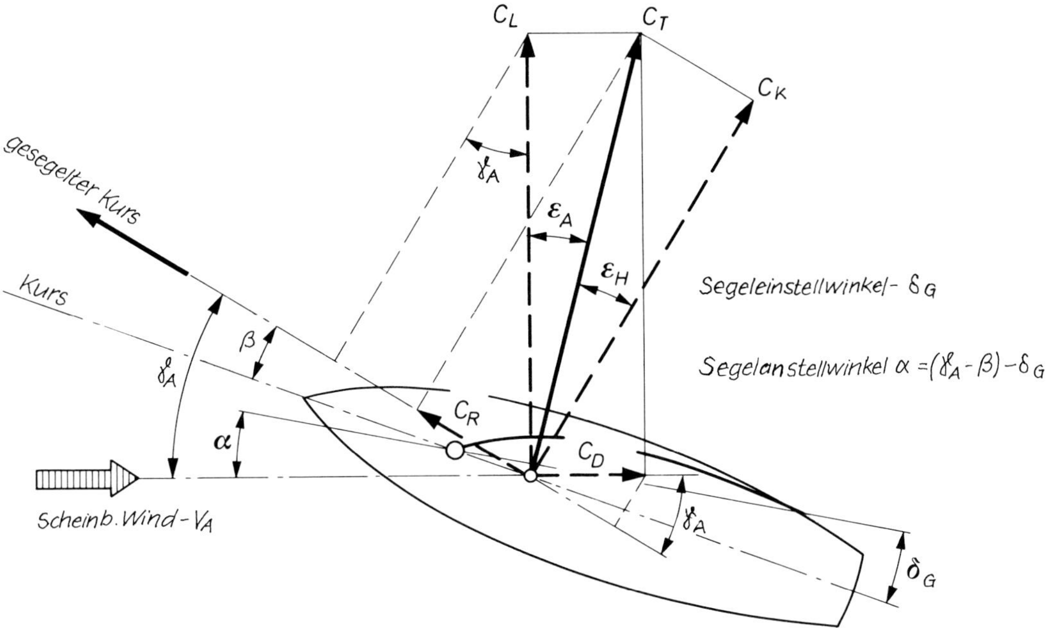

Abb. 1.10 Definition der Luftkräfte und Winkel beim Segeln am Wind (der Abdriftwinkel β ist vergrößert dargestellt)

$C_R = C_L \cdot \sin \gamma_A - C_D \cdot \cos \gamma_A$	$C_K = C_L \cdot \cos \gamma_A + C_D \cdot \sin \gamma_A$
$F_R = L \cdot \sin \gamma_A - D \cdot \cos \gamma_A$	$F_K = L \cdot \cos \gamma_A + D \cdot \sin \gamma_A$
oder:	oder:
$C_R = C_T \cdot \sin \varepsilon_H$	$C_K = C_T \cdot \cos \varepsilon_H$
$F_R = F_T \cdot \sin \varepsilon_H$	$F_K = F_T \cdot \cos \varepsilon_H$

schwindigkeit nach Luv abweicht, wenn nicht mit dem optimalen Kurswinkel γ_W gesegelt wird.

Schotstellung

Abb. 1.9E beschreibt die Änderung des optimalen Einstellwinkels δ_G mit der scheinbaren Windstärke V_A. Jede für ein bestimmtes V_A geltende Kurve weist ein maximales V_{Luv} auf; der jeweilige Kurs γ_A ist längs der Kurven eingetragen.

Schließlich stellt Abb. 1.9F den Zusammenhang zwischen dem Kurswinkel zum wahren Wind γ_W und V_{Luv} her; die zugehörige Fahrtgeschwindigkeit V_S ist an den Kurven vermerkt.

Da die Segelfläche (10,0 m^2 im betrachteten Beispiel) bei Zunahme des Windes nicht durch Reffen verkleinert werden kann, läßt sich die zulässige Krängungskraft F_K nur durch entsprechende Änderung des Anstellwinkels α, beziehungsweise des Einstellwinkels δ_G des Segels, unter dem angenommenen Grenzwert (340 N) halten. Mit anderen Worten, durch Veränderung des Krängungskraftbeiwerts C_K wird das Krängungsmoment dem vorhandenen aufrichtenden Moment angepaßt. Die Krängungskraft ist durch Gl. (1.3) gegeben:

$$F_K = C_K \cdot q \cdot A_S = C_K \cdot 0{,}6125 \cdot V_A^2 \cdot A_S, \qquad (1.3)$$

wobei für den Staudruck oder dynamischen Druck q des scheinbaren Windes gilt:

$$q = \tfrac{1}{2} \cdot \rho_A \cdot V_A^2 \, (\mathrm{N/m^2}) \qquad \rho_A\text{: Dichte der Luft} = 1{,}2250\,\mathrm{kg/m^3}$$

$$q = 0{,}6125 \cdot V_A^2 \, (\mathrm{N/m^2}).$$

Damit folgt für den zulässigen Krängungskraftbeiwert:

$$C_K = \frac{F_K}{0{,}6125 \cdot A_S \cdot V_A^2}. \qquad (1.4)$$

Setzen wir $F_K = 340\,\mathrm{N}$ und $A_S = 10\,\mathrm{m^2}$ in Gl. (1.4) ein, ergibt sich:

$$C_K = \frac{340}{0{,}6125 \cdot 10 \cdot V_A^2} = \frac{55{,}5}{V_A^2}. \qquad (1.4\mathrm{A})$$

Die Tabelle 1.6 enthält für Geschwindigkeiten des scheinbaren Windes V_A von 3,05 m/s–11,58 m/s (5,9 kn–22,5 kn), entsprechend einer wahren Windstärke von 2 bis 5 Beaufort, nach Gl. (1.4 A) errechnete Werte des zulässigen Krängungskraftbeiwertes C_K, die zugehörigen ungefähren Anstellwinkel α, sowie den Segeleinstellwinkel δ_G. Es sind versuchsweise alle C_K-Beiwerte ermittelt, ungeachtet dessen, ob das betreffende Rigg sie erzeugen kann oder nicht.

Tabelle 1.6

V_A (m/s)	V_A (Knoten)	V_A^2 (m^2/s^2)	q (N/m^2)	C_K	α (°)	δ_G (°)
3,05	5,9	9,30	5,7	5,97	ca. 20	ca. 4
4,27	8,3	18,23	11,2	3,04	20	4
5,18	10,1	26,83	16,4	2,07	20	4
6,10	11,8	37,21	22,8	1,49	20	4
6,71	13,0	45,02	27,6	1,23	20	4
7,01	13,6	49,14	30,1	1,13	20	4
7,32	14,2	53,58	32,8	1,03	20	4
8,53	16,6	72,76	44,6	0,76	12	12
9,14	17,8	83,54	51,2	0,66	11	13
10,36	20,1	107,33	65,7	0,52	8	16
11,58	22,5	134,09	82,1	0,41	5	19

Die Tabelle 1.6 enthält ebenfalls die Werte des Staudruckes q des scheinbaren Windes. Es zeigt sich, daß im betrachteten Geschwindigkeitsbereich das Segel einem Staudruck von minimal 5,7 N/m^2 bis maximal 82,1 N/m^2 ausgesetzt ist.

Bemerkenswert ist, daß diese auf das Segel wirkende dynamischen Drücke nur ein Bruchteil des Luftdruckes betragen (mittlerer Luftdruck: 101 325 N/m^2). Aus Gl. (1.4 A) und der Tabelle 1.6 geht hervor, daß der Krängungskraftbeiwert C_K umgekehrt proportional dem Staudruck q ist, das heißt, ihr Produkt ist konstant.

Bei leichtem Wind hat derjenige Einstellwinkel δ_G große Bedeutung, bei dem der größte Vortriebskraftbeiwert C_R erzeugt wird. Damit sind normalerweise große C_L und C_K-Werte verbunden, wie man aus der Segelpolaren für „leichten Wind" in Abb. 1.9 erkennen kann. Für den bei diesen Segelbedingungen verwendeten Polarenpunkt sind sowohl die Segelbeiwerte C_L, C_D und C_T wie auch C_K und C_R durch Vektoren gekennzeichnet. Der Beiwert C_K, fast gleich groß wie der Beiwert C_L, beträgt etwa 1,13. Überträgt man diesen Wert auf die Abszissenachse der Abb. 1.9 A, so schneidet die Senkrechte durch $C_K = 1{,}13$ die Kurve für $\gamma_A = 27{,}5°$ im Punkt 1. Auf der Ordinatenachse liest man als Wert des zugehörigen Vortriebskraftbeiwerts C_R 0,28 ab. Das ist der Maximalwert, den dieses bestimmte Segel bei $\gamma_A = 27{,}5°$ erzeugen kann. Dieser größe Beiwert C_R läßt sich mit dichtgeholtem Segel und einem Anstellwinkel von etwa 20° erreichen. Der zugehörige Segeleinstellwinkel δ_G beträgt 5°. Dieser Wert ist auch aus Abb. 1.9 F für den optimalen Einstellwinkel bei der leichten Wind entsprechenden Scheinwindgeschwindigkeit $V_A = 6$ kn zu entnehmen. Für jeden anderen Kurswinkel γ_A wird der maximale C_R-Wert natürlich unterschiedlich sein und verschiedene Anstellwinkel α erfordern.

Krängungskräfte

Man erhält das zu $C_{R\,max}$ bei $\gamma_A = 27{,}5°$ zugehörige Krängungskraft-Vortriebskraft-Verhältnis F_K/F_R (identisch mit dem Verhältnis C_K/C_R), indem man die senkrechte Linie aus Abb. 1.9 A durch $C_K = 1{,}13$ nach unten bis zum Schnittpunkt mit der Kurve für $\gamma_A = 27{,}5°$ in Abb. 1.9 B verlängert. Das auf der Ordinatenachse abgelesene Verhältnis F_K/F_R beträgt dann etwa 4,0, das heißt, F_K ist viermal größer als F_R.

Aus Tabelle 1.6 ist ersichtlich, daß bei $V_A = 3{,}05$ m/s (leichter Wind), der zulässige Krängungskraftbeiwert C_K sehr groß ist, etwa 6,0. Ein so großer Beiwert C_K, verbunden mit einem entsprechend hohen Beiwert C_L, kann jedoch weder mit dem Finnsegel, noch mit irgendeinem anderen Tuchsegel erreicht werden. Dies läßt sich mit keinem realistischen Segel verwirklichen, noch nicht einmal mit einem Starrsegel mit Hochauftriebsvorrichtungen, wie zum Beispiel dem auf Foto 1.1. Das Bild zeigt einen C-Klassen-Katamaran mit starrem Klappenflügel. Tatsächlich liegt der für konventionelle Tuchsegel in Großversuchen wie im Windkanal ermittelte Wert für $C_{L\,max}$ unter 2,0.

Da nach Abb. 1.9 A der größte Beiwert der Krängungskraft des Segels ($C_K = 1{,}13$) sehr viel kleiner ist als der zulässige (ungefähr 6,0), ist unser Kanu-Finn-Dinghy für leichten Wind untertakelt, das heißt, seine Stabilität wird nicht voll beansprucht. Bei scheinbaren Windgeschwindigkeiten um 3,05 m/s könnte es etwa 5mal soviel Segelfläche tragen und wäre immer noch aufrecht zu segeln.

Foto 1.1 Chris Wilsons *Miss Nylex*, ein Katamaran mit starrem Flügelsegel; die vieldiskutierten Wölbungsklappen des Tragflügels sind deutlich zu erkennen. Das Rigg wiegt weniger als 670 N; der Flügel besteht aus Balsaholzrippen, bespannt mit 70 g/m^2 schwerem Segeltuch. Wiedergabe der Fotografie mit freundlicher Genehmigung der Zeitschrift *Yachting World*.

Rumpf-Reaktion

Wir wollen uns nun dem Rumpf zuwenden. Es erleichtert die Untersuchung der Reaktion des Bootsrumpfes auf die Segelkräfte, wenn man das Verhältnis F_K/F_R für den Punkt 1 (leichter Wind) aus Abb. 1.9B durch eine Hilfslinie in Abb. 1.9C überträgt. Bei dem zugrundegelegten stationären Segelzustand müssen die jeweiligen Verhältnisse F_K/F_R und F_S/R gleich sein. Aus Abb. 1.9D geht hervor, daß V_S für $V_A=6$ kn (3,05 m/s) und $\gamma_A=27{,}5°$ etwa 2,5 Knoten beträgt. Die Hilfslinie in Abb. 1.9C schneidet nun die Kurve für diese Fahrtgeschwindigkeit im Punkt 1; der entsprechende Abdriftwinkel β beträgt 2,5° und der Gleitwinkel ε_H etwa 14°. Addiert man diesen Wert von ε_H mit dem Gleitwinkel ε_A des Segels ($\varepsilon_A=13{,}5°$ für den bei leichtem Wind verwendeten Polarenpunkt), so erhält man für γ_A den Wert 27,5°, wie es sein sollte.

Aus der Tabelle 1.6 läßt sich folgern, daß bis zu einer scheinbaren Windgeschwindigkeit V_A von 7,01 m/s (13,6 kn) das betrachtete Boot untertakelt bleibt. Bei dieser Windstärke ist der zulässige Beiwert der Krängungskraft C_K gleich 1,13 und mit einem Segel zu erzielen. Von dieser bestimmten Windgeschwindigkeit an führt das Boot für seine Stabilitätseigenschaften die richtige Segelfläche.

Soll die zulässige Krängungskraft F_K 340 N nicht überschreiten, muß bei einem Anwachsen von V_A über 7,01 m/s der Anstellwinkel α, der bis zu dieser kritischen Windstärke konstant 20° betrug (δ_G entsprechend 4°), allmählich verringert werden, um den Krängungskraftbeiwert C_K zu reduzieren.

Im rechten Polardiagramm des Segels in Abb. 1.9 sind die Beiwerte C_K, C_R und C_T für den kleinstmöglichen Gleitwinkel $\varepsilon_{A\min}=11°$, entsprechend dem größten Verhältnis L/D, dieses betrachteten Riggs dargestellt. Diese Segelstellung ist für $V_A=8{,}53$ m/s angemessen. Dann betragen $C_K=0{,}76$ und $C_R=0{,}22$. Beide Beiwerte sind kleiner als diejenigen für leichten Wind, ergeben aber für den gewählten Kurswinkel γ_A das kleinstmögliche Verhältnis F_K/F_R von etwa 3,3 (siehe Punkt 2 in Abb. 1.9B).

Für die Segelpraxis ließe sich daraus ableiten, daß bei starkem Wind durch den Trimm des Riggs die Form des Segels so verändert werden muß, daß das größtmögliche Verhältnis L/D im Bereich der anwendbaren Segeleinstellwinkel erreicht wird. Wir werden bei der Diskussion der Versuchsergebnisse des Finn-Riggs in Teil 3 sehen, daß es zweckmäßiger ist, das Segel so flach wie irgend möglich zu ziehen und den Anstellwinkel α zu reduzieren, als es killen zu lassen. Letzteres ist eine Technik zum „Durchkommen" und nicht Regattasegeln.

Die Reaktion des Rumpfes bei stärkerem Wind wird in Abb. 1.9C durch den Punkt 2 gekennzeichnet. Wie erwartet ist der hydrodynamische Gleitwinkel ε_H mit 16,5° größer als bei leichtem Wind. Aus den Kurven für $V_A=14$ Knoten und $V_A=18$ Knoten in Abb. 1.9D läßt sich interpolieren, daß das Boot eine Geschwindigkeit von 4,5 kn erreicht.

Nimmt der Wind weiter zu, beträgt V_A zum Beispiel 22 kn (11,58 m/s), muß der Beiwert der Krängungskraft durch weitere Vergrößerung des Einstellwinkels δ_G reduziert werden. Das kann zu teilweisem Killen des Segels führen. Nach

Tabelle 1.6 beträgt nun der zulässige C_K-Wert 0,41. Läßt man den oberen Teil des Segels killen, hat das nicht nur eine drastische Abnahme der Vortriebskraft zur Folge, sondern auch einen unerwünschten Anstieg des Verhältnisses F_K/F_R, wie durch Punkt 3 in Abb. 1.9 B angedeutet wird. Unter diesen Umständen wird das Boot langsamer. Die tatsächliche Abnahme der Geschwindigkeit von 4,5 kn auf 3,7 kn kann aus Abb. 1.9 D an Hand der Kurve für $V_A = 22$ kn (11,58 m/s) abgelesen werden. Es wird sich zeigen, daß mangels vorhandener Stabilität nur ein Teil der möglichen Vortriebskraft des Segels genutzt werden kann. Unter diesen Bedingungen ist das Boot übertakelt. Schnellsegeln ist deshalb weitgehend eine Frage der Stabilität.

Einige Schlüsse aus dieser Analyse des Zusammenwirkens von Segel und Rumpf bei $\gamma_A = 27{,}5°$ an Hand der Abb. 1.9 treffen in einem qualitativen Sinn auch auf andere Kurswinkel γ_A am Wind zu. Weitere, bislang nicht aufgezeigte Zusammenhänge über das Yachtverhalten herauszufinden, soll dem überlassen bleiben, der Spaß an Knobeleien hat.

Bei Jollen ist die zulässige Krängungskraft F_K hauptsächlich durch das Gewicht der Besatzung, einschließlich des zusätzlichen Ballasts durch nasse Pullover oder Gewichtswesten, und durch die Ausdauer der Mannschaft, am Wind genügend lange, mehr oder weniger unbequem auszureiten, bestimmt. Der unverkennbare Zusammenhang zwischen den aerodynamischen Eigenschaften der Segel, dem verfügbaren Stabilitätsmoment und der sich daraus ergebenden Fahrtleistung des Bootes erklärt, warum in allen internationalen Klassen der Gebrauch von Gewichtswesten und nassen Pullovern gang und gäbe ist. Die Praxis hat gezeigt, daß ein Finnsegler, um bei Windgeschwindigkeiten über 10,36 m/s (20 kn) noch mithalten zu können, zwischen 1020 N und 1110 N wiegen sollte. In einer der Wettfahrten des Finn Gold Cup von 1969 trug der führende Segler 445 N schwere Ballastkleidung. Seitdem und trotz der Tatsache, daß nasse Pullover und Gewichtswesten als Stabilitätshilfen ein umstrittenes Thema zwischen den IYRU-Regelgestaltern und den Regattaseglern sind, wurde der IYRU-Regel 22 „Verlagerung von Ballast" ein zusätzlicher Paragraph angefügt. Er lautet:

„22.3 Kleidung und Ausrüstung

(a) Kein Teilnehmer darf Kleidung oder Ausrüstung zu Erhöhung seines Gewichts tragen oder mitführen.

(b) Klassen, die eine Ausnahme von Regel 22.3 zu machen wünschen, können Entsprechendes in ihren Klassenvorschriften aufnehmen. Falls in der Klassenvorschrift kein geringeres Höchstgewicht vorgeschrieben ist, darf jedoch das Gesamtgewicht von Kleidung und Ausrüstung, die von einem Teilnehmer getragen oder mitgeführt werden, in mit Wasser getränktem Zustand 15 kg nicht überschreiten. Im Sinne dieser Regel sind Wassertaschen oder -behälter in der Kleidung und Ausrüstung eines Teilnehmers zulässig, sofern nicht in der jeweiligen Klassenvorschrift anderslautende Regelungen getroffen werden. Das Gewicht des Wassers in den Taschen, beziehungsweise Behältern, ist Bestandteil des Gesamtgewichts."

C Die Wirksamkeit von Schwert und Kielflosse

Die Eigenschaften des Rumpfes lassen sich nicht so einfach wie die der Segel untersuchen. Hinsichtlich der hydrodynamischen Seitenkrafterzeugung zum Ausgleich der Segelkräfte kann man den Rumpf und seine Anhänge (Ruder, Kielflosse oder Schwert) als einen im Wasser arbeitenden Tragflügel auffassen. Darüber hinaus sollen sie weiteren Anforderungen gerecht werden, die aber gerade im stationären Segelzustand auf den ersten Blick schwer zu erkennen sind.

Aus Abb. 1.9C läßt sich zum Beispiel entnehmen, daß die Schwert-Rumpf-Kombination im Bereich der beim Segeln auftretenden Abdriftwinkel ($\beta = 2°$ bis 3°) deutlich unterhalb des maximalen Verhältnisses F_S/R arbeitet, das bei $V_S =$ 2,5 Knoten etwa 7 beträgt. Tatsächlich segelt das Boot mit einem Verhältnis F_S/R von ungefähr 4. Dieses Verhalten ist kein besonderes Merkmal des Internationalen Segelkanus, sondern typisch für die meisten Segelboote, einschließlich der Kielyachten, vielleicht mit Ausnahme solcher Yachten mit sehr kleinen Anhängen.

Die Abb. 1.11 und 1.12 zeigen die hydrodynamischen Kräfte am Rumpf einer 6-m-R-Yacht bei $V_S = 5{,}9$ Knoten [1.6]. Unter der Wirkung einer Krängungskraft $F_K = 2068$ N krängt das Boot 20°, der Widerstand R beträgt 627 N, womit sich ein Verhältnis F_S/R von 3,3 ergibt. Aus Abb. 1.11 geht hervor, daß ebenso wie beim Segelkanu, die vom Rumpf bei $\beta = 3°$ erzeugte Seitenkraft F_S viel zu klein ist, um das für diesen Rumpf größtmögliche Verhältnis $F_S/R = 4{,}3$ zu erreichen. Dazu müßte die Seitenkraft F_S (oder die Krängungskraft F_K) mehr als verdoppelt werden. Da der Bleiballast einer 6-m-R-Yacht schon nahezu dreiviertel ihres Gesamtgewichts ausmacht, besteht keine Möglichkeit, die Querstabilität und damit die Seitenkraft F_S zu erhöhen. Ist der kleine Abdriftwinkel, den sowohl die 6-m-R-Yacht als auch das Segelkanu aufweisen, ein Anzeichen dafür, daß ihre

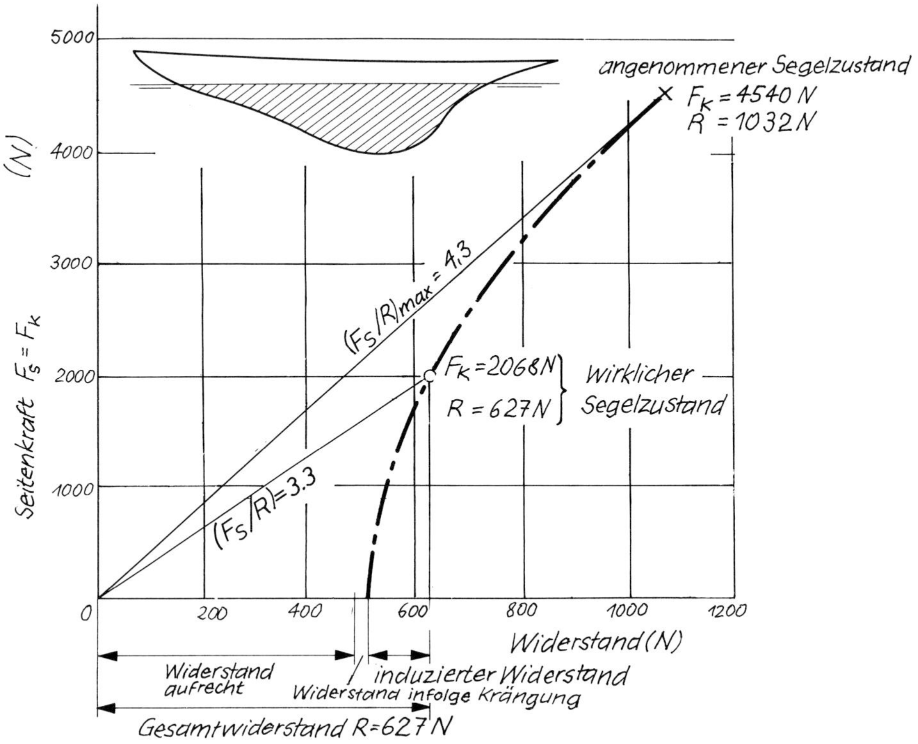

Abb. 1.11 Kräfte am Rumpf einer 6-m-R-Yacht bei $V_S = 5{,}9$ Knoten und 20° Krängung
Gesamtwiderstand $R = R_{\text{aufrecht}} + R_{\text{Krängung}} + R_{\text{induziert}}$
$= 498 \quad + 18 \quad + 111 = 627$ N

Anhänge zu groß sind und somit überflüssige Fläche unnötigen Reibungswiderstand erzeugt?

Mit anderen Worten, es hat den Anschein, als ob das Schwert, oder bei einer Verdrängeryacht die Kielflosse, nicht vollständig als wirksame Querkraft (Auftrieb) erzeugende Fläche eingesetzt wird, wenn unter normalen Segelbedingungen der Abdriftwinkel geringer ist, als der, für den das maximale Verhältnis F_S/R auftritt. Diese Ansicht wird durch die folgenden Aussagen von E. Bruce [1.7] unterstützt:

a) Der Abdriftwinkel der Rumpfanhänge ist identisch mit dem Anstellwinkel eines Tragflügels mit symmetrischem Profil; die hydrodynamische Seitenkraft entspricht darum dem Auftrieb (Abb. 1.12).
b) Für einen Tragflügel oder eine Kombination aus Rumpf und Tragflügel existiert ein Anstellwinkel, für den das Verhältnis F_S/R maximal wird.
c) Das größte Verhältnis F_S/R ist mit dem größten Verhältnis L/D und dem kleinsten hydrodynamischen Gleitwinkel ε_H verbunden.
d) Darum gibt es einen Abdriftwinkel, mit dem der kleinste Kurswinkel zum scheinbaren Wind erreicht wird.

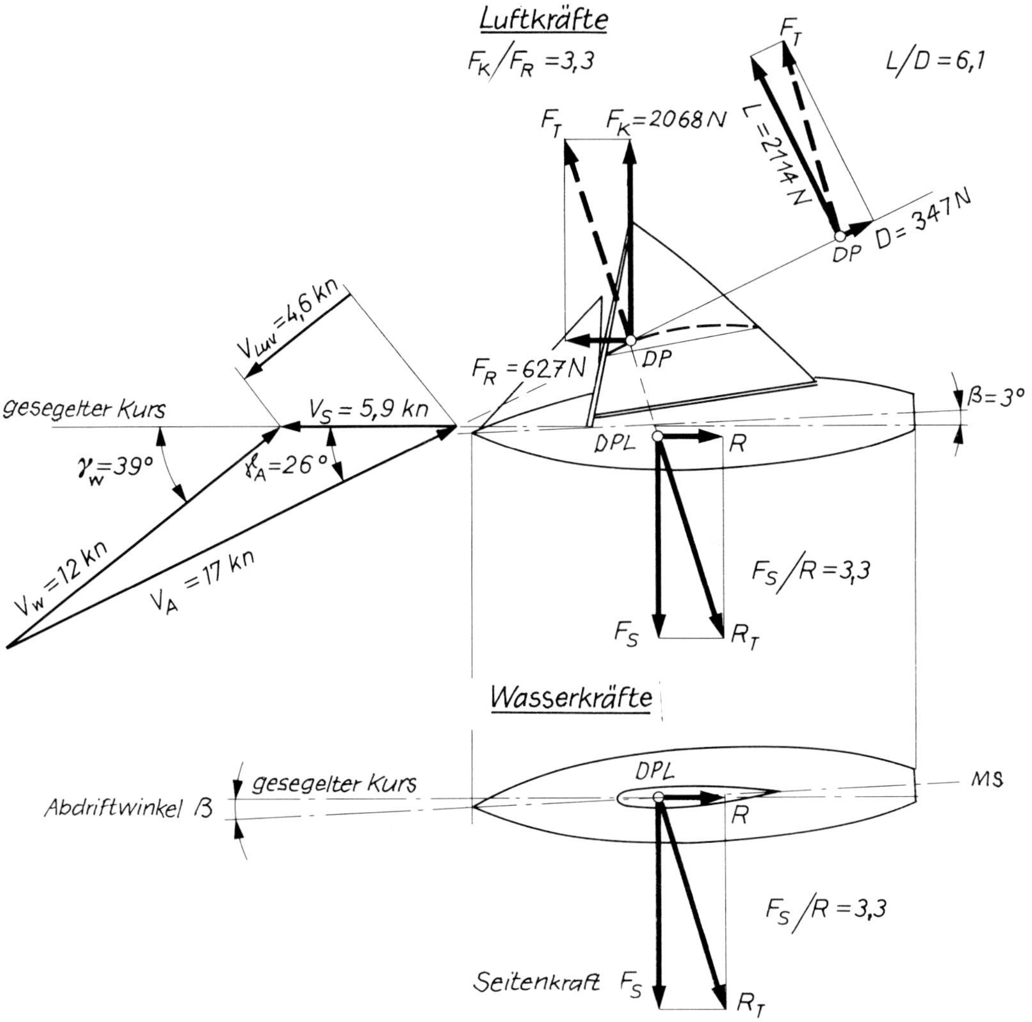

Abb. 1.12 Gleichgewicht der Kräfte an einer 6-m-R-Yacht beim Segeln am Wind ($V_W = 12$ Knoten)
L_{WL} – 7,16 m
Breite – 1,98 m
Tiefgang – 1,65 m
Deplacement – 4,26 t
Segelfläche – 55,7 m²
Lateralfläche (Rumpf) – 6,5 m²
Krängungswinkel – 20°

Wir wollen nun in diesem Zusammenhang die Eigenschaften einiger Tragflügel mit einem Seitenverhältnis von 6 bei einer Reynolds-Zahl um 3 Millionen ($3{,}0 \cdot 10^6$) vergleichen. Abb. 1.13 zeigt die verwendeten NACA-Profile. Aus der Tabelle 1.7 ist ersichtlich, daß alle Anstellwinkel für das maximale Verhältnis L/D zwischen 4° und 6° liegen. Für kleinere Seitenverhältnisse, zum Beispiel $\Lambda = 3$, liegen sie 1° höher, das heißt zwischen 5° und 7°.

Tabelle 1.7

Profil	$(L/D)_{max}$	Anstellwinkel für $(L/D)_{max}$	C_L bei $(L/D)_{max}$	$C_{L\,max}$	Anstellwinkel für $C_{L\,max}$	C_D bei $(L/D)_{max}$
ebene Platte	ca. 10	4°–5°	–	0,72	20°–25°	–
NACA 0006	24	4°	0,30	0,88	16°	0,0125
0009	23	5°	0,35	1,27	18°	0,0152
0012	22	5°	0,35	1,53	22°	0,0159
0015	21	5°	0,35	1,53	22°	0,0167
0018	20	6°	0,35	1,50	23°	0,0175

Nach [1.8]

Wie wir sehen werden, ist der Einfluß der Dicke des Profils auf den Anstieg von C_L mit dem Anstellwinkel verhältnismäßig gering. Da der Widerstand leicht mit der Profildicke zunimmt, beeinträchtigt dies etwas die Maximalwerte des Verhältnisses L/D. Der höhere Widerstand des dicken Tragflügels wird jeoch durch sein größeres $C_{L\,max}$ wieder reichlich wettgemacht.

Seitenverhältnis

Aus Gründen, die in den folgenden Kapiteln erklärt werden sollen, hat das Seitenverhältnis Λ (ein Maß für die Schlankheit des Flügels) einen erheblichen Einfluß auf die Größe des bei einem bestimmten Anstellwinkel erzeugten Auftriebs. Dies verdeutlicht Abb. 1.14. Sie gibt einen Überblick über die bei einer Anströmgeschwindigkeit von 3,0 Knoten an Tragflügeln mit dem NACA-Profil 0009 (Abb. 1.13) entstehende Seitenkraft F_S (Auftrieb). Alle Tragflügel besitzen die gleiche Lateralfläche $A_L = 0{,}37\ \text{m}^2$, aber unterschiedliches Seitenverhältnis ($\Lambda = 1$ bis 6).

Ein kleiner Kreis und ein Pfeil kennzeichnen in Abb. 1.14 eine durch das Schwert des Internationalen Segelkanus erzeugbare Seitenkraft. Das geometrische Seitenverhältnis des in Abb. 1.5 dargestellten Schwertes beträgt 2,75; es errechnet sich üblicherweise wie folgt:

$$\Lambda = \frac{\text{Spannweite (Länge)}^2}{\text{Fläche}} = \frac{(1{,}0\ \text{m})^2}{0{,}364\ \text{m}^2} = 2{,}75.$$

Kann das Wurzelprofil des Schwertes am Rumpf nicht umströmt werden (kein Spalt zwischen Rumpf und Schwert), wird das sogenannte effektive Seitenverhältnis etwa doppelt so groß wie das geometrische, das heißt, beim Segelkanu wäre das effektive Λ etwa 5,5. Das erreichbare Maximum der Seitenkraft $F_{S\,max}$ hängt deutlich von der Reynolds-Zahl ab. Dieser auch in Abb. 1.14 erkennbare Umstand ist von praktischer Bedeutung für das Verhalten der Yacht bei instationärem Segelzustand.

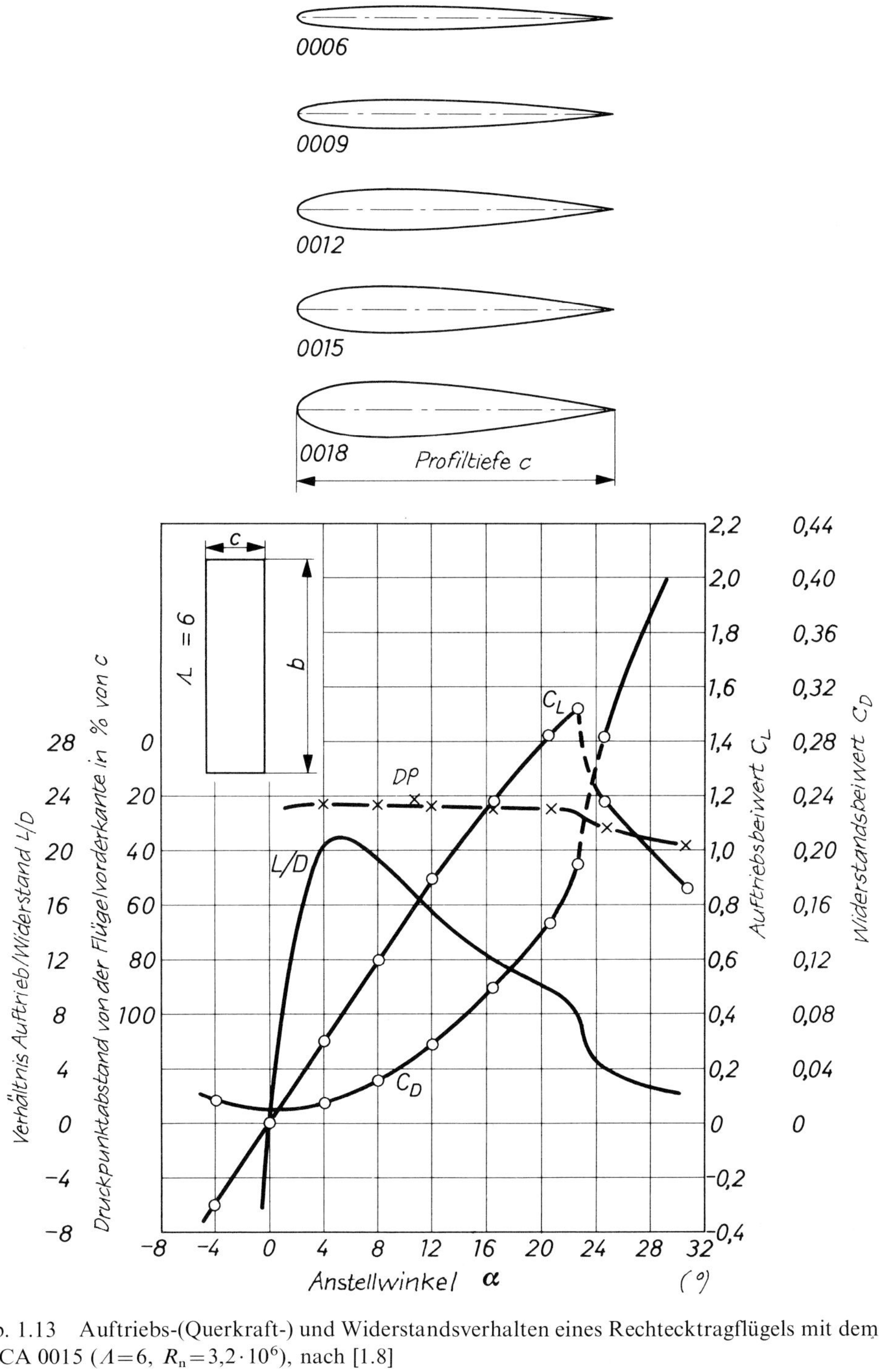

Abb. 1.13 Auftriebs-(Querkraft-) und Widerstandsverhalten eines Rechtecktragflügels mit dem Profil NACA 0015 ($\Lambda = 6$, $R_n = 3{,}2 \cdot 10^6$), nach [1.8]

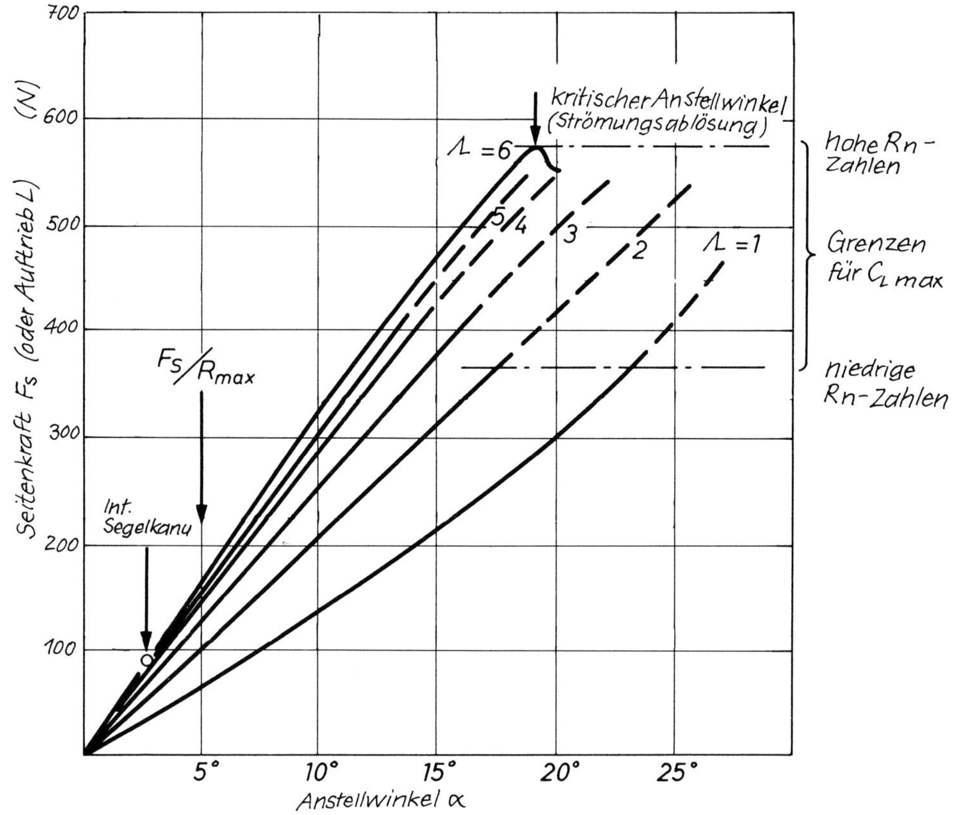

Abb. 1.14 Seitenkraft F_S oder Auftrieb L von Tragflügeln mit unterschiedlichem Seitenverhältnis in Abhängigkeit vom Anstellwinkel (Profil NACA 0009, $A = 0{,}37\ \text{m}^2$, $V = 1{,}55\ \text{m/s}$)

$$F_S = L = \frac{\rho}{2} \cdot C_L \cdot A \cdot V^2 \qquad \text{für Frischwasser: } \rho = 1000\ \text{kg/m}^3$$
$$= 500 \cdot C_L \cdot 0{,}37 \cdot 1{,}55^2$$
$$\approx 444 \cdot C_L\ (\text{N})$$

Aus Abb. 1.14 wird deutlich, daß das Internationale Segelkanu über eine beträchtliche Seitenkraftreserve verfügt. Unter normalen Segelbedingungen wird diese anscheinend nicht benötigt. Bedeutet das, daß sein Schwert zu groß ist?

Folgt man dem eingangs zitierten Gedankengang aus [1.7], und nimmt man an, daß die Fahrtgeschwindigkeit das Hauptziel ist, scheint es einleuchtend, daß ein fähiger Konstrukteur die Abmessungen der Unterwasseranhänge so bestimmen sollte, daß im Bereich der erwarteten Geschwindigkeiten das maximale Seitenkraft-Widerstand-Verhältnis F_S/R erreicht wird. Dies klingt vernünftig, denn wird die benötigte Seitenkraft bei kleinstmöglichem Widerstand, der mit kleiner benetzter Oberfläche verbunden ist, produziert, ist ein Gewinn zu erwarten: Geschwindigkeit. Diese Argumente treffen jedoch nur teilweise zu und beziehen sich auf den stationären Segelzustand. Treibt man die Verringerung der

Lateralflächen der Anhänge zu weit, kann dies zu enttäuschenden, wenn nicht verheerenden Ergebnissen bei instationärem Segelzustand führen, zum Beispiel beim Rollen oder beim Wenden bei starkem, böigem Wind und rauher See, oder, wie wir noch sehen werden, sogar bei leichten Winden. Die schlechten Steuer- und Am-Wind-Eigenschaften, die direkt miteinander zusammenhängen, und bei der internationalen Tempest-Klasse oder bei anderen modernen Yachten zu beobachten sind, lassen sich auf die geringe Lateralfläche ihrer Anhänge zurückführen. Nicht selten ist sie deutlich kleiner als die aufgrund einer statistischen Analyse erfolgreicher Boote als angemessen angesehene Fläche, die üblicherweise durch das Verhältnis minimale Kielfläche zu Segelfläche ausgedrückt wird. Anscheinend gab es gute Gründe für diese auf Erfahrung beruhenden Richtlinien.

Einer dieser Gründe ist folgender: die hydrodynamische Seitenkraft F_S wird hauptsächlich durch die Flosse verursacht, der Rumpf trägt wenig dazu bei [1.5]. Eine deutliche Vergrößerung des Abdriftwinkels, um die Kielflosse mit dem besten Seitenkraft-Widerstands-Verhältnis arbeiten zu lassen, führt zu einem merklichen Anstieg des Wellenwiderstandes. Um diesen zusätzlichen Widerstand durch die Schräganströmung zu reduzieren, hat man Kielflossen mit Trimmklappen und drehbare Flossen mit relativ zur Rumpflängsachse veränderbarem Einstellwinkel entwickelt.

Wie H. Barkla [1.1] aufzeigt, gibt es hierbei unverkennbar zwei entgegengesetzte Sachverhalte: wird die Lateralfläche vergrößert, um den Abdriftwinkel zu verringern, erhöht sich die benetzte Oberfläche und der sich daraus ergebende höhere Reibungswiderstand, der bei niedrigen Geschwindigkeiten überwiegt, kann die möglichen Gewinne bei höherer Geschwindigkeit, wo der Wellenwiderstand dominiert, aufzehren. Um genügend Seitenkraft bei verschiedenen Segelverhältnissen im stationären wie im instationären Zustand zu erzeugen, scheint eine statistisch ermittelte Größe von Kielflossen oder Schwert, beides Meisterwerke empirischer Entwicklung, von etwa 4 Prozent der Segelfläche das Minimum zu sein.

12-m-R-Yachten

In [1.7] wurde vorgeschlagen, daß der ziemlich große Lateralplan und die benetzte Oberfläche der älteren 12-m-R-Yachten um mindestens ein Drittel verringert werden könnten; weniger Widerstand wäre die Folge. Dieser Schluß scheint mit der Praxis im Flugzeugbau übereinzustimmen, die bestätigt, daß einer der besten Wege die Geschwindigkeit zu erhöhen, eine Verringerung der Flügelfläche oder der Oberfläche ist. Die Entwicklung der 12-m-R-Yachten in dieser Hinsicht von 1958 bis 1974 veranschaulicht Abb. 1.15. Die modernen Zwölfer weisen weit weniger benetzte Fläche auf, hauptsächlich infolge kleinerer Anhänge, und sie sind schneller. W.F. Ficker, *Intrepid*s Steuermann 1970, bemerkte aber [1.9]:

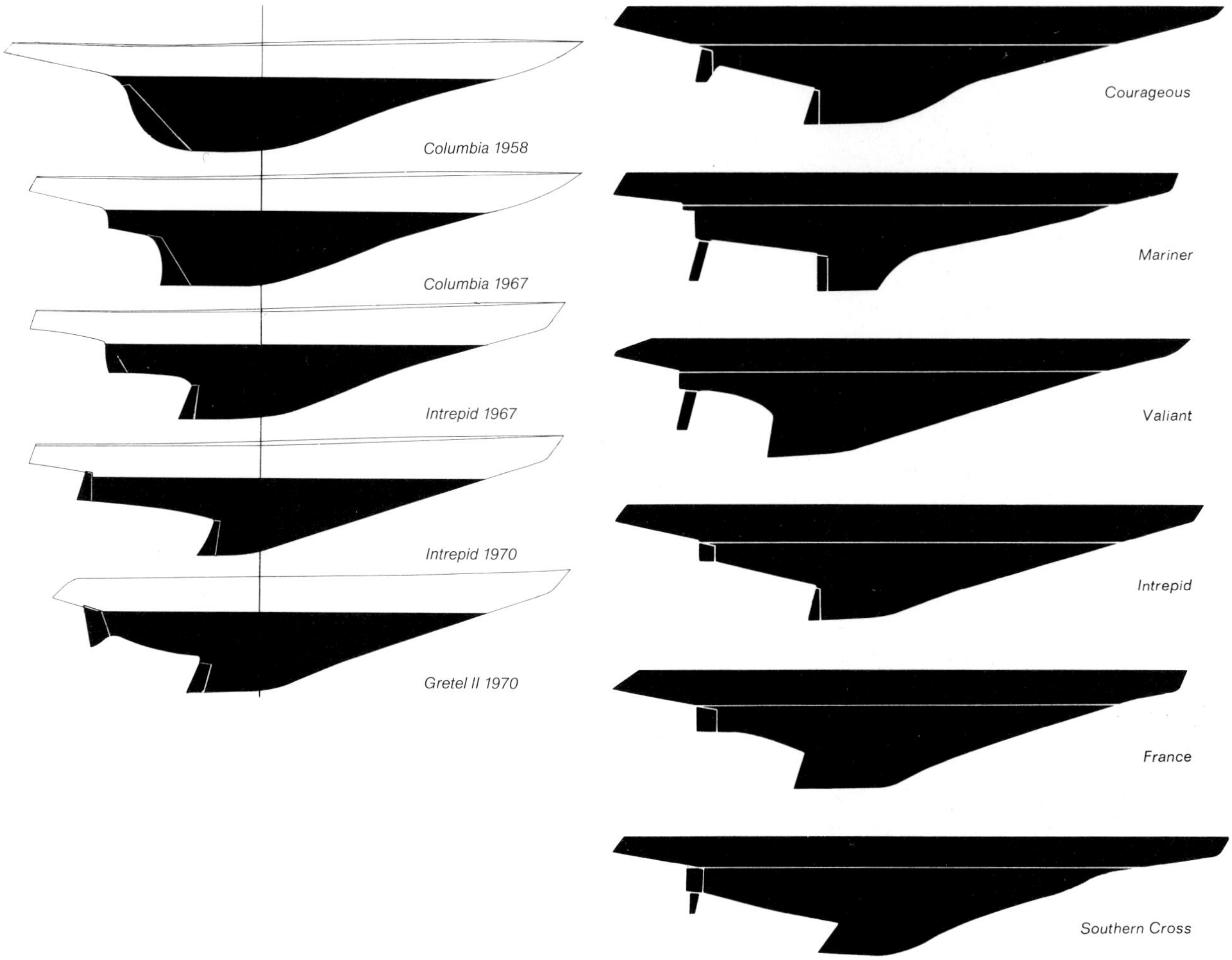

Abb. 1.15 Entwicklung der Rumpfform in der 12-m-R-Klasse

„Die gegenwärtige Zwölferflotte ist sehr schwierig zu steuern und ‚in der Spur' zu halten. *Intrepids* größtes Problem war das Wenden bei wenig Wind. Es war gar nicht leicht, sie wieder an den Wind zu bringen und die alte Fahrt vom vorherigen Bug zu erreichen. Jede erdenkliche Kombination von Wendetechnik und Segeltrimm wurden ohne Erfolg ausprobiert."

Die Kursstabilität dieser Yachten hat sich, gemessen an den älteren Zwölfern, verschlechtert. Das wird durch eine in [1.10] mitgeteilte Beobachtung bestätigt:

„Als ich einen der Zwölfer bei mäßigen Winden auf dem Long Island Sound steuerte, mußte ich dauernd einen festen Punkt an Land anpeilen. Anders konnte ich das Schiff nicht segeln. Es gierte ständig 10° nach jeder Seite und bedurfte dauernder Kontrolle."

Foto 1.2 12-m-R-Yacht *Norsaga* mit Meßeinrichtungen

Als dem Autor dieses Buches die Gelegenheit gegeben wurde, unter ähnlichen Bedingungen die alte, mit konventionellem Langkiel versehene 12-m-R-Yacht *Norsaga* (Foto 1.2) zu segeln, stellte sich zu seiner Verwunderung heraus, daß das Boot sich selbst steuerte.

Diese Beeinträchtigung der Steuereigenschaften sind vielleicht der unvermeidliche Preis für die verkleinerte Lateralfläche der Anhänge: Kielflosse, separates Ruder. Andererseits können sie zum Teil von der Unwirksamkeit des Ruders im Nachstrom der Rumpfverdickung im Ruderbereich herrühren, eine konstruktive Maßnahme, die heutzutage ein Merkmal fast aller modernen Rennyachten ist.

Die Erfahrung hat gezeigt, daß bei guter Formgebung dieser völlige Skeg den Wellenwiderstand verringert. Ist er jedoch ungünstig ausgeführt, kann die Strömung abreißen, wodurch die Wirksamkeit des Ruders nachteilig beeinflußt wird.

An der gleichen Krankheit leiden auch die modernen Hochseeyachten, für die die Zwölfer richtungsweisend sind. „Eine zu radikale Abkehr", um Olin Stephens zu zitieren, „vom bislang beschrittenen Weg kann zu einem überraschenden Ergebnis führen, meist einer unangenehmen Überraschung. Es gibt noch so viel zu lernen über all die möglichen Verbesserungen so vieler Dinge, daß jedesmal mehrere Ideen verfolgt werden müssen, mit der Hoffnung, daß sie einen weiterbringen".

Im Kapitel über instationäre Segelzustände werden die Gründe für diese Unart der modernen Yachten untersucht.

D Der optimale Kurs am Wind

Drei Faktoren beeinflussen beim Segeln am Wind den optimalen Kurswinkel γ_W. Abgesehen von den beiden schon betrachteten Faktoren, nämlich dem aerodynamischen Gleitwinkel ε_A und dem hydrodynamischen Gleitwinkel ε_H, ist γ_W von der Zuwachsrate des Rumpfwiderstandes bei steigender Fahrtgeschwindigkeit abhängig.

Mit anderen Worten, der optimale Kurswinkel γ_W zum wahren Wind wird weitgehend durch den Exponenten der Potenzfunktion bestimmt, mit der sich die Beziehung zwischen Widerstand und Geschwindigkeit des Bootes beschreiben läßt. Allgemein kann man das folgendermaßen ausdrücken:

$$\text{Rumpfwiderstand} = C \cdot V_S^n \qquad (1.5)$$

mit C = veränderlicher Beiwert, abhängig von der Rumpfform
n = Geschwindigkeitsexponent

Der Exponent n ist für kleine Geschwindigkeiten, bei vorherrschendem Reibungswiderstand, etwa gleich 2,0.

Rumpfwiderstand

Ein Blick auf Abb. 1.5, die das Widerstandsverhalten des leichten Internationalen Segelkanus ohne Krängung und Abdrift darstellt, zeigt, daß bei einer Verdopplung der Geschwindigkeit von 2 auf 4 Knoten der Widerstand etwa um das Vierfache ansteigt. Da die Segelkräfte proportional zum Quadrat der Windgeschwindigkeit anwachsen, kann man erwarten, daß bei geringer Fahrt die Bootsgeschwindigkeit ungefähr direkt proportional mit der Windgeschwindigkeit zunimmt. Bei größer werdender Fahrtgeschwindigkeit nimmt der Geschwindigkeitsexponent, abhängig vom Deplacement-Längenverhältnis $\Delta/(L/10)^3$ des betrachteten Bootes, allmählich Werte um 3, 4 oder höher an.

Wie H. Barkla ([1.1] und [1.11]) gezeigt hat, läßt sich das Verhältnis von V_{Luv} zu V_W, das man als Maß für die Fahrtleistung einer Yacht ansehen kann, wie folgt durch γ_W und γ_A ausdrücken:

$$\frac{V_{Luv}}{V_W} = \frac{\cot \gamma_W}{\cot (\gamma_W - \gamma_A) - \cot \gamma_W}. \tag{1.6}$$

Mit

$$\gamma_A = \varepsilon_A + \varepsilon_H$$

ergibt sich:

$$\frac{V_{Luv}}{V_W} = \frac{\cot \gamma_W}{\cot (\gamma_W - \varepsilon_A - \varepsilon_H) - \cot \gamma_W}. \tag{1.7}$$

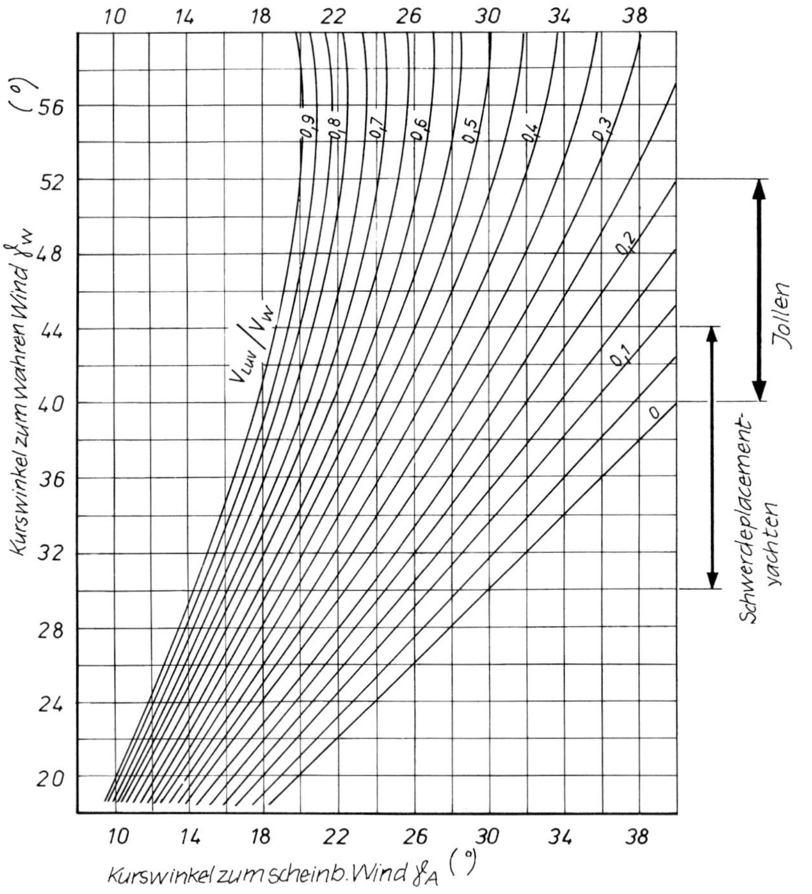

Abb. 1.16 Diagramm zur Bestimmung der Fahrtleistung einer Yacht am Wind

Abb. 1.16 veranschaulicht diese Beziehung zwischen V_{Luv}/V_W, γ_W und γ_A. Ist der Kurswinkel γ_W zum wahren Wind und der Kurswinkel γ_A zum scheinbaren Wind bekannt, läßt sich aus ihr die jeweilige Fahrtleistung unterschiedlicher Bootstypen durch das Verhältnis V_{Luv}/V_W direkt abschätzen. Typisch für schwere Kielyachten sind V_{Luv}/V_W-Werte zwischen 0,3 (starker Wind) und 0,6 (leichter Wind) bei Kurswinkeln γ_W zwischen 30° und 40°.

Für leichte Jollen ist der Winkel γ_W größer; er liegt etwa zwischen 40° und 52°. Warum? Sind schwere Kielboote deshalb am Wind überlegen? Sicher nicht. Das höhere Anliegen der Kielyacht besagt nur, daß der Widerstand mit der Geschwindigkeit so stark ansteigt, daß es sich nicht lohnt, etwas raumer und dafür schneller zu segeln, während es sich bei der Jolle auszahlt. Da am Wind das durch Gl. (1.2) gegebene V_{Luv} von Bedeutung ist, kann ein höher anliegendes Boot von einem schnelleren Boot mit weniger steil ansteigender Widerstandskurve geschlagen werden.

Um das Widerstandsverhalten verschiedenartiger Rumpfformen beurteilen zu können, muß soweit wie möglich der Einfluß der Größe beseitigt werden. Dies erreicht man, indem über dem Geschwindigkeits-Längen-Verhältnis aufgetragene Werte des spezifischen Widerstands (Rumpfwiderstand im Verhältnis zum Gewicht des Bootes) miteinander verglichen werden. Abb. 1.17 stellt für vier verschiedene Rumpfformen mit unterschiedlichem Deplacement-Längen-Verhältnis $\Delta/(L/10)^3$ diese Kurven des spezifischen Widerstands dar. Es sei noch einmal daran erinnert, daß das Deplacement-Längen-Verhältnis gewissermaßen das auf eine bestimmte Länge L verteilte Gewicht der Yacht beschreibt [Anm. 1.12]. Im Gegensatz zu Booten mit geringer Verdrängung wie dem Segelkanu oder der A-Klassen-Scow, biegt die Kurve des spezifischen Widerstands der schweren New York 32, eine Vertreterin des Verdrängertyps, steil nach oben ab, sobald die Yacht ihre sogenannte Rumpfgeschwindigkeit erreicht, von der an die starke Wellenbildung jede weitere Geschwindigkeitssteigerung praktisch unmöglich macht.

Das bemerkenswerte Abflachen der Widerstandskurven der Scow und des Internationalen Segelkanus ist auf die durch Rumpfform und Gewicht bedingte Verringerung der Wellenbildung zurückzuführen. Ein flachbodiger, leichter Rumpf beginnt ab einer bestimmten Geschwindigkeit sich aus dem Wasser herauszuheben und zu gleiten, anstatt durch das Wasser zu „pflügen".

Zwischen diesen beiden charakteristischen Rumpfformen, die zwei unterschiedliche und konträre Auffassungen der Segelyacht repräsentieren, der Verdrängerform der NY 32 und der Gleiterform der A-Klassen-Scow, liegt eine Vielfalt, die die ganze Spannweite der Kompromisse zwischen reiner Geschwindigkeit und den anderen wünschenswerten Eigenschaften, die ein „perfektes" Boot besitzen sollte, verkörpert. Die 5,5-m-R-Klasse mit einem Deplacement-Längen-Verhältnis von etwa 6,64 stellt einen Bootstyp dar, der zwischen den beiden Extremen liegt (bezüglich der Einteilung der Segelyachten siehe auch [Anm. 1.13]).

Der Hauptunterschied zwischen den verschiedenen Rumpfformen in Abb. 1.17 besteht in der Zuwachsrate des spezifischen Widerstands. Dies spiegelt sich in

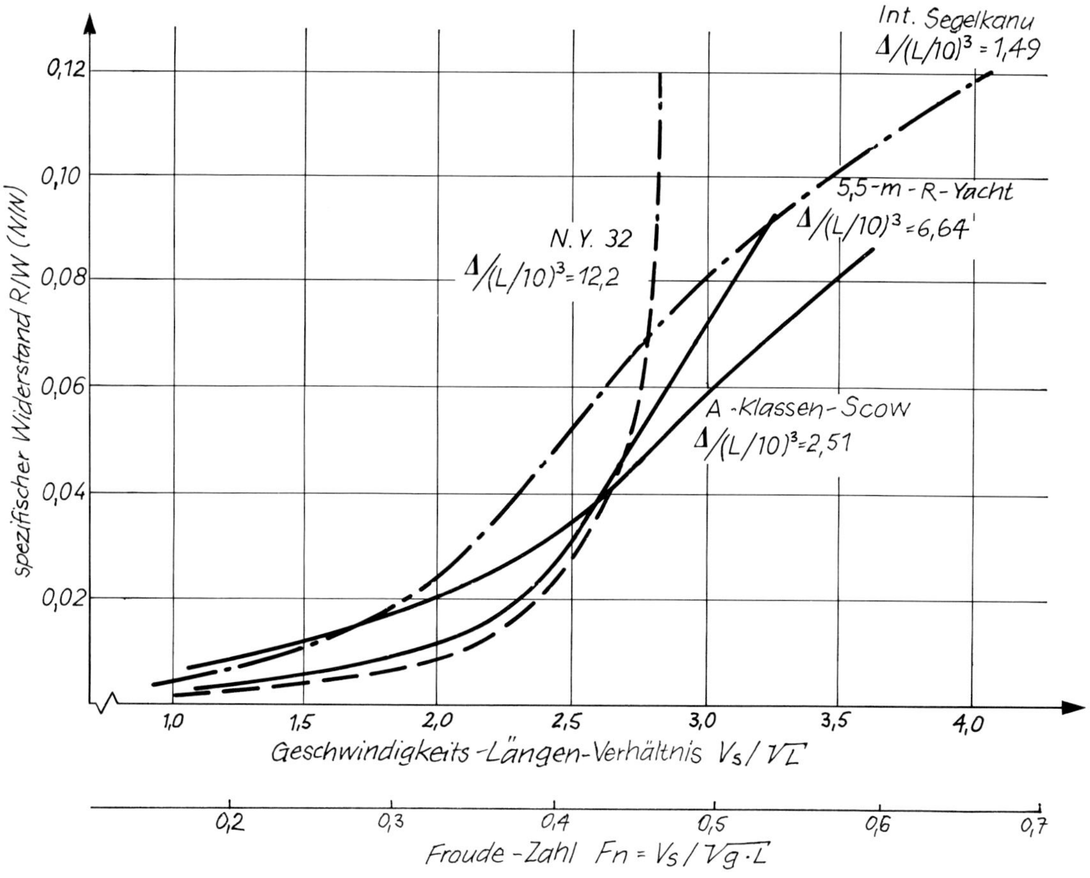

Abb. 1.17 Widerstandsverhalten verschiedener Rumpfformen

Abb. 1.18 deutlich im optimalen Kurswinkel γ_W zum wahren Wind wider. Diese Abbildung bestätigt die von H. Barkla in [1.11] vertretenen Ansichten:

„Während zwei ähnliche Rümpfe mit unterschiedlichen Riggs verschiedene optimale Kurswinkel γ_W aufweisen können, wobei der kleinere Kurswinkel das bessere Rigg und möglicherweise, aber nicht notwendigerweise auch das schnellere Boot kennzeichnet, folgt aus einer Verbesserung der Wirksamkeit des Kiels stets eine größere Geschwindigkeit nach Luv und mehr Höhe am Wind. Vergleichen wir aber unterschiedliche Bootstypen, verliert der optimale Kurswinkel γ_W jeglichen Wert als Beurteilungsgrundlage. Der Eigner einer Kielyacht hat kein Recht, sich dem Jollensegler überlegen zu fühlen, nur weil die Jolle vielleicht mit 42°, er aber mit 35° am Wind segelt."

Abb. 1.19 stellt das Fahrtleistungsverhalten von fünf Booten mit unterschiedlichem Deplacement-Längen-Verhältnis, einschließlich der Gleiterformen, dar (Foto 1.3, 1.4 und 1.5). Der Längeneinfluß wird durch die Verwendung des Verhältnisses $V_{Luv}/\sqrt{L}$ beseitigt (V_{Luv} in Knoten, L in Metern). Eine vielleicht

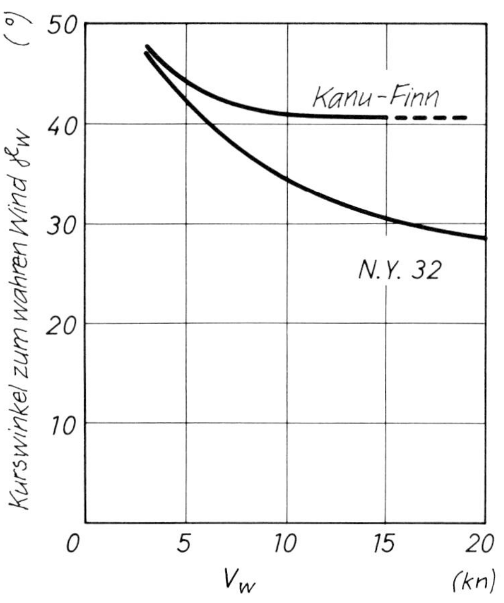

Abb. 1.18 Abhängigkeit des Kurswinkels γ_W für größte Zielgeschwindigkeit nach Luv von der wahren Windstärke V_W für Jolle und Schwerdeplacementyacht

unerwartete Folgerung aus dieser Abbildung ist, daß der Jollensegler sich berechtigt fühlen könnte, seinen Bootstyp als überlegen anzusehen. Der beste Kurswinkel γ_W seines Bootes ist größer als der des Kielbootes, ein Hinweis auf einen niedrigeren Geschwindigkeitsexponenten in der Rumpfwiderstandsfunktion. Dies kann er sich bei leichten und mittleren Winden durch raumeres und folglich schnelleres Segeln zu nutze machen; ein größeres Verhältnis $V_{Luv}/\sqrt{L}$ als das der höher am Wind segelnden Verdrängeryacht ist die Folge.

Bei glattem Wasser ist das von der leichten, gleitenden Scow erreichbare Verhältnis $V_{Luv}/\sqrt{L}$ größer als 2,0, die moderne 12-m-R-Yacht erreicht kaum diesen Wert. Für die Fahrtleistung der Flying-Dutchman-Jolle bei verschiedenen Windgeschwindigkeiten liegen zwar keine Unterlagen vor, aber fast sicher ist sie bezüglich des Verhältnisses $V_{Luv}/\sqrt{L}$ besser als unser fiktives Kanu-Finn-Dinghy, dessen Rumpf mit 5,18 m für moderne Jollen ungewöhnlich lang ist. Diese Länge im Nenner verringert in der Hauptsache den Wert von $V_{Luv}/\sqrt{L}$. Vermutlich liegt die Leistungskurve des relativ kürzeren Flying-Dutchman rechts von der Kanu-Finn-Kurve. Das würde bedeuten, die Fahrtleistung des Flying-Dutchman am Wind ist möglicherweise im ganzen betrachteten Windgeschwindigkeitsbereich größer als die der 12-m-R-Yacht.

Der Vergleich der Leistungskurven der ziemlich konventionellen Yacht NY 32 und des Zwölfers *Intrepid,* der als Inbegriff des gegenwärtigen Stands des Yachtentwurfs betrachtet werden kann, zeigt, daß die 12-m-R-Yacht, obwohl sie bei viel Wind überlegen ist, von der NY 32 bei leichten und mäßigen Winden geschlagen werden kann. Dabei wird natürlich vorausgesetzt, daß die Fahrtleistungen an Hand des Verhältnisses $V_{Luv}/\sqrt{L}$ verglichen werden. Dieses Beispiel zeigt deutlich, wie schwierig es ist, die Leistung von Schwerdeplacementyachten für alle Windverhältnisse zu verbessern.

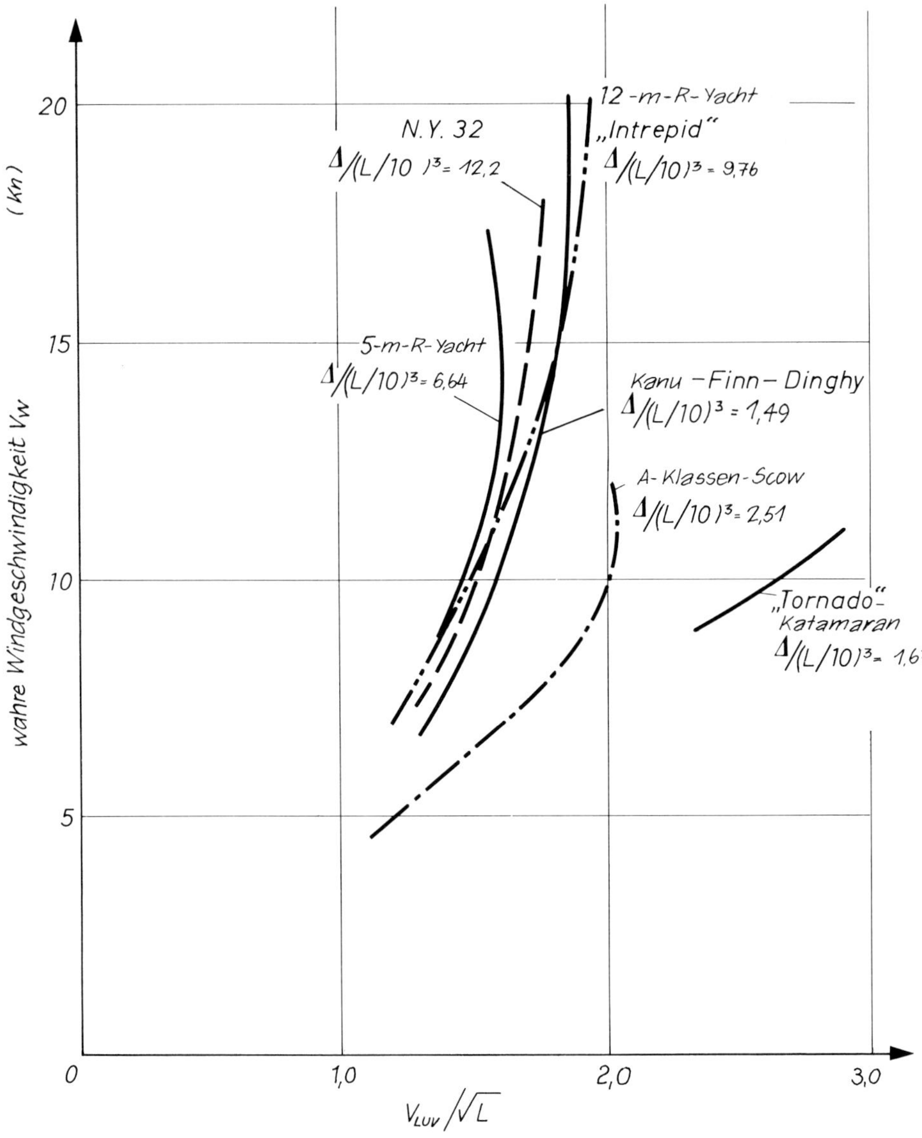

Abb. 1.19 Vergleich der Fahrtleistung verschiedener Boote an Hand des Verhältnisses $V_{Luv}/\sqrt{L}$. Die ermittelten Kurven basieren auf Angaben in folgenden Berichten: NY 32 – Davidson Laboratory TM 85, 1948; *Intrepid* – [1.10]; A-Klassen-Scow – Dav. Lab. Rep. 133; 5,5-m-R-Yacht – Performance Trials of the 5,5-Metre yacht *Yeoman*, NPL Report, 1955; Kanu-Finn – Berechnungen des Verfassers (siehe Abb. 1.23); Tornado-Katamaran – siehe Kapitel G, Hochgeschwindigkeitssegeln

Wenn wir stets bedenken, daß alle Vergleiche riskant und alle Verallgemeinerungen unwahr sind, können wir bei der weiteren Analyse der Eigenheiten unterschiedlicher Bootstypen ein gewisses Wagnis eingehen, um herauszufinden, was „allgemein am Besonderen und was von Dauer am Vergänglichen" ist.

Foto 1.3 *Intrepid,* America-Pokal-Verteidigerin 1970

Foto 1.4 A-Klassen-Scow in der One of a Kind Regatta 1966
Die Krängung nach Lee soll die benetzte Rumpfoberfläche verringern.
$L_{üa}$ – 11,58 m
Segelfläche A_S – 51,7 m²
Benetzte Rumpfoberfläche S – ca. 18,6 m² bei 0° Krängung
S – ca. 14,4 m² bei 30° Krängung
Deplacement Δ – 1,29 t

Foto 1.5A Internationales Segelkanu
$L_{üa}$ – 5,18 m
Gewicht (segelklar) – 2000 N
Segelfläche A_S – 10 m²
Benetzte Rumpfoberfläche S – ca. 4,7 m²

Foto 1.5B Internationales Finn-Dinghy
$L_{üa}$ – 4,50 m
Gewicht (segelklar) – ca. 2230 N
Segelfläche A_S – 10 m²

Die Leistungskurve für das Kanu-Finn in Abb. 1.19 gilt für den mit einem Finn-Segel angetriebenen Segelkanu-Rumpf (Widerstandsverhalten des Rumpfes nach Abb. 1.4 und 1.5, Eigenschaften des Segels nach Abb. 1.9).

Aufgrund der Abb. 1.17 und 1.19 könnte man zum Beispiel schließen: Jollen sind leicht und schnell, also ist alles was leicht ist, schnell. Leider wäre eine solche Folgerung falsch.

Bei aufmerksamer Betrachtung der Abb. 1.17 stellen wir fest, daß Leichtdeplacementyachten bei niedrigen Geschwindigkeiten einen 3- bis 4mal größeren spezifischen Widerstand als Verdrängeryachten aufweisen. Dies ist darauf zurückzuführen, daß große, schwere Yachten verhältnismäßig geringere benetzte Oberfläche (kleineres Verhältnis benetzte Oberfläche/Deplacement S/Δ) als kleine, leichte Yachten besitzen. Das liegt daran, daß das Deplacement Δ proportional zur 3. Potenz der linearen Abmessungen der Yacht zunimmt, während die benetzte Oberfläche nur mit dem Quadrat dieser Größen wächst (siehe Abb. A1, Anhang).

Tabelle 1.8

	NY 32	A-Scow	Kanu-Finn
1. Deplacement Δ in t	11,56	1,29	0,20
2. Länge L_{WL} in m	9,83	8,02	5,18
3. Segelfläche A_S in m^2	88,3	51,7	10,0
4. benetzte Oberfläche S in m^2	35,1	18,6 (aufrecht) 14,4 (gekrängt)	4,7
5. A_S/Δ in m^2/t (siehe [1.14])	7,6	40,1	50,0
6. A_S/S	2,5	2,8 3,6 (gekrängt)	2,1
7. $\Delta/(L/10)^3$ in t/m^3	12,2	2,51	1,49
8. S/Δ in m^2/t	3,0	14,4 11,2 (gekrängt)	23,5

Segelfläche

Die Zeile 8 der Tabelle 1.8 zeigt deutlich diesen Sachverhalt. Die Tabelle enthält einige Daten der betrachteten Boote, zum Beispiel in Zeile 6 das Verhältnis Segelfläche/benetzte Oberfläche A_S/S und in Zeile 5 das Verhältnis Segelfläche/Deplacement A_S/Δ. Diese beiden Verhältnisse sind Kennwerte der einem Boot zur Verfügung stehenden Vortriebskraft. Das Verhältnis A_S/S ist besonders bei kleinen Fahrtgeschwindigkeiten von Bedeutung.

Aus statistischen Untersuchungen geht hervor, daß für gute Leichtwindeigenschaften das Verhältnis A_S/S zwischen 2,0 und 2,5 liegen sollte. Bei niedrigen Geschwindigkeiten bestimmt vorwiegend die Segelfläche die Fahrtleistung. Das dann entscheidende Verhältnis A_S/S ist jedoch nicht für jede Leichtdeplacementyacht groß genug. Dies erklärt die gelegentlich zu beobachtende Überlegenheit von Schwerdeplacementyachten über gleich lange Leichtbauten bei wenig Wind oder Flaute.

Verlagerung von Ballast

Ein ausreichend großes Verhältnis A_S/S hat bei einem Leichtdeplacementboot auch ein großes Verhältnis A_S/Δ zur Folge. Tabelle 1.8 zeigt das deutlich für den sehr leichten Scow und das Kanu-Finn. Verglichen mit der NY 32 sind diese Boote enorm übertakelt, sie besitzen 5- bis 6mal mehr Segelfläche pro Tonne Deplacement. Unter solchen Bedingungen kann nur durch das Ausreiten einer ausreichend schweren Mannschaft unter Verwendung eines Gleitsitzes oder eines Trapezes genügend Querstabilität aufgebracht werden; andernfalls ist die potentielle Fahrtleistung dieser Boote nicht ganz zu realisieren.

Zum Beispiel wiegt ein Flying-Dutchman etwa 1780 N. Die beste Zusammensetzung der Mannschaft besteht aus einem leichten Steuermann und einem großen, schweren, aber folgsamen Vorschoter im Trapez. Zusammen sollten sie ungefähr 1470 bis 1650 N wiegen (Foto 1.6). Das Mannschaftsgewicht beträgt also rund 45 Prozent des Gesamtgewichts (Crew plus Boot), das Deplacement-Längen-Verhältnis etwa 1,97. Unter diesen Bedingungen wird durch das Ausreiten der Mannschaft ein sehr großes Segeltragvermögen erzeugt, der Trapezmann ist eine wirksame und billige Alternative zu Breite und Ballast.

Von Dr. Davidson wurde in [1.6] ausgeführt, daß das Entscheidende an den Leichtdeplacementbooten ihre Größe ist. Sie sind so klein, daß das Gewicht der Besatzung noch einen beachtlichen Teil des Gesamtgewichts ausmacht. Bei leichten Rennjollen kann die Mannschaft bei noch zulässiger Krängung eine Krängungskraft in der Größenordnung von $\frac{1}{5}$ bis $\frac{1}{6}$ des Gesamtgewichts W des Bootes ausgleichen; Trapez und Gleitsatz erhöhen den Grenzwert der Krängungskraft auf $\frac{1}{4}$ oder sogar $\frac{1}{3}$ des Bootsgewichts. Verglichen dazu krängen die 6-m-R-Yacht und die 5,5-m-R-Yacht, beides Verdrängeryachten, etwa 20° unter der Wirkung einer Krängungskraft von $\frac{1}{20}$ (das heißt 5%) des Schiffsgewichts (Abb. 1.12 und 1.20B). Ungenügende Stabilität für starken Wind und ein zu kleines Verhältnis A_S/S für leichten Wind sind die Ursachen für die im Vergleich zur NY 32 schlechten Am-Wind-Eigenschaften der 5,5-m-R-Yacht, die zu den Leichtdeplacementbooten zu rechnen ist (Abb. 1.19). Der beinahe sakrosante Spruch:

Halbes Deplacement,
halbe Segelfläche,
doppelte Geschwindigkeit

ist nichts außer falsch.

Zweifelsohne können Leichtdeplacementyachten auf Raumschotskursen unter günstigen Bedingungen bei viel Wind sehr hohe Geschwindigkeiten erreichen. Um jedoch wirklich schnell zu segeln, muß man ein Boot haben, das leicht ist oder ein kleines Verhältnis $\Delta/(L/10)^3$ hat, und das Verhältnis A_S/Δ muß groß sein; und dies wiederum erfordert automatisch hohe Querstabilität. Die 5,5-m-R-Yacht ist zu schwer, um sein Mannschaftsgewicht als entscheidenden Stabilitätsfaktor einsetzen zu können, wie das bei den leichten und schnellen Jollen so wirkungsvoll der Fall ist.

Foto 1.6 1470 bis 1650 N scheint das beste Mannschaftsgewicht für den Flying-Dutchman zu sein, wobei der Steuermann 670 N und der große Vorschoter 800 bis 890 N wiegen sollten.

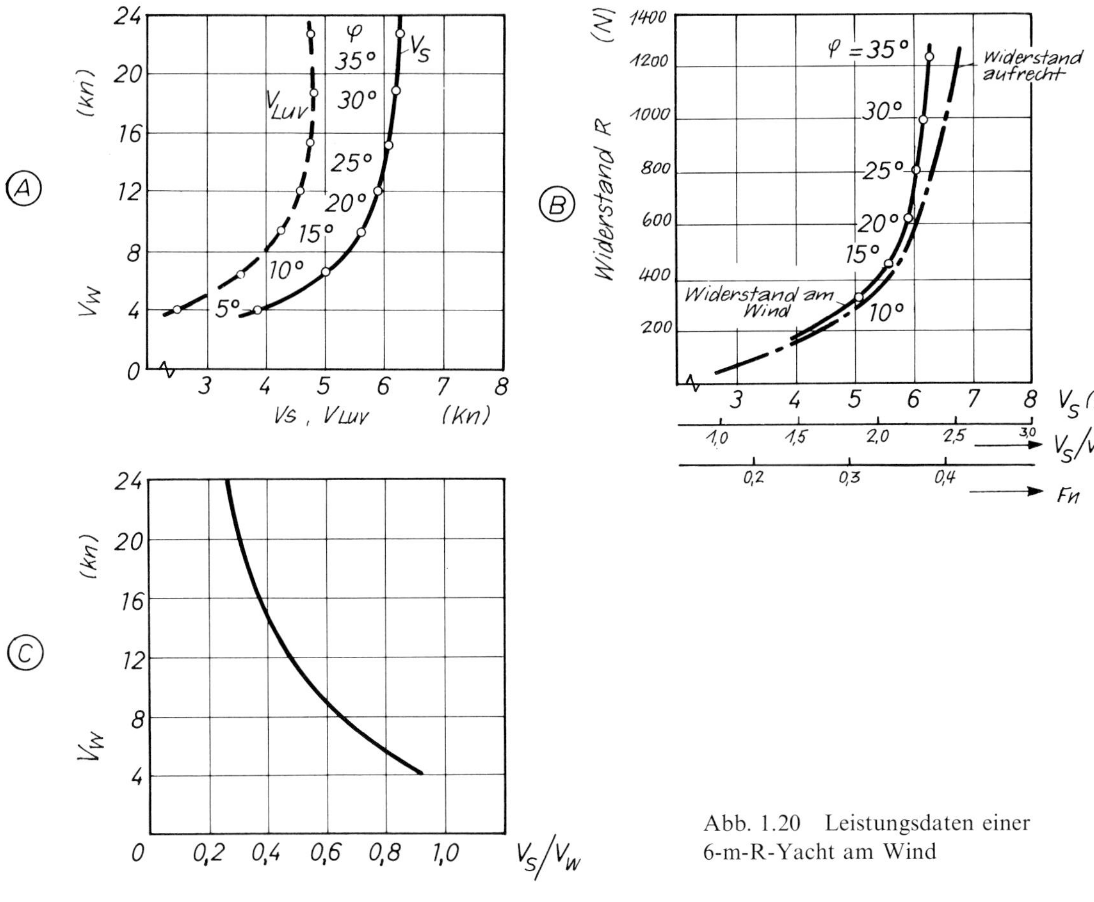

Abb. 1.20 Leistungsdaten einer 6-m-R-Yacht am Wind

„Es wäre müßig zu versuchen, die relativen Vorteile der Schwerdeplacementyachten gegenüber dem hier betrachteten Leichtdeplacementboot zu erörtern. Es ist einfach die Frage, welche Bedeutung man der Geschwindigkeit beimißt und wie sehr man ihretwegen auf Seetüchtigkeit und so weiter verzichtet."

Diese von Dr. Davidson vor einigen Jahren gemachte Äußerung läßt sich mit den in Abb. 1.17 und 1.19 dargestellten Ergebnissen auf einen Nenner bringen: beim Segeln, wie bei anderen Dingen auch, hat jede Sache ihren Preis.

Die aus [1.11] entnommene Abb. 1.21 stellt die Abhängigkeit des optimalen Kurswinkels γ_W beim Segeln am Wind von einigen wichtigen Faktoren, wie dem Geschwindigkeitsexponenten n aus Gl. (1.5), dem Gleitwinkel ε_A und dem Verhältnis V_S/V_W dar. Zum einen ändert sich γ_W mit der Zuwachsrate des Widerstands, das heißt mit dem Geschwindigkeitsexponenten n. Diese wichtige Einflußgröße wird vollständig von der Form des Unterwasserschiffes und dem Deplacement-Längen-Verhältnis des Bootes bestimmt (siehe Abb. 1.17). Zum anderen ist γ_W von dem die aerodynamischen Eigenschaften des Riggs beschreibenden Gleitwinkel ε_A oder dem Auftriebs-Widerstands-Verhältnis L/D abhängig. Schließlich ändert sich γ_W mit dem Verhältnis Fahrtgeschwindigkeit/wahre Windgeschwindigkeit V_S/V_W, das seinerseits von allen Entwurfsgrößen des betreffenden Segelboots beeinflußt wird.

Am Beispiel einer am Wind segelnden 6-m-R-Yacht (Verdrängerform) soll die Bedeutung des Verhältnisses V_S/V_W verständlich gemacht werden. Für eine wahre Windgeschwindigkeit bis 24 Knoten sind in Abb. 1.20 A, B und C die Fahrtgeschwindigkeit V_S und V_{Luv}, der Widerstand bei Geradeausfahrt und bei Krängung, sowie das Verhältnis V_S/V_W gegeben. Diese Diagramme, die Abb. 1.12 ergänzen, vermitteln eine bessere Einsicht in das Verhalten einer Yacht, als Abb. 1.12 alleine.

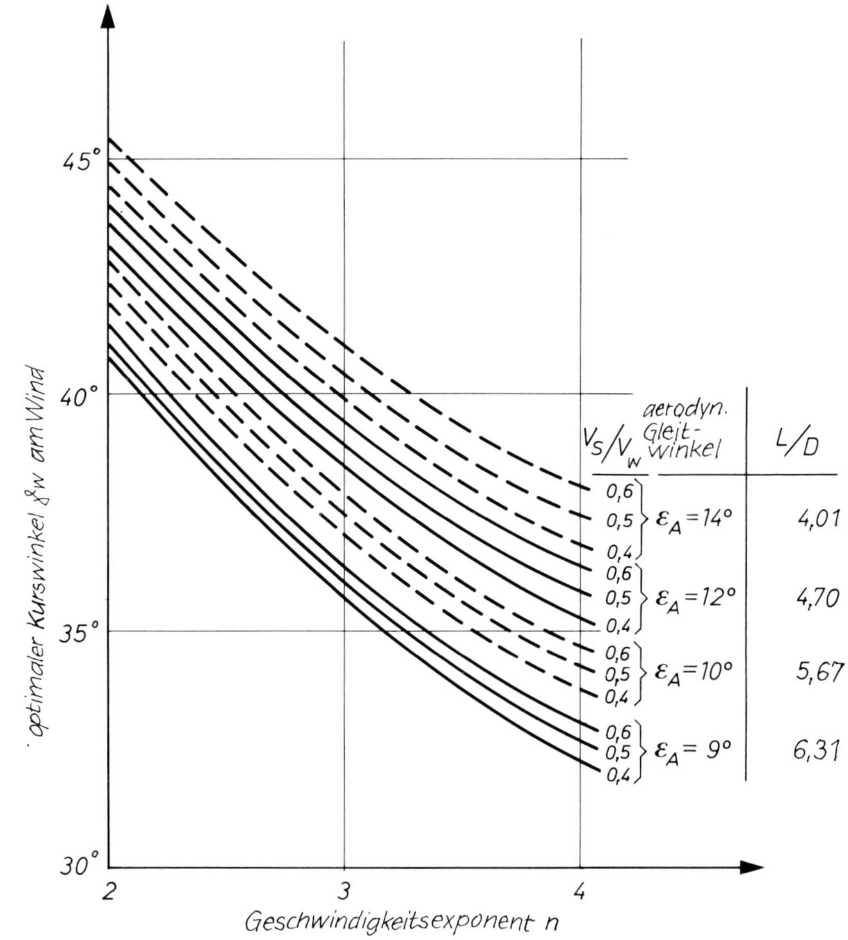

Abb. 1.21 Zusammenhang zwischen dem optimalen Kurswinkel γ_W zum wahren Wind und den Eigenschaften von Rumpf (ε_H) und Segel (ε_A)

Bei einer Krängung von 25° bis 30° erreicht die Fahrtgeschwindigkeit ihr Maximum. Es ist streng durch den Wellenwiderstand begrenzt. Die Situation ist gewissermaßen ähnlich der eines Überschallflugzeugs vor der sogenannten Schallmauer, das schneller als Mach 1 zu fliegen versucht; nur eine angemessene Vortriebsreserve macht dies möglich. Eine konventionelle Schwerdeplacementyacht entwickelt nicht genug Vortriebskraft, um diese Wellenwiderstandsgrenze zu überwinden. Segeln mit mehr und mehr Krängung, wie es bei Kielyachten üblich ist, hat einen zusätzlichen Widerstand zur Folge (Abb. 1.20 B). Außerdem können aus dem gleichen Grund, nämlich wegen ungenügender Stabilität, die bei starkem Wind möglichen großen Vortriebskräfte nicht erzeugt werden. Folglich wird mit zunehmender Windgeschwindigkeit das Verhältnis V_S/V_W des Schwerdeplacementboots immer kleiner (Abb. 1.20 C). Es entsteht ein typischer „Teufelskreis", der Hochgeschwindigkeitssegeln unmöglich macht. Tatsächlich segelt bei durchschnittlichen Windverhältnissen eine Verdrängeryacht etwa halb so schnell wie der wahre Wind, das heißt $V_S/V_W = 0{,}5$. Im Kapitel H, Land- und Eisyachten, werden auf anderen Prinzipien beruhende Segelfahrzeuge beschrieben, die fünfmal schneller als der wahre Wind segeln können, das heißt, $V_S/V_W = 5{,}0$.

E Der Einfluß der Stabilität auf die Fahrtleistung

Folgt man dem gesunden Menschenverstand, so hat es den Anschein, als ob sich nur durch die Verringerung des Rumpfwiderstandes eine wirkliche Verbesserung der Fahrtleistung einer Segelyacht erzielen läßt. Dieser im Schiffbau als Grundsatz geltende, augenfällige Gedanke ist für Yachten nur von begrenztem Wert, außer vielleicht im Fall eines aufrecht und platt vor dem Wind segelnden Bootes. Es läßt sich die scheinbar widersinnige Behauptung beweisen, daß die Leistung einer Yacht durch Erhöhung ihres Widerstands gesteigert werden kann. Eine Segelyacht ist eben nicht nur ein Schiff, sondern eher eine Kombination aus Schiff und Flugzeug.

Wir wissen schon, daß die beiden Gleitwinkel ε_A und ε_H zuerst langsam, dann immer schneller anwachsen, wenn der Krängungswinkel des Bootes einen kritischen Wert überschreitet. Im mehr oder weniger gleichen Maße, wie die Gleitwinkel größer werden, verschlechtern sich die Vortriebseigenschaften des Riggs und die hydrodynamische Wirksamkeit des Rumpfes und folglich auch die Fahrtleistung des Bootes. Daraus folgt, daß bei starkem Wind, wo die größten Geschwindigkeiten erzielt werden können, für jeden Bootstyp der Stabilität die größte Bedeutung zukommt. Diese Ansicht wird durch Erfahrungen beim Jollensegeln bestätigt, denn es ist bekannt, daß ein Boot umso mehr Höhe läuft oder umso schneller segelt, je aufrechter es gehalten wird. Außerdem weiß man, daß die beste Fahrtleistung eines Kielbootes am Wind nur dann erreicht wird, wenn die Krängung ein bestimmtes Maß nicht überschreitet.

Stabilität

Das ganze Problem soll durch einige quantitative Aussagen über den Einfluß der Stabilität auf die Leistung eines Bootes verständlicher gemacht werden. Der

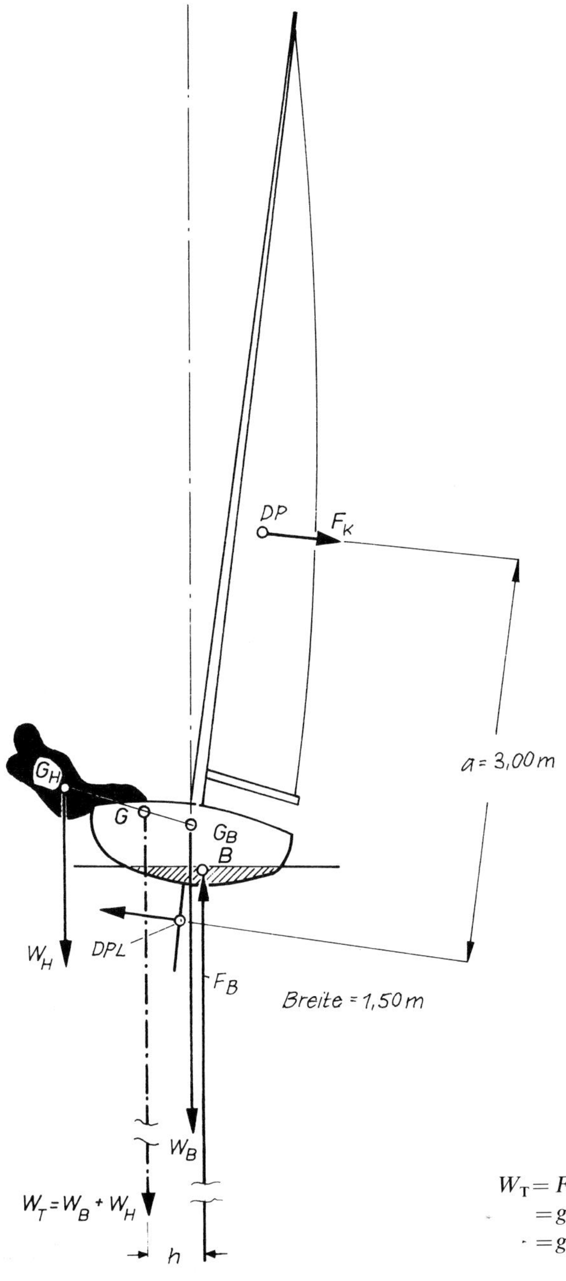

B	Verdrängungsschwerpunkt
DP	Segeldruckpunkt
DPL	Lateraldruckpunkt
G_B	Gewichtsschwerpunkt des Bootes
G_H	Gewichtsschwerpunkt des Steuermanns
G	Gesamtgewichtsschwerpunkt
W_B	Gewicht des Bootes
W_H	Gewicht des Steuermanns
W_T	Gesamtgewicht
F_B	Auftriebskraft
V	Verdrängungsvolumen
Δ	Deplacement (Masse des Verdrängungsvolumens)
h	aufrichtender Hebelarm
a	Abstand zwischen DP und DPL

$$W_T = F_B = g \cdot \Delta = g \cdot \rho \cdot V$$

$g = 9{,}81\ \text{m/s}^2$

$\rho_{\text{Seewasser}} = 1025\ \text{kg/m}^3$

$\rho_{\text{Frischwasser}} = 1000\ \text{kg/m}^3$

Abb. 1.22 Gleichgewicht der Kräfte beim Segeln am Wind

Einfachheit halber wollen wir das am Wind segelnde Kanu-Finn-Dinghy (Foto 1.5A, B und Abb. 1.22) betrachten. Das Stabilitätsmoment, ein Produkt aus dem Gesamtgewicht des Bootes W_T und dem aufrichtenden Hebelarm h, wird durch den Abstand zwischen dem Verdrängungsschwerpunkt B und dem Gesamtgewichtsschwerpunkt G des Bootes bestimmt. Die Lage des letzteren hängt in starkem Maße vom Gewicht des Steuermanns und seiner Ausreithaltung ab. Zwei verschieden gewichtige Steuerleute, der eine zum Beispiel 801 N und der andere 1024 N schwer (einschließlich der nassen Pullover), werden natürlich unterschiedliche Stabilitätsmomente produzieren, so daß die zulässigen Krängungskräfte F_K gleichfalls verschieden sein werden. Mit hinreichender Genauigkeit läßt sich die zulässige Krängungskraft für den schweren Steuermann zu 423 N, und für den leichteren zu 338 N errechnen. Nimmt man das Gewicht des Bootes W_B mit 1424 N an und addiert dazu das Gewicht des Steuermanns W_H, ergeben sich als Gesamtgewicht des Bootes unter Segelbedingungen 2448 N für den schwe-

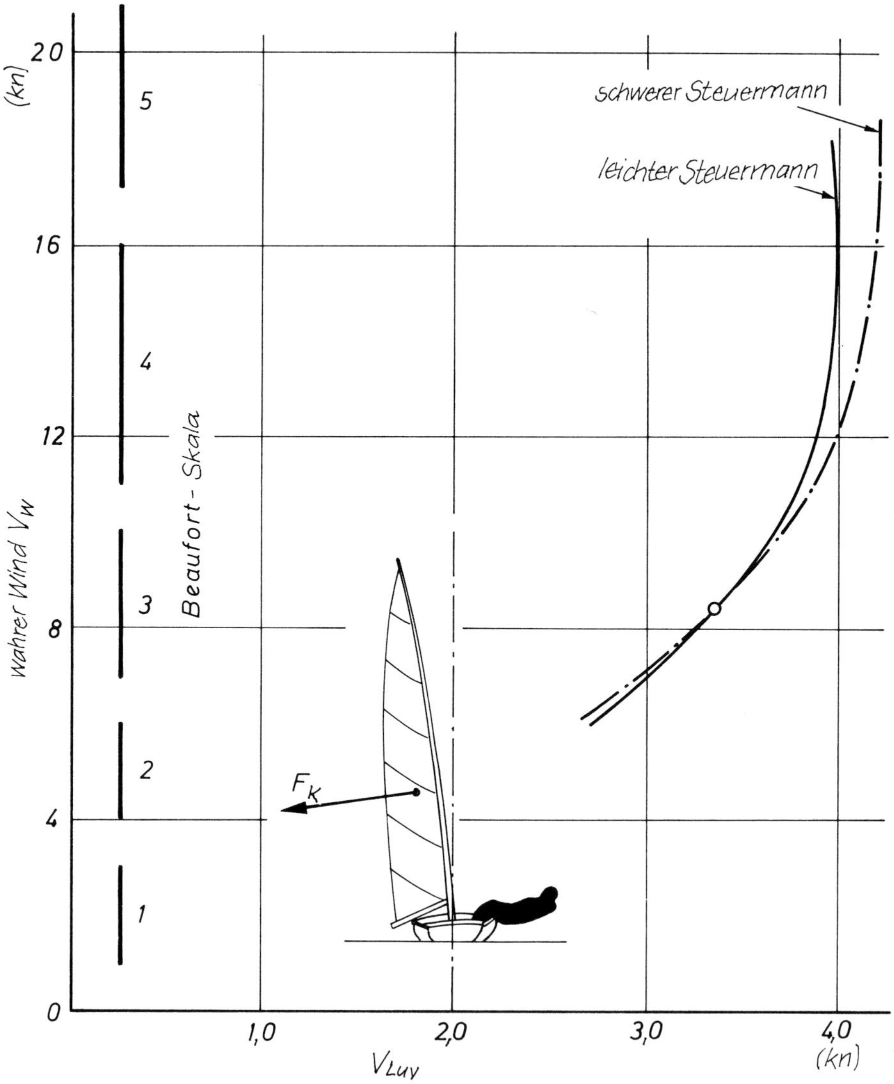

Abb. 1.23 Am-Wind-Fahrtleistung eines Finn-Dinghy bei verschieden schweren Seglern

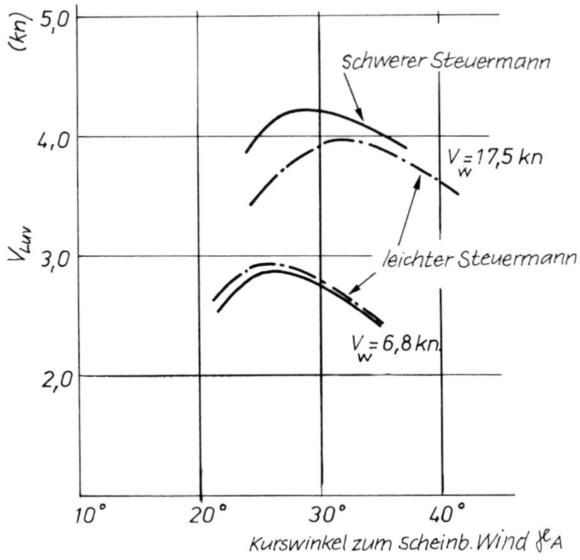

Abb. 1.23A Einfluß des Seglergewichts auf V_{Luv} bei zwei verschiedenen Windgeschwindigkeiten V_{W}

ren und 2224 N für den leichteren Segler. Im ersten Fall ist das Boot 10 Prozent schwerer als im zweiten und wird folglich einen größeren Rumpfwiderstand erfahren. Da der Widerstand in etwa linear mit dem Deplacement zunimmt, hat das Boot mit dem schwereren Segler 10 Prozent mehr Widerstand als das mit dem leichteren Steuermann. Für die größere Stabilität, die in diesem Fall durch die größere zulässige Krängungskraft beschrieben wird, muß der schwerere Segler den Nachteil eines höheren Widerstandes in Kauf nehmen. Die Abb. 1.23 zeigt, wie sich dies bei verschiedenen Windstärken auf die Geschwindigkeit nach Luv auswirkt. Die Berechnung erfolgte mit Hilfe der in [1.5] beschriebenen graphischen Methode zur Fahrtleistungsermittlung.

Wie die beiden Leistungskurven zeigen, wiegt bei wahren Windgeschwindigkeiten über 9 Knoten (oder 3 Windstärken auf der Beaufort-Skala) der Stabilitätsvorteil den Nachteil des vergrößerten Rumpfwiderstands auf. Bei Windgeschwindigkeiten unter 8 Knoten wird der schwere Steuermann benachteiligt, aber die Fahrtleistung seines Bootes ist nur geringfügig kleiner; 1,4 Prozent weniger V_{Luv} als das leichtere Boot stehen 6,4 Prozent mehr Geschwindigkeit nach Luv bei starkem Wind gegenüber. Abb. 1.23A zeigt, wie sich V_{Luv} mit dem Kurswinkel γ_{A} zum scheinbaren Wind ändert. Die Kurven beziehen sich auf zwei verschiedene Windgeschwindigkeiten; bei $V_{\mathrm{W}} = 6{,}8$ Knoten ist der schwere, bei $V_{\mathrm{W}} = 17{,}5$ Knoten der leichte Steuermann unterlegen. Bei Regatten mit Windgeschwindigkeiten über 8 bis 9 Knoten sind schwere Segler im Vorteil, ganz bestimmt auf den alles entscheidenden Kreuzkursen. Raumschots kann der leichte Steuermann bevorteilt sein, wenn der Wind gerade eben ausreicht, daß sein Boot ins Gleiten kommt, das des schweren Steuermanns aber noch nicht. Bei starkem Wind, wenn jeder gleitet, wird der Unterschied an Geschwindigkeit (und gesegelter Zeit) auf dem Dreieckskurs hauptsächlich durch die Geschwindigkeitsdifferenz auf den Am-Wind-Schlägen bestimmt werden.

Bei Windgeschwindigkeiten über 16 Knoten neigt sich die V_{Luv}-Kurve für das leichtere Boot (Abb. 1.23) nach links, die Zielgeschwindigkeit nach Luv wird wieder kleiner. Die Ursache dieses Leistungsabfalls liegt darin, daß man ab einer bestimmten kritischen Windstärke das Segel killen lassen muß, wenn die Krängunskraft den zulässigen Wert von 338 N nicht überschreiten soll. Unter diesen Umständen wird das Segel uneffektiv; man kann es mit einem nur auf 3 oder 4 seiner 6 Zylinder arbeitenden Motor vergleichen. Unter denselben Verhältnissen verhält sich das Segel auf dem schwereren Boot mit der größeren Stabilität dagegen wie ein Motor, der auf 5 seiner 6 Zylinder läuft.

Aus diesem Grund ist das Finn, eine olympische Klasse mit 10 m^2 Segelfläche, in der Tat ein Boot für schwere „harte Burschen" mit einem Gewicht von 890 bis 935 N. Das Finn gilt als eine strenge Einheitsklasse, die dem Ideal der Einheitsklasse näher kommt als irgendeine andere olympische Bootsklasse. Alle Regattateilnehmer sollen so unter den gleichen Voraussetzungen ihr Talent und ihre Fähigkeiten als Steuermann miteinander messen können. Von der gastgebenden Nation wurden darum bei bislang allen Olympischen Spielen den Seglern identische Finn-Dinghies zur Verfügung gestellt.

Angenommen, alle wichtigen Faktoren bis auf das Gewicht sind gleich, einschließlich der Köpfe der Steuerleute, was wird dann wirklich bei den olympischen Regatten in der Finn-Klasse gemessen? Zeigen die Ergebnisse bloß die Stabilität an, das heißt das reine Körpergewicht? Hat das Konzept der Einheitsklasse überhaupt einen Sinn?

Das Finn ist ein gewichtsempfindliches Boot. Sind alle anderen Faktoren gleich, machen sich verhältnismäßig geringe Gewichtsunterschiede der Steuerleute in der Fahrtgeschwindigkeit bemerkbar. In dieser Hinsicht ist der Laser noch empfindlicher; er ist kleiner und leichter als das Finn und deswegen wirkt sich das Verhältnis von Seglergewicht zu Gesamtgewicht des Bootes noch deutlicher auf die Fahrtleistung aus. Andererseits beeinflussen bei schwereren Booten, wie zum Beispiel dem Star, Unterschiede im Mannschaftsgewicht von 90 bis 135 N praktisch überhaupt nicht die Geschwindigkeit.

Da die Gewichtsempfindlichkeit in bezug auf die Fahrtleistung eines Bootes ein recht aktuelles Thema ist und im wesentlichen vom Bootsgewicht abhängt, stellt sich die Frage, ob nicht ziemlich schwere, plumpe und vielleicht beballastete Boote als olympische Klassen ausgewählt werden sollten, um damit soweit wie möglich den Gewichtseinfluß zu beseitigen. Die andere Alternative wäre eine Einteilung der Teilnehmer in Gewichtsklassen, zum Beispiel Leicht-, Mittel- und Schwergewicht, um ihnen so zu besseren Wettkampfchancen zu verhelfen.

Eine Segelyacht benötigt Stabilität, wenn sie schnell sein soll. Erst verhältnismäßig spät im 20. Jahrhundert fand die Bedeutung der Stabilität Beachtung und Berücksichtigung in den Vermessungsformeln. Abb. 1.24 stellt den Rumpf einer Yacht von extremer Verdrängerform mit großem Tiefgang und geringer Breite dar, der um 1890 die Wellen durchpflügte. Bei einem Ballastanteil von 60 Prozent des Deplacements verfügte sie über eine ziemlich geringe Stabilität im Vergleich zu zeitgenössischen breiteren Rümpfen, die eine große, durch ihre Form bedingte

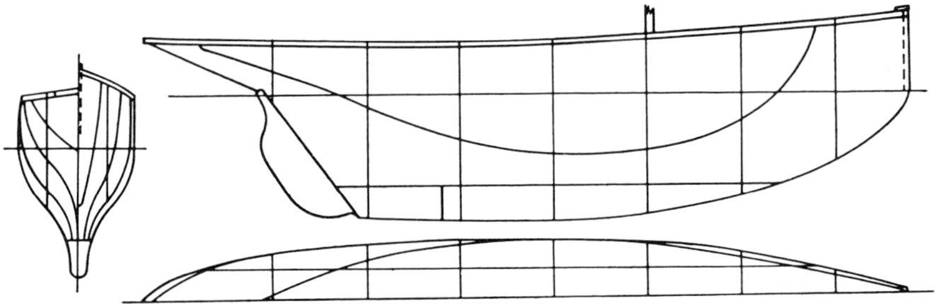

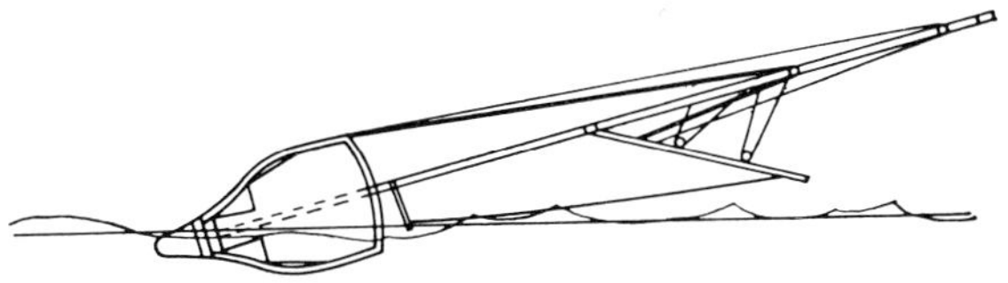

Abb. 1.24 Bei der von Dixon Kemp um 1880 entworfenen „plank-on-edge-Yacht" war am Wind ein Krängungswinkel von 15° zur Horizontalen – nicht zur Vertikalen – nichts Ungewöhnliches. Dieser Bootstyp ist ein Produkt der YRA-Vermessungsregel, die die Breite B stark besteuerte:

$$\text{Rennwert} = \frac{(L+B)^2 \cdot B}{1730}.$$

Wie man hätte voraussehen können, hatten die Yachten nach dieser „1730-Regel", wie sie oft genannt wurde, einen langen, schmalen und tiefgehenden Rumpf mit viel Ballast und geringer Anfangsstabilität. Angesichts der großen Segelfläche war die Geschwindigkeit gering. Dennoch bestimmte diese Regel „... erstklassiges Regattasegeln in den britischen Gewässern von 1880 bis 1886".

Stabilität aufwiesen. Es überrascht deshalb nicht, daß diese Boote wegen des kleinen Segeltragvermögens mit großer Krängung und sehr naß segelten. Uffa Fox, der selbst so eine extreme Yacht segelte, bezeichnete sie in *Thoughts on Yachts and Yachting,* als „... mehr Unterseeboot denn Segelboot".

Entwicklung

Beim Segeln am Wind war ein Krängungswinkel von 15° zur Horizontalen, nicht zur Vertikalen bei diesen Booten, nichts Ungewöhnliches. Die Geschichte, die H. Benham in seinem Buch *The Last Stronghold of Sail* erzählt, bestätigt diesen in [1.15] beschriebenen Mangel an Anfangsstabilität:

> „Bei schönem Wetter, als wir auf Höhe der Insel [Mersea Island] waren, kam ein Boot in Sicht, das bis zum Schanzkleid wegkrängte. Wir schauten nochmals hin und dachten, ein Sturm kommt auf. Wir begannen die Segel der Brigantine doppelt so schnell wie sonst zu bergen, und dann lief es vorbei, die Reling im Wasser und noch immer war kein Wind."

Die Entstehung dieses extrem schmalen Yachttyps war zum großen Teil eine Folge der damals geltenden Vermessungsformel, die die Breite B stark besteuerte. Jene YRA-Regel lautete:

$$\text{Rennwert} = \frac{(L+B)^2 \cdot B}{1730}.$$

1886 wurde eine neue, von Dixon Kemp vorgeschlagene YRA-Regel angenommen. Ihr lagen nur Länge und Segelfläche zugrunde:

$$\text{Rennwert} = \frac{L \cdot A_S}{6000}.$$

Es gab keine Beschränkung der Breite und deswegen auch keinen Vorteil in Form eines niedrigen Rennwertes, wenn man „plank-on-edge-Yachten" baute. Daraufhin war ein plötzlicher und überraschender Wandel von langsamen zu schnellen Segelyachten zu beobachten.

Die von G.L. Watson konstruierte *Britannia* (Abb. 1.25) könnte nach B. Heckstall-Smith [1.16] als bestes Beispiel für die stattfindende Veränderung im Yachtbau dienen: „... mit ihrem Auftauchen verschwanden die alten Typen und der neue, schnelle Typ war geboren." Auf der Suche nach der Entdeckung, die diesen Wandel auslöste, gelangt Heckstall-Smith zu dem Schluß:

> „Wissenschaftler mögen gegen das Wort ‚Entdeckung' Einspruch erheben, aber die Entwicklung im Yachtbau von 1890 bis 1893 verlief so schnell, daß ich dennoch wage, es zu verwenden. Die *Britannia* und ihre Zeitgenossen sollten über die Wellen gleiten und sie nicht durchpflügen. Das war die ganze Entdeckung."

Es mag uns verwundern, aber die viktorianischen Herrensegler verurteilten einhellig die neuen, für heutige Verhältnisse fast „modernen" Boote als „gräßliche Maschinen". Der *Gloriana* von N.G. Herreshoff soll in den USA ein ebenso schlechter Empfang bereitet worden sein.

Segelfläche, Verdrängung und Stabilität beeinflußen bei Booten mit gleicher Länge in der Wasserlinie am stärksten die Geschwindigkeit. Sobald die Länge

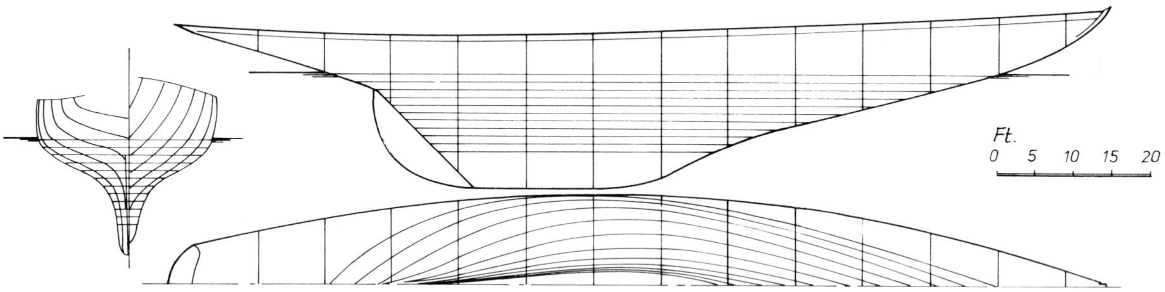

Abb. 1.25 königliche Rennyacht Britannia (Entwurf G.L. Watson, 1893)

Abb. 1.26 Sand-bagger *Susie S*
$L_{üa}$ – 8,30 m
Breite – 3,35 m
Segelfläche – ca. 140 m²

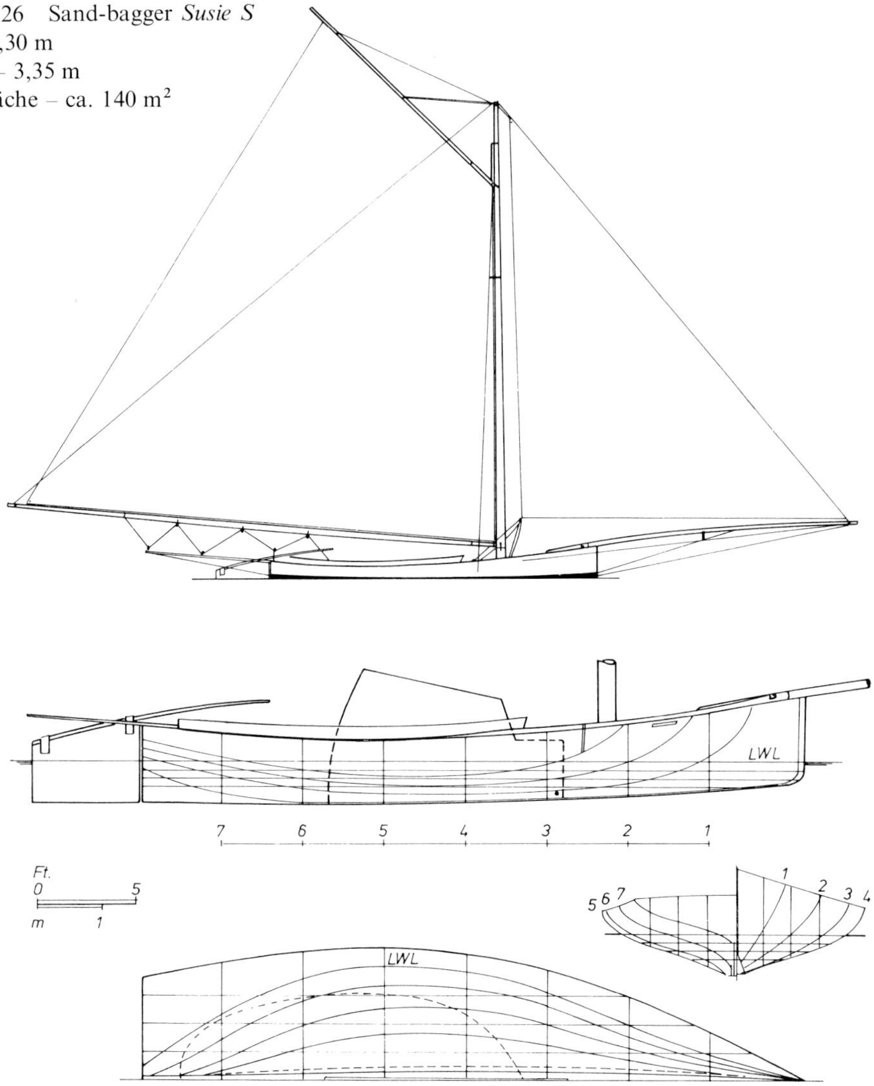

als einzige Grundlage der Ausgleichsformel gewählt wird, und andere geschwindigkeitsbestimmende Faktoren nicht erfaßt werden, entstehen zwangsläufig ungewöhnliche Konstruktionen und „Formelschinder".

Ein gutes Beispiel für eine solche extreme Entwicklung sind die am Ende des 19. Jahrhunderts populären „Sand-bagger-Yachten". Diese flachbodigen, außergewöhnlich schnellen Boote sind das Produkt einer frühen amerikanischen, sogenannten Längen- oder Durchschnittslängen-Vermessungsregel. Segelfläche, Verdrängung und Stabilität wurden durch ein einziges Ziel bestimmt: höchste

Geschwindigkeit. Abb. 1.26 aus [1.17] zeigt ein typisches Exemplar dieser Gattung.

Nur bei großer Breite und durch Verlagerung von Ballast ließ sich so viel Segelfläche setzen. Der in Luv aufgeschichtete Ballast, der gewöhnlich aus 2 Dutzend Sandsäcken zu je 20 kg bestand, und eine Mannschaft von bis zu 17 Stauern aus dem Hafen konnten ein zusätzliches Stabilitätsmoment von etwa 24 kNm (24000 Nm) produzieren (Gewicht der Mannschaft etwa 15,2 kN, Gewicht des Ballasts ungefähr 4,8 kN, zusammen 20 kN, Hebelarm rund 1,20 m). Diese Rechnung bezieht sich auf die aufrechte Schwimmlage und berücksichtigt nicht das durch die Bootsform bedingte Anwachsen des aufrichtenden Moments bei Krängung. Hohe Anfangsstabilität ist eine notwendige Bedingung für schnelles Segeln. Dazu sagte L.F. Herreshoff: „Mehrrumpfboote verfügen über ausgezeichnete Segeleigenschaften; ich bin mir aber nicht sicher, ob Einrumpfboote bei Verwendung beweglichen Ballasts vielleicht, außer bei viel Wind und raumen Kursen, nicht genauso schnell segeln könnten.“

Der Gedanke, große Stabilität durch beweglichen Ballast und große Breite zu erzielen, wurde wieder populär; die schnellen Jollen von heute nutzen dieses Prinzip bis zum äußersten, wenngleich der bewegliche Ballast nur aus der Besatzung besteht. Abb. 1.27 stellt eine moderne Version der „Sand-bagger-Yacht“, dar, ein Boot, das zur berühmten *Pen-Duick*-Familie von Eric Tabarly gehört. Es ist kein „Sand-bagger“ im eigentlichen Sinne; es gibt keine Sandsäcke an Deck oder harte Burschen, die sie von einer Seite zur anderen mitschleppen, aber in den Linien und in der Methode, wie die Anfangsstabilität vergrößert wird, spiegeln sich die gleichen Entwurfsprinzipien wider. Der größte Teil des Ballasts wird in Form von Wasser in Seitentanks gefahren, so daß es nach Luv gepumpt werden kann, um ein großes Anfangsstabilitätsmoment hervorzurufen. Knapp über der Konstruktionswasserlinie ist im Verlauf der Spanten ein Knick. Dies verringert die benetzte Oberfläche bei aufrechter Schwimmlage und bedingt schon bei geringer Krängung einen schnellen Anstieg der Formstabilität.

Abb. 1.27 *Pen Duick V* – entworfen von Michel Bigoin
$L_{üa}$ – 10,67 m
L_{WL} – 9,10 m
Breite – 3,45 m
Tiefgang – 2,30 m
Deplacement – 3,2/3,7 t
Ballastmasse – 400 kg Blei; 500 kg Wasser.

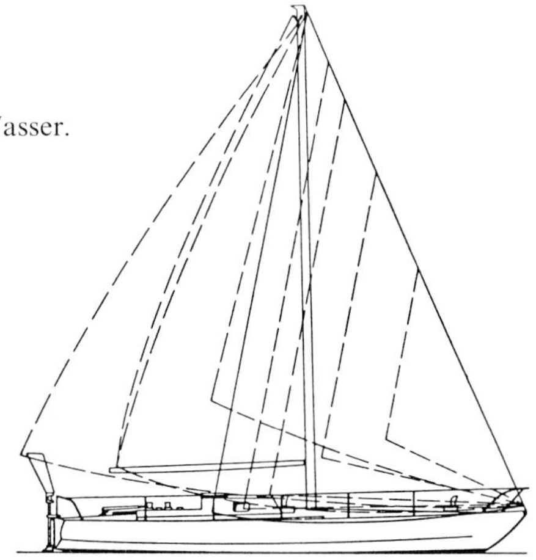

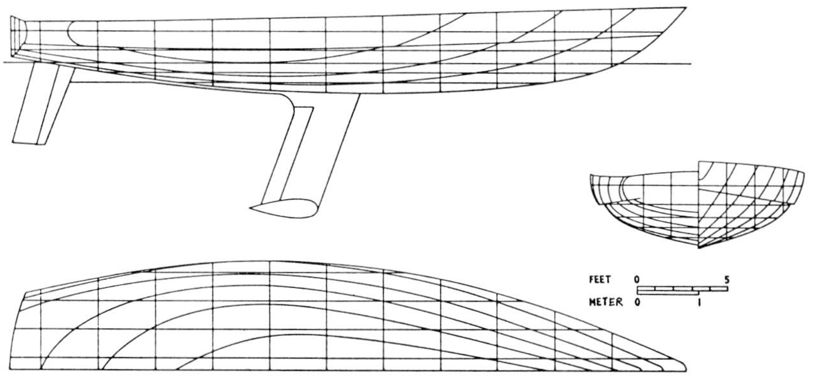

F Allround-Eigenschaften

Abb. 1.28, die aus [1.18] entnommen wurde, vermittelt einen Überblick über die Fahrtleistung einer Rennyacht auf allen Kursen. Die drei sogenannten Geschwindigkeitspolaren für die wahren Windgeschwindigkeiten 7, 12 und 20 Knoten beschreiben die errechnete Geschwindigkeit einer modernen 12-m-R-Yacht in glattem Wasser vom Am-Wind- bis Vorm-Wind-Kurs. Je nach Zweckmäßigkeit wird die Genua oder der Spinnaker gesetzt.

Die Kurven stimmen sowohl mit der tatsächlichen Fahrtleistung der 12-m-R-Yacht als auch mit der, die sich aus Schlepptank- und Windkanalversuchen erwarten läßt, gut überein. Messungen an der Großausführung und Prognosen aus Modellversuchen sind jedoch fehlerbehaftet, deswegen dürfen diese Kurven nur als Näherungen angesehen werden. Auf offenem Gewässer bilden sich bei starkem Wind beträchtliche Wellen, die eine deutliche Verringerung der Geschwindigkeit nach Luv verursachen. Außerdem beeinflussen sie in gewissem Ausmaß auch die Geschwindigkeit auf anderen Kursen.

Entlang des äußersten Halbkreises in Abb. 1.28 ist der Kurswinkel γ_W eingetragen; die Zahlen an den Polarkurven geben den jeweiligen Winkel $(\gamma_A - \beta)$ zwischen Bootslängsachse und scheinbarer Windrichtung an. Dieser Winkel würde durch eine Windfahne angezeigt, wenn diese so angebracht werden könnte, daß sie nicht durch die Nähe der Segel beeinflußt würde.

Wie schon in Abb. 1.18 gezeigt, ist der beste Kurswinkel γ_W für das Am-Wind-Segeln von der wahren Windgeschwindigkeit V_W abhängig. Für leichten Wind ist γ_W größer als für mäßige Brise. Erfahrene Regattasegler wissen, auf welchem Kurs ein Boot eines bestimmten Typs die beste Fahrt laufen wird. Es ist anzunehmen, daß ein neues Boot am Wind nicht dann seine optimale Fahrtleistung erreichen wird, wenn es genauso wie ein anderes Boot gesegelt wird. Abhängig

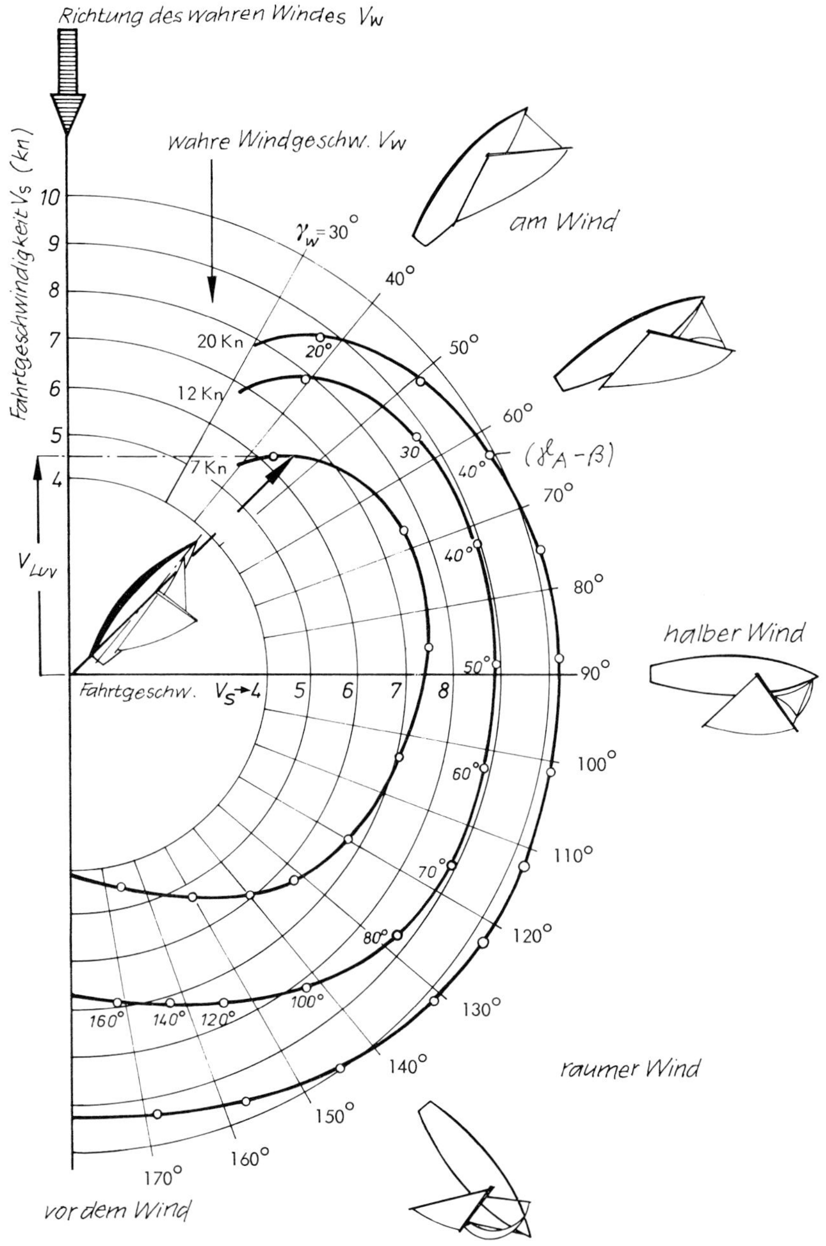

Abb. 1.28 Geschwindigkeitspolardiagramm für eine 12-m-R-Yacht (Geometrie des Geschwindigkeitsdreiecks nach Abb. 1.8 B)

von Wind und Seegang können Yachten auf unterschiedliche Art und Weise reagieren, wenn man versucht, das beste aus ihnen herauszuholen. In Band 1 von *Yachting–The Badminton Library*, der den eifrigen Herrenseglern des 19. Jahrhunderts als moderne Enzyklopädie dient, finden sich einige interessante Anmerkungen über diese besondere Eigenheit der Yachten.

„Einige Frauen – ich sage das mit gebührendem Respekt – nehmen es hin, wenn man sie drückt und kneift. Sie scheinen es sogar zu mögen; jedenfalls begehren sie nicht auf. Andere hingegen protestieren sofort und heftig. Dasselbe gilt für Yachten. Je härter man ein Schiff segelt, je mehr man es an den Wind kneift, umso mehr scheint ihm das zu gefallen. Macht man das gleiche mit einem anderen Boot, so legt es sich auf die Seite und beklagt sich. Der Unterschied zwischen Segelyachten in dieser Hinsicht ist ganz lustig und typisch weiblich.“

Die geringe Breite, das hohe Deplacement-Längen-Verhältnis $\Delta/(L/10)^3$ und der große Ballastanteil der 12-m-R-Yacht beeinflussen die Form der Geschwindigkeitspolaren in Abb. 1.28. Boote mit kleinerem Deplacement-Längen-Verhältnis und damit niedrigerem Widerstand bei hohen Geschwindigkeiten würden bei raumem Wind schneller segeln; die Polarkurve für mehr Wind würde dann im Kursbereich vor dem Wind eine Delle aufweisen. Besonders Mehrrumpfboote zeigen sehr ausgeprägt dieses Verhalten. Die Polarkurven für andere Verdrängeryachten sehen im Prinzip wie die der 12-m-R-Yacht aus. Für kleinere Boote mit ähnlichen Rumpf- und Riggeigenschaften wie die des Zwölfers, ließe sich eine überschlägige Fahrtleistungspolare dadurch ermitteln, indem alle V_S- und V_W-Werte aus der vorliegenden Kurve proportional zur Wurzel aus dem Verhältnis der Wasserlinienlängen verringert werden.

Abb. 1.29, die zum Teil auf Angaben in [1.10] beruht, beschreibt die Entwicklung der 12-m-R-Klasse während der letzten 32 Jahre. Die beiden Kurven, die sich auf die Yachten *Vim* (1938) und *Intrepid* (1970) beziehen, veranschaulichen die Verbesserung der Zielgeschwindigkeit nach Luv bei verschiedenen Windgeschwindigkeiten. Man sieht, daß sich die Fahrtleistung der 12-m-R-Yachten bei wenig Wind nicht sehr verbesserten, die Hauptunterschiede in den Schlepptankergebnissen zeigen sich erst bei Windgeschwindigkeiten über 9 Knoten. Bei $V_W =$ 20 Knoten beträgt die Verbesserung von V_{Luv} etwa 12 Prozent. Aus der Tabelle in Abb. 1.29 folgt, daß dieser Anstieg vor allem auf die sehr viel höhere Stabilität von *Intrepid* infolge größerer Verdrängung und höheren Ballastanteils zurückgeführt werden kann. Außerdem ist ihr Wellenwiderstand, bedingt durch größere Wasserlinienlänge und ein völligeres Hinterschiff (siehe Abb. 1.15) geringer.

Bedenkt man die enormen Ausgaben (*Intrepid* soll angeblich 1 Million Dollar gekostet haben) für Forschung, Versuche, Entwicklung und Bau von 16 12-m-R-Yachten in den verschiedenen Ländern während dieser Zeitspanne, so ist der erzielte Fortschritt recht gering.

Ohne großes Risiko kann man behaupten, daß eine weitere Verbesserung des Verhältnisses $V_{Luv}/\sqrt{L}$ in Zukunft noch langsamer erfolgen wird. Die unlängst eingeführten Zusätze in der Bauvorschrift der 12-m-R-Yachten, die teure Materialien einschließlich Kohlefaser, Boron etc. (geschweige denn Gold für Kielflossen) verbieten, durch deren Verwendung Gewicht eingespart oder die Bauteilabmessungen reduziert werden könnten, machen weitere Fortschritte überaus schwierig.

Aus der Sicht des Konstrukteurs hat es den Anschein, als ob konventionelle

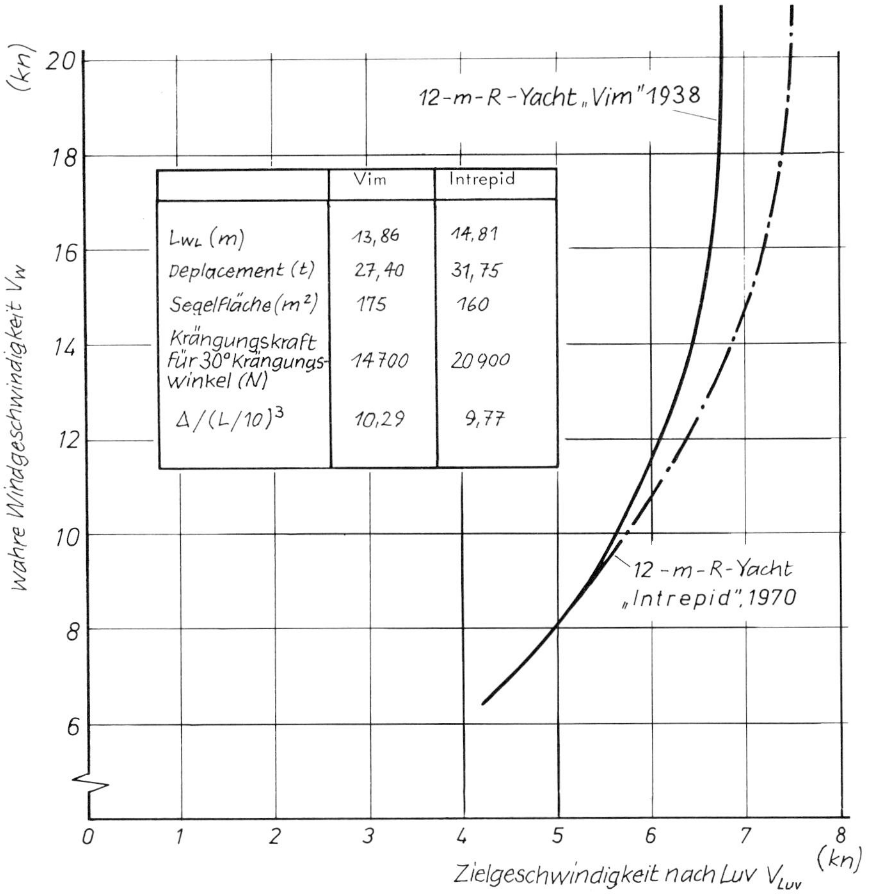

Abb. 1.29 Zielgeschwindigkeit nach Luv V_{Luv} in Abhängigkeit von der wahren Windstärke V_W für zwei 12-m-R-Yachten. Nach vielen Jahren der Entwicklung ist eine wirkliche und meßbare Verbesserung der Rumpfform der 12-m-R-Yachten so unwahrscheinlich, daß es amerikanischen Quellen zufolge wenig Sinn hat, Geld in den Entwurf besserer Rümpfe zu investieren. In der Tat lagen die durchschnittlichen Unterschiede an gesegelter Zeit auf dem 24,5 sm langen Dreieckskurs zwischen den amerikanischen Pokal-Yachten 1977 bei rund einer Minute.

Ballastkielyachten sich einem gewissen Grenzwert von $V_{Luv}/\sqrt{L}$ nähern. Er ist streng durch die Geometrie der Yacht bestimmt, die ihrerseits bestehenden Vermessungsvorschriften unterworfen ist. Diese beinhalten in gewisser Weise die von Seglern am Ende des letzten Jahrhunderts vertretene Anschauung, daß eine gute, vernünftige Yacht den besten Kompromiß zwischen Seetüchtigkeit, Wohnlichkeit, Sicherheit und Geschwindigkeit anstreben sollte. Diese Forderungen widersprechen sich, und es scheint, als ob bei den 12-m-R-Yachten Seetüchtigkeit und Kursstetigkeit schon weitgehend um der höheren Geschwindigkeit willen preisgegeben wurden.

America-Pokal

Die Forderung im Original der Stiftungsurkunde, daß der Herausforderer des America-Pokals auf eigenem Kiel anzureisen habe, sollte gewährleisten, daß diese Yacht auch seetüchtig und stabil war. Könnte die Besatzung eines heutigen Zwölfers dieser Bedingung ohne Zögern zustimmen?

Die vielleicht interessanteste Tatsache in der Geschichte des America-Pokals betrifft den Schoner *America* selbst. Es war fast sicher die einzige Yacht, für die sich ihr Erbauer W.H. Brown verbürgte. Er verpflichtete sich, einen Schoner zu bauen, der jedes andere Schiff im In- und Ausland aussegeln würde, und er gestand zu, den Kauf von ihrem Erfolg abhängig zu machen. Wer würde es heute wagen, ein ähnliches Risiko einzugehen?

Zur Zeit werden die Wettfahrten, die mit nach strengen Vermessungsvorschriften gebauten Booten ausgesegelt werden, zwischen den besten Steuerleuten oft in Zeitabständen von ein paar Sekunden gewonnen oder verloren. Eine Steigerung der Zielgeschwindigkeit nach Luv um nur 2 Prozent wäre ganz beachtlich, ließe sich aber von Seiten der Konstruktion nur sehr schwer erreichen. Dabei ist zu bedenken, daß Faktoren wie Erfahrung der Mannschaft, Segel, unbeständiger Wind, Wellen etc. auch eine Rolle spielen und kaum im Schlepptank oder Windkanal mit untersucht werden können.

Es wurde gesagt, daß es für einen Yachtkonstrukteur keine esoterischere Arbeit geben könne, als den Entwurf eines Herausforderers oder Verteidigers für den America-Pokal. Der berühmte C.P. Burgess bemerkte dazu vor einiger Zeit vor der Society of Naval Architects:

> „Die modernen America-Pokal-Yachten ähneln nicht im geringsten irgend einem anderen nützlichen Boot in der Welt. Abgesehen von der Befriedigung unvernünftiger nationaler Eitelkeit, tragen sie nicht einmal zur Entwicklung des Segelns als echtem Sport bei. Aber nachdem ich sie nun verurteilt habe, muß ich bekennen, daß mich die Probleme dieser ungewöhnlichen Yachten auf das höchste fesseln. Sie haben den Reiz der Sünde."

Wasserlinien

Wie bereits erwähnt, sollte man beim Vergleich der Fahrtleistung verschiedener Bootstypen oder Boote unterschiedlicher Länge beachten, daß es nicht auf die Geschwindigkeit an sich ankommt, sondern auf die Geschwindigkeit im Verhältnis zur Rumpflänge L oder auf die relative Geschwindigkeit $V_S/\sqrt{L}$ (bzw. die Froude-Zahl $F_n = V_S/\sqrt{L \cdot g}$). Die Geschwindigkeit V_S eines Bootes ist nach einem Grundgesetz der Hydrodynamik proportional der Quadratwurzel aus der Wasserlinienlänge L, das heißt, $V_S \sim \sqrt{L}$. Durch eine Vergrößerung der Abmessungen, ohne Änderung anderer Entwurfsmerkmale, wächst die beim Segeln erreichbare Geschwindigkeit ungefähr proportional zur Quadratwurzel aus der Vergrößerung

Foto 1.7A, B Befindet sich das Mittelschiff in einem großen Wellental und die Schiffsenden jeweils auf den Wellenbergen, stößt eine Yacht vom Verdrängertyp an eine Art Widerstandsbarriere.

der Länge *L*. Einfacher ausgedrückt, von einem längeren und offensichtlich teureren Boot wird erwartet, daß es schneller ist als ein kleineres. Zum Beispiel sollte ein Boot mit 30 m L_{WL} und der gleichen Rumpfform wie ein Boot mit 7,5 m L_{WL} in der Lage sein, ungefähr die doppelte Höchstgeschwindigkeit wie das kürzere Boot zu erreichen. Auch wenn die Rümpfe nicht im streng geometrischen Sinn ähnlich sind, sondern nur von allgemeiner Verdrängerform, steigen ihre Widerstände stark an, wenn sich das Geschwindigkeits-Längen-Verhältnis $V_S/\sqrt{L}$ dem Wert 2,35 ($F_n=0{,}39$) nähert. Dieser drastische Widerstandsanstieg, der weiter oben mit der sogenannten Schallmauer für Überschallflugzeuge verglichen wurde, ist auf das vom Rumpf erzeugte Wellenbild zurückzuführen. Die Fotos 1.7A und B veranschaulichen die zugrunde liegende physikalische Ursache. Befindet sich das Mittelschiff in einem großen Wellental und die Schiffsenden jeweils auf den Wellenbergen, stößt eine Yacht vom Verdrängertyp an eine Art Widerstandsbarriere, die praktisch der erreichbaren Geschwindigkeit eine Grenze setzt. Auf Vorm-Wind-Kurs bei starkem Wind, wenn die gesetzte Segelfläche durch die Festigkeit des Riggs bestimmt wird, ist im Grunde genommen die sogenannte „Segel-“ oder „wirksame Länge“ des Rumpfes die einzige geschwindigkeitsbegrenzende Größe. In der Praxis erreichen Schwerdeplacementyachten auf günstigen Raumschotskursen ein V_S von ungefähr $2{,}72\cdot\sqrt{L}$ (manchmal als Rumpfgeschwindigkeit bezeichnet). Foto 1.7B demonstriert überzeugend, daß sogar ein die Wasseroberfläche durchstoßender stromlinienförmiger Körper, wie zum Beispiel ein Tragflügel, bei einem Verhältnis $V_S/\sqrt{L}$ von etwa 2,17 ($F_n=0{,}36$) ein deutliches Wellensystem mit folglich großem Wellenwiderstand hervorruft. Im allgemeinen wird der Wellenwiderstand umso kleiner, je kleiner die Heckwelle ist. Deshalb können die verschiedenen Heckwellen, die ähnliche Boote bei gleichem Geschwindigkeits-Längen-Verhältnis $V_S/\sqrt{L}$ (bzw. gleicher Froude-Zahl F_n) produzieren, als erstes Anzeichen für die Leistungsfähigkeit ihrer Rümpfe dienen.

Abb. 1.30 zeigt Linien mit konstantem Verhältnis $V_S/\sqrt{L}$. Sie grenzen die von der Länge abhängige potentielle Fahrtleistung verschiedenartiger Segelboote ab. Demnach überschreitet die mittlere Geschwindigkeit einer Schwerdeplacementyacht bei durchschnittlichen Windverhältnissen gewöhnlich nicht $V_S=1{,}63\sqrt{L}$ (V_S in Knoten, L in m). Für eine 9 m lange Yacht wären das 4,9 Knoten und für eine 18 m-Yacht etwa 6,9 Knoten.

Es ist unwahrscheinlich, daß die unter günstigsten Verhältnissen erzielbare Geschwindigkeit $2{,}72\sqrt{L}$ überschreitet (8,2 Knoten für die 9 m-Yacht). Unter denselben Bedingungen könnte eine Leichtdeplacement-Einrumpfyacht (Foto 1.8) mit $3{,}62\sqrt{L}$ segeln, das heißt mit 10,9 Knoten bei 9 m Länge.

Es wird behauptet, daß Rennjollen, wie zum Beispiel der Flying Dutchman (eine olympische Bootsklasse, siehe Foto 1.6), eine Geschwindigkeit von 14,5 Knoten erreichen können. Dies ergibt ein Geschwindigkeits-Längen-Verhältnis $V_S/\sqrt{L}$ von ungefähr 6,34 ($F_n=1{,}04$). Eine andere olympische Klasse, das Finn (Foto 1.9), in dem das Mannschaftsgewicht nicht ähnlich wirkungsvoll eingesetzt werden kann (nur Ausreitgurte), ist nicht so schnell in Bezug auf seine Wasserlinienlänge wie der Flying Dutchman. Das entsprechende Verhältnis $V_S/\sqrt{L}$ liegt unter 6,34.

Das Internationale Segelkanu (Foto 1.5) kann durch seinen wirkungsvolleren Gleitsitz Geschwindigkeiten von ungefähr $7{,}2\cdot\sqrt{L}$ erreichen.

Moderne Katamarane, wie zum Beispiel der Tornado, der schnellste in der

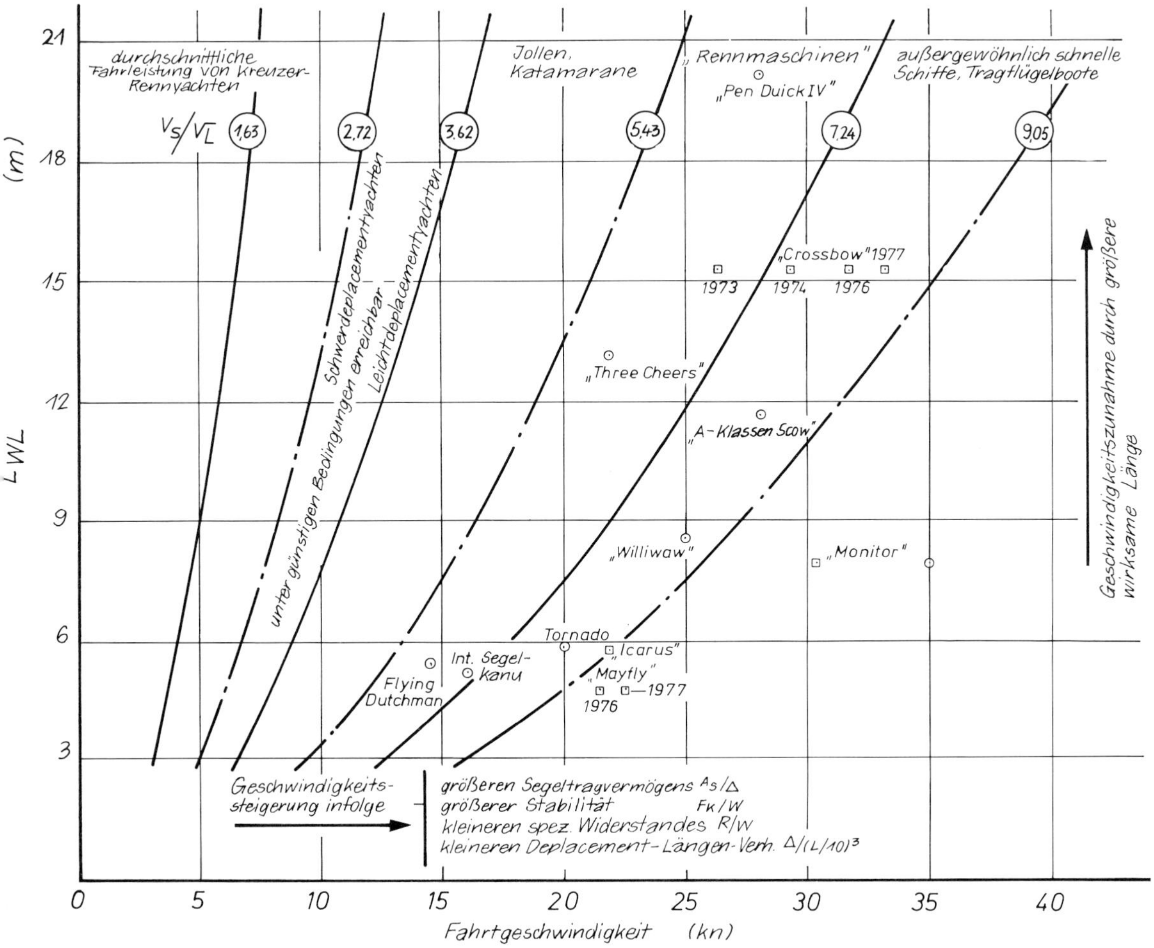

Abb. 1.30 Mögliche Fahrtleistung verschiedener Segelbootstypen. Geschwindigkeitsweltrekorde 1978 (bestätigt von der Royal Yachting Association):
Offene Klasse: *Crossbow II* – 33,8 Knoten
Klasse B ($A_S = 21{,}84$–$27{,}88\ m^2$): *Icarus* – 22,2 Knoten
Klasse A ($A_S = 13{,}94$–$21{,}84\ m^2$): *Mayfly* – 23,0 Knoten
10-m^2-Klasse ($A_S = 10\ m^2$): *Windglider* – 19,1 Knoten

B-Division (Abb. 1.33), können gelegentlich ein V_S von $8{,}15\sqrt{L}$ überschreiten. Bei hartem Wetter kann der Leerumpf eines mit solcher Geschwindigkeit segelnden Katamarans leicht unterschneiden, so daß die Gefahr einer Kenterung besteht (Foto 1.10).

Einige Angaben über die Höchstgeschwindigkeiten in Abb. 1.30 erfolgten inoffiziell (durch kleine Kreise markiert). Darum können sie nur als Anhalt für die potentielle Leistungsfähigkeit des betreffenden Bootstyps dienen. Andere Angaben, wie zum Beispiel der offizielle Geschwindigkeitsrekord der Yacht *Crossbow I,* auf die wir später zurückkommen werden, sind durch kleine Quadrate gekennzeichnet. Sie geben die offiziell gemessene Höchstgeschwindigkeit an.

Foto 1.8
Unten: *New World* (entworfen von J. Spencer, Neuseeland), eine eindrucksvolle Leichtdeplacement-yacht mit einem Deplacement-Längen-Verhältnis $\Delta/(L/10)^3$ von etwa 3,16. Auf Vorm-Wind-Kursen kann eine riesige Segelfläche gesetzt werden, ähnlich wie auf dem Bild rechts, das die Yacht *Prospect of Whitby* unter Vollzeug (ungerefftes Großsegel, Big Boy, Tallboy und Spinnaker) während eines Sidney-Hobart-Rennens zeigt.

$L_{üa}$ – 20,9 m
L_{WL} – 16,76 m
Breite – 4,01 m
Tiefgang – 2,79 m
Deplacement – 14,88 t
Segelfläche:
Großsegel – 52,5 m^2
Schonersegel – 37,3 m^2
Vorsegeldreieck – 52,3 m^2

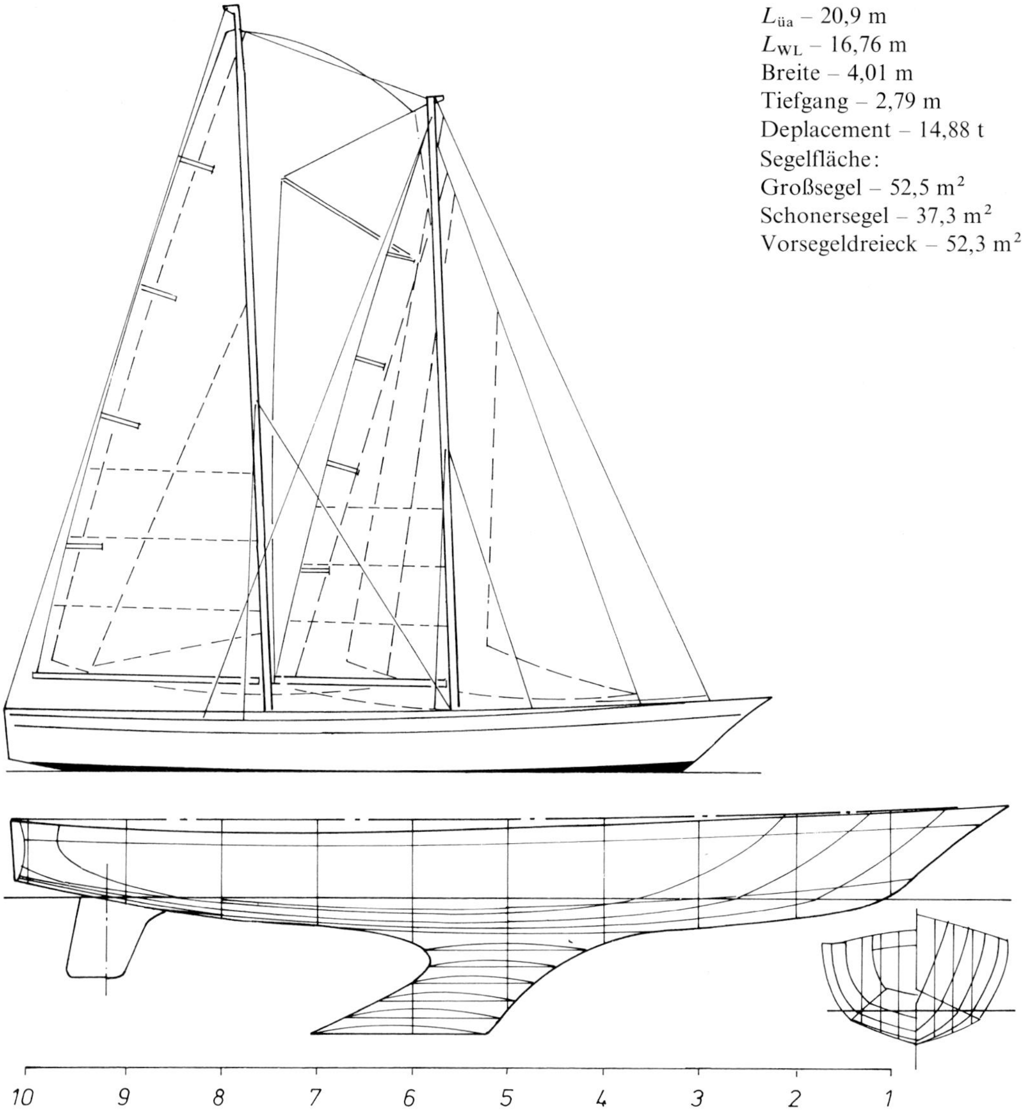

K 130
K 130
K 130

Foto 1.9 Internationale Finn-Dinghy-Klasse

Die Bedeutung der Länge als Haupteinflußgröße auf die Geschwindigkeit wurde von den Gestaltern der Vermessungsregeln verhältnismäßig früh in der Geschichte des Yachtsports erkannt. Seitdem versuchen sie verzweifelt eine enge Beziehung zwischen der „Segellänge", der tatsächlichen Wasserlinienlänge (L_{WL}) und dem Rennwert zu finden. Dies ist wahrlich keine einfache Aufgabe.

Der offensichtliche Interessenkonflikt zwischen den Regelmachern und den „Regelbetrügern", das heißt den Yachtkonstrukteuren, ist unvermeidlich. Er zeigt sich deutlich in der Tendenz, bei allen Regattayachten die wirksame Länge unbesteuert so groß wie möglich zu machen. Im Prinzip beabsichtigt die Vermessungsformel, die tatsächliche Wasserlinienlänge derart mit dem Rennwert in Beziehung zu setzen, daß die Segelleistung mehr oder weniger genau durch L_{WL} oder umgekehrt wiedergegeben wird.

Die Yachtkonstrukteure, die immer nach der sprichwörtlichen Lücke in der Vorschrift suchen, gehen so geschickt mit den Entwurfs- und Vermessungsfaktoren um, daß es immer bei einer auch scheinbar noch so ausgereiften und umfassenden Vermessungsregel den zu niedrig vermessenden Formelschinder geben kann.

Für Schwerdeplacementyachten wird das Wellensystem, daß sie bei hoher Geschwindigkeit erzeugen, gewissermaßen zu einer Falle, aus der sich diese Boote praktisch nicht befreien können. Da allgemein der Wellenwiderstand mit der Verdrängung anwächst, kann man erwarten, daß sich durch Verringerung des Deplacements und mit Entwicklung sogenannter Leichtdeplacementyachten mit niedrigerem Deplacement-Längen-Verhältnis $\Delta/(L/10)^3$ größere Geschwindigkeiten erzielen lassen. Dies ist teilweise richtig; es trifft auf raume Kurse zu, nicht aber auf Am-Wind-Kurse.

Foto 1.10 Bei starkem Wind stellt das Unterschneiden des Leerumpfes mit der drohenden Gefahr des Überschlagens für alle Katamarane noch immer ein großes Problem dar. Ausreichende Torsionssteifigkeit ist eine weitere Schwierigkeit bei diesen Booten.

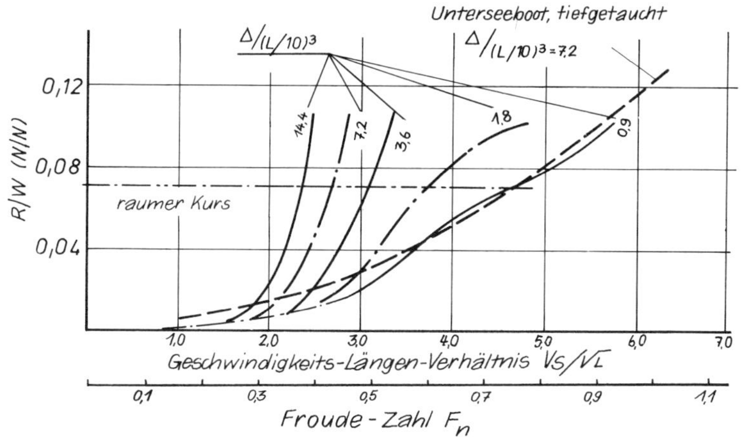

Abb. 1.31 Einfluß des Deplacement-Längen-Verhältnisses auf den spezifischen Widerstand R/W. Das getauchte Unterseeboot, das keinen Wellenwiderstand hervorruft, ist erst dann günstiger, wenn der Wellenwiderstand der Oberflächenschiffe genügend groß wird. Mit anderen Worten, wenn das Geschwindigkeits-Längen-Verhältnis über 3,1 ($F_n > 0{,}5$) ansteigt, ist das Unterseeboot jedem Oberflächenschiff mit einem größeren Deplacement-Längen-Verhältnis als 1,8 überlegen.

Abb. 1.31 beschreibt in qualitativem Sinn, unter Berücksichtigung der wesentlichsten Einflußgrößen, in welchem Maße sich die Höchstgeschwindigkeit durch allmähliche Verringerung des Deplacement-Längen-Verhältnisses $\Delta/(L/10)^3$ vergrößert. Dieses variiert von 14,4, ein für konventionelle Kreuzeryachten typischer Wert, bis 0,9, einem Verhältnis für ein außerordentlich leichtes Schiff. Die fünf Kurven, die mit einigen Änderungen aus [1.19] entnommen sind, zeigen den Zusammenhang zwischen dem spezifischen Widerstand R/W, das heißt dem Widerstands-Gewichts-Verhältnis, und dem Geschwindigkeits-Längen-Verhältnis $V_S/\sqrt{L}$ (bzw. der Froude-Zahl F_n).

Das Deplacement-Längen-Verhältnis $\Delta/(L/10)^3$, das als ein Maß für das über der Länge L verteilte Gewicht definiert wurde, kann auch als Kenngröße für die „Schlankheit" des Unterwasserschiffes erklärt werden. Zusammen mit dem sogenannten Zylinderkoeffizienten [Anm. 1.20] beeinflussen sie wesentlich den spezifischen Widerstand R/W.

Was bedeutet Schlankheit?

Das Segeltragvermögen und die notwendige Vortriebskraft sind von der durch Rumpfform und Ballast bestimmten Stabilität abhängig. Es leuchtet vielleicht ein, daß der schlanke Rumpf, der mit einer vorgegebenen Segelvortriebskraft am schnellsten segeln würde, am wenigsten in der Lage ist, der Krängungskraft entgegenzuwirken. Deswegen muß einer größeren Stabilität wegen eine gewisse Rumpfvölligkeit mit entsprechendem Widerstandszuwachs in Kauf genommen werden. Wir wollen einmal annehmen, daß die Segel bei raumem Wind, wenn die Krängungskraft F_K vernachlässigt werden kann und deshalb die Stabilität von zweitrangiger Bedeutung wird, eine Vortriebskraft F_R von $0{,}07 \cdot W$, das heißt 7 Prozent des Bootsgewichtes W, entwickeln. Vorausgesetzt der Wind ist ausreichend stark, liegt eine so große Vortriebskraft durchaus im Bereich des Möglichen. Mit der Annahme, daß bei stationärem Segelzustand $F_R = R$ und somit $F_R/W = R/W = 0{,}07$ ist, lassen sich aus Abb. 1.31 die Geschwindigkeits-Längen-Verhältnisse $V_S/\sqrt{L}$ für fünf verschieden schwere Boote mit $\Delta/(L/10)^3 = 14{,}4$; 7,2; 3,6; 1,8 und 0,9 zu 2,35; 2,72; 3,08; 3,80 und 4,70 ($F_n = 0{,}39$; 0,45; 0,50; 0,62; 0,77) ablesen. Auf Raumschots-Kursen scheinen die Leichtdeplacement-rümpfe überlegen zu sein.

Bei starkem Wind und Am-Wind-Kursen kehrt sich die Rangordnung etwas um. Sind Ballast und eine gewisse Rumpfvölligkeit die einzigen Möglichkeiten zur Erzeugung ausreichender Stabilität (für angemessenes Segeltragvermögen), hat man dafür einen Widerstandszuwachs hinzunehmen. Da eine Vergrößerung des Ballastanteils einen Anstieg des Rumpfwiderstands wie auch der Segelvortriebskraft zur Folge hat, ist es ziemlich einleuchtend, daß es ein bestimmtes optimales Deplacement-Längen-Verhältnis geben muß. Dann halten sich die Gewinne aus dem größeren Segeltragvermögen und die Verluste durch den größeren Rumpfwiderstand das Gleichgewicht. Bei Kreuzer-Rennyachten scheint das beste Deplacement-Längen-Verhältnis $\Delta/(L/10)^3$ für optimale Allround-Eigenschaften zwischen 10,8 und 12,6 zu liegen.

Durch unterschiedliche Gewichtung der Hauptentwurfsparameter aus Tabelle 1.2 lassen sich Yachten mit sehr verschiedenen Eigenschaften, aber gleichem Rating bauen: Boote für Schwerwetter, Leichtwetter, für bestimmte Kurse etc. Es ist jedoch sehr schwierig, die Leistung einer Yacht für alle Windverhältnisse und auf allen Kursen zu verbessern. Es sei denn, daß durch eine Beschränkung der Inneneinrichtung auf das Allernotwendigste, wie es bei modernen Regattayachten üblich ist, ein größeres Ballast-Deplacement-Verhältnis erzielt werden kann. Tatsächlich werden heute Rennyachten nicht nur für lokale Wind- und Seeverhältnisse entworfen, auch das die angewendete Vermessungsregel ergänzende Zeitausgleichssystem wird in die Entwurfsüberlegungen mit einbezogen.

G Hochgeschwindigkeitssegeln

An Hand der Abb. 1.32 läßt sich der spezifische Widerstand R/W zweier verschiedenartiger Rumpfformen mit dem gleichen Längen-Breiten-Verhältnis L/B von 4,5 und einem Deplacement-Längen-Verhältnis $\Delta/(L/10)^3$ von etwa 5,4 vergleichen:

1. Verdrängerform, Rundspant, charakteristisch für den Yachtrumpf mit Ballast
2. Gleiterform, Knickspant, anwendbar auf leichte Jollen; nach [1.21].

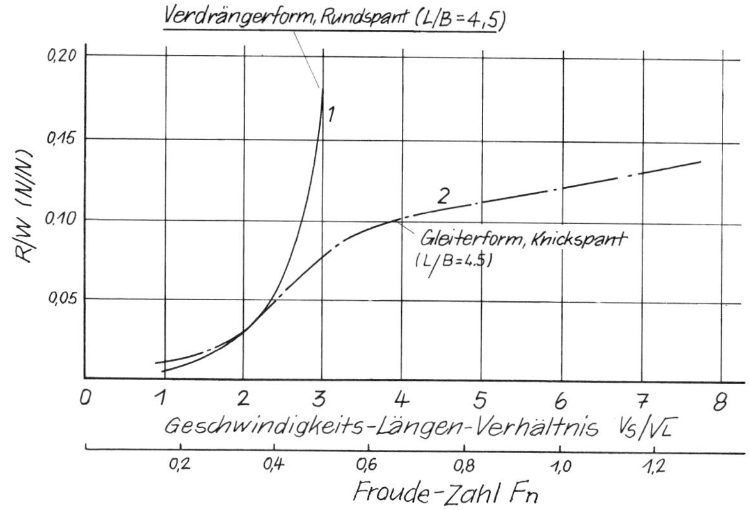

Abb. 1.32 Spezifischer Widerstand zweier unterschiedlicher Rumpfformen (L/B: Längen-Breiten-Verhältnis)

Foto 1.11 "Fighting the boat up" – manchmal keine leichte Sache. Es kann gefährlich werden, wenn man mit einer Schwimmweste unter dem Boot eingeschlossen wird (Skizzen aus einem Artikel von J. Dumet in der französischen Segelzeitschrift *Bateaux*).

Die beiden Kurven zeigen deutlich, daß sich mit Gleitbooten hohe Geschwindigkeiten erzielen lassen. Ab einem Geschwindigkeits-Längen-Verhältnis $V_S/\sqrt{L}$ von 3,6 ($F_n > 0{,}59$) ist ihr spezifischer Widerstand R/W nahezu proportional zur Fahrtgeschwindigkeit und steigt im Vergleich zum Widerstand der Verdrängerform nur sehr langsam an.

Vorausgesetzt der Wind ist stark genug, sind mit leichten Gleitjollen, den Nachkommen der am Ende des 19. Jahrhunderts gebauten „skimming dishes“ (Gleitschüsseln), Geschwindigkeits-Längen-Verhältnisse von 7,2 ($F_n = 1{,}2$) oder mehr durchaus möglich. Die Sache hat nur einen Haken: sie kentern. Aus diesem Grunde empfehlen die Väter des internationalen Segelsports von der IYRU, in Sorge um die Hochgeschwindigkeits-Renn-Segel-Maschinen und deren Besatzung, daß „ab einer halben Stunde vor dem Start Rettungsfahrzeuge im Verhältnis von einem Rettungsboot für je 15 Teilnehmer zur Verfügung stehen sollen“. Auf irgendeine Weise hat man für die Geschwindigkeit zu zahlen. Es scheint, daß die Forderungen nach Geschwindigkeit und Seetüchtigkeit grundsätzlich unvereinbar sind.

Es bedarf keiner besonderen Scharfsichtigkeit um festzustellen, daß die Zivilisation des Menschen, er selbst, ebenso die Segelboote, nur dann „normal funktionieren“, wenn die „richtige“ Seite oben ist, das heißt, wenn das was man als die natürliche oder gewöhnliche Lage bezeichnen könnte, eingenommen wird (frei nach H. Saunders [1.22]). Sobald Segel und Schwert das Medium, in dem sie normalerweise arbeiten, vertauschen, wenn das Boot durchgekentert ist (Foto 1.11), läßt sich die gewohnte Position ohne fremde Hilfe nur sehr schwer wieder einnehmen. Dies gilt insbesonders für Katamarane. Man hüte sich davor, in einer Schwimmweste unter dem Boot oder in der Kajüte eingeschlossen oder vom Boot abgetrieben zu werden. Auch für diejenigen, die schon in der Kunst des Kenterns erfahren sind, könnten einige Hinweise in [1.23] über Sicherheit, Kentern und Selbsthilfemaßnahmen von Nutzen sein.

Mehrrumpfboote

Mit einem Mehrrumpfboot lassen sich viel leichter hohe Geschwindigkeiten erreichen als mit einem Einrumpfboot gleicher Länge. Sie können die für hohe Geschwindigkeiten notwendige große Segelfläche tragen, da die weit auseinanderliegenden Rümpfe eine hohe Querstabilität bewirken. Darum lassen sich die Einzelrümpfe widerstandsgünstig schmal und schlank ausführen. Durch Beballasten des luvwärtigen Rumpfes kann ein beinahe unbegrenztes Stabilitätsmoment erzeugt werden. Die Geschwindigkeit wird praktisch nur durch die Festigkeit des Bootskörpers und des Riggs beschränkt und natürlich auch durch die See selbst. Für jedes noch so gut und stark gebaute Fahrzeug gibt es letzten Endes Wind- und Wellenverhältnisse, in denen das Überleben vorrangig wird. Bekanntlich

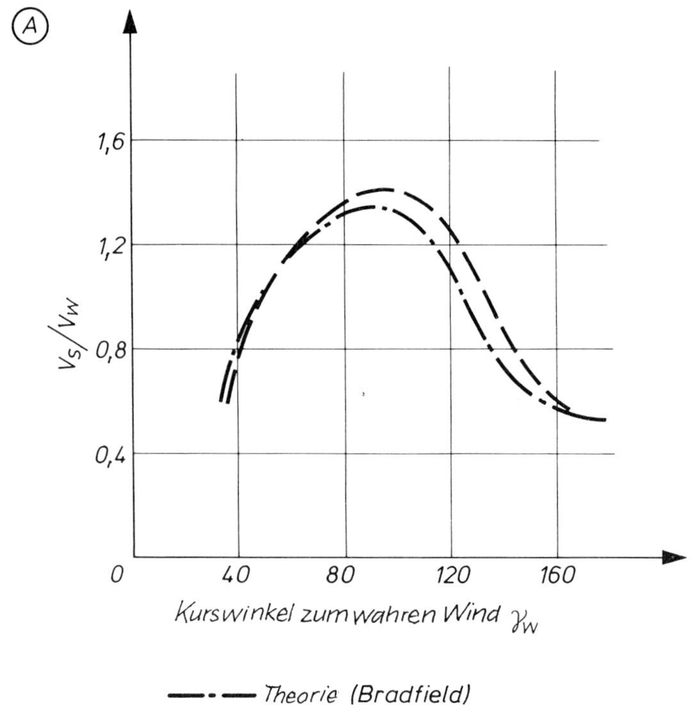

Abb. 1.33A Berechnung und Messung der Fahrtleistung eines Tornado-Katamarans. Nähere Angaben zur Versuchsdurchführung:

L_{WL} – 5,85 m
Bootsgewicht – 1780 N
Mannschaftsgewicht – 1510 N
Gesamtgewicht – 3290 N ($\Delta = 335$ kg)
$\Delta/(L/10)^3 = 1{,}67$
$A_S = 21{,}8$ m² (Großsegel und Fock)
$A_S/\Delta = 65$ m²/t

hängt dann die Sicherheit davon ab, daß man der See nachgibt und nicht gegen sie ankämpft.

Über die Fahrtleistung von Katamaranen auf verschiedenen Kursen relativ zum wahren Wind liegen nur wenige Angaben vor. Abb. 1.33 stellt die in ihrer Art einzigen Ergebnisse begrenzter Versuche mit dem bekannten Hochleistungskatamaran Tornado dar, die von W.S. Bradfield [1.24] durchgeführt wurden. Sie sollten eine Vergleichsgrundlage für die Fahrtleistung eines Tragflügelsegelbootes [1.25] mit Mehrrumpfbooten schaffen. Dabei ging man von der Annahme aus, daß ein Boot, das mit dem Tornado mithalten kann, auch mit 95 Prozent der gegenwärtigen Hochleistungssegelboote konkurrieren kann. Die Versuche ermöglichten auch einen Vergleich der Leistung der Großausführung mit Berechnungen, die auf einer in [1.26] mitgeteilten Theorie von Bradfield beruhten (Abb. 1.33A).

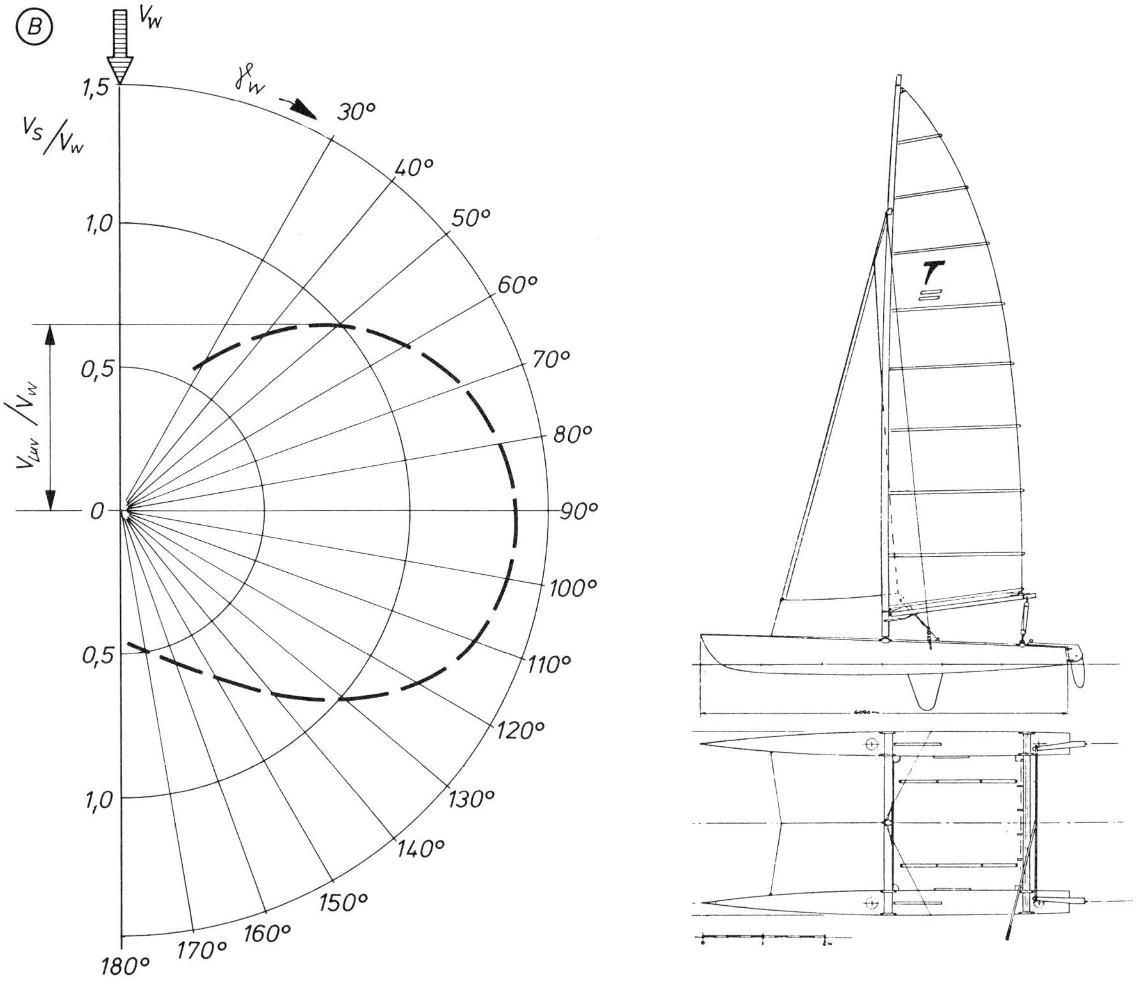

Abb. 1.33 B Polardiagramm der Versuchsergebnisse

Der Tornado wurde bei glattem Wasser bei Windgeschwindigkeiten V_W zwischen 4,5 m/s (3 Beaufort) und 6,7 m/s (4 Bft.) gesegelt. Die maximale Fahrtgeschwindigkeit V_S betrug 8,6 m/s (16,7 Knoten) bei einer Windgeschwindigkeit von 6,2 m/s (12 Knoten) und einem Kurswinkel γ_W von etwa 90°. Dies ergibt ein Verhältnis V_S/V_W von 1,39. Das heißt, das Boot segelte schneller als mit wahrer Windgeschwindigkeit. Abb. 1.33A zeigt die Versuchsergebnisse und die theoretische Fahrtleistung. Die durch das Verhältnis Katamaran-Geschwindigkeit V_S zu wahrer Windgeschwindigkeit V_W ausgedrückte Leistung wurde über dem Kurswinkel γ_W aufgetragen. Das Verhältnis V_S/V_W kann als Kennwert für das Leistungsvermögen des Katamarans hinsichtlich hoher Geschwindigkeiten angesehen werden. Werden die Versuchsergebnisse als Polarkurve dargestellt (Abb. 1.33B), sieht man, daß der beste Kurswinkel γ_W am Wind in Übereinstimmung mit der Praxis etwa 50° und der beste Kreuzwinkel vor dem Wind ungefähr 130° beträgt.

Es ist bemerkenswert, daß nach Bradfields Theorie, die etwas theoretische Komplexität und/oder Anwendungsbreite aus Gründen der Einfachheit und Anschaulichkeit opferte, das Verhältnis V_S/V_W für jeden Kurswinkel unabhängig von der Stärke des wahren Windes ist. Die in [1.26] angegebene, recht einfache mathematische Darstellung ist zweifellos nicht nur für den Konstrukteur, sondern auch für den Regattasegler für Taktik und Trimm von großem Wert.

Aus Abb. 1.33A geht hervor, daß zwar auf raumen Kursen die theoretische Fahrtleistung geringer ist als die gemessene, aber eine grundsätzliche Übereinstimmung ist erkennbar. Die Abweichung wurde mit der Unterbewertung der Riggeigenschaften erklärt. Da es keine Daten über das Tornado-Rigg gab, wurden die Ergebnisse aus Windkanalversuchen mit einem Drachen-Rigg [1.27] verwendet. Die Resultate des Großversuchs zeigen, daß das Rigg des Tornados ungewöhnlich wirkungsvoll ist, jedenfalls aerodynamisch wirksamer als das im Windkanal untersuchte Drachen-Rigg.

Aus der Polarkurve in Abb. 1.33B läßt sich das optimale Verhältnis V_{Luv}/V_W zu 0,64 bestimmen. Die durch das Verhältnis $V_{Luv}/\sqrt{L}$ ausgedrückte Zielgeschwindigkeit nach Luv V_{Luv} ist auch in der Abb. 1.19 eingezeichnet. Dies erleichtert einen direkten Vergleich mit den anderen bereits betrachteten Segelbooten. Es ist offensichtlich, daß der Tornado über ausgezeichnete Am-Wind-Eigenschaften verfügt. Er setzt zweifellos neue Maßstäbe in der Regattaszene und ist vielleicht die richtige Antwort für diejenigen, die sich für schnelles Segeln begeistern.

Wie bereits erwähnt, erweist sich das Geschwindigkeitsverhältnis V_S/V_W in der Theorie Bradfields als ein allgemeines Leistungskriterium. Es ist weitgehend, zumindest in einem bestimmten Windgeschwindigkeitsbereich, von der Stärke des wahren Windes unabhängig. Diese Erkenntnis wird mit angemessener Genauigkeit durch die Ergebnisse der Weltmeisterschaft für Mehrrumpfboote von 1968 bestätigt. Abb. 1.34 zeigt zum Beispiel die Resultate der Yacht *Whiplash,* eines sehr schnellen C-Klassen-Katamarans. Berücksichtigt man unvermeidliche Abweichungen von der Höchstleistung, die durch die Schwierigkeit das Boot stets optimal zu segeln, Meßungenauigkeiten, Unstetigkeit des Windes, Wellen etc.

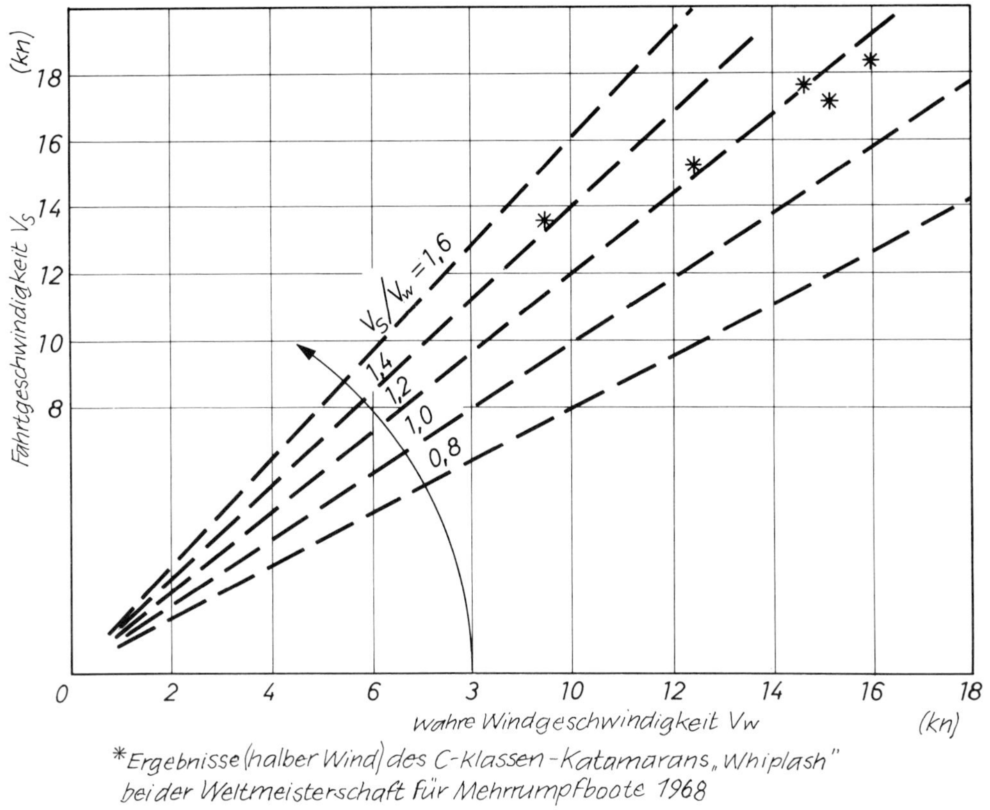

Abb. 1.34

bedingt sind, so gruppieren sich die bei halbem Wind erzielten Ergebnisse eng um die Gerade für $V_S/V_W = 1{,}2$. Auf jeden Fall ist die beobachtete Verschlechterung der Fahrtleistung des Katamarans (ausgedrückt durch das Verhältnis V_S/V_W) bei zunehmender Windgeschwindigkeit im Vergleich zu Kielyachten (siehe Abb. 1.20 C) viel geringer, fast unbedeutend. Ein Diagramm wie das in Abb. 1.34, das V_S, V_W und V_S/V_W miteinander verknüpft, kann zum Vergleich der Leistungsfähigkeit unterschiedlicher Mehrrumpf-Anordnungen verwendet werden.

Transatlantik-Rennen

1972 feierten Mehrrumpfboote zwei herausragende Erfolge: den Sieg im *Observer* Single-Handed Transatlantic Race (OSTAR) und den 1. Platz bei den RYA/John Player World Sailing Speed Records.

Abb. 1.35 und Foto 1.12 zeigen die von A. Colas gesegelte Yacht *Manureva* (ex *Pen Duick IV*), die Gewinnerin des Transatlantik-Rennens. Ursprünglich für das Rennen von 1968 für E. Tabarly gebaut, machten eine vierjährige Test-

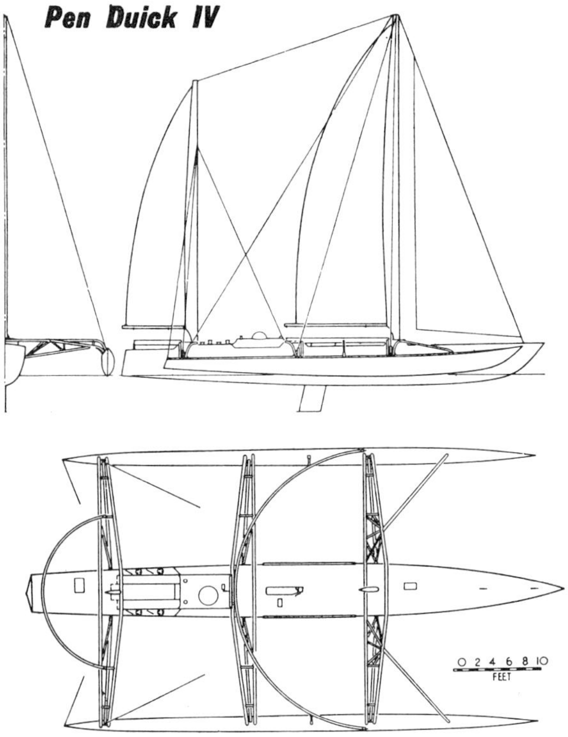

Abb. 1.35 $L_{üa}$ – 20,42 m
Breite – 10,67 m
Deplacement – ca. 7,1 t

Nach vierjähriger Test- und Entwicklungszeit gewann A. Colas (Frankreich) mit *Manureva* (ex *Pen Duick IV*), der wahrscheinlich häßlichsten wie auch kompromißlosesten Rennmaschine und einer der schnellsten seetüchtigen Trimarane der Welt, 1972 das Transatlantik-Einhand-Rennen in 20 Tagen und 15 Stunden.

und Entwicklungszeit aus ihr einen der schnellsten hochseetüchtigen Trimarane der Welt. Für einige Teilnehmer mit kleineren Booten stellte sie das hassenswerteste aller Ungeheuer dar. *Pen Duick IV* war wahrscheinlich die häßlichste, wie auch kompromißloseste Rennmaschine, die es zu dieser Zeit gab. Die in Foto 1.12 gut erkennbare Brückenkonstruktion glich dem Inneren einer Ölraffinerie, aber sie war funktionell, und nur das, und nicht die Schönheit, zählte.

Der International Hydrofoil and Multihull Society [1.28] zufolge gab es nichts neues am Entwurfskonzept der *Pen Duick IV*. Die Idee, einen Hauptrumpf durch leichte Gitterträger mit den Auslegern zu verbinden, sei eine direkte Kopie der *Trifoil*- und *Triform*-Trimaranklasse, die in England schon fast zwanzig Jahre zuvor entwickelt wurden. Die Gesellschaft hatte sogar ihr eigenes Fachwort für diese Konstruktion. Sie bezeichnete sie als MEROLOA-Prinzip (Minimum Element Resistance Open Lattice Outrigger Arms).

Foto 1.12 Die Brückenkonstruktion von *Manureva* glich dem Inneren einer Ölraffinerie, war aber funktionell *(Yachting World)*.

Zum Vergleich stellt Foto 1.13 einige Einzelheiten eines der Rivalen von *Pen Duick IV* dar, der hervorragenden Proa *Cheers,* die von R. Newick konstruiert und von T. Follet im OSTAR 1968 gesegelt wurde. J.R. Macalpine-Downie beschrieb sie vor dem Rennen als „... originell, einfallsreich, rundum überzeugend und ungeheuer anziehend, ... nur mit dem Wesentlichsten ausgerüstet. Innen ist sie weiß, leer und dicht wie eine Teetasse.“

Um sich für das Rennen zu qualifizieren, überquerte Follet mit *Cheers* einhand den Atlantik in 29 Tagen. Jedoch beschloß die Wettfahrtleitung aus guten Gründen, daß das Boot potentiell gefährlich sei und die Meldung nicht angenommen werden könne. Nach einigem Zaudern wurde die Entscheidung dann wieder aufgehoben. Follet segelt mit *Cheers* ein müheloses Rennen und belegte einen

Abb. 1.36 *Three Cheers* – entworfen von R. Newick. Das starre Flügeldeck ist ziemlich ungewöhnlich für Regattatrimarane, aber nach Meinung des Konstrukteurs läßt sich die Kentergefahr durch die Windangriffsfläche bei Krängung durch umsichtiges Segeln auf ein vertretbares Maß reduzieren.

$L_{üa}$ – 14,02 m
L_{WL} – 13,18 m
Breite – 8,23 m
Tiefgang – 0,91/1,68 m
Deplacement – 3,18 t
Segelfläche – 77/132 m^2

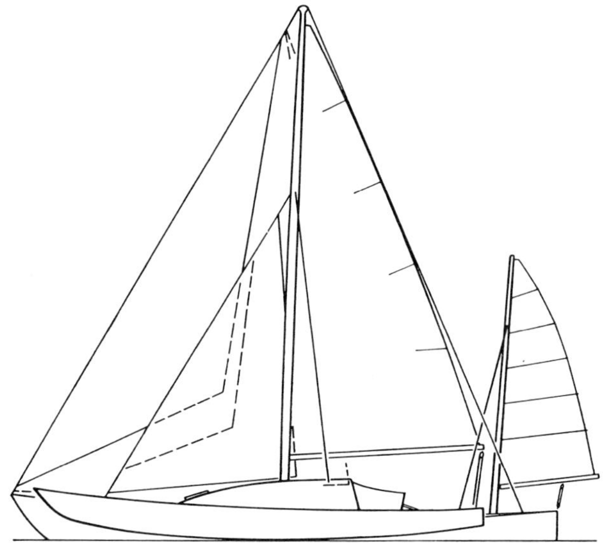

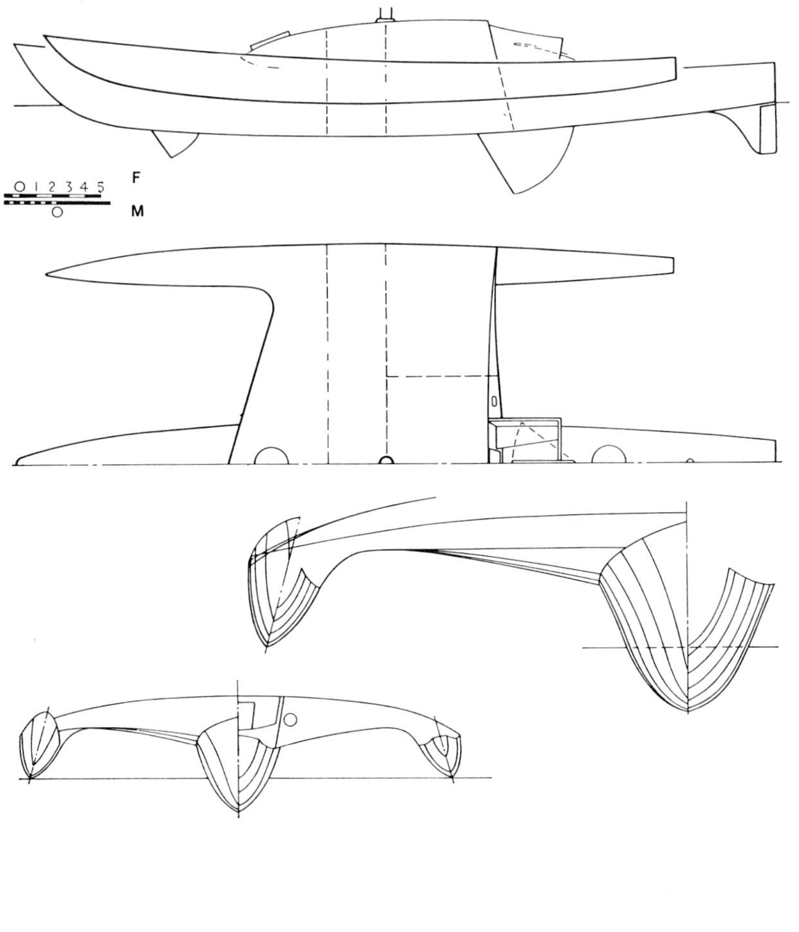

Foto 1.13 *Cheers.* – Diese Proa von R. Newick, mit der T. Follet am OSTAR 1968 teilnahm, wurde vor dem Rennen als „... originell, einfallsreich, rundum überzeugend und ungeheuer anziehend ..." beschrieben. „Sie ist nur mit dem Wesentlichsten ausgerüstet. Innen ist sie weiß, leer und dicht wie eine Teetasse." Den dritten Platz in dieser Regatta kommentierte der wachhabende Polizist auf Rhode Island: „Mein Gott, er muß verrückt sein, so ein Ding zu segeln."

$L_{üa}$ – 12,20 m
L_{WL} – 9,14 m
Deplacement – 1,48 t
Segelfläche – 31,6 m^2

sehr guten dritten Platz, einige Tage vor der nächsten Mehrrumpfyacht (Tabarly mit *Pen Duick IV* mußte in dieser Wettfahrt schon frühzeitig aufgeben).

Das gleiche Team, das *Cheers* konstruierte, beteiligte sich auch am Rennen 1972, diesmal mit dem Trimaran *Three Cheers* (Abb. 1.36). R. Newick sagte über seinen Entwurf:

Abb. 1.37 *Vendredi 13* – D. Carters Vorstellung von der Segelmaschine. Theoretisch segeln längere Boote infolge der größeren wirksamen Länge schnell, Wind- und Seeverhältnisse sind aber ebenfalls von Bedeutung. Das Glück mit dem Wetter spielt eine große Rolle im Einhand-Transatlantik-Rennen. *Vendredi 13* galt als das längste, schmalste, leichteste und flachste Boot, das man sich überhaupt vorstellen konnte.

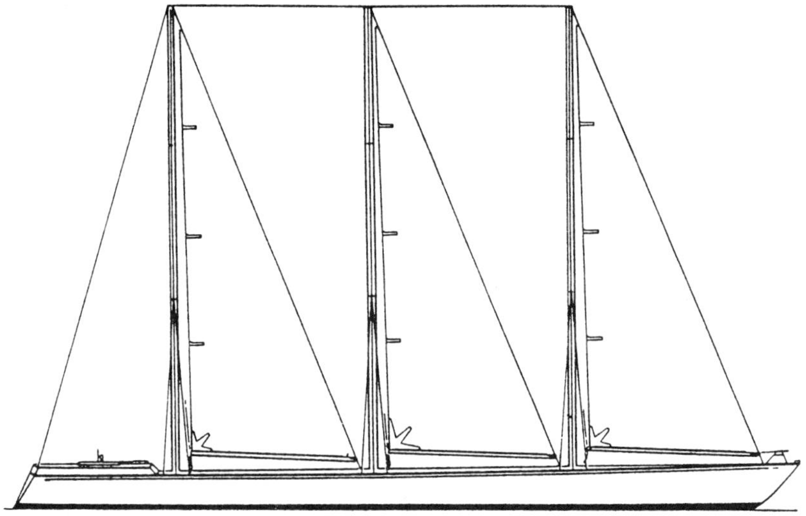

$L_{\text{üa}}$ – 39,00 m
L_{WL} – 36,57 m
Breite – 5,64 m
Deplacement – 35,56 t
Segelfläche – 258 m^2
$\Delta/(L/10)^3 =$ ca. 0,73
$A_S/\Delta =$ ca. 7,3
$A_S/S =$ ca. 1,6

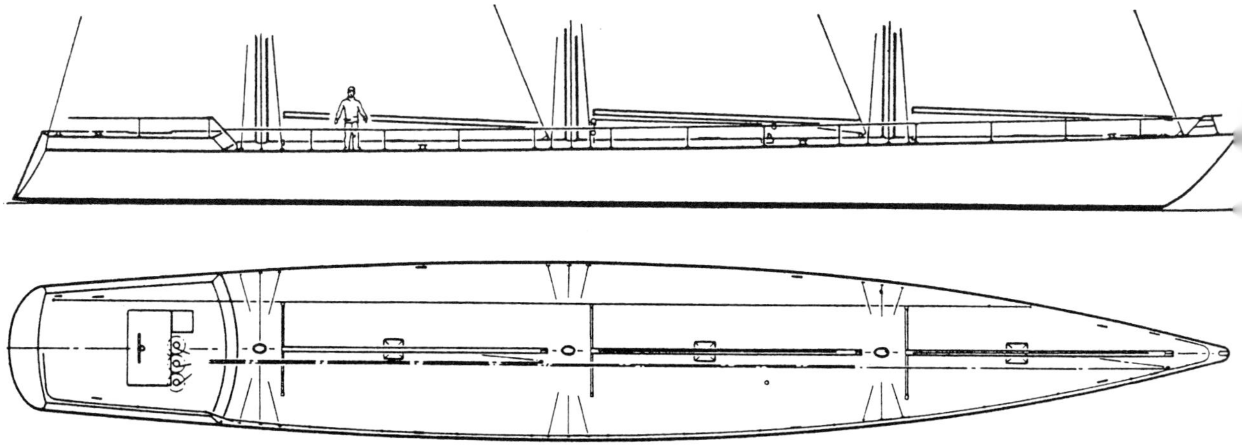

„Mit einem Renndeplacement von 3,18 Tonnen ist *Three Cheers* nicht gerade leicht, aber ich glaube, daß bei einer Am-Wind-Hochseeregatta das Segeltragvermögen sehr wichtig ist. Das Ketsch-Rigg mit den zwei Vorsegeln ergibt zusammen mit dem durch ein vorderes Schwert weit aufgeteilten Lateralplan unter allen Verhältnissen eine gute Kursstabilität. Das starre Flügeldeck ist gegenwärtig nicht üblich bei Renntrimaranen. Einer seiner prinzipiellen Vorzüge ist die Möglichkeit, Belastungen über größere Flächen zu verteilen. Es bietet zusätzlichen Raum für Inneneinrichtung und ermöglicht, die Holepunkte der Vorsegel genau nach Bedarf anzuordnen. Außerdem segelt das Boot bei großer Geschwindigkeit trockener. Von Nachteil ist die zusätzliche Windangriffsfläche bei Krängung, aber sie läßt sich durch kleine Abmessungen und gute Formgebung sowie durch umsichtiges Segeln, das jedes schnelle Boot verlangt, auf ein vertretbares Maß reduzieren."

Am Tag des Stapellaufs soll mit 14 Personen an Bord eine Geschwindigkeit von 22 Knoten erreicht worden sein. Das ergibt ein $V_S/\sqrt{L}$ von etwa 6,1 ($F_n \approx 1{,}0$). T. Follet und *Three Cheers* überquerten im OSTAR 1972 den Atlantik in 27 Tagen und 11 Stunden und belegten den fünften Platz.

Abb. 1.37 stellt eine weitere französische Yacht, *Vendredi 13,* dar, mit der Y. Terlain 16 Stunden hinter dem Sieger Zweiter im Transatlantik-Rennen von 1972 wurde. Er lag lange Zeit in Führung und hätte die Wettfahrt vielleicht gewonnen, wenn er zum Schluß mehr Glück mit dem Wind gehabt hätte. Die von Dick Carter entworfene *Vendredi 13* war mit einer Wasserlinienlänge von 36,6 m um 80 Prozent länger als das nächstkleinere Boot. Das verschaffte ihr einen riesigen Vorsprung an potentieller Geschwindigkeit gegenüber ihren Konkurrenten. Nur konnte sich diese nicht entfalten, da die vorherrschenden Winde leider nicht stark genug waren.

In seinem nostalgischen Artikel *My Big Boat and Me* [1.29] schreibt Terlain: „Ich hoffte, eine Seite in der Geschichte des Segelsports umzuwenden, ich hoffte beweisen zu können, daß ein großes Einrumpfboot schneller ist als das beste Mehrrumpfboot, das es zu der Zeit auf der Welt gab. Ich glaube, wir wendeten die Seite nur zur Hälfte um. Man kann nicht sagen, daß Mehrrumpfboote schneller sind, es hängt ganz von den Wetterverhältnissen ab." Dies ist eher ein Glaubensbekenntnis und unter den besonderen Bedingungen beim *Observer* Einhand-Transatlantik-Rennen nur sehr schwer beweisbar.

Es sollte keinen Zweifel daran geben, daß ein sehr langer Katamaran ein extrem langes Einrumpfboot, die beide von entschlossenen harten Crews unter ähnlichen Wetterverhältnissen gut gesegelt werden, schlagen wird, besonders bei gleicher Bootslänge. Das schon vorhandene Wissen über fahrtleistungsbeeinflussende Faktoren, sowie die in Abb. 1.30 vermerkten Geschwindigkeitsrekorde, unterstützen klar diese logische Schlußfolgerung. Insbesonders ist sie für ein übermäßig langes Einrumpfboot zutreffend, das einhand gesegelt werden soll. Um noch eine gewisse Herrschaft über die Vortriebskräfte zu gewährleisten, muß das Boot zwangsläufig untertakelt werden. Somit ergibt sich ein kleines

Abb. 1.38 Alain Colas gigantische *Club Méditerranée*
Ungefähre Abmessungen:
$L_{üa}$ – 72,2 m
L_{WL} – 63,4 m
Breite – 9,6 m
Deplacement – 254 t
Segelfläche – 1000 m^2

Verhältnis A_S/S. Deshalb läßt sich dann das Elend, „bei leichtem Wind im Wasser zu kleben", nicht vermeiden. Infolgedessen litt *Vendredi 13,* mehr als jede andere konventionelle Leichtdeplacementyacht, unter mangelnder Vortriebskraft. Sowohl das Verhältnis A_S/S wie auch das Verhältnis A_S/Δ liegen mit 1,6 und 7,3 deutlich unter den erforderlichen Werten, die eine ausreichende Fahrtleistung unter allen Wetterverhältnissen sicherstellen (siehe Tabelle 1.8). Versucht man eine übermäßige Bootslänge mit Einhand-Segeln in Einklang zu bringen, hat man Nachteile in Form größerer benetzter Oberfläche, verringerter Segelfläche und geringer Wirksamkeit eines aus drei Stagsegeln in Tandemanordnung bestehenden Riggs (aerodynamisch ungünstig) in Kauf zu nehmen. Diese Faktoren tragen alle zur Erklärung bei, warum sich das Boot bei weniger als 4 Windstärken nur schwer wenden ließ, wie Terlain bemängelte.

Genau die gleichen Argumente treffen auf eine weitere französische Yacht zu, der gigantischen *Club Méditerranée* von Alain Colas (Abb. 1.38). Sie ist fast zweimal so groß wie *Vendredi 13*. Dieser Viermast-Schoner wurde für das OSTAR 1976 nach Newport (Rhode Island) entworfen. Das Entwurfskonzept ist das gleiche wie bei *Vendredi 13*: es wird eine überwältigende Betonung auf die Rumpflänge als ein dominanter geschwindigkeitsproduzierender Faktor gelegt. Obwohl die an Hand der Rumpflänge geschätzte Höchstgeschwindigkeit von 22 Knoten der *Club Méditerranée* Colas einen enormen theoretischen Vorteil verschaffte, wurde er im OSTAR 7 Stunden und 28 Minuten hinter E. Tabarly mit seiner 22,2 m Ketsch *Pen Duick VI* nur Zweiter. Die Durchschnittsgeschwindigkeit lag bei etwa 5,2 Knoten. Das ergibt ein Geschwindigkeits-Längen-Verhältnis $V_S/\sqrt{L}$ von nur $5{,}2/\sqrt{63{,}4}=0{,}65$ ($F_n \approx 0{,}11$).

Wie bei jeder Regatta hängt sicher viel von den Wetterbedingungen ab. Nichts drückt die Durchschnittsgeschwindigkeit mehr als ein paar Tage Flaute in der Einöde des Atlantiks. Die Karte in Abb. 1.39, die aus dem Bericht von Alan Watts in [1.30] übernommen wurde, verdeutlicht das strategische Dilemma, dem sich jeder am OSTAR teilnehmende Segler gegenüber sieht. Wählt er die kurze, direkte Nordroute von Irland nach Amerika, muß er fast die ganzen 3000 Meilen Wind von vorne in Kauf nehmen. Die Südroute der alten Segelschiffe, die sich zwischen dem 50. und 20. Breitengrad hinzieht, ist viel länger (ungefähr 4000 sm), aber dort findet der glückliche Segler vielleicht alles zu seinen Gunsten – halben Wind und leicht bewegte See. Leider berührt diese Route in den sogenannten Ross-Breiten eine Zone unvorhersehbaren Wetters und fürchterlicher Flauten. Es ist von sehr großer Bedeutung, wie Segler und Boot den sich stets ändernden Wind- und Seeverhältnissen begegnen. Um ihr Glück mit dem Wetter zu kontrollieren, waren *Vendredi 13* und *Club Méditerranée* mit Wetterkartenschreibern ausgerüstet.

Beide Ungetüme wurden ohne Einschränkungen durch Regeln und Vorschriften für den gleichen speziellen Zweck gebaut. Wenn man es schon wagt, derartig riesige Boote allein zu segeln, lassen sich dann auch noch größere Boote einhand segeln? Bedenkt man die Längenunterschiede der teilnehmenden Yachten an der Wettfahrt 1976 – zwischen 7 m und 72 m – darf man sich schon fragen, was diese ganze Veranstaltung eigentlich mit „fair play" zu tun hat.

Die meisten der Teilnehmer, die die Startlinie in den Transatlantik-Regatten überquerten, wurden vielleicht von dem abenteurlichen, romantischen Gedanken getrieben, der Bondie Haslers Idee dieses Rennens zugrunde liegt: der einsame Mensch und das Meer. Aber nicht alle.

Korrumpiert der wissenschaftliche und technische Fortschritt, der sich in unserer Welt so rasch ausbreitet, die Seele des Seglers? Hasler bezeichnete *Vendredi 13* als ein faszinierendes Experiment in die falsche Richtung. Und der Kommentator von *Yachting Monthly* [1.28] meinte:

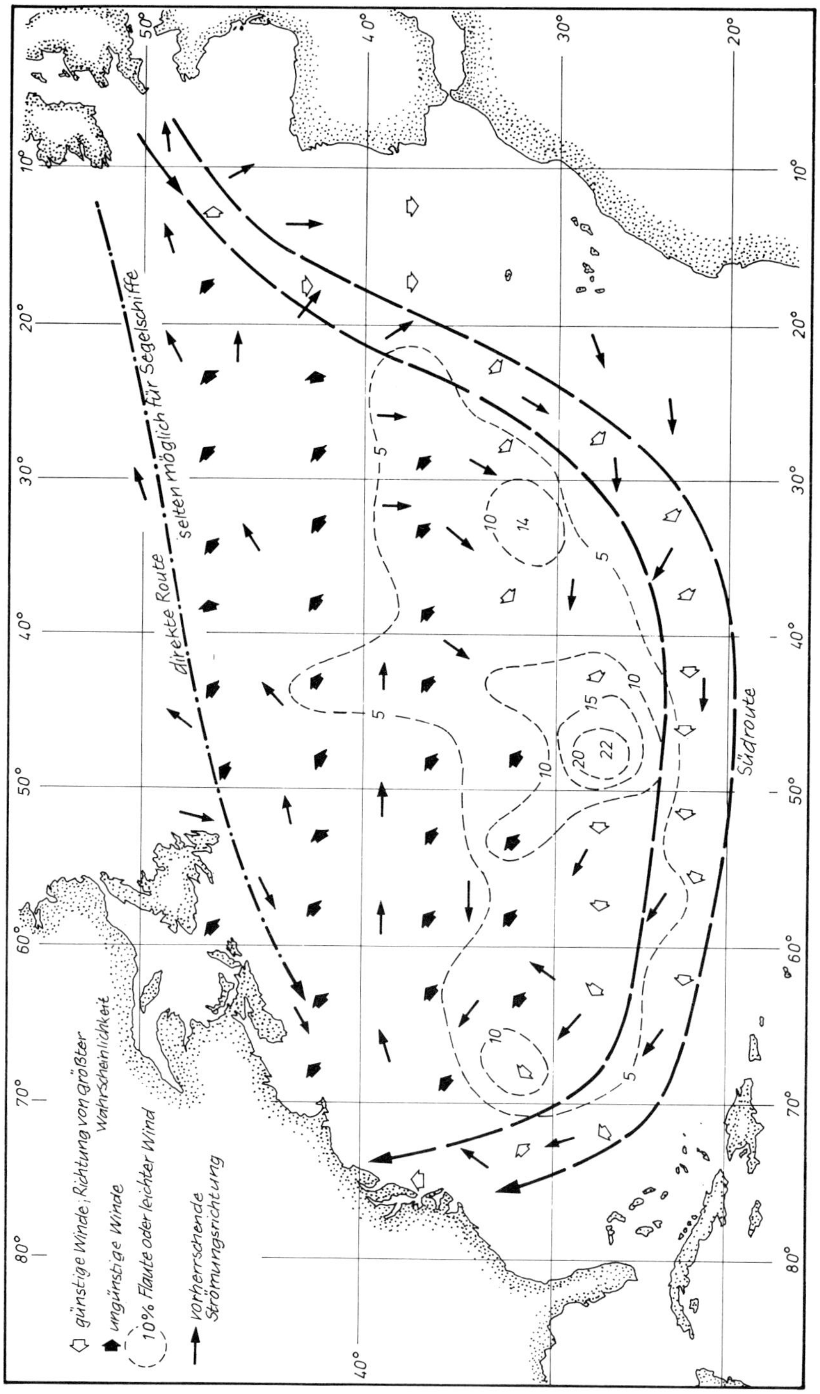

Abb. 1.39 Atlantikrouten aus der Sicht eines Meteorologen (nach Unterlagen der Zeitschrift *Yachting World*)

„Es ist bedauerlich, daß man sich genötigt sieht, in Zukunft die Länge der Yachten auf ein wünschenswertes Maß zu beschränken. Aber mit den 39 m der *Vendredi 13* wird ganz klar, daß wir die Grenze der Entwicklung in dieser Hinsicht schon weit überschritten haben. Denn die Vorstellung, wie so ein Boot, das die Einmann-Crew als Zwerg erscheinen läßt, schwer manövrierbar ist, aber sehr große Geschwindigkeiten erreichen kann, in den ‚bevölkerten' Gewässern zu beiden Seiten des Rennens segelt, kann einem Angst und Bange machen."

Abgesehen von diesem offensichtlichen und unmittelbar praktischen Gesichtspunkt stellt sich die Frage, welchen Sinn es hat, ein vorhandes Wissen auf die Spitze zu treiben. Läßt sich aus einem so teuren Experiment wie *Vendredi 13* oder *Club Méditerranée* etwas Neues lernen, etwas, was nicht bereits bekannt ist oder nicht einfach mit ein wenig Vorstellungskraft und Arithmetik vorhergesagt werden könnte?

Anscheinend sind in unserer ruhelosen Gesellschaft, die sich durch immer größere Erwartungen und der Gier nach Sensationen in Schwung hält, Monster in Mode. Zweifellos ist es einfacher, skurrile Ungetüme zu bauen, als harmonische, ausgewogene Meisterwerke von dauerndem Wert zu schaffen.

Foto 1.14 *Crossbow I* – offizielle Geschwindigkeitsweltrekordinhaberin von 1972 bis 1975 (Portland Harbour, England). Sie schien dann am schnellsten zu segeln, wenn der Luvschwimmer gerade austauchte. Die Wiedergabe der Fotografie erfolgt mit freundlicher Genehmigung von *Yachting World*.

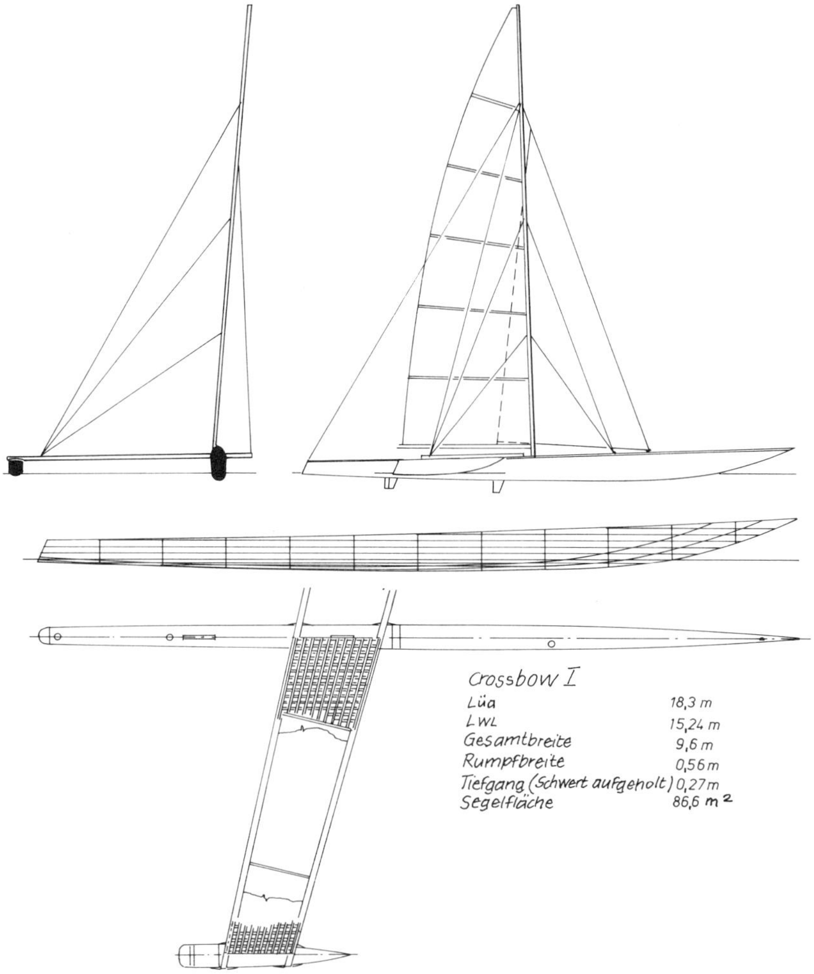

Abb. 1.40 *Crossbow I* – konstruiert von J.R. Macalpine-Downie. Diese bleistiftschlanke Proa mit dem Spitznamen "The Beast" (aus offensichtlichen Gründen) war nur für Höchstgeschwindigkeit unter Segel entworfen.

Geschwindigkeitsweltrekorde

Das Foto 1.14 und die Abb. 1.40 zeigen ein weiteres spektakuläres und haarsträubendes Gebilde: die Yacht *Crossbow I*, Inhaberin des Geschwindigkeitsweltrekords von 1972 bis 1975. Die anfängliche Geschwindigkeit von 26,3 Knoten, die 1972 offiziell gemessen wurde und seitdem auf über 30 Knoten gesteigert werden konnte, war kein überwältigender Erfolg, sondern eher der Anfang einer völlig neuen Art der Wettsegelei. Sie begann in der Woche vom 30. September bis 8. Oktober 1972, unterstützt durch die Royal Yachting Association und den Zigarettenhersteller John Player. Er setzte 1000 Pfund als ersten Preis aus und bot weitere 2000 Pfund für die höchste Geschwindigkeit, die vor Ablauf dieses

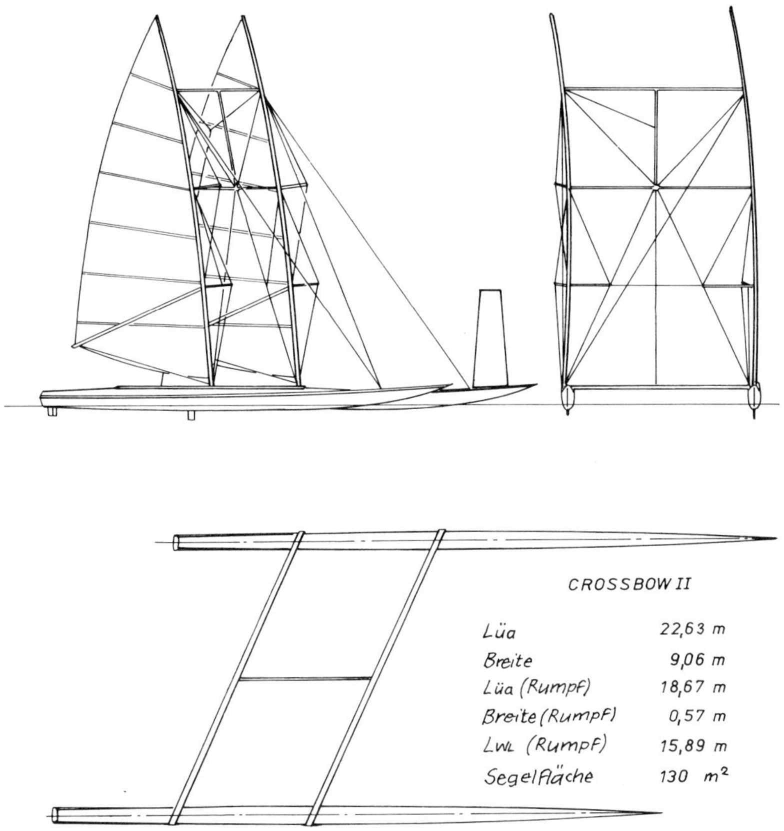

Abb. 1.41 *Crossbow II*

Jahres irgendwo auf der Welt erreicht werden würde. Bei den Wettfahrten um die alljährlich verliehene John Player Speed Record Trophy ist eine 500 Meter lange Strecke auf beliebigem Kurs zum Wind so schnell wie möglich zu durchsegeln. Die eigens dafür konstruierte 15,2 m lange bleistiftschlanke Proa *Crossbow I*, die nur auf einem Bug segeln konnte, gewann diese Trophäe unangefochten.

Vier Mann Besatzung liefen auf dem schmalen Trampolindeck des 9,14 m langen Auslegers hin und her und sorgten für die gerade notwendige Stabilität zum Ausgleich der Krängungskräfte des 86,6 m^2 großen Segels. Die 1972 bei Wind um 19 Knoten erreichte Geschwindigkeit von 26,3 Knoten ($V_S/V_W \approx 1{,}4$) lag deutlich unter der erwarteten Höchstgeschwindigkeit.

Der Entwurf eines dieser völlig neuen, buchstäblich keiner Beschränkung unterworfenen Art von Segelboot wird nicht jedem Konstrukteur zusagen. J.R. Macalpine-Downie [1.31] beschreibt einen Teil seines Vorgehens wie folgt: „Raumangebot, Bequemlichkeit, Anwendbarkeit, Verkaufsaussichten, nichts ist von Belang; sogar Seetüchtigkeit und Manövrierfähigkeit sind unwichtig, solange sie nicht die Höchstgeschwindigkeit beeinträchtigen.“ Ihr Konstrukteur behauptet, *Crossbow I* sei das extremste konventionelle Boot, das je gebaut wurde. In gewisser

Foto 1.15
Oben: *Icarus* (1972) – deutlich sind die aufgeholten Bugtragflächen zu erkennen. Gesteuert wird mit zwei am Heck gehalterten Ruder-Tragflügel-Kombinationen, die einem umgekehrten „T“ ähneln.
Unten: *Icarus* (1970) bei Wind um 3 Bft. in Tragflächenfahrt – einer der Versuche mit zwei Tragflügelpaaren. Der Steuermann im Trapez konnte die beweglichen Bugtragflächen verstellen, die Steuerfähigkeit des Bootes war aber ziemlich schlecht.

Weise ist das richtig, denn in den ersten Versuchsfahrten verwendete man keine Tragflächen, aber 1973 wurde der Luvschwimmer mit einem kleinen Tragflügel versehen. Dadurch sollte die Gondel bei hohen Geschwindigkeiten am Eintauchen gehindert werden und der Mannschaft das Hin- und Herlaufen auf dem Trampolindeck erspart bleiben. Im Wettbewerb von 1976 erzielte die Weiterentwicklung, die neue *Crossbow II*, eine Geschwindigkeit von 31,8 Knoten. Sie ist ein 18,7 m langer Katamaran mit zwei Masten und gestaffelt angeordneten Rümpfen. Das Lee-Rigg befindet sich vor dem Rigg auf dem Luvrumpf. Durch diese Aufteilung verringert sich zum einen die Höhe des Segeldruckpunktes, zum anderen läßt sich die Segelfläche leichter als bei *Crossbow I* kontrollieren. In der Zeitschrift *Yachting World* (1976) wurde über Bedenken über die Wirksamkeit des „Luft-Ruders“ (Abb. 1.41) berichtet. Es besteht aus einem Tragflügel, dessen Querkraft die Kursstetigkeit bewahren sollte, wenn das winzige Ruder am Luvrumpf gelegentlich austauchte.

Tragflügelboote

Icarus, der ärgste Rivale von *Crossbow I* (Foto 1.15 und Abb. 1.42), erreichte 1972 eine Geschwindigkeit von 21,6 Knoten. *Icarus* ist ein Tornado-Katamaran, der mit einem Tragflügelsystem ausgerüstet ist, das von dem Team um J. Grogono [1.32] entwickelt wurde. Ein Tragflügelsegelboot hebt sich im allgemeinen nur bei bestimmten Wind- und Seeverhältnissen ganz auf seine Tragflächen, ansonsten

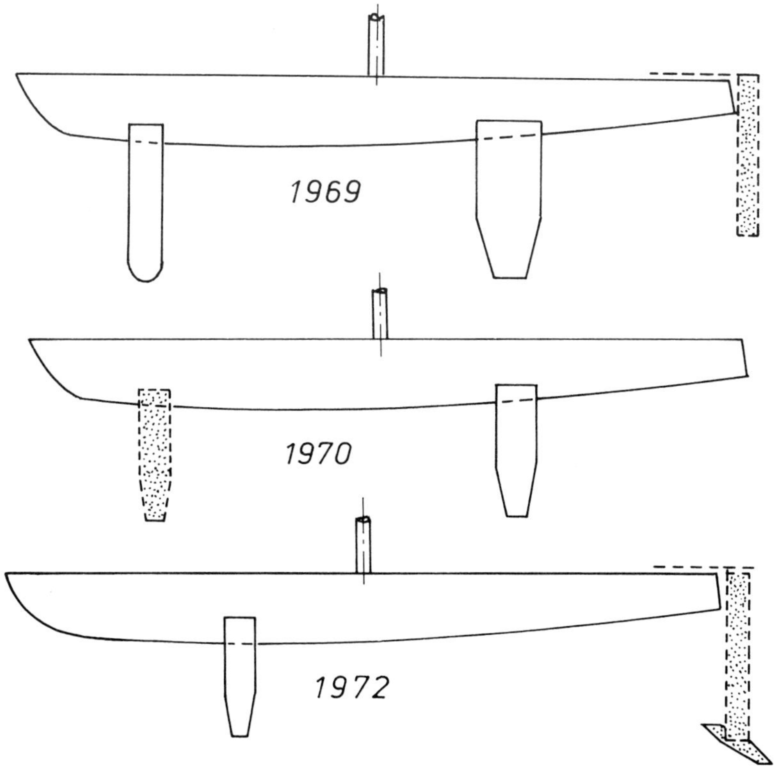

Abb. 1.42 Die Entwicklung des Tragflügelsystems von *Icarus*. Die punktierten Teile sind beweglich.

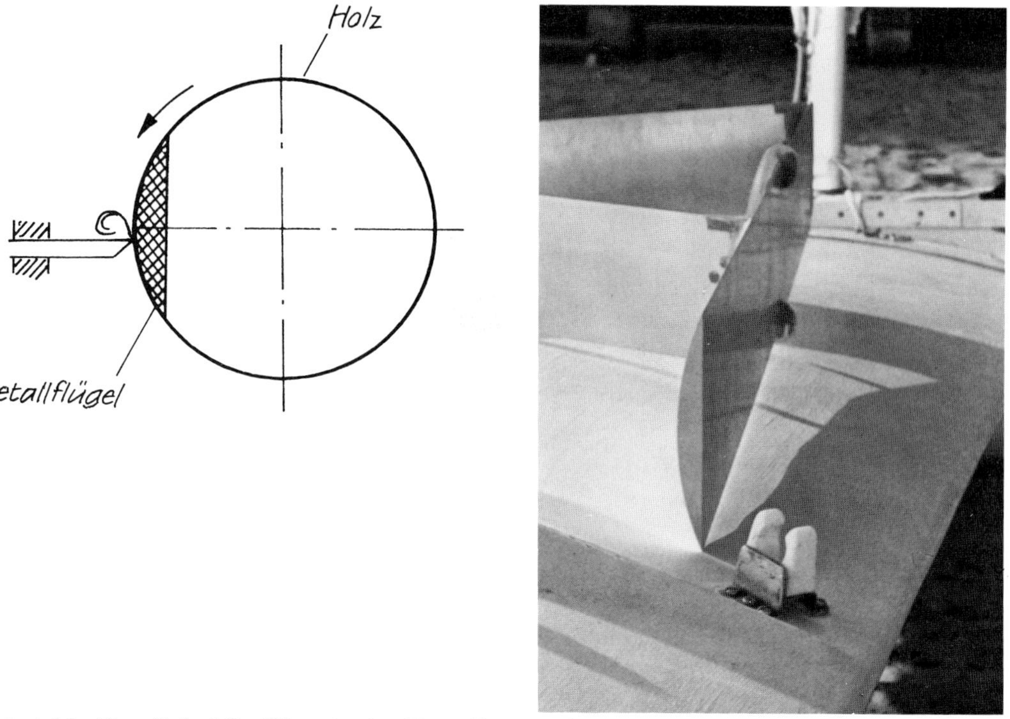

Foto 1.16 Ein „Ovigal-Profil“ und seine Herstellungsmethode

ist das Boot schwerfällig oder unkontrollierbar (eine Windgeschwindigkeit von 15 Knoten und dazu am besten eine ruhige See, die ein durchschnittliches Tragflügelsegelboot für die Tragflächenfahrt benötigt, gibt es nicht jeden Tag). Die Tragflügel von *Icarus* sind abnehmbar und an günstigen Tagen leicht wieder anzubringen. So kann das Boot weiterhin als normaler Tornado-Katamaran den Klassenvorschriften entsprechen. Wie das Foto 1.15 und Abb. 1.42 zeigen, wurde das ursprünglich aus Holz gefertigte Tragflügelsystem durch ein weniger kompliziertes aus Metall ersetzt, das nicht so anfällig für mechanische Beschädigungen ist.

Die Tragflügel von *Icarus* sind wie bei einem Flugzeug angeordnet: der größte Teil des dynamischen Auftriebs wird durch sogenannte oberflächendurchstoßende Tragflügel erzeugt, die im vorderen Bootsbereich befestigt sind. Am Heck befindet sich an der Unterkante des Ruders eine tiefgetauchte Tragfläche. Das ganze sieht wie ein umgekehrtes „T“ aus. Weitere Details werden in [1.33], [1.34] und [1.35] beschrieben. Aus theoretischen wie auch praktischen Gründen wird für die Tragflügel ein „Ogival-Profil“ verwendet (Foto 1.16). Die beigefügte Skizze beschreibt schematisch den Herstellungsprozeß. Das Ogival-Profil ist ein Kreissegment, begrenzt durch Kreisbogen und Sehne. Dadurch ist ein ökonomischer Arbeitszeit- und Materialeinsatz möglich. Die Tragflügel bestehen im allgemeinen aus einer Aluminiumlegierung, manchmal werden sie noch mit Kohlefaser verstärkt.

Foto 1.17 P. Hansfords *Mayfly* galt in mancher Hinsicht als das erfolgreichste aller 1972 in Weymouth teilnehmenden Tragflügelsegelboote. Bei Windgeschwindigkeiten über 10 Knoten hebt sie sich bereitwillig auf ihre Tragflächen und bleibt auch auf ihnen. Obwohl die Geschwindigkeit von 16,4 Knoten bei Wind um 16 Knoten für ein nur 4,6 m langes Boot beachtlich war, bedeutet sie nicht die Höchstleistung von *Mayfly*.

Die *Mayfly* (Foto 1.17) von P. Hansford ist kleiner als *Icarus*. Sie verwendet ein ähnliches Tragflügelsystem. In mancher Hinsicht galt *Mayfly* als erfolgreichstes aller Tragflügelsegelboote, die 1972 in Weymouth teilnahmen. Bei Windgeschwindigkeiten über 10 Knoten hebt sie sich bereitwillig auf ihre Tragflächen und bleibt auch auf ihnen. Diese beiden erfolgreichsten Boote sind jedoch bei bewegter See und stärkerem Wind nur schwer zu beherrschen. Was kabbelige See für diese Tragflügelsegelboote bedeutet, beschrieb D. Pelly [1.36], der eine Probefahrt mit *Mayfly* machte:

> „Mit zunehmender Geschwindigkeit hebt sie sich immer weiter aus dem Wasser, bis die Tragflächen nur noch etwa 15 bis 23 cm eintauchen. Das ist in Ordnung, so lange die Flächen einen 23 cm hohen Wellenkamm durchschneiden, aber es geht nicht gut, wenn sie in ein 23 cm tiefes Wellental hineinrasen. Ihres tragenden Mediums beraubt, bleibt den Tragflügeln keine andere Wahl als einzubrechen und das Boot klatscht ins Wasser. Mit 16 Knoten in einen Wellenberg hineinzulaufen ist mit einem 4,6 m langen Boot nicht sehr angenehm ... Ich machte gerade zwei Läufe bei Windgeschwindigkeiten zwischen 15 und 20 Knoten. Beide Male war das Boot nicht zu beherrschen ... Ich war auch der Ansicht, daß die See zu rauh war, und wir holten das Boot aus dem Wasser.“

Auch für *Icarus* waren die kurzen Wellen von Weymouth nicht das Richtige. Durch unvorhersehbare Ventilation der Tragfläche am Ruder wurde die Steuerfähigkeit stark beeinträchtigt. Dies verursachte eine Kenterung bei hoher Geschwindigkeit, zum Glück ohne größeren Schaden.

Die von den beiden führenden Tragflügelsegelbooten *Icarus* und *Mayfly* bei den Wettfahrten von 1972 bis 1976 erreichten Geschwindigkeiten liegen noch unter dem Geschwindigkeitsrekord von 30,4 Knoten der Yacht *Monitor*. Dieser wurde 1956 aufgestellt und ist ebenfalls in Abb. 1.30 vermerkt (für weitere Einzelheiten siehe [Anm. 1.38]). 1977 erzielte *Crossbow II* eine Geschwindigkeit von 33 Knoten.

Ein weiteres erwähnenswertes Tragflügelsegelboot ist die von D. Keiper entworfene Yacht *Williwaw* (Foto 1.18). Dieser 9,54 m lange Tragflügel-Trimaran ($L_{WL}=8{,}53$ m) erreicht Geschwindigkeiten bis zu 25 Knoten. Die guten Allround-Eigenschaften wurden durch eine Reise von Kalifornien nach Hawai unter Beweis gestellt. Wie in [1.39] berichtet wird, sind Windgeschwindigkeiten über 13 Knoten nötig, damit sich das Boot auf seine Tragflächen hebt. Bei weniger Wind läßt es sich durch Aufholen der Flächen in einen normalen Trimaran verwandeln (Foto 1.18). Dem Entwurfskonzept von *Williwaw* lag die Verwendung von vier aufholbaren Tragflächeneinheiten zugrunde: Bugtragfläche, bewegliche Hecktragfläche sowie leiterförmige Flächen auf jeder Seite des Segeldruckpunkts an den beiden äußeren Rümpfen. Die Trimaran-Rumpfform scheint ausgezeichnete Befestigungsmöglichkeiten für dieses spezielle Vier-Flächen-System zu bieten, das Gegenstand amerikanischer und englischer Patente ist.

Sein Konstrukteur beschreibt es wie folgt:

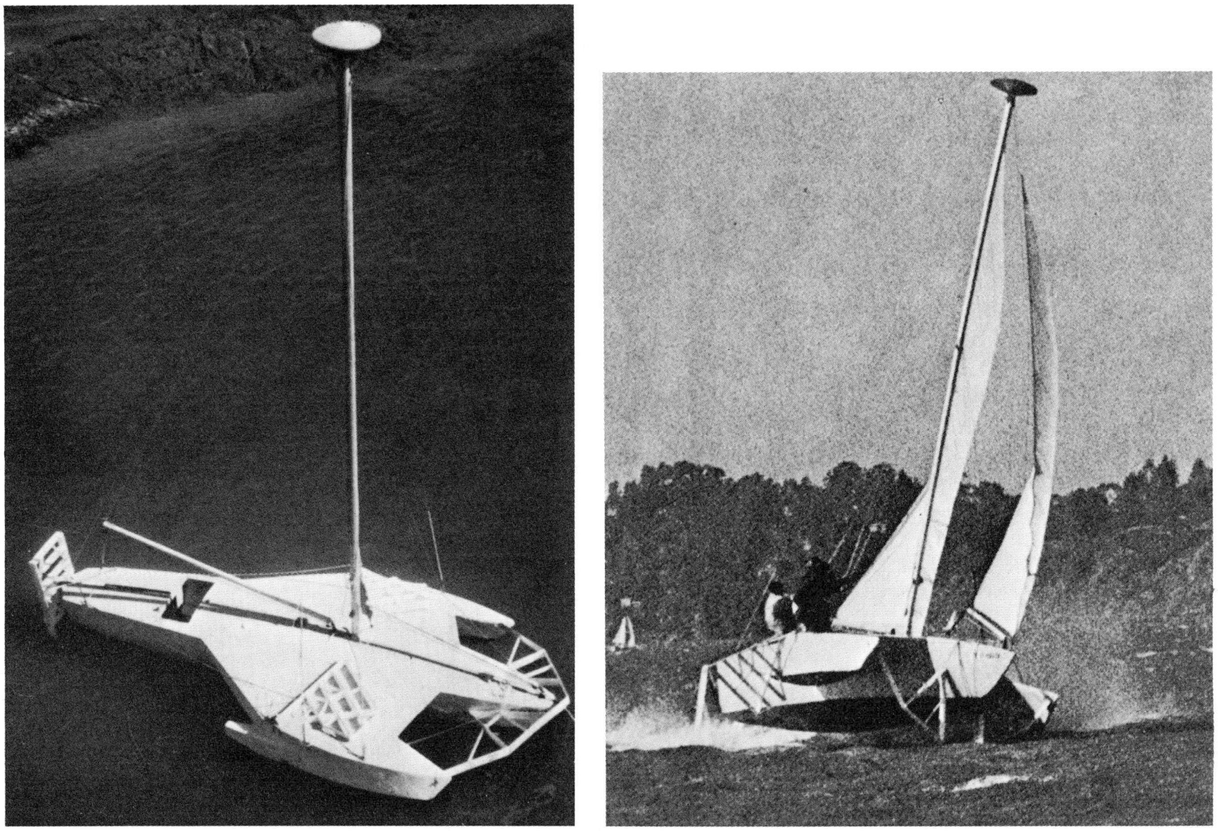

Foto 1.18
Links: *Williwaw* mit aufgeholten Tragflächen

Rechts: *Williwaw* mit fünf Personen, Wasser und Vorräten an Bord bei 20 Knoten Fahrt. Für Tragflächenfahrt ist eine Windgeschwindigkeit von etwa 12 Knoten erforderlich.

$L_{üa}$ – 9,54 m
L_{WL} – 8,53 m
Breite – 4,57 m
Segelfläche A_S – 35,3 m^2

„Um das Austauchen des Rumpfes zu erleichtern, liefert die Bugtragfläche einen Auftriebsüberschuß: das Boot trimmt hecklastig. Dadurch nimmt der dynamische Auftrieb zu. Bei höheren Geschwindigkeiten verringert sich die achterliche Vertrimmung wieder, so daß sich der Auftriebsbeiwert dem für hohe Anströmgeschwindigkeiten optimalen Wert annähert. Bei geringer Fahrt bildet die Anordnung ein symmetrisches Vier-Flächen-System, bei Austauchgeschwindigkeit wird sie zu einem asymmetrischen Drei-Flächen-System."

Alle Tragflügel können einer hydrodynamischen Belastung von 10 N/cm^2 standhalten. Sie bestehen aus Verstrebungen und fachwerkartig angeordneten Auftriebselementen mit einer Profiltiefe von 15 cm.

Das gute Seegangsverhalten von *Williwaw* bei starkem Wind und bewegter See geht aus folgender Schilderung des Konstrukteurs hervor:

„Als *Williwaw* bei aufgeholten Flächen anfing querzuschlagen und ungemütlich wurde (etwa 100 Meilen vor der kalifornischen Küste), wurden vorübergehend die Segel geborgen und die Tragflügel ausgebracht. Es wehte mit Stärke 4 aus Nord, frischte aber im Laufe des Tages auf 5 und 6 Windstärken auf. Die Wellenhöhe betrug etwa 3 bis 3,6 m. Wir fanden heraus, daß sich *Williwaw* bei Ostkurs aus dem Wasser bringen ließ. Einmal auf den Flächen, konnten wir auf einen raumeren Kurs abfallen und weiterhin auf den größeren Wellen ‚fliegen'. Das gelang uns manchmal eine halbe Meile lang, bis der Bug des Leeschwimmers sich in eine kleine, steile Welle bohrte und uns in den Übergangszustand zwischen Schwimmen und Tragflügelfahrt zurückbrachte. Wir ‚flogen' mit 20 Knoten oder mehr diagonal über die Vorderseite der Wellen, manchmal mit 50° Krängung, rutschten aber nie hinunter. Mein Mitsegler war Surfer und es machte ihm Spaß, *Williwaw* diese steilen Wellenfronten hinunterzujagen. Die Tragflügel gaben die ganze Zeit keinen Grund zur Beanstandung."

Somit scheint *Williwaw* mit anderen Trimaranen ihrer Größe konkurrieren zu können.

Der Gedanke an ein Wasserfahrzeug mit kleinem Widerstand, das von getauchten oder die Wasseroberfläche durchstoßenden Flächen getragen wird, erregt schon seit über 80 Jahren die Aufmerksamkeit der Erfinder. Dieses Interesse ist hauptsächlich darauf zurückzuführen, daß

1. Tragflügelboote über ein größeres Geschwindigkeitspotential als andere Boote verfügen;
2. sich mit Tragflügelbooten auch bei verhältnismäßig großem Seegang sowohl angenehme Fahreigenschaften als auch hohe Geschwindigkeiten erzielen lassen.

Frühere Generationen waren anscheinend für diese beiden Verheißungen nicht empfänglich (von militärischen Anwendungen einmal abgesehen), aber für die zeitgenössische Mentalität wurden sie plötzlich unwiderstehlich. Sie waren ein starker Anstoß für die Entwicklung vieler erfolgreicher maschinengetriebener Tragflügelboote, sowie schließlich auch von Tragflügelsegelbooten.

Einen wertvollen Einblick in einige theoretische und praktische Probleme der Tragflügelfahrzeuge vermittelt eine ausführliche Abhandlung von P. Crewe [1.40]. Obwohl sein geschichtlicher Überblick das Segel als Vortriebsmittel unbeachtet läßt, enthält er auch einige auf Tragflügelsegelboote anwendbare Aussagen. Die Unstetigkeit der Segelvortriebskraft macht die Probleme der „Luft-Wasser-Tragflügel-Anordnung" zwar komplizierter, aber die hydrodynamischen Vorgänge wie auch die konstruktiven Schwierigkeiten, sind sicherlich die gleichen.

Nach einer langen Periode des Experimentierens ist bewiesen, daß Tragflügelboote, wie vorausgesagt, in verhältnismäßig rauher See (bis zu einer Wellenhöhe

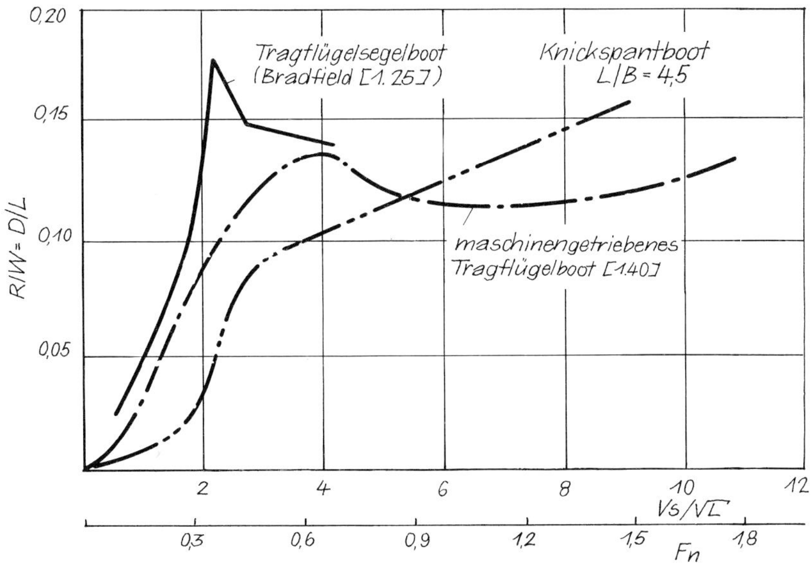

Abb. 1.43 Vergleich zwischen konventionellem Gleitboot (Knickspantboot nach Abb. 1.32) und Tragflügelbooten ([1.25] und [1.40]). Das Widerstandsverhalten eines Tragflügelboots hängt weitgehend von der Leistungsfähigkeit der Tragflügel, der Formgebung ihrer Verstrebungen und Stützen und von der Flügelfläche ab.

von 3 m; natürlich auch von der Bootsgröße abhängig) zufriedenstellend operieren können und auf geschützten Küsten- und Binnengewässern hohe Geschwindigkeiten erreichen. Das *Williwaw*-Experiment bestätigt das. Probleme von großer praktischer Bedeutung bestehen noch hinsichtlich des dynamischen Stabilitätsverhaltens, der baulichen Zuverlässigkeit, der Ventilation und der Kavitation bei Geschwindigkeiten über 40 Knoten.

Ein mit Tragflügeln ausgerüsteter Rumpf erfährt eine aufwärts gerichtete Kraft, die mit dem Quadrat der Fahrtgeschwindigkeit anwächst. Bei Beschleunigung des Fahrzeugs vergrößert sich folglich dieser Auftrieb der Tragflügel und entlastet den Rumpf, bis bei Austauchgeschwindigkeit das ganze Bootsgewicht auf den Tragflächen ruht. Der statische und dynamische Auftrieb des eigentlichen Rumpfes verschwindet. Eine relativ konventionelle Leichtdeplacementrumpfform ist in dieser Hinsicht günstiger als eine Knickspantrumpfform mit Halbgleiter-Eigenschaften, die im Bereich kleiner Geschwindigkeiten einen höheren Widerstand aufweist. Sobald die Austauchgeschwindigkeit erreicht wird und der Rumpf sich vollständig aus dem Wasser hebt, verbessert sich die Fahrtleistung eines Tragflügelbootes beträchtlich. Je größer die Oberfläche der Tragflügel ist, um so eher beginnt die Tragflächenfahrt. Der Eigenwiderstand der Tragflügel wird dann jedoch relativ größer.

Abb. 1.43 gestattet einen qualitativen Vergleich der Eigenschaften einer Halbgleiterform, wie zum Beispiel eines Knickspantrumpfes, mit einem Tragflügelboot. Wie auch in Abb. 1.32 ist der jeweilige spezifische Widerstand R/W über dem Geschwindigkeits-Längen-Verhältnis $V_S/\sqrt{L}$ (beziehungsweise über der

Froude-Zahl F_n) aufgetragen. Deswegen gelten die Kurven näherungsweise für jede Bootsgröße. Verglichen mit einem nackten Rumpf vergrößern die Tragflächen eines Tragflügelbootes bei geringer Fahrt beträchtlich den Widerstand und vermindern drastisch die Fahrtleistung. Bei Fahrzeugen mit vollgetauchten Tragflächensystemen erreicht der erforderliche Schub bei Austauchgeschwindigkeit einen relativen Höchstwert, aber sobald diese überschritten wird, geht in einem bestimmten Bereich des Geschwindigkeits-Längen-Verhältnisses der Widerstand merklich zurück. Da bei niedrigen und mittleren Geschwindigkeiten das Tragflügelboot einem normalen unterlegen ist, scheinen einziehbare Flächen die einzige Möglichkeit zur Beseitigung dieses Nachteils zu sein. Der hydrodynamische Auftrieb und das Vermögen, höhere Geschwindigkeiten zu erzielen, müssen durch einen zusätzlichen Widerstand teuer bezahlt werden. Dieser setzt sich aus mehreren Anteilen zusammen: Widerstand infolge Auftriebserzeugung (induzierter Widerstand), Reibungswiderstand, schädlicher Widerstand der Verstrebungen, Widerstand infolge Interferenz zwischen Tragflächensystem und Rumpf, Spritzerwiderstand etc.

Der Spritzerwiderstand oder Oberflächen-Interferenzwiderstand entsteht dort, wo Streben oder Tragflügel die Wasseroberfläche durchstoßen. Sein Entstehen ist von komplexer Natur und hängt mit Ventilation (Luftzufuhr) zusammen. Große Probleme bereitet bei Tragflügelbooten das eigentümliche relative Widerstandsmaximum (Abb. 1.43) während der Austauchphase des Rumpfes. Es ist charakteristisch für diese Fahrzeuge, daß die Vortriebskraft, die benötigt wird, um das Boot auf die Tragflügel zu heben, bei Austauchgeschwindigkeit einen Höchstwert erreicht. Sobald der Rumpf aus dem Wasser kommt, geht der erforderliche Schub erst zurück und wächst dann bei weiter steigender Geschwindigkeit wieder an. Verglichen mit vollgetauchten Tragflächensystemen ist das relative Widerstandsmaximum bei V-förmigen und leiterartigen Tragflügelanordnungen weniger ausgeprägt.

Es ist sehr wichtig, besonders bei Seegang, daß die Vortriebskraft etwas größer als der Widerstand ist, denn die daraus resultierende Beschleunigungskraft bestimmt, wie schnell und nach welcher Distanz das Fahrzeug in die Tragflächenfahrt übergehen wird. Ebenso muß durch die Tragflügel etwas mehr hydrodynamischer Auftrieb, als dem Bootsgewicht entsprechen würde, erzeugt werden. Die sich einstellende vertikale Beschleunigung ist nötig, um das Boot vollständig auf die Flächen zu heben. Der große Zusatzwiderstand, den die Tragflügel bei Rumpffahrt verursachen, erklärt, warum es eine Zeitlang während den Weltrekordversuchen 1972 in Weymouth den Anschein hatte, als ob die Fahrtleistung von *Icarus* (ein mit Tragflügeln ausgestatteter Tornado-Katamaran) nicht besser wäre, als die eines normalen Tornados. Am Ende war *Icarus* dann doch 2 Knoten schneller.

Wie die entsprechende Widerstandskurve in Abb. 1.43 zeigt, fährt das Boot erst dann auf den Tragflächen, wenn das Verhältnis von Vortriebskraft zu Bootsgewicht ungefähr den Wert von 0,13 erreicht. Bei Tragflügelsegelbooten (deren verfügbare Vortriebskraft bei leichten und mittleren Winden engen Beschränkun-

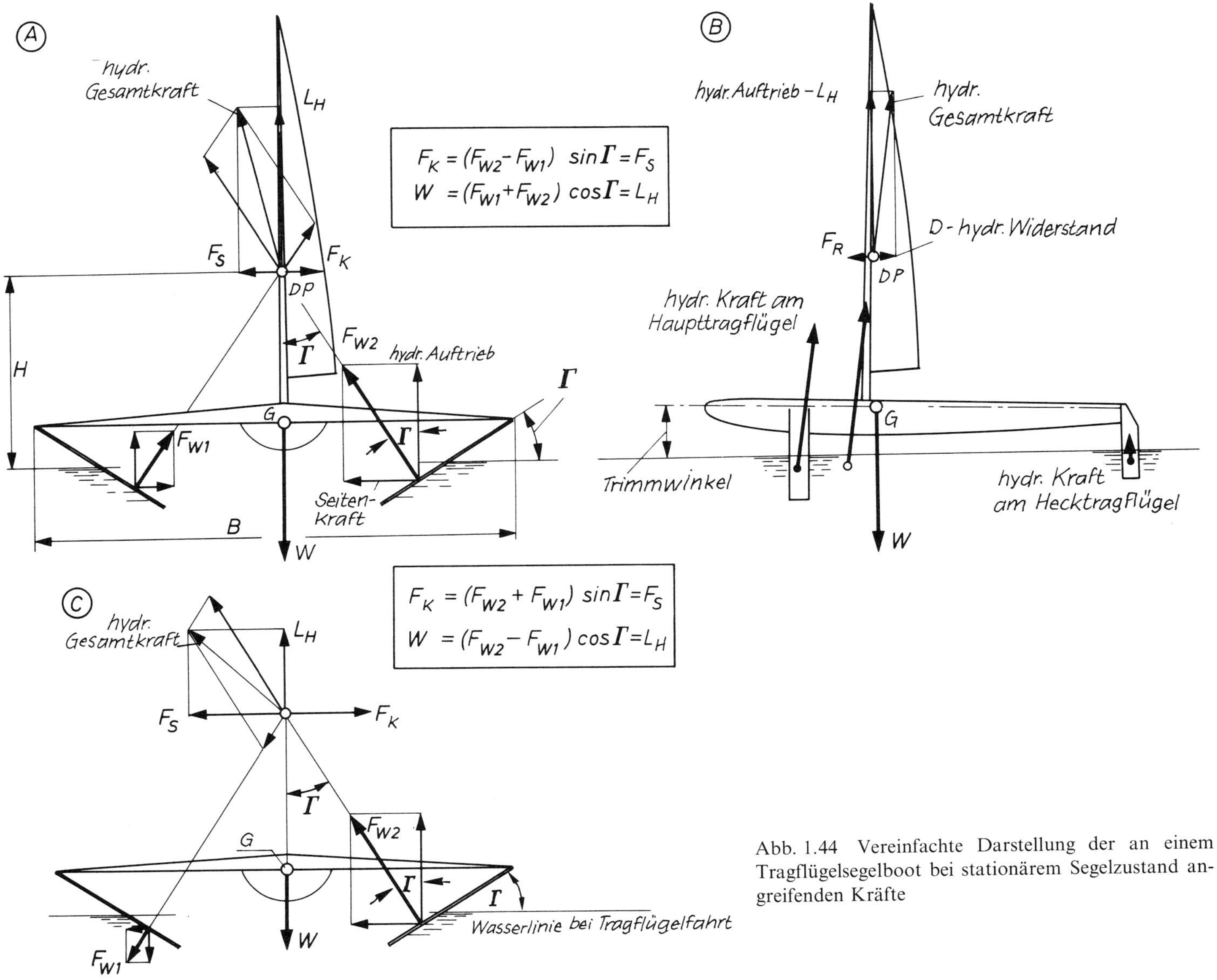

Abb. 1.44 Vereinfachte Darstellung der an einem Tragflügelsegelboot bei stationärem Segelzustand angreifenden Kräfte

gen unterworfen ist) können die eingetauchten Tragflächen und Verstrebungen den hydrodynamischen Widerstand so sehr vergrößern, daß das Boot gar nicht erst genügend Fahrt erreicht, um ganz auf die Flächen gehoben zu werden. Somit stellt sich die entscheidende Frage: wie groß ist für ein bestimmtes Fahrzeug die optimale Fläche der Tragflügel und wie müssen diese angeordnet werden? R. Baker, der dieses Problem untersuchte, teilt in [1.43] und [1.44] vier Grundsätze mit:

1. Für jedes Tragflügelfahrzeug gibt es eine optimale Austauchgeschwindigkeit V_{lo}. Diese Geschwindigkeit, die mit einer verhältnismäßig einfachen Formel errechnet werden kann, hängt hauptsächlich von dem Bootsgewicht W und dem Verhältnis von hydrodynamischem Auftrieb zu hydrodynamischem Widerstand $(L/D)_h$ ab (die Formeln für die optimale Austauchgeschwindigkeit und die beste Tragflügelgröße werden in [1.43] angegeben). Wie jedes Gleitboot kann auch das Tragflügelboot durch das Verhältnis Auftrieb/Widerstand charakterisiert werden (Abb. 1.44B); es hängt von der Belastung der Flächen, dem Verhältnis $(V_S/V_{lo})^2$ und der Fahrtgeschwindigkeit V_S ab.
2. Es bringt keinen Vorteil, Tragflügel zu verwenden, deren Größe von der zur optimalen Austauchgeschwindigkeit zugehörigen Fläche abweicht.
3. Bevor ein Tragflügelfahrzeug die optimale Austauchgeschwindigkeit erreicht, läßt sich durch die Verwendung von Tragflügeln in Verbindung mit einem teilweise ausgetauchten Rumpf kein Geschwindigkeitsvorteil erzielen, es sei denn, es gibt beträchtliche getauchte Parasitflächen.
4. Nachdem ein Tragflügelboot die optimale Austauchgeschwindigkeit erreicht hat, bringt die Verwendung von Tragflügeln in Verbindung mit einem teilweise ausgetauchten Rumpf keinen Vorteil, es sei denn, daß sich infolge der Belastung der Tragflügel das Verhältnis $(L/D)_h$ bedeutend ändert.

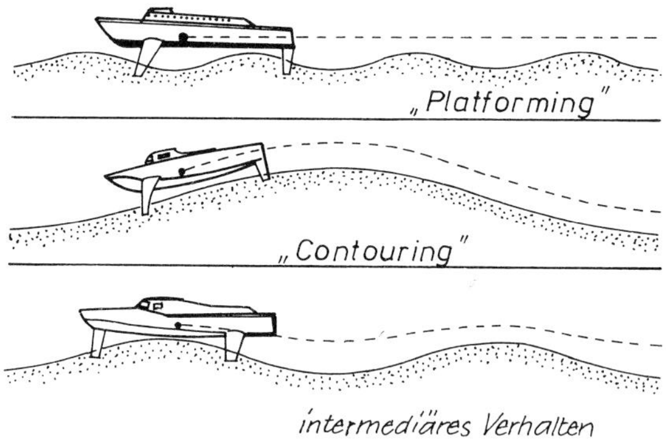

Abb. 1.45 Dynamisches Trimmverhalten. Bei kleinen Fahrzeugen, zum Beispiel bei Tragflügelsegelbooten, ist ein intermediäres Trimmverhalten zu erwarten. Ist die Rumpfaustauchung kleiner als die maximale Wellenhöhe, kann ein gelegentliches Aufschlagen auf dem Wasser nicht vermieden werden. Bei einer Wellenlänge, die größer als das 1,5fache des Abstands des Bootsrumpfes von der Wasseroberfläche ist, können die vertikalen Beschleunigungen als weitgehend unabhängig von der Wellenhöhe angenommen werden; die Steilheit der Wellen ist dann die bestimmende Größe.

Auftriebssteuerung – Längsstabilität

Im folgenden wollen wir die Bewegung eines Tragflügelbootes um seine Querachse, beziehungsweise sein dynamisches Trimmverhalten, betrachten. Die idealen Tragflügel sollten den Rumpf sanft aus dem Wasser herausheben und ihn im vorhergesehenen Geschwindigkeitsbereich sicher tragen, ohne daß das Fahrzeug einbricht oder springt. Es ist deshalb wesentlich, daß sich die Austauchung des Bootes kontrollieren läßt. Der augenblicklich erzeugte Auftrieb, die vertikale Beschleunigung, das stets wichtige Verhältnis hydrodynamischer Auftrieb/hydrodynamischer Widerstand $(L/D)_h$, das Seeverhalten und andere Leistungsmerkmale hängen unmittelbar von der Wirksamkeit dieser Steuerung ab. Die Kontrolle der Höhe des Fahrzeugs über der Wasseroberfläche, die ja eigentlich Auftriebskontrolle bedeutet, kann schwerlich manuell durch die Besatzung erfolgen, besonders nicht bei bewegter See. Die Wahrnehmungsfähigkeit des Menschen, die notwendig ist, um immer wieder angemessen auf das sich fortwährend ändernde

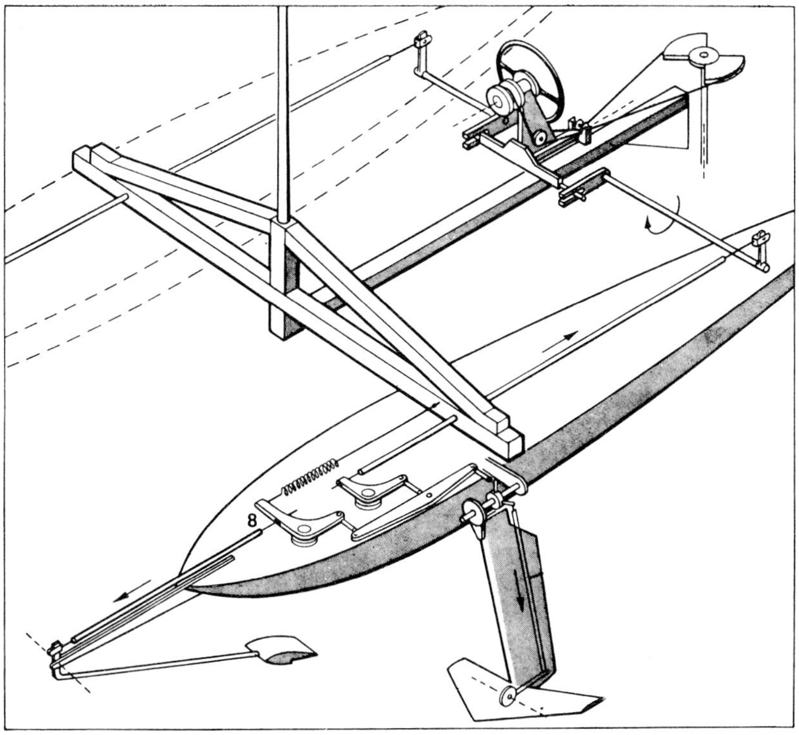

Abb. 1.46 C. Hooks [1.46] Vorstellung von einem Tragflügelsegelboot (*Hydrofin*-System), bei dem die Anstellung der Tragflügel „... primär durch mechanische Fühler gesteuert wird, die die Austauchung des Rumpfes, sowie Roll- und Stampfbewegungen erfassen. Zusätzlich verfügt der Steuermann über eine Lenksäule mit Steuerrad. Durch Vor- und Zurückschieben des Steuerrades kann er die Nullage der Fühler- und Flügeleinstellung verändern, um das ‚Flugverhalten' zu kontrollieren. Durch ein Seitwärtskippen der Lenksäule werden die Tragflügel unterschiedlich angestellt und das Boot geht in Schräglage."

Wellenbild zu reagieren, ist wegen seiner physischen und psychischen Ermüdung begrenzt. Im Gegensatz zu automatischen Systemen ist seine Fähigkeit, gleichzeitig mehrere Tätigkeiten auszuführen, ebenfalls eingeschränkt. Eine automatische Steuereinrichtung, die die ständig wiederkehrenden Aufgaben übernimmt, ist deshalb unentbehrlich. Sie muß im Tragflügelsystem integriert sein, um unabhängig von der Besatzung zu arbeiten. Sonst kann ein möglicher Vorteil der Tragflügelboote, nämlich die Eigenschaft, Wellen, die kleiner als die Rumpfaustauchung sind, zu ignorieren, verloren gehen. Tragflügelboote zeigen bei Fahrt auf den Flächen unterschiedliches dynamisches Trimmverhalten (Abb. 1.45). Große Fahrzeuge, die weit genug austauchen, brauchen nicht dem Wellenprofil zu folgen, so daß die mittlere „Flughöhe“ konstant bleibt („platforming“). Kleinere Boote dagegen folgen der Kontur der größeren Wellen („contouring“), was zu starken vertikalen Beschleunigungen führen kann. Ein intermediäres Verhalten tritt auf, wenn die Wellenberge gerade noch nicht den Rumpf erfassen und die Tragflügel in den Wellentälern soeben eingetaucht bleiben. Ein gelegentliches Aufschlagen kann dann nicht vermieden werden. Bezüglich weiterer Angaben über das Problem der Längsstabilität sei auf [1,40], [1.42] und [1.47] verwiesen.

Es gibt vorwiegend zwei Methoden der Auftriebssteuerung:

1. Bei starren, oberflächendurchstoßenden Tragflügelsystemen, wie zum Beispiel bei *Monitor* oder *Icarus,* wird der hydrodynamische Auftrieb durch die Änderung der Flügelfläche mit der Tauchtiefe beeinflußt.
2. Bei vollgetauchten Tragflügeln läßt sich der erzeugte Auftrieb durch Anstellwinkeländerung, Klappenausschlag oder Luftzufuhr auf die Unterdruckseite (Saugseite) der Flügel kontrollieren. Abb. 1.46 gibt schematisch das Konzept eines solchen selbsttätig gesteuerten Fahrzeugs wieder. Sie zeigt C. Hooks [1.46] Vorstellung von einem Tragflügelsegelboot (*Hydrofin*-System). Die Anstellwinkelkontrolle der Tragflügel erfolgt durch mechanische Fühler, die die Austauchung des Rumpfes ermitteln. Sie sind so angeordnet, daß sie sowohl Stampf- wie Rollbewegungen erfassen.

Die starren Systeme bestehen aus leiterförmigen oder einzelnen, in V-Form angeordneten Tragflügeln. Ihre eingetauchte Fläche ändert sich folglich mit der Höhe des Fahrzeugs über der Wasseroberfläche. Für jede Geschwindigkeit gibt es eine Schwimmwasserlinie, bei der das Gewicht des Bootes gleich dem Auftrieb ist, der von der eingetauchten Flügelfläche produziert wird. Wenn das Boot in eine Welle hineinläuft, wird die über Wasser vorhandene Reservefläche der Tragflügel sofort wirksam. Da die Tragflächenelemente notwendigerweise die Wasseroberfläche durchstoßen, entsteht ein zusätzlicher Widerstand. Da es aber keine beweglichen Teile hat, läßt sich mit diesem unkomplizierten und zuverlässigen System die einfachste Kontrolle des Längstrimms eines Tragflügelfahrzeugs erreichen. Außerdem dämpft es Stampfbewegungen.

Die zweite Methode der Auftriebskontrolle findet bei vollgetauchten Tragflügelsystemen Anwendung. Eine Anzahl Sensoren und Kreiselkompasse liefern fortwährend Informationen über die Lage des Fahrzeugs relativ zu den ankommenden Wellen und über den Abstand von der Wasseroberfläche. Diese aktivieren elektro-hydraulische Steuersysteme, die ihrerseits den Klappenausschlag oder den Anstellwinkel eines Teils des Tragflügelsystems kontrollieren. Das vollgetauchte Tragflügelsystem ist widerstandsgünstiger als das oberflächendurchstoßende, aber es setzt völlige Zuverlässigkeit der elektronischen und hydraulischen Regeleinrichtungen und einiger beweglicher Teile unter Wasser voraus (siehe auch [1.42] und [1.47]). Dies ist jedenfalls zur Zeit sicher kein Betätigungsfeld für Amateure. Eine weitere vielversprechende Möglichkeit der Auftriebskontrolle für getauchte Tragflügelsysteme wird in einem Bericht von Prof. S. Schuster [1.48] mitgeteilt. Dabei führt man der Unterdruckseite des Tragflügels einfach Luft zu. Die Oberseite eines Flügels ist mit ein oder zwei Reihen über die Spannweite verteilter Öffnungen versehen. Sie sind an einem im Flügelinneren untergebrachten Kanal angeschlossen, der seinerseits durch eine hohle Strebe mit der freien Atmosphäre verbunden ist. Die von der Unterdruckseite angesaugte Luftmenge läßt sich durch ein Ventil regulieren. Der Auftrieb nimmt proportional zu der in die Grenzschicht eingeführten Luftmenge ab. Dieses System arbeitet ebenfalls ohne bewegliche Teile.

Querstabilität

Die Querstabilität und das dynamische Rollverhalten stellen ein weiteres Problem dar, das für Tragflügelfahrzeuge, die Segel als Antriebsorgan einsetzen, von entscheidender Bedeutung ist. Für stationäre Bewegung fordern die Gleichgewichtsbedingungen:

1. die Vektorsumme aller von außen auf das System wirkenden Kräfte muß Null ergeben und
2. die Summe der durch die Kräfte hervorgerufenen Momente muß gleichfalls Null sein.

Besteht dieses Kräfte- und Momentengleichgewicht, so verläuft, wie Abb. 1.44 zeigt, die resultierende hydrodynamische Gesamtkraft durch den Druckpunkt DP, in dem auch die Vortriebs- und Krängungskraft des Segels angreifen ([1.49] und [1.50]). Es ist zweckmäßig, die Kräfte in horizontale und vertikale Komponenten zu zerlegen. Abb. 1.44 A veranschaulicht etwas vereinfacht die Wirkung zweier oberflächendurchstoßender, schräggestellter Tragflügel, die mit der Wasseroberfläche den Winkel Γ einschließen. Man sieht, daß die Flächen sowohl den Auftrieb, der gleich dem Gewicht des Bootes ist, erzeugen, wie auch eine Seitenkraft, die der aerodynamischen Krängungskraft F_K entgegenwirkt.

Entwickeln die Tragflügel unterschiedlichen Auftrieb, das heißt mehr Auftrieb am leeseitigen als am luvseitigen Flügel (infolge der Abdrift, die den Anstellwinkel der Leefläche mehr vergrößert als den der Luvfläche), so liefern sie auch einen Beitrag zum Gesamtstabilitätsmoment. Das Stabilitätsmoment einer derartigen Tragflügelanordnung ist jedoch recht gering. Um bei vollständiger Ausnutzung der Vorteile, die Tragflügel bieten, unter Segel wirklich hohe Geschwindigkeiten zu erzielen, muß nach H. Barkla [1.49] das Rigg eine Krängungskraft F_K in der Größenordnung des Gesamtgewichts W des Bootes produzieren, der auch die gesamte Konstruktion standzuhalten hat. Damit diese Forderung erfüllt werden könnte, müßte das Tragflügelboot eine Breite besitzen, die etwa zweimal dem Abstand des Druckpunktes von der Wasseroberfläche entspräche – aus Gründen des Gewichts, der Festigkeit und Steifigkeit des ganzen Gebildes wahrlich nicht erstrebenswert.

Das Verhältnis von Breite zu Höhe eines Tragflügelsegelbootes hängt von dem Winkel Γ ab. Sollen die Tragflügel genausoviel Seitenkraft wie Auftrieb entwikkeln, ist seine Größe auf den relativ engen Bereich zwischen 40° und 45° begrenzt.

Durch Krängung des Bootes kann der Auftriebsunterschied zwischen den Tragflügeln und folglich die Querstabilität solange vergrößert werden, bis der Auftrieb des Flügels in Luv verschwindet und ein deutlicher Grenzwert der Stabilität erreicht wird. Das aufrichtende Moment läßt sich auch durch Ausreiten der Mannschaft vergrößern, wie es zum Beispiel Foto 1.15 zeigt, wo von einem Trapez Gebrauch gemacht wird.

Wird der Luvtragflügel mit einem negativen Anstellwinkel angeströmt (Abb. 1.44 C), gibt es theoretisch keine Grenze für die Größe der Krängungskraft F_K und folglich auch nicht für die der Vortriebskraft F_R. Praktisch ist ein Verhältnis F_K/W von etwa 1,0 – eine für Hochgeschwindigkeitssegeln wesentliche Voraussetzung – durchaus denkbar. Da jedoch der eine Tragflügel dem anderen entgegenwirkt (es wird positiver und negativer hydrodynamischer Auftrieb erzeugt), ist ein gewisser Nachteil in Form höheren induzierten Widerstands in Kauf zu nehmen. Weiterhin muß die notwendige Festigkeit wegen der großen Belastungen mit mehr Gewicht bezahlt werden. Aber vermutlich können diese Nachteile durch die größere erreichbare Vortriebskraft wieder wettgemacht werden.

Tragflügel lassen sich auf mancherlei Art anordnen: zum Beispiel als Leitersystem, wobei die Leitersprossen hauptsächlich den Auftrieb produzieren, während die senkrechten Streben die Seitenkraft erzeugen. Es sind zahlreiche Variationen der Tragflügelanordnung möglich, die jeweils den speziellen Erfordernissen am besten gerecht werden. Einige der gegenwärtig bei maschinengetriebenen Tragflügelbooten verwendeten zeigt Abb. 1.47.

Das Rigg

Eine vollkommen andere Lösung des Stabilitätsproblems, die vielleicht bei einigen unternehmungslustigen Geistern Anklang finden könnte, wird in Abb. 1.48 dargestellt. Sie verwendet zwei aneinander geneigte Segel, wodurch der Segeldruckpunkt der Wasseroberfläche näher kommt [1.51]. Diese Lösung ähnelt sehr dem 1951 von H. Barkla [1.50] vorgeschlagenen frei drehbar gelagerten (Luft-)Tragflügelsystem, das Abb. 1.48 ebenfalls zeigt. Der Erfinder bemerkt dazu: „Obwohl in diesem Fall Rumpf und Tragflügelsystem kompakter wären, wäre das Rigg

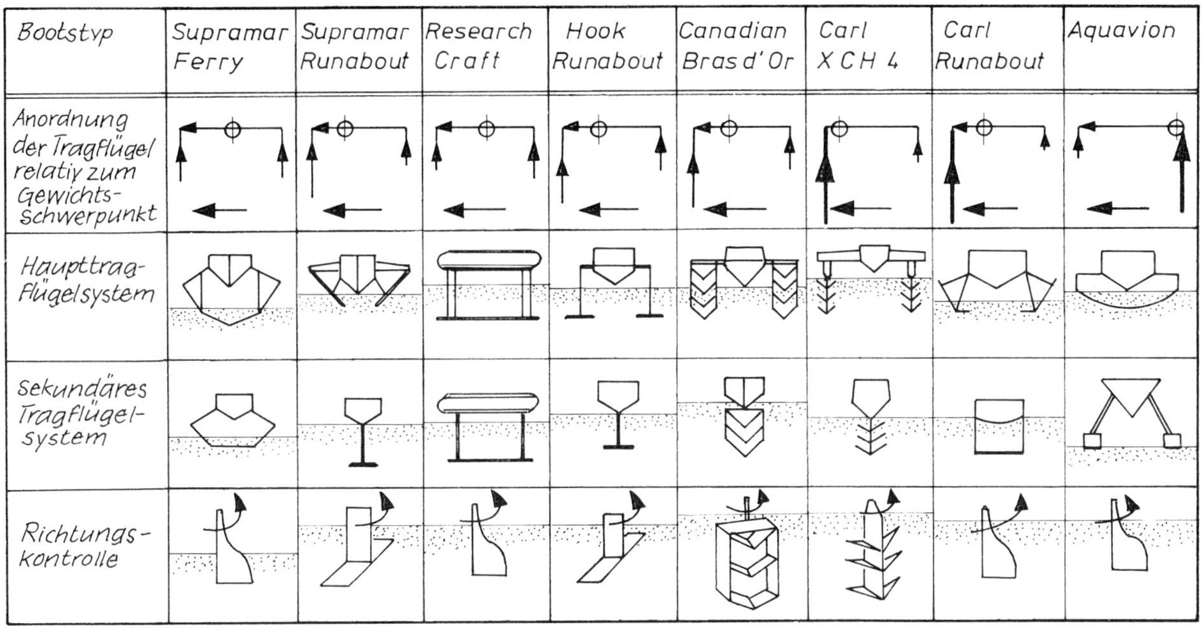

Abb. 1.47 Bei maschinengetriebenen Tragflügelbooten gegenwärtig verwendete Tragflächensysteme. Die Anordnung des Haupttragflügels bezüglich des Gewichtsschwerpunktes G hat einen beträchtlichen Einfluß auf das Seegangsverhalten. Es sind zahlreiche Variationen der Tragflächenanordnung möglich, die jeweils den speziellen Erfordernissen am besten gerecht werden.

das genaue Gegenteil. Es würde genauso anfechtbar und unpopulär sein wie die erste Konstruktion" (das heißt, wie die in Abb. 1.44A dargestellte).

Es gibt auch andere Argumente gegen diese Anordnung aus schräggestellten Segeln. So ist im Vergleich zu einem ungefähr aufrechten Segel ein um 30° geneigtes weniger wirksam [1.5], außerdem sind an der Spitze beider Segel ungünstige Interferenzerscheinungen zu erwarten. Beides resultiert in einer beträchtlichen Verringerung des Verhältnisses von Vortriebs- zu Krängungskraft. Um diese Effekte auszugleichen, müßte die Segelfläche vergrößert werden, was seinerseits zwei Nachteile mit sich bringt: eine Zunahme des Gewichts des ohnehin schon schweren Riggs und eine unerwünschte Verschiebung des Gewichtsschwerpunkts nach oben.

Starrsegel

Das Bestreben, aus dem Wind bei möglichst kleinem Krängungsmoment mehr Vortriebsenergie zu gewinnen, führte zur Entwicklung neuer Riggkonzeptionen. Dazu gehören auch Anordnungen, die aus mehreren starren Segeln bestehen. Ein derartiges Mehrflügelrigg ist in Abb. 1.49 (übernommen aus [1.44]) schematisch dargestellt. Das Foto 1.19 zeigt ein umstritteneres zeitgenössisches Mehrrumpfboot, *Planesail,* das durch vier Starrsegel (Profilsegel, Flügelsegel) angetrieben wird.

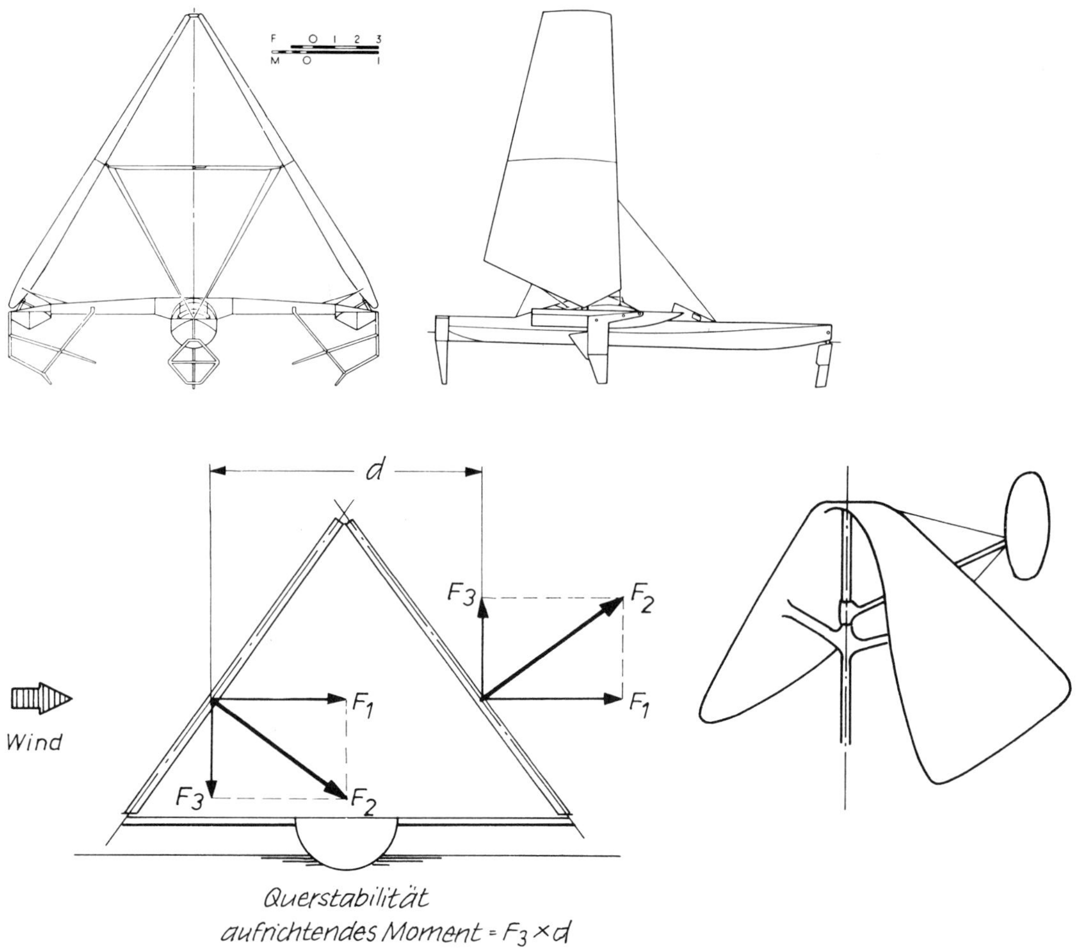

Abb. 1.48 Oben und unten links: Eine vollkommen andere Lösung des Stabilitätsproblems – die schräggestellten Segel bringen den Segeldruckpunkt näher an die Wasseroberfläche [1.51].
Unten rechts: Frei drehbar gelagertes Tragflügelsystem nach H. Barkla [1.50]

Das wesentlichste Konstruktionsmerkmal von *Planesail* ist das frei drehbar gelagerte Mehrflügelrigg, wie es 1951 von H. Barkla [1.52] vorgeschlagen wurde. Auf den ersten Blick ist das Grundprinzip einer derartigen Anordnung einfach und vielversprechend. Der Anstellwinkel der Starrsegel wird durch eine kleine Hilfsfläche, die an einem Gestänge hinter den Flügeln angebracht ist, eingestellt. Befindet sich diese Hilfsfläche in neutraler Stellung, das heißt in einer Linie mit den symmetrischen Tragflügeln, verhält sich das ganze Rigg wie eine Windfahne. Es wird keine Querkraft und nur ein verhältnismäßig geringer Widerstand erzeugt, der durch das Führungslager auf das Boot übertragen wird. Sobald der Steuermann die Hilfsfläche zum übrigen Rigg anstellt, dreht sich das Hauptrigg in entgegengesetzter Richtung und wird nun ebenfalls unter einem bestimmten Winkel angeströmt. Anders als ein normales Rigg stellt sich dieses System

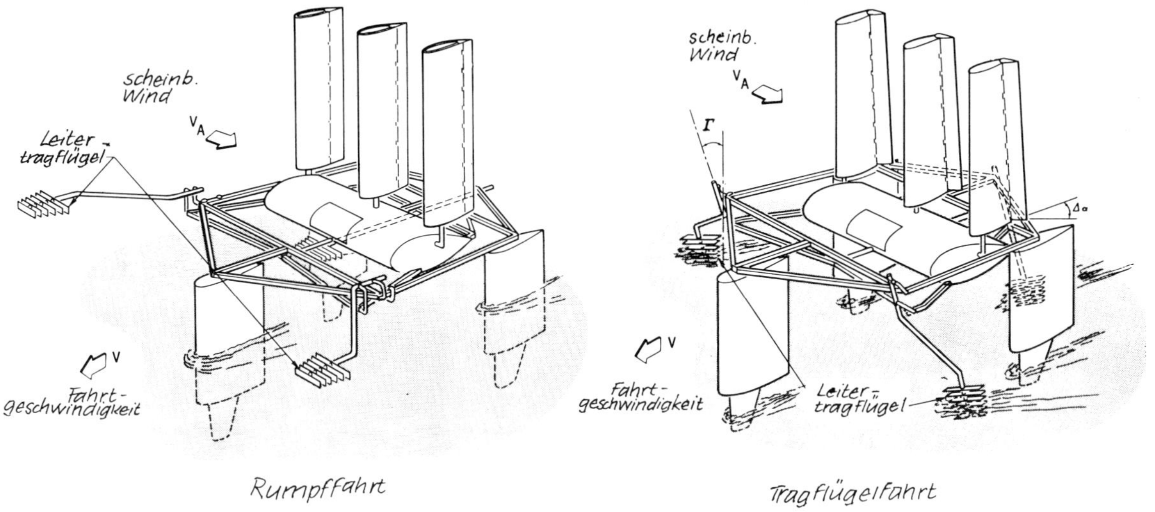

Abb. 1.49 „Trimaran" mit 3-Flügel-Rigg [1.44]

selbsttätig relativ zum Wind ein und bedarf keiner weiteren Beachtung. Die entstehende Luftkraft treibt das Boot in die Richtung, die durch ein herkömmliches Ruder bestimmt wird.

Die Gruppe ehemaliger Flugzeugbauingenieure, von der *Planesail* entwickelt wurde, behauptete, daß sie die Konzeption des normalen Segelbootes mit „Tuchsegeln und nassen Tampen" völlig neu durchdacht hat, um ein Segelfahrzeug zu bauen, das

1. genauso einfach zu segeln ist, wie ein Auto zu fahren, und
2. unter allen erdenklichen Verhältnissen, einschließlich eines Sturmes auf hoher See, sicher ist (ein sehr ehrgeiziges Vorhaben).

Die Realisierung dieser Idee eines schnellen und revolutionären Bootes stößt wie so viele Erfindungen in der Segelei auf große Schwierigkeiten. Am Anfang brach das Rigg einmal auseinander. Bis jetzt erfuhr das ganze Projekt keine Anerkennung. Unter der Voraussetzung, daß die Geldentwertung nicht der Kontrolle entgleitet, läßt sich jedoch vorhersehen, daß wir in nicht allzu ferner Zukunft Zeugen einiger ungewöhnlicher oder gar grotesker Seeungeheuer nach dem Muster der Abb. 1.49 und Foto 1.19 sein werden. Schon während des RYA-Geschwindigkeitswettbewerbes von 1974 erreichte die mit fünf Starrsegeln ausgerüstete Proa *Clifton Flasher* eine Geschwindigkeit von 22,4 Knoten [1.45].

Die jüngsten Entwicklungen bei den Mehrflügelriggs wurden durch frühere Versuche, die Fahrtleistung einer Yacht durch Verwendung von Starrsegeln anstatt normaler Tuchsegel zu verbessern, angeregt. Die meisten Boote mit Flügelsegel, die seit den späten 30er Jahren entstanden, wurden von Amateuren gebaut. Die Konstruktionen reichen deshalb von drolligen Einfällen bis hin zu den wenigen, die auf soliden Grundlagen beruhen. Abb. 1.50 zeigt drei solcher Starrsegelriggs, die mit einigem Erfolg in der Vergangenheit entwickelt wurden.

Foto 1.19 J. Walkers *Planesail*

L_{WL} – 8,84 m
Deplacement – 1,44 t
Segelfläche – 26 m^2

Planesail – eines der umstrittensten heutigen Mehrrumpfboote. Es wurde von einer Gruppe ehemaliger Flugzeugbauingenieure entworfen, die für sich in Anspruch nimmt, das Konzept des normalen Segelbootes mit „Tuchsegel und nassen Tampen" völlig neu durchdacht zu haben. Das Boot wird von vier Starrsegeln angetrieben. Die kleine Hilfsfläche kontrolliert den Anstellwinkel des Mehrflügelriggs. (Foto: J.S. Biscoe, Burnham-on-Sea)

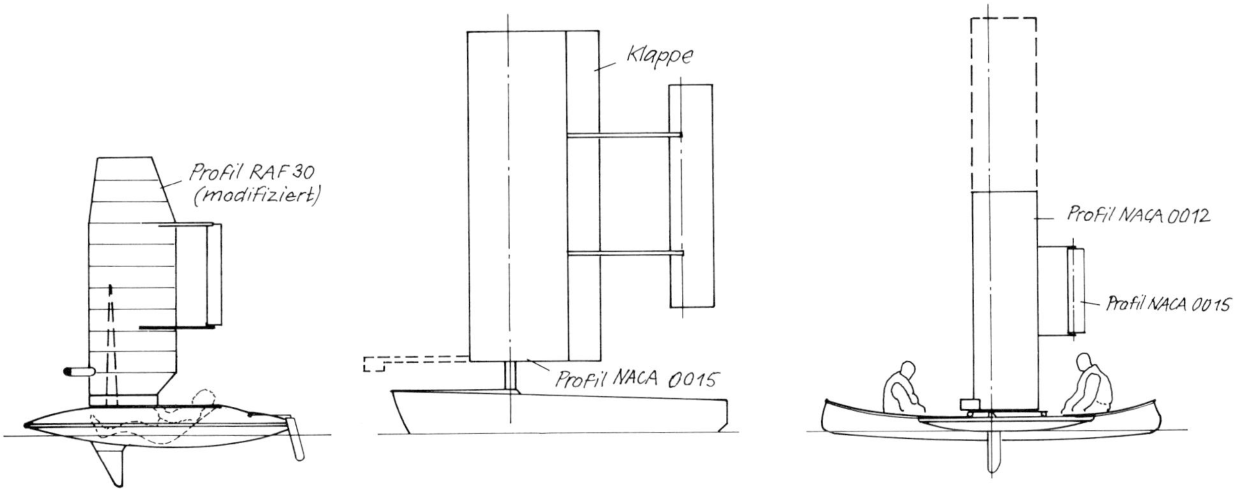

Abb. 1.50 Drei in der Vergangenheit mit einigem Erfolg entwickelte Starrsegelriggs [1.53]:

Links – das Boot von Utne (um 1941). Der aus der Flügelvorderkante herausragende zigarrenförmige Körper ist ein Ausgleichsgewicht, das bewirken soll, daß der Anstellwinkel des Tragflügels durch Krängung oder Rollen nicht beeinflußt wird. Das Problem der dynamischen Stabilität eines Starrsegels ist Seglern, die ein konventionelles Rigg verwenden, unbekannt.

Mitte – das Boot von Blackburn (1962).

Rechts – das Boot von Fekete und Newman (1964); die Flügelfläche läßt sich von 2,8 auf 5,0 m^2 vergrößern.

Welche theoretischen Gründe rechtfertigen die Verwendung von Starrsegeln anstelle konventioneller Segel? Werden sie durch die Starrsegel verdrängt? Wie wir in den folgenden Kapiteln noch sehen werden, kann das Starrsegel bei geringen Windgeschwindigkeiten, wo die Fahrtleistung des Bootes hauptsächlich durch den maximalen Auftriebsbeiwert $C_{L\,max}$ bestimmt wird, kaum mit Tuchsegeln konkurrieren. Mit Tragflügeln mit symmetrischen Profilen lassen sich ohne gut ausgeführte Wölbungsklappen keine hohen Auftriebsbeiwerte erzielen.

Zum Beispiel beträgt der größte Auftriebsbeiwert $C_{L\,max}$ eines Starrsegels mit dem symmetrischen Profil NACA 0012 etwa 0,8, wie aus Abb. 1.51 ersichtlich ist, in der die Ergebnisse von Windkanalversuchen bei zwei verschiedenen Reynolds-Zahlen für ein Modell (Maßstab 1:8) des von G. Fekete und B. Newman entwickelten Flügelsegels (Abb. 1.50) dargestellt sind. Ein Vergleich mit der Auftriebskurve des von ihnen verwendeten Profils, die für realistischen Segelverhältnissen entsprechende Reynolds-Zahlen gilt (nach NACA Rep. 586), zeigt nach Umrechnung auf das Seitenverhältnis $\Lambda = 6{,}67$ recht gute Übereinstimmung. Bei ähnlichen R_n-Zahlen kann ein Sloop-Rigg mit Tuchsegeln ein $C_{L\,max}$ von 1,9 oder höher entwickeln und ist sicherlich weniger umständlich in der Handhabung und Instandhaltung. Tuchsegel lassen sich leicht setzen, im Notfall bergen und am Liegeplatz auf relativ engem Raum unter Deck verstauen.

Da das Boot normalerweise sowohl auf Backbord als auch auf Steuerbordbug segeln muß, bedingt dies die Wahl eines symmetrischen Profils für das Starrsegel

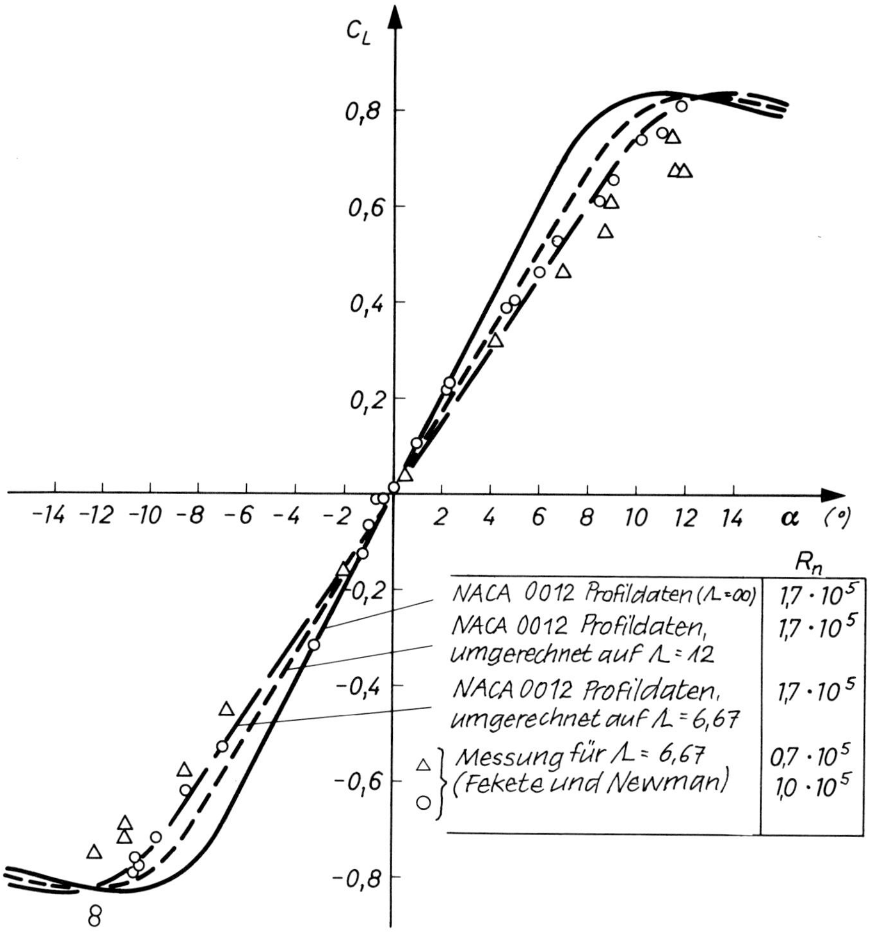

Abb. 1.51 Auftriebs-(Querkraft-)Beiwerte für drei Tragflügel mit unterschiedlichem Seitenverhältnis ($\Lambda=\infty$, $\Lambda=12$, $\Lambda=6{,}67$) nach [1.53]

als die unverkennbar einfachste Lösung. Für einen stark gewölbten, starren Tragflügel kann der Beiwert C_{Lmax} genauso groß sein wie für ein gutes Tuchsegel; soll das Rigg aber auf beiden Seiten arbeiten, ist ein komplizierter Mechanismus für das Umdrehen und Verändern der Wölbung erforderlich.

Bei höheren Windgeschwindigkeiten und besonders bei schnellen Segelbooten und Eisyachten, die sich ihren eigenen Wind machen, das heißt, die schneller als der wahre Wind segeln, bieten die Starrsegel gegenüber den konventionellen Segeln große Vorteile. Unter diesen Bedingungen kann der hohe Auftriebsbeiwert nicht genutzt werden, entscheidend ist nun ein möglichst großes Verhältnis L/D. Der Unterschied zwischen zwei Segeln liegt dann im jeweiligen Widerstandsbeiwert, der zu dem gerade noch anwendbaren Auftriebsbeiwert gehört. In dieser Hinsicht ist das Starrsegel überlegen und von keinem Tuchsegel zu schlagen. Darüberhinaus gestattet es eine präzise Anstellwinkeleinstellung und folglich eine genaue Kontrolle der erzeugten Kräfte. Bei kleinen Anstellwinkeln und kleinen Auftriebsbeiwerten, bei denen ein normales Segel schon teilweise killt, ist das Starrsegel noch günstiger. Man hat jedoch für alles zu bezahlen; abgesehen von den Schwierigkeiten in der Handhabung haben Flügelsegel ein beträchtliches Gewicht. Sogar der einfachste symmetrische Tragflügel ist zweimal schwerer als ein normales Rigg. Das zerbrechliche Gebilde ist umständlich zu lagern, wenn es nicht gebraucht wird und das Aufrichten bei Wind ein riskantes Unterfangen. Mehrere gute Riggs wurden schon am Liegeplatz zerstört.

P.V. MacKinnon [1.54], der mit Starrsegeln experimentierte, schreibt hierzu:

> „Theoretisch kann der Tragflügel dauernd aufgeriggt bleiben, wenn das Boot an Land oder vor Anker liegt. Denn der Flügel dreht sich wie eine Windfahne und sein Widerstand ist wirklich nur klein. Die Praxis bestätigt dies – mit einer Komplikation, die ich eigentlich hätte voraussehen sollen. Auf dem Wasser neigt das im Wind liegende Boot zum rhythmischen Rollen, wobei der Flügel von einer Seite zur anderen hin und her schwingt. Dieser Effekt stellt durchaus ein ernstes Problem dar, da sonst der Flügel ruhig oben bleiben könnte, wenn das Boot nicht gesegelt wird. Theoretisch läßt sich das durch Balancierung des Flügels mit einem Gewicht beheben, damit zum Beispiel bei einer Krängung des Bootes nach Steuerbord die Flügelhinterkante ebenfalls nach Steuerbord schwingt und nicht nach Backbord, wie es das normale Bestreben ist."

Das Problem der dynamischen Stabilität eines frei drehbaren Starrsegelriggs ist nicht einfach und bedarf Beachtung. Weitere Angaben finden sich hierzu in [1.53] und [1.55].

Weitere Lösungen

Ein völlig anderes „Segel"-boot, das möglicherweise nichts mit dem Antrieb durch Segel gemein hat, außer der Nutzung der Windenergie, zeigt Abb. 1.52. Falls dieses Konzept realisierbar ist, kann man damit gegen den Wind fahren. Eine fazinierende Vorstellung! A.B. Bauer [1.56] untersuchte die Grundlagen eines derartigen Fahrzeugs, das aus dem Stand bis zu einer Geschwindigkeit beschleunigt, die größer ist als die Windgeschwindigkeit. Es wurden sowohl Land- wie Wasserfahrzeuge in die Analyse einbezogen und die Möglichkeit, damit direkt nach Luv zu fahren, bewiesen. Ein nach diesem Prinzip gebautes Landfahrzeug fuhr mehrmals etwa 40 Sekunden lang gegen einen Wind von ungefähr 5,4 m/s (3 Bft.), wobei die geschätzte Geschwindigkeit rund 0,9 m/s größer als die wahre Windgeschwindigkeit war. Für das Wasserfahrzeug beträgt das erwartete Verhältnis V_S/V_W etwa 1,5, das heißt, das Boot erreicht eine um 50 Prozent höhere Geschwindigkeit V_S als die Windgeschwindigkeit V_W. Der nächste Schritt wäre die Entwicklung eines Fahrzeugs, das sich in jede gewünschte Richtung fortbewegen kann.

Abb. 1.52 Der durch eine Windmühlen-Propeller-Kombination angetriebene Katamaran wartet noch auf Beachtung. Falls dieses Konzept realisierbar ist, kann man damit direkt gegen den Wind fahren und schneller als mit wahrer Windgeschwindigkeit „segeln". Eine faszinierende Vorstellung. Die Zeichnung wurde dem Bericht von H. Barkla [1.1] entnommen.

Eine neue Art ein Boot zu segeln, das nur aus dem Allerwesentlichsten besteht, zeigt Abb. 1.53. Sie vereinigt Surfen und Segeln. Dieser Segelsurfer oder Segelbrett genannte Bootstyp ist etwas vollkommen Neues im Segelsport und ermöglicht echte „man against the sea"-Situationen. Es ist eine sehr anspruchsvolle und anstrengende Art der physischen Erholung. Das Segelbrett wird stehend gesegelt und mit dem in den Händen gehaltenen Segel gesteuert (kein Ruder). Der Mast ist nicht verstagt und mit dem Brett nur durch ein Kreuzgelenk verbunden. Abb. 1.53 illustriert auch das Wenden und Halsen mit einer einfacheren Ausführung eines Segelsurfers, der im Sitzen gesegelt wird. Die Manöver werden durch ein Vor- beziehungsweise Zurückneigen des Segels eingeleitet.

Es wurden verschiedene Segelbretttypen entwickelt und mit unterschiedlichem Erfolg erprobt. Sie werden zusammen mit der Theorie und Praxis des Windsurfens in [1.57] ausführlicher beschrieben.

Kehren wir noch einmal zu Abb. 1.31 zurück. Sie enthält auch die Kurve des spezifischen Widerstandes für ein tiefgetauchtes Unterseeboot mit einem Deplacement-Längen-Verhältnis von 7,2. Wir wollen nun annehmen, daß unter Bedingungen, in denen das Segel seinen größten Vortrieb erzeugt, das heißt bei raumem Wind, die tatsächlich produzierte Vortriebskraft F_R, die gleich dem Rumpfwiderstand R sein muß, 7 Prozent des Bootsgewichts ausmacht; also $R/W=0{,}07$. Dies wird durch die mit „raumer Kurs" bezeichneten horizontalen Linie gekennzeichnet. Es ist augenfällig, daß das getauchte Unterseeboot, das keine Wellen hervorruft, jedem Oberflächenschiff mit einem Deplacement-Längen-Verhältnis $\Delta/(L/10)^3$ größer als 1,8 überlegen ist, wenn das Geschwindigkeits-Längen-Verhältnis $V_S/\sqrt{L}$ über 3,1 ($F_n>0{,}5$) ansteigt, vorausgesetzt, das Verhältnis von Vortriebskraft zu Gewicht der Verdrängung ($F_R/g\cdot\Delta=R/W$) ist für alle Schiffe gleich.

Dieser vielleicht unerwartete Schluß zeigt deutlich, wie groß der Wellenwiderstand sein kann und wie uneffektiv hinsichtlich Widerstand und Energieverbrauch Oberflächenschiffe sind. Verringert man deren Deplacement-Längen-Verhältnis

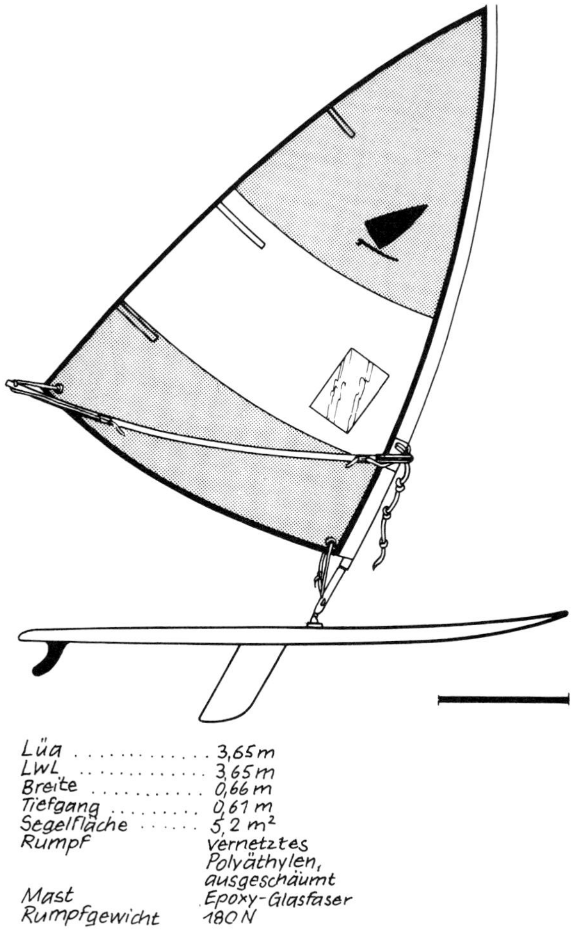

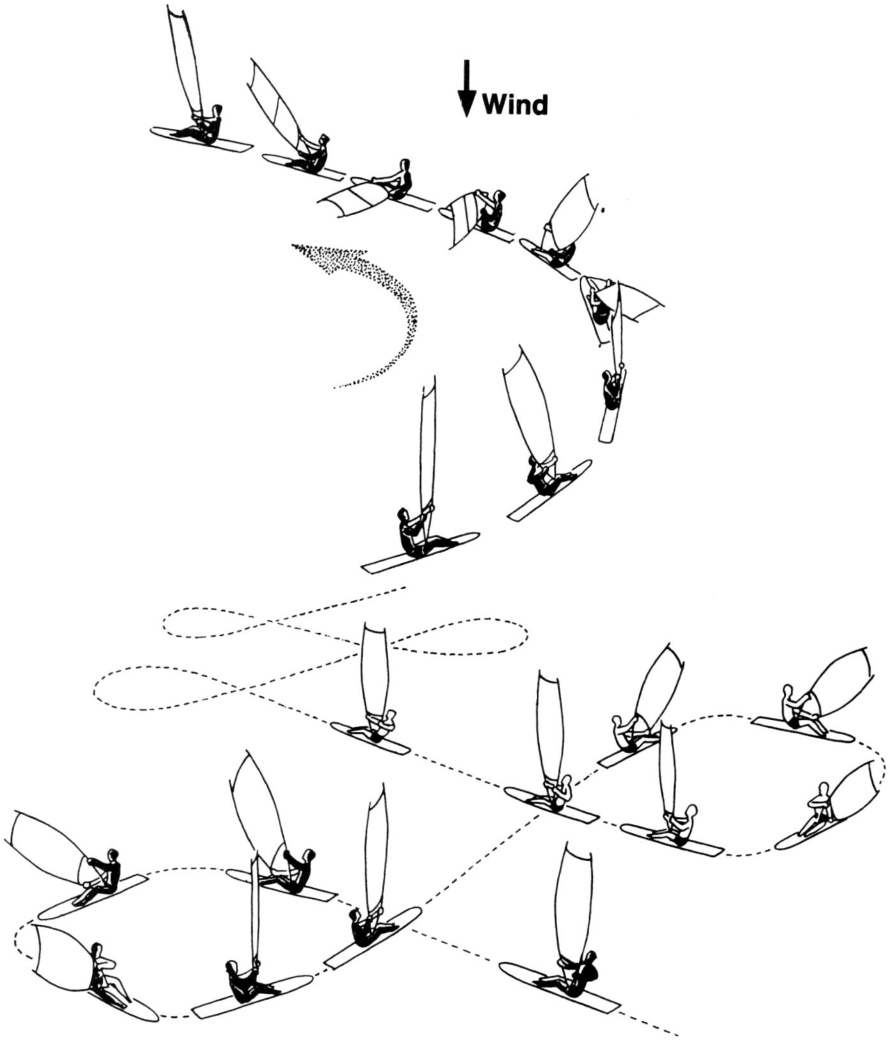

Abb. 1.53 Eine neue Art des Segelns – ein Boot, das nur aus dem Wesentlichsten besteht.

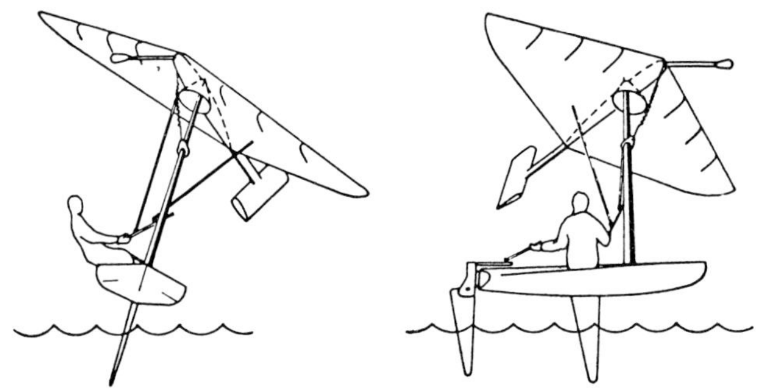

Abb. 1.54 Dieses Tragflügelsystem, das den Rumpf völlig aus dem Wasser hebt, verheißt jedenfalls in der Theorie sehr große Geschwindigkeiten.

aber auf 0,9 (Abb. 1.31), wird der spezifische Widerstand der beiden Schiffstypen – Unterseeboot und Oberflächenschiff – praktisch gleich.

Es ergeben sich nun unmittelbar zwei Folgerungen für die Praxis. Um durch drastische Verminderung des Wellenwiderstandes wirklich hohe Geschwindigkeiten zu erzielen, muß der Bootskörper entweder getaucht oder aus dem Wasser herausgehoben werden. Das Unterwasserkonzept, die erste Möglichkeit, eigentlich ein Unterseeboot mit Segeln, ist bis jetzt nicht verwirklicht worden (jedenfalls nicht mit Wissen des Verfassers). Aber wer weiß, was in unserer fortschrittlichen Welt die Zukunft bringt?

Das Überwasserkonzept, die zweite Möglichkeit, entwickelt sich ziemlich rasch weiter. Die oben beschriebenen Tragflügelboote erreichen hohe Geschwindigkeiten, da sie einfach den Wellenwiderstand vermeiden. Die aus [1.58] entnommene Abb. 1.54 stellt ein Segelboot dar, das mit einem Tragflügel, der auch noch genügend Auftrieb erzeugt, um den Rumpf über der Wasseroberfläche zu halten, angetrieben wird; ein Vorschlag, der an reine Fantasie grenzt, aber dennoch theoretisch richtig ist. Es ist keine ganz neue Idee. Viele Leute haben sich derartiges ausgemalt und auch Einzelheiten eines Riggs mit schräggestelltem Segel, das den Rumpf teilweise aus dem Wasser heben und hohe Geschwindigkeiten ermöglichen soll, veröffentlicht. Ein mit einem derartigen Drachen- oder Regenschirm-Rigg (wie es von manchen bezeichnet wurde) getakeltes Boot zeigt Foto 1.20. J. Rowland berichtete in *Yachts and Yachting* (17. Juli 1959) über ein Experiment mit solch einem Regenschirm-Rigg:

> „Ich baute dann das Rigg auf einen 4,6 m langen Snipe-Rumpf und segelte damit auf Biegen und Brechen bei fast orkanartigem Wind, der das ganze Rigg fortblies und es eine Viertelmeile weiter auf dem Rasen vor meinem Haus wieder landen ließ, ohne daß das Boot dabei kenterte. Zuvor wäre ich beinahe im Spritzwasser ertrunken und ich mußte so sehr lachen, daß mir schwach wurde."

Der 2200 N schwere Snipe-Rumpf war bestimmt nicht zum Fliegen ausersehen. Nutzte man jedoch die Vorteile der neuentwickelten leichten und hochfesten

Foto 1.20 Ein Regenschirm-Rigg, fotografiert um 1895 (Beken). Man nimmt an, daß diese Idee eines unkenterbaren Bootes von polynesischen Fahrzeugen herrührt. Das Grundprinzip erscheint als eine recht einfache und praktische Lösung; die Beherrschung eines solchen Riggs bei viel Wind steht aber auf einem anderen Blatt.

Werkstoffe, ließe sich ein viel leichteres Boot bauen. Das in Abb. 1.54 dargestellte Tragflügelsystem, das den Rumpf vollständig aus dem Wasser hebt, ist in der Theorie zweifellos einem Snipe-Rumpf mit Regenschirm-Rigg überlegen, aber bis jetzt ist ein brauchbares Boot unbekannt. Der größte Nachteil dieses Konzepts ist die geringe Geschwindigkeit bei wenig Wind und auf Vorm-Wind-Kursen. Was wird die menschliche Fantasie noch ersinnen? Was kommt als nächstes?

Als Ende des 19. Jahrhunderts das Geschwindigkeitsfieber die Segler erfaßte und sie von neuen Yachten mit Kielen aus Platin träumen ließ, machte der berühmte englische Yachtkonstrukteur G.L. Watson die Prophezeiung, daß die Zeit kommen werde, „... wo wir uns nicht mehr mit dem Segeln in einem derartig trägen Medium wie dem Wasser abgeben werden. Ich bin fest davon überzeugt, daß eines Tages die Luft genauso erobert sein wird wie das Land und das Meer." Die Grenze zwischen Wasser und Luft ist sicher nicht der richtige Ort für hohe Geschwindigkeiten. Wäre das Flugzeug nicht von den Gebrüdern Wright erfunden worden, es würde bestimmt in sehr naher Zukunft durch die Segler entdeckt!

H Land- und Eissegelyachten

Die Anfänge der Landsegelfahrzeuge sind nicht so faszinierend wie die der Segelschiffe. Dennoch haben sie eine lange Geschichte, die sich bis in das 6. Jahrhundert zurückverfolgen läßt. Zu dieser Zeit „gelang es Kaotshang Wu-Shu, einen vom Wind angetriebenen Wagen zu bauen, der 30 Menschen befördern und an einem einzigen Tag mehrere hundert ‚li' zurücklegen konnte" [1.59].

Dieser Aufzeichnung folgt langes Schweigen, bis fast genau 1000 Jahre später der große holländische Mathematiker Simon Stevin zwei Segelwagen entwarf, für die historische Belege existieren. Um 1600 lud der Prinz Moritz von Nassau mehrere Gesandte und adelige Gäste zu einer Probefahrt mit diesen Fahrzeugen ein. Ein großer und ein kleiner Wagen waren gebaut worden und beide legten erfolgreich am Strand entlang die Strecke zwischen Scheveningen und Petten, für die man zu Fuß 14 Stunden benötigt, in weniger als zwei Stunden zurück. Eine zeitgenössische Darstellung dieses Ereignisses zeigt Foto 1.21 B (ein Stich von J. de Gheyn). Der größere der beiden Wagen bot Platz für 24 Personen. Mit ziemlicher Sicherheit wurden diese Segelwagen durch Berichte über Segelfahrzeuge in China angeregt, die in Europa während des vorangehenden Jahrhunderts allgemein bekannt waren. Eines der Bilder in Foto 1.21 A, das in dem um 1613 erschienenen Atlas von Mercator enthalten ist, gibt die Vorstellung eines zeitgenössischen Künstlers von einem chinesischen Segelwagen wieder.

Einen modernen, aber deshalb nicht unbedingt vollkommenen Nachfolger jener großartigen holländischen Wagen des frühen 17. Jahrhunderts zeigt Foto 1.22.

Eisyachten

Der Hauptunterschied zwischen den Wasserfahrzeugen, die zum größten Teil infolge des archimedischen Auftriebs schwimmen und den Segelfahrzeugen, die

Foto 1.21 A Links: Skizze eines Karrens mit Segel; das Segel unterstützt das Zugtier. Der Segelkarren ist ein vortreffliches Gerät, das auch heute noch in China, besonders in den Küstenregionen, im Gebrauch ist.

Rechts: Eine Vignette im Atlas von Mercator (um 1613), einen chinesischen Segelwagen darstellend

Foto 1.21 B Der zeitgenössische Stich von J. de Gheyn zeigt die beiden von Simon Stevin um 1600 entworfenen Segelwagen. Diese Landyachten wurden durch Berichte über Segelfahrzeuge in China angeregt, die im vorangehenden Jahrhundert in Europa allgemein bekannt waren.

sich auf dem Trockenen fortbewegen (Land- und Eisyachten), besteht darin, daß bei letzteren der Widerstand mit zunehmender Geschwindigkeit nicht so enorm ansteigt. Folglich können sie schneller als der wahre Wind segeln, wodurch der scheinbare Wind so spitz einfällt, daß – egal ob sie mit oder gegen den Wind segeln – der Kurs immer ein Am-Wind-Kurs ist. Unter den Anhängern

Foto 1.22 Windbuggy (Bild: Bob D'Olivo [1.60])

dieser Sportart kursieren wunderliche oder sogar geheimnisvolle Geschichten über die ungewöhnliche Eigenschaft der Eisyachten, sich ihren eigenen Wind zu machen [Anm. 1.62].

Um die Grundprinzipien darzustellen, die dem Verhalten der Land- und Eisyachten zugrunde liegen und einander sehr ähnlich sind, wollen wir eine „idealisierte Yacht" betrachten, deren Rumpf in der Lage ist, eine Seitenkraft ohne Zusatzwiderstand zu entwickeln. Ein Segelschlitten (Foto 1.23), der mit einem konstanten, sehr kleinen Reibungswiderstand von weniger als 2 Prozent des Bootsgewichts über das „harte Wasser" gleitet, kommt dieser idealen Yacht sehr nahe.

Scheinbarer Wind

Die Abb. 1.55 stellt in mehreren Skizzen (A, B, C, D und E) die idealisierte Eisyacht dar, die aus dem Stand mit halbem Wind ($\gamma_W = 90°$) lossegelt. Wie wir später sehen werden, ist dieser Kurs nicht der schnellste, aber es erleichtert die Betrachtung. Sobald das Segel dicht genommen wird (Skizze A), beschleunigt der Schlitten und es nimmt, vorausgesetzt die Schot wird entsprechend der sich ändernden Richtung des scheinbaren Windes mehr und mehr angeholt, die Geschwindigkeit V_S allmählich zu. Das Verhältnis V_S/V_W wird größer und erreicht Werte von 1, 2, 3 und 4, wie in den dazugehörigen Geschwindigkeitsdreiecken dargestellt. Der scheinbare Wind V_A fällt immer vorlicher ein und der Winkel γ_A wird kleiner, bis bei $V_S/V_W = 4$ das Segel ganz dichtgeholt ist (Skizze E) und die aerodynamische Geamtkraft F_T senkrecht zur Bewegungsrichtung, beziehungsweise senkrecht zum Vektor V_S, wirkt. Nun gibt es keine überschüssige Vortriebskraft mehr, welche die Eisyacht weiter beschleunigen könnte, das heißt, es besteht ein Gleichgewicht zwischen den Vortriebs- und den Widerstandskräften und der Schlitten bewegt sich gleichförmig weiter. Sobald das größte Verhältnis L/D des Segels erreicht ist und der Wind gleich bleibt, ist auf diesem bestimmten Kurs ($\gamma_W = 90°$) keine weitere Geschwindigkeitssteigerung mehr möglich. Anders herum gesagt: eine weitere Fahrtzunahme ließe den scheinbaren Wind V_A noch spitzer einfallen, das Segel würde killen und die Luftkraft unvermeidlich abnehmen, infolgedessen würde der Schlitten langsamer. In der Praxis kann eine derartige Fahrtverringerung mit heftig schlagendem Segel bei böigen Winden vorkommen, wenn plötzlich die wahre Windgeschwindigkeit V_W nachläßt, die Geschwindigkeit V_S infolge der Massenträgheit des Schlittens aber nicht.

Ein Blick auf die Skizzen der Abb. 1.55 und auf die beigefügte Tabelle zeigt, daß zwischen γ_A und dem Verhältnis V_S/V_W eine enge Beziehung besteht. Je kleiner der Winkel γ_A, umso größer ist das Verhältnis V_S/V_W, das heißt, umso größer ist die erreichbare Geschwindigkeit. Sofort stellt sich die Frage, wie klein dieser Winkel γ_A werden kann.

Sie läßt sich beantworten, wenn wir auf die Gl. (1.1): $\gamma_A = \varepsilon_A + \varepsilon_H$ und die Worte Lanchesters aus Kapitel A zurückgreifen: „Der kleinstmögliche Winkel (γ_A) zwischen gesegeltem Kurs und scheinbarer Windrichtung ist die Summe der Unter- und Überwassergleitwinkel". Da die Kufen unserer idealisierten Eisyacht voraussetzungsgemäß ohne Widerstand über das Eis gleiten, wird $\varepsilon_H = 0°$ und somit $\gamma_{A\,min} = \varepsilon_{A\,min}$. Mit $\cot \varepsilon_A = L/D$ können wir dann schreiben:

$$\gamma_{A\,min} = \varepsilon_{A\,min} = \cot^{-1}\left(\frac{L}{D}\right)_{max}. \tag{1.8}$$

Hieraus folgt, daß die Wirksamkeit des Riggs, die sich durch das erreichbare $(L/D)_{max}$ beschreiben läßt, für schnelles Segeln ein Faktor von entscheidender Bedeutung ist.

Aus Abb. 1.55 kann man unmittelbar schließen (und es läßt sich auch beweisen [Anm. 1.61]), daß bei Halbwind-Kurs ($\gamma_W = 90°$) für das Verhältnis

V_S/V_W	V_A/V_W	γ_A°	Luftkraft-verhältnis $(V_A/V_W)^2$
1	1,4	45°	2,0
2	2,2	26,5°	4,8
3	3,2	18,5°	10,0
4	4,1	14,0°	17,0

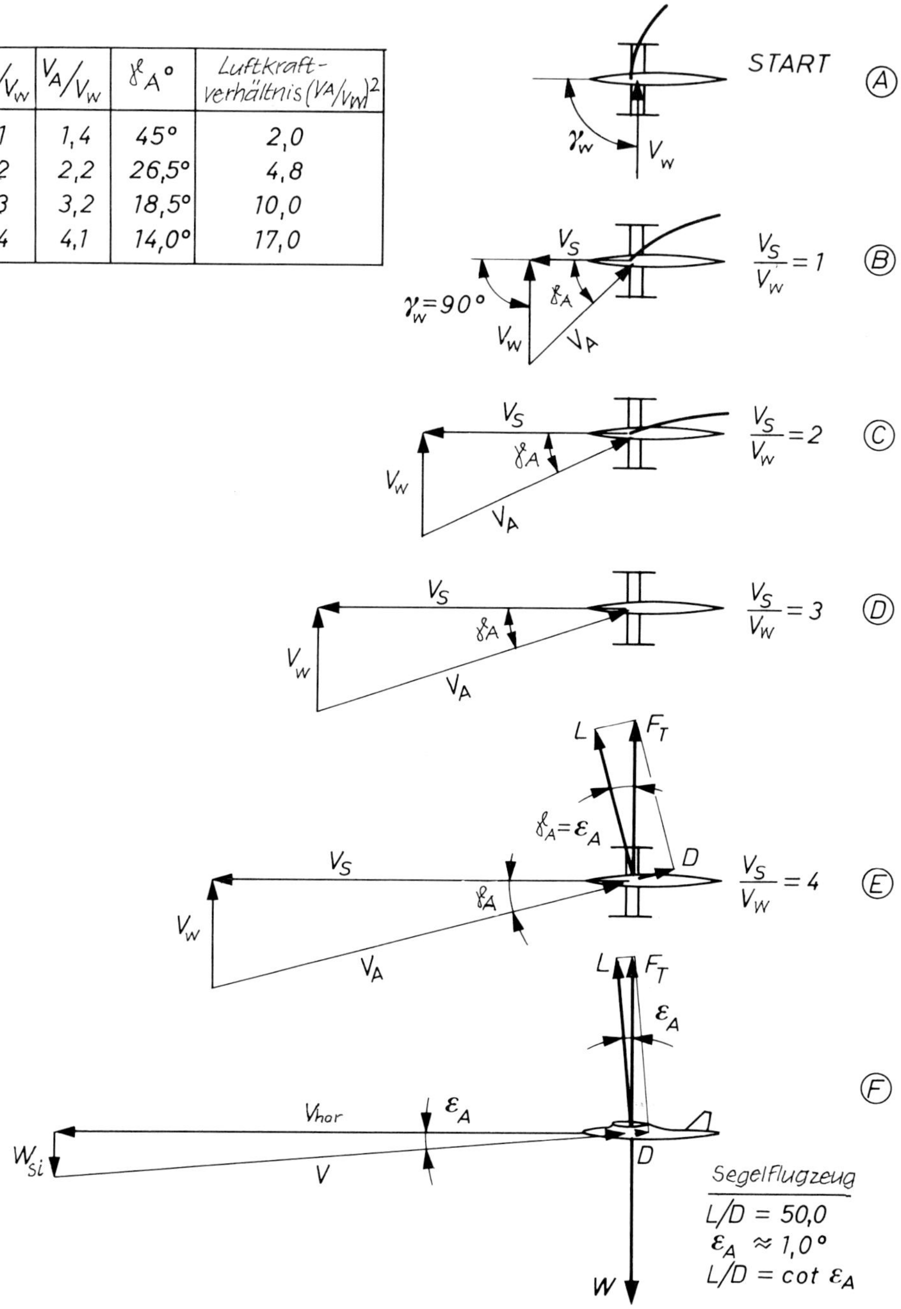

Abb. 1.55 Geschwindigkeitsdreiecke einer Eisyacht, die aus dem Stand bis $V_S = 4 \cdot V_W$ beschleunigt. Das Segelflugzeug in Skizze F kann als naher Verwandter angesehen werden.

Foto 1.23 Oben: Die DN-Schlitten sind wahrscheinlich die populärste Eisyachtklasse. Sie lassen sich auch zu Landyachten umbauen (Abb. 1.57).

Unten: Landyachten. Der schädliche Widerstand dieser Fahrzeuge ist ziemlich groß.

DN
H183

A263
A
30
A263
A30

zwischen Schlittengeschwindigkeit V_S und wahrer Windgeschwindigkeit V_W gilt:

$$\frac{V_S}{V_W} = \cot \gamma_A, \tag{1.9}$$

oder

$$V_S = V_W \cdot \cot \gamma_A. \tag{1.10}$$

Mit Gl. (1.8) läßt sich Gl. (1.10) vereinfacht schreiben:

$$V_S = V_W \cdot \frac{L}{D}. \tag{1.10}$$

Somit wird ganz deutlich, warum für Eisyachten, Landyachten und alle anderen schnellen Segelfahrzeuge ein Rigg mit einem möglichst großem Verhältnis L/D erforderlich ist.

Aus der Tabelle in Abb. 1.55 und dem Geschwindigkeitsdreieck der Skizze E geht hervor, daß sich bei einem wahren Wind von zum Beispiel 10 Knoten, der am Start genau querab einfällt und einem Fahrtwind von 40 Knoten (umgekehrt gleich der Schlittengeschwindigkeit V_S) eine resultierende oder scheinbare Windgeschwindigkeit V_A von 41 Knoten ergibt. Die Luftkraft F_T ist eine Funktion dieser scheinbaren Windstärke und wächst proportional zum Quadrat von V_A an. Sie läßt sich mit der bekannten Formel

$$F_T = 0{,}6125 \cdot C_T \cdot A_S \cdot V_A^2$$

berechnen.

Beim Start, wenn der Schlitten gerade noch steht, ist $V_A = V_W$, und es ergibt sich die Luftkraft zu:

$$F_{T_1} = 0{,}6125 \cdot C_T \cdot A_S \cdot V_W^2.$$

Fährt die Eisyacht, bestimmt die scheinbare Windstärke die Luftkraft:

$$F_{T_2} = 0{,}6125 \cdot C_T \cdot A_S \cdot V_A^2.$$

Für das Verhältnis dieser beiden Kräfte erhält man:

$$\frac{F_{T_2}}{F_{T_1}} = \left(\frac{V_A}{V_W}\right)^2 \quad \text{oder} \quad F_{T_2} = F_{T_1} \cdot \left(\frac{V_A}{V_W}\right)^2,$$

das heißt, die Luftkraft ist proportional zum Quadrat von V_A/V_W. Segelt die Yacht zum Beispiel mit $V_S/V_W = 4{,}0$ und dem dazugehörigen Verhältnis V_A/V_W von 4,1 (siehe Tabelle und Skizze E in Abb. 1.55), ist die Luftkraft rund 17mal größer als am Start.

Nimmt man an, daß bei einer wahren Windgeschwindigkeit V_W von 6,0 m/s (11,7 Knoten) eine Eisyacht mit der Segelfläche $A_S = 6{,}5\ \text{m}^2$ ein Verhältnis L/D von 4,0 bei einem Gesamtkraftbeiwert C_T von 0,7 erreicht, ergibt sich die Luftkraft F_T am Start zu:

$$\begin{aligned} F_T &= 0{,}6125 \cdot 0{,}7 \cdot 6{,}5 \cdot 6{,}0^2 \\ &= 2{,}7869 \cdot 36{,}0 = 100\ \text{N}. \end{aligned}$$

Erreicht der Schlitten seine Endgeschwindigkeit, das heißt wird $V_S/V_W = 4{,}0$, ist die Gesamtkraft F_T etwa 17mal größer:

$$F_T = 100 \cdot 17 = 1700\ \text{N}.$$

Bei einer wahren Windgeschwindigkeit von 9,1 m/s (ungefähr 18 Knoten, frische Brise) würde das Segel am Start nur eine Kraft von:

$$F_T = 2{,}7869 \cdot 9{,}1^2 = 230\ \text{N}$$

entwickeln, aber bei Höchstgeschwindigkeit ($V_S/V_W = 4{,}0$ und $V_A/V_W = 4{,}1$) ergäbe sich unter der Voraussetzung, daß die Stabilität dies zuläßt, eine Luftkraft F_T von:

$$F_T = 230 \cdot 17 = 3910\ \text{N}.$$

Die scheinbare Windgeschwindigkeit V_A wäre dann $9{,}1 \cdot 4{,}1 = 37{,}3$ m/s (etwa 73 Knoten). Bei einer derartigen, einem Sturm gleichkommenden Windstärke müssen Segel und Rigg enormen und im Vergleich zu normalen Wasserfahrzeugen ungewöhnlich großen Kräften standhalten. Das Segel, das sich unter sehr hohen Belastungen leicht verformt, muß deshalb aus schwerem Tuch hergestellt werden, so daß sich die geringe Wölbung nicht vergrößert und die Verwindung so klein wie möglich bleibt.

Stabilität

Die Stabilität ist nach der Güte des Riggs der zweite Faktor, der die erreichbare Höchstgeschwindigkeit jeder Eisyacht begrenzt. In dieser Hinsicht unterscheiden sie sich nicht von anderen Segelfahrzeugen. Durch die weit auseinanderliegende Anordnung der Läufer oder Kufen produzieren sie wie Katamarane ein großes Stabilitätsmoment. Das Segeltragvermögen des Schlittens, das heißt, seine Leistungsfähigkeit bei stärkerem Wind wird umso größer, je weiter der Seitenläufer vom Gewichtsschwerpunkt entfernt ist. Jedoch sind den äußeren Abmessungen zum einen durch das Gewicht und die Festigkeit der Verbindungselemente, zum anderen durch das Fahrverhalten Schranken gesetzt. Die Stabilitäts- und Fahreigenschaften verschiedener Fahrwerksanordnungen beschreibt Abb. 1.56 (aus [1.63]). Obwohl sich die Darstellung auf einen Strandsegler bezieht, ist das Stabilitätsprinzip auf Eisyachten und in gewisser Weise auch auf Mehrrumpfboote anwendbar. Fahrzeuge, deren Länge kleiner als ihre Breite ist, tendieren zu einem sehr unruhigen Fahrverhalten. Die älteren Katamarantypen waren für ihre Neigung zum Überschlagen, wenn der Bug im Seegang in einer Welle unterschnitt, nur allzu bekannt (siehe Foto 1.10).

Bei Segelschlitten kann etwas ähnliches geschehen; es wird in der Sprache der Eissegler als „Korkenzieher drehen“ bezeichnet – eine Art Spirale des Schlittens, wenn der Steuerläufer abhebt und das Fahrzeug den Kontakt zur Eisfläche verliert.

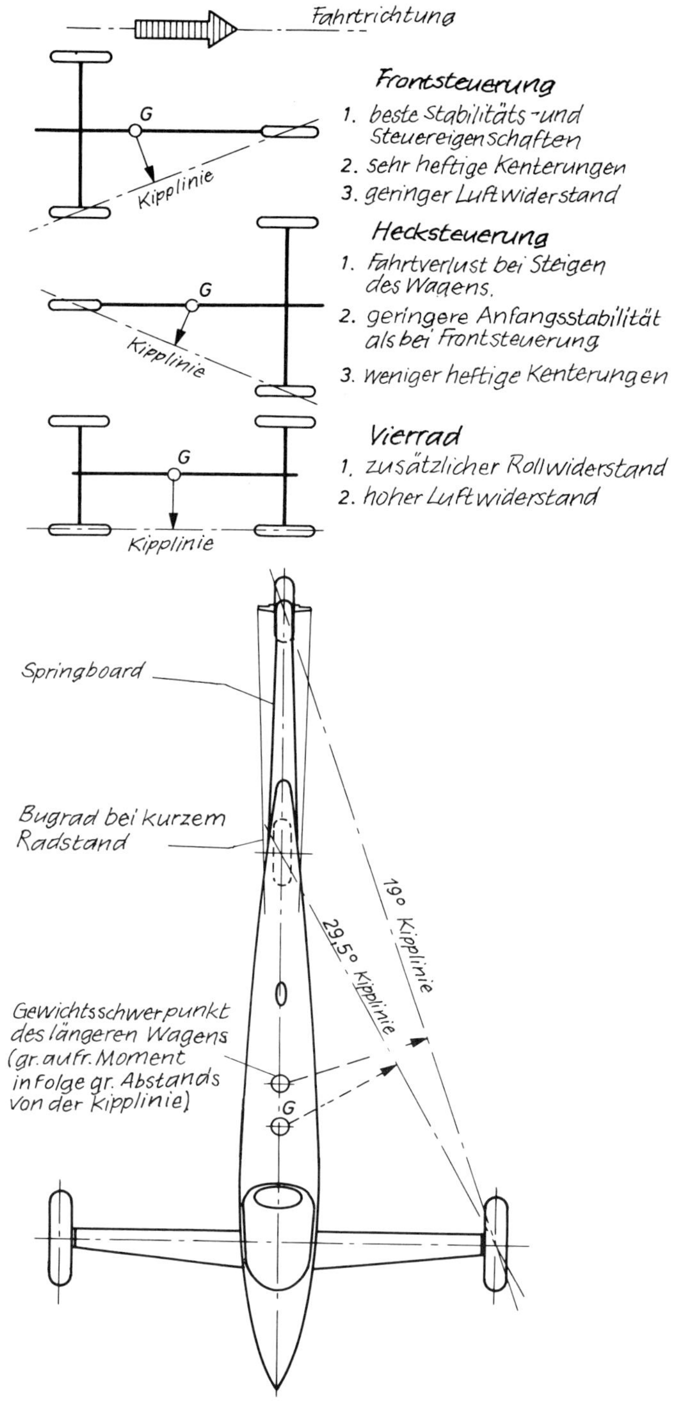

Abb. 1.56 Stabilitäts- und Fahreigenschaften verschiedener Fahrwerksanordnungen (nach [1.63])

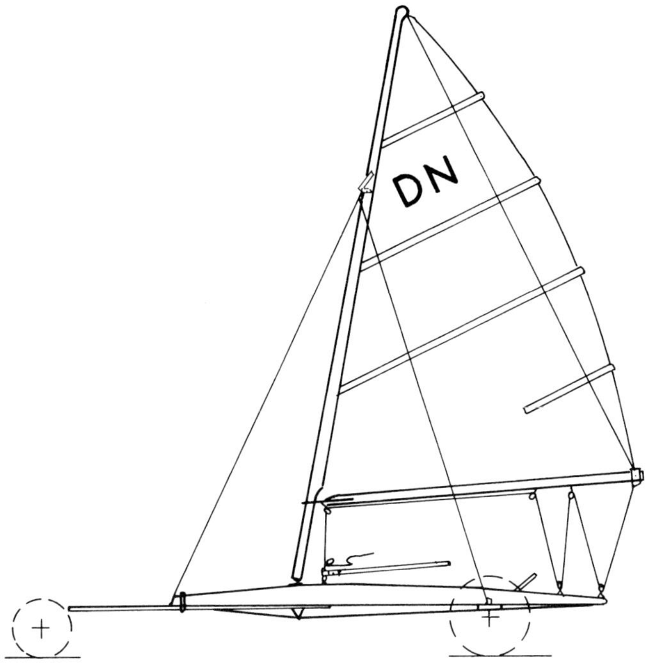

Abb. 1.57 DN-Eisschlitten, umgebaut zur Landyacht (zum Segeln auf dem Eis wird das Springboard entfernt).

Gesamtgewicht $W = 1340$ bis 1560 N

Segelfläche $A_S = 6{,}5\ m^2$

Der DN-Schlitten, die vielleicht populärste Eisyachtklasse, kann bis zu dreimal schneller als der wahre Wind segeln, das heißt, $V_{S\,max} = 3 \cdot V_W$. Es wird über noch höhere Geschwindigkeiten berichtet, zuverlässige Messungen liegen aber kaum vor.

Geschwindigkeitspotential

Wenn wir weiterhin den Reibungswiderstand der Kufen vernachlässigen und somit annehmen, daß der Segelschlitten das „harte Wasser" nicht berührt und sich nur in einem Medium – der Luft – fortbewegt, können wir die Eisyacht als nahen Verwandten des Segelflugzeugs ansehen. Dessen Geschwindigkeitsdreieck (Abb. 1.55 F) ist ähnlich dem der Segelschlitten. Die resultierende Bahngeschwindigkeit V ist die Vektorsumme aus der horizontalen Geschwindigkeit V_{hor} und der Sinkgeschwindigkeit W_{si}, und es gilt analog wie bei der Eisyacht:

$$\frac{V_{hor}}{W_{si}} = \frac{L}{D} = \cot \varepsilon_A .$$

Für ein Hochleistungssegelflugzeug mit Laminarprofiltragflügeln liegt das maximale Verhältnis L/D ungefähr bei 50, der kleinste Gleitwinkel ε_A beträgt also etwa nur 1°! In der Praxis erreicht ein Eisschlitten der DN-Klasse (Foto 1.23 und Abb. 1.57) ein V_S von rund $3 \cdot V_W$, also ein Gesamtverhältnis L/D von 3,0

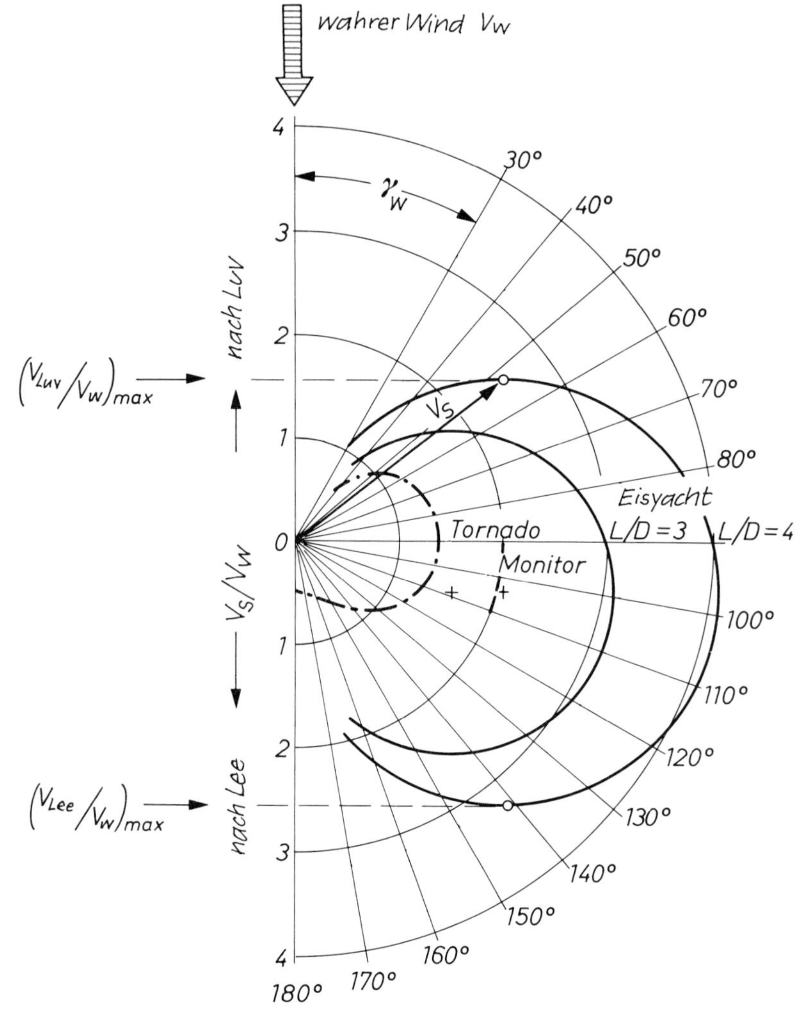

Abb. 1.58 Fahrtleistungspolaren eines Tornado-Katamarans und zweier idealisierter Eisyachten mit $(L/D)_{ges,max}=3$, bzw. 4. Die Fahrtleistung wird durch das Verhältnis V_S/V_W ausgedrückt.

(Gesamtverhältnis L/D siehe Abb. 1.62). Ein gut getrimmter, moderner Rennsegelschlitten läuft nach [1.64] bei idealen Verhältnissen, das heißt bei einem stetigen Wind von 19,3 km/h (5,4 m/s, mäßige Brise) und einem durch die Sonne weich und glatt gemachten Eis bis zu 96 km/h schnell; also $V_S = 5 \cdot V_W$ und $L/D = 5$. Der Geschwindigkeitsrekord des schnellsten Segelschlittens der E-Klasse beträgt 235 km/h, Geschwindigkeiten von 160 km/h werden als normal angesehen. Das maximale Verhältnis L/D des DN-Riggs liegt nach [1.65] zwischen 8 und 9, was verglichen mit Windkanalergebnissen des ähnlich proportionierten Finn-Riggs aber ziemlich übertrieben erscheint. Zuverlässige Fahrtleistungsmessungen von Eisyachten sind kaum vorhanden, so daß es schwierig ist, quantitative Aussagen zu machen.

Es bleibt jedoch die Tatsache, daß das Geschwindigkeitspotential der Segelschlitten im Vergleich zu dem aller anderen durch Segel angetriebenen Fahrzeuge überragend ist. Abb. 1.58 demonstriert dies im qualitativen Sinn. Die drei vollständigen Polarkurven stellen die Fahrtleistung eines Tornado-Katamarans und zweier durchschnittlicher Eisschlitten mit einem maximalen Gesamtverhältnis L/D von 3 bzw. 4, dar. Das kurze Polarenstück beschreibt den raumschots erzielten Geschwindigkeitsrekord des schnellen Tragflügelsegelboots *Monitor*. Die Fahrtleistung auf Am-Wind- bis Vorm-Wind-Kursen wird durch das erreichbare Verhältnis V_S/V_W ausgedrückt. Die Unterschiede sind ganz offensichtlich.

Aus solchen Polardiagrammen lassen sich unmittelbar die höchste Fahrtgeschwindigkeit und die größten Zielgeschwindigkeiten nach Luv und Lee mit den dazugehörigen Kurswinkeln ablesen. Für Eisyachten können diese Leistungsdaten nach folgenden Gleichungen berechnet werden [1.1 b]:

größte Zielgeschwindigkeit nach Luv:

$$\left(\frac{V_{\text{Luv}}}{V_W}\right)_{\max} = \frac{1}{2}\left(\frac{1}{\sin \varepsilon_A} - 1\right)$$

optimaler Kurswinkel: $$\gamma_W = 45° + \varepsilon_A/2 \tag{1.12}$$

Höchstgeschwindigkeit:

$$\left(\frac{V_S}{V_W}\right)_{\max} = \frac{1}{\sin \varepsilon_A}$$

optimaler Kurswinkel: $$\gamma_W = 90° + \varepsilon_A \tag{1.13}$$

größte Zielgeschwindigkeit nach Lee:

$$\left(\frac{V_{\text{Lee}}}{V_W}\right)_{\max} = \frac{1}{2}\left(\frac{1}{\sin \varepsilon_A} + 1\right)$$

optimaler Kurswinkel: $$\gamma_W = 135° + \varepsilon_A/2. \tag{1.14}$$

Die Gleichwertigkeit der Winkel γ_A und ε_A und ihren Einfluß auf das erreichbare Verhältnis V_{Luv}/V_W für Kurse am Wind zeigt Abb. 1.59.

Wir wollen nun die Gln. (1.12), (1.13) und (1.14) bestätigen, in dem wir die mit ihnen errechneten Leistungsdaten einer Eisyacht, die ein maximales Gesamtverhältnis L/D von etwa 4,0 entwickelt, mit der entsprechenden Geschwindigkeitspolaren in Abb. 1.58 vergleichen.

Nach Gl. (1.8) und mit Hilfe der Tabelle 1.4A ergibt sich:

$$\varepsilon_A = \cot^{-1}\left(\frac{L}{D}\right) = \cot^{-1}(4) = 14°.$$

Aus der unten angegebenen Tabelle 1.9 folgt:

$$\sin 14° = 0{,}242.$$

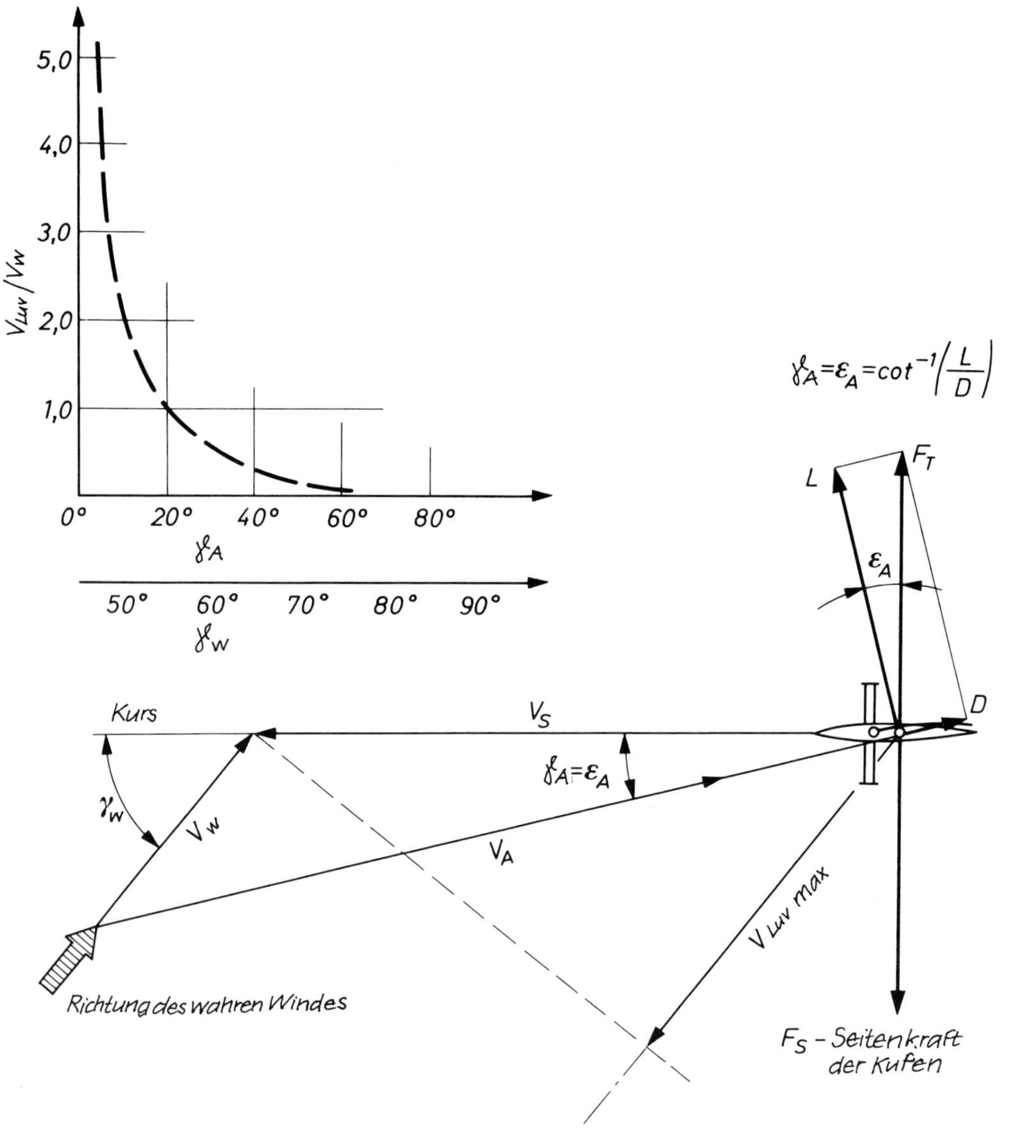

Abb. 1.59 Geometrie des Eissegelns am Wind. Die Gleichheit der Winkel γ_A und ε_A ist offenkundig. Ihren Einfluß auf das Verhältnis V_{Luv}/V_W zeigt das Diagramm links oben.

Das größte Verhältnis $(V_{Luv}/V_W)_{max}$ für den Am-Wind-Kurs berechnet sich nach Gl. (1.12) damit zu:

$$\left(\frac{V_{Luv}}{V_W}\right)_{max}=\frac{1}{2}\left(\frac{1}{0{,}242}-1\right)=\frac{1}{2}(4{,}13-1)=1{,}57.$$

Für den optimalen Kurswinkel folgt:

$$\gamma_W=45°+\frac{14°}{2}=52°.$$

Das größte Verhältnis zwischen Schlittengeschwindigkeit und wahrer Windgeschwindigkeit und der dazugehörige optimale Kurs betragen nach Gl. (1.13):

$$\left(\frac{V_S}{V_W}\right)_{max} = \frac{1}{0{,}242} = 4{,}13,$$

$$\gamma_W = 90° + 14° = 104°.$$

Nach Gl. (1.14) ergibt sich das größte Verhältnis $(V_{Lee}/V_W)_{max}$ zu:

$$\left(\frac{V_{Lee}}{V_W}\right)_{max} = \frac{1}{2}\left(\frac{1}{0{,}242} + 1\right) = \frac{1}{2}(4{,}13 + 1) = 2{,}57,$$

bei einem Kurs von

$$\gamma_W = 135° + \frac{14°}{2} = 142°.$$

Diese Ergebnisse stimmen gut mit der Polare für $L/D = 4$ in Abb. 1.58 überein. Die Gln. (1.12), (1.13) und (1.14), sowie die Kurven in Abb. 1.58, sind unter zwei Bedingungen anwendbar: zum einen darf die Windgeschwindigkeit nicht zu groß sein, so daß die Stabilitätsgrenze nicht erreicht wird; zum anderen muß der Reibungswiderstand der Kufen vernachlässigbar sein. Dann gestaltet sich die von H. Barkla [1.1 b] angegebene Herleitung des Geschwindigkeitspolardiagramms verhältnismäßig einfach. Abb. 1.60 veranschaulicht den Grundgedanken. Der kleinstmögliche Kurswinkel γ_A des betrachteten Segelschlittens beträgt 30°, entsprechend einem Gesamtverhältnis L/D von nur 1,7. Dieser ziemlich schlechte, weit unter dem Durchschnitt liegende Wert wurde der Übersichtlichkeit der Zeichnung wegen gewählt.

Der Vektor OA repräsentiert die Geschwindigkeit V_W des wahren Windes. Da der Kurswinkel γ_A zum scheinbaren Wind für eine Eisyacht konstant und gleich dem kleinsten aerodynamischen Gleitwinkel $\varepsilon_{A\,min}$ ist, folgt, daß der geometrische Ort des Punktes B (die Spitze des Geschwindigkeitsdreiecks) ein Kreis mit dem Vektor OA des wahren Windes als Sehne sein muß. Der Vektor OB_3 oder $V_{S\,max}$ ist der Kreisdurchmesser, der sich aus der Bziehung Durchmesser $=$ $V_{S\,max} = V_W/\sin\gamma_A$ bestimmen läßt.

Mit ein wenig Geduld könnte der interessierte Leser vielleicht selbst ausprobieren, wie man Geschwindigkeitsdreiecke konstruiert. Durch Nachmessen der Geschwindigkeitsvektoren und Winkel der Abb. 1.60 ließen sich die Gln. (1.212), (1.13) und (1.14) bestätigen.

Ein Vergleich der beiden Darstellungen in Abb. 1.60 und Abb. 1.58 könnte beim Erstellen von Polardiagrammen für andere Eisschlitten mit verschiedenen Leistungskennziffern, das heißt, verschiedenen Winkeln $\varepsilon_{A\,min}$, ganz dienlich sein.

Segelboote

Der in Abb. 1.58 dargestellte deutliche Geschwindigkeitsunterschied zwischen den schnellsten Segelbooten wie Tornado und *Monitor* und durchschnittlichen

Tabelle 1.9
Natürliche Werte des Sinus

	0′	6′	12′	18′	24′	30′	36′	42′	48′	54′
0°	0,0000	0017	0035	0052	0070	0087	0105	0122	0140	0157
1	,0175	0192	0209	0227	0244	0262	0279	0297	0314	0332
2	,0349	0366	0384	0401	0419	0436	0454	0471	0488	0506
3	,0523	0541	0558	0576	0593	0610	0628	0645	0663	0680
4	,0698	0715	0732	0750	0767	0785	0802	0819	0837	0854
5	,0872	0889	0906	0924	0941	0958	0976	0993	1011	1028
6	,1045	1063	1080	1097	1115	1132	1149	1167	1184	1201
7	,1219	1236	1253	1271	1288	1305	1323	1340	1357	1374
8	,1392	1409	1426	1444	1461	1478	1495	1513	1530	1547
9	,1564	1582	1599	1616	1633	1650	1668	1685	1702	1719
10°	,1736	1754	1771	1788	1805	1822	1840	1857	1874	1891
11	,1908	1925	1942	1959	1977	1994	2011	2028	2045	2062
12	,2079	2096	2113	2130	2147	2164	2181	2198	2215	2233
13	,2250	2267	2284	2300	2317	2334	2351	2368	2385	2402
14	,2419	2436	2453	2470	2487	2504	2521	2538	2554	2571
15	,2588	2605	2622	2639	2656	2672	2689	2706	2723	2740
16	,2756	2773	2790	2807	2823	2840	2857	2874	2890	2907
17	,2924	2940	2957	2974	2990	3007	3024	3040	3057	3074
18	,3090	3107	3123	3140	3156	3173	3190	3206	3223	3239
19	,3256	3272	3289	3305	3322	3338	3355	3371	3387	3404
20°	,3420	3437	3453	3469	3486	3502	3518	3535	3551	3567
21	,3584	3600	3616	3633	3649	3665	3681	3697	3714	3730
22	,3746	3762	3778	3795	3811	3827	3843	3859	3875	3891
23	,3907	3923	3939	3955	3971	3987	4003	4019	4035	4051
24	,4067	4083	4099	4115	4131	4147	4163	4179	4195	4210
25	,4226	4242	4258	4274	4289	4305	4321	4337	4352	4368
26	,4384	4399	4415	4431	4446	4462	4478	4493	4509	4524
27	,4540	4555	4571	4586	4602	4617	4633	4648	4664	4679
28	,4695	4710	4726	4741	4756	4772	4787	4802	4818	4833
29	,4848	4863	4879	4894	4909	4924	4939	4955	4970	4985
30°	,500	5015	5030	5045	5060	5075	5090	5105	5120	5135
31	,5150	5165	5180	5195	5210	5225	5240	5255	5270	5284
32	,5299	5314	5329	5344	5358	5373	5388	5402	5417	5432
33	,5446	5461	5476	5490	5505	5519	5534	5548	5563	5577
34	,5592	5606	5621	5635	5650	5664	5678	5693	5707	5721
35	,5736	5750	5764	5779	5793	5807	5821	5835	5850	5864
36	,5878	5892	5906	5920	5934	5948	5962	5976	5990	6004
37	,6018	6032	6046	6060	6074	6088	6101	6115	6129	6143
38	,6157	6170	6184	6198	6211	6225	6239	6252	6266	6280
39	,6293	6307	6320	6334	6347	6361	6374	6388	6401	6414
40°	,6428	6441	6455	6468	6481	6494	6508	6521	6534	6547

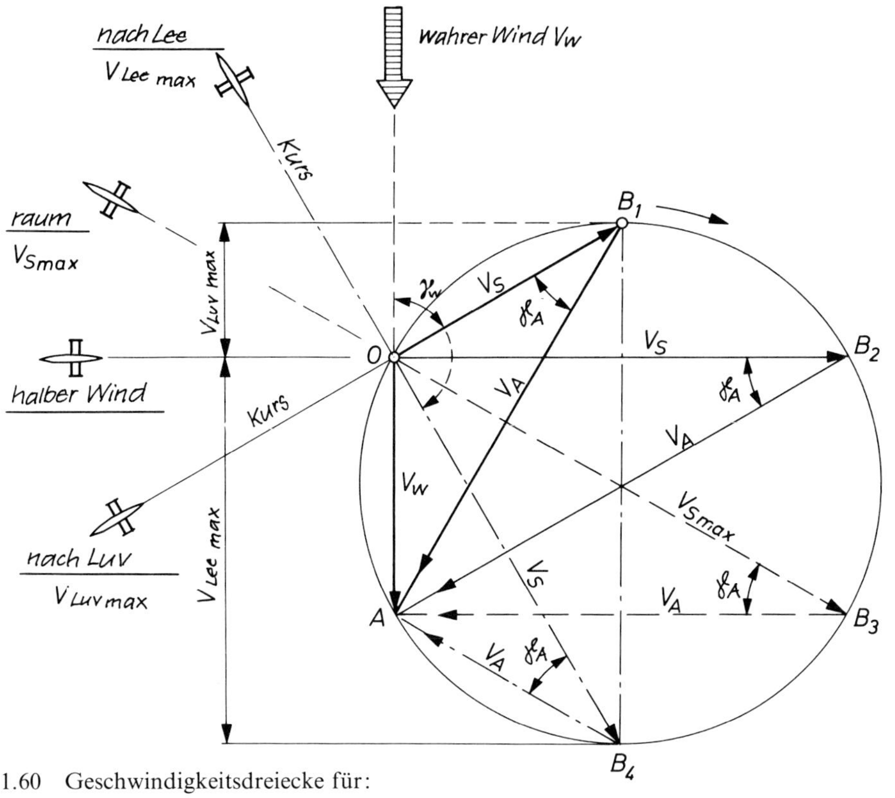

Abb. 1.60 Geschwindigkeitsdreiecke für:
größte Zielgeschwindigkeit nach Luv – (O B_1 A)
halben Wind – (O B_2 A)
Höchstgeschwindigkeit (raumschots) – (O B_3 A)
größte Zielgeschwindigkeit nach Lee – (O B_4 A)
Kreisdurchmesser $OB_3 = V_{S\max} = \frac{V_W}{\sin \gamma_A} = 2 \cdot V_W$
Winkel $\gamma_A = 30°$

Eisyachten kann gewissermaßen als Maß für den Preis angesehen werden, der für das Eintauchen des Bootsrumpfes (oder seiner Anhänge) zu entrichten ist. Mit anderen Worten, es ist ein kostspieliges Unterfangen, ein schnelles Segelboot durch statische oder dynamische Auftriebskräfte an der Wasseroberfläche zu halten. Diesen Aspekt erläutert Abb. 1.61 noch auf eine andere Weise. Sie stellt die zwei hypothetischen Geschwindigkeitsdreiecke für *Icarus* und *Crossbow I* dar, die auf deren offiziell mitgeteilten Geschwindigkeitsrekorden von 1972 beruhen. Geht man davon aus, daß beide Boote auf dem schnellsten Kurs γ_W gesegelt wurden (etwas raumer als halben Wind), ergibt sich ihr Kurswinkel γ_A zum scheinbaren Wind zu 46°, beziehungsweise 39°.

Windkanalergebnisse berechtigen zu der Annahme, daß die Riggs von *Icarus* und *Crossbow I* mindestens ein maximales Verhältnis L/D von 6 erzielen können; daraus folgt $\varepsilon_{A\min} \approx 9{,}5°$.

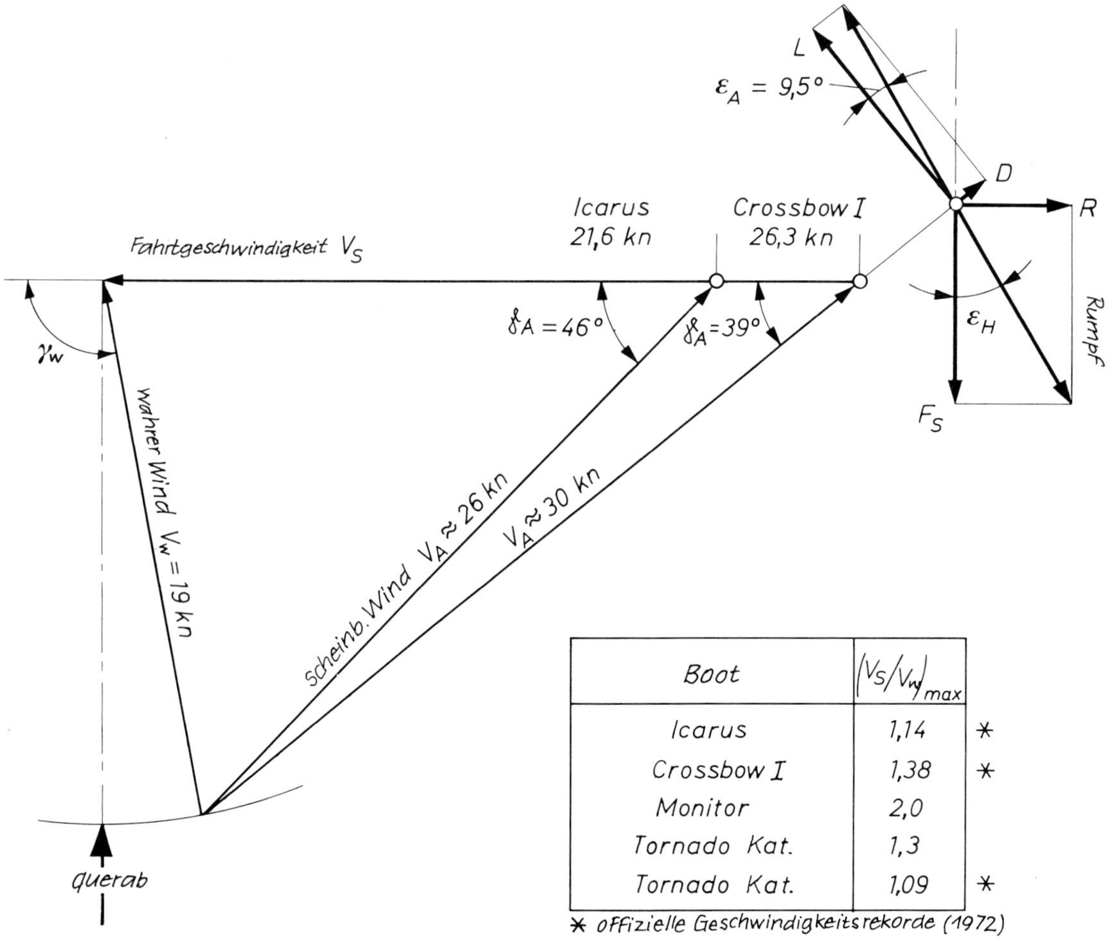

Boot	$(V_S/V_W)_{max}$	
Icarus	1,14	*
Crossbow I	1,38	*
Monitor	2,0	
Tornado Kat.	1,3	
Tornado Kat.	1,09	*

* offizielle Geschwindigkeitsrekorde (1972)

Abb. 1.61 Hypothetische Geschwindigkeitsdreiecke für *Icarus* und *Crossbow I*

Da $\varepsilon_H = \gamma_A - \varepsilon_A$, berechnet sich der hydrodynamische Gleitwinkel von *Icarus* zu $\varepsilon_H = 46° - 9{,}5° = 36{,}5°$ und der von *Crossbow I* zu $\varepsilon_H = 39° - 9{,}5° = 29{,}5°$. Diese Werte deuten den möglichen Spielraum bei der Verbesserung der Fahrtleistung an.

Daraus läßt sich schließen, daß bei einem Boot mit verhältnismäßig ungünstigen Rumpfeigenschaften, aber guten Segeln, eine weitere Verbesserung der Segel nur wenig den Kurswinkel γ_A beeinflussen wird. Ließe sich im selben Maße aber die hydrodynamische Güte des Rumpfes steigern, verbesserte sich mit einem guten Rigg die Fahrtleistung ganz beträchtlich.

Ein Zahlenbeispiel soll diesen Gedanken verdeutlichen. Legt man die Verhältnisse von *Icarus* zugrunde, würde eine Verbesserung der Güte ihres Riggs um 50 Prozent durch eine Verringerung des Gleitwinkels ε_A von 9,5° auf 4,75° den

Kurswinkel γ_A auf

$$\frac{36{,}5^\circ + 4{,}75^\circ}{36{,}5^\circ + 9{,}5^\circ} \approx 0{,}9 = 90 \text{ Prozent}$$

des Ausgangswertes reduzieren. Die resultierende Gesamtverbesserung betrüge also 10 Prozent. Aus der Tabelle 1.4A ist zu entnehmen, daß dazu ein Rigg mit einem Verhältnis L/D von 12 anstatt 6 erforderlich wäre. Reduzierte man jedoch durch eine kluge Erfindung den hydrodynamischen Gleitwinkel ε_H um 50 Prozent, das heißt von 36,5° auf 18,25°, würde bei gleichbleibender Wirksamkeit des Riggs ($\varepsilon_A = 9{,}5^\circ$) γ_A auf

$$\frac{18{,}25^\circ + 9{,}5^\circ}{36{,}5^\circ + 9{,}5^\circ} \approx 0{,}6 = 60 \text{ Prozent}$$

des Anfangswertes abnehmen. Die Gesamtverbesserung beliefe sich nun auf 40 Prozent, ein ganz entscheidender Durchbruch im Bemühen um größere Geschwindigkeiten. Verbesserungen dieser Größenordnung sind angesichts der in der Vergangenheit bei Tragflügelsegelbooten erzielten Erfolge durchaus nicht unmöglich, besonders wenn Rumpf und Rigg zu gleichen Teilen Beachtung geschenkt wird.

Widerstand

Wenden wir uns wieder den Segelschlitten zu. In der vorangehenden Erörterung wurde vorausgesetzt, daß der Reibungswiderstand der über das Eis gleitenden Läufer so vernachlässigbar klein ist, daß er keinen Einfluß auf das Gesamtverhältnis L/D und damit auf die Fahrtleistung hat. Tatsächlich beträgt der Reibungswiderstand der Kufen zwischen $^1/_4$ und 2 Prozent des gesamten Fahrzeuggewichts, abhängig vom Zustand des Eises, der Form der Kufen, der Schärfe ihrer Schneiden und so weiter.

Leonardo da Vinci (1452–1519) beobachtete, daß sich „die Reibungskraft verzweifacht, wenn das Gewicht verdoppelt wird". Sein Postulat, daß die Aufrechterhaltung des Gleitvorgangs zwischen zwei festen Körpern eine Kraft erfordert, war durchaus korrekt. Bei guter Näherung ist der die Bewegung hemmende Reibungswiderstand D_f nahezu unabhängig von der Geschwindigkeit und proportional zu dem Gewicht des gleitenden Körpers. Der Proportionalitätsfaktor μ, der als Reibungszahl bezeichnet wird, ist für eine gegebene Stoffpaarung „mehr oder weniger" konstant. Es gilt also:

$$D_f = \mu \cdot W$$

mit μ: Reibungszahl (für Eisyachten: $\mu = 0{,}0025 - 0{,}02$)
W: Gewicht des gleitenden Gegenstandes

Im allgemeinen erhält man für die gleiche Materialpaarung, je nachdem, ob sich die Körper gegeneinander bewegen oder nicht, zwei verschiedene Werte für μ, wobei der größere Wert für die Ruhe- oder Haftreibung gilt. Die Reibungszahl kann beträchtlich absinken, wenn der gleitende Gegenstand vibriert oder sich ein Gleitmittel zwischen den Kontaktflächen befindet (zum Beispiel Wasser zwischen Kufe und Eis im Falle der Eisyacht). Diese Veränderlichkeit der Reibungszahl erklärt das bei bestimmten Bedingungen zu beobachtende unberechenbare Verhalten der Segelschlitten (siehe auch [1.68]).

Außer dem Reibungswiderstand der Läufer erfährt eine Eisyacht einen schädlichen Widerstand, der durch alle nicht auftriebserzeugenden Bauteile, einschließlich der Besatzung, verursacht wird. So stellen zum Beispiel der Widerstand des Rumpfes und der Mannschaft nur einen aerodynamischen Verlust dar. So gesehen unterscheidet sich der schädliche Widerstand vom Widerstand des Segels, der als Preis für den nutzbaren Anteil der Luftkraft – der Querkraft und der sich daraus ergebenden Vortriebskraft – betrachtet werden kann.

Da der scheinbare Wind den Aufbau des Schlittens, unabhängig vom gesegelten Kurs, stets unter dem gleichen kleinen Winkel γ_A anströmt, läßt sich der Reibungswiderstand D_f der Läufer und der schädliche Widerstand D_p mit dem Segelwiderstand D zusammenfassen. Das Gesamtverhältnis L/D, einschließlich der beiden Zusatzwiderstände D_f und D_p kann dann wie folgt ausgedrückt werden:

$$(L/D)_{ges} = \frac{L}{D + D_f + D_p}.$$

Das Verhältnis (L/D) ist somit kleiner als für das Rigg alleine. Das folgende Beispiel gibt einen groben Überblick über den relativen Einfluß von D_f und D_p auf die Fahrtleistung.

Die mit halbem Wind segelnde Eisyacht habe folgende Eigenschaften:

größtes Gesamtverhältnis $(L/D)_{ges,\,max} = 4{,}0$
Auftriebsbeiwert C_L des Segels bei $(L/D)_{ges,\,max} = 0{,}7$
Segelfläche $A_S = 6{,}5\ m^2$
Gewicht des Schlittens $W = 1560$ N
Reibungszahl der Läufer $\mu = 0{,}02$ (d.h. Reibkraft = 2% des Schlittengewichtes)
Parasitfläche $A_p = 0{,}19\ m^2$

Bei einer wahren Windgeschwindigkeit $V_W = 3{,}05$ m/s (5,9 Knoten, leichte Brise) und einer Endgeschwindigkeit des Segelschlittens von $V_S = 4 \cdot V_W$, ist die scheinbare Windgeschwindigkeit $V_A = 4{,}1 \cdot V_W$ (Abb. 1.55).

Damit errechnet sich der produzierte Auftrieb (Querkraft) zu:

$$\begin{aligned} L &= 0{,}6125 \cdot C_L \cdot A_S \cdot V_A^2 \\ &= 0{,}6125 \cdot 0{,}7 \cdot 6{,}5 \cdot 12{,}5^2 \\ &= 2{,}7869 \cdot 156{,}2 = 435\ \text{N}. \end{aligned}$$

Aus $(L/D)_{ges,\,max} = 4$ folgt der Gesamtwiderstand:

$$D_{ges} = D + D_f + D_p = \frac{435}{4} = 109\ \text{N}.$$

Der Anteil des Reibungswiderstands D_f der Kufen am Gesamtwiderstand D_{ges} ergibt sich nach Gl. (1.15):

$$D_f = \mu \cdot W = 0{,}02 \cdot 1560 = 31 \text{ N}.$$

Dieser Wert gilt für eine mittlere Eisrauhigkeit und ist nicht von der Geschwindigkeit abhängig. Die Reibungszahl kann bei Eis, das durch warme Luft oder die Sonne weich und glatt ist, noch kleinere Werte annehmen; der Widerstand der Läufer kann dann bis auf 9 N abnehmen, vorausgesetzt Form und Schärfe der Kufen sind den Verhältnissen angemessen.

Bevor der schädliche Widerstand berechnet wird, bedarf die Parasitfläche A_p aller primär nicht zum Auftrieb beitragender Teile des Fahrzeugs noch einiger Erklärung.

Um den Widerstand und den damit verbundenen Energiebedarf klein zu halten, versucht man jeden mit hoher Geschwindigkeit angeströmten Körper strömungsgünstig auszubilden. Dies läßt sich durch eine Formgebung erreichen, die soweit wie möglich von der Gestalt einer ebenen, senkrecht angeströmten Platte – einem Körper mit sehr hohem Widerstand – abweicht. Der Widerstandsbeiwert einer solchen Platte spielt bei aerodynamischen Berechnungen eine Rolle, wobei die Fläche einer widerstandsgleichen ebenen Platte oft als Maß für den schädlichen Widerstand eines gegebenen Körpers dient. Falls nicht Windkanalversuche mit einem naturgetreuen Modell durchgeführt werden, läßt sich der gesamte schädliche Widerstand durch Addition der schädlichen Widerstände aller Einzelteile abschätzen. Jeder Einzelwiderstand wird dabei durch die Fläche einer fiktiven, senkrecht zur Strömungsrichtung stehenden ebenen Platte ausgedrückt, die den gleichen Widerstand wie das betreffende Einzelteil selbst hat. Die Summe aller widerstandsgleichen Einzelflächen ergibt dann die Parasitfläche des gesamten Gegenstandes, für die hier das Symbol A_p verwendet wird. Der schädliche Widerstand kann dann mit folgender Formel berechnet werden:

$$D_p = 0{,}6125 \cdot C_D \cdot A_p \cdot V^2.$$

Der Widerstandsbeiwert C_D einer ebenen Platte beträgt im Mittel ungefähr 1,2.

Wenn wir für die Parasitfläche A_p der betrachteten Eisyacht (Foto 1.23) einschließlich Besatzung und Berücksichtigung etwaiger Interferenzeffekte 0,19 m^2 ansetzen, errechnet sich der schädliche Widerstand D_p bei Höchstgeschwindigkeit ($V_A = 12{,}5$ m/s) zu:

$$\begin{aligned} D_p &= 0{,}6125 \cdot C_D \cdot A_p \cdot V_A^2 \\ &= 0{,}6125 \cdot 1{,}2 \cdot 0{,}19 \cdot 12{,}5^2 \\ &= 0{,}1397 \cdot 156{,}2 = 22 \text{ N}. \end{aligned}$$

Dieser Widerstand ändert sich wie der Auftrieb L proportional zum Quadrat der Geschwindigkeit V_A des scheinbaren Windes.

Zusammen ergeben der Reibungswiderstand D_f der Kufen und der schädliche Widerstand D_p 53 N, das heißt 48,6 Prozent des Gesamtwiderstandes bei der angenommenen Windgeschwindigkeit. Den restlichen Widerstand von 56 N erzeugt das Segel. Das Verhältnis L/D des Segels allein beträgt dann also:

$$\frac{L}{D} = \frac{435}{56} \approx 7{,}7.$$

Durch die beiden zusätzlichen Widerstände entsteht daraus ein Gesamtverhältnis $(L/D)_{ges, max}$ von 4,0. Ein Vergleich dieser beiden Verhältnisse macht deutlich, daß der schädliche Luftwiderstand D_p und der Reibungswiderstand D_f der Läufer hinsichtlich ihres Verbrauchs an Windenergie und ihres infolgedessen nachteiligen Einflusses auf die Fahrtleistung ziemlich teure Anteile des Gesamtwiderstands D_{ges} darstellen. Für Verbesserungen bieten sich manche Ansatzpunkte, besonders bei der strömungsgünstigeren Gestaltung der schädlichen Widerstand produzierenden Teile des Rumpfes. Der Gesamtwiderstand der aerodynamisch idealen Eisyacht besteht nur aus dem Widerstand eines effektiven Segels (dieser Widerstandsanteil ist unumgänglich) und dem Reibungswiderstand von Rumpf und anderer wichtiger Aufbauteile, ohne Druckwiderstand infolge Strömungsablösung und Wirbelbildung. Eine ungünstige Formgebung verhindert eine überall anliegende Strömung und verursacht ein ständiges Abgehen von Wirbeln, ein Zeichen für ungenutzte Windenergie. Mithin ist eine größere Vortriebskraft, als nur zur Überwindung der unvermeidlichen Widerstandsanteile nötig wäre, erforderlich. Dieser Mehrbedarf ist ein Kennzeichen für die aerodynamische Qualität eines gegebenen Entwurfs. Die einfachen Land- und Eisyachten auf den Fotos 1.22 und 1.23 weisen sicherlich hohe schädliche Widerstände auf.

Da der Reibungswiderstand D_f der Kufen konstant, das heißt von der Geschwindigkeit unabhängig ist, ändert sich sein relativer Beitrag zum Gesamtwiderstand und zum Verhältnis $(L/D)_{ges}$ in Abhängigkeit von der Geschwindigkeit V_W des wahren Windes. Er ist größer bei wenig Wind, nimmt aber mit zunehmender Windstärke ab. Dies erklärt, warum Segelschlitten bei wenig Wind etwas schwerfällig sind, sich aber bei mehr Wind ihre Fahrtleistung verbessert.

Der Einfluß des schädlichen Widerstandes D_p und des Reibungswiderstandes D_f auf die Fahrtleistung der Eisyacht läßt sich graphisch mit Hilfe der Polarkurve der Beiwerte C_L und C_D demonstrieren. Ein derartiges Polardiagramm bietet besondere Vorzüge, gerade wenn es darum geht, Probleme bezüglich der Fahrtleistung von Yachten zu veranschaulichen und zu lösen. Abb. 1.62 zeigt die im Koordinatensystem $C_L - O - C_D$ dargestellte Polarkurve unseres Beispielsegels, dessen maximales Verhältnis $(L/D)_{max}$ etwa 7,7 beträgt. Legt man die Tangente durch den Ursprung O an die Kurve, so bestimmt der Berührpunkt der Tangente das nur für das Segel geltende $(L/D)_{max}$. Dieser Polarenpunkt ist zusammen mit dem Gleitwinkel $\varepsilon_{A\,min}$ und dem dazugehörigen Auftriebsbeiwert C_L in Abb. 1.62 eingezeichnet. Aus $(L/D)_{max} = 7{,}7$ erhält man mit Hilfe der Tabelle 1.4A: $\varepsilon_{A\,min} = 7{,}5°$.

Der auf die Segelfläche A_S bezogene Widerstandsbeiwert C_{Dp} der Parasitfläche A_p bestimmt sich wie folgt:

$$C_{Dp} = C_{D\ (\text{ebene Platte})} \cdot A_p / A_S.$$

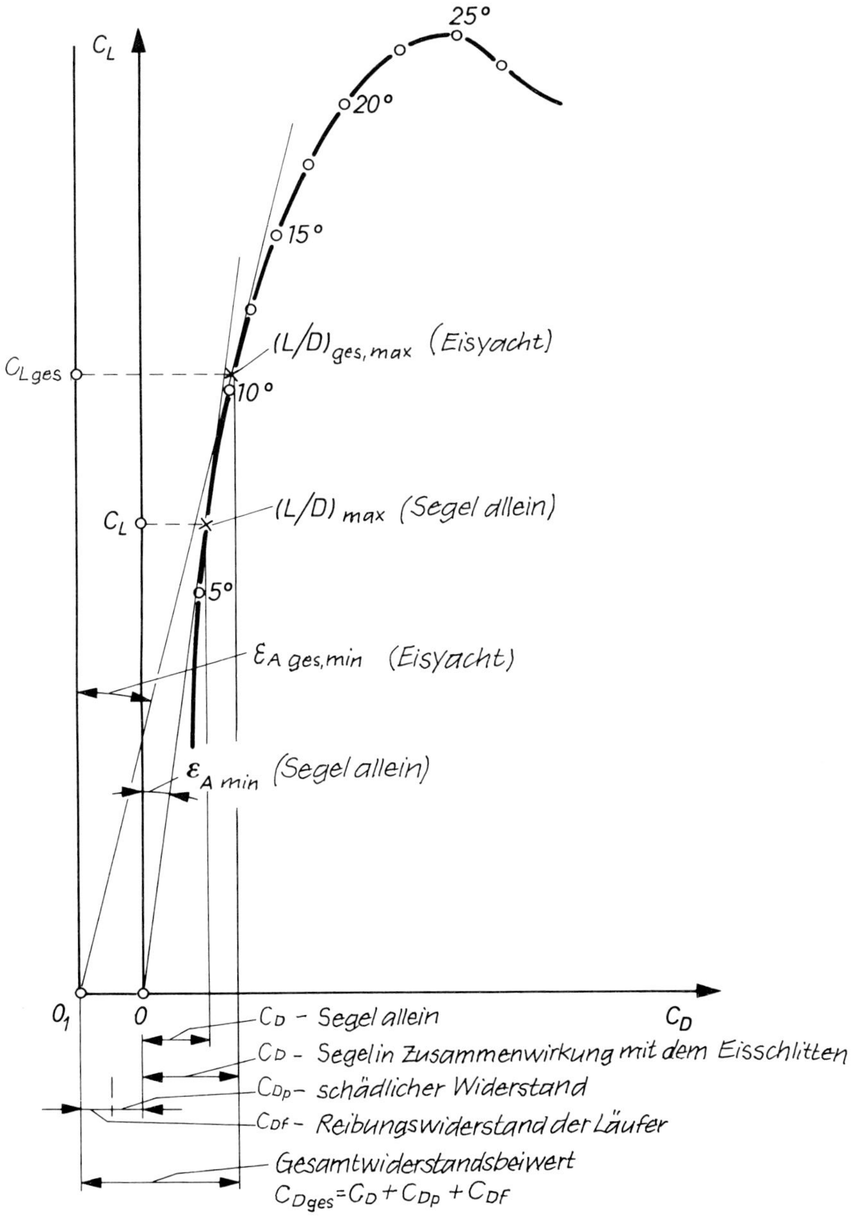

Abb. 1.62 Polardiagramm für Segel und Eisyacht

Auch der Reibungswiderstand der Läufer läßt sich durch einen auf die Segelfläche A_S bezogenen Beiwert ausdrücken:

$$C_{Df} = \frac{D_f}{0{,}6125 \cdot A_S \cdot V_A^2}.$$

Die Beiwerte C_{Dp} und C_{Df} müssen für die gleiche Geschwindigkeit V_A des scheinbaren Winds ermittelt werden.

Trägt man die beiden Beiwerte für den schädlichen Widerstand und den Läuferwiderstand in Abb. 1.62 links vom Ursprung O an, ergibt sich ein neuer Nullpunkt O_1 für das Koordinatensystem $C_L - O_1 - C_D$, in dem die Polarkurve nun für den gesamten Segelschlitten gilt. Die Tangente durch den Punkt O_1 an die Kurve bestimmt das neue Verhältnis $(L/D)_{ges,\,max}$ für die Eisyacht. Der Unterschied zwischen dem besten Gleitwinkel ε_A des Segels und dem besten Gleitwinkel ε_A für den Schlitten ist in der Darstellung unmittelbar erkennbar. Der Gleitwinkel $\varepsilon_{A\,ges,\,min}$ beträgt 14°, dem entspricht ein $(L/D)_{ges,\,max}$ von ungefähr 4. Wie man sieht, ist der widerstandsgünstigste Auftriebsbeiwert $C_{L\,ges}$ größer als der entsprechende Wert C_L für das Segel allein. Das liegt daran, daß infolge des zusätzlichen Widerstandes des Rumpfes ein größerer Auftriebsbeiwert erforderlich ist, um die optimale Fahrtleistung zu erreichen. Folglich wird auch die an einer aerodynamisch ungünstigen Eisyacht angreifende Krängungskraft und das Kränungsmoment größer sein. Der Widerstandsbeiwert C_D des im Zusammenwirken mit dem Rumpf und den Kufen stärker angestellten Segels ist gleichfalls größer.

Da der Widerstandsbeiwert C_{Df} der Läufer mit zunehmender Windstärke allmählich kleiner wird, nimmt auch der Gesamtwiderstandsbeiwert

$$C_{D\,ges} = C_D + C_{Df} + C_{Dp}$$

nach und nach ab. Infolgedessen verschiebt sich der Koordinatenursprung O_1 des Polardiagramms für das gesamte Fahrzeug in Abb. 1.62 wieder etwas nach rechts. Dies hat einen erwünschten Effekt zur Folge: einen kleineren Gesamtgleitwinkel $\varepsilon_{A\,ges}$ und damit einen Anstieg der Fahrtleistung.

Somit sind beim Beschleunigen oder Segeln bei wechselhaften Windverhältnissen weder das Verhältnis $(L/D)_{ges}$, noch die Auftriebs- und Widerstandsbeiwerte konstant. Am Anfang der Beschleunigungsphase und bei leichtem Wind ist der Beiwert C_L verhältnismäßig groß. Nimmt der scheinbare Wind zu, so wird C_L allmählich kleiner und das Verhältnis $(L/D)_{ges}$ erreicht seinen Höchstwert. Vorausgesetzt der wahre Wind ist stark genug, wird früher oder später die Stabilitätsgrenze erreicht und die Krängungskraft nimmt ihren größten zulässigen Wert an. Nun ist der Steuermann gezwungen, das Segel teilweise killen zu lassen. Der C_L-Beiwert sinkt unter den zu $(L/D)_{ges,\,max}$ gehörenden Wert ab und die Fahrtleistung verschlechtert sich. Abb. 1.63A (aus [1.66]) zeigt qualitativ diesen Einfluß der Stabilität auf das Verhalten der Eisyacht. Die beiden Kurven beschreiben die Abhängigkeit der erreichbaren Geschwindigkeit V_S von V_W für zwei Fahrzeuge mit unterschiedlichen $(L/D)_{ges,\,max}$-Verhältnissen. Man sieht, daß V_S bis zu einer wahren Windgeschwindigkeit von etwa 10 Knoten fast linear mit V_W ansteigt, dann aber nach unten abknickt. Sobald ab einer bestimmten Windstärke die Schot allmählich gefiert werden muß, um die Krängungskraft unter dem zulässigen Grenzwert zu halten, fällt die relative Geschwindigkeit V_S/V_W ziemlich schnell ab.

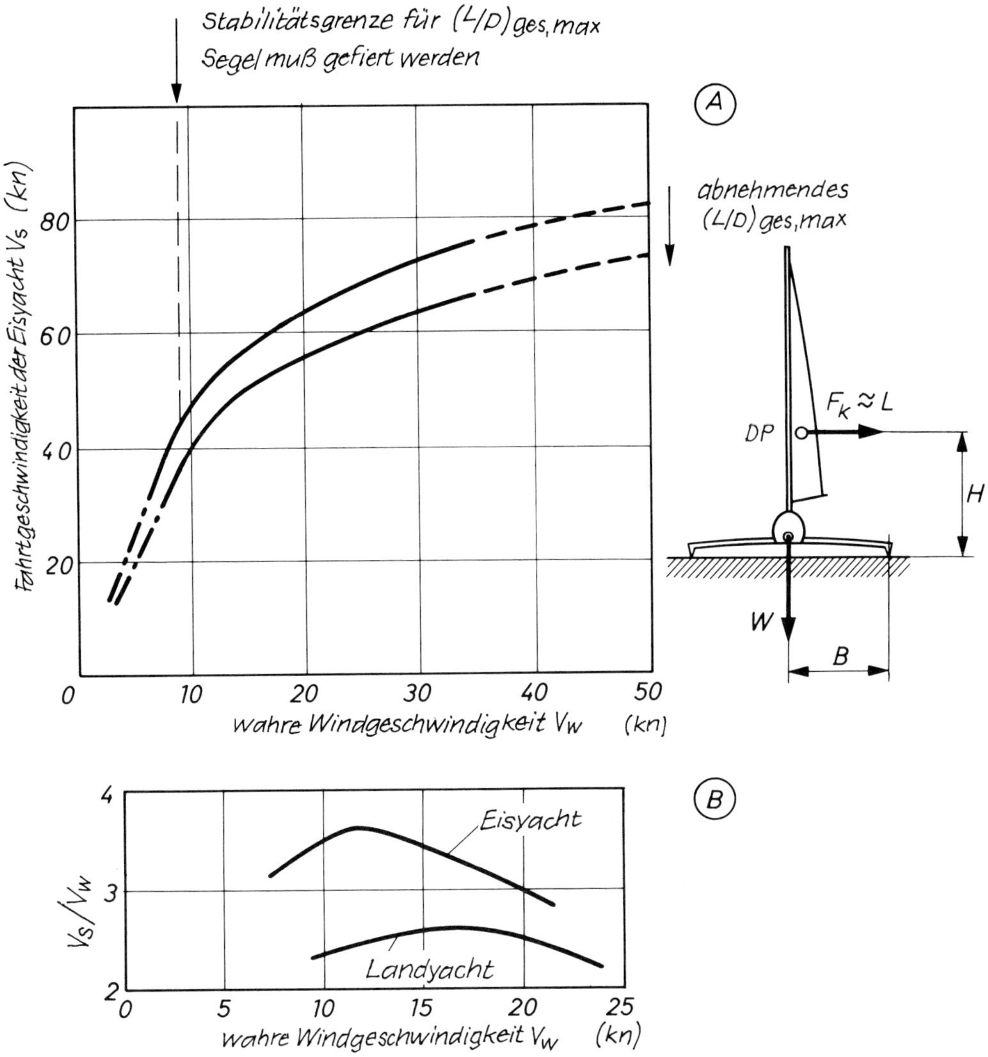

Abb. 1.63
A Der Einfluß der Stabilität und des Verhältnisses $(L/D)_{\mathrm{ges,max}}$ auf die Fahrtleistung von Eisyachten
B Fahrtleistungsverhalten von Eis- und Landyachten bei verschiedenen Windgeschwindigkeiten V_W

Unter diesen Umständen sind die einfachen Gln. (1.12), (1.13) und (1.14) sowie die in Abb. 1.58 und 1.60 dargestellten Geschwindigkeitspolardiagramme nicht mehr anwendbar.

Aus der Abb. 1.63A angefügten Skizze läßt sich entnehmen, daß die zulässige Krängungskraft $F_{K\,\mathrm{zul}}$, die näherungsweise gleich der Auftriebskraft L ist, durch Multiplikation des Fahrzeuggewichtes W mit dem Verhältnis aus dem halben

Foto 1.24
A Segeln auf Schlittschuhen – ein Vorschlag in der *Illustrated London News* vom 31. Januar 1880

B 90 Jahre später – I. Hamiltons Schlittschuhsegel (AYRS Publ. Nr. 66)

C Segelflügel – vorgeschlagen 1751 in dem Zukunftsroman von Robert Pultock *The Life and Adventures of Peter Wilkins, a Cornish Man.* London: J. Robinson, 1751.

Abstand B der Seitenläufer und der Druckpunkthöhe H des Riggs berechnet werden kann:

$$F_{\mathrm{K\,zul}} \approx L_{\mathrm{zul}} \approx W \cdot \frac{B}{H}.$$

Der Grenzwert der Krängungskraft liegt für Eisyachten etwa bei 0,9 bis $1{,}0 \cdot W$, während Rennjollen mit dem Vorschoter im Trapez kaum eine größere Krängungskraft als ungefähr ein Viertel des gesamten Bootsgewichtes, das heißt $0{,}25 \cdot W$, ausgleichen können.

Die Abb. 1.63B gestattet einen Vergleich der bei verschiedenen Windstärken auf raumem Kurs erzielbaren Geschwindigkeiten von Land- und Eisyachten. Die der Untersuchung von H. Barkla [1.66] entnommenen Kurven wurden unter Annahme gleicher Riggs für beide Fahrzeuge ermittelt. Der einzige Unterschied besteht darin, daß der Widerstand D_{f} der Landyacht größer ist als der des Segelschlittens. Für Landyachten, die mit modern bereiften Rädern ausgerüstet sind, beträgt die Rollwiderstandszahl μ auf Teerbeton schätzungsweise 0,06 und auf festem Sand 0,10. Mit anderen Worten, der Widerstand D_{f} macht je nach Oberflächenbeschaffenheit zwischen 6 und 10 Prozent des Gesamtgewichts des Fahrzeugs aus.

Die einfachste Art des Segelns auf Kufen zeigt Foto 1.24; auch hier nutzt das Segel als Vortriebsorgan die Energie des Windes. Die Bilder sprechen für sich selbst. Die schon über 90 Jahre alte Idee wurde erst kürzlich wieder aufgegriffen.

Bislang wurden nur einige der wichtigeren Faktoren, die das Verhalten einer Vielzahl von Segelfahrzeugen bestimmen, erörtert. Es gibt noch zahlreiche weitere Variablen oder Faktoren von zweitrangiger Bedeutung, die mit dem den jeweiligen Umständen angemessenen Trimmen und Einstellen der Segel zusammenhängen. Dazu kommen noch die dem Boot eigenen Unarten, die oftmals nicht vorherzusehen sind. Die großen Veränderungen, denen das Wetter und die See unterliegen, oder die Unbeständigkeit von Wind und Wasser und ihrer Grenzfläche machen die Voraussage und Berechnung vieler Wechselbeziehungen noch schwieriger. Einige werden in den folgenden Kapiteln behandelt, andere muß die Zukunft erst enthüllen.

Leicht könnte der von der Technik begeisterte und nach Perfektion strebende Segler jedoch gerade eine Variable übersehen. C.P. Burgess [1.67], der sich leidenschaftlich mit den Problemen der America-Pokal-Yachten befaßte, verrät sie uns: „Ich möchte darauf hinweisen, daß sehr viele Variablen die Geschwindigkeit der Yachten beeinflussen. Vielleicht eine der entscheidensten und am wenigsten beachteten ist die, was der Skipper am Abend vor der Regatta gegessen hat. Das macht viel aus.“

Literaturverzeichnis und Anmerkungen zu Teil 1

[1.1] a) The behaviour of the sailing yacht. RINA, 1960.
b) Barkla, H.M.: Physics of sailing. In: Encyclopaedic Dictionary of Physics, Vol. 4, London: Pergamon Press, 1971.

[1.2] Tanner, T.: A survey of yacht research at Southampton University. Journ. Roy. Aeron. Soc., Vol. 66, 1962.

Bei Krängungswinkeln bis zu 10° beeinträchtigt die Krängung nicht merklich die potentielle Leistungsfähigkeit von Segel und Rumpf; aus Gründen der Einfachheit erscheint es deshalb angemessen, den Einfluß folgender Größen zu vernachlässigen:

1. Die Vertikalkomponenten F_V und F_{VW} (Abb. 1.1 A, B). Sie sind im Vergleich zum Bootsgewicht klein und stets einander entgegengerichtet.
2. Die Trimmomente M_{TA} und M_T (Abb. 1.1 A). Änderungen des Bootslängstrimms lassen sich durch entsprechende Plazierung der Mannschaft in Längsschiffrichtung – besonders bei Jollen – gering halten.
3. Die Giermomente $M_{Y\,Lee}$ und $M_{Y\,Luv}$, die sich als Lee-, beziehungsweise als Luvgierigkeit des Bootes bemerkbar machen. Ein gut ausbalanciertes Boot erfordert wenig Rudereinsatz, um einen geraden Kurs zu segeln. Bei sorgfältig konstruierten Yachten sollte kein übermäßiges Giermoment auftreten, auch nicht bei großer Krängung.

[1.3] Allgemein versteht man unter Rückkopplung die Beeinflussung eines Geschehens durch die Rückwirkung der Folgen auf seinen weiteren Verlauf. Automatische Regeleinrichtungen beruhen auf diesem Prinzip, das erstmalig von James Watt für die Drehzahlregelung seiner Dampfmaschine angewendet wurde; wird die Drehzahl der Dampfmaschine zu hoch, drosselt ein Fliehkraftregler die Dampfzufuhr. Bei der als Gesamtsystem arbeitenden Segel-Rumpf-Kombination kann das Segel als die Komponente aufgefaßt werden, die Windenergie in Kraft verwandelt und der Rumpf als diejenige, die auf die Segelkräfte mit unterschiedlicher Fahrtgeschwindigkeit reagiert. Infolge des sich ändernden scheinbaren Windes beeinflußt diese wiederum die Segelkräfte. Die Fahrt des Bootes regelt sich durch einen Rückkopplungsmechanismus infolge der Ursache-Wirkung-Beziehung zwischen den Segelkräften und der Fahrtgeschwindigkeit gewissermaßen selbsttätig.

[1.4] Lanchester, F.W.: Aerodynamics. Vol. 1. London: A. Constable and Co., 1907.

[1.5] Marchaj, C.A.: Sailing theory and practice. London: Granada Publ. in Adlard Coles Ltd., 1964.
Auch: Segeltheorie und -praxis. Bielefeld: Delius Klasing + Co, 1971.

[1.6] Davidson, K.S.M.: Mechanics of sailing ships and yachts. In G.K. Batchelor: Surveys in mechanics. Cambridge, 1956.

[1.7] Bruce, E.: Designing for speed to windward. Amateur Yacht Research Society (AYRS) Publication No. 61, 1967.

[1.8] Jacobs, E., Ward, K., Pinkerton, R.: The characteristics of 78 related aerofoil sections from tests in the variable-density wind tunnel. NACA Rep. 460, 1933.

[1.9] 1. Ficker, W.F.: America's Cup: Components of a successful defence.
2. The Ancient Interface. 3rd AIAA Symposium on Sailing, California, 1971.

[1.10] de Saix, P.: Systematic model series in the design of the sailing yacht hull. 2nd HISWA Symposium Yacht Architecture, Amsterdam, 1971.

[1.11] Barkla, H.M.: The best course to windward. Yachts and Yachting, February 19, 1965.

[1.12] Allgemein gesehen ist eine Yacht vom Schwerdeplacementtyp ein Boot mit großer Verdrängung, bei dem der Kiel ohne Übergang in den eigentlichen Rumpf eingestrakt ist. Extreme Beispiele dieser Verdrängerform sind die Ende des 19. Jahrhunderts entstandenen tiefgehenden und schmalen „plank-on-edge"-Yachten. Im Gegensatz zu Verdrängerformen weist die Leichtdeplacement- oder Gleiterform eine deutliche Trennung zwischen dem im allgemeinen flachbodigen Rumpf und der Kielflosse auf. Ein extremes Beispiel für die Gleiterform ist der Scow-Rumpf, der bei hoher Geschwindigkeit infolge des geringen Bootsgewichtes und der flachen Spantform dynamischen Auftrieb entwickelt, so daß sich das eingetauchte Volumen des Rumpfes drastisch reduziert [1.5].

[1.13] Wenn wir über das Deplacement-Längen-Verhältnis $\Delta/(L/10)^3$ sprechen – ein Maß für das Gewicht und deshalb ein bedeutender Faktor für das Widerstandsverhalten von Segelbooten –, ist es zweckdienlich, unterschiedliche Entwürfe in vier Kategorien einzuteilen (Abb. 1.64):
1. Schwerdeplacementyachten
2. Kreuzer-Rennyachten mittleren Deplacements
3. moderne Leichtdeplacementyachten, Kieljollen, etc.

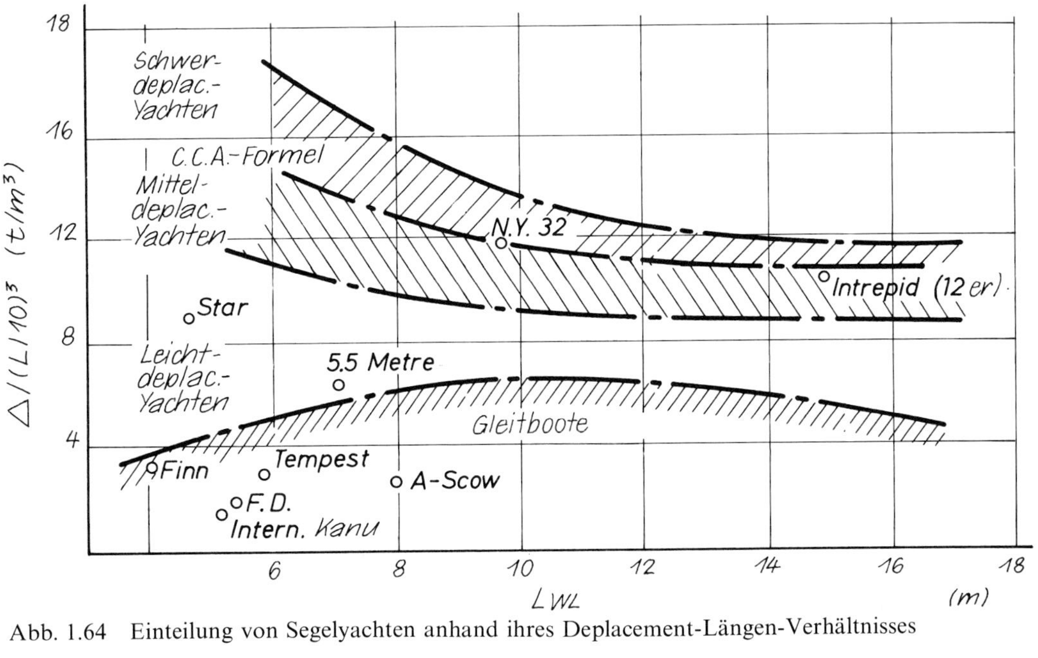

Abb. 1.64 Einteilung von Segelyachten anhand ihres Deplacement-Längen-Verhältnisses

4. Gleitboote mit außergewöhnlich kleinem Verhältnis Deplacement/Länge.

Weitere Informationen hierzu finden sich in dem Buch von R. Henry und R. Miller: Sailing Yacht Design. Cornell Maritime Press Inc., 1965.

[1.14] Das Verhältnis von Segelfläche zu Deplacement A_S/Δ ist neben dem Verhältnis $\Delta/(L/10)^3$ der zweite wichtige Faktor, der entscheidet, ob ein Boot in den Gleitzustand kommt oder nicht. Durch dieses Verhältnis werden die potentiell zur Verfügung stehende Vortriebskraft und das Bootsgewicht zueinander in Beziehung gesetzt.

Wie von J. Darby (Dimensionless Ratios, AYRS) richtig ausgeführt wurde, irren sich manche Autoren segeltechnischer Abhandlungen, wenn sie die Segelfläche durch das mit zwei Drittel potenzierte Deplacement dividieren, also den Quotient $A_S/\Delta^{\frac{2}{3}}$ bilden. Dagegen ist folgendes einzuwenden: Erforderlich ist ein Verhältnis von Vortriebskraft zu Trägheitswiderstand. Die Vortriebskraft ergibt sich dabei aus dem Produkt der Segelfläche A_S und einem Druck p (der Druck der Normalatmosphäre genügt zu diesem Zweck vollkommen), der Trägheitswiderstand läßt sich durch das Gewicht des Bootes $m \cdot g = \Delta \cdot g$ (g = Erdbeschleunigung) kennzeichnen. Man erhält auf diese Weise einen dimensionsfreien Quotienten. Läßt man den Druck p und die Erdbeschleunigung g weg, ergibt sich ein dimensionsbehaftetes Verhältnis wie bei $V_S/\sqrt{L}$ und $\Delta/(L/10)^3$ und die Einheiten müssen mit angegeben werden, im allgemeinen m/t.

Der Unterschied zwischen den Verhältnissen A_S/Δ und $A_S/\Delta^{\frac{2}{3}}$ soll durch ein Beispiel verdeutlicht werden. Nehmen wir an, daß das Gesamtgewicht eines Flying Dutchman ($A_S = 17{,}6$ m^2) mit einer schweren Mannschaft 3140 N ($\Delta = 0{,}32$ t) beträgt, das des Internationalen Segelkanus ($A_S = 10{,}0$ m^2) bei einem leichten Steuermann 1560 N ($\Delta = 0{,}16$ t). Dann folgt:

	A_S/Δ	$A_S/\Delta^{\frac{2}{3}}$
FD	55,0 m^2/t	37,6 m^2/t$^{\frac{2}{3}}$
Segelkanu	62,5 m^2/t	33,9 m^2/t$^{\frac{2}{3}}$

Die Unterschiede betragen in beiden Fällen etwa 10 Prozent – aber in entgegengesetzter Richtung. Man könnte nun vielleicht einwenden, daß es besser wäre, die Verhältnisse $A_S/\Delta^{\frac{2}{3}}$ miteinander zu vergleichen, um auf diese Weise zu gewährleisten, daß sich das Segelflächen-Deplacement-Verhältnis nicht unangemessen mit der Bootsgröße verändert und man somit aus unterschiedlicher Bootsgröße herrührenden Einflüssen etwas Rechnung trägt. Diese Vorgehensweise ließe aber die zugrundeliegenden physikalischen Sachverhalte im Dunkeln.

[1.15] Radcliffe, W.: Plank-on-edge. Yachts and Yachtings, February 16, 1968.

[1.16] Heckstall-Smith, B.: *Britannia* and her contemporaries. 1929.

[1.17] a) Yachting World Annual 1972.
b) Chapelle, H.I.: The history of american sailing ships.

[1.18] MacKinnon, P.V.: The tactical implications of the polar curve of yacht performance. Southampton University, SUYR Rep. 20.

[1.19] Davidson, K.S.M.: Ships. 9th Intern. Congress of Appl. Mech., Brüssel, 1956.

[1.20] Die Völligkeit oder Schärfe der Rumpfenden im Vergleich zum Mittelschiff hat einen beträchtlichen Einfluß auf das vom Rumpf hervorgerufene Wellenbild, insbesondere auf die Lage und Höhe der Bug- und Heckwellenberge, sowie auf den am Schiffsboden erzeugten dynamischen Auftrieb. Dies beeinflußt wesentlich den Wellenwiderstand. Zur Beschreibung der Völligkeit der Rumpfenden bezüglich der größten Spantfläche verwendet man den sogenannten Zylinderkoeffizienten C_p. Er ist das Verhältnis zwischen eingetauchtem Rumpfvolumen und dem Volumen eines geraden Zylinders, dessen Querschnitt gleich dem größten eingetauchten Spantquerschnitt und dessen Länge gleich L_{WL} ist (Abb. 1.65):

$$C_p = \frac{\text{Volumen des eingetauchten Rumpfes (m}^3\text{)}}{\text{größte Spantfläche} \cdot L_{WL}\ (\text{m}^3)}.$$

Aus Abb. 1.65 sieht man, daß der größte Spantquerschnitt irgendwo zwischen Spant 5 und 6 liegt, das heißt, die Lage der maximalen Spantfläche stimmt nicht notwendigerweise mit derjenigen der maximalen Breite in der Wasserlinie überein.

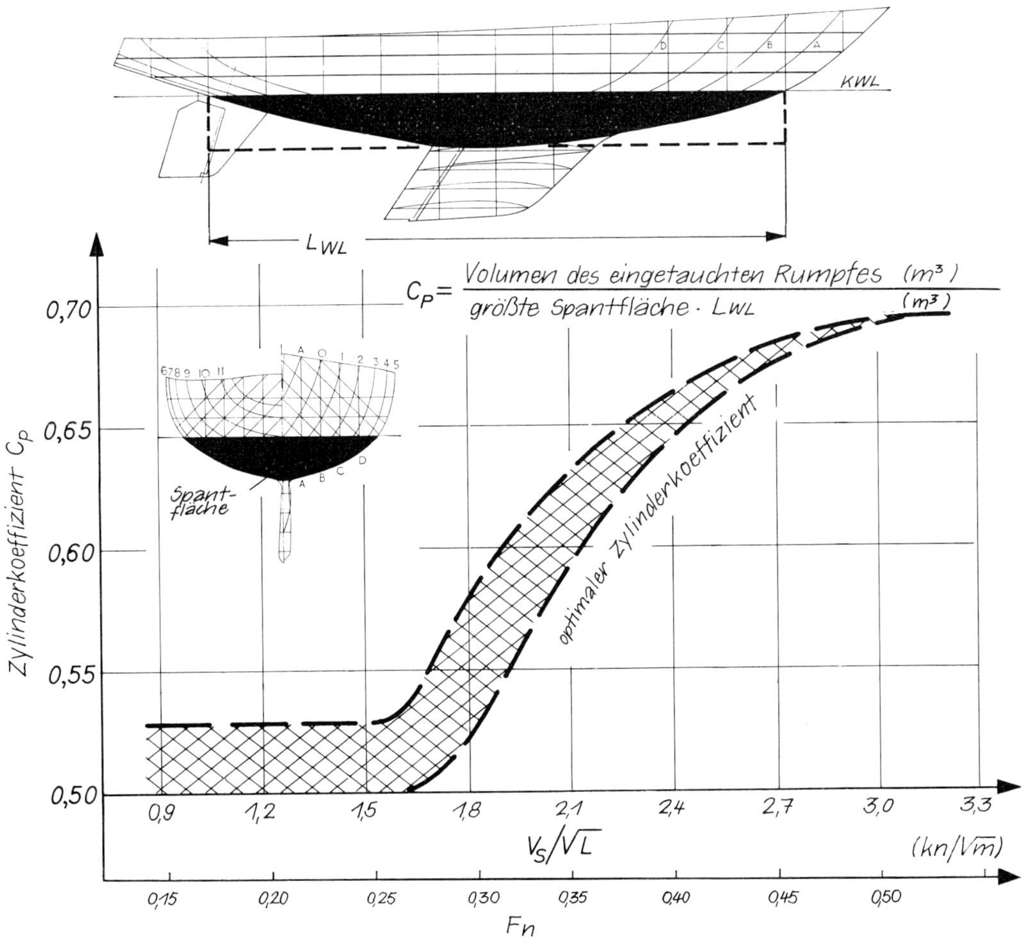

Abb. 1.65 Der optimale Zylinderkoeffizient in Abhängigkeit vom Geschwindigkeits-Längen-Verhältnis

Abhängig vom Geschwindigkeits-Längen-Verhältnis $V_S/\sqrt{L}$ liegen die Zylinderkoeffizienten für Segelboote zwischen 0,5 und 0,7. So haben konventionelle Yachten vom Schwerdeplacementtyp schlanke Rumpfenden, während diejenigen schneller, gleitender Boote, die ein höheres Verhältnis $V_S/\sqrt{L}$ erreichen, völliger sind.

Da es für jedes Geschwindigkeits-Längen-Verhältnis $V_S/\sqrt{L}$ einen bestimmten optimalen Zylinderkoeffizienten gibt, für den der Rumpfwiderstand am kleinsten ist, sollte der Zylinderkoeffizient C_p nach den zu erwartenden Windverhältnissen ausgewählt werden. Bei Yachten, die für Leichtwetter entworfen werden und die folglich bei kleinen $V_S/\sqrt{L}$-Werten segeln, sollte C_p zwischen 0,5 und 0,53 liegen; dagegen sollten Boote, die für mehr Wind ausgelegt werden, ein höheres C_p aufweisen. Dieser Zusammenhang zwischen C_p und $V_S/\sqrt{L}$, der nicht dem entspricht, was man vielleicht erwarten könnte, wurde gänzlich erst durch die berühmten Schleppversuchsergebnisse von D.W. Taylor – die zunächst im Schiffbau Eingang fanden – erkannt.

Es ist umstritten, ob die Kielflosse bei der Berechnung des Zylinderkoeffizienten mitzuberücksichtigen ist oder nicht. Bei Leichtdeplacementrümpfen mit deutlich abgesetzter Kielflosse sollte nur der eigentliche Rumpf für die Berechnung des Zylinderkoeffizienten herangezogen werden; C_p wird in solch einem Falle dann ziemlich groß sein.

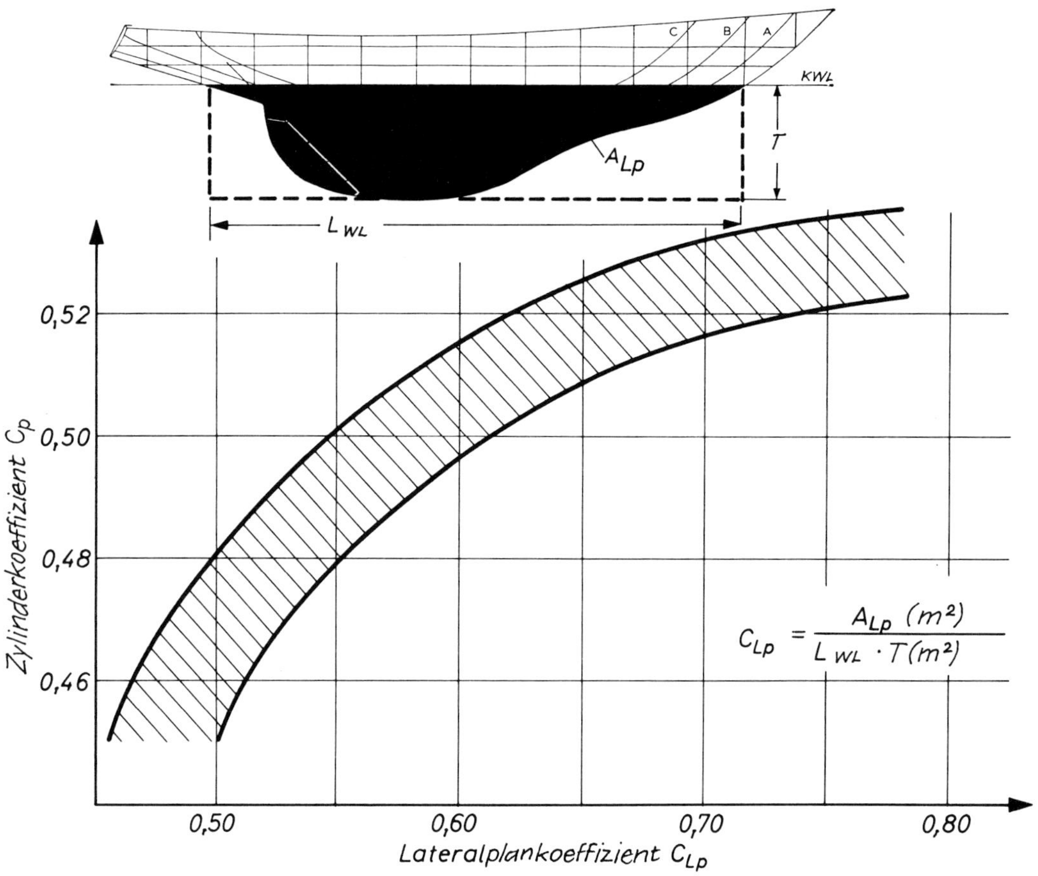

Abb. 1.66 Zusammenhang zwischen Zylinder- und Lateralplankoeffizient

R. Henry und R. Miller befürworten in ihrem Buch [1.13], das den gegenwärtigen Stand im Yachtentwurf repräsentiert, bei Kreuzeryachten ohne einen derart ausgeprägten Übergang zwischen Rumpf und Kiel wie bei Yachten mit Flossenkiel, ein anderes Vorgehen. Ein schmaler, scharfer Rumpf ist als Tragflügel wirkungsvoller als ein völliger. Folglich sollte es einen Zusammenhang zwischen dem Zylinderkoeffizienten C_p und dem sogenannten Lateralplankoeffizienten C_{Lp} geben. C_{Lp} ist definiert als das Verhältnis der Fläche des Lateralplans A_L zum umschreibenden Rechteck $L_{WL} \cdot T$. In Abb. 1.66 ist dieser Zusammenhang zwischen C_p und C_{Lp} dargestellt.

Erwartungsgemäß hat eine Yacht mit einem kleinen C_{Lp}-Koeffizienten dann ein größeres Seitenverhältnis des Unterwasserschiffes und möglicherweise auch eine geringere benetzte Oberfläche. Folglich ist eine größere hydrodynamische Wirksamkeit des Rumpfes als bei einer flachgehenden Yacht mit Schwert zu erwarten. Aus eben diesen Gründen besitzen einige der neuen Kreuzer-Rennyachten mit Kielflosse ausgezeichnete Am-Wind-Eigenschaften. Dies heißt aber nicht, daß sie notwendigerweise auch seetüchtig sind und über gute Kursstabilität verfügen.

Für weitere Angaben sei verwiesen auf:

Phillips-Birt, D.: Sailing yacht design. London: Adlard Coles Ltd., 1966.

Kinney, F.S.: Skene's elements of yacht design. New York: Dodd, Mead & Co, 1962.

[1.21] Crewe, P.: The hydrofoil boat; its history and future prospects. Trans. RINA, Vol. 100, 1958.

[1.22] Saunders, H.E.: Hydrodynamics in ship design. New York: SNAME, 1957.

[1.23] Flying Dutchman Bulletin: Safety, capsizing and self-rescue action.

1. Vertraut nie der See, sie kann sich jeden Augenblick ändern.
2. Wenn ihr auf Sieg segelt, müßt ihr das Risiko einer Kenterung in Kauf nehmen.
3. Ihr müßt euer Boot selbst wieder aufrichten können, aber denkt daran, daß das Aufrichten bei Seegang viel schwieriger ist.
4. Geht das Risiko nicht ein, wenn nicht genug Rettungsfahrzeuge in der Nähe sind.
5. Wenn ihr trainiert, um euer Boot schnell zu machen, solltet ihr auch das Kentern und Aufrichten im Seegang üben.
6. Welche Art von Auftriebskörper gibt es?
   a) Ausgeschäumte Tanks – sehr gut, aber schwer.
   b) Luftschläuche – sie werden leicht undicht – Vorsicht!
7. Wo sollten die Auftriebskörper angebracht sein?
   a) Sie sollten so viel Auftrieb wie möglich liefern, also so tief wie möglich;
   b) sie sollten Stabilität beim Aufrichten geben, also genug Auftrieb ziemlich weit oben unter den Seitendecks;
   c) zuviel Auftrieb an den Bootsseiten läßt das Boot zu hoch aufschwimmen und es wird nach einer Kenterung von euch abgetrieben.
8. Helft euch selbst. Wenn ihr euren FD mit Höchstgeschwindigkeit segelt, werdet ihr häufig kentern. Rettungsboote sind im allgemeinen zu weit entfernt. Ihr müßt das Boot alleine aufrichten ... und schnell!
9. Bleibt immer am Boot, haltet euch an der Großschot oder Fockschot fest.

Einige Informationen über das Kentern bei Mehrrumpfbooten finden sich in der AYRS Publikation Nr. 63, 1968.

[1.24] Bradfield, W.S.: Comparative performance of the Flying Fish Hydrofoil and of the Tornado catamaran. 3rd AIAA Symposium on Sailing, California, 1971.

[1.25] Bradfield, W.S.: The development of a hydrofoil daysailer. The American Institute of Aeronautics and Astronautics, April 1970.

[1.26] Bradfield, W.S.: Predicted and measured performance of a daysailing catamaran. SUYR Rep. 25, 1968.

Die dieser Untersuchung zugrunde liegende einfache Theorie ist hauptsächlich Ergebnis folgender Einschränkungen:

1. Die Bewegung des Bootes ist gleichförmig und geradlinig; die Wasseroberfläche ist glatt, das heißt, die Wellenhöhe ist im Vergleich zur Wasserlinienlänge des Rumpfes klein.
2. Das Ruder trägt nicht zur Seitenkraft bei.
3. Krängungs- und Trimmwinkel sind vernachlässigbar klein.
4. Segelumriß, Wölbung und Verwindung sind von der Windgeschwindigkeit unabhängig.

Eine der weiteren Annahmen, nämlich daß der Restwiderstand von Leichtdeplacement-Rumpfformen näherungsweise als eine lineare Funktion von $\Delta/(L/10)^3$ dargestellt werden kann, wird durch die Untersuchung von Yeh (Series 64 resistance experiments of high speed displacement forms. Marine Technology, Vol. 2, No. 3, 1965) gut bestätigt. Diese Theorie wurde mit Erfolg bei der Vorausberechnung der Fahrtleistung eines Katamarans angewandt.

[1.27] Marchaj, C.A., Tanner, T.: Wind tunnel tests of a 1/4 scale Dragon rig. SUYR Rep. 14, 1964.

[1.28] Yachting Monthly. September 1972.

[1.29] Terlain, J.-Y.: My big boat and me. Sail, September 1972.

[1.30] Watts, A.: The shortest distance between two points. Yachting World, June 1972.

[1.31] Crossbow. Yachting World, October 1972.

[1.32] Pelly, D.: Onwards and upwards. Yachting World, November 1972.

[1.33] Grogono, J.: Faith shall be easily shaken, hope quickly foiled. Yachting World, October 1972.

[1.34] Grogono, J.: Up, up and away. Yachts and Yachting, October 1969.

[1.35] Alexander, A. Grogono, J., Nigg, D.: Hydrofoil sailing. London: J. Kalerghi, 1972.

Foto 1.25 Links – Zäune gegen Ventilation auf der Saugseite einer Tragfläche eines Tragflügelbootes
Rechts – Ein Zaun am Ruder einer Yacht. Ein derartiger horizontal angebrachter Zaun verhindert das Ansaugen von Luft (Ventilation) – Hauptproblem bei jedem oberflächendurchstoßenden Tragflügel.

Foto 1.26 *Monitor,* entworfen von R. Cannon. 1956 erreichte man damit 30,4 Knoten; es sollen auch 35 Knoten erzielt worden sein.

$L_{\text{üa}}$ – 7,92 m
Segelfläche – 21,3 m^2.

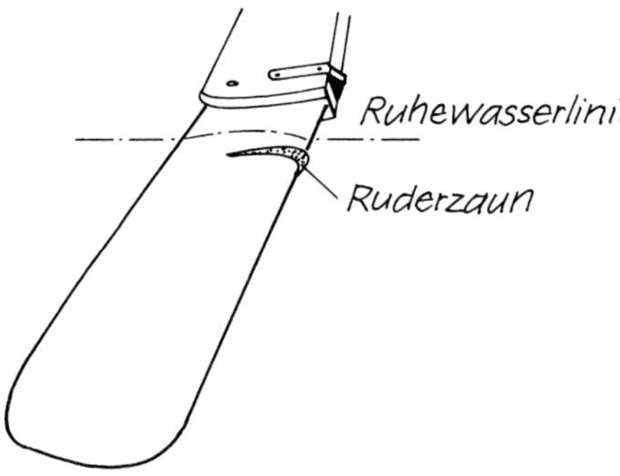

Abb. 1.67 Ruder mit etwa 7,5 cm parallel unter der Ruhewasserlinie aufgeklebtem Zaun aus Aluminium gegen Ruderventilation

[1.36] Pelly, D.: Dogwatch. Yachting World, November 1972.

[1.37] Da auf der Saugseite eines wasseroberflächendurchstoßenden Tragflügels bei bestimmten Anstellwinkeln und Strömungsgeschwindigkeiten ein Druck entsteht, der kleiner als der Luftdruck ist, neigt diese Tragflügelanordnung zu Ventilation. Es strömt dann Luft durch einen Hohlwirbel der Flügelsaugseite entlang nach unten und bewirkt einen mehr oder weniger drastischen Verlust an hydrodynamischem Auftrieb. Ventilation oder das Ansaugen von Luft läßt sich durch dünne Bleche (Zäune) einschränken, die in Profilrichtung auf die Flügeloberseite aufgesetzt werden und ein Hindernis für die Luftströmung darstellen. Eine Reihe solcher Zäune zeigt Foto 1.25. Beim Entwurf des Tragflügels läßt man Ventilation bis zum ersten Zaun unter der Wasseroberfläche zu. Bei einem plötzlichen Eintauchen eines solchen Zaunes wird allerdings Luft mitgerissen und es dauert ziemlich lange, bis die Ventilation unterhalb dieses Zaunes wieder abklingt. In der Praxis muß die richtige Anordnung und Formgebung der Zäune durch Ausprobieren herausgefunden werden, was nur dann zum Erfolg führt, wenn ihm ein größeres Verständnis der bei der Ventilation eine Rolle spielenden physikalischen Erscheinungen zugrunde liegt. Ventilation kann auch auf der Saugseite von Jollenrudern oder Spatenrudern bei Yachten auftreten. Sie verringert dann beträchtlich die Ruderwirkung und es besteht die Gefahr des Aus-dem-Kurs-Laufens. Ein kleiner Zaun auf dem vorderen Ruderteil (Abb. 1.67) kann das Auftreten dieses Problems verhindern oder wenigstens verzögern.

[1.38] Das 7,9 m lange Tragflügelsegelboot *Monitor* wurde von Dr. R. Cannon für die Baker Manufacturing Co, Wisconsin (USA), entworfen (Foto 1.26). 1956 erzielte man damit eine Geschwindigkeit von 30,4 Knoten (es sollen auch 35 Knoten erreicht worden sein). Das Tragflügelsystem der mit Unterstützung der US-Marine gebauten *Monitor* besteht aus zwei vorderen und einem hinteren Leitertragflügel. Das bemerkenswerteste Merkmal dieses Fahrzeugs ist eine komplizierte mechanische Regelvorrichtung, die über ein Gestängesystem die Kräfte im Rigg mißt und durch Anstellwinkelkontrolle der Tragflügel Roll- und Stampfbewegungen dämpft. Gesteuert wird das Boot durch Drehen des Heckflügels. Bei Fahrt auf den Tragflügeln hebt sich der Rumpf rund 0,75 m aus dem Wasser heraus. Die Gesamtbreite beträgt 6,40 m, die Segelfläche 21,3 m^2.

[1.39] Keiper, D.: Hydrofoil ocean voyager Williwaw. 3rd AIAA Symposium on Sailing, California, 1971.
[1.40] Crewe, P.: The hydrofoil boat: its history and future prospects. Trans. RINA, Vol. 100, 1958.
[1.41] Barkla, H.: More on hydrofoils. Yachts and Yachting, July 1958.
[1.42] Eames, M., Jones, E.: HMCS Bras d'Or – an open ocean hydrofoil ship. Trans. RINA, Vol. 113, 1971.
[1.43] Baker, R.M.: Hydrofoils: optimum lift-off speed for sailboats. Science, Vol. 162, 1968.
[1.44] Baker, R.M., Douglas, J.S.: Preliminary mathematical analysis of a rigid-aerofoil, hydrofoil-water conveyance. AIAA Meeting: Quantizing the Ancient Interface, 1970.
[1.45] Cooper, B.: Speed week. Yachting World, November 1974.

[1.46] Hook, C.: The hydrofoil sailing vessel. Hovering Craft and Hydrofoil, 1970.
[1.47] Buermann, T., Leehey, P., Stilwell, J.: An appraisal of hydrofoil supported craft. Trans. SNAME, 1953.
[1.48] Schuster, S.: Research on hydrofoil craft. Hovering Craft and Hydrofoil, December 1971.
[1.49] Barkla, H.: Hydrofoil sailing. Yachts and Yachting, 1968.
[1.50] Barkla, H.: Sailing on hydrofoils. ANUSC Tech. Paper No. 3, December 1953.
[1.51] Vincent, R.E.: Beware – low flying boats. Yachting World, May 1972.
[1.52] Barkla, H.: High speed sailing. Trans. RINA, 1951.
[1.53] Fekete, G., Newman, B.: Analysis and development of a sailboat with self-trimming wing sail. Montreal: McGill University, Tech. Note 65, 1965.
Von den gleichen Autoren:
Development and testing of a sailboat with self-trimming wing sail. Progress Report TN 71-3, 1971.
Für ein symmetrisches Starrsegel mit Hilfsfläche wurde eine durch Windkanalversuche unterstützte Analyse durchgeführt. Diese Untersuchung bestätigte die dynamische und statische Stabilität des Flügelsegels; es ergab sich eine gute Übereinstimmung zwischen den gemessenen Auftriebs- und Widerstandsbeiwerten und bereits vorliegenden Angaben für das gleiche Tragflügelprofil bei vergleichbaren Reynolds-Zahlen.
Die vorstehende Untersuchung bildete die Grundlage für den Entwurf und Bau eines kleinen Segelbootes, bestehend aus einem 4,87 m langen Kanurumpf und einem rechteckigen Flügelsegel (Abb. 1.50). Abweichend vom ursprünglichen Projekt wurde das ganze Rigg durch ein Gewicht dynamisch balanciert.
[1.54] Wingsails. AYRS Publ. No. 14, 1951.
[1.55] Baker, R.M., Gallington, R.: Preliminary analysis of the self-tending rigid aerofoils for the hydrofoil water conveyance. 3rd AIAA Symposium on Sailing, California, 1971.
Dieser Bericht enthält eine Analyse der Stabilitätseigenschaften eines Starrsegelantriebs für das in [1.44] untersuchte Tragflügelsegelboot.
[1.56] Bauer, A.B.: Faster than the wind. 1st AIAA Symposium on Sailing, California, 1969.
[1.57] Drake, J.R.: Windsurfing – a new concept in sailing. 1st AIAA Symposium on Sailing, California, 1969.
[1.58] Wolf, J.: The basic mechanics of sailing surface skimmers and their future prospects. Hovering Craft and Hydrofoil, March 1972.
[1.59] Needham, J., Ling, W.: Science and civilication in China. Vol. 4. Cambridge: 1965.
[1.60] Rypinski, D.: The dynamics of sailing on land. 3rd AIAA Symposium on Sailing, California, 1971.
[1.61] Um den Zusammenhang zwischen der Fahrtgeschwindigkeit V_S, der wahren Windgeschwindigkeit V_W, den Kurswinkeln γ_A und γ_W zum scheinbaren und wahren Wind zu bestimmen, wollen wir das in Abb. 1.68 dargestellte Geschwindigkeitsdreieck heranziehen. Es ist zweckmäßig, dabei zu definieren:

$$V_S = A - B. \tag{1*}$$

Es gilt dann:

$$\cot \gamma_A = A/C, \tag{2*}$$

oder:

$$A = C \cdot \cot \gamma_A. \tag{3*}$$

Außerdem gilt:

$$C = V_W \cdot \cos(90° - \gamma_W) = V_W \cdot \sin \gamma_W. \tag{4*}$$

Setzen wir Gl. (4*) in Gl. (3*) ein, ergibt sich:

$$A = V_W \cdot \sin \gamma_W \cdot \cot \gamma_A. \tag{5*}$$

Für die Strecke B erhält man:

$$B = V_W \cdot \cos \gamma_W. \tag{6*}$$

Substituieren wir Gl. (6*) und Gl. (5*) in Gl. (1*), so folgt:

$$V_S = V_W \cdot \sin \gamma_W \cdot \cot \gamma_A - V_W \cdot \cos \gamma_W$$
$$= V_W (\sin \gamma_W \cdot \cot \gamma_A - \cos \gamma_W), \quad (7^*)$$

oder:

$$\frac{V_S}{V_W} = \sin \gamma_W \cdot \cot \gamma_A - \cos \gamma_W. \quad (8^*)$$

Beschränken wir uns zunächst auf den einfachsten Fall, nämlich auf den Halbwindkurs, so ergibt sich:

$$\gamma_W = 90° \quad \text{also:} \quad \sin 90° = 1 \quad \text{und} \quad \cos 90° = 0.$$

Somit folgt:

$$\frac{V_S}{V_W} = \cot \gamma_A, \quad (9^*)$$

oder:

$$V_S = V_W \cdot \cot \gamma_A. \quad (10^*)$$

[1.62] Manche Leute sind durch den Begriff des scheinbaren Windes irritiert und behaupten mitunter, daß es unmöglich ist, aus dem scheinbaren Wind eine Vortriebskraft zu gewinnen (man lese zum Beispiel den Artikel *Analysis of the apparent wind. It cannot provide thrust – in fact there is no such thing* von W. Stevenson in Yachts and Yachting, Januar 1966). Bei Eisyachten ist die Wirkung dieses „irrealen" Windes am offensichtlichsten, was vielleicht der Grund ist für ein die Eissegelei unwitterndes gewisses Geheimnis und die erhitzten Gemüter, die es unter den Anhängern dieser Sportart hervorzurufen vermag.

Für diejenigen, die immer noch am scheinbaren Wind Zweifel hegen, sollen nun einige schon in der Diskussion mit W. Stevenson gebrauchte Argumente angeführt werden. Natürlich kann man sagen, daß der scheinbare Wind nicht existiert. Er ist ein Begriff, der nur zur Vereinfachung des Studiums der an einem Segel oder einem anderen Tragflügel wirkenden Kräfte eingeführt wurde. Die Annahme eines scheinbaren Windes ermöglicht die Betrachtung eines ruhenden Segels, während die Luft daran vorbeiströmt. Dies gestattet zum Beispiel die Simulation der tatsächlichen Segelverhältnisse im Windkanal – in gleicher Weise wie in der Flugtechnik, wo die Kräfte an einem stationären Flugzeugmodell im Luftstrom des Windkanals untersucht werden.

Dem Begriff des scheinbaren Windes haftet sicherlich eine gewisse Unbestimmtheit an, insbesonders, wenn man ihm zum ersten Mal begegnet. Wie bei dem Kraft- oder Gravitationsbegriff und allen anderen Begriffen, die die Grundlage einer Wissenschaft ausmachen, erfordert es Zeit, um mit der neuen Vorstellung vertraut zu werden und sie entweder in bestehendes Wissen zu integrieren oder, was vielleicht noch wichtiger ist, sie mit persönlicher Erfahrung

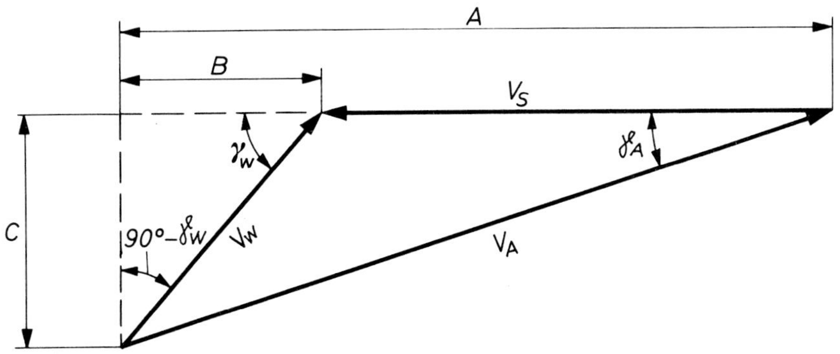

Abb. 1.68

zu füllen. So gesehen ist der scheinbare Wind genauso real wie der wahre Wind, oder um es in andere Worte zu kleiden: Der Grund, der den scheinbaren Wind real macht, ist die Zweckmäßigkeit dieses Begriffes. Der scheinbare Wind V_A ist das Ergebnis der vektoriellen Addition des wahren Windes V_W mit dem Fahrtwind (entgegengesetzt gleich der Fahrtgeschwindigkeit V_S). In gleicher Weise wie zuvor in *Segeltheorie und -praxis* wird er im vorliegenden Buch in diesem Sinne gebraucht.

[1.63] Milne, P.: How to race land yachts. Yachts and Yachting, November 1964.

[1.64] Ellis, G.: Ice boat and catamaran effiencies. AYRS Publ. No. 66A.

[1.65] Scantlebury, A.: Speed on ice. Yachts and Yachting, April 21, 1972.

[1.66] Barkla, H.: Faster ever faster. Yachts and Yachting, February 25, 1972.

[1.67] Burgess, C.P.: The America's Cup defenders. Trans. SNAME, Vol. 43, 1935.

[1.68] Bei leichtem Wind wird das Anfahren dadurch erschwert, wenn nicht unmöglich gemacht, daß die Läufer bei Stillstand und auch bei langsamer Bewegung am Eis festfrieren, so daß die Reibungszahl μ und infolgedessen der Widerstand D_f verhältnismäßig groß sind.

Bei Bobrennen kann man beobachten, daß die Mannschaften vor dem Startsignal ihre Bobs dauernd hin und her bewegen, damit durch Reibungswärme ein Wasserfilm zwischen Kufen und Eis entsteht und sich die Reibungszahl entsprechend reduziert. Genauso liegen die Verhältnisse beim Start einer Eisyacht bei leichtem Wind, der alleine nicht ausreicht, die angefrorenen Läufer loszumachen – durch schnelles Anschieben läßt sich ihr Widerstand unter den für Ruhe geltenden Wert vermindern und der Eisschlitten „springt an".

Teil 2

Grundlagen aus der Strömungsmechanik: Die Dynamik des Tragflügels

„Das kann ich nicht glauben!" sagte Alice.
„Nein?" sagte die Königin mitleidig. „Versuch es noch einmal: tief Luft holen, Augen zu –"
Alice lachte. „Ich brauche es gar nicht versuchen", sagte sie, „etwas Unmögliches kann man nicht glauben."
„Du wirst darin eben noch nicht die rechte Übung haben", sagte die Königin. „In deinem Alter habe ich täglich eine halbe Stunde darauf verwendet. Zuzeiten habe ich vor dem Frühstück bereits bis zu sechs unmögliche Dinge geglaubt."

Alice hinter den Spiegeln

LEWIS CARROLL

A Grundkonzepte und Annahmen

1 Luft und Wasser – Analogien und Unterschiede

Faßt man die Yacht als eine segelnde Maschine auf, die in der Hauptsache aus vier Teilen besteht – Rumpf, Kielflosse oder Schwert, Ruder und Segel – und betrachtet man ihre Grundlagen, so gelangt man bald zu dem Schluß, daß dabei ein ganz bestimmter Vorgang von entscheidender Bedeutung ist: die Erzeugung von Kräften infolge einer Tragflügelwirkung. Das Segel ist im Prinzip ein Tragflügel, der Energie der Atmosphäre entzieht. Der Rumpf mit der Kielflosse oder dem Schwert verhält sich gleichfalls wie eine Tragfläche, deren Auftrieb (Querkraft) einer vom Segel herrührenden Seitenkraft entgegenwirkt. Auch das Ruder, mit dem die Segelyacht gesteuert wird, ist im Grunde nichts anderes als ein beweglicher Tragflügel [2.1].

Tragflügel können als verhältnismäßig dünne und flache Körper definiert werden, an denen in einer Flüssigkeit aufgrund einer Relativbewegung zwischen ihnen und dem Medium zwei Kräfte angreifen: der Widerstand D und der Auftrieb (Querkraft) L. Wie die Abb. 1.2A und 1.10 zeigen, ist in einem bestimmten Anstellwinkelbereich die Auftriebskomponente um ein mehrfaches größer als die Widerstandskomponente. Diese Tatsache ermöglicht das Fliegen eines Flugzeuges und das Segeln einer Yacht am Wind.

Die Analogie zwischen der Wirkung eines Segels und der eines Tragflügels ist vielversprechend, und solange sie nicht überstrapaziert wird, kann man billigerweise erwarten, daß die Überlegungen und Erkenntnisse aus dem Studium der Flugzeugtragflügel auch mit einigem Vorbehalt nutzbringend auf das Segel übertragen werden können. Das gleiche gilt für die Kielflosse und das Ruder. Die Dynamik der Flüssigkeiten macht keinen Unterschied zwischen den physikalischen Phänomenen, die mit den Strömungsvorgängen an Segeln oder Flossen zusammenhängen.

Solange die Strömungsgeschwindigkeiten klein sind, unterscheidet sich die Hydrodynamik von der Aerodynamik nur in zwei relativ unwesentlichen Punkten. Zum einen sind es die Zahlenwerte, welche die physikalischen Eigenschaften, wie Dichte und Zähigkeit, beschreiben. Sie werden für Luft in Tabelle 2.1 und für Wasser in Tabelle 2.2 angegeben. Zum Beispiel ist die Dichte des Seewassers ungefähr 835mal größer als die Dichte der Luft in Meereshöhe. Zum anderen unterscheiden sie sich in der Tatsache, daß der Rumpf einer Yacht, der die Grenzfläche zwischen Luft und Wasser durchstößt, bei Fahrt Wellen erzeugt. Die unvermeidliche Folge ist, daß der hydrodynamische Widerstand des Rumpfes einen zusätzlichen Anteil enthält, den man als „Wellenwiderstand“ bezeichnet. Solange wie jedoch tiefgetauchte Anhänge des Rumpfes untersucht werden, verhält sich das Wasser genauso wie die Luft. Es ist deshalb in der Aero- und Hydrodynamik üblich, Luft und Wasser als Bestandteile derselben allgemeinen Gattung aufzufassen, nämlich als Flüssigkeit.

Tabelle 2.1
Physikalische Eigenschaften der Luft bei verschiedenen Temperaturen und konstantem Druck $p_0 = 1{,}013$ bar
(Siehe [Anm. 2.2] im Literatur- und Anmerkungsverzeichnis am Ende von Teil 2)

Temperatur t °C	Dichte ρ_A kg/m^3	Kinematische Zähigkeit ν_A m^2/s
0	1,29	$1{,}30 \cdot 10^{-5}$*
10	1,25	$1{,}39 \cdot 10^{-5}$
20	1,21	$1{,}49 \cdot 10^{-5}$
40	1,12	$1{,}70 \cdot 10^{-5}$
60	1,06	$1{,}92 \cdot 10^{-5}$

* Siehe Abschnitt A und B im Anhang des Buches.

Bei einer „normalen“ Lufttemperatur $t_0 = 15$ °C und einem „normalen“ Luftdruck (auf Meereshöhe) $p_0 = 1{,}013$ bar $= 1{,}013 \cdot 10^5$ N/m^2 beträgt die Luftdichte $\rho_A = 1{,}225$ kg/m^3. Damit erhält man für den dynamischen Druck oder Staudruck auf Meereshöhe:

$$q = \frac{\rho_A \cdot V^2}{2} = 0{,}6125 \cdot V^2 \text{ N/m}^2 \quad (V \text{ in m/s})$$
$$= 0{,}162 \cdot V^2 \text{ N/m}^2 \quad (V \text{ in Knoten}).$$

Die kinematische Zähigkeit der Luft ν_A, die für die Berechnung der Reynolds-Zahl benötigt wird, beträgt unter Normalbedingungen ($t_0 = 15$ °C, $p_0 = 1{,}013$ bar, Meereshöhe):

$$\nu_A = \frac{1{,}46}{10^5} \text{ m}^2/\text{s} = 1{,}46 \cdot 10^{-5} \text{ m}^2/\text{s}.$$

Tabelle 2.2
Physikalische Eigenschaften von Wasser (Süßwasser) bei $p_0 = 1{,}013$ bar

Temperatur t °C	Dichte ρ_W kg/m³	Kinematische Zähigkeit ν_W m²/s	Dampfdruck p_V bar
0	1000	$1{,}80 \cdot 10^{-6}$	0,006
10	1000	$1{,}30 \cdot 10^{-6}$	0,012
20	998,6	$1{,}01 \cdot 10^{-6}$	0,023
40	992,6	$0{,}66 \cdot 10^{-6}$	0,074
60	982,6	$0{,}48 \cdot 10^{-6}$	0,199
100	959,1	$0{,}29 \cdot 10^{-6}$	1,013

Für die praktische Anwendung kann die Dichte des Süßwassers als konstant (unabhängig von Temperatur und Druck) angesehen werden:

$$\rho_W = 1000 \text{ kg/m}^3.$$

Die mittlere Dichte des Seewassers beträgt:

$$\rho_{SW} = 1025 \text{ kg/m}^3.$$

Mit diesen Dichten lassen sich die dynamischen Drücke wie folgt berechnen:

für Süßwasser:

$$q = \frac{\rho_W \cdot V^2}{2} = 500 \cdot V^2 \text{ N/m}^2 \quad (V \text{ in m/s})$$
$$= 132{,}3 \cdot V^2 \text{ N/m}^2 \quad (V \text{ in Knoten})$$

für Seewasser:

$$q = \frac{\rho_{SW} \cdot V^2}{2} = 512{,}5 \cdot V^2 \text{ N/m}^2 \quad (V \text{ in m/s})$$
$$= 135{,}6 \cdot V^2 \text{ N/m}^2 \quad (V \text{ in Knoten}).$$

Die für die Berechnung der Reynolds-Zahl notwendige kinematische Zähigkeit des Wassers ν_W beträgt bei 15 °C Wassertemperatur $1{,}14 \cdot 10^{-6}$ m²/s. Wie aus der Tabelle 2.2 hervorgeht, nimmt mit steigender Temperatur die Zähigkeit merklich ab.

Der Dampfdruck p_V, den die Tabelle 2.2 ebenfalls angibt, ist der Druck, bei dem das Wasser zu sieden beginnt. Der Dampfdruck p_V ist der Gleichgewichtsdruck, den aus der Flüssigkeit austretende Moleküle über einer freien Oberfläche ausüben; seine Größe steigt mit der Temperatur an. Um eine Flüssigkeit zum Sieden zu bringen, muß das Gleichgewicht gestört werden. Entweder durch Wärmezufuhr, so daß der Dampfdruck gleich oder größer als der auf der freien Oberfläche lastende Druck wird, oder durch eine Verringerung des Druckes über der Oberfläche, bis er gleich oder kleiner als der Dampfdruck ist.

Der Dampfdruck spielt bei Tragflügeln, die im Wasser arbeiten und an denen hohe Drücke auftreten können, eine gewisse Rolle (Tragflügelboote, Propeller). Auf der Saugseite eines solchen Tragflügels kann bei bestimmten Anströmgeschwindigkeiten der Dampfdruck örtlich unterschritten werden – das Wasser beginnt zu sieden, es entsteht Kavitation. Kavitation verursacht erhöhten Widerstand und Auftriebsverlust. Bemerkenswert ist, daß O. Reynolds Kavitation aufgrund theoretischer Überlegungen vorhersagte, lange bevor sie in der Praxis zum ersten Mal beobachtet wurde (1893 bei Versuchen mit dem englischen Torpedoboot *Daring*).

2 Ideale und reale Flüssigkeiten; zweidimensionale Strömung

Bei der Theoriebildung über die Entstehung von Auftrieb und Widerstand stellte sich heraus, daß durch gewisse vereinfachende Annahmen, wie zum Beispiel eine Idealisierung der Realität, ein komplexes Problem leichter verständlich, und/oder einfach genug einer mathematischen Behandlung zugänglich wird.

Die erste Annahme ist, daß der Tragflügel bei Bedarf von einer sogenannten „idealen" Flüssigkeit, das heißt von einer reibungslosen und homogenen Flüssigkeit, umströmt wird. Diese Flüssigkeit ist inkompressibel und strömt oder gleitet ohne Reibung über feste Körper. Inkompressibilität wird hier in dem Sinne verwandt, daß die Dichte der Flüssigkeit nicht durch Druckänderungen beeinflußt wird. Dies gilt für Wasser und trifft bei niedrigen Strömungsgeschwindigkeiten auch für Luft zu. Bei der Berechnung des Widerstandes würde der Fehler bei Vernachlässigung der Annahme der Inkompressibilität der Luft bei einer Relativgeschwindigkeit von 87 Knoten ungefähr ein halbes Prozent und bei 175 Knoten weniger als zwei Prozent betragen. Es erscheint also vollkommen statthaft, die Kompressibilität der Luft bei den Windgeschwindigkeiten, mit denen Segel angeströmt werden, zu vernachlässigen.

Mit Relativgeschwindigkeit ist gemeint, daß die zum Beispiel von der Luft auf das Segel ausgeübten Kräfte nicht von der absoluten Geschwindigkeit der Luft oder des Segels abhängen, sondern nur von dem Geschwindigkeitsunterschied zwischen ihnen. Bei gleicher Relativgeschwindigkeit ist es hinsichtlich der physikalischen Phänomene unwesentlich, ob sich der Tragflügel in einer ruhenden Flüssigkeit bewegt, oder ob eine Flüssigkeit den ruhenden Tragflügel anströmt. Die meisten erfahrenen Segler haben sicherlich schon bemerkt, daß es sogar bei Flaute möglich ist, quer durch einen schnell genug laufenden Strom zu segeln [2.3]. Es erleichtert die Darstellung und vereinfacht manchmal die Untersuchung (Windkanalversuche), wenn man den ruhenden Tragflügel in einem strömenden Medium betrachtet.

Im Unterschied zu idealen Flüssigkeiten besitzen reale Flüssigkeiten wie Wasser oder Luft gewisse Eigenschaften, von denen die beiden, die für den Strömungswiderstand verantwortlich sind, nämlich Adhäsion und Zähigkeit, nicht vernachlässigt werden können. Zum Beispiel setzt sich Wasser aus mikroskopisch kleinen Ketten winziger H_2O-Moleküle zusammen (Abb. 2.1). Das Bestreben der Wassermoleküle, sich untereinander zusammenzuhalten oder an anderen Körpern zu haften, ist eine der eigentümlichsten Eigenschaften des Wassers. Man nennt dies

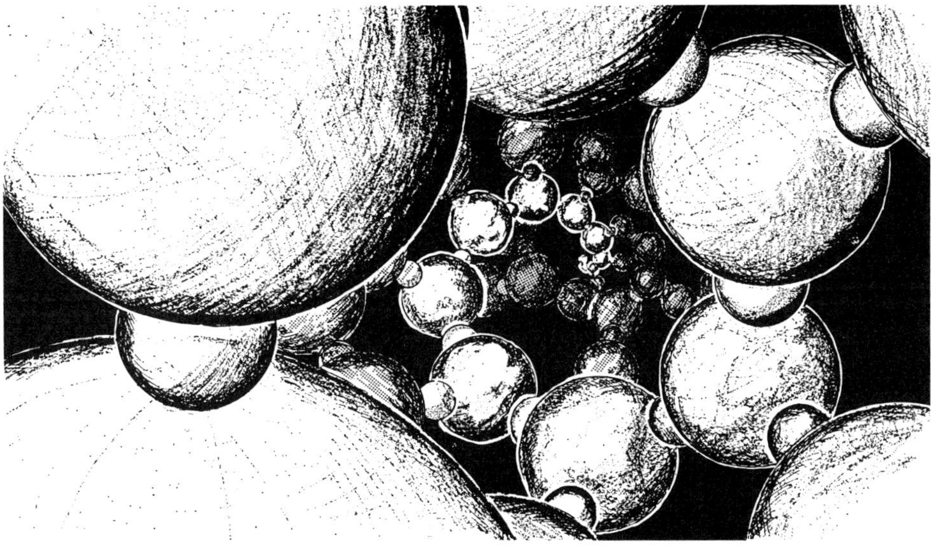

Abb. 2.1 Wasser besteht aus mikroskopisch kleinen Ketten winziger H_2O-Moleküle. Das Bestreben der Wassermoleküle (gleiches gilt auch für andere Flüssigkeiten), sich durch intermolekulare Kräfte untereinander zusammenzuhalten oder an festen Körpern zu haften, ist eine der charakteristischsten Eigenschaften von Wasser. „Um diese Erscheinung zu erklären", schreibt Newton in seinem Werk *Opticks*, „hat man Atome mit Haken erfunden."

Adhäsion. Sie ist eine Folge intermolekularer Anziehungskräfte und nimmt mit der Intensität des Kontaktes zu.

„Um diese Erscheinung zu erklären", schreibt Newton in seinem Werk *„Opticks"* (1703),

> „hat man Atome mit Haken erfunden ... Ich dagegen hatte vielmehr aus ihrem Zusammenhalt gefolgert, daß sich ihre Teilchen mit irgendeiner Kraft, die bei unmittelbarem Kontakt äußerst stark ist, aber nur über eine geringe Reichweite verfügt, einander anziehen ... Folglich gibt es in der Natur Kräfte, welche Körperteilchen durch sehr starke Anziehung aneinander binden können. Es ist die Aufgabe der experimentellen Philosophie, diese herauszufinden."

Zähigkeit ist ein innerer Widerstand, den die Flüssigkeitsteilchen einer Verschiebung gegeneinander entgegensetzen. Sie ist Ursache für den Reibungswiderstand. Die Zähigkeit kann als Maß für die „Leichtflüssigkeit" eines Mediums aufgefaßt werden. Die Wirkung der Zähigkeit ist leicht wahrzunehmen, wenn man mit einem Messer eine Flüssigkeit, wie beispielsweise Honig oder Sirup, „durchschneidet". Die Luft, die man als „dünnes trockenes Wasser" auffassen kann, besitzt ähnliche charakteristische Merkmale, obwohl auf den ersten Blick ihre Zähigkeit als vernachlässigbar klein erscheinen mag.

Die zweite Annahme, welche die Theorie über das Zustandekommen des Auftriebes und Widerstandes an einem Tragflügel vereinfacht, ist das Konzept einer

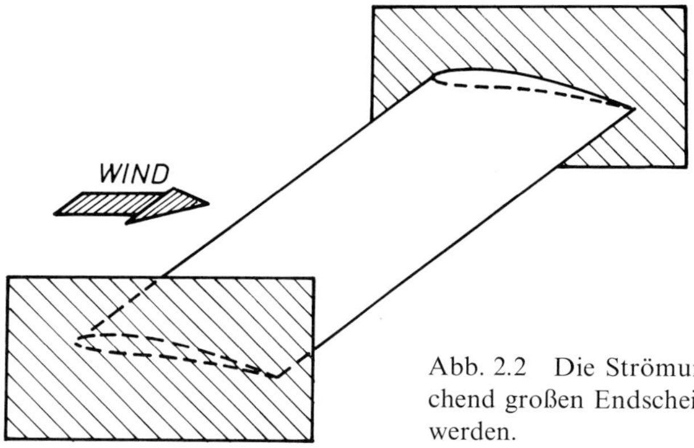

Abb. 2.2 Die Strömung um einen Tragflügel zwischen hinreichend großen Endscheiben kann als zweidimensional betrachtet werden.

zweidimensionalen, ebenen Strömung um den Flügel (Profiltheorie). Diese Strömung läßt sich mit ausreichender Genauigkeit im Windkanalversuch an einem unverwundenen Flügel endlicher Spannweite simulieren, der zwischen parallelen Endscheiben oder den Kanalwänden befestigt ist (Abb. 2.2 und Foto 2.1). Vielen fällt die Vorstellung der zweidimensionalen Strömung um einen solchen Tragflügel leichter als um einen Flügel mit unendlichem Seitenverhältnis (unendlicher Länge), der in der Realität nicht existiert. Die Endscheiben sollen eine Umströmung der Flügelspitzen verhindern und damit die Ausbildung der komplizierten dreidimensionalen Strömung unterdrücken, die normalerweise weit hinter dem Tragflügel in Form von Randwirbeln fortbesteht. Mit Endscheiben läßt sich in der Praxis am besten die ebene Umströmung eines Flügels erreichen, das heißt, die Strömungsvorgänge sind in allen Schnitten senkrecht zur Flügelspannweite genau gleich. Das Studium der zweidimensionalen Strömung bildet den Ausgangspunkt für die Theorie des Auftriebes und Widerstandes realer Tragflügel endlicher Spannweite.

3 Die Potentialströmung; der Zusammenhang zwischen Geschwindigkeit, Druck und Kraft

Die Luft- und Wasserkräfte haben ihren Ursprung zum Teil in der Form eines Hindernisses, das die freie Bewegung der Flüssigkeit stört, und zum Teil in den Strömungsverhältnissen an dessen Oberfläche; beide Ursachen treten im allgemeinen gemeinsam auf. Die Fähigkeit eines Segels, zwei verschiedene Kräfte zu erzeugen, – Auftrieb (Querkraft) und Widerstand – ist uns schon bekannt. In Anlehnung an M. Munk [2.4] kann man sagen, daß diese Luftkraftkomponenten von unterschiedlichem Rang sind. Der im wesentlichen mit der Form des Tragflügels zusammenhängende Auftrieb ist von höherem Rang und kann daher als „gut" angesehen werden. Der durch Zähigkeitseffekte an der Körperoberfläche hervorgerufene Widerstand ist von geringerem Rang und muß folglich als „schlecht" bezeichnet werden. Es ist eine alltägliche Erfahrungstatsache, daß

Foto 2.1 Modellversuchsanordnung im Windkanal zur Messung der Eigenschaften von NACA (National Advisory Committee for Aeronautics)-Tragflügelprofilen. Der unendlich lange Tragflügel, beziehungsweise der Zustand zweidimensionaler (ebener) Umströmung, läßt sich mit guter Näherung dadurch verwirklichen, daß man einen Flügel mit längs Spannweite gleichen Profilschnitten im Windkanal so zwischen ebene parallele Wände bringt, daß zwischen Wand und Flügel kein Spalt mehr besteht, durch den eine wesentliche Luftmenge von einer Flügelseite auf die andere gelangen könnte.

ein Körper, der durch eine Flüssigkeit bewegt wird, immer eine Strömungskraft erfährt, die in den meisten Fällen nicht mehr als ein Widerstand gegen die Bewegung ist, für den häufig teuer bezahlt werden muß. Zweifellos ist der Auftrieb, verglichen mit dem Widerstand, eine „wertvollere" Kraft. Um den wertvollen Auftrieb auf die wirksamste Weise zu erzeugen, bedarf es einer besonderen Klasse von Körpern, die zweckdienlich und mit Wissen um die Zusammenhänge entworfen und gehandhabt werden müssen. Wir werden später sehen, wie der Reibungswiderstand (der von Theoretikern ein „Bösewicht" genannt wurde, der enorme Komplikationen in des Mathematikers Traumland der idealen Flüssigkeiten und Potentialströmungen – beherrscht von kleinen und ordentlichen Gleichungen – brachte) zum Zustandekommen des guten Auftriebes unbedingt erforderlich ist. Ohne Zähigkeit und Reibung könnte in unserer realen Welt der Auftrieb unmöglich existieren: gut und schlecht erscheinen untrennbar.

Obwohl der Mechanismus der Auftriebserzeugung nicht allzu schwierig darzustellen und zu erklären ist, scheint es jedoch viel leichter zu sein, durch die Betrachtung einiger einfacher Stromlinienbilder um einen Kreiszylinder, die Schritt für Schritt bis zur Auftriebsentwicklung führen, eine geistige Vorstellung seiner Natur zu entwickeln. Dies sollte für die Herstellung der Beziehungen zwischen der Gestalt des Tragflügels und den induzierten Geschwindigkeiten,

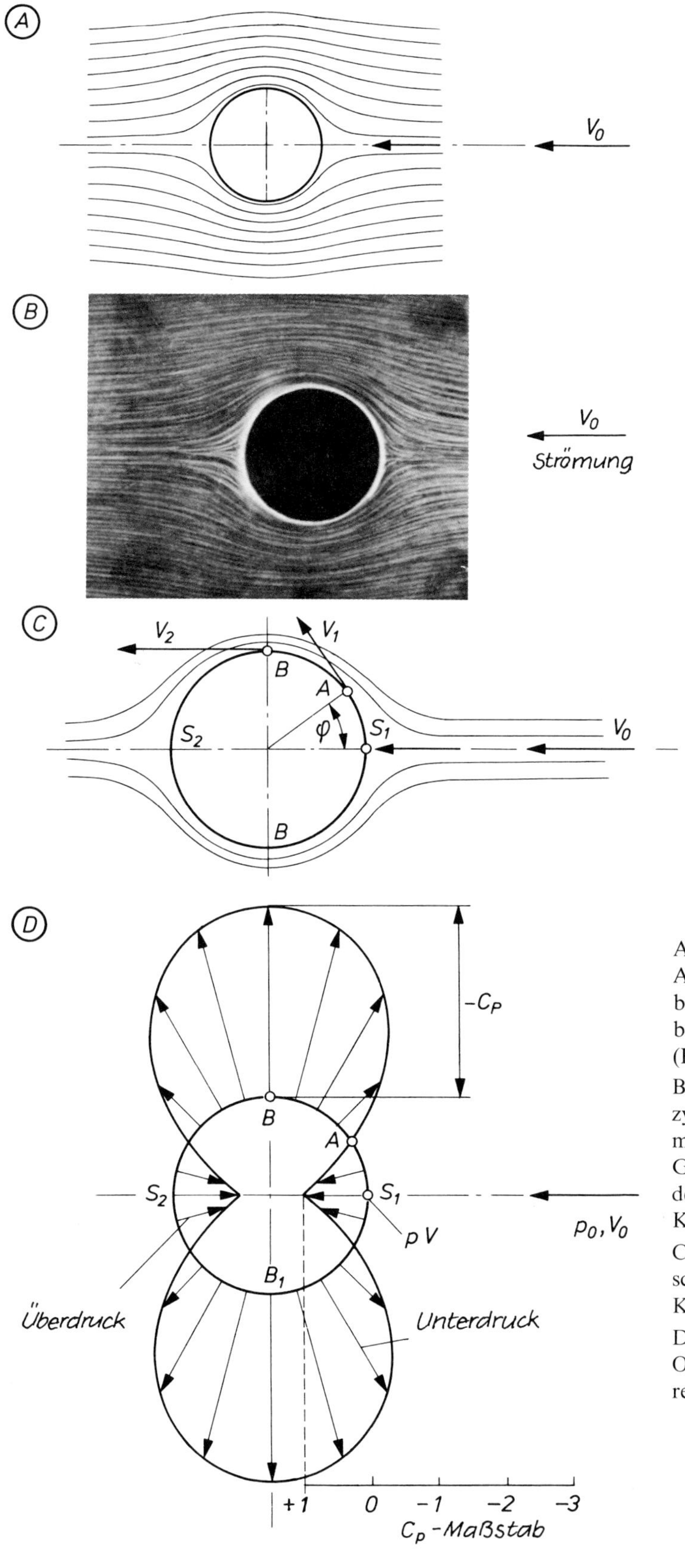

Abb. 2.3

A Theoretisches Stromlinienbild um einen Kreiszylinder bei reibungsfreier Strömung (Potentialströmung).

B Umströmung eines Kreiszylinders bei sehr kleiner Strömungsgeschwindigkeit. Die Grenzschicht liegt überall an der Körperoberfläche an. Keine Ablösung.

C Geschwindigkeiten in verschiedenen Punkten auf der Kreiskontur. $V = 2\,V_0 \sin\varphi$.

D Druckverteilung auf der Oberfläche des Zylinders bei reibungsfreier Strömung.

Drücken und schließlich den Kräften, hilfreich sein. Der Kreiszylinder scheint für diese Untersuchung der geeignete Körper. Abgesehen davon, daß er ein lehrreiches Beispiel darstellt, ist er dem Segler als Mast zum Setzen seiner Segel vertraut.

Die Abb. 2.3A und B zeigen eine zweidimensionale, reibungsfreie Strömung um einen ruhenden Zylinder. Ein derartiges, durch Stromlinien sichtbar gemachtes Strömungsbild ist unter normalen Umständen nicht zu erkennen, und diese Tatsache bereitet beim Studium der Aero- und Hydrodynamik gewisse Schwierigkeiten. Wenn wir diese Stromlinien rund um das Segel, den Rumpf und seine Anhänge sehen könnten, wären sicherlich viele Geheimnisse der Segelei leichter zu verstehen. Zum Glück lassen sich in einfachen Fällen die Stromlinien unter Laborbedingungen darstellen, zum Beispiel durch Momentaufnahmen von Aluminiumpulver oder Öltröpfchen, die dem Wasser beigegeben werden. Mit etwas Erfahrung entwickelt man eine gewisse Fähigkeit, die unsichtbaren Bewegungen der Luft und des Wassers zu „sehen", wobei beispielsweise die Beobachtung des Verhaltens von Wollfäden am Segel (Foto 3.26, Teil 3) hilfreich ist.

Eine Flüssigkeitsströmung (Luft oder Wasser) kann als eine Anzahl von Teilchen aufgefaßt werden, die sich alle in gleicher Richtung fortbewegen. Die Bahn jedes Teilchens nennt man Stromlinie. Eine Stromlinie kann auch als Kurve, deren Richtung in jedem Raumpunkt mit der Richtung des dort vorhandenen Geschwindigkeitsvektors übereinstimmt, definiert werden; oder anders ausgedrückt: die örtliche Geschwindigkeit ist stets tangential zur Stromlinie.

Bei stationärer Strömung ist die örtliche Strömungsgeschwindigkeit zeitlich konstant, das Stromlinienbild ändert sich nicht.

Bei instationärer Strömung ändern die Stromlinien fortwährend mit der von der Zeit abhängigen örtlichen Strömungsgeschwindigkeit ihren Verlauf.

Abb. 2.3A zeigt Stromlinien der sogenannten Potentialströmung, wobei angenommen wird, daß die nicht zähe, reibungslose Flüssigkeit sich sofort hinter dem Zylinder wieder schließt und somit keine Ablösung, wie in realer, zäher Flüssigkeit, auftritt. Ein derartiges theoretisches Strömungsbild oder eine Potentialströmung um den Zylinder kann bei guter Näherung in der Realität kurzzeitig unmittelbar nach Beginn des Strömungsvorganges beobachtet werden. Die Fotografie in Abb. 2.3B stellt den Beginn einer Strömung mit geringer Geschwindigkeit dar; es zeigt sich eine eindrucksvolle Übereinstimmung mit dem obigen theoretischen Fall. Es ist zu erkennen, daß die Grenzschicht auch auf der Rückseite des Zylinders anliegt und keine Ablösung auftritt.

a) Die Bernoullische Gleichung

Das Stromlinienbild der Potentialströmung in Abb. 2.3A ist symmetrisch zur horizontalen Achse durch den Mittelpunkt des Zylinders. Der Abstand der Stromlinien voneinander deutet die Größe der Geschwindigkeit an – je kleiner der Abstand, um so größer ist die Strömungsgeschwindigkeit in diesem Gebiet. Weit auseinanderliegende Stromlinien weisen auf verzögerte Strömung hin. In genügend großem Abstand vom Zylinder sind die Stromlinien gerade und parallel; dies zeigt eine ungestörte, gleichmäßige Strömung an. Das Stromlinienbild beschreibt also nicht nur die Richtung der Strömung, sondern auch das sogenannte „Geschwindigkeitsfeld".

Theoretisch ist die Geschwindigkeit V in irgendeinem Punkt auf der Kontur des Zylinders gegeben durch:

$$V = 2\,V_0 \cdot \sin\varphi. \tag{2.1}$$

Hierbei ist V_0 die Geschwindigkeit der ungestörten Strömung weit vor dem Zylinder,

und φ der Winkel zwischen der horizontalen Achse und dem Staupunkt S_1, in dem die Strömung zur Ruhe kommt ($V=0$).

Damit sind wir in der Lage, die Geschwindigkeiten in verschiedenen Punkten auf der Zylinderkontur zu berechnen (Abb. 2.3C). Wir erhalten zum Beispiel

für $\varphi = 0°$: $V=0$, da $\sin 0° = 0$
für $\varphi = 30°$: $V = 2 \cdot V_0 \cdot 0{,}5 = V_0$, da $\sin 30° = 0{,}5$
für $\varphi = 60°$: $V = 2\,V_0 \cdot 0{,}866 = 1{,}73\,V_0$, da $\sin 60° = 0{,}866$
für $\varphi = 90°$: $V = 2\,V_0 \cdot 1{,}0 = 2\,V_0$, da $\sin 90° = 1{,}0$.

Mit Gl. (2.1) läßt sich also leicht das gesamte Geschwindigkeitsfeld auf der Oberfläche des Zylinders ermitteln. Ist die Verteilung der Geschwindigkeit V bekannt, kann mit der Bernoullischen Gleichung die Druckverteilung berechnet werden. Diese Gleichung sagt aus, daß entlang einer gegebenen Stromlinie die Summe aus dem statischem Druck p und dem dynamischen Druck (Staudruck) $q = \rho/2 \cdot V^2$ konstant ist, oder anders ausgedrückt, gleich dem Gesamtdruck ist. Änderungen der Strömungsrichtung und -geschwindigkeit längs einer Stromlinie sind stets mit entsprechenden Druckänderungen verbunden. Eine genaue Kenntnis dieser Druckverteilung ist von höchster praktischer Bedeutung beim Studium der Umströmung von Rümpfen und Tragflügeln. Bezeichnen wir den örtlichen statischen Druck im Punkt S_1 auf dem Zylinder mit p und die Geschwindigkeit im selben Punkt mit V (Abb. 2.3D), sowie den statischen Druck und die Geschwindigkeit in der ungestörten Anströmung mit p_0 und V_0, so gilt nach der Bernoullischen Gleichung:

$$p + \tfrac{1}{2}\,\rho \cdot V^2 = p_0 + \tfrac{1}{2}\,\rho \cdot V_0^2 = \text{konstant}, \tag{2.2}$$

beziehungsweise in einer mehr beschreibenden Form:

$$\text{statischer Druck} + \text{dynamischer Druck} = \text{Gesamtdruck} = \text{konstant}. \tag{2.2A}$$

Diese Gleichung von D. Bernoulli ist ein Ausdruck des Energieerhaltungsgesetzes. Sie beschreibt den wechselseitigen Austausch zwischen potentieller Energie in Form des statischen Druckes p und kinetischer Energie in Form des Staudruckes $q = \rho/2 \cdot V^2$. Der Staudruck q, ein Maß für die kinetische Energie der Flüssigkeitsteilchen, ist sozusagen das Arbeitsvermögen, das ihnen aufgrund ihrer Bewegung innewohnt. Der Begriff potentielle Energie wird für das Arbeitsvermögen eines Körpers angewandt, über das dieser aufgrund seiner Gestalt und Lage verfügt. Zum Beispiel sagt man, eine gespannte Feder besitzt in gleicher Weise potentielle Energie, wie unter Druck stehende Luft.

Im Staupunkt S_1 auf dem Zylinder, in dem die Flüssigkeit zur Ruhe kommt (Abb. 2.3 D), ist die Strömungsgeschwindigkeit V nach obiger Berechnung Null. Mit Gl. (2.2) berechnet sich der statische Druck im Staupunkt dann wie folgt:

Gesamtdruck im Staupunkt S_1		Gesamtdruck der ungestörten Strömung in einiger Entfernung vor S_1
$p+\frac{1}{2}\rho\cdot 0$	$=$	$p_0+\frac{1}{2}\rho\cdot V_0$
$p+0$	$=$	$p_0+\frac{1}{2}\rho\cdot V_0$
p	$=$	$p_0+\frac{1}{2}\rho\cdot V_0=p_0+q_0.$ (2.3)

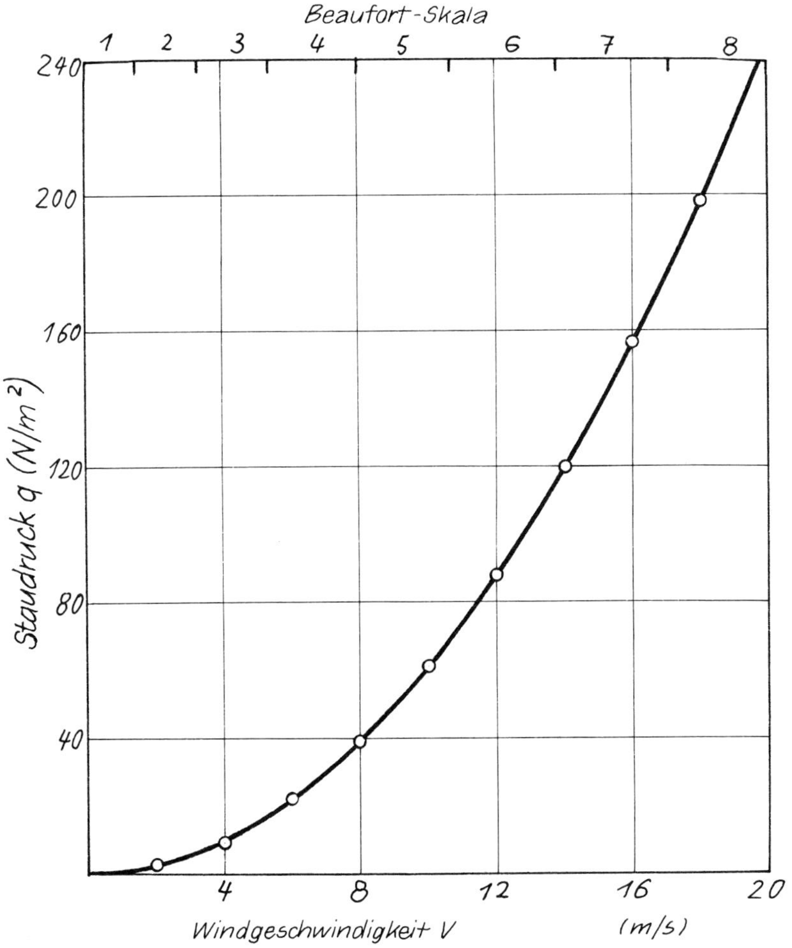

Abb. 2.4 Der Zusammenhang zwischen Staudruck q und Windgeschwindigkeit V

Der statische Druck p im Staupunkt ist also um den Betrag des dynamischen Druckes q_0 größer als der Umgebungsdruck p_0. Der Staudruck q wird in unseren Untersuchungen der Kräfte an Tragflügeln in Wasser oder Luft noch häufig vorkommen. Deshalb sind in Abb. 2.4 und in Tabelle 2.3 Werte für den Staudruck der Luft unter Normalbedingungen ($t_0 = 15$ °C; $p_0 = 1{,}013$ bar $= 1{,}013 \cdot 10^5$ N/m², $\rho_A = 1{,}225$ kg/m³, Meereshöhe) bei verschiedenen Windgeschwindigkeiten angegeben.

Tabelle 2.3

V m/s	$q = \rho_A/2 \cdot V^2$ N/m²	V m/s	$q = \rho_A/2 \cdot V^2$ N/m²
0	0,0	14	120,05
2	2,45	16	156,80
4	9,80	18	198,45
6	22,05	20	245,00
8	39,20	22	296,45
10	61,25	24	352,80
12	88,20		

Multipliziert man diese Werte mit 835, das heißt mit dem mittleren Verhältnis der Dichte ρ_W des Wassers und der Dichte ρ_A der Luft, erhält man den entsprechenden Staudruck in einer Wasserströmung.

Kehren wir nun zu Abb. 2.3C und D zurück. Mit Gl. (2.2) kann der Zusammenhang zwischen der örtlichen Druckänderung $(p - p_0)$ und der örtlichen Geschwindigkeitsänderung durch folgenden Ausdruck beschrieben werden:

$$\begin{aligned} p - p_0 &= \tfrac{1}{2}\rho\, V_0^2 - \tfrac{1}{2}\rho\, V^2 \\ &= \tfrac{1}{2}\rho\, V_0^2 - \tfrac{1}{2}\rho\, V^2 \cdot \frac{V_0^2}{V_0^2} \\ &= \tfrac{1}{2}\rho\, V_0^2 \left(1 - \frac{V^2}{V_0^2}\right). \end{aligned}$$

Mit $q_0 = \frac{1}{2}\rho \cdot V_0^2$ ergibt sich:

$$p - p_0 = q_0 \left(1 - \frac{V^2}{V_0^2}\right). \tag{2.4}$$

Nach Division beider Seiten durch q_0 erhält man Gl. (2.4) in dimensionsloser Form:

$$\frac{p - p_0}{q_0} = 1 - \left(\frac{V}{V_0}\right)^2 = C_p, \tag{2.5}$$

oder:

$$C_p = \frac{\Delta p}{q_0} = 1 - \left(\frac{V}{V_0}\right)^2. \tag{2.5A}$$

Tabelle 2.4

ft/s	m/s	Knoten	Beaufort Skala
1,69	0,52	1	**1**
3,38	1,03	2	
5,07	1,55	3	
6,76	2,06	4	**2**
8,44	2,57	5	
10,13	3,09	6	
11,82	3,60	7	**3**
13,51	4,12	8	
15,20	4,63	9	
16,89	5,15	10	
18,58	5,66	11	**4**
20,27	6,18	12	
21,96	6,69	13	
23,65	7,21	14	
25,34	7,72	15	
27,02	8,24	16	
28,71	8,85	17	**5**
30,40	9,27	18	
32,09	9,78	19	
33,78	10,30	20	
35,47	10,81	21	
37,16	11,33	22	**6**
38,85	11,84	23	
40,54	12,36	24	
42,22	12,87	25	
43,91	13,38	26	
45,60	13,90	27	
47,29	14,41	28	**7**
48,98	14,93	29	
50,67	15,44	30	
52,36	15,96	31	
54,05	16,47	32	
55,74	16,99	33	
57,43	17,50	34	**8**
59,12	18,02	35	
60,80	18,53	36	
62,49	19,05	37	
64,18	19,56	38	
65,87	20,08	39	
67,56	20,59	40	
69,25	21,11	41	**9**
70,94	21,62	42	
72,63	22,14	43	
74,32	22,65	44	
76,00	23,16	45	
77,69	23,68	46	
79,38	24,19	47	
81,07	24,71	48	**10**
82,76	25,22	49	
84,45	25,74	50	
86,14	26,25	51	
87,83	26,77	52	
89,52	27,28	53	
91,21	27,80	54	
92,90	28,31	55	
94,58	28,83	56	**11**
96,27	29,34	57	
97,96	29,86	58	
99,65	30,37	59	
101,34	30,89	60	
103,03	31,40	61	
104,72	31,92	62	
106,41	32,43	63	
108,10	32,95	64	
109,78	33,46	65	
111,47	33,97	66	**12**
113,16	34,49	67	
114,85	35,00	68	
116,54	35,52	69	
118,23	36,03	70	
119,92	36,55	71	
121,61	37,06	72	
123,30	37,58	73	
124,99	38,10	74	
126,68	38,61	75	
128,36	39,12	76	
130,05	39,64	77	
131,74	40,15	78	
133,43	40,67	79	
135,12	41,18	80	
136,81	41,70	81	
138.50	42,21	82	
140,19	42,73	83	
141,88	43,24	84	
143,56	43,75	85	
145,25	44,27	86	
146,94	44,79	87	
148,63	45,30	88	
150,32	45,82	89	
152,01	46,33	90	
153,70	46,85	91	
155,39	47,36	92	
157,08	47,88	93	
158,77	48,39	94	
160,46	48,91	95	
162,14	49,42	96	
163,83	49,93	97	
165,52	50,45	98	
167,21	50,96	99	
168,90	51,48	100	

Hierbei ist C_p ein dimensionsloser Druckbeiwert – ein Verhältnis zwischen statischem und dynamischem Druck,

und $\Delta p = p - p_0$ der Differenzdruck, das heißt, der Unterschied zwischen dem örtlichen Druck p und dem Umgebungsdruck p_0 für einen beliebigen Punkt auf der Oberfläche des Zylinders.

Somit führt ein Absinken der örtlichen Geschwindigkeit V unter den Wert der freien Anströmgeschwindigkeit V_0 zu einem örtlichen Anstieg des Druckes p, und infolgedessen wird die Differenz $(p-p_0)$ positiv; umgekehrt folgt aus einem Ansteigen von V über den Wert von V_0 ein Abfall des örtlichen Druckes p unter den statischen Druck p_0 der freien Strömung, so daß die Differenz $(p-p_0)$ negativ wird.

Diese Schlußfolgerung aus der Bernoullischen Gleichung bereitet oft auf den ersten Blick Schwierigkeiten, denn man verbindet gefühlsmäßig eher hohen Druck mit hoher Geschwindigkeit und umgekehrt. Ein wenig Nachdenken zeigt jedoch, daß nach dieser Gleichung höherer Druck dort auftritt, wo die freie Strömung der Flüssigkeit verzögert ist. Nach der Bernoullischen Gleichung, eine Folgerung der Energieerhaltung, besteht in allen Punkten der Strömung ein Gleichgewicht zwischen der aus der Bewegung entstehenden und der aus dem Druck herrührenden Energie; es ist ein unumgängliches Gesetz, daß das, was in einer Energieform verlorengeht, in eine andere Energieform übergehen muß [2.5]. Mit anderen Worten, in der Welt der Strömungsmechanik ist es schwer, etwas für nichts zu bekommen.

In einer idealen Flüssigkeit, in der keine Energie durch Reibung in Wärme übergeht, hat die Umwandlung zwischen den beiden Energieformen – Druckenergie einerseits und kinetische Energie andererseits – nur Geschwindigkeits- und Druckänderungen zur Folge.

In einer realen Flüssigkeitsströmung, in der durch Reibung ein Teil der kinetischen Energie verlorengeht, das heißt, in Wärme umgewandelt wird, bleibt der Gesamtdruck nach Gl. (2.2 A) (Statischer Druck + Staudruck = Gesamtdruck) im Verlauf der Energieumsetzung nicht konstant. Sind die Reibungs- und Wärmeverluste klein, wie im Falle einer langsam strömenden Flüssigkeit mit geringer Zähigkeit, läßt sich die Gleichung von Bernoulli jedoch als angemessene Näherung anwenden, die guten Einblick in das Zustandekommen der Kräfte am Tragflügel vermittelt.

In einer idealen, reibungslosen Flüssigkeit ermöglicht Gl. (2.5 A) die Bestimmung der Druckverteilung um den Zylinder, wenn die Geschwindigkeitsverteilung bereits bekannt ist. Für die Punkte S_1, A und B (Abb. 2.3 C) wurde mit Hilfe von Gl. (2.1) die örtliche Geschwindigkeit auf der Zylinderkontur bereits ermittelt. Zum Beispiel ist im Staupunkt S_1 die Strömungsgeschwindigkeit $V=0$. Setzen wir diesen Wert in Gl. (2.5 A) ein, ergibt sich:

$$C_p = \frac{p-p_0}{q_0} = \frac{\Delta p}{q_0} = 1 - \left(\frac{0}{V_0}\right)^2,$$

oder

$$\frac{\Delta p}{q_0}=1,$$

beziehungsweise

$$\Delta p=q_0.$$

Dies besagt, daß die Druckdifferenz Δp im Staupunkt positiv ist, und somit dort der statische Druck p um den Betrag von q_0 größer ist, als der Umgebungsdruck p_0, wie bereits bei der Herleitung der Gl. (2.3) festgestellt wurde.

Es sollte vielleicht erwähnt werden, daß der Druckbeiwert C_p für den Staupunkt niemals größer als 1 sein kann. Der Staudruck q_0 beschreibt die maximale, in statischen Druck umwandelbare kinetische Energie der Strömung.

Wird der Zylinder bei einem Umgebungsdruck $p_0=1{,}013\cdot 10^5$ N/m² (=Luftdruck der Normalatmosphäre) einer Luftströmung mit einer Geschwindigkeit von 12 m/s ausgesetzt, so steigt im Staupunkt S_1 der statische Druck um den Betrag $\Delta p=q_0$ über den Umgebungsdruck p_0 an; aus der Tabelle 2.3 oder Abb. 2.4 ergibt sich Δp dabei zu 88,20 N/m². Im Punkt B auf dem Zylinder ist dagegen die örtliche Geschwindigkeit V doppelt so groß wie V_0, das heißt:

$$\frac{V}{V_0}=2.$$

Setzt man dieses Verhältnis in Gl. (2.5 A) ein, so folgt:

$$C_p=\frac{\Delta p}{q_0}=1-(2)^2=-3.$$

Dies bedeutet, daß im Punkt B der statische Druck p um das 3fache des Staudrukkes der Anströmung q_0 unter den Wert des statischen Umgebungsdruckes p_0 absinkt.

Beträgt wie im vorherigen Beispiel der Staudruck der Anströmung $q_0=$ 88,20 N/m² (entsprechend einer Geschwindigkeit von 12 m/s), so ist der statische Druck im Punkt B auf den Zylinder um

$$3\cdot q_0=3\cdot 88{,}20=265\ \mathrm{N/m^2}$$

niedriger als der statische Druck in der Umgebung.

Wiederholt man dies Verfahren für eine Anzahl weiterer Punkte auf der Zylinderkontur, läßt sich relativ einfach die in Abb. 2.3 D dargestellte Druckverteilung ermitteln. Auf den Zylinder zugerichtete Pfeile bedeuten einen positiven Druckbeiwert C_p oder einen positiven Differenzdruck Δp. Von der Zylinderoberfläche wegweisende Pfeile kennzeichnen einen negativen Druckbeiwert C_p und einen negativen Differenzdruck Δp. Ein positiver Differenzdruck Δp bedeutet also einen Anstieg des statischen Druckes über den Umgebungsdruck (in unserem Beispiel dem Luftdruck p_0), es herrscht dann, bezogen auf die Umgebung, „Überdruck", und umgekehrt bedeutet ein negativer Differenzdruck einen Druckabfall unter den Wert des statischen Umgebungsdruckes p_0, es herrscht dann „Unterdruck".

b) Der Einfluß der Reibung auf das Stromlinienbild

Wie Abb. 2.3D zeigt, ist in reibungsloser Flüssigkeit die Druckverteilung symmetrisch zur vertikalen und horizontalen Achse $B-B_1$ und S_1-S_2. Folglich erfährt der Zylinder keine Kraftwirkung. Wenn wir alle auf die Oberfläche wirkenden Druckkräfte aufsummieren, heben sie sich gegenseitig auf, und die resultierende Kraft ergibt Null. In reibungsloser Flüssigkeit würde der Zylinder nicht den geringsten Widerstand erfahren. Dieses Ergebnis, das völlig dem gesunden Menschenverstand und der Erfahrung widerspricht, verwirrte viele Jahre die klügsten Mathematiker, unter ihnen auch den berühmten Philosophen der Aufklärung (18. Jahrhundert) J. le Rond d'Alembert, der in seinem Werk *Opuscules mathématiques* (1768) bekannte:

> „Ich gebe zu, daß ich also nicht einsehe, wie man den Flüssigkeitswiderstand durch die Theorie in einwandfreier Weise erklären kann. Es scheint mir im Gegenteil, daß diese Theorie, die mit gründlicher Aufmerksamkeit studiert und behandelt wurde, wenigstens in den meisten Fällen einen Widerstand von absolut Null ergibt; ein einzigartiges Paradoxon, das ich den Geometern zu erklären überlasse."

Dieser zweifellos merkwürdige, für willkürliche Körperformen geltende Sachverhalt, bekannt als d'Alembertsches Paradoxon, wurde nicht nur von den Gelehrten der Geometrie, sondern auch von vielen Naturwissenschaftlern fast 150 Jahre lang ohne viel Erfolg untersucht. Zu Beginn des 20. Jahrhunderts überbrückte L. Prandtl schließlich die Kluft zwischen jenen Strömungsvorgängen, die man beweisen konnte, die aber in der Wirklichkeit nicht zu beobachten sind, und den Vorgängen, die man beobachten, aber nicht beweisen konnte. Der auf Prandtl folgende schnelle Fortschritt, besonders in der Aerodynamik, wurde in hohem Maße durch seine Idee, das Strömungsfeld um einen Körper in einer realen Flüssigkeit in zwei Bereiche aufzuteilen, vorangetrieben.

Der eine Bereich, das Gebiet sehr nahe der Körperoberfläche, wird vollständig durch die Zähigkeit beeinflußt. Ihre Auswirkungen beschränken sich aber auf eine dünne, unmittelbar an die Körperwand angrenzende Schicht. Diese Schicht, in der die Zähigkeit zu berücksichtigen ist, bezeichnet man nach Prandtl als „Grenzschicht" oder „Reibungsschicht".

Der zweite Bereich besteht aus der Strömung außerhalb dieser Grenzschicht. In ihr sind die Zähigkeitseffekte vernachlässigbar, die Strömung kann als die einer reibungslosen, idealen Flüssigkeit betrachtet werden. Als solche kann sie mit großer Genauigkeit, zumindest für Stromlinienkörper, mit den herkömmlichen Methoden der klassischen Mechanik der reibungslosen Flüssigkeiten beschrieben werden, die im Grunde reine Geometrie sind.

Abb. 2.5A stellt schematisch das Strömungsbild um den Kreiszylinder in einer realen, zähen Flüssigkeit dar. Im Gegensatz zur idealen, reibungslosen Strömung (Abb. 2.3A und B) erfahren Körper in zähen Flüssigkeiten stets einen gewissen Widerstand, besonders, wenn sie plötzlich den Verlauf der Stromlinien verändern.

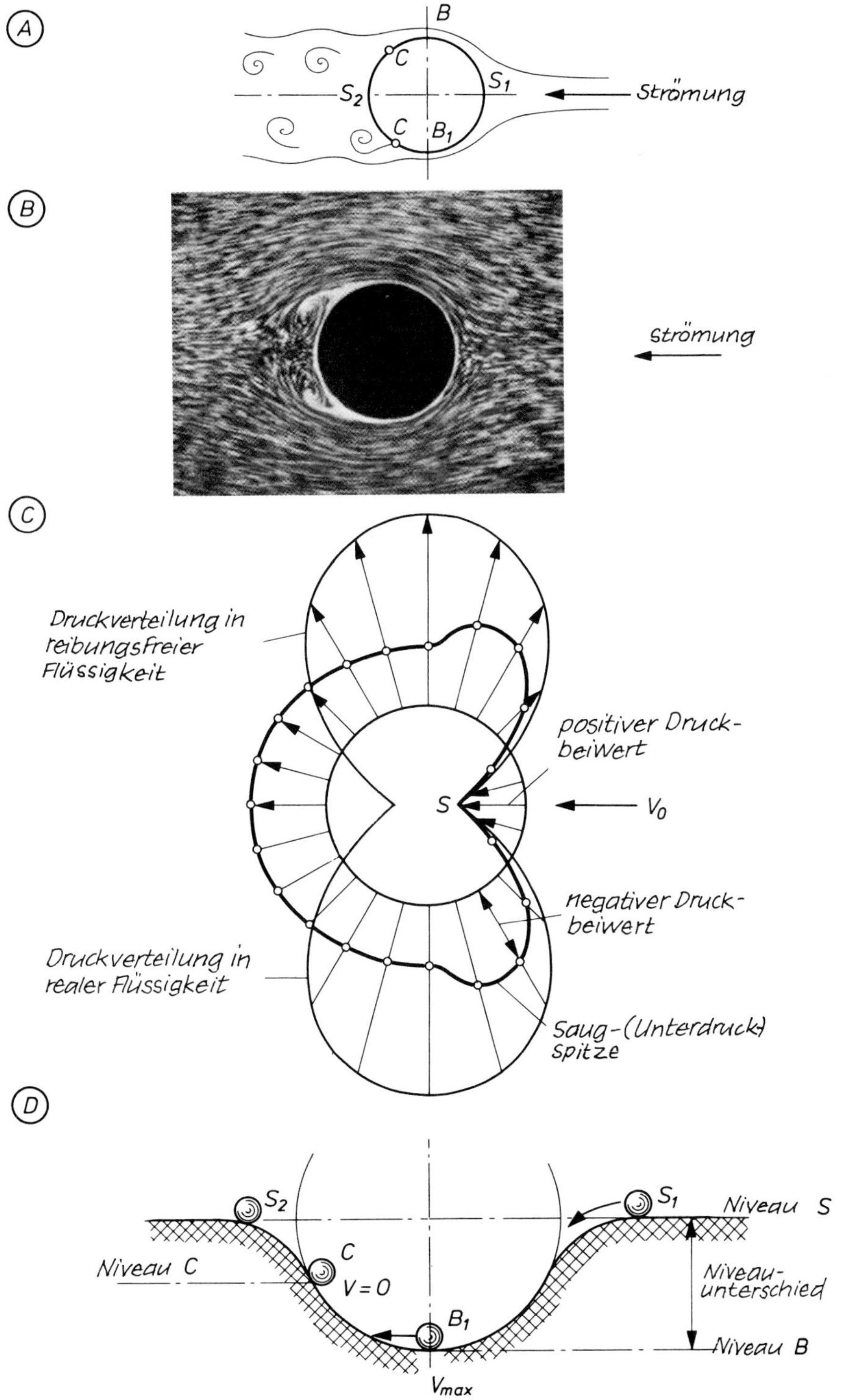

Abb. 2.5

A Umströmung (schematisch) eines Kreiszylinders bei realer Flüssigkeit. Ablösung und Wirbelbildung sind Folge des Zähigkeitseinflusses.

B Momentbild der Strömung um einen Kreiszylinder bei realer Flüssigkeit. Auf der Zylinderrückseite häuft sich Grenzschichtmaterial an, die Strömung beginnt abzulösen.

C Druckverteilung in idealer und realer Flüssigkeit

D Modellvorstellung zur Ablösung und Wirbelbildung

Die Flüssigkeitsteilchen der an der Wand haftenden Grenzschicht werden infolge der Zähigkeit auf ihrem Weg um den Zylinder abgebremst, ihre Geschwindigkeit im Punkt B ist folglich geringer, als sie es in reibungsloser Flüssigkeit wäre, das heißt, sie ist kleiner als $2\,V_0$. Dies bedeutet, daß ihre kinetische Energie kleiner ist als die, welche sich aus rein theoretischen Betrachtungen ergibt. Ein Teil der Bewegungsenergie wurde in Wärme umgesetzt. Um auf dem Weg um den Kreiszylinder aber zum hinteren Staupunkt S_2 zu gelangen, benötigen die Flüssigkeitsteilchen aber die gesamte kinetische Energie. Da diese jedoch nun nicht mehr vorhanden ist, kommt die wandnahe Strömung zum Stillstand, sie haftet nicht länger an der Zylinderoberfläche. Die Flüssigkeitsteilchen häufen sich irgendwo um Punkt C an, die Grenzschicht wird plötzlich dicker (Abb. 2.5B), und die Stromlinien werden gewaltsam von der Zylinderkontur abgedrängt. Dieses jähe Abdrängen der Stromlinien, das bei Punkt C beginnt, bezeichnet man als Ablösung, die stromabwärts ein mehr oder weniger turbulentes Wirbelgebiet (Totwasser) zur Folge hat.

Die durch die Reibungsschicht infolge der Zähigkeit auf den Zylinder (oder jede andere willkürliche Körperform) übertragenen Schubspannungen rufen eine Kraft hervor; sie wird Reibungswiderstand genannt. Eine weitere Folge der Grenzschichtwirkung ist eine gewisse Änderung des Strömungsbildes. Die aus der Theorie der idealen Flüssigkeiten abgeleitete symmetrische Druckverteilung (Abb. 2.5C) ist nun gestört, so daß eine weitere Kraft entsteht – der Druckwiderstand. Dieser Druckwiderstand infolge unvollständigen Druckaufbaus – besonders auf der Rückseite des Zylinders – läßt sich durch einen Vergleich der Druckverteilungen in realer und idealer Flüssigkeit anhand von Abb. 2.5C erklären. Es ist zu erkennen, daß die Hauptunterschiede auf der Zylinderrückseite auftreten, wo der statische Druck überhaupt nicht mehr auf den im hinteren Staupunkt positiven Wert mit dem Druckbeiwert $C_p = 1$ ansteigt. Tatsächlich ist der Druckbeiwert C_p in diesem Gebiet negativ, wie die Pfeile andeuten. Es ist einleuchtend, daß der resultierende Druckwiderstand, das heißt, die durch den Druckabfall in Strömungsrichtung verursachte Kraft, klein gehalten werden könnte, wenn die Ablösungspunkte auf der Zylinderkontur so weit wie möglich nach hinten verschoben werden. Dies würde die durch den Unterdruck (negatives C_p) beeinflußte Zylinderfläche verringern. Die Breite des Totwassergebietes hinter dem Zylinder ist gewissermaßen ein Maß für die Größe des Widerstandes – eine größere Wirbelzone bedeutet einen größeren Widerstand.

L. Prandtl [2.6] verglich das Verhalten der Grenzschicht unter den obigen Bedingungen mit dem Verhalten einer Kugel (Abb. 2.5D). Die Kugel möge in Punkt S_1 zu rollen beginnen. Während des Hinunterrollens in die Mulde wird ihre potentielle Energie infolge ihrer Ausgangshöhe (Niveau S) bezüglich des Punktes B_1 (Niveau B) in kinetische Energie, beziehungsweise Geschwindigkeit, umgesetzt, die im Punkt B_1 ihr Maximum erreicht. Beim Hinaufrollen wird die Bewegungsenergie wieder in potentielle Energie zurückverwandelt. Unter der Voraussetzung, daß unterwegs keine Energie verloren geht, erreicht die Kugel wieder ihre Ausgangshöhe. Da Reibung und andere Widerstände nicht zu vermei-

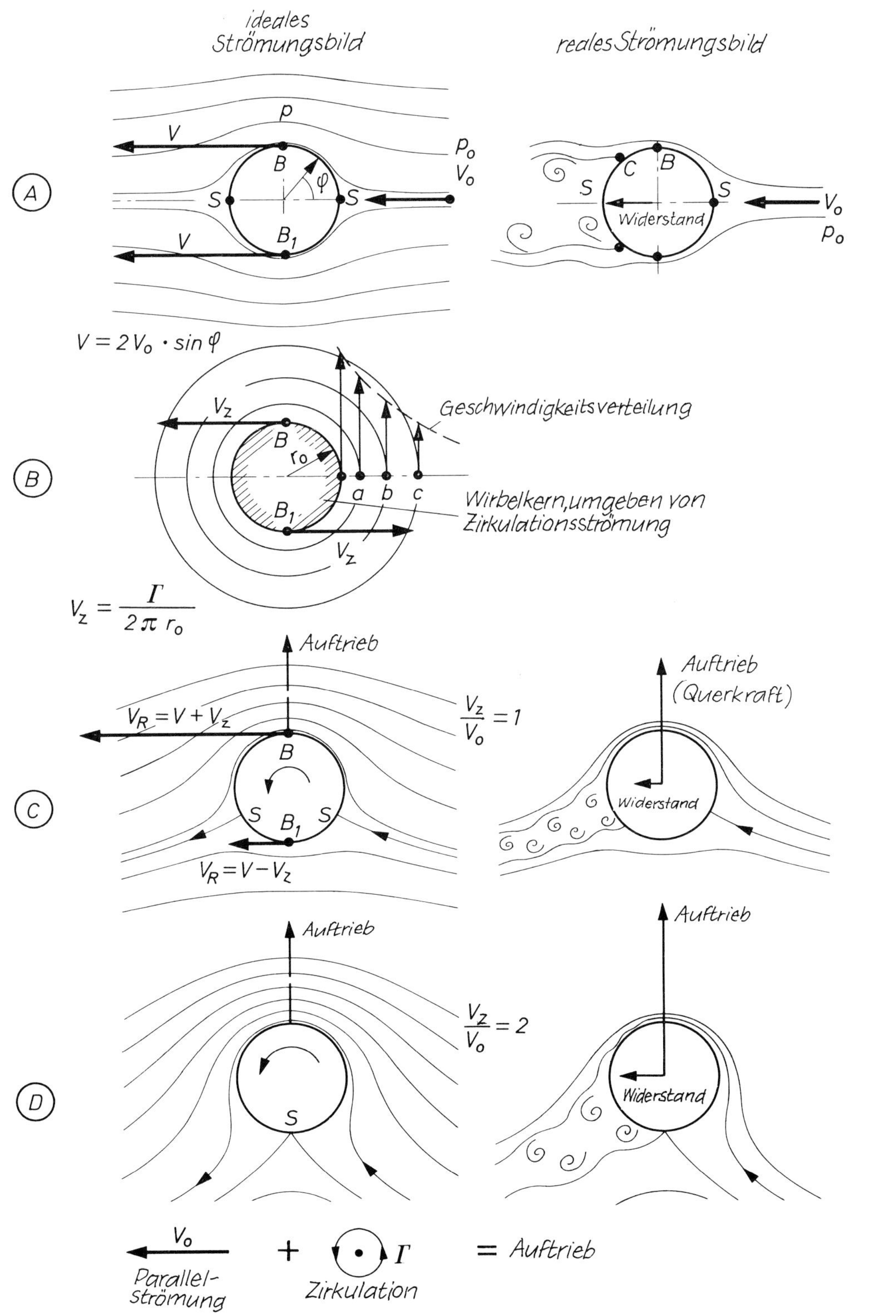

Abb. 2.6 Der rotierende Kreiszylinder als Tragflügel. A. Flettner nutzte diese Querkraft rotierender Zylinder zum Antrieb seines Rotorschiffes.

den sind, gelangt sie aber nicht mehr auf das Niveau *S*, sondern wird irgendwo zwischen den Punkten B_1 und S_2, zum Beispiel im Punkt C, nachdem die gesamte kinetische Energie aufgezehrt ist, zum Stillstand kommen.

Wir werden nun für eine Weile die Reibungs- und Druckwiderstände verlassen (sie werden in den folgenden Abschnitten noch eingehender erörtert) und uns im folgenden der Auftriebserzeugung zuwenden.

4 Zirkulation und Magnus-Effekt

Zur Herleitung der Theorie des Auftriebs ist es zweckmäßig, als nächsten Schritt einen weiteren Strömungsvorgang einzuführen, nämlich die stetige Strömung einer Flüssigkeit in konzentrischen Kreisen um den Zylinder (Abb. 2.6 B). Eine derartige Strömung, die man als Wirbel bezeichnet, kann durch einen drehenden Zylinder in einer reibungsbehafteten Flüssigkeit erzeugt werden. Durch die Zähigkeit schleppt die Zylinderwand die Flüssigkeit mit, die Grenzschicht ist dabei so dünn, daß ihr keine weitere Bedeutung zukommt. Der Zylinder selbst kann als „Wirbelkern“ dieser Zirkulationsströmung aufgefaßt werden. Es wird angenommen, daß außerhalb dieses Kerns die Flüssigkeit derart rotiert, daß ihre Umfangsgeschwindigkeit V_z umgekehrt proportional zum Radius der Stromlinien, das heißt, zu ihrem Abstand r vom Mittelpunkt des Wirbelkernes, ist. Der Abstand der Stromlinien und die kürzer werdenden Geschwindigkeitsvektoren in Abb. 2.6 B kennzeichnen diese Geschwindigkeitsabnahme mit größer werdendem Radius. Die entsprechende Geschwindigkeitsverteilung ist gleichfalls dargestellt. Wie bei der geradlinigen Strömung (Parallelströmung) in Abb. 2.3 ist auch hier die Strömungsgeschwindigkeit stets tangential zur Stromlinie gerichtet. Ihre Größe ist gegeben durch:

$$V_z = \frac{\text{Konstante}}{r}, \tag{2.6}$$

wobei r den Abstand oder Radius der Stromlinie vom Mittelpunkt der Wirbelbewegung bezeichnet.

Derartige Wirbelbewegungen können in der Natur sowohl im Wasser als auch in der Luft beobachtet werden. Hat der Wirbel beträchtliche Intensität und der Wirbelkern einen geringen Durchmesser, so treten aufgrund der hohen Umfangsgeschwindigkeiten in der Nähe des Zentrums extrem hohe Unterdrücke auf (drastisches Absinken des statischen Druckes unter den Wert des Umgebungsdruckes). Dies ist eine einfache Folge der Bernoullischen Gleichung, die aussagt: „Wo die Geschwindigkeit groß ist, ist der Druck klein.“

Tornados (Foto 2.2 A), Staubwirbel, Wirbel über Ausflußöffnungen, Wasserhosen und Zyklone (Foto 2.2 B) sind eindrucksvolle Beispiele des natürlichen Vorkommens solcher Zirkulationsbewegungen. Man kann sie alle sehen und/oder fühlen. Die dem Foto 2.2 A beigefügte Skizze beschreibt den Zusammenhang zwischen dem Druck p in der Nähe des Tornadotrichters und dem umgebenden

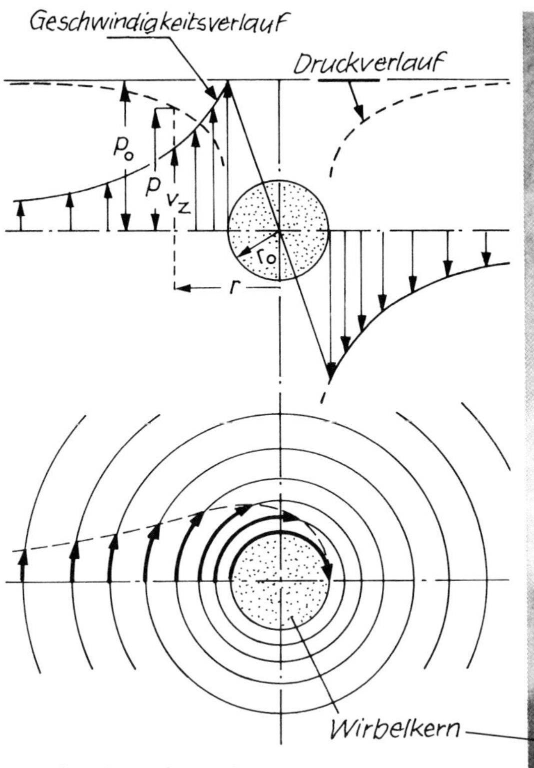

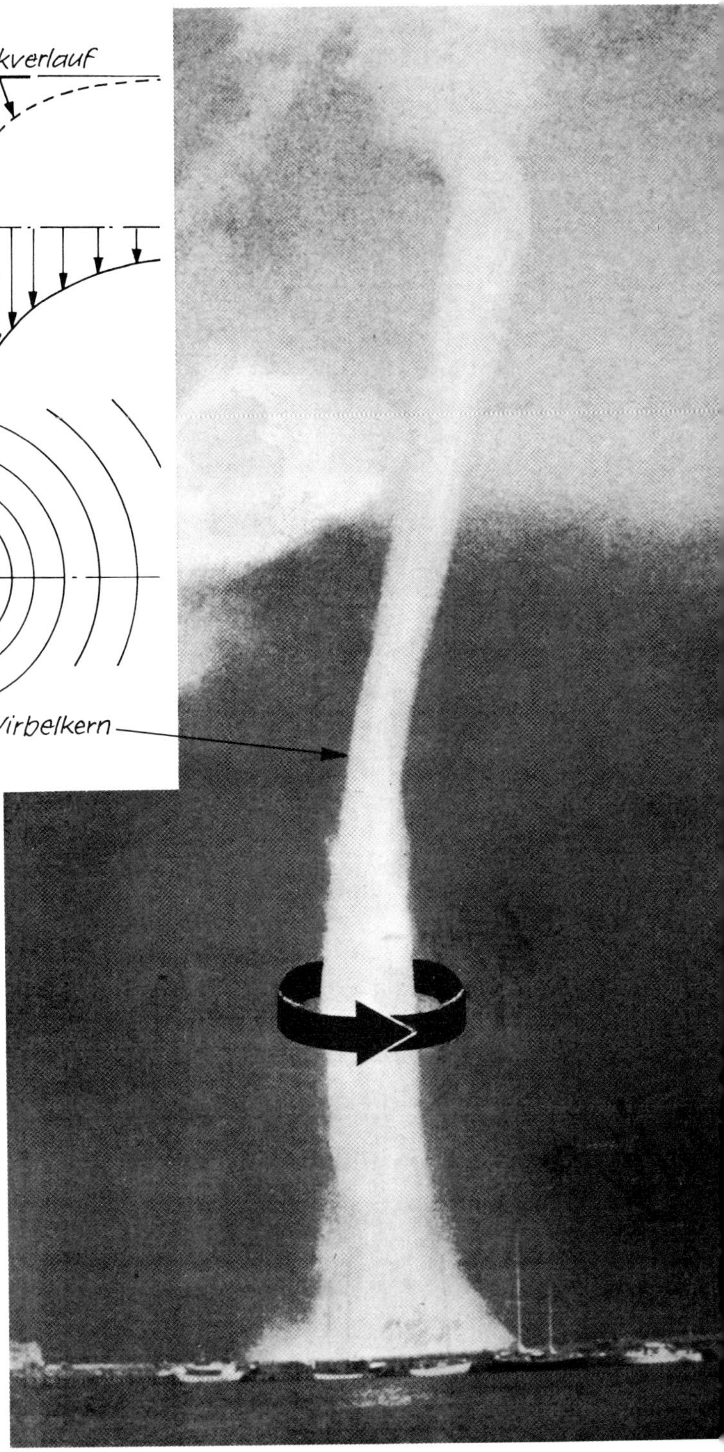

Foto 2.2A Tornado. Ein Tornado ist ein sehr starkes Wirbelsystem, in dem die Luft mit Geschwindigkeiten zwischen 45 und 140 m/s rotiert. Der sichtbare Schlauch (Wirbelkern) besteht aus Wasserdampf der Luft, der infolge adiabatischer Abkühlung aufgrund des im Wirbelinneren gegenüber der äußeren Atmosphäre merklich geringeren Druckes kondensiert. Von einem Tornado an Gebäuden verursachte Schäden sind teils Folge einer Explosion, wenn der Luftdruck außerhalb plötzlich abfällt, teils Folge der extremen Windstärken. Durch Maßnahmen, die einen raschen Druckausgleich zwischen dem Gebäudeinneren und der Umgebung ermöglichen (zum Beispiel vorheriges Öffnen der Fenster), läßt sich das Ausmaß der Explosionsschäden vermindern.

Aus dem nebenstehenden Diagramm geht näherungsweise die Abhängigkeit der Zirkulationsgeschwindigkeit V_z (Umfangsgeschwindigkeit) und des Druckes p vom Abstand r von der Wirbelkernmitte hervor. Dabei bezeichnet p_0 den statischen (atmosphärischen) Druck weit außerhalb des unmittelbaren Einflußbereiches des Wirbels. Wie man sieht, wird mit abnehmendem Abstand zum Kern die Geschwindigkeit der Luftteilchen immer größer, begleitet von einem mehr oder weniger raschen Druckabfall.

Ein ähnliches Wirbelsystem kann man beim Ablaufen des Wassers aus der Badewanne beobachten. In der Natur finden sich für solche konzentrischen Drehbewegungen – Wirbel – vielerlei Beispiele. Das von einem Satelliten aus aufgenommene Wolkenbild in Foto 2.2B läßt eine derartige Rotationsbewegung in der irdischen Atmosphäre in großem Maßstab erkennen. Einen Materiewirbel astronomischer Größenordnung zeigt Foto 2.2C.

Foto 2.2B Gegen den Uhrzeigersinn drehendes Windsystem auf der nördlichen Erdhalbkugel – Tiefdruckstörung, aufgenommen von einem Wettersatelliten. Da der Hauptteil einer solchen Zyklone sich durch starken Wind auszeichnet, sollten es Segelschiffe vermeiden, in den „gefährlichen Halbkreis" eines Sturmtiefs zu geraten, in dem sie leicht durch den Wind und mitunter durch die Meeresströmung in seine Zugbahn gedrängt werden.

Foto 2.2C Die Spiralgalaxie NGC 3031 gleicht den Randwirbeln, die hinter jedem auftriebserzeugenden Tragflügel entstehen – sei es ein Segel, ein Flugzeugtragflügel oder eine Kielflosse (siehe Foto 2.27).

Luftdruck p_0 in weiter Entfernung vom Wirbelzentrum. Die gestrichelte dünne Kurve verdeutlicht, wie schnell der Druck p zur Mitte des Tornados hin abnimmt. Dieser Druckabfall und die hohe Umfangsgeschwindigkeit V_z können zu schweren Schäden an Gebäuden führen, die von dem Tornado auf seiner Zugbahn getroffen werden.

Ein weiteres Beispiel einer häufig in der Atmosphäre zu beobachtenden Wirbelbewegung ist auf dem Foto 2.2B eines Wettersatelliten zu erkennen. Es zeigt eine große Luftmasse in einem Tiefdrucksystem (nördliche Hemisphäre), die sich gegen den Uhrzeigersinn dreht. Wir werden später noch sehen, daß hinter Flugzeugen und Segelyachten auf Am-Wind-Kurs ähnliche Wirbel entstehen, die auf Kosten eines dauernden Energieverbrauchs ständig neu gebildet werden.

Zur weiteren Untersuchung der Wirbelbewegung wollen wir nun den Begriff der Zirkulation einführen. Die Zirkulation Γ ist definiert als ein Produkt aus Tangentialgeschwindigkeit der Zirkulationsströmung V_z und Weglänge (im Falle des rotierenden Zylinders gleich dem Umfang). Fassen wir die Kontur des Zylinders auch als Stromlinie auf (Abb. 2.6B), so können wir für die Zirkulation schreiben:

$$\Gamma = V_z \cdot 2\pi r_0, \tag{2.7}$$

beziehungsweise:

$$V_z = \frac{\Gamma}{2\pi r_0}. \tag{2.7 A}$$

Hierbei ist $2\pi r_0$ der Zylinderumfang.

Durch Einsetzen von Gl. (2.6) in Gl. (2.7) ergibt sich:

$$\Gamma = 2\pi \cdot \text{Konstante}. \tag{2.8}$$

Dies bedeutet, daß bei dem betrachteten Strömungsvorgang die Zirkulation Γ für jede in sich geschlossene Kurve um den Zylinder stets gleich ist; zum Beispiel ist die Zirkulation für die Kurven a, b und c in Abb. 2.6B identisch mit der für die Zylinderkontur selbst.

Der Begriff der Zirkulation mag für die meisten Leser neu sein, und als solcher keine sogleich verstandene physikalische und praktische Bedeutung besitzen. Diejenigen, denen dieser Begriff Schwierigkeiten bereitet, finden vielleicht in der Tatsache Trost, daß man lange Zeit brauchte, um den Kraftbegriff als hilfreiches geistiges Werkzeug zur Erklärung der verschiedenen Wechselbeziehungen zwischen den Gegenständen in unserer Umgebung zu entwickeln und zu verstehen. Heute verwenden wir diesen Begriff fast unbewußt, fassen Kräfte als Zug und Druck auf, die bestrebt sind, Körper zu bewegen oder sie in Ruhe zu halten. Ein wesentlicher Bestandteil des Kraftbegriffes ist, daß Kräfte im Gleichgewicht sind, wenn der untersuchte Gegenstand ruht oder sich gleichförmig bewegt, und daß die Kräfte nicht im Gleichgewicht sind, wenn der Gegenstand sich beschleunigt bewegt. Man könnte nun die philosophische Frage stellen, ob Kräfte überhaupt real existieren. Vom Standpunkt der angewandten Mechanik aus betrachtet, verbleibt die Tatsache, daß der Kraft- und Zirkulationsbegriff, genau wie viele andere Begriffe, die in der Wissenschaft und im alltäglichen Leben gebraucht werden, es uns erlauben, physikalische Vorgänge vorherzusagen, und schon dies allein rechtfertigt ihre Einführung.

a) Der rotierende Zylinder als Tragflügel

Mit Hilfe des Überlagerungsprinzipes, das den Zusammenbau einer komplexen Strömung durch Addition oder Überlagerung zweier einfacherer Strömungsvorgänge gestattet, sollen nun eine Parallelströmung (Abb. 2.6A links) und eine reine Zirkulationsströmung (Abb. 2.6B) um den Kreiszylinder miteinander überlagert werden. Das Ergebnis zeigt Abb. 2.6C und D (linke Seite).

Um das resultierende Strömungsbild zu erhalten, müssen die Geschwindigkeitsfelder der Parallel- und Zirkulationsströmung um den Zylinder, das heißt die örtlichen Geschwindigkeitsvektoren V und V_z, jeweils miteinander addiert werden. Das Problem ist also genau das gleiche wie bei der Bestimmung der Resultierenden zweier Kräfte durch vektorielle Addition der Komponenten. Zum Beispiel ergibt für den Punkt B in Abb. 2.6C die Addition der Geschwindigkeit der Parallelströmung $V = 2V_0$ mit der Zirkulationsgeschwindigkeit $V_z = (\Gamma/2\pi r_0)$ eine resultierende Geschwindigkeit V_R von:

$$V_R = V + V_z = 2V_0 + \frac{\Gamma}{2\pi r_0}. \qquad (2.9)$$

Dagegen muß im Punkt B_1 die Zirkulationsgeschwindigkeit V_z, die der geradlinigen Strömung genau entgegengerichtet ist, von deren Geschwindigkeit V subtrahiert werden:

$$V_R = V - V_z = 2V_0 - \frac{\Gamma}{2\pi r_0}. \qquad (2.9\,A)$$

Es ist offensichtlich, daß die resultierende tangentiale Geschwindigkeit V_R in jedem Punkt auf der Zylinderkontur von der bei reiner Parallelströmung verschieden ist, und zwar in einem Maße, das sowohl von der Zirkulationsgeschwindigkeit V_z, beziehungsweise von der Zirkulation Γ, als auch von der durch den Winkel φ definierten Lage des Punktes (Abb. 2.6A links) abhängig ist. Die Tangentialgeschwindigkeit V_R ist auf der Oberseite des rotierenden Zylinders größer und auf der Unterseite kleiner als bei der Kreiszylinderströmung ohne Zirkulation.

Folglich ist nach der Bernoullischen Gleichung der Druck auf der Zylinderunterseite größer als auf der Oberseite. Dadurch ergibt sich eine resultierende Kraft – der Auftrieb – die das Bestreben hat, den Zylinder nach oben (quer zur Anströmung) zu bewegen. Eine Überlagerung von Parallel- und Zirkulationsströmung ruft also Auftrieb hervor. Diese Kraft trat bei der Parallelströmung um den Zylinder (Abb. 2.3) nicht auf, da dort die Druckverteilung symmetrisch war. Sobald der Zylinder rotiert, verschwindet diese Symmetrie.

Abb. 2.7 stellt die Druckverteilung (anhand des Druckbeiwertes C_p) um einen in reibungsloser Flüssigkeit rotierenden Kreiszylinder dar. Die Pfeile kennzeich-

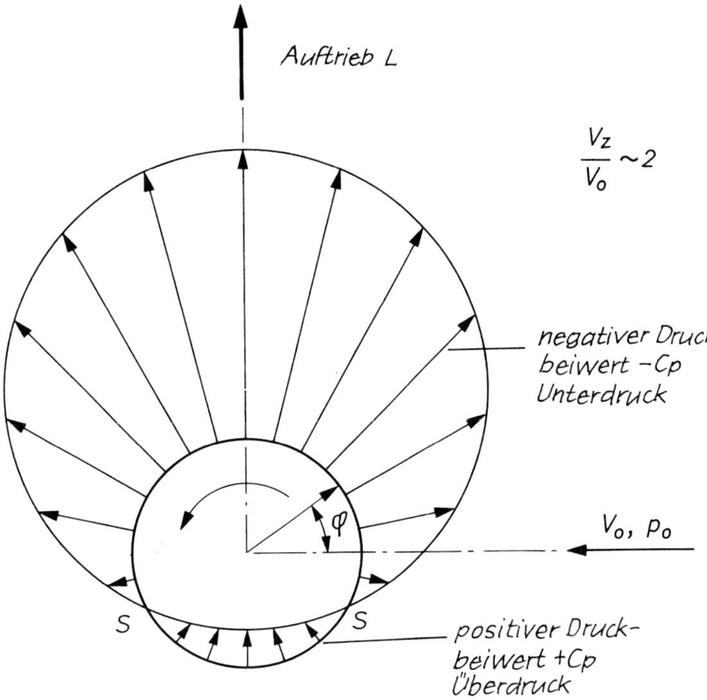

Abb. 2.7 Druckverlauf um einen rotierenden Zylinder bei reibungsfreier Strömung

nen die Stärke und Richtung der Druckkräfte auf der Zylinderoberfläche. Diese Darstellung zeigt deutlich, daß der Unterdruck ($-C_p$) auf der Oberseite des Zylinders mehr zum Auftrieb L des Zylinders beiträgt, als der Überdruck ($+C_p$) auf der Unterseite.

Die Größe des Auftriebes L auf dem Zylinder pro Längeneinheit seiner Spannweite b ist durch folgende Formel gegeben:

$$\frac{L}{b} = \rho \cdot V_0 \cdot \Gamma, \tag{2.10}$$

oder, nach Einsetzen von Gl. (2.7):

$$\frac{L}{b} = \rho \cdot V_0 \cdot (V_z \cdot 2\pi r_0). \tag{2.10 A}$$

Aus der Aerodynamik ist bekannt, daß die Drücke auf dem Zylinder alle proportional zum Staudruck $q_0 = \rho/2 \cdot V_0^2$ in der ungestörten Strömung vor dem Zylinder sind. Die von diesen Drücken verursachten Kräfte sind ihrerseits wiederum proportional zur Größe und damit zum Durchmesser $2r_0$ des Zylinders. Folglich ergibt sich der Auftrieb pro Längeneinheit auch zu:

$$\frac{L}{b} = C_L \cdot \frac{\rho}{2} \cdot V_0^2 \cdot 2r_0, \tag{2.10 B}$$

beziehungsweise:

$$L = C_L \cdot \frac{\rho}{2} \cdot V_0^2 \cdot 2r_0 \cdot b. \qquad (2.10\,C)$$

Hierbei ist C_L ein Proportionalitätsfaktor, der als Auftriebsbeiwert bezeichnet wird.

Für den Auftriebsbeiwert C_L in reibungsloser Flüssigkeit folgt dann also:

$$C_L = \frac{L}{\rho/2 \cdot V_0^2 \cdot 2r_0 \cdot b}.$$

Zusammen mit Gl. (2.10A) ergibt sich somit:

$$C_L = \frac{\rho \cdot V_0 \cdot (V_z \cdot 2\pi r_0) \cdot b}{\rho/2 \cdot V_0^2 \cdot 2r_0 \cdot b} = 2\pi \frac{V_z}{V_0}. \qquad (2.11)$$

Wir haben also gefunden, daß die Größe des Auftriebsbeiwertes C_L vom Verhältnis V_z/V_0 abhängig ist, das heißt, vom Verhältnis zwischen der Umfangsgeschwindigkeit des Zylinders $V_z = \omega \cdot r_0$ (wobei ω die Winkelgeschwindigkeit des drehenden Zylinders ist) und der Geschwindigkeit V_0 der ungestörten Strömung weit vor dem Zylinder.

Dieser theoretische Wert des Auftriebsbeiwertes C_L ist viel größer als der, den man bei Versuchen in realen Flüssigkeiten erhält. Dies ist in der Hauptsache eine Folge der Zähigkeit, die für das große Wirbelgebiet (Abb. 2.6C, D rechte Seite), und folglich für den damit verbundenen Druckwiderstand verantwortlich ist. Da nach der Theorie, die auf der Annahme einer reibungslosen Flüssigkeit beruht, kein Widerstand entsteht, kann der Widerstandsbeiwert C_D nur empirisch durch Messung des Widerstandes bei gegebenem Staudruck $q_0 = \rho/2 \cdot V_0^2$ und vorgegebener projizierter Zylinderfläche $2r_0 b$ bestimmt werden. Den realen C_L-Beiwert erhält man auf gleiche Weise durch direkte Messung des Auftriebes L.

Abb. 2.8 faßt die Ergebnisse von solchen Auftriebs- und Widerstandsmessungen an rotierenden Zylindern in einer Luftströmung zusammen [2.7], [2.8]. Die Auftriebs- und Widerstandsbeiwerte sind über dem Verhältnis V_z/V_0 aufgetragen, V_z ist die Umfangsgeschwindigkeit des Zylinders und V_0 die Windgeschwindigkeit. Die mit Gl. (2.11) berechenbare Kurve des theoretischen Auftriebsbeiwertes in reibungsfreier Flüssigkeit ist gleichfalls eingezeichnet. Die deutliche Abweichung von den Meßergebnissen vermittelt eine Vorstellung von dem Preis, der für die Verwendung der Zähigkeit zu entrichten ist, wenn man eine gewisse Zirkulation um den Zylinder hervorrufen will, um so den „guten" Auftrieb zu erzeugen, der sonst in einer idealen Flüssigkeit nicht entstehen würde. Es ist augenfällig, daß die Zähigkeit der Flüssigkeit als Ursache des „schlechten" Widerstandes hohe Bezahlung für geleistete Dienste fordert.

Die Ergebnisse der Auftriebsmessung zeigen, daß bei einem Verhältnis V_z/V_0 kleiner als 0,5 kein Auftrieb entsteht. Bei größeren Werten steigt der Auftrieb linear mit dem Verhältnis V_z/V_0 an. Die Größe des maximalen Auftriebsbeiwertes hängt von den Strömungsverhältnissen an den Zylinderenden ab. Da die Flüssigkeitsteilchen stets bestrebt sind, aus einem Gebiet hohen Druckes in ein Gebiet

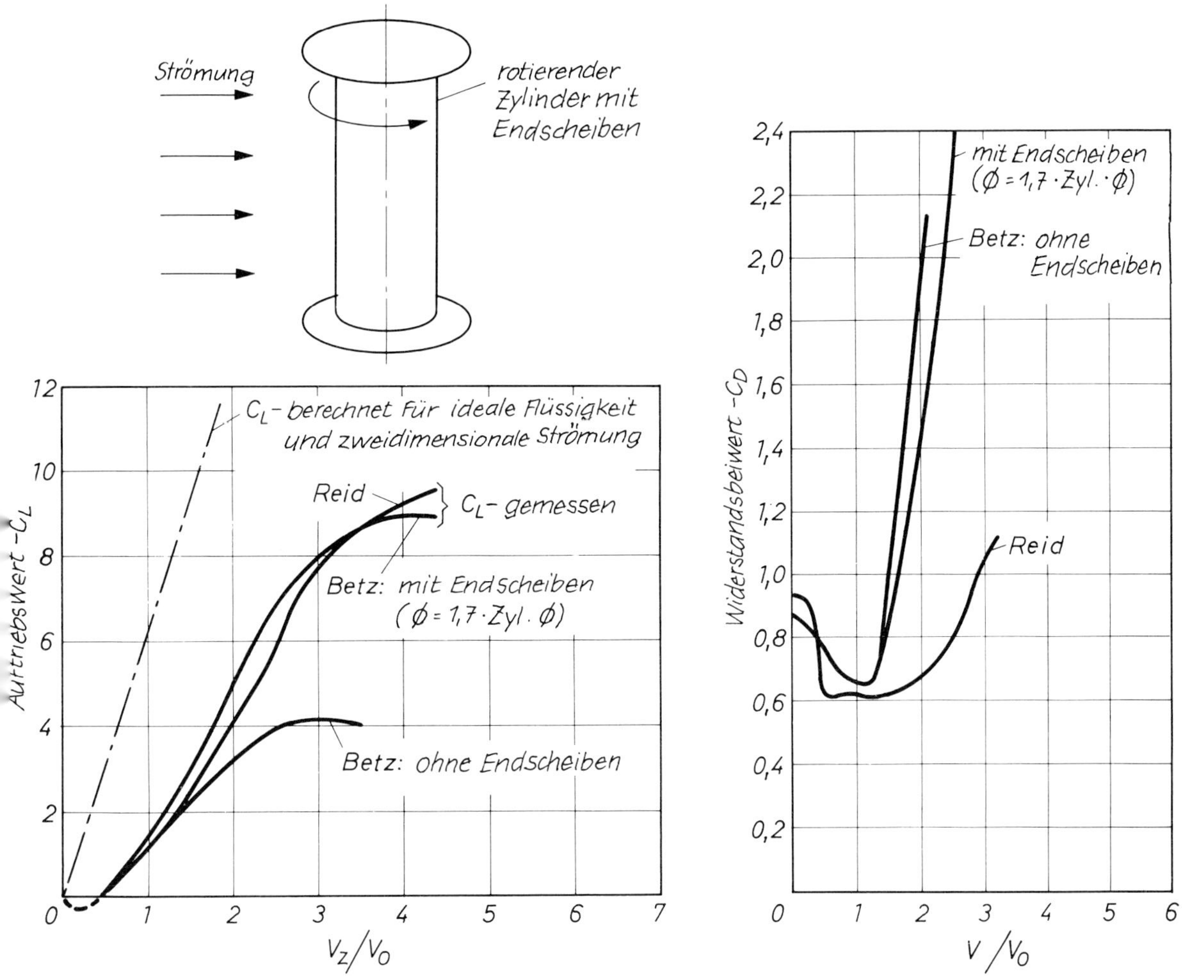

Abb. 2.8 Für den Auftrieb (Querkraft), den ein rotierender Zylinder in Luft in Meereshöhe hervorbringt, gilt die Beziehung:

$$L = 0{,}6125 \cdot C_L \cdot V_0^2 \cdot 2 r_0 \cdot b \quad \text{[siehe Gl. (2.10C)]}.$$

Hierbei ist b die Spannweite oder Länge des Zylinders,
und $2 r_0 \cdot b$ die der Flügelfläche A gleichwertige Projektionsfläche des Zylinders.

Für den Widerstand gilt entsprechend:

$$D = 0{,}6125 \cdot C_D \cdot V_0^2 \cdot 2 r_0 \cdot b.$$

Versuche von Reid: Seitenverhältnis 13,3; Reynolds-Zahl: $3{,}9 \cdot 10^4 - 1.16 \cdot 10^5$; keine Endscheiben.
Versuche von A. Betz: Seitenverhältnis 4,7; Reynolds-Zahl: $5{,}2 \cdot 10^4$.

niedrigen Druckes zu fließen, werden die Enden eines endlich langen Zylinders umströmt. Der damit einhergehende Druckausgleich verringert deutlich die Wirksamkeit des rotierenden Zylinders als auftriebserzeugenden Körper.

Aus Abb. 2.8 geht hervor, daß sich der maximal erreichbare Auftriebsbeiwert C_L von 4 auf den erstaunlich hohen Wert von ungefähr 9 erhöht, wenn der

Zylinder mit dem Seitenverhältnis $\Lambda = 4{,}7$ mit Endscheiben versehen wird, deren Durchmesser das 1,7fache des Zylinderdurchmessers betragen. Die von einem Zylinder mit einem Seitenverhältnis $\Lambda = 13{,}3$ ohne Endscheiben erzielbaren Ergebnisse sind so gut, wie die eines kürzeren Zylinders mit Endscheiben.

Abb. 2.8 zeigt auch, daß ein rotierender Zylinder einen viel größeren Auftrieb als ein Tragflügel mit gleicher projezierter Fläche, liefert. Jedoch wird für diesen zusätzlichen Auftrieb mit einem Widerstand, der um ein Mehrfaches größer ist, als der eines guten Tragflügels, teuer bezahlt. Ein rotierender Zylinder wirkt wie ein Tragflügel; der Hauptunterschied zwischen Zylinder und Tragflügel besteht darin, daß letzterer den Auftrieb viel wirksamer, ohne mechanische Bewegung seiner Teile, erzeugt.

b) Das Flettner-Rotorschiff

Der Hauptgrund für unsere Betrachtung der Strömungserscheinungen an rotierenden Zylindern ist die enge Verwandtschaft zwischen der Kreiszylinderströmung mit Zirkulation und der Strömung um einen Tragflügel oder ein Segel. Darüberhinaus sind die Ergebnisse unserer Untersuchung auch von praktischem Interesse. So ist versucht worden, anstelle von Segeln rotierende Zylinder zum Vortrieb von Schiffen zu verwenden.

Abb. 2.9A zeigt die beiden Polaren eines Zylinders mit Endscheiben und eines guten Gaffelsegels. Deutlich ist die bemerkenswerte Überlegenheit des rotierenden Zylinders hinsichtlich des maximalen Auftriebsbeiwertes zu erkennen; das $C_{\mathrm{L\,max}}$ des Zylinders ist ungefähr 8mal so groß wie das des Gaffelsegels. Aus diesem Grunde entwickelte der deutsche Ingenieur A. Flettner um 1925/26 das sogenannte Rotorschiff. Im folgendem sollen die vom Konstrukteur in [2.8] darüber mitgeteilten Ergebnisse kurz dargestellt werden.

Der Schoner *Buckau* wurde mit zwei rotierenden zylindrischen Türmen als Antriebsorgane ausgerüstet. Sie hatten einen Durchmesser von 2,8 m und eine Höhe von 18,3 m über Deck. Die Zylinder wurden mit Elektromotoren angetrieben, deren Stromquelle ein 45-PS-Dieselmotor war. Die Drehzahl der Türme betrug bis zu 700 Umdrehungen pro Minute, die Drehrichtung war umkehrbar.

Die Stabilität des Schiffes wurde durch den Umbau beträchtlich erhöht. Das Gewicht der zwei Türme mit Unterbauten betrug vier Tonnen gegenüber 35 Tonnen Gesamtgewicht des alten Gaffelriggs. Die projezierte Fläche der Türme entsprach nicht ganz einem Zehntel der Segelfläche der *Buckau* als Dreimasttoppsegelschoner.

Da das Ansteigen der Druckkräfte von dem Verhältnis V_z/V_0 (Umfangsgeschwindigkeit des Rotors zu Windgeschwindigkeit) abhängig ist, die Umfangsgeschwindigkeit V_z aber konstant gehalten werden kann, wächst auch der Druck auf die rotierenden Zylinder trotz starker Zunahme der Windgeschwindigkeit nur bis zu einer gewissen Grenze. Folglich können die Rotoren auch bei sehr starkem Wind weiter arbeiten. Deshalb haben auch sehr heftige Böen nur eine geringe Wirkung auf das Schiff und gehen fast unbemerkt vorüber. Wenn der

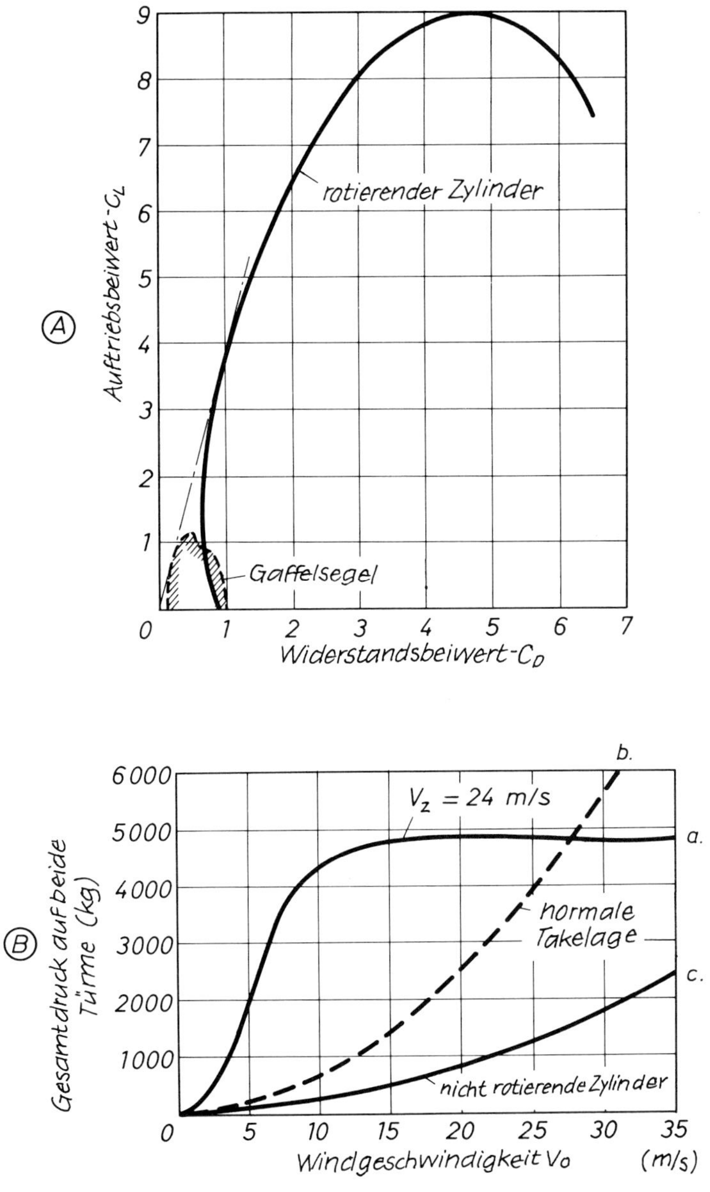

Abb. 2.9 Vergleich zwischen den Kräften an einem rotierenden Zylinder (Rotor) und einem Gaffelsegel

Rotor sich zum Beispiel bei einer Windgeschwindigkeit von 8 m/s mit einer Umfangsgeschwindigkeit von 24 m/s dreht, und eine Böe mit 12 m/s einfällt, verringert sich das Verhältnis V_z/V_0 automatisch von 3 auf 2. Obwohl der Wind viel stärker geworden ist, hat sich seine Wirkung auf die Rotorkräfte automatisch verringert, so daß kaum Druckunterschiede festzustellen sind. Diesbezügliche theoretische Berechnungen aufgrund von Windkanalversuchen wurden durch die ersten Versuchsfahrten weitgehend bestätigt. In dieser Tatsache liegt ein großer Vorteil des Rotors gegenüber der konventionellen Takelage. Durch entsprechende Drehzahlen des Rotors lassen sich die Winddruckkräfte auf das Schiff beherrschen, und zwar augenblicklich. Somit werden die zeit- und kräfteraubenden Manöver des Segelreffens vor dem Herannahen eines Sturmes überflüssig. Wie Abb. 2.9B zeigt, ist zudem der Widerstand der stillgelegten Rotoren im Verhältnis zur alten Takelage mit aufgetuchten Segeln klein.

Abb. 2.9B zeigt deutlich das verschiedenartige Anwachsen der Kräfte beim Flettner-Antrieb im Verhältnis zum Anwachsen des Widerstandes der gewöhnlichen Takelage eines Segelschiffes. Die Kurve „a" stellt das Ansteigen des Winddruckes auf beide Türme bei einer Umfangsgeschwindigkeit $V_z = 24$ m/s dar. Die Kurve „b" zeigt das Anwachsen des Windwiderstandes der alten Takelage, und Kurve „c" zeigt den Widerstand der nicht rotierenden Zylinder. Es ist deutlich zu erkennen, wie die auf die rotierenden Zylinder wirkenden Kräfte oberhalb einer Windgeschwindigkeit von 12 m/s nicht weiter zunehmen. Hierin liegt ein großer praktischer Vorteil, da selbst bei größter Windstärke keine höhere Kraft erzeugt wird, als die durch die Umfangsgeschwindigkeit bestimmte. Diesen Vorteil kann man vom Sicherheitsstandpunkt her nicht stark genug betonen.

Aus technischer Sicht war das Experiment, rotierende Zylinder anstelle von Segeln zu verwenden, interessant und erfolgreich. Letztlich scheiterte diese Erfindung jedoch aus wirtschaftlichen Gründen. Vorgesehen war die Anwendung auf kleinen Frachtschiffen und Fischereifahrzeugen. Die entstehenden Kosten waren jedoch zu hoch und der erwartete Gewinn im Vergleich zum konventionellen mechanischen Antrieb illusorisch, hauptsächlich infolge der Unberechenbarkeit des Windes, dem notwendigen „Mitarbeiter", sowohl beim Rotor, als auch beim Segelantrieb.

Es ist durchaus möglich, daß in Zukunft die Idee Flettners wieder aufgegriffen wird und bei speziellen Segelfahrzeugen Anwendung findet. Wird das Treiböl

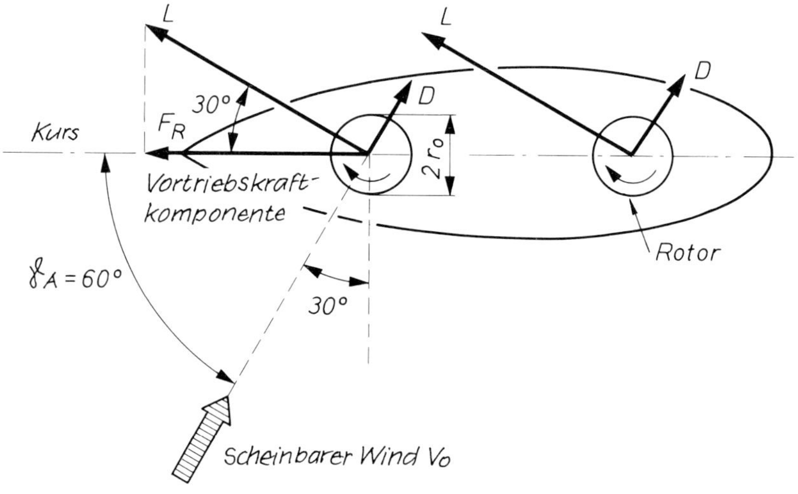

Abb. 2.10 Kräfte an einem Rotorschiff

unwirtschaftlich, so verbleiben als absehbare Alternativen Atomkraft oder eine Rückkehr zum Segelantrieb oder andere, die Windenergie nutzende Antriebsmittel – zumindest für den Transport von Gütern, die keine hohe Frachtrate verlangen.

Für den am Rotorantrieb interessierten Leser sei nun ein Beispiel gegeben: Wie Abb. 2.10 zeigt, sollen zwei rotierende Zylinder mit einer Spannweite (Höhe) $b = 9$ m und einem Halbmesser $r_0 = 0{,}75$ m zum Antrieb eines Bootes eingesetzt werden. Welche Vortriebskraft erzeugen die beiden Rotoren, wenn die scheinbare Windgeschwindigkeit $V_0 = 12$ m/s, der Kurswinkel $\gamma_A = 60°$ und die Rotordrehzahl $n = 5$ Umdrehungen/s betragen?

Die durch den drehenden Zylinder induzierte Zirkulationsgeschwindigkeit V_z ergibt sich zu:

$$V_z = \omega \cdot r_0 = 2\pi \cdot n \cdot r_0 = 2\pi \cdot 5 \cdot 0{,}75 = 23{,}5 \text{ m/s},$$

und damit folgt für das Verhältnis V_z/V_0:

$$\frac{V_z}{V_0} = \frac{23{,}5}{12{,}0} = 1{,}96.$$

Der Abb. 2.8 können wir entnehmen, daß C_L für dieses Verhältnis etwa 5,0 und C_D ungefähr 1,35 beträgt (Zylinder mit Endscheiben). Mit den in Abb. 2.8 gegebenen Gleichungen findet man dann für den Auftrieb eines Zylinders:

$$\begin{aligned} L &= 0{,}6125 \cdot C_L \cdot V_0^2 \cdot b \cdot 2r_0 \\ &= 0{,}6125 \cdot 5{,}0 \cdot 12{,}0^2 \cdot 9 \cdot 1{,}5 = 5954 \text{ N}. \end{aligned}$$

Analog folgt für den Widerstand:

$$\begin{aligned} D &= 0{,}6125 \cdot C_D \cdot V_0^2 \cdot b \cdot 2r_0 \\ &= 0{,}6125 \cdot 1{,}35 \cdot 12{,}0^2 \cdot 9 \cdot 1{,}5 = 1607 \text{ N}. \end{aligned}$$

Gemäß Abb. 2.10 ergibt sich dann für die gesamte Vortriebskraft F_R in Fahrtrichtung:

$$\begin{aligned} F_R &= 2(L \cdot \cos 30° - D \cdot \sin 30°) \\ &= 2(5954 \cdot 0{,}866 - 1607 \cdot 0{,}5) = 8705 \text{ N}. \end{aligned}$$

Die Auftriebserzeugung an einem quer zu seiner Längsachse angeströmten rotierenden Zylinder wird als „Magnus-Effekt“ bezeichnet, benannt nach H.G. Magnus, der seine Entdeckung im Jahre 1853 unter dem Titel *Über die Abweichung der Geschosse* veröffentlichte. Magnus führte seine Experimente über die Luftströmung an geschoßähnlichen Körpern hauptsächlich aus der Sicht des Ballistikers durch. Ein Geschoß, das durch den gezogenen Lauf um seine Längsachse rotiert, erfährt, sobald diese Achse nicht ganz mit der Tangentenrichtung an die Flugbahn übereinstimmt, einen Seitenwind. Hierdurch entsteht senkrecht zur Flugbahn die oben beschriebene Querkraft. Für den Artilleristen ist das ziemlich unangenehm, da eine unvorhersehbare vertikale Kraft die Reichweite des Geschosses beeinflußt. Lord Rayleigh befaßte sich in der kurzen Abhandlung *The Irregular Flight of a Tennis Ball* mit ähnlichen Erscheinungen bei „geschnittenen“ Tennisbällen.

Das eigenartige Verhalten eines Tennisballes steht im Einklang mit anderen praktischen Erfahrungen. Folgt zum Beispiel beim Baseballspiel ein Ball eine Zeitlang im wesentlichen einer ganz normalen Wurfparabel, weicht dann aber seitlich aus, so machte sich der Werfer vielleicht unwillentlich den Magnus-Effekt zunutze. Der Ball verläßt seine Hand mit einer bestimmten linearen Geschwindigkeit und einer bestimmten Rotationsgeschwindigkeit. Beide werden durch den Luftwiderstand allmählich verringert, die lineare Geschwindigkeit jedoch in stärkerem Maße als die Rotationsgeschwindigkeit. Das Verhältnis zwischen beiden, das ursprünglich unter dem kritischen Wert von $V_z/V_0 = 0{,}5$ lag (siehe Abb. 2.8), steigt noch rechtzeitig (bevor der Ball den Boden berührt) auf Werte darüber an. Der Ball erfährt nun eine Querkraft, entsprechend dem Auftrieb des Zylinders, und weicht von seiner Bahn ab. Hätte der Werfer ihm einen kräftigeren Drall mitgegeben, so daß das Verhältnis von Rotationsgeschwindigkeit zu linearer Geschwindigkeit schon von Anfang an über dem kritischen Wert gelegen hätte, würde sich die Flugbahn sofort von der normalen Wurfparabel unterscheiden und die resultierende Schleifenbahn wäre so, wie sie auf den Spielfeldern als „round-house“ bezeichnet wird. Der gleiche Effekt ist auch beim Kricketspiel zu beobachten. Auch ein Golfball zeigt manchmal aus dem selben Grund ähnliches Verhalten [2.9].

Die für den einfachen Fall des Kreiszylinders gewonnenen Ergebnisse und die daraus ableitbaren Folgerungen sind in ihrer Gültigkeit keineswegs nur auf den Zylinder beschränkt. Zum Beispiel werden sich die folgenden Feststellungen als richtig erweisen, wenn man Zylinder beliebigen Querschnittes (einschließlich Tragflügel mit asymmetrischem Profil) einer relativen Anströmung aussetzt:

a) ohne Zirkulation um den Zylinder entsteht kein Auftrieb; es treten keine Druckunterschiede auf und folglich auch kein Auftrieb;
b) mit Zirkulation um den Zylinder, egal wie sie erzielt wurde, entsteht als Folge asymmetrischer Geschwindigkeits- und Druckverteilung Auftrieb.

Somit ist jeder Gegenstand, einschließlich des sprichwörtlichen „Scheunentores“, auf den die Bedingung b) zutrifft, ein möglicher Auftriebskörper. Nur bestimmte Körperformen erzeugen jedoch ein großes Verhältnis von Auftrieb zu Widerstand und erfüllen so möglichst effektiv ihre gewünschte Funktion.

Nach Gl. (2.10), die nur auf zweidimensionale Strömung anwendbar ist, beträgt die Größe des Auftriebs L senkrecht zur Anströmrichtung pro Längeneinheit der Spannweite b:

$$L/b = \rho \cdot V_0 \cdot \Gamma, \qquad \text{(2.10, wiederholt)}$$

beziehungsweise:

$$L = \rho \cdot V_0 \cdot \Gamma \cdot b.$$

Dies ist die Formel von Kutta-Joukowsky für den Auftrieb eines Tragflügels bei zweidimensionaler Umströmung. Sie bildet die Grundlage der gesamten modernen Tragflügeltheorie.

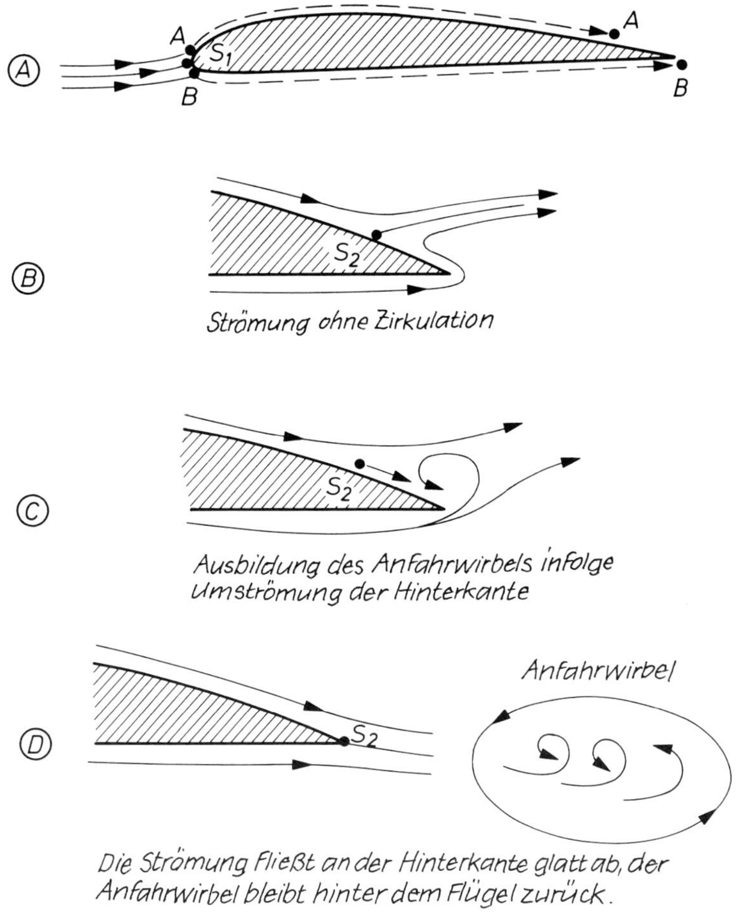

Abb. 2.11 Zur Entstehung des Anfahrwirbels

5 Die Entstehung des Auftriebes am Tragflügel

Der grundlegende Unterschied zwischen rotierendem Zylinder und einem Tragflügel als auftrieberzeugenden Körper besteht in der Art und Weise, wie jeweils die unterschiedlichen Geschwindigkeiten und die daraus resultierenden unterschiedlichen Drücke auf der Ober- und Unterseite zustande kommen. Der Zylinder muß sich drehen, damit die Zirkulationsströmung und der Auftrieb entstehen. Wodurch aber wird die Zirkulation um einen Flügel hervorgerufen, an dem keine Mechanik die Zirkulationsbewegung in Gang setzt und aufrecht erhält? Die zuerst von F.W. Lanchester [2.5], [2.10] hierzu gegebene und von W. Kutta, N. Joukowsky, L. Prandtl und anderen weiterentwickelte Erklärung wird durch experimentelle Ergebnisse und Strömungsaufnahmen gut bestätigt.

Die Entstehung des Auftriebs kann in Anlehnung an klassische Lehrbücher der Aerodynamik wie folgt dargestellt werden [2.11], [2.12]. Abb. 2.11 A zeigt

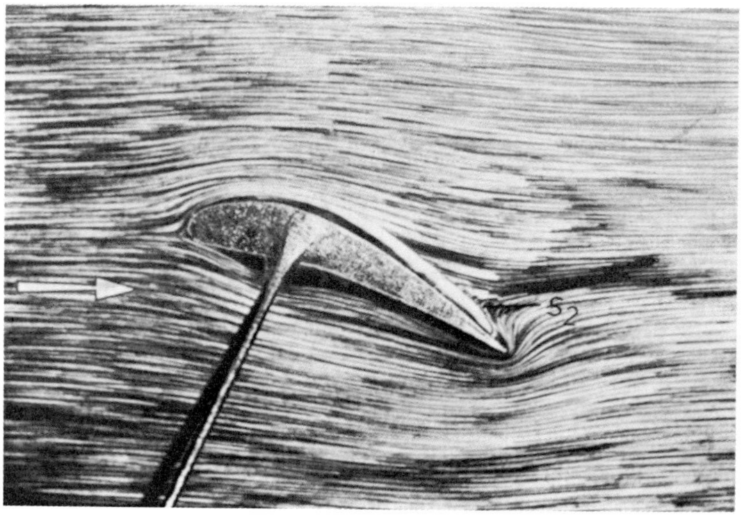

Foto 2.3 Das Stromlinienbild um einen Tragflügel im ersten Moment des Bewegungsbeginnes gleicht dem der Strömung ohne Zirkulation (Abb. 2.11 B). Der hintere Staupunkt S_2 liegt in einem gewissen Abstand vor der Hinterkante auf der Flügeloberseite.
Die Kamera befindet sich relativ zum Flügel in Ruhe.

ein gewölbtes, asymmetrisches Profil eines Tragflügels, das unter einem Anstellwinkel von etwa null Grad angeströmt wird. Der Strömungsvorgang hat soeben begonnen (Tragflügel kurz nach der „Anfahrt"). Die beiden Flüssigkeitsteilchen A und B ober- und unterhalb des Staupunktes S_1 wandern mit gleicher Geschwindigkeit der jeweiligen Oberflächen entlang, und da die Oberseite des Profils länger ist, erreicht Teilchen B die Profilhinterkante eher als Teilchen A. Es versucht nun, die scharfe Hinterkante zu umströmen, so wie es in Abb. 2.11 B vergrößert dargestellt ist und wie es auch das Foto 2.3 zeigt, in dem die Stromlinien durch Beimischung von feinem Aluminiumpulver sichtbar gemacht wurden. Dieses anfängliche Strömungsbild ist der Potentialströmung ohne Zirkulation ziemlich ähnlich. Abb. 2.12 A gibt den Verlauf dieser reibungslosen Flüssigkeit um ein angestelltes symmetrisches Profil wieder. Ohne Zirkulation kommt die Strömung in den vorderen und hinteren Staupunkten S_1 und S_2 zur Ruhe; sie entsprechen den Punkten für $\varphi = 0°$ und $\varphi = 180°$ auf der Zylinderkontur in Abb. 2.3 C. Wo diese Staupunkte am Profil tatsächlich auftreten, hängt vom Anstellwinkel α relativ zur Richtung der Anströmung und von der Profilform ab.

Aus Foto 2.3 geht klar hervor, daß im ersten Augenblick des Strömungsvorganges die Flüssigkeit das Bestreben hat, die scharfe Profilhinterkante zu umströmen. Es bedarf keiner Mathematik, um vorauszusehen und experimentell zu beweisen, daß bei einer reibungsbehafteten Flüssigkeit dieses Strömungsbild mit der starken Krümmung der Stromlinien um die Hinterkante nicht lange fortbestehen wird. Infolge der in diesem Gebiet auftretenden hohen Geschwindigkeiten und den damit verbundenen hohen Reibungs- und Trägheitskräften löst sich die Strömung

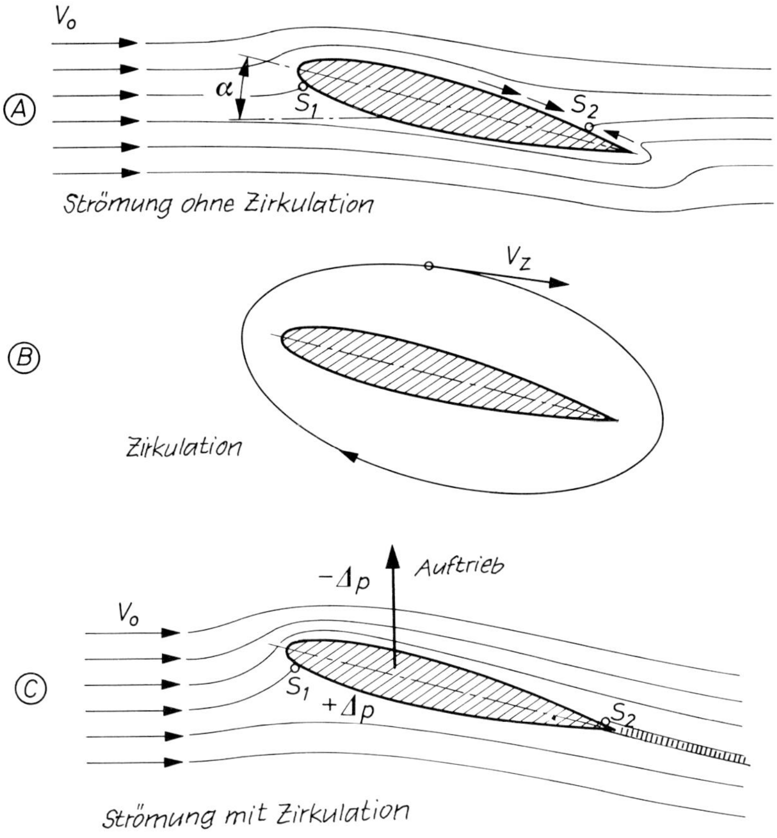

Abb. 2.12 Zur Entstehung der Zirkulation um ein symmetrisches Tragflügelprofil

ab, und es entsteht zwischen der Profilhinterkante und dem hinteren Staupunkt S_2 der sogenannte Anfahrwirbel. Die Ausbildung dieses Anfahrwirbels demonstrieren Abb. 2.11 und die Fotos 2.4A, B und C.

Sowie sich der Anfahrwirbel zu drehen beginnt, bildet sich infolge des Satzes von der Erhaltung des Drehimpulses eine Rotationsströmung um den Flügel mit entgegengesetzt gerichtetem Drehsinn aus. Man kann den Anfahrwirbel mit einem kleinen Zahnrad vergleichen, das ein größeres antreibt. Abb. 2.13A veranschaulicht diese mechanische Analogie der durch den Anfahrwirbel entstehenden Zirkulation. Die Zähigkeit der Flüssigkeit und die von ihr hervorgerufene Reibung übernimmt die Funktion der Zähne der Zahnräder, die induzierte Drehbewegung der Flüssigkeitsteilchen um den Flügel ist die in Abb. 2.12B schematisch dargestellte Zirkulationsströmung.

Die obige Analogie steht in enger Beziehung zu einem Grundprinzip der Mechanik, demzufolge in einem physikalischen System, an dem keine äußeren Kräfte angreifen, keine Drehbewegung, beziehungsweise kein Drehimpuls ohne Rotation erzeugt werden kann (Drehimpulserhaltungssatz). Dieser Satz ist eine Folgerung aus dem dritten Grundgesetz der Mechanik von Isaac Newton (1642–1727),

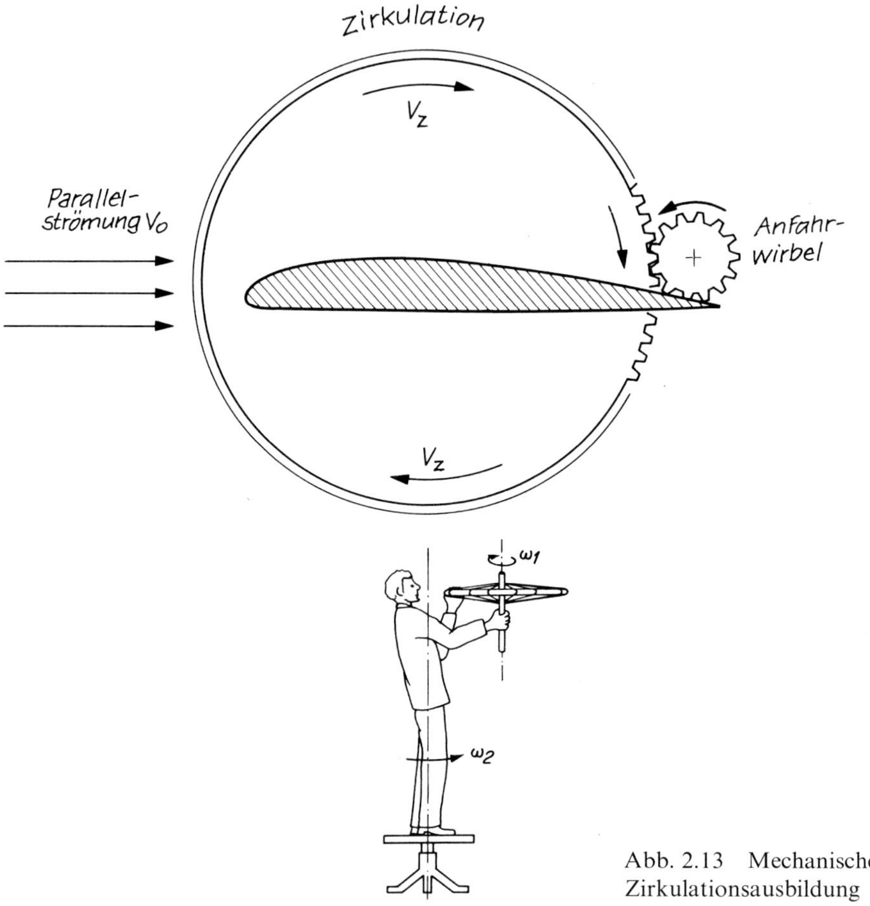

Abb. 2.13 Mechanische Analogien zur Zirkulationsausbildung

das besagt: alle Kräfte haben ihren Ursprung in der Wechselwirkung zwischen Körpern; bei jeder dieser Wechselwirkungen ist die Kraft, die ein Körper auf einen zweiten ausübt, gleich und entgegengesetzt gerichtet der Kraft, die der zweite Körper auf den ersten ausübt – oder, wie es gewöhnlich ausgedrückt wird –, Aktion und Reaktion sind gleich und entgegengesetzt gerichtet.

Diesen Gedanken illustriert Abb. 2.13 B, die eine weitere mechanische Analogie zur Entstehung der Zirkulation darstellt. Versetzt ein Mann, der auf einem nahezu reibungsfrei drehenden Schemel steht, ein Rad in eine Drehbewegung, so dreht er sich als Reaktion in die entgegengesetzte Richtung. Dabei ist das Produkt $I_1 \cdot \omega_1$ gleich dem Produkt $I_2 \cdot \omega_2$,

mit I_1 = Trägheitsmoment des Rades,
I_2 = Trägheitsmoment des Mannes und des Schemels
und ω_1 und ω_2 gleich den entsprechenden Winkelgeschwindigkeiten.

Natürlich erschwert die unvermeidbare Reibung des Drehschemels die quantitative Erfüllung dieser Beziehung.

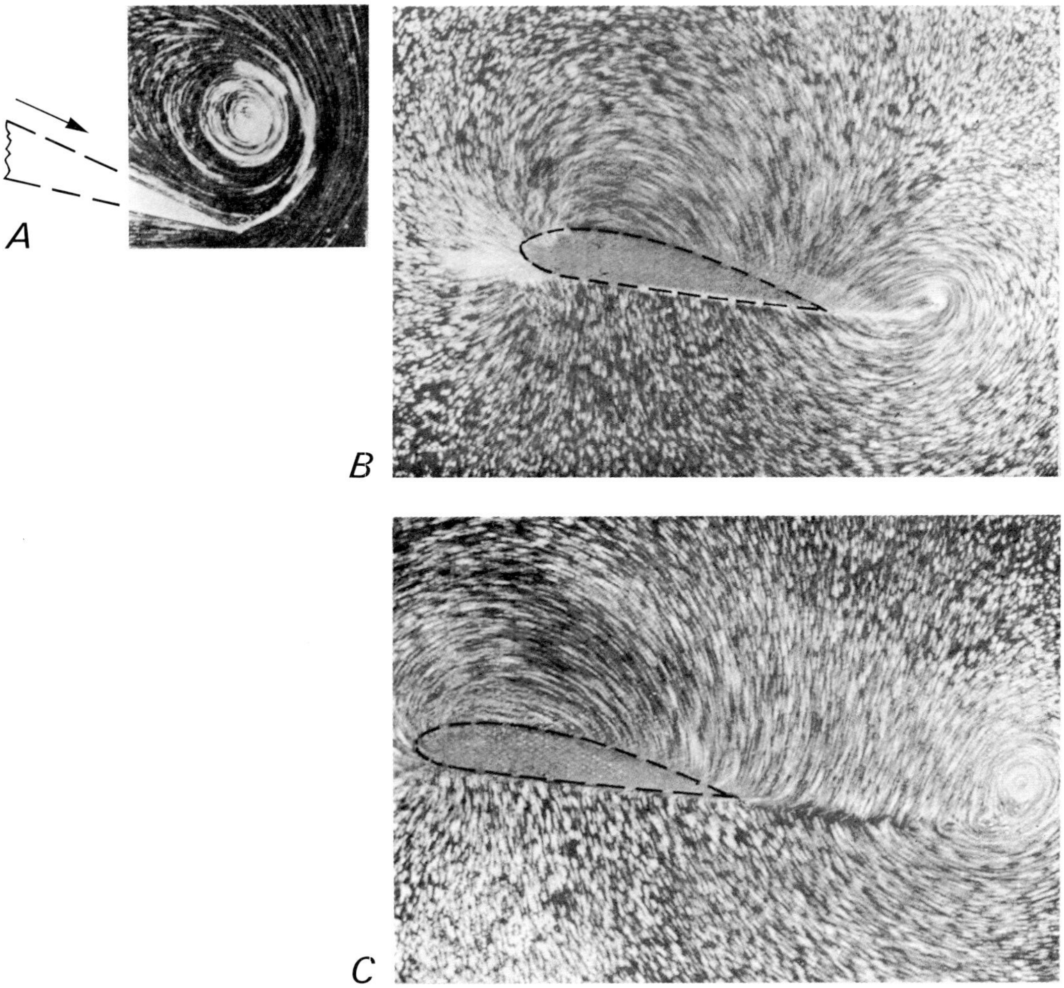

Foto 2.4 Diese Strömungsaufnahmen, die aufeinanderfolgende Stadien bei der Entstehung des Anfahrwirbels zeigen, sollen dem Leser die Einsicht in den Mechanismus der Zirkulationsausbildung um einen Tragflügel erleichtern.

A Der Anfahrwirbel rollt sich an der Flügelhinterkante auf.

B Der Anfahrwirbel beginnt vom Flügel abzulösen.

C Der Anfahrwirbel wandert stromabwärts davon.

Hierbei ist die Tatsache zu beachten, daß die Stromlinien ein und derselben Strömung um einen Körper ganz verschiedenes Aussehen haben, je nachdem, ob sich der Beobachter (oder die Kamera) relativ zu der Flüssigkeit oder relativ zu dem Körper in Ruhe befindet. In Foto C bewegt sich der Flügel vorwärts und die Kamera ruht relativ zur unbewegten Flüssigkeit. Ein Strömungsbild wie in Foto 2.5 ergibt sich, wenn Flügel und Kamera ruhen und die Flüssigkeit sich bewegt.

a) Die Kutta-Joukowskysche Hypothese

Aus Foto 2.4C ist zu erkennen, daß der Anfahrwirbel, nachdem er die Zirkulation in Gang gesetzt hat, sich vom Flügel ablöst und mit der Strömung fortschwimmt. Das geschieht, sobald der hintere Staupunkt S_2 dicht vor der Profilhinterkante liegt (Abb. 2.12C). Es besteht dann kein Geschwindigkeitsunterschied mehr zwischen den die Ober- und Unterseite des Tragflügels verlassenden Flüssigkeitsteilchen und folglich auch kein physikalischer Anlaß zur weiteren Ausbildung des Anfahrwirbels. Die Strömung um den Tragflügel ist nun stationär, die Zirkulation erreicht einen bestimmten konstanten Wert und erzeugt eine gleichbleibende Auftriebskraft. Die Zirkulation des abgehenden Anfahrwirbels ist dabei entgegengesetzt gleich der um den Flügel zurückbleibenden Zirkulation. Dies ist der entscheidende Punkt in der Theorie des Auftriebs. Die physikalische Rolle des Anfahrwirbels besteht also in der Verschiebung des hinteren Staupunktes zur Profilhinterkante, so daß die Geschwindigkeit der von der Oberseite abfließenden Strömung gleich der Geschwindigkeit der von der Unterseite abfließenden ist. Die Hinterkante wird folglich nicht umströmt, die Flüssigkeit löst sich an der Hinterkante glatt ab. Diese von W. Kutta und N. Joukowsky unabhängig voneinander gemachte und für die Theorie des Auftriebs entscheidende Annahme, die sich auf eine Erfahrungstatsache stützt, wird als Kutta-Joukowskysche Hypothese bezeichnet. Sie ist von der Gl. (2.10):

$$L/b = \rho \cdot V_0 \cdot \Gamma,$$

welche die Berechnung des Auftriebs bei bekannter Zirkulation ermöglicht, nicht zu trennen. Der Betrag der Zirkulation kann nur dann ermittelt werden, wenn die beiden mit A und B gekennzeichneten Stromlinien in Abb. 2.11A, die sich im vorderen Staupunkt S_1 verzweigen, sich an der Hinterkante wieder vereinen (vgl. Abb. 2.11D und 2.12C). Ist diese Bedingung, die auch als Kuttasche oder Kutta-Joukowskysche Abflußbedingung bezeichnet wird, aus irgendwelchen Gründen nicht erfüllt, ist Gl. (2.10) für die Ermittlung des Auftriebs nicht anwendbar.

Die Existenz des Anfahrwirbels zu Beginn des Strömungsvorganges läßt sich leicht experimentell nachweisen, in dem man eine ebene Platte, die in einem kleinen Winkel zur Bewegungsrichtung angestellt ist (zum Beispiel eine halb in Wasser getauchte Rasierklinge), rasch durch eine Flüssigkeit bewegt [2.12].

Aus der entgegengesetzt gerichteten, aber gleichen Zirkulation des Anfahrwirbels und der um den Flügel zurückbleibenden Zirkulation läßt sich folgern, daß weitere Anfahrwirbel abgehen, sobald sich entweder der Anstellwinkel α des Tragflügels relativ zur Anströmung oder die Strömungsgeschwindigkeit V_0 ändert. Die in beiden Fällen unumgänglich an der Flügelhinterkante auftretenden Geschwindigkeitsunterschiede rufen einen neuen Anfahrwirbel hervor, so daß sich der Betrag der Zirkulation um den Flügel entsprechend den neuen Verhältnissen einstellt.

Diese Überlegungen werden durch das Foto 2.4D bestätigt, das dem Göttinger AVA-Bericht 44/J/41 von H. Drescher entnommen wurde. Die aus einer Zeitlu-

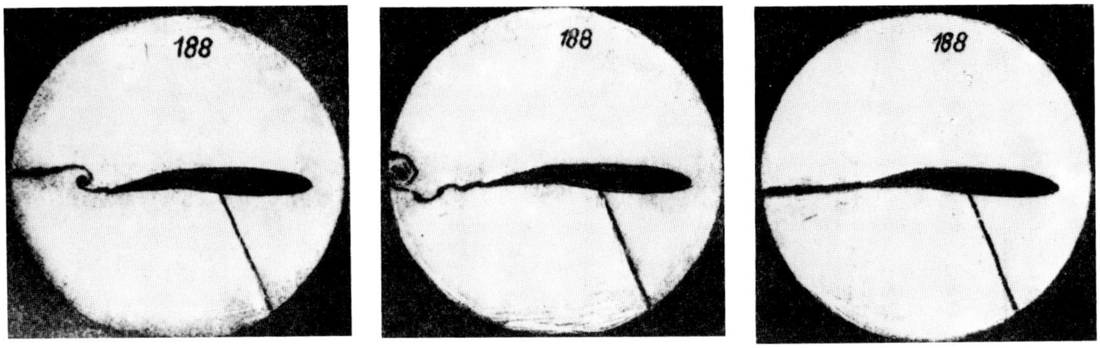

Foto 2.4D Einzelaufnahmen eines Zeitlupenfilms. Anstellwinkel $\alpha = -5°$, Klappenausschlag von 0° auf 15°; Reynolds-Zahl $R_n = 6 \cdot 10^5$.

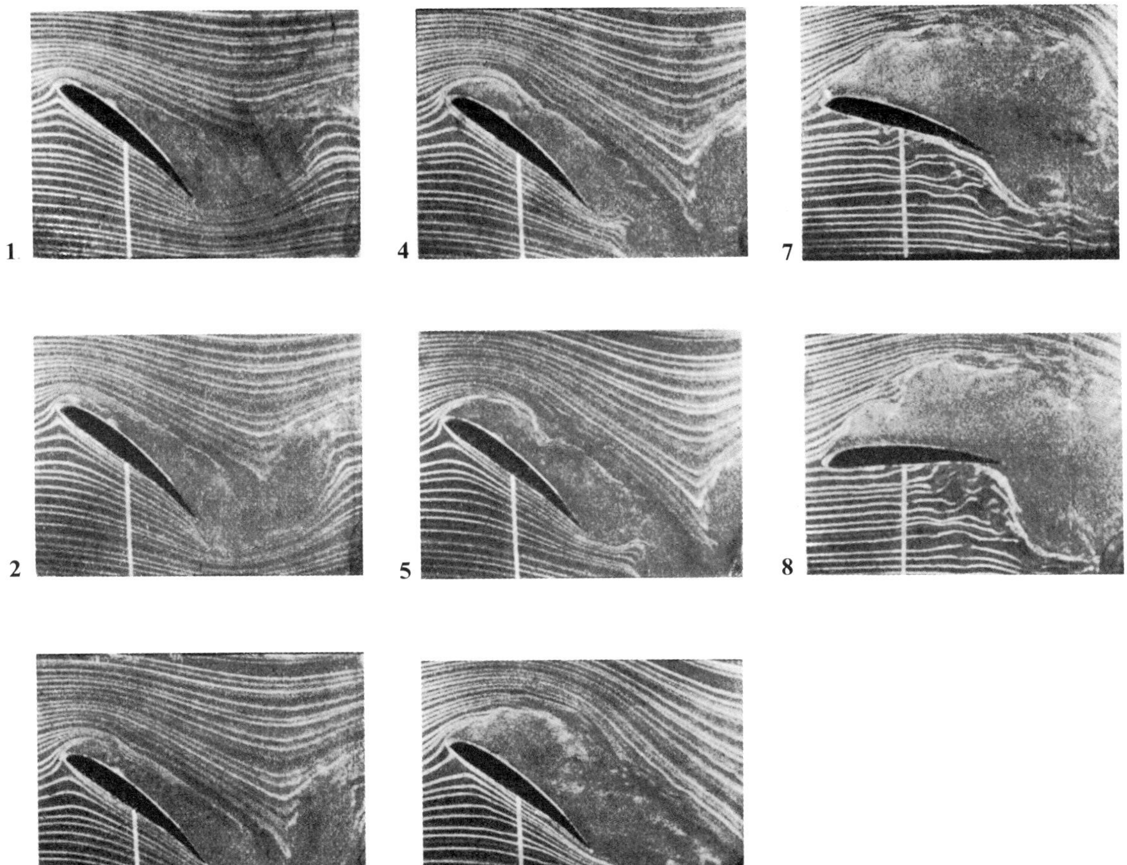

Foto 2.4E Hysteresiserscheinung bei der Umströmung eines Tragflügels bei raschen Anstellwinkeländerungen. Die tatsächlich auftretende Strömung bei gegebenem Anstellwinkel weicht erheblich von der sich bei stationären Bedingungen einstellenden ab. Mit anderen Worten, das wirkliche Strömungsbild bei instationären Verhältnissen ist von der „Vorgeschichte" der Strömung abhängig.

penaufnahme herausgeschnittene Bildfolge zeigt das Entstehen eines Anfahrwirbels an der Flügelhinterkante nach einem plötzlichen Klappenausschlag von 0° auf 15°. Bild a zeigt den Anfahrwirbel unmittelbar nach Beendigung der Klappenbewegung, Bild b einen der nächsten Augenblicke und Bild c schließlich wieder den stationären Strömungszustand mit konstanter Zirkulation.

Der Hypothese von Kutta-Joukowsky wurden jedoch einige Bedenken entgegengesetzt. So wurde zum Beispiel argumentiert, daß ein Tragflügel, sei es ein Segel oder eine Flugzeugtragfläche, den Auftrieb einfach durch eine Ablenkung der Luftströmung erzeugen würde. Die durch ein Segel seitlich abgelenkte Luftmasse ruft an diesem eine Reaktionskraft – den Auftrieb – hervor. Diese wiederum auf den Gesetzen von Newton beruhende Vorstellung wurde in *Segeltheorie und -praxis* [1.5] ausgeführt. Es hat keinen Sinn, diese Erörterung hier weiter auszudehnen. Es soll aber unterstrichen werden, daß die Auffassung des Flügels als ein die Strömung ablenkender Körper die auf der Hypothese von Kutta und Joukowsky basierende Theorie des Auftriebs nicht umstößt. Dieser Standpunkt betrachtet das gleiche Problem nur aus einer anderen Sicht, vermittelt dabei aber nur einen ziemlich groben Einblick in die Mechanik des Auftriebs, dessen sich die vergangene Forschergeneration – sowohl Wissenschaftler als auch Flieger – schon vor vielen Jahren bewußt war. Offenbar war eine derartige Theorie für sie nicht zufriedenstellend, da eine aussagekräftigere zur Bewältigung der praktischen Probleme entwickelt wurde.

Obwohl die Erklärung oder Darstellung der mit dem Zirkulationsmodell des Auftriebs verbundenen physikalischen Erscheinungen sich in Details von der Realität unterscheiden mag, läßt sich eine Tatsache unmöglich widerlegen: infolge der Zirkulation strömt die Luft oder das Wasser auf der Oberseite eines auftriebserzeugenden Tragflügels schneller als auf der Unterseite. Nur unter dieser Bedingung entsteht Auftrieb.

b) Wie schnell entsteht Auftrieb?

Wir wollen uns nun einem praktischen Problem zuwenden und untersuchen, wie schnell sich der Auftrieb ausbildet, wenn der Anstellwinkel eines zum Beispiel symmetrischen Profils (Abb. 2.12C) von null Grad (keine Zirkulation) plötzlich um den Wert α verändert wird, so daß nun Zirkulation und Auftrieb entstehen. Dabei ist zu bedenken, daß die Zirkulationsströmung um einen Tragflügel sich nicht ohne eine gewisse Zeitverzögerung aufbauen kann. Die Beschleunigung einer bestimmten Flüssigkeitsmasse gegen die Trägheitskräfte erfordert Zeit. Folglich erreichen die zu einem gegebenen Anstellwinkel α des Flügels gehörende Zirkulationsstärke sowie der Auftrieb nicht sofort, sondern erst nach einiger Zeit, ihre Endwerte. Abb. 2.14A stellt diesen zeitlichen Zusammenhang zwischen Momentan- und Endwert von Auftrieb und Zirkulation dar; die Zeit wird durch die vom Flügel zurückgelegte Strecke in Einheiten der Profilsehnenlänge beschrieben. Der Theorie zufolge entsteht fast augenblicklich die Hälfte des bei stationärem Zustand produzierten Auftriebs. Nach der Zeit $t = (6c/V)$, in welcher der

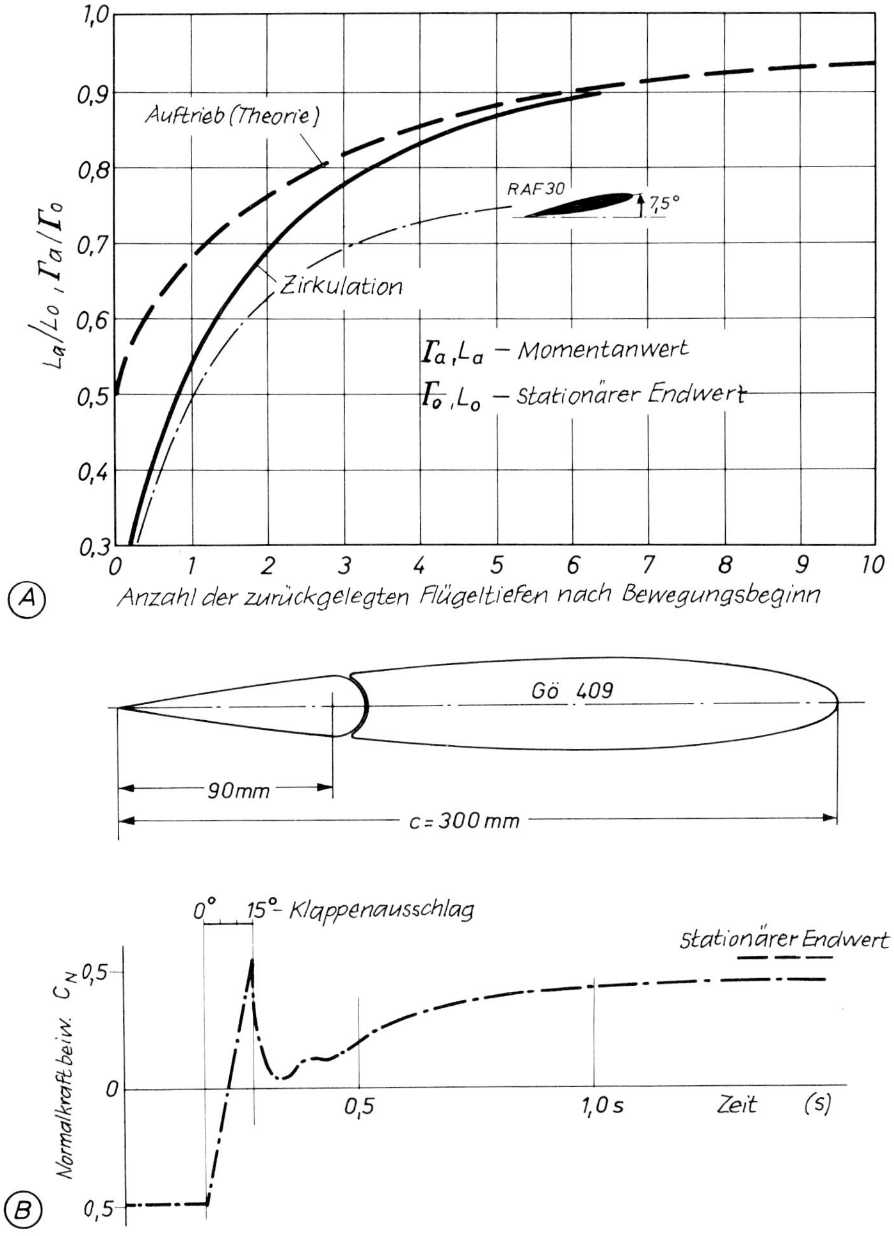

Abb. 2.14 Das zeitliche Anwachsen von Zirkulation und Auftrieb bei anliegender Strömung (kleine bis mittlere Anstellwinkel)

Flügel einen sechs Sehnenlängen entsprechenden Weg zurückgelegt hat, erreicht der momentane Auftrieb 90 Prozent des Endwertes ($L_a = 0{,}9\,L_0$). Diese Erscheinung wurde zuerst von H. Wagner (vgl. [2.13]) untersucht und wird zu seinen Ehren als *Wagner-Effekt* bezeichnet. Seine Erkenntnisse, die von anderen Forschern, auf die später noch verwiesen wird, ergänzt wurden, sind für den in instationärer Strömung erzeugten Auftrieb von der gleichen Bedeutung wie die auf dem Theorem von Kutta und Joukowsky beruhende klassische Theorie für den Auftrieb in stationärer Strömung.

Zum Vergleich mit der Theorie ist in Abb. 2.14A auch das Ergebnis von Auftriebsmessungen an einem Tragflügel mit dem Profil RAF 30 bei instationären Bedingungen, daß heißt mehr oder weniger raschen Anstellwinkeländerungen, eingetragen. Die Experimente ergaben, daß die theoretische Exponentialkurve (dicke, unterbrochene Linie) zwar den Charakter, nicht aber den genauen Verlauf des Verhältnisses von Momentanwert zu Endwert des Auftriebs (dünne, gestrichelte Linie) wiedergibt. Die durchgezogene Kurve beschreibt die sich aus der Theorie ergebende zeitliche Änderung der Zirkulation.

Weiterhin stellte sich heraus, daß der momentane Auftrieb stark davon abhängt, wie schnell sich der Anstellwinkel ändert. Den zeitlichen Verlauf der Auftriebsstärke nach einem plötzlichen Klappenausschlag zeigt Abb. 2.14B. Sie ergänzt die Bildfolge in Foto 2.4D. Unterhalb des untersuchten symmetrischen Tragflügelprofils ist der Normalkraftbeiwert C_N über der Zeit aufgetragen. C_N ist der Beiwert der Kraftkomponente, die senkrecht (normal) zur Profilsehne wirkt. Sie ist annähernd von gleicher Größe wie die Auftriebskraft. Zu Beginn

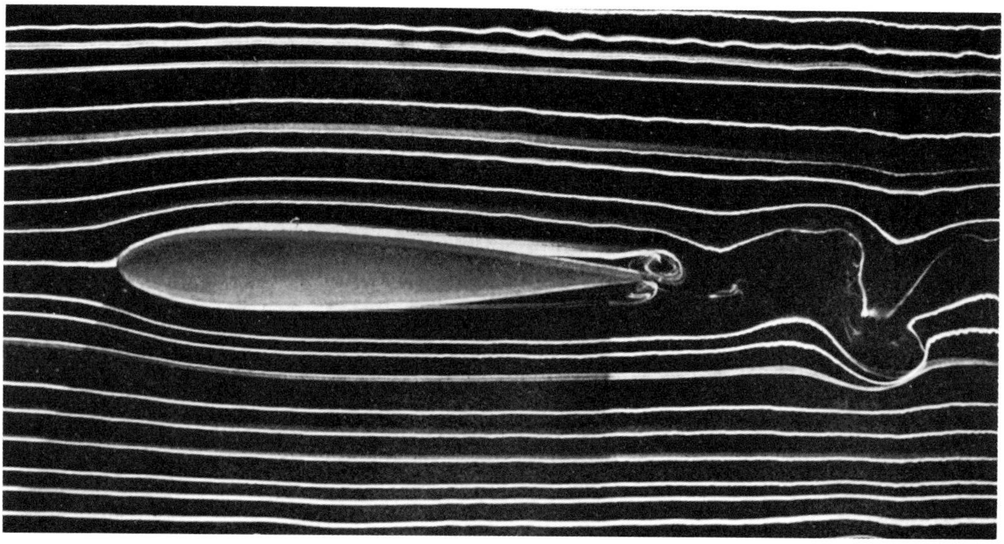

Foto 2.5 Durch Beimischung dünner Rauchstrahlen sichtbar gemachte Strömung um ein symmetrisches Tragflügelprofil bei null Grad Anstellung. Der Ablösepunkt liegt nahe der Hinterkante. Das Auftreten von Wirbeln (Kármánsche Wirbelstraße) in der Nachlaufzone deutet daraufhin, daß bei $\alpha=0°$ sich eine abwechselnd im und gegen den Uhrzeigersinn drehende Zirkulation um das Profil ausbilden muß. Infolgedessen entsteht alternierend Auftrieb und Abtrieb, wobei der zeitliche Mittelwert der Querkraft Null beträgt.

Diese merkliche Instabilität der Strömung und damit zusammenhängend auch des Auftriebes kann unter Umständen Anlaß zu starken Schwingungen des Ruders sein, die besonders stark werden, wenn sich die Wirbelablösungsfrequenz der sogenannten „Eigenfrequenz" des Ruders nähert. Die Eigenfrequenz des Ruders hängt davon ab, wie „massiv" und steif es konstruktiv ausgeführt ist.

des Versuchs wurde der Flügel ohne Klappenausschlag mit einem Anstellwinkel $\alpha = -5°$ gegen die Anströmung geneigt. Der Beiwert C_N betrug dabei etwa $-0{,}5$. Dann wurde der Klappenwinkel von 0° auf 15° verändert. Die Kurve zeigt, daß der Auftrieb (beziehungsweise der Normalkraftbeiwert C_N) jäh über den Wert für stationäre Strömung ansteigt, dann aber wieder abfällt, um sich nach einigen wieder abklingenden periodischen Schwankungen allmählich einem konstanten Wert zu nähern. Dieses Verhalten demonstriert überzeugend, daß die Zirkulation um einen Flügel nicht augenblicklich den vom Anstellwinkel abhängigen Wert des stationären Strömungszustandes annehmen kann.

Sowohl theoretische Überlegungen als auch praktische Experimente, wie beispielsweise die in Abb. 2.14 beschriebenen, zeigen, daß die Zirkulation um einen Tragflügel und der dadurch erzeugte Auftrieb niemals ganz ihren Wert für stationäre Strömung erreichen, sondern sich diesem im Laufe der Zeit nur asymptotisch nähern. Daraus folgt, daß sich immer Wirbel ablösen, obwohl sie rasch kaum mehr wahrnehmbar werden. Diese kleinen Wirbel sind in Foto 2.4C in Form einer dünnen Wirbelschicht, die sich zwischen der Flügelhinterkante und dem Anfahrwinkel (am rechten Bildrand) erstreckt, zu erkennen. Der Einfluß der in einer realen Flüssigkeit auftretenden Zähigkeit, gleich wie gering sie auch sein mag, läßt die beiden in Abb. 2.11A mit A und B gekennzeichneten Flüssigkeitsschichten als Wirbelflächen um den Flügel strömen. Man kann die Wirbel dieser Flächen als eine Art Rollenlager zwischen der Flügeloberfläche und der umgebenden Flüssigkeitsmasse ansehen. Die tatsächliche Strömung nimmt dann die in Foto 2.5 wiedergegebene Gestalt an. Hieraus kann man erkennen, daß die Flüssigkeitsschichten, die unmittelbar die obere und untere Kontur des Profils umströmen, nicht die Hinterkante erreichen und nicht wieder zusammenfließen, wie sie es in einem idealen Medium tun würden. Statt dessen lösen sie sich kurz vor der Profilhinterkante von der Oberfläche ab und bilden ein Wirbelgebiet, das sich unter bestimmten Bedingungen zu einer sogenannten Kármánschen Wirbelstraße entwickelt. Dabei lösen sich abwechselnd von der oberen und unteren Seite des Profils Wirbel mit entgegengesetztem Drehsinn ab. Die Größe dieser Wirbelstraße ist von der Körperform und dem Anstellwinkel abhängig. Bei günstig entworfenen Profilformen ist bei nicht zu großem Anstellwinkel diese Wirbelschleppe verschwindend klein.

c) Praktische Konsequenzen

Da bei kleinen Anstellwinkeln das Wirbelgebiet wenig ausgeprägt ist, sind Zirkulation und Auftrieb konstant. Nähert sich der Anstellwinkel jedoch dem Winkel, bei dem die Strömung abreißt, können die zeitlichen Schwankungen in der Zirkulationsstärke und folglich in der Größe des Auftriebs einen bedeutenden Teil des Mittelwertes ausmachen. Unter bestimmten Bedingungen machen sich diese Zirkulationsschwankungen durch ein Vibrieren des Tragflügels bemerkbar. „Singende“ oder vibrierende Ruder und Schwerter sind gute Beispiele für diese uner-

Foto 2.6 Moderne 6-m-R-Yacht mit völligem Skeg und Bugwulst

wünschten Schwingungen, die sogar zu Schäden infolge Materialermüdung führen können.

Aus Abb. 2.14 lassen sich mehrere wichtige Folgerungen ableiten:

a) Da eine größere Flüssigkeitsmasse in Bewegung gesetzt werden muß, erfordert die Ausbildung der Zirkulation bei einem Flügel mit großer Länge der Profilsehne mehr Zeit als bei einem Flügel mit kürzerem Profil. Mit einem schmalen Spatenruder (großes Seitenverhältnis) läßt sich schneller eine Seitenkraft erzeugen als mit einem Ruder, das an einem langen Kiel oder Rumpf befestigt ist, bei dem sich der Zirkulationsweg fast vollständig um die Rumpfwasserlinie erstreckt. Ein in seiner Auswirkung unbeabsichtigtes Experiment mit einer 6-m-R-Yacht, die Foto 2.6 zeigt, vermittelt einen interessanten Einblick in die Bedeutung der Zeit beim Aufbau der Zirkulation und deren Einfluß auf die Kursstabilität. Wie das Foto erkennen läßt, hat der Rumpf sowohl einen völligen Skeg zwischen Kielflosse und Ruder als auch einen Bugwulst. Deren Zweck ist es, die Umströmung eines schlankeren oder längeren Rumpfes als er es in Wirklichkeit ist, und wie er durch die Formel vermessen wird, zu simulieren. Diese neue Rumpfform wurde lautstark als umwälzender Durchbruch beim Entwurf noch schnellerer Yachten propagiert. Die Sache hat jedoch einen Haken. Bedenkt man, daß jede Änderung der vom Rumpf erzeugten Seitenkraft eine bestimmte Zeit benötigt, in der sich ein neues Strömungsbild (Zirkulation) aufbaut, so kann ein als Tragflügel angesehener langer Rumpf nur langsam auf ein Ruderlegen reagieren. Die Segelzeitschrift *Seahorse* schrieb im Januar 1976: „Ihre (der 6-m-R-Yacht) schlimmste Eigenschaft ist die ungeheuere Kursstabilität: es dauert eine Ewigkeit, bis sie auf das Ruder anspricht. Schnelles Anluven in einer raumenden Böe ist nicht möglich, weil sie nicht gleich reagiert." Dieses Beispiel macht die Tatsache deutlich, daß die Wahrscheinlichkeit eines spektakulären Durchbruchs beim Streben nach immer höheren Geschwindigkeiten nur sehr gering ist. Wird ein Yachtmodell mit umwälzenden Neuerungen oder neu zu erforschenden Merkmalen in seinen Linien zum ersten Mal im Schlepptank untersucht, so ist es fast die Regel, daß der unparteiische Tank sich weigert, diese richtig zu würdigen. Durch Abhobeln und Aufspachteln muß die Rumpfform dann geändert werden. Je länger das Modell im Tank untersucht wird, um so konventioneller wird es.

Am Rande sei vermerkt, daß der große englische Yachtkonstrukteur G.L. Watson bereits 1871 den Bugwulst an einem für sich selbst entworfenen Boot, dem kleinen Kutter *Peg Woffington,* ausprobierte – scheinbar ohne Erfolg, da die Erfindung wieder in Vergessenheit geriet.

b) Die Tatsache, daß Boote mit Kielflossen und Rudern mit hohem Seitenverhältnis, einschließlich der modernen 12-m-R-Yachten, nur schwer „in der Spur" zu halten sind, ist ebenfalls auf die Zeitspanne für die Ausbildung der Zirkulationsströmung zurückzuführen. Boote mit schmalen Kielflossen reagieren in großen Wellen empfindlich auf die durch die Orbitalbewegung des Wassers sich rasch in Richtung und Stärke ändernde Anströmung. Sie gieren dauernd beträchtlich um einen mittleren Kurs und erfordern ständige Kontrolle, was mit der Zeit ermüdend sein kann.

c) Die bei Überschreitung eines bestimmten Anstellwinkels auf der Saugseite eines Tragflügels sich ablösende Strömung legt sich nicht sogleich wieder an, wenn der Anstellwinkel wieder unter den Wert, bei dem noch keine Ablösung auftritt, verringert wird. Eine Flüssigkeitsströmung besitzt eine Art Gedächtnis. Diese Erscheinung, daß der Aufbau eines neuen Strömungsbildes entsprechend den neuen Bedingungen nicht sofort erfolgt, wird als Hysterese bezeichnet (Fortdauer der Wirkung nach Aufhören der Ursache). Für die Praxis bedeutet dies: obwohl die Anstellung des Tragflügels relativ zur Anströmrichtung sofort geändert werden kann, „erinnert" sich die Strömung an das vorherige Strömungsbild, und es vergeht eine gewisse Zeit, bis sich sowohl die stationäre Umströmung des Flügels als auch der entsprechende Auftriebswert wieder einstellen.

Foto 2.4E demonstriert anschaulich diesen Hysterese-Effekt am Strömungsbild um ein Tragflügelprofil, dessen Anstellwinkel rasch vergrößert wurde. Die Bilder 1 bis 6 zeigen, wie sich die Strömung allmählich entlang der ganzen Profiloberseite ablöst. Sodann wurde der Anstellwinkel auf einen Wert verringert, bei dem unter stationären Bedingungen keine Ablösung auftritt. Wie nun die Bilder 7 bis 8 zeigen, bleibt die Ablösung trotz der

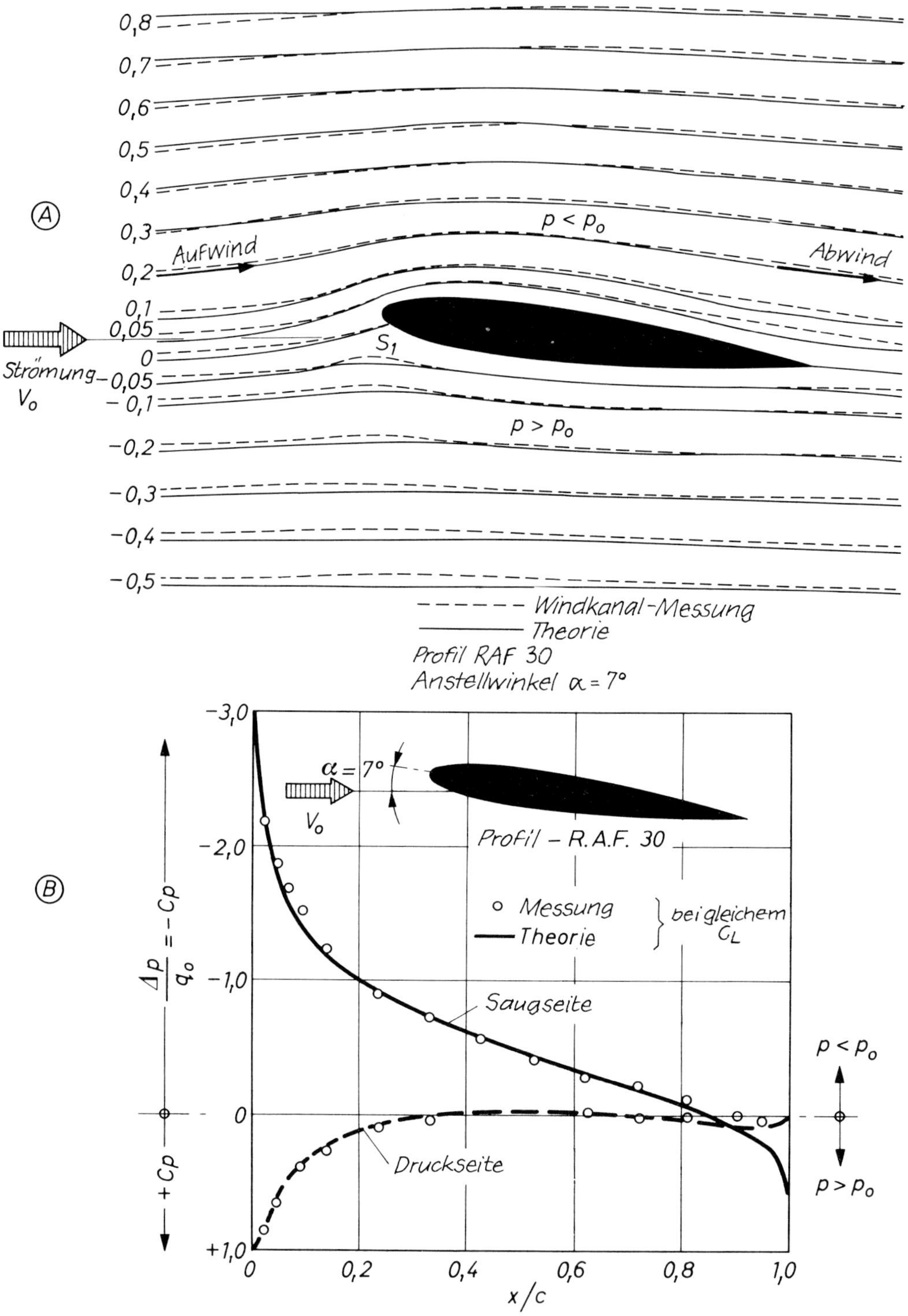

Abb. 2.15 Stromlinienbild und Druckverteilung um einen Tragflügel mit RAF-Profil bei zweidimensionaler Strömung

C_p – Beiwert des Druckes auf der Flügeloberfläche $= (p - p_0)/q_0 = \Delta p/q_0$

p_0 – statischer Druck der Anströmung

p – statischer Druck auf der Flügeloberfläche

q_0 –Staudruck der Anströmung $= \rho\, V_0^2/2$

Anstellwinkelverringerung bestehen. Für das Segeln bei sehr wenig Wind ist diese Erscheinung von besonderer Bedeutung. Sobald die anliegende Strömung um ein Segel einmal gestört wurde, dauert es eine Weile, bis sich die glatte Strömung mit ihrem großen Auftrieb wieder ausbildet. Regattasegler wissen, was das für die Fahrtgeschwindigkeit bedeutet. In diesem Zusammenhang ist auch F. Chichesters Erfahrung erwähnenswert. Bei einer seiner Atlantiküberquerungen stellte er fest, daß *Gipsy Moth,* die bei scheinbar völliger Flaute mit 1,5 Knoten dahinschlich, sofort die Fahrt verlor, sobald er sich bewegte und die Yacht schaukelte.

6 Nähere Betrachtung einiger Tragflügeleigenschaften

Abb. 2.15A, die auf Messungen von T. Tanner [2.14] an dem symmetrischen Tragflügelprofil RAF 30 beruht, zeigt, daß die Zirkulation auf der Profiloberseite ein Gebiet mit hohen Geschwindigkeiten hervorruft, in dem sich die Stromlinien zusammendrängen, während auf der Profilunterseite ein Gebiet mit niedrigen Geschwindigkeiten entsteht, in dem sich die Stromlinien aufweiten. Eine allgemeine Ähnlichkeit der in realer Flüssigkeit (Luft) ermittelten Stromlinien (gestrichelt) mit den für den gleichen Auftriebsbeiwert berechneten Stromlinien ist deutlich erkennbar.

In Abb. 2.15B sind die experimentell und theoretisch ermittelten Werte des Druckbeiwertes C_p über dem Verhältnis x/c aufgetragen; x ist der entlang der Profilsehne (Profiltiefe) c gemessene Abstand von der Profilvorderkante. Die Unterschiede zwischen den berechneten und den gemessenen Druckverteilungen sind bis auf den Hinterkantenbereich, in dem sich die Stromlinien ablösen, sehr gering. Die Übereinstimmung ist viel größer als bei der theoretischen und gemessenen Druckverteilung um einen sich drehenden Zylinder (Abb. 2.5C). Da im Gegensatz zu dem rotierenden Zylinder hinter dem Flügel kein großes Totwassergebiet (Nachlauf) entsteht, war dies eigentlich zu erwarten.

Aus Abb. 2.15B läßt sich entnehmen:

1. Der größte positive Druckbeiwert C_p beträgt $+1$, der größte negative Druckbeiwert C_p ist gleich -3; beide treten an der Profilvorderkante auf.
2. Der Unterdruck auf der Profiloberseite hat einen deutlich größeren Anteil am Auftrieb als der Überdruck auf der Profilunterseite.

a) Darstellungsarten der Druckverteilung

Die graphische Darstellung des Druckverlaufs um ein Profil soll noch etwas näher erläutert werden. Die eine Möglichkeit, die auf ein Tragflügelprofil wirkenden Drücke zu veranschaulichen, zeigt Abb. 2.15B, die andere zeigt Abb. 2.16A. Der Druckverlauf läßt sich in einem Windkanal verhältnismäßig einfach bestimmen. Zu diesem Zweck wird die Flügeloberfläche in Profilrichtung mit einer Reihe Bohrungen (etwa 1,5 mm Durchmesser) versehen, die durch das Flügelin-

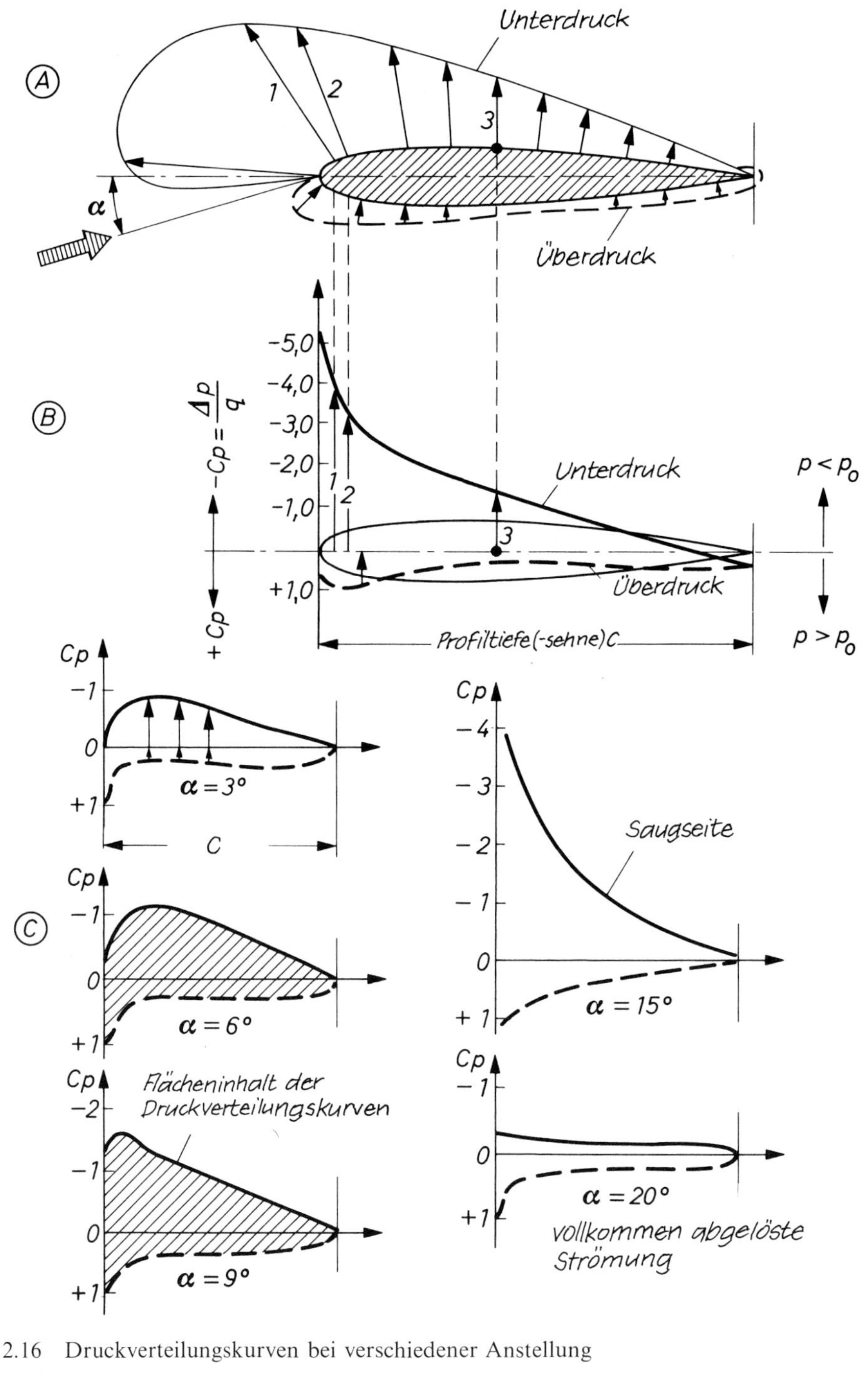

Abb. 2.16 Druckverteilungskurven bei verschiedener Anstellung

nere jeweils an ein Rohr eines Vielfachmanometers angeschlossen werden. Für eine vorgegebene Geschwindigkeit V_0 werden die Drücke p abgelesen, davon jeweils der Luftdruck p_0 abgezogen und die Differenz $\Delta p = p - p_0$ durch den Staudruck $q_0 = \rho/2 \cdot V_0^2$ dividiert; man erhält so den bereits bekannten Druckbeiwert $C_p = \Delta p / q_0$.

Diese Meßergebnisse lassen sich auf zwei verschiedene Arten darstellen:

1. Die Beiwerte C_p werden normal (senkrecht) zur Profiloberfläche in den jeweiligen Meßstellen aufgetragen. Dieser in Abb. 2.16A gezeigte Druckverlauf stellt die Drücke (anhand von C_p) so dar, wie sie tatsächlich wirken – stets senkrecht zur Körperoberfläche.
2. Die Beiwerte C_p werden in den entsprechenden Meßstellen senkrecht von der Profilsehne aus abgetragen, so wie es in Abb. 2.15B und 2.16B geschah.

Um die gegenseitige Lage in den verschiedenen Diagrammen zu verdeutlichen, sind einige der Druckbeiwerte in Abb. 2.16A und 2.16B durch Zahlen markiert.

Wie sich die Druckverteilung mit dem Anstellwinkel α ändert, ist für ein typisches Tragflügelprofil aus Abb. 2.16C zu ersehen. Sie beantwortet auch die oft gestellte Frage, welche Seite mehr zum Auftrieb beiträgt. Man erkennt, daß mit größer werdendem Anstellwinkel α der Anteil der Oberseite am Auftrieb allmählich zunimmt, bis er schließlich ungefähr siebzig Prozent des Gesamtbetrages ausmacht. Weiter ist zu sehen, daß die C_p-Kurve der Saugseite (Oberseite) für den Anstellwinkel $\alpha = 20°$ sich beträchtlich von der entsprechenden Kurve für $\alpha = 15°$ unterscheidet. Das ist darauf zurückzuführen, daß ungefähr ab $\alpha = 15°$ der Auftrieb mit steigendem Anstellwinkel abnimmt, da sich die Strömung auf der Profiloberseite allmählich immer mehr ablöst.

Aus der Druckverteilung lassen sich wichtige Erkenntnisse gewinnen. Sie gibt Aufschluß über:

1. Die Lage der Unterdruckspitze und ihre durch den Druckbeiwert C_p gegebene Größe.
2. Die Belastung, welche die Außenhaut des Flügels auszuhalten hat, und ihre Verteilung.
3. Die Lage des Druckmittelpunktes, das heißt des Angriffspunktes der resultierenden Kraft.
4. Die relative Größe der resultierenden Kraft, die proportional zu der in Abb. 2.16C schraffierten Fläche zwischen den C_p-Kurven der Ober- und Unterseite ist.

Kehren wir noch einmal zu Abb. 2.15A zurück. Aus ihr geht hervor, daß der Tragflügel eine Art Fernwirkung auf die Strömung ausübt. Bezogen auf die ungestörte Anströmrichtung wird sie vor dem Flügel zunehmend nach oben, und hinter dem Flügel etwas nach unten abgelenkt. Diese Erscheinung ist auf die Zirkulationsströmung um den Flügel zurückzuführen, die vor dem Flügel aufwärts- und ab etwa einem Viertel der Profilsehne abwärtsgerichtete Geschwindigkeitskomponenten induziert – Aufwind und Abwind.

Bei der Anbringung von Geräten zur Messung der Strömungsgeschwindigkeit und -richtung müssen diese Aufwind- und Abwindeinflüsse berücksichtigt werden. Um zuverlässige Ergebnisse zu erhalten, sollten die Instrumente mindestens in einem Abstand von zwei Profilsehnenlängen vor der Flügelvorderkante angebracht werden. Dies gilt sowohl für Meßgeräte in der Nähe von Segeln als auch in der Nähe von Rumpfanhängen.

b) Der Anstieg des Auftriebs mit dem Anstellwinkel bei zweidimensionaler Strömung

Sowohl aus der Theorie als auch aus dem Experiment ergeben sich zwei Schlußfolgerungen:

Erstens – die Stärke der Zirkulation Γ um ein Flügelprofil ist eine Funktion der Anströmgeschwindigkeit V_0, des Anstellwinkels α und der Länge c der Flügelsehne. Wir können also schreiben:

$$\Gamma = f(V_0 \cdot c \cdot \alpha) \quad (\mathrm{m^2/s}), \tag{2.12}$$

wobei $f(\ldots)$ bedeutet: „ist eine Funktion" der in Klammern gegebenen Faktoren.

Für einen Flügel mit anliegender Strömung ändert sich die Zirkulation linear mit dem Anstellwinkel α; bezieht man α auf die Nullauftriebsrichtung, für die $\Gamma = 0$ gilt, folgt:

$$\Gamma \sim L \sim \alpha,$$

wobei $\sim$ bedeutet: „ist proportional zu ...".

Wie im Falle des Kreiszylinders [Gl. (2.7)] ergibt sich die Zirkulation um den Flügel als Produkt aus der mittleren Zirkulationsgeschwindigkeit V_{zm} und der Weglänge, die nun etwa gleich der doppelten Flügeltiefe c ist:

$$\Gamma = V_{\mathrm{zm}} \cdot 2c \quad (\mathrm{m^2/s}). \tag{2.12A}$$

Diese Gleichung erklärt auf andere Weise, warum für die Ausbildung der Zirkulation längs einer längeren geschlossenen Linie (hier von der Länge $2c$) mehr Zeit notwendig ist, als längs einer kürzeren, eine Tatsache, die von Wagner und Drescher experimentell aufgezeigt wurde und in Abb. 2.14 dargestellt ist.

Setzen wir Gl. (2.12) in Gl. (2.10) ein, so ergibt sich, daß der Auftrieb L proportional zu einigen uns bereits bekannten Größen ist, nämlich:

$$\begin{aligned} L &= f(\rho \cdot V_0^2 \cdot c \cdot b \cdot \alpha) \\ &= f(\rho \cdot V_0^2 \cdot A \cdot \alpha). \end{aligned} \tag{2.13}$$

Hierbei ist ρ die Dichte der Anströmung,
$c \cdot b = A$ die Grundfläche des Tragflügels, und
α der Anstellwinkel.

Aus später ersichtlich werdenden Gründen ist es üblich, durch Einführung eines empirischen Formfaktors, nämlich des Auftriebsbeiwertes C_{L}, der den Anstellwinkel α ersetzt, sowie durch Zusammenfassung von ρ und V_0^2 zum Staudruck q,

Gl. (2.13) in anderer Form auszudrücken:

$$\text{Auftrieb} = C_L \cdot \text{Fläche} \cdot \text{Staudruck}$$
$$L = C_L \cdot A \cdot q. \qquad (2.13\,A)$$

Zweitens – für einen Tragflügel mit anliegender Strömung ist bei konstanter Anströmgeschwindigkeit V_0 der Auftriebsbeiwert C_L linear vom Anstellwinkel α abhängig. Dieser Zusammenhang kann durch folgende Formeln beschrieben werden:

$$C_L = 2\pi \cdot \alpha = 6{,}28 \cdot \alpha,$$

falls α im Bogenmaß gemessen wird, oder:

$$C_L = 0{,}11 \cdot \alpha, \qquad (2.14)$$

falls α im Gradmaß gemessen wird.

Diese Gleichung sagt aus, daß der Auftriebsbeiwert C_L theoretisch um 0,11 ansteigen sollte, wenn α um 1° erhöht wird. Bei einem Anstellwinkel von 10° wäre dann $C_L = 1{,}1$.

Gl. (2.14), die sich aus der klassischen Tragflügeltheorie ableitet, gilt streng nur für den Auftriebsbeiwert einer zweidimensional umströmten ebenen Platte. In gewisser Weise beeinflußt aber auch die Profildicke t den Auftriebsbeiwert; für symmetrische Flügelprofile kann der Zusammenhang zwischen C_L und α dann näherungsweise wie folgt ausgedrückt werden:

$$C_L = 0{,}11\left(1 + \frac{t}{c}\right) \cdot \alpha, \qquad (2.14\,A)$$

Foto 2.7 Großer Anstellwinkel. Der Ablösungspunkt liegt nahe der Vorderkante. Ablösen der Strömung an einem Körper kann als plötzliche Abdrängung der Stromlinien von der Körperkontur definiert werden.

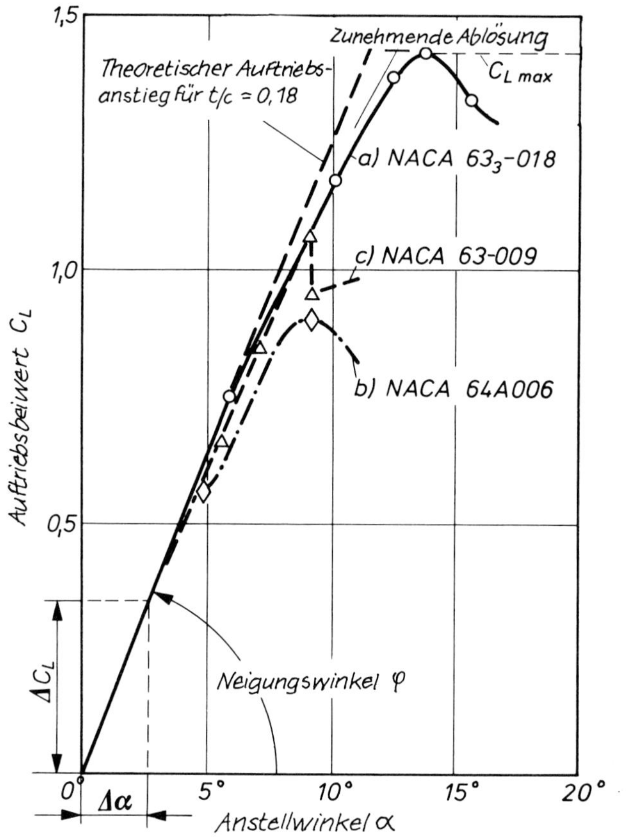

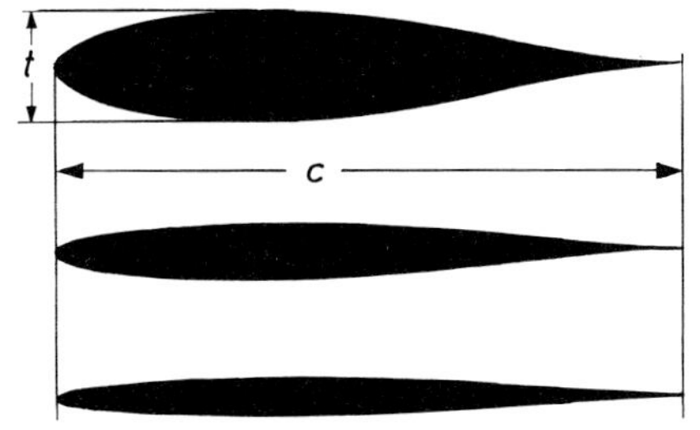

Abb. 2.17 Aerodynamische Eigenschaften einiger symmetrischer NACA (National Advisory Committee for Aeronautics)-Profile (zweidimensionale Strömung)

mit α: Anstellwinkel in Grad, und
t/c: Dickenverhältnis des Flügelprofils.

Die Dicke des Flügels bewirkt eine Verdrängung der Strömung und ein Zusammendrängen der Stromlinien, besonders im Bereich über- und unterhalb der größten Dicke des Profils. Als Folge davon sind die durchschnittlichen Strömungsgeschwindigkeiten entlang des Flügelprofils im Vergleich zu denen an einer dünnen Platte größer. Folglich steigt die Auftriebskurve für dicke Flügelprofile etwas steiler an.

Für asymmetrische Flügelprofile lautet die Nährungsgleichung für den Zusammenhang zwischen Auftriebsbeiwert und Anstellwinkel:

$$C_L = 0{,}11\left(1 + \frac{t}{c}\right) \cdot (\alpha - \alpha_0). \tag{2.15}$$

Hierbei ist α_0 derjenige Anstellwinkel, bei dem kein Auftrieb entsteht (Nullauftriebswinkel); er ist für ebene Platten oder symmetrische Flügelprofile immer Null. Für gewölbte Profile ist α_0 stets negativ und nimmt mit größer werdender Wölbung numerisch immer größere Werte an.

Jede Theorie ist nur innerhalb ihrer zugrundegelegten Voraussetzungen gültig, und die Zirkulationstheorie des Auftriebs bildet da keine Ausnahme. Ihre Brauchbarkeit zur Berechnung des Auftriebsbeiwertes beschränkt sich auf einen bestimmten Anstellwinkelbereich. Die Gln. (2.14) und 2.15) gelten in der Tat nur für solche Anstellwinkel, für die die Strömung überall anliegt, das heißt, die Auftriebsbeiwerte steigen nur bis zu dem Winkel, bei dem irgendwo auf der Saugseite des Profils Ablösung einsetzt, linear an. Ablösung kann als plötzliche Abdrängung der Stromlinien von der Körperkontur definiert werden (Foto 2.7). Die Übereinstimmung zwischen dem Experiment und der Theorie, die auf der Annahme einer reibungsfreien Flüssigkeit beruht, ist von der Ausdehnung des Wirbelnachlaufes hinter dem Tragflügel abhängig; diese Übereinstimmung wird immer geringer, je mehr sich die Strömung von der Flügeloberfläche ablöst, und sich das Totwassergebiet ausweitet.

Diese sich aus der Strömungsablösung ergebende Abweichung vom linearen Zusammenhang zwischen dem Auftriebsbeiwert C_L und dem Anstellwinkel α zeigt Abb. 2.17. Sie stellt die durch Messungen gewonnenen Auftriebskurven dreier symmetrischer NACA-Profile dar (nach [2.15]).

Betrachten wir zum Beispiel die Kurve a) für das Profil mit 18 Prozent Dickenverhältnis. Nach Gl. (2.14 A) wäre bei $\alpha = 10°$ ein C_L-Wert von

$$C_L = 0{,}11\,(1 + 0{,}18) \cdot 10 = 0{,}11 \cdot 11{,}8 = 1{,}3$$

zu erwarten, so wie es durch die gestrichelt eingezeichnete theoretische Auftriebskurve angedeutet wird.

Tatsächlich beträgt der gemessene Wert nur ungefähr 1,2. Im Mittel liegen die gemessenen C_L-Werte zehn Prozent unter den für gleichen Anstellwinkel nach der Theorie berechneten. Genauere C_L-Werte erhält man mit der folgenden empirischen Formel:

$$C_L = 0{,}1\left(1 + \frac{t}{c}\right) \cdot \alpha. \tag{2.14 B}$$

Auch hier ist α in Grad einzusetzen.

Im allgemeinen ist also die tatsächliche Steigung der Auftriebskurve etwas geringer als die theoretische Steigung. Der Begriff der Steigung bedarf vielleicht der Erklärung. Die Steigung der aus der Auftragung der Auftriebsbeiwerte über

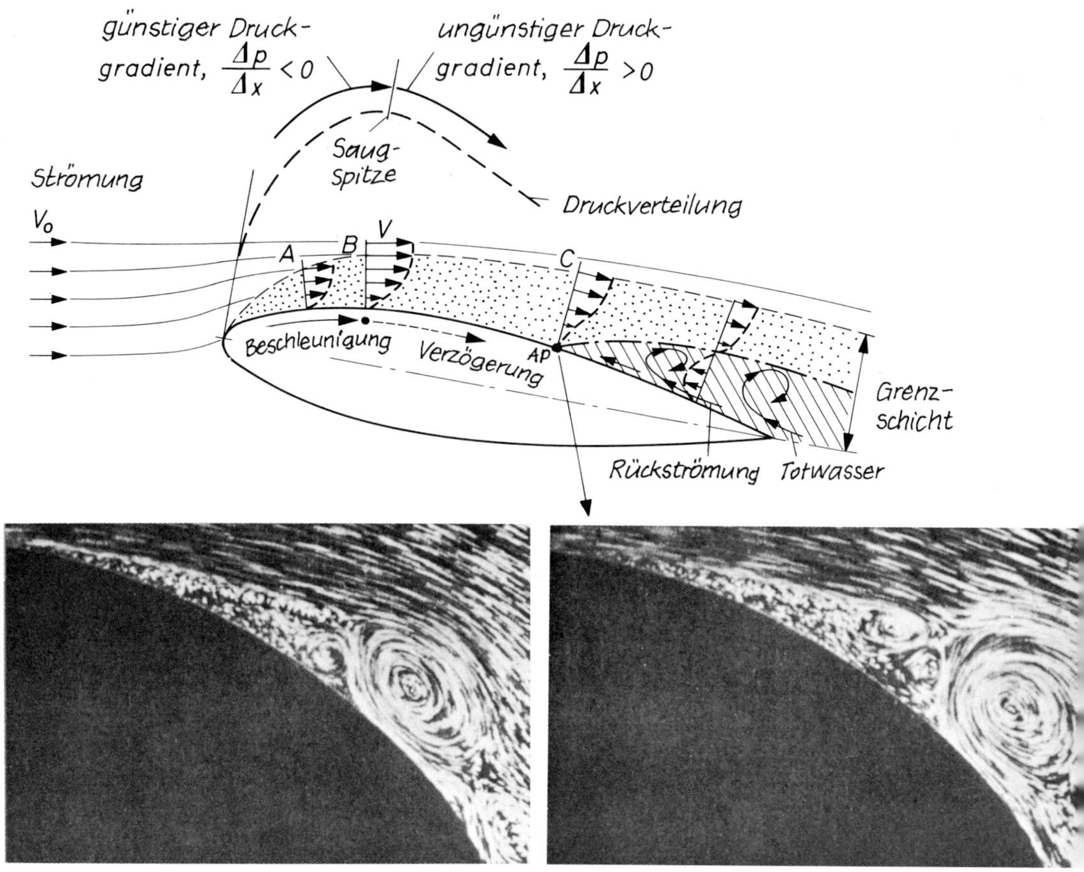

Abb. 2.18 Entwicklung der Grenzschichtströmung längs einer gekrümmten Oberfläche. Der Deutlichkeit halber ist die Grenzschicht stark vergrößert dargestellt. Die beiden Strömungsaufnahmen zeigen in zeitlicher Reihenfolge sich aus der Rückströmung entwickelnde Wirbel.

dem Anstellwinkel entstehenden Kurve läßt sich durch den Neigungswinkel φ zwischen dem geraden Kurvenstück und der Abszissenachse beschreiben (siehe Abb. 2.17). Mit anderen Worten, die Steigung ist ein Maß für die Änderung des C_L-Beiwertes mit dem Anstellwinkel α, das heißt, sie vermittelt eine Vorstellung davon, wie schnell der Auftrieb pro 1° Anstellwinkel zunimmt. Dieser Auftriebsanstieg läßt sich durch das Verhältnis $\Delta C_L/\Delta\alpha$ ausdrücken. Für die durch Gl. (2.14) bestimmte Auftriebskurve ergibt sich mithin ein Verhältnis $\Delta C_L/\Delta\alpha$ von 0,11.

c) Faktoren, die den Auftrieb begrenzen

Wie bereits ausgeführt wurde, entsteht der Auftrieb an einem Tragflügel infolge der unterschiedlichen Drücke auf der Ober- und Unterseite. Dieser Druckunterschied läßt sich nur dann am wirksamsten aufrechterhalten, wenn die Strömung überall anliegt. Wie Abb. 2.15A zeigt, passen sich bei kleinen Anstellwinkeln die Stromlinien der Profilkontur an. Bei allmählicher Vergrößerung des Anstellwinkels löst sich die Strömung jedoch ab – die Stromlinien folgen nicht mehr der Körperform. Dies tritt besonders im Bereich hinter der maximalen Profildicke auf, wo die Flüssigkeitsteilchen gegen zwei Widerstände anlaufen müssen. Der erste ist durch die Zähigkeit und die unvermeidliche Wandreibung bedingt, der zweite entsteht als Folge eines ungünstigen Druckgradienten in Strömungsrichtung. Der Druckgradient ist ein Maß für die Änderung der Druckintensität in Richtung der Anströmung. Er ist für den Strömungsvorgang auf der Profiloberseite von besonderer Bedeutung (siehe Anmerkung [2.16]).

Aus Abb. 2.16 ist zu entnehmen, daß der Unterdruck auf der Saugseite bei zunehmendem Anstellwinkel α schnell größer wird. Bei $\alpha = 3°$ tritt die Unterdruckspitze etwa in einem Abstand von 25 Prozent der Sehnenlänge von der Vorderkante auf, bei $\alpha = 6°$ verringert sich dieser Abstand auf etwa 20 Prozent von c. Mit größer werdendem Anstellwinkel wandert die Saugspitze immer weiter auf die Profilvorderkante zu.

Die Druckverteilung und besonders die Lage des Druckminimums haben einen großen Einfluß auf die Strömung in der Grenzschicht, die ihrerseits wiederum die Außenströmung beeinflußt. Aus Abb. 2.18, welche die Grenzschicht stark vergrößert darstellt, geht hervor, daß die örtliche Strömungsgeschwindigkeit V außerhalb der Reibungsschicht zuerst zunimmt, während der örtliche Druck p entlang des Profils immer geringer wird. Die Unterdruckspitze liegt bei Punkt B, hier erreicht die Strömungsgeschwindigkeit V ihr Maximum. Stromabwärts vom Punkt B steigt der örtliche Druck auf der Saugseite allmählich wieder an und erreicht in der Nähe der Hinterkante den Wert des Umgebungsdruckes p_0. Ein Blick auf Abb. 2.16 B bestätigt dies – an der Hinterkante ist der Druckbeiwert C_p beinahe Null.

Von der Profilvorderseite stromabwärts bis zum Punkt B wird die Strömung durch einen negativen Druckgradienten (Druckabfall) beschleunigt. Der Druck in B ist niedriger als an der Vorderkante, was sich günstig auf den Strömungsvorgang auswirkt, da die Flüssigkeitsteilchen stets bestrebt sind, aus einem Gebiet höheren Druckes in ein Gebiet niedrigeren Druckes zu fließen. Hinter dem Druckminimum in Punkt B ändern sich die Strömungsverhältnisse völlig. Von nun an verzögert ein positiver Druckgradient (Druckanstieg) die Strömung. Da ein Teil ihrer kinetischen Energie durch die Wirkung der Zähigkeit verloren gegangen ist, besitzen die Flüssigkeitsteilchen nicht mehr genug Energie, um dieses Druckanstiegsgebiet vollständig zu durchlaufen. Sie kommen zum Stillstand, bevor sie die Profilhinterkante erreichen. Die Druckzunahme wird gewissermaßen zu einem unüberwindlichen Hindernis. Die Flüssigkeitsteilchen häufen sich an, so daß sich die Grenzschicht stark verdickt. Durch den Druckabfall stromaufwärts setzt sich das abgebremste Grenzschichtmaterial gegen die Richtung der Anströmung in Bewegung, es kommt zu Rückwärtsströmung in der Grenzschicht und dadurch zur Abdrängung derselben in die Außenströmung. In Abb. 2.18 löst sich die Reibungsschicht im Punkt AP ab, es entsteht unmittelbar stromabwärts ein Wirbelgebiet. Mit zunehmendem Anstellwinkel bedeckt die Rückströmung immer größere Bereiche der Profiloberseite, der Ablösungspunkt AP verschiebt sich immer weiter stromaufwärts (vgl. Foto 2.7). Dadurch wird die Zirkulationsstärke beträchtlich unter den Wert, der sich nach der idealisierenden Auftriebstheorie reibungsloser Flüssigkeiten einstellen müßte, reduziert, und infolgedessen verringert sich der Unterdruck auf der Profiloberseite.

Aus diesen Überlegungen folgt:

a) In einem Gebiet mit Druckabfall ist eine Ablösung der Grenzschicht wenig wahrscheinlich.
b) Ist der Druckanstieg zu steil (das heißt, ist der positive Druckgradient zu groß), so werden die Grenzschichtteilchen bis zum Stillstand abgebremst, die Grenzschicht löst sich ab und verdrängt die Außenströmung von der Körperkontur – die Strömung reißt ab. Innerhalb eines bestimmten Anstellwinkelbereiches steigt bei einem stromlinienförmigen Tragflügelprofil mit langer, schlanker Rückseite der Druck hinter dem Minimum nur allmählich an, so daß die Grenzschicht fast ganz bis zur Hinterkante anliegt (Abb. 2.15A). Das Strömungsbild und die Druckverteilung um das Profil sind dann im wesentlichen die gleichen wie bei reibungsloser Flüssigkeit. Folglich ist der Druckwiderstand vernachlässigbar klein, und der sehr geringe Widerstand besteht überwiegend aus Reibungswiderstand.

Man kann daher sagen: Ein Körper ist dann stromlinienförmig, wenn sich an ihm die Grenzschicht nicht ablöst. Bei gedrungenen Körperformen ist der positive Druckgradient beziehungsweise der Druckanstieg auf der Rückseite so groß, daß die Strömung schon weit vor der Hinterkante abreißt und sich ein großes Totwassergebiet ausbildet. Diese Körperformen erfahren stets einen hohen Widerstand, an dem der Reibungswiderstand einen geringen Anteil hat. Bei kleinen Anstellwinkeln gehört das Tragflügelprofil zu den Stromlinienkörpern. Sobald der Anstellwinkel aber groß genug ist, um die Strömung schon in der Nähe der Vorderkante auf der Saugseite abreißen zu lassen, verhält es sich dagegen wie ein Körper mit stumpfer Rückseite.

Da der Unterdruck auf der Oberseite des Flügels in einem viel größeren Maße zum Auftrieb beiträgt als der Überdruck auf der Flügelunterseite (vgl. Abb. 2.16C), muß zwangsläufig die Auftriebszunahme kleiner werden, wenn die Strömung abzureißen beginnt, denn der örtliche Druck p im Totwassergebiet, das die Oberseite dann bedeckt, ist nahe dem Umgebungsdruck p_0. Folglich gibt es für jeden Flügel einen gewissen kritischen Anstellwinkel, über den hinaus der Auftrieb nicht länger zunimmt, sondern bei weiterer Anstellwinkelvergrößerung wieder abfällt. Dieses Auftreten eines Auftriebsmaximums, so grundverschieden von dem, was für ideale Flüssigkeit zu erwarten wäre, geht deutlich aus dem Verlauf der drei in Abb. 2.17 aufgetragenen $C_L(\alpha)$-Kurven hervor. Die Kurven liegen viel näher an der theoretischen Kurve der Auftriebsbeiwerte als es für den rotierenden Zylinder in Abb. 2.8 der Fall ist – eine Folge des kleinen Totwassergebietes hinter dem stromlinienförmigen Flügelprofil im Vergleich zu dem des rotierenden Zylinders. Zwar ist der Auftrieb eines sich drehenden Kreiszylinders viel größer als der von Tragflügeln, aber auch der Widerstand ist viel ausgeprägter. Gemessen an dem Verhältnis L/D ist der Tragflügel dem rotierenden Zylinder als auftriebserzeugendem Körper weit überlegen.

Wie Abb. 2.17 zeigt, ist der kritische Anstellwinkel der drei verschiedenen Profile von ihrer Dicke abhängig. Das dickere Profil erreicht ein größeres $C_{L\,max}$, die Strömung reißt erst bei einem größeren Anstellwinkel ab.

Der Auftrieb nimmt jedoch nicht sogleich ab, sowie Ablösung am Profil auftritt. Tatsächlich hat Ablösung nahe der Hinterkante, wie sie zum Beispiel in Foto 2.5 zu erkennen ist, nur einen verhältnismäßig geringfügigen Einfluß auf die Zirkulation und den Beiwert C_L – nur die Auftriebszunahme wird nun geringer, die lineare Beziehung zwischen C_L und α verschwindet. Erst wenn die gesamte Strömung auf der Profiloberseite schon kurz hinter der Vorderkante abreißt, wie es Foto 2.7 zeigt, verringert sich die Zirkulation rapide und bewirkt einen drastischen Auftriebsverlust.

Auch an noch so gut geformten Profilen kommt es zu Ablösung, wenn der Anstellwinkel einen bestimmten Wert überschreitet. Ablösung tritt dabei immer bereits unterhalb des zu $C_{L\,max}$ gehörenden Anstellwinkels auf; abhängig von ihrem Charakter und Ausmaß nimmt der Auftrieb manchmal allmählich (Kurve a in Abb. 2.17), manchmal abrupt (Kurve c) ab.

Das Abreißverhalten eines Tragflügels (der Verlauf der $C_L(\alpha)$-Kurve im Bereich von $C_{L\,max}$), sein $C_{L\,max}$-Wert, der Widerstand und das Verhältnis L/D hängen von einer ganzen Reihe Faktoren ab. Die wichtigsten sind hierbei:

1. Profilform, Profildicke und Lage der maximalen Dicke
2. Reynolds-Zahl
3. Seitenverhältnis und Umriß des Tragflügels
4. Oberflächenrauhigkeit, Flexibilität der Oberflächenbeschichtung, etc.

d) Das eigentümliche Verhalten einiger dicker Profile

Als Beispiel wollen wir den Einfluß des Faktors 1 auf den Auftrieb untersuchen und aufzeigen, daß nicht jedes stromlinienförmig aussehende Tragflügelprofil als auftriebserzeugender Körper gleich wirksam ist. Abb. 2.19 A veranschaulicht diesen Sachverhalt. Die Kurve 1 beschreibt den Zusammenhang zwischen dem Auftriebsbeiwert und dem Anstellwinkel eines Tragflügels mit einem Seitenverhältnis $\Lambda = 5$ und dem im oberen Bildteil dargestellten Profil. Die maximale Profildicke liegt 40 Prozent der Sehnenlänge c hinter der Vorderkante, das Dickenverhältnis t/c beträgt 18 Prozent. Die Kurve 2 stellt zum Vergleich die Auftriebsbeiwerte eines Tragflügels mit ähnlichem Profil dar; das Dickenverhältnis ist das gleiche, die maximale Dicke liegt aber nur 30 Prozent von c hinter der Vorderkante. Folglich hat dieses Profil eine schlankere Rückseite, das heißt, einen kleineren Hinterkantenwinkel.

Bei kleinen Anstellwinkeln um 1 bis 2 Grad bildet sich um den Tragflügel 1 ein eigentümliches asymmetrisches Strömungsbild mit teilweiser Ablösung und großer Grenzschichtdicke auf der Oberseite aus. Da durch die Verdrängungswirkung der Grenzschicht die wirksame Krümmung der Strömung entlang der Unter-

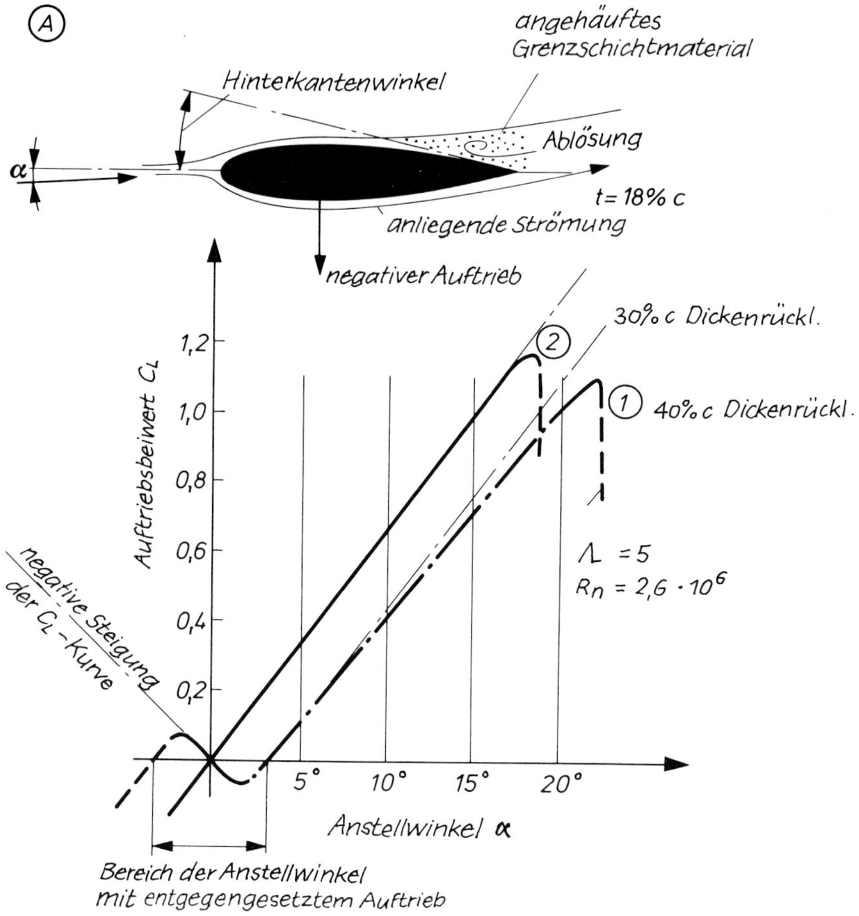

Abb. 2.19 Der Einfluß des Hinterkantenwinkels und des scharfen Abschneidens der Hinterkante auf die Auftriebseigenschaften dicker Profile

seite ausgeprägter ist als entlang der Oberseite, treten auf der Flügelunterseite, an der die Strömung anliegt, im Mittel höhere Strömungsgeschwinidgkeiten als auf der Oberseite auf. Folglich erzeugt der Tragflügel im Anstellwinkelbereich ±3° negativen Auftrieb, das heißt, Auftrieb entgegengesetzt der erwarteten Richtung. Dies drückt sich in Abb. 2.19A durch die negative Steigung der Kurve der Auftriebsbeiwerte aus. Außerhalb dieses Anstellwinkelbereiches ist der positive Auftriebsanstieg nahezu der gleiche wie für den Tragflügel 2 mit schlankerer Profilrückseite.

Diese unerwünschte Auswirkung der Völligkeit der Profilenden auf den Auftrieb kann man auch bei modernen Yachtrümpfen mit völligem Skeg und dahinter aufgehängtem separatem Ruder beobachten. Da die Strömung um das Unterwasserschiff sowohl die durch das Ruder produzierte Seitenkraft als auch diejenige, die vom Rumpf alleine erzeugt wird, beeinflußt, kann infolge Strömungsablösung

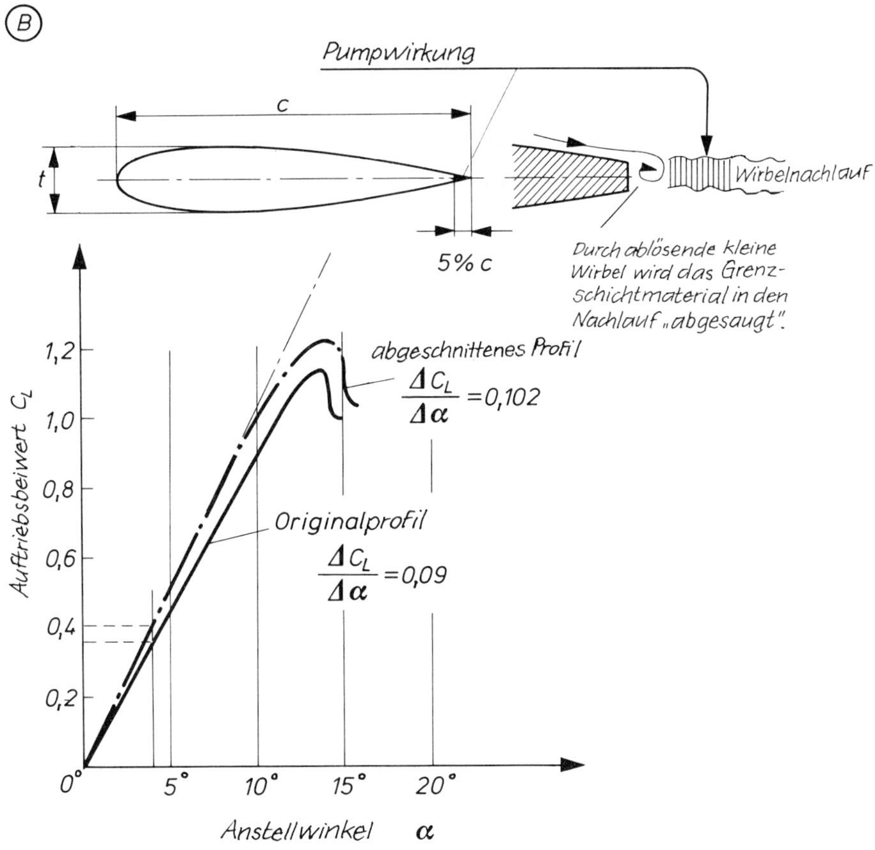

am Skeg oder dem völligen Hinterschiff das in deren Totwasser arbeitende Ruder seine Wirksamkeit verlieren. Von der 12-m-R-Yacht *Valiant* wurde berichtet, daß mit kleinen Ruderwinkeln fast kein Giermoment zu erzeugen war; sowohl im Schleppkanal als auch in der Praxis wurde ein Drehmoment in die falsche Richtung beobachtet. Legte der Steuermann der *Valiant* das Ruder um weniger als 10 Grad, so drehte das Boot in die falsche Richtung. Diese Art von Richtungsinstabilität ist eine Folge der negativen Steigung der Querkraft-(Auftriebs-)Kurve der Kombination Rumpf–Anhänge, ähnlich wie es in Abb. 2.19A dargestellt ist.

Man fand heraus, daß abgeschnittene Profilhinterkanten genau den gegenteiligen Einfluß auf die Profileigenschaften haben wie große Hinterkantenwinkel (vgl. auch S.F. Hoerner: *Base Drag and Thick Trailing Edges – Journal of Aeronautical Science, Bd. 17, 1949,* sowie: *Fluid Dynamic Drag*). Infolge der Saugwirkung

Foto 2.8 Bei der ungewöhnlichen Hinterschiffsform des Zwölfers *Mariner* wurde – abgesehen von einem erhofften Vermessungsvorteil – vermutlich auf eine Verzögerung der Strömungsablösung und eine wirksamere Gestaltung des Rumpfes als Tragflügel abgezielt. Der Unterwasserspiegel könnte sich bei bestimmten Geschwindigkeiten auch vorteilhaft auf das Wellenbild, und damit günstig auf den Wellenwiderstand des Rumpfes, auswirken.

des hinter der glatt abgeschnittenen Hinterkante entstehenden Unterdruckes kann sich die Grenzschicht nicht so verdicken, wie es die der Abb. 2.19A beigefügte Skizze andeutet. Stattdessen wird das Grenzschichtmaterial in das schmale Totwassergebiet hineingesaugt. Vorteilhafterweise sollten die Ecken der Hinterkante möglichst scharf sein, um eine heftige Wirbelbildung anzuregen. Der Mechanismus des Saugvorganges hinter der Hinterkante ist ähnlich dem der Selbstlenzer, die den Seglern wohlbekannt sind. Auf diese Weise lassen sich die im Bereich kleiner Anstellwinkel auftretenden negativen Querkräfte beseitigen.

Solange von der Profilhinterkante nicht mehr als zehn Prozent der Sehnenlänge abgeschnitten wird, ist der Widerstandszuwachs vernachlässigbar klein. Wie aus Abb. 2.19B hervorgeht, erhöht sich dabei der Auftriebsanstieg von $\Delta C_L/\Delta\alpha = 0{,}09$ (Originalprofil) auf $\Delta C_L/\Delta\alpha = 0{,}102$ (Profil um fünf Prozent der Sehnenlänge gekürzt). Das bedeutet für die Praxis, daß bei einem gegebenen Abdriftwinkel eine Kielflosse mit abgeschnittener Profilhinterkante etwa zehn Prozent mehr Auftrieb (Querkraft) erzeugt als mit dem Originalprofil.

Bei der von Britton Chance entworfenen 12-m-R-Yacht *Mariner* (Foto 2.8) mit ihrem ungewöhnlichen Hinterschiff, wurde – abgesehen von erhofften Vermessungsvorteilen – höchstwahrscheinlich beabsichtigt, das Auftreten von Ablösung hinauszuzögern und die Kombination Rumpf – Anhänge hydrodynamisch wirksamer und richtungsstabiler zu gestalten. Die Niederlage der *Mariner* bei den Ausscheidungsregatten für den Pokalverteidiger 1974 bedeutet nicht notwendigerweise, daß ihr „abgehacktes“ Unterwasserschiff allein die Schuld daran trägt. Das ganze Konzept beruht auf vernünftigen Grundlagen und könnte sich bei richtiger Ausarbeitung vielleicht als Beitrag zur Kunst des Yachtentwurfs erweisen.

Wir wollen uns nun näher mit der Zähigkeit und ihren Auswirkungen auf den Widerstand befassen – einer weiteren wichtigen Komponente der aero- und hydrodynamischen Kräfte.

B Über den zähigkeitsbedingten Widerstand

Das Problem der Verminderung des Widerstandes, den ein durch eine Flüssigkeit bewegter Körper erfährt, beschäftigt schon lange Physiker, Ingenieure und Mathematiker. Da im allgemeinen Versuche mit der Großausführung zeitaufwendig und teuer sind, macht man von Modellen Gebrauch, deren Form leicht und kostengünstig geändert werden kann und deren Kräfte sich mit hinreichender Genauigkeit messen lassen. In der Geschichte der Menschheit experimentierte man zweifellos schon sehr früh mit Modellen. Die ersten historisch belegten Modellversuche wurden von Leonardo da Vinci durchgeführt, der den Widerstand umströmter Körper maß und das durch sie hervorgerufene Wirbelbild aufzeichnete (Foto 2.9).

Der Widerstand setzt sich aus verschiedenen Anteilen zusammen, die sich nicht leicht voneinander trennen lassen, da sie sich gegenseitig beeinflussen. Sie sind einer mathematischen Behandlung nur schwer zugänglich, weswegen das meiste heutige Wissen notwendigerweise auf Experimenten beruht. Die Lösung praktischer Probleme erfolgt noch immer weitgehend auf empirischem Wege.

Wie im vorangehenden Kapitel bereits ausgeführt wurde, läßt sich der Widerstand, den ein einer Relativanströmung ausgesetzter Körper erfährt, mindestens in zwei Anteile aufspalten: in Reibungswiderstand und in Druckwiderstand. Beide sind zähigkeitsbedingt (siehe auch [Anm. 2.17]).

1 Grenzschicht, Druckwiderstand und Reibungswiderstand

Erfahrungen mit Körpern, die von einer realen, zähen Flüssigkeit umströmt werden, führen zu der Unterscheidung zwischen den gemeinhin als stromlinienförmig bezeichneten Körpern einerseits und den weniger günstig ausgebildeten, den sogenannten gedrungenen Körpern andererseits, die ihrer Bewegung einen viel

Foto 2.9 Die Strömung des Wassers und die Entstehung des Widerstandes scheinen faszinierende Probleme. Strömungsstudien von Leonardo da Vinci, Zeichnung der Kgl. Sammlung von Windsor Nr. 12579.

höheren Widerstand entgegensetzen. Das Hauptmerkmal der Stromlinienform ist, daß sich die Stromlinien fast ohne Wirbelbildung dicht hinter dem Körper wieder schließen.

In einer idealen Flüssigkeit würden die Stromlinien hinter jeder beliebigen Körperform wieder zusammenfließen. Alle Formen wären in einer idealen, reibungslosen Flüssigkeit also Stromlinienformen, da hinter ihnen keine Störung in der Flüssigkeit zurückbleibt. Ein derartiges Strömungsbild um einen vollständig getauchten Körper in reibungsfreier Strömung ist in Abb. 2.20 im oberen Bildteil dargestellt. Es ist zu ersehen, daß die Umströmung symmetrisch ist, ebenso die Druckverteilung, die man über der Körperkontur ABC messen würde. Da eine reibungslose Flüssigkeit definitionsgemäß keine Schubkräfte übertragen kann, die sonst infolge der Zähigkeit auftreten würden, scheint die Schlußfolgerung von d'Alembert berechtigt, daß ein derartiger Körper bei der Bewegung durch die ideale Flüssigkeit keinen Widerstand erfahren würde.

Da es in der Realität eine solche Flüssigkeit nicht gibt, tritt immer ein die Bewegung hemmender Widerstand auf, dessen Größe von den Eigenschaften der Flüssigkeit wie Zähigkeit und Dichte, der Körperform und -größe, der relativen Geschwindigkeit zwischen Flüssigkeit und Körperwand und von einigen weiteren, später noch zu erörternden Faktoren, abhängt.

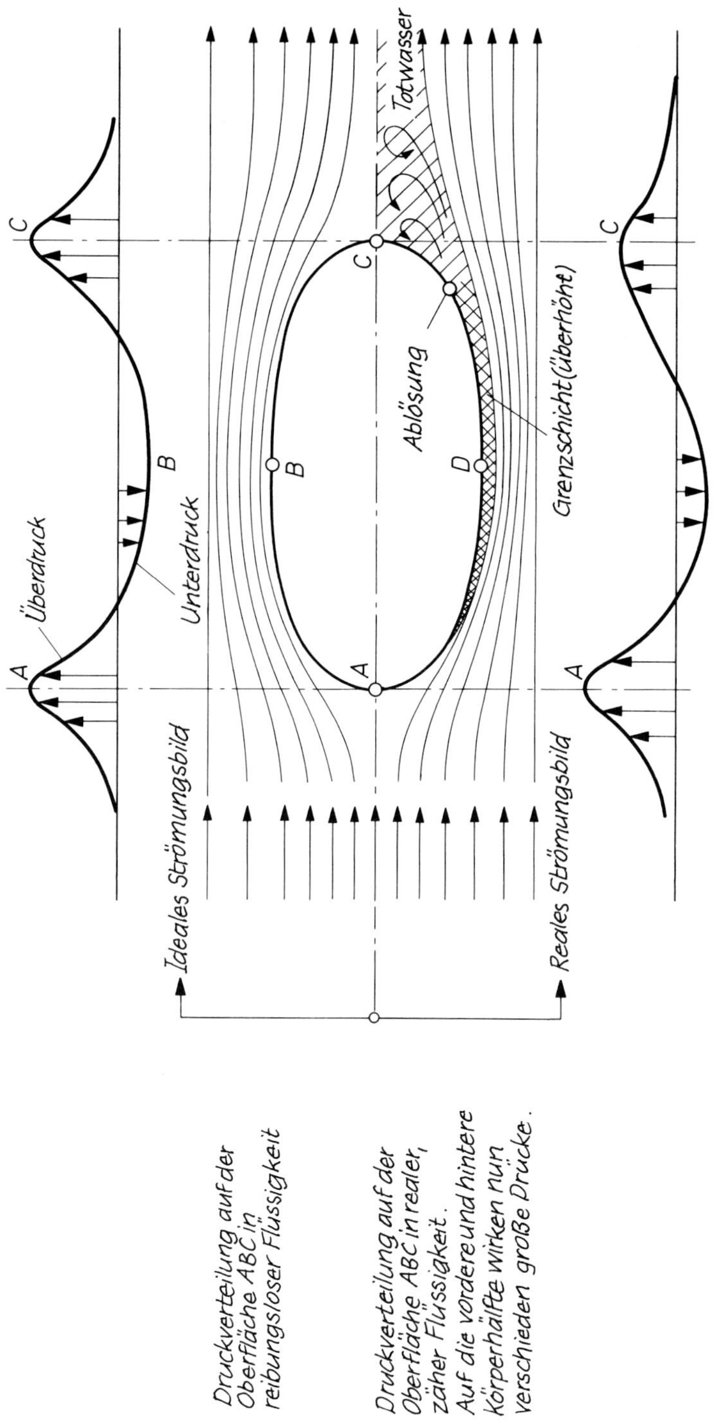

Abb. 2.20 Stromlinienbild und Druckverteilung um einen Körper bei idealer und realer Flüssigkeit (schematisch)

Durch die verzögernde Wirkung der Zähigkeitskräfte folgen die Stromlinien nicht mehr der Körperkontur bis zur Hinterkante. Wie dem unteren Teil der Abb. 2.20 zu entnehmen ist, lösen sie sich statt dessen vorher ab und es entsteht stromabwärts ein von Wirbeln durchsetztes Gebiet. Da die Drücke auf der Körperrückseite nicht den gleichen Betrag wie auf der Vorderseite erreichen, und sie sich somit nicht mehr gegenseitig in ihrer Wirkung aufheben, entsteht der Druckwiderstand – der Körper erfährt von der Flüssigkeit eine Kraft in Strömungsrichtung. Man könnte sagen, daß die Ursache dieses Widerstandes das Unvermögen jedes realen Mediums ist, seine Strömungsgeschwindigkeit ohne Energieverluste zu vermindern. Wegen des offensichtlichen Zusammenhanges zwischen der Größe der Wirbelzone und des unvollständigen Druckaufbaues auf der Körperrückseite wird der Druckwiderstand auch als Wirbelwiderstand bezeichnet – ein größeres Totwasser ist Anzeichen für einen höheren Druck-(Wirbel-)Widerstand.

Ein anderer der Bewegung entgegengerichteter Widerstand ist der Reibungswiderstand. Er ist das Ergebnis der in der Grenzschicht auf die Körperwand übertragenen Schubspannungen.

Der Gesamtwiderstand eines wie im unteren Bildteil von Abb. 2.20 dargestellten Körpers ergibt sich durch Addition des Reibungs- und Druckwiderstandes. Die erste Komponente rührt aus den Bedingungen innerhalb der Grenzschicht her, die zweite Komponente resultiert aus der Ablösung der Strömung infolge Grenzschichteinwirkungen. Außerhalb der Reibungsschicht kann die Strömung wie die reibungsfreie Strömung einer theoretischen idealen Flüssigkeit behandelt werden, die keine Reibungskräfte auf die Körperoberfläche ausübt. Das Strömungsbild um einen Stromlinienkörper in wirklicher Flüssigkeit, wie Wasser oder Luft, unterscheidet sich – solange wie kein übermäßiges Totwasser auftritt – nicht viel von dem idealen Strömungsbild, wie es Abb. 2.21 B wiedergibt. Alle Unterschiede zwischen beiden Strömungsvorgängen sind eine Folge der den Körper einhüllenden Grenzschicht.

Die meisten Leser werden wahrscheinlich schon den „Reibungsgürtel" oder die Grenzschicht beobachtet haben, der beziehungsweise die aufgrund der Adhäsion und Zähigkeit des Wassers dem Rumpf eines Segelbootes anhaftet. Für diejenigen, die diese Erscheinung noch nicht bemerkt haben, sei eine ausgezeichnete Beschreibung von J. Scott Russell zitiert – eine der ersten, die sich darüber in der technischen Literatur [2.18] findet:

> „Ich habe die Wirkung dieser Erscheinung ebenfalls beobachtet und glaube, daß sie folgendermaßen zustande kommt: Die Außenhaut des Schiffes ist völlig von einer dünnen Wasserschicht bedeckt, die fest an ihr haftet und sich mit ihr bewegt; an diese erste Schicht schließt sich eine zweite an, die sich mit ihr bewegt, aber ihrerseits eine an ihr haftende dritte Schicht mitschleppen muß. Eine vierte, fünfte und sechste Schicht hängen alle in der gleichen Weise aneinander, bis wir letztlich eine Schicht finden, die still steht. Ich habe auch die Art und Weise beobachtet, in der diese Erscheinung anwächst und sich vom Bug zum Heck hin ausbreitet."

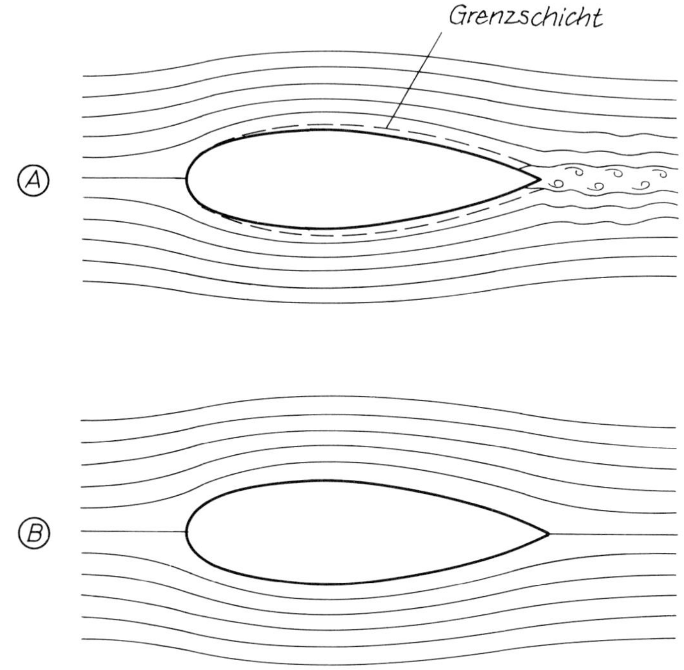

Abb. 2.21 Reale und reibungslose Strömung um einen Stromlinienkörper

a) Laminare und turbulente Grenzschichten

Diese Vorstellung von Wasserschichten, die nacheinander unterschiedliche Geschwindigkeiten aufweisen, wurde von den Wissenschaftlern, die im zwanzigsten Jahrhundert die Grenzschichttheorie entwickelten, übernommen. In Abb. 2.22 ist dieses Denkmodell anhand der Strömung innerhalb der sogenannten laminaren Grenzschicht veranschaulicht. Das Bild wäre dasselbe, gleichgültig, ob wir die Strömung von Wasser um den Rumpf oder die Luftströmung um einen Tragflügel betrachten.

Die Grenzschicht oder Reibungsschicht kann als ein Bereich verzögerter Strömung definiert werden, in der die Geschwindigkeit vom Wert Null an der Körperwand bis auf den vollen Wert der Außenströmung ansteigt. Innerhalb dieses sehr dünnen, unmittelbar an der umströmten Wand angrenzenden Gebietes entsteht durch die aufeinanderfolgenden Flüssigkeitsschichten unterschiedlicher Geschwindigkeit der Reibungswiderstand als Summe tangential zur Körperoberfläche wirkender und der Bewegung entgegengerichteter Reibungskräfte.

Aus Abb. 2.23 ist zu ersehen, daß die Geschwindigkeit der Flüssigkeit mit dem Abstand von der Körperoberfläche allmählich zunimmt, das heißt, es tritt senkrecht zur Strömungsrichtung ein Geschwindigkeitsgradient auf. Abb. 2.23 A veranschaulicht das sogenannte Geschwindigkeitsprofil in der laminaren Grenzschicht, aus dem wir den Geschwindigkeitsgradienten $\Delta V/\Delta y$ durch Division von ΔV mit Δy errechnen können (siehe auch [Anm. 2.16]). Dieses Verhältnis

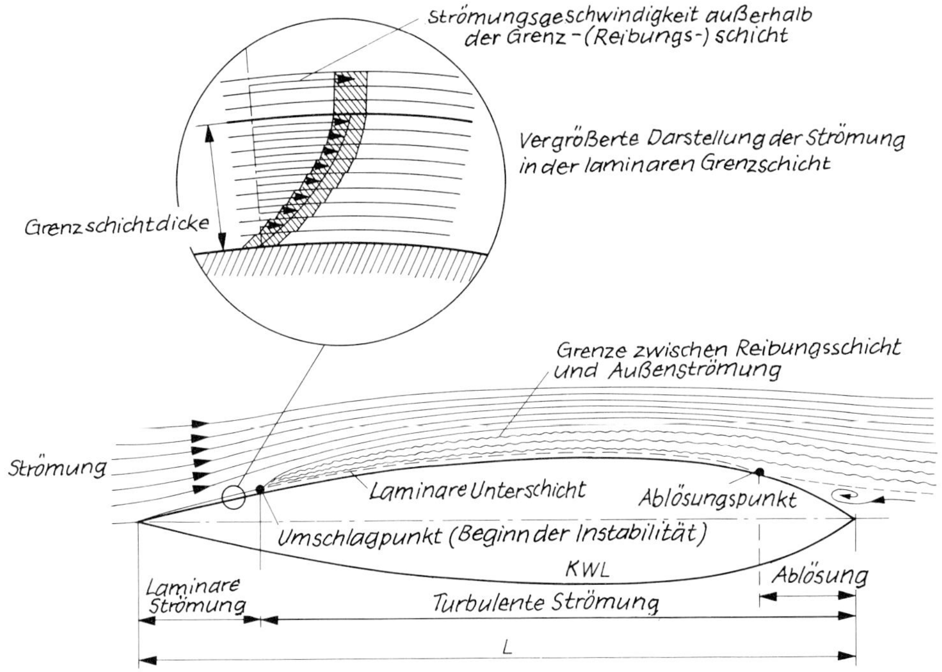

Abb. 2.22 Schematische Darstellung der Strömung um einen Bootsrumpf – laminare Strömung, Umschlag, turbulente Strömung, Ablösungspunkt, Ablösung. Die jeweilige Lage des Umschlagpunktes ist von der Reynolds-Zahl beziehungsweise von der Bootsgeschwindigkeit abhängig, weiterhin auch von der Rauhigkeit der Rumpfoberfläche, insbesondere im Bereich des Vorstevens. Zufällige Störungen in der Anströmung begünstigen einen vorzeitigen Umschlag in die turbulente Strömungsform.

beschreibt die Änderung der Geschwindigkeit ΔV entlang der senkrecht zur Oberfläche gemessenen Wegstrecke Δy. Der Begriff „laminar" leitet sich aus der Vorstellung einer in parallelen Schichten übereinandergleitender Strömung ab (laminae (lat.) = Schicht). Die Flüssigkeitsteilchen oder -moleküle bewegen sich hierbei ohne Quervermischung entlang gering gekrümmter Stromlinien. Die Impulsübertragung (Impuls = Masse · relative Geschwindigkeit zwischen den Flüssigkeitsteilchen) aus Schichten höherer Strömungsgeschwindigkeit in Schichten niedrigerer Geschwindigkeit vollzieht sich mit Hilfe der Zähigkeitswirkung der Flüssigkeit. Geht eine laminare Strömung in eine turbulente Strömung (Abb. 2.23 B) über, so entwickelt sich zusätzlich zu dieser Zähigkeitswirkung ein Impulsaustausch zwischen Flüssigkeitsteilchen, die sich aufgrund von Stoßvorgängen von einer Schicht in eine andere bewegen. Da diese Teilchen eine unterschiedliche mittlere Geschwindigkeit aufweisen, übertragen sie unterschiedliche Impulsbeträge zwischen benachbarten, verschieden schnellen Flüssigkeitsschichten. Die Teilchen, die aus äußeren, schnelleren Schichten in körpernähere, langsamere gelangen, besitzen einen größeren Impuls in Strömungsrichtung als jene Teilchen, die aus wandnahen Regionen in entferntere Bereiche fließen. Somit wird in die wandnahen Schichten mehr Impuls hinein- als heraustransportiert.

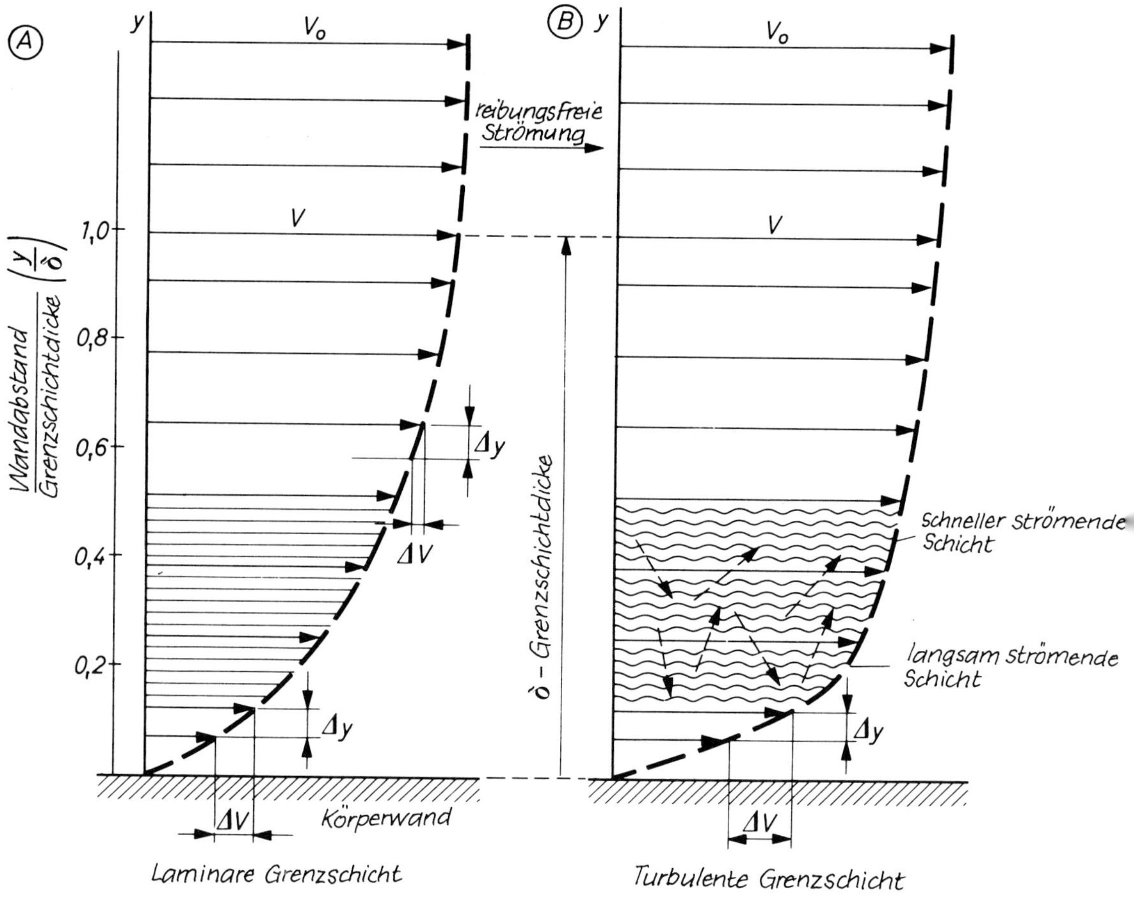

Abb. 2.23 Geschwindigkeitsverteilung in der laminaren (A) und der turbulenten (B) Grenzschicht

In Wasser und Luft werden, wie in jeder anderen Flüssigkeit, Reibungskräfte sowohl zwischen Schichten im Innern wie auch zwischen der Flüssigkeit und der angströmten Wand übertragen, sobald quer zur Strömung ein Geschwindigkeitsgradient vorhanden ist. Die Größe dieser Reibungskräfte ist abhängig von dem für jede Flüssigkeit verschiedenen Zähigkeitsbeiwert μ (auch als dynamische Zähigkeit oder kurz als Zähigkeit der Flüssigkeit bezeichnet [Anm. 2.20]). Der Zähigkeitsbeiwert μ entspricht der Schubspannung oder der Kraft pro Flächeneinheit, die erforderlich ist, um zwischen zwei Flüssigkeitsschichten mit dem Abstand $\Delta y = 1$ eine Geschwindigkeitsänderung $\Delta V = 1$ hervorzurufen. Die Reibungskraft, die auf zwei benachbarte parallele Schichten einer strömenden zähen Flüssigkeit wirkt, ruft eine Schubspannung τ zwischen den beiden Schichten hervor, die von der Zähigkeit der Flüssigkeit und dem Geschwindigkeitsgefälle innerhalb der Grenzschicht senkrecht zur Strömungsrichtung abhängt:

$$\tau = \mu \cdot \frac{\Delta V}{\Delta y} \ (\mathrm{N/m^2}). \qquad (2.16)$$

Hierin ist μ der Zähigkeitsbeiwert der Flüssigkeit $\left(\frac{N \cdot s}{m^2}\right)$, und

$\Delta V/\Delta y$ der Geschwindigkeitsgradient quer zur Strömungsrichtung (1/s).

Die Größe der Reibung ist also nach Gl. (2.16) von der Geschwindigkeit abhängig, mit der die eine Flüssigkeitsschicht über die benachbarte Schicht gleitet. Bewegen sich angrenzende Schichten nicht relativ zueinander ($\Delta V/\Delta y = 0$), so treten auch keine Schubspannungen auf, ist die Relativbewegung oder $\Delta V/\Delta y$ groß, so sind auch die Schubspannungen beträchtlich. Wie aus Abb. 2.23 hervorgeht, ist der Geschwindigkeitsgradient $\Delta V/\Delta y$ an der Körperoberfläche viel größer als in einigem Abstand von der Wand. Die Schubspannungen und damit die Reibungskräfte sind deshalb auf eine dünne Flüssigkeitsschicht nahe der festen Oberfläche beschränkt. Mit größer werdendem Wandabstand verringern sich die Schubspannungen nahezu auf Null. Außerhalb der Grenzschicht nehmen wir an, daß die Strömung sich nicht von der einer idealen Flüssigkeit unterscheidet, in der gilt: $\Delta V/\Delta y = 0$.

Das Geschwindigkeitsprofil einer turbulenten Grenzschichtströmung zeigt Abb. 2.23B. Man erkennt, daß der Geschwindigkeitsgradient $\Delta V/\Delta y$ an der Wand größer ist als bei laminarer Grenzschicht, da durch die oben beschriebene Impulsübertragung zwischen den schnelleren Teilchen in der Nähe der Außenströmung und den an der Körperoberfläche abgebremsten Teilchen die durchschnittliche Strömungsgeschwindigkeit in Wandnähe erhöht wird. Das Geschwindigkeitsprofil einer turbulenten Grenzschicht unterscheidet sich deswegen von dem laminaren Profil: es verläuft in Wandnähe völliger und in größerem Abstand flacher. Es ist offensichtlich, daß der größere Geschwindigkeitsgradient in der turbulenten Grenzschicht einen höheren Reibungswiderstand verursacht als die laminare Grenzschicht. Das Problem der Verminderung des Reibungswiderstandes konzentriert sich somit auf die Laminarhaltung der Grenzschichtströmung.

Um weitere Einsicht in die physikalische Bedeutung und die praktischen Folgen laminarer und turbulenter Strömungen zu gewinnen, wollen wir zunächst die Verhältnisse an einer mit der Geschwindigkeit V_0 längsangeströmten glatten ebenen Platte betrachten (Abb. 2.24). Die Strömung in der Reibungsschicht unmittelbar hinter der Plattenvorderkante ist dabei im allgemeinen laminar. Die Grenzschichtdicke nimmt stromabwärts relativ langsam zu und der hervorgerufene Reibungswiderstand ist gering. Aufgrund der Zähigkeit der Flüssigkeit besitzt die Laminarströmung gewisse stabilisierende oder dämpfende Eigenschaften, so daß plötzlich auftretende Störungsbewegungen allmählich wieder abklingen. Mit zunehmender Dicke wird die laminare Grenzschicht jedoch instabil und geht zuerst in intermittierend turbulente, schließlich in die vollturbulente Strömungsform über. Der Charakter der Grenzschichtströmung ändert sich nun vollkommen. Die Flüssigkeitsteilchen folgen nicht länger parallelen Stromlinien, sondern beginnen innerhalb der Grenzschicht quer zur Hauptströmungsrichtung hin und her zu schwingen.

Foto 2.10 veranschaulicht an einem aus dem Alltag bekanntem Beispiel diesen Umschlag von der laminaren in die turbulente Strömungsform. Der Übergang

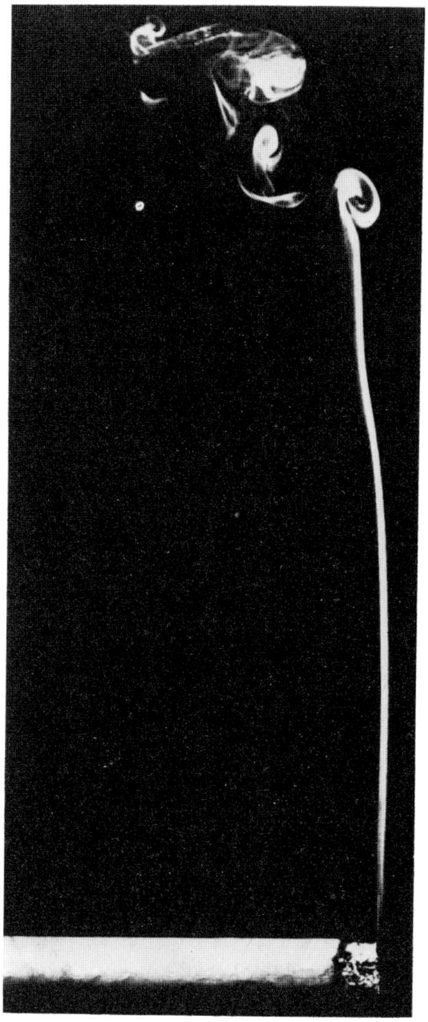

Foto 2.10 Der Rauch einer Zigarette strömt in sehr ruhiger Luft zuerst laminar. Ab einem gewissen Punkt wird die Rauchsäule instabil, schließlich turbulent und beginnt, sich unregelmäßig mit der umgebenden Luft zu durchmischen.

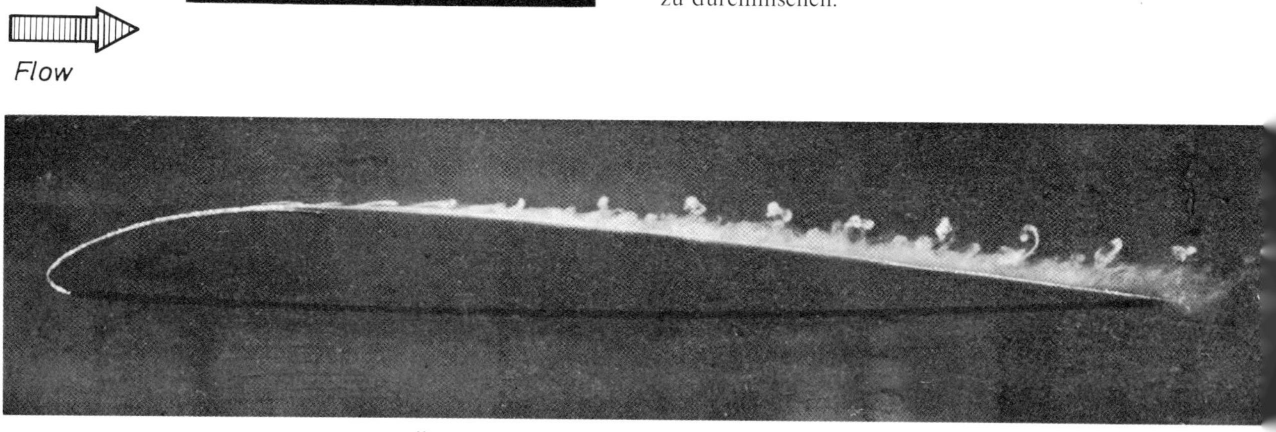

Foto 2.11 Aus einer Öffnung in der Oberseite eines Flügels im Windkanal entweichender Rauch vermittelt einen guten Einblick in die turbulent werdende Strömung der Grenzschicht.

laminar–turbulent, der bei einer bestimmten kritischen Strömungsgeschwindigkeit oder kritischen Reynolds-Zahl erfolgt, ist auf das plötzliche Auftreten kleiner Wirbel innerhalb der Grenzschicht zurückzuführen, die durch instabile, winzige Grenzschichtwellen, deren Amplitude stromabwärts anwächst, induziert werden. Dieser Vorgang hat eine gewisse Ähnlichkeit mit dem Aufsteilen und Überbrechen von Meereswellen am Strand. Foto 2.11 vermittelt einen guten Einblick in die Entwicklung der turbulenten Grenzschichtströmung.

b) Zur Berechnung des Reibungswiderstandes

Der Reibungswiderstand einer ebenen Platte oder eine schwach gekrümmten Oberfläche kann mit folgender Formel bestimmt werden:

$$R_f = C_f \cdot \frac{\rho}{2} \cdot V_0^2 \cdot A \quad (\text{N}). \tag{2.17}$$

Hierin ist C_f der Beiwert des Reibungswiderstandes bei der zugehörigen Reynolds-Zahl,
ρ die Dichte der Flüssigkeit; Seewasser: $\rho_{SW} = 1025$ kg/m³; Luft: $\rho_A = 1{,}225$ kg/m³ (siehe Tabellen 2.1 und 2.2),
V_0 die Anströmgeschwindigkeit in m/s, und
A die benetzte Oberfläche in m².

Für Seewasser lautet die Formel dann:

$$R_{f\,SW} = 512{,}5 \cdot C_f \cdot V_0^2 \cdot A, \tag{2.17 A}$$

und für Luft:

$$R_{f\,A} = 0{,}6125 \cdot C_f \cdot V_0^2 \cdot A. \tag{2.17 B}$$

Der in die Gln. (2.17 A) und (2.17 B) einzusetzende Beiwert des Reibungswiderstandes ist nicht konstant. Er wird weitgehend von dem Charakter der Strömung innerhalb der Reibungsschicht bestimmt. Die grundlegende Arbeit von O. Reynolds und weitere Beiträge von Rayleigh, Prandtl, Blasius und anderen führten zu der Erkenntnis, daß der Strömungszustand der Grenzschicht von dem durch die Reynolds-Zahl (näher behandelt in Kapitel C) gekennzeichneten Verhältnis zwischen den Trägheitskräften und den Zähigkeitskräften in der Strömung abhängig ist. Die Trägheitskräfte fördern das Entstehen turbulenter Strömung (große Reynolds-Zahlen), während die Zähigkeitskräfte laminare Strömung begünstigen (kleine Reynolds-Zahlen). In Abb. 2.24 sind die Reibungswiderstandsbeiwerte C_f als Funktion der Reynolds-Zahl (R_n) für laminare und turbulente Grenzschicht längs einer beidseitig angeströmten ebenen Platte eingezeichnet. Die Kurve für den Übergang laminar – turbulent gilt für eine Plattengrenzschicht, die laminar anläuft und erst weiter stromabwärts turbulent wird.

Die praktische Bedeutung des Grenzschichtumschlags soll durch ein Beispiel erläutert werden. Wie bei der Platte ist auch die Grenzschicht am Bootsrumpf

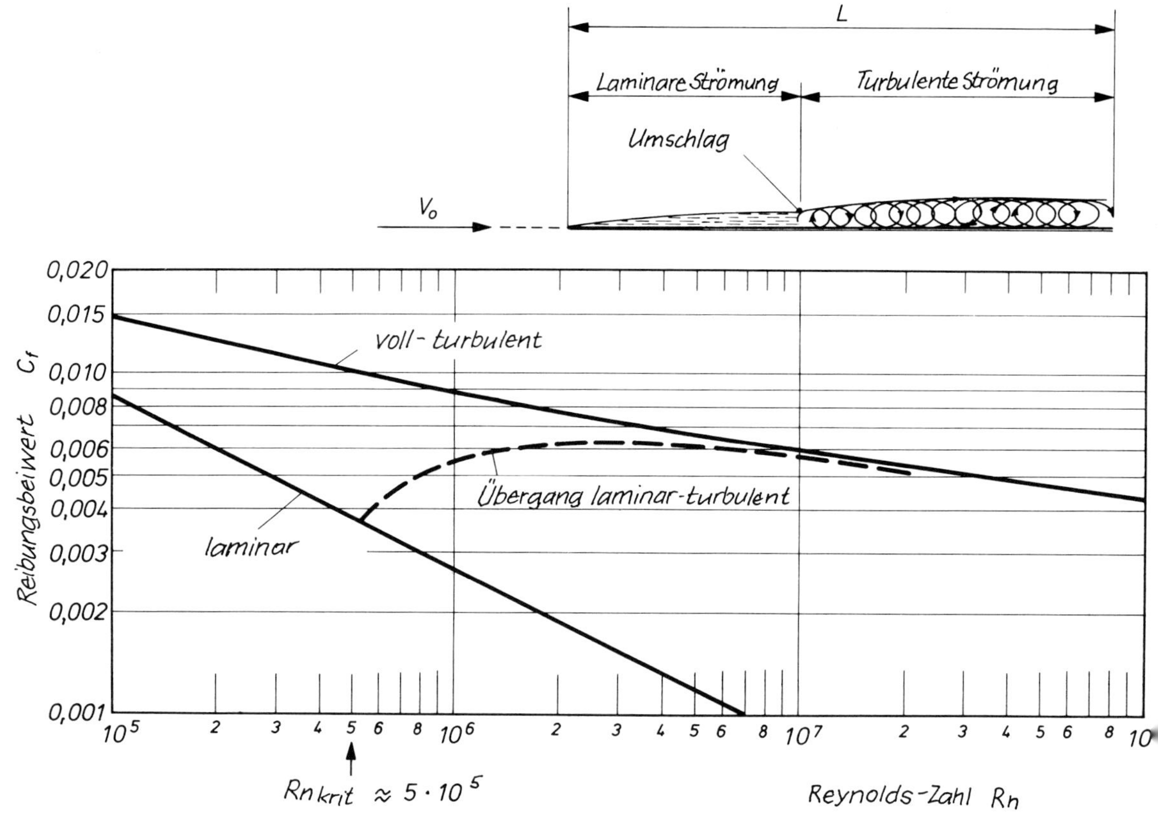

Abb. 2.24 Beiwerte C_f des Reibungswiderstandes der längsangeströmten glatten ebenen Platte bei laminarer und voll-turbulenter Grenzschicht, sowie für den Übergang laminar-turbulent (Prandtl-Gebers-Kurve). Die Widerstandsbeiwerte sind auf die Grundfläche A der Platte bezogen, nicht auf die benetzte Oberfläche.

anfangs stets laminar und schlägt erst in einem gewissen Abstand vom Bug in die turbulente Strömungsform um (vgl. Abb. 2.22). Die Lage des Umschlagpunktes ist von der Reynolds-Zahl, das heißt von der Fahrtgeschwindigkeit des Bootes abhängig. Aus Versuchen geht hervor, daß der Umschlag in etwa dann eintritt, sobald das Produkt aus Fahrtgeschwindigkeit V_S (kn) und der Entfernung L (m) vom Bug ungefähr 1,52 beträgt, also bei

$$V_S(\text{kn}) \cdot L(\text{m}) \approx 1{,}52.$$

Dies entspricht einer kritischen Reynolds-Zahl $R_{n\,\text{krit}}$ von etwa $5 \cdot 10^5$ bei der längsangeströmten ebenen Platte. Läuft das Boot beispielsweise 2 Knoten, so beträgt die Entfernung L vom Bug bis zum Umschlagpunkt etwa

$$L \approx \frac{1{,}52}{V_S} = \frac{1{,}52}{2} = 0{,}76 \text{ m}.$$

Mit zunehmender Fahrtgeschwindigkeit wandert die Umschlagstelle allmählich immer weiter nach vorne.

Die Bestimmung des Umschlagpunktes bedarf einiger Erfahrung über den Einfluß von Faktoren wie zum Beispiel Oberflächenrauhigkeit, Druckgradient, Oberflächenflexibilität und so weiter, die den Übergang von laminarer zu turbulenter Strömung verzögern oder begünstigen können. Bei einer glatten ebenen Platte tritt der Umschlag im kritischen Reynolds-Zahlenbereich zwischen $3 \cdot 10^5$ und $5 \cdot 10^5$ ein; bei Bootsrümpfen oder Tragflügeln verschiebt sich dieser Bereich unter dem Einfluß des anfänglichen Druckabfalles in Strömungsrichtung zu höheren Werten. Nimmt man bei der Plattenströmung die kritische Reynolds-Zahl $R_{n\,krit}$ zu $5{,}0 \cdot 10^5$ an, wäre die Grenzschicht längs einer Platte der Länge L bei einer Reynolds-Zahl von $15{,}0 \cdot 10^5$ ($1{,}5 \cdot 10^6$) im vorderen Drittel laminar und auf den restlichen $2/3\ L$ turbulent. Der Widerstandsbeiwert C_f wäre die Summe aus einem Drittel des Beiwertes für laminare Strömung bei $R_n = 5{,}0 \cdot 10^5$ und zwei Drittel des Wertes für turbulente Strömung bei $R_n = 1{,}5 \cdot 10^6$.

Die Abhängigkeit des Widerstandsbeiwertes C_f einer glatten Platte von der Reynolds-Zahl und der mittleren Entfernung des Umschlagpunktes von der Plattenvorderkante beschreibt die Kurvenschar in Abb. 2.25. Aus ihr ist ersichtlich, daß der Grenzschichtumschlag für die Berechnung des Reibungswiderstandes von großer Bedeutung ist. Da die kritische Reynolds-Zahl und somit der Umschlagpunkt nicht genau festliegt, sondern nur ein Umschlagbereich angegeben werden kann, wirken sich bereits geringe Abweichungen in der Lage der Umschlagstelle beträchtlich auf die Größe des Reibungswiderstandes aus. Unsicherheiten bei der Übertragung von Modellversuchsergebnissen auf die Großausführung sind weitgehend hierauf zurückzuführen.

Bei der Anwendung der Gln. (2.17A, B) und der Abb. 2.24 ist zu beachten, daß sich die Beiwerte auf die Plattenfläche und nicht auf die benetzte Oberfläche beziehen. Wird zum Beispiel bei der Berechnung des Reibungswiderstandes eines Yachtrumpfes dessen benetzte Oberfläche S, welche die gesamte umströmte Fläche darstellt, in Gl. (2.17) eingesetzt, so ist der nach Abb. 2.24 ermittelte Zahlenwert des Beiwertes durch 2 zu teilen. Bei einer ebenen Platte oder einem dünnen Tragflügel, für die normalerweise die Grundfläche A angegeben wird (so daß die beströmte Fläche doppelt so groß ist) läßt sich der aus Abb. 2.24 abgelesene Wert direkt in die Gln. (2.17A, B) einsetzen.

Abhängig von der Querschnittsform eines Körpers und seiner Orientierung relativ zur Anströmung kann sich die Größe der beiden Widerstandanteile – Reibungswiderstand und Druckwiderstand – drastisch ändern und eine Widerstandsart dominierend werden. Foto 2.12 zeigt zum Beispiel die Strömung um eine Platte bei verschiedenen Anstellwinkeln. Es ist deutlich zu erkennen, daß bei paralleler Anströmung und kleinen Anstellwinkeln wie im obersten Bild ($\alpha = 9°$), der Widerstand fast ausschließlich Reibungswiderstand ist, das Totwasser ist gering. Dagegen besteht der Widerstand bei $\alpha = 90°$ nahezu völlig aus Druckwiderstand, gekennzeichnet durch eine beträchtliche Wirbelbildung.

Eine ebene Platte repräsentiert bezüglich der Widerstandsarten – Reibungswiderstand und Druck- oder Wirbelwiderstand – die beiden Extreme unter der unendlichen Vielzahl möglicher symmetrischer Körperformen. Wird die Platte

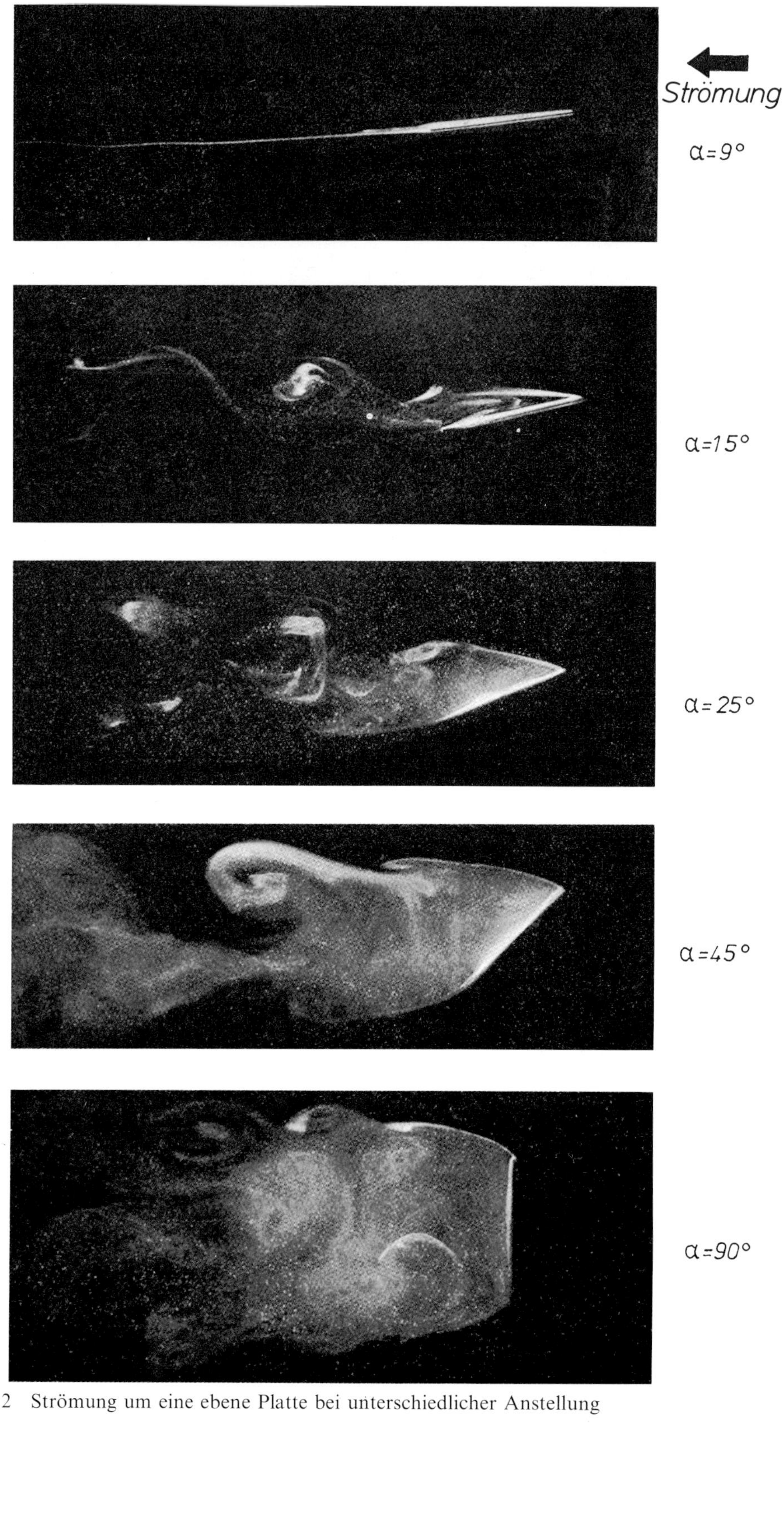

Foto 2.12 Strömung um eine ebene Platte bei unterschiedlicher Anstellung

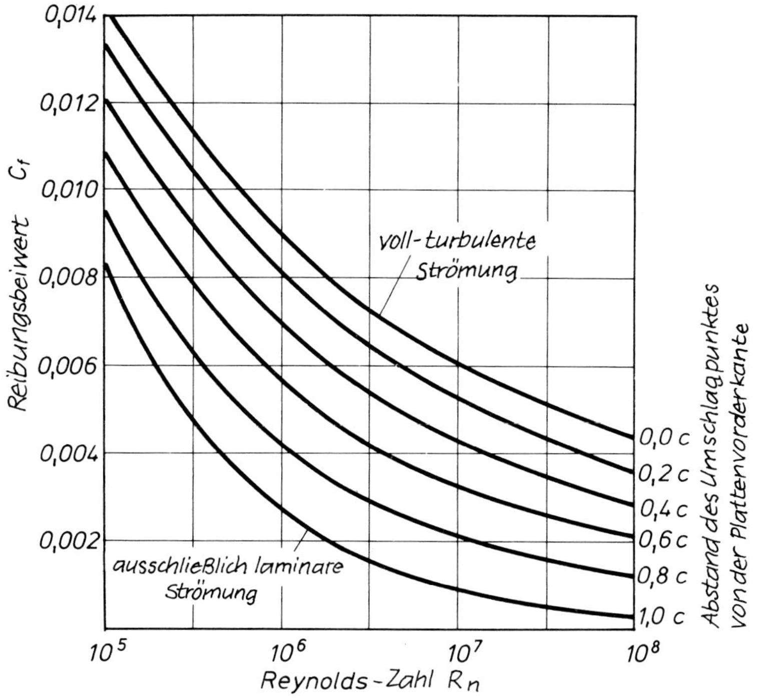

Abb. 2.25 Abhängigkeit des Reibungsbeiwertes C_f einer glatten ebenen Platte von der Reynolds-Zahl R_n und der Lage des Umschlagpunktes hinter der Vorderkante

parallel oder fast parallel angeströmt, liegt der Reibungswiderstandsbeiwert C_f im Mittel zwischen 0,004 und 0,008 (Abb. 2.24). Bei senkrechter Anströmung ($\alpha = 90°$), beträgt der Widerstandsbeiwert (eigentlich Druckwiderstandsbeiwert) C_D bei zweidimensionaler Umströmung ungefähr 1,9 (Abb. 2.26). Der Druckwiderstand kann also 250 bis 500mal größer als der Reibungswiderstand sein.

Reibungs- und Druckwiderstand faßt man üblicherweise zum Profilwiderstand zusammen, da sie weitgehend durch den Querschnitt oder das Profil des umströmten Körpers bestimmt sind. Obwohl der Reibungswiderstand klein erscheint, hat er einen weitreichenden Einfluß auf die Strömungsvorgänge um einen Körper, da sich, wie bereits ausgeführt wurde, unter bestimmten Bedingungen die Strömung aufgrund der Wandreibung ablöst. Dies ist stets mit einer mehr oder weniger ausgeprägten Wirbelbildung und einem hohen Druckwiderstand verbunden – eine Widerstandskomponente, die bei Körpern mit stumpfer Rückseite überwiegt.

2 Strömungsgünstige Formgebung

Durch Vermeidung von Ablösung läßt sich der Gesamtwiderstand eines Körpers theoretisch bis auf den Reibungswiderstand reduzieren. Die Verringerung des

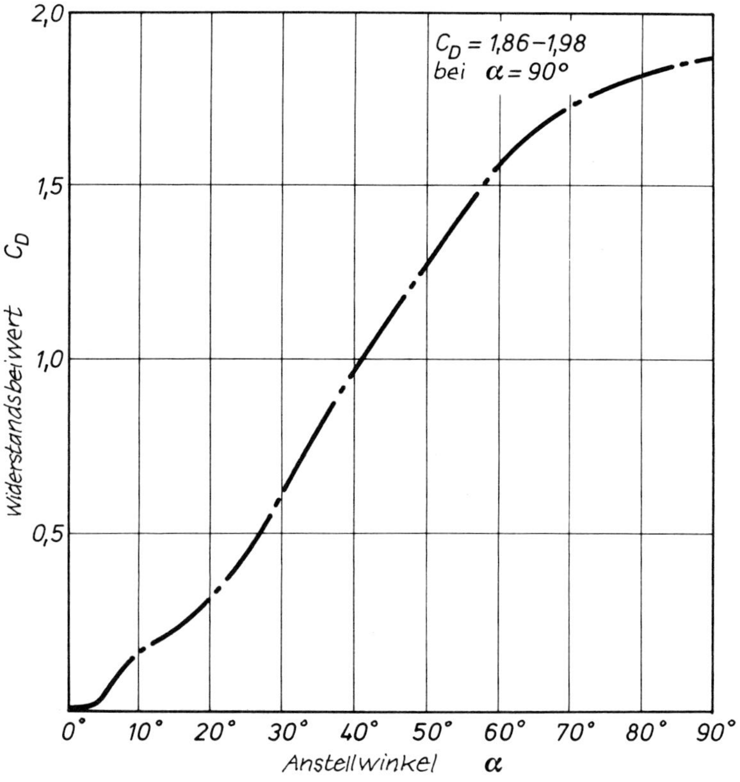

Abb. 2.26 Profilwiderstand einer ebenen Platte bei verschiedenen Anstellwinkeln (zweidimensionale Strömung)

Druckwiderstandes ist deshalb von sehr großer praktischer Bedeutung und stellt in vielen Fällen die Hauptaufgabe des Ingenieurs dar, die er bei strömungstechnischen Problemen zu lösen hat. Jede Anstrengung zur Hinauszögerung oder Vermeidung von Ablösung macht sich durch verringerten Widerstand, geringere erforderliche Maschinenleistung oder gesteigerte Geschwindigkeit beträchtlich bezahlt. Um noch weitere Erkenntnisse über den Mechanismus der Widerstandserzeugung zu erlangen, wollen wir einem häufig anzutreffenden Problem nachgehen: wie verkleidet man am besten einen zylindrischen Widerstandskörper?

Fische und Meeressäugetiere verdanken ihre Form und ihre oftmals hervorragenden und manchmal unglaublichen Schwimmleistungen der Eingebung der Natur (siehe [Anm. 2.21]). Die Fischkörperform gilt gemeinhin als gute Stromlinienform, und es ist nicht leicht, die Natur in dieser Hinsicht zu übertreffen. Dies erklärt, warum die bildhafte Formel „Dorschkopf und Makrelenschwanz" von den Schiffbauern in Ehren gehalten wird.

In Abb. 2.27 sind zum Beispiel dem horizontalen Längsschnitt durch eine Forelle [aus dem Notizbuch von George Cayley (Ende 18. Jahrhundert)] moderne Laminarprofile gegenübergestellt. Die Übereinstimmung der Formen ist eindrucksvoll. Das allgemeine Merkmal dieser stromlinienförmigen Körper ist die

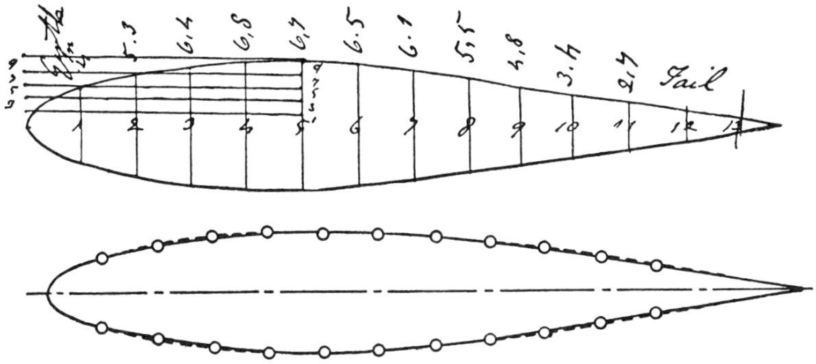

Abb. 2.27 Oben – Längsschnitt durch eine Forelle; Zeichnung aus dem Notizbuch von Sir George Cayley (Ende 18. Jahrhundert)

Unten – Vergleich mit modernen Laminarprofilen

—— Profil NACA 63A016

– – – Profil LBN 0016

○○○○ Forelle

im Vergleich zur Vorderseite schlankere Rückseite. Weitere Merkmale sind die relativ weit hinter der Vorderkante liegende größte Dicke und die scharfe Hinterkante. Durch die allmähliche Verjüngung der Rückseite wird die Ablösungsstelle immer weiter in Richtung Hinterkante verlagert, wodurch sich das Wirbelgebiet verkleinert und damit der Druckwiderstand verringert. Foto 2.13 demonstriert dies in überzeugende Weise.

Ein Wort der Warnung scheint hier angebracht: der Leitlinie „Dorschkopf und Makrelenschwanz", die bei der Formgebung vollständig getauchter Körper wie Flossen, Ruder und andere Anhänge durchaus brauchbar ist, sollte beim Entwurf des Bootsrumpfes, der sich teilgetaucht in zwei verschiedenen Flüssigkeiten bewegt, nicht gefolgt werden. Der an der Grenze zwischen Luft und Wasser entstehende Wellenwiderstand erfordert die Erfüllung anderer Bedingungen.

Die wichtigsten widerstandsbestimmenden geometrischen Faktoren von Stromlinienkörpern sind:

a) das Dickenverhältnis t/c, das heißt, das Verhältnis der maximalen Dicke t zur Körperlänge (Profiltiefe) c,
b) die Lage der maximalen Dicke, üblicherweise gegeben durch das Verhältnis ihres Abstandes von der Vorderkante zur Länge des Körpers,
c) die Form der Vorderkante.

Den Einfluß des Dickenverhältnisses t/c auf den Widerstand ermittelt man am geeignetsten durch Vergleichsmessungen an Profilen, die zu einer „Familie" gehören. Abb. 2.28 zeigt eine derartige Profilserie und die Versuchsergebnisse [2.7]. Die Strömung um jedes der Modelle mit einer Spannweite von 2,13 m war zweidimensional. Die Experimente wurden bei der Reynolds-Zahl

$$R_n = \frac{V_0 \cdot c}{\nu} = 4 \cdot 10^5$$

durchgeführt.

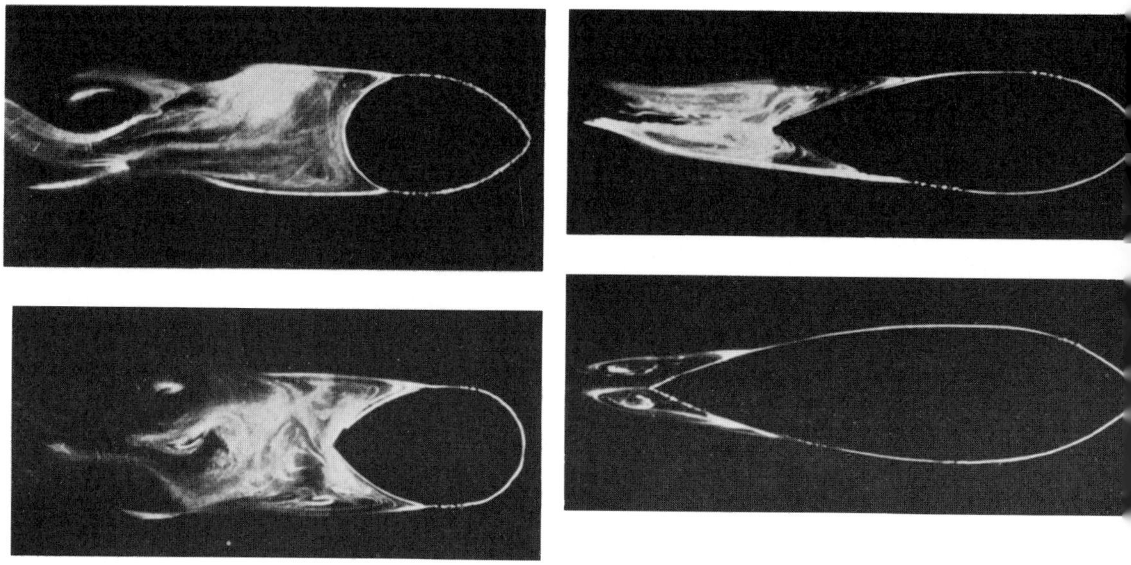

Foto 2.13 Der Einfluß stromlinienförmiger Gestaltung auf die Wirbelzone

Eigentlich wäre zu erwarten, daß sich ein runder Stab oder ein Kreiszylinder durch eine lange und schlanke Form wie Profil 2 oder 3 aus Abb. 2.28 am widerstandsgünstigsten verkleiden läßt. Die Versuche zeigen jedoch ganz deutlich, daß es ein bestimmtes optimales Dickenverhältnis t/c gibt. Für eine Verkleidung, die den geringsten Widerstand entstehen läßt, muß der auf die Stirnfläche (Spannweite $b \cdot$ Dicke t) bezogene Widerstandsbeiwert am kleinsten sein. Diese Widerstandsbeiwerte der untersuchten Profile wurden in Abb. 2.28 über dem Dickenverhältnis t/c aufgetragen. Zusätzlich sind die Anteile des Reibungs- und Druckwiderstandes am Gesamtwiderstand mit eingezeichnet. Das Profil mit dem niedrigsten Profil- oder Gesamtwiderstand hat eine Profiltiefe c, die etwa viermal der Dicke t entspricht. Bei einem schlankeren Profil mit größerer Tiefe ist der Zuwachs des Reibungswiderstandes aufgrund der größeren umströmten Oberfläche stärker als die geringfügige Abnahme des Druckwiderstandes. Dagegen ist bei einem Profil mit kürzerer Sehnenlänge die Verminderung des Reibungswiderstandes kleiner als der Anstieg des Wirbelwiderstandes.

Macht man einen gedrungenen Körper also immer schlanker, so nimmt der Reibungswiderstand aufgrund der größeren umströmten Oberfläche zu, der Druckwiderstand infolge des auf der Rückseite schmaler werdenden Totwassergebietes ab. Es gibt deshalb einen Punkt, wo der zusätzliche Reibungswiderstand genauso groß ist wie die Abnahme des Druckwiderstandes. Nur bis hierhin reduziert eine strömungsgünstige Formgebung den Gesamtwiderstand.

In Abb. 2.29 ist für die gleiche Profilfamilie wie in Abb. 2.28 der auf die Grundfläche (Spannweite $b \cdot$ Profiltiefe c) bezogene Widerstandsbeiwert C_D über dem Dickenverhältnis t/c aufgetragen. Der Beiwert C_D nimmt mit dem Dickenver-

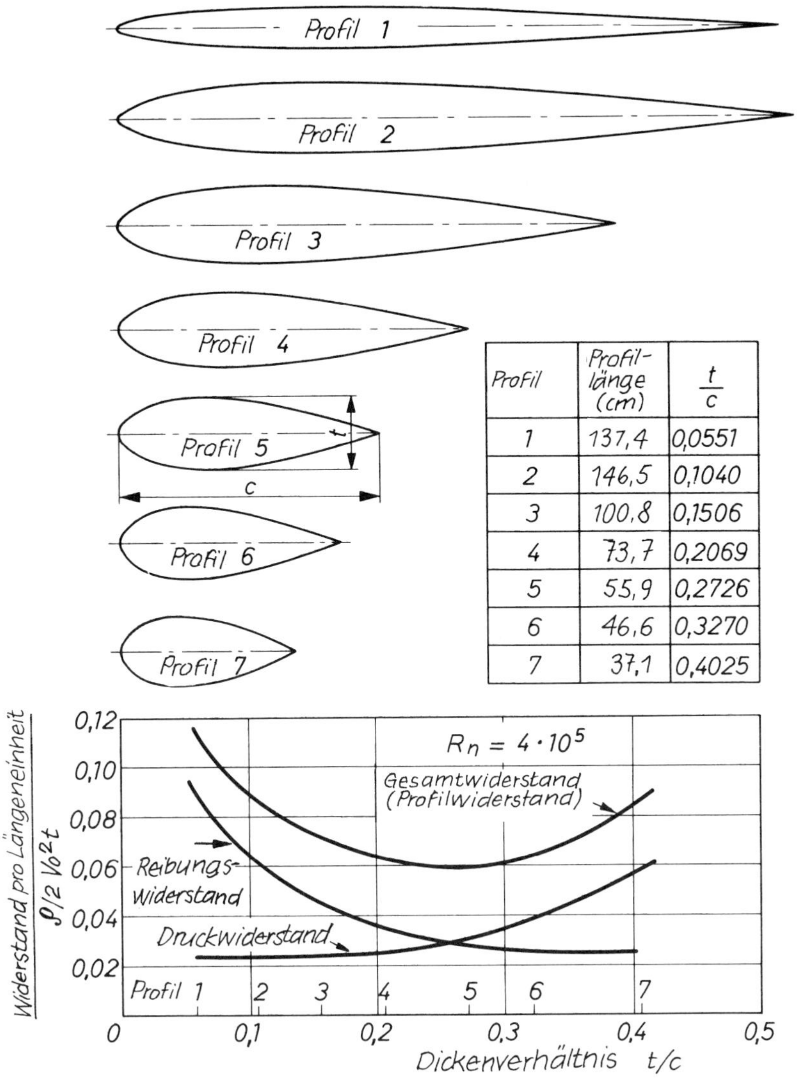

Profil	Profil-länge (cm)	$\frac{t}{c}$
1	137,4	0,0551
2	146,5	0,1040
3	100,8	0,1506
4	73,7	0,2069
5	55,9	0,2726
6	46,6	0,3270
7	37,1	0,4025

Abb. 2.28 Druck-, Reibungs- und Gesamtwiderstand einiger Stromlinienprofile

hältnis zuerst langsam, dann immer stärker zu. Für größere als die hier wiedergegebenen Werte des Dickenverhältnisses steigt die Kurve noch steiler an. Nähert sich das Verhältnis t/c dem Wert 1, so unterscheidet sich der Widerstandsbeiwert C_D nur wenig von dem Beiwert eines Kreiszylinders, der bei gleicher Reynolds-Zahl 0,32 beträgt (siehe Abb. 2.35). Im Bereich $0{,}4 < t/c < 1{,}0$ steigt er von 0,033 also um fast das Zehnfache an!

Abb. 2.30 demonstriert sehr anschaulich die Vorteile der Stromlinienform. Bei gleicher Windgeschwindigkeit ist der Widerstand eines runden Drahtes nahezu zehnmal größer als der Widerstand eines stromlinienförmigen Profils. Mit einer profilförmigen Verkleidung wie der dargestellten, verringert sich der Widerstand

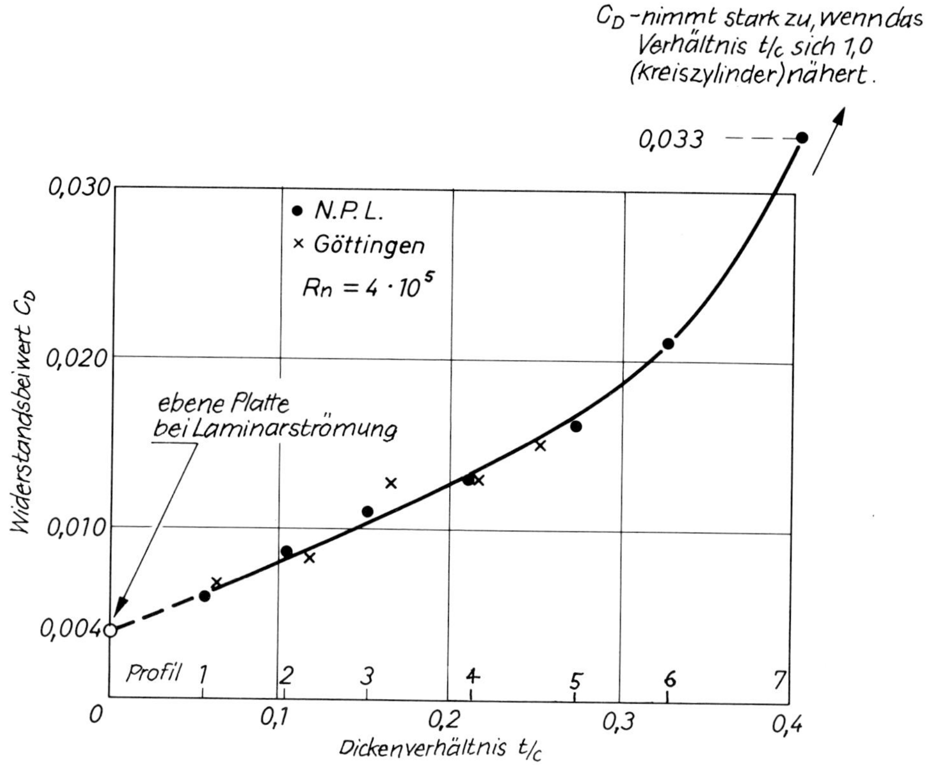

Abb. 2.29 Profilwiderstandsbeiwerte C_D der Profile nach Abb. 2.28 in Abhängigkeit vom Dickenverhältnis t/c

von Körpern mit stumpfer Rückseite (und folglich hohen Widerstandes), wie beispielsweise eines Drahtes oder Rundstabes, beträchtlich.

Frei um das Vorstag drehbare Aluminium- oder Kunststoffverkleidungen (Foto 2.14 und 2.24), in deren Nut auf der Rückseite das Vorliek der Fock oder der Genua eingezogen wird, sollen unter anderem den Widerstand reduzieren und eine saubere, aerodynamisch wirksame Vorderkante bilden. Bei richtigem Entwurf erfüllen sie diese Aufgaben. Windkanalversuche bestätigen – aber nicht ganz ohne Vorbehalt –, daß Profilstage die aerodynamische Wirksamkeit der Vorsegel verbessern. Der Effekt eines Profilstages auf das, was man vielleicht als die „Wirksamkeit der Eintrittskante" bei dünnen Tragflügelprofilen bezeichnen könnte, wird in Kapitel C5 und in Teil 3, Kapitel D4, näher untersucht.

Einen beachtlichen Beitrag zum Luftwiderstand jeder Yacht liefert der schädliche Widerstand des gesamten Überwasserschiffes. Mast, Baum, Salinge, stehendes und laufendes Gut, Crewmitglieder und so weiter tragen beim Segeln am Wind nicht primär zur Vortriebserzeugung bei. Da sie nur Widerstand verursachen, können wir diesen als schädlich bezeichnen. Der Widerstand von Rumpfanhängen, die keinen Anteil zum hydrodynamischen Auftrieb (Querkraft) beitragen, fällt ebenfalls in diese Kategorie.

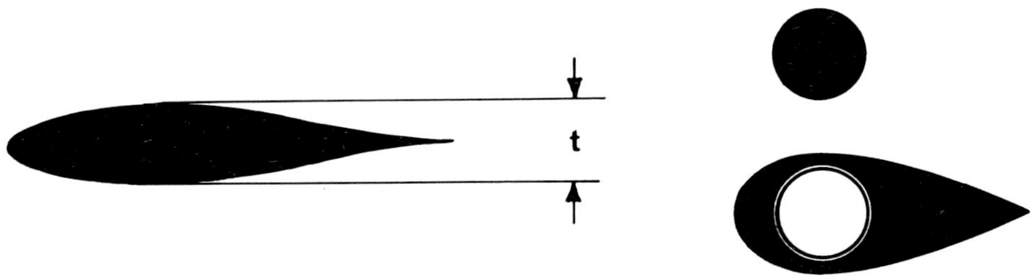

Abb. 2.30 Links – Dieses NACA-Profil und ein zehnmal dünnerer Draht (Durchmesser = 1/10 t) erfahren den gleichen Widerstand.

Rechts – Durch Verkleiden von Rundstäben oder Drähten läßt sich deren Widerstand um rund 75 Prozent vermindern.

Foto 2.14 Einige der untersuchten Vorstagprofile. Die Zentimeterskala am oberen Rand des Rechenstabes vermittelt eine Vorstellung ihrer Größe. Siehe auch Foto 2.24.

Die Takelage einer 12-m-R-Yacht enthält beispielsweise über hundert Meter stehendes Gut, und in Anbetracht der dargelegten Ergebnisse ist anzunehmen, daß eine geeignete Änderung der Querschnittsform der herkömmlichen Drahtverstagung eine ansehnliche Widerstandsersparnis bringen müßte.

Interesssante Angaben in dieser Hinsicht finden sich in dem technischen Memorandum Nr. 140 des Davidson Laboratory [2.22]. Der Zweck der dort beschriebenen Untersuchung war ein Vergleich des Widerstandes von fünf verschiedenen Querschnittsformen für die Wanten einer 12-m-R-Yacht. In Abb. 2.31 ist der Widerstand der Wanten pro Längeneinheit bei Strömungsgeschwindigkeiten zwischen 15 und 45 Knoten aufgetragen – dies entspricht Geschwindigkeiten des scheinbaren Windes, wie sie im allgemeinen bei einer hoch am Wind segelnden Yacht ($\gamma_A = 22°$) auftreten. Der im Windkanal simulierte Segelzustand geht aus Abb. 2.32A hervor. Die Versuchsobjekte in Originalgröße wurden so angebracht, daß sie die Kanalbreite im Meßquerschnitt voll versperrten. Die Ergebnisse sind somit frei von Randeinflüssen und Maßstabseffekten.

Den widerstandsgünstigsten Querschnitt hat unter den obigen Versuchsbedingungen das ellipsenförmige Profilwant C, dessen Widerstand pro Längeneinheit im ganzen untersuchten Geschwindigkeitsbereich nur ungefähr ein Fünftel von dem des geschlagenen Drahtseiles beträgt. Aus aerodynamischer Sicht scheint das Want C am besten für die Verstagung geeignet. Abgesehen vom geringen Widerstand erzeugt dieser Querschnitt auch noch etwas Auftrieb, der beim Segeln am Wind zur Vortriebskraft beiträgt.

Ein unmittelbar hintereinander angeordneter dicker und dünner Rundstab erfahren einen Widerstand, der kleiner ist als der für den dickeren Stab alleine. Dies ist auf die strömungsgünstigere Gesamtform zurückzuführen. Eine Umwicklung der beiden Stäbe bewirkt jedoch eine geringfügige Widerstandserhöhung, sehr wahrscheinlich aufgrund der vergrößerten Oberfläche und der durch das Überlappen der Wicklung verursachten Rauhigkeit.

Die in Abb. 2.31 wiedergegebenen Widerstände gelten natürlich nur für den Anstellwinkel $\alpha = 19°$ zwischen Windrichtung und Längsachse des Wantquerschnittes (Abb. 2.32A). Bei Schräganströmung hängt der Widerstand sehr vom

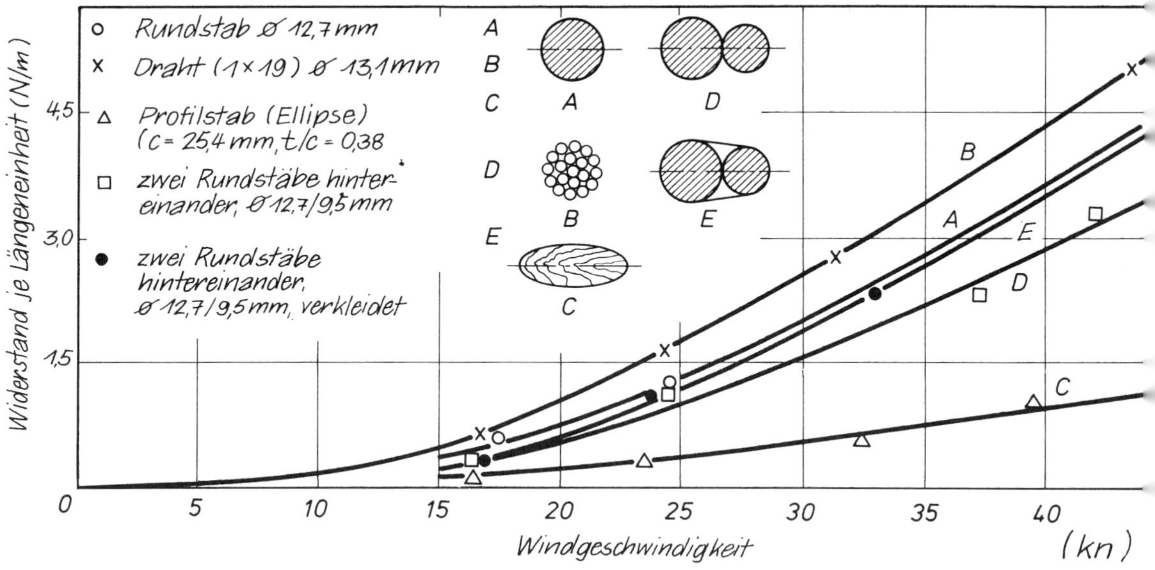

Abb. 2.31 Widerstand pro Längeneinheit verschiedener Wantausführungen in Abhängigkeit von der Windgeschwindigkeit

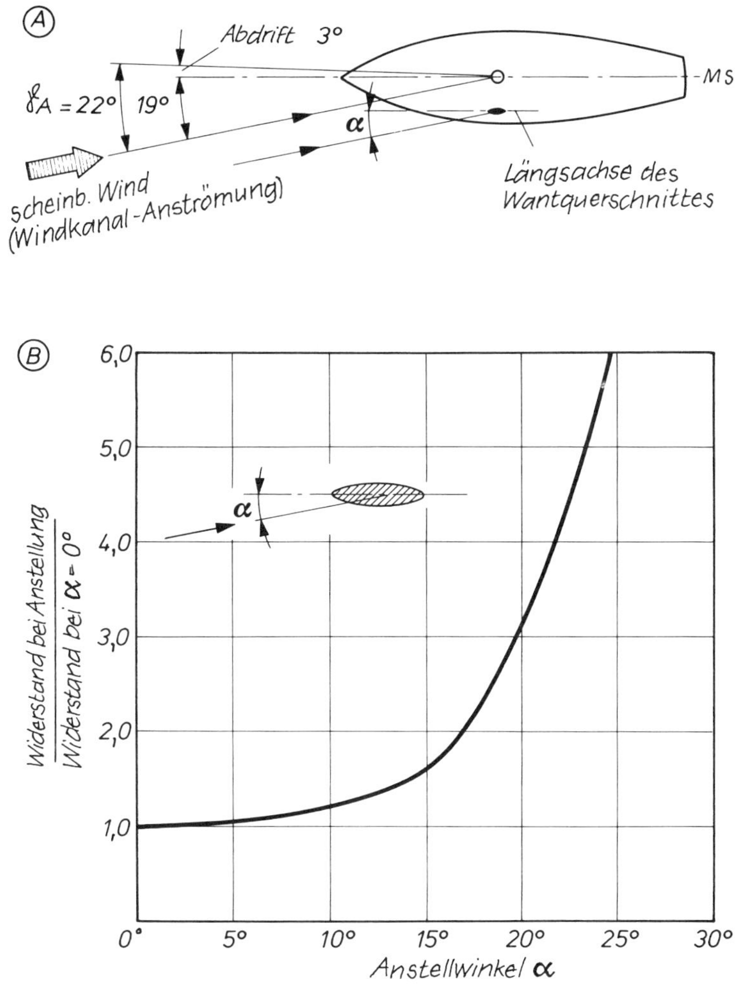

Abb. 2.32 Abhängigkeit des Wantwiderstandes vom gesegelten Kurs

Anstellwinkel ab; wird dieser über einen bestimmten Wert hinaus vergrößert, nimmt der Widerstand stark zu, wie aus Abb. 2.32B deutlich hervorgeht [2.22].

Man sieht, daß diese Widerstandszunahme bis zu einem Anstellwinkel von 5° unbedeutend ist, für größere Anstellung steigt der Widerstand aber rasch an [2.23]. Sobald die Yacht vom Hoch-Am-Wind-Kurs (γ_A etwa 25°) abfällt, wird der Vorteil einer stromlinienförmigen Verstagung immer geringer. Das gleiche gilt auch für den Querschnitt des Mastes, und so gesehen gibt es keine Wahl zwischen einem strömungsgünstigen (birnenförmigen) Profil und einem Kreisprofil, es sei denn, der Mast kann gedreht werden.

Die bislang aufgezeigten Vorzüge der Stromlinienform treffen auch auf die Ausführung der Salinge zu. Weiterhin läßt sich der schädliche Widerstand mit einem aerodynamisch „sauberen" Mast reduzieren – durch die Verwendung innenlaufender Fallen, durch Hochziehen nichtbenötigter Fallen in den Mast (mit

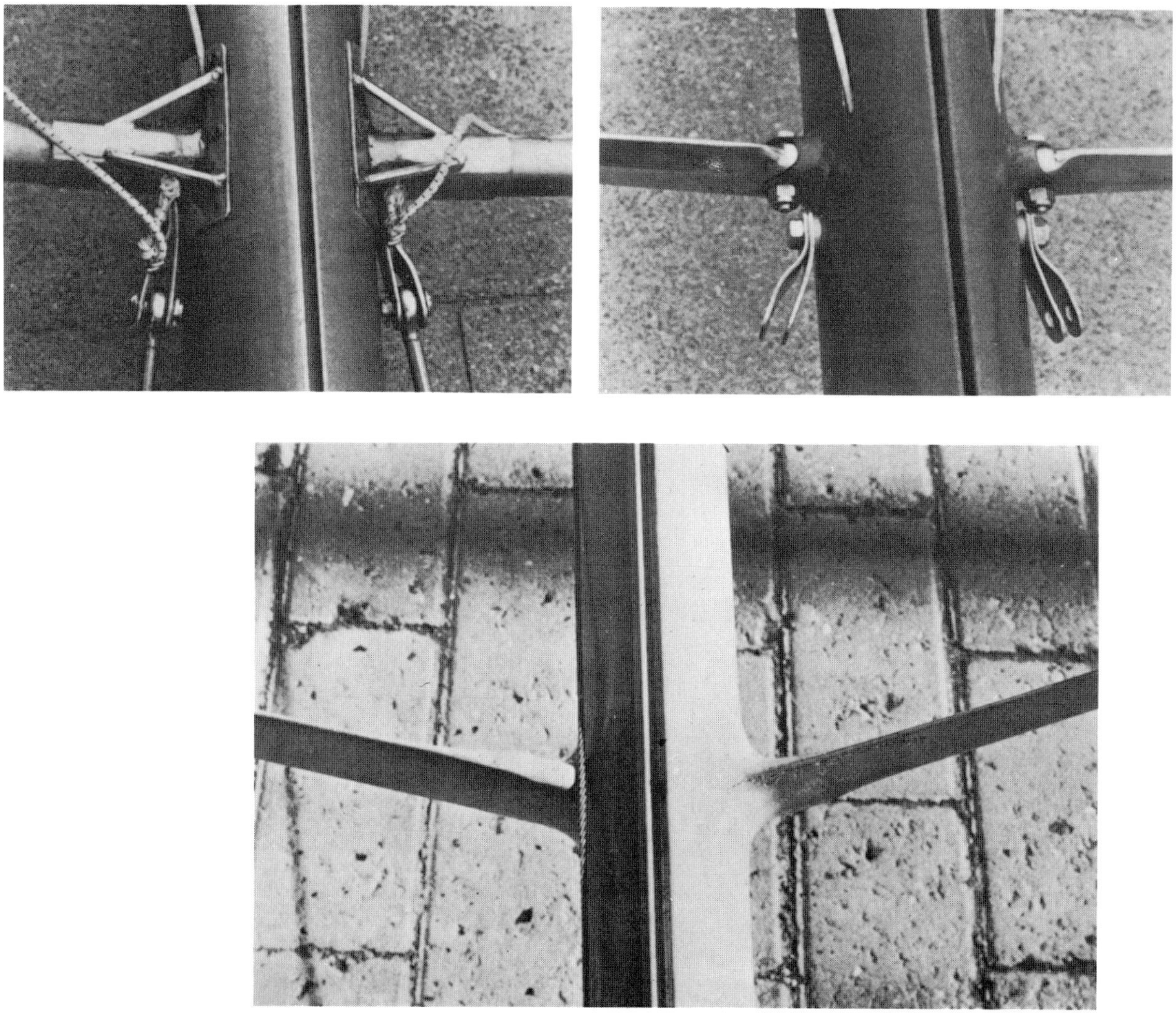

Foto 2.15 Auf vielen Spitzenbooten versucht man, den Windwiderstand des Mastes so klein wie möglich zu halten. Das unterste Bild zeigt sorgfältig angesetzte Salinge bei einem FD-Mast. Als Material für die Übergänge eignet sich hierbei besonders gut ein Gemisch aus winzigen Polystyrolkugeln und Epoxydharz. Eine derartige Mischung hat eine geringe Dichte und hilft so, etwas Gewicht über Deck einzusparen.

dünnen Sorgleinen gesichert), durch innenliegende Wantenbefestigung und so fort. Manche Bootsklassen wechselten vom Holz- zum Aluminiummast, ohne dessen Gewicht oder Abmessungen zu ändern. Folglich lassen sich alternative Abstagungen entwickeln, die weniger Verspannung als die Holzmasten erfordern.

B. Chance [2.24] wies zum Beispiel darauf hin, daß ein großer Teil des stehenden Gutes einzig der Kontrolle des Vorstagdurchhangs dient – leicht kann hierbei des Guten zuviel getan werden.

Bei einer modernen Kielyacht beträgt der schädliche Widerstand schätzungsweise 10 bis 12 Prozent des Gesamtwiderstandes. Durch eine aerodynamisch gute Ausführung des Riggs, wie es zum Beispiel Foto 2.15 demonstriert, läßt sich der schädliche Widerstand beträchtlich verringern. Der mögliche Gewinn ist durchaus die Mühe wert, zumal wenn große Fahrtleistung das Ein und Alles ist. Dem Streben nach möglichst wenig Windwiderstand sind jedoch durch andere Faktoren Grenzen gesetzt.

Die Kunst des Mastenbauers besteht zum großen Teil in seiner Fähigkeit, ein ausgewogenes Verhältnis zwischen Festigkeit, Biegeverhalten, Gewicht und Windwiderstand des Mastes zu finden. Diese Faktoren widersprechen aber einander. Eine gute Lösung hängt davon ab, welche Bedeutung einem bestimmten Faktor beigemessen wird. So gehen beispielsweise Gewicht und Festigkeit auf Kosten des Windwiderstandes und umgekehrt. Schäden an der Takelage von Yachten sind heutzutage häufiger als früher. Dies ist weitgehend die Folge des überwältigenden Hochleistungsstrebens, das die Segler das Risiko geringerer Sicherheitsfaktoren in Kauf nehmen und ihre Boote näher an deren Belastungsgrenze treiben läßt.

C Reynolds-Zahl-Effekte

Es ist üblich, den Widerstand eines Körpers in einer Strömung mit folgender Formel zu berechnen:

$$D = C_D \cdot \rho \cdot \frac{V_0^2}{2} \cdot A,$$

oder:

$$D = C_D \cdot q \cdot A. \tag{2.18}$$

Diese Gleichung [analog zur Gl. (2.13 A) für den Auftrieb] beschreibt das sogenannte quadratische Widerstandsgesetz. Es besagt, daß der Widerstand D sowohl proportional zum Quadrat der Anströmgeschwindigkeit ($q = \rho/2 \cdot V_0^2$) und der Fläche A des umströmten Körpers als auch proportional zu dem Formfaktor oder Widerstandsbeiwert C_D ist. Dieser Beiwert, der experimentell bestimmt werden kann, ist gleich dem Quotienten

$$\frac{\text{Widerstand}}{\text{Staudruck} \cdot \text{Fläche}} = C_D .$$

Für die Bezugsfläche im Nenner wählt man üblicherweise bei Widerstandskörpern ihre Stirnfläche senkrecht zur Anströmrichtung, bei Auftriebskörpern hingegen ihre Grundfläche.

Das durch die Gln. (2.13 A) und (2.18) ausgedrückte quadratische Kraftgesetz ist nur dann erfüllt, wenn bei geometrisch gleichen Körpern die Beiwerte C_D beziehungsweise C_L unabhängig von der Körpergröße (Maßstab), der Geschwindigkeit und dem strömenden Medium sind. Man könnte vermuten, daß die Strömung um einen Kreiszylinder stets gleich verläuft, und somit der Widerstandsbeiwert C_D einen in etwa konstanten Wert aufweist. Dies ist jedoch nicht der Fall. Unter verschiedenen Bedingungen (unterschiedliche große Versuchskörper oder Geschwindigkeiten) durchgeführte Versuche ergeben nicht immer den gleichen Beiwert. Das quadratische Kraftgesetz ist deshalb nicht streng gültig, und wie jedes andere physikalische Gesetz nur unter festgelegten Voraussetzungen anwendbar. Deshalb kann man sagen, daß die Gln. (2.13A) und (2.18) keine Gesetze im physikalischen Sinne beschreiben, sondern nur empirische Formeln oder Definitionen des Widerstandes und Auftriebes sind. Um die Widerstands- und Auftriebsbeiwerte an einer Tragflügelanordnung, insbesondere an Segeln und Yachtrümpfen, zu bestimmen, muß man das Experiment heranziehen.

Sogleich stellen sich Fragen. Ändern sich die Beiwerte mit jeder Änderung der Geschwindigkeit oder des Maßstabs? Unterliegt die Änderung der Beiwerte irgendeiner Gesetzmäßigkeit? Diese Fragen sind für die Praxis von größter Bedeutung, da man sonst bei der Übertragung von Modellversuchsergebnissen auf die Großausführungen leicht zu falschen Schlußfolgerungen gelangen kann.

1 Was man aus dem Verhalten eines Golfballes lernen kann

Zur Veranschaulichung der Problematik wollen wir die Strömung um eine Kugel (beispielsweise um einen Golfball) betrachten, an der sich vielleicht am einfachsten (aber lehrreichsten) der Zusammenhang zwischen dem Charakter der Grenzschichtströmung, ihrem Ablösungsverhalten, der Größe der Wirbelzone und dem resultierenden Widerstand darstellen läßt [2.25].

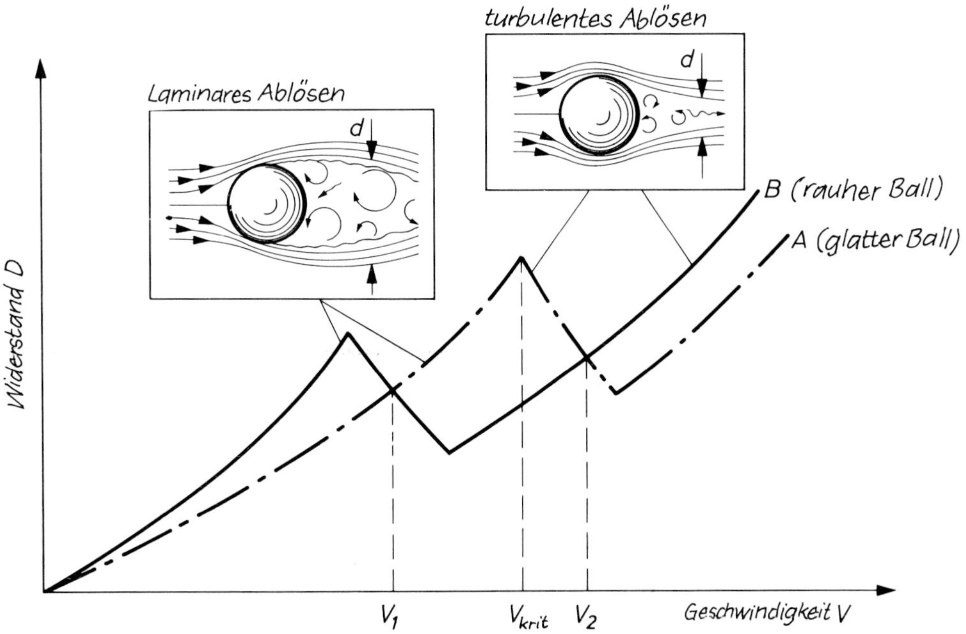

Abb. 2.33 Der Widerstand des rauhen Balles ist im Geschwindigkeitsbereich zwischen V_1 und V_2 geringer als derjenige des gleich großen glatten Balles. Die Größe des Widerstandes steht im Zusammenhang mit dem Ausmaß der Wirbelzone (gekennzeichnet durch die Pfeile *d*).

In Abb. 2.33 sind schematisch die Ergebnisse von Windkanaluntersuchungen an zwei gleich großen Golfbällen zusammengefaßt. Die Kurve A beschreibt das Widerstandsverhalten des Balles mit glatter Oberfläche. Anfänglich nimmt der Widerstand in Übereinstimmung mit Gl. (2.18) proportional zum Quadrat der Anströmgeschwindigkeit zu. Nach Überschreiten einer bestimmten kritischen Geschwindigkeit V_{krit} fällt der Widerstand jäh ab, um dann bei weiterer Vergrößerung der Anströmgeschwindigkeit wieder stetig anzusteigen.

Dieses eigenartige Widerstandsverhalten legt das Vorhandensein zweier verschiedener Strömungsformen unter- und oberhalb der kritischen Geschwindigkeit V_{krit} und einer Mischform im Bereich des Widerstandsabfalles nahe. Wie sehen nun diese beiden Strömungsvorgänge aus, und warum ist der Widerstand bei einer höheren Geschwindigkeit geringer als bei einer niedrigeren?

Aus Experimenten geht hervor, daß tatsächlich der physikalische Grund für diese plötzliche Widerstandsverringerung in der Existenz zweier grundverschiedener Strömungsbilder mit ausgeprägter laminarer oder turbulenter Strömung in der Grenzschicht besteht. Sie sind oberhalb der Kurven in Abb. 2.33 schematisch dargestellt.

Es wurde bereits darauf hingewiesen, daß in einem Druckanstiegsgebiet die Strömung nicht in der Lage ist, auf der ganzen Körperrückseite anzuliegen, sondern sich früher oder später ablöst. Die zu Ablösung führende Grenzschichtentwicklung zeigt Abb. 2.34. Bei hinreichend kleiner Anströmgeschwindigkeit löst sich die laminare Reibungsschicht schon von der Kugel (Ball) ab, noch bevor sie in die turbulente Strömungsform umschlagen kann (laminare Ablösung). Wie man aus Abb. 2.33 sehen kann, liegt der Ablösungspunkt dabei deutlich auf der Kugelvorderseite. Da hinter der Ablösungsstelle ein Wirbelgebiet entsteht, ist der Druckwiderstand in diesem Falle entsprechend groß.

Für eine gegebene Kugelgröße gibt es eine als kritisch bezeichnete Strömungsgeschwindigkeit V_{krit}, bei der Umschlagpunkt und laminarer Ablösungspunkt zusammenfallen. Sobald diese Geschwindigkeit V_{krit} überschritten wird, schlägt die

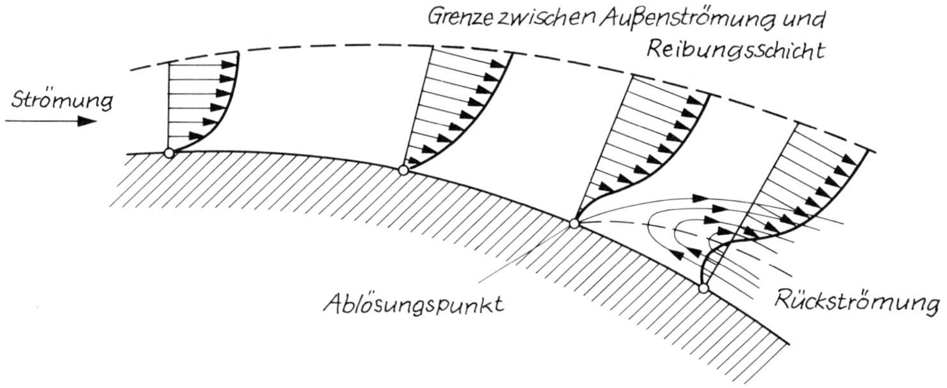

Abb. 2.34 Zu Ablösung führende Entwicklung der Grenz- (Reibungs-)Schicht bei Druckanstieg in Strömungsrichtung (schematisch). Je nach Charakter der Grenzschichtströmung verschiebt sich die Ablösungsstelle stromauf- oder stromabwärts.

laminare Grenzschichtströmung in die turbulente Strömungsform um, und löst sich erst dann ab (turbulente Ablösung).

Die turbulente Grenzschicht „verträgt" einen steileren Druckanstieg in Strömungsrichtung, ohne sich von der Körperwand abzulösen, als die laminare Grenzschicht. Wenn in vielen praktischen Fällen die Strömung anliegt und ohne Ablösung einen beträchtlichen Druckanstieg überwindet, ist dies eine Folge des überwiegend turbulenten Strömungscharakters der Reibungsschicht. Aufgrund der Vermischung in Querrichtung und der Energieaufnahme aus der Außenströmung ist die turbulente Reibungsschicht beständiger und folglich unter dem Einfluß eines ungünstigen Druckgradienten weniger anfällig für Ablösung als die laminare Grenzschicht. Obwohl die turbulente Grenzschicht einen etwa um den Faktor 2,5 steileren Druckanstieg verträgt als die laminare Grenzschicht, ist sie jedoch kein Mittel zur völligen Vermeidung von Ablösung.

Wird die laminare Grenzschicht turbulent, bevor sie sich ablöst, so verlagert sich die Ablösungsstelle immer weiter auf die Kugelrückseite, und die Totwasserzone wird infolgedessen schmaler (Abb. 2.33). Ist das Totwassergebiet groß, ist auch der Druck- oder Wirbelwiderstand hoch. Vermindert sich aus irgendeinem Grund das Wirbelgebiet, so nimmt auch der Druckwiderstand ab. Er hängt mithin entscheidend vom Auftreten von Strömungsablösung und der Lage der Ablösungsstelle ab, was seinerseits wiederum durch die Körperform und den Charakter der Strömung in der Reibungsschicht bestimmt wird. Aus dem bisher Gesagten folgt, daß dann der resultierende Gesamtwiderstand geringer ist, obwohl die turbulente Grenzschicht einen viel höheren Reibungswiderstand hervorruft, als die laminare Grenzschicht.

Da der Umschlag laminar-turbulent der Grenzschicht vor der Ablösungsstelle den Druckwiderstand verringert, der bei runden Körpern die überwiegende Widerstandskomponente ausmacht, wirkt sich eine rauhe Oberfläche in einem bestimmten Geschwindigkeitsbereich günstig auf den Gesamtwiderstand aus. An den winzigen Rauhigkeitserhebungen lösen sich kleine Wirbel ab, die die laminare Grenzschichtströmung stören und einen vorzeitigen Übergang zur turbulenten Strömungsform bewirken. Infolgedessen wird die Grenzschicht noch vor der laminaren Ablösungsstelle turbulent, und die turbulente Ablösung tritt bereits bei einer niedrigeren Geschwindigkeit ein. Dies wird in Abb. 2.33 durch die Kurve B veranschaulicht, die das Widerstandsverhalten eines Golfballes mit rauher Oberfläche wiedergibt. Wie man sieht, erfährt der rauhe Ball im Geschwindigkeitsbereich zwischen V_1 und V_2 einen beträchtlich geringeren Widerstand, bei bestimmten Geschwindigkeiten sogar nur ein Viertel des Widerstandes des glatten Balles. Man hat festgestellt, daß sich ein rauher Golfball mit einem Schlag etwa 210 m weit treiben läßt, ein glatter hingegen nur rund 45 m. Aus diesem Grund sind die Golfbälle heute mit kleinen Mulden versehen; in den Anfängen des Golfspiels hatten sie eine glatte Oberfläche.

Der Übergang zu turbulenter Ablösung kann künstlich durch einen in der Nähe oder vor der laminaren Ablösestelle angebrachten Draht vorverlegt werden (Foto 2.16B). Auch durch Sandstreifen, Stifte, oder ähnliche auf der Körperober-

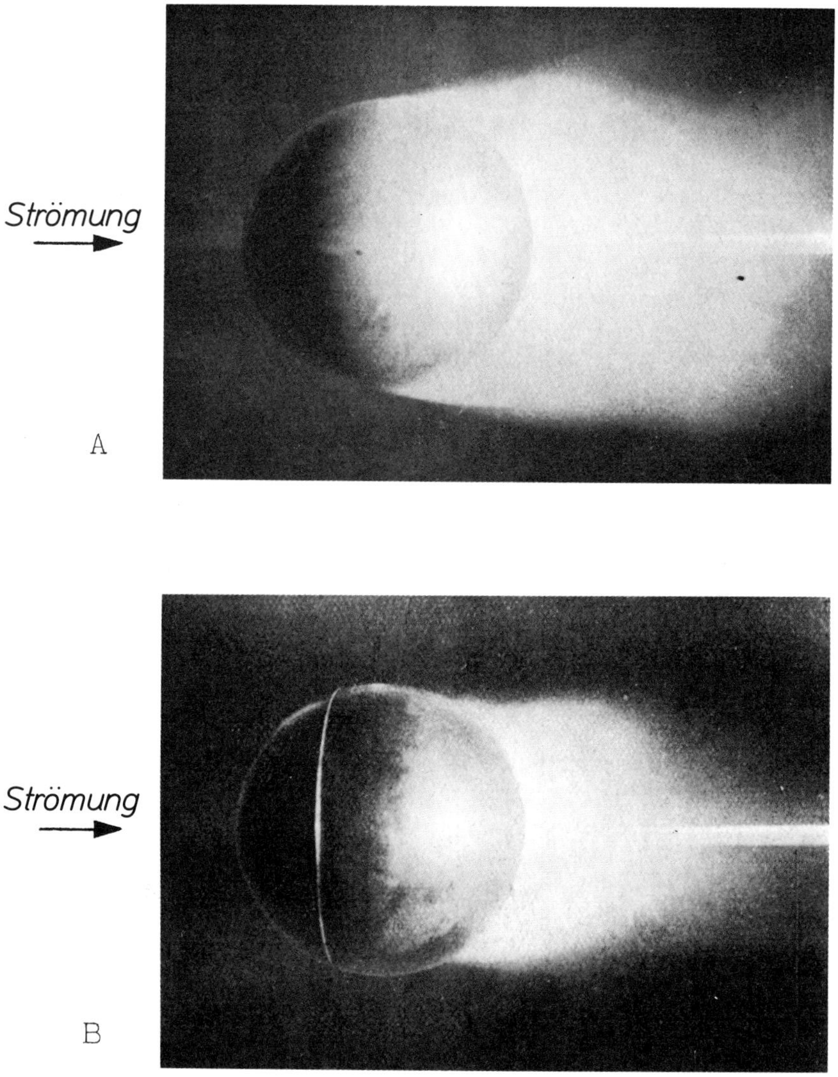

Foto 2.16 Strömung um eine Kugel
A Mit laminarer Ablösung (unterkritische Strömungsform)
B Mit turbulenter Ablösung (überkritische Strömungsform)

Das Verschieben der Ablösungsstelle durch das Turbulentwerden der Grenzschicht, was sonst erst bei Erhöhung der Reynolds-Zahl erfolgen würde, kann vorverlegt werden, wenn man die laminare Grenzschicht künstlich turbulent macht, zum Beispiel durch Auflegen eines dünnen Drahtreifens („Stolperdraht") wie im Fall B. In der Regel gilt: je größer die Turbulenz der Anströmung, um so kleiner ist die Reynolds-Zahl, bei der der natürliche Grenzschichtumschlag erfolgt und sich die Ablösungsstelle nach hinten verlagert.

fläche angebrachter Hilfsmittel, deren eigene Umströmung kleine Wirbel hervorruft, läßt sich der vorzeitige Umschlag in die turbulente Strömungsform erzwingen.

2 Das Reynoldssche Ähnlichkeitsgesetz

Von Osborne Reynolds Ende des 19. Jahrhunderts und später von anderen, seinen Vorstellungen folgenden Forschern durchgeführte Versuche zeigen, daß die Anwendung des durch Gl. (2.18) ausgedrückten quadratischen Widerstandsgesetzes die mechanische Ähnlichkeit der Strömungen voraussetzt. Das heißt, die Widerstandsbeiwerte C_D verschieden großer, aber geometrisch ähnlicher Körper sind dann gleich, wenn ihre Stromlinienbilder ebenfalls geometrisch ähnlich sind.

Diese von Reynolds gefundene Bedingung der Ähnlichkeit von Strömungen läßt sich auch wie folgt formulieren: ergibt die mit einer charakteristischen Körperabmessung (Durchmesser oder Länge) multiplizierte Strömungsgeschwindigkeit V jeweils den gleichen Wert, sind die Strömungsvorgänge einander ähnlich und die Widerstandsbeiwerte gleich. Dieses Prinzip, das man als $V \cdot L$-Ähnlichkeitsgesetz bezeichnen könnte, ist nur bei gleichen Flüssigkeiten anwendbar.

Wollte man zum Beispiel mit einem Modell eines Starrsegels im Maßstab 1:10 durch einen Versuch ermitteln, welche Kräfte auf die Großausführung bei einer Windgeschwindigkeit von 12 m/s wirken, so müßte der Modellversuch bei einer Windgeschwindigkeit von 120 m/s durchgeführt werden, damit das Produkt $V \cdot L$ in beiden Fällen den selben Wert ergibt. Diese Forderung nach hohen Anströmgeschwindigkeiten klingt alarmierend. Glücklicherweise erfolgt bei Segeln die Änderung des Strömungsbildes schon bei einer verhältnismäßig niedrigen kritischen Geschwindigkeit, oberhalb derer die Beiwerte praktisch unverändert bleiben. Um die Strömungsvorgänge an der Großausführung im Modellversuch möglichst zuverlässig zu simulieren, ist es jedoch zweifellos wünschenswert, die Modelle so groß wie praktisch möglich herzustellen. Große Modelle erlauben geringere Anströmgeschwindigkeiten, und sicherlich ist es leichter, sie wirklichkeitsgetreu nachzubilden.

Es ist einleuchtend, daß die Ähnlichkeitsbedingung $V \cdot L$ bei der Übertragung von Versuchsergebnissen an Tragflügeln in einer Luftströmung (Windkanal) auf eine Wasserströmung, – zum Beispiel beim Entwurf der Rumpfanhänge – irgendwie durch die Berücksichtigung der Unterschiede in den Flüssigkeitsdichten und -zähigkeiten ergänzt werden muß.

Um es kurz zu machen – O. Reynolds fand bei seinen Experimenten, daß die Strömungsbilder einander dann ähnlich sind und keine Fehler infolge unterschiedlicher Körpergröße (Maßstabeffekt) auftreten, wenn für beide Strömungsvorgänge die Größe

$$\frac{V \cdot L}{\nu} \tag{2.19}$$

gleich ist. Diese Kennzahl bezeichnet man als Reynolds-Zahl R_n.

Auf diese Weise reduziert sich die Abhängigkeit der Beiwerte von den verschiedenen Parametern wie Geschwindigkeit, Größe, Art des Mediums, usw. auf die Abhängigkeit von einem einzigen Parameter – der Reynolds-Zahl. Die Antwort auf die Frage, wie diese Abhängigkeit aussieht, bleibt fast ausschließlich dem Versuch überlassen.

Die durch Gl. (2.19) gegebene Reynolds-Zahl ist dimensionsfrei und unabhängig von dem für V, L und ν verwendeten Maßsystem.

Im metrischen System gebraucht man üblicherweise folgende Einheiten:

V = Anströmgeschwindigkeit in m/s
L = charakteristische Körperlänge in m (meistens in Strömungsrichtung gemessen)
ν = kinematische Zähigkeit in m²/s (Quotient aus Zähigkeit und Dichte der Flüssigkeit [$\nu = \mu/\rho$]; siehe Tabelle 2.1 und 2.2).

Bei einer Temperatur von 15 °C beträgt die kinematische Zähigkeit des Wassers: $\nu_W = 0{,}00000114\ \mathrm{m^2/s} = 1{,}14 \cdot 10^{-6}\ \mathrm{m^2/s}$. Damit kann man für die Reynolds-Zahl schreiben:

$$R_n = \frac{V \cdot L}{1{,}14 \cdot 10^{-6}} = 877\,200 \cdot V \cdot L. \qquad (2.19\,\mathrm{A})$$

Analog erhält man für Luft auf Meereshöhe ($\nu_A = 1{,}46 \cdot 10^{-5}\ \mathrm{m^2/s}$):

$$R_n = \frac{V \cdot L}{1{,}46 \cdot 10^{-5}} = 68\,500 \cdot V \cdot L. \qquad (2.19\,\mathrm{B})$$

Die Tabellen 2.5 und 2.6 geben die Reynolds-Zahlen für verschiedene Strömungsgeschwindigkeiten von Wasser und Luft bei Annahme einer charakteristischen Länge $L = 1$ m an. Einander entsprechenden Werte der Geschwindigkeit in den vier verschiedenen Einheiten ft/s, m/s, Knoten und Beaufort sind in Tabelle 2.4 zusammengestellt.

Fassen wir zusammen: Strömungen sind geometrisch ähnlich, wenn ihre Reynolds-Zahlen gleich sind. Bei ähnlicher Strömung um zwei Körper unterschiedlicher Größe ist dann auch der Verlauf der Stromlinien geometrisch ähnlich. Die entsprechenden Druckverteilungen sind mithin ebenfalls ähnlich und die Beträge der Kräfte stehen folglich im selben Verhältnis zueinander. Verschiedene Kombinationen aus Körpergröße, Geschwindigkeit und Dichte der Flüssigkeit ergeben stets die gleichen Beiwerte, vorausgesetzt, die Reynolds-Zahl ist konstant. Eine kleinere Körperabmessung läßt sich dabei zum Beispiel durch eine größere Geschwindigkeit ausgleichen. Sind die Reynolds-Zahlen ungleich, so sind auch die Beiwerte im allgemeinen verschieden.

Ergebnisse von Modellversuchen im Windkanal oder Schlepptank lassen sich bei entsprechend gleichen Reynolds-Zahlen direkt auf die Großausführung anwenden. Da die Einhaltung des Reynoldsschen Ähnlichkeitsgesetzes aber meist nicht realisierbar ist, muß zur Vermeidung grober Ungenauigkeiten dem Einfluß unterschiedlicher R_n-Zahlen bei der Übertragung der Modellergebnisse auf die Großausführung durch angemessene Korrekturen oder Zuschläge Rechnung getragen werden (siehe Abschnitte C 4 und C 5).

Wie sich die Kraftbeiwerte mit der Reynolds-Zahl ändern, ist im wesentlichen von der Körperform abhängig. Zum Beispiel ist bei runden Körpern wie kreis- oder ellipsenförmigen Zylindern und sogar bei stromlinienförmigen Tragflügelprofilen der Widerstandsbeiwert reynoldszahlenempfindlich, während bei scharf-

Tabelle 2.5
Reynolds-Zahlen R_n einer Wasserströmung bei verschiedenen Geschwindigkeiten ($L=1$ m)

Geschwindigkeit V m/s	V Knoten	R_n
0,3	0,58	$2{,}63 \cdot 1 \cdot 10^5$
0,6	1,17	5,26
0,9	1,75	7,89
1,2	2,33	$1{,}05 \cdot 1 \cdot 10^6$
1,5	2,92	1,32
1,8	3,50	1,58
2,1	4,08	1,84
2,4	4,67	2,11
2,7	5,25	2,37
3,0	5,83	2,63
3,3	6,42	2,89
3,6	7,00	3,16
3,9	7,58	3,42
4,2	8,16	3,68
4,5	8,75	3,95
4,8	9,33	4,21
5,1	9,91	4,47
5,4	10,50	4,74
5,7	11,08	5,00
6,0	11,66	5,26

Tabelle 2.6
Reynolds-Zahlen R_n einer Luftsrömung bei verschiedenen Geschwindigkeiten ($L=1$ m)

Geschwindigkeit V m/s	V Knoten	R_n
2	3,89	$1{,}37 \cdot 1 \cdot 10^5$
4	7,78	2,74
6	11,66	4,11
8	15,55	5,48
10	19,44	6,85
12	23,33	8,22
14	27,22	9,59
16	31,10	$1{,}09 \cdot 1 \cdot 10^6$
18	35,00	1,23
20	38,88	1,37

kantig begrenzten Körpern, wie zum Beispiel einer quer zur Strömung angestellten ebenen Platte ($\alpha = 90°$), die Plattengröße und damit die Reynolds-Zahl überhaupt keinen Einfluß auf den Widerstandsbeiwert hat.

Der Einfluß der Körpergröße (beziehungsweise der sich daraus ergebenden unterschiedlichen R_n-Zahlen) auf den Widerstand wie auch auf den Auftrieb beruht auf zwei Vorgängen – zum einen auf der Änderung des Reibungswiderstandsbeiwertes, zum anderen auf der Änderung des Strömungsbildes, insbesondere auf der Verschiebung der Ablösestelle, was sich auf den Druck- oder Wirbelwiderstand auswirkt. Beide hängen mit dem Charakter der Strömung in der Grenzschicht zusammen. Die relativen Einflüsse der zwei Widerstandskomponenten haben entgegengesetztes Vorzeichen; das Turbulentwerden der Grenzschichtströmung, das den Reibungswiderstand vergrößert, verringert zur selben Zeit den Druckwiderstand, da sich der Ablösungspunkt weiter auf die Körperrückseite verlagert.

Dieser Mechanismus der Verschiebung der Ablösestelle ist aus praktischer Sicht interessant, da er zur drastischen Verringerung des Widerstandes verwendet werden kann.

3 Wege zur Verminderung des Widerstandes

Die Ablösungs- und Umschlagserscheinungen an einem Kreiszylinder sind denen an einer Kugel (Ball) ähnlich. Dies geht aus Abb. 2.35 hervor, in der über der

Reynolds-Zahl der Widerstandsbeiwert eines Zylinders aufgetragen ist. Das Zusammenwirken beider Komponenten des Gesamtwiderstandes (Reibungs- und Druckwiderstand) ergibt einen sehr unregelmäßigen Kurvenverlauf.

Um den Zusammenhang zwischen Abb. 2.35 und Abb. 2.33 herzustellen, sind vielleicht einige erklärende Worte angebracht. Bei der Diskussion des Widerstandsverhaltens des Golfballes wurde dargelegt, daß der Widerstand des Balles nur von der Geschwindigkeit abhängig ist. Dies ist sicherlich richtig, solange die Größe des von der gleichen Flüssigkeit angeströmten Balles (Kugel) unverändert bleibt. Vergleichen wir jedoch den Widerstandsbeiwert von Zylindern oder Kugeln unterschiedlichen Durchmessers, die vielleicht auch noch von verschiedenen Medien angeströmt werden, so kann dies nur auf der Grundlage ihrer Reynolds-Zahlen erfolgen.

Aus Abb. 2.35 ist nun zu ersehen, daß sich die relativen Anteile der beiden Widerstandskomponenten am Gesamtwiderstand drastisch mit der Reynolds-Zahl ändern. Bei Strömungen mit sehr kleinen R_n-Zahlen (sehr niedrige Strömungsgeschwindigkeit), die man als „schleichende Bewegung" bezeichnet, resul-

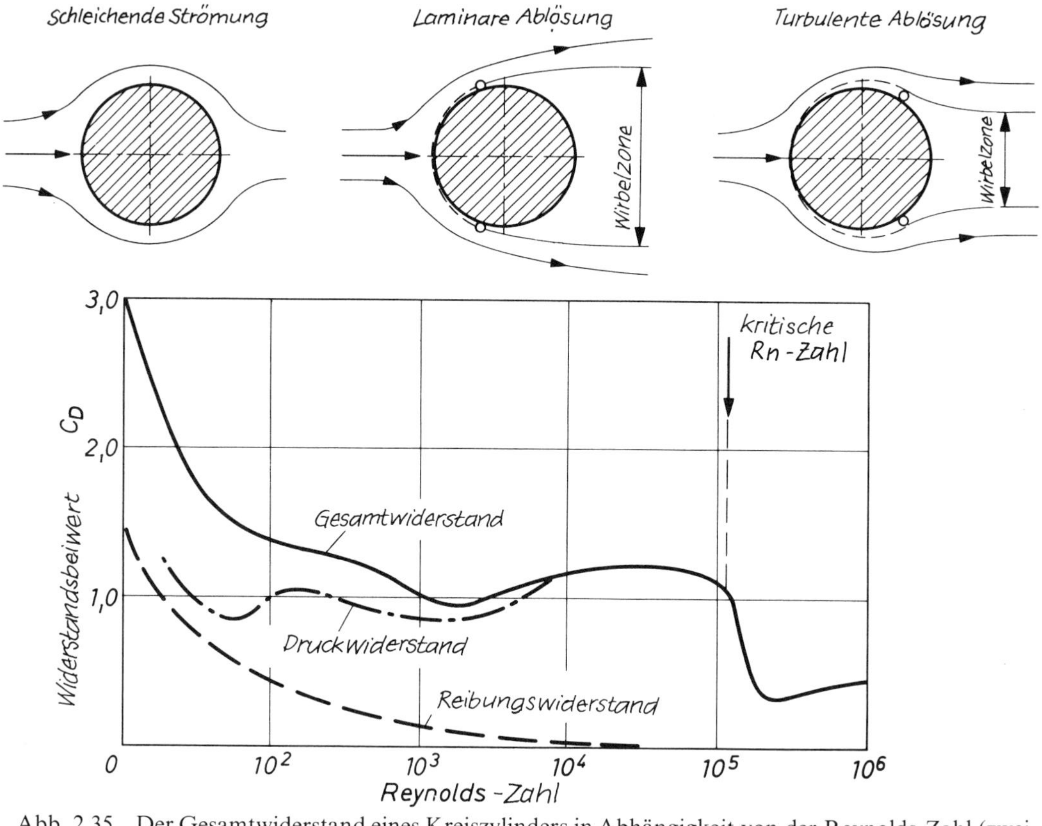

Abb. 2.35 Der Gesamtwiderstand eines Kreiszylinders in Abhängigkeit von der Reynolds-Zahl (zweidimensionale Strömung).

Wie man erkennen kann, fällt in einem kleinen Reynolds-Zahlenbereich um $R_n = 2 \cdot 10^5 = 200000$ der Widerstandsbeiwert um zwei Drittel, von 1,2 auf rund 0,4.

tiert der Gesamtwiderstand zum größten Teil aus dem Einfluß der Zähigkeit (Reibung). Bei hohen R_n-Zahlen (große Geschwindigkeiten) überwiegen die Trägheitskräfte, mit zunehmender Reynolds-Zahl verlieren die Zähigkeitskräfte allmählich immer mehr an Bedeutung. Der Gesamtwiderstand besteht schließlich vornehmlich nur noch aus Druck- oder Wirbelwiderstand.

Nach Th. v. Kármáns Ansicht muten Reynolds-Zahl-Effekte in manchen Fällen fast wie Zauberei an [2.26]. So verringert sich beispielsweise in einem verhältnismäßig kleinen Reynolds-Zahlenbereich der Widerstand eines Zylinders plötzlich auf ein Drittel, noch dazu läßt sich die kritische Geschwindigkeit, bei der dieser jähe Widerstandsabfall eintritt, in gewissem Maße durch künstliche Rauhigkeit an der richtigen Stelle auf der Zylinderoberfläche beeinflussen.

Da der Mast im Grunde einen langen Zylinder darstellt, ist ein naheliegender Gedanke, zu versuchen, seinen schädlichen Widerstand durch vorsätzliche Änderung der Ablösungsform mittels künstlicher Turbulenzerzeugung zu vermindern. Daß dies möglich ist, zeigt Abb. 2.36. Als Turbulenzerreger werden hier zwei dünne Drähte verwendet, die unter einem Winkel von $\pm 65°$ zur Anströmrichtung auf der Vorderseite des Zylinders (Mastes) befestigt sind. Über der Windgeschwindigkeit sind die Widerstandsbeiwerte für den Zylinder einmal ohne und einmal mit 0,5 mm beziehungsweise 0,13 mm dicken Turbulenzdrähten aufgetragen. Es ist zu ersehen, daß der Verlauf der Widerstandsbeiwerte vom Durchmesser des verwendeten Drahtes abhängt. Der Bereich der kritischen Reynolds-Zahlen, in dem der Widerstandsbeiwert von 1,1 plötzlich auf 0,55 abfällt, läßt sich also durch erzwungene Turbulenz der Grenzschicht aufgrund kleiner, kurz vor der Unterdruckspitze auf der Zylinderoberfläche angebrachter Hindernisse kontrollieren (vgl. Abb. 2.36 mit Abb. 2.5C).

In die praxisbezogenere Sprache des Seglers übertragen heißt das, daß sich unter bestimmten Windverhältnissen der Widerstand der Mast-Segel-Kombination verringern läßt, wenn die Grenzschicht um den Mast durch Turbulenzerzeuger künstlich in die turbulente Strömungsform gezwungen wird.

Ein an der richtigen Stelle außen am Mast nach unten geführtes Fall könnte wie solch ein Turbulenzerreger wirken. Auf dem Zwölfer *Courageous* verwendete man bei der Verteidigung des America-Pokals 1974 einen Mast, dessen Querschnitt „... geringfügig, aber entscheidend, von der herkömmlichen elliptischen Form abwich, mit stumpfer Vorderseite sowie zwei schmalen, entlang der Mastvorderseite verlaufenden winzige Dreiecke aufweisenden Kunststoffstreifen.“ Der Mast der *Courageous* war das Ergebnis intensiver theoretischer Forschungsarbeit und Testfahrten unter der Leitung des Aerodynamikers A. Gentry. Die in den Turbulenzstreifen eingeformten Dreiecke erzeugen winzige Luftwirbel, die den Strömungszustand in unmittelbarer Mastnähe von laminar zu turbulent ändern, so daß sich die Ablösung auf der Mast-Leeseite verzögert und sich dadurch das Wirbelgebiet verringert. Die optimale Anordnung der Streifen erwies sich als abhängig von der Profilform des Mastes.

Den Widerstandsbeiwert verschiedener Querschnittsformen in Abhängigkeit von der Reynolds-Zahl zeigt Abb. 2.37. Aus ihr geht unter anderem hervor,

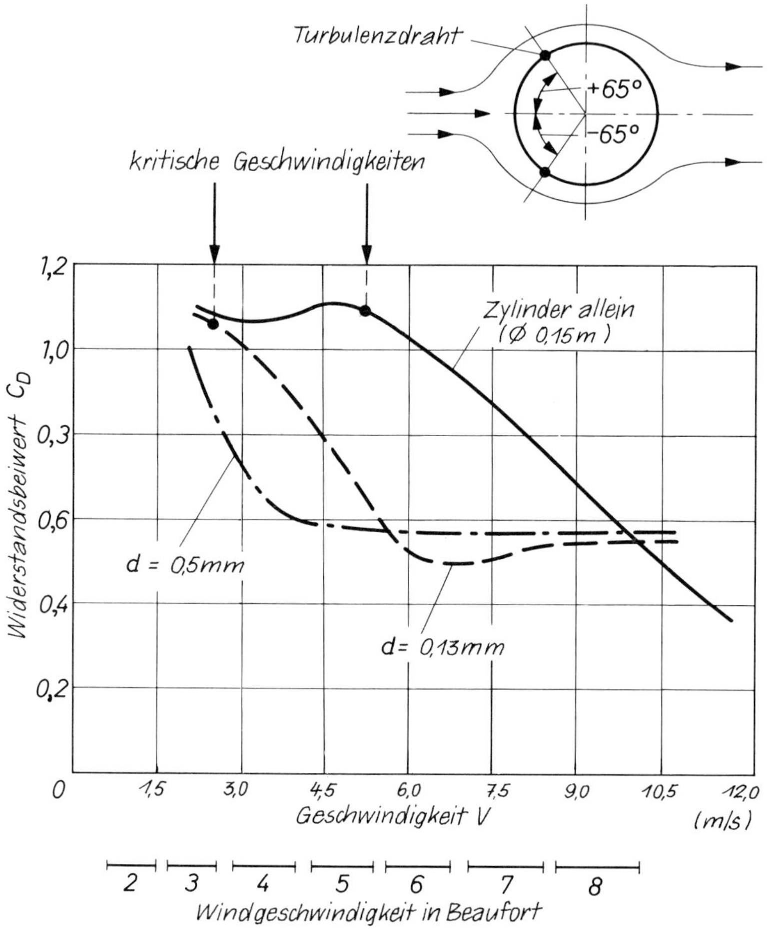

Abb. 2.36 Die Wirkung von Turbulenzerregern auf den Widerstand eines Kreiszylinders

daß der Beiwert eines endlich langen Kreiszylinders ($b/t = 5$), dessen Umströmung folglich zu den Enden hin immer mehr von der zweidimensionalen Umströmung abweicht, beträchtlich kleiner ist, als der eines unendlich langen oder an beiden Enden von parallelen ebenen Wänden begrenzten Zylinders. Der Widerstandsbeiwert eines scharfkantigen Körpers, wie zum Beispiel eines viereckigen Zylinders oder einer ebenen Platte, ist nahezu konstant und unabhängig von der Reynolds-Zahl, da der Ablösungspunkt festliegt und sich infolgedessen das Strömungsbild nicht mit der Reynolds-Zahl verändert. Foto 2.17 veranschaulicht diesen Sachverhalt. An einer scharfen Kante löst die Strömung stets ab. Nach L. Prandtl [2.6] kann man für dieses Verhalten als ein besonderes Prinzip anführen, daß die Flüssigkeit immer bestrebt ist, sehr hohe Geschwindigkeiten beim Umströmen von Kanten zu vermeiden, und statt dessen Trennungsflächen bildet.

Nützliche Anwendung findet dieses Prinzip im Brückenschanzkleid auf Schiffen, um den Steuermann oder die Wache vor dem Fahrtwind zu schützen, ohne

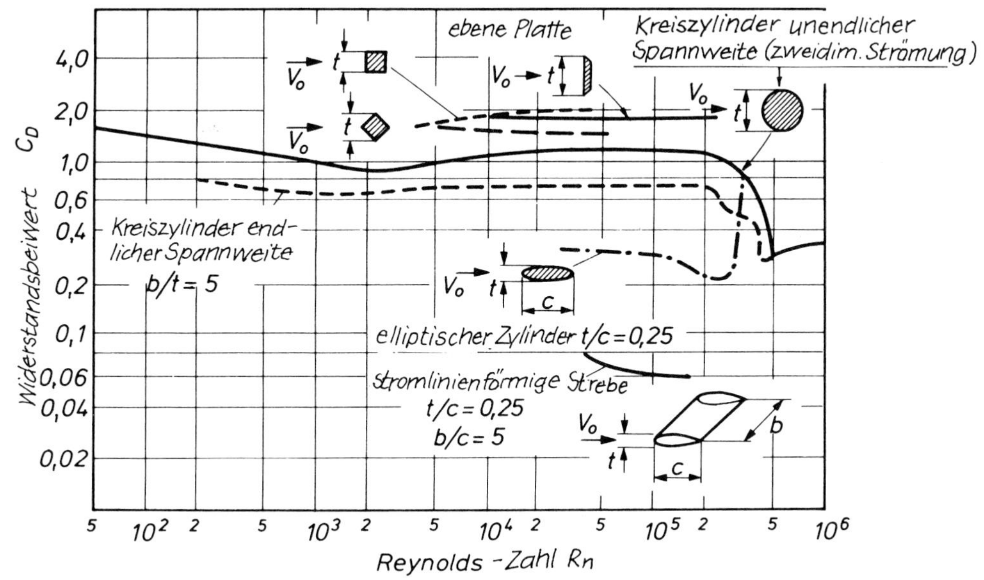

Abb. 2.37 Widerstandsbeiwerte für verschiedene Körperformen. Ist die Spannweite eines Zylinders endlich, so weicht die Strömung zu den Enden hin immer mehr von der zweidimensionalen Umströmung ab. Die beiden entsprechenden Kurven zeigen, wie sich dies auf den Widerstandsbeiwert auswirkt.

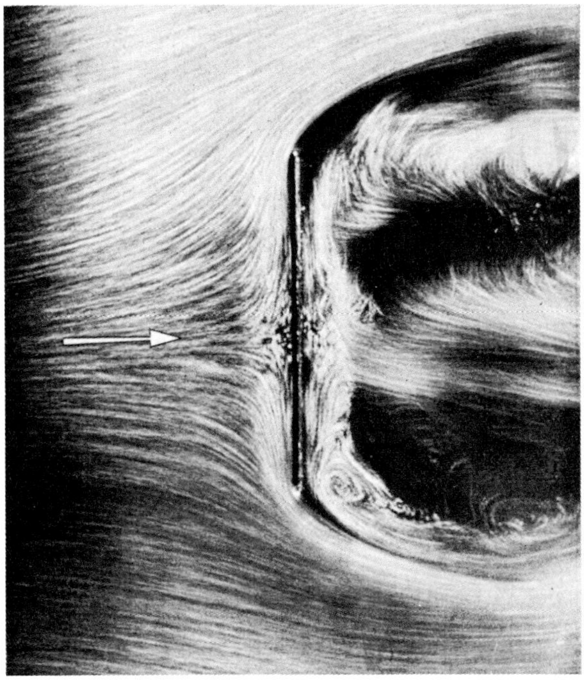

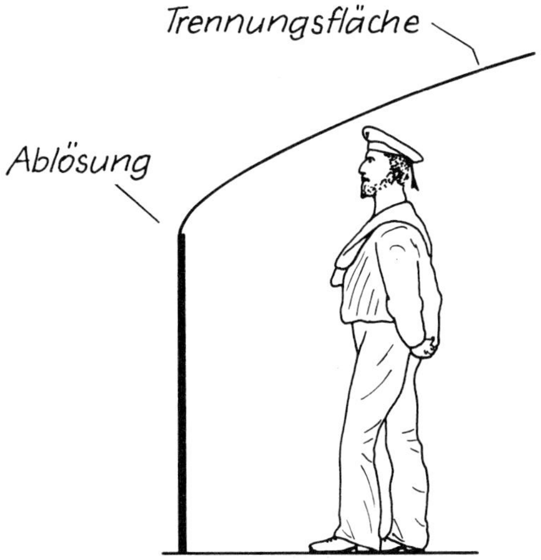

Foto 2.17 Trennungsflächen an der ebenen Platte

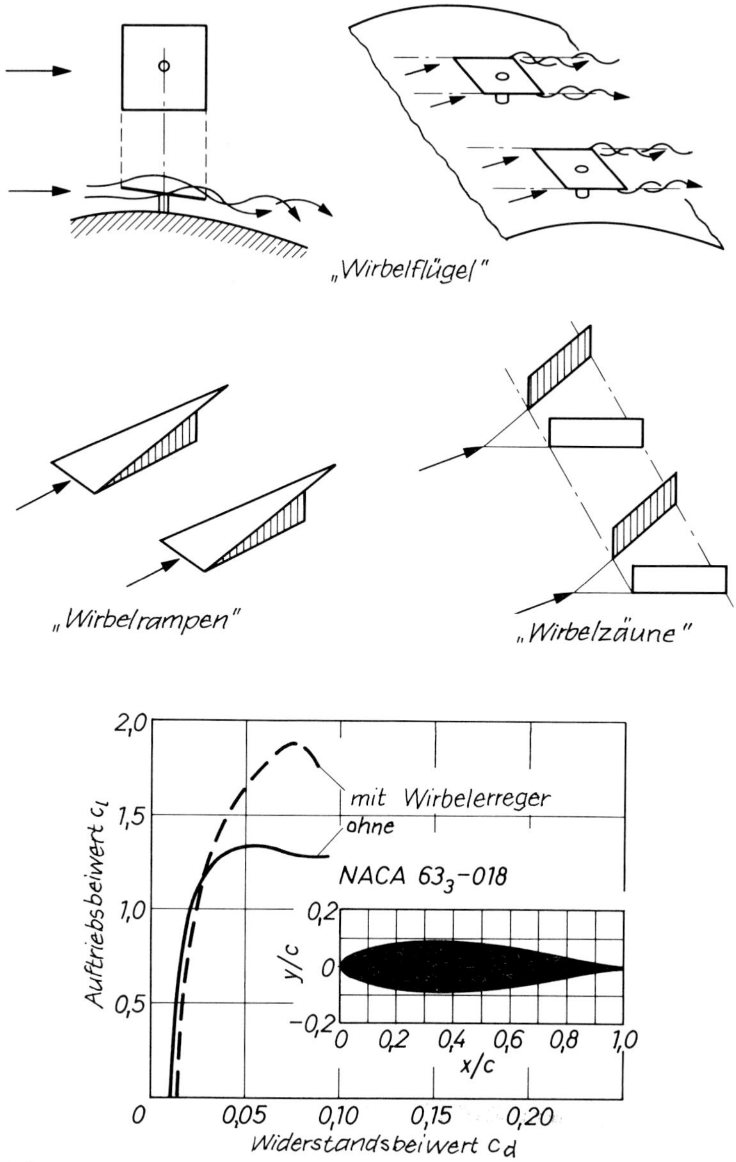

Abb. 2.38 Wirbelerreger

A Verschiedene Grundformen

B Aerodynamische Eigenschaften eines Tragflügelprofils mit und ohne Wirbelerreger

dabei sein Gesichtsfeld einzuschränken (Foto 2.17). Die Luft strömt über den Kopf des Seemanns hinweg, seine Augen werden durch die Trennungsfläche „geschützt". Die Windschutzscheiben bei Sportwagen funktionieren nach dem gleichen Prinzip.

Eine andere Möglichkeit, kleine Wirbel zu erzeugen, – allerdings nicht zur Turbulenzerregung in der Grenzschicht, sondern zur besseren Vermischung der

„ermüdeten", bereits turbulenten Reibungsschicht mit der „starken" Außenströmung, um die Grenzschichtströmung weniger anfällig für vorzeitiges Ablösen zu machen – besteht in der Verwendung sogenannter Wirbelerreger. In ihrer einfachsten Form sind dies nahe der Oberfläche angebrachte Plättchen, die wie kleine Tragflügel wirken, von deren Spitzen freie Wirbel abgehen (Abb. 2.38 A). Die Flüssigkeitsteilchen mit großem Impuls (Produkt aus Masse und Geschwindigkeit) aus der Hauptströmung geraten unter den Einfluß dieser Wirbel auf schraubenförmigen Bahnen in Wandnähe und führen aufgrund von Vermischungsvorgängen der abgebremsten Strömung an der Körperoberfläche Energie zu. Infolge dieser Energiezufuhr ist die Grenzschicht in der Lage, ohne Ablösung weiter zu strömen – so lange, wie sie nicht wegen eines zu hohen positiven Druckgradienten (Druckanstieg) doch noch ablöst [2.27], [2.28].

Leider erhöhen Wirbelerreger notwendigerweise den Widerstand unter Strömungsbedingungen, bei denen keine Ablösungsgefahr besteht. Ihre Wirksamkeit ist außerdem entscheidend von ihrer Lage relativ zur Ablösungsstelle (ohne Grenzschichtbeeinflussung) abhängig. Die Vorteile wie auch die Nachteile (in Form zusätzlichen Widerstandes) der Wirbelerreger sind aus Abb. 2.38 B anhand der beiden experimentell ermittelten Polarkurven des Tragflügelprofils NACA 63_3-018 zu ersehen. Die Wirkung der 10 Prozent der Profiltiefe hinter der Vorderkante angeordneten Wirbelerreger auf den Auftrieb ist erstaunlich – sie vergrößern den kritischen Anstellwinkel von 14° auf 20° und erhöhen den maximalen Auftriebsbeiwert von 1,3 auf 1,9.

Einer der Herausforderer des America-Pokals – der australische Zwölfer *Gretel* – hatte einen Mast, der mit Tausenden dieser winzigen Wirbelerreger bestückt war.

Abb. 2.39 zeigt das „Segelboot der Zukunft", wie sein Urheber H.C. Herreshoff [2.29] es scherzhaft nannte. Um die Ablösung der Strömung auf der Leeseite der Segel zu verhindern, sind mehrere Maßnahmen zur Grenzschichtbeeinflussung vorgesehen, unter anderem auch Wirbelerreger. Unmittelbar vor dem Mast befindet sich ein schmales Stagsegel mit großem Seitenverhältnis, das wie eine Art Vorflügel wirkt und die Ablösung auf der Leeseite des Mastes zu größeren Anstellwinkeln hinausschieben soll.

Betrachtet man kritisch die Anordnung der Wirbelerreger in der Nähe des Achterlieks der Genua (Abb. 2.39), so läßt sich einwenden, daß sie an der falschen Stelle angebracht sind. Der Erfolg oder Mißerfolg dieser Hilfsmittel zur Vermeidung der Strömungsablösung hängt – wie schon gesagt wurde – sehr von ihrer Lage bezüglich des ablösungsgefährdeten Gebietes ab. Sie sind sicherlich nutzlos, wenn sie stromabwärts, weit hinter der maximalen Profiltiefe des Segels angeordnet werden, wo sich die Strömung bereits abgelöst hat.

Es sei betont, daß Herreshoff seine Vorstellungen nicht zu ernsthaft als Rigg der Zukunft verstanden wissen möchte. Sie werden hier jedoch als konstruktive Anregung für diejenigen angeführt, die ihr Segelboot unter Verwendung vorhandener experimenteller Erkenntnisse verbessern wollen und die Gefallen an kühnem Vorgehen finden, das unter Umständen ein optimales Rigg für einen speziellen Zweck hervorbringen könnte.

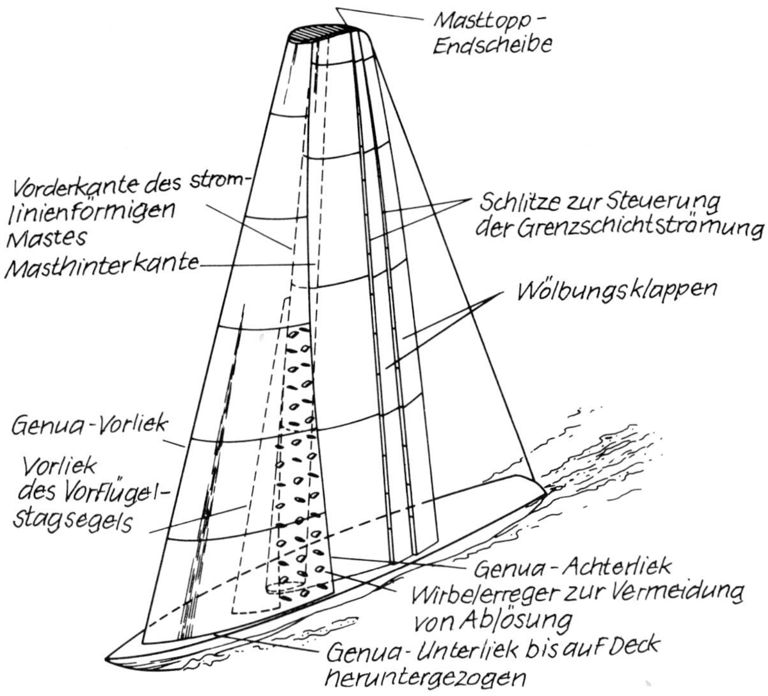

Abb. 2.39 Die Besegelung der Zukunft?

4 Der Einfluß der Reynolds-Zahl auf den Widerstand

Zur Bestimmung der Reynolds-Zahl-Abhängigkeit der Auftriebs- und Widerstandskräfte von Tragflügeln wurden zahlreiche Untersuchungen durchgeführt. Betrachten wir nun zuerst den Einfluß der Reynolds-Zahl auf den Widerstand. Für eine ebene Platte sind der Reibungswiderstandsbeiwert C_f und der kleinste Profilwiderstandsbeiwert $C_{D\,min}$ identisch. Auch für ein dünnes symmetrisches Profil trifft dies im wesentlichen zu. Bei dickeren oder gewölbten Profilen verschwindet diese Übereinstimmung, und der minimale Widerstandsbeiwert $C_{D\,min}$ wird deutlich größer als der Reibungsbeiwert C_f.

Abb. 2.40 zeigt die Abhängigkeit des bei $\alpha = 0°$ minimalen Profilwiderstandsbeiwertes $C_{D\,min}$ einiger symmetrischer NACA-Profile von der Reynolds-Zahl (gestrichelte Kurven). Zum Vergleich sind die Widerstandsbeiwerte einer längsangeströmten ebenen Platte gemäß Abb. 2.24 ebenfalls mit eingezeichnet.

Eine bemerkenswerte Eigenschaft der Beiwertkurve des dünnsten Profils NACA 0009 ist, daß sie für Reynolds-Zahlen oberhalb des kritischen Wertes (ungefähr $7{,}0 \cdot 10^5$) in etwa mit der Übergangskurve der ebenen Platte zusammenfällt. Dem bereits früher Mitgeteiltem zufolge ist es nicht erstaunlich, daß die Kurven der dickeren Profile 0012, 0015 und 0018 eine deutliche Tendenz zu höheren $C_{D\,min}$-Werten aufweisen, als diejenige für das dünne Profil 0009. Die Strömung um dicke Profile wird in zunehmendem Maße durch den hinter der maximalen Dicke auftretenden Druckanstieg beeinflußt – eine ebene Platte weist dagegen in Strömungsrichtung nahezu keinen Druckgradienten auf. Mit wachsendem Dickenverhältnis t/c bildet sich wegen der größer werdenden Krümmung der Profilkontur ein immer steiler werdender Druckanstieg aus, so daß die Grenzschicht nicht länger laminar bleibt, sondern in die turbulente Strömungsform umschlägt oder sich sogar ablöst. Den Umschlag laminar – turbulent veranschaulicht Abb. 2.41 – sie zeigt das Anwachsen der Grenzschichtdicke δ längs der Profiltiefe c, das experimentell an einem Modell mit dem unterhalb des Diagramms dargestellten symmetrischen Profil bei $\alpha=0°$ ermittelt wurde. Im Bereich der auf $0{,}3c$ hinter der Vorderkante liegenden maximalen Profildicke nimmt die Dicke der Grenzschicht rasch zu. Eine plötzliche Verdickung der Grenzschicht – ein allgemeines Merkmal der Strömung in einem Druckanstiegsgebiet – ist normalerweise mit dem Übergang vom laminaren zum turbulenten Strömungszustand verbunden. In der Nähe der Profilhinterkante beträgt die Dicke der Grenzschicht etwa 1,5 bis 2 Prozent der Profillänge.

Abb. 2.42 zeigt schematisch die drei Hauptströmungsarten der Grenzschicht. Typ a wurde bereits diskutiert: die laminare Grenzschicht im vorderen Profilbereich schlägt in turbulente Grenzschicht um, die Strömung liegt bis zur Hinterkante an, der Nachlauf ist verhältnismäßig gering.

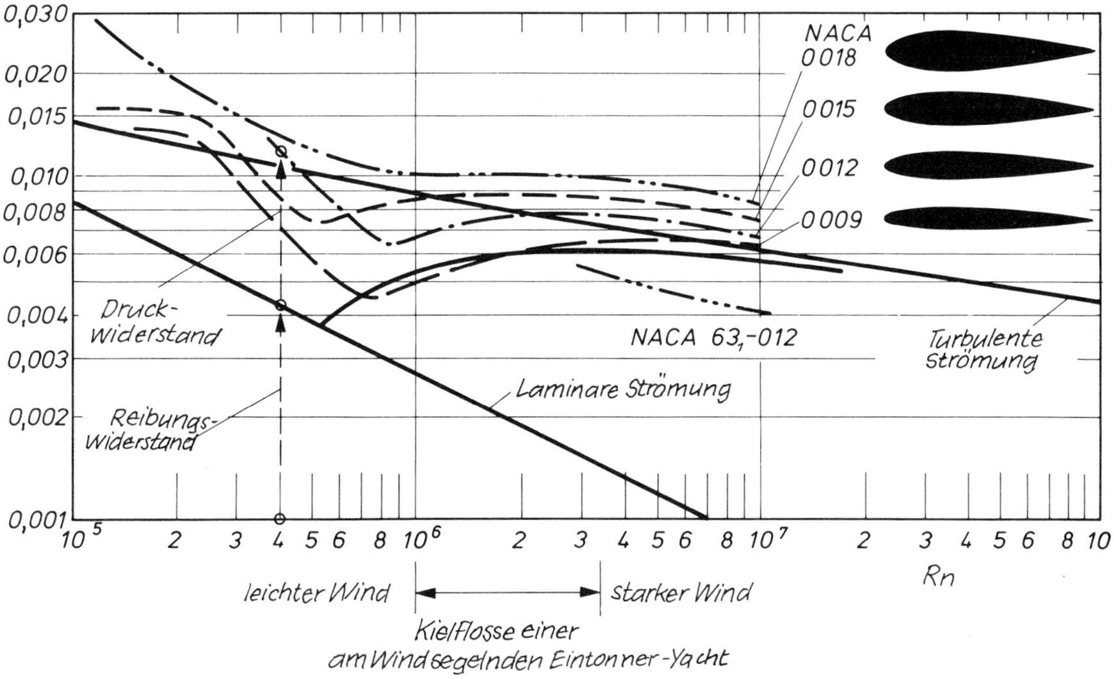

Abb. 2.40 Der minimale Profilwiderstand (Reibungswiderstand + Druckwiderstand) symmetrischer NACA-Profile im Vergleich zum Plattenwiderstand (Abb. 2.24) in Abhängigkeit von der Reynolds-Zahl. Anstellwinkel $\alpha=0°$.

Typ b demonstriert das laminare Ablösen der Grenzschicht, die stromabwärts turbulent werden kann, aber nicht muß. Eine derartige laminare Ablösung an der Profilvorderkante ist mit einem starken Anstieg des Profilwiderstandsbeiwertes verbunden, da das Totwassergebiet sehr groß wird.

Laminare Ablösung ist bei größeren, von der Profilform abhängigen Reynolds-Zahlen eine örtliche Erscheinung; in der abgelösten Strömung erfolgt ein Umschlag in die turbulente Strömungsform, was im allgemeinen zu einem Wiederanlegen der Strömung etwas weiter stromabwärts führt, da die „starke" turbulente Grenzschicht einen steileren Druckanstieg übersteht als die laminare, so daß folglich bei $\alpha = 0°$ der Ablösungspunkt der turbulenten Grenzschicht näher an der Hinterkante auftritt. Die tatsächliche Lage der Ablösestelle hängt von der Dicke der jeweiligen Profilform ab. Diese Art von wiederangelegter Strömung zeigt Abb. 2.42c. Bei hinreichend kleinen Reynolds-Zahlen legt sich die abgelöste laminare Grenzschicht jedoch nicht wieder an die Oberfläche an.

Mit diesen verschiedenen Strömungsvorgängen vor Augen wollen wir Abb. 2.40 noch etwas weiter analysieren. Das andere auffallende Kennzeichen der Widerstandskurven der vier Profile 0009–0018 ist ihr plötzlich unregelmäßiger Verlauf bei Reynolds-Zahlen unterhalb bestimmter kritischer Werte, die, abhängig von der Profildicke, zwischen $5{,}0 \cdot 10^5$ und $8{,}0 \cdot 10^5$ liegen [2.30]. Zum Beispiel ist der recht erhebliche Widerstandsanstieg des Tragflügelprofils NACA 0012 unterhalb der kritischen R_n-Zahl von $8{,}0 \cdot 10^5$ aller Wahrscheinlichkeit nach auf laminare Ablösung gemäß Abb. 2.42b zurückzuführen. Bei $R_n = 4{,}0 \cdot 10^5$ ist sein Profil-

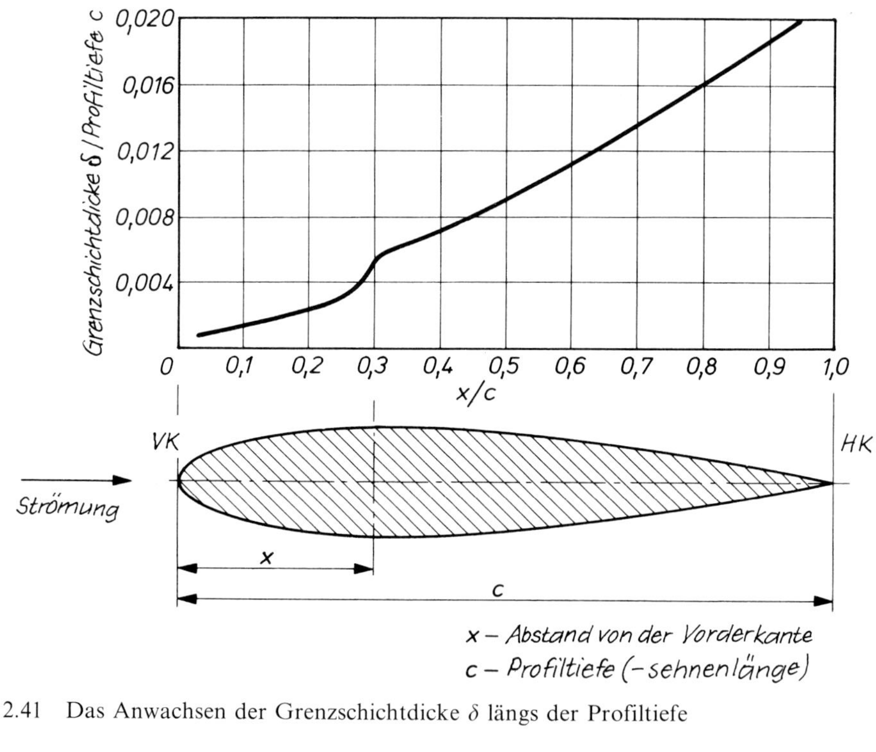

Abb. 2.41 Das Anwachsen der Grenzschichtdicke δ längs der Profiltiefe

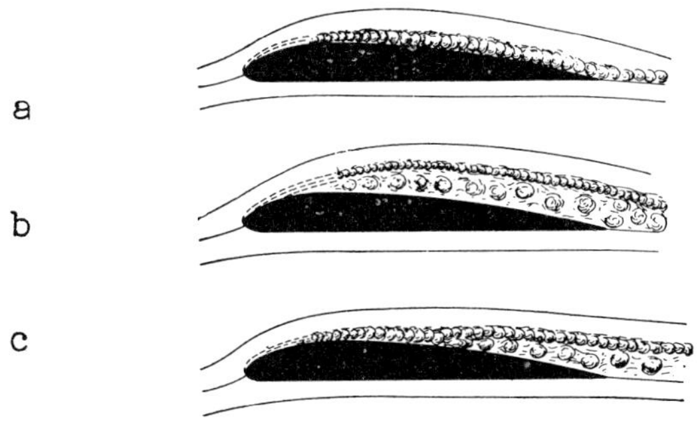

Abb. 2.42 Schematische Darstellung der Grenzschichtströmung
a Laminare Strömung im vorderen Profilbereich, anschließend turbulente Strömung, die anliegen bleibt.
b Laminares Ablösen an der Vorderkante ohne Wiederanlegen
c Turbulentes Ablösen an der Hinterkante

widerstandsbeiwert $C_{D\,min}$ dreimal so groß wie der Reibungswiderstandsbeiwert der längsangeströmten Platte – eine Folge des auftretenden großen Druckwiderstandes, der immer mit laminarer Ablösung einhergeht. Eine derartige Ablösung der Strömung – im Prinzip gleich der am Kreiszylinder und an der Kugel beobachteten (Abb. 2.33 und 2.35) – muß bei immer kleiner werdenden Reynolds-Zahlen auftreten, auch an dem so stromlinienförmigen Profil NACA 0012 bei symmetrischer Anströmung ($\alpha = 0°$). Aus Abb. 2.42 ist zu ersehen, daß sich beispielsweise bei $R_n = 4{,}0 \cdot 10^5$ sein Profilwiderstandsbeiwert von 0,012 aus einem Reibungswiderstandsanteil von etwa 0,004 und einem Druckwiderstandsanteil von ungefähr 0,008 zusammensetzt. Diese Widerstandsanteile sind durch senkrechte Pfeile gekennzeichnet.

Für die Kielflosse einer Eintonner-Yacht, die mit einer Geschwindigkeit von zwei bis fünf Knoten am Wind segelt, ergibt sich bei einer angenommenen mittleren Profiltiefe der Flosse von 1,5 m mit Hilfe der Tabelle 2.5 ein entsprechender Reynolds-Zahlenbereich von 10^6–$3{,}6 \cdot 10^6$. Diese Werte sind unterhalb der R_n-Zahlen-Achse in Abb. 2.40 mit eingetragen. Es ist zu ersehen, daß für die Kielflosse laminare Ablösung nicht wahrscheinlich ist. Dennoch kann es an Teilen der Yacht zu laminarer Ablösung kommen, besonders an schmalen Rudern bei Flaute oder bei starkem Wind, wenn das Boot vielleicht nach einem erfolglosen Wendeduell seine Fahrt voraus verliert. Es wird sich zeigen, daß laminare Ablösung auch den Auftrieb stark beeinflußt.

Die kritische Reynolds-Zahl (bei der die laminare in die turbulente Grenzschicht umschlägt) hängt in mehr oder weniger starkem Ausmaß ab von:

a) der Rauhigkeit der Oberfläche
b) der Körperform (Oberflächenkrümmung) und dem damit verbundenen Druckgradienten
c) der Flexibilität der Oberfläche, chemischen Zusätzen (Polymeren etc.)
d) dem Anstellwinkel.

Setzt man für die Länge L bei der Berechnung der Reynolds-Zahl die Lauflänge der Strömung entlang der Körperoberfläche ein, so ist für Reynolds-Zahlen kleiner als 10^5 die laminare Grenzschicht stabil und es ist schwer, sie zum Umschlag anzuregen. Mit steigender R_n-Zahl nimmt jedoch die der laminaren Grenzschicht innewohnenden Stabilität ab, der Umschlag läßt sich immer leichter herbeiführen; bei Reynolds-Zahlen größer als $2{,}0 \cdot 10^6$ werden hohe Anforderungen an die Oberflächenglätte und die Störungsfreiheit der Anströmung gestellt, soll die Grenzschicht laminar bleiben. An der längs angeströmten, ebenen Platte erfolgt der natürliche Umschlag in den turbulenten Strömungszustand im allgemeinen zwischen $R_n = 3{,}5 \cdot 10^5$ und $R_n = 5{,}0 \cdot 10^5$.

Bei großen Reynolds-Zahlen, bei denen die Grenzschicht bereits von der Vorderkante an vollturbulent ist, wird der Widerstandsbeiwert vornehmlich durch den Reibungswiderstand bestimmt. Versuche, über die in R. and M. 1838 (Reports and Memoranda, Aeronautical Research Committee, England) berichtet wurde, zeigen, daß der Druckwiderstand bei „im wesentlichen" anliegender Strömung sich linear mit dem Profildickenverhältnis t/c ändert. Sein Anteil am Gesamt- oder Profilwiderstand stimmt in etwa mit der relativen Dicke überein, das heißt, ein 10 Prozent dickes Profil wird ungefähr 10 Prozent Druckwiderstand und 90 Prozent Reibungswiderstand aufweisen.

a) Oberflächenrauhigkeit

Die Entwicklung der Strömung um den Bootsrumpf stellt schematisch die bereits weiter oben gezeigte Abb. 2.22 dar. Auch nachdem die laminare Grenzschicht turbulent geworden ist, bleibt in unmittelbarer Wandnähe eine dünne Flüssigkeitsschicht immer laminar (laminare Unterschicht). Die Dicke dieser laminaren Unterschicht beträgt zwar nur einen Bruchteil der Dicke der turbulenten Grenzschicht, ihr Auftreten ist jedoch von einiger Bedeutung für die Praxis. Solange nämlich die Rauhigkeit der Oberfläche geringer als die Dicke der laminaren Schicht ist, wird sie von dieser zugedeckt. Die Rauhigkeitserhebungen ragen dann nicht in die turbulente Strömungszone der Grenzschicht und haben somit keine Auswirkungen auf diese. Die beströmte Oberfläche verhält sich so, als ob sie hydrodynamisch glatt wäre – die rauhe Oberfläche bewirkt keine Widerstandszunahme. Eine die laminare Unterschicht durchdringende Rauhigkeit hat dagegen einen Widerstand zur Folge, der über dem Wert für glatte turbulente Strömung liegt. Die Dicke der laminaren Unterschicht in einem bestimmten Abstand von der Vorderkante nimmt mit größer werdender Strömungsgeschwindigkeit immer mehr ab, und folglich werden Rauhigkeitserhebungen, die bei kleinen R_n-Zahlen noch in der laminaren Schicht liegen, bei höheren R_n-Zahlen aus ihr herausragen. Von besonderer praktischer Wichtigkeit ist dabei die sogenannte zulässige Rauhigkeitshöhe, die gegenüber der hydrodynamisch glatten Oberfläche gerade noch keinen Widerstandszuwachs ergibt. Sie bestimmt den Aufwand, der für das Glätten einer gegebenen Oberfläche notwendig und sinnvoll ist. Nach [2.19] bestimmt sich die zulässige Rauhigkeitshöhe näherungsweise zu:

$$k_{zul} \leqq 100 \frac{\nu}{V} \tag{2.20}$$

mit k_{zul} = zulässige Rauhigkeitshöhe
ν = kinematische Zähigkeit
V = Geschwindigkeit.

Hiernach ist für eine ebene Oberfläche die zulässige Rauhigkeitshöhe k_{zul} von der Länge der Oberfläche unabhängig; sie wird einzig durch die Strömungsgeschwindigkeit und die kinematische Zähigkeit der Flüssigkeit bestimmt.

Setzen wir in Gl. (2.20) die kinematische Zähigkeit des Wassers mit $\nu_W = 1{,}14 \cdot 10^{-6}\ m^2/s$ ein, so erhalten wir für die zulässige Rauhigkeitshöhe k_{zul} in Millimeter für eine Wasserströmung:

$$k_{zul} = \frac{100 \cdot 1{,}14 \cdot 10^{-6}}{V} = \frac{0{,}1}{V\,(m/s)}\ mm = \frac{0{,}2}{V\,(Knoten)}\ mm. \tag{2.20 A}$$

Analog ergibt sich für die gerade noch zulässige Rauhigkeitshöhe k_{zul} in einer Luftströmung ($\nu_A = 1{,}46 \cdot 10^{-5}\ m^2/s$):

$$k_{zul} = \frac{100 \cdot 1{,}46 \cdot 10^{-5}}{V} = \frac{1{,}4}{V\,(m/s)}\ mm = \frac{2{,}8}{V\,(Knoten)}\ mm. \tag{2.20 B}$$

Bei gleicher Geschwindigkeit gestattet die Luftströmung also eine rund 14mal größere Rauhigkeit der Oberfläche als die Wasserströmung.

Um ein Beispiel zu geben sind in Tabelle 2.7 die zulässigen Rauhigkeitshöhen k_{zul} nach Gl. (2.20 A) für drei Bootsrümpfe angegeben, einmal für ein 3 ft (0,91 m) langes Yachtmodell, sowie für zwei 20 ft (6,1 m) und 50 ft (15,2 m) lange Großausführungen. Die Geschwindigkeits-Längen-Verhältnisse $V_S/\sqrt{L}$ werden mit 1,8 und 1,1 angenommen. Man sieht, daß die zulässige Rauhigkeit für ein Modell und seine Großausführung bei gleicher relativer Geschwindigkeit $V_S/\sqrt{L}$ unterschiedlich ist; bei langen Rümpfen führt dies zu sehr kleinen zulässigen Rauhigkeiten.

Tabelle 2.7

L (ft)	3	20	50	
L (m)	0,91	6,1	15,2	
$V_S/\sqrt{L} = 1{,}8$	0,12	0,045	0,028	zulässige Rauhigkeitshöhe k_{zul} in Millimeter
$V_S/\sqrt{L} = 1{,}1$	0,19	0,074	0,047	

Die Näherungsformel (2.20) liefert zwar gute Anhaltswerte, berücksichtigt aber nicht die Veränderung von k_{zul} entlang der Rumpfoberfläche. Wegen der geringeren Grenzschichtdicke im Bereich des Vorstevens ist dort auch die zulässige Rauhigkeit kleiner als weiter stromabwärts (dies gilt entsprechend auch für einen Tragflügel in einer Luftströmung).

Diesem Sachverhalt tragen die Kurven in Abb. 2.43 Rechnung [2.3]. Aus ihnen ist zu ersehen, daß der Oberflächenqualität im vorderen Rumpfbereich entscheidende Bedeutung zukommt und daß eine Verringerung der Geschwindigkeit oder der Bootsgröße die Wahrscheinlichkeit vergrößert, mit einer gegebenen Beschaffenheit der Oberfläche eine hydrodynamisch glatte Oberfläche zu erzielen. Um der Größe „zulässige Rauhigkeitshöhe k_{zul} in Millimeter" etwas Anschaulichkeit zu verleihen, sind auf der senkrechten Achse verschiedene Ausführungen der Oberfläche vermerkt, einschließlich der Dicke eines Menschenhaares, dessen Durchmesser etwa 0,05 bis 0,08 mm beträgt.

Jede rauhere Oberfläche als die in Abb. 2.43 gekennzeichnete, sollte – abgesehen vom Widerstandszuwachs – als mögliche Ursache für den vorzeitigen Übergang der laminaren in die turbulente Strömungsform der Grenzschicht angesehen werden. Im allgemeinen führen kleine Rauhigkeitserhebungen, die das mittlere Niveau einer ansonsten ausreichend glatten Oberfläche überragen, eher diesen Umschlag herbei als kleine Vertiefungen in der Oberfläche.

Bei Segelyachten mit einer Länge von 6 bis 15 m liegt nach Abb. 2.43 die zulässige Rauhigkeitshöhe zwischen 0,025 und 0,08 Millimetern. Diese Forderung läßt sich bei entsprechend sorgfältigem Finish der Rumpfoberfläche ohne weiteres

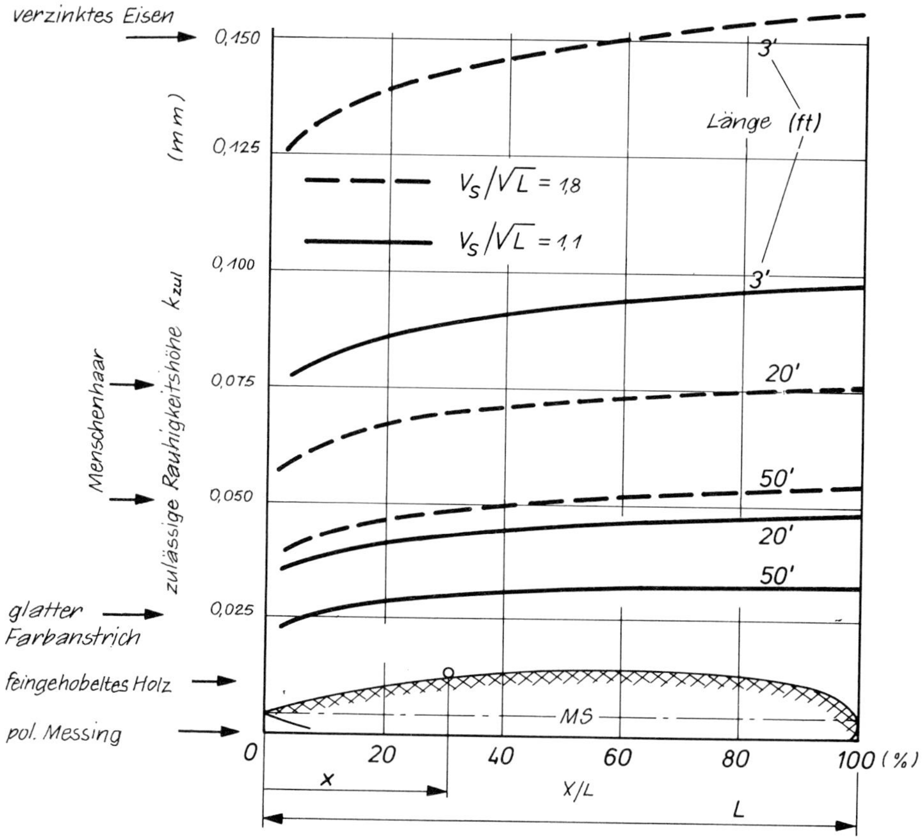

Abb. 2.43 Die maximal zulässige Rauhigkeitshöhe k_{zul} für zwei verschiedene Geschwindigkeits-Längen-Verhältnisse

erfüllen, beispielsweise durch Anschleifen der letzten Lackschicht oder der Antifoulingfarbe mit einem Naßschleifpapier 400er Körnung. „Mit den Fingerspitzen sollte keine Rauhigkeit mehr fühlbar sein" – dies ist ein gutes Kriterium für die Beurteilung der Qualität der Deckschicht eines Bootsrumpfes oder eines Tragflügels.

Es sei betont, daß es aus hydrodynamicher Sicht keine Rolle spielt, ob der Rumpf nun mit einer Graphitfarbe oder einem beliebigen Kunstharzlack angemalt wird, ob die Rumpfoberfläche matt oder glänzend ist, und ob man sie mit wasserabstoßenden Silikonen behandelt oder nicht. Unter der Voraussetzung, daß die Deckschicht keine widerstandsverringernden Substanzen (Polymere) in die Grenzschicht abgibt, sind für den Reibungswiderstand nur die Glätte und die Form oder Krümmung der benetzten Oberfläche entscheidend.

Die Auswirkungen der Oberflächenrauhigkeit auf das Widerstandsverhalten von Tragflügelprofilen zeigt Abb. 2.44 am Beispiel der beiden symmetrischen Profile NACA 63_1-012 und NACA 0012. Die Messungen wurden einmal mit glatter Profiloberfläche und einmal mit „Standardrauhigkeit" im Bereich der Profilvorderkante durchgeführt [2.30], [2.31]. Um eine aerodynamisch glatte Oberfläche zu erzielen, werden die NACA-Profilmodelle im allgemeinen abschließend mit Sandpapier 320er Körnung in Profilrichtung abgeschliffen. Die von der NACA für Profilmodelle mit einer Sehnenlänge von 0,61 m gewählte Standardrauhigkeit im Nasenbereich besteht aus Sandkörnern mit einem mittleren Durchmesser von rund 0,3 mm, die von der Vorderkante aus über einer Länge von acht Prozent der Profiltiefe auf Ober- und Unterseite aufgebracht sind.

Das sogenannte Laminarprofil aus der NACA 63-Serie (Abb. 2.44 oben) zeichnet sich durch eine weit nach hinten verlegte maximale Profildicke aus, um längs eines großen Teiles der Profiloberfläche Druckabfall zu erhalten. Die Widerstandskurve weist eine charakteristische „Delle" (Laminardelle) beziehungsweise ein Gebiet verringerten Widerstandsbeiwertes c_d auf. Diese Widerstandsverringerung ist eine Folge der Grenzschichtströmung, die aufgrund des Druckgradienten über den größeren Teil des Profils laminar verläuft, bevor der Umschlag erfolgt. Ein wichtiges Kennzeichen der Laminarprofile ist die für ihre erfolgreiche Verwendung notwendige Genauigkeit, die Entwurf und Herstellung erfordern. Die Laminardelle in der Widerstandskurve verschwindet, sobald die Profiloberfläche nicht ausreichend glatt ist, oder das Profil stark belastet wird, das heißt, bei einem Auftriebsbeiwert c_l arbeitet, der außerhalb der maximalen Dellenbreite liegt. Aus dem letzteren Grund ist die Verwendung eines Laminarprofils für Spatenruder, die häufig große Auftriebsbeiwerte erzeugen, nicht angeraten. Ein weiterer Grund gegen die Verwendung eines Laminarprofils, der sich aus der Notwendigkeit, den Umschlagpunkt auf der Profilkontur möglichst weit nach hinten zu verlegen, ergibt, ist die relativ scharfe Profilnase. Dies führt – wie wir im folgenden Kapitel sehen werden – zu einer gewissen Abnahme des maximal erreichbaren Auftriebes und einer sich daraus ergebenden Beschränkung der Steuerwirkung des Ruders.

Abb. 2.44 Widerstandseigenschaften zweier NACA-Profile – des Laminarprofils 63_1-012 und des Normalprofils 0012 (zweidimensionale Strömung).

Zur deutlichen Unterscheidung zwischen den Auftriebs- und Widerstandsbeiwerten eines durch Grundriß (Umrißform, Seitenverhältnis, etc.), Flügelprofil und Verwindung in seiner geometrischen Form bestimmten vollständigen Tragflügels und den sogenannten „Profilbeiwerten" eines unendlich langen oder zwischen parallelen Wänden zweidimensional umströmten Tragflügels, hat man in der flugtechnischen Literatur hierfür unterschiedliche Symbole eingeführt:

C_L, C_D – diese durch Großbuchstaben gekennzeichneten Auftriebs- und Widerstandsbeiwerte beziehen sich auf den endlichen Tragflügel. In einigen NACA-Berichten werden die C_L- und C_D-Beiwerte für einen Standardtragflügel vom Seitenverhältnis $\Lambda = 6$ und Rechteckumriß mitgeteilt. Die Größe dieser Flügelbeiwerte werden zum Teil durch die Grundrißform und zum Teil durch die Querschnittsform (Profil) des Tragflügels bestimmt.

c_l, c_d – diese durch Kleinbuchstaben gekennzeichneten Profilauftriebs- und Profilwiderstandsbeiwerte beziehen sich auf die zweidimensionale Umströmung ohne Randeinfluß (induzierter Widerstand).

Die aerodynamischen Eigenschaften der vorstehende NACA-Profile hängen also ausschließlich von ihrer Profilform ab. Sie müssen beim endlichen Tragflügel um die aus Umrißform und Seitenverhältnis herrührenden Einflüsse, die in den folgenden Abschnitten besprochen werden, berichtigt werden.

Wie die gestrichelte Kurve für das Profil NACA 63_1-012 in Abb. 2.40 zeigt, sind Laminarprofile bei hohen Reynolds-Zahlen wirksam, die unter normalen Umständen von den meisten kleineren Segelyachten nicht erreicht werden. Schließlich ist außerdem der induzierte Widerstand bei der Betrachtung der möglichen Vorteile, die Laminarprofile bieten, zu beachten. Es wird sich zeigen, daß der Gesamtwiderstand der Rumpfanhänge zum größten Teil durch den induzierten Widerstand bestimmt wird, der eine Funktion des Seitenverhältnisses der Anhänge ist. Im Vergleich zur Änderung des induzierten Widerstandes ist die Profilwiderstandsverringerung, die die NACA-Profile der Serie 6 bieten, von zweitrangiger Bedeutung.

Die Laminarprofile der NACA 63-Serie mit ihrer verhältnismäßig breiten Laminardelle lassen sich jedoch für Kielflossen verwenden. Der Erfolg ist dann ganz entscheidend von der Oberflächenglätte des Kiels, von der zugrundegelegten Belastung der Flosse unter den voraussichtlichen Segelbedingungen, das heißt, von der Größe des C_L-Wertes bei dem erwarteten Abdriftwinkel, abhängig. Der Auftriebsbeiwert sollte hinreichend klein sein, um noch innerhalb der Laminardelle zu liegen (siehe Abb. 2.44 und zum Vergleich auch Abb. 2.46). Dies wiederum wird weitgehend durch die Fläche und durch das Seitenverhältnis der Kielflosse bestimmt.

b) Körperform (Oberflächenkrümmung) und Druckgradient

Aus den vorausgegangenen Abschnitten ergeben sich deutlich zwei Schlußfolgerungen:

1. Eine laminare Grenzschicht, die sich nicht ablöst, ergibt den geringsten Reibungswiderstand.

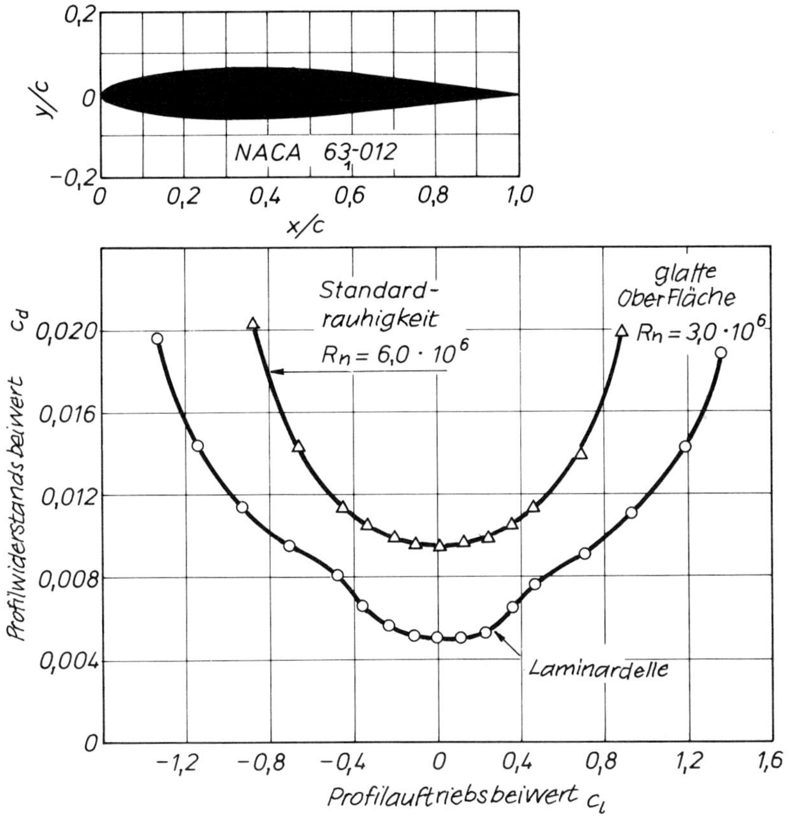

0,2
y/c
0
−0,2
NACA 63₁-012
0
0,2
0,4
0,6
0,8
1,0
x/c
Standard-
rauhigkeit
Rn = 6,0 · 10⁶
glatte
Oberfläche
Rn = 3,0 · 10⁶
Profilwiderstandsbeiwert cd
0,020
0,016
0,012
0,008
0,004
0
Laminardelle
−1,2
−0,8
−0,4
0
0,4
0,8
1,2
1,6
Profilauftriebsbeiwert cl

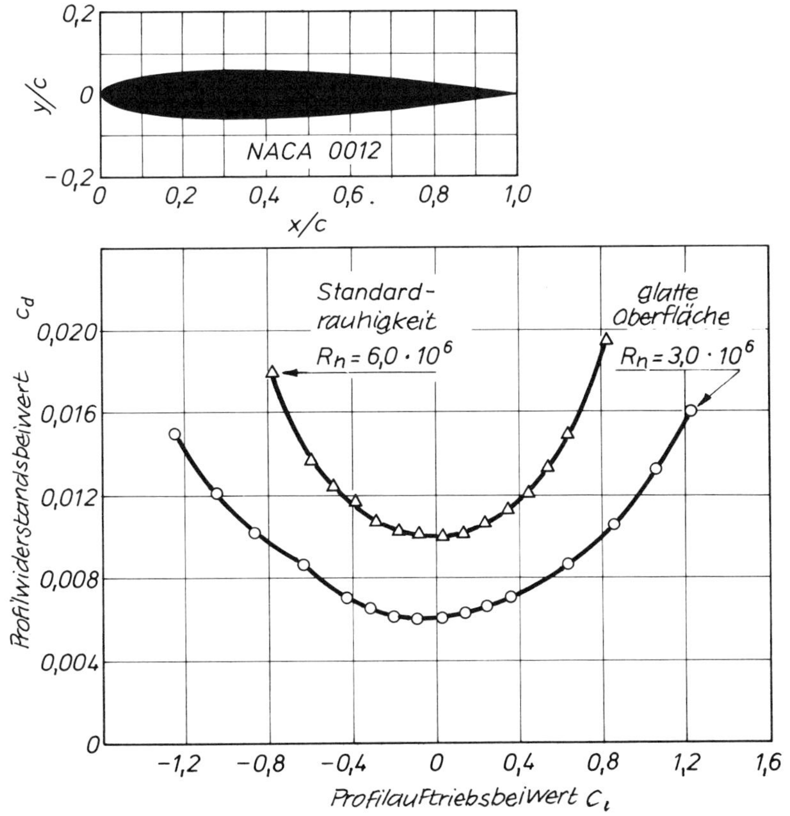

0,2
y/c
0
−0,2
NACA 0012
0
0,2
0,4
0,6
0,8
1,0
x/c
Standard-
rauhigkeit
Rn = 6,0 · 10⁶
glatte
Oberfläche
Rn = 3,0 · 10⁶
Profilwiderstandsbeiwert cd
0,020
0,016
0,012
0,008
0,004
0
−1,2
−0,8
−0,4
0
0,4
0,8
1,2
1,6
Profilauftriebsbeiwert cl

2. Die Grenzschichtströmung wird sehr stark durch den Druckgradienten beeinflußt. Druckabfall (negativer Druckgradient) in Strömungsrichtung verhindert oder verzögert zumindest den Übergang von laminarer zu turbulenter Strömung.

Obwohl die genaue physikalische Natur des Umschlagvorganges und seine Ursachen gegenwärtig noch nicht vollständig aufgeklärt sind, ist dennoch einiges über die zugrundeliegenden Erscheinungen bekannt. Die von O. Reynolds (1883) durchgeführten klassischen „... experimentellen Untersuchungen der Umstände, welche bestimmen, ob die Bewegung von Wasser geradlinig oder wirbelig ist ...", erbrachten die ersten Erkenntnisse auf diesem Gebiet.

Mit Hilfe eines in die Strömung eingeführten Farbfadens läßt sich die Bewegungsform der Strömung sichtbar machen. Foto 2.18 zeigt das Ergebnis eines solchen Farbfadenversuchs, der in ähnlicher Weise erstmals von Reynolds durchgeführt wurde. Laminare Strömung zeichnet sich durch einen scharf begrenzten Farbfaden in der Strömung aus. Die einzelnen Flüssigkeitsteilchen bewegen sich geordnet nebeneinander auf ihren Stromlinien, ohne sich gegenseitig zu vermischen. Mit zunehmender Lauflänge der Strömung oder wachsender Strömungsgeschwindigkeit (größer werdender Reynolds-Zahl) hört früher oder später diese wohlgeordnete Strömung auf. Immer stärker wird die Längsbewegung der Strömungsteilchen durch Querbewegungen überlagert. Der Farbfaden zerflattert allmählich und vermischt sich mit der Flüssigkeit, die einzelnen Strömungsteilchen führen nun völlig ungeordnete Bewegungen aus, anstatt weiterhin auf parallel zur begrenzenden Wandung verlaufenden Bahnen zu gleiten. Die Fotos 2.10 und 2.18 zeigen deutlich die ausgeprägten Unterschiede zwischen diesen beiden Strömungsformen.

Der Übergang der einen Strömungsform in die andere erfolgt nicht, wie allgemein angenommen wird, plötzlich und abrupt. Wie Foto 2.19 zeigt, gibt es vielmehr einen Übergangsbereich, in dem die laminare und die turbulente Strömungsform zugleich vorkommen – zwar nicht am selben Ort, jedoch aufeinanderfolgend. „Jede hat ihren eigenen Einflußbereich, das vorhandene Gebiet ist zwischen beiden aufgeteilt. Wenn dies geschieht – und das ist tatsächlich der typische Fall – erfolgt die Aufteilung nicht zufällig. Sie unterliegt bestimmten Gesetzen" [2.9].

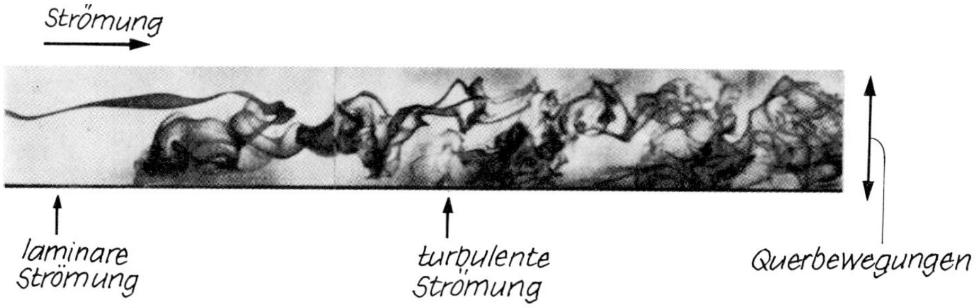

Foto 2.18 Der Übergang von laminarer zu turbulenter Strömung

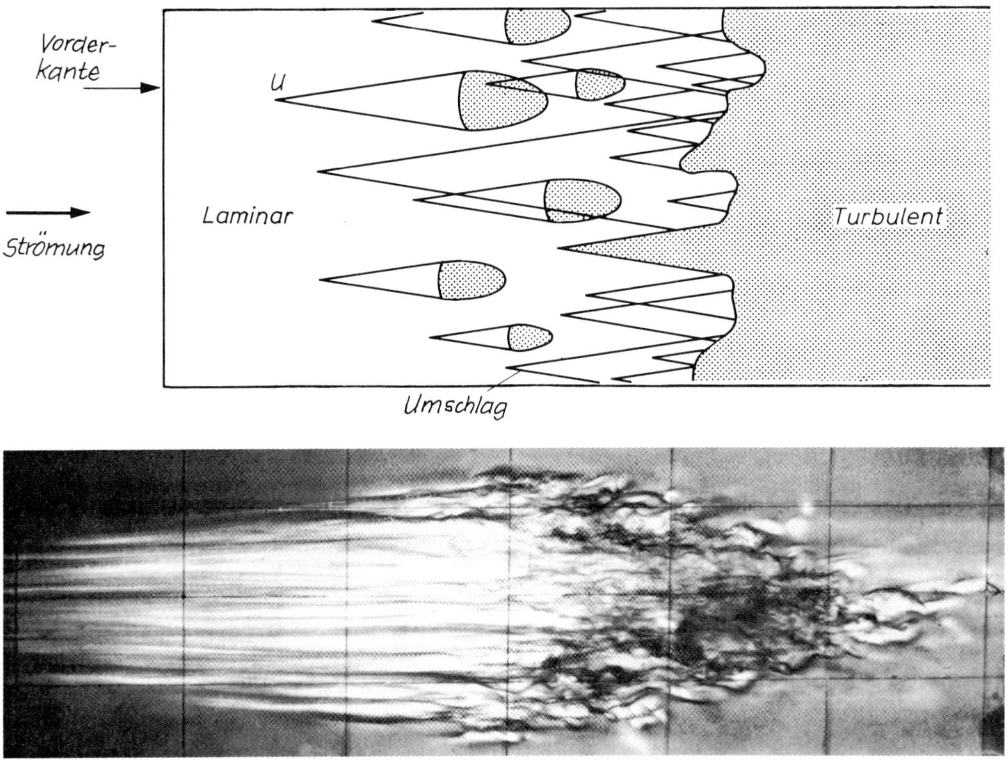

Foto 2.19 Oben – Die Umbildung der laminaren Strömung in die turbulente resultiert aus der Zunahme stromabwärts wandernder keilförmiger Turbulenzflecken.
Unten – Bild eines einzelnen Turbulenzfleckens

Das Problem, unter welchen Bedingungen kleine Störungen in Form von Geschwindigkeitsschwankungen innerhalb der Grenzschicht auftreten, und warum sie mit der Zeit abklingen oder anwachsen, wurde von zahlreichen Forschern untersucht. G. Schubauer und H. Skramstad [2.33] verglichen die Grenzschicht mit einer Wasseroberfläche. Es ist äußerst selten, daß man so ruhige Bedingungen vorfindet, daß nicht einmal kleine Wellen existieren. In der Praxis ist ein gewisses Maß an Unruhe immer vorhanden. Entscheidend ist nun, ob die kleinen Wellen zu großen Sturmwogen anwachsen, die schließlich die Umbildung zur turbulenten Strömung herbeiführen oder nicht.

Bei eingehenden experimentellen Untersuchungen der Stabilität der Laminarströmung fanden Schubauer und Skramstad [2.33], [2.34] heraus, daß die laminare Grenzschicht, die sich unter dem Einfluß eines Druckabfalles in Strömungsrichtung ausbildet (siehe Abb. 2.18), Störungen, die entweder schon in der Zuströmung enthalten sind oder durch Oberflächenunregelmäßigkeiten verursacht werden, dämpft. Unter dem Einfluß eines Druckanstiegs verliert die Grenzschicht dagegen ihre dämpfende Wirkung, Störungen in Form von Geschwindigkeitsschwankungen bleiben bestehen, werden verstärkt, und führen schließlich den Übergang zur turbulenten Grenzschichtsströmung herbei. Der Umschlag vollzieht sich dergestalt, daß nach und nach unregelmäßige Geschwindigkeitsschwankungen großer Intensität auftreten, und die einzelnen Umschlagpunkte (in der Foto 2.19 angefügten Skizze mit U gekennzeichnet) immer häufiger und länger vorkommen. Perioden laminarer und turbulenter Strömung wechseln einander in zufälliger Folge ab, mit deutlicher Tendenz zur Zunahme der örtlichen Turbulenzgebiete, die bei Berührung miteinander verschmelzen. Die von ihnen überdeckte Fläche nimmt so in Strömungsrichtung rasch zu, bis schließlich die vollturbulente Strömung ausgebildet ist. Die Entstehung der Turbulenz kann also auf eine zunehmende Instabilität der mit dem Abstand von der Anströmkante immer dicker werdenden laminaren Grenzschicht gegenüber kleinen, zufälligen Störungen zurückgeführt werden.

Es gibt natürlich Fälle, wo die anfänglichen Störungen so groß sind, zum Beispiel bei Turbulenzerregern (Foto 2.20), daß der Umschlag meist sofort erfolgt. Turbulenzerreger sind nicht mit Wirbelerregern zu verwechseln, über die bereits früher berichtet wurde. Das Problem der künstlichen Turbulenzerzeugung hängt unmittelbar mit Schleppversuchen an kleinen Modellen zusammen. Um die Messungen des Reibungswiderstandes eindeutig zu machen, ist ein klares Bild über den Strömungszustand in der Grenzschicht an Modell und Großausführung not-

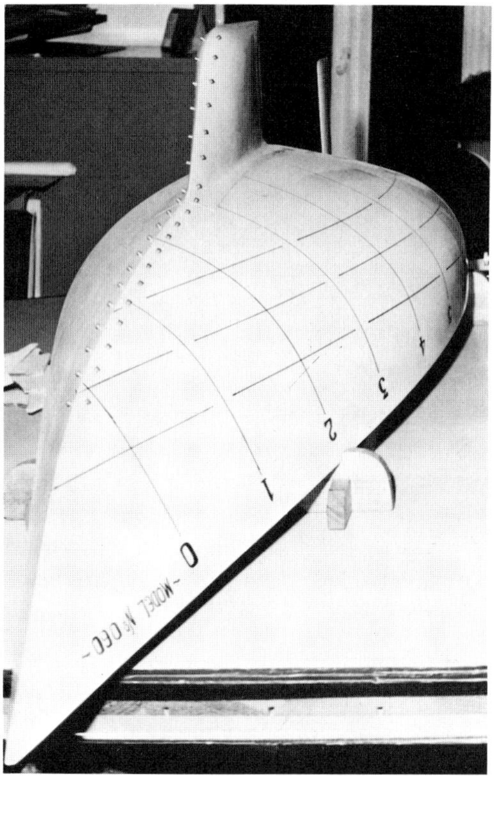

Foto 2.20 Das Schleppversuchsmodell wurde entlang der Rumpf- und Kielflossenvorderkante mit Stiften versehen, die als Turbulenzerreger die Grenzschichtströmung künstlich turbulent machen sollen. Einige Leute disputieren über den Sinn oder Unsinn, ein glattes akurates Modell zu bauen und dann „Felsbrocken anzukleben".

wendig. Aus Gründen, die mit der Methode der Leistungsbestimmung zusammenhängen, ist es wünschenswert, von der Annahme ausgehen zu können, daß die gesamte Grenzschichtströmung sowohl am Modell als auch an der Großausführung turbulent ist. Dies vereinfacht auf bequeme Weise Berechnungen und trägt auch bestehender Unkenntnis und Unsicherheit Rechnung. Um die turbulente Strömung sicherzustellen, bringt man entlang der Vorderkante von Rumpf und Kiel Turbulenzerreger an (Foto 2.20). Neuere Untersuchungen über die Wirksamkeit von Turbulenzerzeugern zeigen, daß Stifte – an sich sehr grobe Hindernisse für die Strömung – bei ungeeigneter Anordnung nicht den gewünschten frühzeitigen Umschlag bewirken.

Etwas Licht in dieses komplexe Problem brachten Experimente von J. van den Bosch und I. Pinkster [2.35]. Foto 2.21 zeigt einen Teil der Versuche, die sie an einem Yachtmodell ($L_{WL} = 1{,}4$ m) mit Kielflosse (Profil NACA 0010) durchführten. Durch die Einführung einer Kaliumpermanganatlösung in die Grenzschicht wurde deren Strömungsform sichtbar gemacht. Die Verteilung der Injektionspunkte zeigt die Foto 2.21 beigefügte Skizze. Laminare Strömung ist durch lange und scharf begrenzte Streifen zu erkennen, turbulente Strömung am raschen Auseinanderfließen des Farbfadens.

Bild A zeigt eine überwiegend laminare Grenzschicht. Hinter der maximalen Profildicke der Flosse löst sich die Strömung ab; infolge der Rückströmung verdichtet sich die Farbe im Totwassergebiet.

Bild B zeigt auch noch laminare Strömung, aber aufgrund des Abdriftwinkels von 3° verschiebt sich die Ablösungszone zur Kielvorderkante.

Den Einfluß von Turbulenzerregern auf den Strömungscharakter der Grenzschicht demonstriert Bild C. An der Kielflosse findet zwar ein Umschlag statt, aber die beabsichtigte turbulente Strömung bildet sich bei der relativ geringen Geschwindigkeit ($V_S/\sqrt{L} = 0{,}57$, entsprechend $F_n = 0{,}09$) nicht voll aus. Wie man sieht, folgt die Strömung in etwa den Schnitten und nicht, wie man erwarten könnte, den Wasserlinien (siehe Abb. 2.49 A). Infolgedessen sind die Turbulenzerreger ohne Einfluß auf die Grenzschichtströmung um den Rumpf, die weiterhin laminar bleibt. Aus experimentellen Untersuchungen ergeben sich zwei wichtige Tatsachen:

1. Laminare Strömung im Vorschiffsbereich von Modellen mit V – Spanten und abgeschnittenem Vorfuß ist sehr beständig; der Druckabfall in Strömungsrichtung wirkt stabilisierend auf die Laminarströmung.
2. Vergleichtests mit verschiedenartigen, entlang der Eintrittskante von Rumpf und Kielflosse angebrachten Turbulenzerregern zeigten beachtliche Abweichungen in den Meßwerten der von der Rumpf-Flossen-Kombination erzeugten Seitenkraft.

Wie in diesem Zusammenhang vor einiger Zeit von A. Robb [2.36] kritisiert wurde, grenzen wegen dieser Maßstabseinflüsse Anzeigen, in denen in zunehmendem Maße mit dem Hinweis „tankgetestet" geworben wird, in manchen Fällen fast an Betrug. Aufgrund der nur allzu bekannten Schwierigkeiten bei der Erstel-

Foto 2.21 Die Strömung um den Rumpf folgt in etwa den (Längs-)Schnitten, so daß entlang der Rumpfvorderkante angebrachte Turbulenzerreger wirkungslos sind, die Rumpfgrenzschicht bleibt laminar. An der Kielflosse wird zwar der Umschlag erzwungen, die turbulente Grenzschicht bildet sich aber bei der verhältnismäßig geringen Geschwindigkeit nicht vollständig aus.

lung eines zutreffenden Bildes vom Charakter der Grenzschichtströmung sowohl im Falle des Modells als auch seiner Großausführung, sollte allen Versuchsergebnissen unterhalb $V_S/\sqrt{L} \approx 0{,}7$ (besser noch $V_S/\sqrt{L} < 0{,}9$) mit Vorbehalt begegnet werden. Bei der Extrapolation von Versuchsergebnissen auf die Großausführung ist die gebührende Berücksichtigung der Auswirkungen, die sich aus der unterschiedlichen Größe von Modell und Großausführung infolge Nichteinhaltung des Reynoldsschen Ähnlichkeitsgesetzes ergeben (Maßstabseffekte), von allerhöchster Bedeutung.

Den stabilisierenden Einfluß eines negativen Druckgradienten in Strömungsrichtung (Druckabfall) auf die Grenzschicht, der den Umschlag laminar–turbulent hinauszögert, nutzt man bei der Formgebung der sogenannten Laminarprofile. In der NACA-Nomenklatur beginnen die Bezeichnungen dieser Profile mit den Zahlen 63 ..., 64 ..., 66 .... Eine Möglichkeit, über einen großen Teil der Profillänge Druckabfall und damit Laminarströmung (mit entsprechend geringem Reibungswiderstand) zu erhalten, besteht darin, das Druckminimum (Saugspitze) durch eine möglichst weite Zurückverlegung der maximalen Profildicke stromabwärts zu verschieben. Die allgemeine Bedingung für die Aufrechterhaltung laminarer Grenzschichtströmung ist mithin also eine über große Entfernung von der Vorderkante des umströmten Körpers kontinuierlich zunehmende örtliche Geschwindigkeit V unmittelbar außerhalb der Grenzschicht, so daß eine entsprechende Druckabnahme resultiert. Der beschleunigend wirkende Druckabfall stromabwärts fördert dann die Laminarhaltung der Strömung. Die theoretisch ermittelte Geschwindigkeitsverteilung (ausgedrückt durch das Verhältnis V/V_0) für drei symmetrisch angeströmte Profile zeigt Abb. 2.45. Alle Profile haben das gleiche Dickenverhältnis von 15 Prozent, unterscheiden sich aber in der Dickenrücklage [2.37]. Die maximale Dicke des Profils A liegt bei 35, die des Profils B bei 45 und die des Profils C bei 55 Prozent der Profiltiefe hinter der Vorderkante.

Wie bereits erwähnt, zeichnen sich die Laminarprofile der NACA-6-Serie durch eine charakteristische Delle (oder ein Gebiet stark verringerten Widerstandes) in ihrer $c_d(c_l)$-Kurve aus, was, wie Abb. 2.44 zeigt, bei den älteren Profilen der NACA-00-Serie nicht auftritt. Möchte man diesen Laminareffekt an einer Kielflosse mit kurzer Profiltiefe nutzen, so ist die Breite der Laminardelle von Bedeutung, oder anders ausgedrückt, der maximal verwendbare Auftriebsbeiwert, über den hinaus das Laminarprofil keinen Vorteil mehr bietet. Dies ist vollständig von den geometrischen Abmessungen des Profils, seiner Dicke und deren Verteilung abhängig. Vergleicht man die Profileigenschaften der NACA-6-Serie anhand der in den Abb. 2.44, 2.46 und 2.47 wiedergegebenen $c_d(c_l)$-Kurven für die Profile 63_1-012, 63-009 und 66_1-012, so zeigt sich, daß durch eine Verringerung der

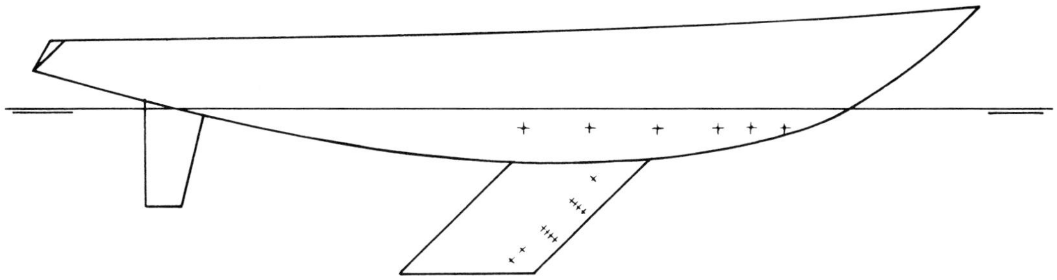

Verteilung der Injektionspunkte am Modell ($L_{WL} = 1{,}4$ m)
Profil der Kielflosse: NACA 0010

$v_s = 0{,}35$ m/s
Abdrift 0°
keine Turbulenz-erreger

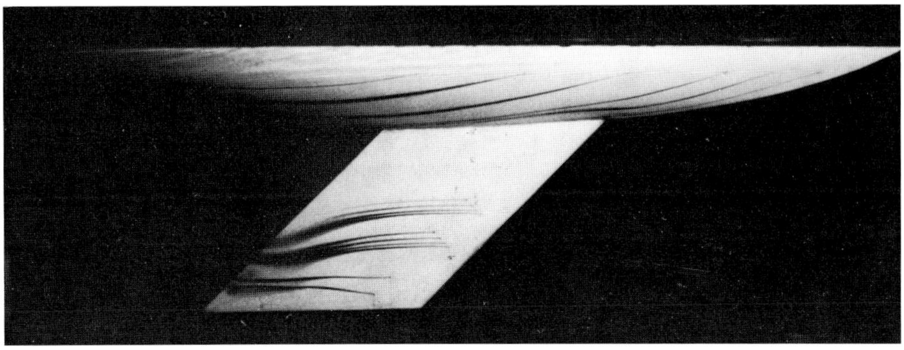

Grenzschicht laminar. Die Strömung löst weit hinter der maximalen Dicke der Kielflosse ab. Wegen der Rückströmung häuft sich der Farbstoff hier an.

$v_s = 0{,}35$ m/s
Abdrift 3°
keine Turbulenz-erreger

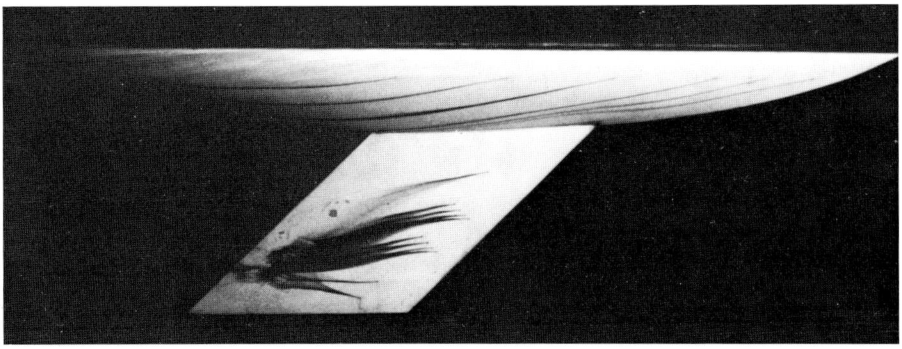

Strömung laminar. Aufgrund der Abdrift erfolgt die Ablösung früher.

$v_s = 0{,}30$ m/s
Abdrift 0°
mit Turbulenz-erregern an Rumpf- und Flossen-vorderkante

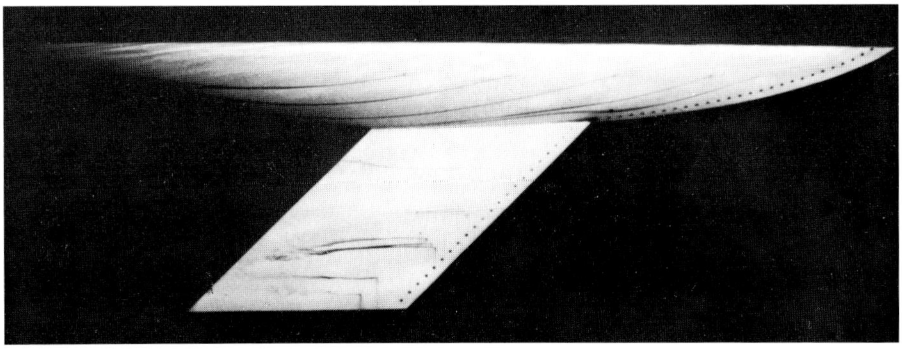

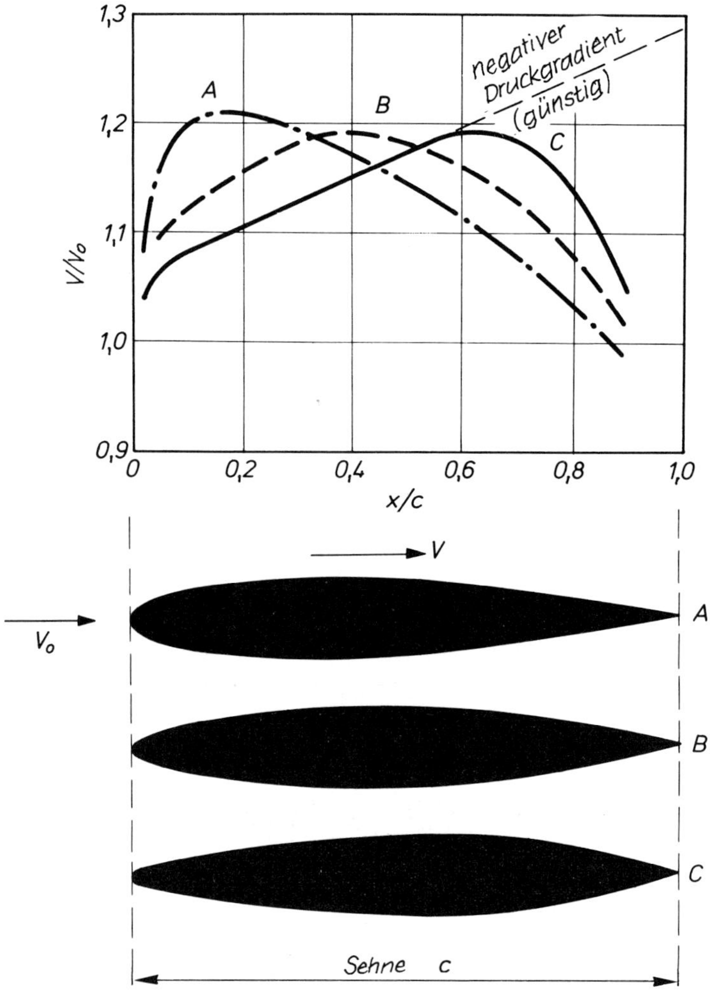

Abb. 2.45 Die Geschwindigkeitsverteilung auf der Profilkontur bei verschiedenen Dickenrücklagen (A: Normalprofil; B, C: Laminarprofil)

V – örtliche Geschwindigkeit auf der Profilkontur

V_0 – Geschwindigkeit der ungestörten Anströmung

Dicke, bei ansonsten unveränderten geometrischen Größen, die Dellenbreite abnimmt (Abb. 2.44 und 2.46). Denselben Effekt bewirkt eine größere Rücklage der maximalen Profildicke (Abb. 2.44 und 2.47).

Die Bedeutung der Kielform im Hinblick auf Umriß und Profil wurde und wird immer noch ziemlich unterbewertet. Dies ist vielleicht teils darauf zurückzuführen, daß der unter Wasser liegende Teil des Rumpfes nicht so sehr ins Auge fällt wie die Segel (Foto 2.22), teils darauf, daß ein einmal vom Konstrukteur festgelegter Kiel ohne Trimmklappe der Mannschaft keine Möglichkeit zur Einflußnahme läßt. Ihr bleibt nur, dafür zu sorgen, daß die Oberfläche glatt ist.

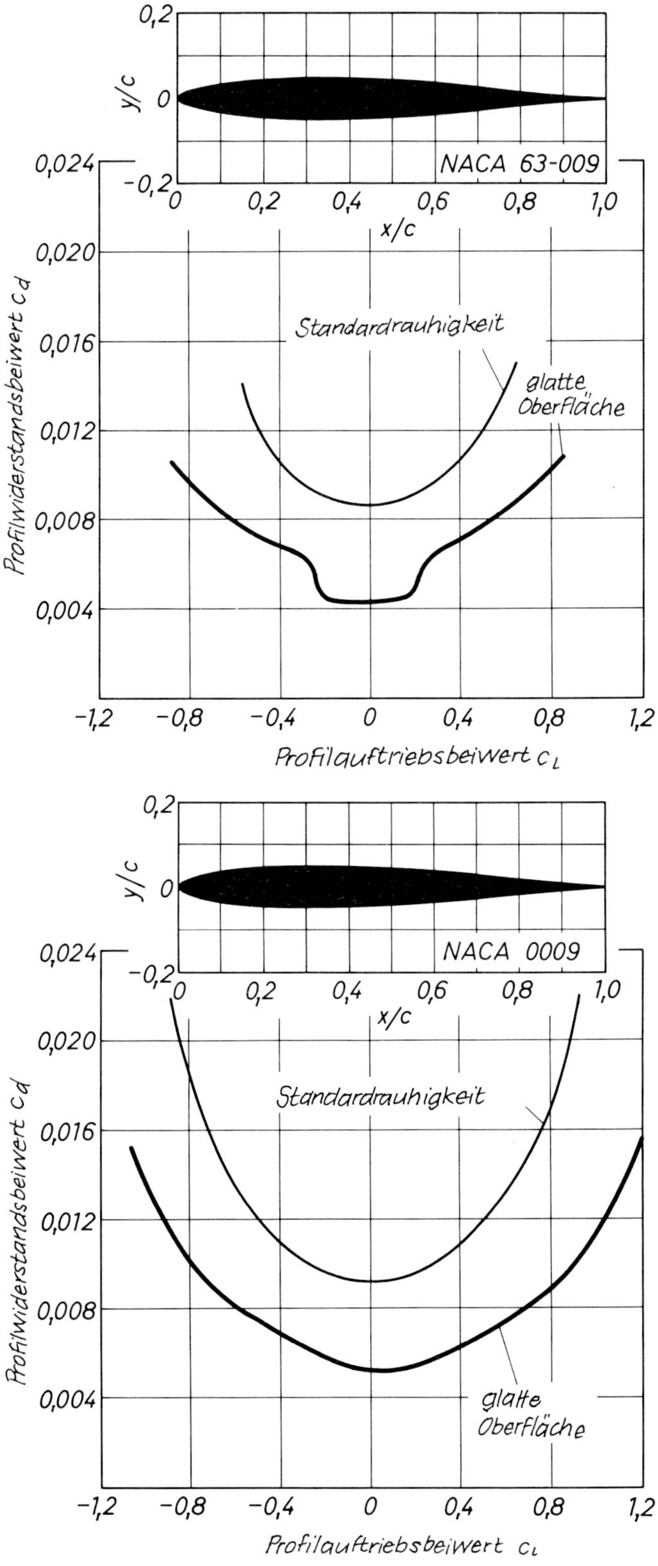

Abb. 2.46 Aerodynamische Eigenschaften der NACA-Profile 63-009 und 0009 (zweidimensionale Strömung)

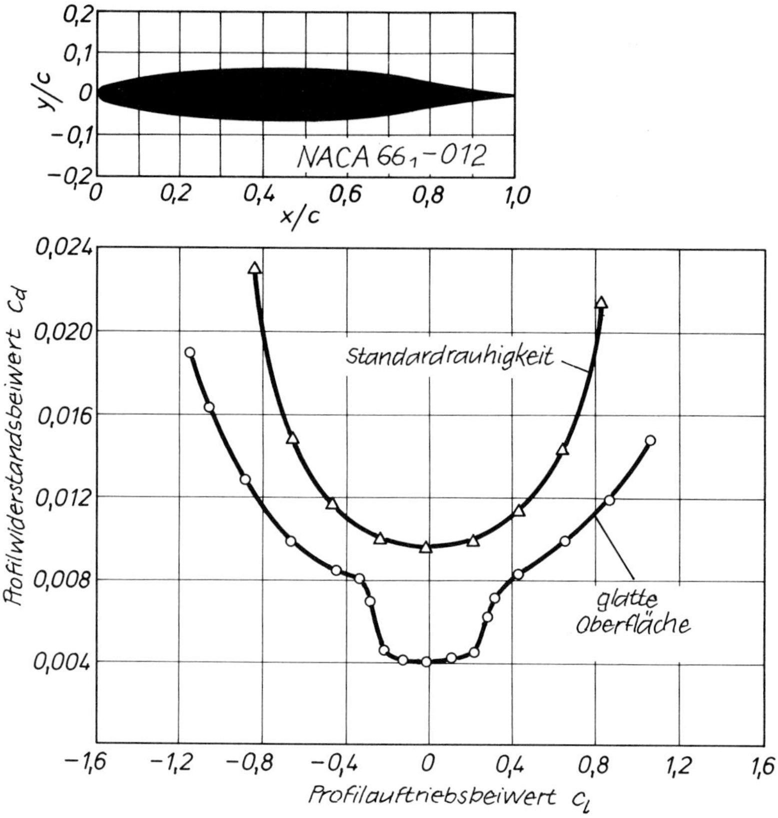

Abb. 2.47 Aerodynamische Eigenschaften des Profils NACA 66_1-012 (zweidimensionale Strömung)

Foto 2.22 Die Bedeutung der Form der Kielflosse wurde und wird noch immer etwas unterschätzt, möglicherweise deshalb, weil der unter Wasser liegende Teil des Rumpfes nicht so ins Auge fällt wie die Segel.

Die Wirkungsweise der Rumpfanhänge ist noch immer zu wenig erforscht und sicherlich nicht weniger wichtig als die der Segel. Systematische Versuche sind hier zweifellos der beste Weg, den Fortschritt voranzutreiben und die Yachten schneller und zuverlässiger zu machen.

Abb. 2.48 stellt anhand der von Guy Thomson (Großbritannien) entworfenen Yacht *Calliope* den allgemein akzeptierten Wandel im Erscheinungsbild des Lateralplans einer Segelyacht dar. Man sieht deutlich die Tendenz, die Größe des Lateralplans, die ehedem als so wichtig erachtet wurde, so weit wie möglich zu verringern. Wie wir in Kapitel D5e) sehen werden, ergibt sich aus der Theorie schlanker Flügel, daß die hinter dem maximalen Tiefgang liegende Kielfläche (Abb. 2.49B) sehr wenig Seitenkraft erzeugt, und daß fast die gesamte Seitenkraft von der unmittelbar hinter der Kielvorderkante anschließenden Fläche hervorgerufen wird. Die Umrißform der Kielflosse wird sich daher immer mehr der Haifischflossenform nähern, die Olin Stephens bereits bei der Yacht *Clarionet* (Abb. 2.49A) anwendete.

Die Verkleinerung der benetzten Oberfläche läßt sich jedoch auch übertreiben. Es gibt genügend Anzeichen dafür, daß gewisse unangenehme Nachteile, über die bereits in Teil 1 berichtet wurde, hingenommen werden müssen, wenn beim Entwurf einer Yacht höhere Fahrleistung zum Hauptziel wird.

Eine weitere Verringerung des Reibungswiderstandes läßt sich auch durch eine günstige Dickenverteilung der Kielprofile erzielen. Wie bereits ausgeführt wurde, ist es möglich, bis zur Stelle der größten Dicke des Profils laminare Strömung aufrechtzuerhalten. Die allmähliche Kontraktion der Strömung durch ein Profil gemäß Abb. 2.49C begünstigt die Laminarhaltung der Strömung über einen größeren Teil der Profiltiefe der Flosse und höhere Reynolds-Zahlen als dies bei dem weniger wirksamen Kielprofil nach Abb. 2.49D der Fall ist. Dessen stumpfe Vorderkante fördert einen frühzeitigen Umschlag und erhöht die Gefahr der Strömungsablösung. In Abb. 2.19 wurde gezeigt, daß nicht jedes stromlinienförmig aussehende Profil aus hydrodynamischer Sicht gleich wirkungsvoll ist. Daher sind bei der Herstellung von Kielflossen und Rudern Profilaufmaße, wie sie zum Beispiel in [2.31] mitgeteilt werden, sehr genau einzuhalten. Unsere bisherigen Erkenntnisse über die Grenzschichtbeeinflussung durch Formgebung lassen sich bei Entwurf oder Änderung der Kielform nutzbringend anwenden. Versuche in der Drachen-Klasse haben gezeigt, daß sich deren Fahrtleistung durch Anschärfung der Kielvorderkante innerhalb der von den Klassenbestimmungen erlaubten Grenzen und durch eine Zurückverlegung der größten Profildicke verbessern läßt.

c) Verringerung des Reibungswiderstandes durch Polymere und flexible Oberflächen

Während der Jahrestagung 1967 der IYRU mußte sich der ständige Ausschuß mit dem recht schwierigen, aber interessanten Problem der Verwendung von Chemikalien im Regattasport befassen. Neue Möglichkeiten zur Erhöhung der

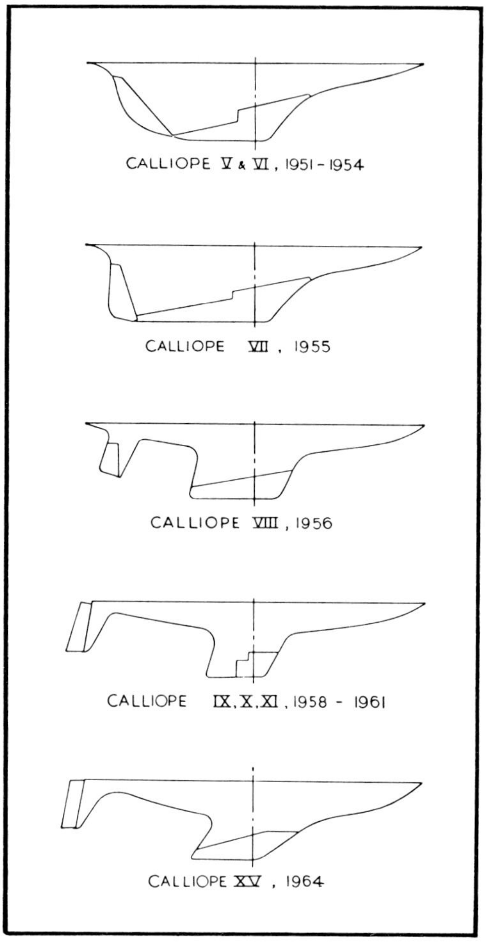

Abb. 2.48 Die Entwicklung des Lateralplanes der englischen Yacht *Calliope*, entworfen von Guy Thompson.

Fahrtgeschwindigkeit durch Abgabe bestimmter Chemikalien in die Grenzschicht des Rumpfes hatten das Interesse der Seglerwelt gefunden.

Zwei Vorschläge haben sowohl bei Wissenschaftlern als auch bei Regattaseglern starke Beachtung gefunden und eine Menge mysteriöser Spekulationen ausgelöst. Es handelt sich dabei um die Laminarhaltung der Strömung über einen möglichst großen Teil der benetzten Oberfläche des Rumpfes und um die Dämpfung der Turbulenz in der Grenzschicht.

Daß der Reibungswiderstand vornehmlich durch die Größe der benetzten Oberfläche und deren Glätte bestimmt wird, hatte man schon frühzeitig erkannt. Darüberhinaus gibt es aber noch weitere Faktoren, die die Möglichkeit der Verringerung dieses durch die Zähigkeit bedingten Widerstandes bieten (siehe Anm. [2.39]). Die sofortige Reaktion der IYRU war ein Verbot der Verwendung von Chemikalien. In der entsprechenden Segelvorschrift, die auf alle gemäß den Regeln der IYRU segelnden Yachten anzuwenden ist, heißt es: „Eine Yacht darf nicht aus einer Beschichtung oder auf andere Weise irgendwelche Chemika-

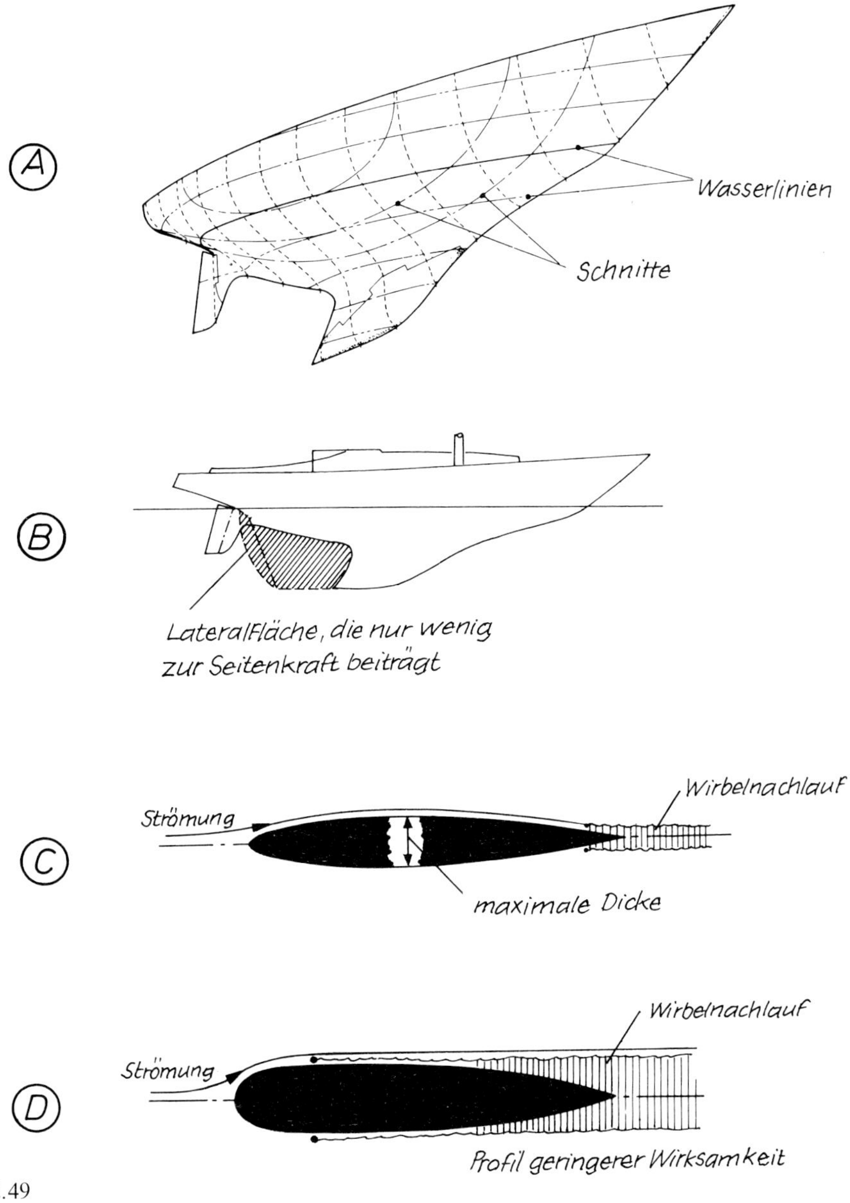

Abb. 2.49

lien (wie zum Beispiel Poylmere) abgeben oder ausstoßen, deren Zweck es ist oder sein könnte, den Reibungswiderstand des Rumpfes aufgrund einer Änderung des Strömungscharakters des Wassers innerhalb der Grenzschicht zu verringern.“ Dies könnte sich jedoch in der Zukunft wieder ändern, da einige Delegierte die Ansicht vertreten, daß die IYRU neuen und interessanten Entwicklungen dieser Art gegenüber nicht zu restriktiv sein sollte, solange nicht unmäßige Kosten damit verbunden sind.

In jüngerer Zeit brachten einige in verschiedenen Laboratorien durchgeführte Versuche ziemlich überraschende Ergebnisse. Schon bei einer Zugabe weniger Anteile bestimmter chemischer Substanzen (bestimmte Polymere, siehe Anm. [2.40]) auf eine Million Anteile Wasser ergeben sich unter bestimmten Umständen Verringerungen des Reibungswiderstandes bis zu 40 Prozent.

Bei glattem Wasser besteht der Gesamtwiderstand der meisten Wasserfahrzeuge zu einem großen Teil aus Reibungswiderstand. Bei einem normalen Frachtschiff beträgt er 85 bis 90 Prozent des gesamten Widerstandes, bei sehr schnellen Oberflächenschiffen mit ihrem ausgeprägten Wellensystem noch über 50 Prozent. Getauchte Unterseeboote und Torpedos weisen fast ausschließlich zähigkeitsbedingten Widerstand auf. Bei einer Segelyacht ist der Reibungswiderstand ein wesentlicher Teil des Gesamtwiderstandes. Er macht bei hohen Geschwindigkeiten ungefähr ein Drittel und bei geringer Fahrt nahezu den gesamten Widerstand aus.

Das Problem ungewöhnlicher Widerstandsänderungen ist nicht neu. Bereits vor vielen Jahren brachten gelegentliche und unvorhergesehene Widerstandsschwankungen bei Schleppversuchen mit sogenannten Standardmodellen die Wissenschaftler in Verlegenheit. Ein derartiges Modell wird von Zeit zu Zeit, meistens in regelmäßigen Abständen, geschleppt, um eine Art Vergleichsbasis für den Reibungswiderstand anderer zu untersuchender Modelle zu gewinnen. Zum Beispiel stellte man 1925 mit einem Standardmodell aus Messing des britischen Schnelldampfers *Iris* (Admiralty Experimental Works in Haslar, England) Widerstandsverringerungen bis zu 14 Prozent fest, die nicht vorhergesagt oder erklärt werden konnten und daher als „Iris storms" bezeichnet wurden [2.41].

Diese „Stürme" sind nach neuesten Forschungsergebnissen sehr wahrscheinlich biologischer Ursache. Man hat herausgefunden, daß sich in einer Lösung, die bestimmte von Algen (Anabaena-flos-aquae, Porphyridium cruentum, etc.) produzierte, fadenförmige Moleküle oder Polymere enthält, abhängig von der Konzentration dieser Abfallprodukte, der zähigkeitsbedingten Widerstand beträchtlich vermindert. Versuche mit Polymeren, deren Molekulargewicht unter 50000 lag, ergaben allerdings keine Widerstandsabnahme. Um eine wesentliche Verringerung des Reibungswiderstandes zu bewirken, scheinen Molekulargewichte von mindestens 10^5 erforderlich. Die festgestellten Abweichungen in den widerstandsverringernden Eigenschaften natürlicher und synthetischer Polymere sind höchstwahrscheinlich auf Unterschiede in ihren Molekulargewichten und ihrer chemischen Struktur zurückzuführen. Auf alle Fälle muß ein wirksamer widerstandsreduzierender Zusatz aus fadenförmigen gering vernetzten Molekülen hohen Molekulargewichts und guter Löslichkeit bestehen.

Wie die Verringerung des Strömungswiderstandes letztlich zustande kommt, die sogar schon sehr geringe in Wasser gelöste Polymermengen bewirken, ist bis jetzt nicht vollständig aufgeklärt. Einige Forscher, die sich mit diesem Phänomen befassen, vertreten die Ansicht, daß die verhältnismäßig langen und flexiblen Makromoleküle der Polymere eine federähnliche Wirkung haben und infolgedessen ansonsten zum Umschlag führende Querschwingungen in der Grenzschicht dämpfen. Die fadenförmigen Moleküle richten sich in Strömungsrichtung aus und verhindern eine Querdurchmischung der Reibungsschicht; dadurch zögern sie den Umschlag einer anfänglich laminaren Strömung hinaus und dämpfen nach erfolgtem Umschlag das Anwachsen der Turbulenz. Eine andere Vermutung geht dahin, daß sich die laminare Unterschicht (Abb. 2.22) durch eine Anreicherung mit den zugesetzten Polymeren verdickt und wie eine elastische Wandschicht wirkt. Die endgültige Erklärung ist wahrscheinlich in viskoelastischen Effekten zu suchen.

Abb. 2.50 und 2.51 stellen die Ergebnisse von Schleppversuchen dar, bei denen statt Wasser eine wäßrige Polymerlösung benutzt wurde [2.42]. Das zur Veränderung des Reibungswiderstandes verwendete Polymer Polyox WSR 301 ist ein Polyäthylenoxid mit einem Molekulargewicht von vier Millionen. Die Experimente wurden mit dem 2,44 m langen Standardmodell KC 116 (eines der britischen Schleppversuchsmodelle) durchgeführt. Abb. 2.50 zeigt für verschiedene Schleppgeschwindigkeiten den Gesamtwiderstandsbeiwert C_T des Modells, das zuerst in Frischwasser und dann in Lösungen mit Polymerkonzentrationen von 1,25 bis 20 ppm geschleppt wurde (ppm = parts per million = Anteile Polymer auf 1 Million Anteile Wasser).

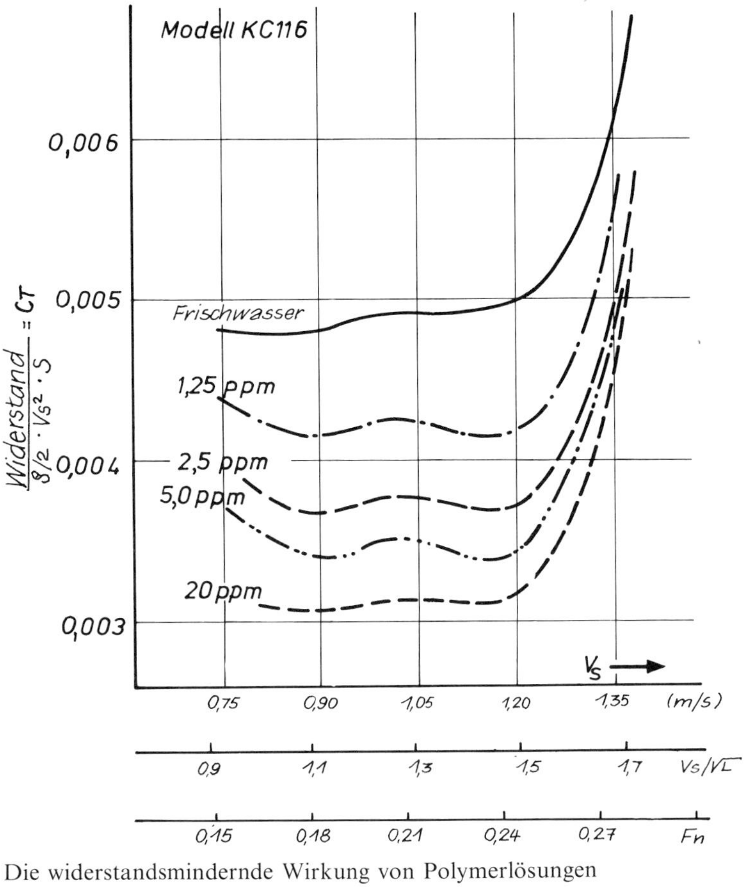

Abb. 2.50 Die widerstandsmindernde Wirkung von Polymerlösungen

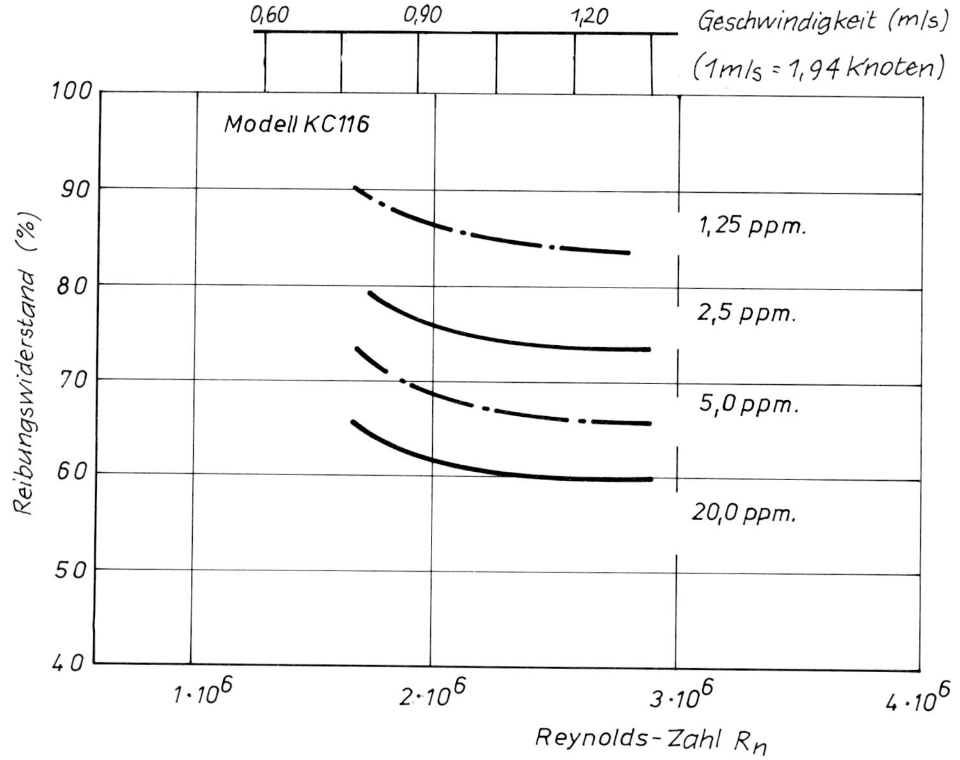

Abb. 2.51 Die Verringerung des Reibungswiderstandes bei verschiedenen Polymerkonzentrationen (ausgedrückt in ppm = Anteile Polymer auf 1 Million Anteile Wasser)

Abb. 2.51 gibt die entsprechende Verminderung des Reibungswiderstandes in Prozent des Modellwiderstandes in Frischwasser an. Eine Polymerzugabe von 20 ppm reduziert den zähigkeitsbedingten Widerstand des Rumpfes auf nahezu 60 Prozent des Wertes für Frischwasser – womit sich auch die erforderliche Antriebsleistung drastisch verringert. Schon wenige Anteile des Polymers reichen aus, um den Reibungswiderstand stark zu beeinflussen.

Das Abgeben oder Ausspritzen derartiger widerstandsverringernder Substanzen entlang des Rumpfbodens und der Vorderkante der Kielflosse durch eine Reihe kleiner Öffnungen könnte die Fahrtleistung jeder Yacht radikal ändern, besonders bei sehr leichten Winden, in denen der Reibungswiderstand den überwiegenden Anteil am Gesamtwiderstand ausmacht. Die Verwendung solcher Additive könnte auch die Taktik des Regattasegelns völlig verändern. Das Abgeben der Polymere entlang der benetzten Oberfläche müßte nicht kontinuierlich erfolgen. Man könnte es als eine neue taktische Maßnahme nutzen, für eine begrenzte Zeit in entscheidenden Regattasituationen. Bisweilen reichen wenige Sekunden aus, um ein Rennen zu gewinnen.

Eine Reihe Probleme bereitet die wirkungsvollste Abgabe der Polymerlösung. Um eine durchschnittliche Polymerkonzentration in der Grenzschicht von 20 ppm zu erzeugen, beträgt nach A. Millward das Gewicht W_p der für eine Yacht von der Größe eines Drachens oder Solings pro Minute notwendigen Polymermenge ungefähr:

$$W_p = 1{,}16 \cdot V_S \text{ N/min} \quad (V_S \text{ in Knoten}).$$

Ist die höchste Konzentration einer gerade noch leicht handhabbaren Polymerlösung 0,5 Prozent, beträgt das erforderliche Lösungsvolumen:

$$Q_L = 29{,}5 \cdot V_S \text{ l/min},$$

und sein Gewicht:

$$W_L = 290 \cdot V_S \text{ N/min}.$$

Volumen und Gewicht der Lösung sind also ein Problem.

Aus einer neueren Untersuchung von T. Kowalski [2.44] geht jedoch hervor, daß bei einer Ausspritzung der Polymerlösung von einer Sekunde Dauer alle zehn Sekunden sich die gleiche Widerstandsverminderung erzielen läßt. Dann verringern sich die aufzuwendenden Mengen:

$$W_p = 0{,}116 \cdot V_S \text{ N/min}$$
$$Q_L = 2{,}95 \cdot V_S \text{ l/min}$$
$$W_L = 29{,}0 \cdot V_S \text{ N/min}.$$

Auf diese Weise scheint das Ausstoßen einer Polymerlösung aus einer Yacht schon eher ein realisierbarer Vorschlag.

Zur Ergänzung sei noch angemerkt, daß man auch in Erwägung gezogen hat, daß die Fische durch Absonderung von Schleim, der ebenfalls Polymere enthält, in die Lage versetzt werden, bei gegebenem Energieaufwand eine höhere Fortbewegungsgeschwindigkeit zu erreichen. Die Schleimabsonderung kann dauernd oder plötzlich erfolgen, und was besonders faszinierend ist, die Schleimdrüsen werden durch mechanische Reize (zum Beispiel Grenzschichtschwingungen) zu verstärkter Sekretion angeregt.

Die Versuche mit Polymeren befinden sich noch im Anfangsstadium. Es ist durchaus denkbar, daß die Entwicklung einer polymerhaltigen Farbe gelingt, ähnlich einer Antifoulingfarbe, die langsam und kontinuierlich die widerstandsverringernde Substanz freisetzt. Da in die Grenzschicht im Vorschiff eingespritzte langkettige Polymere so wirksam den Widerstand verringern, während sie nach achtern treiben, erscheint „... es nicht undenkbar, daß ein einfallsreicher Erfinder eines Tages eine Möglichkeit ersinnt, wie man die langen Molekülketten mit ihren Enden am Schiffsboden befestigt, so daß sie ihrer merkwürdigen Tätigkeit der Reibungsverminderung nachkommen können, ohne dabei stromabwärts weggespült zu werden“ [2.42].

Eine ähnliche Widerstandsverminderung wie durch Polymere wurde mit elastischen Beschichtungen erzielt.

Wir haben schon früher festgestellt, daß der Umschlag der laminaren Grenzschichtströmung in den turbulenten Strömungszustand und der damit verbundene

Widerstandsanstieg mit dem Entstehen von Querschwingungen in der Grenzschicht zusammenhängt. Diese Instabilität der Strömung ist darauf zurückzuführen, daß die dämpfende Wirkung der Zähigkeit ab bestimmten Reynolds-Zahlen nicht mehr ausreicht, diese Grenzschichtsschwingungen zu unterdrücken. Die laminare Strömung wird schließlich turbulent. Hieraus folgt, daß eine künstliche Verstärkung der Dämpfung durch mechanische oder andere Mittel außerhalb der Grenzschicht eine Stabilisierung der laminaren Strömung bewirken müßte.

Beobachtungen des Schwimmverhaltens von Fischen und Meeressäugern, wie zum Beispiel Delphinen (Foto 2.23), zwingen zu der Annahme, daß ihr Rumpf zu einem ungewöhnlich großen Teil laminar umströmt werden muß, will man ihre Leistung bei Höchstgeschwindigkeit erklären. Man hat beobachtet, daß der im Pazifik vorkommende Delphin *Tursiops gilli* (Länge etwa 1,9 m) in der Lage ist, kurzzeitig 16 Knoten, und fast eine Minute lang 12 Knoten schnell zu schwimmen. Die Reynolds-Zahl bei der höheren Geschwindigkeit beträgt dabei etwa $1{,}4 \cdot 10^7$. Bei einer so hohen R_n-Zahl müßte die Strömung überwiegend turbulent sein und die Reibung zu groß, daß der „Muskelmotor" des Delphins unmöglich genügend Vortriebskraft erzeugen könnte, um die beobachteten Geschwindigkeiten zu erreichen. Nach M. Kramer [2.46] hat man noch weit höhere Geschwindig-

Foto 2.23 Delphine – geheimnisvolle Geschwindigkeitsrekordhalter im Schwimmen. Eine kurzzeitige Höchstgeschwindigkeit von 40 Knoten bei einer Dauergeschwindigkeit von 18 Knoten sind beobachtet worden. Können Delphine auch noch bei hohen Reynolds-Zahlen die Laminarströmung aufrechterhalten oder ist ihr „Muskelmotor" außergewöhnlich wirkungsvoll? Beide Hypothesen werden diskutiert.

keiten beobachtet, „... eine kurzzeitige Spitzengeschwindigkeit von 40 Knoten, bei einer Dauergeschwindigkeit von 18 Knoten". Dies sind außerordentliche Leistungen, wenn man bedenkt, daß sie mit einem „bekanntermaßen schwachen Muskelmotor" erzielt werden (Biologen schätzen seine Stärke auf 2 PS). Schwimmen Seehunde und Delphine nachts durch Plankton (das durch die Druckwellen im verwirbelten Wasser zum Leuchten angeregt wird), ziehen die ersteren eine hell fluoreszierende Wirbelschleppe hinter sich her, während die der Delphine weit weniger augenfällig ist [2.47]. Diese Beobachtungen deuten darauf hin, daß der Delphin auf irgendeine Weise ein relativ gering verwirbeltes Totwasser erzeugt und einen geringen Druckwiderstand erfährt.

Alle diese Erkenntnisse führten zu der Annahme, daß die weiche Haut des Delphins eine schwingungsdämpfende Eigenschaft besitzt, das heißt, ein großflächiges Dämpfungselement darstellt, das Schwingungsenergie aus der Grenzschicht absorbiert und in Wärme umwandelt. Um diese Vermutung zu bestätigen, ahmte M. Kramer [2.48] die Hautstruktur des Delphins nach und entwickelte einen grenzschichtstabilisierenden Überzug mit Namen „Laminflo". Den Aufbau dieser künstlichen Delphinhaut zeigt Abb. 2.52. Sie besteht aus zwei dünnen Innen- und Außenhäuten aus Gummi, die durch eine weitere, mit Noppen versehenen Gummischicht auseinandergehalten werden. Den Raum zwischen den Noppen füllt eine Dämpfungsflüssigkeit aus. Der ganze Überzug ist etwa 3,5 mm dick. Schleppversuchsergebnisse mit Torpedos, die mit dieser Dämpfungshaut überzogen waren, zeigt Abb. 2.53. Bei einer Reynolds-Zahl von $1{,}5 \cdot 10^7$ erreichte man eine maximale Verringerung des Widerstandsbeiwertes von 0,0026 auf 0,0011, also eine Widerstandsverminderung um rund 60 Prozent (Kurve C). Berechnungen zufolge bedeutet diese Abnahme des Widerstandes, daß etwa 80 Prozent der gesamten Körperlänge des Modells laminar umströmt wurden. Bei gleichen Bedingungen war die Strömung um das Vergleichsmodell mit starrer, hochpolierter Oberfläche fast ausschließlich turbulent.

Die Wirkungsweise der Dämpfungshaut erklärt ihr Erfinder so: Solange die Strömung in der Grenzschicht laminar ist, verhält sich der Überzug wie eine feste, unnachgiebige Oberfläche, vorausgesetzt, die Steifigkeit des Überzugs ist ausreichend, um ein Flattern der Oberfläche zu vermeiden. Die Dämpfungsflüs-

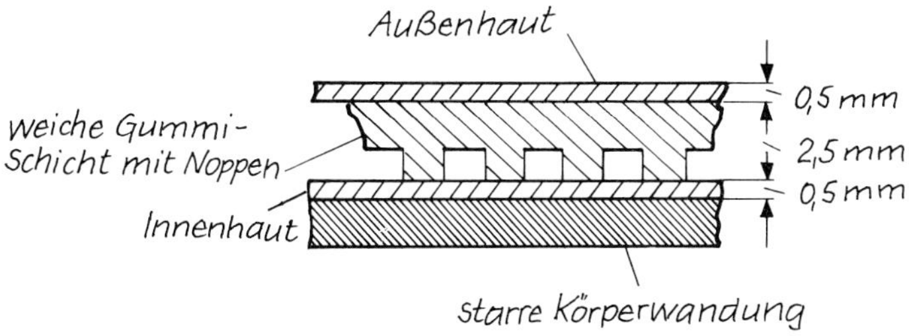

Abb. 2.52 Von M. Kramer entwickelte grenzschichtstabilisierende Beschichtung (künstliche Delphinhaut)

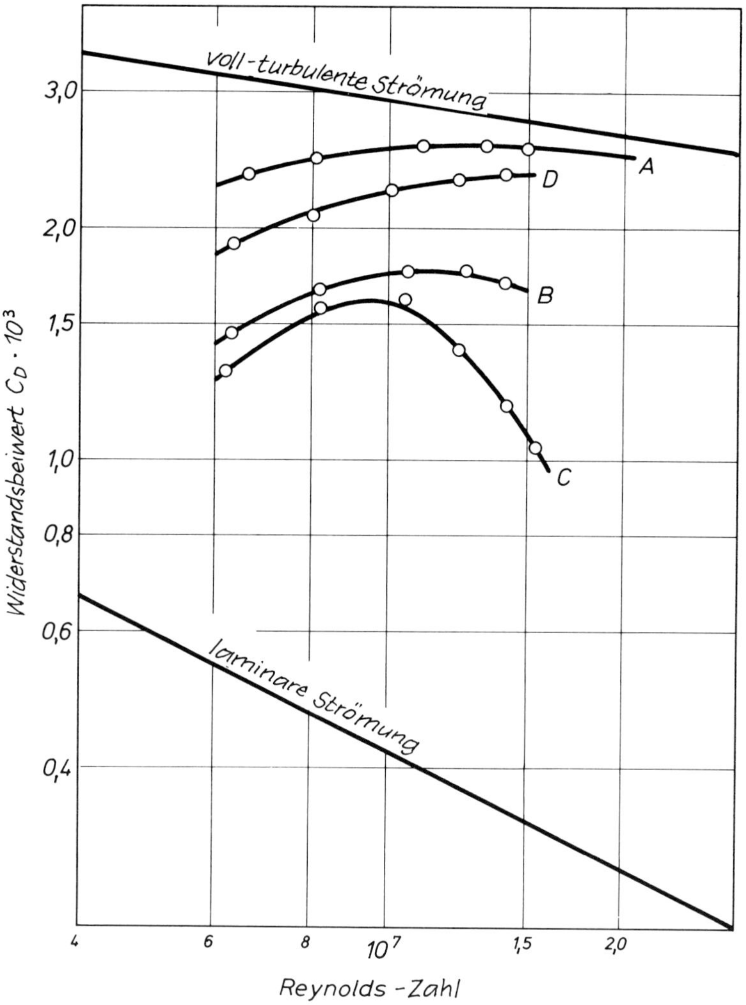

Abb. 2.53 Der Widerstandsbeiwert verschiedener Modelle in Abhängigkeit von der Reynolds-Zahl
Kurve A – Referenzmodell mit starrer Oberfläche
Kurven B, C und D – vollständig beschichtete Modelle mit unterschiedlich steifen Beschichtungen

sigkeit innerhalb des Überzuges befindet sich in Ruhe und die Außenhaut ist glatt. Sobald die Grenzschicht turbulent zu werden droht, entstehen Druckunterschiede zwischen den Wellenbergen und Wellentälern der sich ausbildenden Grenzschichtwellen. Es breiten sich dann Druckwellen entlang des Überzugs aus, die durch das viskoelastische Verhalten der inneren Gummischicht und der Dämpfungsflüssigkeit kompensiert werden.

Angeregt durch die Versuche von Kramer wandte man sich verstärkt der Entwicklung widerstandsverringernder elastischer Beschichtungen zu [2.49], [2.50]. So vielversprechend die ersten Ergebnisse von Kramer auch waren, so konnten bislang doch nur wenige Forscher eine Abnahme des Reibungswiderstandes aufgrund einer flexiblen Oberfläche messen. Die Untersuchungen deuten darauf hin, daß eine enge Beziehung zwischen der Intensität der Turbulenz innerhalb der Grenzschicht und der Verringerung des Reibungswiderstandes besteht. Diese intuitive Ansicht wird sowohl durch theoretische Überlegungen als auch durch die Versuchsergebnisse in Abb. 2.54 (nach [2.49]) unterstützt. Sie stammen aus einer in einem Luftstrom durchgeführten Testreihe, bei der man herausfinden wollte, ob das Konzept der Widerstandsverminderung durch einen elastischen Überzug auch bei Flugkörpern funktioniert. Hierbei wurden aber nicht die Reibungswiderstandsbeiwerte ermittelt, sondern die Turbulenzstärke in Wandnähe mit Hilfe eines Hitzdrahtanemometers bestimmt. Abb. 2.54 zeigt die Versuchsanordnung. Eine ebene, $17{,}1 \times 94\ \text{cm}^2$ große Aluminiumplatte wurde auf einer Seite mit einer flexiblen, etwa 0,05 mm dünnen Kunststoffolie (Handelsname Clopay Frosty) derart bespannt, daß zwischen Platte und Folie ein 9,5 mm breiter Zwischenraum blieb. Dieser wurde entweder mit Luft, Wasser oder Motoröl gefüllt. Die Strömungsgeschwindigkeit im Windkanal betrug 8,8 m/s. Die Intensität der Turbulenz wurde im Nachstrom eines kleinen Zaunes gemessen, der quer zur Strömungsrichtung kurz hinter der Plattenvorderkante angebracht war (Abb. 2.54). Die Meßergebnisse zeigen deutlich, daß das Abklingen der Turbulenz von der Zähigkeit der Dämpfungsflüssigkeit zwischen der harten Oberfläche und der Folie abhängt.

Alle drei untersuchten Überzüge lassen eine geringere Turbulenz entstehen als die starre Oberfläche. Die Dämpfung der Turbulenz nimmt mit größer werdender Zähigkeit der Dämpfungsflüssigkeit zu. Die Wissenschaftler folgern hieraus, daß sich dieser Trend bei hinreichend großer Zähigkeit des Dämpfungsmediums umkehren muß, da es naheliegend ist, daß bei unendlich großer Zähigkeit der Überzug sich wieder wie eine feste Oberfläche verhält.

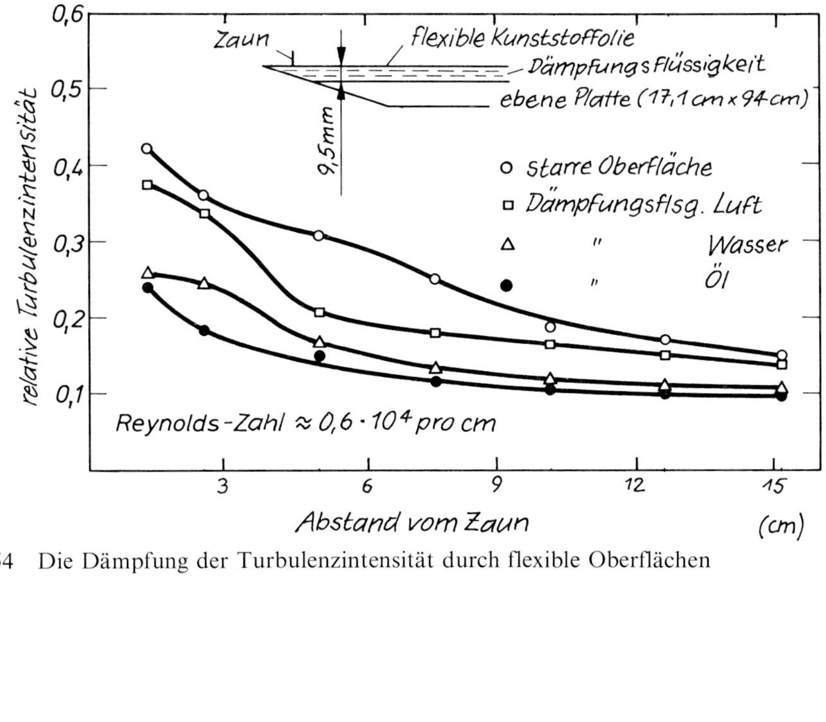

Abb. 2.54 Die Dämpfung der Turbulenzintensität durch flexible Oberflächen

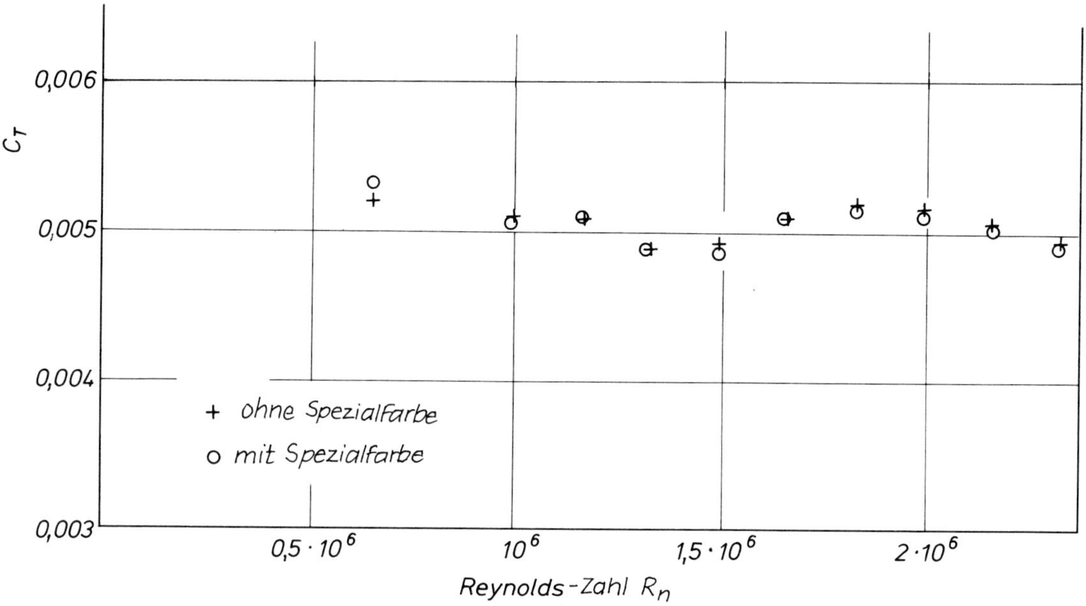

Abb. 2.55 Ergebnisse von Widerstandsmessungen an einer speziell beschichteten ebenen Platte (nach [2.42], J. Paffet)

Überzüge für eine normale Yacht wären sicherlich eine teure Angelegenheit. Darüberhinaus ist es nicht einmal sicher, ob sie bei den Geschwindigkeiten, die Segelboote gewöhnlich erreichen, überhaupt wirksam sind. In Sonderfällen, beispielsweise bei Fahrzeugen, die Geschwindigkeitsrekorde brechen wollen, könnten sie hingegen von Nutzen sein.

Neue Hoffnungen auf eine Verringerung des Reibungswiderstandes könnten möglicherweise kürzlich durch den Prospekt eines Farbenherstellers erweckt worden sein, der sein Produkt wie folgt anpries:

> „XYZ ist eine revolutionäre Unterwasserfarbe, die die Geschwindigkeit von Segel- und Motorbooten erhöht .... Auf geniale Weise verringert der Delphin seinen Reibungswiderstand. Er verwendet einfach Wasser als Schmiermittel. In der äußeren Zone seiner Haut speichert er Wasser und erzeugt auf diese Weise eine Wasser/Wasser-Grenzschicht, wodurch sich der Reibungswiderstand verringert ... XYZ funktioniert nach dem gleichen Prinzip dank dieses Wasser/Wasser-Effektes.“ [sic!]

Für das National Physical Laboratory (Teddington, England) war diese Wirkungsweise der Delphinhaut neu (Kommentar von J. Paffett in [2.42]):

> „Dennoch, der Anspruch, den dieses Produkt erhob, schien eine Untersuchung wert und einer quantitativen Beurteilung zugänglich. Also wurden Versuche mit einem brettartigen Modell (Länge 1,14 m, Tiefgang 0,76 m, Breite 25,4 mm), mit schlanker Vorder- und Hinterkante und Turbulenzerregern an der Anschnittkante durchgeführt. Die Oberfläche bildete eine hoch-

polierte Polyurethanlackschicht. Für mehrere Geschwindigkeiten wurde der Widerstand ermittelt. Nach Abschluß der Meßfahrten wurde das Brett aus dem Tank genommen, getrocknet und mit zwei Anstrichen mit besagtem Produkt versehen, die über Nacht trocknen konnten. Eine Stunde vor Versuchsbeginn wurde das Brett erneut in den Tank gehängt, anschließend wurden dann die Widerstandsversuche wiederholt."

Die Ergebnisse sind in Abb. 2.55 aufgetragen. Der Leser mag selbst seine eigenen Schlüsse daraus ziehen. Es scheint, daß noch gute Aussichten für derartige widerstandsverringernde Erfindungen bestehen.

5 Der Einfluß der Reynolds-Zahl auf den Auftrieb

Der maximale Auftriebsbeiwert $C_{L\,max}$ eines Tragflügels, eine der wichtigsten aerodynamischen Kennzahlen, zeigt im allgemeinen den stärksten Reynolds-Zahlen-Einfluß. Dieser Beiwert bestimmt zum Beispiel die größtmögliche Querkraft (Auftrieb) oder die maximale hydrodynamische Wirksamkeit, die ein Ruder bei einer gegebenen Reynolds-Zahl erreichen kann. Das beobachtete Versagen von Rudern und Flossen beim Manövrieren bei schwerem Wetter, wobei die Reynolds-Zahl rasch von fast Null, wenn das Boot seine Geschwindigkeit voraus verloren hat, auf mehrere Millionen anwächst, wenn es wieder Fahrt aufgenommen hat, kann mit eben diesem Reynolds-Zahlen-Effekt erklärt werden. Wie beim Widerstand ist der Einfluß der Reynolds-Zahl auf den Auftrieb von der Profilgeometrie (besonders von der Form der Vorderkante) wie auch von der Rauhigkeit der Oberfläche abhängig.

a) Der Einfluß von Nasenform, Wölbung und Dicke auf das Ablöseverhalten von Profilen

Bei der Diskussion der Laminarprofile (Abb. 2.45) stellten wir fest, daß sich durch ein Anschärfen des Nasenbereichs (kleinerer Nasenradius) das Auftreten der Geschwindigkeits- und Druckspitzen in unmittelbarer Umgebung der Vorderkante vermeiden läßt. Die Verringerung des Nasenradius zielt darauf ab, möglichst über die ganze Profiltiefe die Strömung laminar und mithin den Widerstand gering zu erhalten. Dies funktioniert jedoch nur bei kleinen Anstellwinkeln. Außerdem haben Versuche gezeigt, daß eine scharfe Profilvorderkante leider eine Abnahme des maximalen Auftriebsbeiwertes zur Folge hat. Obwohl ein kleiner Nasenradius einerseits wünschenswert ist, darf seine Verringerung nicht übertrieben werden.

Abb. 2.56 verdeutlicht diesen Einfluß der Ausbildung der Vorderkante auf den Auftrieb. Die drei untersuchten Profile, deren Vorderkanten als stumpf, scharf und gemäßigt bezeichnet werden könnten, sind gleichfalls dargestellt. Wie deutlich zu ersehen ist, gibt es einen kritischen Minimalwert für den Profilnasenradius, unterhalb dessen der Maximalauftrieb erheblich zurückgeht [2.51].

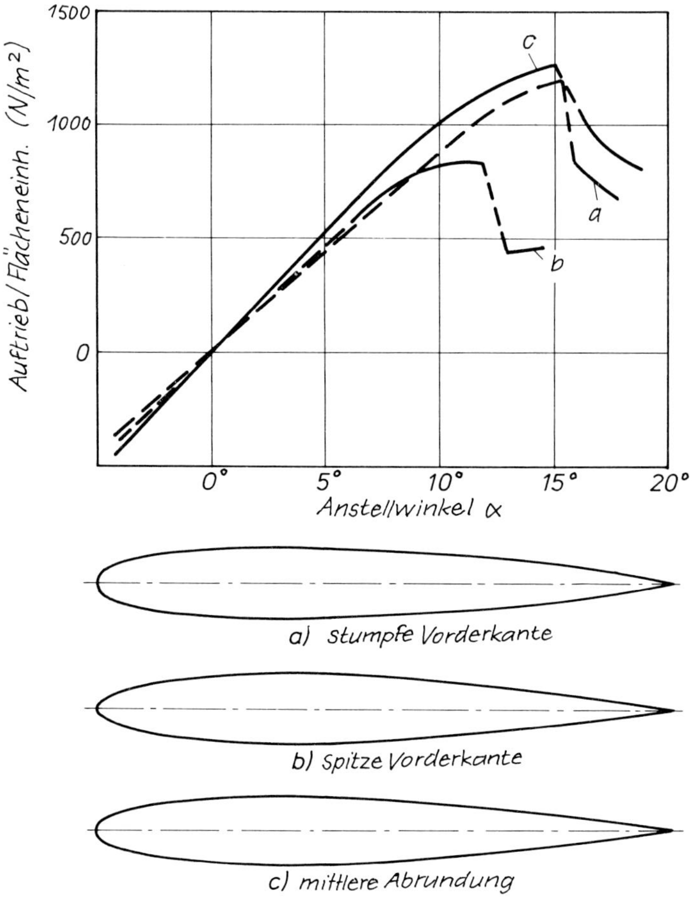

Abb. 2.56 Auftriebskurven für drei Profile mit unterschiedlicher Ausführung der Vorderkante, jedoch gleichem Dickenverhältnis $t/c = 0{,}12$

Die Form der Profilvorderkante, die hauptsächlich den Strömungszustand und dadurch die Druckkonzentration im vorderen Profilbereich beeinflußt, bestimmt den Anstellwinkelbereich, in dem die Strömung auf der Saugseite abreißt und der Auftrieb abfällt. Jede übermäßige Anschärfung der Vorderkante resultiert in einer Zunahme der Strömungsgeschwindigkeit in diesem Bereich. Dies begünstigt in der Regel laminare Ablösung an der Profilnase, was bei weiterer Anstellwinkelvergrößerung zum vollständigen Abreißen der Strömung und infolgedessen zu einem plötzlichen Auftriebsabfall führt. Bei günstiger Nasenform und Wölbungsverteilung im vorderen Profilbereich kann dieser Ablösevorgang vermieden werden. Sobald in einer Strömung Trägheitskräfte im Spiel sind, ist es naheliegend, daß sie sich an einer scharfen Kante eher ablöst als an einer wohlabgerundeten.

Aus ähnlichen Gründen wird ein Auto in einer weiten Kurve nicht so leicht von der Fahrbahn abkommen, wie in einer engen. Im letzteren Fall besteht die Gefahr, daß die Zentrifugalkraft (ein Beispiel für eine Trägheitskraft) das Fahrzeug aus der beabsichtigten Bahn drängt. Je enger die Kurve, um so größer ist die Zentrifugalkraft. Der Grund für diesen Sachverhalt findet sich in jedem Lehrbuch der Physik. Eine Masse erfährt eine Trägheitskraft immer dann, wenn die Masse, zum Beispiel Luft, gezwungen wird, seine Geschwindigkeit und/oder Bewegungsrichtung zu ändern.

Ein Beispiel soll dies verdeutlichen. Ein Auto mit der Masse m möge mit der Geschwindigkeit V in eine Kurve mit dem Radius r hineinfahren. Das Fahrzeug wird nur dann ohne zu schleudern eine kontrollierte Bewegung längs der Kreisbahn mit dem gegebenen Radius ausführen, wenn die Reibungskraft zwischen den Rädern und der Straße die Zentrifugalkraft

$$F = \frac{m \cdot V^2}{r}$$

kompensieren kann. Hieraus folgt, daß mit kleiner werdendem Kurvenradius r und gleichbleibender Masse m und Geschwindigkeit V des Fahrzeugs die Trägheitskraft immer größer wird und schließlich den Wagen aus der Kurve trägt. Um mit erhöhter Geschwindigkeit sicher um enge Kurven fahren zu können, werden solche Kurven üblicherweise überhöht gebaut, das heißt, der äußere Straßenrand wird höher angelegt als der innere. Ansonsten weisen meist Verkehrszeichen vor flachen, nicht überhöhten Kurven die Fahrer darauf hin, mit welcher Geschwindigkeit die Kurve gerade noch sicher passiert werden kann. Jeder Versuch, die Kurve noch schneller zu durchfahren, könnte ein Schleudern zur Folge haben.

Ähnlich liegen die Verhältnisse bei der Umströmung der Profilvorderkante, wobei allerdings noch ein weiterer Effekt hinzu kommt, der aus dem sogenannten Drehimpulserhaltungssatz folgt. Aus seiner Definition

$$r \cdot m \cdot V = \text{konstant}$$

folgt, daß die Geschwindigkeit V der Luftteilchen mit der Masse m, die sich dem Profil anfänglich auf schwach gekrümmten Stromlinien nähern und auf ihrem Weg von der Profilunterseite auf die -oberseite gezwungen sind, die Vorderkante zu umströmen, mit kleiner werdender Krümmung ihrer Stromlinien zunehmen muß. Mit anderen Worten, je kleiner der Krümmungsradius r der Stromlinien, um so höher ist die Strömungsgeschwindigkeit und – aufgrund der Bernoullischen Gleichung (2.3) – um so höher ist der Unterdruck, wie beispielsweise Abb. 2.16 und 2.76 zeigen. Der Unterdruck ist also umgekehrt proportional zu r, und somit müßte für $r = 0$ (unendlich scharfe Vorderkante) die Strömungsgeschwindigkeit V und der Unterdruck theoretisch unendlich groß werden. Da in der Wirklichkeit kein unendlich kleiner Druck auftreten kann, löst die Strömung an der Vorderkante ab. Dennoch ist im Bereich der Profilnase der Unterdruck aufgrund der hohen örtlichen Strömungsgeschwindigkeiten im allgemeinen groß. Es sei angemerkt, daß die theoretischen Strömungsgesetze der idealen, reibungsfreien Flüssigkeit keinerlei Hinweis auf zu erwartende Strömungsablösung geben, nicht einmal in den einfachsten Fällen, wo Intuition und gesunder Menschenverstand fast mit Sicherheit Ablösung vorhersagen würden (Foto 2.17).

Die Bestimmung des kritischen Anstellwinkels α, für den der Maximalauftrieb erreicht wird, wäre ohne experimentelle Untersuchung außerordentlich schwierig. Der Ablösevorgang, der zum Erreichen des Höchstauftrieb führt, wird von zahlreichen Faktoren beeinflußt, so zum Beispiel vom Charakter der Ablösung und der Lage der Ablösungsbereiche, die ihrerseits wiederum von der Profilform abhängig sind. Man unterscheidet dabei folgende charakteristische Ablösungsvorgänge [2.52], [2.53]:

1. Turbulentes Ablösen (Abb. 2.57 A) – die turbulente Grenzschicht löst erst in Nähe der Profilhinterkante ab. Mit zunehmendem Anstellwinkel verschiebt sich der Ablösepunkt immer mehr stromaufwärts.
2. Laminares Ablösen an der Profilnase (Foto 2.7 und Abb. 2.59 A) – die Strömung reißt unmittelbar an der Vorderkante ohne Wiederanlegen ab. Diese Ablösecharakteristik ist Folge einer laminaren Ablöseblase sehr geringer Ausdehnung in Strömungsrichtung (weniger als 0,01 c) dicht hinter der Profilnase. Mit wachsendem Anstellwinkel wandert die Ablöseblase auf die Vorderkante zu, bis sie schließlich aufplatzt und die Strömung über der ganzen Saugseite ablöst.
3. Ablösung am dünnen Profil (Abb. 2.59 B) – die Strömung löst an der Profilvorderkante in Form einer langen Ablöseblase ab, legt sich stromabwärts aber wieder an. Mit wachsendem Anstellwinkel verschiebt sich der Wiederanlegepunkt W stetig nach hinten, bis er mit der Profilhinterkante zusammenfällt. Der Auftrieb hat dann seinen Höchstwert erreicht.
4. Kombination von laminarer und turbulenter Ablösung (Abb. 2.57 B) – in diesem Fall löst die Strömung laminar an der Vorder- und turbulent an der Hinterkante ab.

Wie sich diese typischen, zum Abfall des Auftriebs führenden Ablösungsformen auf den Auftriebsverlauf $c_l(\alpha)$ und den maximalen Auftrieb auswirken, zeigt Abb. 2.58 anhand der Versuchsergebnisse für die Flügelprofile NACA 63_3-018, 63_1-012, 63-009 und 64A006. Die Profilaufmaße und weitere Einzelheiten über diese und andere Profile finden sich in [2.31]. Der Auftriebsbeiwert des dicksten Profils 63_3-018 mit turbulent an der Hinterkante ablösender Strömung nimmt nach Erreichen des Maximums ganz allmählich wieder ab, während er bei den Profilen 63_1-012 und 63-009 mit Ablösung an der Profilnase plötzlich stark abfällt. Die Auftriebskurve des Profils 64A006, das Ablösung am dünnen Profil erfährt, zeichnet sich durch ein abgerundetes Maximum aus, dem eine kleine Unregelmäßigkeit vorausgeht – ein Knick im Kurvenverlauf bei $\alpha = 5°$. Für alle vier in Abb. 2.58 betrachteten Profile ist im Bereich kleiner und mittlerer Anstellwinkel der Einfluß der Reibung auf die Auftriebseigenschaften, wie in der Theorie zugrundegelegt (siehe Gln. (2.14) und (2.14 A)), vernachlässigbar gering. Dies kommt durch die fast gleiche Steigung aller $c_l(\alpha)$-Kurven zum Ausdruck, die bis auf den Bereich um $c_{l\,max}$ annähernd parallel zueinander verlaufen.

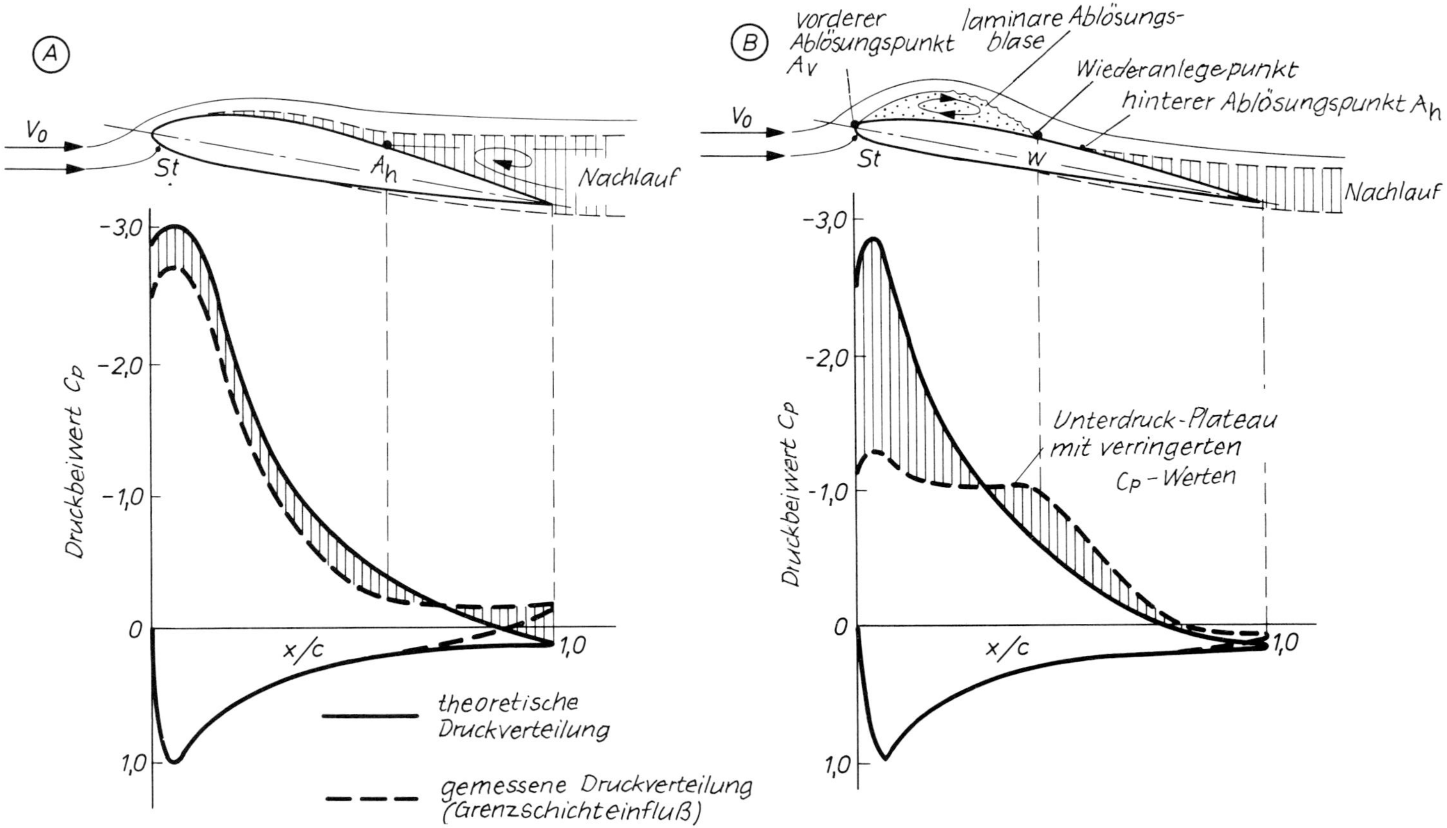

Abb. 2.57 Druckverteilung am dicken und dünnen Profil mit und ohne Grenzschichteinfluß (schematisch). Die Ablöseblase ist stark vergrößert dargestellt.

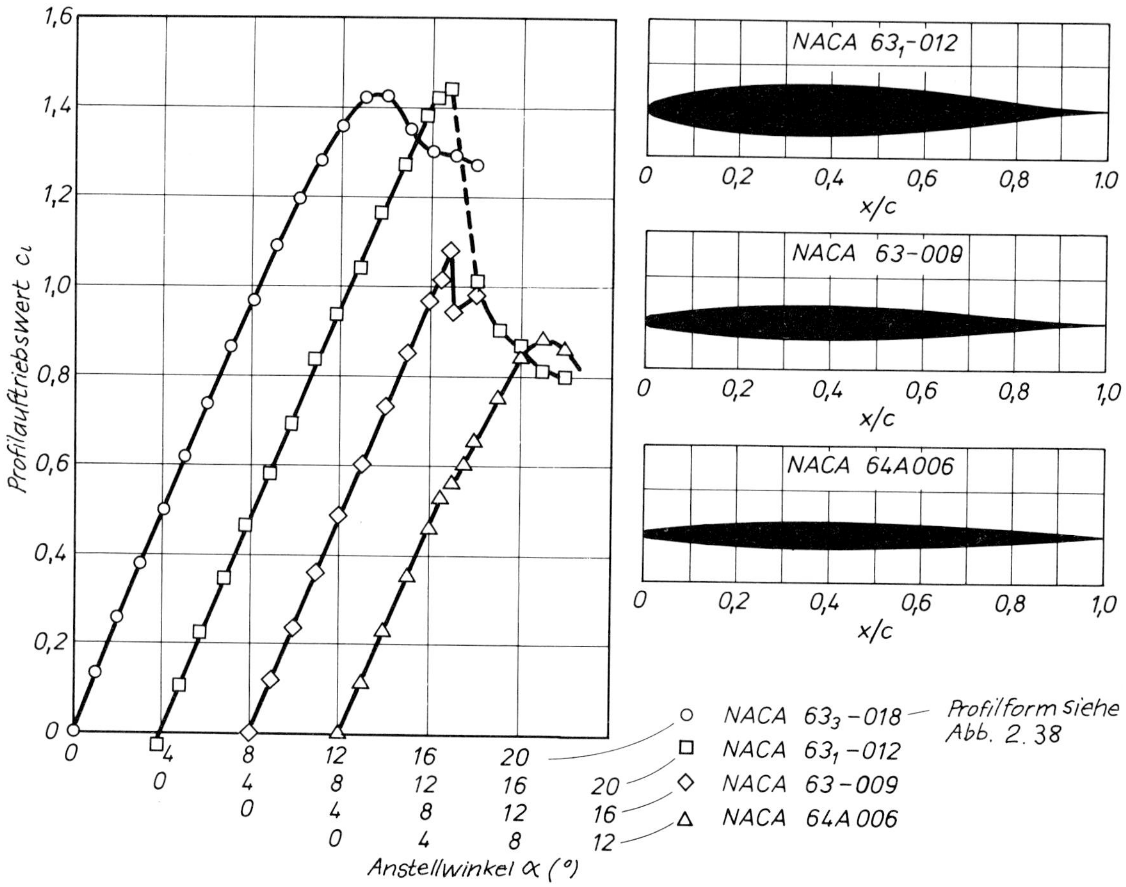

Abb. 2.58 Auftriebskurven für vier symmetrische NACA-Tragflügelprofile bei $R_n = 5{,}8 \cdot 10^6$. Zweidimensionale Strömung.

Da der Auftriebsabfall infolge Ablösung untrennbar mit dem Grenzschichtverhalten verbunden ist, beeinflussen die gleichen Faktoren, welche die Grenzschichtströmung bestimmen, wie Reynolds-Zahl, Nasenradius, Druckgradient, Oberflächenrauhigkeit und so weiter, auch das Ablöseverhalten der Flügelprofile und damit den Maximalauftrieb. Eine Änderung einer dieser Einflußgrößen kann an einem gegebenen Profil den Übergang von der einen Ablösecharakteristik zu einer anderen zur Folge haben.

b) Die Strömung um dünne Profile

Aus der Sicht des Seglers ist die Umströmung des Segels von besonderem Interesse. Sie verdient einfach deshalb Beachtung, weil die Einführung von Strömungsanzeigern den Regattaseglern ihre Bedeutung beim Nachweis einer glatten Umströmung der Segel (für deren Wirksamkeit ganz entscheidend) eindringlich gewahr werden ließ.

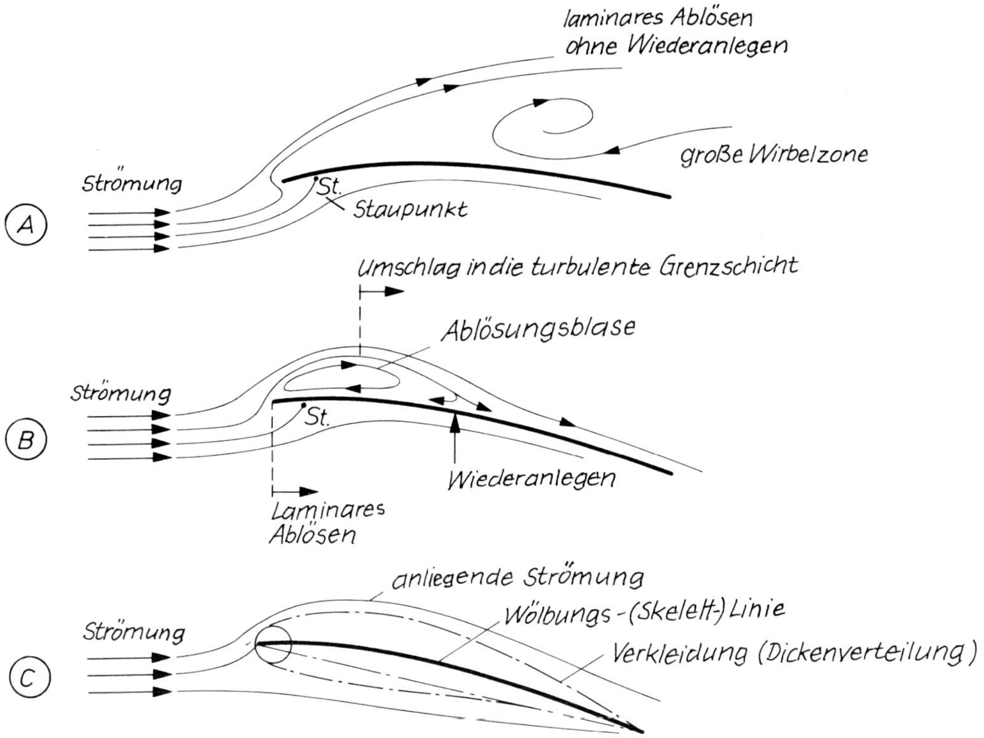

Abb. 2.59 Die Umströmung der gewölbten Platte
A Ablösen der Strömung ohne Wiederanlegen
B Ablösen der Strömung mit Wiederanlegen

Vom Autor im Windkanal der Universität Southampton durchgeführte Strömungsbeobachtungen an einer dünnen gewölbten Platte (Wölbungsverhältnis 1/10) zeigen, daß nur bei einem ganz bestimmten Anstellwinkel die Strömung auf der Oberseite an der Plattenvorderkante anliegt. T. Theodorsen [2.54] führte für diesen Winkel die Bezeichnung idealer Anstellwinkel ein und definierte ihn als den Winkel „... bei dem die Strömung in die Profilvorderkante glatt ‚eintritt' und der Auftrieb an der vordersten Stelle des Profils Null ist" (Anstellwinkel des stoßfreien Eintritts). Bei diesem Anstellwinkel lagen die an der Platte befestigten Fadensonden (Wollfäden) auf beiden Seiten von der Vorder- bis zur Hinterkante an. Bei einem anderen als dem idealen Anstellwinkel wies die Bewegung der Fäden hinter der Vorderkante deutlich auf ein Gebiet abgelöster Strömung hin.

Anschließend wurde die Plattenvorderkante mit verschiedenen Profilstagen (siehe Foto 2.14 und 2.24) versehen, um das unter den Regattaseglern populär gewordene Vorstagsystem zu simulieren. Es ergab sich ein ähnliches Strömungsbild, allerdings mit einem kleinen Unterschied. Der Anstellwinkel bei maximalem L/D-Verhältnis war ein wenig größer, und die Strömung löste sich bei Abweichungen vom idealen Anstellwinkel nicht mehr ganz so schnell ab, wie zuvor. Dies beeinflußte merklich und vorteilhaft die aerodynamischen Eigenschaften des ge-

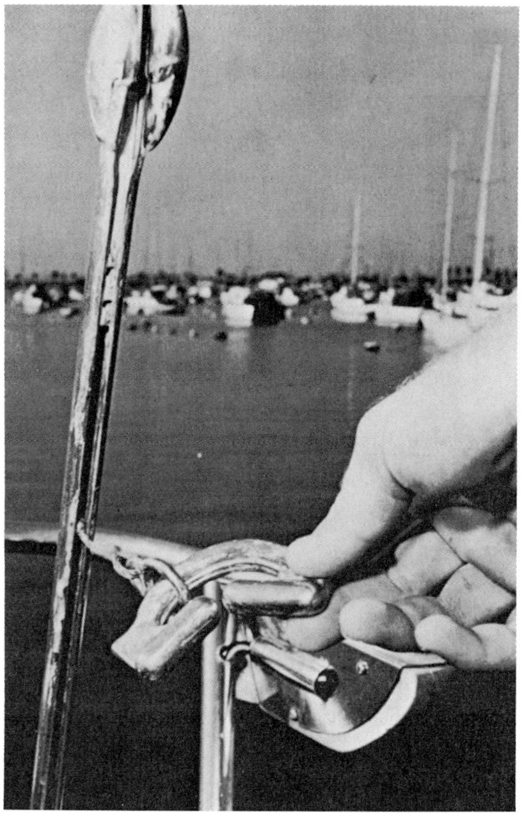

Das Hood-Sea-Stay ermöglicht raschen Vorsegelwechsel. Der Führungsring erleichtert das Einfädeln des Segelvorlieks in das Einführungsstück des Profilstags.

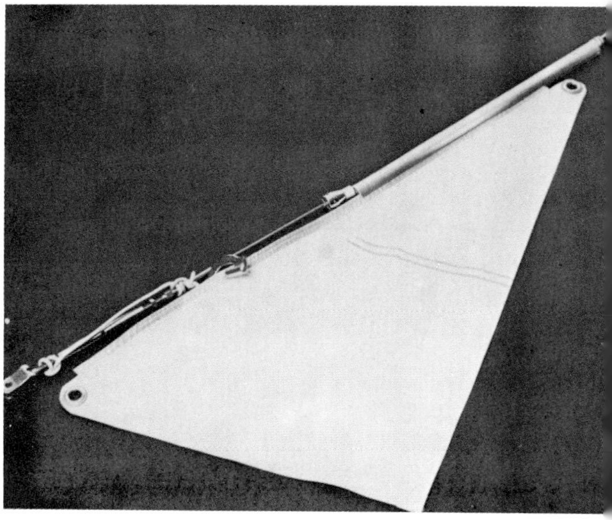

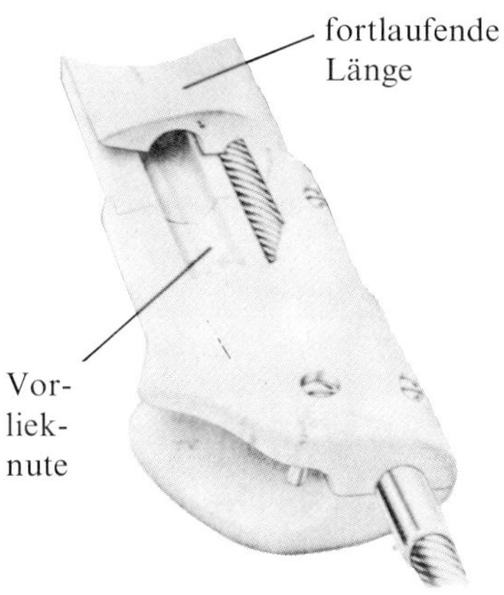

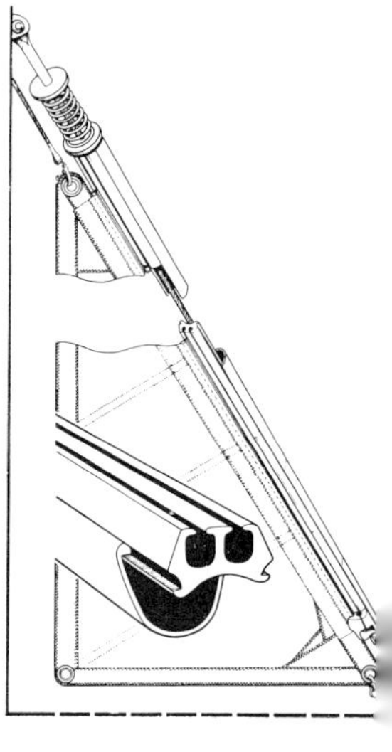

Foto 2.24 Die neuen Profilvorstagsysteme (einige sind hier gezeigt) findet man heute auf fast jeder Regattayacht. Das Vorsegel wird hierbei mit seinem Tauvorliek in einer Nute des Profils, das frei drehbar sich nach dem scheinbaren Wind ausrichtet, vorgeheißt. Siehe Foto 2.14.

samten Profils. Die Ergebnisse dieser Versuche werden in Teil 3 noch ausführlicher behandelt.

Betrachten wir nun Foto 2.25. Es zeigt die Strömung auf der Oberseite der gewölbten Platte, an deren Vorderkante eines der untersuchten und bereits in Foto 2.14 gezeigten Profilstage, nämlich Profil Nr. 5, befestigt war. Im Prinzip stimmt das Strömungsbild mit der von anderen Forschern beobachteten Umströmung sehr dünner Profile, die schematisch in Abb. 2.57 B dargestellt ist, überein. Das besondere Verhalten der Strömung bei kleinen Anstellwinkeln, aus Foto 2.25 A und der beigefügten Skizze zu ersehen, hängt mit der Umströmung der Profilvorderkante von unten nach oben zusammen. Sobald der Staupunkt S bei Vergrößerung des Anstellwinkels nämlich auf die Unterseite wandert, löst die Strömung an der Vorderkante ab (Ablösevorgang 3). Eine eindeutige Erklärung des Wiederanlegevorganges ist jedoch bis jetzt nicht gelungen. Alles was man weiß, ist, daß bei kleinen Anstellwinkeln die Strömung kurz hinter der Vorderkante wiederanlegt und dann bis zur Hinterkante der Profilkontur folgt.

Die Zeichnung unterhalb von Foto 2.25 A erklärt graphisch diesen Strömungsmechanismus. Die zwischen dem Ablösepunkt A und dem Wiederanlegepunkt W abgelöste Strömung schließt einen in sich geschlossenen Wirbel ein, der als „lange Ablöseblase" bezeichnet wird. Sie beeinflußt entscheidend das Verhalten der Grenzschicht auf der Saugseite und somit die Druckverteilung. Die Größe der Blase nimmt mit wachsendem Anstellwinkel zu, bis sie schließlich die gesamte Saugseite bedeckt. Ihre größte Dicke beträgt dann etwa drei Prozent der Profillänge *c*. Der Maximalauftrieb ist nun erreicht, und eine weitere Anstellwinkelvergrößerung läßt den Auftrieb allmählich wieder absinken. Dieser Strömungszustand ist auf Foto 2.25 B zu erkennen; die Wollfäden zeigen deutlich, daß sich die Strömung auf der gesamten Saugseite abgelöst hat (Rückströmung).

Bedingt durch die lange Ablöseblase hinter der Vorderkante unterscheidet

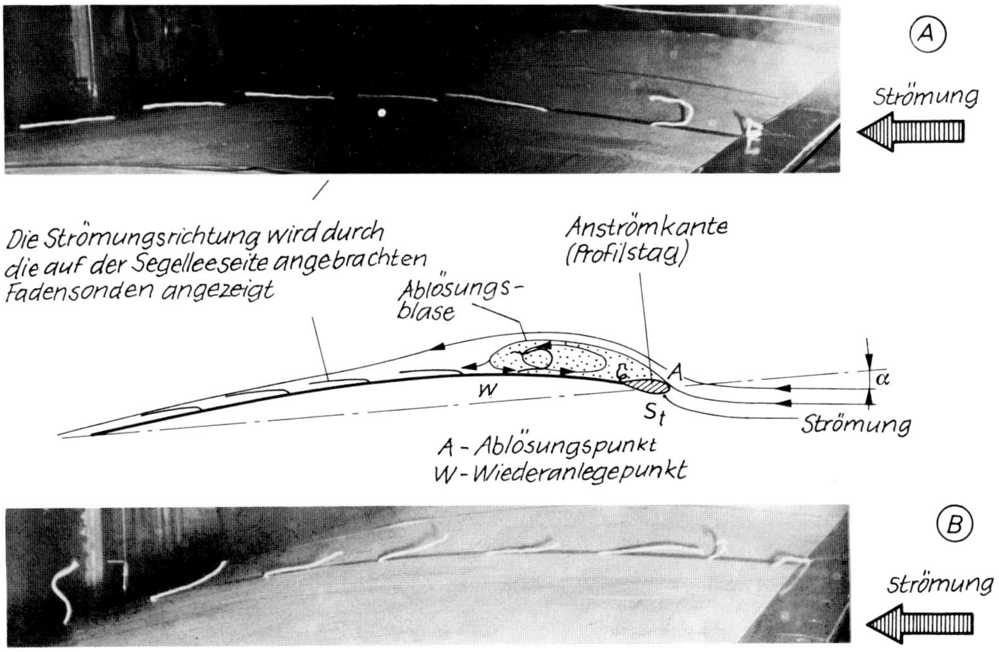

Foto 2.25 Die Strömung auf der Leeseite des starren Segelmodells mit Profilstag.

A Bei kleinem Anstellwinkel α legt sich die Strömung hinter der Ablöseblase im Punkt *W* wieder an. Stromabwärts von *W* liegen die Fadensonden auf der Oberfläche des Segels.

B Großer Anstellwinkel. Vollständig abgelöste Strömung, gekennzeichnet durch die zum Vorliek zeigenden unruhigen Fadensonden.

sich die Druckverteilung eines dünnen Profils vollständig von der eines dicken Profils. Dieser Unterschied geht deutlich aus Abb. 2.57 hervor, in der die Strömung und die gemessene Druckverteilung um ein dickes und dünnes Profil schematisch dargestellt sind. Zum Vergleich ist die theoretische Druckverteilung ebenfalls angegeben [2.15], [2.53]. Es ist zu ersehen, daß die starke Saugspitze in der Nähe der Vorderkante, wie sie die Theorie vorhersagt, bei dünnen Profilen nicht auftritt, stattdessen verläuft über der Länge der Ablöseblase der verminderte Druck in etwa konstant (Druckplateau), was dem Wiederanlegen der Strömung entgegenkommt. Es gibt starke Anzeichen dafür, daß die abgelöste Grenzschicht in diesem Bereich turbulent wird und es ihr dadurch erleichtert wird, sich wiederanzulegen.

Die Funktion der langen Ablöseblase besteht gewissermaßen in einer Art künstlichen Verdickung der Profilnase – die Strömung erleichtert sich gleichsam selbst die Umströmung der scharfen Vorderkante. Ohne Ablöseblase, die radikal die mit dem Überwinden eines steilen Druckanstiegs verbundenen Probleme mindert, würde die Strömung ablösen und nicht wieder anlegen. Mit anderen Worten, man kann die lange Ablöseblase als ein Mittel ansehen, das die Wirkung einer starken Saugspitze an der Profilvorderkante abschwächt, die sich ansonsten ausprägen würde und zu völliger Strömungsablösung führen könnte (Abb. 2.59 A). Der Ablöseblase muß jedoch für ihre Dienste bezahlt werden. Das in der Regel (außer bei sehr kleinen Reynolds-Zahlen, wie wir später noch sehen werden) geringere Verhältnis Auftrieb/Widerstand und die somit geringere aerodynamische Güte der dünnen Tragflügelprofile ist die Folge ihres großen Widerstandes. Die plausible Erklärung hierfür lautet wie folgt: Es wurde bereits erwähnt, daß die Ablöseblase einen in sich geschlossenen Wirbel darstellt (Abb. 2.59 B). Räumlich kann man sich diesen Wirbel als einen rotierenden flachen Zylinder aus Flüssigkeitsteilchen vorstellen, der sich ganz oder teilweise über die Saugseite des Flügels erstreckt. Eine derartige Wirbelströmung besitzt eine gewisse Masse, und die Aufrechterhaltung ihrer Wirbelbewegung erfordert kinetische Energie, die nur der Zuströmung entnommen werden kann. Der zusätzliche Widerstand segelähnlicher Tragflügel ist gewissermaßen ein Maß für diesen Energieverlust. Versuchsergebnisse, die im Windkanal der Universität Southampton gewonnen wurden, gestatten eine Abschätzung dieser Widerstandszunahme [2.55]. Bei einer Reynolds-Zahl von etwa $2{,}5 \cdot 10^5$ wurden eine dünne Platte mit Parabelbogenprofil und einem Wölbungsverhältnis von 15 Prozent sowie ein Tragflügel mit einem typischen modernen Laminarprofil (NACA 64A212), beide mit einem Seitenverhältnis $\Lambda = 6$ und rechteckigem Umriß, untersucht. Die Ergebnisse sind in Abb. 2.60 und Abb. 2.61 aufgetragen. Bei einem Winkel von 14,0° zwischen Nullauftriebsrichtung und Anströmrichtung erreicht der dicke Tragflügel einen maximalen Auftriebsbeiwert C_L von etwa 0,85, der größte C_L-Beiwert der gewölbten Platte beträgt dagegen 1,7 bei einer Anstellung von 34° zwischen Nullauftriebs- und Anströmrichtung, mit einem relativen Maximum von 1,5 bei 23°. Die dünne Platte entwickelt also schließlich doppelt soviel Auftrieb wie der dicke Flügel. Wie Abb. 2.61 zeigt, geschieht dies aber auf Kosten eines beträcht-

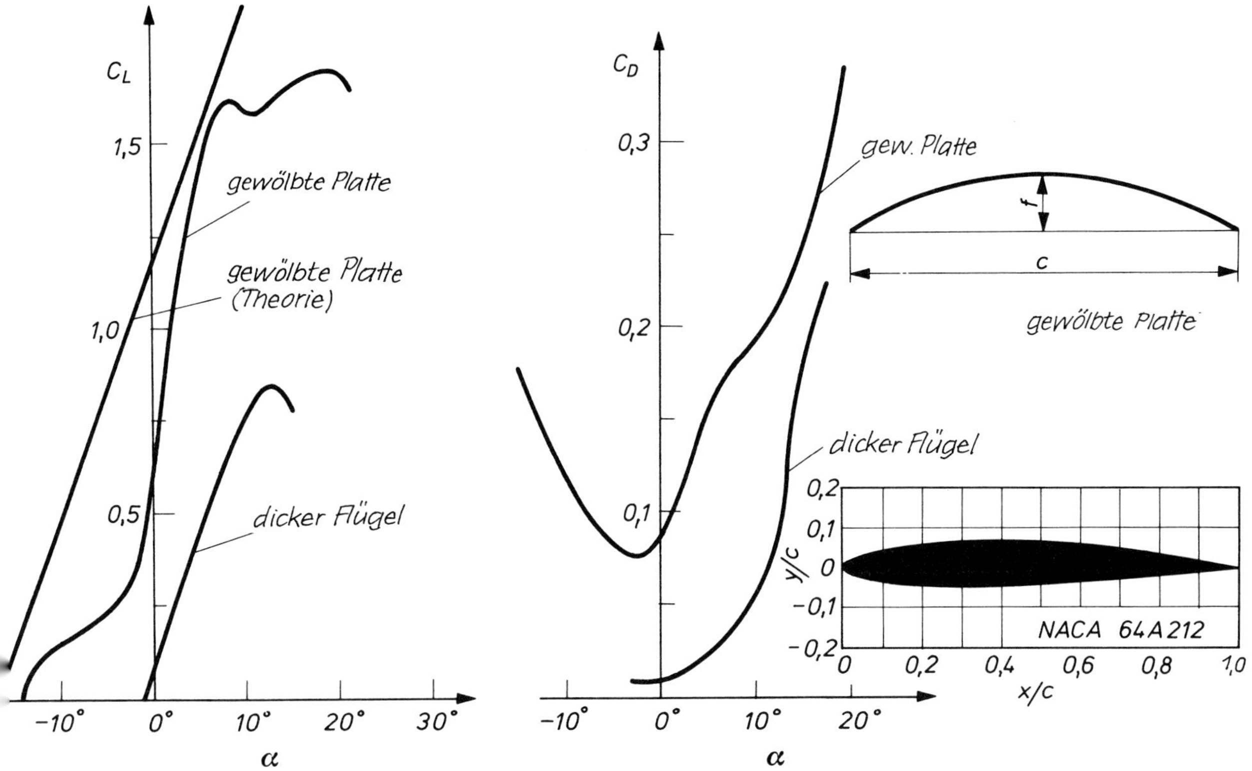

Abb. 2.60 Auftriebs- und Widerstandsbeiwerte für eine gewölbte Platte (Wölbungsverhältnis $f/c=$ 0,15) und einen Tragflügel mit typischem modernen Laminarprofil (NACA 64A212), beide vom Seitenverhältnis $\Lambda=6$ und Rechteckumriß. $R_n=250000$ $(2{,}5\cdot10^5)$.

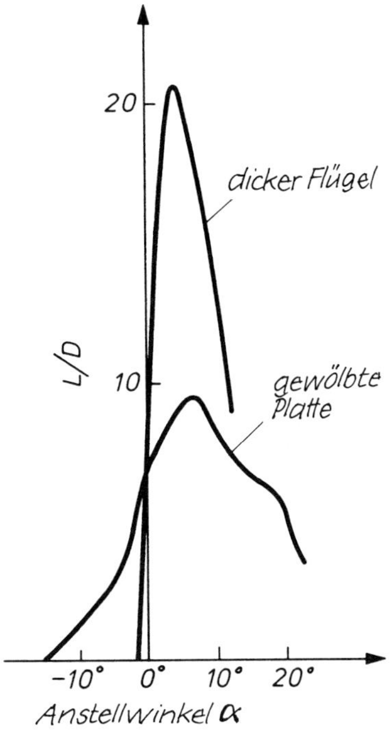

Abb. 2.61 Das Verhältnis Auftrieb/Widerstand der beiden Tragflügel nach Abb. 2.60 in Abhängigkeit vom Anstellwinkel

lich größeren Widerstandes, denn das maximale Verhältnis Auftrieb/Widerstand der Platte beträgt nur 9,3, das des dicken Tragflügels hingegen fast 21.

c) Dicke oder dünne Profile?

Tragflügel mit dicken Profilen größerer Wölbung erreichen bei immer noch hohem L/D-Verhältnis C_L-Beiwerte um 1,8. Sie sind deshalb solchen mit dünnen Profilen überlegen. Diese Überlegenheit der dicken Profile geht jedoch bei kleinen Reynolds-Zahlen (geringe Strömungsgeschwindigkeiten) verloren, wohingegen die Reynolds-Zahl auf die Eigenschaft dünner Profile relativ wenig Einfluß hat.

Möchte man einen Tragflügel mit dünnem Profil, wie zum Beispiel ein Segel, mit Erfolg bei verschiedenen Windgeschwindigkeiten und unterschiedlichen Anstellwinkeln verwenden, so folgt aus dem bislang Gesagten, daß zum mindesten die Profilkontur an der Vorderkante veränderbar sein sollte. Auf die Bedeutung des idealen Anstellwinkels, der maximale Wirksamkeit der Eintrittskante ergibt (keine Ablösung auf der Saugseite hinter der Vorderkante), wurde bereits hingewiesen. Abb. 2.59A und B veranschaulichen die Regel, daß stets Ablösungsgefahr besteht, sobald Geschwindigkeitsvektoren nicht mehr tangential zur Profilvorderkante gerichtet sind. Diese Bedingung für einen „stoßfreien" Eintritt der Strömung an der Profilnase (Staupunkt auf der vordersten Stelle des Profils) läßt sich nur mit einer veränderbaren Krümmung der Profilkontur im Bereich der Eintrittskante erfüllen. Um dies zu verdeutlichen, wollen wir ein Vorsegel betrachten, das bei starkem und bei leichtem Wind arbeitet. Abb. 2.62A zeigt das Segelprofil im Bereich der Eintrittskante bei starkem Wind, wenn das Boot höher am scheinbaren Wind segelt und ein flaches Segel führt, um den Krängungswinkel in Grenzen zu halten. Abb. 2.62B zeigt das Segelprofil für leichten Wind, wenn gewöhnlich bauchigere Segel gesetzt werden. Der optimale Anstellwinkel der Segel zum scheinbaren Wind ist unter diesen Bedingungen größer als bei stärkerem Wind. Dies sind nur ganz allgemeine Hinweise, nähere Angaben über den Segeltrimm mit Hilfe von Strömungsanzeigern finden sich in Teil 3.

Es ist einleuchtend, daß bei einem Profil mit abgerundeter Nase die Forderung nach stoßfreiem Eintritt der Strömung weniger streng ist. Eine dicke Profilnase kommt so im wesentlichen einer veränderbaren Krümmung der Anschnittskante gleich. Je dicker das Profil, um so leichter kann die Profilnase von unten nach oben (Staupunkt auf der Profilunterseite) oder von oben nach unten (Staupunkt auf der Profiloberseite) umströmt werden, ohne daß die Strömung an der Vorderkante ablöst. Aus diesem Grund hat die Kurve der über dem Anstellwinkel aufgetragenen L/D-Verhältnisse bei dicken Profilen ein abgeflachtes Maximum. Bei einem dünnen Profil hingegen ist die mögliche Abweichung des Staupunktes von der vordersten Stelle des Profils viel geringer. Die Folge ist ein ungünstigeres L/D-Verhältnis.

Es ist bemerkenswert, daß man die mit der Wirksamkeit der Eintrittskante zusammenhängenden Vorteile ganz zufällig entdeckte, als man die zu Beginn des 20. Jahrhunderts entwickelten dünnen Tragflügelprofile an der Vorderkante

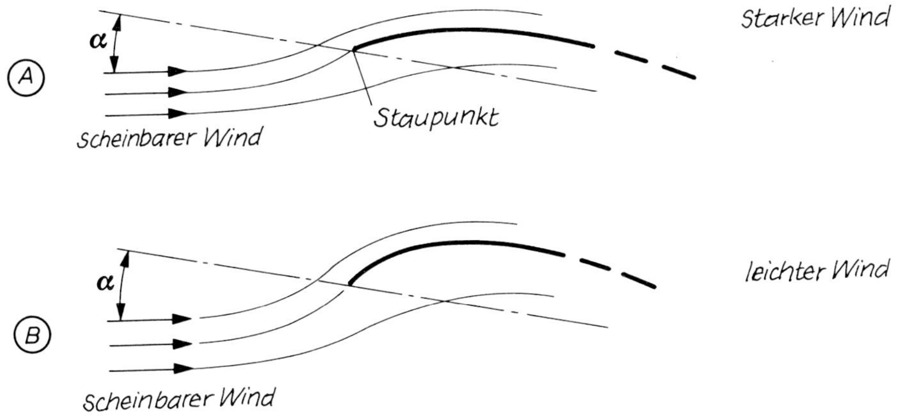

Abb. 2.62 Die Strömung an der Vorderkante bei idealem Anstellwinkel unter verschiedenen Bedingungen (stoßfreier Eintritt)
A Kleiner Anstellwinkel – flaches Segel
B Größerer Anstellwinkel – stärker gewölbtes Segel

abrundete – lange bevor die Theorie überhaupt eine Weiterentwicklung der Profile rechtfertigen konnte, die schließlich zu „dicken" Profilen für hohe Geschwindigkeiten führte.

Wie Abb. 2.59C zeigt, kann man sich das dicke Profil aus einer Dickenverteilung entstanden denken (Profiltropfen), die der sogenannten Wölbungslinie, die zu Berechnungs- und Klassifizierungszwecken als Skelett des Profils dient – gewissermaßen als Verkleidung – symmetrisch überlagert wird. Der Krümmungsradius an der Vorder- oder Eintrittskante ist, wie bereits gezeigt, ein wichtiger geometrischer Parameter, der die Strömung um das Profil und mithin Auftrieb und Widerstand beeinflußt. Die Bedeutung des wirksamen Eintritts der Strömung wurde in der Geschichte der Aerodynamik ein weiteres Mal entdeckt – diesmal von den Seglern. Profilvorstage der verschiedensten Ausführungen (Foto 2.14 und 2.24), kombiniert mit Strömungsanzeigern im Segel, sind Zeichen für ein besseres Verständnis der Funktionsweise des Segels und seiner Erfordernisse für optimale Wirksamkeit.

Das Ablöseverhalten beziehungsweise die Frage, ob der Auftrieb nach Erreichen des Maximums allmählich oder abrupt abnimmt, ist vollständig vom Zustand der Grenzschichtströmung und ihrem Verhalten unter der Einwirkung des sich mit wachsendem Anstellwinkel ausbildenden starken Druckanstiegs auf der Saugseite abhängig. Dieser ziemlich komplizierte Vorgang wurde mit einem Wettstreit zwischen laminarer Ablösung an der Profilnase (Foto 2.7) und turbulenter Ablösung in der Nähe der Hinterkante (Abb. 2.57A) verglichen, bei dem der eine oder andere Vorgang überwiegt und den Maximalauftrieb bestimmt [2.30]. Welchem der beiden Ablösevorgänge nun tatsächlich die vorherrschende Rolle zukommt, hängt sehr stark von der Reynolds-Zahl ab, oder anders ausgedrückt, von dem Verhältnis zwischen Zähigkeits- und Trägheitskräften in der Strömung. Diese beiden Kräftearten sind maßgebend für den Charakter der

Grenzschichtströmung. Sehr deutlich geht dieser Einfluß der Reynolds-Zahl auf den Auftrieb aus Abb. 2.63 hervor. Wie man sieht, steigt der $c_{l\,max}$-Beiwert des symmetrischen Profils NACA 0015 von ungefähr 0,85 bei $R_n = 42\,900$ auf 1,55 bei $R_n = 3\,260\,000$ an. Der maximale Auftriebsbeiwert $C_{L\,max}$ sowohl der Kielflosse als auch des Ruders kann sich innerhalb des beim Segeln auftretenden Reynolds-Zahlenbereiches also ungefähr um den Faktor 2 ändern. Bei einer schnellen großen Yacht variiert die Reynolds-Zahl der Kielflosse zwischen nahezu Null, wenn das Boot Fahrt aufnimmt, und 10 Millionen (10^7). Natürlich arbeitet die Kielflosse unter stationären Segelbedingungen niemals in der Nähe des kritischen Anstellwinkels, aber beim Manövrieren, Beschleunigen und Rollen können durchaus große Anstellwinkel erreicht werden, und vom Standpunkt der Steuerbarkeit und Leistungsfähigkeit der Yacht ist es von Interesse, welchen maximalen Auftrieb die Rumpfanhänge bei instationärer Bewegung erreichen können. Eine reduzierte Wirksamkeit sowohl der Kielflosse als auch des Ruders, verursacht durch einen plötzlichen Fahrtverlust beim Manövrieren, kann leicht durch einen starken Abfall des $C_{L\,max}$-Beiwertes, begleitet von einem Anstieg des Widerstandes (auch ein Reynolds-Zahl-Effekt), noch verstärkt werden. Dies ist einer der Faktoren, die zu der häufig vorkommenden Beeinträchtigung der Steuerfähigkeit bei instationären Segelbedingungen beitragen, besonders bei Booten mit einem Ruder geringer Fläche und hohem Seitenverhältnis. Die größte Reynolds-Zahl in Abb. 2.63 entspricht zum Beispiel der einer Kielflosse mit einer Profillänge von 1,5 m bei einer Fahrtgeschwindigkeit von etwa 4,8 Knoten. Zur Berechnung der entsprechenden Reynolds-Zahlen bei anderen Abmessungen und Bootsgeschwindigkeiten kann die Tabelle 2.5 oder Gl. (2.19A) herangezogen werden.

Der Einfluß der Reynolds-Zahl auf den maximalen Auftriebsbeiwert $c_{l\,max}$ einiger symmetrischer NACA-Profile, die häufig für Kielflossen und Ruder verwendet werden, geht aus Abb. 2.64 hervor. Der Maximalauftrieb steigt mit der Reynolds-Zahl erst langsam, dann etwas stärker an und erreicht bei Reynolds-Zahlen oberhalb 10 Millionen, die von normalen Segelyachten nicht erzielt werden, im wesentlichen einen konstanten Wert. Der Grund für dieses Verhalten liegt darin, daß im Bereich kleiner Reynolds-Zahlen (in Abb. 2.63 und 2.64 durch den Buchstaben L gekennzeichnet), die von der Profilvorderkante ausgehende laminare Ablösung schon bei verhältnismäßig kleinen Anstellwinkeln auftritt. Bei großen Reynolds-Zahlen (in beiden Abbildungen mit dem Buchstaben T gekennzeichnet) hat sich schließlich fast über der ganzen Profiltiefe eine „robuste" turbulente Grenzschicht ausgebildet, die sich erst in der Nähe der Profilhinterkante ablöst. Bei dieser im wesentlichen anliegenden Strömung und des infolgedessen geringen Nachlaufs hat eine weitere Erhöhung der Reynolds-Zahl keine merkliche Änderung des maximalen Auftriebsbeiwertes $c_{l\,max}$ mehr zur Folge. Im Reynolds-Zahlenbereich zwischen „L" und „T" verschiebt sich der Umschlagpunkt laminar/turbulent der Grenzschicht allmählich von der Profilhinterkante immer mehr zur Vorderkante. Da die „kräftigere" turbulente Grenzschicht länger der Profilkontur folgen kann, verringert sich das Totwasser in ähnlicher Weise wie beim Kreiszylinder (Abb. 2.35) durch eine Verlagerung der Ablösestelle nach

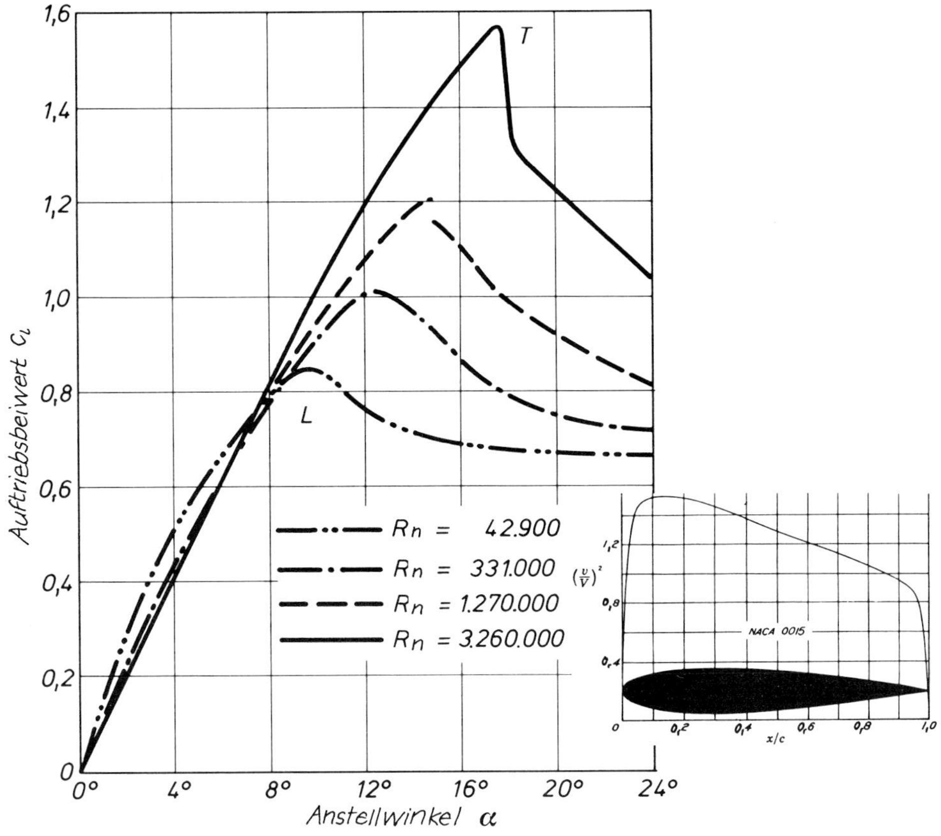

Abb. 2.63 Der Einfluß der Reynolds-Zahl auf den Auftrieb des Profils NACA 0015

hinten. Infolgedessen nimmt die Zirkulation zu und damit auch der Wert für $c_{l\,max}$. Der größte $c_{l\,max}$-Beiwert wird bei einer Reynolds-Zahl erreicht, bei der sich schon kurz hinter der Vorderkante, wo sonst die Strömung laminar ablöst, eine vollturbulente Grenzschicht entwickelt hat.

Natürlich hängt der jeweilige Einfluß der Reynolds-Zahl auf den Höchstauftrieb wie auch auf den Widerstand vornehmlich von der Profilgeometrie ab, einfach deshalb, weil jede Profilform (Oberflächenkontur, Dicke der Vorderkante) eine andere Geschwindigkeits- und Druckverteilung hervorruft. So ändern sich zum Beispiel die c_d- und c_l-Beiwerte des dicken, unsymmetrischen Profils N60 mit der Reynolds-Zahl in einer ziemlich erstaunlichen, an Zauberei grenzenden Weise (Abb. 2.65). Dies wird sogleich ersichtlich, wenn man dessen Eigenschaften mit denen des dünnen segelähnlichen Profils 417a vergleicht [2.56], [2.57]. Unter bestimmten Umständen ist der Reynolds-Zahl-Einfluß von großer praktischer Bedeutung und erfordert entsprechende Beachtung, zumal man sich in den letzten Jahren sehr dafür interessiert, durch die Verwendung dicker, starrer oder halbstarrer Profilsegel anstelle der herkömmlichen Tuchsegel, die Höchstgeschwindigkeit der Segelboote zu steigern.

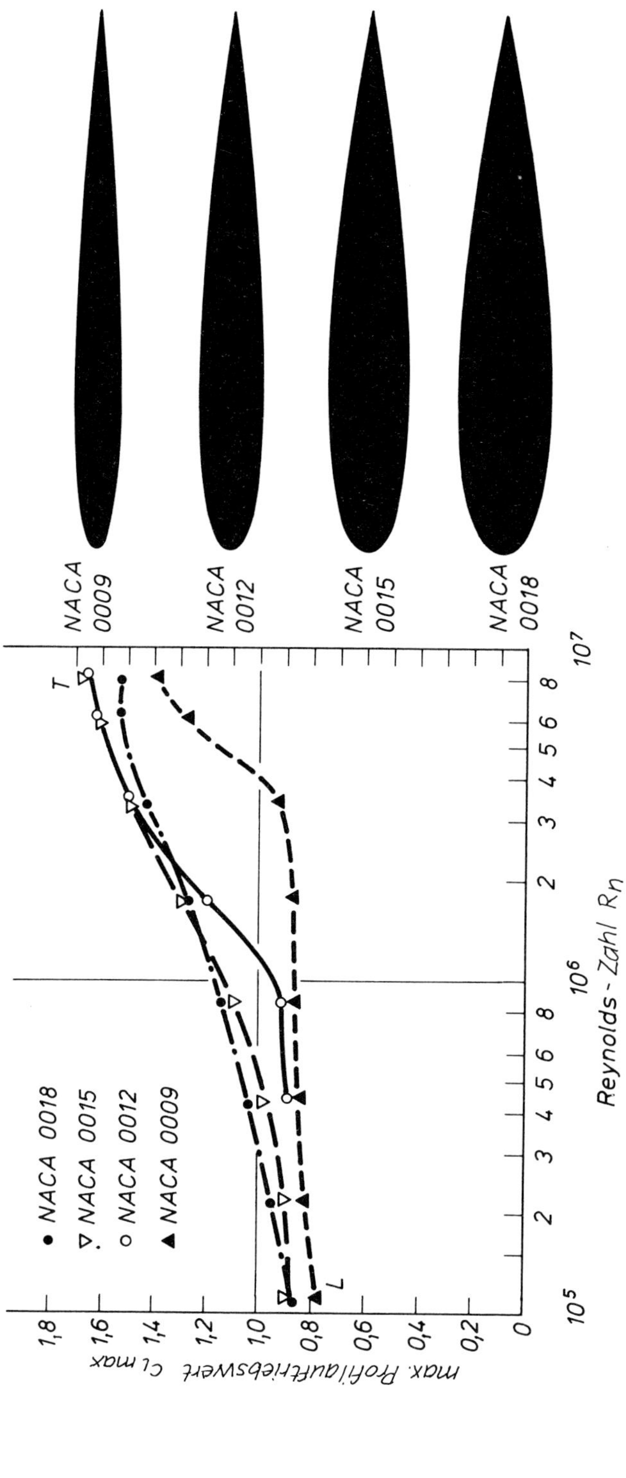

Abb. 2.64 Der maximale Auftriebsbeiwert $c_{l\max}$ symmetrischer NACA-Profile in Abhängigkeit von der Reynolds-Zahl (NACA Rep. 586)

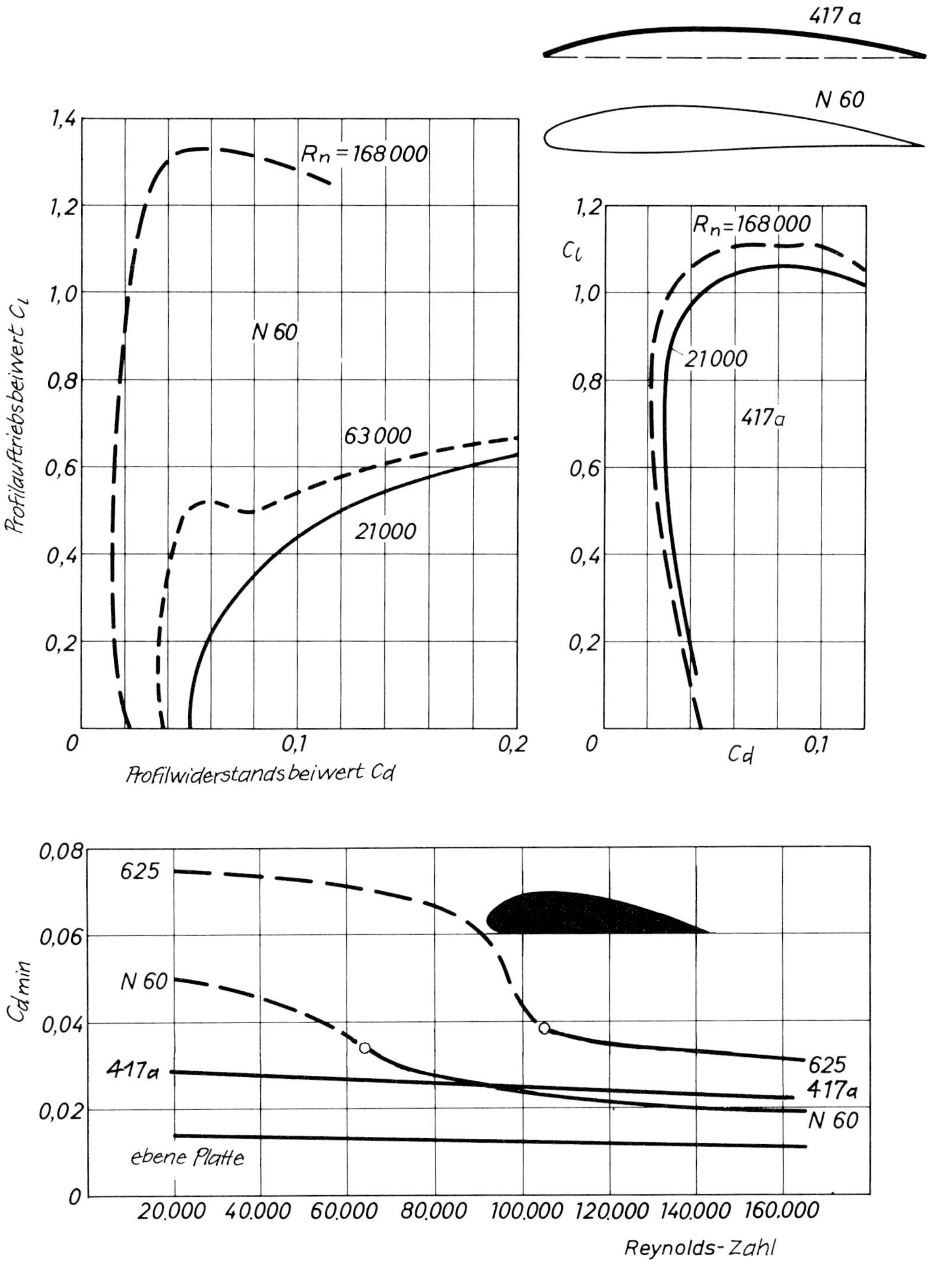

Abb. 2.65 Der Reynolds-Zahleneinfluß auf die aerodynamischen Eigenschaften dicker und dünner Profile am Beispiel der Profile N60 und 417a

Eine Yacht segelt bei Flaute und Sturm, und somit ändern sich geschwindigkeitsbedingt die Reynolds-Zahlen für ihre dreieckigen Segel in großem Maße. Außerdem variiert die Reynolds-Zahl über der Höhe der Segel. Für ein Segel einer 12-m-R-Yacht beträgt sie nahezu Null am Segelkopf und ungefähr 4,9 Millionen ($4{,}9 \cdot 10^6$) am Unterliek, legt man eine Windgeschwindigkeit $V_A = 12$ m/s und eine Sehnenlänge des Segelprofils von 6,0 m zugrunde. Bei gleicher Windstärke beträgt die größere Reynolds-Zahl für eine Eintonner-Yacht etwa 2,5 Millionen ($2{,}5 \cdot 10^6$). Mit Tabelle 2.6 und Gl. (2.19B) lassen sich die jeweiligen Reynolds-Zahlen für andere Verhältnisse berechnen.

Aus Abb. 2.65, die den Einfluß der Reynolds-Zahl auf die aerodynamischen Eigenschaften der beiden bereits erwähnten asymmetrischen Profile N 60 und 471a im Bereich kleiner R_n-Zahlen darstellt, lassen sich zwei wichtige Schlüsse ziehen:

1. Dicke Profilsegel sind bei wenig Wind bei weitem nicht so gut wie Tuchsegel. Das dicke Profil unterliegt einem starken Reynolds-Zahl-Einfluß, während das dünne Profil in dieser Hinsicht bemerkenswert unempfindlich ist (die Gründe hierfür werden in Teil 3 erörtert).
2. Der Vergleich zweier Profile, die zu verschiedenen Familien gehören, kann zu falschen Ergebnissen führen, wenn man nur ihre Eigenschaften bei kleinen Reynolds-Zahlen zugrundelegt.

Diese Unterschiede zwischen dicken und dünnen Profilen sind nicht allzu bekannt. Leicht zugängliche Informationen über Auftriebs- und Widerstandsbeiwerte normaler Tragflügelprofile beziehen sich auf Reynolds-Zahlen, die höchstens bei viel Wind erreicht werden. Die bei einigen Anhängern des Profilsegels als bewiesen geltende Behauptung, daß deren aerodynamische Eigenschaften besser sind als die normaler, herkömmlicher Tuchsegel, ist darum nur zum Teil richtig.

d) Das Rigg der Lady Helmsman

Bei der Diskussion des in den RINA Transactions [2.58] veröffentlichten Vortrages „Class C Racing Catamarans" traten hinsichtlich der Übertragbarkeit der Windkanalversuchsergebnisse für das Modellrigg der *Lady Helmsman* (Foto 2.26) auf die Großausführung störende Unstimmigkeiten zutage. Das von A. Farrar für den britischen C-Kat entwickelte Una-Rigg war das Ergebnis mehrjähriger Arbeit mit dem Ziel, jeden Vorteil zu nutzen, der sich ergeben könnte aus:

a) einer exakten Kontrolle der Verwindung des Segels,
b) einer Beseitigung des Masteinflusses.

Anregung erhielten diese Versuche durch Experimente, die H.J. Parham bereits 1947 mit Profilsegeln und gekrümmten Masten durchführte.

Nach den Worten des Konstrukteurs hatte „... bei vollständigem Rigg der *Lady Helmsman* [eine Anordnung aus einem Profilmast und einer Verlängerung aus Segeltuch] das ganze [das heißt, der Querschnitt der Mast-Segel-Kombination (Abb. 2.66)] große Ähnlichkeit – und basierte auch darauf – mit den Göttinger Hochauftriebsprofilen für Segelflugzeuge aus dem Jahre 1928." Einige der Ergebnisse der Versuche, die von Farrar an der Universität Southampton durchgeführt wurden, zeigt Abb. 2.66. Der Mast mit der größeren Profildicke und -tiefe wurde schließlich als der bessere ausgewählt. Der aerodynamische Gleitwinkel ε_A, der für die Fahrtleistung eines jeden schnellen Segelfahrzeuges entscheidendste Faktor, liegt etwas unter 9°, entsprechend einem Verhältnis L/D von ungefähr 6,4. Mit ihrem Flügelsegel schlug *Lady Helmsman* 1966 die amerikanische *Gamecock* und 1967 auch die australische Herausforderin *Quest II*. In dem auf einer RINA-Versammlung (1967) gehaltenen Vortrag (siehe oben) vertraten die an der Entwicklung der *Lady Helmsman* Beteiligten die Auffassung, daß „... diese sogenannten ‚Flügelsegel' in ihrer ausgereiftesten Ausführung den konventionelleren Riggs der C-Klassen-Katamarane eindeutig überlegen sind."

Dieser Ansicht wurde in der anschließenden Diskussion von T. Tanner widersprochen:

> „Ich glaube, man kann zu Recht sagen, daß sich *Lady Helmsman* anderen Booten beträchtlich überlegen gezeigt hat. Ich habe deshalb Abb. 2.67 genommen und einen Vergleich mit anderen Riggs angestellt. Trägt man die Ergebnisse aus Windkanalmessungen an einem 1:3 Modell des X-One-Design-Riggs [2.59] in dieses Diagramm mit ein, so zeigen sich keine merklichen Unterschiede. Wenn nun *Lady Helmsman* so gut war, worin liegen dann die Gründe für diese Überlegenheit?"

Foto 2.26 Die Fortschritte in der Mast- und Segelkonstruktion, die zu der Überlegenheit der *Lady Helmsman* bei der International Catamaran Challenge Trophy führten, sind zum großen Teil auf die Windkanaleinrichtungen der Universität Southampton zurückzuführen, wo das Rigg im Modell entwickelt wurde. Das Bild zeigt Austin Farrar bei der Untersuchung seines Modells im Maßstab 1:4. Die Beobachtung der Strömung und die Messung der Kräfte halfen, die optimale Größe des stromlinienförmigen Mastes und seine Stellung relativ zum eigentlichen Segel festzustellen.

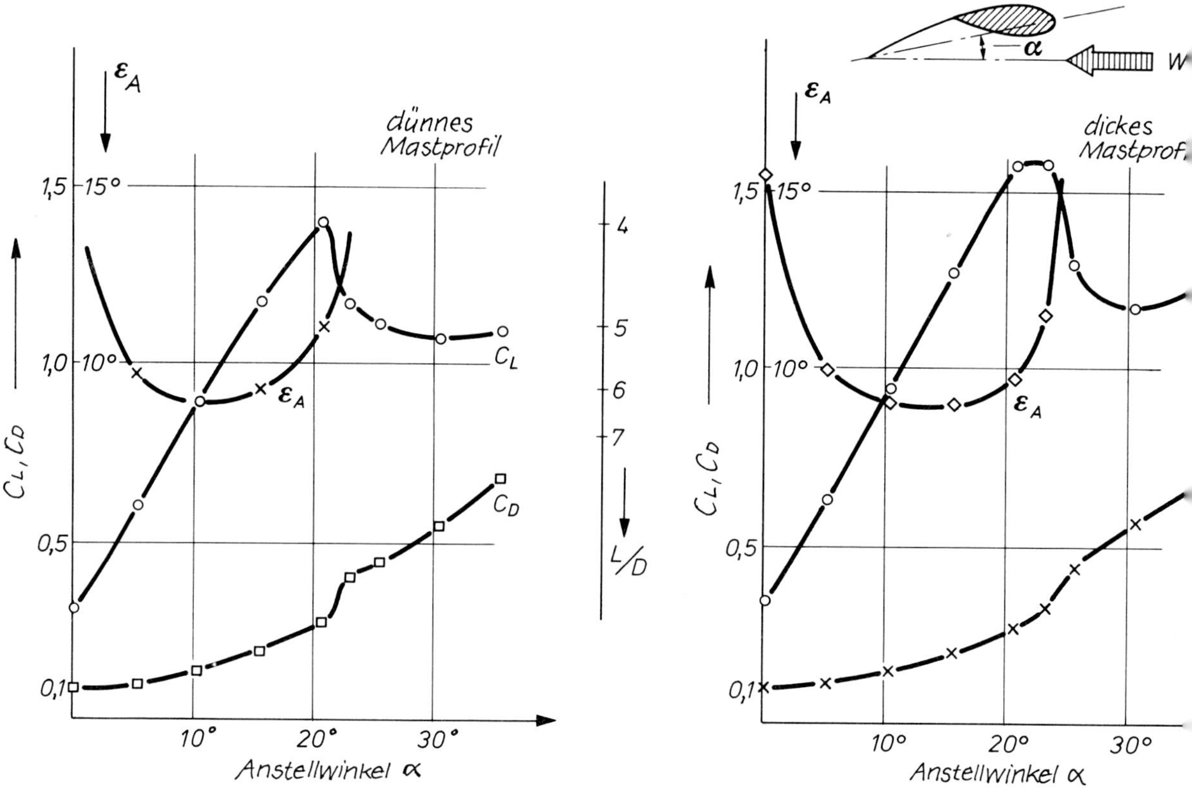

Abb. 2.66 Meßergebnisse für das Una-Rigg der *Lady Helmsman* (Modellmaßstab 1 : 4, Windkanalgeschwindigkeit 7,6 m/s)

Wie Abb. 2.67 zeigt, ist das Verhältnis Auftrieb/Widerstand des *Lady Helmsman*-Riggs, ein so entscheidender Faktor beim Hochgeschwindigkeitssegeln, tatsächlich in keiner Weise größer als dasjenige des konventionellen Slupriggs der X.O.D.-Klasse.

J. Fisk, ein erfahrener C-Katamaran-Segler, meinte in der Diskussion:

„Für mich sind Herrn Tanners Diagramme und Mathematik nichts weiter als kluge Worte, denn ich verstehe von diesen Dingen nicht viel, aber die Segelpraxis zeigt, daß Boote mit einem Una-Rigg schneller und höher am Wind laufen als slupgeriggte Boote. Die Gründe dafür kenne ich nicht, aber vielleicht läßt es sich eines Tages auch im Windkanal beweisen.“

H. Parham sagte ziemlich bitter: „Die von Herrn Tanner vorgelegten Kurven und Zahlen scheinen zu zeigen, daß das Rigg der *Lady Helmsman* in den meisten Punkten den normalen Riggs, mit denen er es verglich, unterlegen ist, und dennoch hat sie gewonnen. Soll nun Herr Tanner bessere Zahlen suchen gehen, oder was? Ich weiß es nicht.“ A. Farrar bemerkte in seiner Antwort auf die Diskussionsbeiträge: „Zugegeben, Herrn Tanners Darstellungen zufolge würde

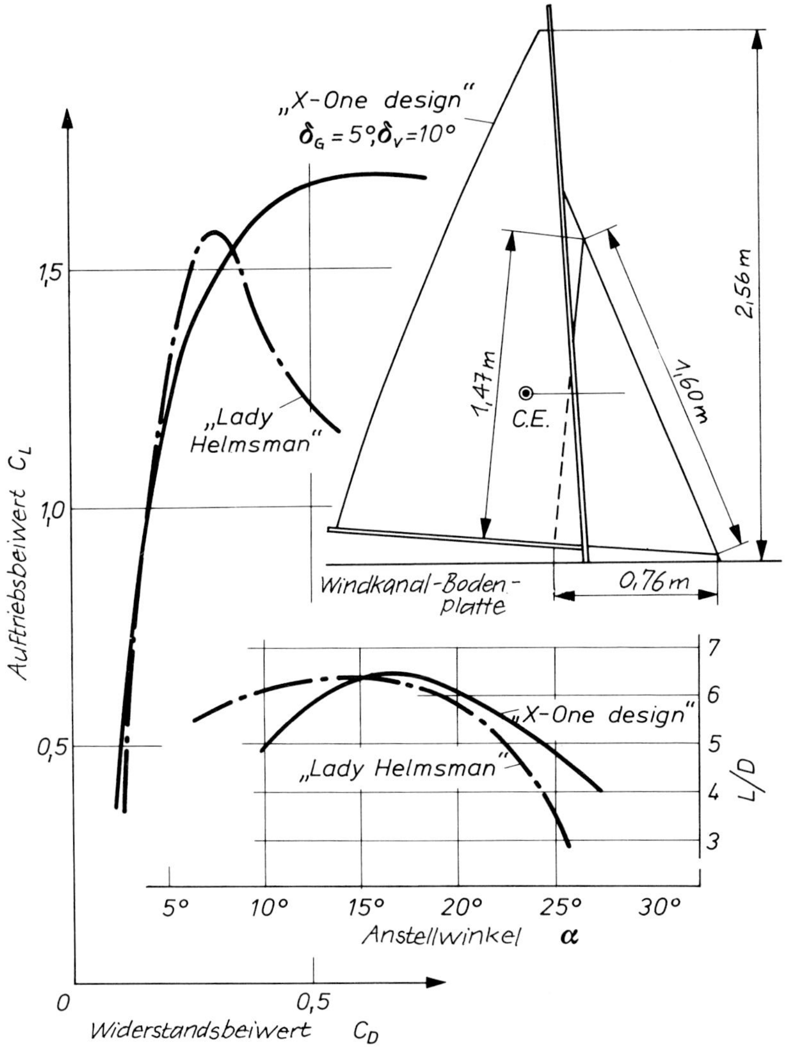

Abb. 2.67 Vergleich der aerodynamischen Eigenschaften der im selben Windkanal bei annähernd gleicher Windgeschwindigkeit untersuchten Riggs (gleiche Mastlänge) der *Lady Helmsman* und der X-O.D.-Klasse

ein C-Klassen-Katamaran mit einem X.O.D.-Rigg schneller segeln, aber ich habe das Gefühl, daß dies aus irgendeinem praktischen Grunde nicht funktionieren würde. Als vor vielen Jahren die Lattensegel aufkamen, war jeder Katamaran mit normalen Tuchsegeln veraltet, außerdem wurde das normale Sluprigg häufig genug von dem Una-Rigg geschlagen. Es muß dafür eine praktische Ursache geben, und es ist dieser Praxiseffekt, der die Rennen entscheidet."

Wer hat recht? Sind Windkanalergebnisse glaubwürdig? Was hat es mit dem „Praxiseffekt" auf sich, der Regatten entscheidet und im Windkanal unentdeckt bleibt?

Die Antwort auf diese Fragen ist in Abb. 2.65 und Abb. 2.69 zu suchen. Schuld an der Uneinigkeit in der Diskussion um die Vorzüge der *Lady Helmsman* sind die unterschiedlichen Reynolds-Zahlen für Modell und Großausführung. Darum kann man sagen, daß alle Kontrahenten auf ihre Weise recht hatten. Aufgrund der vorgelegten Windkanalergebnisse ließ sich die Überlegenheit des Flügelsegels zwar nicht beweisen. Berücksichtigt man jedoch die Beweiskraft der Regattaergebnisse und die in Abb. 2.65 enthaltenen Angaben, so kann man folgern, daß bei den von der Großausführung erreichten relativ hohen Reynolds-Zahlen, das beispielsweise über dem Auftriebsbeiwert aufgetragenen L/D-Verhältnis für das Rigg der *Lady Helmsman* über dem normaler Tuchsegelriggs liegen muß. Abb. 2.68 möge diesen Gedankengang verdeutlichen. Sie zeigt die aus Modellversuchen im Windkanal gewonnenen Kurven L/D (C_L) für ein Finn-, Drachen-, 12-m-R-Yacht- und X.O.D.-Rigg, sowie die L/D-Kurve oberhalb der kritischen Reynolds-Zahl eines Rechtecktragflügels ($\Lambda = 6$) mit dem Profil RAF 30. Miteingetragen ist zum Vergleich die mutmaßliche L/D-Kurve des *Lady Helmsman*-Riggs, die seine nicht unwahrscheinlichen Eigenschaften bei Großausführungsverhältnissen entsprechenden Reynolds-Zahlen wiedergeben könnte.

Da der Reynolds-Zahl-Einfluß, wie Abb. 2.65 und 2.69 zeigen, recht weitreichend und unvorhersagbar ist, läßt sich nur schwer abschätzen, wie nahe die aerodynamischen Eigenschaften ihres Flügelsegels den bekannten Eigenschaften von starren Tragflügeln wirklich kommen. Sicherlich hatte das Rigg der *Lady Helmsman* hinsichtlich des L/D-Verhältnisses in der Großausführung jedoch bessere Eigenschaften als die im Windkanal gemessenen. Es gibt sonst keinen anderen Grund, der ihren Regattaerfolg rechtfertigen könnte.

Leider existieren für hinreichend kleine Reynolds-Zahlen zu wenig Unterlagen über den Zusammenhang zwischen den Eigenschaften von Profilmast plus Segeltuchverlängerung in Großausführung und den im Windkanal am Modell ermittelten, als daß genaue Berechnungen oder Prognosen möglich wären. Dieser Mangel ist auf den plötzlichen Sprung von niedrigen zu hohen Geschwindigkeiten zurückzuführen, den die Aerodynamik seit dem Flug der Gebrüder Wright machte. Die Aerodynamik der kleinen Geschwindigkeiten blieb unterentwickelt zurück. Die in der Vergangenheit auf dem Gebiet der aerodynamischen Eigenschaften dünner Profile im Bereich kleiner Reynolds-Zahlen geleistete Forschungsarbeit wurde nie zusammengetragen, mit Ausnahme vielleicht in dem Buch von F. Schmitz, *Aerodynamik des Flugmodells,* Duisburg: C. Lange, 1952.

Aus Abb. 2.69 ist die Abhängigkeit des Auftriebsbeiwertes von der Reynolds-Zahl für Profile, die hinsichtlich der praktischen Anwendung beim Segeln von besonderem Interesse sind – nämlich eine gewölbte Platte, eine ebene Platte und ein dickes Profil – zu ersehen [2.56], [2.57]. Wie in Abb. 2.65, ist auch hier der gleiche Trend erkennbar. Der Vergleich der Steigungen der c_l-Kurven mit dem als dünne Strichpunktlinie eingetragenen theoretischen Auftriebsanstieg nach Gl. (2.14) zeigt, daß der Anstieg des Auftriebsbeiwertes c_l mit dem Anstellwinkel der ebenen und der gewölbten Platte im Bereich kleiner und mittlerer Anstellwinkel nur wenig, der Auftriebsanstieg des dicken Profils dagegen stark durch die Reynolds-Zahl beeinflußt wird.

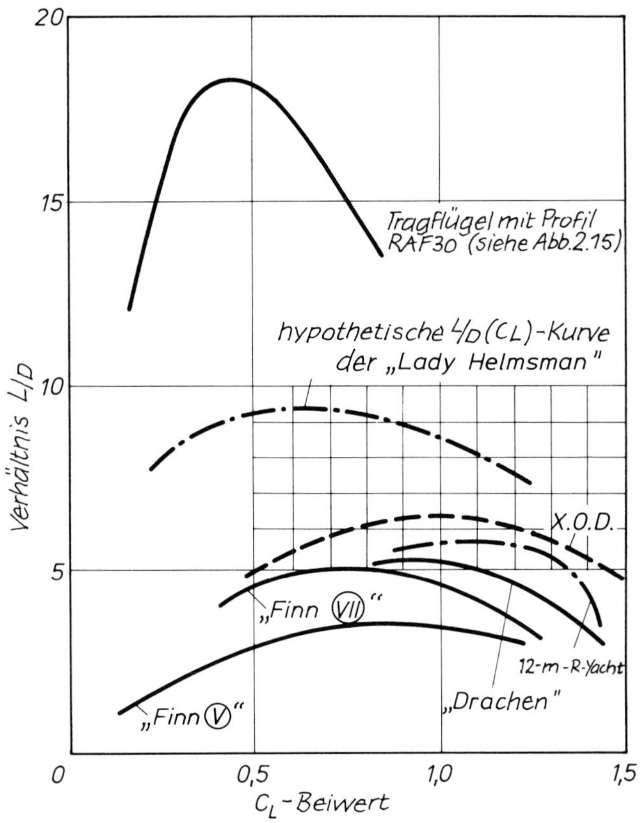

Abb. 2.68 Vergleich der L/D-Verhältnisse eines starren Rechteckflügels (Profil RAF 30, $\Lambda = 6{,}0$) und einiger im Windkanal der Universität Southampton untersuchter Tuchsegel-Riggs

e) Aerodynamische Eigenschaften dünner Profile

Bevor wir Abb. 2.69 eingehender analysieren, wollen wir noch einmal Gl. (2.14) anschreiben:

$$C_L = 0{,}11 \cdot \alpha. \qquad \text{(2.14) wiederholt}$$

Hierbei ist α der Anstellwinkel in Grad und

$0{,}11 = \dfrac{\Delta c_l}{\Delta \alpha}$ der theoretische Auftriebsanstieg in zweidimensionaler reibungsfreier Strömung für die ebene Platte.

Ersetzen wir in Gl. (2.14) den theoretischen Auftriebsanstieg durch die aus Messungen in zähem Strömungsmedium ermittelte tatsächliche Steigung der Auftriebskurve $a_0 = \dfrac{\Delta c_l}{\Delta \alpha}$, so ergibt sich:

$$c_l = a_0 \cdot \alpha. \qquad (2.21)$$

Der Index 0 steht für zweidimensionale Strömung.

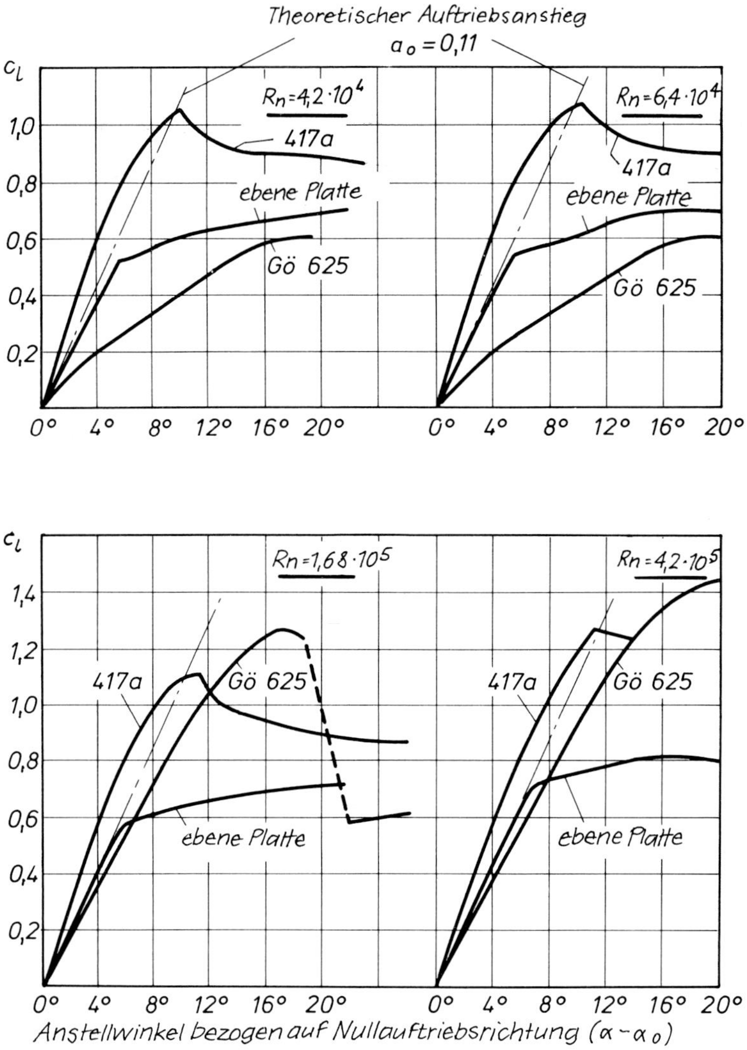

Abb. 2.69 Die Abhängigkeit des Auftriebsbeiwertes c_l von der Reynolds-Zahl für eine ebene Platte, die gewölbte Platte 417a und das dicke Flügelprofil Gö 625, nach [2.56]. Zweidimensionale Strömung.

Die Art der Darstellung der c_l-Kurven in Abb. 2.69, welche die Auftriebseigenschaften in zweidimensionaler Strömung beschreiben, bedarf einiger Erklärung. Normalerweise wird der c_l-Beiwert über dem zwischen Anströmrichtung und Profilsehne c gemessenem Anstellwinkel α aufgetragen, wie es in Abb. 2.70 für eine Kreisbogenprofilfamilie mit relativer Wölbung f/c zwischen 0 (ebene Platte) und 0,1 erfolgte [2.60]. Hieraus ist zu ersehen, daß der erforderliche Anstellwinkel für einen gegebenen Auftriebsbeiwert mit zunehmender Profilwölbung immer kleiner wird. Mit größer werdendem Wölbungsverhältnis verschiebt sich die ganze Auftriebskurve immer mehr nach links. Diese Verschiebung läßt sich durch den

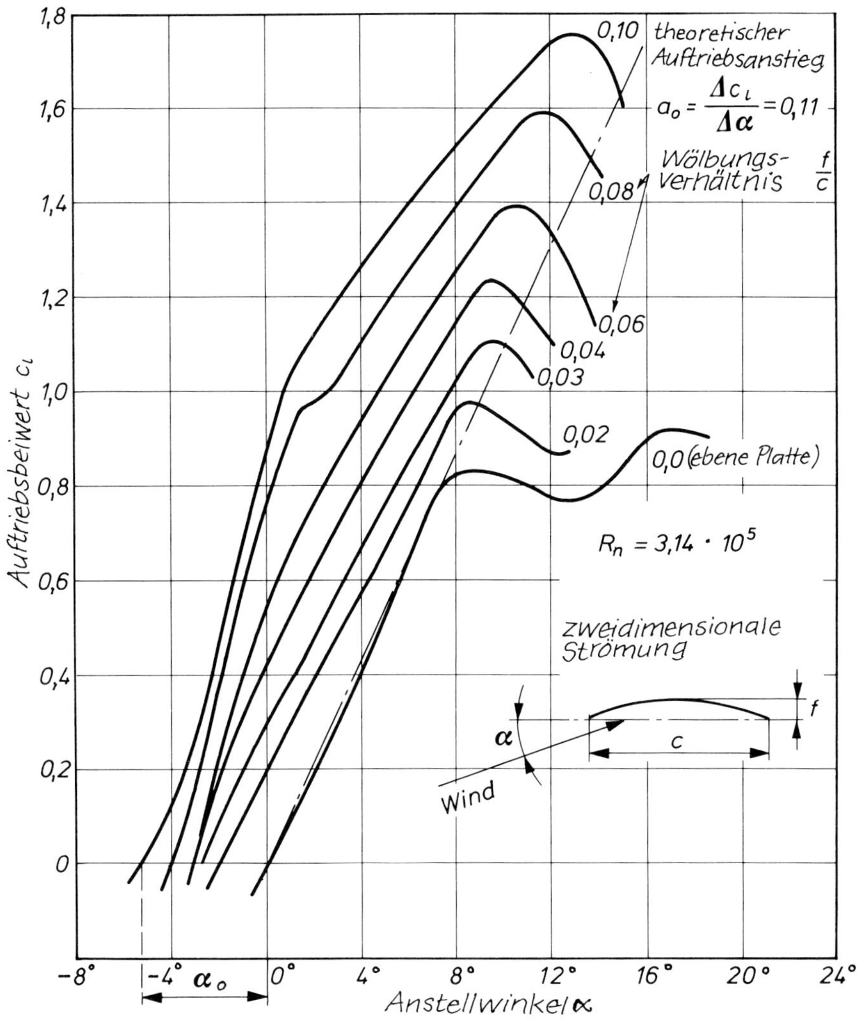

Abb. 2.70 Auftriebsbeiwerte von Kreisbogenprofilen unterschiedlicher relativer Wölbung in Abhängigkeit vom Anstellwinkel. Zweidimensionale Strömung. Der Nullauftriebswinkel α_0 ist nahezu unabhängig von der Reynolds-Zahl, sein negativer Zahlenwert nimmt mit der Wölbung zu.

Anstellwinkel, für den der Auftrieb verschwindet, beschreiben. Zum Beispiel beträgt für das Profil mit dem Wölbungsverhältnis $f/c = 0,1$ dieser Nullauftriebswinkel α_0 ungefähr 5,3°. Für eine ungewölbte Platte oder ein symmetrisches Profil ist der Anstellwinkel für $c_l = 0$ stets Null. Bei asymmetrischen (gewölbten) Profilen ist der Nullauftriebswinkel stets negativ, er nimmt mit steigendem Wölbungsverhältnis f/c immer größere Werte an.

Um die Auftriebseigenschaften verschiedener Profile nun direkt miteinander zu vergleichen, ist es zweckmäßig, die c_l-Beiwerte über dem Winkel $\alpha - \alpha_0$ (also über dem Winkel zwischen Nullauftriebswinkel und Anströmrichtung) aufzutragen. Dies ist gleichbedeutend mit einer Verschiebung der Auftriebskurve nach

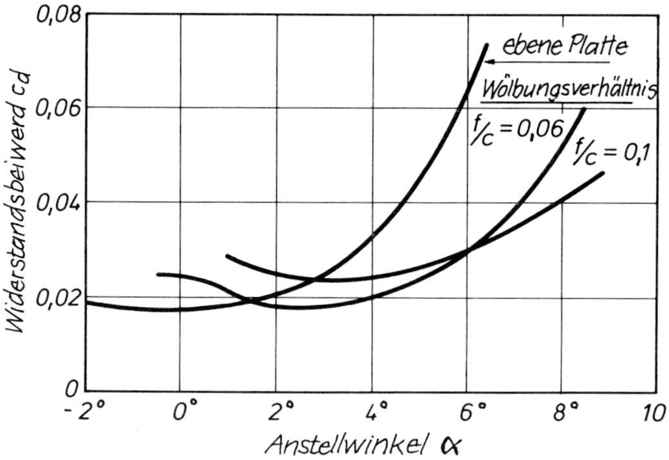

Abb. 2.70 A Der Widerstand von Kreisbogenprofilen mit den Wölbungen $f/t = 0{,}0$, 0,06 und 0,1 in Abhängigkeit vom Anstellwinkel, nach [2.60]

rechts, bis der Nullauftriebswinkel α_0 mit dem Nullpunkt des Koordinatensystems zusammenfällt. Genau in dieser Weise sind die Kurven in Abb. 2.69 dargestellt. Nimmt man den theoretischen Wert für die Steigung der Auftriebskurve $\frac{\Delta c_l}{\Delta \alpha} = 0{,}11$ der reibungsfrei eben umströmten Platte als Maßstab für die Wirksamkeit eines wirklichen Profils bei der Auftriebserzeugung (zweidimensionale Strömung), so können wir einen Profilwirkungsgrad k einführen durch die Beziehung:

$$k = \frac{a_0}{0{,}11}. \tag{2.22}$$

Abb. 2.69 zeigt, daß der Profilwirkungsgrad k der ebenen Platte bei mittleren Reynolds-Zahlen fast den Wert 1 erreicht, mit sinkender R_n-Zahl aber abnimmt; bei $R_n = 4{,}2 \cdot 10^4$ beträgt k nur noch 0,84. Dünne, gewölbte Platten zeigen in dieser Beziehung ein anormales Verhalten. Beispielsweise ergaben die Messungen für das Profil 417a bei Auftriebsbeiwerten $c_l < 0{,}6$ einen von der Reynolds-Zahl fast unabhängigen Wert k von ungefähr 1,4. Wie die Ergebnisse ausführlicherer Messungen in Abb. 2.70 zeigen, ist der Auftriebsanstieg gewölbter Platten entscheidend von ihrem Wölbungsverhältnis abhängig. So weist zum Beispiel die Auftriebskurve des Profils mit der relativen Wölbung von 10 Prozent zwei in etwa gerade Kurvenabschnitte unterschiedlicher Steigung auf. Aus der Steigung im unteren Kurvenbereich folgt der sehr große Profilwirkungsgrad $k \approx 1{,}8$, was weit über dem theoretischen Wert liegt. Der obere Kurventeil beschreibt diesbezüglich leider schlechtere Eigenschaften; die Steigung und damit der Faktor k nimmt mit größer werdender Wölbung immer mehr ab. Die Nichtlinearität der Auftriebskurven ist auffällig; die Abweichung vom theoretischen Auftriebsanstieg läßt sich teilweise mit der Annahme erklären, daß auch bei Anstellwinkeln unterhalb des c_l-Maximums die Strömung an dünnen Profilen mit einer Wölbung über 5 bis 6 Prozent nicht voll anliegt. Dies würde bedeuten, daß selbst beim idealen Anstellwinkel, bei stoßfreiem Eintritt der Strömung in die Vorderkante, in irgendeiner Form Ablösung auftritt. Um diesen Punkt einsichtig zu machen, sei daran erinnert, daß eine hinreichend gute Übereinstimmung zwischen der auf Annahme einer reibungsfreien Flüssigkeit beruhenden Theorie des Auftriebs und Messungen an stromlinienförmigen Profilen mäßiger Dicke und Wölbung nur dann erwartet werden kann, wenn die Strömung am Profil überall anliegt und erst an der Hinterkante glatt abfließt. Diese Übereinstimmung ist nicht mehr gegeben, wenn aus irgendwelchen Gründen die Strömung entweder an der Profilvorder- oder Profilhinterkante ablöst und ein Teil der Strömungsenergie verloren geht.

Infolge der Ablöseblase an der Profilnase und/oder Ablösung an der Profilhinterkante ist mithin eine gewisse Abweichung zwischen Experiment und Theorie zu erwarten. Es ist vielleicht ungünstig, daß die Eintrittskanten bei Segeln in der Regel entweder scharf (Vorsegel) oder stumpf (Mast-Segel-Kombination) sind, da hieraus ein relativ hoher Widerstand und infolgedessen ein kleines Verhältnis Auftrieb/Widerstand resultiert (Abb. 2.61). Es sei jedoch daran erinnert, daß die scharfe Vorderkante im Bereich kleiner Reynolds-Zahlen, in dem stromlinienförmige Profile als wirksame Auftriebskörper versagen, andererseits auch gewisse Vorteile bietet. Wie aus Abb. 2.69 ersichtlich ist, hat das dicke Profil Gö 625, ähnlich wie das Profil N 60 in Abb. 2.65 und wie jedes andere dicke, konventionelle Profil, bei Reynolds-Zahlen bis 10^5 einen schlechten Profilwirkungsgrad k. Der Wert von k steigt aber mit der Reynolds-Zahl an, bei Reynolds-Zahlen um 10^6 erreicht k für Tragflügelprofile mit mäßigem Dickenverhältnis t/c nahezu 1,0.

Stromlinienförmige Profile mit einem geringen Dickenverhältnis von $t/c = 0{,}05$, wie beispielsweise die Joukowsky-Profile in Abb. 2.71, zeigen ähnliche Auftriebskurven wie Kreisbogenprofile (Abb. 2.70). Sie verlaufen ebenfalls nicht linear, ihre Steigung nimmt mit wachsendem Auftriebsbeiwert mehr oder weniger rasch ab. Der Maximalauftrieb von Joukowsky-Profilen geringer Dicke ist kleiner als der dünner Kreisbogenprofile gleicher Wölbung, jedoch besitzen sie bessere Widerstandseigenschaften im Bereich kleiner Anstellwinkel. Ein Vergleich der entsprechenden Widerstandsbeiwerte in Abb. 2.70 A und Abb. 2.71, zeigt, daß bis zu einem Anstellwinkel von 4° die Kreisbogenprofile fast doppelt so viel Widerstand hervorrufen wie die Joukowsky-Profile. Für $\alpha > 4°$ sind die Widerstandsbeiwerte beider Profiltypen wieder vergleichbar. Sobald also Ablösung auftritt (sehr wahrscheinlich in beiden Fällen Ablösung am dünnen Profil in Form einer langen Ablöseblase an der Profilvorderkante), bestehen zwischen diesen beiden Profilarten im untersuchten Reynolds-Zahlenbereich keine großen Unterschiede mehr.

Aus unseren Untersuchungen der Vor- und Nachteile verschiedener Profilformen folgt, daß sich durch Verwendung stromlinienförmiger, dicker Profile anstatt plattenartiger, dünner Profile für Schwert und Ruder eine Verringerung ihres Widerstands erzielen läßt. Dies bedeutet aber nicht, wie ein streitlustiger Journalist behauptet, daß „... die meisten Theoretiker Ihnen sagen werden, daß das

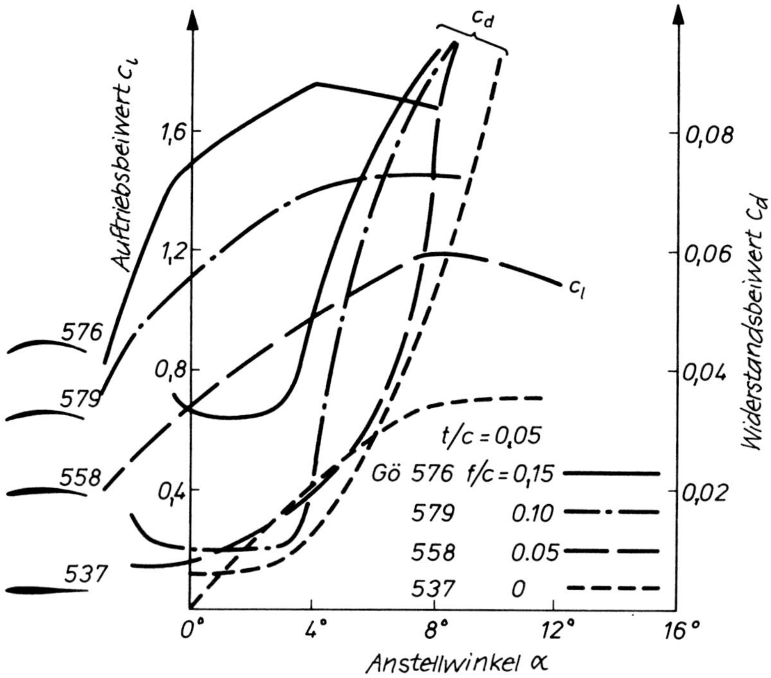

Abb. 2.71 Auftriebs- und Widerstandsbeiwerte dünner Joukowsky-Profile, nach [2.62]. $R_n = 4{,}2 \cdot 10^6$. Zweidimensionale Strömung.

dünne Plattenschwert unendlich viel unwirksamer gegen Abtrift ist als die dickere aerodynamische Form.“ Eine derartige Übertreibung, die sich darauf stützt, daß in der Praxis Rennjollen mit dünnem Plattenschwert sehr geringe Geschwindigkeitsunterschiede gegenüber solchen mit dickeren aerodynamischen Formen zeigen, ist sicherlich nicht der Klärung dieser Streitfrage dienlich. Der Anteil des Schwert- oder Ruderprofilwiderstandes am Gesamtwiderstand eines Bootes ist verhältnismäßig sehr klein, fällt aber dennoch ins Gewicht, besonders bei Regattabooten, die von erfahrenen Mannschaften gesegelt werden. Auf was es aber wirklich ankommt, ist nicht die fast vernachlässigbare Widerstandsverminderung bei kleinen Anstellwinkeln, sondern die besseren Gesamteigenschaften von stromlinienförmigen Profilen im Vergleich zur ebenen Platte. Entscheidend für den Entwurf eines wirkungsvollen Ruders ist die Erkenntnis, daß seine Hauptaufgabe darin besteht, bei Bedarf eine große Querkraft (Auftrieb) zu erzeugen, zum Beispiel bei drohender Gefahr des Querschlagens raumschots unter Spinnaker. Deshalb genügt es nicht, ein Ruder mit stromlinienförmigem, aber dünnem Profil zu verwenden. Abb. 2.58 gibt die Antwort auf die Frage, wie dick beispielsweise ein Spatenruder sein sollte. Der wesentliche Nachteil der dünnen Profile mit einer Dicke von 6 oder 9 Prozent der Profiltiefe ist, daß sie schon bei verhältnismäßig kleinen Anstellwinkeln ihren Maximalauftrieb erreichen und, was noch wichtiger ist, daß ihr erreichbarer maximaler Auftriebsbeiwert sich nicht viel von dem einer ebenen Platte unterscheidet. In dieser Hinsicht sind dicke Profile mit einem Dickenverhältnis von 12 Prozent und mehr, besser. Nach [2.31] ist überdies der Widerstand des dünnen Profils der 06-Serie bei Anstellwinkeln oberhalb 5° viel größer als der jedes anderen in Abb. 2.58 gezeigten Profils. Die Widerstände von Profilen mit einem Dickenverhältnis von 9 und 12 Prozent sind in einem weiten Anstellwinkelbereich vergleichbar. Mit einem Wort, es besteht kein Grund, stromlinienförmige, aber dünne Profile für Ruder, Schwert oder Kielflosse zu verwenden.

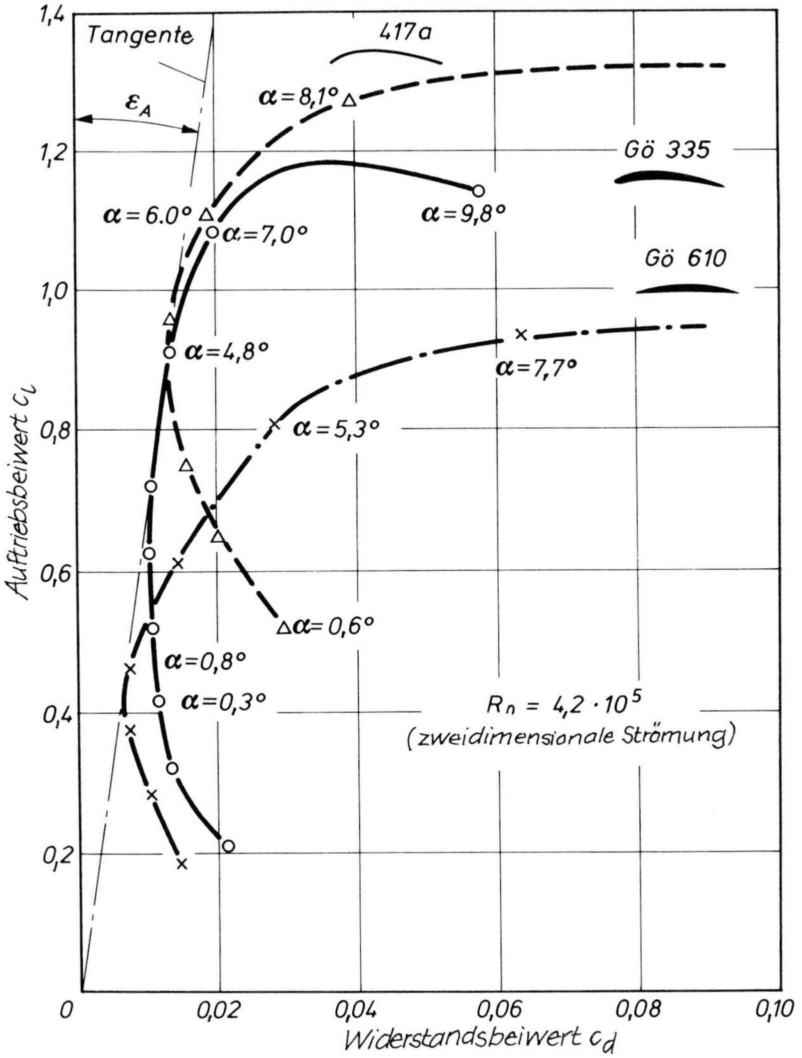

Abb. 2.72 Polardiagramme für drei dünne Göttingen-Profile:

417a – Gewölbte Platte mit abgerundeter Vorder- und Hinterkante
Gö 335 – Runde Profilnase und scharfe Hinterkante
Gö 610 – Scharfe Vorder- und Hinterkante (Kreissegment)

Der ausgeprägte Einfluß der Profilform auf die Auftriebs- und Widerstandseigenschaften geht aus Abb. 2.72 hervor, in der die Polaren dreier dünner Göttinger Profile bei einer Reynolds-Zahl von $4{,}2 \cdot 10^5$ dargestellt sind. Die Profile weisen alle unterschiedliche Form der Vorderkante und Dickenverteilung auf – Faktoren, die in erster Linie den Strömungscharakter im vorderen Profilbereich beeinflussen, mithin die Druckverteilung und die daraus resultierenden Kräfte. Ein recht interessantes Merkmal der drei Polarkurven ist der für alle Profile nahezu gleiche minimale aerodynamische Gleitwinkel ε_A (Winkel zwischen der Ordinatenachse und der Tangente an die Polare). Da die Widerstandsskala im Vergleich zur Auftriebsskala um das zehnfache vergrößert ist, kommt dem eingezeichneten Winkel $\varepsilon_{A\,min}$ nur eine qualitative Bedeutung zu.

Ein weiteres interessantes Kennzeichen der Polaren ist, daß der kleinste Gleitwinkel ε_A, entsprechend dem maximalen Verhältnis L/D, für jedes Profil bei einem anderen Auftriebsbeiwert auftritt. Wie bereits dargelegt, ist es nur bei einem ganz bestimmten Anstellwinkel wahrscheinlich, daß die Strömung um ein Profil mit scharfer Vorderkante anliegt – nämlich beim idealen Anstellwinkel oder bei solchen, die nicht allzu sehr davon abweichen. Ist die Profilvorderkante mit einem verhältnismäßig großen Radius abgerundet, wie das bei dem Profil Gö 335 der Fall ist, so ist es für die Anströmung relativ einfach, sich in fast jedem Punkt auf der runden Vorderkante zu verzweigen, ohne daß eine Stromlinie in Nasenbereich große Krümmung aufweist, was zu Ablösung führen könnte. Der Staupunkt, die wahre Vorderkante im aerodynamischen Sinne, in dem sich die Saugseiten- und Druckseitenströmung teilt, wandert bei Anstellwinkeländerungen auf der Profilnase auf und ab. Bei einer scharfen Eintrittskante ist dies unmöglich. Sobald das Profil mit einem kleineren oder größeren Winkel als dem idealen Anstellwinkel angeströmt wird, löst sich die Strömung an der Vorderkante ab. Die Ablösung, die um so leichter erfolgt, je schärfer die Vorderkante ist, schlägt sich deutlich in Abb. 2.72 nieder.

Betrachten wir die Polare des Profils Gö 610, ein Kreissegment mit scharfer Vorderkante. Das maximale L/D-Verhältnis ($\varepsilon_{A\,min}$) tritt bei einem Anstellwinkel von etwa 0,5° auf. Der entsprechende Auftriebsbeiwert c_l beträgt nur 0,45. Ober- und unterhalb dieses Anstellwinkels von 0,5°, den wir als den idealen Anstellwinkel auffassen können, biegt die Polare ziemlich rasch von der Tangente nach rechts ab. Dies bedeutet, daß sich die Strömungsverhältnisse an der Vorderkante drastisch und nachteilig infolge Ablösung verändern. Direkte Folge ist ein Anstieg des Widerstandes.

Für das Profil Gö 335 mit abgerundeter Nase beträgt der Auftriebsbeiwert bei maximalem L/D-Verhältnis ungefähr 0,8, also fast das Doppelte wie bei dem Profil Gö 610. Der zugehörige Anstellwinkel liegt bei etwa 3°. Wie Abb. 2.72 zeigt, reagiert das Profil Gö 335 auf Anstellwinkeländerungen nicht so empfindlich wie das Profil Gö 610. Dies ist aus dem relativ geraden Kurvenverlauf der Polare im Bereich des Tangentenberührpunktes zu ersehen. In die Praxis übertragen bedeutet dies, daß dieses Profil in einem größeren Anstellwinkelbereich wirksam ist, als das Profil Gö 610.

Aufgrund der größeren Wölbung im vorderen Profilbereich ist der ideale Anstellwinkel des Profils 417a größer als der des Profils Gö 335. Erwartungsgemäß ist auch der Auftriebsbeiwert mit 0,95 bei $(L/D)_{max}$ größer. Jedoch ist das Profil 417a fast genauso empfindlich gegenüber Anstellwinkeländerungen wie das Profil Gö 610.

Die unterschiedlichen Eigenschaften der betrachteten Profile sind zum einen Teil auf die sehr verschiedenen Strömungsverhältnisse an der Profilvorderkante und zum anderen Teil auf den Einfluß der Wölbung zurückzuführen. Man kann nicht sagen, daß ein Profil besser sei als das andere. Entscheidend ist, zu welchem Zweck das einzelne Profil dient; es gibt kein ideales Profil für alle Zwecke.

Die Erfahrung bestätigt, daß der Auftriebsbeiwert C_L für herkömmliche Segelfahrzeuge so groß wie mit der Querstabilität vereinbar sein sollte. Geht man von gleichen L/D-Verhältnissen aus, so ist aus dieser Sicht das konventionelle dünne Segelprofil, repräsentiert durch das Profil 417a, den beiden Profilen Gö 335 und Gö 610, überlegen, besonders dem letzteren. Dennoch wurde das Profil Gö 610 mit Erfolg für die Tragflächen von Tragflügelbooten verwendet (Foto 1.16, Teil 1). Um bei Tragflügelbooten das Auftreten von Kavitation an den Tragflächen zu vermeiden, müssen besondere Profilformen benutzt werden, die sich durch eine gleichmäßige Druckverteilung ohne Unterdruckspitze auf der Saugseite auszeichnen. Es hat sich gezeigt, daß konventionelle Profile mit gut abgerundeter Nase und verhältnismäßig weit vorne liegender größter Dicke für Tragflügelboote, die bei hohen Geschwindigkeiten operieren, wenig brauchbar sind, da die große Saugspitze in der Nähe der Vorderkante das frühzeitige Auftreten von Kavitation begünstigt. In dieser Beziehung sind Profile mit gleichmäßiger Druckverteilung (Druckplateau), wie beispielsweise die Kreissegment- oder Ogivalprofile, sowie die NACA-Laminarprofile nach Abb. 2.45, deren maximale Dicke auf halber Profiltiefe oder noch weiter hinten liegt, viel besser.

f) „Gefütterte" Segel

Die Berücksichtigung der sich aus den Abb. 2.70, 2.71 und 2.72 ergebenden Schlußfolgerungen, sowie die Beachtung des Einflusses der Reynolds-Zahl auf C_L (Abb. 2.69), könnte für die zukünftige Entwicklung unkonventioneller Segel, wie beispielsweise der sogenannten „gefütterten" oder halbstarren Segel, von richtungsweisendem Wert sein.

Gerüchte über die große Wirksamkeit halbstarrer Segel und die Möglichkeiten, sie als eine „Geheimwaffe" einzusetzen, veranlaßten die IYRU zu unmittelbarem Handeln. 1972 führte sie folgende Regel ein: „In Klassen, deren Vorschriften die Herstellung und Vermessung von Segeln in Übereinstimmung mit den IYRU-Segelvermessungsbestimmungen fordern, sind gefütterte Segel verboten." Freilich schließt das Verbot der IYRU die Verwendung unkonventioneller Segel in Bootsklassen nicht aus, deren Regeln freizügiger gehalten sind, oder die überhaupt keinen Einschränkungen unterliegen.

Das zum Patent angemeldete Konzept des gefütterten Segels illustriert Abb. 2.73. Nach den eigenen Worten des Erfinders bieten die halbstarren Segel drei besondere Vorzüge [2.61]:

a) Sie killen nicht so leicht wie normale Segel, somit kann man damit mehr Höhe laufen.
b) Die äußere Segeltuchhülle flacht den Schaumstoff an den Kanten ab (ich hatte darauf spekuliert, und es war eine der Erwartungen, die sich zur Zufriedenheit erfüllten). Es ist also nicht notwendig, die Schaumstofflagen an den Kanten anzuschrägen, vorausgesetzt, sie sind nicht zu dick. Dies macht die Herstellung der Füllung einfach.
c) Der für das Modellsegel verwendete Schaumstoff war ziemlich „hart". Er preßte sich nicht aus der Hülle heraus, verzog sich nicht, oder verhielt sich sonst irgendwie ungünstig. Es bedurfte nur weniger Durchstiche, um ihn in der Umhüllung zu fixieren. So konnten wir eine Füllung ziemlich schnell gegen eine andere auswechseln. Das gleiche sollte auch bei Segeln in Großausführung der Fall sein, obwohl es offensichtliche Grenzen gibt, was sich auf dem Vordeck oder im Vorschiff einer Klasse-III-Rennyacht am Wind bei Stärke 7 noch handhaben läßt. Aber an Land oder bei mäßigem Wind dürfte ein schnelles Austauschen der Einlagen möglich sein. Bei einem Jollensegel wird das Austauschen der Füllung bei jedem Wetter wenig Probleme bereiten, wenn man die Arbeit an Land macht.

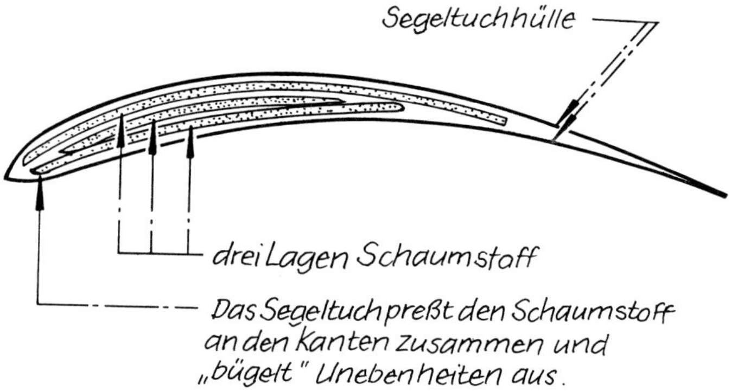

Abb. 2.73 Schnitt durch ein „gefüttertes" Segel

Windkanalversuche, die in Teil 3 beschrieben werden, bestätigen die Erwartungen des Erfinders jedoch nicht, daß „... eine behäbige Fahrtenyacht, aber mit gefütterten Segeln, einer etwas schnittigeren Rennyacht am Wind davonlaufen wird, nur weil die erste das gesetzt hat, was 1972 ‚in' sein wird."

Ein Profil, das dem Auge des Laien sehr schön stromlinienförmig erscheint, kann im Windkanal sehr schlechte Auftriebs- und Widerstandseigenschaften zeigen. Der Entwurf eines leistungsfähigen Profils mit ganz bestimmten, sich aus den Betriebsbedingungen ergebenden Eigenschaften, ist nicht einmal für den Fachmann leicht. Die in Abb. 2.71 dargestellten Joukowsky-Profile (benannt nach dem russischen Wissenschaftler, der sie zu Beginn des 20. Jahrhunderts auf mathematischem Wege entwarf), die während des Ersten Weltkrieges in Göttingen untersucht wurden, waren überholt, sowie sich der Geschwindigkeitsbereich der Flugzeuge änderte. Nach R. Mises [2.66] sind sie im Vergleich zur schlanken Rückseite im vorderen Profilbereich zu völlig, außerdem liegt die maximale Wölbung ziemlich in der Mitte der Profiltiefe, während eine Wölbungsrücklage im ersten Drittel der Profillänge vorteilhafter ist.

g) Die Bedeutung der Gestalt der Druckverteilung und der Einfluß des Mastes

Obwohl die Theorie der sehr dünnen Profile (Skelett-Theorie) in ihrer Anwendung auf das Segel noch weit davon entfernt ist, zu befriedigenden Ergebnissen zu führen, gestatten gewisse Merkmale seiner aus rein theoretischen Überlegungen [2.62], [2.63], [2.64] sowie aus Messungen an Tuchsegeln und gewölbten Platten in zweidimensionaler Umströmung [2.64], [2.65] bestimmten Druckverteilung eine teilweise Erklärung der Auftriebs- und Widerstandseigenschaften, die sich in mancher Hinsicht von denen dicker Profile unterscheiden. Wie Abb. 2.74 zeigt,

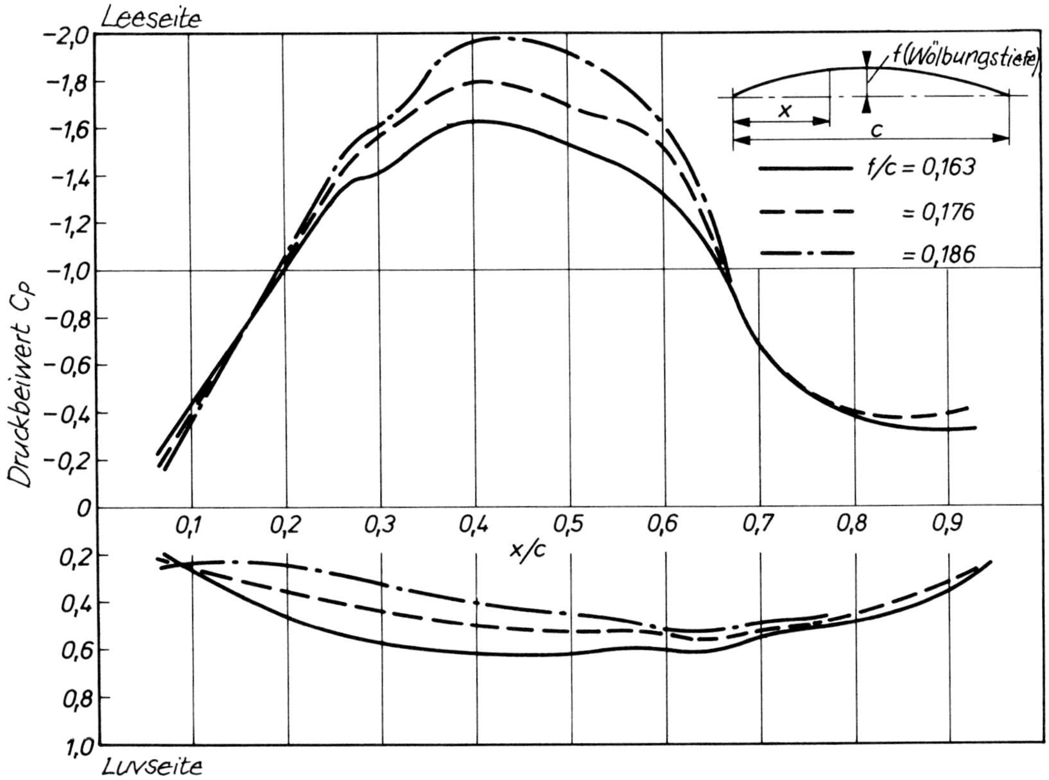

Abb. 2.74 Die Änderung der Druckverteilung mit der Wölbung bei $\alpha = 4{,}4°$ (nach [2.65]). Zweidimensionales Tuchsegel. $R_n = 3{,}2 \cdot 10^5$. Ebene Strömung.

konzentrieren sich beispielsweise bei einem Tuchsegelprofil die Drücke auf der Leeseite (Saugseite) stärker im mittleren Bereich der Profiltiefe als bei einem gut entworfenen stromlinienförmigen dicken Profil (Abb. 2.15, 2.16). Außerdem ist der Überdruck nahe der Hinterkante etwas größer als bei dicken Profilen. Wie wir sehen werden, resultiert daraus ein großer Widerstand. Eine ähnliche Tendenz ist in Abb. 2.75 zu erkennen, in der von E. Warner und S. Ober [2.67] an der slupgetakelten Yacht *Papoose* gemessene Druckverteilungen längs eines Großsegelquerschnittes aufgetragen sind. Auffallend am Druckverlauf auf der Luvseite (Druckseite) des Großsegels ohne Segellatten (wobei das Segel im Achterliekbereich nicht flach war, sondern sich nach Luv einrollte), ist der hohe Überdruck in der Nähe der Hinterkante.

Bemerkenswert an dem Druckdiagramm in Abb. 2.75 ist die Größe des Druckbeiwertes C_p im Staupunkt auf der Luvseite des Segels. Aus Gründen, die schon bei der Diskussion der Gl. (2.5A) dargelegt wurden, kann er niemals größer als 1,0 sein. Die Messung eines Druckbeiwertes größer als 1,0 zwingt zur Annahme von Meßfehlern. In der Tat berichten die Experimentatoren über Schwierigkeiten bei der Durchführung ihrer Messungen. Ihre Versuchsmethode und die damit verbundenen Probleme werden in [2.67] beschrieben. Trotz der mangelnden Genauigkeit haben die Ergebnisse der Druckmessungen von Warner und Ober jedoch qualitativen Aussagewert.

Betrachten wir nun die Druckverteilungen auf der Saugseite eines Segelprofils, wie sie in Abb. 2.74 und 2.75 dargestellt sind. Die Segelprofile zeichnen sich durch das Fehlen einer starken Saugspitze in der Nähe der .Vorderkante aus, die bei dicken Profilen stark ausgeprägt ist (vgl. Abb. 2.15 und 2.16). Obwohl der maximale Unterdruck in Abb. 2.74 durchaus nicht groß ist, erzeugt die gesamte Druckverteilung dennoch einen hohen Auftrieb, und leider auch einen hohen Widerstand. In Abb. 2.75 fällt die Welligkeit der Druckverteilung auf der Saugseite des Segels auf. Eine derartige Welligkeit ist in Abb. 2.74 nicht wiedergegeben, da die vorderste Druckmeßstelle erst bei 0,05 c lag.

Warner und Ober kamen zu dem Schluß, daß die in ihrer Druckverteilung längs des untersuchten Großsegelquerschnittes auftretende Welligkeit eine Folge des Masteinflusses ist. Ihre Schlußfolgerung wird indirekt durch das im Windkanal beobachtete Strömungsbild um ein birnenförmiges Mastprofil und ein starres Segel bestätigt, das in Abb. 2.80A schematisch dargestellt ist. Wie man sieht, befindet sich hinter dem Mast ein beträchtlicher Wirbel, ähnlich der Ablöseblase an der Vorderkante dünner Profile (Abb. 2.57B und Abb. 2.59B). Es ist einleuchtend, daß immer dann, wenn sich Ablösewirbel hinter der Vorderkante bildet, ein welliges Unterdruckplateau mit reduzierten Werten des Druckbeiwertes C_p gemäß Abb. 2.57B zu erwarten ist.

In beiden Fällen, beim Segel mit und beim Segel ohne Mast, ist der Ablösewirbel mit dem daraus resultierenden abgeflachten Druckverlauf ein Hinweis auf den Zähigkeitseinfluß, der Impulsverluste in der Strömung beim Umfließen der Vorderkante verursacht. Ausgehend von der Theorie des Segels von B. Thwaites [2.68] konnten T. Tanner [2.63] und E. Boyd [2.64] die Welligkeit in der Druckver-

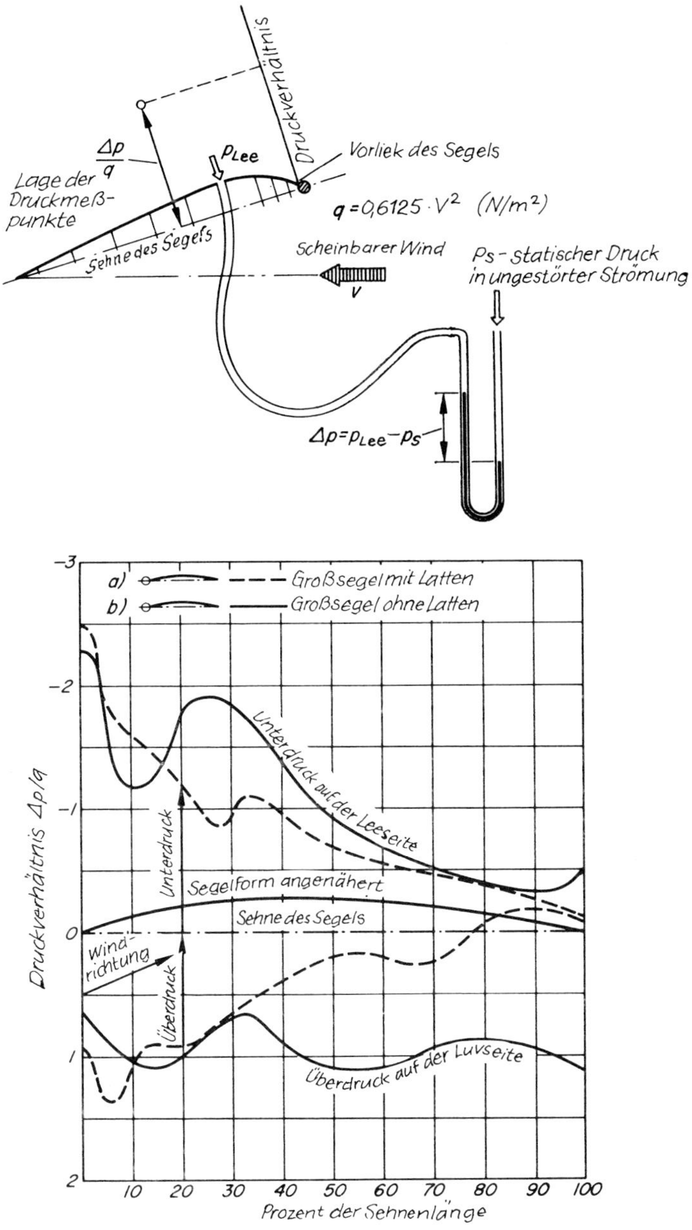

Abb. 2.75 Von E. Warner und S. Ober gemessene Druckverteilung am Großsegel der Yacht *Papoose* (Abbildung übernommen aus *Segeltheorie und -praxis*)

teilung mit charakteristischer Verminderung der Saugspitze bei dünnen Profilen mit bestimmter Wölbungsverteilung innerhalb eines bestimmten Anstellwinkelbereiches auch aufgrund rein theoretischer Überlegungen nachweisen. Abb. 2.76 zeigt beispielsweise die theoretische Druckverteilung über der Saugseite eines

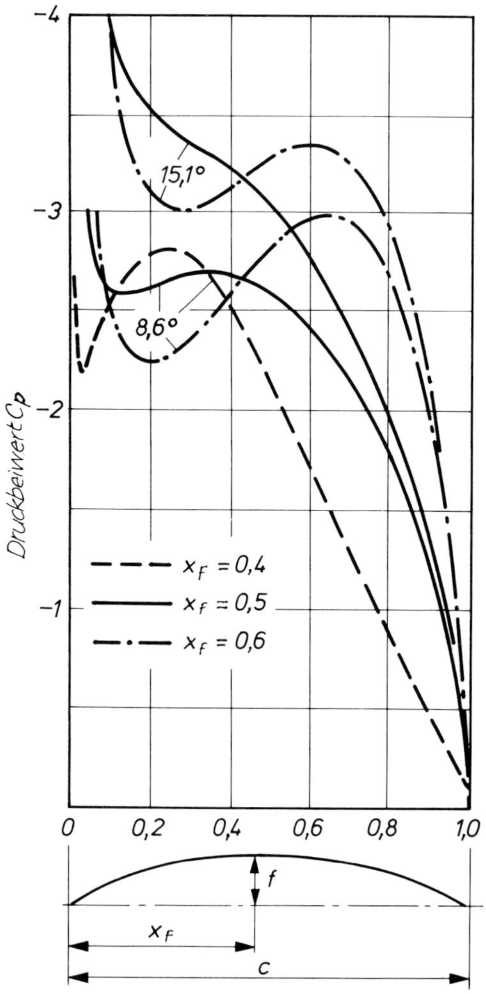

Abb. 2.76 Theoretische Druckverteilung auf der Saugseite eines dünnen Parabelprofils mit dem Wölbungsverhältnis $f/c = 0{,}188$ bei zwei verschiedenen Anstellwinkeln (8,6°; 15,1°) und drei unterschiedlichen Wölbungsrücklagen x_f (nach [2.64]).

dünnen Parabelprofils mit dem Wölbungsverhältnis $f/c = 0{,}188$ für drei verschiedene Positionen x_f der maximalen Wölbungstiefe bei den Anstellwinkeln $\alpha = 8{,}6°$ und $\alpha = 15{,}1°$. Hieraus ist deutlich zu ersehen, daß besonders die Segelform und die Lage der maximalen Wölbungstiefe einen sehr großen Einfluß auf die Druckverteilung haben. Dieser Tatsache kommt große praktische Bedeutung zu, wenn man bedenkt, daß die Form eines Tuchsegels infolge

a) elastischer und bleibender Dehnung (zum Beispiel durch Füllharz, das sich von den Fasern ablöst – siehe Foto 3.11, Teil 3), und
b) einer Verschiebung der Wölbung nach achtern bei größer werdender Belastung des Segels aufgrund zunehmender Windstärke oder Vergrößerung des Anstellwinkels

nicht unveränderlich ist und mithin seine aerodynamischen Eigenschaften großen Veränderungen unterworfen sind.

Da der Druckverlauf um das Segelprofil und damit die Vortriebskraft vornehmlich von der Segelwölbung abhängig sind, wird eine genaue Kontrolle der Form der Segel, entsprechend den wechselnden Wind- und Wellenverhältnissen, für die Mannschaft einer Rennyacht zur zwingenden Notwendigkeit.

Ein Beispiel hierfür ist die glatte Niederlage der *Lady Helmsman* bei der Weltmeisterschaft 1967 auf den Bermudas, weil, wie A. Farrar erklärte [2.58], „... ein Segel verwendet wurde, das seine Form verloren hatte. Der Bauch hatte sich nach achtern verschoben und erzeugte mehr Widerstand als Auftrieb, mit anderen Worten, mehr Seitenkraft im Verhältnis zur Vortriebskraft als am Anfang, als es noch neu war."

Um den Einfluß der Gestalt der Druckverteilung auf die resultierenden Segelkräfte zu zeigen, sind in Abb. 2.77 zwei Druckverteilungen nach Abb. 2.76 normal zur Profilkontur des Segels einer am Wind segelnden Yacht eingezeichnet. Konzentrieren sich zum Beispiel die Unterdrücke auf der Leeseite im hinteren Segelbe-

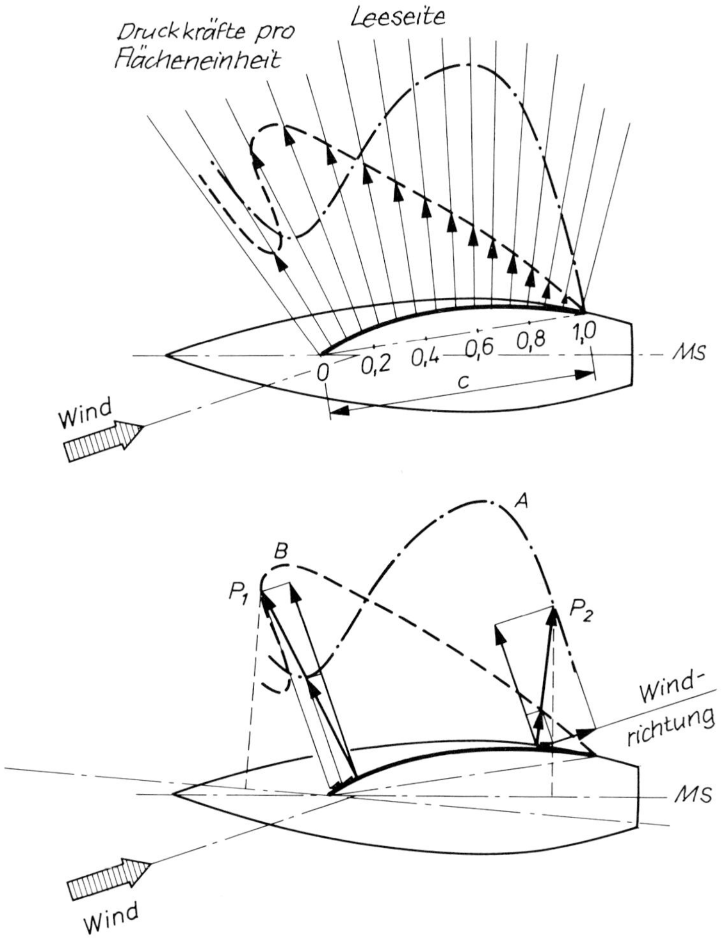

Abb. 2.77 Der Einfluß der Gestalt der Druckverteilung auf die resultierenden Segelkräfte

reich (Kurve A), so resultiert daraus ein großer Widerstand. Die beiden Vektoren der Druckkräfte P_1 und P_2, die senkrecht zur Segelkontur wirken, verdeutlichen diesen Sachverhalt. Diese Vektoren lassen sich in eine Komponente in Windrichtung und eine Komponente senkrecht dazu zerlegen, und wir können sehen, daß der größte Beitrag zur Vortriebskraft vom vorderen Segelbereich aufgrund der Stärke und auch der Richtung der Druckkraft P_1 zustandekommt. Die hohe Druckkraft P_2 in der Nähe des Achterlieks liefert keine Vortriebskraftkomponente, sondern trägt nur zur Krängungskraft und zum Widerstand bei. Die gleiche Überlegung gilt sinngemäß auch für die Drücke auf der Luvseite des Segels.

Aus zwei sich so deutlich voneinander unterscheidenden Druckverteilungen, wie sie Abb. 2.77 durch die Kurven A und B darstellt, resultieren natürlich auch jeweils verschiedene Vortriebs- und Krängungskraftkomponenten, wovon das eine Paar besser als das andere sein wird. Das Problem, gleichzeitig hohen Auftrieb und niedrigen Widerstand zu erhalten, ist durch die umfassenden Eigenschaften der Druckverteilung bestimmt. Für die Praxis ist es wichtig zu wissen, wie sich eine bestimmte Veränderung der Druckverteilung durch eine entsprechende Veränderung der Profilwölbung erzielen läßt.

Hinsichtlich der Wechselbeziehung zwischen den Kräften, den Drücken und der Form des Segels ist ein größeres Verständnis des Umströmungsvorganges notwendig, besonders im Bereich der Vorderkante, sowie Erkenntnis über die Form, die ein Segel bei verschiedenen Windstärken annimmt. Sowohl aus experimentellen Untersuchungen als auch aus theoretischen Betrachtungen geht hervor, daß sich das Tuchsegel gewissermaßen von selbst versucht so zu wölben, daß die Strömung an der Vorderkante anliegt [2.62]. In den meisten Fällen sind jedoch die Maßnahmen der Besatzung mit dem Ziel einer möglichst geringen Störung der Grenzschicht und infolgedessen einer hohen Segelwirksamkeit, ausschlaggebend. Der Trimm der Segel anhand der vielen Verstellmöglichkeiten ist in der Regel wichtiger als ein noch so gut entworfenes Segel. Somit reduziert sich das Trimmproblem im wesentlichen auf das Problem, wie man die beste Druckverteilung unter den gegebenen, durch Windstärke, Kurs und vorhandener Stabilität definierten Bedingungen erzielt.

Nach allem, was bislang über den Einfluß runder oder scharfer Vorderkanten auf die Umströmung eines Profils gesagt wurde, könnte man vermuten, daß die Auftriebseigenschaften eines stromlinienförmigen Profils, wie beispielsweise die des Profils NACA 0012, stark beeinträchtigt würden, wenn das Profil relativ zur Anströmung um 180° gedreht wird, das heißt, wenn die Hinterkante (HK) zur Vorderkante (VK) wird. Den aufmerksamen Leser wird es jedoch nicht überraschen, daß der Auftriebsanstieg des fraglichen Profils bei umgekehrter Anströmrichtung fast genauso groß ist, wie bei normaler Anstellung [2.69]. Wie Abb. 2.78 zeigt, steigt der Auftrieb in beiden Fällen in gleicher Weise mit dem Anstellwinkel an, allerdings ist der Maximalauftrieb bei umgekehrter Anströmung kleiner.

Wie Versuche an dünnen Profilen zeigen, ist die scharfe Vorderkante kein

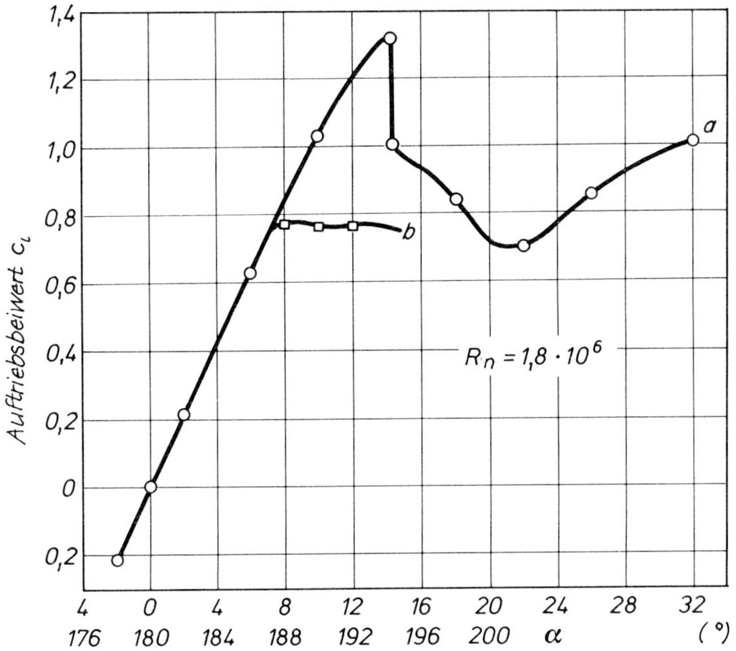

Abb. 2.78 Der Auftriebsbeiwert c_l für das Profil NACA 0012 in Abhängigkeit vom Anstellwinkel. Siehe auch Abb. 2.79.

a Änderung des Anstellwinkels von 2° auf 32° (normale Anströmrichtung)

b Änderung des Anstellwinkels von 178° auf 196° (umgekehrte Anströmrichtung)

Hindernis für die Strömung. Sie umströmt die Kante und folgt nach kurzer örtlicher Ablösung der Saugseitenkontur. Eine Ablöseblase rundet die scharfe Profilnase gleichsam ab und erleichtert das Wiederanlegen; aufgrund ihrer Verdrängungswirkung auf die Strömung erhöht sich an der vordersten Stelle des Profils die örtliche Strömungsgeschwindigkeit, was die Ablösung fördert. Abb. 2.79 zeigt den Druckverlauf um das Profil NACA 0012 bei gleichen Anstellwinkeln, aber entgegengesetzten Anströmrichtungen. Erwartungsgemäß ist bei umgekehrter Anströmung (Anstellwinkel $\alpha = 170°$) die Druckverteilung auf der Saugseite deutlich durch das Fehlen einer Druckspitze gekennzeichnet. Obwohl ein derartiger Druckverlauf einen hohen Auftrieb bewirkt, erzeugt er auch einen hohen Widerstand. Man ersieht aus Abb. 2.78, daß der maximale Auftriebsbeiwert eines Profils mit scharfer Vorderkante im Vergleich zu dem eines Profils mit runder Nase stark verringert ist.

Ein Mast an der Vorderkante eines Segels bestimmt die Größe der Ablöseblase. Dabei hängt die Ausdehnung des Wirbels stromabwärts direkt hinter dem Mast mehr von der Form als von der Größe des Mastquerschnittes ab. Es mag überraschen – aber das größte der in Abb. 2.80 B dargestellten Mastprofile hat sich im Windkanal als aerodynamisch besser als die beiden kleineren, kreis- und birnenförmigen Querschnitte erwiesen. Bei einem Kurswinkel $(\gamma_A - \beta) = 25°$ ist

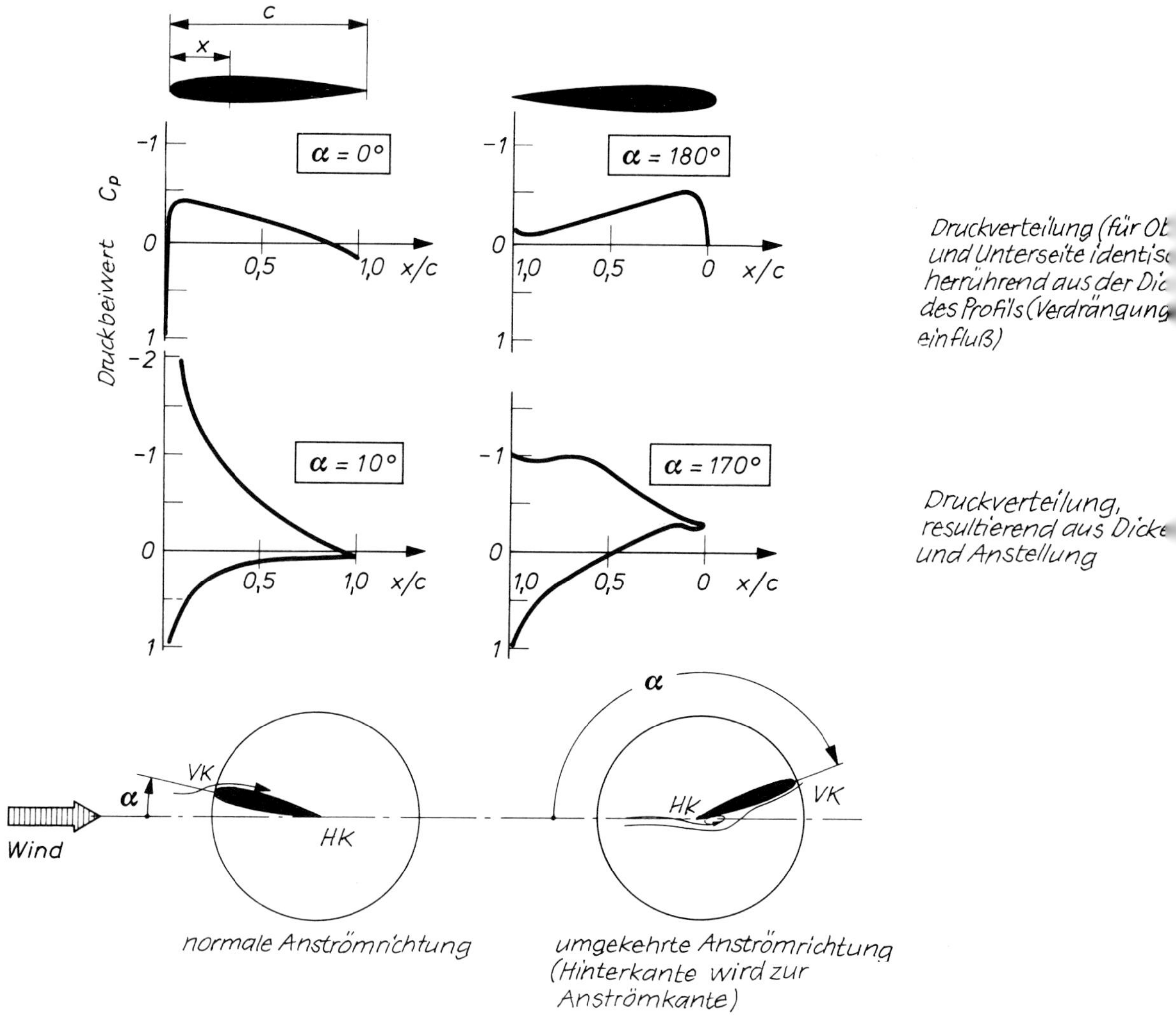

Abb. 2.79 Druckverteilung am symmetrischen Profil NACA 0012 bei normaler ($\alpha = 0°$ und 10°) und umgekehrter Anströmrichtung ($\alpha = 180°$ und 170°)

die durch Schraffur gekennzeichnete Totwasserzone des Profils Nr. 3 weniger ausgeprägt als die der beiden anderen Profile. Mast Nr. 3 ist auch aus Festigkeitsgründen überlegen, das heißt, bei ausreichender Steifigkeit und geringem Windwiderstand ist er am leichtesten.

Vielleicht noch interessantere Ergebnisse von Untersuchungen über die Wirksamkeit verschiedener Mast-Segel-Anordnungen sind Abb. 2.81 und Tabelle 2.8 zu entnehmen. Jede der Kombinationen A, B und C wurde bei dem gleichen Anstellwinkel $\alpha = 10°$, entsprechend einem Kurswinkel $(\gamma_A - \beta) = 25°$, untersucht (siehe Abb. 2.80 A). Die Versuchsreihe beschränkte sich nur auf die Messung der aerodynamischen Eigenschaften der Modelle unter Am-Wind-Verhältnissen. Das Segel bestand in allen drei Fällen aus einer rechteckigen Sperrholzplatte

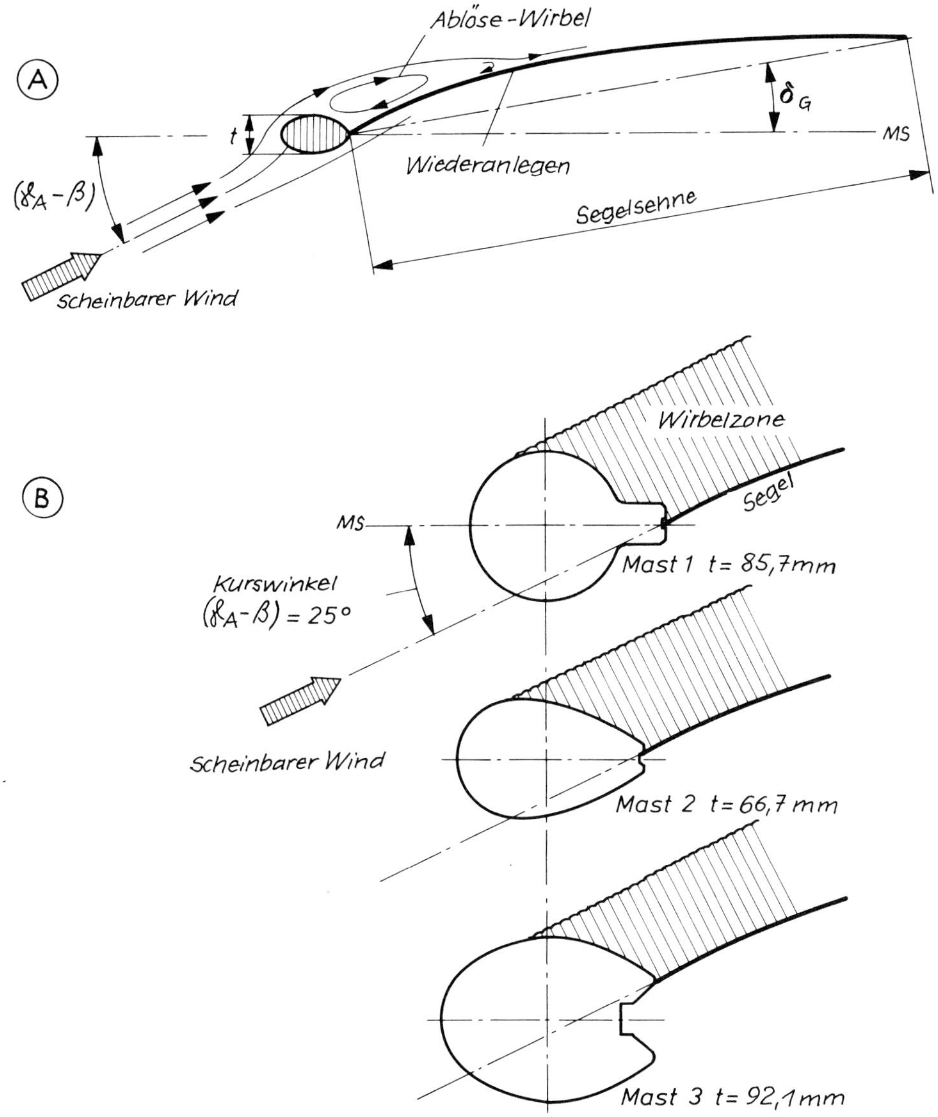

Abb. 2.80 Die Umströmung von Mast und Segel. Mastprofile maßstabsgetreu dargestellt.

mit einer Profiltiefe $c=1{,}03$ m und einem Wölbungsverhältnis $f/c=0{,}1$. Die Umströmung war annähernd zweidimensional, das heißt, das Modellsegel versperrte nahezu die ganze Windkanalbreite.

Tabelle 2.8

Mastprofil	Segelanordnung	L/D
A elliptisch	Segel in Mastmitte	6,7
B parabolisch	Segel in Mastmitte	8,0
C parabolisch	Segel auf der Leeseite des Mastes	9,9

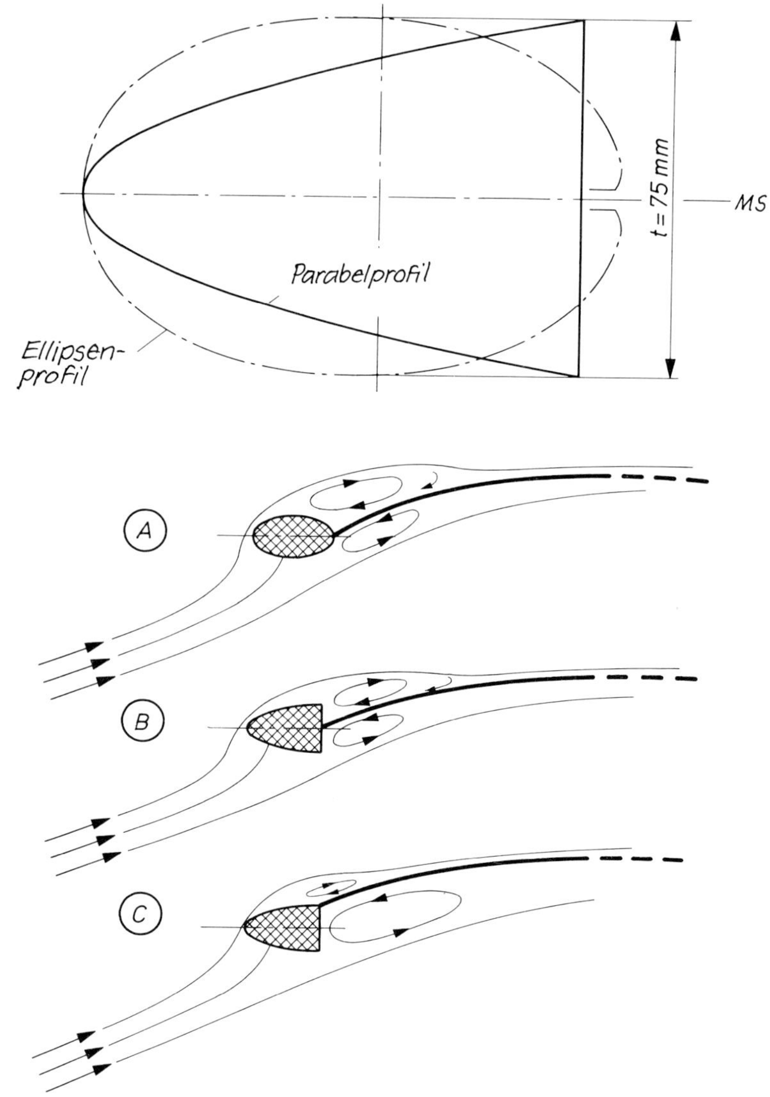

Abb. 2.81 Die Strömung um Mast und Segel

Die entsprechenden L/D-Verhältnisse waren im Bereich von $R_n = 0{,}5–10 \cdot 10^6$ praktisch von der Reynolds-Zahl unabhängig. Das parabelförmige Mastprofil der Kombination C mit einem auf der geraden Mastrückseite hin und her rutschenden Segel zeigt eine Verbesserung von 40 Prozent gegenüber dem konventionellen elliptischen Profil der Kombination A.
Hieraus folgt:

1. Die Wirksamkeit einer Mast-Segel-Kombination, ausgedrückt durch das Verhältnis L/D, ist nahezu völlig von der Totwasserzone auf der Leeseite des Segels unmittelbar hinter dem Mast abhängig.

2. Die Form der Vorderkante, oder mit anderen Worten, die Ausführung der Vorderseite des Mastes und die resultierende Druckverteilung haben einen entscheidenden Einfluß auf die Umströmung.

h) Der Einfluß der Rauhigkeit auf den Auftrieb

Wie auch immer die Profilform eines Tragflügels aussehen mag, stets beeinträchtigen gewisse Sekundärfaktoren die Auftriebseigenschaften. Am offensichtlichsten ist der Einfluß der Rauhigkeit. Ein Ruder aus lackiertem Sperrholz oder aus GfK (Glasfaserverstärkter Kunststoff) kann einerseits bei genügender Sorgfalt so glatt wie eine Glasscheibe sein, andererseits aber durch untaugliches Finish oder durch häufige Beschädigung der Vorderkante im Laufe der Segelsaison rauh wie feines Schleifpapier werden. Solche Änderungen in der Oberflächenbeschaffenheit haben, abgesehen von einer Widerstandserhöhung, auch eine Auswirkung auf die Auftriebseigenschaften. Dies geht aus Abb. 2.82 hervor, die den Einfluß der Rauhigkeit auf die Auftriebskurve des Profils RAF 30 (siehe Abb. 2.15) bei vier verschiedenen Reynolds-Zahlen zeigt [2.70]. Die Versuche wurden an zwei Profilen mit unterschiedlicher Oberfläche durchgeführt: das eine Profil war durch sorgfältiges Abschleifen und anschließendes Polieren glatt ohne fühlbare Rauhigkeit, das andere Profil war nach Aufsprühen von Sandkörnern mit einem Durchmesser von etwa 0,13 mm auf eine frische Farbschicht gleichmäßig rauh.

Wie man aus Abb. 2.82 sieht, beeinflußt die Reynolds-Zahl den Maximalauftriebsbeiwert des rauhen Profils nicht entscheidend, verglichen mit dem starken Ansteigen von $c_{l\,max}$ bei dem gleichen Profil mit glatter Oberfläche. Bei der kleinsten untersuchten Reynolds-Zahl zeigen beide Profile in etwa die gleichen Auftriebseigenschaften, mit zunehmender Reynolds-Zahl prägen sich die Unterschiede aber immer mehr aus.

Bestimmte Stellen auf der Kontur eines Profils sind für Oberflächenfehler und Rauhigkeiten besonders empfindlich. Dies gilt hauptsächlich für den Nasenbereich und hierbei besonders für die unmittelbare Profilvorderkante. Weiter zurückliegende Rauhigkeiten beeinflussen dagegen nur wenig die Profileigenschaften. Tatsächlich kann die Profilrückseite absichtlich bis auf Mohnkorngröße aufgerauht werden, ohne daß sich merklich nachteilige Auswirkungen ergeben. Wie dagegen aus Abb. 2.83 zu ersehen ist, macht sich schon die kleinste Unregelmäßigkeit an der Vorderkante sofort durch eine Abnahme des Höchstauftriebes bemerkbar. Eine Verschiebung der örtlichen Rauhigkeit stromabwärts vermindert diesen Effekt. Liegt zum Beispiel die Rauhigkeitsstelle auf der Profilkontur genau über dem Mittelpunkt des Nasenkreises, so verschwindet der ungünstige Einfluß auf den Auftrieb fast vollständig (Abb. 2.83). Bei großen Anstellwinkeln im Bereich des Maximalauftriebs ist die Profilnase ein Teil der Saugseite, da dann der Staupunkt weit unterhalb des Schnittpunktes von Profilsehne und Nasenkreis auf der Profilunterseite liegt. Mithin wirkt sich eine rauhe Vorderkante am stärksten

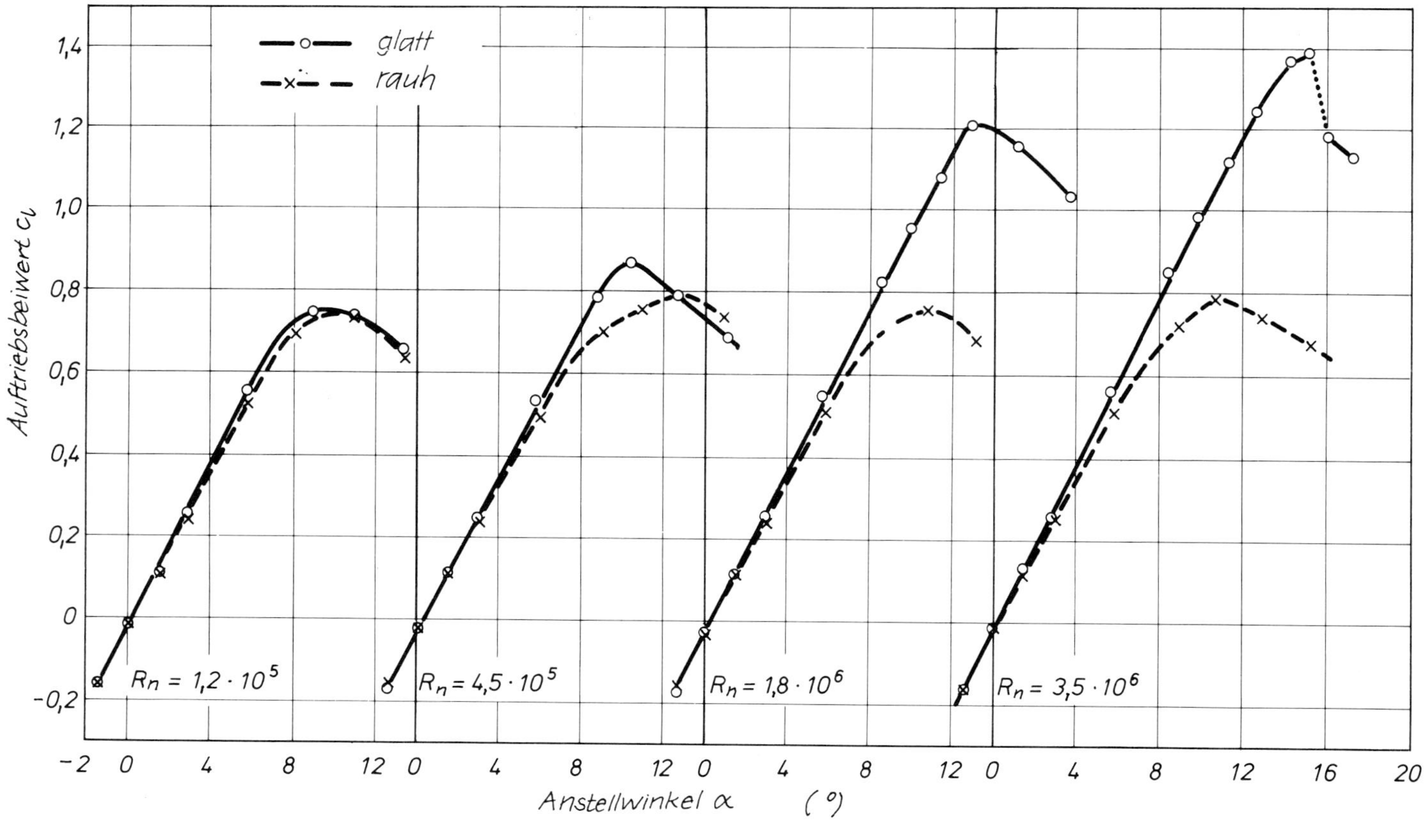

Abb. 2.82 Der Einfluß der Reynolds-Zahl auf den Profilauftriebsbeiwert bei glatter und rauher Oberfläche (Profil RAF 30, siehe Abb. 2.15)

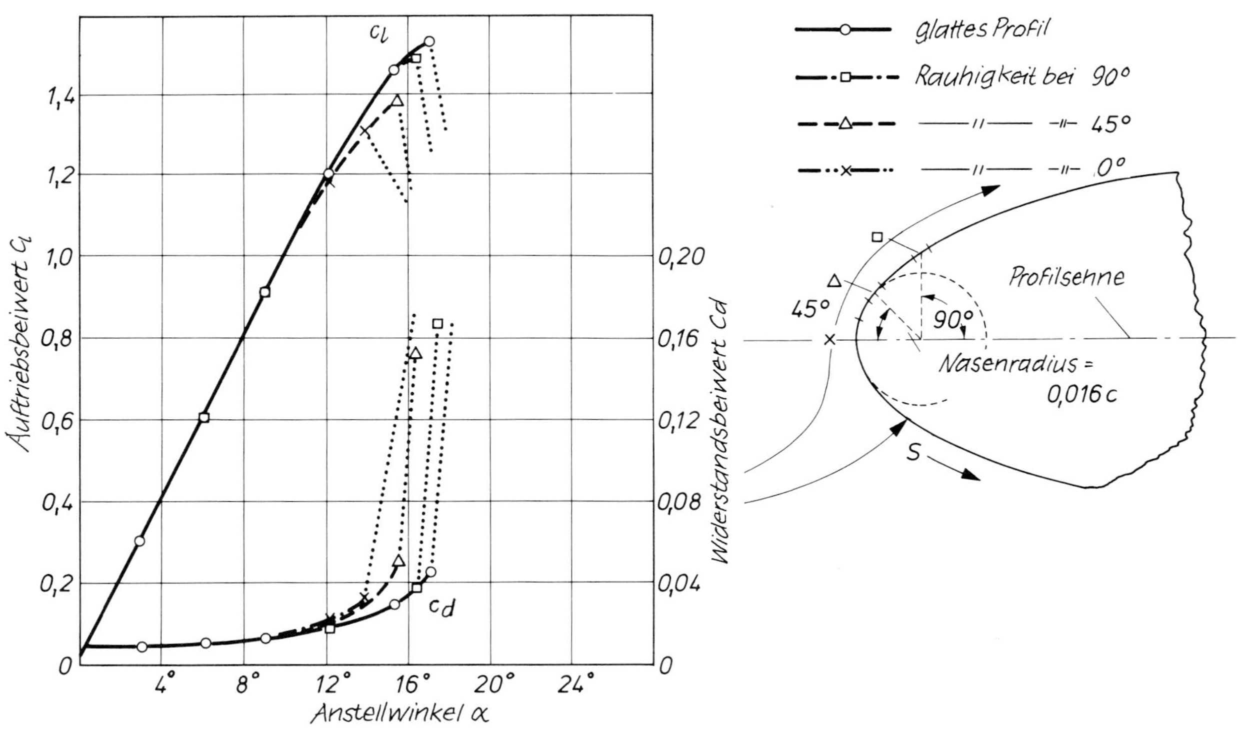

Abb. 2.83 Der Einfluß örtlicher Rauhigkeit an der Vorderkante auf die aerodynamischen Eigenschaften des Profils NACA 0012. $R_n = 3{,}1 \cdot 10^6$.

auf den maximalen Auftriebsbeiwert $c_{l\,max}$ aus, die Steigung der c_l-Kurve wird bei kleinen Anstellwinkeln dagegen wenig beeinflußt.

Zusammenfassend läßt sich sagen, daß eine Rauhigkeit der Oberfläche stets schädlich ist, und daß die Arbeit, die man für das Finish des vorderen Drittels eines Ruders oder eine Kielflosse verwendet, wahrscheinlich niemals vergebens sein wird.

D Dreidimensionale Tragflügel

> Theorien sind wie Netze:
> nur wer sie auswirft, wird etwas fangen.
>
> NOVALIS

Bis jetzt beschränkten wir unsere Betrachtung der Dynamik des Tragflügels hauptsächlich auf den Fall der ebenen (zweidimensionalen) Umströmung (Abb. 2.2, Foto 2.1), bei der alle Stromlinien in parallelen Ebenen senkrecht zur Flügelquerachse liegen. Hieraus folgt, daß die Drücke, die Stromlinienbilder, und damit Auftrieb und Widerstand, für alle Schnitte (Profile) entlang der Spannweite gleich sind. Das Hauptziel der Untersuchung der zweidimensionalen Strömung war die Erfassung des Einflusses der Profilform auf Auftrieb und Widerstand.

In Wirklichkeit haben Tragflügel eine endliche Spannweite und zwei oder ein freies Ende (Spatenruder, Kielflosse). Gleichgültig wie die Tragflügel angeordnet sind, ob senkrecht zum Rumpf wie Segel und Kiel, oder mehr oder weniger horizontal wie bei Tragflügelbooten oder Flugzeugen, stets versucht die Flüssigkeit Druckunterschiede auszugleichen und strömt aus Gebieten hohen Druckes in Regionen niederen Druckes. Die Beobachtung der Strömungsvorgänge um Tragflügel endlicher Spannweite (Foto 2.27A, B, C) zeigt, daß die Luft oder das Wasser das Bestreben hat, von der Unterseite (bzw. Luvseite), wo der Druck höher als der Umgebungsdruck ist, über die Flügelspitzen in das Unterdruckgebiet auf der Oberseite (bzw. Leeseite) zu strömen. Diese Umströmung der Flügelenden hat drei Auswirkungen:

1. Die Auftriebsstärke nimmt zu den Flügelspitzen hin ab.
2. Diese Auftriebsabnahme ist mit einer Widerstandszunahme verbunden.
3. Eine sich zu den Flügelrändern hin ausbildende Zusatzströmung bewirkt eine Änderung der ursprünglichen Anströmrichtung am Ort des Tragflügels, so daß der effektive Anstellwinkel, und damit Auftrieb und Widerstand, sich längs der Spannweite ändert.

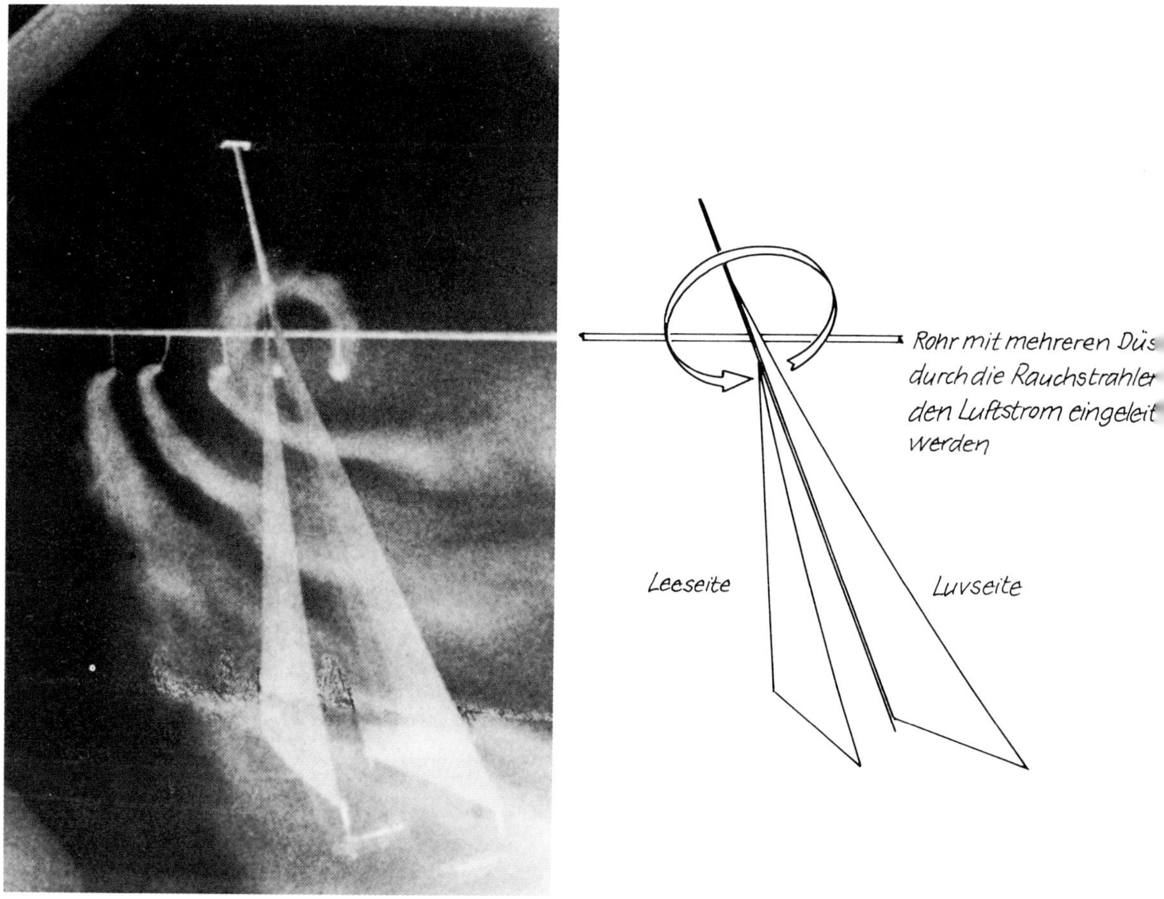

Foto 2.27 A Am Kopf des Segels versucht die Luft von der Luvseite, wo höherer Druck herrscht, zur Leeseite, wo der Druck geringer ist, zu fließen.

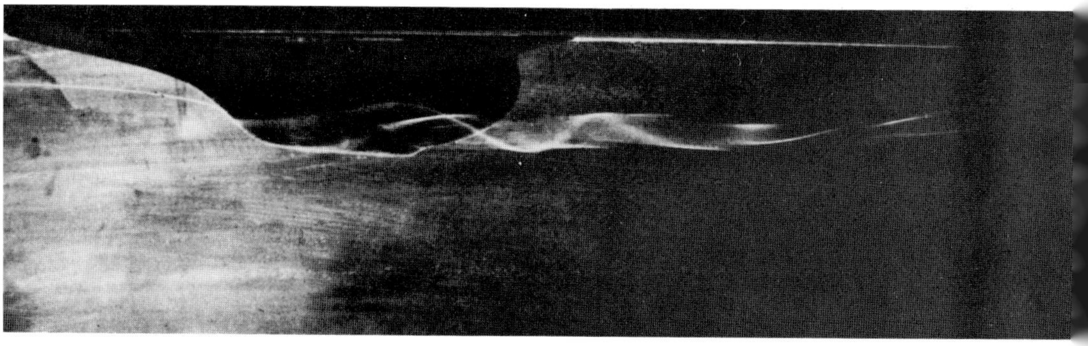

Foto 2.27 B Der an der Kielunterseite des Drachens entstehende Randwirbel ist den in Foto 2.27 A und C gezeigten im Prinzip ähnlich.

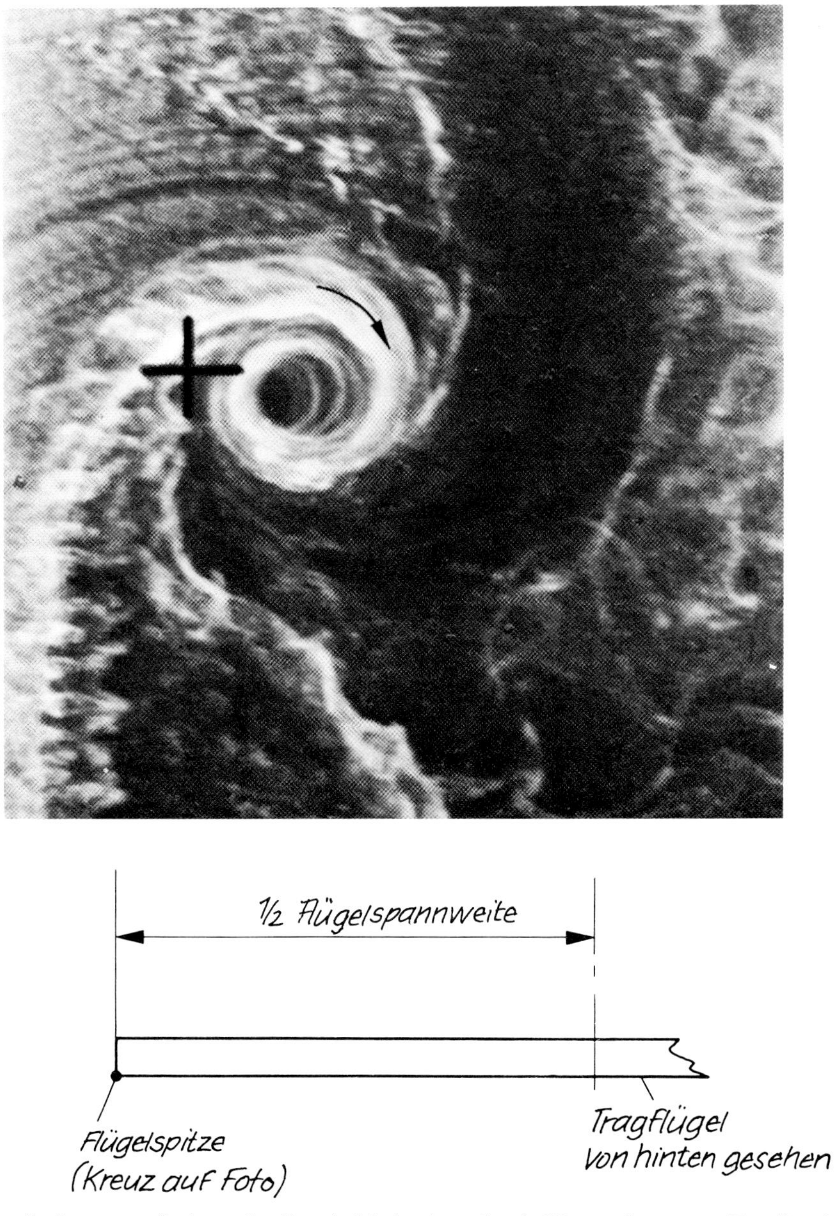

Foto 2.27C Strömungsaufnahme des Randwirbels eines durch Wasser bewegten Tragflügelmodells im Abstand von 16 Profiltiefen hinter dem Flügelende. Das Kreuz auf dem Bild kennzeichnet die Lage der Flügelspitze an der Hinterkante. Die Wirbelströmung wurde mittels durch Elektrolyse des Wassers erzeugter Wasserstoffblasen sichtbar gemacht

Alle diese Effekte wirken sich mehr oder weniger nachteilig aus. Das Ergebnis in seiner Gesamtheit ist vom Seitenverhältnis und der Umrißform des Tragflügels abhängig; je größer das Seitenverhältnis, um so geringer sind die Auswirkungen. Der Übergang von der zweidimensionalen zur dreidimensionalen Umströmung des Tragflügels ist nicht einfach, so daß zugegebenermaßen zum Verständnis der komplizierten kausalen Zusammenhänge zwischen den vorstehend angeführten Folgen endlicher Spannweite und der Grundrißform des Tragflügels kein leichter Weg führt. Sollen aber Segelmachen und Segeltrimmen auf einer rationalen Basis entwickelt werden, und keine Glückssache sein, so ist einige Mühe unabdingbar, um zu mehr Wissen über Faktoren, die die Wirksamkeit der Segel beeinflussen, zu gelangen. Wie man in dieser Beziehung zur Zeit vorgeht, schildert ein Segelmacher so [2.71]:

> „Wenn Omar, der Zeltmacher, ein Segel anfertigt, geschieht dies wie bei jedem anderen Segelmacher auch, auf der Grundlage einer verwirrenden Mischung aus unergründlicher Mathematik und Physik, alter und ehrenwerter Erfahrung einer langen Reihe in diesem Geschäft tätig gewesener Vorfahren und einem Schuß Wunderglauben. Auf jeden Fall sind die Dinge, die in Omars Kopf oder seiner Werkstatt vor sich gehen, wenn er ein Segel entwirft oder herstellt, Dinge, über die man gerne mehr wüßte."

Aus aerodynamischer Sicht sind Segel als auftrieberzeugende Flächen komplizierte Gebilde. Einer der Gründe hierfür ist der nichtlineare Zusammenhang zwischen Spannung und Dehnung im Segeltuch, infolgedessen sich Verformungen durch Winddruck und anderer, von der Mannschaft durch Fallen, Schoten, Cunningham-Strecker etc. absichtlich eingebrachter Belastungen nicht ohne weiteres ermitteln lassen. Folglich ist es schwierig, wenn nicht unmöglich, die Form eines Segels unter gegebenen Bedingungen genau vorherzusagen. Darüberhinaus unterliegt während des Segelns durch bleibende und elastische Dehnung des Tuches und Verformung des Riggs die Form des Segels kontinuierlicher Veränderung. Eine Bedingung folgt der anderen durch Rückwirkung, Wechselwirkung und gegenseitiger Ursächlichkeit zwischen allen geometrischen Faktoren, wie beispielsweise Wölbungstiefe, Verwindung, Wölbungsverteilung längs Profilsehne und Spannweite, Durchhang des Vorstages, Mastbiegung usw. Nichts ist konstant, und jede Änderung der Segelform bewirkt eine mehr oder weniger starke Änderung aller Einflußgrößen auf die Segelkräfte. Es ist somit vergebens, eine endgültige Antwort auf alle Probleme derjenigen, die Segel machen und Segel benutzen, zu erwarten. Viele Fragen werden offen bleiben müssen, aber es gibt bestimmte Theorien und Vorstellungen, die sich im Laufe der Entwicklung der Aerodynamik der Tragflügel herausgebildet haben, mit deren Hilfe eine bessere Einsicht in die Frage der Wirkungsweise dreidimensionaler Segel oder Rumpfanhänge gewonnen werden kann.

Im folgenden soll nun der Versuch gemacht werden, Schritt für Schritt einige Vorstellungen und wegweisende Grundgedanken der Aerodynamik und Hydrodynamik darzulegen, die als Arbeitshypothesen helfen könnten, Aufschluß darüber zu gewinnen, welche der vielen geometrischen Parameter eines Tragflügels vor allem dessen Leistungsfähigkeit bestimmen.

Ohne richtungsweisende Idee oder Theorie kann schwerlich entschieden werden, welche Merkmale oder Faktoren in Betrachtung zu ziehen sind. Zu Konzepten oder Theorien gelangt man häufig durch Zufall, durch Erfahrungen beim Segeln – aber wie sich bei vielen Gelegenheiten auf dem Gebiet des Experimentierens gezeigt hat, begünstigt der Zufall den vorbereiteten Geist. M. Polanyi [2.72] bemerkte hierzu treffend: „Das Erkennen eines Problems ist das Erkennen etwas Verborgenen, aber dennoch Zugänglichen. Die Integration erster Erfahrung ergibt Anhaltspunkte, die auf eine mögliche Lücke in unserem Wissen hindeuten. Die Lösung eines Problemes suchen heißt, sich selbst dem Glauben anzuvertrauen, diese Lücke schließen zu können und dabei eine neue Begegnung mit der Realität zu erleben."

Die weitere Diskussion wird durch die Tatsache erleichtert, daß einige bei komplizierten Konfigurationen auftretende Tragflügeleigenschaften auch bei einfachen Anordnungen auftreten. Starre auftriebserzeugende Flächen konstanter Geometrie lassen sich leichter behandeln als flexible, verformbare Flächen wie Segel. Aus diesem Grund ist es am besten, bei der Betrachtung, wie sich die dreidimensionale Strömung nach Entfernung der Endscheiben entwickelt (Abb. 2.2), mit einem einfachen starren Flügel zu beginnen und sodann, um den wirklichen Tragflügel oder das Segel zu reproduzieren, nach und nach durch Einführung von Zuspitzung und Verwindung, Pfeilung etc. die Flügelgeometrie zu verändern und zu untersuchen, wie diese ganzen Modifikationen Auftrieb und Widerstand beeinflussen.

1 Das Wirbelsystem eines Tragflügels endlicher Spannweite

Betrachten wir zu Beginn noch einmal die zweidimensionale Strömung um einen Tragflügel, wie sie in Abb. 2.84A dargestellt ist. Wird ein rechteckiger Flügel unter einem bestimmten Winkel zur Anströmrichtung angestellt, so bildet sich um das Tragflügelprofil eine Zirkulationsströmung aus, deren Stärke nach Gl. (2.12) proportional zur Anströmgeschwindigkeit V_0, der Profiltiefe c und dem Anstellwinkel α ist:

$$\Gamma = f(V_0 \cdot c \cdot \alpha). \qquad \text{(2.12) wiederholt}$$

Da die Profiltiefe c überall gleich ist, folgt hieraus, daß die Zirkulation bei gegebenem V_0 und α über der Flügelspannweite konstant ist. Erwartungsgemäß ist dann auch die Druckverteilung und damit Auftrieb und Widerstand für jedes Profil längs der Flügelspannweite gleich. Dieser Sachverhalt, der in Abb. 2.84A durch die Pfeile in der Skizze oberhalb des Tragflügels veranschaulicht wird, ergibt sich aus Gl. (2.10): $L/b = \rho \cdot V_0 \cdot \Gamma$, die den Auftrieb pro Längeneinheit der Spannweite b mit der Zirkulation Γ verknüpft.

Die zweidimensionalen Tragflügeleigenschaften (Auftriebs- und Widerstandsbeiwerte), die man im Windkanal mit Anordnungen, wie sie Foto 2.1 zeigt,

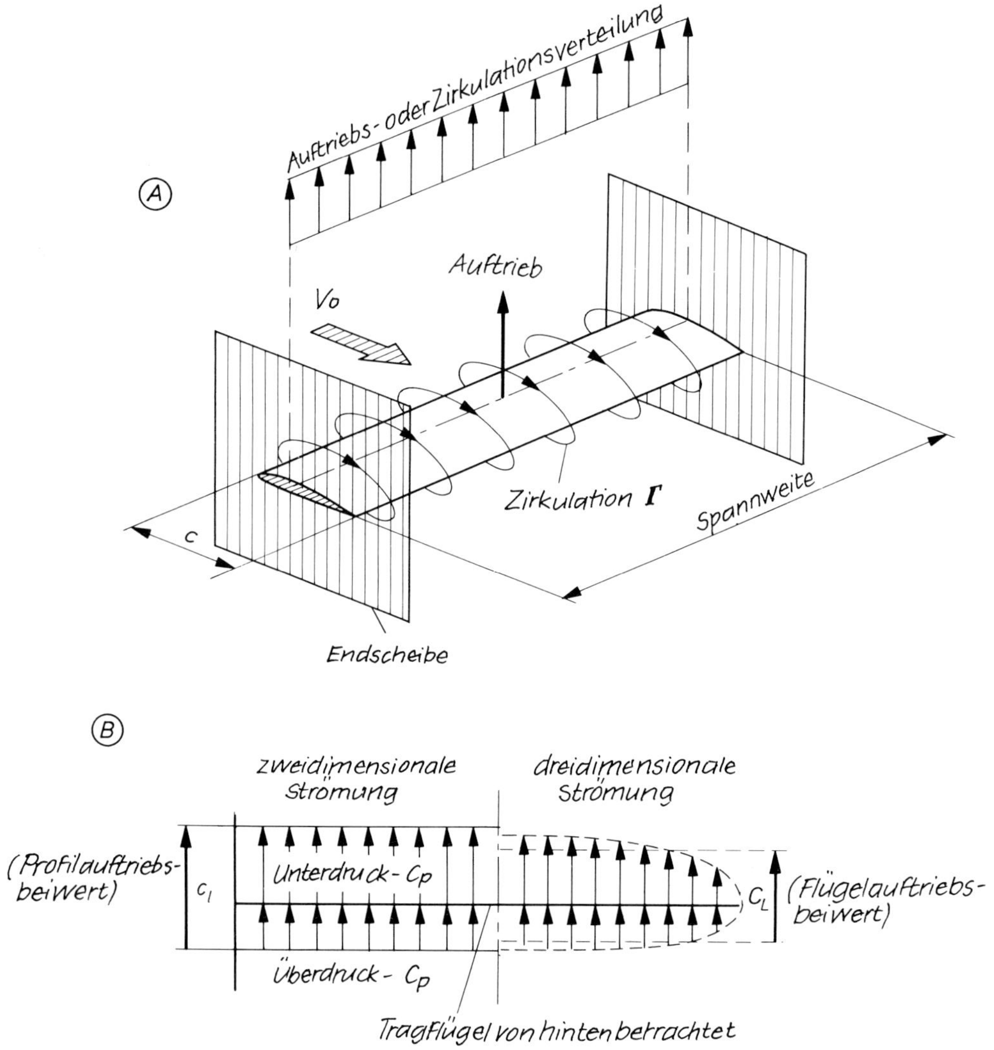

Abb. 2.84 Ist die Zirkulationsstärke Γ über der Spannweite konstant, sind Auftrieb und Druckverteilung in jedem Flügelschnitt gleich.

ermittelt, bezeichnet man demzufolge als Profileigenschaften. In der technischen Literatur werden sie gewöhnlich durch die kleingeschriebenen Symbole c_l und c_d gekennzeichnet, um sie von den Eigenschaften eines dreidimensionalen Tragflügels bestimmter Grundrißform zu unterscheiden, für die man in der Regel die großgeschriebenen Symbole C_L und C_D verwendet (man vergleiche hierzu Abb. 2.44 oder 2.58 mit Abb. 2.60 oder 2.67).

Die Profilbeiwerte c_l und c_d sind nur von der Form des Profils abhängig, im Gegensatz zu den Flügelbeiwerten C_L und C_D, die weitgehend durch die Flügelgrundrißform beeinflußt werden. Die eingehende Behandlung des Tragflügels wird durch diese Aufteilung in Profileigenschaften (theoretisch unendlich

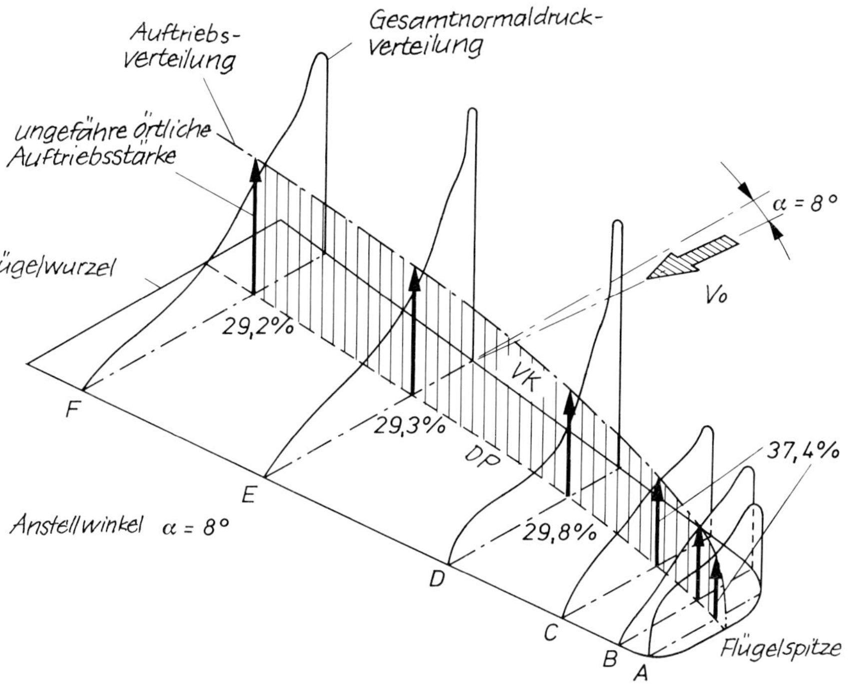

Abb. 2.85 Der Gesamtnormaldruck ergibt sich aus der Addition von $+C_p$ und $-C_p$ (siehe Abb. 2.16 oder Abb. 2.84B). VK – Vorderkante, DP – Druckpunkt.

langer oder durch parallele ebene Wände begrenzter Flügel konstanter Querschnittsform) und Eigenschaften des endlichen Tragflügels sehr vereinfacht, da die Theorie ein Verfahren bereitstellt, das die Ermittlung der Eigenschaften eines Tragflügels beliebiger Umrißform gestattet, wenn die Profileigenschaften bekannt sind [2.31].

Werden nun die Endscheiben entfernt, so bildet sich eine Querströmung vom Überdruckgebiet ($+C_p$) auf der Flügelunterseite um die Flügelränder zur Saugseite ($-C_p$) des Flügels hin aus. Wie in der rechten Hälfte der Abb. 2.84B angedeutet, werden dadurch die Druckunterschiede in der Flügelmitte abgemindert, an den Flügelenden selbst tritt vollkommener Ausgleich ein. Infolgedessen sind die Eigenschaften eines Tragflügels endlicher Spannweite schlechter als die Profileigenschaften. Aus Abb. 2.84B wird klar, warum bei gleichem Anstellwinkel der durchschnittliche Auftriebsbeiwert C_L bei dreidimensionaler Umströmung geringer ist als der (Profil-)Auftriebsbeiwert c_1 bei zweidimensionaler Strömung. Eine typische Druckverteilung über die Fläche eines Tragflügels zeigt Abb. 2.85. In den Flügelschnitten A, B, C, D, E und F sind die aus Windkanalmessungen ermittelten Gesamtdrücke normal zur Profilsehne aufgetragen. Die nach oben zeigenden Pfeile kennzeichnen den durchschnittlichen Auftrieb des jeweiligen Profils sowie die Auftriebsverteilung über der Flügelspannweite. Die Abnahme der Auftriebsstärke in der Nähe der Flügelspitze ist beträchtlich.

Diese physikalischen Vorgänge hatte F.W. Lanchester klar erkannt, als er 1897 das Patent Nr. 3608 anmeldete, das die Verwendung von Endscheiben an den Flügelspitzen zur Behinderung des Druckausgleiches unter Schutz stellte – sechs Jahre vor dem Flug der Gebrüder Wright [2.11]. Der Patentbeschreibung Lanchesters zufolge sollen die Endscheiben weitgehend eine zweidimensionale Umströmung des Tragflügels bewirken, um die Druckverluste so gering wie möglich zu halten. In seinem Werk *Aerodynamics* [2.10] wies er erstmalig darauf hin, daß die Unterschiede im Strömungsbild zwei- oder dreidimensional umströmter Tragflügel auf die Unterschiede in der Auftriebsverteilung über der Spannweite zurückzuführen sind, was seinerseits wiederum eine Folge der Zirkulationsverteilung ist. Dies geht auch aus der uns bereits bekannten Gl. (2.12): $\Gamma = f(V_0 \cdot c \cdot \alpha)$ hervor, aus der wir folgern können, daß bei abnehmender Sehnenlänge c des Flügels auch die Zirkulation um das Profil geringer werden muß. Um der Tatsache Rechnung zu tragen, daß die Zirkulation darum an den Flügelenden auf Null abnehmen muß, entwickelte Lanchester ein Wirbelmodell, das die aus seinem Buch übernommene Abb. 2.86 illustriert.

Etwas vereinfacht gesagt – ohne im Augenblick auf nähere Einzelheiten einzugehen – sind die Randwirbel, die sich stromabwärts entlang der Stromlinien der die Flügelspitzen umströmenden Flüssigkeitsteilchen ausbreiten, eine Fortführung der Zirkulation um den Flügel. Ihre Realität läßt sich durch Sichtbarmachung der Strömung nachweisen (Foto 2.27). Diese starken Randwirbel, deren Wirbelstärke gleich der Zirkulation im Flügelmittelschnitt ist, beeinflussen das gesamte umliegende Strömungsfeld und somit das Verhalten des Tragflügels, und der Druckverlust an den Flügelrändern, beziehungsweise die zur Aufrechterhaltung dieser Wirbel dauernd zu leistende Arbeit (die als kinetische Energie in ihnen enthalten ist), ist nicht der einzige Nachteil, der mit ihrem Auftreten verbunden ist.

Es verdient Erwähnung, daß zu jener Zeit, als Lanchester seine Vorstellungen über die dreidimensionalen Strömungsvorgänge an Tragflügeln endlicher Spannweite entwickelte, Beweise wie die in Foto 2.27 nicht vorlagen. Diese Tatsache ist ein „eindrucksvolles Beispiel für einen genialen Geist, der ohne richtungsweisende experimentelle Ergebnisse zur Lösung eines unverständlich erscheinenden Problems gelangt – eine Leistung, die eher der Welt der alten Griechen angemessen erscheint, als der unsrigen" [2.5]. In unserer rational orientierten Welt, in der die Aufgabe der Wissenschaft darin gesehen wird, Ordnung in alles Beobachtbare zu bringen, ist diese von Sir Graham Sutton vertretene Auffassung bemerkenswert. Dem erkenntnistheoretischen Ansatz des Empirismus zufolge kann nur durch Bildung neuer Hypothesen, die ihren Ausgangspunkt in Beobachtungen, Experimenten oder Tatsachenfeststellungen finden, das Wissen erweitert werden. Nach Ansicht der Empiristen läßt sich Erkenntnis nur aus Sinneswahrnehmungen ableiten: durch die menschlichen Sinne direkt, oder indirekt mit Hilfe ihrer erweiterten und verfeinerten Formen – Instrumenten. Paradoxerweise äußerte der Empirist D. Hume nun selbst die Ansicht, daß „... wir uns unmöglich von etwas eine Vorstellung machen können, was wir vorher noch nicht gefühlt

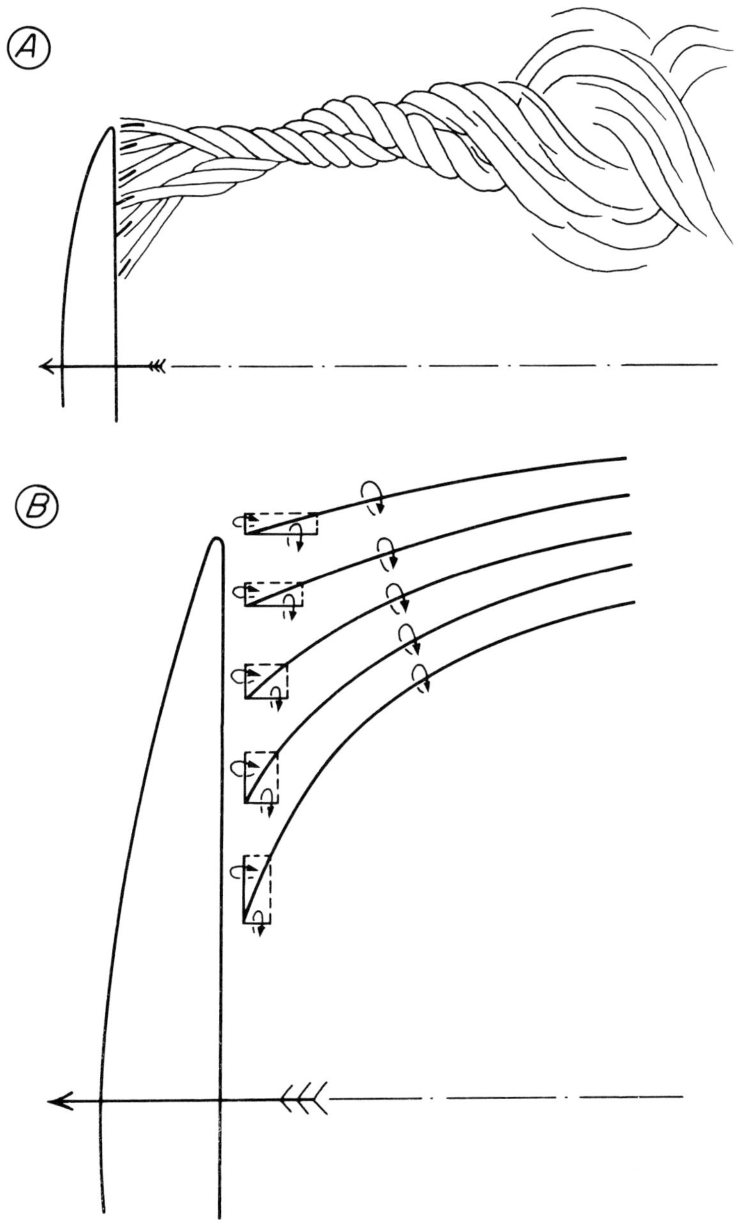

Abb. 2.86 Zur Entstehung der Randwirbel hinter einem Tragflügel endlicher Spannweite (nach einer Darstellung von F.W. Lanchester)

haben, entweder mit unseren äußeren oder unseren inneren Sinnen." Er legte dar, daß reiner Empirismus keine ausreichende Grundlage für Wissenschaft darstellt. Lanchesters Vorstellungen stützten sich auf keinerlei experimentelle Beweise. Dies führt nun zu einer Frage von allgemeinerem Interesse: Gibt es, abgesehen von den Sinneswahrnehmungen, noch andere Wege der Erkenntnis?

Um nicht abzuschweifen betrachten wir beispielsweise das Phänomen der ausgezeichneten Segler, die ihr Boot derart wirkungsvoll trimmen und steuern, daß man den Eindruck gewinnt, hinter allem stünde eine Art Theorie. Darauf angesprochen, warum sie unter dieser oder jener Bedingung dies und das so oder so machen, können sie jedoch in den meisten Fällen keine klare Antwort geben – ein Zeichen dafür, daß dem Handeln kein wohldurchdachtes Wissen zugrunde liegt. Es läßt sich nun aber schwerlich annehmen, daß diese Segler nur ausgesprochenes Glück beim Handeln aufs Geratewohl oder nach der Methode Versuch – Irrtum haben. Es hat den Anschein, daß das Gemeinsame, das einen guten Wissenschaftler, einen guten Segler oder einen guten Künstler auszeichnet, vor allem ein intuitives Gefühl für die Natur ist.

Lanchesters Überlegungen mögen demjenigen, der sich mit der modernen Aerodynamik beschäftigt, vielleicht trivial erscheinen. Schließlich ist nichts einfacher, als das gestern entdeckte und nichts schwieriger als das, was erst morgen entdeckt werden wird – wie ein berühmter Gelehrter schrieb.

Es wurde bereits angedeutet, daß sich die Randwirbel auf die Tragflügelumströmung nachteiliger auswirken, als es auf den ersten Blick erscheinen mag. Wegen des Druckausgleiches und der daraus resultierenden Abnahme der Auftriebsstärke an den Flügelenden auf Null (Abb. 2.84B und 2.85) ist es naheliegend, daß der durchschnittliche Auftriebsbeiwert bei gleichem Anstellwinkel bei Flügeln mit kleinem Seitenverhältnis geringer sein muß als bei schlanken Tragflügeln. Der Einfluß des Seitenverhältnisses auf den Auftrieb ist jedoch wesentlich ausgeprägter, als daß er auf diese Weise erklärt werden könnte. Wir müssen deshalb untersuchen, ob sich für diese Verschiedenheit eine Erklärung finden läßt, wenn der Einfluß der Randwirbel auf die Strömung um den Tragflügel berücksichtigt wird.

Um zunächst das möglichst einfachste Wirbelsystem zu betrachten, wollen wir einen Vorschlag L. Prandtls [2.6] folgend annehmen, daß sich Auftrieb, beziehungsweise Zirkulation, wie bei zweidimensionaler Umströmung, gleichförmig über der Flügelspannweite verteilt. Freie Wirbel entstehen dann nur an den Flügelenden. Dieses Wirbelmodell veranschaulicht Abb. 2.87. Weiterhin ist es hilfreich, sich den Flügel durch einen in Spannweitenrichtung erstreckenden Wirbel ersetzt vorzustellen, ähnlich einem Flettner-Rotor (siehe Kapitel A4), der als solcher Zirkulation und Auftrieb erzeugen kann (Magnus-Effekt). Verringern wir in Gedanken allmählich immer mehr den Zylinderdurchmesser, so gelangen wir schließlich zu einer „tragenden Linie“ oder einem „tragenden Wirbel“ mit der Zirkulation des Flügels. Das Zentrum eines derartigen imaginären Wirbels oder der Kern einer solchen rotierenden Flüssigkeit liegt im Flügelinnern und kann durch die über die Flügeloberfläche fließende Strömung nicht fortgetragen werden (Abb. 2.88A). In der stark vergrößerten Darstellung in Abb. 2.88B wird der Flügel schließlich selbst zum Wirbelkern. Mit Hilfe eines solchen Wirbels wird ein Teil der Energie der Anströmung in kinetische Energie der um den Flügel rotierenden Luftmasse umgewandelt. Man spricht deshalb auch von einem gebundenen Wirbel im Gegensatz zu den freien Wirbeln, die von den Flügelenden

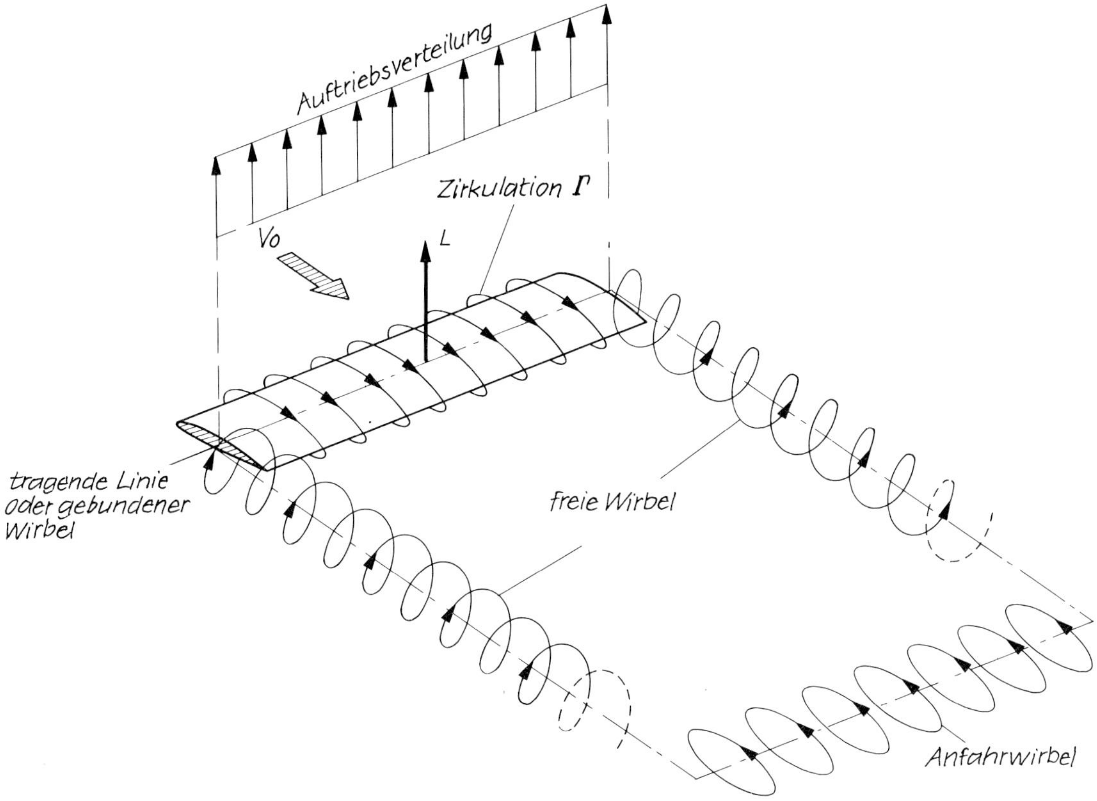

Abb. 2.87 Vereinfachtes sogenanntes Hufeisenwirbelsystem eines Tragflügels endlicher Spannweite. Die Randwirbel haben die Gestalt einer Schraubenlinie.

abgehen, und von denen in jedem Zeitabschnitt bei der Vorwärtsbewegung des Tragflügels ein Stück neu gebildet wird (Abb. 2.87).

Lanchester, der diese Vorstellungen erstmals entwickelte, konnte sich bei seinen Überlegungen auf die 1858 veröffentlichten Wirbelsätze von H.v. Helmholtz stützen. Einer dieser Sätze besagt, daß ein einmal erzeugter Wirbel nicht im Inneren der Flüssigkeit enden kann. Dies bedeutet, er kann nur an den Grenzen des Strömungsfeldes (beispielsweise an den Windkanalwänden bei zweidimensionaler Umströmung) enden, oder er muß in sich geschlossen sein, ähnlich einem Rauchring. Lanchester folgerte nun, daß der gebundene Wirbel nicht an den Flügelspitzen aufhört, sondern sich, wie von ihm in Abb. 2.86 A gezeichnet, in Form abgehender oder freier Wirbel fortsetzt. Die Zirkulationsstärke dieser freien Wirbel muß nach den Sätzen von Helmholtz genauso groß sein wie die Wirbelstärke des gebundenen Wirbels in der Flügelmitte.

Da den Helmholtzschen Wirbelsätzen zufolge die gesamte Zirkulation um einen auftriebserzeugenden Tragflügel eine geschlossene Wirbellinie bilden muß, fehlt nun nur noch das Verbindungsglied, das die Lücke zwischen den beiden freien Randwirbeln schließt. Wäre die Luft nicht zähigkeitsbehaftet, so würden

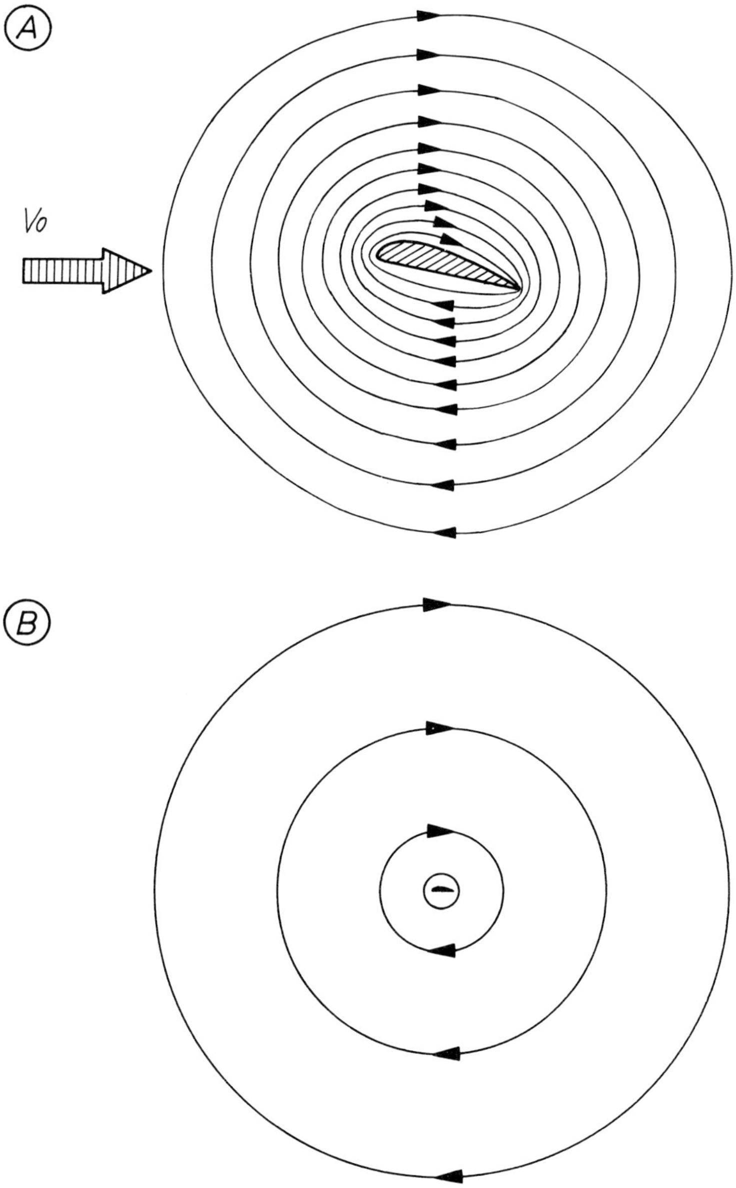

Abb. 2.88 Zirkulationsstromlinien um einen Tragflügel

die Randwirbel eines mit mehreren hundert Stundenkilometern dahinfliegenden Flugzeuges theoretisch im Anfahrwirbel enden, der sich von der Flügelhinterkante beim Start ablöste (Abb. 2.87 und Foto 2.4C). Ein derartiger Ringwirbel, der sich aus dem gebundenen Wirbel, zwei freien Wirbeln und einem Anfahrwirbel zusammensetzt, würde – um Lanchesters eigene Worte zu gebrauchen – „wie ein körperloser Geist für alle Zeit die Welt durchziehen."

Wir wissen jedoch bereits, daß in einer realen Flüssigkeit – wie beispielsweise Luft – die Zähigkeit die Ursache der Zirkulationsströmung ist; das heißt, Wirbel entstehen infolge Zähigkeit und lösen sich schließlich nur durch den Einfluß von Zähigkeit und Reibung wieder auf. In [2.73] ist mitgeteilt worden, daß die freien Wirbel hinter schweren Transportflugzeugen auf einer Länge von ungefähr zehn Kilometern erhalten bleiben, ehe ihre kinetische Energie nach und nach in Wärme umgewandelt wird. Die durch die freien Wirbel dabei hinter dem Tragflügel hervorgerufenen Auf- und Abwärtsgeschwindigkeiten der Luft betragen bis zu ± 4 m/s. Ein anderes in diese Wirbel hineinfliegendes Flugzeug kann dadurch in ernsthafte Schwierigkeiten geraten. Ebenfalls eine Folge der freien Wirbel ist die Umlenkung des Windes hinter kreuzenden Booten, die den Seglern mehr vertraut sein dürfte (Foto 2.27 A).

2 Mechanische und elektromagnetische Analogien

Die oben gegebene vorläufige Darstellung der Strömungsvorgänge um den Tragflügel endlicher Spannweite skizziert Zwischenergebnisse auf dem Weg zu einer

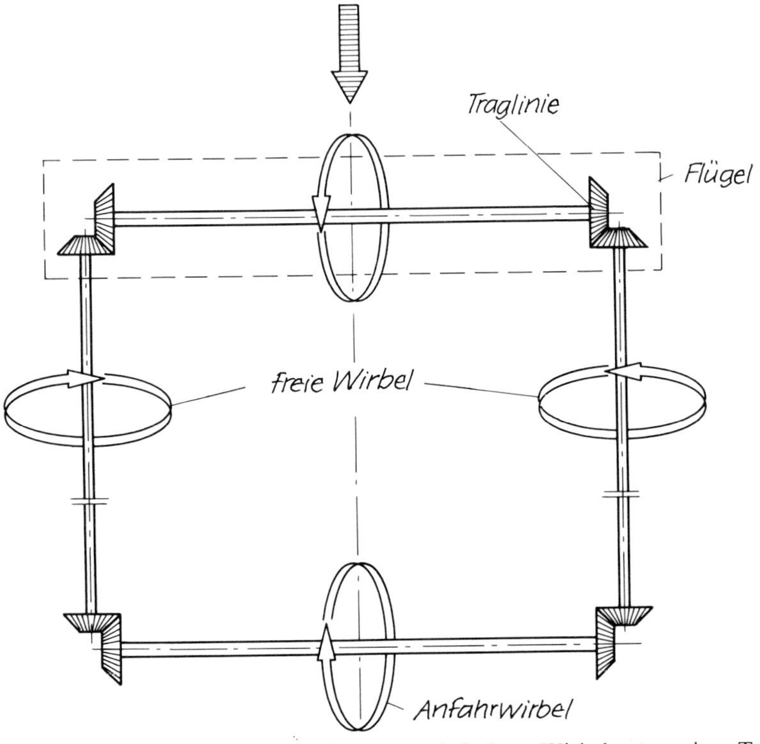

Abb. 2.89 Lanchesters mechanische Analogie zum vereinfachten Wirbelsystem eines Tragflügels (vgl. Abb. 2.87)

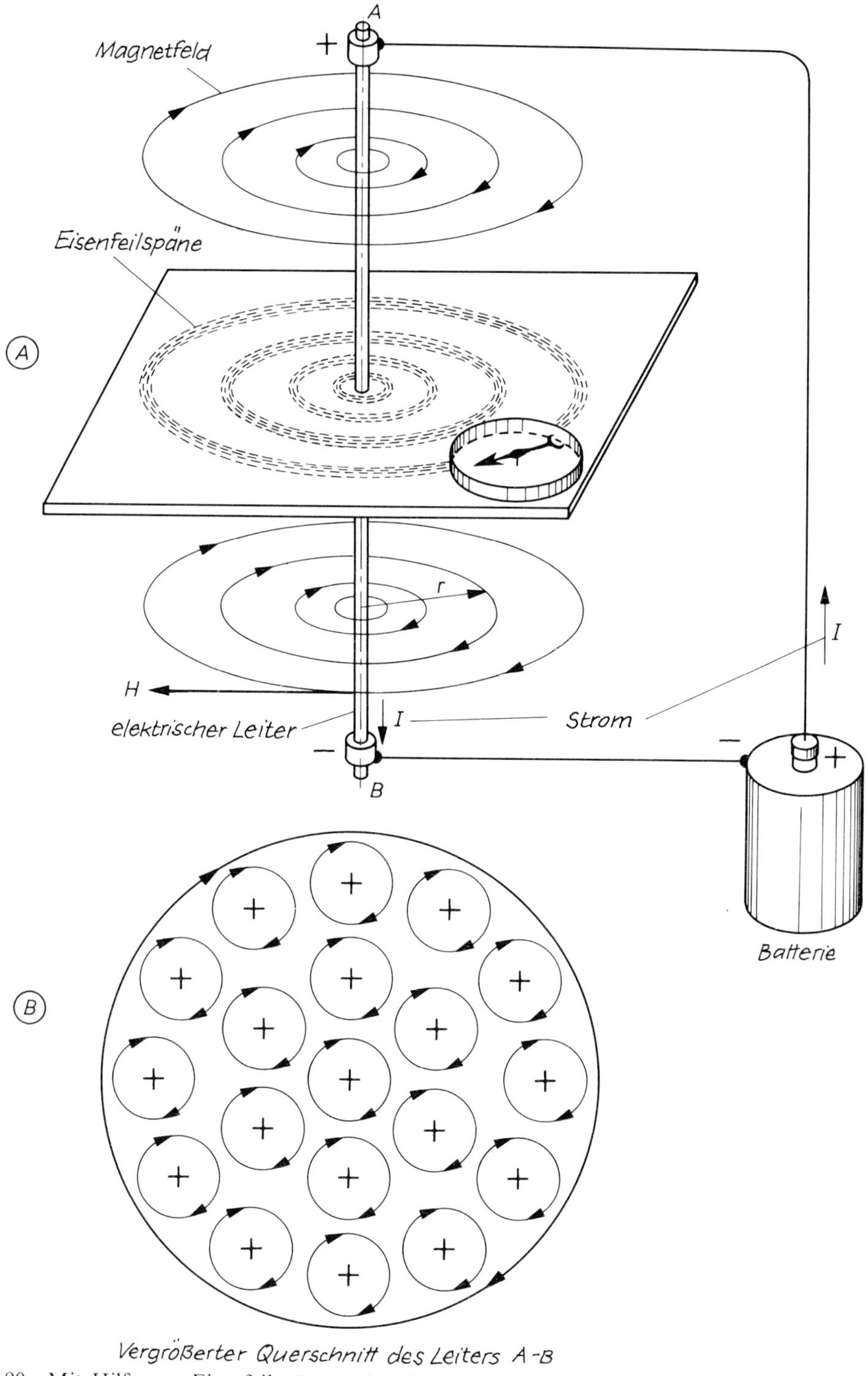

Abb. 2.90 Mit Hilfe von Eisenfeilspänen oder einer kleinen Kompaßnadel lassen sich die konzentrischen magnetischen Kraftlinien um einen geraden stromführenden Leiter aufzeigen.

umfassenderen Theorie. Sie soll für die eingehendere Behandlung dieses Problemes als geistiges Gerüst dienen. Verborgene, unsichtbare Erscheinungen fassende Begriffe wie Zirkulation oder gebundener Wirbel sind nicht leicht verständlich, sie würden sonst in Seglerkreisen häufiger vorkommen. Analogien und mechanische Modelle können in dieser Hinsicht helfen. Selbst ein Wissenschaftler wie Lord Kelvin (von dem ein wichtiger theoretischer Satz über die Wirbelbewegung stammt) sagte: „Ich bin erst zufrieden, wenn ich von dem Gegenstand der Untersuchung ein mechanisches Modell entwickelt habe. Erst wenn mir dies gelingt, habe ich das Problem verstanden."

Eine mechanische Analogie zu dem Wirbelmodell von Lanchester zeigt Abb. 2.89: Eine innerhalb des Flügels angeordnete Welle stellt die tragende Linie oder den gebundenen Wirbel dar. Über Kegelräder setzt sie zwei weitere Wellen in Bewegung, die den einander entgegengesetzt drehenden freien Wirbeln entsprechen. Diese wiederum treiben eine weitere Welle an, die den Anfahrwirbel darstellt.

Da heute die meisten mit Elektrizität und Magnetismus vertraut sind, und diese Erscheinungen in einem engen Zusammenhang mit der Zirkulation und der Wirkung eines Wirbels auf seine Umgebung stehen, lassen sich anschauliche Analogien entwickeln, die für das Verständnis einiger Aspekte der Tragflügeldynamik von großer Hilfe sind. Das Geschwindigkeitsfeld um einen rotierenden Zylinder nach Abb. 2.6 B findet nämlich eine exakte Entsprechung in dem von einem stromdurchflossenen Leiter erzeugten Kraftfeld.

Diese Analogie veranschaulicht Abb. 2.90. Ein Wirbelfaden entspricht hier dem stromführenden Leiter, die Zirkulation der elektrischen Stromstärke und die Zirkulationsgeschwindigkeit der magnetischen Feldstärke [2.74], [2.75]. Sowohl die Theorie der Elektrodynamik als auch Experimente zeigen, daß sich der mit einer Stromquelle verbundene gerade Leiter AB mit einem Magnetfeld umgibt, den Linien konstanter magnetischer Feldstärke H als geschlossene konzentrische Kreise umgeben. Diese Feldlinien, vergleichbar mit den Stromlinien der Zirkulationsströmung um einen Kreiszylinder, lassen sich mit Eisenfeilspänen oder einer kleinen Magnetnadel nachweisen (Abb. 2.90 A). Die Feldstärke H ist umgekehrt proportional zum Abstand r vom Mittelpunkt des Drahtes und proportional zur Stromstärke I:

$$H=\frac{I}{2\pi r}=\frac{\text{Stromstärke}}{\text{Umfang der magnetischen Feldlinie}}.$$

Diese Gleichung entspricht der Gl. (2.7 A) für die Geschwindigkeit der Zirkulationsströmung

$$V_z=\frac{\Gamma}{2\pi r}. \qquad \text{(2.7 A) wiederholt}$$

Setzt sich der Leiter AB, wie in Abb. 2.90 B, aus einer Anzahl dünner paralleler Drähte zu einem beliebigen Querschnitt zusammen, so läßt sich sowohl experimentell als auch theoretisch nachweisen, daß die Stärke des magnetischen Feldes

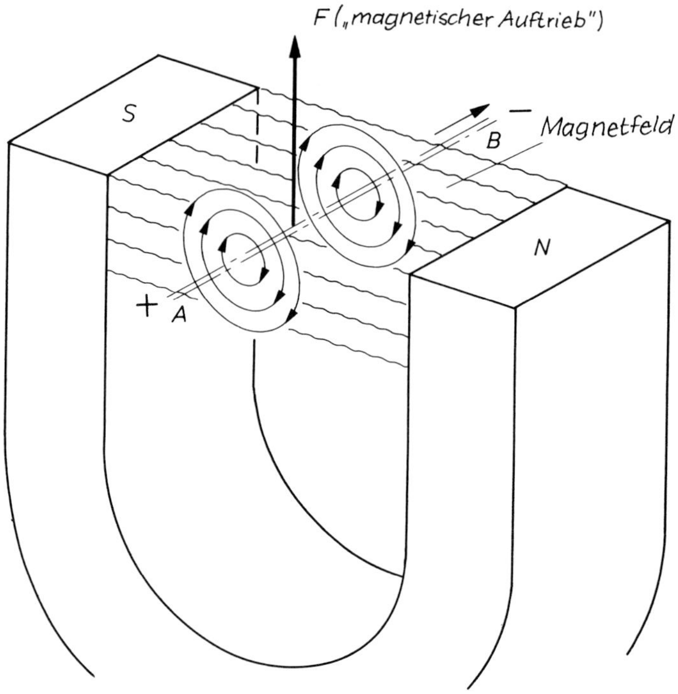

Abb. 2.91 In einem parallelen Magnetfeld erfährt ein stromdurchflossener Leiter AB eine Kraft *F* (magnetischer „Auftrieb").

längs der Randkurve einer den ganzen Leiter umfassenden Fläche gleich der Summe der Feldstärken um die einzelnen, von der Kurve umschlossenen stromführenden Elemente ist. Dies besagt der Satz von Stokes, der sowohl auf stromdurchflossene Leiter als auch auf Wirbelbewegungen in Flüssigkeiten anwendbar ist. Die Berücksichtigung dieser Analogien werden dem Leser das Verständnis der folgenden Ausführungen über die Ausbildung freier Wirbel hinter auftriebserzeugenden Tragflächen erleichtern.

Das umgebende Magnetfeld eines stromführenden Leiters ist für eine physikalische Erscheinung verantwortlich, der überaus große Bedeutung zukommt. Sie wurde von M. Faraday am Weihnachtstag 1821 entdeckt. Ihre Demonstration gelingt recht einfach (Abb. 2.91). Dazu bringt man einen geraden Leiter in in das parallele magnetische Feld zwischen den Polen eines Dauermagneten. Sobald der Leiter an eine Stromquelle angeschlossen ist, und der Strom ein Magnetfeld um ihn hervorgerufen hat, erfährt der Leiter AB eine Kraft *F*, die ihn aus dem Feld herausbewegen will. Diese Kraft, die senkrecht zur Richtung des Stromes *I*, sowie senkrecht zur Richtung des Magnetfeldes des Dauermagneten wirkt, könnte entsprechend zum aerodynamischen Auftrieb gemäß Abb. 2.6

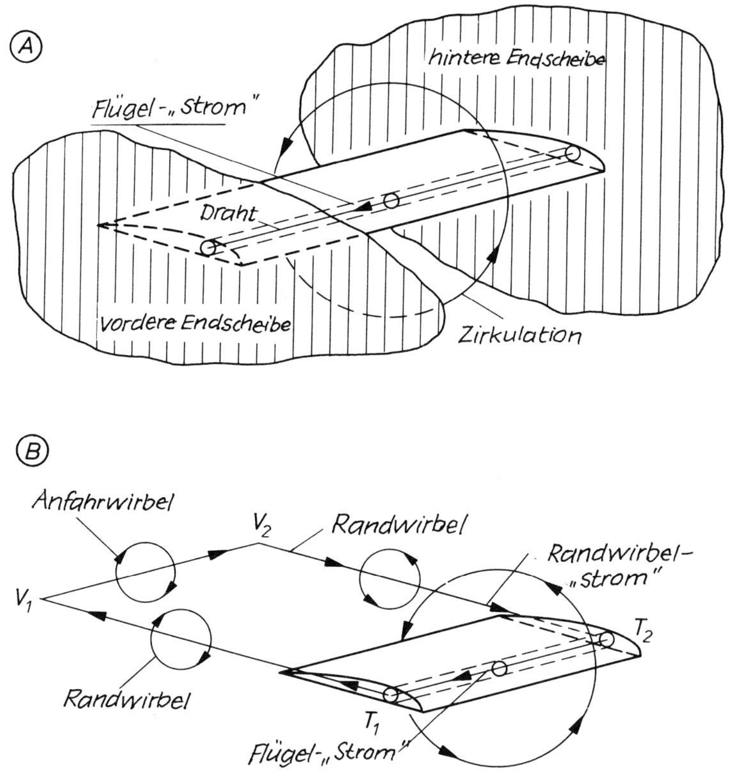

Abb. 2.92 Definitionszeichnung zur elektrischen Analogie für einen einfachen Tragflügel. Aus: Saunders, H.E.: *Hydrodynamics in Ship Design*. Copyright: The Society of Naval Architects and Marine Engineers, New York. Wiedergabe mit Genehmigung der vorgenannten Gesellschaft.

als „magnetischer Auftrieb" bezeichnet werden. Genau wie aus der Überlagerung eines zirkulatorischen und eines parallelen Strömungsfeldes der aerodynamische Auftrieb entsteht, ruft das Zusammenwirken eines wirbelförmigen und eines parallelen Magnetfeldes den magnetischen Auftrieb hervor. Diese elektromagnetische Kraftwirkung findet im Fernsehgerät Anwendung, bewegt Elektromotoren, die Zeiger elektrischer Meßgeräte, etc.

a) Elektromagnetische Analogie für einen einfachen Tragflügel

Eine elektromagnetische Analogie zur Tragflügelwirkung, die mit freundlicher Genehmigung aus dem Buch *Hydrodynamics of Ship Design* [2.75] übernommen wurde, ist in den Abb. 2.92 und 2.93 dargestellt. Abb. 2.92A zeigt ein kurzes, aus einem unendlich langen Tragflügel herausgeschnittenes und zwischen zwei clcktrisch leitenden Endscheiben unendlicher Ausdehnung angeordnetes Flügelstück. Ein in seinem Innern befindlicher Draht ist leitend mit den Endscheiben verbunden, so daß der „auftriebserzeugende" Strom über die eine Endscheibe in den Draht hineinfließen und über die andere Endscheibe wieder abfließen kann. Werden die Endscheiben in großer Entfernung stromabwärts verbunden – um die elektrische Analogie zu vervollständigen – so ist der Stromkreis geschlossen und ein in der angegebenen Richtung fließender „Auftriebsstrom" bewirkt mit seiner „Zirkulation" bei paralleler magnetischer „Anströmung" eine Auftriebskraft, genauso, wie es bei der Diskussion der Abb. 2.91 dargelegt wurde.

> „Der in dem gedachten Draht längs der Flügelspannweite konzentrierte Auftriebsstrom breitet sich an der Verbindung mit der in Abb. 2.92A vorne liegenden Endscheibe aus und fließt auf einer Vielzahl von Wegen weit achteraus. Dort fließt er zur anderen Endscheibe und über viele einzelne Wege zum hinten liegenden Tragflügelende zurück. In keiner der beiden Endscheiben tritt so ein konzentrierter Auftriebsstrom auf" [2.75].

Die den Abb. 2.87 und 2.89 analoge Abb. 2.92B zeigt den Flügel ohne Endscheiben. Der für den Auftriebsstrom notwendige geschlossene Stromkreis der elektromagnetischen Analogie wird nun durch zusätzliche Drähte gebildet, die wir als „Randwirbeldrähte" bezeichnen können. Diese Drähte, die an den Flügelenden den gedachten Draht im Flügelinnern nach hinten verlängern, sind dort, wo der Umströmungsvorgang anfing, das heißt, in der Flüssigkeit, die den Flügel umgab, als seine Vorwärtsbewegung begann, durch einen weiteren Draht miteinander verbunden. Dieser entspricht dem Anfahrwirbel. Die Entstehung dieses Wirbels an der Hinterkante eines aus der Ruhe „anfahrenden" Tragflügels wurde bereits in Abb. 2.11 und Foto 2.4 gezeigt.

Im folgenden schließen wir uns eng der in [2.75] gegebenen Darstellung an. In Abb. 2.92B wird das zum Tragflügel gehörende Leiterstück $T_2\,T_1$ durch die Randwirbeldrähte $T_1\,V_1$ und $T_2\,V_2$ bis zurück zum Ausgangsort des Flügels $V_1\,V_2$ verlängert. Bei Vorwärtsbewegung des Tragflügels werden sie automatisch länger. Der Anfahrwirbeldraht $V_1\,V_2$ ersteckt sich zwischen diesen Randwirbeldrähten, oder wie in Bild A, zwischen den unendlich langen Endscheiben, die von den Flügelspitzen bis zurück zum Ausgangspunkt der Flügelbewegung reichen. Der Wirbel- oder Auftriebsstrom fließt im Uhrzeigersinn durch den ganzen Stromkreis und ruft um alle vier Leiterstücke die durch die Pfeile angedeutete Zirkulation hervor (Abb. 2.92B). Wie der elektrische Strom hat der Auftriebsstrom im ganzen Leiterkreis die gleiche Stärke. Die Folgen einer Verringerung der Flügelspannweite von unendlicher (bei zweidimensionaler Strömung) auf eine endliche Länge können folglich auch als Auswirkungen eines Abknickens des gebundenen Wirbels aus der Spannweitenrichtung an den Flügelenden um 90° nach hinten (stromabwärts) gedeutet werden. Wie wir später sehen werden, beeinflußt diese Änderung das gesamte Geschwindigkeitsfeld in der Umgebung des Tragflügels.

Die Zirkulation um den Flügel entsteht in gleicher Weise wie zuvor in Bild A und ruft einen entsprechenden Auftrieb hervor. Die Zirkulation um die Randwirbeldrähte $T_1\,V_1$ und $T_2\,V_2$ bewirkt in der rechteckigen Fläche $T_1\,V_1\,V_2\,T_2$ eine Ablenkung der Feldlinien des parallelen Magnetfeldes nach unten, jenseits der Drähte nach oben. Für einen Flügel, der sich in einer Flüssigkeit bewegt, ist dies einsichtig, da die Flüssigkeit das Bestreben hat, infolge der positiven Druckdifferenz Δp zwischen dem Druck in der freien Anströmung und dem örtlichen Druck auf der Flügelunterseite (Überdruck) zur Flügeloberseite zu gelangen, wo die Druckdifferenz Δp negativ ist (Unterdruck). Die Flüssigkeit weicht also auf der Druckseite nach außen aus und strömt um die freien Flügelenden auf die Saugseite, eine Erscheinung, die wir bereits bei der Betrachtung der Abb. 2.84 und 2.85 erörterten.

b) Der Tragflügel mit veränderlicher Zirkulationsverteilung

In den meisten Fällen ist die Zirkulation eines Tragflügels über der Spannweite nicht konstant. Um die veränderliche Zirkulationsverteilung zu berücksichtigen, nehmen wir an, daß der „elektrifizierte" Tragflügel nicht einen, sondern mehrere elektrische Leiter enthält, von denen einige sich nur teilweise über der Flügelspannweite erstrecken. Diese Vorstellung illustriert Abb. 2.93 an einem Tragflügel, der mit einem Ende an einem anderen Bauteil befestigt ist, dessen Ausdehnung im Vergleich zur Fläche des Flügelwurzelprofils groß ist. Das andere Flügelende ist frei. Praktische Beispiele hierfür sind ein Spatenruder, das dicht unter dem weiten flachen Heck eines Schiffes hängt, und der Flossenkiel unter dem Rumpf einer Segelyacht. Im Grenzfall stellt das gesamte Unterwasserschiff einen Tragflügel mit sehr großer Flügeltiefe, relativ kleiner Spannweite und großer Dicke dar, der sich unter einer unendlich ausgedehnten Endscheibe befindet – nämlich der Oberfläche des Wassers, in dem die Yacht schwimmt.

Betrachten wir zuerst den Tragflügel im Bild A von Abb. 2.93. Die Endscheibe erstreckt sich von T_2 bis V_2 und darüber hinaus in alle Richtungen. Nur ein Draht, der einen freien Wirbel repräsentiert, geht von dem freien Flügelende T_1 ab. In dem Gebiet zwischen T_2 und V_2 herrscht keine Zirkulation, da die zurückfließenden Ströme sich auf der unendlichen Fläche der Endscheibe auf einer Vielzahl von Stromwegen verteilen.

Betrachten wir nun Bild B. Der Tragflügel hat auf der äußeren Hälfte jetzt eine kleinere Profiltiefe, über der die Zirkulation nur halb so groß ist, wie über der inneren Flügelhälfte. Durch das tiefere Flügelstück $T_2 T_3$ fließt doppelt so viel Strom wie durch den schmaleren Abschnitt $T_3 T_1$. Um dies darzustellen, enthält der Teil $T_2 T_3$ zwei Leiter, durch die beide der gleiche Strom fließt. Der Auftriebstrom verläßt den längeren Draht $T_2 T_1$ am Ende des Flügels im Punkt T_1 und fließt über den Randwirbeldraht $T_1 V_1$ und den längeren Anfahrwirbeldraht $V_1 V_2$ zur Endscheibe. Der Strom durch den kürzeren Draht $T_2 T_3$ verläßt den Flügel im Punkt T_3, wo sich die Flügeltiefe sprunghaft ändert, und fließt ebenfalls in Form eines freien Wirbels über den Draht $T_3 V_3$ und den kurzen Anfahrwirbeldraht $V_3 V_2$ zur Endscheibe und von dort ebenfalls zurück zum Wurzelprofil.

Sowohl um den Randwirbeldraht $T_1 V_1$ als auch um den freien Wirbeldraht $T_3 V_3$ bildet sich eine Zirkulation aus. Die Zirkulation um den Wirbeldraht $T_1 V_1$ hat die gleiche Stärke wie um das Leiterstück $T_1 T_3$ in der äußeren Flügelhälfte; die Summe der Zirkulation um $T_1 V_1$ und $T_3 V_3$ ist gleich der Zirkulation um

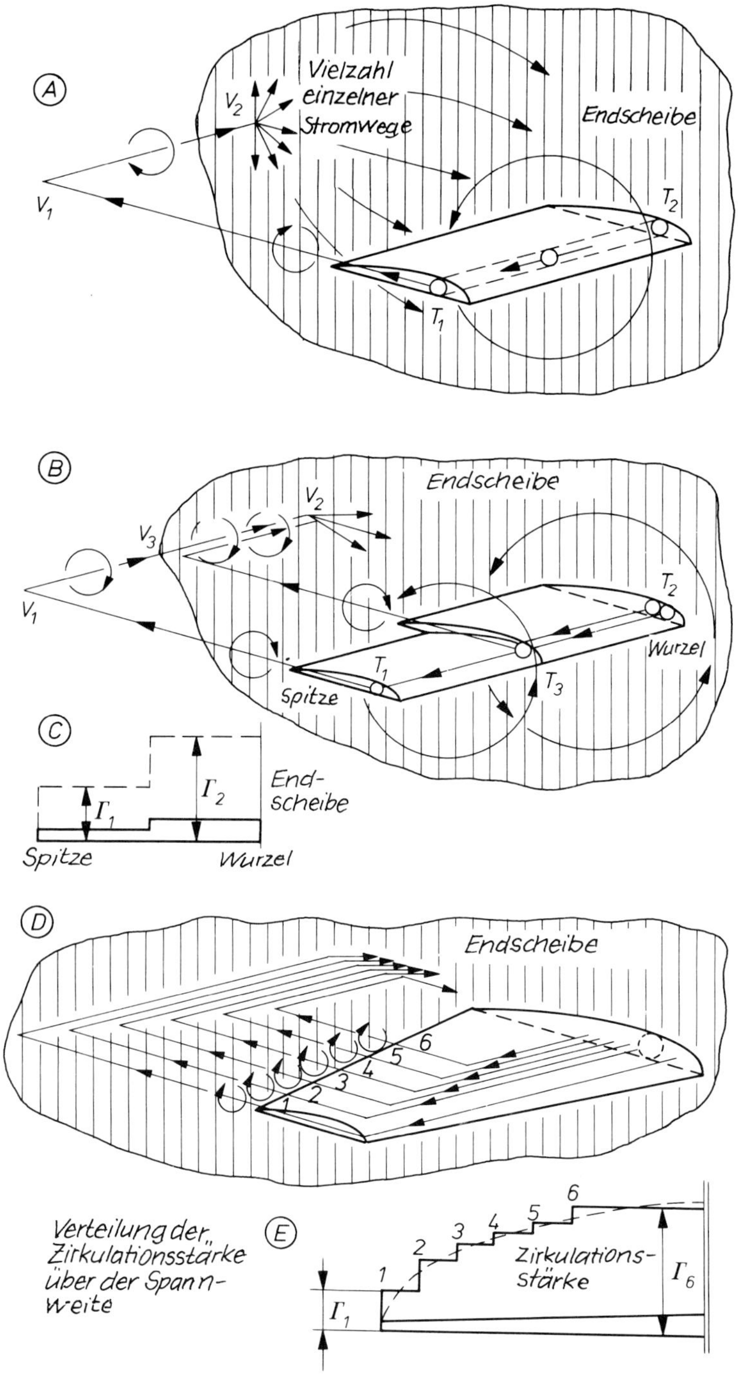

Abb. 2.93 Elektrische Analogie für verschiedene nichtkonstante Zirkulationsverteilungen. Aus: Saunders, H.E.: *Hydrodynamics in Ship Design*. Copyright: The Society of Naval Architects and Marine Engineers, New York. Wiedergabe mit Genehmigung der vorgenannten Gesellschaft.

die beiden Drähte von T_2 nach T_3 in der inneren Flügelhälfte. Die entsprechende Verteilung der Zirkulation längs der Spannweite geht aus Bild C hervor. Die über dem inneren Flügelteil konstante Zirkulation Γ_2 ist doppelt so groß wie die über den äußeren Flügelabschnitt ebenfalls konstante Zirkulation Γ_1.

Im allgemeinen ändert sich die Profiltiefe zwischen Wurzel und Spitze eines Tragflügels nicht sprunghaft, sondern kontinuierlich. Einen derartigen Flügel zeigt Abb. 2.93 D. Wie aus Bild E zu ersehen ist, verändert sich dann die Zirkulation über der Spannweite ebenfalls stetig (gestrichelte Kurve). Denkt man sich nun diese kontinuierliche Verteilung durch eine Treppenkurve ersetzt, so muß an jeder Treppenstufe (in unserem Beispiel sechs) ein freier Wirbel nach hinten fortgefüht werden. Nähert man die treppenförmige Zirkulationsverteilung immer besser der stetigen Verteilung an (immer mehr Stufen), so ergibt sich schließlich eine flächenhafte Verteilung der abgehenden freien Wirbel (Wirbelfläche oder Wirbelschicht).

Aus Abb. 2.93 E ist ein wichtiger Zusammenhang zwischen der Zirkulationsverteilung längs der Spannweite und der Stärke der abgehenden freien Wirbel ersichtlich. Die Stärke eines einzelnen freies Wirbels, der vom Flügel in einem bestimmten Punkt abgeht, ist dabei gleich der Abnahme der Zirkulation an dieser Stelle. Zum Beispiel ist die Stärke des freien Wirbels zwischen den Flügelschnitten 6 und 5 gleich der Differenz der Zirkulationsstärken um die Profile 6 und 5. Ist die Zirkulationsstärke um das Profil 6 und 5 gleich Γ_6 bzw. Γ_5, so hat der zwischen diesen Schnitten abgehende freie Wirbel also die Stärke (Γ_6–Γ_5).

Da die gebundene Zirkulation um den Flügel zu den freien Enden hin immer rascher abfällt, ist folglich die Intensität der in die Flüssigkeit abgehenden freien Wirbel an der Flügelspitze am stärksten.

Verglichen mit dem vereinfachten Wirbelmodell nach Abb. 2.87 und 2.92 B ist das wirkliche System freier Wirbel eines Tragflügels wegen der veränderlichen Zirkulation längs der Spannweite beträchtlich verwickelter. Anstelle der beiden starken Einzelwirbel an den freien Flügelenden ergibt sich eine flächenhafte Verteilung freier Wirbel (Wirbelfläche), die entlang der ganzen Hinterkante abgehen. Wie bereits Lanchester erkannt hatte und in seiner Zeichnung in Abb. 2.86 B veranschaulichte, ist eine solche Wirbelfläche aber instabil. Die einzelnen Wirbelfäden ziehen sich an und winden sich ineinander wie die Kardeele eines Tauwerks (Abb. 2.86 A) – die ganze Wirbelschicht rollt sich spiralartig zu zwei Einzelwirbeln auf, deren Abstand b' weit hinter dem Flügel kleiner als dessen Spannweite ist.

Aufgrund dieser gegenseitigen Anziehung müssen in einer elektrischen Anlage zwei benachbarte Leiter, durch die hohe Gleichströme in der selben Richtung fließen, durch Zwischenstücke auseinander gehalten werden, um eine Berührung zu vermeiden [2.75].

Abb. 2.94 zeigt das nun verfeinerte Wirbelmodell (vgl. Foto 2.28). Es besteht aus einem gebundenen Wirbel (tragende Linie, Traglinie), der die Zirkulation des Tragflügels ersetzt und in einiger Entfernung stromabwärts aus zwei freien Einzelwirbeln, deren Zirkulationsstärke gleich der Zirkulation Γ_0 in der Flügel-

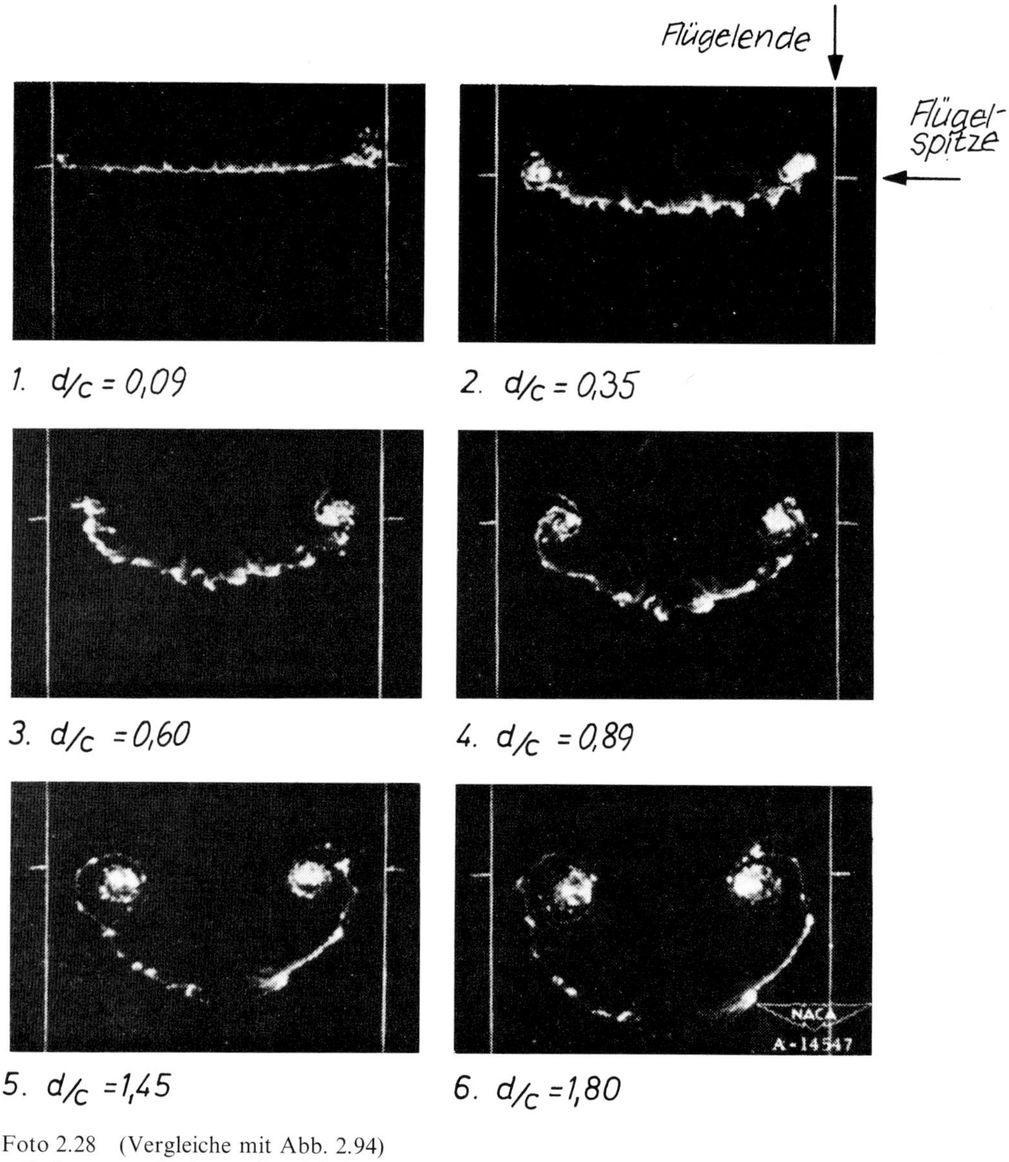

Foto 2.28 (Vergleiche mit Abb. 2.94)

Strömungsaufnahmen der sich in zwei ausgeprägte Randwirbel aufrollenden Wirbelfläche hinter einem Tragflügel vom kleinen Seitenverhältnis $\Lambda = 2$. Die Bilder wurden hinter dem Flügel aufgenommen. Die Projektion der Flügelspitzen in Richtung der ungestörten Anströmung ist in den einzelnen Aufnahmen durch den Schnittpunkt der senkrechten Linien mit den horizontalen Markierungen gekennzeichnet. Diese Aufnahmen des Nachlaufes in verschiedenen Abständen hinter dem Flügel (ausgedrückt durch das Verhältnis d/c, wobei d den Abstand von der Hinterkante und c die Sehnenlänge des Profils in Flügelmitte bedeuten) zeigen deutlich, wie rasch das Aufrollen der Wirbelfläche erfolgt [2.76].

Die Spur der Wirbelfläche wurde durch Aufbringen von feinem Aluminiumpulver auf die Flügelhinterkante sichtbar gemacht.

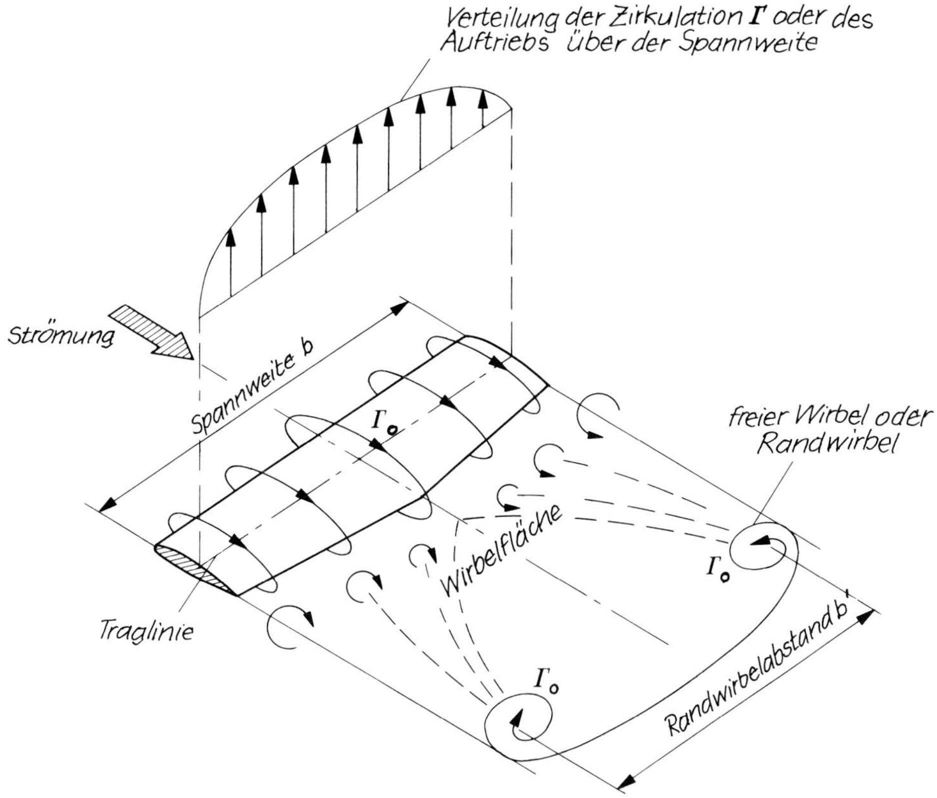

Abb. 2.94 Nach L. Prandtl gehen die freien Wirbel an der Flügelhinterkante anfangs als flächenhaftes Band ab, das sich von den Seiten her spiralförmig aufzurollen beginnt, bis in einem gewissen Abstand hinter dem Tragflügel schließlich allein zwei Einzelwirbel übrig bleiben.

Der Theorie der tragenden Linie liegt die Annahme zugrunde, daß jedes Profil längs der Spannweite, bis auf die induzierten Abwärtsgeschwindigkeiten, unabhängig vom benachbarten Profil arbeitet. Strikte Übereinstimmung mit dieser Voraussetzung würde zwei dimensionale Strömung (Abb. 2.84) bedingen, das heißt, keine Änderungen der Profilform, des Druckes oder des Auftriebsbeiwertes über der Flügelspannweite, sowie eine senkrecht zur Anströmrichtung verlaufende tragende Linie oder Flügelvorderkante. Ist eine Abweichung von diesen Bedingungen nicht unwesentlich, wie dies beispielsweise bei sogenannten gepfeilten Flügeln (in nachfolgenden Abschnitten behandelt) der Fall ist, können sich beträchtliche Änderungen in den Flügeleigenschaften (Auftrieb, Widerstand) ergeben.

mitte ist. Obwohl das wirkliche Wirbelsystem beträchtlich komplizierter als der von Prandtl als Ersatz für den bewegten Tragflügel in erster Näherung vorgeschlagene einzelne Hufeisenwirbel (Abb. 2.87) ist, kommt das wahre Bild infolge des mehr oder weniger raschen Aufrollens der Wirbelschicht hinter dem Flügel seiner Vereinfachung doch recht nahe. Windkanalversuche zeigen, daß sich die Wirbel hinter einem Tragflügel mit dreieckigem Umriß und kleinem Seitenverhältnis achtzehnmal schneller (ausgedrückt durch die Profiltiefe) aufrollen als hinter einem sehr schlanken Rechteckflügel [2.76].

Eine etwas andere Darstellung über die Entstehung der freien abgehenden Wirbel stammt von H. Glauert [2.12]. Wie aus Abb. 2.95 ersichtlich ist, rufen

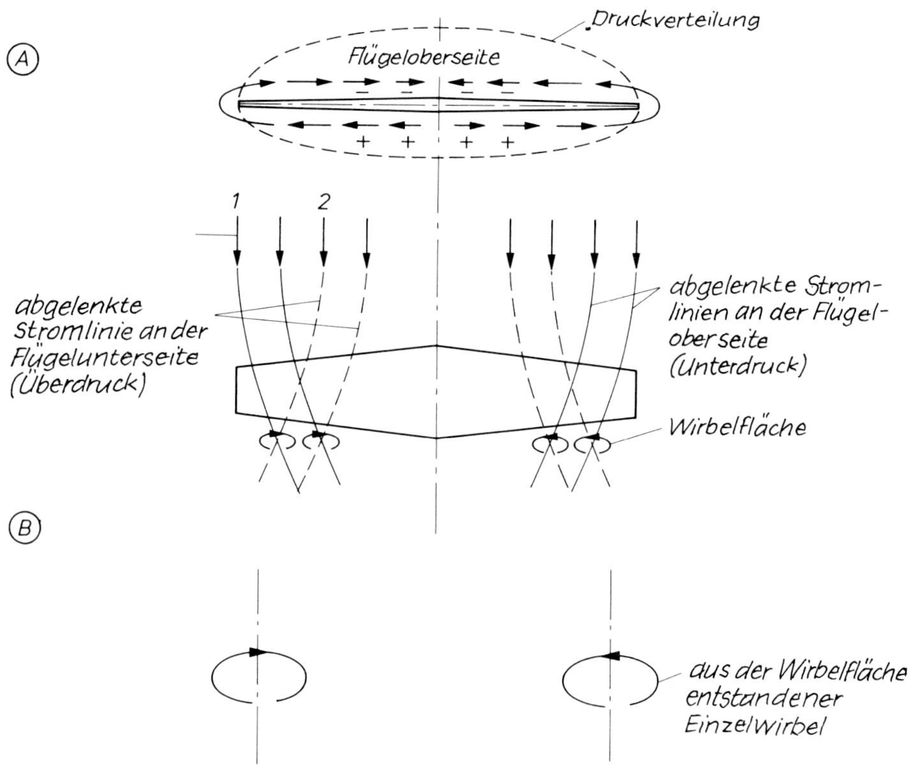

Abb. 2.95 Zur Entstehung der abgehenden Wirbelfläche
Der Deutlichkeit halber ist die Krümmung der Stromlinien bei Annäherung an den Flügel übertrieben stark dargestellt.
A Tragflügel von hinten betrachtet
B Tragflügel von oben gesehen

die Druckunterschiede zwischen Ober- und Unterseite eine Umströmung der Flügelenden hervor. Diese Ausgleichsströmung überlagert sich mit der parallelen Anströmung und bewirkt für die Stromlinien auf der Druckseite (gestrichelt) eine Ablenkung nach außen, und für die Stromlinien auf der Saugseite eine Ablenkung nach innen. Treffen nun die Stromlinien, wie beispielsweise die über die Flügeloberseite verlaufende Stromlinie 1 und die entlang der Unterseite verlaufende Stromlinie 2, hinter dem Tragflügel zusammen (Abb. 2.95), so weisen sie Geschwindigkeitskomponenten unterschiedlicher Richtung auf, die zu den Flügelspitzen hin in ihrer Größe zunehmen. Dadurch werden die Strömungsteilchen in eine kreisende Bewegung versetzt. Es bilden sich hinter der linken Tragflügelhälfte im Uhrzeigersinn (von hinten betrachtet) und hinter der rechten Flügelhälfte gegen den Uhrzeigersinn drehende Wirbel. Die so entstehende Wirbelfläche rollt sich schließlich in gewissem Abstand hinter dem Flügel wegen ihrer Instabilität in zwei diskrete Einzelwirbel auf (Abb. 2.86 A und 2.94). Wie immer auch der Flügelgrundriß sein mag, die wesentlichen Eigenschaften des Systems der freien Wirbel und ihre Ausbildung sind im Prinzip gleich.

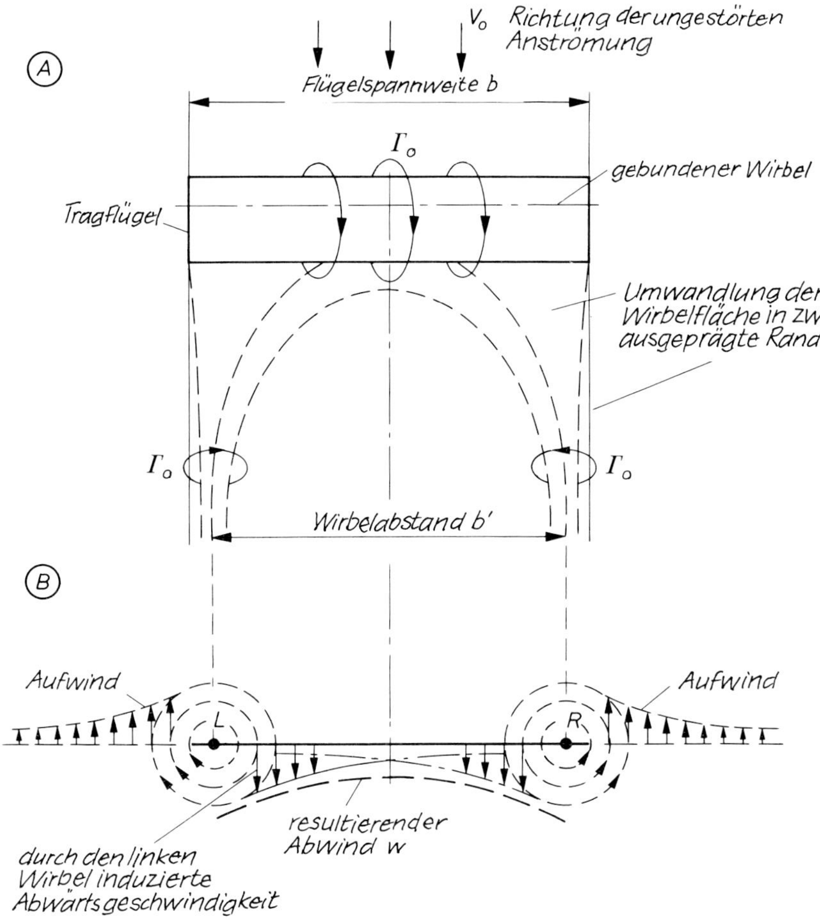

Abb. 2.96 Durch die Randwirbel induzierte Vertikalgeschwindigkeiten

A Tragflügel von oben gesehen

B Tragflügel von hinten gesehen. Arbeitet der Tragflügel in senkrechter Stellung, wie beispielsweise ein Segel oder eine Kielflosse, könnte der Abwind durchaus auch als Seitenwind bezeichnet werden.

3 Induzierte Geschwindigkeiten und induzierter Widerstand

Die Randwirbel, die sich durch Strömungsaufnahmen experimentell nachweisen lassen (Foto 2.27 und 2.28), rufen ein sogenanntes „induziertes Geschwindigkeitsfeld" hervor. Diese von M. Munk in die Aerodynamik eingeführte Bezeichnung wurde absichtlich gewählt, um die Analogie zwischen den freien Wirbeln und elektrischen Leitern und deren Magnetfeld hervorzuheben.

Aus Abb. 2.96 geht hervor, daß die Randwirbel die Richtung der ungestörten Anströmung am Ort des Flügels verändern. In welcher Weise dies geschieht, ist von sehr großer praktischer Bedeutung, da sich zeigen wird, daß hierdurch der sogenannte „induzierte Widerstand", dessen Einfluß von den Seglern übersehen wird, enorm anwachsen kann.

Wie bereits erwähnt, beeinflussen die abgehenden freien Wirbel eines räumlich umströmten Tragflügels dessen Eigenschaften im Vergleich zu denen bei ebener, zweidimensionaler Umströmung auf negative Weise. Die in Abb. 2.96 B in einer Ebene senkrecht zur Anströmung hinter dem Flügel dargestellten Zirkulationsströmungen um die beiden Randwirbel L (links) und R (rechts) bewirken, daß die zwischen den Wirbelkernen L–R von der Flügelhinterkante abfließenden Flüssigkeitsteilchen eine abwärts gerichtete Geschwindigkeitskomponente w erhalten. Außerhalb dieses Bereiches induzieren die Randwirbel Aufwärtsgeschwindigkeiten. Dieser Aufwind ist nicht konstant, sondern nimmt mit dem Abstand vom Wirbelkern allmählich ab. Zugvögel, die Seite an Seite oder in der bekannten Keilformation fliegen, nutzen diese Erscheinung aus. Der von den Schwingen der benachbarten Vögel hervorgerufene Aufwind verringert den zur Aufrechterhaltung des Fluges notwendigen Energiebedarf. Vögel vermeiden es, hintereinander und damit im Abwind der anderen, zu fliegen.

Die in Ebenen senkrecht zur Anströmung hinter dem Flügel induzierten Abwärts- und Aufwärtsgeschwindigkeiten folgen der durch Gl. (2.7 A) ausgedrückten Beziehung:

$$V_z = w = \frac{\Gamma}{2\pi r}.$$

Hierbei ist r der Abstand vom Wirbelkern.

Bei bekannter Zirkulationsstärke Γ, die von der konstanten Anströmgeschwindigkeit und der Anstellung des Tragflügels abhängt, läßt sich mit Hilfe der obigen Gleichung die Abwärtsgeschwindigkeit w längs der Spannweite ermitteln. Sie ist umgekehrt proportional zum Abstand r vom Wirbelkern. Da beide Wirbel L und R zum Abwind beitragen, erhält man die resultierende induzierte Geschwindigkeit w durch Addition der Abwärtsgeschwindigkeiten beider Wirbel. Diese hinter einem Tragflügel auftretende Abwärtsströmung zwischen den Flügelenden darf nicht mit dem vom gebundenen Wirbel induzierten Abwind verwechselt werden (vgl. Abb. 2.15 A). Wie aus Abb. 2.97 A zu ersehen ist, besteht ein Unterschied darin, daß der gebundene Wirbel auch einen entsprechenden Aufwind vor dem Flügel induziert, die Verteilung der Vertikalgeschwindigkeiten also symmetrisch ist. In einem derartigen Strömungsfeld, das ein Tragflügel bei ausschließlich zweidimensionaler Umströmung hervorruft, und das von Lancester als „tragende Welle" bezeichnet wurde, bleibt die kinetische Energie im Grunde erhalten. Dies bedeutet, daß der vor dem Flügel gemessene Staudruck $q = \rho/2 \cdot V_0^2$ der Anströmung nach teilweisen und zeitweisen Umwandlungen, die ihren Ausdruck in statischen Druckdifferenzen Δp über der Flügeloberfläche und hieraus resultierendem Auftrieb finden, hinter dem Flügel fast völlig wieder auf den Ausgangswert ansteigt.

Da der Auftrieb L senkrecht zur Geschwindigkeit V_0 der Relativbewegung wirkt, verrichtet die Strömung am Flügel bei der Auftriebserzeugung keine Arbeit.

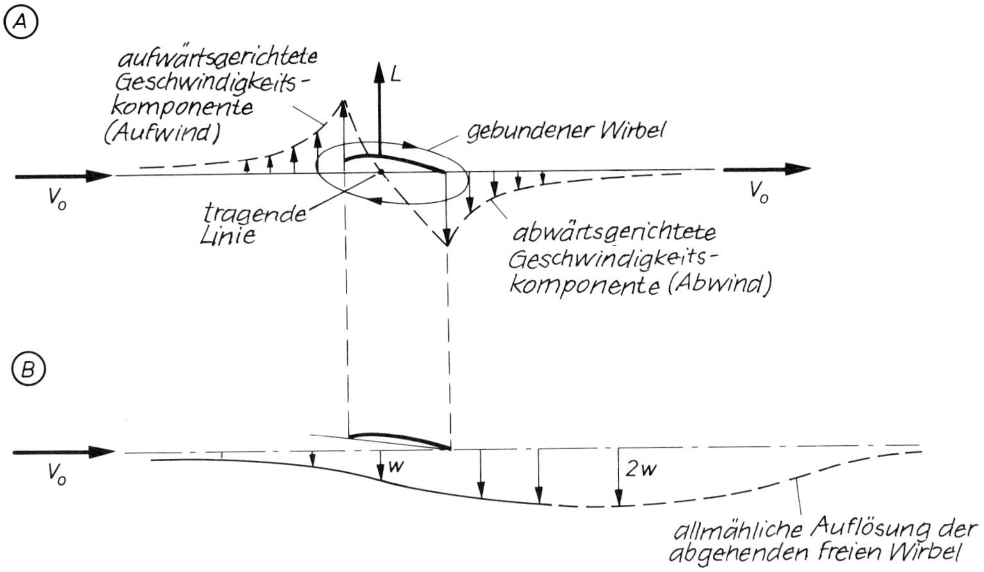

Abb. 2.97 Die Verteilung von induziertem Auf- und Abwind um einen Flügelschnitt

A Durch den gebundenen Wirbel induzierte Vertikalgeschwindigkeiten (zweidimensionale Strömung)

B Durch die freien Wirbel zusätzlich induzierter Abwind (dreidimensionale Strömung)

Die Abwärtsgeschwindigkeit w ändert sich in Strömungsrichtung. Ist die Stärke des Abwindes am Ort des Flügel gleich w, so nimmt sie in einiger Entfernung stromabwärts auf 2 w zu.

Zur Verdeutlichung sind die Komponenten der Auf- und Abwärtsgeschwindigkeiten im Vergleich zur Anströmgeschwindigkeit V_0 vergrößert dargestellt.

Der Auftrieb steigt aber nur dann hinter dem Flügel wieder auf den Wert der Anströmung an, wenn keine Verluste durch Reibung und Strömungsablösung auftreten, das heißt, wenn Luft oder Wasser nicht zähigkeitsbehaftet wären. Somit darf Abb. 2.97A nur als Näherung an die Realität betrachtet werden.

Bei endlicher Flügelspannweite und demzufolge dreidimensionaler Umströmung überlagern sich die vom gebundenen Wirbel induzierten Vertikalgeschwindigkeiten (Abb. 2.97A) nun mit den zusätzlich induzierten Abwärtsgeschwindigkeiten der freien Wirbel (Abb. 2.97B). Das Verständnis dieses Zusammenhanges ist sehr wichtig. Man sieht, daß der gebundene Wirbel vor dem Flügel aufwärtsgerichtete und hinter dem Flügel abwärtsgerichtete Geschwindigkeitskomponenten hervorruft, während die Randwirbel nur Abwärtsgeschwindigkeiten induzieren, die zuerst mit dem Abstand von der Flügelhinterkante zunehmen, dann aber mit dem Zerfall der Wirbel infolge von Reibungsprozessen nach und nach wieder abklingen. Das Zusammenwirken des Geschwindigkeitsfeldes des gebundenen Wirbels mit demjenigen der freien Wirbel ergibt das Feld der resultierenden induzierten Abwärtsgeschwindigkeiten. Dessen Auswirkung läßt sich durch die Vorstellung veranschaulichen, daß der Tragflügel mit seinem zirkulatorischen Geschwindigkeitsfeld längs der tragenden Linie (Abb. 2.97A) sich durch ein Gebiet bewegt, in dem die Flüssigkeit am Ort des Flügels mit der von den freien

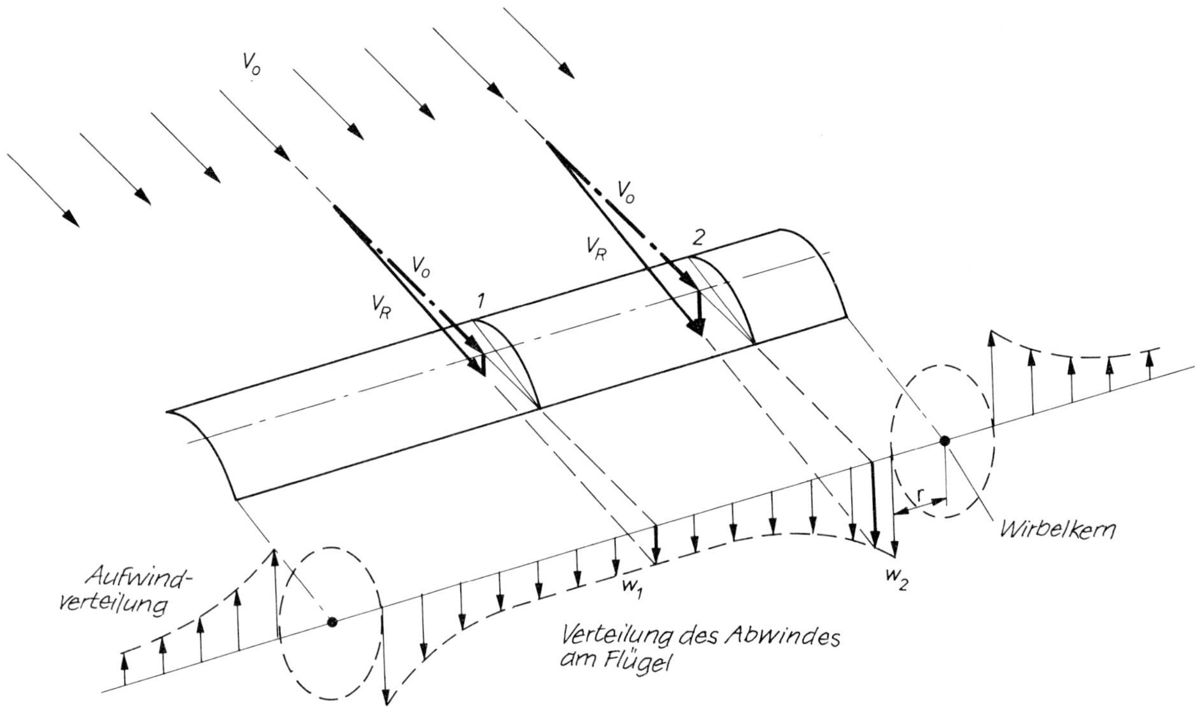

Abb. 2.98 Vereinfachtes Bild des durch die abgehenden freien Wirbel induzierten Geschwindigkeitsfeldes in der unmittelbaren Umgebung eines unverwundenen Rechteckflügels

Wirbeln induzierten Geschwindigkeit w (Abb. 2.97 B) langsam absinkt. Bezüglich der Flüssigkeit in seiner Umgebung steigt der Flügel sozusagen ständig längs eines Weges mit der Neigung w/V_0 (Steigflug-Analogie).

Im Gegensatz zum zweidimensional umströmten Tragflügel nach Abb. 2.97 A erfährt ein Tragflügel endlicher Spannweite (Abb. 2.97 B und 2.98) auch in reibungsloser Strömung einen Widerstand. Dieser induzierte Widerstand, der auch als Randwiderstand oder Widerstand infolge freier Wirbel bezeichnet wird, rührt daher, daß durch die Bildung der freien Wirbel der Anströmung laufend kinetische Energie entzogen wird, die nicht durch den Flügel wiedergewonnen wird, sondern im Nachlauf verbleibt.

Es sollte vielleicht betont werden, daß sich die Auswirkungen der freien Wirbel nicht nur auf das Gebiet hinter dem Flügel beschränken, sondern auch die Anströmung vor dem Flügel beeinflussen. Im allgemeinen ist das durch gebundene Wirbel und freie Wirbel induzierte Geschwindigkeitsfeld im Vergleich zu den Flügelabmessungen groß. Dies ist auch aus Abb. 2.99 zu ersehen, die das Geschwindigkeitsfeld um ein am Wind segelndes Boot zeigt [2.78]. Aufwind und Abwind machen sich noch mehrere Sehnenlängen vor und hinter dem Segel bemerkbar. Erfahrene Segler nutzen diese Tatsache beim Regattasegeln taktisch aus.

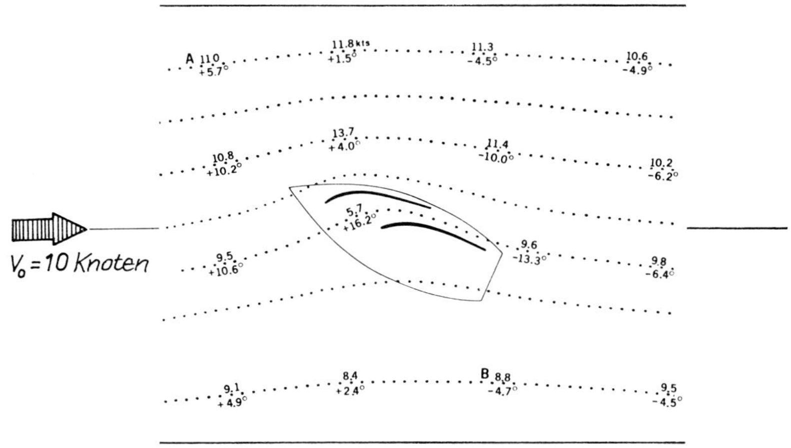

Abb. 2.99 Stromlinienbild eines Groß- und Vorsegels mit Angabe der örtlichen Windgeschwindigkeiten und -richtungen. Das eine Vorsegel-Großsegel-Kombination umgebende Strömungsfeld unterscheidet sich von demjenigen eines Einzelflügels zwar in quantitativer, nicht aber in qualitativer Hinsicht. Wie man erkennen kann, wird erst nach mehreren Bootslängen stromauf- oder stromabwärts die Geschwindigkeit der freien Anströmung $V_0 = 10$ Knoten wieder erreicht. Die Wiedergabe dieser Abbildung erfolgt mit freundlicher Erlaubnis von A. Gentry [2.78]. Siehe auch Abb. 249 in *Segeltheorie und -praxis*.

a) Effektiver Anstellwinkel und induzierter Widerstand

Wir wollen nun die Auswirkungen des Abwindes auf die Kräfte an einem Tragflügel endlicher Spannweite betrachten (Abb. 2.98). Addieren wir für einen einzelnen Flügelschnitt als Vektoren die dort auftretende örtliche Abwärtsgeschwindigkeit w mit der Anströmgeschwindigkeit V_0, so erhalten wir die resultierende örtliche Anströmgeschwindigkeit V_R, die um den Winkel α_i gegenüber der ungestörten Anströmrichtung abwärts geneigt ist.

Es gilt also: $\alpha_i = \tan^{-1} \dfrac{w}{V_0}$ oder:

$$\alpha_i = \frac{w}{V_0} \quad (\alpha_i \text{ im Bogenmaß}).$$

Diesen Winkel bezeichnet man als induzierten Anstellwinkel des betrachteten Flügelprofils.

Da die induzierte Abwärtsgeschwindigkeit w im Vergleich zur Anströmgeschwindigkeit V_0 sehr klein ist, ändert ihre geometrische Addition mit V_0 die Geschwindigkeit der Relativbewegung zwischen dem einzelnen Flügelprofil und der umgebenden Flüssigkeit nicht wesentlich, es ist also $V_0 \approx V_R$. Jedoch ändert sich dadurch die resultierende Anströmrichtung jedes einzelnen Flügelschnittes längs der Spannweite des Tragflügels, und dies ist von beträchtlicher Bedeutung. Es ergeben sich zwei Folgen:

1. Wie aus Abb. 2.100 zu ersehen ist, verringert der Abwind den wirksamen örtlichen Anstellwinkel:

$$\alpha_{ef} = \alpha - \alpha_i = \alpha - \frac{w}{V_0}. \tag{2.23}$$

Hierbei ist α der geometrische Anstellwinkel, gemessen zwischen der ungestörten Anströmrichtung vor dem Tragflügel und der Flügelprofilsehne.

Der Auftrieb des einzelnen Flügelquerschnittes beim Tragflügel endlicher Spannweite ist folglich kleiner, als man aufgrund seines geometrischen Anstellwinkels α erwarten könnte. Für einen Flügel mit unendlichem Seitenverhältnis, also bei ebener Strömung, ist der induzierte Anströmwinkel längs der Spannweite Null und der örtliche effektive Anstellwinkel α_{ef} folglich gleich dem geometrischen Anstellwinkel α:

$$\alpha_{ef} = \alpha.$$

Für Tragflügel endlicher Spannweite ergibt sich der geometrische Anstellwinkel seiner Profile als Summe von α_{ef} und α_i:

$$\alpha = \alpha_{ef} + \alpha_i. \tag{2.23A}$$

Um den gleichen örtlichen Auftrieb L wie bei zweidimensionaler Strömung zu erzielen, muß also der geometrische Anstellwinkel α eines Profils beim Tragflügel endlicher Spannweite (gestricheltes Profil in Abb. 2.100) um den Winkel α_i größer sein als der effektive Anstellwinkel α_{ef} des gleichen Tragflügelprofils bei zweidimensionaler Umströmung (durchgezogene Profillinie).

2. Der Auftrieb L_1 eines Flügelschnittes beim Tragflügel endlicher Spannweite ist um den induzierten Anstellwinkel α_i gegenüber dem Auftrieb L nach hinten geneigt. Der Auftrieb L_1 ist nahezu gleich groß wie L, es entsteht aber dadurch eine zusätzliche Widerstandkomponente D_i in Richtung der Anströmgeschwindigkeit V_0. Diese Komponente wird als „induzierter Widerstand" bezeichnet, da sie durch den induzierten Abwind der abgehenden freien Wirbel verursacht wird. In gewisser Hinsicht ist der induzierte Widerstand ein Teil des Auftriebes, den der Tragflügel endlicher Spannweite erzeugt. Solange wie Auftrieb entsteht, entsteht auch induzierter Widerstand. Aus diesem Grund bezeichnet man den induzierten Widerstand bisweilen auch als Widerstand infolge Auftrieb (Querkraftwiderstand). Er ist niemals völlig zu beseitigen, gleich, wie geschickt der Tragflügel entworfen wird. Es gibt aber bestimmte Flügelgrundrißformen, besonders sogenannte elliptische Umrisse, die weniger induzierten Widerstand hervorrufen als andere Formen.

Es sei daran erinnert, daß Auftriebs- und Widerstandskräfte eines Tragflügels (Profils) nicht auf die örtliche Strömungsrichtung bezogen werden, sondern auf Achsen parallel und senkrecht zur Richtung der ungestörten Anströmung vor dem Flügel, also außerhalb der unmittelbaren Einflußzone des Tragflügels, und somit frei von jeglichen induzierten Strömungsablenkungen.

Wir wollen jetzt den Zusammenhang zwischen Auftrieb und induziertem Widerstand etwas näher betrachten. Hierzu ziehen wir das zweite Newtonsche Grundgesetz der Mechanik heran, das auch häufig das Gesetz „actio – reactio" genannt wird. Abb. 2.101, die eine idealisierte Darstellung der realen Wirkung eines Tragflügels auf die Strömung zeigt, gibt für unsere Zwecke die Realität

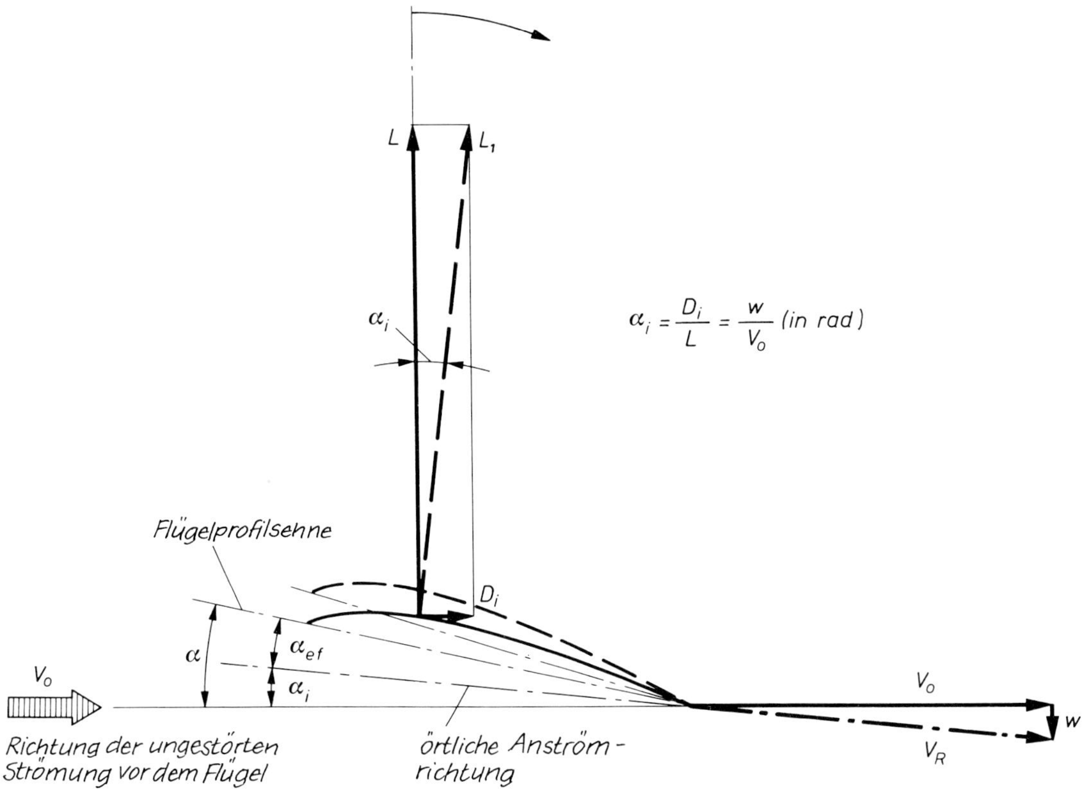

Abb. 2.100 Zur Entstehung des induzierten Widerstandes

genau genug wieder. Ihr liegt die Prandtlsche Vorstellung zugrunde, daß sich die Wirkung des Flügels auf den Flüssigkeitsstrom mit der Geschwindigkeit V_0 auf einen über der Flügelspannweite b errichteten Kreisquerschnitt A′ beschränkt, und innerhalb dieser Fläche überall konstant ist. Außerhalb dieses Querschnittes wird die Flüssigkeit durch den Flügel als nicht beeinflußt angenommen. Die Herleitung der folgenden Formeln wird durch diese Vorstellung sehr erleichtert.

Die Anwendung des Aktion-Reaktion-Prinzipes auf den Tragflügel ergibt, daß ein Auftrieb demnach notwendigerweise mit einer Ablenkung der Flüssigkeitsteilchen nach unten verbunden ist. Mit anderen Worten, nach dem Impulssatz muß die Reaktion L des Flügels genauso groß sein wie der vom Flügel der Flüssigkeitsmasse m erteilte abwärtsgerichtete Impuls:

$$L = m \cdot 2w. \tag{2.24}$$

Die pro Sekunde durch die Fläche A' strömende Flüssigkeitsmasse m beträgt:

$$\begin{aligned} m &= (\text{Dichte der Flüssigkeit}) \cdot (\text{Volumen pro Zeiteinheit}) \\ &= \rho \cdot (A' \cdot V_0). \end{aligned}$$

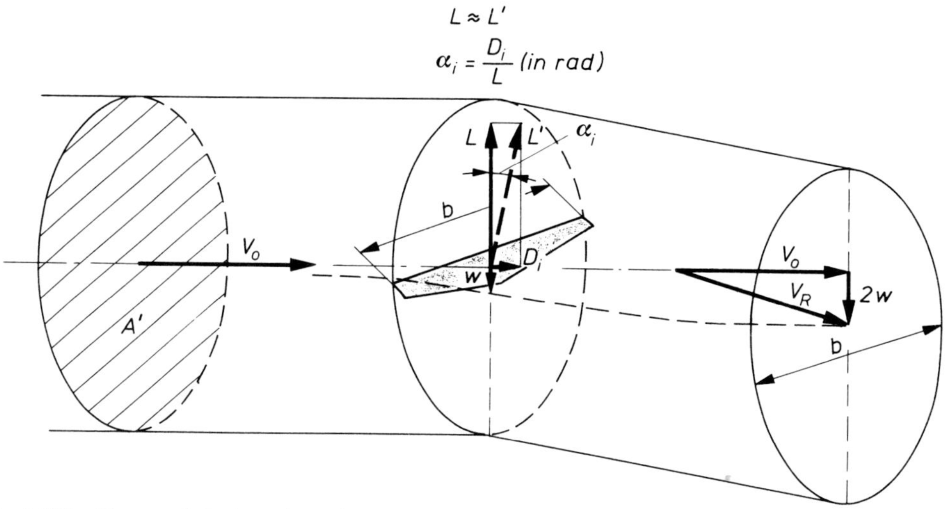

Abb. 2.101 Zur vereinfachten Berechnung des induzierten Widerstandes. Siehe Abb. 2.97B.

Damit ergibt sich Gl. (2.24) zu:

$$L=\rho\cdot A'\cdot V_0\cdot 2w.$$

Nach Abb. 2.101 gilt:

$$2w=V_0\cdot 2\alpha_i \quad (\alpha_i \text{ in rad}),$$

und damit:

$$L=2\cdot\rho\cdot A'\cdot V_0^2\cdot\alpha_i.$$

Der induzierte Anstellwinkel α_i des gesamten Flügels ergibt sich somit zu:

$$\alpha_i=\frac{L}{2\cdot\rho\cdot A'\cdot V_0^2}. \tag{2.25}$$

Für einen Tragflügel der Spannweite b beträgt die Fläche A' (siehe Abb. 2.101):

$$A'=\frac{\pi\cdot b^2}{4}.$$

Für den Auftrieb läßt sich auch schreiben:

$$L=C_L\cdot\rho/2\cdot V_0^2\cdot A,$$

mit A = Flügelfläche.

Setzt man die Ausdrücke für A' und L in Gl. (2.25) ein, ergibt sich:

$$\alpha_i=\frac{C_L\cdot\rho/2\cdot V_0^2\cdot A}{2\rho\cdot(\pi\cdot b2/4)\cdot V_0^2}=\frac{C_L\cdot A}{\pi\cdot b^2}.$$

Da das Seitenverhältnis eines Tragflügels definiert ist durch

$$\Lambda=\frac{b^2}{A},$$

folgt schließlich:

$$\alpha_i (\text{in rad}) = \frac{C_L}{\pi \cdot \Lambda}, \tag{2.26}$$

mit $\pi = 3{,}14$.

Die entsprechende Gleichung für α in Grad lautet:

$$\alpha_i = \frac{C_L}{\pi \cdot \Lambda} \cdot 57{,}3 = 18{,}24 \cdot \frac{C_L}{\Lambda}. \tag{2.26 A}$$

Dies ist der induzierte Anstellwinkel am Ort des Flügels, oder genauer, am Ort der den Tragflügel ersetzenden tragenden Linie (siehe Abb. 2.88).

Setzen wir α_i nach Gl. (2.26 A) in Gl. (2.23) ein, ergibt sich:

$$\alpha = \alpha_{ef} + \alpha_i = \alpha_{ef} + 18{,}24 \cdot \frac{C_L}{\Lambda}. \tag{2.27}$$

Aus Abb. 2.100 ist ersichtlich, daß

$$D_i = L \cdot \alpha_i \qquad (\alpha_i \text{ in rad}),$$

oder durch Beiwerte ausgedrückt:

$$C_{Di} = C_L \cdot \alpha_i. \tag{2.28}$$

Mit Gl. (2.26) folgt dann:

$$C_{Di} = \frac{C_L^2}{\pi \cdot \Lambda}. \tag{2.28 A}$$

Aus Abb. 2.101 ist zu ersehen, daß die induzierte Abwärtsgeschwindigkeit am Ort des Flügels erst die Hälfte ihres vollen Wertes erreicht. Somit ist hinter dem Flügel der induzierte Anstellwinkel doppelt so groß wie nach Gl. (2.26 A), also

$$\alpha_i = 36{,}5 \cdot \frac{C_L}{\Lambda}. \tag{2.29}$$

b) Elliptischer Umriß und elliptische Auftriebsverteilung

Die verhältnismäßig einfachen Gln. (2.26), (2.27) und (2.28) wurden von L. Prandtl für die sogenannte elliptische Auftriebsverteilung eines elliptischen Flügelgrundrisses abgeleitet.Eine derartige Verteilung hat die Form einer halben Ellipse (Abb. 2.102). Der Auftrieb L pro Längeneinheit in Spannweitenrichtung erreicht seinen Größtwert L_0 im Mittelschnitt des Flügels und nimmt zu den Flügelenden hin allmählich auf Null ab. Da aus Gl. (2.12): $\Gamma = f(V_0 \cdot c \cdot \alpha)$ folgt, daß die örtliche Zirkulation proportional zur örtlichen Flügeltiefe c und der Auftrieb seinerseits wiederum proportional zur Zirkulation ist [siehe Gl. (2.10)], läßt sich die elliptische Auftriebsverteilung am einfachsten mit einem Tragflügel erreichen, dessen Umriß selbst elliptisch ist, sowie geometrisch ähnliche Flügelschnitte mit parallelen Profilsehnen längs der ganzen Spannweite aufweist (keine Verwindung). Diese elliptische Tiefenverteilung und damit elliptische Auftriebsverteilung erhält man beim unverwundenen (eben) Flügel dadurch, daß man den Flügelgrundriß aus zwei Halbellipsen zusammensetzt, wie dies beispielsweise die Umrisse 4, 5 und 6 in Abb. 2.121 zeigen [2.79]. Es ist vielleicht erwähnenswert, daß diese elliptischen Formen in der Natur weit verbreitet sind. Beispiele hierfür sind Vogelflügel oder die Rückenflosse der Haie und Delphine (Foto 2.23). Der elliptischen Auftriebsverteilung kommt deshalb so große praktische Bedeutung zu, da sie von allen möglichen Auftriebsverteilungen den geringsten induzierten Widerstand und einen konstanten induzierten Anstellwinkel längs Spannweite hervorruft.

Im allgemeinen ist die Abwärtsgeschwindigkeit w, von der sowohl der induzierte Anstellwinkel als auch der induzierte Widerstand abhängig sind, über der Flügelspannweite veränderlich; ihre Verteilung wird weitgehend durch die Flügelgrundrißform bestimmt. Abb. 2.98 zeigt beispielsweise schematisch die Abwindverteilung eines unverwundenen Rechteckflügels.

Prandtl [2.79] konnte nun zeigen, daß bei gegebenem Auftrieb und Seitenverhältnis der induzierte Widerstand D_i dann ein Minimum annimmt, wenn die induzierte örtliche Abwärtsgeschwindigkeit w der freien Wirbel am Ort des Flügels über der ganzen Spannweite konstant ist (Abb. 2.102). Dies ist, wie gesagt, der Fall bei einem unverwundenen Tragflügel elliptischer Grundrißform, die daher in gewisser Hinsicht als idealer Flügelumriß betrachtet werden kann. Die Abweichung der Auftriebsverteilung von der elliptischen Verteilung ist somit ein Maß für die aerodynamische Güte eines Tragflügels [2.12].

Die diesbezüglichen mathematischen Überlegungen von Prandtl sind für eine zusammenfassende Darstellung zu komplex, aber in der Anmerkung [2.80] wird eine etwas weniger strenge Erklärung gegeben, die nur Kenntnisse der elementaren Mechanik erfordert. Die Prandtlsche Theorie der tragenden Linie unterliegt jedoch einer gewissen Einschränkung. Sie geht von der Annahme einer konstanten Anströmgeschwindigkeit längs der Flügelspannweite aus. Diese Bedingung ist in manchen Fällen nicht erfüllt, beispielsweise bei einem Segel (Abb. 2.214A), bei dem die Luftgeschwindigkeit infolge des Windgradienten von einem Maximum am Kopf des Segels auf Null an der Wasseroberfläche abnimmt. Unter diesen Umständen lautet die Bedingung für minimalen induzierten Widerstand, daß der induzierte Anstellwinkel α_i, und nicht die induzierte Abwärtsgeschwindigkeit w, über der Segelhöhe konstant sein muß. Die Abb. 2.98, 2.100 und 2.102 mögen für das Verständnis dieses Sachverhaltes hilfreich sein. Eine nichtkonstante Abwindverteilung in Spannweitenrichtung ist ein Anzeichen für Abweichungen von der idealen Flügelform. Durch geeignete Verwindung der einzelnen Flügelschnitte kann Tragflügeln mit beliebigem Grundriß aber eine annähernd elliptische Auftriebsverteilung aufgezwungen werden. Mit dieser Problematik werden wir uns in den folgenden Abschnitten befassen.

Betrachten wir nun die Gl. (2.27) und (2.28A) noch etwas genauer:

$$\alpha = \alpha_{ef} + \alpha_i = \alpha_{ef} + 18{,}24 \frac{C_L}{\Lambda}, \tag{2.27}$$

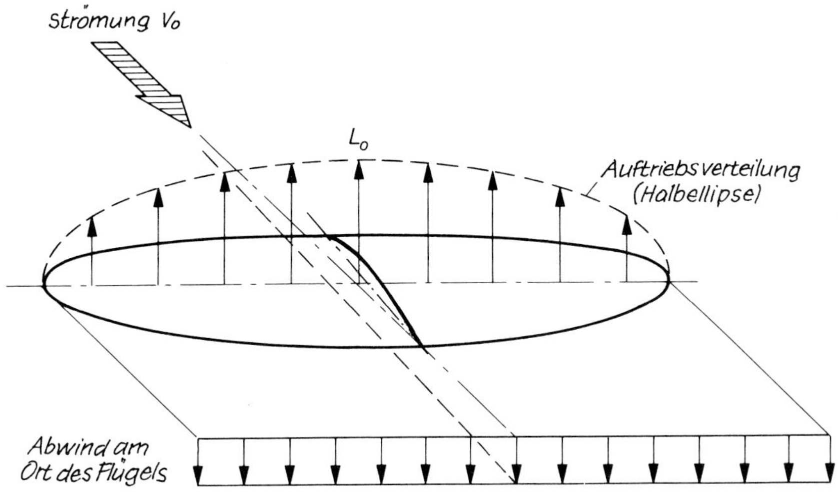

Abb. 2.102 Bei elliptisch verteiltem Auftrieb ist die induzierte Abwärtsgeschwindigkeit längs Spannweite konstant.

$$C_{Di} = \frac{C_L^2}{\pi \cdot \Lambda}. \tag{2.28}$$

Es ist zu erkennen, daß sowohl der induzierte Anstellwinkel α_i als auch der Beiwert des induzierten Widerstandes C_{Di} sehr eng und fast ausschließlich mit dem Seitenverhältnis Λ verknüpft sind. Untersuchen wir nun zunächst den Einfluß des Seitenverhältnisses auf den induzierten Anstellwinkel und die Auftriebseigenschaften. Dazu sind in Tabelle 2.9 für unverwundene Ellipsenflügel (symmetrisches Profil, $t/c = 0{,}1$) von unterschiedlichem Seitenverhältnis für $C_L = 0{,}5$ die nach Gl. (2.27) berechneten zugehörigen induzierten und geometrischen Anstellwinkel α_i und α zusammengestellt, sowie in Abb. 2.103 die entsprechenden Auftriebskurven aufgetragen.

Tabelle 2.9

Λ	∞	6	4	2	Bemerkung
α_i	0°	1,5°	2,3°	4,6°	$\alpha_i = 18{,}24 \cdot \frac{0{,}5}{\Lambda} = \frac{9{,}12}{\Lambda}$
α für $C_L = 0{,}5$	4,6°	6,1°	6,9°	9,2°	

Für den Tragflügel unendlicher Spannweite ($\Lambda = \infty$) ändert sich bei anliegender Strömung die Zirkulation Γ nahezu linear mit dem Anstellwinkel α:

$$\Gamma \sim L \sim \alpha.$$

Für den Auftriebsbeiwert gilt dabei nach Gl. (2.14):

$$C_L = 0{,}11 \cdot \alpha.$$

Dieser theoretisch ideale Tragflügel unendlichen Seitenverhältnisses kann als Vergleichsmaßstab dienen. Um den vorgegebenen Auftriebsbeiwert von $C_L = 0{,}5$ zu erreichen, der bei einem effektiven Anstellwinkel α_{ef} von etwa 4,6° erreicht wird ($\alpha_{ef} = \alpha = C_L/0{,}11$ für $\Lambda = \infty$), müssen bezüglich dieses Flügels alle anderen Tragflügel vom Seitenverhältnis $\Lambda = 6$, 4 und 2 um den Betrag des induzierten Anstellwinkels stärker angestellt werden. Abb. 2.103 ist beispielsweise zu entnehmen, daß der geometrische Anstellwinkel des Flügels vom Seitenverhältnis $\Lambda = 2$ doppelt so groß ist, wie für den Tragflügel mit $\Lambda = \infty$. Der Einfluß der Profilform auf die Steigung der Auftriebskurve bei ebener Umströmung ($\Lambda = \infty$) ist verhältnismäßig gering, so daß er wenig praktische Bedeutung hat. Der Auftriebsanstieg bei Tragflügeln endlicher Spannweite ist daher nahezu ausschließlich vom Seitenverhältnis abhängig, oder präziser ausgedrückt, von der Auftriebsverteilung über der Spannweite, falls der Tragflügel keinen elliptischen Grundriß aufweist. Aus Gründen, auf die in Abschnitt 5d) und e) eingegangen wird, sollte die Steigung der Auftriebskurve für $\Lambda = 2$ in Abb. 2.103 nur als Näherung angesehen werden.

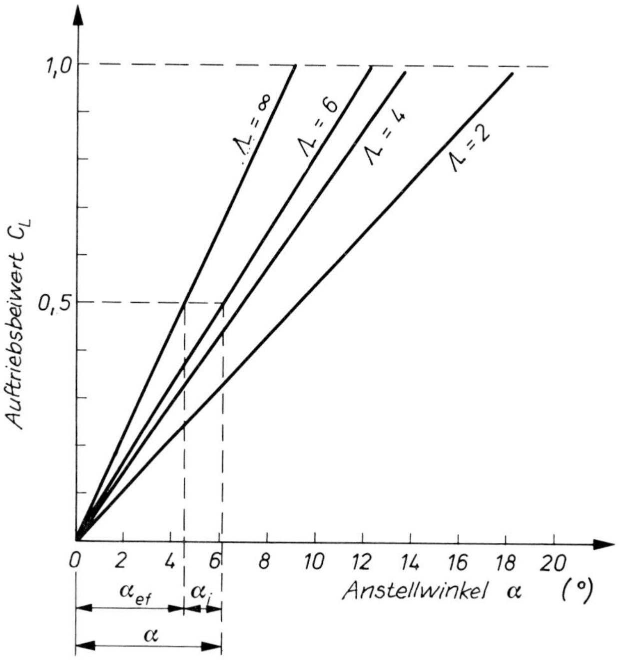

Abb. 2.103 Theoretische $C_L(\alpha)$-Kurven für Ellipsenflügel mit symmetrischem Profil bei verschiedenen Seitenverhältnissen. Aus Gründen, die in den Abschnitten 5d) und e) mitgeteilt werden, sollte der Auftriebsanstieg für den Flügel vom Seitenverhältnis $\Lambda = 2$ nur als Näherung betrachtet werden. Die experimentell ermittelten C_L-Werte für Flügel mit einem Seitenverhältnis $\Lambda > 2$ lassen sich bei guter Übereinstimmung durch folgende Formel wiedergeben:

$$C_L = \frac{0{,}11}{1 + 2/\Lambda} \cdot \alpha.$$

Dies gilt nur für unverwundene Tragflügel mit elliptischem Umriß.

Zum Vergleich sind in Abb. 2.104 gemessene $C_L(\alpha)$-Kurven für Tragflügel vom Seitenverhältnis $\Lambda = 1$ bis 7 dargestellt [2.66]. Alle Flügel haben das gleiche Profil Gö 389 und Rechteckumriß. Die nahezu linearen Abschnitte der Kurven weisen deutlich unterschiedliche Steigungen auf. Daraus ergibt sich die praktisch bedeutsame Konsequenz, daß Flügel mit gleichen Profileigenschaften, abhängig vom Seitenverhältnis, bei gleichem geometrischen Anstellwinkel unterschiedliche Kräfte erzeugen werden. Im obigen Beispiel produziert der Tragflügel vom Seitenverhältnis $\Lambda = 5$ doppelt soviel Auftrieb wie der Tragflügel mit $\Lambda = 1$.

Tabelle 2.10
Elliptischer Grundriß

C_L	C_{Di} für Seitenverhältnisse Λ				
	1	2	4	6	8
0,1	0,0032	0,0016	0,0008	0,0005	0,0004
0,2	0,0127	0,0064	0,0032	0,0021	0,0016
0,3	0,0286	0,0143	0,0071	0,0048	0,0036
0,4	0,0509	0,0254	0,0127	0,0085	0,0064
0,5	0,0795	0,0398	0,0199	0,0133	0,0100
0,6	0,1146	0,0573	0,0286	0,0191	0,0143
0,7	0,1560	0,0780	0,0390	0,0260	0,0195
0,8	0,2037	0,1018	0,0509	0,0340	0,0255
0,9	0,2578	0,1290	0,0645	0,0430	0,0322
1,0	0,3183	0,1591	0,0796	0,0530	0,0398
1,2	0,4584	0,2292	0,1146	0,0764	0,0573
1,4	0,6239	0,3120	0,1560	0,1040	0,0780

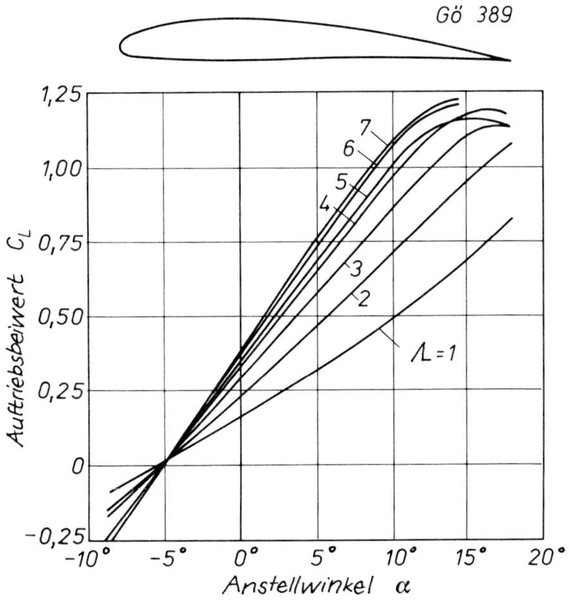

Abb. 2.104 Gemessene $C_L(\alpha)$-Kurve für Rechteckflügel mit gleichem Profil Gö 389, aber unterschiedlichem Seitenverhältnis $\Lambda = 1$ bis 7. Die Steigung der Auftriebskurve nimmt mit dem Seitenverhältnis ab.

Wenden wir uns nun der Widerstandsgleichung (2.28 A) zu. Mit ihrer Hilfe läßt sich der induzierte Widerstand in Abhängigkeit vom Auftriebsbeiwert und Seitenverhältnis ermitteln. Ergebnisse derartiger Berechnungen für Tragflügel mit elliptischen Grundriß sind in Abb. 2.105 graphisch dargestellt und teilweise in Tabelle 2.10 wiedergegeben.

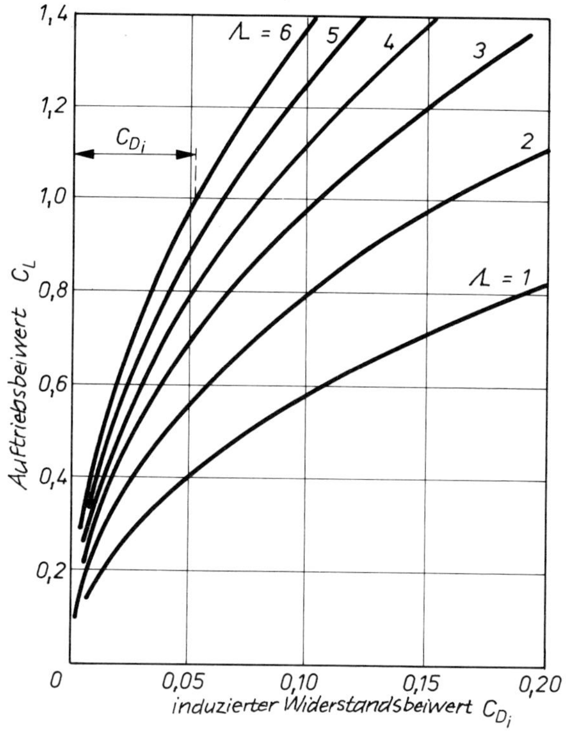

Abb. 2.105 Der Einfluß des Seitenverhältnisses auf den induzierten Widerstand. Der Übersichtlichkeit halber wurde für die C_{Di}-Skala ein fünfmal größerer Maßstab gewählt. Die Polare des induzierten Widerstandes ist für alle Tragflügel gleicher Grundrißform nur von ihrem Seitenverhältnis Λ abhängig.

c) Segelrisse

Daß sich ein großes Seitenverhältnis günstig auf die aerodynamische Wirksamkeit eines Tragflügels auswirkt, ist offensichtlich. Es ist aber auch zu sehen, daß mit zunehmendem Seitenverhältnis die möglichen Verbesserungen infolge einer Verminderung des induzierten Widerstandes durch eine Erhöhung des Seitenverhältnisses immer kleiner werden.

Seit vielen Jahren gibt es im Yachtbau eine Tendenz zu immer größeren Seitenverhältnissen der Segel. Zweifellos sind hohe Riggs für ausschließlich auf Geschwindigkeit gebaute unkonventionelle Segelboote oder herkömmliche Yachten, die olympische Dreieckskurse segeln, wo die Fahrtleistung am Wind ausschlaggebend ist, von Vorteil. In beiden Fällen ist das maximal erreichbare Verhältnis L/D von entscheidender Bedeutung.

Die aerodynamische Leistungsfähigkeit eines Riggs läßt sich jedoch nicht durch eine einzige Größe wie Seitenverhältnis oder L/D-Verhältnis beschreiben. Und obwohl ein großes Seitenverhältnis und ein damit einhergehendes großes L/D-Verhältnis für das Segeln am Wind gewisse Vorteile bringt, muß sich die Form der Segel – Seitenverhältnis, Umriß, Wölbung etc. – letztlich nach den durch den momentanen oder vorwiegend gesegelten Kurs, die Windgeschwindigkeit und die Stabilität auferlegten Anforderungen richten. Hinsichtlich des Krängungsmomentes ist einem Rigg mit kleinem Seitenverhältnis offensichtlich Vorrang zu geben. Wir werden später aber noch sehen, daß, auch abgesehen von den Auswirkungen auf die Stabilität, das niedrige Rigg unter bestimmten Bedingungen dem höheren Rigg überlegen ist.

In Bezug auf den induzierten Widerstand stellt sich eine weitere Frage: welchen Anteil hat der induzierte Widerstand am Gesamtwiderstand? Wie die Parabeln in Abb. 2.105 zeigen, entsteht nur dann ein induzierter Widerstand, wenn der Tragflügel Auftrieb erzeugt. In Abschnitt B 1 wurde jedoch bereits dargelegt, daß ein Tragflügel, gleich, ob er Auftrieb erzeugt oder nicht, stets der Relativbewegung einen Widerstand entgegengesetzt. Dieser Widerstand wird als Profilwiderstand bezeichnet, da seine Größe weitgehend durch den Querschnitt oder das Profil des Tragflügels bestimmt ist. Es sei daran erinnert, daß der Profilwider-

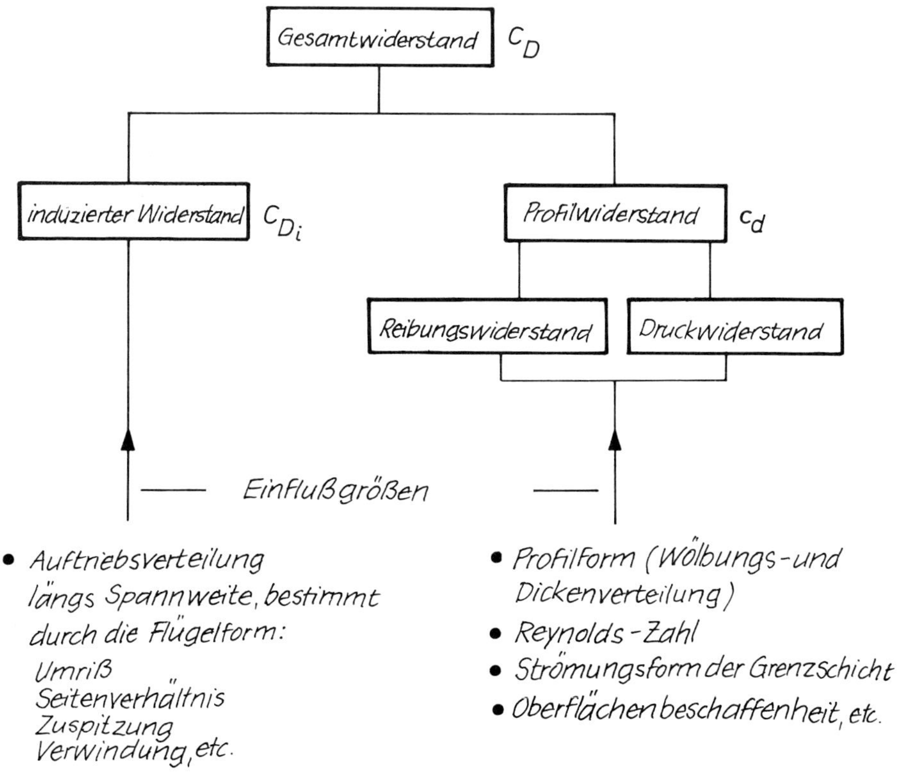

Abb. 2.106 Zur Aufteilung des Gesamtwiderstandes

stand, der bei zweidimensionaler Umströmung ermittelt und in der technischen Literatur durch den Profilwiderstandsbeiwert c_d angegeben wird, aus zwei Anteilen besteht – Reibungswiderstand und Druckwiderstand. Den Zusammenhang zwischen diesen unterschiedlichen Widerstandsarten zeigt schematisch Abb. 2.106.

Ein Blick auf die in Abb. 2.106 aufgeführten Einflußfaktoren zeigt, daß der induzierte Widerstandsbeiwert C_{Di} fast vollständig von der Geometrie des Flügelumrisses bestimmt wird, im Gegensatz zum Profilwiderstandsbeiwert c_d, der im wesentlichen von der Profilform abhängig ist. Die aerodynamischen Eigenschaften eines Tragflügels endlicher Spannweite sind also teils durch sein Profil und teils durch seinen Grundriß festgelegt. Für den Gesamtwiderstand eines Tragflügels mit elliptischem Grundriß läßt sich dann schreiben:

$$C_D = c_d + C_{Di} = c_d + \frac{C_L^2}{\pi \Lambda}. \tag{2.30}$$

Alle anderen Grundrißformen, ob Rechteck, Dreieck, Trapez (eben oder verwunden), haben stets einen höheren Gesamtwiderstand.

Der Zusammenhang zwischen diesen Widerstandskomponenten und dem Auftrieb läßt sich besonders anschaulich anhand des Polardiagramms zeigen. Diese Darstellungsart, bei der C_L über C_D aufgetragen ist, und die entsprechenden Anstellwinkel entlang der so entstehenden Polarkurve vermerkt sind, ermöglicht einen direkteren Vergleich zwischen verschiedenen Tragflügeln als die einzelne Auftragung der Flügelbeiwerte über dem Anstellwinkel.

Abb. 2.107 zeigt ein derartiges Polarprogramm für einen elliptischen Tragflügel mit Clark-Y-Profil vom Seitenverhältnis $\Lambda = 4$. Die theoretische Parabel für den induzierten Widerstand ist ebenfalls eingezeichnet. Für $C_L = 1{,}0$ sind die relativen Anteile des induzierten Widerstandes und des Profilwiderstandes am Gesamtwiderstand nach Gl. (2.30) aufgeschlüsselt. Die Unterteilung des Gesamtwiderstandes eines Tragflügels in Profilwiderstand und induzierten Widerstand gestattet es, den Einfluß der Profil- und Flügelgeometrie auf den gesamten Widerstand und damit auf die Leistungsfähigkeit des Tragflügels getrennt zu untersuchen.

Aus Abb. 2.107 ist ersichtlich, daß die Widerstandskomponenten c_d und C_{Di} beide von der Größe des Auftriebes abhängen. Mit zunehmendem Auftrieb bzw. Anstellwinkel dominiert der induzierte Widerstand immer mehr. Bei einem Anstellwinkel von etwa 10° ($C_L = 1{,}0$), ist der Beiwert des induzierten Widerstands C_{Di} fünfmal größer als der Profilwiderstandsbeiwert. Mit der hier vorgelegten Theorie über den induzierten Widerstand ist es möglich, die aerodynamischen Eigenschaften jedes beliebigen elliptischen unverwundenen Tragflügels endlicher Spannweite zu bestimmen, wenn dessen bei zweidimensionaler Umströmung gemessene Profileigenschaften bekannt sind. Angaben über Profilbeiwerte finden sich in einer umfangreichen Literatur, beispielsweise in [2.30], [2.31] oder [2.57].

Sind die Profilbeiwerte c_d und c_l erst einmal bekannt, so ist es ein leichtes, Korrekturen für den induzierten Widerstand durch Anwendung der Gl. (2.30) und für den Anstellwinkel mit Hilfe von Gl. (2.27) anzubringen.

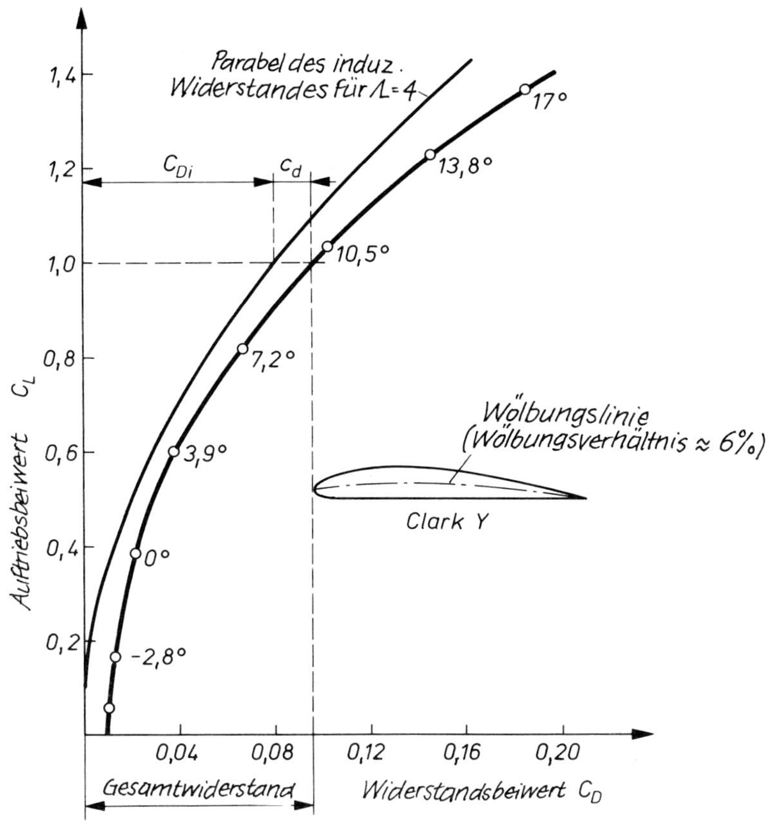

Abb. 2.107 Gemessene Polare eines Ellipsenflügels mit Profil Clark Y vom Seitenverhältnis $\Lambda=4$. Der induzierte Widerstand ist ausschließlich eine Funktion des Auftriebes und hängt nur soweit mit dem Anstellwinkel zusammen, als dieser durch den induzierten Anstellwinkel (als Folge des induzierten Widerstandes) eine Änderung erfährt.

Die Umrechnungsgleichungen (2.27) und (2.30) werden durch zahlreiche Versuche mit unterschiedlichen Tragflügeln bestätigt, womit nachgewiesen ist, daß der induzierte Widerstand und der induzierte Anstellwinkel nicht unmittelbar von der Flügelprofilform abhängen. Mit hinreichender Genauigkeit lassen sich die Gln. (2.27) und (2.30) ebenfalls auf unverwundene verjüngte Flügel mit geometrisch ähnlichen Profilen längs Spannweite anwenden, deren Zuspitzungsverhältnis

$$\frac{c_t}{c_r}=\frac{\text{Flügeltiefe innen}}{\text{Flügeltiefe außen}}=0{,}3\text{–}0{,}5$$

beträgt (Abb. 2.108).

Bei Tragflügeln vom Seitenverhältnis $\Lambda=4$ bis 6 hat eine derartige Verjüngung auf den induzierten Widerstand und den induzierten Anstellwinkel einen vernachlässigbaren Einfluß.

Die Werte für C_{Di} und α_i eines mäßig zugespitzten Tragflügels sind um 2 bis 5 Prozent größer als bei dem entsprechenden elliptischen Flügel. Bei abgerun-

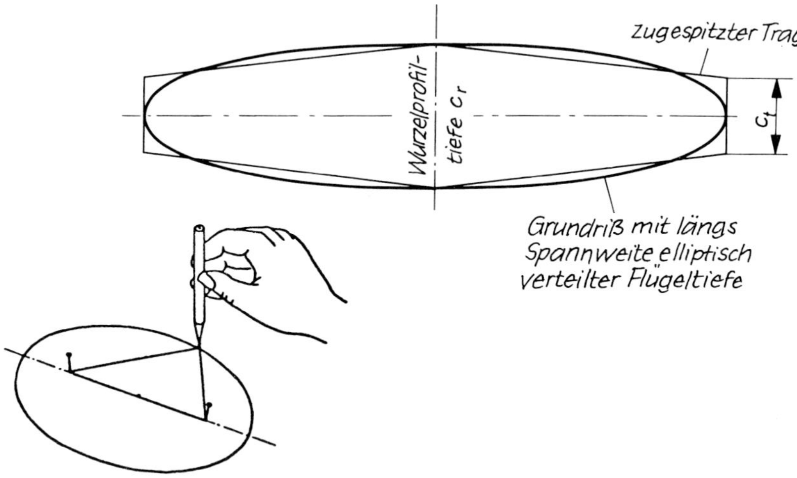

Abb. 2.108 Die aerodynamischen Eigenschaften eines unverwundenen Tragflügels der Zuspitzung $c_t/c_r = 0{,}4$ unterscheiden sich nicht sehr von denen eines Ellipsenflügels. Die nebenstehende Skizze zeigt, wie man auf einfache Weise eine Ellipse zeichnen kann.

deten Flügelenden werden die Unterschiede noch geringer. Sehr stark verjüngte Flügel ($c_t/c_r \rightarrow 0$) sind jedoch weitaus ungünstiger als Ellipsenflügel oder Trapezflügel mittlerer Zuspitzung. Wie wir sehen werden, sind dreieckige Segel hervorragende Beispiele für die aus rein aerodynamischer Sicht schlechteste Umrißform.

Zu Abb. 2.107 ist noch anzumerken, daß das Polardiagramm die aerodynamischen Eigenschaften eines einzelnen Flügels darstellt, der nicht durch die Nähe des Bodens oder der Wasseroberfläche beeinflußt wird und keinerlei Interferenzeinflüssen unterliegt.

Wird der Flügel nun mit anderen Teilen zusammengefügt, sei es mit einem normalen Yachtrumpf, einem Katamaran- oder einem Flugzeugrumpf, muß bei allen Anstellwinkeln zu dem Widerstand des Flügels ein zusätzlicher Widerstand hinzugezählt werden. Mit diesem Widerstand, der als schädlicher Widerstand bezeichnet wird, kann genauso verfahren werden, wie bei der Diskussion der Abb. 1.62 in Teil 1. Außer dem schädlichen Widerstand, der eine Abnahme des L/D-Verhältnisses der gesamten Anordnung bewirkt, gibt es einen weiteren Faktor, der sich vorteilhaft auswirkt und nicht übersehen werden darf. Dies ist der Interferenzeffekt infolge irgendwelcher Flächen in der Nähe oder an den Flügelenden, beim Segel beispielsweise das Deck oder die Wasseroberfläche, beziehungsweise bei Ruder oder Kielflosse der Bootsrumpf. Wir werden sehen, daß die Art, wie der „Tragflügel“ an den Rumpf angebaut wird, und insbesondere der Abstand zwischen Baum und Deck oder Wasseroberfläche von großer Bedeutung sind. Die Fotos 2.29 bis 2.31 zeigen, wie man diesen Interferenzeffekt auszunutzen versucht.

Foto 2.29 *Tackwind* – einer der Teilnehmer an den World-Sailing-Speed-Record-Wettbewerben.
Die Verbindung des Segels mit dem Rumpf ist interessant. Das Starrsegel der *Tackwind* dreht sich um den Masttopp – das erste Boot mit asymmetrischem Flügelsegel, das sowohl auf Backbord- als auch auf Steuerbordbug segeln kann. Trotz des elliptischen Umrisses bringt das nahe der Wasserfläche arbeitende Segel nicht die vollen, mit elliptischer Auftriebsverteilung zusammenhängenden Vorteile (*Yachting World*, November 1974).

Foto 2.30 Die aerodynamische Wirksamkeit des Riggs, gleich ob das Segel aus Tuch oder starr ist, hängt zu einem großen Maße vom Spalt zwischen dem Segelunterliek und der Wasserfläche ab.

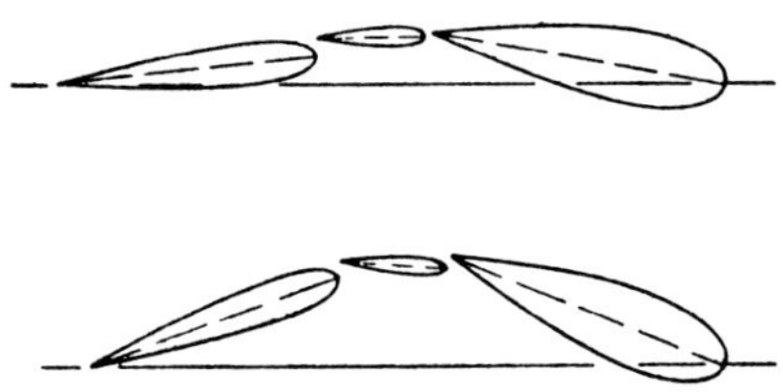

Foto 2.31 *Patient Lady III* – ein C-Klassen-Katamaran.
Die C-Klasse ist die letzte Konstruktionsklasse, deren Regeln fast völlige Freiheit bei der Wahl der Besegelung lassen. Der von D. Hubbard konstruierte Doppelspaltflügel der *Patient Lady III* besteht aus drei Teilstücken, einem als Mast dienenden Vorderflügel, einer Mittelklappe, sowie einer Hinterkantenklappe. Die beiden hinteren Elemente sind so am Vorderflügel angelenkt, daß sich der ganze Tragflügel zum Kreuzen nach beiden Seiten hin wölben läßt. Nähere Angaben siehe [2.88].

d) Das Dreieck als Flügelgrundriß

Zum Vergleich mit den aerodynamischen Eigenschaften des unverwundenen starren Tragflügels der Abb. 2.107 ist in Abb. 2.109 die gemessene Polare eines Finn-Segels vom Seitenverhältnis $\Lambda = 3{,}1$ dargestellt (mit gleichem Maßstab für C_L und C_D wie in Abb. 2.107). Die Messungen wurden im Windkanal an einem im Maßstab 2:5 verkleinerten Modell aus Terylene durchgeführt [2.82]. Die Skizze in Abb. 2.111 zeigt den Segelumriß, die vertikale und horizontale Wölbungsverteilung und die relativ zum Baum gemessene Verwindung der einzelnen Segelquerschnitte. Die Parabel des induzierten Widerstandes für das Seitenverhältnis $\Lambda = 3{,}1$ bei elliptischem Grundriß ist in Abb. 2.109 ebenfalls eingezeichnet. Es ist naheliegend zu vermuten, daß der Auftrieb über ein dreieckiges und verwundenes Tuchsegel mit ungleichmäßiger vertikaler Wölbungsverteilung nicht elliptisch verteilt ist. Dies ist auch in der Tat nicht der Fall. Die unmittelbare Bestimmung des induzierten Widerstandes eines Tuchsegels aus Messungen der Auftriebs- und Widerstandskräfte ist daher keineswegs so einfach, wie bei einem starren Flügel mit elliptischem Umriß. Um ein deutlicheres Bild von der realen Natur der aerodynamischen Wirksamkeit der Segel zu erhalten, als es die Polare in Abb. 2.109 (dick ausgezogene Kurve mit den beigeschriebenen Anstellwinkeln) zu geben vermag, muß man den Beitrag der einzelnen Widerstandskomponenten am Gesamtwiderstand untersuchen. Erst wenn die einzelnen Anteile bekannt sind, kann man nach Wegen zur Verminderung dieser Widerstandskomponenten suchen.

Wie Abb. 2.107 zeigt, ist bei einem elliptischen Tragflügel der Gesamtwiderstand einfach die Summe aus induziertem Widerstand und Profilwiderstand. Der Profilwiderstandsbeiwert c_d ergibt sich deshalb für einen gegebenen Auftriebsbeiwert direkt als die horizontale Differenz zwischen der Parabel des induzierten Widerstandes und der Polarkurve. Da ein Tragflügel, wie beispielsweise das durch Abb. 2.109 beschriebene dreieckige verwundene Segel eine nichtelliptische Auftriebsverteilung aufweist, erfährt er einen im gemessenen Gesamtwiderstand enthaltenen zusätzlichen Widerstand. Für den Widerstandsbeiwert ergibt sich also folgende Beziehung:

$$C_D = c_d + C_{Di\ (\text{elliptischer Grundriß})} + \text{Beiwert des zusätzlichen Widerstandes.}$$

Dieser Zusatzwiderstand kann als Preis für die Abweichung von der elliptischen Auftriebsverteilung angesehen werden. Um seine Größe veranschlagen zu können, müssen wir ihn erst von den beiden anderen verbleibenden Widerständen C_{Di} und c_d trennen. Dazu muß der Wert des Profilwiderstandes c_d bekannt sein. Wir wollen nun im folgenden versuchen, abzuschätzen, wie sehr sich die Wirksamkeit des Segels infolge Abweichung von der elliptischen Auftriebsverteilung verschlechtert.

Im Gegensatz zu den Beiwerten c_l und c_d von stromlinienförmigen dicken Profilen sind Unterlagen über die zweidimensionalen Eigenschaften von Segelprofilen, wie sie beispielsweise gewölbte Platten darstellen, insbesondere mit Mast

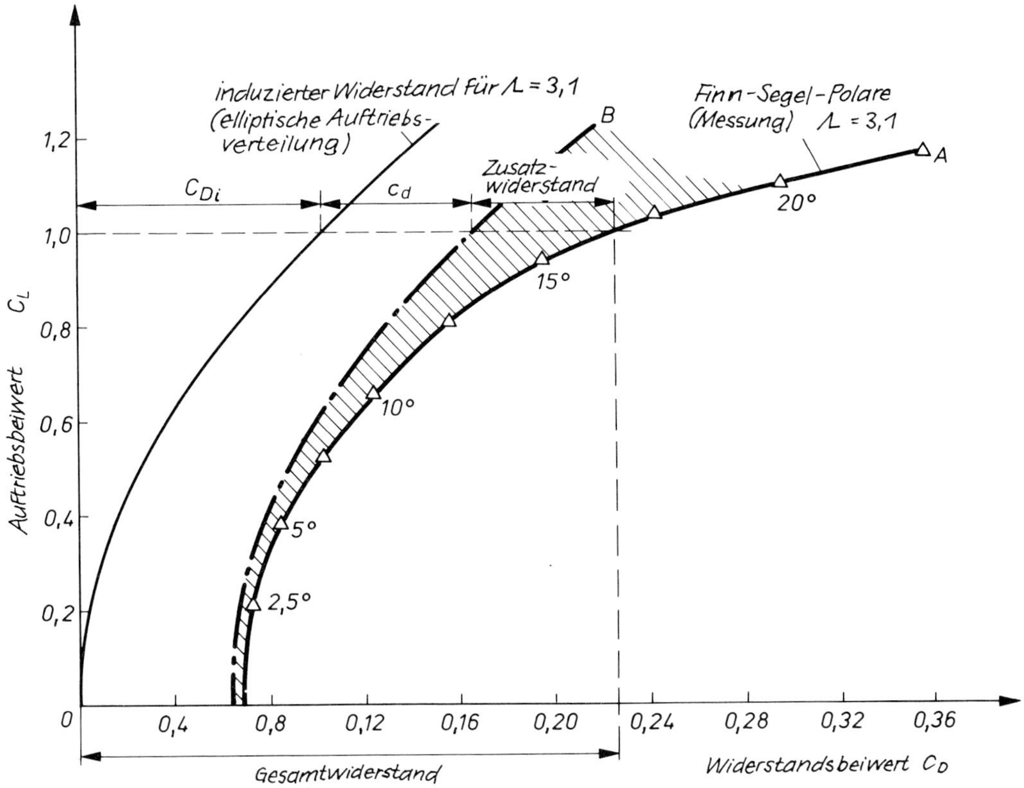

Abb. 2.109 Polardiagramm eines Finn-Segels. Der Gesamtwiderstand C_D ist in seine einzelnen Anteile aufgespalten (Segelform siehe Abb. 2.111).

an der Vorderkante, weder zahlreich noch leicht zugänglich. Dennoch läßt sich aus dem, was veröffenlicht wurde, der Beiwert des Profilwiderstandes c_d des Finn-Segels mit hinreichender Genauigkeit abschätzen. Abb. 2.110, die auf Versuchen von H.C. Herreshoff [2.83] beruht, stellt die Profileigenschaften zweier segelähnlicher Profile mit einem Wölbungsverhältnis von 12 Prozent dar. Der einzige Unterschied zwischen Profil 1 und 2 besteht in der Lage der maximalen Wölbungstiefe hinter der Vorderkante. Bei Auftriebsbeiwerten, wie sie beim Segeln am Wind auftreten, ändert sich der c_d-Beiwert des Profils 2 mit einer Wölbungsrücklage von 1/3 der Sehnenlänge nur wenig – er variiert zwischen 0,062 und 0,064. Das Profil 1, dessen maximale Wölbung 50 Prozent der Profillänge hinter dem Mast liegt, erfährt bei gleichen c_l-Beiwerten einen etwas höheren Widerstand. Wenn wir die Widerstandsbeiwerte des Profils 2 als in etwa repräsentativ für das Finn-Segel annehmen und sie zu der Parabel des induzierten Widerstandes (dünn ausgezogene Kurve) in Abb. 2.109 hinzuzählen, erhalten wir die Polarkurve B (dicke unterbrochene Kurve). Sie würde die aerodynamischen Eigenschaften des Finn-Segels wiedergeben, wenn dessen Auftriebsverteilung elliptisch und der induzierte Widerstand infolgedessen ein Minimum wäre. Da eine

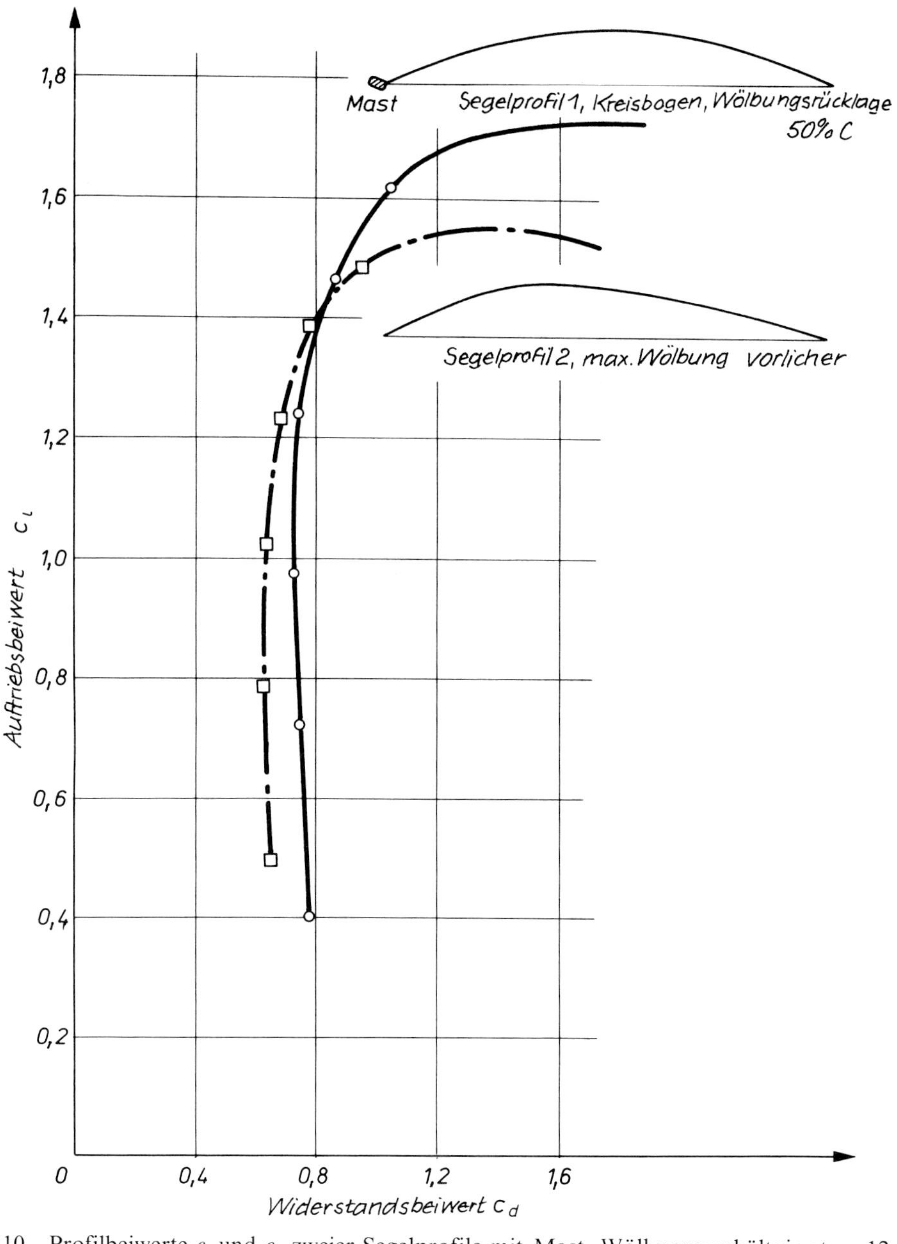

Abb. 2.110 Profilbeiwerte c_l und c_d zweier Segelprofile mit Mast. Wölbungsverhältnis etwa 12 Prozent.

derartige Auftriebsverteilung bei dem betrachteten Segel nicht erreicht wurde und mit keinem dreieckigen Tuchsegel (große Zuspitzung) überhaupt erzielt werden kann, muß ein zusätzlicher Widerstand in Kauf genommen werden, dessen Größe durch den schraffierten Bereich zwischen der Polare A (Messung) und der Polare B (Rechnung) gekennzeichnet ist.

Nach Gl. (2.28 A) und (2.30) besteht zwischen dem induzierten Widerstandsbeiwert C_{Di} und dem Quadrat des Auftriebsbeiwertes C_L ein linearer Zusammenhang, woraus auch eine näherungsweise lineare Abhängigkeit zwischen $C_{Di} + c_d$ und C_L folgt. Aus diesem Grund verwendet man häufig noch eine andere Darstellungsart zur Beurteilung von Modellversuchsergebnissen (Abb. 2.111). Hierbei wird der Widerstandsbeiwert C_D über der senkrechten und C_L^2 über der waagrechten Koordinatenachse aufgetragen. Der Zusammenhang zwischen C_{Di} und C_L^2 stellt sich dann durch eine gerade Linie dar, von der aus sich die verbleibenden Anteile des gesamten Widerstandes, nämlich c_d und der zusätzliche Widerstand, leicht bestimmen lassen.

Vergleichen wir nun die Eigenschaften des dreieckigen Segels in Abb. 2.111 mit denjenigen des starren elliptischen Flügels in Abb. 2.112, so werden die Unterschiede in der aerodynamischen Wirksamkeit sofort deutlich. Die Unterlegenheit des Segels ist sicherlich auf den größeren Profilwiderstandsbeiwert c_d zurückzuführen, vor allem aber auf den enormen zusätzlichen Widerstand. Bei $C_L = 1{,}0$ erfährt das Finn-Segel doppelt soviel Widerstand wie der starre Ellipsenflügel (Abb. 2.112). Die aus den abweichenden Seitenverhältnissen resultierenden Unterschiede in den berechneten C_{Di}-Werten sind verhältnismäßig gering.

Die Frage, was getan werden kann, um den Widerstand des Segels zu verringern, läßt sich nur beantworten, wenn wir die Faktoren kennen, die den zusätzlichen Widerstand bestimmen.

Die Gründe für den hohen Profilwiderstand c_d eines dünnen Tragflügels mit einem Mast an der Vorderkante wurden bereits erörtert. Die Strömungsbedingungen hinter dem als Turbulenzerreger wirkenden Mast sind weitgehend für die schlechten aerodynamischen Qualitäten der Großsegelprofile verantwortlich. In dieser Hinsicht sind keine wesentlichen Verbesserungen zu erwarten, es sei denn, man verwendet drehbare stromlinienförmige Masten – eine aus Festigkeitsgründen wenig praktische Lösung.

Die Größe des zusätzlichen Widerstandes wird hauptsächlich durch drei Faktoren bestimmt:

a) Zuspitzung
b) Verwindung
c) Vertikale Wölbungsverteilung.

Hält man bei gegebenem Seitenverhältnis den Grundriß mit seinem wichtigsten Parameter, der Zuspitzung, konstant, läßt sich der Faktor a) eliminieren und man kann die Auswirkungen der Faktoren b) und c) untersuchen. Bei einem Tuchsegel ist es fast unmöglich, diese beiden Faktoren völlig voneinander zu trennen. Leider beeinflußt der Baumniederholer, mit dem im Prinzip der Verwindung (das Auswehen) des Segels kontrolliert wird, auch die Wölbungsverteilung. Man könnte vielleicht die Ansicht vertreten, daß die Verwindung mehr Beachtung verdient als die Wölbungsverteilung. Den meisten Seglern ist vermutlich bekannt, daß ein Segel möglichst wenig auswehen sollte. Sie wissen aber möglicherweise nicht, daß sie beim Befolgen dieses Ratschlages den induzierten Widerstand

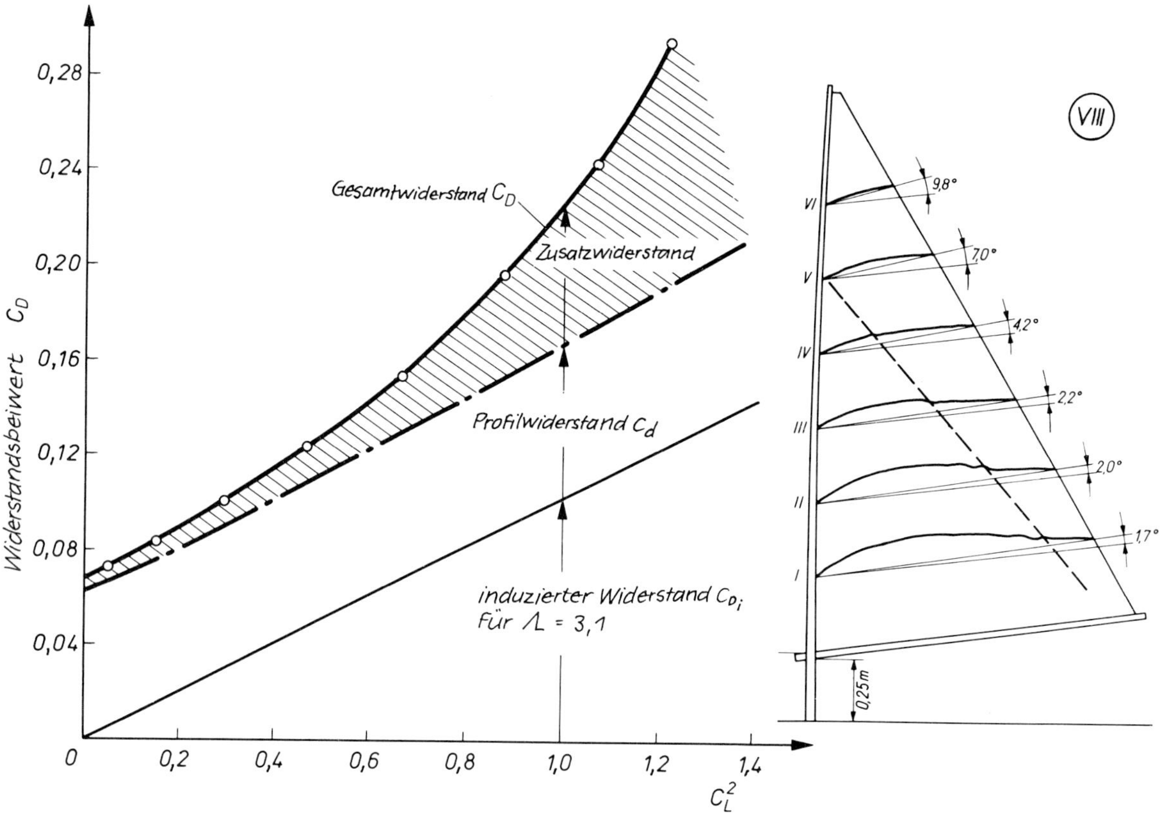

Abb. 2.111 Auftragung der Komponenten des Gesamtwiderstandsbeiwertes C_D über C_L^2. Der Zusatzwiderstand rührt aus der Abweichung der tatsächlichen von der elliptischen Auftriebsverteilung her.

Diese Abbildung zeigt in einer anderen Darstellungsart die bereits in Abb. 2.109 angegebenen aerodynamischen Eigenschaften des Finn-Segels. Siehe auch Teil 3 – Untersuchungen am Finn-Rigg.

und das, was man Widerstand infolge freier Wirbel nennen könnte, beträchtlich beeinflussen. Dieser letzte Begriff bedarf der Erklärung. Es wurde bereits erwähnt, daß der induzierte Widerstand als Widerstand infolge Auftrieb bezeichnet werden kann. Diese zusätzliche Definition ist völlig korrekt bei einem ebenen, das heißt, unverwundenen Tragflügel. Von T.Tanner [2.84] wurde darauf hingewiesen, daß die obige Definition bei verwundenen Flügeln nicht ausreichend ist. Verwendete man in einem Experiment als Segel ein starres Modell aus Blech mit einer gewissen Verwindung, so wäre es falsch, anzunehmen, daß der induzierte Widerstand gleich dem Zuwachs an Widerstand infolge Erzeugung eines resultierenden Auftriebs wäre. Bei einem solchen verwundenen Modellsegel könnte ein Teil der Fläche positiven Auftrieb erzeugen, während der andere Teil einen gleich großen negativen Auftrieb hervorruft. In diesem Falle wäre ein beträchtlicher induzierter Widerstand oder Widerstand infolge freier Wirbel vorhanden, obwohl der resultierende Auftrieb Null wäre.

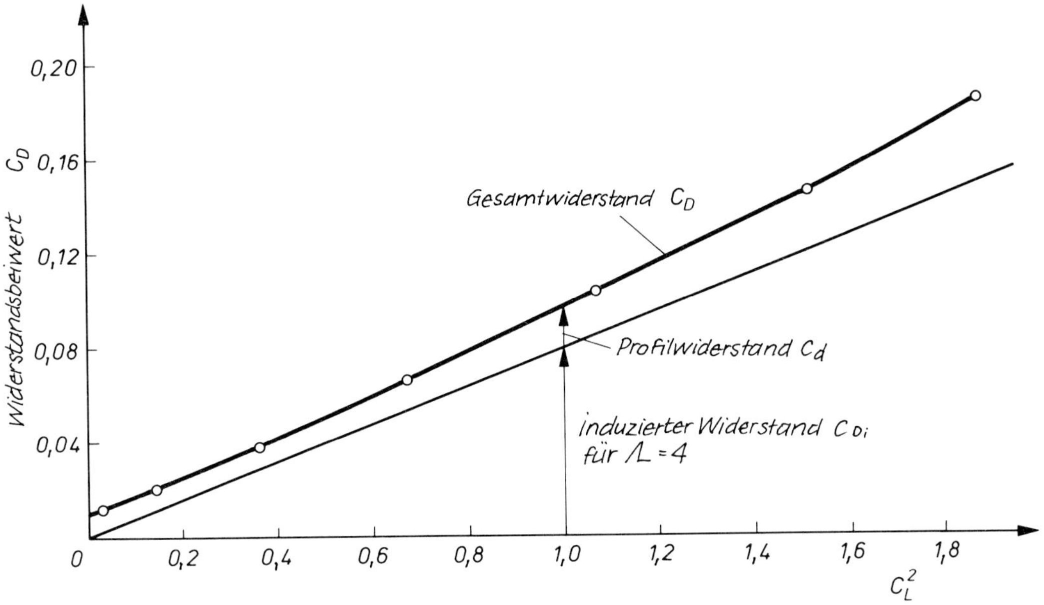

Abb. 2.112 Auftragung der Gesamtwiderstandskomponenten über C_L^2 für den Clark Y-Ellipsenflügel nach Abb. 2.107

Es ist eine Frage der Terminologie und der Vorliebe, ob solch ein Widerstand ausschließlich infolge Verwindung nun auch induzierter Widerstand oder Widerstand infolge freier Wirbel genannt wird. Da ihre Natur genau die gleiche ist, kann ein großer Teil des zusätzlichen Widerstandes als zusätzlicher induzierter Widerstand betrachtet werden und zu dem minimalen induzierten Widerstand, der in Abb. 2.111 durch die Gerade dargestellt wird, hinzugezählt werden. Dieser zusätzliche Widerstand ist der Preis für die Verwendung eines dreieckigen Grundrisses, mit dem sich eine elliptische Auftriebsverteilung mit minimalem induziertem Widerstand nicht erzielen läßt.

Wie groß dieser zusätzliche Widerstand (hauptsächlich infolge Verwindung) sein kann, ist aus Abb. 2.113 zu ersehen. Die hier dargestellten Ergebnisse von Windkanalversuchen beziehen sich auf das gleiche Modellsegel wie in Abb. 2.109 und 2.111, der wesentliche Unterschied liegt in der Größe der Segelverwindung. Durch Verringerung des Baumniederholerzuges wurde die Verwindung von etwa 9,8° auf ungefähr 25° vergrößert. Die Folge dieses stärkeren Auswehens ist, gemessen am zusätzlichen Widerstand, verheerend und im ganzen Auftriebsbeiwertsbereich bemerkbar. Bei $C_L = 1{,}0$, ein durchschnittlicher Auftriebsbeiwert beim Segeln am Wind, ist der zusätzliche Widerstand und der induzierte Widerstand mehr als viermal so groß wie der Profilwiderstand – die Summe aus Reibungs- und Druckwiderstand. Ein Auswehen der Segel in der Größenordnung von 25° und mehr ist nicht ungewöhnlich und häufig in der Praxis zu beobachten.

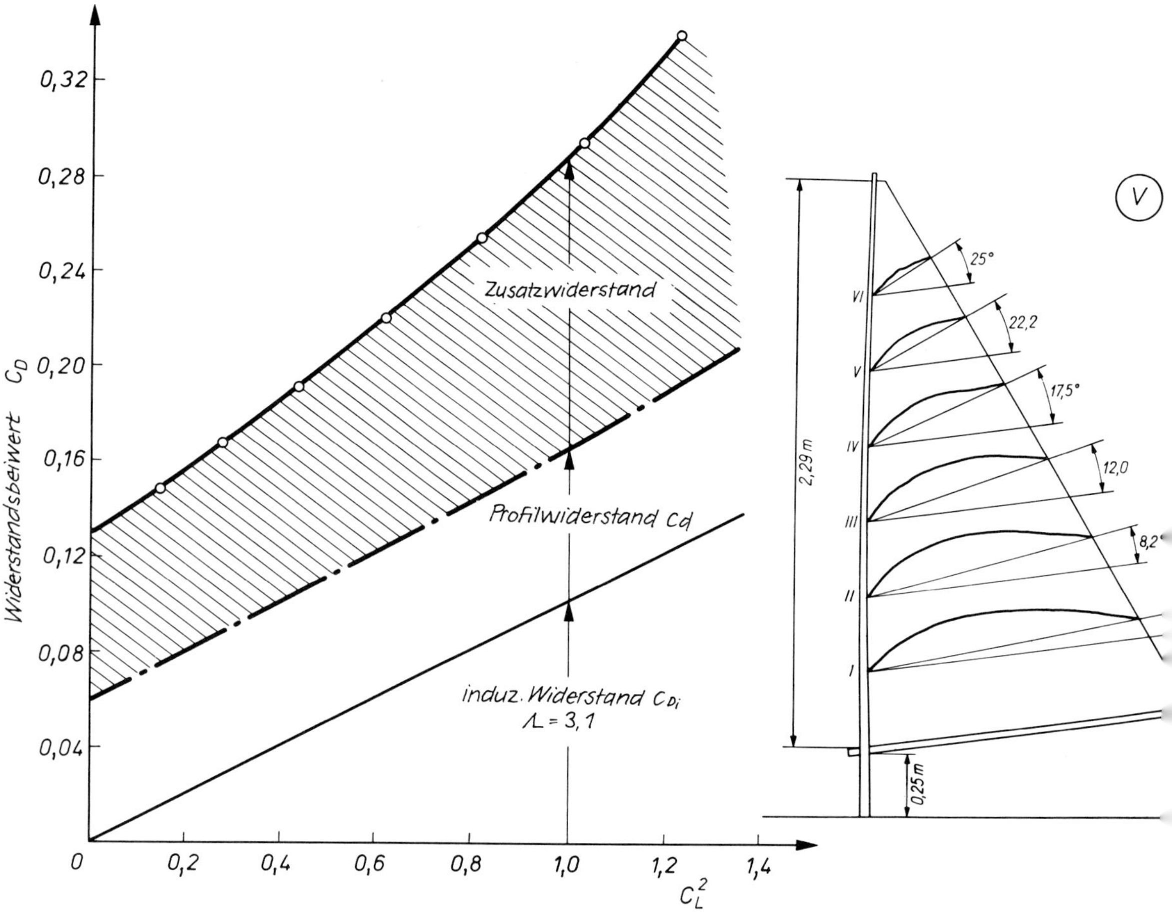

Abb. 2.113 Auftragung der Gesamtwiderstandskomponenten über C_L^2. Der zusätzliche Widerstand ist der Preis für die Abweichung der tatsächlichen Auftriebsverteilung von der elliptischen.

Nach J. Milgram und T. Tanner [2.83], [2.84] wird die Tatsache, daß der Gesamtwiderstand der Segel sehr stark durch den induzierten Widerstand dominiert wird, von vielen Seglern übersehen, die stattdessen alles daran setzen, durch Herumexperimentieren mit verschiedenen Mastquerschnitten den Profilwiderstand zu verringern, wo doch in Wirklichkeit die richtigen vertikalen Verwindungs- und Wölbungsverteilungen mit dem Ziel, den induzierten Widerstand zu vermindern, erfolgversprechender wären.

Abgesehen von induziertem Widerstand infolge Verwindung verbergen sich hinter dem zusätzlichen Widerstand in Abb. 2.111 und 2.113 noch weitere Widerstandsanteile, so zum Beispiel Widerstand aufgrund falscher vertikaler Wölbungsverteilung und Porosität des Segeltuches. Bevor in den folgenden Kapiteln ihr Einfluß auf die Segelwirksamkeit erörtert wird, wollen wir zuerst untersuchen, wie sich die Nähe zur Wasseroberfläche auf das Segel auswirkt. Hierbei wird die Wasseroberfläche als eine ebene, sich horizontal unter dem Segel erstreckende Fläche angesehen.

4 Das effektive Seitenverhältnis

„(7) Wir wissen nichts über den Einfluß der überaus wichtigen Randwirbel (von ebenso entscheidender Bedeutung in der Flugtechnik) auf unsere Segel. Hier ist eine Analogie zum Flugzeug:

Einer dieser Tragflügel ist unser Segel. Oben am Segelkopf muß ein kleiner Wirbel abgehen, unten am Unterliek ein durch Rumpf und Wasseroberfläche beträchtlich verformter großer Wirbel. Was geschieht aber, wenn die Yacht stark krängt? Wirkt die Wasseroberfläche dann wie der Oberflügel eines Doppeldeckers und beeinträchtigt auf gleiche Weise den Unterflügel, das Segel?“

H.J. Parham in *Yachts and Yachting,* 1956

Vom Nichtfachmann, aber technisch interessiertem Segler werden häufig Fragen gestellt, wie: „Ist ein Segel ein senkrecht stehender Tragflügel, das heißt, entspricht der Yachtrumpf dem Rumpf eines Flugzeuges, und das Segel einem Flugzeugflügel?“ Oder: „Ist ein Segel ein einzelner freier Flügel mit einem oberen und einem unteren Flügelende?“ Oder es werden Behauptungen aufgestellt, wie beispielsweise diese: „Bei einem Boot wie dem Finn, bei dem das Segel dicht auf das Deck heruntergezogen wird, dürfte es angemessen sein, das Segel als eine Flügelhälfte zu betrachten.“ Oder: „Ein Flugzeugtragflügel soll einzig und allein Auftrieb erzeugen, der Widerstand ist der Preis für diesen Auftrieb. Das Segel soll keinen Auftrieb, sondern Vortrieb liefern, und so gesehen gibt es nicht den geringsten Zusammenhang zwischen einem Spinnaker und einem Tragflügel.“

Diese aus Segelzeitschriften entnommenen Fragen und Behauptungen sind widersprüchlich und verwirrend. Wie so oft, ist von allem etwas richtig – mehr bezüglich der Auswirkungen als hinsichtlich der Ursachen. Kein Zweifel: die nahe Wasseroberfläche beeinflußt die Umströmung des Segels und damit die Auftriebsverteilung, was wiederum Auswirkungen auf den induzierten Widerstand und den induzierten Anstellwinkel hat.

Um uns ein Bild über den Einfluß der Wasserfläche auf die Strömung um das Segel zu machen, wollen wir von einem in der Physik verwendeten Konzept Gebrauch machen. Dies ist die sogenannte „Spiegelbildmethode“: dabei wird die Wasseroberfläche durch das Spiegelbild des Bootes ersetzt (Abb. 2.114), so

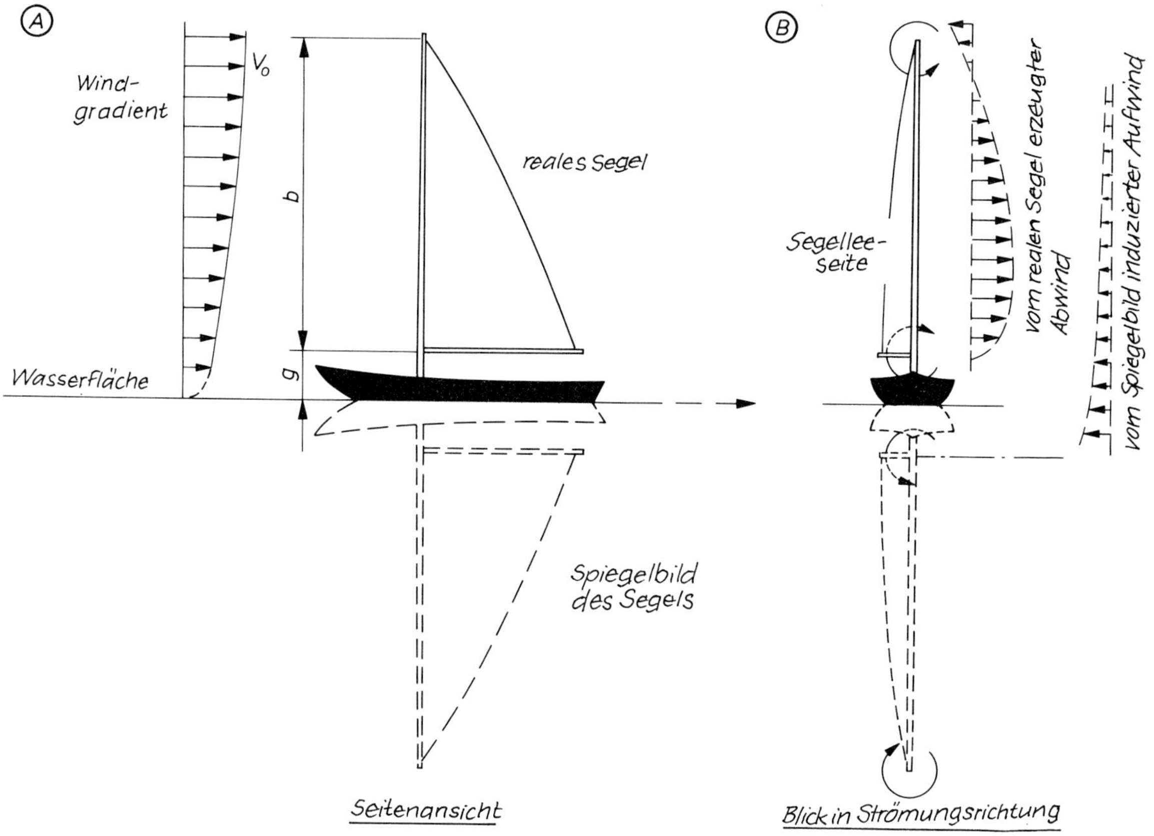

Abb. 2.114 Das Spiegelbild-Konzept macht die Erfassung des Unterschiedes zwischen dem verborgenen Wesentlichen und dem trügerischen Augenschein leichter. Der Deutlichkeit halber sind die Auf- und Abwärtsgeschwindigkeiten in Skizze B schematisch nur für das reale Segel angegeben. Man vergleiche mit den Abb. 2.96, 2.98 und Foto 2.27.

daß nun das neue, aber einfachere Problem des Zusammenwirkens der Strömungen um zwei Boote (das Überwasserschiff darf nicht vernachlässigt werden) vorliegt. Das aus dem Zusammenwirken eines Bootes mit seinem an der Grenzfläche gespiegelten Abbild resultierende Strömungsbild ist identisch mit dem Strömungsbild des Bootes auf einer ebenen Fläche. Kritische Leser mögen sich vielleicht fragen, warum man auf fiktive Dinge zurückgreift, um gewisse Eigenschaften realer Objekte zu erforschen. Die einzige Rechtfertigung dafür ist, daß das Verständnis in diesem besonderen Fall durch die Tatsache erleichtert wird, daß uns die Strömung um einen einzelnen Tragflügel bereits bekannt ist (Abb. 2.96, 2.97 und 2.98). Wir wissen aber wenig oder nichts über den Einfluß der Wasseroberfläche auf das Segel. Können wir sie stattdessen durch das Spiegelbild des Segels ersetzen, das ganau das gleiche Strömungsbild hervorruft, wie das, mit dem wir bereits vertraut sind, so erweist sich ein Verfahren wie die Spiegelbildmethode durchaus als nützlich. Besser als Worte sollen dies die folgenden Beispiele erklären.

Aus Abb. 2.98 ist zu entnehmen, daß der auftriebserzeugende Tragflügel zwischen seinen Randwirbeln Abwind, und jenseits davon Aufwind induziert. Es wurde bereits darauf hingewiesen, daß Zugvögel sich instinktiv im Aufwindbereich der benachbarten Vogelschwingen halten. Dies führt zu dem oft beobachteten Fliegen Seite an Seite oder in Keilformationen. Auf diese Weise gewinnen die Vögel einen Teil der von ihren Nachbarn verlorenen Energie wieder zurück. Durch die Verringerung des Widerstandes infolge eines geringeren resultierenden Abwindes wird weniger Leistung zur Aufrechterhaltung der Vorwärtsgeschwindigkeit benötigt, folglich verliert jeder Vogel in der Keilformation weniger Energie, als wenn er alleine fliegen würde.

Genau die gleiche Wechselwirkung tritt zwischen zwei nebeneinander angeordneten Tragflügeln auf, sei es ein Segel (Abb. 2.114), eine Kielflosse oder ein Ruder. Jedes Segel in Abb. 2.114 induziert am Ort des anderen Segels aufwärtsgerichtete Strömungsgeschwindigkeiten, so daß die resultierenden Abwärtsgeschwindigkeiten am Ort jedes Segels kleiner sind als die Geschwindigkeiten, die sich einstellen würden, wenn beide Segel so weit auseinander angeordnet wären, daß ihre Wechselwirkung vernachlässigbar ist. Die in Abb. 2.114B eingezeichneten Pfeile sollen eine qualitative Vorstellung der induzierten Vertikalgeschwindigkeiten am Ort des wirklichen Segels vermitteln. Der durch das Spiegelbild über der Höhe (Spannweite) des realen Segels induzierte Aufwind erreicht zwischen Deck und Baum ein Maximum und nimmt zum Segelkopf hin allmählich immer mehr ab.

Da nach Gl. (2.28) der induzierte Widerstand seinerseits von der Stärke des resultierenden Abwindes, das heißt vom induzierten Anstellwinkel α_i, abhängt, ist es naheliegend, zu vermuten, daß der induzierte Widerstand jedes der beiden sich gegenseitig beeinflussenden Segel nach Abb. 2.114 kleiner ist, als der eines einzelnen, unbeeinflußten Segels. Weiterhin ist zu erwarten, daß der Spalt zwischen den beiden Segeln eine Rolle spielt. Beides wird durch die Versuchsergebnisse in Abb. 2.115 bestätigt [2.85]. Beträgt beispielsweise der Spalt g vier Prozent von b ($g/b = 0{,}04$), so liegt der effektive induzierte Widerstand $D_{i\,(ef)}$ des Segels ungefähr 20 Prozent unter dem Wert eines gleichen, durch die Wasseroberfläche nicht beeinflußten Segels.

In der folgenden Diskussion soll unter einem unbeeinflußten Tragflügel (Segel) ein einzelner frei umströmter Tragflügel verstanden werden, der sich nicht in der Nähe der Wasseroberfläche oder anderer Tragflügel befindet. Soweit es Segel und Rumpfanhänge betrifft, ist dies unrealistisch. Hieraus folgt, daß in der Praxis Wechselwirkungen stets in Betracht zu ziehen sind.

Der in Abb. 2.115 graphisch dargestellte Zusammenhang kann mathematisch wie folgt ausgedrückt werden:

$$D_{i\,(ef)} = k \cdot D_{i\,(\text{einzelner Flügel})}. \tag{2.31}$$

Dieser Einfluß des Spiegelbildes auf den induzierten Widerstand ist gleichbedeutend mit einer Vergrößerung des Seitenverhältnisses des realen Segels. Rückt man die getrennten Flügel der Spannweite b des Spiegelbildsystems gemäß

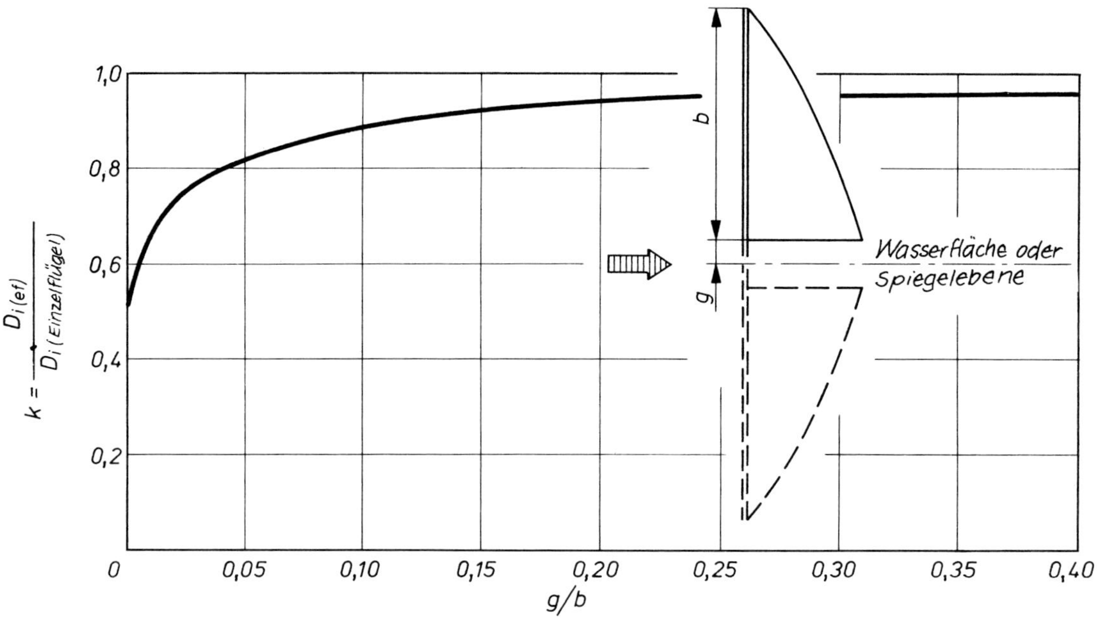

Abb. 2.115 Der induzierte Widerstand eines Flügels mit Spalt in Abhängigkeit von der Spaltbreite.

Abb. 2.115 immer näher zusammen, bis die Spaltbreite g zu Null wird, entsteht ein einziger Flügel der Spannweite $2b$, so daß das effektive Seitenverhältnis Λ_{ef} doppelt so groß ist wie das geometrische Seitenverhältnis Λ des realen Teiles der Kombination Flügel-Spiegelbild:

$$\Lambda_{ef} = 2 \cdot \Lambda.$$

Wie aus Gl. (2.28 A) folgt und auch aus Abb. 2.105 hervorgeht, verringert sich der induzierte Widerstand dann um die Hälfte ($k = 0{,}5$):

$$D_{i\,(ef)} = 0{,}5 \cdot D_{i\,(\text{einzelner Flügel})}. \tag{2.31 A}$$

Es ist unbedingt zu beachten, daß Gl. (2.31 A) nur dann gilt, wenn Flügelende und Begrenzungsfläche, sei es die Wasseroberfläche oder das Deck bei einem Segel oder der flache Boden des Rumpfes, an dem das Ruder befestigt ist, praktisch unmittelbar aneinander anschließen ($g = 0$). Aus Abb. 2.115 ist klar ersichtlich, daß bereits ein kleiner Spalt, durch den die Flüssigkeit von der Druckseite auf die Saugseite strömen kann, den induzierten Widerstand ansteigen läßt.

Das wirksame Seitenverhältnis Λ_{ef} kann also größer oder kleiner als das geometrische Seitenverhältnis Λ sein. Um diesen Sachverhalt zu erklären, wollen wir Gl. (2.28 A), die nur bei elliptischer Auftriebsverteilung anwendbar ist, etwas allgemeiner fassen:

$$C_{Di} = \frac{C_L^2}{K \cdot \pi \cdot \Lambda}. \tag{2.32}$$

Der Koeffizient K im Nenner ist abhängig a) von der günstigen Wechselwirkung zwischen zwei Tragflügeln, und b) von der Größe des zusätzlichen Widerstandes aufgrund Abweichungen der tatsächlichen Auftriebverteilung von der elliptischen Verteilung, die minimalen induzierten Widerstand für ein gegebenes geometrisches Seitenverhältnis Λ ergibt (Abb. 2.111 und 2.113). Für das effektive Seitenverhältnis läßt sich dann schreiben:

$$\Lambda_{\mathrm{ef}} = K \cdot \Lambda. \tag{2.33}$$

Damit ergibt sich für Gl. (2.32):

$$C_{\mathrm{Di}} = \frac{C_{\mathrm{L}}^2}{\pi \cdot \Lambda_{\mathrm{ef}}}. \tag{2.34}$$

Schließt das Unterliek eines idealen Segels, beispielsweise ähnlich dem halbelliptischen Segel des Katamarans US 2 in Foto 2.30 dicht mit der Wasseroberfläche ab, so nähert sich der Faktor K in Gl. (2.33) dem Wert 2. Aus drei Gründen ist dieser theoretisch mögliche Gewinn in der Praxis aber nur schwerlich zu erreichen:

1. Bei den üblichen Deckseinrichtungen liegt das Segelunterliek zu hoch, als daß der Rumpf als wirksame innere Endscheibe dienen könnte. Abb. 2.115 zeigt deutlich, daß bereits ein schmaler Spalt von nur wenigen Prozent der Segelhöhe einen Großteil des möglichen Vorteils aufgrund einer Reduktion des induzierten Widerstandes zunichte macht.
2. Durch den Rumpf verursachte unvermeidbare Störungen der Luftströmung schmälern die Gewinne, die man durch ein bis auf das Deck heruntergezogenes Unterliek des Segels erwarten könnte.
3. Bei konventionellen, stark zugespitzten und willkürlich verwundenen Segeln ist es kaum möglich, die optimale vertikale elliptische Auftriebsverteilung zu erzielen.

Aus all diesen Gründen erreicht der Faktor K bei einem normalen dreieckigen Tuchsegel selten einen Wert größer als 1,0. Nach Gl. (2.33) kann folglich das effektive Seitenverhältnis Λ_{ef} sogar kleiner sein als das geometrische Seitenverhältnis Λ.

Betrachten wir nun die Bedeutung des effektiven Seitenverhältnisses und des eng damit zusammenhängenden induzierten Widerstandes für das Segeln am Wind. Dazu ist es notwendig zu wissen, wie sehr sich eine Veränderung des Seitenverhältnisses auf die Größe des Vortriebskraftbeiwertes auswirken wird. Um dies zu ermitteln, müssen wir eine Gleichung heranziehen, die den Beiwert der Vortriebskraft C_{R} in Abhängigkeit von Auftrieb, Widerstand und dem Winkel γ_{A} zwischen gesegelten Kurs und der Richtung des scheinbaren Windes beschreibt (siehe Abb. 1.10, Teil 1):

$$C_{\mathrm{R}} = C_{\mathrm{L}} \cdot \sin \gamma_{\mathrm{A}} - C_{\mathrm{D}} \cdot \cos \gamma_{\mathrm{A}}.$$

Gemäß Gl. (2.30) gilt:

$$C_D = c_d + C_{Di} = c_d + \frac{C_L^2}{\pi \cdot \Lambda}.$$

Bei nichtelliptischer Auftriebsverteilung des Segels ist das geometrische Seitenverhältnis durch das effektive Seitenverhältnis Λ_{ef} zu ersetzen, so daß wir die obige

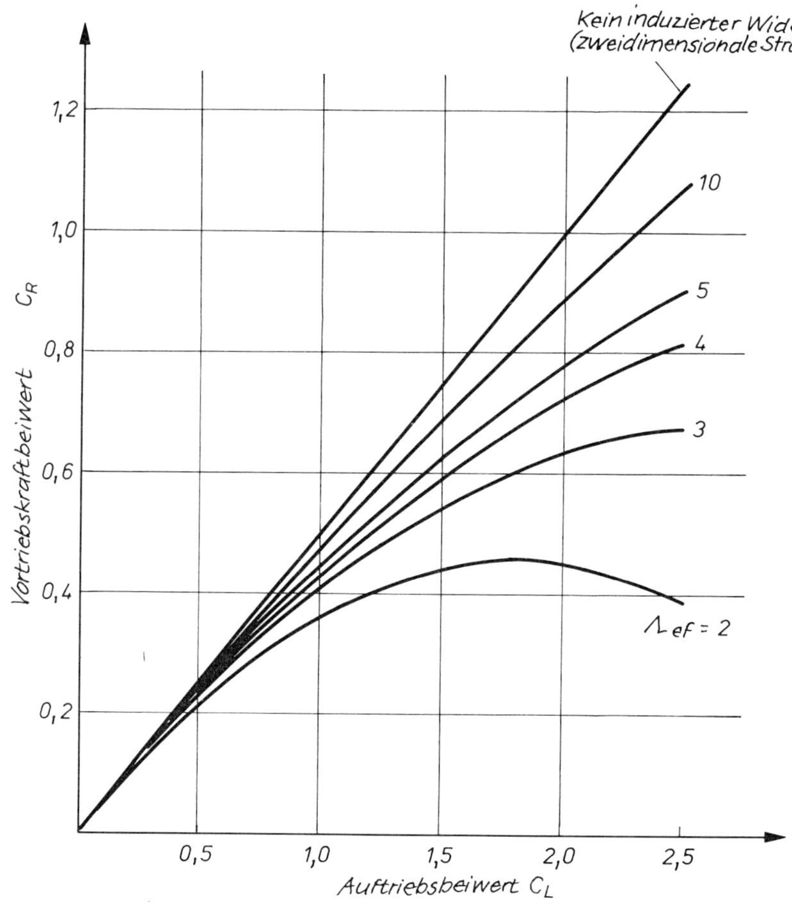

Abb. 2.116 Der Einfluß des Seitenverhältnisses Λ_{ef} auf den Vortriebskraftbeiwert C_R. Für ein gekrängtes Segel läßt sich aus der gut bestätigten Theorie für Tragflügel mit großem Neigungswinkel der Flügelhälften gegenüber der Grundrißebene (große V-Stellung) – was in etwa dem Krängungswinkel entspricht – für den Zusammenhang zwischen dem effektiven Seitenverhältnis Λ_{ef} und dem geometrischen Seitenverhältnis Λ folgende relativ einfache Formel ableiten:

$$\Lambda_{ef} = \Lambda(1 - 2\varphi^2/10000).$$

Damit ergibt sich beispielsweise für ein Rigg mit $\Lambda = 3{,}0$ bei einem Krängungswinkel $\varphi = 30°$ ein effektives Seitenverhältnis von:

$$\Lambda_{ef} = 3(1 - 2 \cdot 30^2/10000) = 3 \cdot 0{,}82 = 2{,}46.$$

Beziehung für C_R in der folgenden Weise schreiben können:

$$C_R = C_L \cdot \sin \gamma_A - (c_d + \frac{C_L^2}{\pi \cdot \Lambda_{ef}}) \cdot \cos \gamma_A. \quad (2.35)$$

Da wir nur den Einfluß des effektiven Seitenverhältnisses auf den Vortrieb untersuchen wollen, lassen wir den für ein gegebenes Rigg konstanten Profilwiderstand c_d außer acht und konzentrieren uns nur auf den induzierten Anteil am Gesamtwiderstand, der so entscheidend vom Trimm der Segel durch die Mannschaft, entsprechend den vorherrschenden Wind- und Wellenverhältnissen, abhängt. Gl. (2.35) ergibt sich damit zu:

$$C_R \sim C_L \cdot \sin \gamma_A - \frac{C_L^2}{\pi \cdot \Lambda_{ef}} \cdot \cos \gamma_A. \quad (2.35A)$$

In Abb. 2.116 sind für Seitenverhältnisses $\Lambda_{ef} = 2$, 3, 4, 5, 10 sowie für $\Lambda_{ef} = \infty$ (ebene Umströmung in reibungsloser idealer Flüssigkeit, kein induzierter Widerstand), die nach dieser Gleichung berechneten C_R-Beiwerte über dem Auftriebsbeiwert C_L aufgetragen. Als repräsentativer Kurs für das Am-Wind-Segeln wurde $\gamma_A = 30°$ angenommen. Aus dem Diagramm ist zu erkennen, daß die ausschlaggebende Bedingung für die Verbesserung der Fahrtleistung am Wind die Vergrößerung des effektiven Seitenverhältnisses des Segels ist, was nicht das gleiche ist, wie eine einfache Vergrößerung des geometrischen Seitenverhältnisses. Sondern dies ist gleichbedeutend mit einer Verringerung des zusätzlichen induzierten Widerstandes durch guten Segeltrim, Segelschnitt oder beidem.

Wie begründet und überzeugend die oben hergeleiteten Schlußfolgerungen bezüglich des zusätzlichen Widerstandes, der Wechselwirkung, des effektiven Seitenverhältnisses usw. auch erscheinen und wie sehr auch immer die Theoretiker damit untereinander einverstanden sein mögen, kann ihnen dennoch erst dann völliges Vertrauen geschenkt werden, wenn sich ihre Richtigkeit zum mindesten durch experimentelle Nachprüfung im Windkanal bestätigt, ganz zu schweigen von der Wettsegelpraxis.

Die weiter oben in Abb. 2.111 und 2.113 dargestellten Ergebnisse von Windkanalversuchen am Modell eines Finn-Segels bestätigen deutlich den Nutzen entsprechenden Segeltrimms, insofern, als eine geringere Verwindung weniger Zusatzwiderstand zur Folge hat. Aus Abb. 3.20 in Teil 3 geht weiterhin hervor, daß bei demselben Modellrigg durch eine Verringerung des Abstandes zwischen Unterliek des Segels und der Wasserfläche um 40 Prozent, von 0,25 m, entsprechend ungefähr 11 Prozent der Segelhöhe (Versuch Nr. VII) auf 0,15 m (Versuch Nr. IX), bei unverändert bleibender Wölbung und Verwindung, das L/D-Verhältnis um 10 Prozent von 5,05 auf 5,55 anstieg. Mit der aus Abb. 2.115 zu veranschlagenden Verminderung des induzierten Widerstandes allein ist diese Verbesserung des L/D-Verhältnisses nicht zu erklären; folglich muß auch der Auftrieb zugenommen haben.

Diesem Effekt durch die Verringerung des Spaltes zwischen Segel und Wasserfläche (bzw. Deck) kommt entscheidende Bedeutung zu, und es erleichtert den

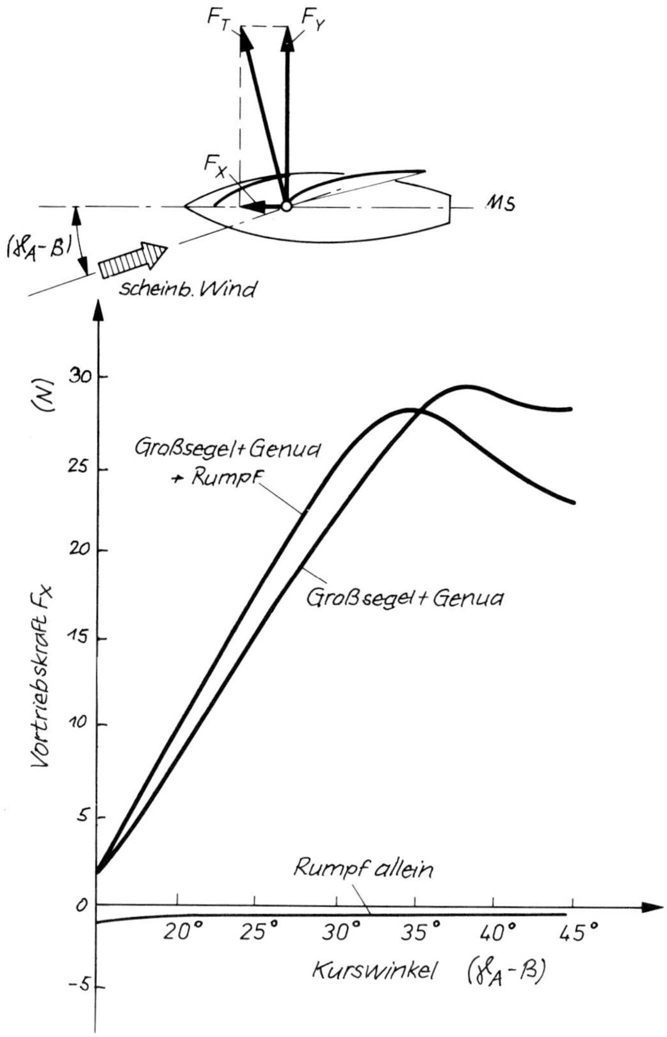

Abb. 2.117 Der Einfluß des Rumpfes auf die Vortriebskraft eines Drachen-Riggmodells (siehe Foto 3.30, Teil 3)

Einblick in die physikalischen Vorgänge, wenn wir uns daran erinnern, daß der Druckunterschied zwischen der Ober- und Unterseite eines Flügels die Luft oder das Wasser zwingt, durch jede zugängliche Öffnung im Flügel zu fließen, und daß die dabei verloren gehende kinetische Energie als Widerstand erscheint. Außerdem führt ein Spalt oder Schlitz in Profilrichtung im Flügel oder zwischen dem Flügel und einer angebauten Fläche unumgänglich zu einer nachteiligen Verzerrung der Auftriebsverteilung, was sich, abgesehen bei einem sehr schmalen Spalt, durch einen verringerten Gesamtauftrieb bemerkbar macht (siehe Abb. 2.119).

In dieser Hinsicht machte man sogar bei der Versuchseinrichtung in dem vor rund 40 Jahren betriebenen Sir Richard Fairey-Windkanal (Großbritannien)

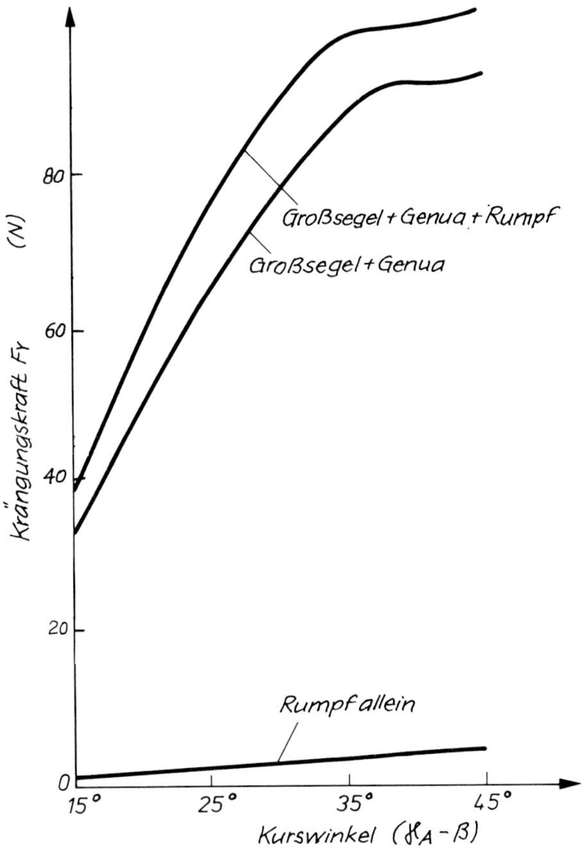

Abb. 2.118 Der Einfluß des Rumpfes auf die Krängungskraft eines Drachen-Riggmodells

Fehler (siehe Abb. 16 in *Segeltheorie und -praxis*). Die am kompletten Rumpf (einschließlich des Unterwasserschiffes) befestigten Modellsegel wurden unter Bedingungen untersucht, bei denen der die Wasseroberfläche simulierende Windkanalboden unterhalb des Kiels lag. Diese falsche Wiedergabe der wirklichen Verhältnisse führt sicherlich zu falschen Ergebnissen.

Das folgende Beispiel soll diesen Punkt noch etwas weiter erläutern. Erwartungsgemäß entwickelt das Überwasserschiff ohne Segel am Wind einen Widerstand sowie eine gewisse Seitenkraft, woraus ein negativer Vortrieb resultiert. Windkanalversuche an einem im Maßstab 1:4 verkleinerten Drachen-Rigg bestätigen dies [2.86]. Obwohl der Rumpf für sich alleine eine negative Vortriebskraft entwickelt, ergibt sich, für manchen ziemlich überraschend, zusammen mit dem Rigg jedoch eine Vortriebskraft, die größer ist, als für das Rigg alleine. Dieser Beitrag des Rumpfes infolge Versperrens und/oder Schließens des Spaltes zwischen den Segeln und der Wasserfläche ist deutlich aus Abb. 2.117 und 2.118 zu ersehen, in denen die Längskraft F_X und die Seitenkraft F_Y über dem Kurswinkel $(\gamma_A - \beta)$ aufgetragen sind (vgl. Abb. 3.14, Teil 3).

Foto 2.32 Es mag merkwürdig anmuten, aber um die Wirkungsweise eines realen Segels zu verstehen, muß man die durch sein Spiegelbild hervorgerufenen Effekte berücksichtigen.

Dieses Ergebnis mag zuerst zwar etwas verwundern, ist aber geboten. Für das Verständnis der Wirkungsweise eines Segels ist die Berücksichtigung der Interferenzeffekte aufgrund des symmetrischen Spiegelbildes von ganz entscheidender Bedeutung (Foto 2.32). Mit anderen Worten, wegen der einseitigen Begrenzung der räumlichen Strömung um das Segel durch die nahe Wasseroberfläche kann das sichtbare Segel nur als Teil des Spiegelbildsystems (Abb. 2.114), und nicht als frei umströmtes Segel im unbegrenzten Raum (oder mit unrealistisch angeordneter Grenzfläche) betrachtet werden. Wechselbeziehungen sind reale physikalische Erscheinungen und sollten als solche nicht unterbewertet werden. Aus all diesen Gründen ist das Starrsegel mit elliptischem Grundriß in Foto 2.29 nicht so vorteilhaft, wie man es von einem solchen idealen Umriß an sich erwarten könnte! Offensichtlich ist von dem Konstrukteur weder der Einfluß der Wasserfläche noch derjenige des sie ersetzenden Spiegelbildes des realen Segels berücksichtigt worden.

Abb. 2.119 soll diesen Sachverhalt noch weiter verdeutlichen. Sie zeigt nach [2.85] die Verteilungen der örtlichen Auftriebsbeiwerte C_l und der induzierten Abwärtsgeschwindigkeit w längs der Spannweite für einen einfachen Rechteckflügel mit Spalt (gemeinsames Seitenverhältnis $\Lambda = (2b/c) = 6$). Erwartungsgemäß ist der über der Spannweite veränderliche örtliche Auftriebsbeiwert C_l und die

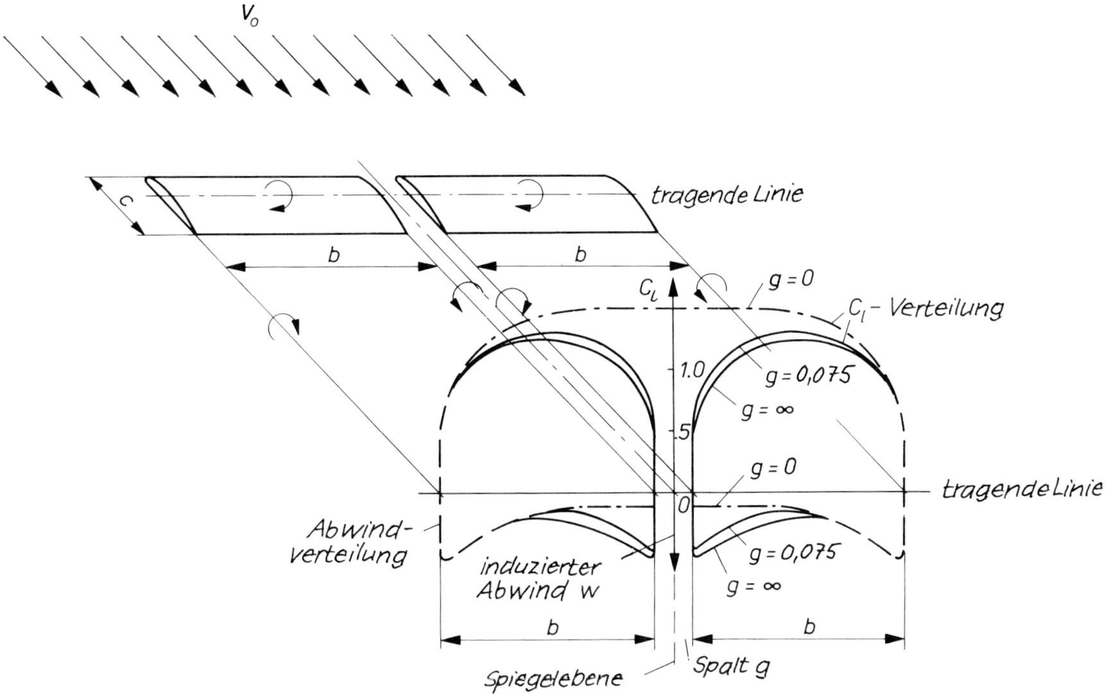

Abb. 2.119 Verteilung des örtlichen Auftriebsbeiwertes C_l und des induzierten Abwindes w für zwei nebeneinanderliegende Rechteckflügel vom gemeinsamen Seitenverhältnis $\Lambda = 6$. Man vergleiche die Abwindverteilungen mit denen in Abb. 2.98 und Abb. 2.102.

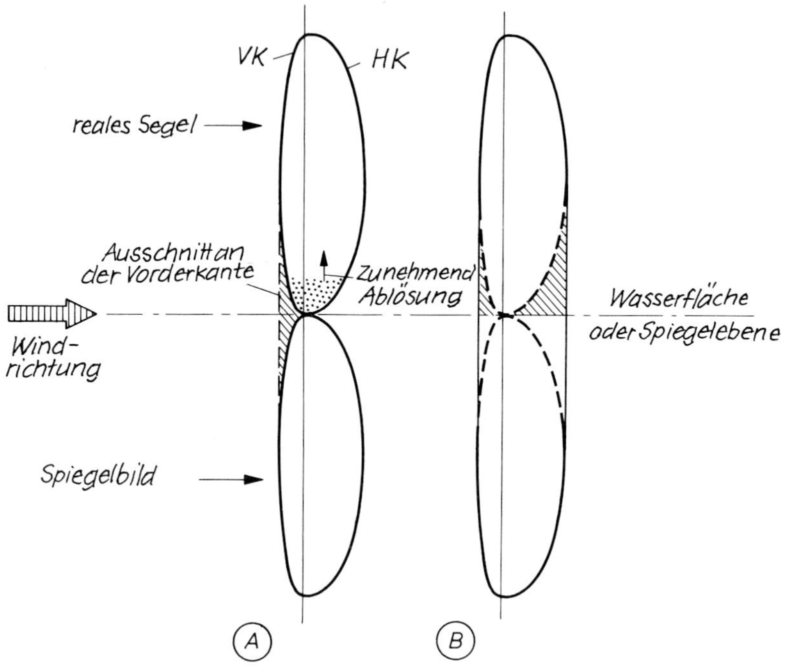

Abb. 2.120 Zu Foto 2.29

Abwärtsgeschwindigkeit von der Spaltbreite g zwischen dem inneren Flügelende und der Spiegelebene abhängig. Die gestrichelten Kurven beschreiben die C_l- und Abwindverteilung für $g=0$, die ausgezogenen Kurven für $g=0{,}075b$ (7,5 Prozent der Spannweite b), sowie für $g=\infty$, das heißt, bei so weit auseinander liegenden Flügelteilen, daß zwischen ihnen keinerlei Wechselwirkung mehr besteht. Wie aus der Verteilung des örtlichen Auftriebsbeiwertes zu ersehen ist, vermindert der Spalteffekt den Auftrieb über fast der gesamten Spannweite. Ist der Spalt g jedoch kleiner als 0,7 Prozent der Flügelspannweite b, so steigt der Auftrieb etwas über den Wert für $g=0$ an. Dies wird in [2.85] damit erklärt, daß „... die Ausgleichsströmung, die wie ein Strahl durch den Spalt hindurchtritt, sich einwärts vom Flügelrand über der Saugseite zu einem einzigen diskreten Wirbel einrollt. Dies erhöht den Unterdruck und folglich den Auftrieb des Flügelbereiches in Spaltnähe."

Aus den Abwindverteilungen ist zu entnehmen, daß bei einer Spaltbreite größer als 0,7 Prozent von b von den Flügelenden am Spalt auch Randwirbel abgehen und dadurch größere Abwärtsgeschwindigkeiten induziert werden, als dies aufgrund der freien Wirbel bei verschwindender Spaltbreite der Fall ist. Dieser zusätzliche Abwind hat einen größeren induzierten Widerstand zur Folge.

Wenden wir uns noch einmal dem elliptischen Starrsegel in Foto 2.29 zu. Aus den bisherigen Ausführungen folgt, daß das sichtbare Segel als Teil seines Spiegelbildsystems zu sehen ist. Berührt die Unterkante eines realen Segels sein Spiegelbild, so verdoppelt sich theoretisch sein geometrisches Seitenverhältnis

(Abb. 2.120A). Wenn wir nun die trennende Wasserfläche außer acht lassen und die Strömung um Segel und Spiegelbild als Strömung um einen einzigen Körper betrachten, können wir mit Hilfe aus Versuchen mit einzelnen Tragflügeln gewonnener Erkenntnisse Aussagen über die tatsächlichen Strömungsverhältnisse im Bereich des Mittelschnittes solchermaßen zusammengesetzter Tragflügel machen. Es ist zum Beispiel bekannt, daß sogar ziemlich große Ausschnitte aus der Flügelfläche keine nachteiligen aerodynamischen Auswirkungen haben, wenn sie nahe an der Hinterkante liegen [2.87]. Jeder Ausschnitt an der Flügelvorderkante, wie er sich zum Beispiel durch die Verbindung der beiden Segel ergibt (schraffierte Fläche in Abb. 2.120A), hat jedoch eine vorzeitige Strömungsablösung zur Folge (punktierter Bereich), die sich nicht nur auf den unmittelbaren Bereich stromabwärts, sondern auch auf die Umströmung benachbarter Flügelschnitte auswirkt, so daß sich der Auftrieb verringert und der Widerstand beträchtlich ansteigt. Ein Tragflügel verliert auch dann schon bedeutsam an Wirksamkeit als auftriebserzeugende Fläche, wenn nur in einem verhältnismäßig kleinen Spannweitenbereich die Strömung über der Saugseite weitgehend abgerissen ist.

Der Grund für das frühzeitige Abreißen der Strömung liegt darin, daß der effektive Anstellwinkel im unteren Bereich des Segels infolge hoher, durch das Spiegelbild örtlich induzierter Aufwärtsgeschwindigkeiten viel größer ist, als im oberen Teil. Ist hier der durchschnittliche Auftrieb so groß, daß die Bedingungen für Ablösung soeben noch nicht gegeben sind, so ist in der Flügelmitte (das heißt im unteren Segelteil) die Strömung bereits völlig abgerissen – der Auftrieb nimmt ab und der Widerstand nimmt zu. Diese Auswirkung eines größeren effektiven Anstellwinkels wird noch durch einen weiteren Effekt verstärkt, der mit der Abnahme der Profiltiefe zum Flügelende hin zusammenhängt. Wir werden diese Effekte im folgenden Kapitel ausführlicher behandeln.

Um die dargelegten Nachteile zu vermeiden, sollte der elliptische Segelumriß nach Abb. 2.120A durch Hinzufügen der schraffierten Flächenstücke zu der günstigeren halbelliptischen Grundrißform (Abb. 2.120B) vervollständigt werden. Mit dem ergänzenden halbelliptischen Umriß des Spiegelbildes entsteht dann ein elliptischer Grundriß mit doppelter Spannweite. Bei dieser Anordnung würden keine der oben angeführten nachteiligen aerodynamischen Effekte auftreten. Unwirksame Flügelformen kommen in der Natur nicht vor. Es gibt keinen Segler unter den Vögeln, dessen Flügelumriß der in Abb. 2.120A dargestellten Form ähnelt. Das gleiche gilt nach einer langen Entwicklungsphase auch für die Tragflügel von Unterschallflugzeugen.

Es wurde bereits erwähnt, daß sich weniger nachteilige Auswirkungen ergeben, wenn bei der Verbindung von Segel und Rumpf notwendige Ausschnitte an der Hinterkante gemacht werden. Wie aus Foto 2.30 ersichtlich ist, weist das Segel des Katamarans *US 2* zwar einen großen Ausschnitt an der Hinterkante auf, die Vorderkante des Flügelsegels ist aber gerade und reicht bis auf das Deck hinunter. Eine aus aerodynamischer Sicht noch bessere Anordnung zeigt Foto 2.31. Das Problem der günstigsten Verbindung Segel-Rumpf, insbesondere bei Hochgeschwindigkeitsfahrzeugen wie beispielsweise den C-Klassen-Katamaranen, ist noch ein Gebiet für mögliche Verbesserungen, das der Erfinder harrt.

In den Einheitsklassen, in denen die Klassenvorschriften strikt die Segelgrundrißform bestimmen, ist die auf eine Vergrößerung des effektiven Seitenverhältnisses Λ_{ef} abzielende Veränderung der Segelform einzig auf das richtige Setzen und Trimmen der Segel beschränkt. Aus den Abb. 2.111 und 2.113 ist zu ersehen, daß Verbesserungen hierbei durchaus möglich sind. In den Konstruktionsklassen ist nur die maximale Segelfläche vorgeschrieben, Segelumriß und meistens auch die Ausführung des Segels (Tuchsegel, halbstarres Segel, Profilsegel) sind freigestellt. Besonders seitens des Konstrukteurs sind in diesem Falle wesentlich mehr Verbesserungsmöglichkeiten gegeben. So haben die Riggs der C-Klassen-Katamarane in aerodynamischer Hinsicht bereits ein hohes Ausmaß an Perfektion erreicht – vorangetrieben durch Anwendung der Tragflügeltheorie und Übernahme moderner Technologien aus dem Flugzeugbau.

Nahezu alle in diesem Abschnitt gemachten Ausführungen gelten sinngemäß auch für die Rumpfanhänge.

5 Der Einfluß der Flügelform

„Was das Auge nicht sieht,
macht das Herz nicht schwer."

Die bisherigen Überlegungen haben gezeigt, daß Auftrieb und Widerstand eines Tragflügels endlicher Spannweite nicht ausschließlich von der Geometrie des Flügelprofils (Wölbung, Dicke) abhängen, sondern in mehr oder weniger starkem Maße noch durch weitere geometrische Faktoren bestimmt werden. Drei davon wurden bereits erörtert: Seitenverhältnis, Zuspitzung und Verwindung. Die geometrische Form eines Tragflügels läßt sich aber auch noch anderweitig variieren. Abb. 2.121 zeigt beispielsweise Flügelgrundrißformen, wie sie im allgemeinen bei Luft- und Wasserfahrzeugen Verwendung finden, und von denen einige auch in der Natur vorkommen. Der in Abb. 2.122 wiedergegebene Segelriß der berühmten Yacht *Pen Duick III* von E. Tabarly enthält alle Umrißformen, die für Segel am gebräuchlichsten sind: Rechteck (Schonersegel Nr. 2), Trapez (Schonersegel Nr. 3), Dreieck (Klüver Nr. 1 und 2, Genua) und angenäherte Halbellipse (Schonersegel Nr. 1).

Die für die aerodynamischen Eigenschaften eines Tragflügels wichtigsten geometrischen Parameter sind:

a) Grundriß (Seitenverhältnis, Zuspitzung, Pfeilung)
b) Verwindung
c) Wölbungsverteilung (in Profiltiefen- und Spannweitenrichtung).

Obwohl man meinen könnte, daß die bei weitem wichtigste Einflußgröße das Seitenverhältnis ist, und die Bestrafung für ein zu großes Λ nach der IOR kann

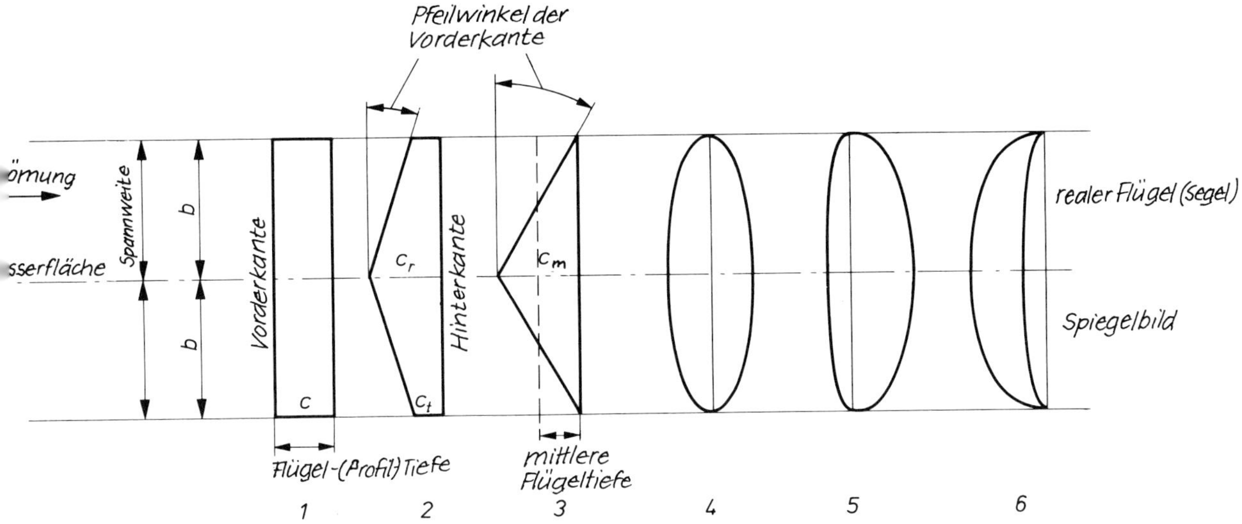

Abb. 2.121 Hauptumrißformen: Rechteckumriß 1
Trapezumriß 2
Dreieckumriß 3
Elliptische Umrisse 4, 5 und 6

Das Seitenverhältnis ist definiert als das Verhältnis der Spannweite b zur mittleren Flügeltiefe c_m: $\Lambda = \frac{b}{c_m}$, oder, da die Flügelfläche A häufig ein bequemeres Maß als die mittlere Flügeltiefe ist: $\Lambda = \frac{b}{c_m} \cdot \frac{b}{b} = \frac{b^2}{A}$.

$$\text{Zuspitzung} = \frac{\text{Flügeltiefe außen}}{\text{Flügeltiefe innen}} = \frac{c_t}{c_r}.$$

einen darin eigentlich nur bestärken, trifft dies vor allem bei spitzendigen Großsegeln aus Tuch nicht immer zu. Im folgenden wird gezeigt, daß Segel mit gleichem Seitenverhältnis und gleicher Wölbungsverteilung, in anderen geometrischen Merkmalen (Mastdurchmesser und -form beispielsweise) aber verschieden, unterschiedliche aerodynamische Eigenschaften aufweisen. Umfangreiche Versuche haben ergeben, daß gewisse Kombinationen von Zuspitzung, Verwindung und Pfeilung sehr schlechte aerodynamische Eigenschaften zur Folge haben, während aus anderen bei gegebenem Seitenverhältnis Λ wiederum sehr wirksame Tragflügel resultieren.

Diesen Sachverhalt veranschaulichen Abb. 2.111 und 2.113. Die Messungen zeigen deutlich, daß zwischen dem Auswehen (Verwinden) und dem zusätzlichen induzierten Widerstand ein enger Zusammenhang besteht. Wie dieser allerdings aussieht, wurde bislang noch nicht erörtert.

Der Kernpunkt des ganzen Problemes ist dic Frage, wie die verschiedenen Formparameter a) bis c) miteinander zu kombinieren sind, damit das Segel den gewünschten Auftrieb bei kleinstmöglichem Widerstand und Krängungsmoment produziert. Um die Antwort darauf zu finden, ist es erforderlich, zuerst

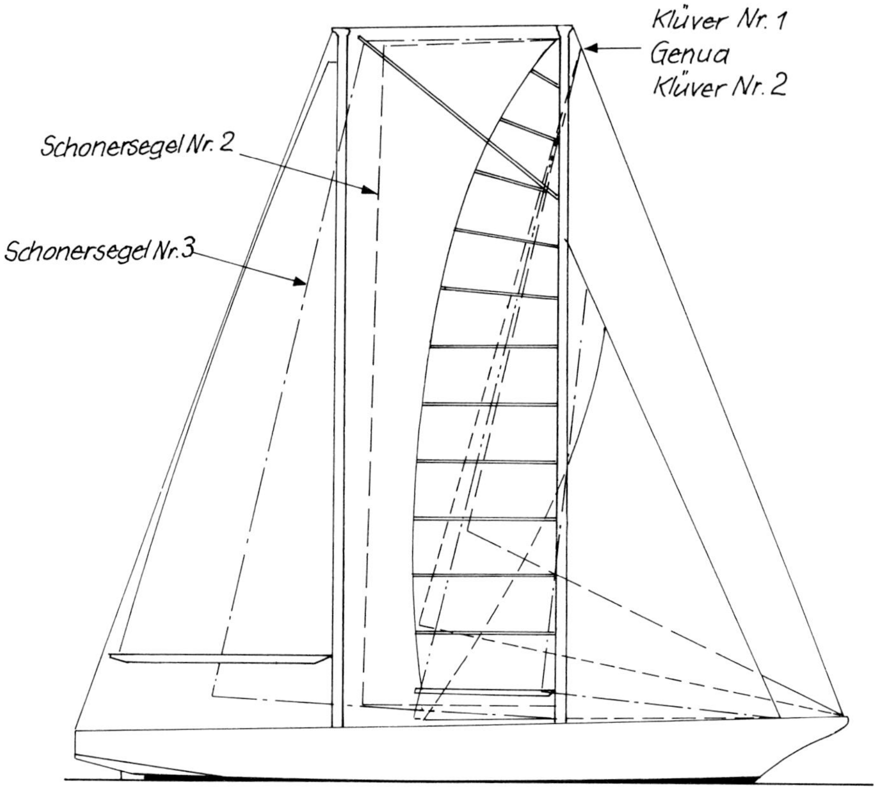

Pen Duick III

Schonersegel Nr. 1:	31,8 m^2
Schonersegel Nr. 2:	62,6 m^2
Schonersegel Nr. 3:	93,4 m^2
Genua:	79,9 m^2
Klüver Nr. 1:	66,3 m^2
Klüver Nr. 2:	53,0 m^2
Genuafock:	37,9 m^2
Fock Nr. 1:	25,5 m^2

Abb. 2.122

die Beziehung zwischen der Verteilung des Auftriebes und des effektiven Anstellwinkels über der Spannweite für einen gegebenen Grundriß zu ermitteln.

a) Der Einfluß der Umrißform auf den effektiven Anstellwinkel

Vom aerodynamischen Gesichtspunkt aus ist die Betrachtung eines Tragflügels mit elliptischem Umriß, dessen Flügelschnitte geometrisch ähnlich und deren Anstellwinkel über der Spannweite konstant sind, am einfachsten (Abb. 2.123).

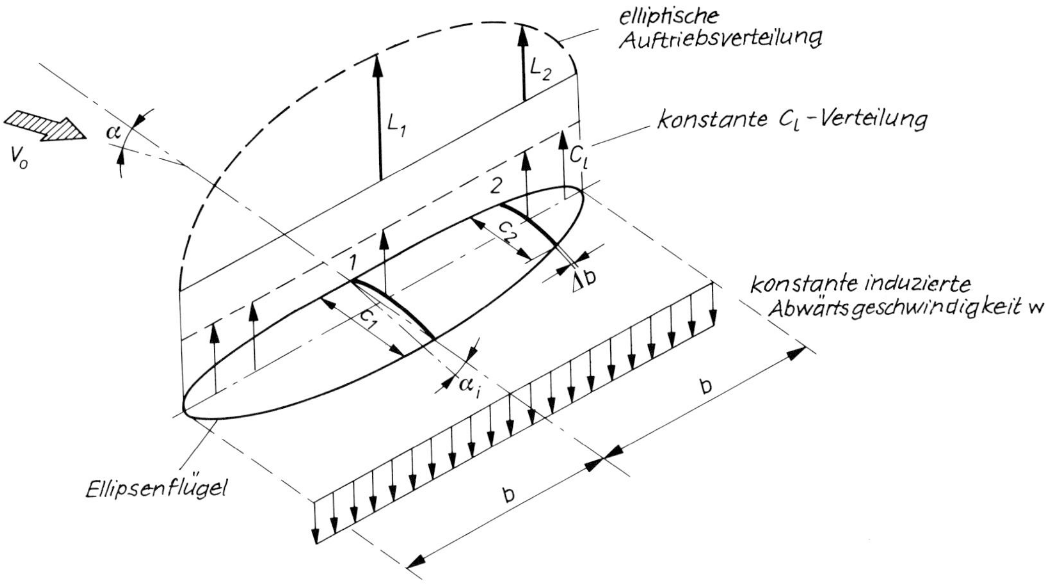

Abb. 2.123 Der Zusammenhang zwischen Auftriebs- und Abwindverteilung beim ebenen (unverwundenen) Ellipsenflügel konstanter Wölbung

Mit diesen Einschränkungen können wir die Auftriebsverteilung dann wie folgt ermitteln:
Nach Gl. (2.10):

$$L/b \sim \rho \cdot V_0 \cdot \Gamma, \qquad \text{(2.10) wiederholt}$$

ist der Auftrieb L pro Längeneinheit der Spannweite b, das heißt, der von einem sehr schmalen Flügelstreifen der Fläche $\Delta b \cdot c$ (Abb. 2.123) hervorgerufene Auftrieb, proportional zur Flüssigkeitsdichte ρ, der Anströmungsgeschwindigkeit V_0 und der Zirkulation Γ um diesen Streifen.

Setzen wir Γ nach Gl. (2.12):

$$\Gamma \sim V_0 \cdot c \cdot \alpha \qquad \text{(2.12) wiederholt}$$

in Gl. (2.10) ein, ergibt sich:

$$L/b \sim \rho \cdot V_0^2 \cdot c \cdot \alpha. \qquad (2.36)$$

In dieser im Grunde genommen für zweidimensionale Strömung abgeleiteten Gleichung wird implizit vorausgesetzt, daß der geometrische Anstellwinkel α auch der effektive Anstellwinkel α_{ef} ist, was bei ebener Umströmung auch in der Tat der Fall ist. Der einfachen Traglinientheorie des endlichen Tragflügels liegt nun die Annahme zugrunde, daß jeder Profilschnitt des Tragflügels endlicher Spannweite sich genauso verhält wie ein solcher beim Flügel unendlicher Spannweite, nur tritt jetzt der effektive Anstellwinkel

$$\alpha_{ef} = \alpha - \alpha_i \quad \text{(siehe Abb. 2.100)}$$

an die Stelle des geometrischen Anstellwinkels α. Ersetzen wir also den Winkel α, der sich aus der Neigung des endlichen Flügels gegen die Richtung der Anströmung V_0 direkt erkennen läßt, durch den Winkel α_{ef}, kann für Gl. (2.36) geschrieben werden:

$$L/b \sim \rho \cdot V_0^2 \cdot c \cdot \alpha_{ef}. \qquad (2.36\,A)$$

Denkt man sich den Flügel in Abb. 2.123 in lauter sehr schmale Streifen der gleichen Breite Δb unterteilt, ist der von jedem Streifen längs der Spannweite erzeugte Auftrieb direkt proportional zur örtlichen Flügeltiefe c. Die elliptische Auftriebsverteilung läßt sich mithin dadurch realisieren, daß man dem Flügel einen elliptischen Umriß gibt, denn aus einer elliptisch verteilten Flügeltiefe folgt auch ein elliptisch verteilter Auftrieb. Dieser bemerkenswerte Flügelumriß veranschaulicht augenfällig die unverkennbare Abhängigkeit der Auftriebsverteilung von der Flügelgrundrißform, das heißt, von der Tiefenverteilung längs der Spannweite. Die in der obigen Überlegung stillschweigend verwendete Tatsache, daß ein Ellipsenflügel eine über der Spannweite konstante Abwärtsgeschwindigkeit induziert (Abb. 2.123), was einen ebenfalls konstanten induzierten Anstellwinkel α_i zur Folge hat, und jeder Flügelschnitt infolgedessen mit dem gleichen effektiven Anstellwinkel α_{ef} angeströmt wird, ist nur für den unverwundenen Flügel richtig [2.79]. Auf diesen Sachverhalt wurde bereits weiter oben hingewiesen. Der Leser sei hier nochmals daran erinnert, daß der ebene (unverwundene) elliptische Tragflügel infolge der konstanten Abwindverteilung bei gegebenem Auftrieb den geringsten induzierten Widerstand erfährt. Ein weiteres wichtiges Merkmal des Ellipsenflügels mit geometrisch ähnlichen Profilen ist der wegen des konstanten effektiven Anstellwinkels α_{ef} längs der Spannweite gleichfalls konstante örtliche Auftriebsbeiwert C_l.

Da ein Ellipsenflügel längs der Spannweite den gleichen Auftriebsbeiwert aufweist, ist zu erwarten, daß bei allmählicher Anstellwinkelvergrößerung die Strömung auf der Saugseite gleichzeitig entlang der ganzen Spannweite abzulösen beginnt und sich die Ablösungszone nach und nach von der Hinterkante gleichmäßig immer weiter zur Flügelvorderkante hin ausbreitet. Dies wird durch die in Abb. 2.124A dargestellten Versuchsergebnisse bestätigt [2.89]. Um die Strömung auf der Saugseite sichtbar zu machen, wurden Fadensonden auf einer Flügelhälfte entlang in Spannweitenrichtung orientierter, etwa 2,5 cm auseinanderliegender Linien, angeordnet. Durch ein Sichtfenster in der Windkanalwand wurde das Verhalten der Fadensonden beobachtet und in einem Diagramm die Lage und Ausdehnung der verschiedenen Strömungszonen festgehalten, wobei man zwischen „anliegender“, „gestörter“ und „abgelöster“ Strömung unterschied. Dabei wurde so vorgegangen, daß man für jeden untersuchten Anstellwinkel in eine Skizze des Flügels eine Grenzlinie einzeichnet, bis zu der die Strömung definitiv noch anlag, sowie eine weitere, ab der die Strömung definitiv bereits stark verwirbelt oder abgelöst war. Die Zone zwischen diesen beiden Linien bezeichnet den gestörten Strömungsbereich. Zusätzlich zu jedem Diagramm in Abb. 2.124A ist die $C_L(\alpha)$-Kurve mitangegeben, um den Zusammenhang zwischen Strömungszustand und Auftriebsstärke zu zeigen.

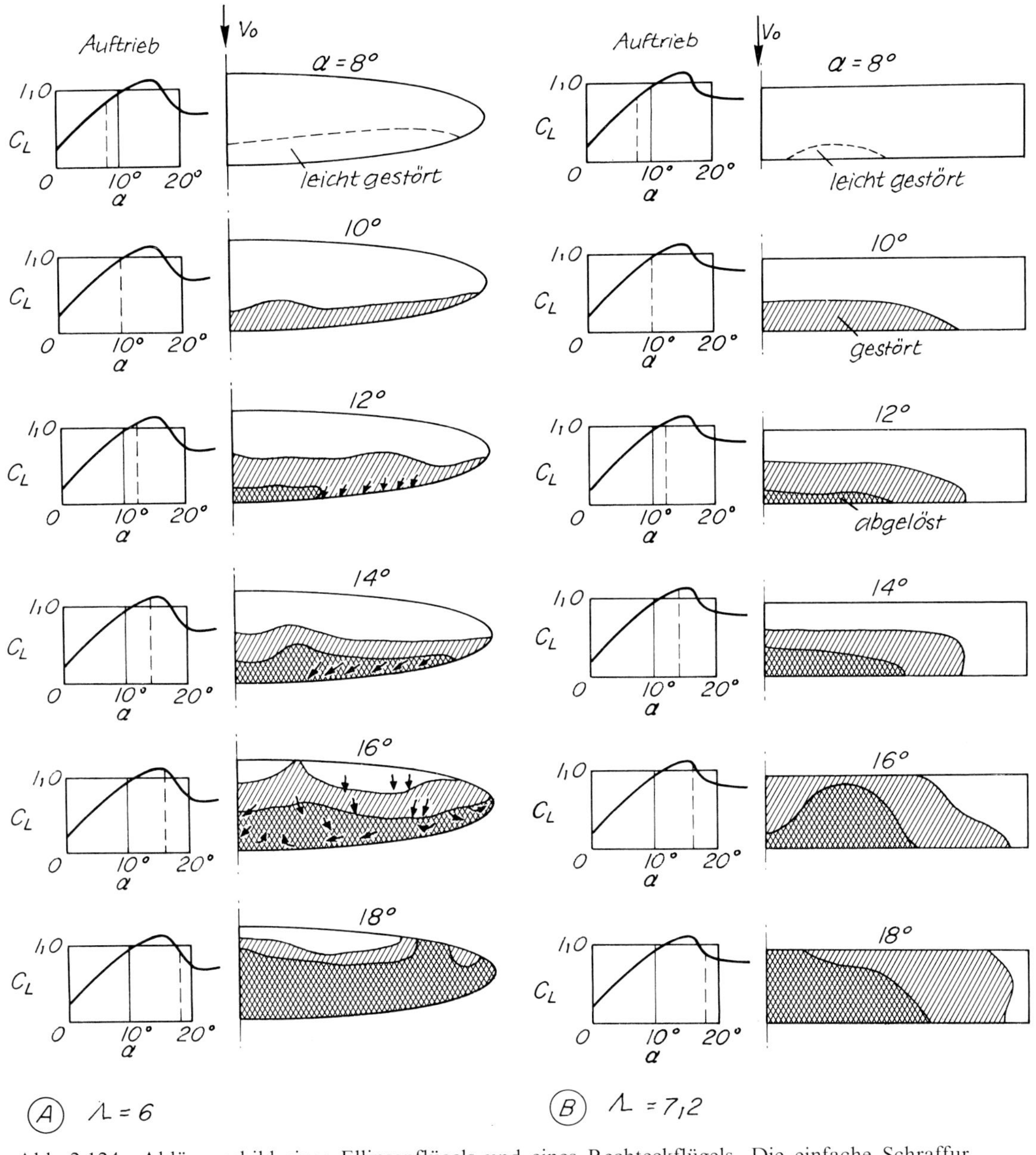

Abb. 2.124 Ablösungsbild eines Ellipsenflügels und eines Rechteckflügels. Die einfache Schraffur kennzeichnet Gebiete gestörter Strömung, die doppelte Schraffur Gebiete abgelöster Strömung.

Wegen des konstanten örtlichen Auftriebsbeiwertes erfolgt beim unverwundenen (ebenen) elliptischen Flügel auch das Ablösen der Strömung beim Erreichen des Höchstauftriebes gleichmäßig über der ganzen Spannweite. Das ungleichförmige Abreißen beim Rechteckflügel dagegen weist auf einen über der Flügelspannweite veränderlichen örtlichen Auftriebsbeiwert hin [2.89].

Um das Biegemoment an der Flügelwurzel, beziehungsweise das Krängungsmoment zu verringern, liegt es nahe, die auftriebserzeugende Fläche nahe der Flügelwurzel, entsprechend dem Unterliek des Segels, zu konzentrieren, was bei den meisten konventionellen Segeln eine starke Zuspitzung bedeutet. Somit wird die Frage nach der aerodynamischen Wirksamkeit stark zugespitzter Flügel von unmittelbarem Interesse.

Betrachten wir noch einmal Abb. 2.98, in der die in unmittelbarer Umgebung eines unverwundenen Rechteckflügels von den abgehenden freien Wirbeln induzierten Geschwindigkeiten schematisch dargestellt sind. Wie man sieht, unterscheidet sich die Abwindverteilung von der eines Ellipsenflügels: sie ist längs Spannweite nicht mehr konstant. Hieraus folgt, daß die Verteilung

der freien Wirbel,
der Abwärtsgeschwindigkeit w,
des induzierten Anstellwinkels α_i,
des Auftriebs L und schließlich
des örtlichen Auftriebsbeiwertes C_l (siehe Anm. [2.90])

über der Spannweite auf irgendeine Weise von der Flügelgrundrißform bestimmt werden muß. Sowohl theoretische Überlegungen als auch Versuche zeigen, daß die Konzentration freier Wirbel nahe der Flügelenden, wie man dies beispielsweise bei einem unverwundenen Rechteckflügel beobachten kann, auch eine Konzentration des Abwindes an den Flügelspitzen zur Folge hat. Dies wiederum beeinflußt die übrigen, vorstehend aufgeführten aerodynamischen Größen, das heißt, die Verteilung von α_i, L und C_l. Aus einem größeren Abwind ergibt sich ein größerer induzierter Anstellwinkel α_i. Dies ist auch aus Abb. 2.98 zu ersehen: der induzierte Anstellwinkel im Schnitt 1 in der Flügelmitte ist kleiner als in dem näher am Flügelrand liegenden Schnitt 2. Infolgedessen ist der effektive Anstellwinkel α_{ef} nahe der Flügelenden kleiner als in der Flügelmitte, und mithin ist der effektive Anstellwinkel, der den örtlichen Auftrieb bestimmt, längs der Spannweite nicht konstant – im Gegensatz zum geometrischen Abstellwinkel. Somit reißt die Strömung in der Flügelmitte, wo die Profile unter einem größeren effektiven Anstellwinkel angeströmt werden, auch zuerst ab. Die auf einer Reihe fotographischer Aufnahmen beruhende Abb. 2.125 B zeigt für einen solchen Rechteckflügel die ungefähre Ausdehnung der Ablösungszonen bei allmählicher Vergrößerung des geometrischen Anstellwinkels α. Jeder schraffierte Bereich bezeichnet die von Ablösung bedeckte Flügelfläche bei dem entsprechenden, an der Grenzlinie vermerkten Anstellwinkel. Diejenigen Gebiete, in denen die Strömung schon frühzeitig abreißt, erscheinen deshalb stark schraffiert, während solche, wo dies nur bei großen geometrischen Anstellwinkeln der Fall ist, leicht schraffiert sind. In der nicht schraffierten Zone liegt die Strömung bei der größten untersuchten Anstellung immer noch an [2.91].

Genau umgekehrt liegen die Verhältnisse bei dem unverwundenen Tragflügel großer Zuspitzung (Abb. 2.125 A). Hier nimmt der Abwind von der Flügelmitte oder dem Wurzelprofil zu den Flügelenden hin ab, so daß der effektive Anstell-

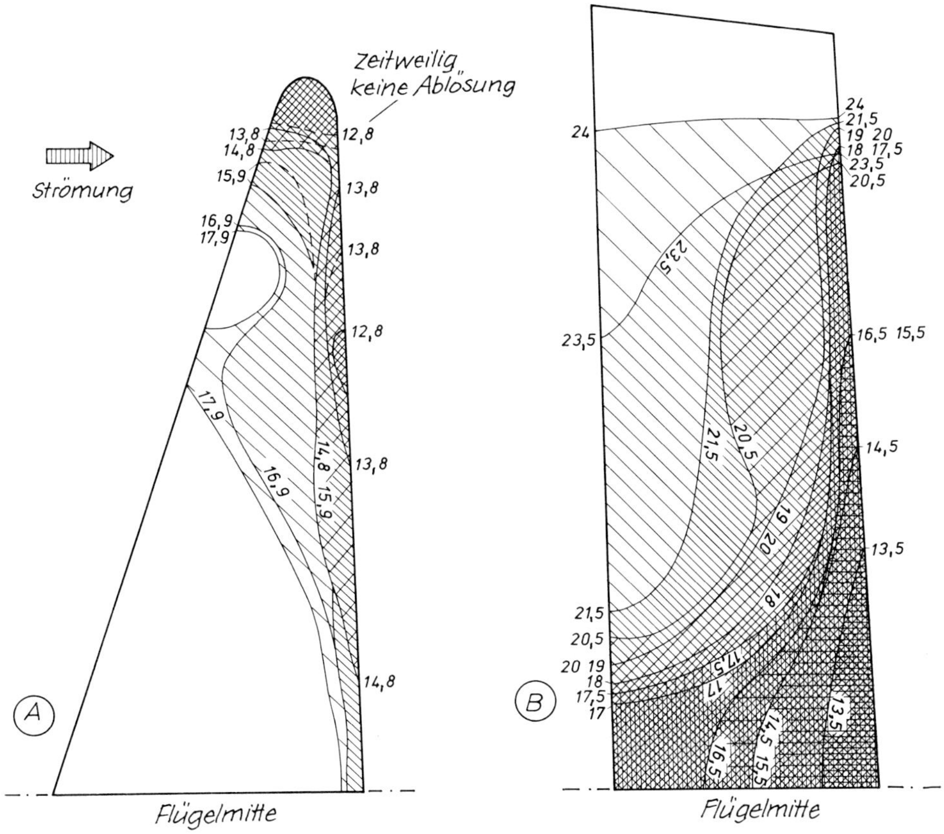

Abb. 2.125 Ablösungsgrenzen bei zugespitzter und rechteckiger Grundrißform. Die schraffierten Flächen kennzeichnen Gebiete abgelöster Strömung. Die an den Grenzlinien vermerkten Zahlen geben die Anstellwinkel an, für die abgelöste Strömung beobachtet wurde [2.91].

winkel α_{ef} dort größer als in der Mitte ist, weshalb die Strömung auch an den Flügelspitzen zuerst ablöst. Je größer die Zuspitzung, um so größer ist die Gefahr eines vorzeitigen Abreißens der Strömung an den Enden. Diese Tendenz ist von ganz entscheidender praktischer Bedeutung und darf nicht unterbewertet werden.

Dieser komplexe Zusammenhang zwischen dem Grundriß und den Verteilungen

des Auftriebs L
des örtlichen Auftriebsbeiwertes C_l und
des induzierten Anstellwinkels α_i

ist in Abb. 2.126 qualitativ für drei Hauptflügelformen dargestellt. Hieraus geht hervor:

a) Beim Tragflügel mit elliptischem Grundriß sind der örtliche Auftriebsbeiwert C_l und α_i längs der Spannweite konstant; dies ist die Folge der elliptischen Auftriebsverteilung (vgl. Abb. 2.123).

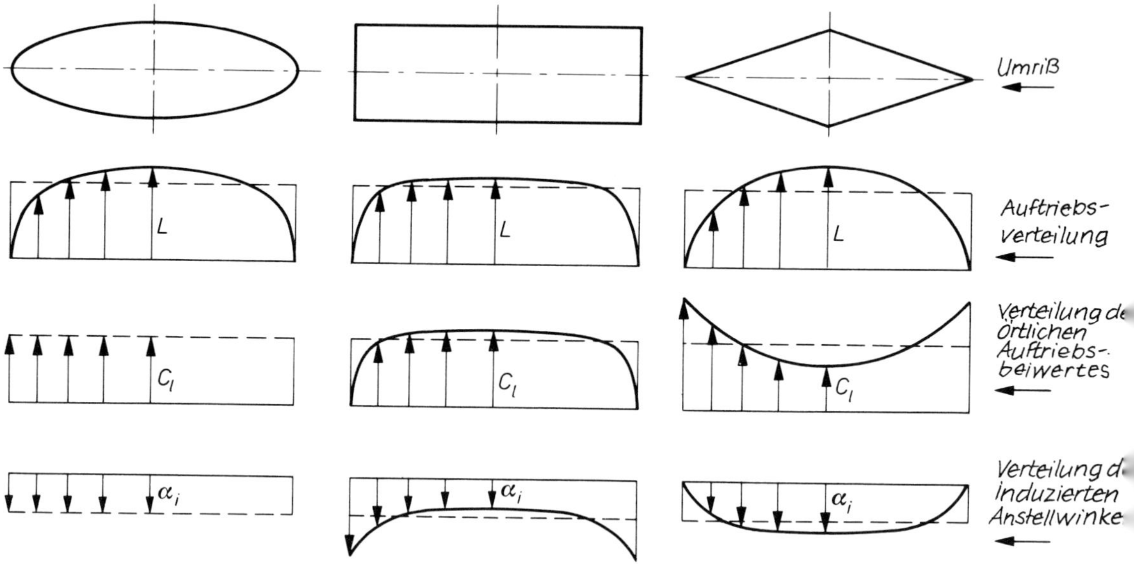

Abb. 2.126 Qualitative Verteilung von Auftriebsbelastung, örtlichem Auftriebsbeiwert C_l und induziertem Anstellwinkel α_i (beziehungsweise induziertem Abwind w) für drei Hauptumrißformen (keine Verwindung)

b) Die Auftriebsverteilung des Rechteckflügels ist in der Flügelmitte gleichmäßiger als beim Ellipsenflügel. Folglich sind die Maximalwerte der Abwärtsgeschwindigkeiten w, wie aus der induzierten Anstellwinkelverteilung hervorgeht, zu den Flügelenden hin verschoben. Der Flügel wird im Innenteil deswegen mit einem größeren effektiven Anstellwinkel $\alpha_{ef} = \alpha - \alpha_i$ angeströmt als im Außenteil. Aus diesem Grunde sind die in der Mitte erreichten örtlichen Auftriebsbeiwerte C_l größer als an den Enden.

c) Gleich der Flügelfläche konzentriert sich der Auftrieb des Dreieckflügels (Zuspitzung $c_t/c_r = 0$) in der Mitte. Mit den bisherigen Erkenntnissen ist zu erwarten, daß der Abwind (repräsentiert durch die Verteilung des induzierten Anstellwinkels α_i) an den Stellen groß sein muß, wo der Flügel sich stärker auf die Anströmung stützt, und dort abnimmt, wo sich der Druck des Flügels auf die Flüssigkeit verringert. Diese Ansicht wird durch Foto 2.28 bestätigt. Folglich müssen die örtlichen Auftriebsbeiwerte C_l des Flügelteiles, der mit einem kleineren effektiven Anstellwinkel $\alpha_{ef} = \alpha - \alpha_i$ angeströmt wird, kleiner sein, als die im Außenteil des Dreieckflügels entwickelten C_l-Beiwerte, der bei größeren effektiven Anstellwinkeln arbeitet.

Abb. 2.127 nach [2.92] zeigt die Änderung des örtlichen Auftriebsbeiwertes C_l über der Flügelspannweite für die drei vorstehenden Grundrißformen bei gleichem geometrischen Seitenverhältnis $\Lambda = 6$. Jeder Flügel entwickelt den gleichen Gesamtauftrieb $C_L = 1{,}0$.

Abb. 2.127 wird durch Abb. 2.128 ergänzt, in der die Änderung des Verhältnisses α_{ef}/α längs Spannweite für drei Trapezflügel unterschiedlicher Zuspitzung

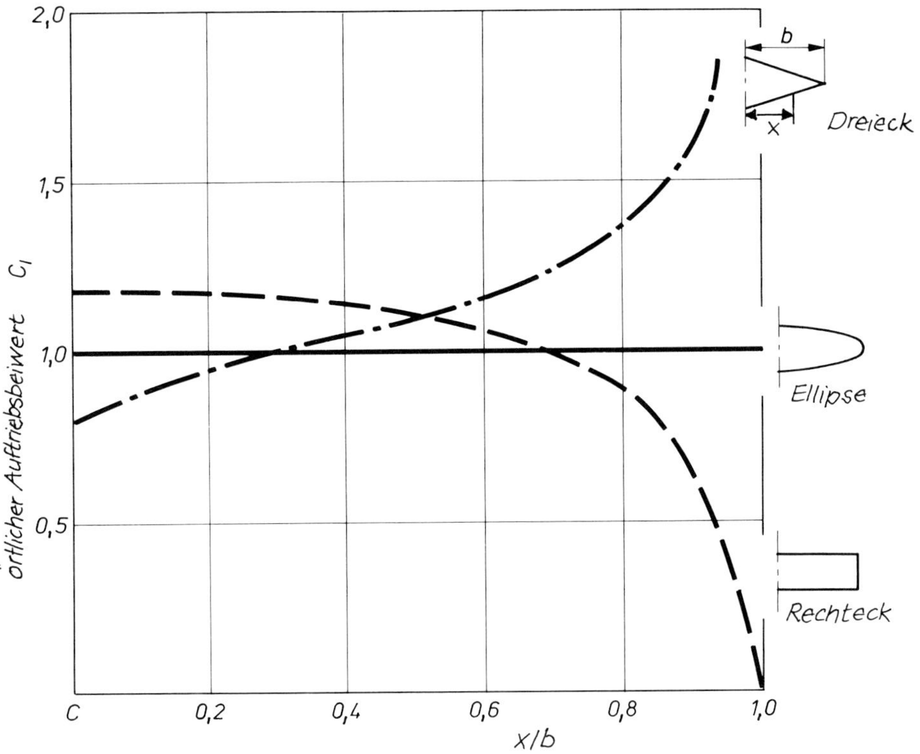

Abb. 2.127 Änderung des örtlichen Auftriebsbeiwertes C_l über der Halbspannweite b für drei Hauptumrißformen vom gleichen geometrischen Seitenverhältnis $\Lambda = 6$ beim Gesamtauftriebsbeiwert $C_L = 1{,}0$. Die Verteilung des örtlichen Auftriebsbeiwertes ist wegen ihrer Symmetrie zur Flügelmitte nur für eine Flügelhälfte dargestellt.

dargestellt ist. Der eigentümliche Kurvenverlauf für den Dreieckflügel bedarf einer Erklärung.

Wie bereits in Abb. 2.114B gezeigt, werden bei einem Flügel (Segel) mit dreieckigem Umriß nahe der Flügelenden Aufwärtsgeschwindigkeiten induziert, so daß sich in diesem Bereich der effektive Anstellwinkel vergrößert. Der induzierte Anstellwinkel α_i muß also im Aufwindbereich zum geometrischen Anstellwinkel α hinzugezählt werden:

$$\alpha_{ef} = \alpha + \alpha_i .$$

Dies erklärt, warum das Verhältnis α_{ef}/α in Abb. 2.128 im Außenteil des Dreieckflügels größer als 1 wird.

Das Auftreten des Aufwindes an den Flügelenden läßt sich einsehen, wenn man die Möglichkeit in Betracht zieht, daß der Abstand b' der Randwirbelkerne (siehe Abb. 2.96) kleiner wird als die Flügelspannweite. Genau das geschieht bei Dreieckflügeln. Foto 2.28 zeigt diese Erscheinung in überzeugender Weise. Wie man sieht, wandern die Kerne der an den Rändern liegenden freien Wirbeln nach innen. Dieser Vorgang ist bei einem elliptischen oder rechteckigen Flügel weit weniger ausgeprägt.

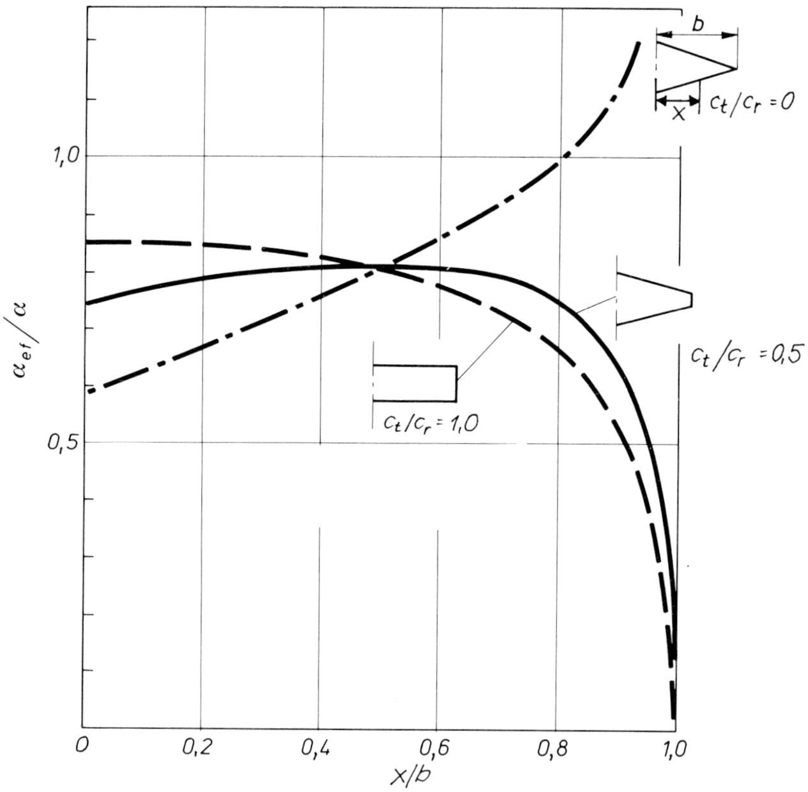

Abb. 2.128 Änderung des effektiven Anstellwinkels über der Halbspannweite b für drei Tragflügel vom Seitenverhältnis $\Lambda = 6$ und verschiedenem Zuspitzungsverhältnis c_t/c_r. Die Anstellwinkelverteilung ist ausgedrückt durch das Verhältnis des effektiven Anstellwinkels α_{ef} zum geometrischen Anstellwinkel α. Wie man sieht, ist der effektive Anstellwinkel α_{ef} für den Dreieckflügel im Gegensatz zu den anderen Flügelformen an den Enden größer als der geometrische Anstellwinkel.

Aus Abb. 2.127 lassen sich mehrere, für die Praxis äußerst wichtige qualitative Schlußfolgerungen ableiten. Betrachten wir zum Beispiel ein unverwundenes, dreieckiges Segel wie in Abb. 2.114. Nehmen wir weiter an, daß die Spaltbreite g Null ist und das gemeinsame Seitenverhältnis des Segels und seines Spiegelbildes $\Lambda = 6$ beträgt. Das Segel möge beispielsweise einen Gesamtauftriebsbeiwert $C_L = 1{,}0$ bei einem geometrischen Anstellwinkel $\alpha = 16°$ entwickeln. Mit Hilfe von Abb. 2.128 läßt sich dann abschätzen, daß die Segelquerschnitte in der Nähe des Baumes mit einem effektiven Anstellwinkel α_{ef} von ungefähr $16 \cdot 0{,}6 = 9{,}6°$ angeströmt werden, die Querschnitte nahe des Segelkopfes etwa mit $\alpha_{ef} = 16 \cdot 1{,}2 = 19{,}2°$ oder größer. Das Segel bewirkt also eine Änderung der Richtung der örtlichen Anströmung über der gesamten Masthöhe. Infolgedessen werden die Segelprofile vom Unterliek an aufwärts unter einem zunehmend größerem Anstellwinkel angeströmt. Ohne geometrische Verwindung würde das Segel im oberen Bereich mit erheblich größeren effektiven Anstellwinkeln arbeiten als in Baumhöhe.

Da gewöhnlich zwischen Baum und Deck ein Spalt vorhanden ist, ändert sich die geschätzte Größe des effektiven Anstellwinkels am Segelunterliek abhängig von der Spaltbreite *g* (siehe Abb. 2.114). Es ändert sich jedoch dadurch nichts am generellen Verlauf des effektiven Anstellwinkels längs der Spannweite (Höhe des Segels) gemäß Abb. 2.128.

Wenn man bedenkt, daß es nur auf den effektiven Anstellwinkel α_{ef} und nicht auf den direkt erkennbaren geometrischen Anstellwinkel α ankommt, kann es nicht überraschen, daß die Strömung im oberen Teil des Segels häufig bereits vollständig abgelöst ist, während sie weiter unten noch anliegt. Abb. 2.129A veranschaulicht diesen Sachverhalt. Sie zeigt ein einzelnes unverwundenes Segel aus perspektivischer Sicht, sowie drei Polardiagramme, in denen die von den drei Segelquerschnitten 1, 2 und 3 entwickelten örtlichen Gesamtkraftbeiwerte C_{t1}, C_{t2} und C_{t3} schematisch eingezeichnet sind. Nach der sogenannten Streifentheorie kann (zumindest näherungsweise) jeder der Schnitte 1, 2 oder 3 als ein sehr schmaler Streifen der Segelfläche aufgefaßt und als einzelner Elementarflügel behandelt werden. Der Gesamtkraftbeiwert C_T des ganzen Segels ergibt sich danach durch Aufsummieren der von jedem Streifen entwickelten örtlichen Gesamtkraftbeiwerte C_{t_1}, C_{t_2}, C_{t_3}... über der Spannweite. Der Übersichtlichkeit wegen sind in Abb. 2.129A stellvertretend nur drei Querschnitte eingezeichnet.

Wie man sieht, ist der örtliche Gesamtkraftbeiwert C_t im Segelschnitt 1 verhältnismäßig klein, nimmt aber nach oben rasch zu und erreicht in der Nähe des Schnittes 3 infolge beginnender Ablösung seinen Maximalwert. Weiter zum Segelkopf hin reißt die Strömung nun völlig ab, was durch die Punktierung angedeutet werden soll.

Zur eindeutigen Begriffsbestimmung wollen wir die Strömung um ein Segel oder einen Tragflügel dann als abgelöst bezeichnen, sobald dies an irgendeiner Stelle längs der Spannweite der Fall ist. Demnach fällt die maximale Wirksamkeit des Segels (Flügels) mit dem örtlichen Erreichen des Profilhöchstauftriebsbeiwertes (beziehungsweise des kritischen Anstellwinkels) zusammen, da dort die Strömung abzureißen beginnt und die einmal ausgebildete Ablösungszone auch die gerade noch anliegende Strömung in ihrer Umgebung zum Ablösen bringt. Infolge des Auftriebsabfalles verliert das Segel rasch seine an der erzeugten Vortriebskraft gemessene Leistungsfähigkeit. Um dies einzusehen, wollen wir die Wirkungsrichtung der örtlichen Gesamtkraft im Schnitt 2 in Abb. 2.129A betrachten. Diese wird durch die Richtung des im nebenstehenden Polardiagramm mit C_{t_2} bezeichneten Pfeiles, der die Größe des Gesamtkraftbeiwertes beschreibt, angezeigt. Zerlegt man den Beiwert C_{t_2} mit Hilfe des Kräfteparallelogrammes in die örtlichen Vortriebs- und Krängungskraftbeiwerte C_r und C_k, läßt sich veranschaulichen, wie sehr dieser Teil des Segels zur Vortriebs- und Krängungskraft des gesamten Segels beiträgt. Verfährt man in gleicher Weise mit dem C_t-Beiwert des Segelprofils 3, so wird offensichtlich, daß die von diesem Teil des Segels erzeugte Gesamtkraft überhaupt keinen Anteil zum Vortrieb liefert. Es entsteht nur eine unerwünschte große Krängungskraftkomponente C_k und möglicherweise sogar eine negative C_r-Komponente. Die diese Nachteile verursachende Strömungsablösung

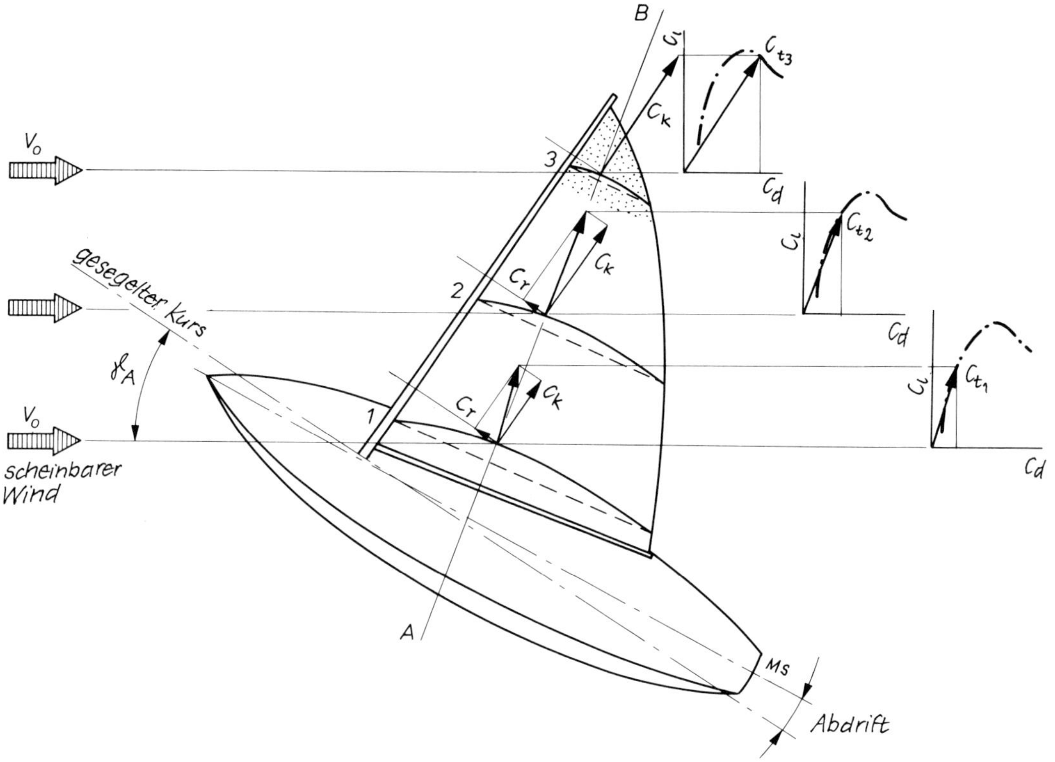

Abb. 2.129 A Örtliche Luftkraftbeiwerte in drei verschiedenen Segelschnitten. Hierbei wird angenommen, daß Reynolds-Zahl- und Windgradienteneinflüsse vernachlässigbar sind. In Wirklichkeit können sie von einiger Bedeutung sein.

im Toppbereich des Segels hängt von zwei Faktoren ab:

a) dem geometrischen Anstellwinkel des Segels,
b) der örtlichen Wölbung des Segels.

Je größer der geometrische Anstellwinkel ist, um so früher setzt die Ablösung ein und desto drastischer ist der Abfall der Vortriebskraft. In dem oben betrachteten Beispiel hatten wir für den geometrischen Anstellwinkel des unverwundenen Segels $\alpha = 16°$ angenommen und damit den effektiven Anstellwinkel im oberen Bereich des Segels ungefähr zu 19° bestimmt. Wird der geometrische Anstellwinkel α beispielsweise auf 20° vergrößert, steigt α_{ef} auf etwa $20 \cdot 1{,}2 = 24°$ an; folglich breitet sich die Ablösezone vom Querschnitt 3 nach unten aus (Abb. 2.129 A). Umgekehrt läßt sich durch eine hinreichende Verminderung des geometrischen Anstellwinkels das Abreißen der Strömung im oberen Teil des Segels vermeiden. Der Gesamtauftriebsbeiwert C_L des Segels ist dann jedoch klein.

Durch eine Vergrößerung der Segelwölbung kann ein vorzeitiges Ablösen ebenfalls hinausgezögert werden. Aus Abb. 2.70 ist ersichtlich, daß der kritische Anstellwinkel, bei dem der Maximalauftrieb eines segelähnlichen Profils erreicht

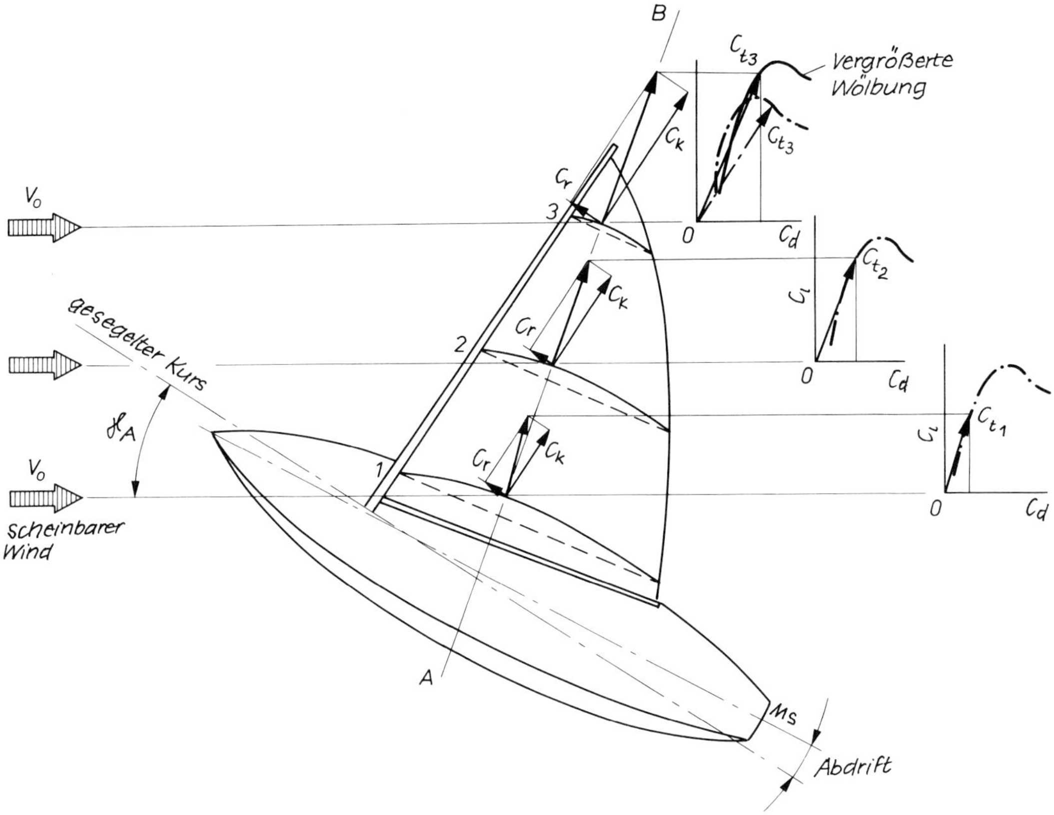

Abb. 2.129B Nimmt das Wölbungsverhältnis zum Segelkopf hin zu, kann die frühzeitige Ablösung der Strömung im oberen Segelbereich verzögert oder vermieden werden. Diese Maßnahme ist recht wirkungsvoll, wenn sie mit angemessener Verwindung verbunden wird.

wird, mit dem Wölbungsverhältnis f/c zunimmt. Für die relative Wölbung $f/c = 0{,}06$ beträgt dieser Winkel beispielsweise 10°, für $f/c = 0{,}1$ steigt er auf 13° an.

Eine allmählich zum Segelkopf hin zunehmende Profilwölbung kann in seiner Auswirkung als gleichbedeutend aufgefaßt werden mit über der Segelfläche derart verdrehten Profilen gleicher Wölbung, daß ihr geometrischer Anstellwinkel nach oben zu allmählich abnimmt (negative Verwindung). Wie aus Abb. 2.70 zu entnehmen ist, hängt der Nullauftriebswinkel α_0 eines Profils deutlich vom Wölbungsverhältnis ab. Infolgedessen wird durch zunehmende relative Wölbung der Segelprofile im Toppbereich die wirksame Verwindung vergrößert. Umgekehrt wird durch eine Abnahme der Wölbung über der Höhe des Segels die wirksame Verwindung vermindert.

Aus diesen Ausführungen können wir zwei für die Praxis wichtige Schlüsse ziehen:

1. Die Verwindung des Segels (Auswehen nach Lee) kann dazu verwendet werden, Ablösung im oberen Segelbereich zu vermeiden. Durch ein richtig bemessenes Auswehen läßt sich bewirken, daß der effektive Anstellwinkel

der einzelnen Segelquerschnitte im Toppbereich nicht größer als ihr kritischer Anstellwinkel wird. Bezeichnet ε den Winkel zwischen dem geometrischen Anstellwinkel des betrachteten Querschnittes und dem Unterliek, kann man Gl. (2.23), die den effektiven Anstellwinkel bestimmt, wie folgt, schreiben:

$$\alpha_{ef} = \alpha \pm \alpha_i - \varepsilon. \tag{2.37}$$

Die Plus-Minuszeichen vor α_i weisen darauf hin, daß nach Abb. 2.128 der induzierte Anstellwinkel in der Regel zwar negativ, bei einem Dreieckflügel wie dem konventionellen Segel nahe der Flügelenden aber positiv ist.

Abb. 2.128 ist zu entnehmen, daß die notwendige negative Verwindung (Auswehen) erst langsam, dann stärker nach oben hin zunehmen muß. Durch allmähliche Verwindung des Segels läßt sich erreichen, zumindest theoretisch, daß für alle Segelprofile vom Unterliek bis zum Kopf, der maximale örtliche Auftriebsbeiwert im selben Augenblick erzielt wird. Bei weiterer Anstellwinkelvergrößerung reißt die Strömung dann über der ganzen Segelhöhe gleichzeitig ab. Eine richtig bemessene Verwindung verdreht die Wirkungsrichtung der örtlichen Gesamtkraft im Querschnitt 3 in Abb. 2.129 A nach links und bringt die durch den Pfeil C_{t_3} wiedergegebene resultierende örtliche Luftkraft so weit wie möglich in eine parallele Lage zur Linie AB. Der optimale Segeltrimm ist dann erreicht, wenn alle von den einzelnen Segelquerschnitten entwickelten resultierenden örtlichen Kräfte (repräsentiert durch die Pfeile C_{t_1}, C_{t_2}, C_{t_3}) in etwa parallel zueinander gerichtet sind. Beim Segel mit konstanter Wölbungsverteilung bedeutet dies gleichen effektiven Anstellwinkel in jedem Querschnitt, mithin unterschiedliche geometrische Anstellwinkel über der Segelhöhe. Im Gegensatz zur allgemeinen Anschauung ist das Auswehen oder Verwinden des Segels somit nicht nachteilig, sondern unerläßlich, vorausgesetzt natürlich, daß sein Ausmaß streng durch Gl. (2.37) bestimmt wird (siehe hierzu auch Foto 3.22, Teil 3).

Bislang wurde angenommen, daß der Einfluß des Windgradienten vernachlässigbar ist. Er ist in Wirklichkeit von erheblicher Bedeutung und macht eine zusätzliche Verwindung erforderlich. Auch die Änderung der Reynolds-Zahl über der Segelhöhe infolge verschiedener Profilsehnenlänge ist von Belang.

Um die nicht direkt sichtbare Ablösung der Strömung festzustellen und die korrekte Segelverwindung einzustellen, sind richtig angeordnete Fadensonden im Segel eine große Hilfe.

2. Der vorbeugende Einfluß der Verwindung auf ein vorzeitiges Abreißen der Strömung läßt sich durch eine in Spannweitenrichtung zunehmende Wölbungstiefe verstärken. Wie Abb. 2.129 B zeigt, wird durch eine Vergrößerung der Wölbung des Segels im Querschnitt 3 die Wirkungsrichtung der durch ihren Beiwert C_{t_3} wiedergegebenen aerodynamischen örtlichen Gesamtkraft vorteilhaft verändert. Die beiden neben dem Schnitt 3 dargestellten Polarkurven für geringere und vergrößerte Wölbungstiefe des Segelprofils erklären dies besser als viele Worte.

Eine derartige Wölbungsverteilung, wie sie beispielsweise Foto 2.33 zeigt, ist auf Booten mit steifen Masten und Lattensegeln mit großer Achterliekrundung im Toppbereich relativ leicht zu bewerkstelligen. Bei flexiblen Riggs, wie sie zum Beispiel auf dem Finn oder dem Starboot gefahren werden, flacht die Mastbiegung den oberen Segelbereich jedoch ab. Diese in Abb. 2.111 und Abb. 3.18, Teil 3, erkennbare Tendenz hängt primär von der Härte des Mastes ab, sowie vom Segelschnitt, dem Baumniederholerzug, dem Schotzug usw. Ist der Segelschnitt nicht auf die Biegeeigenschaften des Mastes abgestimmt, oder Segelform und Mastbiegung zueinander falsch eingestellt, lassen sich unmöglich optimale Verhältnisse erzielen, mit der Folge, daß ein großer Teil der Segelfläche überhaupt keinen Beitrag zur Vortriebskraft liefert, sondern ausschließlich zur Krängungskraft beiträgt.

Verwindung und Wölbungsvergrößerung als Maßnahmen zur Vermeidung vorzeitiger Strömungsablösung sind am wirkungsvollsten bei Tragflügeln mäßiger Zuspitzung und verhältnismäßig unwirksam bei spitzendigen Flügeln, deren Zuspitzung sich dem Wert Null nähert. Zum Teil ist dies auf die abnehmenden Reynolds-Zahlen der Flügelschnitte im Außenteil aufgrund ihrer stetig kürzer werdenden Sehnenlänge zurückzuführen. Der erreichbare örtliche Höchstauftriebsbeiwert $C_{l\,max}$ der betreffenden Profile wird dadurch vermindert, was bei Steigerung des Anstellwinkels ein plötzliches vorzeitiges Ablösen der Strömung über einen großen Teil der randnahen Flügelfläche zur Folge hat. Ein ähnlicher Effekt wird im Falle eines Segels durch den Mast hervorgerufen, der sich besonders nachteilig auswirkt, wenn das Verhältnis von Mastgröße (Durchmesser) zu Sehnenlänge des Segels im Toppbereich erheblich zunimmt. Infolgedessen kann ein großer Teil des Segels bereits bei einem Anstellwinkel abgelöste Strömung aufweisen, bei dem der übrige Teil des Segels noch beträchtlich unterhalb des kritischen Anstellwinkels arbeitet.

Abb. 2.130 zeigt beispielsweise Ergebnisse von Strömungsbeobachtungen im Windkanal an einem Riggmodell einer 12-m-R-Yacht. Es ist deutlich zu sehen, daß schon bei den verhältnismäßig kleinen Kurswinkeln $(\gamma_A - \beta) = 20°$ und $25°$ sowohl am Großsegel als auch am Vorsegel erhebliche Strömungsablösungen auftreten. Beide Segel hatten eine konstante vertikale Wölbungsverteilung, ihre Verwindung betrug 3 bis 4°, was in etwa den Einfluß des Windgradienten bei Am-Wind-Verhältnissen Rechnung trägt. Offensichtlich war diese Verwindung jedoch nicht angemessen, um die Vergrößerung des effektiven Anstellwinkels infolge der induzierten Strömungseffekte zu kompensieren.

Aus dem bisher Gesagten wird weiterhin deutlich, daß die allgemein übliche Praxis, den Windrichtungsanzeiger im Masttopp als Grundlage für die Bestimmung des Anstellwinkels eines Segels zu verwenden, trügerisch ist. Sie ergibt einen falschen Hinweis auf den effektiven Anstellwinkel der einzelnen Segelquerschnitte längs des Mastes. Um zu zeigen, wie weit verbreitet diese Vorstellung ist, sei aus einem von einer führenden Segelzeitschrift veröffentlichtem Artikel zitiert, in dem der bekannte Verfasser schreibt: „Der Anstellwinkel des Unterlieks bei einem durchschnittlichen Großsegel beträgt 20° oder mehr. Somit besteht

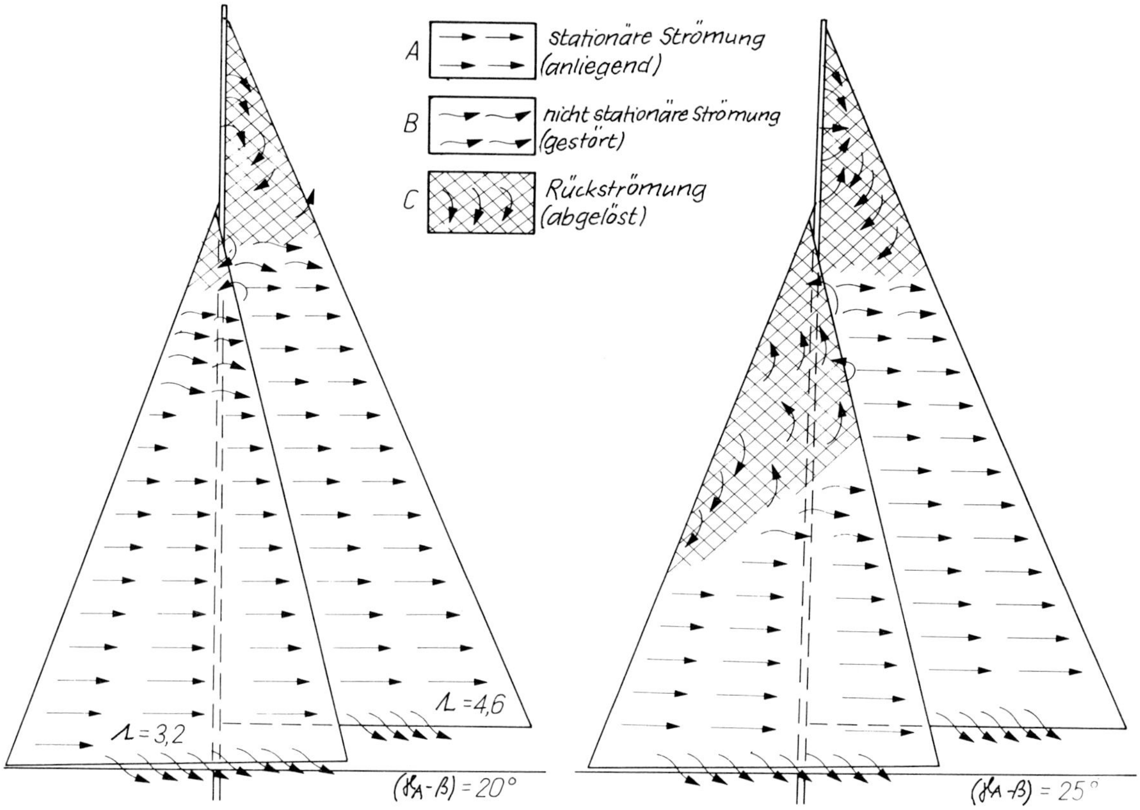

Abb. 2.130 Strömung auf der Leeseite einer Slup-Besegelung. Einstellwinkel des Großsegels $\delta_G = 5°$, Einstellwinkel der Genua $\delta_V = 10°$. Abbildung übernommen aus *Segeltheorie und -praxis*.

im unteren Bereich des Segels die Gefahr, daß die Strömung ablöst, was bei Booten mit Cat-Takelung auch prompt der Fall ist ... Gehen wir weiter den Mast hinauf, sehen wir, daß die Anstellwinkel der Profilsehnen allmählich auf Werte unterhalb des kritischen Anstellwinkels abnehmen. Zugleich wird das Verhältnis von Vortriebskraft zu Krängungskraft günstiger."

Ein Blick auf Abb. 2.130 überzeugt uns, daß im Gegensatz zu dieser landläufigen Auffassung im oberen und nicht im unteren Teil des Segels die Strömung zu frühzeitigem Ablösen neigt. Das alte Sprichwort: Was das Auge nicht sieht, macht das Herz nicht schwer – erklärt zum Teil, warum die induzierten Strömungseffekte von den Seglern unterschätzt werden. Abgesehen davon sind zugegebenermaßen gewisse Aspekte derselben nicht leicht verständlich, zumal wenn in dieser Hinsicht eine Menge vorgefaßter und tief verwurzelter, aber falscher Ansichten bestehen. Ein weiteres Mal wollen wir – sicherlich zuweilen Täuschungen und Einbildungen unterliegend – auf unsere Wahrnehmung Bezug nehmen und hierzu eine passende Bemerkung von Sir Peter Medawar [2.93] anführen, die zum nächsten Kapitel überleiten soll: „Ungeachtet all ihrer Irrungen ist dem Zeugnis der Sinne unbedingt zu vertrauen, vorausgesetzt, wir beobachten

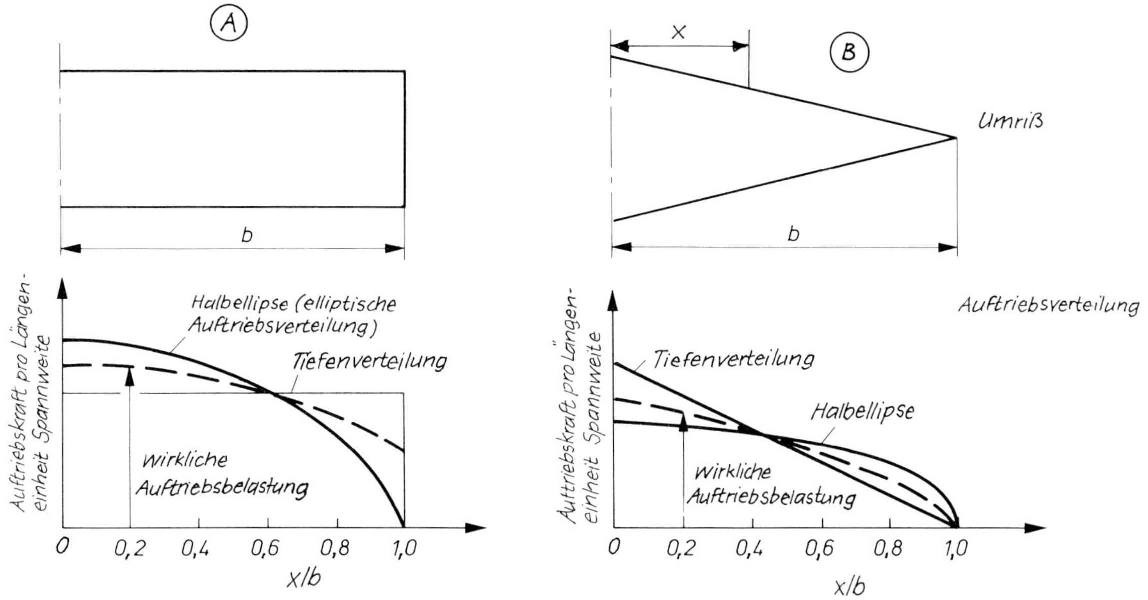

Abb. 2.131 Auftriebsverteilung für Rechteck- und Dreieckgrundrißformen (schematisch)

die Natur wie ein Kind – ohne Voreingenommenheiten und Vorurteile, aber mit dem klaren und offenen Blick, den Erwachsene verlieren, und den Wissenschaftler wiederzuerlangen sich bemühen müssen."

b) Der Einfluß von Zuspitzung und Verwindung

„Der Wind weht, wo er will, und du hörst sein Sausen wohl; aber du weißt nicht, woher er kommt und wohin er geht!"

Johannes 3, 8

Die örtliche Auftriebsstärke kann leicht mit der Größe des örtlichen Auftriebsbeiwertes verwechselt werden (vergleiche Abb. 2.126). Beide Begriffe sollen deshalb noch etwas eingehender erläutert werden. Bei einem unverwundenen Tragflügel mit Dreieckgrundriß konzentriert sich die Auftriebsstärke L pro Längeneinheit in Spannweitenrichtung im Innenteil, wo die Flügeltiefe am größten ist. Auf ein Segel übertragen bedeutet dies eine Konzentration der Auftriebskräfte im unteren Bereich des Segels über dem Baum. Dies bedeutet aber nicht, daß hier auch der örtliche Auftriebsbeiwert groß ist. Genau das Gegenteil ist der Fall. Abb. 2.131 soll diesen Unterschied zwischen der Verteilung des örtlichen Auftriebs und des örtlichen Auftriebsbeiwertes C_l klären helfen. Im folgenden werden wir das bei der Diskussion der Abb. 2.126 Gesagte aus einer etwas anderen Sicht betrachten.

Wenn wir für einen Moment die Folgen der räumlichen Umströmung (induzierte Effekte) einmal außer acht lassen, wäre nach Gl. (2.36): $L/b \sim \rho \cdot V_0^2 \cdot c \cdot \alpha$ die Änderung des Auftriebes über der Flügelspannweite proportional der Änderung der Flügeltiefe c. Die örtliche Auftriebsstärke würde demnach auf einfache Weise durch den Flügelgrundriß bestimmt, wobei für einen gegebenen Anstellwinkel α der örtliche Auftrieb jedes Profilschnittes längs der Spannweite dann proportional dem Produkt $c \cdot \alpha$ wäre. Ist α, das den geometrischen Anstellwinkel bezeichnet, konstant, wäre die Auftriebsverteilung einfach durch die Tiefenverteilung gegeben, das heißt, der Verlauf der Auftriebsverteilung würde direkt die Flügelgeometrie widerspiegeln. Außer für den Ellipsenflügel ist für jeden anderen ebenen Flügel infolge der induzierten Strömungseffekte eine derartige Auftriebsverteilung jedoch unrealistisch. Dies ist leicht einzusehen: der unverwundene elliptische Flügel ist die einzige Form, die eine konstante Abwindverteilung hervorruft, und hieraus folgt ein längs der Spannweite des Flügels konstanter effektiver Anstellwinkel. Bei anderen Grundrißformen, insbesondere beim Dreieck, wird der effektive Anstellwinkel sehr stark durch den nicht konstanten Abwind beeinflußt und ist deswegen notwendigerweise ebenfalls nicht konstant (Abb. 2.128). Folglich unterscheidet sich deren nicht nur von der Verteilung der Flügeltiefe c, sondern auch von der nicht konstanten Anstellwinkelverteilung abhängige tatsächliche Auftriebsverteilung von derjenigen, die allein aus der Geometrie des Flügelumrisses resultieren würde.

Wie aus Abb. 2.131 ersichtlich ist, hat die Auftriebsverteilung die Tendenz, sich einer dort mit „Halbellipse" bezeichneten Verteilung anzunähern, wofür sich allerdings keine kurze, einsichtige mathematische Erklärung angeben läßt. Nach [2.94] liegt die wirkliche Auftriebsverteilung zwischen einer idealen, durch die Halbellipse gegebenen Verteilung, und einer, die einfach durch die Verteilung der Profiltiefen, das heißt, durch den Grundriß bestimmt ist. Aus Abb. 2.131 ist zu erkennen, daß der Auftrieb sich annähernd entsprechend dem arithmetischen Mittel dieser beiden Kurven längs der Spannweite verteilt.

Es ist nun offensichtlich, daß die örtliche Auftriebsstärke sich von Profilschnitt zu Profilschnitt ändert – an einigen Stellen liegt sie über dem zur idealen elliptischen Auftriebsverteilung gehörenden Wert, an anderen darunter. Für den Dreieckflügel in Abb. 2.131 B erfolgt die Abnahme der Flügeltiefe in Spannweitenrichtung rascher als die entsprechende Abnahme des Auftriebes, was bedeutet, daß der dem örtlichen Auftriebsbeiwert C_l proportionale Auftrieb pro Flächeneinheit eines Flügelstreifens $\Delta b \cdot c$ (Abb. 2.123) in der Nähe der Flügelenden (geringe Profiltiefe c) größer sein muß, als im Innenteil des Flügels (große Profiltiefe c). Umgekehrt ist für einen Rechteckflügel der örtliche Auftriebsbeiwert C_l nahe der Flügelwurzel größer als in der Nähe der Flügelspitzen.

Hieraus folgt, daß der Effekt der Flügelzuspitzung in der Vergrößerung der örtlichen Auftriebsbeiwerte C_l im Außenteil des Flügels besteht. Was den optimalen Trimm des Segels betrifft, ist diese kennzeichnende Eigenschaft der Zuspitzung für die Praxis am wichtigsten. Die Segelwirksamkeit wird durch nichts stärker beeinflußt als durch die Zuspitzung und die damit zusammenhängenden induzierten Strömungserscheinungen. Die Bedeutung der Zuspitzung als Haupteinflußfaktor kann kaum überbewertet werden. Das folgende Beispiel soll dies verdeutlichen.

Um den induzierten Widerstand eines dreieckigen Segels zu reduzieren, muß seine Auftriebsverteilung stärker der elliptischen Verteilung angenähert werden. Dies bedeutet nach Abb. 2.131 B, daß im oberen Segelteil die Auftriebsbelastung erhöht werden muß. Folglich sind im Toppbereich größere Anstellwinkel notwendig als über dem Baum. Hierzu wäre eine positive Verwindung des Segels erforderlich, was bei einem gewöhnlichen, stark zugespitzten Segel mit den herkömmlichen Einrichtung zur Kontrolle der Segel nicht – wenn überhaupt – realisierbar ist. Aber selbst wenn dies möglich wäre, spricht ein anderer aerodynamischer Grund dagegen. Infolge der weiter oben bereits erörterten induzierten Effekte sind die Auftriebsbeiwerte im oberen Teil des unverwundenen dreieckigen Segels oder Flügels größer als im übrigen Bereich. Dies führt zu vorzeitigem Abreißen der Strömung, was wiederum nur zum Teil durch negative Verwindung und vergrößerte Wölbung vermieden werden kann. Mithin ergibt sich – untrennbar von der dreieckigen Grundrißform – ein typischer Teufelskreis einander widersprechender Forderungen.

Mit dem dreieckigen Segel läßt sich der erwünschten elliptischen Auftriebsverteilung nach Abb. 2.131 B nur auf Am-Wind-Kursen bei starkem Wind relativ nahekommen, wenn die Anstellwinkel der Segel in der Regel klein und die resultierenden Auftriebsbeiwerte gering sind. Ein Blick auf das Polardiagramm für starken Wind in Abb. 1.9, Teil 1 (rechts oben) ist vielleicht ganz hilfreich, um sich ein Bild von einem Segelzustand zu machen, bei dem der Anstellwinkel und damit der weitgehend durch die zur Verfügung stehende Stabilität begrenzte Gesamtauftriebsbeiwert C_L kleine Werte annehmen. Eine Jollenmannschaft, deren Gewicht ausreicht, um ein angemessenes Stabilitätsmoment zu erzeugen, kann es sich erlauben, die Verwindung des Segels auf das kleinstmögliche Maß zu reduzieren, wodurch sich die Auftriebsbelastung des Segels nach oben verschiebt und sich infolgedessen der induzierte Widerstand des Riggs vermindert. Es muß betont werden, daß diese Verminderung nur dann erzielt werden kann, wenn die effektiven Anstellwinkel hinreichend klein sind, so daß im oberen Teil des Segels örtlich noch nicht der kritische Anstellwinkel erreicht wird. Unter den gleichen Verhältnissen wird eine leichtere Mannschaft, die ein kleineres aufrichtendes Moment hervorruft, gezwungen, durch Öffnen des oberen Achterliekbereiches die zu großen Kräfte im Toppbereich des Segels zu reduzieren. Folglich hat die leichtere Mannschaft früher und in stärkerem Maße einen Nachteil in Form zusätzlichen induzierten Widerstandes in Kauf zu nehmen als die schwere Crew.

Bei der Auseinandersetzung mit dem häufig erörterten Problem des Gewichtes der Mannschaft und seiner Auswirkungen auf die Fahrtleistung darf die enge Beziehung zwischen der Stabilität oder dem Segeltragvermögen, dem induzierten Widerstand und der Fahrtleistung des Bootes nicht außer acht gelassen werden. Bei stärkerem Wind hat eine geringe Stabilität unabänderlich einen höheren induzierten Widerstand – der wichtigste Anteil am Gesamtwiderstand des Segels – zur Folge. Schon von Natur aus benachteiligen dreieckige Segel leichte Mannschaften stark unter Bedingungen, unter denen das Öffnen und teilweise Killenlas-

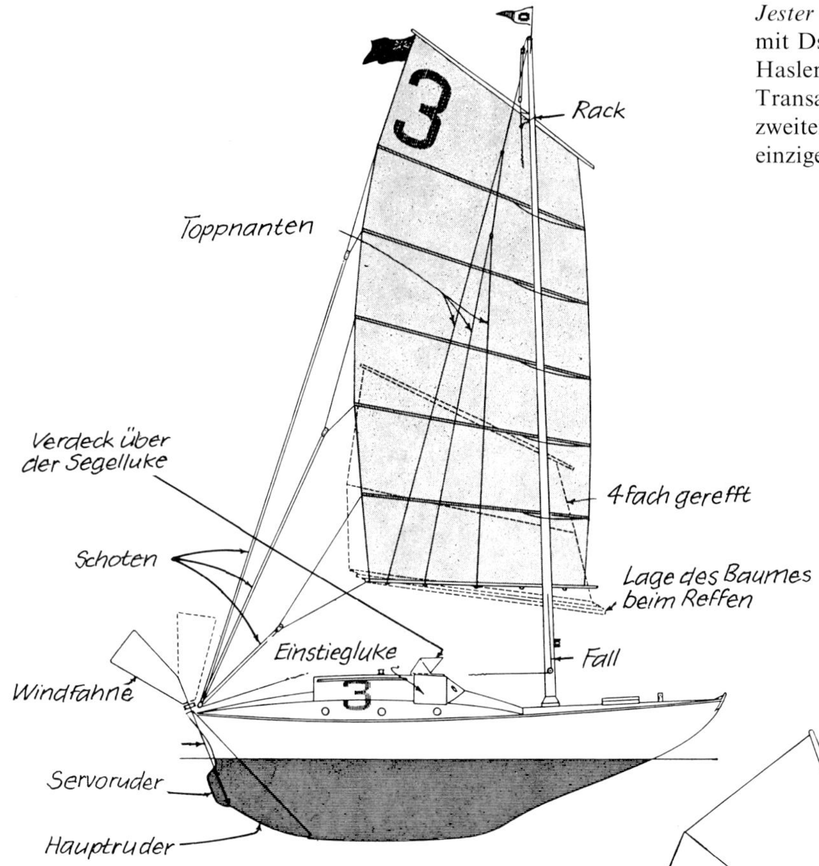

Jester – mit dieser 7,6 m langen Yacht mit Dschunken-Rigg wurde „Blondie" Hasler, der Initiator der Einhand-Transatlantik-Regatta im Rennen 1960 zweiter. Das Rigg besteht aus einem einzigen 22,3 m^2 großen Segel.

Rón Glas (englische Teilnehmerin am OSTAR 1972) – Weiterentwicklung des *Jester*-Konzeptes.

$L_{üa}$ – 14,3 m
Breite – 3,8 m
Deplacement – 9,65 t
Segelfläche –75,3 m^2

Alle Leinen zum Bedienen der Segel laufen in das geschlossene Cockpit zurück, was ein Segeln wie im „Lehnstuhl" möglich macht.

Abb. 2.132

sen des oberen Segelbereiches nicht vermieden werden kann. Durch die Anwendung dieser Technik wird der tiefer liegende Teil des Segels stärker belastet, so daß die Auftriebsverteilung noch weiter von der elliptischen Verteilung abweicht, was, wie bereits in Abb. 1.23 und 1.23A in Teil 1 gezeigt wurde, zur raschen Verschlechterung der Fahrtleistung des Bootes führt.

Die Bermuda-Takelung (Abb. 2.130) mit ihren dreieckigen Segeln, deren maximale Profillängen am Unterliek auftreten, und die nahezu gleichförmig in einem Punkt am Segelkopf zusammenlaufen, ist aus praktischer Sicht zwar sehr einfach, hat aber vom aerodynamischen Standpunkt aus im Vergleich zu den Umrißformen 4, 5 und 6 in Abb. 2.121 nur sehr geringe Qualitäten. Eine sehr große Zuspitzung führt zu aerodynamischen Eigenschaften, die weitaus schlechter sind, als die eines rechteckigen Segels, wie beispielsweise dem im Segelriß der *Pen Duick III* enthaltenen (Abb. 2.122) oder als die eines Segels vom Typ der chinesischen Dschunken (Abb. 2.132).

Sind große Gesamtauftriebsbeiwerte C_L erforderlich, also bei leichtem Wind oder beim Segeln bei starkem Wind auf anderen Kursen als hoch am Wind, wird die Unterlegenheit dreieckiger Segelformen relativ zu den anderen in Abb. 2.121 gezeigten Umrissen noch offensichtlicher. Die Widerstandserhöhung infolge vorzeitiger Ablösung im Toppbereich des spitzendigen Segels oder aufgrund zu starker Verwindung, wenn das Abreißen der Strömung vermieden werden soll, sind unter diesen Bedingungen so groß, daß dreieckige Segel gegenüber Segeln anderer Grundrißformen chancenlos sind.

Die Betrachtung der Abb. 2.126 und 2.131 zeigt zum Beispiel, daß der Rechteckflügel eine gleichmäßigere Verteilung des örtlichen Auftriebsbeiwertes C_l aufweist als der Dreieckflügel und im Flügelaußenteil, der mit kleineren effektiven Anstellwinkeln angeströmt wird, niedrigere C_l-Werte entstehen als im Innenteil. Läßt man das rechteckige Segel etwas auswehen, wozu jedes Segel von Natur aus tendiert, kann leicht eine annähernd elliptische Auftriebsverteilung erreicht werden. Das Rechteck als Flügelgrundriß weist also genau die entgegengesetzten Eigenschaften auf wie das Dreieck.

In diesem Zusammenhang ist eine kurze Betrachtung des Dschunkensegels vielleicht ganz interessant. Zwar meint ein Experte (Zitat nach [2.95]): „Das Studium von allem, was mit der chinesischen Dschunke zusammenhängt, wird durch Widersprüchlichkeiten kompliziert. Kaum hat man eine einleuchtende Lösung gefunden, oder ist zu einer Regel, die eine Einteilung zuläßt, gelangt, taucht auch schon eine Ausnahme auf, so schwerwiegend, daß sie alle vorangehenden Schlußfolgerungen zunichte macht.“ In einer Hinsicht ist das Dschunkenrigg aber einzigartig. Dies ist die Schoteinrichtung (Abb. 2.132), ein System, das unabhängig voneinander die Kontrolle der Form und Anstellung des Segels ermöglicht. Das erstere wird dadurch erreicht, daß an jeder Segellatte gleichsam eine eigene Schot angreift. Dazu ist eine lange dünne Leine über einen Spinnenkopf (oder Spinnenjuffer, ein Beschlag, der häufig im Rigg der alten Segelschiffe verwendet wurde), an dem die eigentliche Schot ansetzt, von einer Segellatte zur anderen geschoren. Eine derartige Anordnung erlaubt eine genaue Einstellung der Wöl-

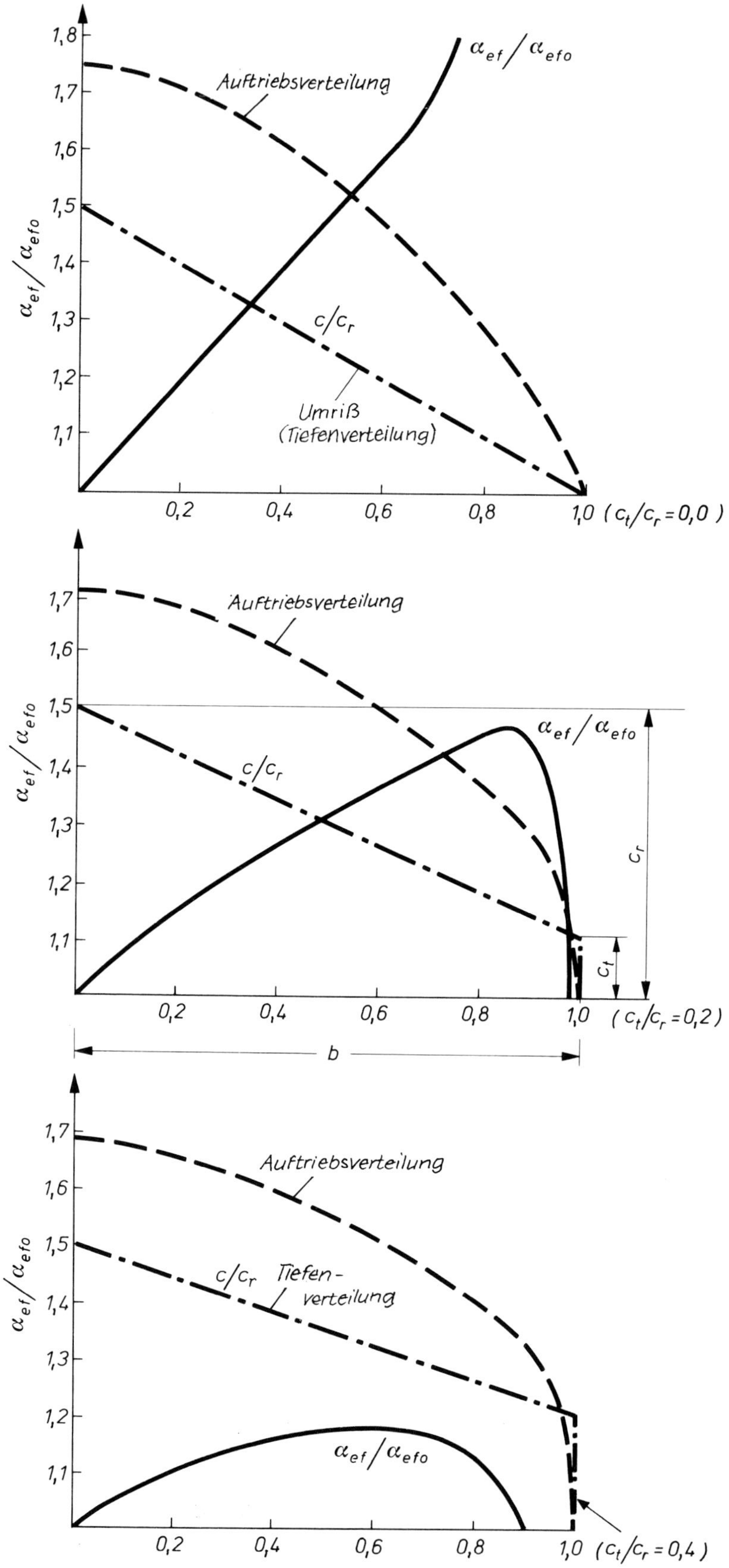

1,8
1,7
1,6
1,5
1,4
1,3
1,2
1,1
αef/αefo
Auftriebsverteilung
c/cr
Umriß
(Tiefenverteilung)
0,2
0,4
0,6
0,8
1,0 (ct/cr = 0,0)
Auftriebsverteilung
αef/αefo
c/cr
cr
ct
1,0 (ct/cr = 0,2)
b
Auftriebsverteilung
c/cr
Tiefen-
verteilung
αef/αefo
1,0 (ct/cr = 0,4)

Abb. 2.133 Der Einfluß der Zuspitzung c_t/c_r auf die Auftriebsverteilung und Änderung des effektiven Anstellwinkels längs der Flügelspannweite

bung und Verwindung des Segels, ohne dabei den Anstellwinkel zu verändern. „Stehen nur Material minderer Qualität und Handarbeit zur Verfügung", so wird in [2.95] festgestellt, „ist das Dschunkenrigg sicherlich das wirksamste, das man für Schratsegel bauen könnte."

Es wurde bereits bei der Diskussion der Abb. 2.126 und 2.131 erwähnt, daß Rechteck und Dreieck als zwei extreme Flügelgrundrißformen in gewisser Hinsicht gegensätzliche aerodynamische Eigenschaften zeigen. Aus den Abb. 2.124B und 2.125 geht hervor, daß eines der wesentlichsten Grundmerkmale, die das Abreißverhalten des Tragflügels bestimmen, dessen Zuspitzung ist. Weiterhin läßt sich aus den Abb. 2.126 und 2.127 folgern, daß es eine Flügelform geben muß, deren Auftriebsverteilung der elliptischen Verteilung näher kommt als jede der beiden Extremformen, ohne daß hierzu Verwindung oder Änderung der Wölbung längs der Spannweite notwendig sind.

Wie aus den in Abb. 2.133 dargestellten Ergebnissen experimenteller Untersuchungen ersichtlich ist, bewirkt eine weniger extreme Zuspitzung in der Tat eine Auftriebsverteilung, die sich der elliptischen Form stärker annähert, als dies beim Dreieckgrundriß ($c_t/c_r=0$) der Fall ist [2.96]. Die drei Diagramme in Abb. 2.133 zeigen im einzelnen:

a) den halben Flügelumriß (die Länge des Wurzelprofils c_r im Flügelmittelschnitt entspricht der Unterlieklänge des Segels);
b) die Auftriebsverteilung, für die keine Skala angegeben wurde, da nur der Verlauf der Kurven von Interesse ist;
c) das Verhältnis des effektiven Anstellwinkels α_{ef} zum effektiven Anstellwinkel α_{ef0} in Flügelmitte längs Spannweite.

Das rasche Anwachsen des effektiven Anstellwinkels α_{ef} im Flügelaußenteil bei gegen Null strebender Zuspitzung c_t/c_r ist offenkundig. Durch eine Vergrößerung der Zuspitzung c_t/c_r, das heißt, durch eine trapezförmige Umrißgestaltung, kann man die Änderung des Verhältnisses α_{ef}/α_{ef0} über der Spannweite erheblich beeinflussen.

Wie das obere Diagramm in Abb. 2.133 zeigt, ist für $c_t/c_r=0$ (Dreieckumriß) der effektive Anstellwinkel α_{ef} im Abstand $0{,}8b$ von der Flügelmitte ungefähr doppelt so groß wie der effektive Anstellwinkel α_{ef0} an der Flügelwurzel. Eine Vergrößerung der Länge des Spitzenprofils c_t von 0 auf 0,4 (Abb. 2.133 unten) reduziert die Unterschiede zwischen den effektiven Anstellwinkeln längs der Flügelspannweite drastisch. Der effektive Anstellwinkel ist im gleichen Flügelschnitt nun nur noch etwa 10 Prozent größer als α_{ef0}. Hieraus ist zu ersehen, daß der Trapezflügel ziemlich gleichmäßige Abwindverteilung längs Spannweite aufweist und sein induzierter Widerstand deswegen viel kleiner sein wird als der des Dreieckflügels. Das beste Ergebnis hinsichtlich des Widerstandes scheint man zu erhalten, wenn die Profillänge c_t der Flügelspitze ungefähr 0,4mal so groß

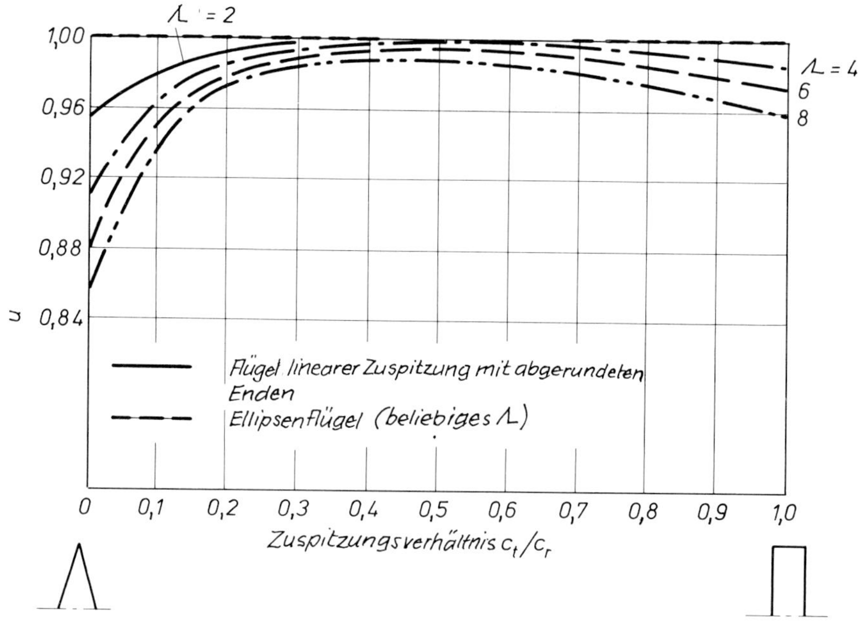

Abb. 2.134A Diagramm zur Bestimmung des Faktors *u*. *u*=1 bei elliptischem Umriß.

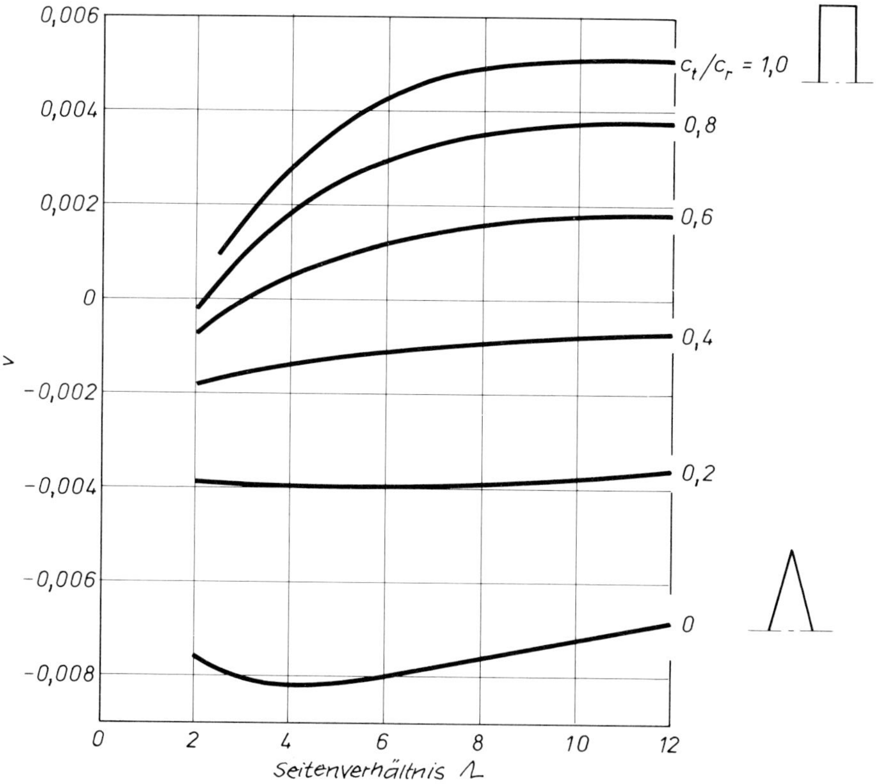

Abb. 2.134B Diagramm zur Ermittlung des Faktors *v*. *v*=0 bei elliptischem Umriß.

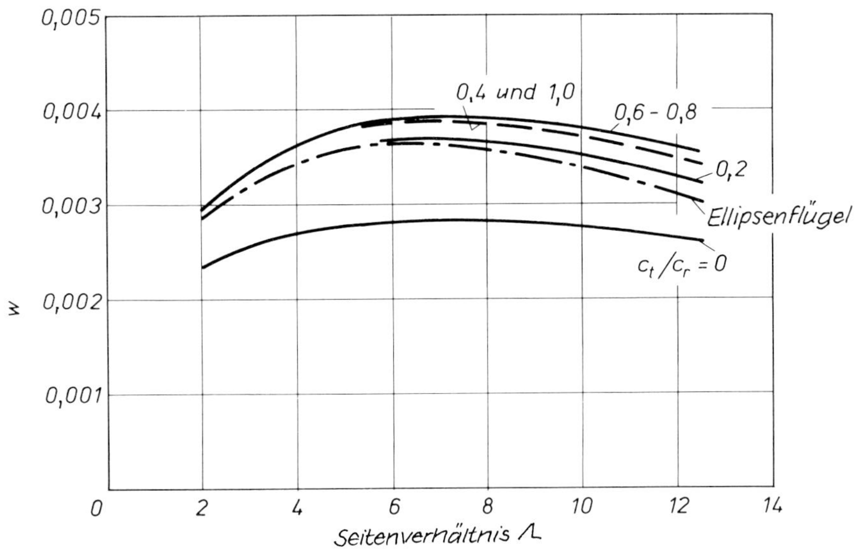

Abb. 2.134C Diagramm zur Ermittlung des Faktors w

ist wie die Wurzelprofillänge c_r, obgleich Zuspitzungen zwischen 0,3 und 0,5 keine merklich unterschiedlichen Ergebnisse bewirken.

Bedenkt man, daß der elliptische Grundriß aerodynamisch die beste ebene (unverwundene) Flügelform ergibt, so zeigt Abb. 2.108, in der ein Trapez ($c_t/c_r =$ 0,5) und eine Ellipse übereinander gezeichnet sind, anschaulich, daß diese auf die Trapezform als zweitbeste Umrißform hinweisenden Versuchsergebnisse eigentlich zu erwarten waren.

Während der ebene Flügel bei gegebener Spannweite den kleinsten induzierten Widerstand mit einem elliptischen Grundriß erzeugt, ist anzunehmen, daß dieser Widerstandsanteil bei Verwindung des Flügels eine Änderung erfährt.

Zur Ermittlung der aerodynamischen Eigenschaften zugespitzter und verwundener Tragflügel, ausgehend von den zweidimensionalen Profilbeiwerten c_l und c_d, wurden zahlreiche Beiträge geleistet [2.7], [2.11], [2.12], [2.91], [2.92]. Ihre Zielsetzung war die Beantwortung des praktischen Problemes: wie groß ist der Zuwachs an induziertem Widerstand, wenn aus bestimmten Gründen die tatsächliche Flügelform von der idealen abweicht? Von R.F. Anderson [2.92] wurde eine Lösung dieser Frage in der folgenden Formel bereitgestellt:

$$C_{Di} = \frac{C_L^2}{\pi \cdot \Lambda \cdot u} + C_L \cdot \varepsilon \cdot a_0 \cdot v + (\varepsilon \cdot a_0)^2 \cdot w. \qquad (2.38)$$

Obwohl diese Gleichung auf den ersten Blick recht kompliziert erscheinen mag, ist ihre praktische Anwendung unter Zuhilfenahme der in Abb. 2.134A–C dargestellten Diagramme einfach. Um den induzierten Widerstandsbeiwert C_{Di} eines beliebigen Tragflügels für einen gegebenen Gesamtauftriebsbeiwert C_L bestimmen zu können, müssen folgende geometrische Flügelparameter bekannt sein oder vorgegeben werden:

Λ – geometrisches Seitenverhältnis ($\Lambda = b^2/A$)
c_t/c_r – Zuspitzungsverhältnis
ε – aerodynamischer Verwindungswinkel in Grad, gemessen zwischen den Nullauftriebsrichtungen von Wurzel- und Spitzenprofil.

Die Verwindung ist positiv ($+\varepsilon$), wenn der Winkel zwischen der ungestörten Anströmrichtung und der Nullauftriebsrichtung der einzelnen Flügelprofile von der Flügelmitte aus in Spannweitenrichtung zunimmt. Im umgekehrten Fall ist sie negativ ($-\varepsilon$). Bei gleichbleibender Profilform längs Spannweite kann die aerodynamische Verwindung auch einfach zwischen den Sehnen von Wurzel- und Spitzenprofil gemessen werden. Eine derartige Verwindung wird auch als geometrische Verwindung bezeichnet. Ist die Profilform nicht konstant, sondern nimmt beispielsweise das Wölbungsverhältnis in Spannweitenrichtung zu, so wird bei negativer geometrischer Verwindung die aerodynamische Verwindung kleiner als die geometrische. Der Grund hierfür ist aus Abb. 2.70 ersichtlich, gemäß der α_0, der Nullauftriebswinkel, mit dem Wölbungsverhältnis anwächst. Umgekehrt wird die aerodynamische Verwindung größer als die geometrische, wenn die relative Wölbung in Spannweitenrichtung abnimmt.

Bei der Herleitung von Gl. (2.38) für C_{Di} berücksichtigte Anderson nur den Fall einer linearen Verwindung zwischen dem Wurzel- und dem Spitzenprofil. Auf das Segel übertragen wäre dies gleichbedeutend mit einem, von achtern gegen den Mast beziehungsweise das Vorstag gesehen, gerade erscheinendem Achterliek. In den meisten Fällen ist das Achterliek aber konkav. Diese Abweichung von der zugrundegelegten linear verteilten Verwindung ist nicht mehr zu vernachlässigen, sobald eine erhebliche Verwindung mit einer stark zugespitzten Grundrißform kombiniert wird. Der induzierte Widerstand ist dann größer, als er sich nach Gl. (2.38) ergeben würde.

Es bedeuten die übrigen in der Gleichung enthaltenen Größen:

u – ein Korrekturfaktor für den induzierten Widerstand in Abhängigkeit vom Seitenverhältnis Λ und der Zuspitzung c_t/c_r. Er ist aus Abb. 2.134A zu entnehmen.
a_0 – den bereits bekannten Anstieg des Profilauftriebsbeiwertes pro Grad Anstellwinkeländerung. Nach Abb. 2.70 ergibt sich a_0 ungefähr zu 0,11.
v – zweiter Korrekturfaktor für C_{Di}. Er ist als Funktion des Seitenverhältnisses Λ und der Zuspitzung c_t/c_r in Abb. 2.134B dargestellt.
w – dritter Korrekturfaktor, ebenfalls abhängig von Λ und c_t/c_r, und aus Abb. 2.134C zu ersehen.

Die aufgegliederte Darstellung der Formel von Anderson auf Seite 435 soll dem mathematisch nicht so versierten Leser die Einsicht in die Bedeutung der Faktoren ε, u, v und w erleichtern und ein besseres Verständnis dieser neuen, ziemlich langen Gleichung fördern. Wir wollen nun Gl. (2.38) und die zugehörigen Diagramme Schritt für Schritt durchgehen und erläutern.

Der umrandete erste Ausdruck ist nichts anderes als die uns bereits bekannte Gleichung (2.28A), aus der sich der minimale induzierte Widerstandsbeiwert

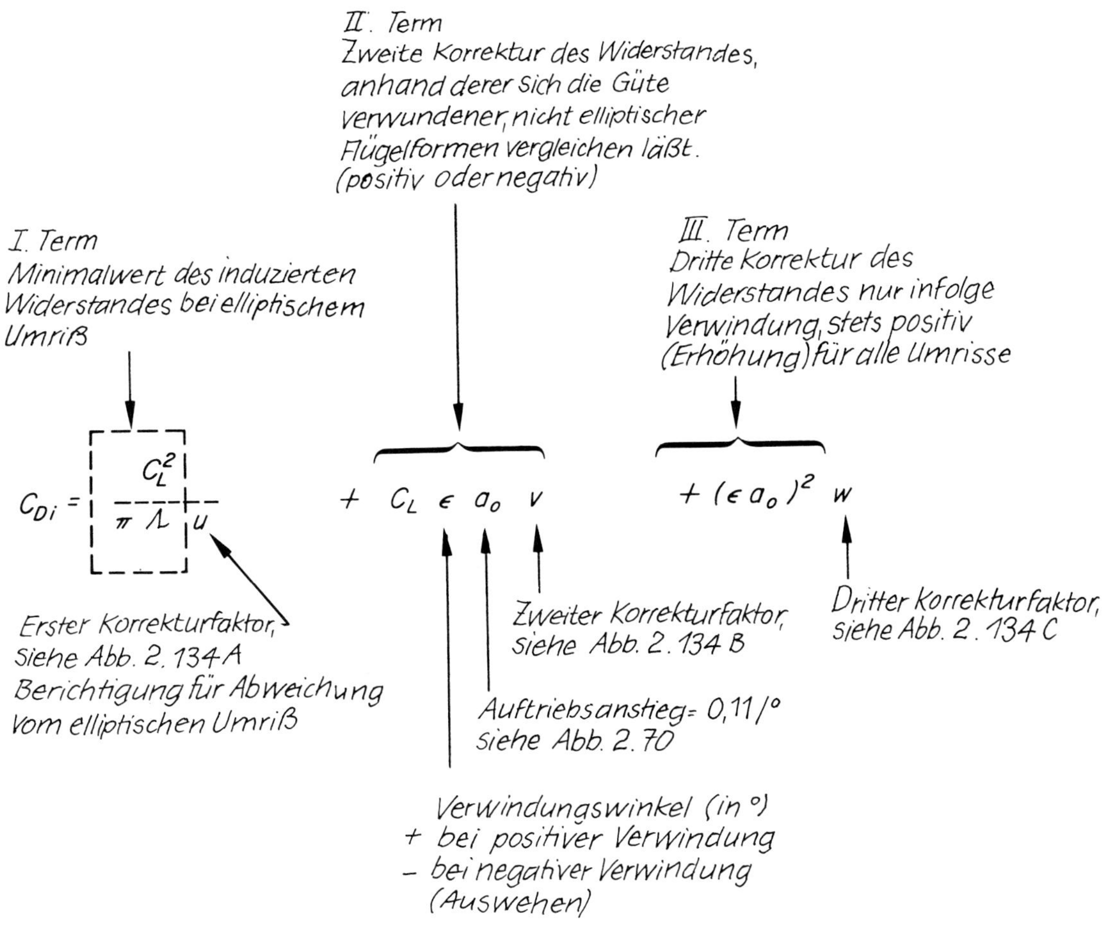

C_{Di} eines elliptischen unverwundenen Flügels bestimmt. Der Faktor u im Nenner stellt die erste Widerstandskorrektur für die Abweichung der tatsächlichen Grundrißform von der elliptischen dar, für die gilt: $u = 1{,}0$. Für alle anderen ebenen Flügelformen ist dieser Faktor kleiner als 1,0, und Abb. 2.134A demonstriert explizit, daß der daraus folgende zusätzliche Widerstand für den dreieckigen Grundriß am größten ist. So liegt beispielsweise für den Dreieckflügel mit $\Lambda = 6$ der Faktor u knapp unterhalb 0,88, das heißt, der induzierte Widerstandsbeiwert C_{Di} wird etwa 14 Prozent größer sein als der kleinstmögliche. Für den rechteckigen Grundriß mit gleichem Λ beträgt der Faktor $u = 0{,}98$, folglich wird der entsprechende Zuwachs des Widerstandsbeiwertes nur in der Größenordnung von 2 Prozent liegen. Für Trapezumrisse macht die Widerstandserhöhung sogar noch weniger als 2 Prozent aus. Bei konstanter Zuspitzung nimmt mit größer werdendem Seitenverhältnis der Faktor u ab und mithin der zusätzliche Widerstand zu.

Der zweite Ausdruck in Gl. (2.38) läßt sich als eine zweite Widerstandskorrektur für verwundene, nichtelliptische Flügelformen auffassen. Da nach Abb. 2.134B für den Ellipsenflügel $v=0$ gilt, hat dieser zweite Term der Formel nur Bedeutung für zugespitzte und verwundene Flügelformen. Wie aus Abb. 2.134B ersichtlich ist, kann der Faktor v, im wesentlichen von der Zuspitzung c_t/c_r und weniger vom Seitenverhältnis Λ abhängig, positive oder negative Werte annehmen. Für Dreieckumrisse ist v stets negativ. Wird ein Dreieckflügel nun negativ verwunden, ist der Winkel ε in der Formel ebenfalls negativ einzusetzen. Folglich resultiert aus dem Zusammenwirken von starker Zuspitzung und negativer Verwindung (Auswehen) ein positiver Wert des zweiten Terms, da ja das Produkt aus $(-v)\cdot(-\varepsilon)$ positiv wird. Der bereits durch den ersten Teil der Formel bestimmte größere induzierte Widerstand wird so nochmals erhöht. Für den Rechteckflügel gilt das Gegenteil. In diesem Falle ist der Faktor v positiv $(+v)$. Bei negativer Verwindung $(-\varepsilon)$ ergibt sich nun ein negativer Wert für die zweite Formel, so daß sich der für den ersten Teil der Gleichung gegebene Widerstandszuwachs vermindert.

Die obige Betrachtung bestätigt in quantitativer Weise die bereits früher hergeleitete Schlußfolgerung, daß negative Verwindung (oder in anderen Worten, das Auswehen des oberen Segelteils nach Lee) – das natürliche Verhalten der meisten Segel, besonders ausgeprägt bei viel Wind – in Verbindung mit Zuspitzung bei stark verjüngten und dreieckigen Grundrißformen hinsichtlich des Widerstandes zu ungünstigen Ergebnissen führt, wohingegen sich bei Rechteck- und Trapezumrissen Vorteile ergeben.

Weiterhin ist aus Abb. 2.134B und Gl. (2.38) zu ersehen, daß sich für einen dreieckigen Tragflügel mit positiver anstatt negativer Verwindung ein negativer Wert des zweiten Gleichungsteiles ergeben würde. Wie schon früher erwähnt, ist eine derartige Kombination Verwindung – Umrißform jedoch für die Segelpraxis ziemlich unrealistisch. Sie würde nur bei sehr kleinem Gesamtauftriebsbeiwert C_L des Segels vorteilhaft sein, da nur dann der effektive Anstellwinkel α_{ef} der einzelnen Profile im oberen Bereich des Segels kleiner als ihr kritischer Anstellwinkel sein könnte.

Schließlich gibt der durch das Diagramm in Abb. 2.134C ergänzte dritte Term von Gl. (2.38) eine Widerstandskorrektur allein infolge Verwindung an, und zwar für alle Flügelgrundrißformen, einschließlich der elliptischen. Diese Korrektur ist stets positiv, das heißt, aus der Verwindung resultiert ein Widerstandszuwachs, da sowohl der Faktor w als auch $(\varepsilon\cdot a_0)^2$ immer positiv sind. Bei der Bestimmung des induzierten Widerstandes verwundener Flügelformen ist also der dritte Formelausdruck stets zum zweiten hinzuzuaddieren. Beim unverwundenen Flügel bleiben der zweite und dritte Term in Gl. (2.38) natürlich unbeachtet.

Das folgende Beispiel soll die Anwendung von Gl. (2.38) und der Diagramme in Abb. 2.134A–C verdeutlichen. In Tabelle 2.11 sind die mit ihrer Hilfe berechneten induzierten Widerstandsbeiwerte C_{Di} für drei verschiedene Segel mit nachstehenden Eigenschaften angegeben:

Segelgrundrißform: Ellipse, Dreieck und Rechteck; für alle Segel gleich: Verwindung (Auswehen): $\varepsilon=-30°$, Gesamtauftriebsbeiwert: $C_L=1{,}0$, Seitenverhältnis: $\Lambda=6$.

Tabelle 2.11

Umriß	u	I. Term	v	II. Term	w	III. Term	C_{Di}
Ellipse	1,0	0,0530	0	0	0,0036	0,0392	0,0922
Dreieck	0,88	0,0603	−0,0082	0,0271	0,0028	0,0305	0,1179
Rechteck	0,98	0,0541	0,0043	−0,0142	0,0038	0,0414	0,0813
	unverwundene Segel		verwundene Segel				

Die obigen numerischen Werte zeigen zumindest in qualitativer Hinsicht die Rangordnung von verwundenen Segeln verschiedener Umrißform auf. Man sieht zum Beispiel, daß die negative Verwindung des dreieckigen Segels, obwohl in den meisten Fällen als Mittel zur Vermeidung von Ablösung im oberen Bereich des Segels wünschenswert, gemessen am induzierten Widerstand, aerodynamisch sehr teuer zu stehen kommt. Weiter ist aus Tabelle 2.11 ersichtlich, daß der Ellipsenflügel durch eine Verwindung seine Überlegenheit im Vergleich zu einem ebenso stark verwundenen Rechteckflügel einbüßt. Bei sonst gleichen Formparametern ist die dreieckige Flügelform stets die ungünstigste, einerlei, ob verwunden oder eben.

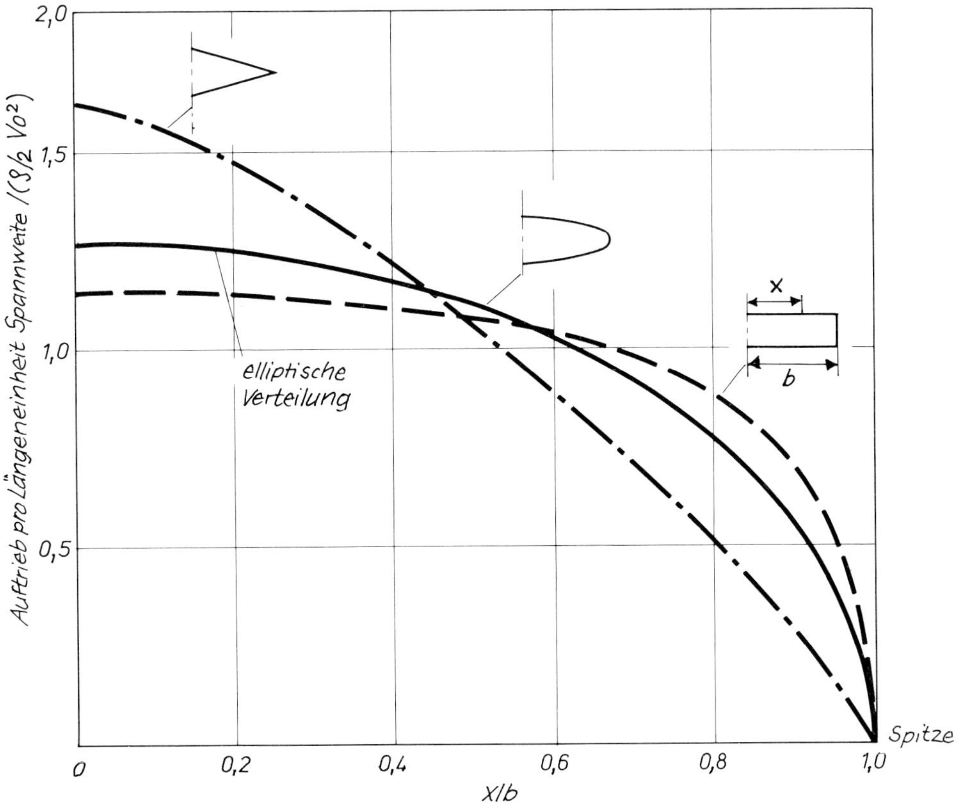

Abb. 2.135 Änderung des Auftriebs pro Längeneinheit in Spannweitenrichtung über der Halbspannweite b für Ellipsen-, Dreieck- und Rechteckumriß. $\Lambda = 6$; Gesamtauftriebsbeiwert $C_L = 1{,}0$.

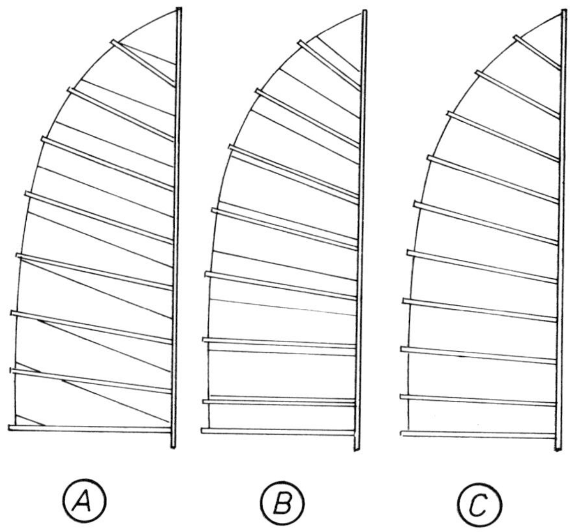

Abb. 2.136 Drei gebräuchliche Methoden, die Tuchbahnen bei Segeln mit durchgehenden Latten auszulegen. Siehe auch Foto 2.33 und Foto 1.5A.

A Parallele Bahnen (Lattentaschen gefächert)

B Bahnen und Lattentaschen gefächert

C gefächerte Bahnen mit weit überlappenden Nähten zur Aufnahme der Latten

Es sollte vielleicht angemerkt werden, daß das Verfahren von Anderson zur Bestimmung der aerodynamischen Eigenschaften verschiedener Tragflügelformen seit seiner Veröffentlichung 1936 von anderen Wissenschaftlern noch weiter entwickelt wurde – verständlicherweise, denn keine wissenschaftliche Untersuchung, gleich wie geistreich und tiefgreifend, gibt Antwort auf alle Probleme und Fragen. Die Methode von Anderson wurde hier jedoch wegen ihrer Einfachheit gewählt. Sie ist auch für den normalen Segler noch durchschaubar, während die anderen, bei komplizierten Flugzeugtragflügeln Anwendung findenden Berechnungsverfahren unsere gegenwärtigen Erfordernisse weit überschreiten würden.

Das Ergebnis, zu dem wir gerade gekommen sind, nämlich daß der Ellipsenflügel widerstandsmäßig ungünstiger wird als der Rechteckflügel, wenn beide gleich stark negativ verwunden werden, mag manche Leser vielleicht überraschen. Um ihm eine physikalische Bedeutung zu vermitteln, wollen wir kurz Abb. 2.135 betrachten. Sie zeigt die Änderung des Auftriebes längs Halbspannweite *b* für einen unverwundenen Ellipsen-, Dreieck- und Rechteckflügel. Es ist naheliegend, zu erwarten, daß eine gewisse Verwindung des Rechteckflügels dessen Auftrieb

Foto 2.33 In Verbindung mit einer Verwindung des Segels läßt sich durch eine über der Segelhöhe größer werdende Wölbung eine vorzeitige Ablösung der Strömung im hierfür besonders anfälligen Toppbereich des Segels hinauszögern. Eine in der Tendenz entgegengesetzte Wölbungsverteilung weist dagegen beispielsweise das Großsegel des Tornado-Katamarans in Foto 2.30 auf. Deren Auswirkung muß durch eine größere Verwindung kompensiert werden, was wiederum eine Zunahme des induzierten Widerstandes zu Folge hat.

K222
A

pro Längeneinheit in Spannweitenrichtung im Flügelaußenteil verringert. Folglich nähert sich die Auftriebsverteilung der elliptischen Verteilung, für die der induzierte Widerstand ein Minimum wird. Die negative Verwindung des Rechteckflügels hat also die gleiche günstige Auswirkung wie eine mäßige Verkürzung der Profillängen in Spannweitenrichtung. Auf der anderen Seite besteht kein Grund, eine Verminderung des induzierten Widerstandes infolge Verwindung eines Flügels zu erwarten, der bereits aufgrund seiner Zuspitzung annähernd die ideale elliptische Auftriebsverteilung aufweist. Nach Gl. (2.38) (3. Term) bewirkt mithin jede Verwindung des Ellipsenflügels einen zum Quadrat des Verwindungswinkels ε proportionalen zusätzlichen induzierten Widerstand. Wie sich aus Abb. 2.135 ersehen läßt, wird bei negativer Verwindung die Auftriebsverteilung im Außenteil des Ellipsenflügels abgeflacht, so daß sie sich derjenigen eines Tragflügels mit dreieckigem Grundriß nähert, die, wie wir bereits wissen, hinsichtlich des induzierten Widerstandes eine sehr ungünstige Form der Auftriebsverteilung ist.

Aus den bisherigen Ausführungen folgt, daß sich eine wesentliche Verminderung des Widerstandes der Segel durch eine günstigere Formgebung des Segelumrisses – mit dem Ziel, den oberen Bereich des Segels mehr, und den unteren Bereich weniger wirksam zu machen – erreichen läßt. Als Beispiel mag in dieser Hinsicht die Entwicklung bei den Katamaran-Segeln (Abb. 2.136 und Foto 2.33) dienen, die, wie A. Farrar in [2.97] berichtete, sehr durch die Internationale

Foto 2.34 Gebogene Masten – eine andere Möglichkeit, den Segelumriß einer Ellipse anzunähern. Das Bild zeigt zwei Chesapeake Bay-Einbäume. Das Rigg mit den gebogenen Masten ist eine neue Version, das des Bootes in Lee voraus mit den spitzendigen Segeln dagegen typisch für die Zeit um 1880.

Foto 2.35

A Ein von L.F. Herreshoff vor rund 50 Jahren für eine Yacht der R-Klasse entworfenes Rigg

B Eine neuere Anwendung des gleichen Konzeptes bei einer Strandsegelyacht

10-m^2-Segelkanu-Klasse (Foto 1.5A) beeinflußt wurde, in der 1938 J. Aumonier auf seinem Boot *Wake* ein Segel mit durchgehenden Latten benutzte:

> „Der Druckpunkt des ursprünglich für Leichtwetter gedachten Segels lag höher als bei dem konventionellen Segel, da die Latten eine große Achterlieksrundung stützten und das Unterliek gekürzt war, um die Segelfläche nicht zu überschreiten. Auch bei leichtem Wind behielt Aumoniers Chinesen-Segel, wie es genannt wurde, seine Form bei, bereit, den nächsten Windhauch einzufangen. Bei viel Wind zeigte es einen unerwarteten Vorteil, da es ohne zu killen gefiert werden konnte, dadurch weniger Widerstand verursachte und so ermöglichte, am Wind eine größere Höhe zu laufen als mit einem normalen Segel!“ [2.97]

Der zugrunde liegende physikalische Sachverhalt, der deutlich der Beachtung derjenigen, die diese Experimente durchführten, entging, war zweifellos in erster Linie eine erhebliche Verringerung des induzierten Widerstandes infolge einer

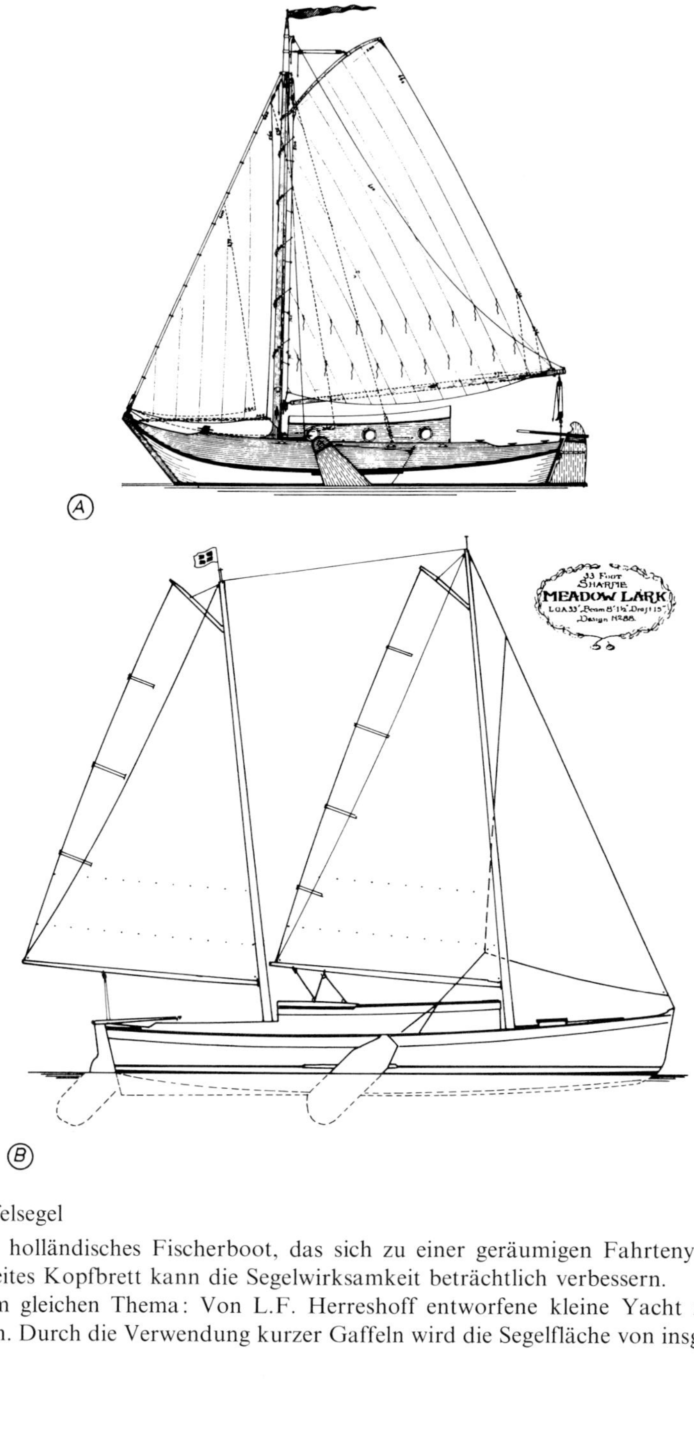

Abb. 2.137 Gaffelsegel

A Traditionelles holländisches Fischerboot, das sich zu einer geräumigen Fahrtenyacht wandelte. Ein besonders breites Kopfbrett kann die Segelwirksamkeit beträchtlich verbessern.

B Variation zum gleichen Thema: Von L.F. Herreshoff entworfene kleine Yacht zum Segeln in flachen Gewässern. Durch die Verwendung kurzer Gaffeln wird die Segelfläche von insgesamt 42,3 m^2 tief gehalten.

günstigeren Verteilung der Profiltiefe und möglicherweise auch der Wölbung über der Segelhöhe. Zitieren wir weiter aus [2.97]: „Es stellte sich nicht die Frage einer zusätzlichen Segelfläche, da jeder Quadratmeter Segelfläche eines Kanus gemessen wird – das Segel war einfach Flächeneinheit für Flächeneinheit wirksamer.“ Als die ersten Katamarane auftauchten, verfolgte man bald denselben Weg. Abb. 2.136 zeigt die zu einer besseren Kontrolle der Segelform und glatteren Luftströmung führende Entwicklung in der Anordnung der einzelnen Tuchbahnen bei Lattensegeln.

Eine andere Möglichkeit, dem Segel eine annähernd elliptische Umrißform zu geben, besteht darin, einen im Toppbereich stark gebogenen Mast zu verwenden (Foto 2.34) (siehe Anm. [3.45]). Die gleiche Wirkung läßt sich auch mit wirksameren Segelgrundrißformen als dem Dreieck erreichen – beispielsweise mit rechteckigen oder trapezförmigen Segeln (Abb. 2.122 und Foto 2.35) oder mit Gaffelsegeln (Abb. 2.137). Es ist bedauerlich, daß Gaffelsegel fast vollständig aus der Segelszene verschwunden sind. In dieser Hinsicht haben sicherlich die Vermessungsregeln einen entscheidenderen Einfluß auf die Form der Segel als aerodynamische Erfordernisse oder der Wind mit all seinen Launen. Zum Beispiel ist die Bestrafung durch das Segelvermessungssystem der IOR für eine Überschreitung der Kopfbrettbreite des Großsegels oder der Länge der obersten Latte so hoch, daß sie im Grunde genommen jeglichen Versuch, die aerodynamische Wirksamkeit der modernen hohen Riggs zu verbessern, verhindert. Derartige merkwürdige Verbote, die nach Jahren ihrer Durchsetzung Teil seglerischer Tradition geworden sind, schreckten die Hochseeregattasegler vor Experimenten mit ungewöhnlichen Besegelungen, die zur Entwicklung von weniger hohen, aber effektiveren Riggs hätten führen können, wirkungsvoll ab. Somit herrschen dreieckige Segel vor.

c) Der Einfluß des Seitenverhältnisses auf den Höchstauftrieb

Mit einigen bereits weiter oben angeführten Vorbehalten (der Einfluß des Seitenverhältnisses sollte in Verbindung mit Verwindung und Zuspitzung betrachtet werden) muß man zustimmen, daß für das Dreiecksregattasegeln, wo die Segeleigenschaften am Wind von ausschlaggebender Bedeutung sind, ein Segelriß mit großem Seitenverhältnis am geeignetsten ist. Es wäre jedoch noch besser, wenn der dreieckige Umriß der Segel, wie vorstehend erläutert, abgeändert werden könnte. Häufig werden die Vorteile eines Riggs mit großem Seitenverhältnis indessen im Zusammenhang mit Booten erörtert, die nur zum Fahrtensegeln gedacht sind, wo Am-Wind-Eigenschaften nicht länger Vorrang haben, und keine starren Regeln den Entwurf alternativer Segelanordnungen einschränken.

Werden die potentiellen Möglichkeiten, mehr Vortrieb bei verhältnismäßig geringem Krängungsmoment zu entwickeln, erkannt, könnte das Wettsegeln über große Distanzen vom Typ „Rund-um-die-Welt“ vielleicht zu einem völlig anderen Takelungskonzept für Hochseerennyachten führen – etwa in der Art des Riggs der *Pen Duick III* (Abb. 2.122), mit Segeln verschiedener Umrißform und niedri-

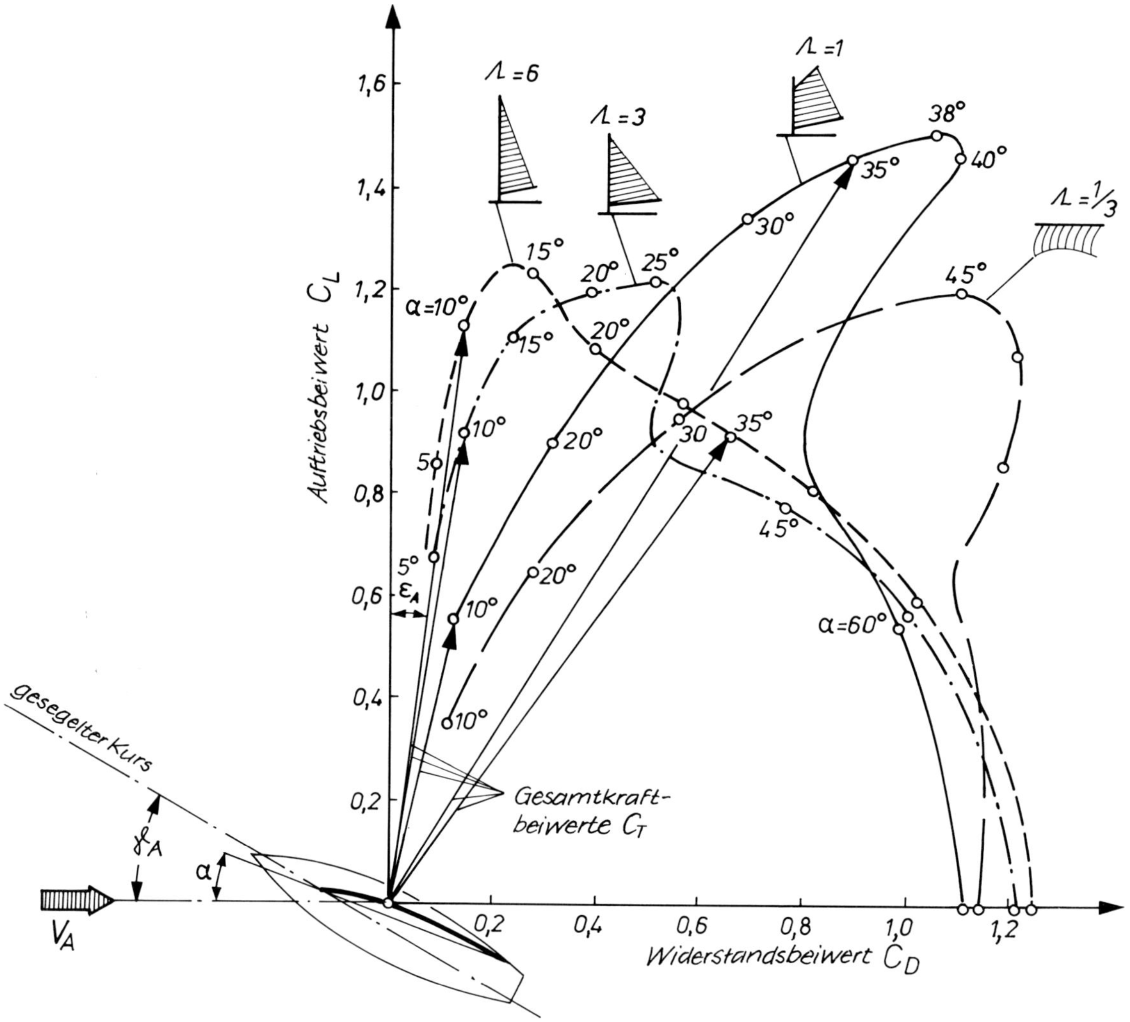

Abb. 2.138 Polardiagramme für vier Segel gleicher Wölbung ($f/c = 1/13{,}5$), aber unterschiedlichem Umriß und Seitenverhältnis. Man beachte die deutlichen Unterschiede in der Größe des Gesamtkraftbeiwertes C_T bei gleichem Anstellwinkel.

gem Seitenverhältnis. In seinem Erfahrungsbericht über *Pen Duick III* bezeichnet E. Tabarly [2.98] ihr Rigg als „unzweifelhaft das beste für Hochseerennen und Einhandwettfahrten", und er stellt weiter fest: „Es ist sehr bedauerlich, daß ein Schonerrigg durch die kürzliche Änderung der Vermessungsregeln so stark benachteiligt wird."

Wo nicht der Am-Wind-Fahrtleistung, sondern dem maximal erreichbaren Auftriebsbeiwert die entscheidende Bedeutung zukommt, erweisen sich Gaffelsegel mit kleinem Seitenverhältnis und sogar Rahsegel als überlegen.

Abb. 2.138, die aus dem Buch *Segeltheorie und -praxis* des Verfassers übernommen wurde, bestätigt diese Auffassung. Sie zeigt den qualitativen Einfluß des

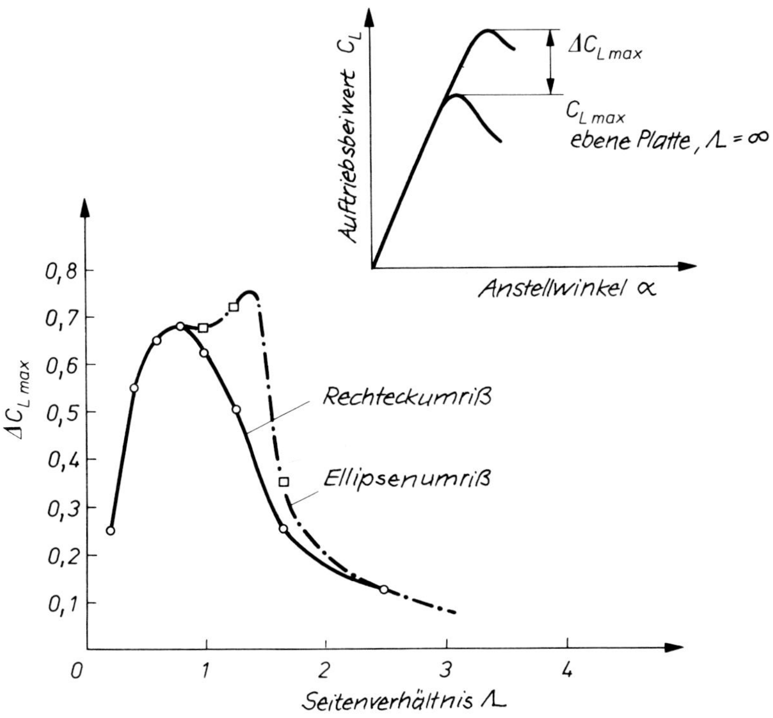

Abb. 2.139 Der Einfluß des Seitenverhältnisses auf den Maximalauftrieb einer ebenen Platte. Bei Tragflügeln von kleinem Seitenverhältnis mit stromlinienförmigem Profil, wie beispielsweise Rudern oder Kielflossen, kann eine Zunahme von $C_{L\,max}$ möglicherweise ausbleiben, da Reynolds-Zahl- oder Oberflächenrauhigkeitseinflüsse ausgeprägter als der Einfluß des Seitenverhältnisses sein können (siehe Abb. 2.64 und Abb. 2.82). Ebene Platten oder sehr dünne Profile, die Ablösung an der Vorderkante entwickeln, sind dagegen verhältnismäßig unempfindlich gegenüber Reynolds-Zahl-Änderungen.

Seitenverhältnisses auf den maximalen Auftriebsbeiwert für verschiedene Riggs. Hieraus wird deutlich, daß es kein ideales Seitenverhältnis oder einen idealen Riggtyp für alle Segelkurse gibt. Die vorherrschenden oder erwarteten Segelbedingungen – Windstärke und gesegelter Kurs – sind bei der Abschätzung der Vor- und Nachteile verschiedener Riggformen entscheidende Einflußfaktoren.

Bei der Diskussion der Unterschiede zwischen dem zweidimensional und räumlich umströmten Tragflügel hatten wir festgestellt, daß der C_L-Beiwert eines Tragflügels endlicher Spannweite bei gleichem geometrischen Anstellwinkel kleiner ist als derjenige eines unendlich langen Tragflügels, was auf die Druckverluste infolge der Umströmung der Flügelenden zurückzuführen ist (Abb. 2.84). Eine allmähliche Verminderung des Seitenverhältnisses hat mithin erwartungsgemäß ein merkliches Absinken des $C_{L\,max}$-Beiwertes unter den entsprechenden Wert für zweidimensionale Strömung ($\Lambda = \infty$), das heißt, unter den maximalen Profilauftriebsbeiwert $c_{l\,max}$, zur Folge. Mit abnehmendem Seitenverhältnis Λ wird die Auftriebsbelastung im Flügelmittelschnitt relativ größer, die örtlichen Auftriebsbeiwerte C_l überschreiten hier erheblich den Gesamtauftriebsbeiwert C_L,

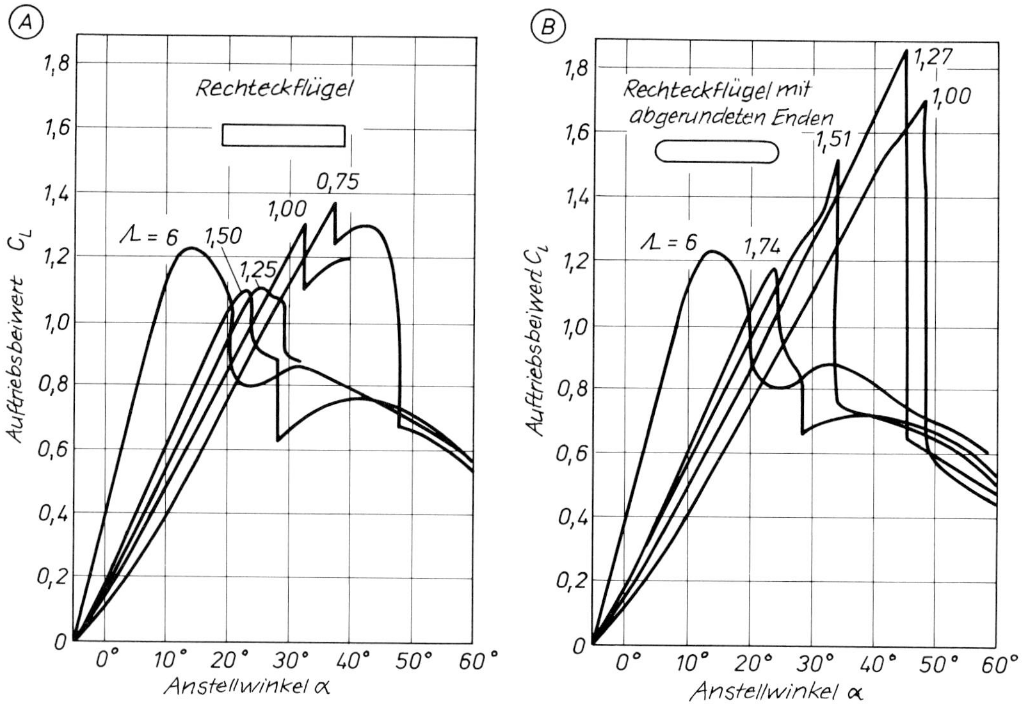

Abb. 2.140 Auftriebseigenschaften dicker Tragflügel mit kleinem Seitenverhältnis, nach [2.99]

so daß die Strömung bei einem geringeren mittleren C_L des Flügels abzureißen beginnt. Bis auf sehr kleine Seitenverhältnisse ($\Lambda < 2$) sowie Flügel mit sehr geringen Profildicken ist diese Erklärung zutreffend [2.99], [2.100]. Wie aber aus Abb. 2.139 hervorgeht, steigt bei Seitenverhältnissen kleiner als 2 der Maximalauftrieb merkwürdigerweise wieder rasch an – eine Erscheinung, die man bereits in den allerersten Anfängen der Flugtechnik bei der Umströmung ebener Platten feststellte.

In Abb. 2.139 ist dieser Einfluß des Seitenverhältnisses Λ auf den Maximalauftrieb einer ebenen Platte durch die Auftragung der gemessenen Zunahme $\Delta C_{L\,max}$ über den maximalen Auftriebsbeiwert der Platte bei ebener Umströmung ($\Lambda = \infty$, $c_{l\,max} \approx 0{,}7$) in Abhängigkeit vom Seitenverhältnis dargestellt. Der C_L-Beiwert erreicht sein Maximum bei fast allen Grundrißformen, wenn Spannweite und Länge des Wurzelprofils annähernd gleich sind. Beispielsweise erhält man für Tragflügel mit elliptischen Grundriß demnach den größten $C_{L\,max}$-Wert mit einer Kreisscheibe. Und dies läßt einen wundernehmen, wie einmal treffend bemerkt wurde, ob die fliegende Untertasse nicht doch ihre Vorteile haben könnte.

Experimentelle Untersuchungen von Tragflügeln mit kleinem Seitenverhältnis [2.99] führten zu folgenden Ergebnissen:

1. Bei Seitenverhältnissen zwischen 0,5 und 2 verzögern die Randwirbel merklich das Zusammenbrechen der Saugseitenströmung bei zunehmendem An-

stellwinkel. Mit anderen Worten, die Grenzschichtströmung um Flügel mit sehr kleinem Seitenverhältnis Λ wird erheblich durch die starken Randwirbel beeinflußt. Die Ablösung wird zu höheren Anstellwinkeln verschoben (siehe Abb. 2.140), so daß auch der maximale Auftriebsbeiwert zunehmen muß.

2. Für sehr kleine Seitenverhältnisse ($\Lambda < 2$) treten unter Umständen maximale Auftriebsbeiwerte $C_{L\,max}$ auf, die wesentlich größer sind als für Tragflügel mit gleichem Profil, aber großem Seitenverhältnis. So betrug der höchste Auftriebsbeiwert, den man in einer Versuchsreihe erhielt, deren Resultate in Abb. 2.140 wiedergegeben sind, 1,85 bei $\alpha = 45°$ für einen Tragflügel mit $\Lambda = 1{,}27$ und halbkreisförmigem Randbogen, im Vergleich zu $C_L = 1{,}24$ bei $\alpha = 14°$ für einen Flügel mit $\Lambda = 6$ und abgerundeten oder geraden Enden.
3. Bei Tragflügeln mit kleinem Seitenverhältnis ist unter den Faktoren, die den Maximalauftrieb bestimmen, die Ausführung der Flügelenden am entscheidendsten. Es hat sich gezeigt, daß hierbei stark abgerundete Enden günstiger sind als gerade Seitenkanten.

   Da der Zuwachs an $C_{L\,max}$ auf die verzögerte Ablösung infolge des Einflusses der Randumströmung zurückgeführt wird, ist es plausibel, daß die Form der Flügelenden in diesem Zusammenhang eine wichtige Rolle spielt.
4. Dicke und dünne Tragflügel von kleinem Seitenverhältnis verhalten sich in dieser Hinsicht unterschiedlich. Bei großer Profildicke tritt eine Erhöhung des Maximalauftriebes erst für $\Lambda < 1{,}5$ ein, so daß $\Delta C_{L\,max}$ infolgedessen nur relativ kleine Werte annimmt (Abb. 2.140). Genau wie bei der ebenen Platte besteht ein deutlicher Unterschied zwischen den Ergebnissen für Flügel mit abgerundeten und geraden Enden.

   Dicke Flügel ohne Abrundung an den Enden sind erheblich schlechter als ebene Platten vom gleichen Seitenverhältnis Λ, was zumindest qualitativ durch die Abb. 2.139 und 2.140 A bestätigt wird. Eine Erklärung wurde hierfür bislang noch nicht gefunden.

Es wurde bereits darauf hingewiesen, daß die klassische Tragflügeltheorie (häufig auch als einfache Traglinientheorie bezeichnet) von Prandtl und Lanchester zur Berechnung des Auftriebes und Widerstandes gewisse Einschränkungen – wie jede Theorie – enthält:

a) Die einfache Traglinientheorie ist mit guter Genauigkeit anwendbar auf ungepfeilte, das heißt, gerade Flügel mit großem Seitenverhältnis ($\Lambda > 3$) bei nicht abgelöster Strömung. Die Annahme von Ablösung nur entlang der Hinterkante ist die erste Einschränkung.

b) Die einfache Traglinientheorie ist nicht anwendbar auf Tragflügel mit geringem Seitenverhältnis. Ist die mittlere Flügeltiefe nicht mehr sehr viel kleiner als die Spannweite, beeinflussen die Randwirbel zunehmend die Strömung um die einzelnen Flügelschnitte. Die Strömungsvorgänge längs der Spannweite lassen sich deshalb nicht länger auf die ebene Strömung zurückführen (vergleiche Abb. 2.84, 2.94 und 2.95). Dies ist die zweite Einschränkung.

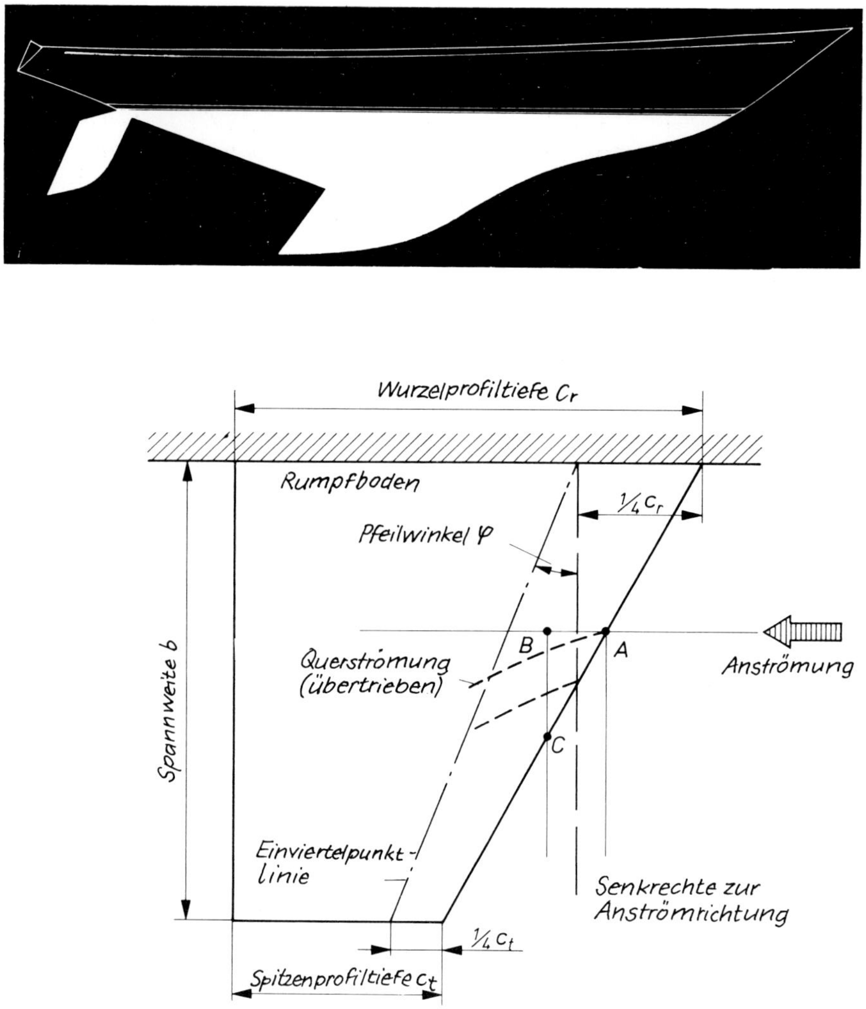

Abb. 2.141 Aus unterschiedlichen Gründen werden gepfeilte Flügel sowohl für schnelle Flugzeuge als auch für Kielflossen von Segelyachten verwendet. Der Pfeilwinkel φ hat einen erheblichen Einfluß auf die Flügeleigenschaften.

c) Die einfache Traglinientheorie liefert keine befriedigenden Ergebnisse bei gepfeilten Flügeln (meistens rückwärts gepfeilt). Die Pfeilung des Flügels wird aus verschiedenen Gründen sowohl bei Überschallflugzeugen als auch bei Kielflossen für Segelyachten (Abb. 2.141) angewendet.

d) Wie schon früher erwähnt, versagt die Traglinientheorie schließlich bei längs der Spannweite veränderlicher Anströmgeschwindigkeit. In einem starken vertikalen Windgradienten arbeitende Segel sind ein gutes Beispiel für derartige ungleichförmige Strömungsbedingungen.

d) Pfeileffekte und Tragflügel mit kleinem Seitenverhältnis

„Das Studium der Hydrodynamik, wie eigentlich aller Wissenschaften, ist wie ein Baumstamm, dessen Wurzel die physikalische Erfahrung ist und der seine Stärke aus unserer Fähigkeit der Beobachtung bezieht. Es verzweigt sich in viele Bereiche, von denen einige in Sphären des Denkens reichen, die weit entfernt sind von den Wurzeln der physikalischen Erscheinungen. Wäre es anders, würde viel seiner Faszination verblassen.“

B. Thwaites, *Incompressible Aerodynamics*

Bis jetzt haben wir hauptsächlich gerade, ungepfeilte Tragflügel betrachtet, deren Vorderkante oder Einviertelpunktlinie zumindest annähernd senkrecht zur Richtung der ungestörten Anströmung verlaufen. Tragflügel wie beispielsweise

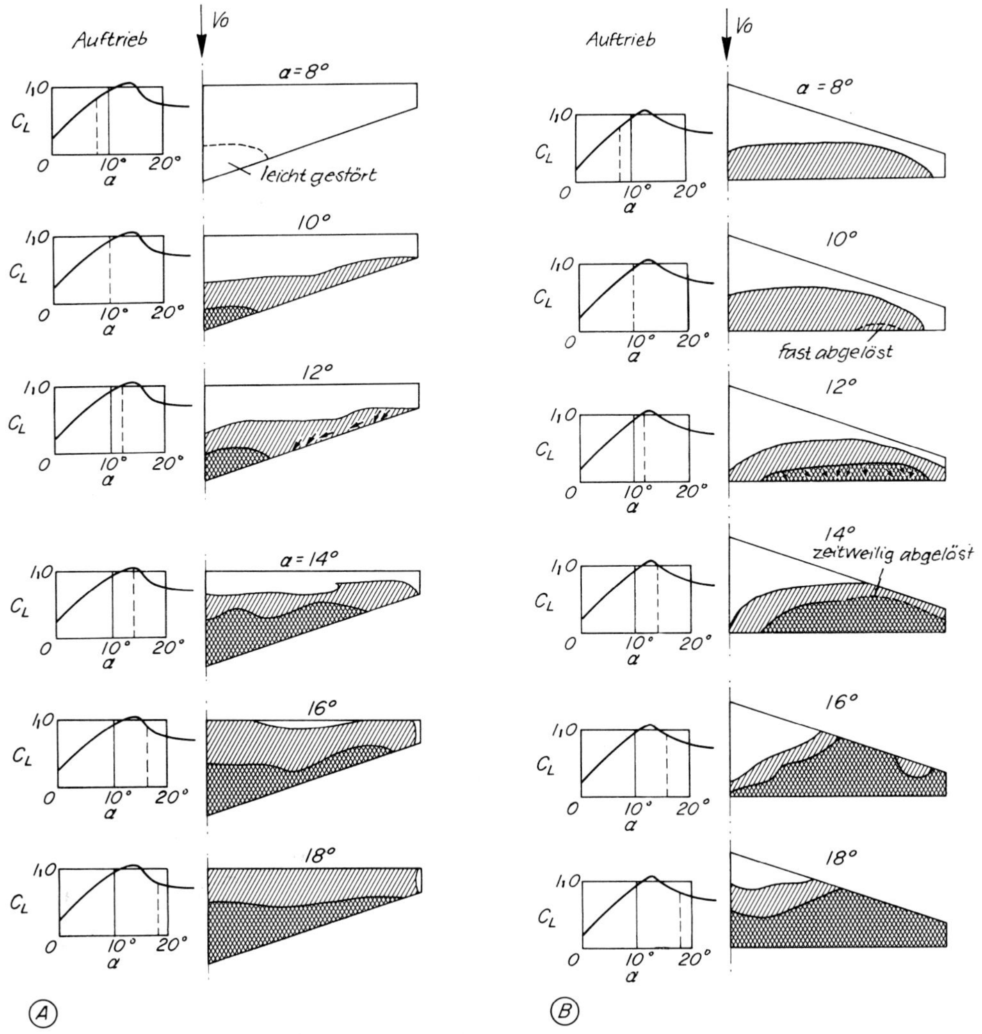

Abb. 2.142 Ablösebild zweier Trapezflügel unterschiedlicher Pfeilung ($\Lambda = 7{,}2$; $c_t/c_r = 0{,}25$). Beim Flügel B ist die Auftriebsbelastung an den Enden größer als beim Flügel A.

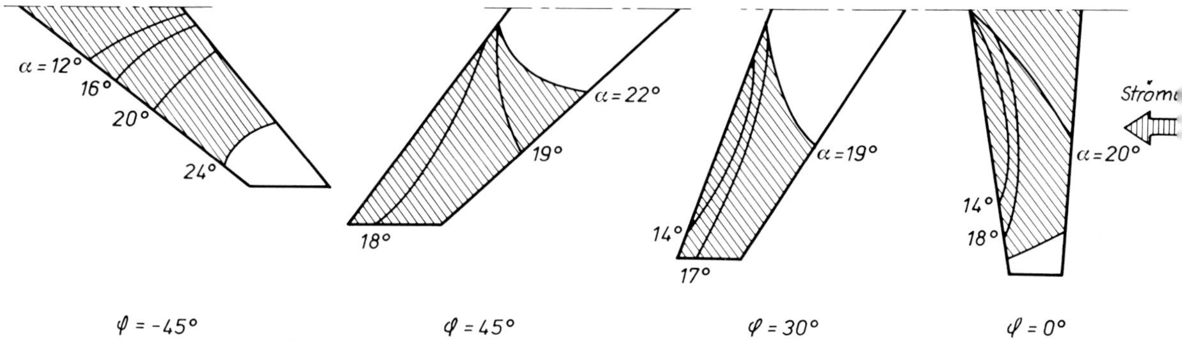

Abb. 2.142C Das Ausbreiten der Ablösung bei Tragflügeln mit unterschiedlichem Pfeilwinkel φ. Die Grenzen der von abgelöster Strömung bedeckten Flügelbereiche sind in Abhängigkeit vom Anstellwinkel α angegeben.

Segel, Kielflossen und Ruder sind jedoch häufig unter einem Winkel, den man als Pfeilwinkel bezeichnet, nach hinten, oder – viel seltener – nach vorne geneigt angeordnet. Die Grundrißgeometrie eines solchen Pfeilflügels ist aus Abb. 2.141 zu ersehen. Der Pfeilwinkel φ ist positiv, wenn die Flügelenden nach hinten versetzt sind.

Eine Pfeilung des Flügels führt zu erheblichen Änderungen der aero- bzw. hydrodynamischen Eigenschaften gegenüber denjenigen bei geradem Flügel. Sie beeinflußt die Auftriebsverteilung, den Widerstand, das Ablöseverhalten, etc. Ungeachtet dieser bedeutsamen Tatsache wird beispielsweise der Entwurf von Kielflosse und Ruder oftmals eher durch den Augenschein oder durch den Wunsch nach möglichst kleiner benetzter Oberfläche bestimmt, als durch gesicherte Erkenntnisse seitens des Konstrukteurs im Hinblick auf ihre Wirksamkeit.

Obwohl genügend Ergebnisse experimenteller Untersuchungen über gepfeilte Kielflossen oder Ruder vorliegen, werden sie von vielen Yachtkonstrukteuren leider nicht ganz verstanden. Einige Versuchsergebnisse widersprechen allerdings einander, so daß sie für Entwurfszwecke nicht mit vollem Vertrauen verwendet werden können. Es erscheint deshalb sinnvoll, näher der Frage nachzugehen, was geschieht, wenn der Tragflügel – aus welchen Gründen auch immer – gepfeilt wird.

Versuche zeigen, daß ein rückwärts gepfeilter Flügel sich ähnlich wie ein stark zugespitzter Flügel verhält, ein nach vorne gepfeilter Flügel hingegen ähnlich wie ein solcher mit geringerer Zuspitzung. Diese Eigenschaften werden durch Abb. 2.142 veranschaulicht, die aus [2.89] übernommen wurde. Der Strömungszustand auf der Saugseite der beiden Tragflügel ist in gleicher Weise wie in Abb. 2.124 dargestellt. Flügel A mit gerader Vorderkante und einer Zuspitzung $c_t/c_r = 0{,}25$ verhält sich wie ein Ellipsenflügel, das heißt, seine Saugseitenströmung reißt fast gleichzeitig über der ganzen Spannweite ab, hingegen gleicht das Ablöseverhalten des ähnlichen, aber etwa um 15° nach hinten gepfeilten Flügels B dem der stark zugespitzten Flügelform in Abb. 2.125. Hier reißt die Strömung zuerst in der Nähe der Flügelspitze ab.

Bei einem nach hinten (positiv) gepfeilten Tragflügel wird durch den in Spannweitenrichtung auftretenden Druckgradienten eine Querströmung der Grenzschicht in Richtung der Flügelenden verursacht. Warum? Wie aus Abb. 2.141 hervorgeht, ist der Druck auf der Saugseite im Punkt A nahezu gleich dem in Punkt C, aber entlang quer zur Anströmung orientierter Linien herrscht auf der Flügeloberfläche nach außen Druckabfall, so daß der Druck im Punkt B größer ist als im Punkt C. Infolge dieses Druckgradienten in Spannweitenrichtung stellt sich selbst bei verhältnismäßig geringen Druckunterschieden eine Querströmung der Grenzschicht nach außen ein. Die in der Grenzschicht abgebremste Flüssigkeit, sei es Luft oder Wasser, hat einen Großteil ihres Impulses (Masse × Geschwindigkeit) verloren und strömt deswegen bereitwilliger in Richtung des Druckabfalles als in Profilrichtung, in der der Druck ansteigt. Folglich nimmt die Grenzschichtdicke zur Spitze eines rückwärtsgepfeilten Flügels hin allmählich zu und bewirkt hier vorzeitige Ablösung der Strömung (Abb. 2.142 B). Das Foto 2.21 B illustriert die analogen Verhältnisse bei der gepfeilten Kielflosse. Je stärker die Pfeilung und je größer der Abdriftwinkel des Kiels, um so ausgeprägter ist die Querströmung.

Diese Querströmungen lassen sich gelegentlich auch an Vorsegeln beobachten. Unter bestimmten Umständen, die hauptsächlich von der Form des Vorsegels abhängen, das heißt, von der Wölbungsverteilung über der Segelhöhe, der Verwindung, dem Vorstagdurchhang, etc., wehen dicht am Vorliek angebrachte Fadensonden an einigen Stellen nicht horizontal, sondern diagonal nach oben (Abb. 3.54). Dieses Verhalten zeigt einen vertikalen Druckgradienten an, das heißt, eine Abnahme des Druckes in Richtung Segelkopf – ein Anzeichen für verstärkte Ablöseneigung im oberen Teil des Segels. Um hier das vorzeitige Abreißen der Strömung zu vermeiden, was besonders bei leichtem Wind anzustreben ist, wenn die Auftriebsbeiwerte der Segel groß sind und deshalb Ablösung im Toppbereich sehr wahrscheinlich ist, sollte die Verwindung des Segels vergrößert werden. Die Verringerung eines vielleicht zu großen Vorstagdurchhanges kann aus Gründen, die in Teil 3 erörtert werden, in dieser Beziehung ebenfalls von einigem Nutzen sein.

Im Hinblick auf den Entwurf mäßig gepfeilter Kielflossen, Schwerter oder Ruder größeren Seitenverhältnisses läßt sich durch eine geeignete Verteilung der Rücklage der maximalen Dicke ihrer symmetrischen Profile über der Spannweite in gewissem Ausmaß eine vorzeitige Ablösung der Strömung im Außenteil zu größeren Anstellwinkeln hinauszögern. So sollte die maximale Dicke der Profile im Außenteil näher an der Vorderkante liegen als die der Profile nahe der Flügelwurzel, beziehungsweise nahe des Rumpfbodens. Dadurch weichen die Saugspitzen längs Spannweite weniger von einer zur Anströmrichtung senkrechten Linie ab. Dieser Effekt einer günstigen Dickenrücklagenverteilung läßt sich durch eine Zunahme der relativen Profildicke in Spannweitenrichtung von innen nach außen (Spitzenprofile relativ dicker als Wurzelprofile) noch leicht verstärken. Der mit einem dickeren Profil verbundene größere Nasenradius hat nämlich in der Regel einen weniger steilen Druckanstieg auf der Saugseite zur

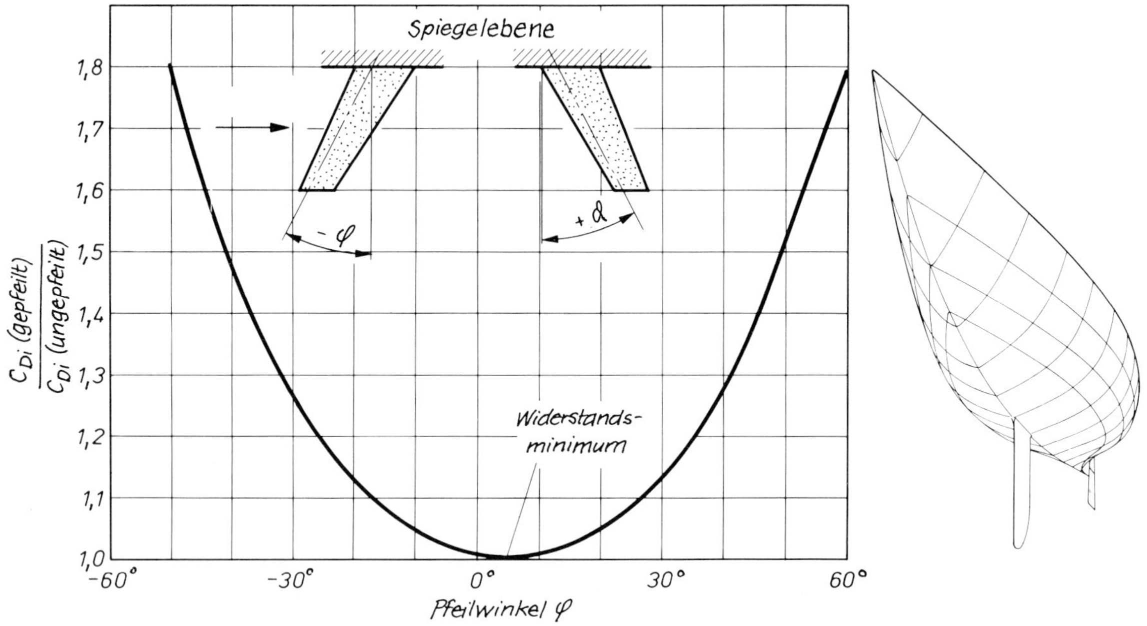

Abb. 2.143 Der Einfluß der Pfeilung auf den induzierten Widerstand von Tragflügeln mit größerem Seitenverhältnis und elliptischem oder fast elliptischem Umriß

Folge und damit einhergehend einen Anstieg des örtlichen $C_{l\,max}$-Beiwertes (vgl. Kapitel C5a)). Diese Forderung nach dickeren Spitzenprofilen kommt günstigerweise auch den Erfordernissen der hydrostatischen Stabilität entgegen, denen zufolge der Gewichtsschwerpunkt der Kielflosse so tief wie möglich liegen sollte.

Versuche haben gezeigt, daß es bei großen Pfeilwinkeln nahezu unmöglich wird, durch entsprechende Wahl der Profilform längs Spannweite eine vorzeitige Ablösung der Strömung an den Flügelspitzen zu vermeiden. Um dem charakteristischen Anstieg der Auftriebsbelastung im Flügelaußenteil entgegenzuwirken, wird dann eine Verwindung des Flügels notwendig. Eine derartige Maßnahme läßt sich bei Segeln, aber nicht so leicht bei Kielflossen und Rudern, anwenden.

Es gibt auch noch andere Möglichkeiten, um das seitliche Abwandern der Grenzschicht zu verhindern, dadurch einen vorzeitigen Ablösungsbeginn hinauszuzögern und so die Zunahme des Widerstandes zu mindern. Eine dieser Maßnahmen, von der man in der Flugtechnik Gebrauch macht, sind Grenzschichtzäune, ähnlich den dünnen Blechstreifen wie auf dem Foto 1.25, Teil 1, die auf die Flügelsaugseite in Strömungsrichtung aufgesetzt werden. Sie hemmen wirksam jede Querströmung der Grenzschicht nach außen, was infolge ihrer Verdickung im Flügelaußenteil zu einem vorzeitigen Ablösen der Strömung führen würde.

Die dreidimensionalen Querströmungen der Grenzschicht (Abb. 2.141, Foto 2.21 B) machen sich nach [2.31] insbesondere bei erhöhter Ablösegefahr (große Anstellwinkel) bemerkbar. Durch die Strömung dieser energiearmen Wasser- oder Luftteilchen in Spannweitenrichtung wird an einigen Stellen die Neigung zur Ablösung vermindert, an anderen verstärkt. Infolgedessen weichen nicht nur die Auftriebs-, sondern auch die Widerstandseigenschaften gepfeilter Flügel, insbesondere solcher mit großem Pfeilwinkel, stark von denen ungepfeilter Flügel ab, deren Umströmung des überwiegenden Teiles des Flügels von der zweidimensionalen Strömung nur wenig unterschiedlich ist.

Bei Änderungen der Grundrißform (zum Beispiel durch Pfeilung) von Rumpfanhängen größeren Seitenverhältnisses sind stets ihre Auswirkungen auf den induzierten Widerstand zu beachten. Eine große Vorwärts- oder Rückwärtspfeilung kann bei gegebenem Auftrieb eine starke Zunahme des induzierten Widerstandes zur Folge haben. Die durch Auswertung verschiedener Messungen gewonnene Kurve in Abb. 2.143 (nach [2.101]) illustriert diesen Sachverhalt. Der Zusatzwiderstand infolge Pfeilung wird durch das Verhältnis des induzierten Widerstandes eines gepfeilten Flügels zu dem eines ungepfeilten Flügels ($C_{\mathrm{Di\ gepfeilt}}/C_{\mathrm{Di\ ungepfeilt}}$) beschrieben. Wie man erkennt, ist der induzierte Widerstand bei einem Pfeilwinkel von etwa $+5°$, das heißt, bei einer leichten Rückwärtspfeilung der Einviertelpunktlinie, am kleinsten. Größere Pfeilwinkel als 15° lassen sich aus hydrodynamischer Sicht bei Rumpfanhängen größeren Seitenverhältnisses, beispielsweise bei einer vom Bootskörper abgesetzten, einem Flugzeugflügel ähnlichen schlanken langen Kielflosse (wie in Abb. 2.143 gezeigt) kaum rechtfertigen.

Der Größe der in Abb. 2.143 angegebenen und für – zwar nicht mitgeteilt, aber vermutlich – elliptische oder nahezu elliptische Flügelformen mit höherem Seitenverhältnis gültigen Widerstandserhöhung infolge Pfeilung wurden Bedenken entgegengesetzt [2.103]. Hierbei ist zu beachten, daß der zusätzliche Widerstand entscheidend vom Seitenverhältnis abhängig ist. Eine Vergrößerung des Seitenverhältnisses verstärkt den Einfluß der Pfeilung auf den induzierten Widerstand. Umgekehrt vermindert sich bei abnehmendem Seitenverhältnis die Widerstandszunahme gemäß Abb. 2.143. Wenn das Seitenverhältnis schließlich sehr kleine Werte ($\Lambda < 1{,}5$ bis 1) annimmt und das zugrundegelegte Wirbelmodell den realen Verhältnissen nicht mehr gerecht wird, da die Randumströmung bis in die Flügelmitte hineingreift und dadurch die Strömungsvorgänge vollständig von der bei größeren Seitenverhältnissen für den überwiegenden Teil des Flügels vorherrschenden zweidimensionalen Umströmung abweichen, wirkt sich eine Pfeilung des Flügels immer weniger auf den induzierten Widerstand aus. Aus Abb. 2.143 und Tabelle 2.12 geht hervor, daß beispielsweise eine Änderung des Pfeilwinkels von $-8°$ auf $+22{,}5°$ bei konstanter Zuspitzung von 0,45 die aerodynamischen Eigenschaften des Flügels nicht nennenswert beeinflußt. Eine verhältnismäßig geringe Empfindlichkeit des induzierten Widerstandes, auch gegenüber extremen Änderungen der Grundrißform ist für alle auftriebserzeugenden Flächen mit kleinem Seitenverhältnis charakteristisch. Dennoch kann man zu dem Schluß gelangen, daß die stark gepfeilte Kielflosse bei geringerem Auftriebsanstieg und erhöhtem induzierten Widerstand ein weniger wirksamer Auftriebskörper ist [2.106A].

Diese Schlußfolgerung muß jedoch mit Vorbehalt bedacht werden. Sie wäre unter der Voraussetzung zutreffend, daß sich die Wasseroberfläche durch eine

Tabelle 2.12

Der Einfluß von Seitenverhältnis, Pfeilwinkel und Form der Flügelspitze auf die Freifahrteigenschaften vollbeweglicher Steuerflächen (alle Steuerflächen untersucht gegen Bodenplatte mit Spalt $= 0{,}005 c_m$). Profil: NACA 0015.

Nr.	Umriß-form	An-ström-rich-tung	mittlere Sehnen-länge c_m (m)	Λ	φ (°)	$\frac{c_t}{c_r}$	Form der Spitze	$R_n \cdot 10^{-6}$	$\left(\frac{\Delta C_L}{\Delta \alpha}\right)_{\alpha=0}$ (1/°)	C_L $\alpha=10°$	C_L $\alpha=20°$	$C_{L\max}$	α_{krit} (°)	α für $L/D_{\max}$ (°)	$L/D_{\max}$	L/D $\alpha=\alpha_{krit}$
1		→	0,61	1	−8	0,45	gerade	2,25	0,023	0,25	0,59	1,24	39,4	8	8,0	2,0
		←					gerade	3,00	0,023	0,30	0,67	0,96	31,2	8	5,4	1,7
							abgerundet	2,28	0,021	0,23	0,53	1,03	36,3	8	8,2	1,8
2		→	0,61	2	−8	0,45	gerade	2,72	0,04	0,42	0,91	1,33	28,7	6	12,2	4,0
		←					gerade	3,00	0,021	0,40	0,64	0,64	21,0	7	6,8	2,3
		→					abgerundet	2,72	0,039	0,41	0,86	1,24	28,8	5	13,0	4,0
3		→	0,61	3	−8	0,45	gerade	2,26	0,056	0,56	1,09	1,13	21,0	4,6	15,8	6,8
		←					gerade	3,00	0,047	0,46		0,62	17,4	5	8,1	2,7
		→					abgerundet	2,26	0,049	0,51	1,02	1,21	24,0	4,4	15,4	5,4
4	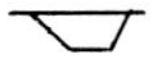	→	0,61	1	0	0,45	gerade	2,70	0,023	0,27	0,60	1,26	38,5	7,0	8,0	2,2
		←					gerade	3,00	0,023	0,30	0,68	0,93	29,2	7,8	5,5	1,9
		→					abgerundet	2,29	0,020	0,24	0,54	1,11	36,4	8	8,2	2,0
5		→	0,61	2	0	0,45	gerade	2,72	0,04	0,44	0,93	1,33	28,7	5,5	12,4	4,0
		←					gerade	3,00	0,039	0,40	0,62	0,63	19,2	6,8	6,8	2,7
		→					abgerundet	2,72	0,04	0,42	0,87	1,17	26,8	5	13,0	4,2
6	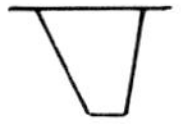	→	0,61	3	0	0,45	gerade	2,70	0,054	0,55	1,10	1,25	23,0	4,5	16,0	6,0
		←					gerade	3,00	0,042	0,46		0,59	15,5	5,2	7,5	3,3
		→					abgerundet	2,26	0,052	0,53	1,05	1,14	22,0	4,6	16,2	6,4
7		→	0,61	1	11	0,45	gerade	2,28	0,024	0,26	0,60	1,40	43,4	7,0	8,2	1,7
		←					gerade	3,00	0,023	0,29	0,67	0,84	28,2	8,0	5,7	1,8
		→					abgerundet	2,28	0,021	0,25	0,55	1,21	39,4	7,0	8,3	2,0
8	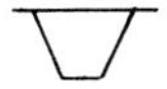	→	0,61	2	11	0,45	gerade	2,72	0,042	0,45	0,94	1,33	28,8	4,0	13,2	4,0
		←					gerade	3,00	0,026	0,39	0,61	0,65	18,2	8,0	6,8	3,1
		→					abgerundet	2,72	0,043	0,44	0,90	1,18	26,8	4,6	14,0	4,4
9	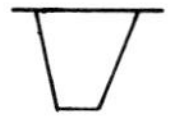	→	0,61	3	11	0,45	gerade	2,26	0,050	0,52	1,05	1,25	24,2	5,0	15,5	5,6
		←					gerade	3,00	0,046	0,48		0,57	13,4	5,6	7,4	3,6
		→					abgerundet	2,26	0,054	0,54	1,05	1,08	20,9	4,0	16,8	5,6
10	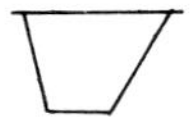	→	0,91	2	22,5	0,45	gerade	3,00	0,045	0,46	0,96	1,46	31,8	5,2	10,6	3,3

Tabelle auszugsweise übernommen aus: *Principles of Naval Architecture*. Copyright: The Society of Naval Architects and Marine Engineers, New York. Wiedergabe mit Genehmigung der vorgenannten Gesellschaft.

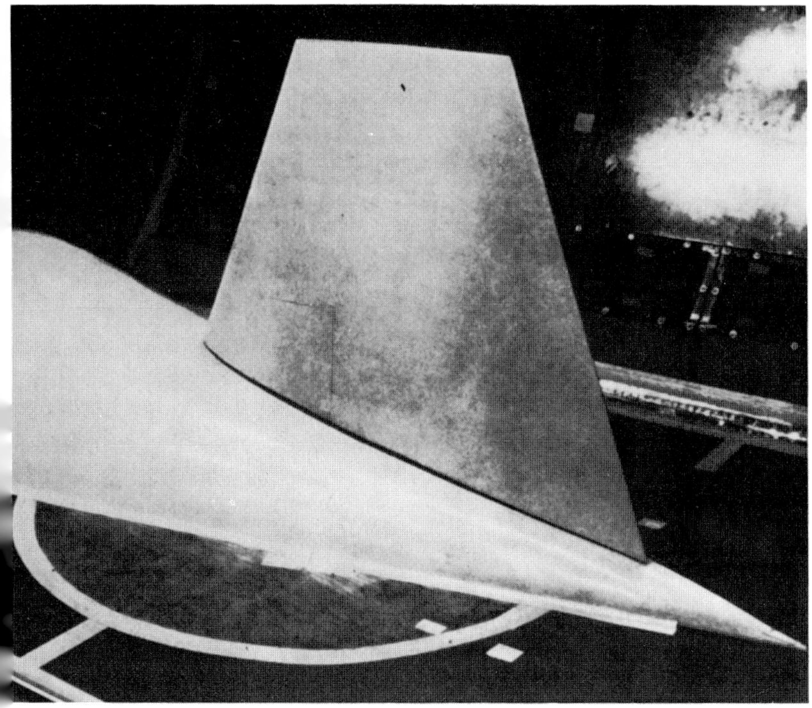

Foto 2.36 Untersuchung von Rumpfanhängen im Windkanal

A An einem Rumpfmodell angebrachtes Ruder; die Wasseroberfläche wird durch den Windkanalboden simuliert. Aufnahme aus: *Principles of Naval Architecture*. Copyright: The Society of Naval Architects and Marine Engineers, New York. Wiedergabe mit Genehmigung der vorgenannten Gesellschaft.

B Doppelmodell des Unterwasserschiffes einer 5,5-m-R-Yacht

starre Ebene ersetzen läßt, an der sich das ganze Unterwasserschiff einschließlich der Anhänge spiegelt, wodurch sich ein als Doppelmodell bezeichneter Körper ergibt (Foto 2.36B). Dieses in Kapitel 4 eingehender erörterte Prinzip wurde dort zur Berechnung des effektiven Seitenverhältnisses und des induzierten Widerstandes des Segels herangezogen. Zwar läßt sich die Wasseroberfläche hinsichtlich der Strömung der Luft um die Segel bei hinreichend genauer Wiedergabe der realen Verhältnisse als eine starre Spiegelebene auffassen, bei der Bewertung aufgrund der Übertragung dieser Vorstellung auf das Unterwasserschiff gewonnener Ergebnisse ist jedoch gebührend zu beachten, daß der optimale Pfeilwinkel der Kielflosse erheblich durch das Zusammenwirken von Rumpf und Kiel und dem von Rumpf und Anhängen zusammen erzeugten Wellenbild beeinflußt werden kann. Bei größerer Fahrtgeschwindigkeit und infolgedessen vorherrschendem Wellenwiderstand könnte ein möglicher erhöhter induzierter Widerstand der

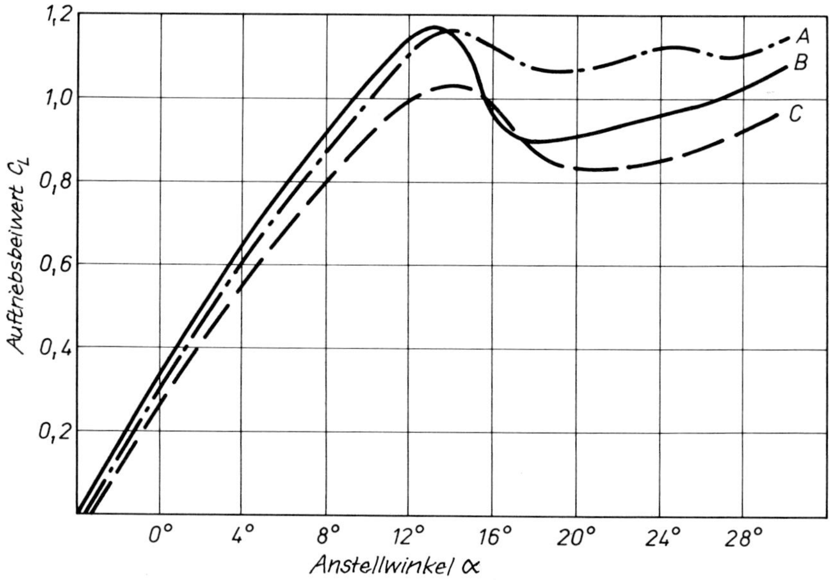

Abb. 2.144 Der Einfluß der Pfeilung auf die Auftriebseigenschaften eines Rechteckflügels vom effektiven Seitenverhältnis $\Lambda_{ef}=6$. Die Untersuchung erfolgte im Windkanal, wobei der Flügel vom geometrischen Seitenverhältnis $\Lambda=3$ jeweils direkt auf die Bodenplatte montiert wurde, so daß sich durch die Spiegelung ein doppelt so großes effektives Seitenverhältnis ergab (siehe Foto 2.36A).

A 20° Vorwärtspfeilung

B Keine Pfeilung

C 20° Rückwärtspfeilung

Kielflosse infolge Pfeilung durch einen geringeren Wellenwiderstand mehr als ausgeglichen werden.

Vorwärts gepfeilte Rumpfanhänge werden im Yachtbau kaum angewendet oder in Erwägung gezogen. Wie bei positiver Pfeilung ist ihr nach Abb. 2.143 mit dem Pfeilwinkel zunehmender zusätzlicher Widerstand ebenfalls eine Folge ungleichförmiger Auftriebsbelastung über der Spannweite. Beim vorgepfeilten Flügel ist die Auftriebskonzentration gegenüber dem zurückgepfeilten Flügel umgekehrt, die größte Auftriebsbelastung tritt nun im Flügelinnenteil auf. Diese Unterschiede in der Auftriebsverteilung, die indirekt aus Abb. 2.142C erkennbar sind, wirken sich erheblich sowohl auf den Maximalauftrieb als auch auf den Verlauf der Auftriebskurve jenseits des kritischen Anstellwinkels aus. Dies ist aus Abb. 2.144 zu ersehen [2.9]. Eine Vorwärtspfeilung hat einen größeren Maximalauftrieb zur Folge und – was noch wichtiger ist – eine deutliche Abflachung des Maximums der $C_L(\alpha)$-Kurve. Zugespitzte Flügelformen scheinen dieses Verhalten stärker zu zeigen als nicht zugespitzte. Wie den beiden mit B und C bezeichneten Kurven zu entnehmen ist, fällt der Auftrieb bei dem geraden oder rückwärts gepfeilten Flügel nach Überschreiten des kritischen Anstellwinkels zu einem erheblichen Teil rasch ab, eine recht unerwünschte Eigenschaft, wenn der Tragflügel als Ruder Verwendung finden soll, das im Gegensatz zur Kielflosse häufig bei

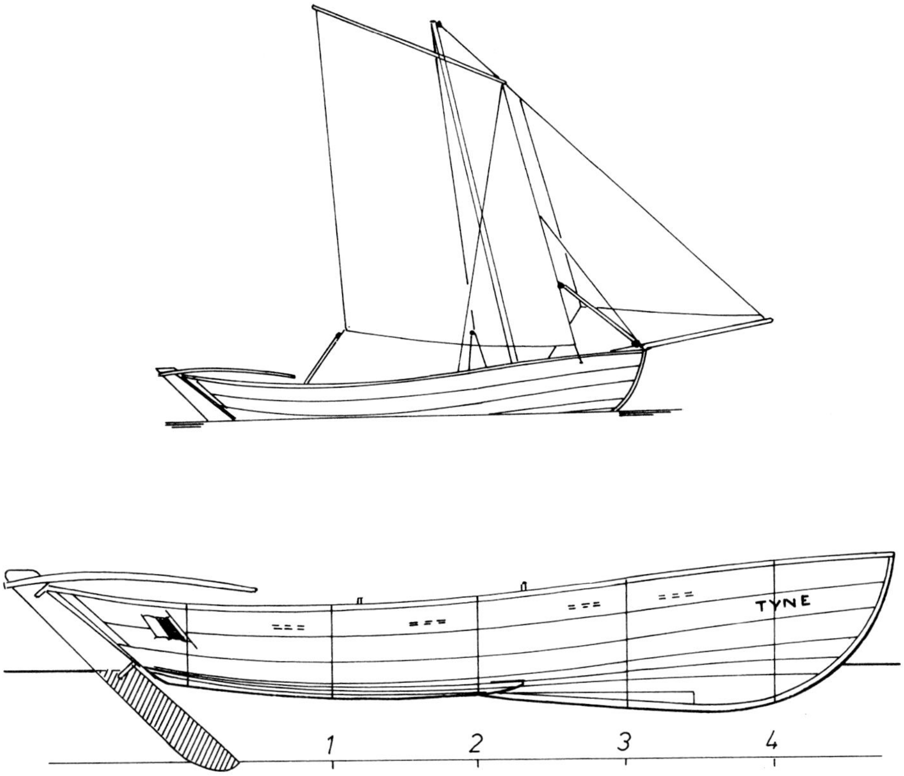

Abb. 2.145 Das Tyne-Coble ($L_{üa} \approx 8{,}2$ m). Dieser von der Konzeption her über 200 Jahre alte und von noch viel älteren skandinavischen Vorfahren abstammende Bootstyp wird heute noch gebaut. Mit ein Grund dafür sind vielleicht die gute Seetauglichkeit und seine Eignung zum Anlanden bei Brandung.

großen C_L-Werten arbeitet. Die in Abb. 2.144 dargestellten Ergebnisse können jedoch nicht verallgemeinert und auf größere Pfeilwinkel übertragen werden.

„Es wäre schon ein sehr eindrucksvoller Beweis eines außergewöhnlichen Vorzuges des vorgepfeilten Tragflügels erforderlich, um die Konstrukteure mit einer so sonderbar aussehenden Flügelanordnung anzufreunden,“ bemerkte E. Wagner [2.9] in seinem Werk über Entwurfsaerodynamik. Diese „sonderbar aussehende Anordnung“ fand gleichwohl vor nicht weniger als 200 Jahren erfolgreich Verwendung, eigentümlicherweise bei den Rudern der sogenannten Coble-Boote der Nordostküste Englands (Abb. 2.145). „Cobles sind schon seit jeher für ihre gute Geschwindigkeit und Seetüchtigkeit bekannt“ [2.102]. Man kann sich leicht vorstellen, daß diese Boote wegen ihres tiefen Vorfußes unvermeidlich zum Querlegen neigten, sobald das relativ völlige Heck durch eine Welle angehoben und der Bug in die See gedrückt wurde. Nur mit dem nach Abb. 2.144 (Kurve A) auch jenseits des kritischen Anstellwinkels noch wirkungsvollem Ruder ließ sich möglicherweise drohendes Querschlagen vermeiden.

Zumindest theoretisch kann bei gleichem Seitenverhältnis der gepfeilte Tragflügel den gleichen induzierten Widerstand erfahren wie der ungepfeilte, vorausgesetzt, die Auftriebsverteilungen über der Spannweite sind gleich. Durch die Pfeilung konzentriert sich der Auftrieb entweder stärker an der Flügelspitze (positive Pfeilung) oder stärker in der Flügelmitte (negative Pfeilung). Durch eine geeignete Zuspitzung des Flügelgrundrisses läßt sich jedoch diese ungünstige Auftriebskonzentration abschwächen. Nach [2.103] gibt es für jeden Pfeilwinkel eine optimale Zuspitzung, bei der die theoretische Auftriebsverteilung praktisch elliptisch ist und der induzierte Widerstand somit minimal wird. Folglich erzeugen diese optimalen Verhältnissen entsprechende Flügelformen keinen höheren Widerstand als der ungepfeilte Flügel. Dieser Zusammenhang zwischen dem Pfeilwinkel φ und der Zuspitzung c_t/c_r ist in Abb. 2.146 angegeben. Um zum Beispiel die Auftriebsverteilung eines um 30° zurückgepfeilten Flügels fast elliptisch zu machen, ist eine Zuspitzung c_t/c_r von etwa 0,2 erforderlich. Ein um 30° vorgepfeilter Flügel verlangt ein Zuspitzungsverhältnis der Grundrißform von 1,4, also in Spannweitenrichtung nach außen hin zunehmende Profillängen. Mit anderen Worten: wird die Zuspitzung c_t/c_r von Null aus erhöht, so ändert sich der Pfeilwinkel, für den der induzierte Widerstand am kleinsten ist, von positiven zu negativen Werten. Die kleinen Skizzen neben der Ordinatenachse in Abb. 2.146 illustrieren diese Änderung der optimalen Zuspitzung mit dem Pfeilwinkel. Es zeigt sich, daß die optimalen Zuspitzungen von Kielflossen aus hydrodynamischer

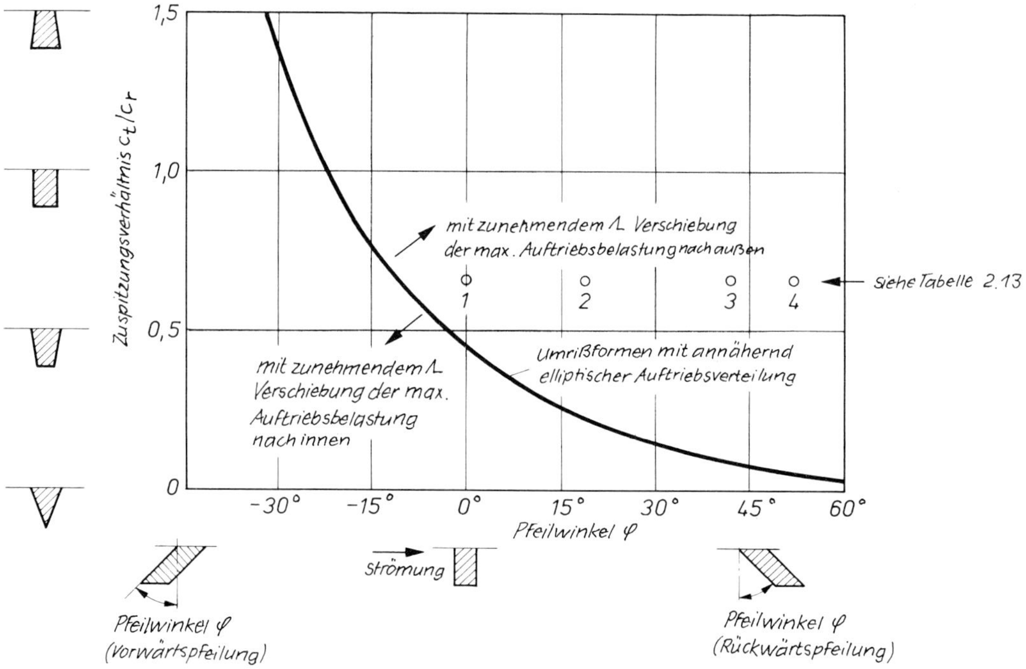

Abb. 2.146 Theoretische Beziehung zwischen dem Pfeilwinkel und dem Zuspitzungsverhältnis für minimalen Widerstand. Bei starker Rückwärtspfeilung verstärkt die Grenzschichtquerströmung die Neigung zu Ablösung im Flügelaußenteil, bei starker Vorwärtspfeilung dagegen im Flügelinnenteil. Hinweis: Tabelle 2.13 ist Abb. 2.151 beigefügt.

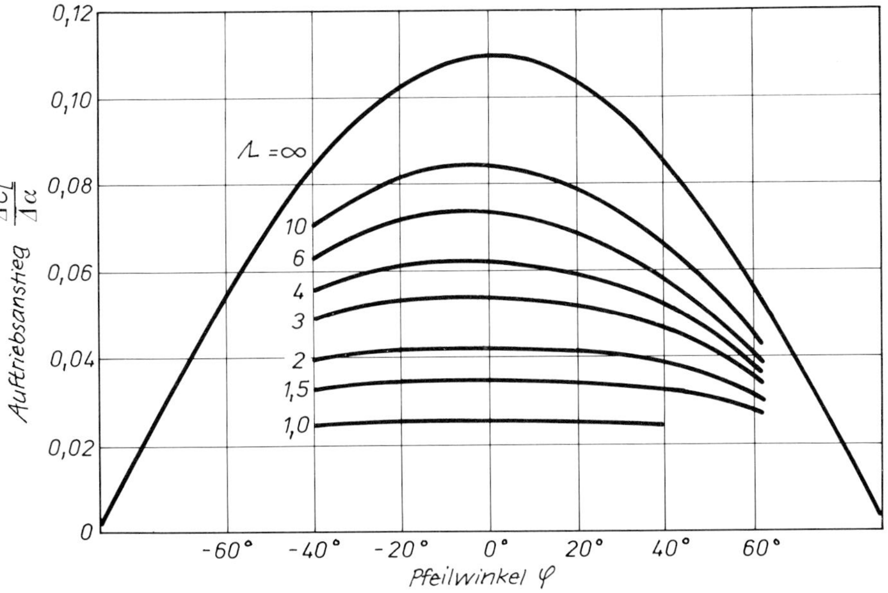

Abb. 2.147 Der Auftriebsanstieg $\Delta C_L/\Delta\alpha$ in Abhängigkeit von Pfeilwinkel und Seitenverhältnis. Zuspitzung $c_t/c_r = 1{,}0$. Bei mäßig zugespitztem Flügel verschieben sich die Kurven insgesamt in Richtung positiver Pfeilwinkel.

Sicht kleiner sind, als im Hinblick auf die Wirksamkeit des Kiels als Ballastträger wünschenswert wäre.

Der Pfeilwinkel beeinflußt weiterhin die Steigung der Auftriebskurve $\Delta C_L/\Delta\alpha$, die, wie wir uns vielleicht erinnern, ein Maß für den Anstieg des Auftriebs mit dem Anstellwinkel ist (siehe Text von Abb. 2.103). Den theoretischen Zusammenhang zwischen $\Delta C_L/\Delta\alpha$, dem Pfeilwinkel φ und dem Seitenverhältnis Λ für Flügel konstanter Tiefe ($c_t/c_r = 1{,}0$) zeigt Abb. 2.147 (nach [2.104]). Hieraus ist zu ersehen, daß für größere Seitenverhältnisse der Auftriebsanstieg mit wachsendem Pfeilwinkel merklich abfällt, am stärksten ist dieser Effekt für $\Lambda = \infty$. Für kleine Seitenverhältnisse nimmt der Auftriebsanstieg des ungepfeilten Flügels schnell ab, der Einfluß der Pfeilung wird bis auf sehr große Pfeilwinkel zunehmend geringer.

In Abb. 2.148 ist der Auftriebsabstieg in Abhängigkeit von Seitenverhältnis, Zuspitzung und der Pfeilung $\varphi = 0°$ und $\varphi = 60°$ aufgetragen. Es ist deutlich zu erkennen, wie sehr sich eine Zunahme des Pfeilwinkels auf die Änderung des Auftriebsanstieges mit dem Seitenverhältnis auswirkt. Weiter ist zu ersehen, daß eine Zuspitzung des ungepfeilten Flügels die Steigung der Auftriebskurve im Vergleich zum Seitenverhältnis nur gering beeinflußt. Die Zuspitzung hat einen vorwiegenden Einfluß auf den Auftriebsanstieg stark gepfeilter Flügel mit mittlerem und großem Seitenverhältnis. Für sehr kleine Seitenverhältnisse ($\Lambda <$ 1,5) nähern sich die Kurven $\Delta C_L/\Delta\alpha$ über Λ der verschiedenen Flügelformen jedoch einander an, der Auftriebsanstieg wird dann eine von Pfeilung und Zu-

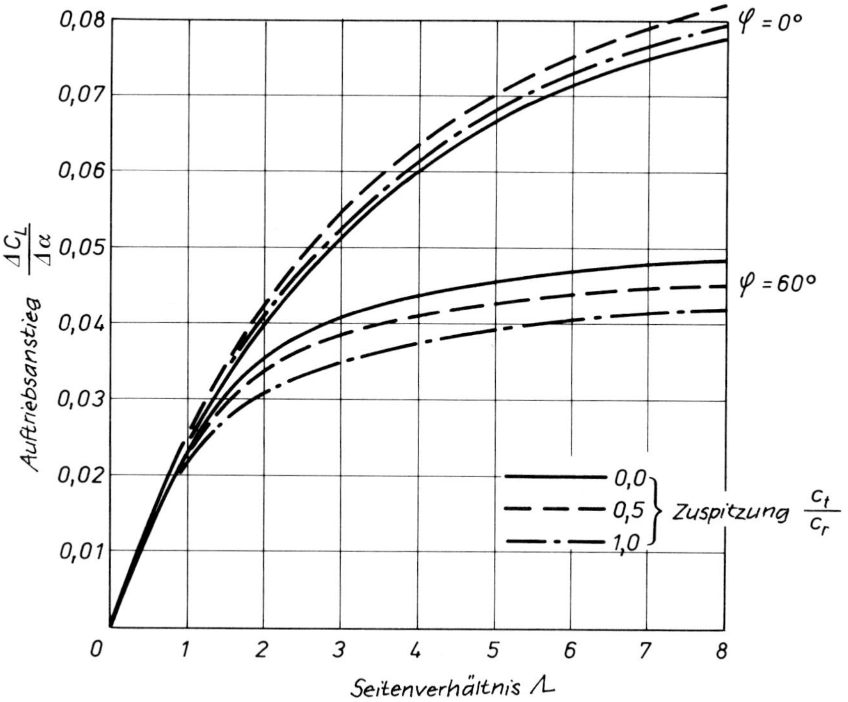

Abb. 2.148 Der Einfluß von Seitenverhältnis, Pfeilung und Zuspitzungsverhältnis auf den Auftriebsanstieg $\Delta C_L/\Delta\alpha$

spitzung im wesentlichen unabhängige, nahezu lineare Funktion des Seitenverhältnisses.

Am Ende des vorangehenden Abschnittes wurde darauf hingewiesen, daß die einfache Traglinientheorie in ihrer Anwendbarkeit gewissen Einschränkungen unterliegt. In der Tat erwies sich diese Theorie als ungeeignet für die Berechnung des Auftriebes und des Widerstandes von Tragflügeln mit Pfeilung und/oder kleinem Seitenverhältnis ($\Lambda < 2{,}5$). Es sei daran erinnert, daß bei der Ausarbeitung dieser Tragflügeltheorie die Vorstellung zugrundegelegt wurde, daß alle Schnitte des Tragflügels von großem Seitenverhältnis bis auf den induzierten Abwind unabhängig voneinander wirken (vgl. Abb. 2.87). Strenge Übereinstimmung mit dieser Annahme erfordert zweidimensionale Strömung in Profilrichtung (Abb. 2.84), und dies bedeutet konstante Profilform und folglich keine Druckänderung längs der im Prinzip zur ungestörten Anströmrichtung senkrechten tragenden Linie. Sind diese Bedingungen erfüllt, wie beim unverwundenen Ellipsenflügel mit großem Seitenverhältnis Λ, ist der örtliche Auftriebsbeiwert C_l über der Flügelspannweite konstant und der induzierte Widerstand infolgedessen ein Minimum. Aus folgenden Gründen gilt dies nicht für den gepfeilten Flügel mit kleinem Seitenverhältnis:

1. Mit abnehmendem Seitenverhältnis gewinnen die starken Randwirbel einen immer stärkeren Einfluß auf die Strömung um den gesamten Flügel. Bei

größerem Seitenverhältnis wirkt sich die Randumströmung dagegen nur auf einen verhältnismäßig kleinen Teil an den Flügelenden aus; demzufolge ist der durch diese Strömung verursachte Abfall des Unterdruckes auf der Flügeloberseite fast vernachlässigbar. Bei sehr kleinen Seitenverhältnissen überwiegt jedoch der Einfluß dieser Querströmung.

2. Die Querströmung in der Grenzschicht, die sich beim Flügel mit kleinem Seitenverhältnis und verstärkt beim gepfeilten Flügel, dessen tragende Linie nicht gerade, sondern in der Flügelmitte geknickt ist, ausbilden, lassen die Umströmung erheblich von der im Grunde zweidimensionalen Form beim geraden Flügel mit großem Seitenverhältnis abweichen.
3. Ein Tragflügel, oder genauer, eine Kielflosse darf nicht völlig losgelöst vom Rumpf betrachtet werden, da dieser zum Auftrieb beiträgt, sowie die Strömung um den Anhang beeinflußt.

e) Zur Theorie schlanker Körper

Um diese Unzulänglichkeiten der einfachen Traglinientheorie hinsichtlich des Tragflügels mit kleinem Seitenverhältnis und beliebigem Grundriß zu beheben, entwickelte man eine Reihe ergänzender Theorien, wie zum Beispiel die erweiterte Traglinientheorie, die Tragflächentheorie oder die Theorie schlanker Körper. Eine ausführliche Übersicht über diese Theorien mit zahlreichen Hinweisen auf das Schrifttum auf diesem Gebiet findet man bei B. Thwaites [2.15]. All diesen Verfahren ist eines gemeinsam: sie sind unvermeidlich komplizierter als die einfache Traglinientheorie. Die ihnen innewohnenden mathematischen Schwierigkeiten machen sie zugegebenermaßen aus der Sicht des Yachtkonstrukteurs unbrauchbar. Für unseren Zweck ist die Feststellung ausreichend, daß die sogenannte Theorie schlanker Körper, und hierbei insbesondere der Beitrag von J.N. Newman und T.Y. Wu [2.105], eine Anordnung aus einem schlanken Tragflügel (beispielsweise ähnlich dem in Abb. 2.149 B dargestellten) und einem relativ langen, yachtähnlichen Körper betrachtet. Erfreulicherweise wurden von J.E. Kerwin, H.C. Herreshoff und anderen [2.106] Teile der komplizierten und noch nicht voll ausgebauten Theorie schlanker Körper direkt für Entwurfszwecke aufbereitet.

Betrachten wir nun einige bemerkenswerte Eigenschaften schlanker Dreieckflügel (Deltaflügel) mit kleinem Seitenverhältnis und großer Pfeilung (Abb. 2.149 B), deren praktische Anwendung Abb. 2.149 C zeigt, näher. Diese unterscheiden sich deutlich von denen gerader Flügel mit großem Seitenverhältnis. Wendet man die Theorie schlanker Körper auf eine Kiel-Rumpf-Anordnung mit einer stark zugespitzten Kielflosse mit zurückgepfeilter Vorderkante an, so ergibt sich, daß nur der rechts von der strichpunktierten und mit X gekennzeichneten Linie in Abb. 2.149 C liegende dreieckförmige Kiel-Rumpf-Bereich Auftrieb hervorruft. Der Beitrag der links der Linie X verbleibenden benetzten Fläche am Auftrieb wird als vernachlässigbar klein angesehen.

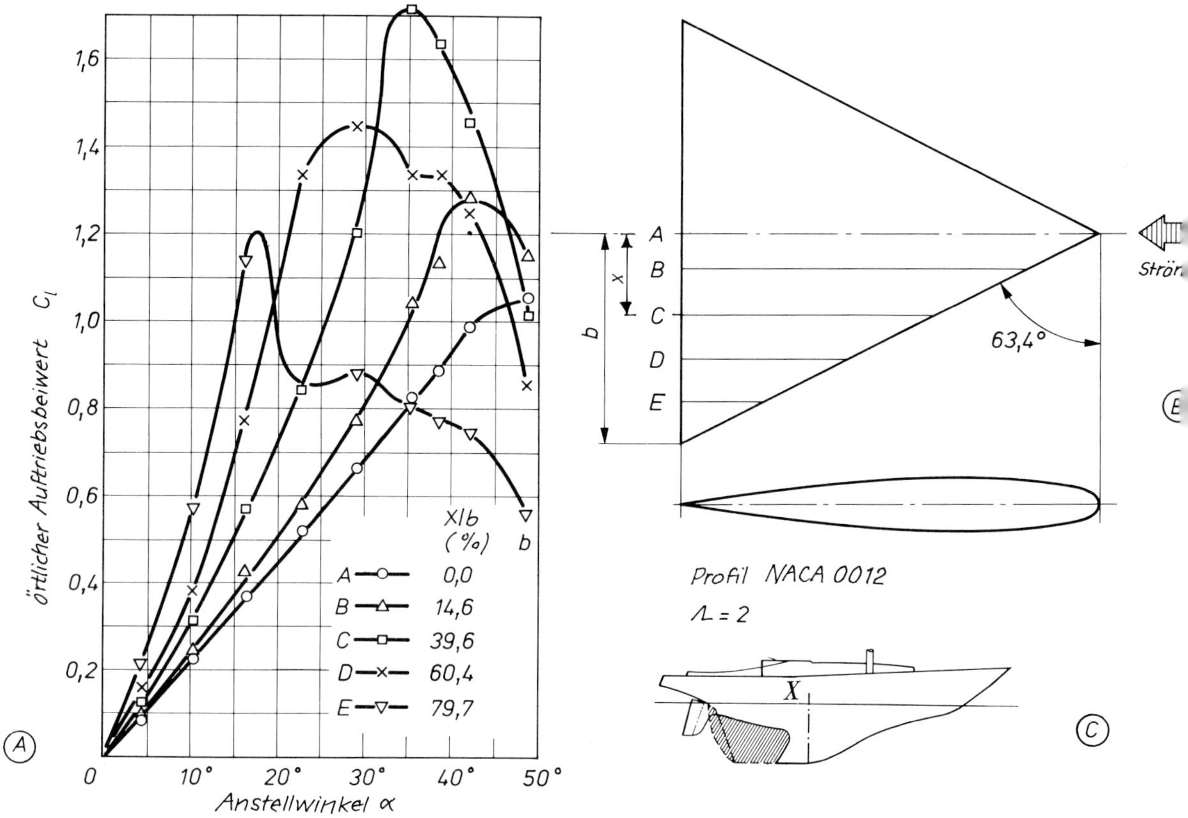

Abb. 2.149 Vergleich der örtlichen Auftriebsbeiwerte in verschiedenen Flügelschnitten längs Spannweite. $R_n = 2{,}4 \cdot 10^6$ (bezogen auf die mittlere Flügeltiefe).

Die Theorie liefert für den Auftrieb folgende Beziehung:

$$L = C \cdot \rho \cdot \pi \cdot V^2 \cdot b_0^2 \cdot \alpha. \tag{2.39}$$

Hierbei ist C ein vom Verhältnis r_0/b_0 abhängiger Koeffizient; r_0 ist der Rumpftiefgang, b_0 der Tiefgang einschließlich Kielflosse (Abb. 2.150 A)
ρ die Dichte des Wassers
$\pi = 3{,}14$
V die Fahrtgeschwindigkeit
und α der Anstellwinkel (Abdriftwinkel).

Wie man sieht, ist die Auftriebsstärke proportional zum Quadrat des Tiefganges und nicht proportional zur Größe des Lateralplanes. Zahlreiche Versuche, unter anderem auch die in [2.106] mitgeteilten, weisen darauf hin, daß Anhänge mit kleinem Seitenverhältnis sich in etwa derart verhalten. Die Versuche zeigen jedoch auch, daß keineswegs alle Einflußfaktoren, die den Strömungscharakter und folglich die Eigenschaften eines Tragflügels von kleinem Seitenverhältnis im Zusammenwirken mit einem Rumpf bestimmen, schon erkannt sind.

In Abb. 2.150 B ist die theoretisch abgeleitete Abhängigkeit des Koeffizienten C

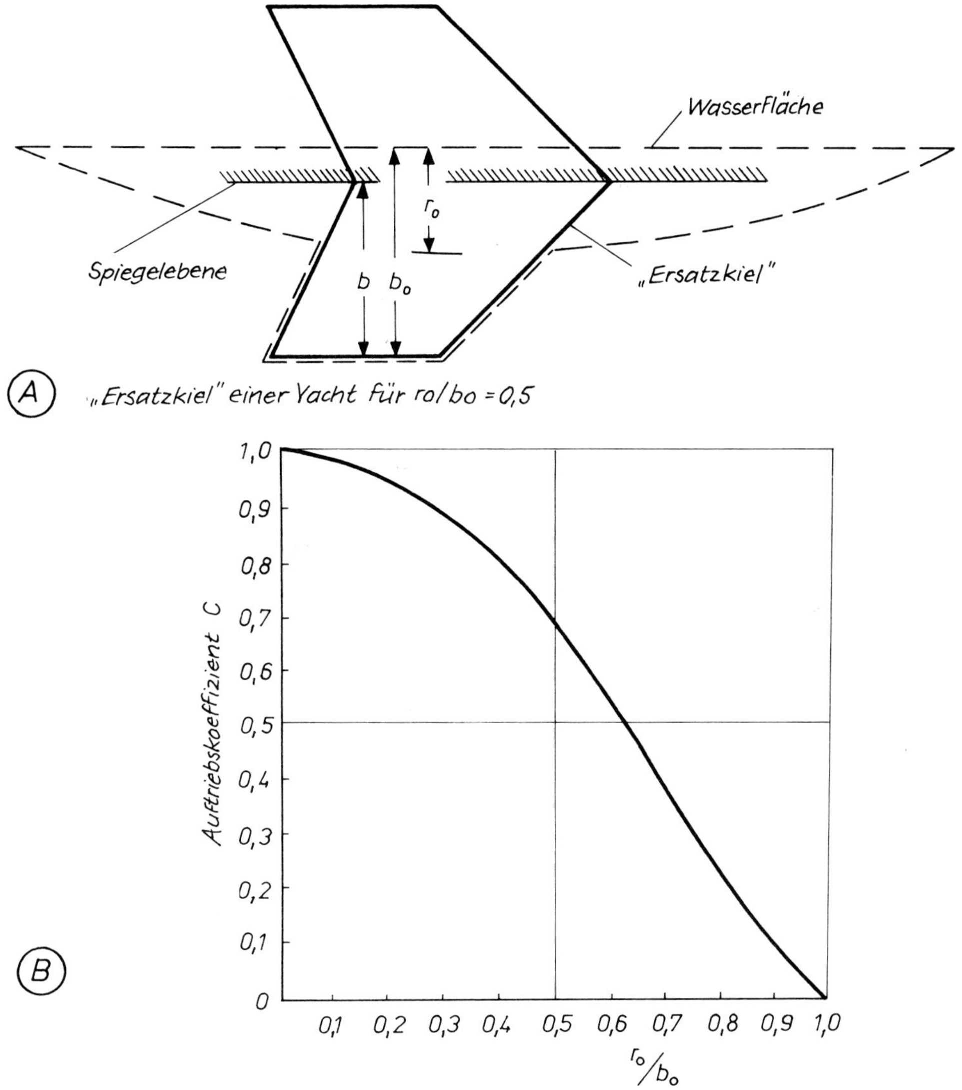

Abb. 2.150 Auftriebskoeffizient *C* eines yachtrumpfähnlichen Körpers mit einzelner Flosse (kein Ruder)

vom Verhältnis r_0/b_0, in dem der gegenseitige Beitrag der Kielflosse und des Rumpfes zum Auftrieb seinen Niederschlag findet, dargestellt. Wird im Grenzfall $r_0/b_0 = 0$, entsprechend einem Rumpf mit vernachlässigbar geringem Tiefgang, ergibt sich *C* zu 1. Bei einem durchschnittlichen Rumpf-Kiel-Anordnungen entsprechenden Verhältnis r_0/b_0 von 0,5 (Abb. 2.150A) nimmt *C* auf 0,69 ab. Abb. 2.150A veranschaulicht auch das Konzept des sogenannten „Ersatzkieles" – eine Vorstellung, die entwickelt wurde, um sowohl die theoretische als auch experimentelle Untersuchung der Kielflosse ohne Rumpf, aber unter Berücksichtigung des Rumpfanteiles am Auftrieb, zu erleichtern. Nach [2.106A] wird hierzu

Table 2.13

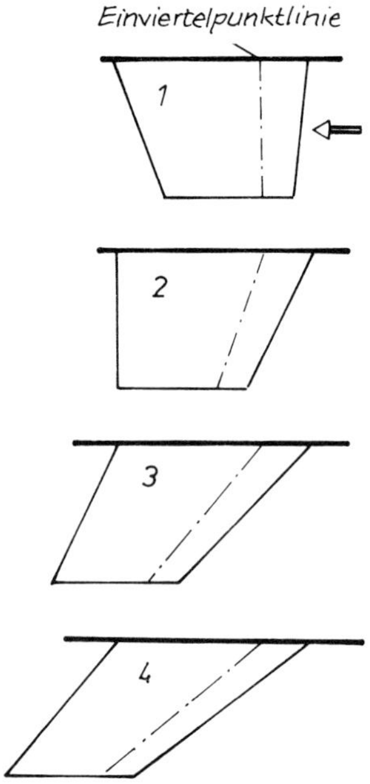

φ (°)	c_t/c_r	$\Delta C_L / \Delta\alpha$ (1/°)	K	D_f (N)	D_i (N)	D_t (N)
0	0,66	0,0368	0,998	231,0	291,7	522,7
20,5	0,66	0,0368	0,996	231,0	292,2	523,2
41,0	0,66	0,0359	0,993	231,0	293,1	524,1
51,0	0,66	0,0342	0,987	231,0	294,9	525,9

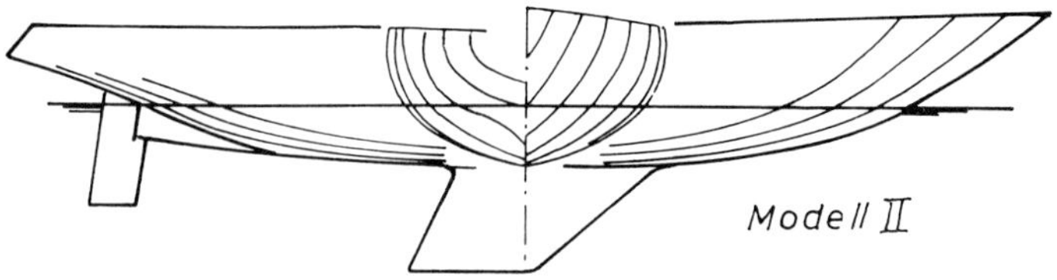

L_{WL} = 10,0 m
B = 3,66 m
T = 2,15 m
Δ = 9759 kg
A_S = 71 m²

Abb. 2.151 Hydrodynamische Eigenschaften von vier Kielflossen mit verschiedenen Pfeilwinkeln. Zuspitzungsverhältnis $c_t/c_r = 0{,}66$, effektives Seitenverhältnis $\Lambda = 1{,}62$ (doppeltes geometrisches Seitenverhältnis).

Die Berechnung der einzelnen Widerstandsanteile erfolgte für den Segelzustand „Am Wind", wobei eine Kielfläche $A = 3{,}84\ m^2$ und eine Bootsgeschwindigkeit $V_S = 6{,}74$ Knoten zugrunde gelegt wurden.

mit Hilfe der Theorie schlanker Körper die Spannweite b eines Ersatzkieles bestimmt, der den gleichen Auftrieb entwickelt wie die Rumpf-Kiel-Kombination mit einem bestimmten Verhältnis r_0/b_0. Beispielsweise ergibt sich für $r_0/b_0 = 0{,}5$ nach Abb. 2.150 B und Gl. (2.39) b zu:

$$b/b_0 = \sqrt{0{,}69} = 0{,}83$$
$$b = 0{,}83 \cdot b_0 .$$

Wie aus Abb. 2.150 A zu ersehen ist, ragt der dem Rumpf und der ursprünglichen Kielflosse theoretisch gleichwertige Kiel der Spannweite b folglich ungefähr zu zwei Drittel des Abstandes zwischen der Kiel-Rumpf-Durchdringung und der Wasseroberfläche in den Rumpf hinein.

Für den induzierten Widerstandsbeiwert eines Tragflügels mit kleinem Seitenverhältnis wie dem Ersatzkiel gilt (vgl. Gl. (2.28 A)):

$$C_{\mathrm{Di}} = \frac{C_{\mathrm{L}}^2}{K \cdot \pi \cdot \Lambda}.$$

Der Faktor K, der sich mit den verschiedenen Methoden der Tragflügeltheorie bestimmen läßt und der nicht größer als 1,0 werden kann, hängt von der Auftriebsverteilung, beziehungsweise von der Flügelgeometrie ab und ist eine Kenngröße für die Güte eines Tragflügels im Hinblick auf den induzierten Widerstand. $K=1{,}0$ bei einer Kielflosse bedeutet somit kleinstmöglichen induzierten Widerstand, entsprechend einer elliptischen Verteilung des Auftriebes über der Spannweite. Abgesehen von dem Faktor K ermöglicht die Tragflügeltheorie die Berechnung des Auftriebsanstieges $\Delta C_{\mathrm{L}}/\Delta\alpha$, womit sich die Auftriebskurve C_{L} über α auftragen und die Zunahme des Auftriebes mit dem Anstellwinkel abschätzen läßt.

Als Beispiel sind in Abb. 2.151 Ergebnisse von auf der Tragflächentheorie und dem Ersatzkiel-Konzept basierenden Berechnungen [2.106] wiedergegeben. Das durch Spiegelung am Wurzelschnitt erhaltene effektive Seitenverhältnis der Kielflossen war in allen Fällen mit $\Lambda=1{,}62$ konstant, ebenso die Zuspitzung mit $c_{\mathrm{t}}/c_{\mathrm{r}}=0{,}6$. Untersucht wurde der Einfluß der Pfeilung. Der Pfeilwinkel φ variierte zwischen 0° und 51°. Die vier Skizzen in Abb. 2.151 zeigen die jeweilige Grundrißform der Kielflossen. Ihr Auftriebsanstieg $\Delta C_{\mathrm{L}}/\Delta\alpha$ und der Wert des Faktors K sind aus der nebenstehenden Tabelle 2.13 zu ersehen. Zusätzlich sind für eine spezielle Kielfläche von 3,84 m^2 und eine Auftriebskraft, die einer mit etwa 6,7 Knoten am Wind segelnden Admiral's Cup-Yacht entsprechen, der Reibungswiderstand D_{f}, der induzierte Widerstand D_{i} und der Gesamtwiderstand D_{t} angegeben. Die Rumpflinien und Hauptabmessungen der zugrunde gelegten Yacht können Abb. 2.151 ebenfalls entnommen werden.

Der Reibungswiderstand, den die Tragflächentheorie nicht liefert, wurde anhand folgender Beziehung ermittelt:

$$C_{\mathrm{f}} = 0{,}0085 + 0{,}0166\ C_{\mathrm{L}}^2$$

(abgeleitet aus dem Widerstandsverhalten von NACA-Profilen nach [2.31]).

Ein Vergleich der Ergebnisse in Tabelle 2.13 könnte leicht zu dem Schluß führen, daß zwar die hydrodynamischen Unterschiede zwischen den vier Kielanordnungen geringfügig sind, der Grundriß 1 ohne Pfeilung dennoch der beste ist. Die Berechnungen zeigen, daß eine Erhöhung des Pfeilwinkels von 0° auf 51° den Auftriebsanstieg $\Delta C_{\mathrm{L}}/\Delta\alpha$ um ungefähr acht Prozent reduziert und den induzierten Widerstand um etwa 1 Prozent vergrößert. Diese Tendenz ist in Übereinstimmung mit Abb. 2.146, aus der zu ersehen ist, daß die Kielform 1 der optimalen Kombination von c_t/c_r und φ näher kommt, als die anderen Formen 2, 3 und 4.

Gilt – so stellt sich die Frage – diese Schlußfolgerung aber auch noch für die gesamte, sich auf der Grenzfläche zwischen Luft und Wasser fortbewegende Kiel-Rumpf-Kombination? Eine Gegenüberstellung der vorstehenden Resultate mit Ergebnissen von Modellschleppversuchen und Untersuchungen an Großausführungen scheint darauf hinzuweisen, daß das reale Verhalten der Kielflosse nicht immer den vorstehenden theoretischen Prognosen entspricht. Man muß bedenken, daß den in Abb. 2.151 dargestellten Ergebnissen die Vorstellung zugrunde liegt, daß die Tragflügelwirkung sich allein auf die Flosse beschränkt – gleich, ob die vorliegende Kielgeometrie mittels des Ersatzkieles (um den Rumpf zu berücksichtigen), korrigiert wird oder nicht. Das ganze Konzept des Ersatzkieles basiert auf der Annahme, daß der Rumpfboden für die Kielflosse eine Spiegelebene darstellt und mithin die Strömung um das Wurzelprofil des Kieles zweidimensional ist. In Wirklichkeit ist der Rumpf im Bereich der Kiel-Rumpf-Durchdringung nicht flach, außerdem ist die Wasseroberfläche verformbar, und sowohl vom Rumpf, als auch vom Kiel erzeugte Wellen beeinflussen sich gegenseitig. Aufgrund des gekrümmten Rumpfbodens ändert sich die örtliche Strömungsgeschwindigkeit und -richtung im Bereich der Kielwurzel. Die resultierenden Drücke auf Rumpf und Anhänge bewirken Oberflächenwellen, deren Ausprägung von Abdrift, Krängung und Fahrtgeschwindigkeit abhängt. Alle diese Sachverhalte machen das Problem einer Anordnung aus einem schlanken Körper und einem Tragflügel, die in einer Strömung mit freier Oberfläche Auftrieb und Widerstand erfahren, so außerordentlich schwierig.

Modellversuche zeigen, daß der resultierende Widerstand der Rumpf-Kiel-Anordnung weit empfindlicher gegenüber Änderungen der Flügelpfeilung ist, als theoretisch zu erwarten wäre – überdies auch noch im entgegengesetzten Sinn zu dem der Tabelle 2.13. In Anbetracht dessen sollte man jedoch nicht den Mut zu tief sinken lassen, denn schließlich ist es in der Aerodynamik wie auch auf anderen Gebieten der Wissenschaft eine erwiesene Tatsache, daß das Ganze mehr als die Summe seiner Teile ist. Der Yachtrumpf ist ein System von einander abhängiger Teile, jede Änderung des einen Teiles beeinflußt die anderen, sowie die Gesamtheit.

Diese Schwierigkeiten, die man bereits in den Anfängen der wissenschaftlichen Untersuchung der Fahrtleistung von Segelyachten erkannte, sind bis heute noch ungelöst und geben Anlaß zu Spekulation. Die Anwendung des Spiegelungsprinzips auf das Unterwasserschiff, nachdem sich ein Doppelmodell ergibt (Foto 2.36 B), dessen effektives Seitenverhältnis doppelt so groß wie das geometrische Seitenverhältnis der Yacht ist, wurde wahrscheinlich erstmalig von K.S.M. Davidson [2.109] vorgeschlagen. Folgt man diesem Gedanken, so sind die sichtbarsten Kennzeichen der Bewegung einer Yacht – die Bug- und Hecksee (Foto 1.7A und B, Teil 1), sowie die sich hinter dem Heck in charakteristischem Muster ausbreitenden Wellen – unbeachtet zu lassen. Gegen diese Betrachtungsweise wurden von Th. v. Kármán Einwände erhoben. Er zeigte auf, daß die

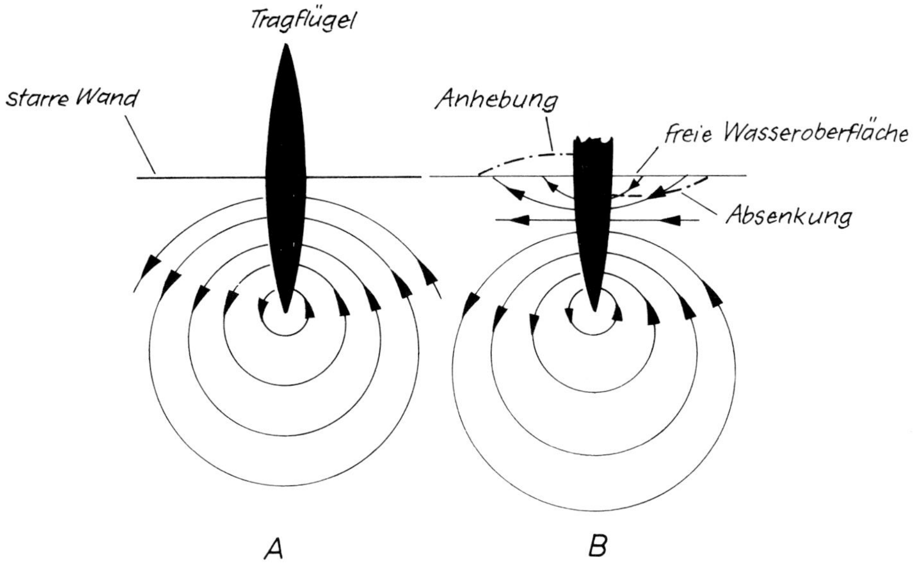

Abb. 2.152 Schematisches Bild der freien abgehenden Wirbel (von hinten gesehen): beide Tragflügel sind gegen die Strömung angestellt und entwickeln eine Auftriebskraft.

Fall A beschreibt das Spiegelungsprinzip, demgemäß die Wasseroberfläche als starre Wand betrachtet wird (vgl. Abb. 2.114).

Fall B stellt die Konfiguration der abgehenden Wirbel in einer Wasserströmung mit freier Oberfläche dar. Dabei kommt es zu einer Absenkung der Wasserteilchen auf der Tragflügelsaugseite und zu einer Anhebung auf der -druckseite infolge der unterschiedlichen Drücke. Diese Deformation der freien Oberfläche auf der Saugseite ist deutlich auf dem Foto 1.7B zu erkennen. Sowie die Wasserteilchen durch irgendeine Störung, wie hier durch eine Druckstörung, über oder unter ihre Ruhelage ausgelenkt werden, entstehen Oberflächenwellen oder pendelartige Auf- und Abbewegungen.

Die allgemeine Wirkung eines oberflächendurchstoßenden Tragflügels auf die freie Oberfläche läßt sich gut an einer halb in eine Strömung eingetauchten Glasscheibe demonstrieren. Bei kleiner Anstellung gegen die Strömungsrichtung kann man die Spiegelhöhenunterschiede deutlich erkennen.

Die Störungen der freien Wasseroberfläche infolge Fortschreitens eines eingetauchten Körpers und des damit zusammenhängenden Druckfeldes – sei es ein Rumpf oder eine Flosse –, lassen sich in zwei Arten aufteilen: Erstens – in eine örtliche Störung, derart wie sie Foto 1.7B zeigt, deren Ausprägung (Kontur) durch die Größe und Form des Körpers bestimmt wird. Zweitens – in einen sich hinter, aber auch neben (wie Abb. 1.7A zeigt) dem Körper in charakteristischer Weise ausbreitenden Wellenzug. Eine Kielflosse unter dem Rumpf verursacht dabei eine gewisse Änderung des vom Bootsrumpf allein hervorgerufenen Wellenbildes. Es liegt nahe, daß diese Änderung des Wellenprofils am Rumpf stark von der Belastung des Kiels, das heißt, vom erzeugten Auftrieb, und dem Krängungswinkel des Bootes abhängig sein wird. Foto 2.37 veranschaulicht diesen Sachverhalt.

Unterschiede in gemessenem und berechnetem Widerstand von Modellyachten nur erklärt werden können, wenn man einen Teil des Wellenwiderstandes als induzierten Widerstand infolge Querkraftproduktion annimmt.

Da v. Kármáns Diskussionsbeitrag, obwohl bereits vor mehr als 40 Jahren veröffentlicht, noch immer aktuell ist, sei er ausführlicher zitiert:

Foto 2.37 Modell einer Yacht im Schleppkanal des Davidson Laboratory, USA, bei drei verschiedenen Krängungswinkeln: 10°, 20° und 30°. Das Wellenbild des Rumpfes resultiert hauptsächlich aus dem Druckfeld im Bereich von Bug und Heck sowie im Mittschiffsbereich in der Nähe des Kiels. Dies sind die Gebiete, wo die Strömungsgeschwindigkeit des Wassers und die Drücke sich rasch ändern. Jede Änderung der Rumpfform in diesen Bereichen, zum Beispiel durch eine Anfügung eines verdickten Skegs an das Hinterschiff, durch eine Verschiebung des Kiels in Längsrichtung oder durch Veränderung der Kielpfeilung, kann sich ganz erheblich auf das resultierende Wellenbild und den Wellenwiderstand auswirken. Das Studium der entlang des Rumpfes bei verschiedenen Geschwindigkeiten und Krängungswinkeln sich ausbildenden Wellenkontur kann für die Beurteilung etwaiger Abänderungen der Rumpfform sehr hilfreich sein.

„Professor Davidson fand, daß der induzierte Widerstand des als Tragflügel mit kleinem Seitenverhältnis betrachteten Yachtrumpfes ungefähr doppelt so groß ist, wie ihn die Theorie vorhersagt. Ich bin der Auffassung, daß dieser Widerspruch hauptsächlich daher rührt, daß der Verfasser den eingetauchten Teil des Rumpfes als die eine Hälfte eines Tragflügels ansieht. Dieser Annahme würden die Aerodynamiker nur im Falle eines Flüssigkeitsstromes zwischen festen Wänden zustimmen. Der wegen der freien Wasseroberfläche zu dem schräg angeströmten Bootsrumpf analoge Fall ist der eines Tragflügels, der in eine unendlich ausgedehnte und durch eine freie Oberfläche mit konstantem Druck begrenzte Strömung taucht. Berechnet man den induzierten Widerstand für diesen Fall, so ist der theoretische Wert geringfügig mehr als doppelt so groß wie der von Professor Davidson angegebene Wert und somit in Übereinstimmung zu dem Experiment."

Abb. 2.152 veranschaulicht diese beiden Betrachtungsweisen. v. Kármán weiter:

„Daß es nicht zulässig ist, den Yachtrumpf durch einen halben Tragflügel zu ersetzen, läßt sich leicht aus dem Grenzfall eines Bootes mit ‚unendlich großem Tiefgang' ersehen. Nach Professor Davidsons Formel [die den Standardausdruck für den induzierten Widerstand nach Gl. (2.28 A): $C_{Di} = C_L^2/\pi \cdot A$ verwendete (bei gegen Unendlich strebendem Seitenverhältnis im Nenner geht der Wert für C_{Di} gegen Null)] würde sich in diesem Falle aufgrund der unendlichen Spannweite Null ergeben. Es leuchtet jedoch ein, daß die Anhebung und Absenkung der Wasseroberfläche zu beiden Seiten des mit Abdrift segelnden Bootes gemäß der pro Zeiteinheit erzeugten kinetischen Energie mit einer Art Widerstand verbunden sein muß. Es ist eine Frage der Terminologie, ob dieser Widerstand induzierter Widerstand oder Wellenwiderstand genannt wird. Physikalische Tatsache ist, daß dynamischer Auftrieb nicht aufrecht erhalten werden kann, ohne daß dabei der Flüssigkeit ständig Impuls zugeführt wird. Folglich muß in jeder Sekunde neue kinetische Energie erzeugt und im Nachstrom gespeichert werden. Diese Energie ist gleich der vom Widerstand verrichteten Arbeit. Betrachten wir die Bewegung im Kielwasser als eine Art Wellenbewegung, nennen wir den der geleisteten Arbeit entsprechenden Widerstand Wellenwiderstand. Betrachten wir

23946

23944

23945

die Bewegung als Wirbelbewegung, bezeichnen wir den selben Widerstand als induzierten Widerstand.“

Nach T. Tanner [2.110] zeigen zur Klärung dieses Sachverhaltes durchgeführte Untersuchungen, daß die Doppelmodell-Vorstellung zu erheblich zu kleinen Werten sowohl für den Auftriebsanstieg $\Delta C_L/\Delta\alpha$ als auch für den induzierten Widerstand führt.

Die theoretischen Werte des Faktors K in Tabelle 2.13 liegen alle nahe 1,0, was darauf hinweist, daß Tragflügel mit kleinem Seitenverhältnis, unabhängig von der Größe des Pfeilwinkels, eine elliptische Auftriebsverteilung besitzen und somit minimalen induzierten Widerstand erfahren. Nach [2.15] stimmt der gemessene Widerstand jedoch nur selten mit der Theorie überein. Der Grund hierfür ist, daß die Theorie den Einfluß der Zähigkeit und mithin vorzeitige Ablösung nicht berücksichtigt. Unter realen Strömungsbedingungen tritt Ablösung normalerweise nicht nur entlang der Hinterkante, wie in der Theorie angenommen, sondern auch örtlich entlang der Vorderkante auf. Dies bedeutet an manchen Stellen einen höheren örtlichen Auftrieb und folglich einen ebenfalls größeren Widerstand.

Die in Abb. 2.149 dargestellten Messungen des örtlichen Auftriebsbeiwertes C_l in verschiedenen Schnitten längs der Spannweite des stark gepfeilten Dreieckflügels vom Seitenverhältnis $\Lambda = 2$ verleihen diesem Punkt mehr als genug Unterstützung. Die fünf Kurven zeigen die Änderung des örtlichen Auftriebbeiwertes mit dem Anstellwinkel für die in Abb. 2.149 B eingezeichneten Flügelschnitte. Im Gegensatz zu dem linearen Zusammenhang zwischen Auftrieb und Anstellwinkel für Flügel mit großem Seitenverhältnis (siehe beispielsweise Abb. 2.103 und 2.104) verlaufen die örtlichen Auftriebskurven für Flügel mit kleinem Seitenverhältnis nicht linear, sondern biegen bereits bei kleinem Anstellwinkel nach oben ab. Der nichtlineare Verlauf ist für den am weitesten außen liegenden Profilschnitt am ausgeprägtesten, hier ist auch die Zunahme des örtlichen Auftriebsbeiwertes mit dem Anstellwinkel, das heißt, der Auftriebsanstieg $\Delta C_L/\Delta\alpha$, am größten. So nimmt die Steigung der Auftriebskurve beispielsweise bei Nullauftrieb von 0,05 im außenliegenden Flügelschnitt auf 0,02 in der Flügelmitte ab. Infolgedessen wird das Profil E nahe der Flügelspitze stärker belastet als die anderen Profile weiter innen, die erste örtliche Ablösung tritt folglich zuerst im Flügelaußenteil auf. Wie sich aus Abb. 2.149 A ersehen läßt, liegt der kritische Anstellwinkel des Spitzenprofils E etwas über 15°, während derjenige des Flügelwurzelschnittes A ungefähr 45° beträgt. Die Verschiebung der Strömungsablösung an den innen liegenden Profilen zu erheblich größeren Anstellwinkeln wird auf die bereits erwähnte Querströmung in der Grenzschicht zurückgeführt. Man nimmt an, daß die verzögerten Flüssigkeitsteilchen in der Reibungsschicht nach außen abwandern, wodurch sich die Ablöseneigung im Flügelinnenteil vermindert und die Profile hier folglich größere $c_{l\,max}$-Werte erreichen können, als dies bei zweidimensionaler, das heißt, nur in Profilrichtung verlaufender Strömung möglich wäre.

Die Einflüsse der dreidimensionalen Strömung sind beim stark zurückgepfeilten Tragflügel so groß, daß weder die Druckverteilung in Tiefenrichtung, noch die Auftriebseigenschaften anhand von Profildaten, wie sie beispielsweisse in [2.31] mitgeteilt werden, berechenbar sind.

Wir wollen diesen für die Praxis sehr bedeutsamen Punkt noch einsichtiger machen. Man könnte zum Beispiel erwarten, daß das Auftriebsverhalten einer Kielflosse mit dem Profil NACA 0015 und einem Seitenverhältnis von $\Lambda = 2$ gleich dem des für endliches Seitenverhältnis korrigierten Tragflügels unendlicher Spannweite ($\Lambda = \infty$) ist. Die Angaben in Tabelle 2.12 für die Flossen Nr. 2, 5 und 8 können sogar als Bestätigung dieser Vermutung angesehen werden. Wie aus ihnen zu ersehen ist, liegt der maximale Auftriebsbeiwert $C_{L\,max}$ der Flossen zwischen 1,2 und 1,3. Diese Information ist jedoch irreführend, wenn der Einfluß der Flügelpfeilung außer acht gelassen und nur das Seitenverhältnis in Betracht gezogen wird. Bei gleichem Seitenverhältnis, aber dreieckigem Umriß und großem Pfeilwinkel, erreicht der Tragflügel nach Abb. 2.149 B hingegen maximal nur einen C_L-Beiwert von etwa 0,8. Die schon aus Abb. 2.144 zu erkennende Tendenz der mit wachsender positiver Flügelpfeilung abnehmenden $C_{L\,max}$-Beiwerte verstärkt sich bei großem Pfeilwinkel immer mehr. Dies ist auf die bereits erwähnten Unterschiede in der Verteilung des Auftriebs in Spannweitenrichtung zurückzuführen, deren Maximum sich mit zunehmendem Pfeilwinkel immer weiter nach außen verschiebt.

Zum Schluß sei noch gesagt, daß sich beim deltaförmigen Flügel (dreieckähnlicher Umriß, große Pfeilung) die dreidimensionalen Strömungseffekte als so ausgeprägt erweisen, daß jeder Versuch, die relativ kleinen Unterschiede in den Eigenschaften verschiedener Profile (siehe beispielsweise Abb. 2.58) auszunutzen, bedeutungslos wird. Da sich die Umrißformen gleichen, ist das Verhalten der Kielflosse vom Haifischflossentyp mit kleiner benetzter Fläche (Abb. 2.149C) dem des Deltaflügels ähnlich – frühes Ablösen der Strömung und hoher Widerstand, sobald das Ablösen erfolgt. Für das Rollverhalten der Yacht auf Vorm-Wind-Kurs sind solche Kieleigenschaften von entscheidender praktischer Bedeutung.

Anstoß zu erheblichen Veränderungen in der Unterwasserform von Segelyachten gab sicherlich die von R.T. Jones [2.108] stammende Theorie des Auftriebs für schlanke Flügel von kleinem Seitenverhältnis, die sich ganz wesentlich von der Traglinientheorie (gemäß der die Auftriebsstärke von der Flügelfläche abhängt) unterscheidet. Nach dieser Theorie hat es keinen Sinn, den unnötigen Reibungswiderstand der großen benetzten Fläche einer traditionellen Langkielanordnung in Kauf zu nehmen, da ihr zufolge der Auftrieb von der Fläche unabhängig ist. Logische Folge dieser Erkenntnis ist die Haifischflossenkielform (Abb. 2.149C). Tatsächlich reduzierte sich in den vergangenen 25 Jahren die relative Größe von Kielflossen und Rudern ganz erheblich. Bei mancher der in Mode gekommenen getrennten Kiel-Ruder-Anordnung, die den Langkiel mit angehängtem Ruder verdrängt hat, macht die benetzte Fläche nur noch ein Drittel der Fläche der herkömmlichen Anordnung aus.

Natürlich läßt sich die benetzte Fläche eines Anhanges mit kleinem Seitenverhältnis bei gegebenem Tiefgang oder Spannweite nicht beliebig verkleinern. In [2.106] wird hierzu angemerkt: „Nehmen wir an, wir untersuchten einen Rumpf mit extrem langen Kiel. Wenn wir die Profillänge des Kieles nun allmählich verkürzten, würde das Experiment zeigen, daß der Auftrieb anfänglich praktisch unverändert bleibt. Ist das Seitenverhältnis des Kieles jedoch als Folge der Verringerung der Profiltiefe hinreichend groß geworden, würde der Auftrieb schließlich abnehmen. Dieser Widerspruch ist eine Folge der Tatsache, daß die Voraussetzungen der Theorie schlanker Körper nicht gegeben sind, wenn das Seitenverhältnis der Flosse zu groß wird.“ Die Theorie des Auftriebs für Flügel von großem Seitenverhältnis erlangt nun Gültigkeit, so daß die Flügelfläche wieder ein wichtiger, die erreichbare Auftriebsstärke bestimmender Faktor wird.

Unter bestimmten Umständen kann eine drastische Verminderung der benetzten Fläche der Kielflosse zweifellos von Nutzen sein. Durch diese Maßnahme läßt sich die Fahrtleistung der Yacht bei wenig Wind, wenn stationäre Bewegungszustände vorherrschen, und dem Reibungswiderstand die entscheidende Bedeutung zukommt, verbessern. Andererseits kann sich dies aber auch nachteilig auf das Verhalten der Yacht beim Wenden in Seegang oder auf die Neigung zum Rollen vor dem Wind auswirken. Ein zu kleiner Kiel vom Haifischflossentyp kann dann leicht seine Vorteile einbüßen. Der Grund ist folgender: beim Überstaggehen wird das Boot stark abgebremst, so daß seine Geschwindigkeit V_S nur einen Bruchteil der Geschwindigkeit vor dem Wenden beträgt. Um auf dem neuen Bug die alte Geschwindigkeit schnell wiederzuerlangen, muß der Kiel genügend Auftrieb bei kleinstmöglichem induzierten Widerstand produzie-

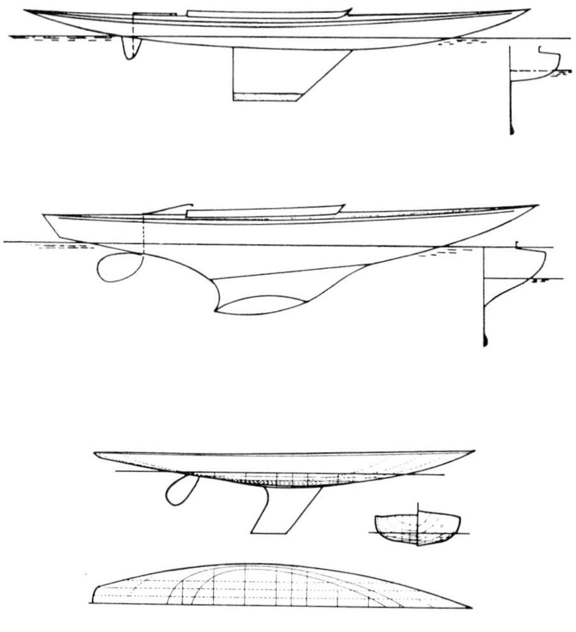

Abb. 2.153 Getrennte Kiel-Ruder-Anordnungen gab es bereits zu Ende des 19. Jahrhunderts.

ren. Da die Vorausgeschwindigkeit V_S aber recht gering ist, und der Auftrieb nach Gl. (2.39) vom Quadrat der Geschwindigkeit abhängt, kann ein ausreichend großer Auftrieb [wiederum nach Gl. (2.39)] nur bei entsprechend großem Anstellwinkel (Driftwinkel) α entwickelt werden, bei dem die Strömung aber bereits ablösen kann, wodurch der induzierte Widerstand stark anwächst und der maximal erreichbare Auftrieb begrenzt wird. Beide Faktoren verzögern die Beschleunigung des Bootes auf dem neuen Bug, sie verursachen einen typischen Teufelskreis infolge der einander widersprechenden Anforderungen.

Ohne der vergangenen Segler- und Yachtkonstrukteursgeneration gegenüber übertrieben nostalgisch oder apologetisch zu sein, muß man die Tatsache anerkennen, daß die separate Kiel-Ruder-Anordnung schon Ende des 19. Jahrhunderts verbreitet war. Abb. 2.153 zeigt einige der fast traditionellen Längsrisse von Yachten jener Zeit. Diese Boote waren bekannt für „... eine sehr schnelle Reaktion auf Ruderausschläge, eine Eigenschaft, die, wie nützlich auch immer bei Regattayachten, bei Kreuzeryachten unerwünscht ist" [2.111]. Offensichtlich hatten jene Boote mit guten Steuereigenschaften ziemlich schlechte Kursstabilität und in einigen Extremfällen ungünstiges Rollverhalten, was für die Besatzung auf einer langen Reise sehr ermüdend sein kann. Im Zuge des aufkommenden Kreuzer-Rennyacht-Gedankens, demzufolge Geschwindigkeit, Manövrierfähigkeit und Seetüchtigkeit die drei Tugenden einer Yacht sind, wurde die getrennte Ruder/Flossen-Anordnung wieder aufgegeben – bis zu ihrer unlängsten Wiedereinführung.

Literaturverzeichnis und Anmerkungen zu Teil 2

[2.1] Ducker, F.E.M.: About fins. Yachting Monthly, 1943.

[2.2] Druckmessungen auf der Oberfläche der Erde, welche die Untergrenze der Atmosphäre bildet, können nur relativ zum Luftdruck erfolgen. Dieser Atmosphärendruck, der verschiedentlich auch als „Barometerstand" bezeichnet wird, ist von den vorherrschenden Witterungsbedingungen abhängig. Er schwankt dabei etwa 5 Prozent um den Mittelwert. Um eine feste Bezugsbasis für Druckmessungen zu haben, hat man eine Vereinbarung über eine „Normalatmosphäre" getroffen, mit folgendem Wert für den Luftdruck in Meereshöhe bei einer Temperatur von 15 °C („Normaldruck"):

$$p_0 = 1{,}01325 \cdot 10^5\ \mathrm{N/m^2} = 1{,}01325 \cdot 10^5\ \mathrm{Pa} = 1{,}01325\ \mathrm{bar} = 1013{,}25\ \mathrm{mbar}.$$

Manometer und andere Druckmeßgeräte zeigen die Druckdifferenz gegen die äußere Atmosphäre an. Der Manometerdruck ist positiv (Überdruck), wenn er größer, und negativ (Unterdruck), wenn er kleiner ist als der Bezugsluftdruck (Abb. 2.154). Da der Druck p beim absoluten Nullpunkt der Temperatur ($t = -273{,}15$ °C) gleich Null wird, können Drücke auch als absolute Drücke angegeben werden. Ein Absolutdruck von Null ist so gleichbedeutend einem Unterdruck $p = -1{,}01325 \cdot 10^5$ Pa, die Luftdruckangabe $p_0 = 1013{,}25$ mbar also eine Angabe des absoluten Druckes.

[2.3] Tanner, T. in: Conference on yacht design and research. ACYR, March 1962, University of Southampton. Section 2. Basic principles of aerodynamics and hydrodynamics.

[2.4] Munk, M.: On the triple origin of air forces. Journ. Aeron. Sci., 1938. (M. Munk gilt als einer der hervorragendsten Wissenschaftler auf dem Gebiet der Aerodynamik.)

[2.5] Sutton, G.: Mastery of the air. Hodder and Stoughton, 1965.

[2.6] Prandtl, L.: Essentials of fluid dynamics. Blackie & Son, 1952. (Übersetz. a.d. Deutschen). Auch: Führer durch die Strömungslehre, 1.–6. Aufl., Braunschweig: Vieweg, 1942–1965.

[2.7] Goldstein, S. (Ed.): Modern developments in fluid dynamics. Vol. 2, Oxford: Univ. Press, 1938–1952.

[2.8] The Flettner rotor ship. Engineering, January 1925.

[2.9] Wagner, E.P.: Aeroplane design – performance. New York: McGraw-Hill, 1936.

[2.10] Frederick W. Lanchester (1868–1946), der seine Ausbildung am Hartley Institut in Southamp-

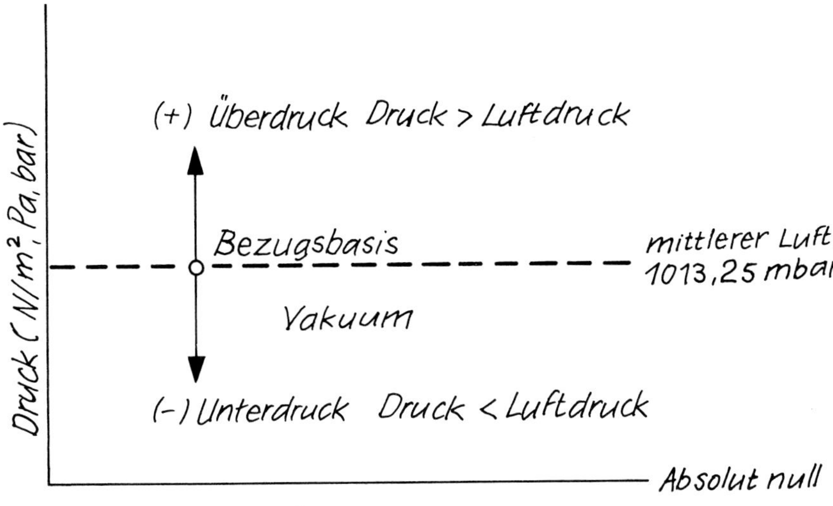

Abb. 2.154 Zur Definition von Über- und Unterdruck

ton (der heutigen Universität) erhielt, leistete mehrere außergewöhnliche Beiträge auf dem Gebiet der Aerodynamik. 1897 legte er der Physikalischen Gesellschaft London eine Abhandlung über das Zustandekommen des Auftriebes an Tragflügeln vor, die jedoch abgewiesen wurde. 1907 gelang es Lanchester, sein Buch Aerodynamics zu veröffentlichen, in dem er die Wirbeltheorie des Tragflügels endlicher Spannweite entwickelte.

Eigenartigerweise fanden seine schöpferischen Gedanken und wegbereitenden Vorstellungen jedoch in Deutschland eher Anerkennung als in England. L. Prandtl würdigte die Arbeit Lanchesters in seiner vor etwa 50 Jahren vor der Royal Aeronautical Society gehaltenen Wilbur Wright Gedächtnisvorlesung. Prandtl sagte damals: „Es ist nicht einfach, Lanchesters Ausführungen zu folgen, denn sie stellen sehr hohe Anforderungen an die Vorstellungskraft des Lesers. Nur da wir auf dem gleichen Gebiet arbeiteten, konnten wir die Bedeutung von Lanchesters Aussagen sogleich erfassen.“

[2.11] Pope, A.: Basic wing and aerofoil theory. New York: McGraw-Hill, 1951.

[2.12] Glauert, H.: The elements of aerofoil and airscrew theory. Cambridge: Univ. Press, 1959. Auch: Die Grundlagen der Tragflügel- und Luftschraubentheorie. Berlin: Springer, 1929.

[2.13] Walker, P.B.: Growth of circulation about a wing and apparatus for measuring fluid motion. ARC Rep. Mem. 1402.

[2.14] Aeronautical Research Council (ARC), England, Reports and Memoranda (Rep. Mem.) 1353, 1931.

[2.15] Thwaites, B. (Ed.): Incompressible aerodynamics. Oxford: Clarendon Press, 1960.

[2.16] Da wir noch häufiger mit veränderlichen Größen zu tun haben werden, scheint es sinnvoll, eine abkürzende Schreibweise für „Größe der Zu- oder Abnahme von ... mit Änderung von ...“ einzuführen. Benutzen wir das üblicherweise für „Differenz“ (Zuwachs oder Abnahme) stehende Symbol Δ, den großen griechischen Buchstaben Delta, läßt sich der Druckgradient als Maß dafür, wie rasch der Druck p beim Fortschreiten um die Wegstrecke Δx zu- oder abnimmt, ausdrücken durch den Quotienten aus der Druckänderung Δp und der Länge des zugehörigen Wegstückes Δx:

$$\frac{\text{Druckänderung}}{\text{zugehöriger Wegabschnitt}} = \frac{\Delta p}{\Delta x}.$$

Wie aus der Druckverteilung über der Flügeloberseite in Abb. 2.155 ersichtlich ist, nimmt der Druck zwischen der Profilnase und der Saug- (Unterdruck-)Spitze im Punkt C immer

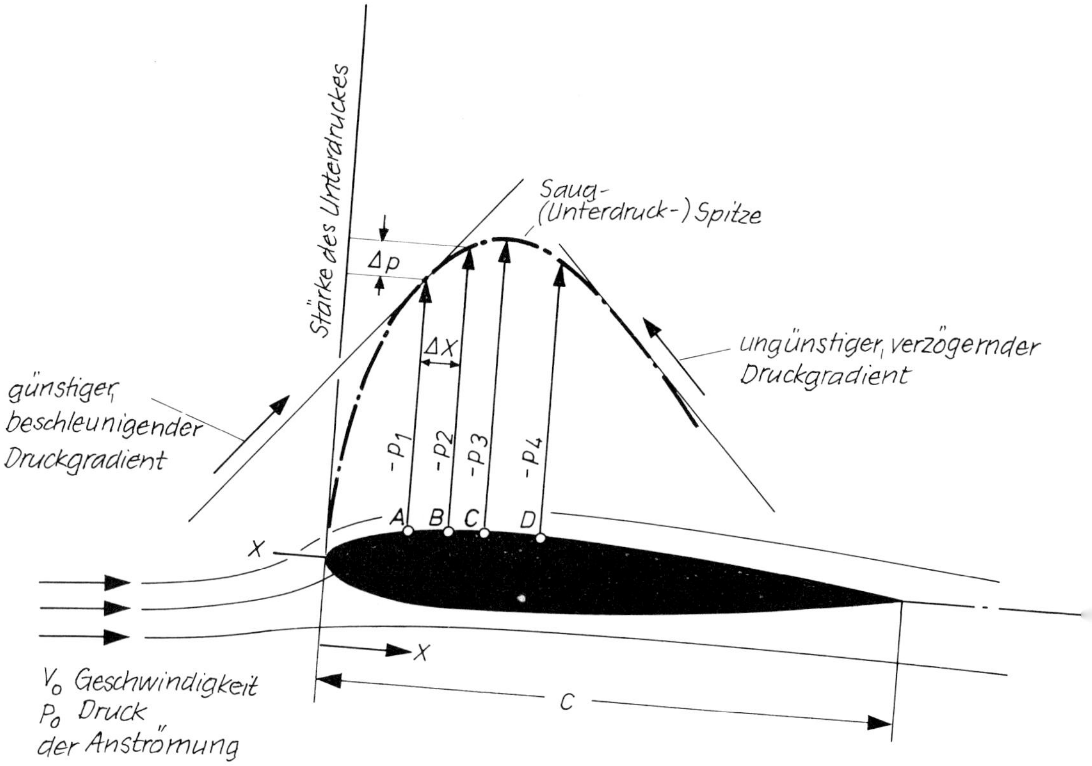

Abb. 2.155 Zur Definition des Druckgradienten

mehr ab. Ein derartiger Druckabfall infolge höherer Strömungsgeschwindigkeit wurde bereits in Abb. 2.16C dargelegt. Betrachten wir nun die beiden Punkte A und B auf der Saugseite des Flügelschnittes und die dort herrschenden Drücke p_1 und p_2, so läßt sich die Druckdifferenz zwischen diesen Punkten mit der Deltaschreibweise wie folgt angeben:

$$-p_2-(-p_1)=-p_2+p_1=-\Delta p.$$

Das negative Vorzeichen von Δp reflektiert die Tatsache, daß der Zahlenwert von p_2 größer ist als der von p_1, das heißt, $\Delta p<0$.

Folglich ist der Druckgradient ebenfalls negativ $(-\Delta p/\Delta x)$. Man bezeichnet einen negativen Druckgradienten, der also Druckabfall in Strömungsrichtung anzeigt, als günstigen oder beschleunigenden Gradienten, da eine Flüssigkeit stets das Bestreben hat, aus einem Gebiet höheren Druckes (Punkt A) in ein Gebiet niedrigeren Druckes (Punkt B) zu strömen (verminderte Ablösungsgefahr). In der Antike erklärte man dieses Bestreben mit der Annahme, daß die Natur einen „Schrecken vor dem leeren Raum" besitze, wollte damit aber zum Ausdruck bringen, daß die Natur das Gleichmaß liebt. Bestehen irgendwelche Druckunterschiede in einer Flüssigkeit, versucht sie diese auszugleichen. Beispiele für das Wirken von Druckgradienten begegnen wir jeden Tag. Kündigt der Wetterbericht beispielsweise an, daß ein Tief oder ein Gebiet niedrigen Luftdruckes quer über den Atlantik heranzieht, und der Wind über dem Land bald auf Sturmstärke zunehmen wird, so heißt dies, daß ein großer Druckgradient über diesem Teil der Erde herrscht, und das infolgedessen die Luft aus Gebieten hohen Druckes in Gebiete niederen Druckes fließt.

Wie aus Abb. 2.155 weiterhin zu ersehen ist, stellt der Druckgradient geometrisch den

Anstieg der zur Kurve der Druckverteilung tangentialen Geraden durch die Endpunkte der Druckvektoren p_1 und p_2 dar. Je größer der Anstieg dieser Tangente, um so höher ist der Druckgradient, und eine um so höhere Beschleunigung der Strömung kann erwartet werden. Die Steigung dieser Tangente ist nicht konstant, sondern von dem gewählten Punkt auf der Druckverteilungskurve abhängig. Der Druckgradient ist am größten nahe der Vorderkante des Flügelprofils, die Tangente verläuft dort vertikal. Stromabwärts nimmt der Gradient dann allmählich ab und erreicht in der Saugspitze im Punkt C den Wert Null, die Tangente verläuft dort also parallel zur Profilsehne.

In genau analoger Weise zu den vorstehenden Ausführungen läßt sich der stromabwärts von Punkt C auftretende positive Druckgradient $\Delta p/\Delta x > 0$ bestimmen. Auf ihrem Weg zur Flügelhinterkante müssen die Flüssigkeitsteilchen, abgesehen von der verzögernden Reibungskraft, gegen eine weitere, aus dem nun folgenden Ansteigen des Druckes herrührende Kraft, anlaufen.

Für die Druckdifferenz zwischen den Punkten C und D finden wir nun: $\Delta p = -p_4 - (-p_3) = -p_4 + p_3$. Sie ist jetzt positiv, da der Zahlenwert von p_3 größer ist als derjenige von p_4. Es herrscht also Druckanstieg längs des Weges C–D–Hinterkante. Die Tangente an die nun in Strömungsrichtung abfallende Druckkurve repräsentiert den positiven Druckgradienten, der auch als ungünstiger oder verzögernder Gradient bezeichnet wird, grafisch.

Wie oben, kennzeichnet der Anstieg der Tangente wiederum die Stärke des positiven Gradienten. Je größer der Druckanstieg (großer Druckgradient), je steiler also die Tangente an die Druckverteilungskurve verläuft, um so ausgeprägter ist die verzögernde und in einem raschen Absinken der Strömungsgeschwindigkeit in der Grenzschicht resultierend Wirkung des Druckgradienten.

[2.17] Tatsächlich treten beispielsweise beim Rumpf einer Segelyacht noch weitere Widerstände hinzu. Am vielleicht augenfälligsten ist hierbei der Wellenwiderstand. Hinzu kommt der sogenannte induzierte Widerstand, hervorgerufen durch Anhänge wie Kielflosse (Schwert) und Ruder. Er tritt immer dann auf, wenn die Anhänge Auftrieb (Querkraft) produzieren. Bei Körpern, die keinerlei Auftriebskräfte erzeugen, ist der induzierte Widerstand gleich Null.

Darüber hinaus tritt Interferenzwiderstand auf. Er ist darauf zurückzuführen, daß das Strömungsbild (und damit auch der Widerstand) der einzelnen freien Körper (Rumpf, Flosse, Ruder) durch den Zusammenbau verändert wird.

[2.18] The modern system of naval architecture. London, 1865.

[2.19] Die Grenzschichttheorie geht bei der Umströmung eines Körpers von der sogenannten Haftbedingung aus, das heißt, die Geschwindigkeit einer Flüssigkeit unmittelbar an der festen Körperwandung wird zu Null angenommen, so daß selbst bei einer absolut glatten Oberfläche ein Gleiten ausschließlich zwischen benachbarten Flüssigkeitsschichten erfolgt. Daß diese auf den ersten Blick ziemlich irreal erscheinende Annahme durchaus zutreffend ist, beweist beispielsweise die schnell fahrenden Automobilen anhaftende Staubschicht. Diese Tatsache zeigt deutlich, daß die Grenzschichtvorstellung nicht nur eine Erfindung der Theoretiker ist, sondern ihr eine reale physikalische Bedeutung zukommt. Senkrecht zur beströmten Wand wächst die Strömungsgeschwindigkeit rasch an, bis sie in einem gewissen Abstand von der Körperoberfläche die volle Geschwindigkeit V_0 der Außenströmung erreicht. Dieser Abstand, oder die Grenzschichtdicke, nimmt stromabwärts allmählich zu.

Im allgemeinen wird die Grenzschichtdicke δ als derjenige Wandabstand definiert, bei dem die Geschwindigkeit V in der Grenzschicht 99 Prozent der Geschwindigkeit der Außenströmung V_0 erreicht hat. Für weitere Angaben über die Grenzschicht und die Strömung zäher Flüssigkeiten sei der Leser auf eine der ausführlichsten Darstellungen auf diesem Gebiet verwiesen:

Schlichting, H.: Boundary layer theory. New York: McGraw-Hill, 1968. (Übersetz. a.d. Deutschen). Auch: Grenzschicht-Theorie, 1.–5. Aufl., Karlsruhe: Braun, 1951–1965.

[2.20] Die Zähigkeit (Viskosität) als quantitatives Maß eines Stoffmerkmales, mit der sich in der Vergangenheit nur Physiker zu befassen pflegten, fand über die Bezeichnung einer der wichtigsten Eigenschaften eines Motorenöles Eingang in die Alltagssprache. Um mit dem Begriff der Zähigkeit näher vertraut zu werden und darunter nicht nur eine Öle kennzeichnende Zahl zu verstehen, sondern sie als reale physikalische Eigenschaft zu erfassen, kann man sich das Wesen der Zähigkeit durch folgenden einfachen Versuch klarmachen. Man bewege eine dünne Platte rasch in Längsrichtung zuerst durch Wasser und dann durch Schmieröl und beachte den Unterschied in den in beiden Fällen hierzu erforderlichen Kräften. Die von der Flüssigkeit dieser Bewegung entgegengesetzte Kraft, ob groß oder klein, wird als Reibungswiderstand bezeichnet. Dieses Experiment läßt keinen Zweifel daran, daß er von der Zähigkeit abhängig ist, die auch als Maß für die Leichtflüssigkeit eines Mediums betrachtet werden kann.

Die Zähigkeit oder innere Reibung ist groß bei dickflüssigem Schmieröl, dagegen klein bei wässrigen Flüssigkeiten. Das Verhältnis von Zähigkeit und Dichte einer Flüssigkeit definiert man als ihre kinematische Zähigkeit:

$$\nu = \frac{\mu}{\rho} \ (\mathrm{m^2/s}).$$

Hierbei ist μ der Zähigkeitsbeiwert oder die dynamische Zähigkeit der Flüssigkeit und ρ ihre Dichte (siehe Tabellen 2.1 und 2.2).

[2.21] Zuverlässigen Angaben zufolge erreicht ein etwa 1,2 m langer Barrakuda Geschwindigkeiten bis zu 43 km/h. Für einen ungefähr 2 m langen, neben einem Schiff herschwimmenden Delphin wurden 35 km/h ermittelt. Die entsprechenden Geschwindigkeits-Längen-Verhältnisse $V_S/\sqrt{L}$ für den Barrakuda und den Delphin ergeben sich dabei zu 21,2 und 13,4 ($F_n = 3{,}5$ und 2,2). Der Barrakuda scheint der schnellste bekannte Schwimmer zu sein. Ein Mensch dagegen schwimmt nicht schneller als 6,4 km/h. Weitere Angaben findet man bei:
Gawn, R.W.: Fish propulsion in relation to design. RINA, 1949.

[2.22] Hollenberg, J.W.: Wind tunnel tests of rigging wires for 12-meter yachts. Davidson Lab., Tech. Mem. 140.

[2.23] Durand, W.F. (Ed.): Aerodynamic theory. Vol. 4. New York: Dover Publ., 1963.

[2.24] Chance Jr., B.: Thoughts on windage rigging and spars. The Land's End Yachtsman's Equipment Guide, 1967.

[2.25] Shapiro, A.H.: Shape and flow. London: Heinemann, 1974. Eine ausgezeichnete Einführung in die Grundlagen der Aero- und Hydrodynamik.

[2.26] Kármán, Th. v.: Aerodynamics. New York: McGraw-Hill, 1963.

[2.27] Lachmann, G.V. (Ed.): Boundary layer and flow control. Vol. 2. Oxford: Pergamon Press, 1961.

[2.28] Vortex generators: their design and their effects on boundary layer. ARC Rep. 16487, 1954.

[2.29] Symposium on sailing yacht research. MIT Rep. No. 6 68-10, November 1966.

[2.30] Jacobs, E.N., Sherman, A.: Airfoil section characteristics as affected by variations of the Reynolds number. NACA Rep. 586.

[2.31] Ausführliche Angaben über Tragflügelprofile findet man bei: Abott, I.H. u. A.E. von Doenhoff: Theory of wing sections. New York: Dover Publ. Inc., 1959.

[2.32] Reynolds, O.: An investigation of the circumstances which determine whether the motion of water shall be direct or sinuous, and of the law of resistance in parallel channels. Phil. Trans. Roy. Soc. Vol. 174, London, 1883.

[2.33] Schubauer, G.B., Skramstad, H.K.: Laminar boundary layer oscillation and stability of laminar flow. Journ. Aeron. Sci. Vol. 14, 1947.

[2.34] Schubauer, G.B., Skramstad, H.K.: Laminar boundary oscillations and transition on a flat plate. NACA Rep. 909, 1943.

[2.35] van den Bosch, J., Pinkster, I.: Visualisation of the effect of some turbulence stimulators. Technische Hogeschool Delft, Rep. 293, 1971.

[2.36] Crago, W.A.: The prediction of yacht performance from tank tests. RINA, 1962.

[2.37] Whitehead, L.G.: Low drag aerofoils. Journ. Roy. Aeron. Soc., 1946.

[2.38] Kerwin, J., Mandel, P., Lewis, S.: An experimental study of a series of flapped rudders. Journ. of Ship Research, December 1972.

[2.39] Zähigkeit (Viskosität): Wasser ist eine zähe Flüssigkeit. Setzt man es durch irgendein System von Kräften in Bewegung und überläßt es dann sich selbst, kommt es infolge innerer Reibung, die ein Verschieben der einzelnen Wasserteilchen gegeneinander zu verhindern sucht, wieder zur Ruhe. Diese innere Reibung bezeichnet man als Zähigkeit. Sie kennzeichnet den Widerstand, den eine Flüssigkeit einer Formänderung entgegensetzt.

Wird für ein Wasserfahrzeug der stetige Bewegungszustand aufrecht erhalten, wirkt die Zähigkeit des Wassers dieser Bewegung entgegen, was einen Energieverlust in Form von Wärme zur Folge hat, ähnlich wie bei der Reibung zwischen festen Körpern.

[2.40] Polymere – Polymerisation: Als Polymerisation bezeichnet man in der Chemie den Zusammenschluß von zwei oder mehreren Molekülen der gleichen Substanz zu einem einzigen Makromolekül (Polymer). Das gebildete Polymer hat die gleiche prozentuale Zusammensetzung wie das Grundmolekül (Monomer), aber ein ganzzahliges Vielfaches des Molekulargewichtes. Die Länge oder der Durchmesser der meisten Moleküle ist so klein, daß sie nicht sichtbar sind. Einige Polymere, wie beispielsweise das Polyäthylenoxid Polyox WSR 301, sind dagegen so groß, daß man sie unter dem Mikroskop erkennen kann. Die Größe der Polyox-Kettenmoleküle beträgt verknäuelt im Durchmesser etwa $1{,}5 \cdot 10^{-7}$ m $= 0{,}00015$ mm; auseinandergezogen hätte ein Polyox-Molekül etwa eine Länge von $7{,}5 \cdot 10^{-5}$ m $= 0{,}075$ mm.

Die Molekulargewichte von Polymeren sind im Vergleich zu Wasser, dessen Molekulargewicht etwa das 18fache des Gewichtes eines Wasserstoffatomes beträgt, sehr groß. Einige Polymere erreichen ein Molekulargewicht, das mehr als eine millionmal des Gewichtes eines Wasserstoffatomes ausmacht.

[2.41] Barnaby, K.: A towing tank storm. RINA Vol. 107, 1965.

[2.42] Emerson, A.: Model experiments using dilute polymer solution instead of water. North East Coast Inst. of Eng. and Shipbuild., Vol. 81/4, February 1965.

Paffett, J.: The skin friction bogey. The Naval Architect, April 1974.

[2.43] Millward, A.: Polymers and yachts. Persönliche Mitteilung; Southampton University, 1968.

[2.44] Kowalski, T.: Turbulence suppression and viscous drag reduction by non-Newtonian additives. RINA, 1967.

[2.45] Lang, T., Norris, K.: Swimming speed of a Pacific bottle-nose porpoise. Science, Vol. 151, 1966.

[2.46] Kramer, M.: Hydrodynamic of the dolphin. Advances in Hydrosci., 1965.

[2.47] Steven, G.: Swimming of dolphins. Science Progress, Vol. 38, 1950.

[2.48] Kramer, M.: Boundary layer stabilisation by distributed damping. Journ. of Aerospace Sci., Vol. 24, 1957.

[2.49] Fisher, D., Blick, E.: Turbulent damping by flabby skins. Journ. Aircraft, Vol. 3, March/April 1966.

[2.50] Blick, E., Walters, R.: Turbulent boundary layer characteristics of compliant surfaces. Journ. Aircraft, Vol. 5, January/February 1968.

[2.51] Halfman, R., Johnson, H., Haley, S.: Evaluation of high angle of attack aerodynamic derivative data and stall flutter prediction technic. NACA TN. 2533.

[2.52] McCullough, G., Gault, D.: Examples of three representative types of airfoil-section stall at low speed. NACA TN. 2502.

[2.53] Tani, I.: Low speed flows involving bubble separation. Progress in Aeron. Sci., Vol. 5.

[2.54] Theodorson, Th.: On the theory of wing sections with particular reference to the lift distribution. NACA Rep. 383, 1930.

[2.55] Miller, T.: Wind tunnel tests on a 3-dimensional curved plate (sail-type). Part of the program for BSc(Eng), communicated by T. Tanner.

[2.56] Schmitz, F.W.: Zur Aerodynamik der kleinen Reynolds-Zahlen. Jb. 1953 Wis. Ges. Luftfahrt.

[2.57] Riegels, F.: Aerofoil sections. London: Butterworths, 1961. Auch: Aerodynamische Profile. München: Oldenbourg, 1958.

[2.58] Parham, H.J., Farrar, A., Macalpine-Downie, J.R.: Class C racing catamarans. RINA, 1968.

[2.59] Marchaj, C.A.: Wind tunnel test of a 1/3rd scale model of an X-One Design yacht's sails. Southampton University Yacht Research (SUYR) Rep. 11, 1962.

[2.60] Wallis, R.A.: Wind tunnel tests on a series of circular-arc plate airfoils. Australian Aeron. Res. Lab., Note 74, 1946.

[2.61] Nicolson, J.: Padded sails. Yachts and Yachting, January 1972.

[2.62] Chapleo, A.Q.: A review of two-dimensional sails. SUYR Rep. 23, 1968.

[2.63] Tanner, T.: A survey of yacht research at Southampton University. Journ. Roy. Aeron. Soc., October 1962.

[2.64] Boyd, E.A.: Generalisation of the condition for waviness in the pressure distribution on a cambered plate. Journ. Roy. Aeron. Soc., August 1963.

[2.65] Robbins, W.G.: Further tests on two-dimensional sails. BSc(Eng)Thesis, University of Southampton.

[2.66] Mises, R. v.: Theory of flight. New York: Dover Publ. Inc., 1959.

[2.67] Warner, E., Ober, S.: The aerodynamics of yacht sails. Trans. SNAME, Vol. 33, 1925.

[2.68] Thwaites, B.: The aerodynamic theory of sails. I: Two-dimensional sails. Proc. Roy. Soc. A., Vol. 261, 1961.

[2.69] Poisson-Quinton, P.: Etude aérodynamique d'un élément de pale d'hélicoptère. AGARD Conference Proceeding No. 22, September 1967.

[2.70] Hooker, R.W.: The aerodynamic characteristics of airfoils as affected by surface roughness. NACA TN. 457.

[2.71] Marshall, J.: Sails. One Design and Offshore Yachtsman, December 1969.

[2.72] Polanyi, M.: The tacit dimension. Garden City NY, 1966.

[2.73] Wetmore: Hazard for aircraft. NASA TN. D-1777.

[2.74] Milne-Thomson, L.M.: Theoretical aerodynamics. London: Macmillan, 1966.

[2.75] Saunders, H.: Hydrodynamics in ship design. Vol. 1. New York: SNAME, 1957.

[2.76] Spreiter, J., Sacks, A.: The rolling up of the trailing vortex sheet and its effect on the downwash behind wings. Journ. Aeron. Sci., Vol. 18, 1951.

[2.77] Wie N. Piercy in seinem Buch *Aerodynamics* (The English University Press, 1964) berichtet, zeigten von ihm durchgeführte Experimente, daß der Kern eines Randwirbels mit mehr als 18000 Umdrehungen pro Minute rotieren kann. Infolge der damit verbundenen hohen Geschwindigkeiten ist der Druck im Inneren des Wirbelkernes entsprechend sehr gering, was in der Luft sehr schöne Effekte zur Folge haben kann. So kann man bei bestimmten Luftfeuchtigkeitsverhältnissen bei Flugzeugen in großer Höhe mitunter beobachten, wie sich Fäden silbrigen Dampfes hinter den Flügelspitzen hinziehen.

[2.78] Gentry, A.: How sails work. Artikelserie in Sail, April/November 1973.

[2.79] Prandtl, L., Tietjens, O.: Fundamentals of hydro- and aeromechanics and applied hydro- and aeromechanics. New York: Dover Publ., 1957. (Übersetz. a.d. Deutschen). Auch: Hydro- und Aeromechanik. Berlin: Springer, Bd. 1, 1. u. 2. Aufl., 1929/44, Bd. 2, 1931.

[2.80] Die in Abschnitt 3a) durch Anwendung des Impulssatzes gewonnene Gl. (2.24): $L = m \cdot 2w$ sagt aus, daß kein Auftrieb entsteht, wenn der Flüssigkeit nicht ständig ein abwärtsgerichteter Impuls zugeführt wird. Folglich muß in jeder Sekunde dem Flüssigkeitsstrom kinetische Energie (Windenergie im Falle eines Segels) entzogen werden und in kinetische Energie der Abwärtsbewegung der vom Flügel beeinflußten Flüssigkeitsmasse übergehen. Für diese in der Zeiteinheit neu erzeugte Energie gilt die Beziehung:

$$\Delta E = \frac{m V^2}{2} \tag{1*}$$

mit m: Masse der nach unten abgelenkten Flüssigkeit pro Zeiteinheit und
v: Geschwindigkeit der Abwärtsbewegung.

Nach Abb. 2.101 ist die vom Flügel pro Zeiteinheit erfaßte Flüssigkeitsmasse:

$$m = \rho A' V_0. \tag{2*}$$

Diese Flüssigkeitsmenge wird im rechten Winkel zur ungestörten Anströmung V_0 nach unten bewegt und erreicht dabei die Geschwindigkeit:

$$v = 2w. \tag{3*}$$

Setzen wir die Gln. (2*) und (3*) in Gl. (1*) ein, so ergibt sich:

$$\Delta E = \frac{\rho A' V_0 (2w)^2}{2} = \frac{\rho A' V_0 4w^2}{2} = 2\rho A' V_0 w^2. \tag{4*}$$

Diese pro Zeiteinheit erzeugte kinetische Energie ist nun gleich der pro Zeiteinheit vom induzierten Widerstand geleisteten Arbeit, das heißt:

$$\text{Arbeit}_{(\text{pro Zeiteinheit})} = D_i V_0 = \Delta E.$$

Mit anderen Worten, die von dem Flüssigkeitsstrom unter dreidimensionalen Strömungsbedingungen am Flügel verrichtete Arbeit ist gleich dem Verlust an kinetischer Energie der Anströmung hinter dem Flügel in Form von Abwärtsimpuls. Der induzierte Widerstand folgt aus dem obigen Ausdruck dann zu:

$$D_i = \frac{\Delta E}{V_0} = \frac{2\rho A' V_0 w^2}{V_0} = 2\rho A' w^2. \tag{5*}$$

Setzen wir Gl. (2*):

$$m = \rho A' V_0$$

in Gl. (2.24):

$$L = m 2w$$

ein, so ergibt sich:

$$L = \rho A' V_0 2w, \tag{6*}$$

und damit für das Verhältnis von induziertem Widerstand zu Auftrieb:

$$\frac{D_i}{L} = \frac{2\rho A' w^2}{\rho A' V_0 2w} = \frac{W}{V_0} = \alpha_i \text{ (in Radiant)}, \tag{7*}$$

was durch die bereits in Abb. 2.100 aufgezeigte geometrische Beziehung bestätigt wird.

Aus der Betrachtung der Erzeugung eines Impulses $m \cdot v$ in einer Flüssigkeit ist bekannt, daß die gesamte kinetische Energie einer Gruppe von Flüssigkeitsteilchen mit einer gegebenen Durchschnittsgeschwindigkeit immer dann am kleinsten ist, wenn die Geschwindigkeit jedes einzelnen Teilchens gleich dieser mittleren Geschwindigkeit ist, das heißt, wenn alle Teilchen die gleiche Geschwindigkeit besitzen.

Dieser Sachverhalt ist nach M. Rauscher [2.81] „... von Bedeutung für das Studium von Propulsionsorganen, deren Wirkungsweise die Impulserzeugung in einer Flüssigkeit beinhaltet. Ein Propeller, durch den pro Zeiteinheit eine bestimmte Flüssigkeitsmasse hindurchtritt, und von dieser Flüssigkeitsmasse einen bestimmten Schub dadurch erfährt, daß er ihr eine bestimmte mittlere Geschwindigkeit erteilt, wird dann die geringste Antriebsleistung erfordern, wenn diese mittlere Geschwindigkeit die gemeinsame Geschwindigkeit aller Teilchen im Propellernachstrom ist."

Tragflügel, wie beispielsweise Segel, arbeiten nach einem ähnlichen Prinzip. Der Zusammenhang zwischen der Arbeitsleistung des induzierten Widerstandes und der dem Flüssigkeitsstrom entzogenen Energie ist besonders dort von Interesse, wo die Wirkung des Segels auf die Erzeugung von Abwärtsimpuls zurückgeht. Hierzu sind in Abb. 2.156A zwei verschiedene Abwindverteilungen dargestellt, zum einen für eine elliptische Auftriebsverteilung und infolgedessen längs Spannweite konstantem Abwind, zum anderen für eine nichtelliptische Auftriebsverteilung (spitzendiger Tragflügel), für die über der Spannweite der induzierte Abwind nicht konstant ist, deren mittlere Abwärtsgeschwindigkeit w aber gleich derjenigen bei der elliptischen Verteilung ist. Da der durchschnittliche Abwind gleich groß ist, ist auch der Auftrieb in beiden Fällen gleich, der induzierte Widerstand dagegen unterschiedlich.

Wie aus den Gln. (4*) und (5*) hervorgeht, sind sowohl der induzierte Widerstand als auch die der Anströmung entzogene kinetische Energie der Abwärtsbewegung proportional dem Quadrat der Abwärtsgeschwindigkeit w. Abb. 2.156B veranschaulicht diesen Sachverhalt

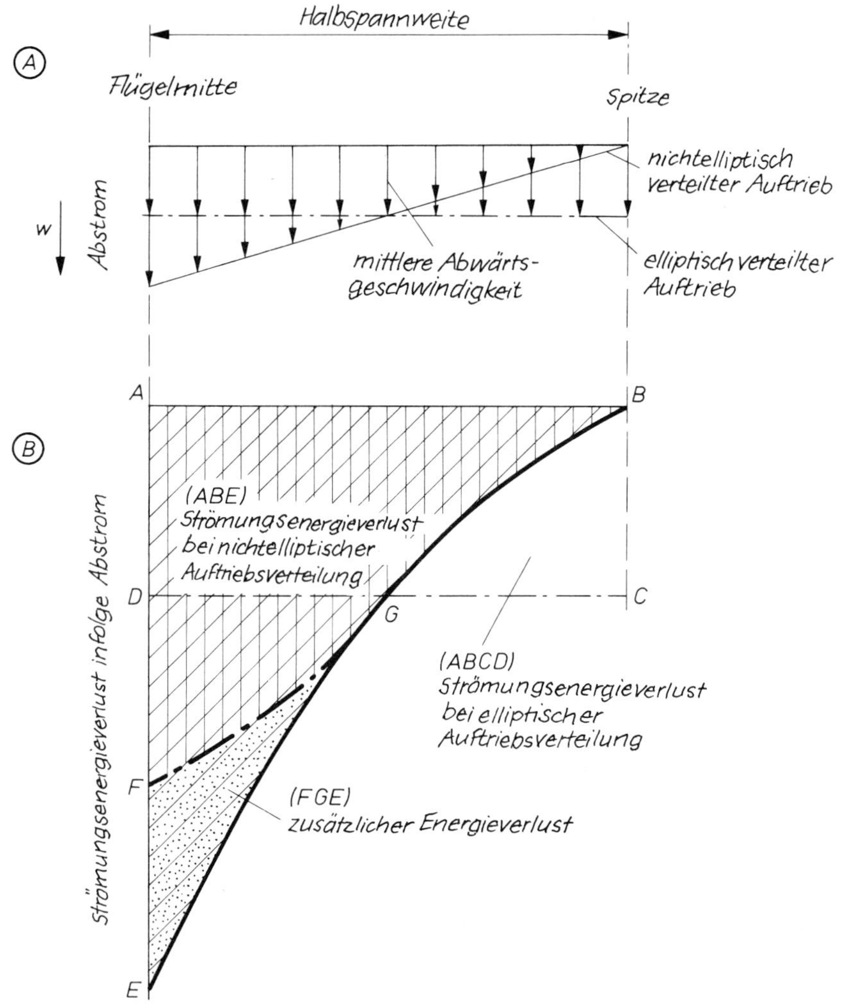

Abb. 2.156 Verteilung von Abstrom (Abwind) und kinetischem Energieverlust im Nachlauf eines Tragflügels (schematisch). Die schraffierte und gepunktete Fläche FGE kennzeichnet den zusätzlichen Energieverlust bei nichtelliptischer Auftriebsverteilung. Man beachte, daß die Flächen ABCD und ABGFD gleich groß sind.

grafisch. Die Rechteckfläche ABCD kennzeichnet den Strömungsenergieverlust der Anströmung hinter dem Flügel, wenn dessen Auftriebsverteilung elliptisch ist. Die schraffierte Fläche ABE kennzeichnet den entsprechenden Energieverlust bei nichtelliptischer Auftriebsverteilung. Diese Fläche ist um die punktierte Fläche FGE, die den zusätzlichen Energieverlust infolge nichtkonstanter Abwindverteilung beschreibt, größer als die Fläche ABCD. Da der Widerstand ein Maß für diese der Anströmung entzogene Energie ist, nimmt der induzierte Widerstand wie der Energieverlust zu. Die Tatsache, daß konstanter Abwind ein Minimum an induziertem Widerstand ergibt, wird einsichtig, wenn man nach der obigen Ausführung bedenkt, daß dann mit dem Abwärtsimpuls, der dem Flüssigkeitsstrom als Gegenwirkung zum Auftrieb erteilt wird, ein Minimum an kinetischer Energie einhergeht. Folglich erfordert es ein Minimum an durch den als Umlenkvorrichtung wirkenden Flügel zu verrichtender Arbeit, wenn der

Flüssigkeitsmenge, welche die Umlenkung erfährt, sei es Wasser oder Luft, die gleiche Abwärtsgeschwindigkeit mitgeteilt wird. Die Abwind- und Energieverteilungen in Abb. 2.156 sind nur für eine Flügelhälfte dargestellt. Solange kein Spalt zwischen ihnen besteht, weisen beide Hälften identische Verteilungen auf.

[2.81] Rauscher, M.: Introduction to aeronautical dynamics. New York: Wiley, 1953.

[2.82] Marchaj, C.A.: The aerodynamic characteristics of a 2/5 scale Finn sail and its efficiency when sailing to windward. SUYR Rep. 13, 1963.

[2.83] Milgram, J.H.: The aerodynamics of sails. 7th Symposium on Naval Hydrodynamics, Rome, 1968.

[2.84] Tanner, T.: The application of lifting line theory to an upright Bermudan mainsail. SUYR Rep. 16, 1966.

[2.85] Lakshminarayana, B.: Effect of a chordwise gap in an aerofoil of finite span in a free stream. Journ. Roy. Aeron. Soc., April 1964.

[2.86] Marchaj, C.A., Tanner, T.: Wind tunnel tests on a 1/4 scale Dragon rig. SUYR Rep. 14, 1963.

[2.87] Durand, W.F. (Ed.): Aerodynamic theory. Vol. 4. New York: Dover Publ., 1963.

[2.88] Scherer, J.O.: Aerodynamics of high-performance wing sails. Marine Technology, July 1974.

[2.89] Irwing, H., Batson, A., Warsap, I., Gummer, H.: Some aerodynamic characteristics of tapered wings with flaps of various spans. ARC, Rep. Mem. 1796, 1937.

[2.90] Der Ausdruck „örtlicher Auftriebsbeiwert", zur Unterscheidung vom Gesamtauftriebsbeiwert C_L gekennzeichnet durch das Symbol C_l, bedarf einiger Erläuterung. Der Gesamtauftriebsbeiwert C_L eines Tragflügels bestimmter geometrischer Gestalt (festgelegt durch Umriß, Seitenverhältnis, Zuspitzung, Verwindung, Wölbungsverteilung etc.) ist der mittlere oder durchschnittliche Beiwert für den gesamten dreidimensionalen Tragflügel. Sein Wert hängt ab von dem örtlichen Auftriebsbeiwert C_l jedes einzelnen Flügelschnittes. Bei einem unverwundenen Ellipsenflügel (Abb. 2.123) ist der örtliche Auftriebsbeiwert C_l über der gesamten Spannweite konstant und deswegen der Gesamtauftriebsbeiwert C_L gleich dem örtlichen Auftriebsbeiwert C_l.

Für andere Flügelformen ist dies wegen der Abhängigkeit des örtlichen Auftriebsbeiwertes vom effektiven Anstellwinkel α_{ef}, der Wölbung des Flügelprofils, sowie anderen induzierten Effekten im allgemeinen nicht der Fall. So ist zum Beispiel aus Abb. 2.119 zu ersehen, daß in einigen Schnitten längs der Flügelspannweite der örtliche Auftriebsbeiwert C_l einen Wert von rund 1,2 erreicht, während der Gesamtauftriebsbeiwert C_L des ganzen Flügels dagegen nach grober Schätzung nicht den Wert 1,0 überschreiten wird.

Diese Ausführungen über die Unterschiede zwischen dem örtlichen Auftriebsbeiwert C_l und dem Gesamtauftriebsbeiwert C_L gelten auch für die anderen Luftkraftbeiwerte, wie

Widerstandsbeiwert
Vortriebskraftbeiwert
Krängungskraftbeiwert
Gesamtkraftbeiwert.

Zur Unterscheidung zwischen den Beiwerten für den einzelnen Flügel- (Segel-)Schnitt und denjenigen für den gesamten Flügel (Segel), werden für die Indizes der ersteren kleine Buchstaben verwendet (C_d, C_r, C_k, C_t; siehe Abb. 2.129), für die der anderen Beiwerte große Buchstaben (C_L, C_D, C_R, C_K, C_T).

[2.91] Millikan, C.: On the stalling of highly tapered wings. Journ. Aeron. Sci., Vol. 3, No. 5, 1936.

[2.92] Anderson, R.F.: Determination of the characteristics of tapered wings. NACA Rep. 572.

[2.93] Medawar, P.B.: Induction and intuition in scientific thought. London: Methuen and Co. Ltd., 1968.

[2.94] Schrenk, O.: A simple approximation method for obtaining the spanwise lift distribution. NACA TM. 984.

[2.95] Platt, B.: The Chinese junk and the Chinese rig. Yachts and Yachting, July 1961.

[2.96] Anderson, R.F., Soule, H.: Design charts relating to the stalling of tapered wings. NACA Rep. 703.

[2.97] Farrar, A.: Catamaran sails. Yachting World. January 1966.

[2.98] Tabarly, E.: Ocean racing. New York: W. Norton.

[2.99] Zimmerman, C.H.: Characteristics of Clark Y airfoils of small aspect ratio. NACA Rep. 431.

[2.100] Nonweiler, T.: Maximum lift data for symmetrical wings. Aircraft Engineering, January 1955.

[2.101] Hoerner, S.F.: Fluid-dynamic drag. Eigenverlag des Autors, 148 Busteed Drive, Midland Park, New Jersey.

[2.102] Holness, I.W.: The Cobles. Yachting World, March 1969.

[2.103] Richards, E.J.: A review of aerodynamic cleanness. Journ. Roy. Aeron. Soc., 1950.

[2.104] Babister, A.W.: Aircraft stability and control. London: Pergamon Press, 1961. Vergleiche auch: De Yong, J., Harper, Ch.: Theoretical symmetric span loading at subsonic speeds for wings having arbitrary planform. NACA Rep. 921.

[2.105] Newman, J.N., Wu, T.Y.: A generalized slender-body theory for fish-like forms. Journ. of Fl. Mech., Vol. 57, 1973.

[2.106] A – Kerwin, J.E., Herreshoff, H.C.: Sailing yacht keels. 3rd HISWA Symposium Yacht Architecture, 1973.

B – Kerwin, J.E.: Yacht hull research. MIT, Rep. 68-10.

C – Beukelman, W., Keuning, J.: The influence of fin keel sweep-back on the performance of sailing yachts. 4th HISWA Symposium Yacht Architecture, 1975.

[2.107] Wick, B.H.: Chordwise and spanwise loadings measured at low speed on a triangular wing having an aspect ratio of two and an NACA 0012 airfoil section. NACA TN. 1650.

[2.108] Jones, R.T.: Properties of low-aspect ratio pointed wings at speeds below and above speed of sound. NACA Rep. 835, 1946.

[2.109] Davidson, K.S.M.: Some experimental studies of the sailing yacht. SNAME, 1936.

[2.110] Tanner, T.: Yacht sailing close-hauled. Correspondence – Journ. Roy. Aeron. Soc., July 1965.

[2.111] Yachting. The Badminton Library, Vol. 2. London, 1894.

Teil 3

Segelforschung: Konsequenzen für die Praxis

Erfahrung ist der Name, den jeder seinen Fehlern gibt.

OSCAR WILDE

Lady Windermere's Fan

Unser ganzes Problem ist, die Fehler so schnell wie möglich zu machen.

J.A. WHEELER

Amerikanischer Wissenschaftler

A Fahrtleistungsvoraussagen: Möglichkeiten und Grenzen

Lord Brabazon of Tara, ehemaliger Minister für die englische Luftfahrtindustrie und Mitglied des Advisory Committee for Yacht Research der Universität Southampton, sagte einmal: „Das Entwerfen eines Flugzeuges ist ein Kinderspiel, verglichen mit den Schwierigkeiten beim Konstruieren einer Segelyacht.“ Diese vor vielen Jahren geäußerte Ansicht macht die Komplexität der Aufgabe und die Schwierigkeiten deutlich, denen sich der Segelmacher heute gegenübersieht.

Anders als beim Flugzeug, bei dessen Entwicklung Wissenschaftler und Ingenieure eng zusammenarbeiteten, entsteht die moderne Rennyacht nahezu ohne direkten Bezug zu wissenschaftlichen Grundlagen fast ausschließlich aus den gemeinsamen Anstrengungen von regattabegeisterten Eignern, Konstrukteuren und Segelmachern. So lebt denn auch der Yachtentwurf und insbesondere das Segelmachen hauptsächlich von Faustregeln – sehr guten Faustregeln, die Ergebnis jahrhundertelang gesammelter Erfahrung sind. Der einzige Nachteil dieser Vorgehensweise ist, daß dabei die Gründe, warum gewisse Faktoren zu einem erfolgreichen Entwurf beitragen, entweder im Verborgenen bleiben oder unzutreffend sind.

Um Aufschluß über die Hauptfaktoren, welche die Fahrtleistung einer Yacht bestimmen, zu erhalten, kann man die Segelyacht betrachten als

1. eine Kombination aus zwei getrennten Systemen, eines aerodynamischen (Rigg) und eines hydrodynamischen (Rumpf mit Anhängen), deren Eigenschaften sich jeweils für sich alleine untersuchen lassen, oder als
2. ein komplexes dynamisches System, das sich aus zwei voneinander abhängigen Teilsystemen, einem aerodynamischen und einem hydrodynamischen, zusammensetzt, wobei jedes Teil Ursache und Wirkung des anderen sowie des Gesamtsystems und dieses wiederum selbst Ursache und Wirkung seiner

Foto 3.1 Welcher Rumpf ist der beste?
Schleppversuchsmodelle von 12-m-R-Yachten aus der Zeit kurz vor der *Sceptre/Columbia*-Herausforderung 1958. Der Bau verschiedener Modelle und ihre Untersuchung im Schleppkanal ist ohne Zweifel weniger kostspielig als ein entsprechendes Versuchsprogramm mit Rümpfen in Großausführung. (Wiedergabe der Abbildung mit freundlicher Genehmigung der British Hovercraft Corporation Ltd., Cowes, Isle of Wight, England.)

Teile ist. Mit anderen Worten, die Eigenschaften des Gesamtsystems sind mehr, als nur die Summe der Eigenschaften seiner Teile. Folglich kann die resultierende Fahrtleistung auch nicht mit einem einfachen, unkomplizierten Verfahren direkt aus Modellversuchsergebnissen ermittelt werden.

Die erste Betrachtungsweise ist verheißungsvoller als die zweite, da sie die Möglichkeiten relativ einfacher, direkter Vergleiche verschiedener Riggs oder verschiedener Rümpfe durch Modellversuche im Windkanal, beziehungsweise Schlepptank, bietet. Tatsächlich ist das Standardverfahren bei der Beurteilung der Erfolgsaussichten mittels begrenzter Modellschleppversuche, das bei der Entwicklung durchschnittlicher Kreuzeryachten Anwendung findet, auch nichts anderes als ein relativer Vergleich.

Unmittelbar praktischer Zweck solcher begrenzten Versuche (siehe Foto 3.1 und 3.2) ist es, festzustellen, ob ein neuer Entwurf besser ist als ein Alternativentwurf oder eine bereits realisierte Konstruktion. Hierbei nutzt man die Kenntnis, daß für alles andere als mittelmäßige Fahrtleistung der beim Segeln am Wind erzeugte Widerstand R des Rumpfes nicht größer als ein Drittel bis ein Viertel der bei gegebenen Abdriftwinkel hervorgerufenen hydrodynamischen Seitenkraft

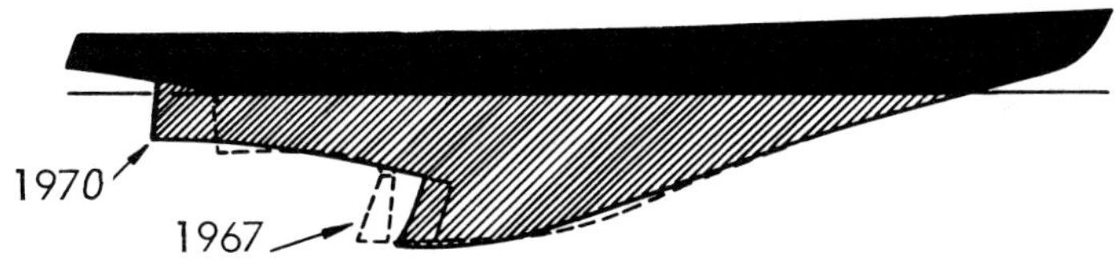

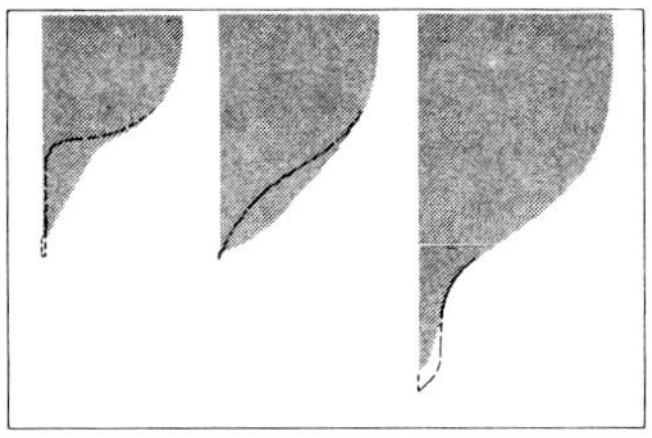

A

B

Foto 3.2
A *Intrepid* 1970, nach Änderungen von B. Chance
B *Intrepid* 1967, ursprünglicher Entwurf von O. Stephens

Schleppversuch bei gleichem Krängungswinkel. Deutlich ist die unterschiedliche Ausprägung der Heckwellen zu erkennen – eine Folge der in den beiden Skizzen angezeigten Änderungen der Rumpfform. Die schattierten Flächen zeigen die *Intrepid* von 1970, die Strichlinien den ursprünglichen *Intrepid*-Rumpf von 1967.

F_S sein sollte [3.1]. Das erreichbare Verhältnis F_S/R für Am-Wind-Verhältnissen entsprechende Abdrift- und Krängungswinkelkombinationen kann als eines der Kriterien der hydrodynamischen Wirksamkeit des Rumpfes betrachtet werden.

Abb. 1.12, Teil 1, zeigt die entsprechenden hydrodynamischen Rumpfkräfte, die in der Regel bei Modellversuchen gemessen werden. Das Modell einer Yacht wird im Schlepptank mit konstanter, zur Großausführung korrespondierender

Geschwindigkeit bei verschiedenen Abdrift- und Krängungswinkeln geschleppt und die entsprechenden Seitenkräfte F_S und der Widerstand R gemessen. Erreicht das Verhältnis Seitenkraft zu Widerstand nicht einmal den angestrebten Minimalwert von 3, oder wird ein akzeptables Verhältnis erst bei einem zu großen Abdriftwinkel erzielt, muß der Konstrukteur durch Vergrößern der Seitenkraft, beispielsweise durch eine größere Spannweite der Kielflosse und/oder Vermindern des Widerstandes sich bemühen, den Entwurf zu verbessern. Auf diese Weise ist zwar kein absolutes Maß für die Leistungsfähigkeit erhältlich, es wird aber wenigstens sichergestellt, daß kein „Nichtsegler" entsteht.

Aus dem Schleppversuch allein ist die Voraussage der wirklichen Fahrtleistung der Großausführung nicht möglich, es sei denn, man hat viel Glück. Die aerodynamischen Eigenschaften des Riggs müssen dabei mit in Betracht gezogen werden. Selbst die relativen Vorzüge zweier Rümpfe lassen sich nur dann korrekt bestimmen, wenn sie mit identischen Segeln angetrieben werden. Hiergegen läßt sich jedoch einwenden, daß selbst dann, wenn zwei identische Yachten mit dem gleichen Segelinventar (und dies ist bei modernen Rennyachten recht umfangreich) ausgerüstet sind, sich bei gleichen Wind- und Wellenverhältnissen noch unterschiedliche Fahrtleistungen ergeben können. Die zur Verfügung stehenden Segel lassen sich in zahlreichen Kombination setzen, und die Form der einzelnen Segel (definiert durch Wölbung und Verwindung) kann beispielsweise durch Schotzug, Vorliekspannung, Mastbiegung, Reißverschlüsse und so weiter, so stark verändert werden, daß (wie wir in späteren Kapiteln sehen werden) die Riggs durchaus verschiedene aerodynamische Vortriebs- und Krängungskräftekomponenten produzieren können. Unvermeidlich müssen die gleichen Rümpfe auf ungleichen aerodynamischen „input" unterschiedlich reagieren, was ungleiche Fahrtleistung zur Folge hat.

Im Zusammenhang mit den in letzter Zeit entwickelten Methoden zur Messung der aerodynamischen Eigenschaften von Segeln im Windkanal (Foto 3.3) ergibt sich die Frage, wie sich mit verhältnismäßig wenig Aufwand die Ergebnisse solcher Versuche beurteilen lassen, wobei es nicht so sehr auf eine exakte quantitative Bewertung der Eigenschaften verschiedener Riggs ankommt, sondern eine qualitative Abschätzung bereits ausreicht. Mehrere Verfahren wurden hierzu vorgeschlagen, von denen diejenigen von P. Spens [3.2] und T. Tanner [3.3] hervorzuheben sind. Sie enthalten verständlicherweise vereinfachende Annahmen, zeigen aber deutlich, daß genauso wie bei der Interpretation von Schleppversuchen, zu weitgehende, sich ausschließlich auf Windkanalversuche stützende Schlußfolgerungen, ohne Berücksichtigung des genauen Verhaltens des komplementären Teiles (Rumpf), zu Ergebnissen führen, die nicht den Erwartungen entsprechen. Nehmen wir einen Extremfall: es läßt sich beispielsweise zeigen, daß eine traditionelle Verdrängeryacht mit starren oder halbstarren Segeln über keine guten Allround-Eigenschaften verfügen würde, obwohl derartige Riggs (Foto 2.26, 2.30 und 2.31, Teil 2) in Verbindung mit bestimmten Rumpftypen sehr wirkungsvoll sind.

Der zweiten Betrachtungsweise zufolge ist die Segelyacht eine komplexe aero- und hydrodynamische Maschine, so daß die Fahrtgeschwindigkeit nicht aus den

Foto 3.3 Modell eines 12er-Riggs im Windkanal der Universität Southampton.
P. Spens vom Davidson Laboratory, USA, stellte die Frage: „Wie kann man aus ihren aerodynamischen Eigenschaften entscheiden, welches von zwei Riggs auf einem Rumpf bekannter hydrodynamischer Eigenschaften die bessere Fahrtleistung am Wind ergeben wird?"

Eigenschaften ihrer aerodynamischen und hydrodynamischen Komponenten alleine bestimmt werden kann, ohne daß hierzu Fahrtleistungsberechnungen durchgeführt werden, die der Wechselwirkung zwischen beiden Teilen der Yacht Rechnung tragen. Ziel dieser Sichtweise ist letztlich die Voraussage der absoluten – im Gegensatz zur relativen– Fahrtleistung eines gegebenen Entwurfes. Es ist naheliegend, daß dazu umfangreiche Angaben über die Eigenschaften von Rumpf und Segel erforderlich sind. Überdies wird die Fahrtgeschwindigkeitsberechnung erschwert durch die Tatsache, daß das Rumpfverhalten, neben den Entwurfsfaktoren, noch von einer Vielzahl weiterer, in ihrem relativen Einfluß sich ständig ändernder Größen abhängt, die aus der unstetigen Natur des Windes, den Seegangsverhältnissen, dem gesegelten Kurs relativ zu den Wellen etc., herrühren. Wenn jeder wichtige Faktor berücksichtigt würde, wäre die Voraussage der Fahrtgeschwindigkeit eine im mathematischen Sinn mühevolle, wenn nicht unmögliche Aufgabe. Vereinfachungen sind nicht zu umgehen, und die vielen Berechnungsmethoden, die seit dem von K.S.M. Davidson erstmals vorgeschlagenen Verfahren ausgearbeitet wurden, unterscheiden sich nur in ihren vereinfachenden Annahmen und der jeweiligen Lösungstechnik [3.4]. Diese Verfahren haben alle ihre Vor- und Nachteile, und es sei betont, daß in keinem Fall eine vollkommen befriedigende Nachprüfung anhand des tatsächlichen Verhaltens eines Bootes vorgenommen wurde.

Bei alledem sollte man sich vergegenwärtigen, daß jede auf Schlepptank- und Windkanalversuchen beruhende Leistungsvoraussage mit unvermeidlichen Fehlern und Unsicherheiten behaftet ist. Sie entstehen sowohl bei der Übertragung der Modellergebnisse auf die Großausführung, als auch aus der Tatsache, daß der Modellversuch nicht in jeder Hinsicht die Großausführungsverhältnisse simuliert und der Einfluß dieser Unähnlichkeit nicht mit Sicherheit vorausgesehen werden kann. Naturgemäß läßt sich ein brauchbares Verfahren nur aufgrund einer begrenzten Anzahl bestimmter Postulate und empirischer Annahmen erstellen. Einige Einflußgrößen oder Bedingungen müssen im Vergleich zu anderen wegen ihrer geringen oder nebensächlichen Auswirkung vernachlässigt werden, andererseits könnten leicht das Verfahren und die sich daraus ableitenden Versuchstechniken und Berechnungsmethoden irreführend präzis im Sinne „exakter Erkenntnis" werden.

Da aus Modellversuchen hergeleitete Voraussagen und Schlußfolgerungen nur im Rahmen der zugrundegelegten Voraussetzungen gültig sind, hat eine Änderung einer dieser Voraussetzungen, oder ein unbeabsichtigtes Auslassen eines wichtigen Faktors (einfach aufgrund mangelnder Erkenntnis), Einfluß auf die Leistungsvoraussage. In Anbetracht der eindrucksvollen Vielzahl von Möglichkeiten, die zu Unstimmigkeiten bei der Fahrtleistungsprognose für Segelyachten aufgrund von Modellversuchen führen können, muß man einräumen, daß die im allgemeinen zu findende gute Übereinstimmung dennoch recht zufriedenstellend ist.

Auf der anderen Seite muß man auch zugeben, daß Schleppversuche allzuleicht fehlinterpretiert werden können, wie die Entwurfsprobleme in der hochentwickelten 12-m-Klasse, über die viel berichtet wurde, beweisen. K. Kirkman und D. Petrick [3.5] weisen beispielsweise auf eine starke Maßstabsabhängigkeit (=Reynolds-Zahl-Abhängigkeit) der hydrodynamischen Seitenkraft hin, die bei kleinen Modellen mit sehr völligen Hinterschiffsformen zu beobachten ist. Schleppversuchsergebnisse können so den Konstrukteur veranlassen, einen zu kleinen Kiel zu wählen. Die Zwölfer, die 1970 am America-Pokal teilnahmen, hatten alle extrem völlige Hinterschiffe, und einige Konstrukteure, so heißt es, „glaubten nicht, daß die sich aus dem Modellversuch ergebende Fahrtleistung auf dem Regattakurs erbracht wurde." Diese Erfahrung trug dazu bei, daß Olin Stephens beim Entwurf der *Courageous* seine Anschauungen änderte und im Entwicklungsprozeß zu den Linien seiner *Intrepid* von 1967 (Foto 3.2) zurückkehrte.

Foto 3.4 Unterwasseransicht eines Yachtmodells im Schleppkanal. Die Fadensonden richten sich selbst nach der Strömung aus und zeigen so deren Richtung an. Tritt Ablösung auf, bewegen sich die Fäden regellos hin und her.

Man kommt jedoch nicht umhin sich zu fragen, ob bei Schleppversuchen mit Yachten, die im Unterwasserschiff im Heckbereich recht völlig sind, auch wirklich jede Anstrengung unternommen wurde, um etwaige Ablösung der Strömung am Hinterschiff festzustellen. Wie Foto 3.4 zeigt, läßt sich dies mit Fadensonden bewerkstelligen, die auf der Rumpfoberfläche befestigt werden. In Teil 2, Kapitel C, wurde bereits ausgeführt, daß derartige Ablösung von der Reynolds-Zahl und mithin vom Maßstab abhängig ist. Das heißt: tritt am Modell Ablösung erst so weit achtern auf, daß sie als unbedeutend angesehen werden kann, ist eine vorzeitige Ablösung der Strömung an der Großausführung nicht zu erwarten.

Bei der Beurteilung der Zuverlässigkeit von Modellversuchsergebnissen ist sowohl die Genauigkeit der verlangten Antwort als auch der verfahrensbedingte Fehler, der vornehmlich vom verwendeten Modellmaßstab abhängt, zu bedenken. So werden beispielsweise America-Pokal-Wettfahrten häufig „mit einem Vorsprung von einem halben Prozent der versegelten Zeit gewonnen, 2 oder 3 Prozent werden als haushoher Sieg angesehen!“ Viele Schleppversuche mit kommerziellen Modellgrößen zeigen, daß Meßfehler von 5 Prozent nicht selten sind, was angesichts des geringen Vorsprungs, mit dem Rennen gewonnen oder verloren werden, erheblich ist. Die Intuition sagt einem, daß die Zuverlässigkeit der Egebnisse mit der Modellgröße zunehmen sollte; Abb. 3.1 [nach 3.5] bestätigt diese Ansicht. Wie man sieht, wird mit abnehmender Modellänge das Unsicherheitsband immer breiter, für ein 2,5 m langes Modell liegt der Korrelationsfehler beispielsweise

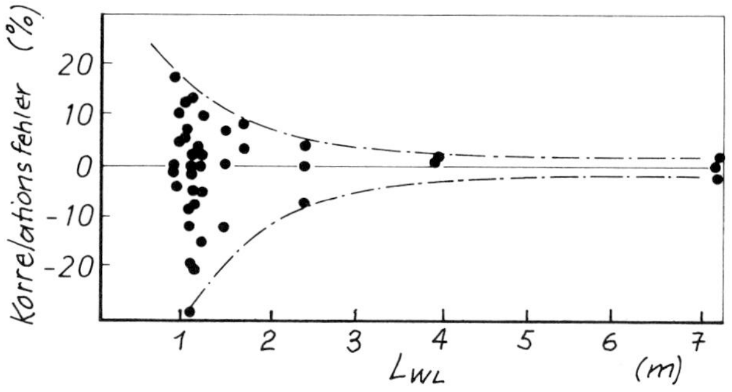

Abb. 3.1 Die Abhängigkeit des Korrelationsfehlers von der Modellgröße (Wasserlinienlänge) für den Widerstand bei Geradeausfahrt. Ähnlich liegen die Verhältnisse auch bei der hydrodynamischen Seitenkraft.

in der Größenordnung um 5 Prozent. Das beste Modell muß also nicht unbedingt auch der beste Prototyp sein. Den vielfältigen Möglichkeiten für Unterschiede in der Genauigkeit der Meßeinrichtung, den Methoden der Turbulenzerzeugung (die in Teil 2 angesprochen wurden), der Korrektur für den Eigenwiderstand der Turbulenzerzeuger, der Korrektur für die Tankversperrung bei übergroßen Modellen und bei weiteren, das endgültige Ergebnis beeinflußender Faktoren, ist dabei in Abb. 3.1 jedoch noch nicht Rechnung getragen.

Wie Pierre de Saix bei der Diskussion von [3.5] ausführte, sollten zudem Meßwerte der Fahrtleistung einer Großausführung mit der gleichen gesunden Skepsis behandelt werden wie Modellversuchsergebnisse. Da außerhalb des Labors durchgeführte Messungen an einer Großausführung im allgemeinen eine Streuung von 20 Prozent aufweisen, ist jeder Versuch, einen Korrelationsfehler unter Zugrundelegung so stark streuender Großausführungsdaten zu bestimmen, ungültig. Es sei hinzugefügt, daß die festgestellten großen Abweichungen in den Ergebnissen bei der Untersuchung der Großausführungseigenschaften kein schlechtes Licht auf den Experimentator werfen, sondern vielmehr auf die Schwierigkeiten bei der Durchführung solcher Versuche außerhalb des Laboratoriums hinweisen.

Wegen der damit verbundenen Kosten beschränkt sich gegenwärtig die Anwendung der Verfahren zur Fahrtleistungsvoraussage vornehmlich auf wettbewerbsorientierte Yachten, wie beispielsweise 12-m-R-Yachten oder Admiral's Cup-Yachten. Ihre Fahrtleistung wird üblicherweise durch die Geschwindigkeit nach Luv (Abb. 1.29, Teil 1) oder, was aber seltener ist, in Form eines vollständigen Geschwindigkeitspolardiagramms (Abb. 1.28), angegeben.

Einen Anlaß zu gedämpftem Optimismus geben Berichte über die Möglichkeit der Vorausberechnung der Geschwindigkeit aufgrund spezieller Modellversuche [3.6]. Der Anspruch der Wissenschaftler, die das USYRU/MIT – Computerprogramm entwickelt haben, um, so [3.6] wörtlich, „die Geschwindigkeit einer Hochseerennyacht jeder Größe und fast jeden Typs am Wind, raumschots oder vorm Wind bei Windgeschwindigkeiten zwischen Flaute und Sturm vorauszusagen“, klingt jedoch zu optimistisch. Sie sind der Ansicht, daß dieses Ziel mit Hilfe eines am Massachusetts Institute of Technology entwickelten Gerätes zur elektronischen Aufmessung der Linien eines Rumpfes erreicht werden kann. Diese werden zusammen mit einigen Angaben über den Segelriß, die Stabilität und die Verdrängung einer gegebenen Yacht in einen Computer eingeben, der dann mit dem Velocity Prediction Program (VPP), das jede Yacht beliebigen Entwurfes unter verschiedenen Windverhältnissen „segelt", für jede Windstärke die Fahrtgeschwindigkeit auf jedem beliebigen Kurs relativ zum Wind errechnet.

Wie in [3.6] mitgeteilt wird, bilden sowohl auf theoretischem Wege wie durch Modell- und Großausführungsuntersuchungen an Rümpfen und Segeln gewonnene Ergebnisse die Grundlage dieses Geschwindigkeitsvorhersageprogrammes. Die hydrodynamischen Eigenschaften eines vorgegebenen Rumpfes ermittelt das VPP aus Ergebnissen systematischer Schleppversuche, die mit einer Serie etwa 2,13 m langer Modelle ($L_{WL} = 1{,}6$ m) durchgeführt wurden. Die Modelle stammten alle von der gleichen Grundform ab, die man als guten Entwurf mit durchschnittlichen Abmessungen ansah. Von dieser Ausgangsform wurde durch systematische Variation eine Modellfamilie mit unterschiedlicher Verdrängung, Breite, Tiefgang etc. abgeleitet. Aus deren Schleppversuchsergebnissen wurden dann mathematische Gleichungen für den Widerstand jeder Rumpfform, der leicht auf jede Größe einer Yacht der selben Konfiguration umgerechnet werden kann, ermittelt. Eine typische Plottausgabe des Computers für den Rumpfwiderstand (einschließlich des Anteils infolge Seitenkrafterzeugung) einer Yacht mit 10,67 m Wasserlinienlänge und gegebenen Rumpflinien zeigt Abb. 3.2. Weitere, vom Computer für die Geschwindigkeitsvoraussage benötigten Angaben sind die Lage des Gewichtsschwerpunktes, die Segelfläche und die Höhe des Segeldruckpunktes.

Da die aerodynamische Theorie allein nicht alle notwendigen Unterlagen über die ergänzenden Segelkräfte bereitstellen kann, wurden diese unter der Annahme, das sie gleich und entgegengesetzt den Rumpfkräften sind, durch Fahrtleistungsmessungen an der Großausführung der Ausgangsform ermittelt. Die Urheber dieses VPP-Projektes sind der Meinung, daß mit ihrem Verfahren die Geschwindigkeit von Hochseerennyachten mit angemessener Genauigkeit vorausgesagt werden kann – was sie darunter verstehen, wird allerdings nicht gesagt. Es ist jedoch zu erwarten, daß die Ergebnisse, die der Computer mit dem VPP errechnet, ungenauer sind, als Geschwindigkeitsprognosen aufgrund individueller Modellversuche mit einer einzelnen Yacht, besonders wenn diese spezielle Formmerkmale aufweist, von denen man sich eine erhebliche Fahrtleistungssteigerung verspricht.

Ein interessantes Nebenprodukt des VPP ist, daß „... vom Computer Geschwindigkeitsdifferenzen zwischen einer gut gesegelten und einer schlecht gesegelten Version des gleichen Bootes vorausberechnet werden, die mit den Geschwindigkeitsunterschieden zwischen Yachten stark voneinander abweichender Entwürfe vergleichbar sind." Dies führt uns zu der häufig gestellten Frage, was denn nun der entscheidende, regattagewinnende Faktor ist: ein hervorragendes Boot oder eine erstklassige Mannschaft? Wie bei den Einheitsklassen, hängt beim vergütungslosen Segeln gegen Boote mit gleichem fixiertem Rennwert sicher

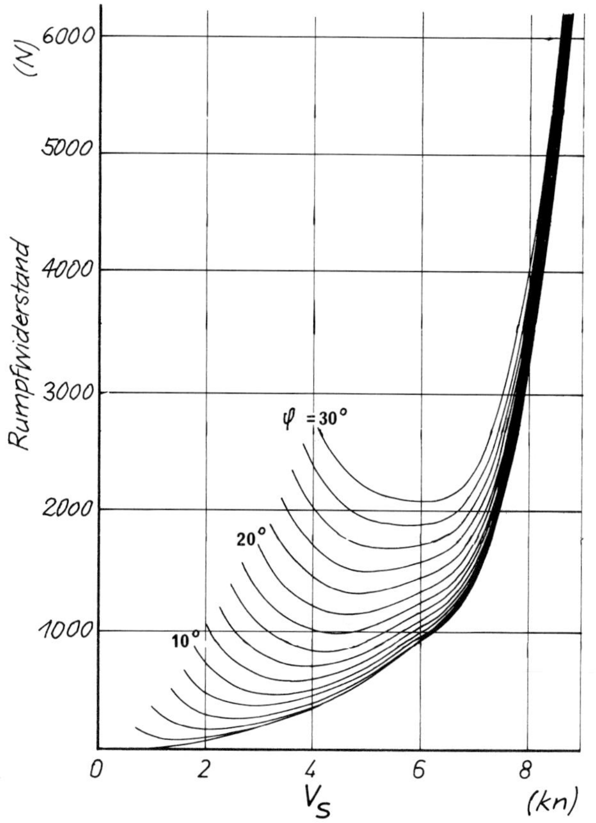

Abb. 3.2 Typische Plottausgabe des VPP für den Widerstand einer Segelyacht ($L_{WL} = 10{,}67$ m) in Abhängigkeit von der Fahrtgeschwindigkeit und dem Krängungswinkel. Die Kurve für Null Grad Krängung beschreibt die Verhältnisse für den Segelzustand „Vor dem Wind". Der Verlauf der anderen Kurven, die den induzierten Widerstand infolge Seitenkraftproduktion mit beinhalten, zeigt, daß der Rumpfwiderstand nicht nur bei größerer Geschwindigkeit ansteigt, sondern auch im Bereich kleinerer Geschwindigkeiten. Die physikalische Erklärung hierfür ist wie folgt: Der induzierte Widerstandsanteil, der aufgrund der Erzeugung einer Rumpfseitenkraft zum Ausgleich der Segelkrängungskraft zusätzlich zum Widerstand bei Geradeausfahrt entsteht, ist umgekehrt proportional zum Quadrat der Fahrtgeschwindigkeit. Je kleiner die Geschwindigkeit des Bootes bei konstanter Seitenkraft (= konstanter Krängung), um so größer wird also diese Widerstandskomponente, die schließlich rascher ansteigt, als der Geradeauswiderstandsanteil abnimmt, so daß der gesamte Rumpfwiderstand letztlich vergrößert wird.

sehr viel von der Mannschaft ab. Bei Ausgleichsregatten spielt eine gute Besatzung ebenfalls eine Rolle, aber nicht mehr im selben Maße. Nicht selten erringen mittelmäßige Prototypen, die von einer ausgezeichneten Mannschaft gesegelt werden, beträchtliche Regattaerfolge, einfach aufgrund der Erfahrung ihrer Crew. Erfolg ist offensichtlich eine gute Reklame für eine Neukonstruktion, die dann als Serienboot oftmals enttäuschende Qualitäten zeigt. Umgekehrt kann der wahre Wert eines Bootes durch eine schlechte Handhabung auch verdeckt werden.

Es ist vorgesehen, mit dem VPP „... die bestehenden Vermessungs- und Zeitausgleichsverfahren genau zu untersuchen und so Unterlagen für zukünftige Änderungen zu erstellen. Außerdem kann es als rationaler Ausgangspunkt bei der Entwicklung vollkommen neuer Vermessungsregeln verwendet werden.“ Dieser neue Ansatz zur Lösung des alten Problems der Ermittlung des Geschwindigkeitspotentials von Rennyachten ist vornehmlich auf die Unzufriedenheit mit der IOR-Vermessungsformel (International Offshore Rule) zurückzuführen. Besonderer Unwille richtet sich dabei gegen die teuren Boote bar jeder Inneneinrichtung, aber mit einer Menge kostspieliger Ausrüstung, einschließlich diverser elektronischer Geräte und einem großen Stellsegel – eine Entwicklung, die, so sagt man, durch die IOR gefördert wird.

Wie Peter Johnson in *In the Offing* (*Yachting World* 1976) schrieb, ist die Zielsetzung der neuen, sich auf das VPP stützende USYRU-Vermessungsregel:

1. das formelmäßige Veralten der Yachten zu verzögern,
2. durch gerechte Bewertung bereits existierender Yachten eine weitere Revolution zu vermeiden,
3. die kombinierte Fahrten- und Regattayacht zu fördern,
4. die Vermessungsfaktoren jeder Yacht in Beziehung zu den herrschenden Wetterbedingungen zu setzen und so extreme Yachten zu verhindern,
5. soweit es das Wissen gestattet, jeden geschwindigkeitsbeeinflußenden Faktor zu berücksichtigen,
6. schnelle Regeländerungen ohne Neuvermessung zu ermöglichen und
7. übermäßige Kosten einzuschränken.

In Anbetracht der Schlußfolgerung, zu denen wir im einleitenden Abschnitt in Teil 1 gekommen sind, enthalten die obigen lobenswerten Absichten einige Punkte, die sich schwerlich miteinander in Einklang bringen lassen. Ob der Computer, der die Landung auf dem Mond mitermöglichte, die Regattasegler glücklicher machen wird, bleibt abzuwarten. Hält man jedoch nach zukünftigen Entwicklungen Ausschau, bevor kostspielige Entscheidungen getroffen werden und die Yachteigner sich den Rechenzentren unterwerfen, sollte man frühere Erfahrungen und besonders die sich ändernde psychologische Einstellung der Segler gegenüber Yachten und Wettsegeln nicht unbeachtet lassen.

Hochseeregattasegeln ist und bleibt ein Spiel nach bestimmten Regeln, und wenn den daran Beteiligten Befriedigung und Vergnügen zuteil werden soll, muß die Vermessungsformel hinreichend genau die Beziehung zwischen Rennwert und der potentiellen Fahrtleistung eines Bootes erfassen und so chancengleiches Wettsegeln zwischen zwei Crews in direktem Wettbewerb ermöglichen. Die potentielle Leistung eines Bootes läßt sich jedoch nicht mit einer einfachen Formel ermitteln. Die bekannten geschwindigkeitsfördernden- und vermindernden Faktoren sind zu zahlreich, als daß sie alle berücksichtigt werden könnten, und zum Leidwesen der Regelmacher nimmt ihre Zahl mit der Vervollkommnung unseres Wissens über die Aero- und Hydrodynamik des Segelns immer mehr zu.

Es mag manchen Leser überraschen, aber bei dem gegenwärtigen Erkenntnisstand der Mathematik und Hydrodynamik ist es nicht möglich, den Widerstand selbst einer einfachen Schiffsform auf rein rechnerischem Wege genau zu ermitteln. Das meiste des heutigen Wissens über Schiffe, wie auch über Yachten, beruht auf dem Experiment, und die Lösung praktischer Probleme erfolgt darum noch weitgehend empirisch.

Wie sehr auch immer Formelmacher oder Handikapper sich um chancengleiches Wettsegeln bemüht haben und noch bemühen, die Erfahrung zeigt, daß dies mit einfachen und billigen Mitteln nicht möglich war und auch noch nicht möglich ist. Das ist der Grund, weshalb ein großer Teil der Yachtsegler die Regattasegelei gegen anderer Leute Fähigkeit, sich durch Vermessungsregeln und Handikaps zu winden, leid geworden ist. Diejenigen, die es mit Ausgleichsregattasegeln versucht haben, konnten nicht von den mathematischen Höhenflügen der Formelmacher überzeugt werden – vielleicht mit Ausnahme derer, die gewinnen. „In Amerika", so wird berichtet, „ist zur Zeit der Fahrtenkreuzer groß in Mode. Das Wort Regattasegeln bedeutet Spaß, aber Rennyacht ist ein schmutziges Wort geworden."

Die unbefriedigenden Versuche, das Leistungsvermögen unterschiedlicher Yachten auszugleichen, ließ eine Regattaform entstehen, in der Boote mit fixiertem Rennwert ohne Zeitvergütung gegeneinander segeln. Starken Anreiz erhielt dieses Wettsegeln Boot gegen Boot durch das Eintonner-Pokal-Konzept, aus dem bald darauf auch die Halb- und Vierteltonnerwettbewerbe hervorgingen. Es zeigt sich, das vergütungsloses Segeln lohnender ist: eine Länge vor der Konkurrenz ist und bleibt eine Länge voraus, ohne das irgendeine magische Zahl oder der Computer zwischen den Leistungen der Mannschaften steht.

Das Konzept der Bootsklassen mit festem Rennwert ist keineswegs neu. In dieser Hinsicht wiederholt sich die Geschichte gleichsam. Vor 50 Jahren erfanden die enttäuschten Seesegler, unzufrieden mit den ungerechten Vermessungs- und Ausgleichsformeln, die Meter-Klassen, entsprechend den heutzutage so stark befürworteten Klassen mit fixiertem Rennwert. Kaum hatten diese Meter-Klassen den Segen der IYRU erhalten, da wendeten sich die Rennsegler wieder davon ab und kehrten zu dem ungerechten Handikap-System zurück. Offenbar gibt es eine gewisse Diskrepanz zwischen den Träumen von Leuten, die rational denken und denjenigen, die nur vorgeben, es zu tun. Leider sind dies allzuoft die Formelmacher.

In dem Buch *The Common Sense of Yacht Design* des berühmten amerikanischen Yachtkonstrukteur L.F. Herreshoff [3.29] findet sich folgende Erklärung für diese fast chronische Malaise im Hochseeregattasport:

> „Einheitsklassen sind etwas für junge Demokraten, die unter Minderwertigkeitsgefühlen leiden oder die befürchten, jemand mit besserem geistigen Rüstzeug könnte sie übervorteilen. In Wirklichkeit aber haben sie nur eine Gewinnchance, wenn sie in einer offenen Klasse segeln, in der, falls sie den richtigen Konstrukteur wählen, sie einen Vorteil haben werden, der ihre anderen Unzulänglichkeiten wettmacht ... In einer offenen Klasse kann der junge Demokrat seine Niederlage den Konstrukteur anlasten, was ihm oftmals Befriedigung verschafft, während er in einer Einheitsklasse nicht die geringste Genugtuung hat."

Foto 3.5 *Cascade* – entworfen von J. Milgram. Sie versetzte die Regelmacher in einen Zustand beträchtlicher Verwirrung. Bei einer Wasserlinienlänge von 9,14 m vermaß sie nach IOR 6,70 m. Sie war schnell für ihr Rating, aber langsam für ihre Länge.

Augenscheinlich war chancengleiches Wettsegeln auch zur Zeit von Herreshoff ein aktuelles Problem. Als der Verfasser dieses Buches vor kurzem diese Erklärung von Herreshoff mit amerikanischen Freunden diskutierte, wurde ihm versichert, daß heutzutage „... in den Vereinigten Staaten Regelbetrug weder ausschließlich den Demokraten noch den Republikanern vorbehalten ist."

Der Hauptgrund für die Schwierigkeiten scheint zweifelslos in der Verkennung der Realität – oder genauer – der Außerachtlassung der menschlichen Natur zu liegen. Wenn der Amateursport Yachtsegeln von Formelschinderei oder Regelbetrug heimgesucht wird, so ist dies vornehmlich auf den psychologischen Umstand zurückzuführen, daß vielleicht jeder Regattasegler sich in einem Dilemma befindet: jedermann möchte an einer idealen Vorstellung von Fairplay festhalten, aber trotzdem sind viele insgeheim gewillt, alles zu unternehmen, um am Steuer eines „Breakthrough-Designs" oder einer unterbewerteten Yacht zu stehen. Betrügen – vielleicht eines der am häufigsten vorkommenden Worte in den Segelzeitschriften, wie Bernard Hayman, der Verleger von *Yachting World* einmal bemerkte, ist ein etwas unschönes Wort, da es beispielsweise an das Betrügen beim Kartenspielen erinnert. „Regelbetrug ist nicht so sehr betrügen als vielmehr der Versuch, aus dem legalen Wortlaut der Regel den größten Vorteil herauszuholen. Das Ergebnis ist eine Verminderung des Rennwertes oder eine Vergrößerung der Geschwindigkeit, die in keinem Verhältnis zu den entsprechenden Vermessungen stehen." Dieser Definition des *Yachtman's Guide to the Rating Rule* [3.7] zufolge kann mithin niemand behaupten, daß beispielsweise J. Milgram beim Entwurf seiner *Cascade* mit gezinkten Karten spielte. Diese Yacht (Foto 3.5) ist einer der spektakulärsten Formelschinder unserer Zeit. Sie ist gleichsam ein Symptom für die Auflehnung gegen die stillschweigend akzeptierten Normen und gegen das Establishment. Hierin liegt der Grund, warum ihr Erfolg viele der Yachtsegler der alten Garde in Wut versetzte und in einigen Kreisen eine Art „Massenhysterie" aulöste [3.8], [3.9].

Bei einer Länge in der Wasserlinie von 9,14 m hatte *Cascade* einen Rennwert von 6,70 m. Sie war schnell für ihr Rating, was nicht erstaunlich ist, da sie ungefähr 25 Prozent länger war als gleichvermessende Boote konventioneller Takelung mit Vorsegeln, deren Vorsegeldreieck gewertet wird. *Cascade* hatte kein Vorsegeldreieck, führte aber enorme unbewertete Segelfläche. Auf diese Weise konnte Milgram ihr Rating klein genug halten, um die Nachteile der an und für sich miserablen Am-Wind-Eigenschaften dieses Cat-Ketch-Riggs wieder wettzumachen. Für die tatsächliche Wasserlinienlänge war die Fahrtleistung von *Cascade* eigentlich recht mäßig, so daß sie nicht als Vorläuferin eines besseren Yachttyps angesehen werden kann. Yachten wie *Cascade* machen der IOR-Gemeinde das Leben wirklich nicht leicht, wenngleich sie viel Anklang bei solchen Leuten finden mögen, die ständig auf der Suche nach Formellücken sind und die denken, der einzige Sinn des Segelns sei, ihre Gegner mit allen Mitteln zu besiegen oder das Establishment lächerlich zu machen, um Aufmerksamkeit zu erregen.

In seinem Buch *The Act of Creation* schreibt A. Koestler: „Der Mensch kann nicht die Vergangenheit erben, er muß sie neu schaffen.“ Anders ausgedrückt: jede Generation muß die Erwartungen und Enttäuschungen, Antworten und Methoden der Vergangenheit wiederentdecken. Der Entwicklung bei den modernen Hochseerennyachten nach zu urteilen, scheint unsere Seglergeneration genauso irritiert zu sein, wie die Ende des 19. Jahrhunderts. Der einzige Trost ist, daß wir vielleicht auf einem höheren Niveau des Verständnisses der beteiligten Faktoren irritiert sind. Zwei Auszüge aus dem 1894 veröffentlichten Band *Yachting* der Badminton Library sollen noch einen weiteren Punkt veranschaulichen.

Am Ende des Jahres 1892 versammelte sich in London eine Gruppe berühmter Yachtkonstrukteure, unter ihnen W. Fife, Nicholson und G.L. Watson, um die unerwünschten, übertriebenen und kostspieligen Entwicklungstendenzen im Yachtbau, verursacht durch die angewendete Vermessungsformel, zu diskutieren. Die Diskussion hatte einen Brief an den Rat der Yacht Racing Association zur Folge, in dem folgender Meinung Ausdruck verliehen wurde:

> „Unserer Ansicht nach stellt der normale Segler folgende Anforderungen an eine Yacht: Sicherheit unter allen Wind- und Wetterverhältnissen; ein Maximum an Raumangebot an und unter Deck bei einem Minimum an Baukosten; hohe Geschwindigkeit bei geringstem Arbeitsaufwand – das heißt, mäßige und handige Segelfläche. Da es sich nur wenige Leute leisten können, ausschließlich für das Regattasegeln bauen zu lassen und da die Rennyacht von heute die Kreuzeryacht von morgen sein wird, sollte deswegen jede Vermessungsvorschrift durch ihre Beschränkungen solch einen gesunden Bootstyp fördern.“

Der Rat der YRA war jedoch anderer Auffassung: „Was die Yachteigner von einer Rennyacht wollen, ist Geschwindigkeit – Geschwindigkeit um jeden Preis.“ Und mithin

> „... sah das Jahr 1893 neue Boote in den Klassen, bei frischer Brise wirklich schnell, aber aus jeder anderen als aus der Sicht des Wettsegelns nicht wünschenswert ... In Amerika, wo das Geld mit vollen Händen ausgegeben wird, wenn die Ehre der Nation auf dem Spiel steht, wurden 26 m lange Maschinen gebaut, auf Geratewohl ihres Erfolges.“

Sind die heutigen polemischen Artikel über die neuesten Entwicklungstendenzen bei den Hochseerennyachten und den Vermessungsregeln, die weitgehend diese Entwicklung bestimmen, im Ton sehr unterschiedlich von demjenigen in dem über 80 Jahre alten Band der Badminton Library?

B Allgemeines über den Entwurf von Segeln

Trotz der Tatsache, daß Mathematik, Computer und Windkanalversuche eine immer größere Rolle beim Entwerfen der Segel spielen, ist das Segelmachen wie auch das Segeltrimmen, noch immer eine Bastion einer mehr auf Probieren, als auf Wissenschaft beruhenden Kunst. Zahlreiche und häufig einander widersprechende Artikel in den Segelzeitschriften, die den Rennseglern erzählen, wie sie den Mast biegen müssen und an den verschiedenen Streckern zu ziehen haben, um die Segel optimal zu trimmen, sind beispielhaft für die Verwirrung, die auf diesem Gebiet herrscht. Dies ist leicht einzusehen. Anders als bei einem als starr anzusehenden Flugzeugtragflügel, dessen Form durch Änderungen des Anstellwinkels oder der Anströmgeschwindigkeit nicht beeinflußt wird, ist die Form des Segels eine Funktion von beiden. Druckverteilung und Segelform stehen in einem ziemlich unvoraussagbarem wechselzeitigem Zusammenhang. Wie schon früher erwähnt, ändert sich außerdem während des Segelns ständig die gesamte Segelgeometrie aufgrund der Dehnung des Tuches, die nach einiger Zeit, wenn die Segel nicht benutzt werden, ganz oder teilweise wieder zurückgeht. Abgesehen davon ist die vom Segelmacher vorherbestimmte Form des Segels davon abhängig, wie die Mannschaft es setzt, das heißt, welche Spannungen sie in die Lieken des Segels durch Fall, Unterliekstrecker, Schot, Baumniederholer, Cunningham etc. einbringt.

Um diesen Sachverhalt in einer praktischeren Sprache zu verdeutlichen, wollen wir Austin Farrar, der selbst ein bekannter Segelmacher ist, zitieren. Er beschreibt den Trimm von Genuas mit elastischem Vorliek wie folgt [3.10]:

„Nach etwa 20 Minuten Hochamwindsegeln muß die Schot ein wenig angeholt werden, um das Segel im korrekten Trimm zu halten, selbst wenn die Windstärke nicht zugenommen hat; das Schothorn muß ein paar Zentimeter nach achtern und nach unten kommen ... Frischt der Wind ein wenig auf, ist das Vorliek stärker durchzusetzen und die Schot noch dichter zu nehmen ... Wird der Wind immer stärker, muß das Vorliek noch steifer durchgesetzt werden, was vielleicht aber nicht mehr geht, da es bereits das ganze Vorstag ausfüllt. Das Segel hat jedoch etwas oberhalb des Halses am Vorliek ein Cunningham-Auge, ähnlich einer Reffkausch. Ist eine Halstalje vorhanden, haken Sie sie in das Cunningham-Auge ein und holen Sie dicht, bis das Segelprofil wieder gut aussieht."

Dieses Nachtrimmen geht mit zunehmender Windstärke immer weiter. Ein 15 m langes Vorliek wird dabei bis zu 1,5 m gedehnt, während das Schothorn 0,9 m nach achtern wandert. A. Fanner weiter:

„10 Prozent Dehnung des Vorlieks klingt sehr viel, aber es bedeutet nicht, daß ein 9 m langes Vorliek sich um 0,9 m verlängert, da die Dehnung eine Funktion der Segelfläche und nicht nur der Vorlieklänge ist. Je breiter ein Segel bei gegebener Vorlieklänge ist, um so mehr Dehnung ist erforderlich. Dieses Dehnen bedeutet nicht, daß Fläche im Segel erzeugt wird, die tatsächliche Länge der Fäden nimmt nur ganz minimal zu. Es verschiebt sich aber Fläche von einer Stelle zur anderen, und das Achterliek wird immer hohler."

Diese Beschreibung des Verhaltens eines Segels unter tatsächlichen Segelbedingungen sollte genügen, um eine Vorstellung von den Schwierigkeiten zu geben, die mit der Verformbarkeit des Segeltuches zusammenhängen.

In diesem Zusammenhang scheint die Frage angemessen, ob es möglich ist, mit dem raffiniertestem Computerprogramm und dem derzeit vorhandenen Segeltuch ein für alle Windverhältnisse optimales oder ideales Segel zu entwerfen. Nicht selten findet man in den Segelzeitschriften auf diese Frage eine positive Antwort. Stolz machen einige Segelmacher Reklame, daß ihre Computer dazu in der Lage sind – ob ihre Behauptung gerechtfertigt ist, steht auf einem anderen Blatt.

Die Kunst des Segelmachens beruht auf dem nicht notwendigerweise festen Glauben, daß die Segelmacher wissen, welche Form sie dem Segel geben wollen. Wie die meisten von ihnen ehrlicherweise zugeben werden, ist ihr schwierigstes Problem, das Segel so zuzuschneiden, daß es diese Form annimmt und auch behält. Die größten Schwierigkeiten rühren dabei vom Segeltuch her, da aus verschiedenen Gründen, meist kommerziellen, die verlangte Tuchqualität nicht immer gewahrt bleibt. Diesbezüglich gibt es starke Unterschiede und selbst in einer Partie können ganz erhebliche Abweichungen von der Normalqualität auftreten. Sogar bei ein und derselben Tuchrolle lassen sich Schwankungen in den Dehnungseigenschaften des Tuches feststellen. Dieses nichtvorhersehbare Verhalten des Gewebes unter Belastung macht ein logisches oder analytisches Entwerfen der Segel äußerst kompliziert, wenn nicht unmöglich. E. Venning bemerkte in seinem Diskussionsbeitrag zu [3.11] zu Recht: „Das charakteristische Kennzeichen des Segelentwurfes ist die Tatsache, daß man kaum sagen kann, inwieweit ein Segel tatsächlich die Form annimmt, die man ihm geben möchte, und ob es je bei genau den Windverhältnissen verwendet wird, für die es gedacht wurde."

Computer sind in dieser Beziehung wenig hilfreich. Sie können langwierige Berechnungen in unglaublich kurzer Zeit durchführen, aber ihre Ergebnisse sind vollkommen von den Eingabedaten abhängig, und diese enthalten notwendigerweise fest umrissene Annahmen über den gesegelten Kurs, die Windverhältnisse, das zur Verfügung stehende aufrichtende Moment bei gegebenem Krängungswinkel, die elastischen Eigenschaften des Segeltuches etc. Und selbst wenn man die mit der elastischen und bleibenden Verformungen des Tuches zusammenhängenden Schwierigkeiten beim Segelentwurf durch Verwendung eines Gewebes mit vernachlässigbar kleiner Dehnung auf ein Mindestmaß verringern würde, wäre das genau berechnete ideale Segel nur in einem sehr schmalen Windgeschwindigkeits- und Kursbereich relativ zum scheinbaren Wind optimal. Durch den Zuschnitt der einzelnen Bahnen würde ein derartiges Segel in die verlangte Form gezwängt und wenn es gesetzt wird, ungeachtet der Windgeschwindigkeit, sogleich seine entworfene Form annehmen. Abgesehen von den offensichtlichen Nachteilen eines optimierten Segels, das nur bei ganz genau festgelegten Bedingungen wirksam sein kann, wäre solch ein notwendigerweise steifes Segel auch noch unhandlich und nicht in einem Segelsack zu verstauen. Es ist folglich kein sehr praktischer Vorschlag.

Um das Dilemma beim Entwerfen von Segeln noch aus einem anderen Blickwinkel zu erhellen, wollen wir einige auf eigenen Erfahrungen auf diesem Gebiet beruhende Anmerkungen von J. Milgram [3.12] anführen:

> „Ein gutes Kriterium für den Segelentwurf ist bei einem vorgegebenen maximalen Krängungswinkel die Maximierung der Vortriebskraft unter der Bedingung, daß das Krängungsmoment nicht den Wert überschreitet, bei dem sich der maximal zulässige Krängungswinkel einstellt. Ist der Segelriß erstellt oder vorgegeben, verbleibt die Bestimmung der Wölbungsverteilung des Segels. Nun läßt sich aber die optimale Wölbungsverteilung für einen Satz Segel nicht auf direktem Wege ermitteln. Wenn jemand sagt, daß er dies könne, rate ich Ihnen, ihm nicht zu glauben. Für dieses Vorgehen gibt es keine Basis. Ich kann jedoch die Druckverteilung bestimmen, die, wenn die Segel sie in der Praxis aufweisen, die größte Fahrtgeschwindigkeit ergeben wird. Dann kann ich die für diese Druckverteilung notwendige Wölbungsverteilung errechnen. Hierfür gibt es eine gesicherte Grundlage ... Die Ermittlung der für eine vorgegebene Druckverteilung notwendigen Segelform muß mit einem Computer durchgeführt werden, da hierbei Millionen arithmetischer Operationen auszuführen sind."

So weit, so gut. Milgram fährt dann fort:

> „Im Gegensatz zum Entwurf der Segelform gibt es keine präzise wissenschaftliche Methode, mit der sich der Zuschnitt des Segels so bestimmen läßt,

daß das Ergebnis genau die berechnete Form annimmt. Es gibt viele Gründe für diese Unvollkommenheit."

Und weiter:

„Da es kein exaktes Verfahren gibt, Segelschnitte zu bestimmen, die die errechneten Formen ergeben, muß der Segelmacher das Beste aus den ihm zur Verfügung stehenden Informationen machen."

Schließlich:

„Wenn gesagt wird, daß wir nicht wissen, wie unsere berechneten Segelformen genau realisiert werden können, ist es sinnvoll zu sagen, was unter genau zu verstehen ist. In diesem Fall erscheinen 10 Prozent eine angemessene Grenze für den zulässigen Fehler im örtlichen Anstellwinkel oder in der Wölbungsverteilung. Dies mag vielleicht recht viel klingen, ist aber tatsächlich sehr einengend. Beispielsweise liegen typische Wölbungsverhältnisse bei 12 Prozent und örtliche Anstellwinkel bei ungefähr 5°. Somit würde eine Fehlergrenze von 10 Prozent den zulässigen Fehler im Wölbungsverhältnis auf 1,2 Prozent und im Anstellwinkel auf 0,5 Grad beschränken. Solange diese Fehlergrenzen nicht eingehalten werden können, hat es wenig Sinn, ein genaues Formentwurfsverfahren durchzuführen. Ich habe viele Segel überprüft, die errechnete Formen aufweisen sollten. Viele von ihnen habe ich selbst angefertigt, und nur sehr selten glich die tatsächliche Form der berechneten innerhalb der oben genannten Fehlergrenze."

Fassen wir zusammen: Die obigen Überlegungen rechtfertigen eine ziemlich zurückhaltende oder skeptische Haltung bezüglich des Vorhandenseins ausreichender Erkenntnis für einen wirklich wissenschaftlichen Segelentwurf. Man hüte sich also davor, Genauigkeit von Computern und moderne aerodynamische Theorien, welche die Entwicklung von Flugzeugen mit außerordentlichen Leistungen ermöglichten, mit wirklichen Errungenschaften für den Segelentwurf zu verwechseln, wenn jene Methoden oder rechnerischen Verfahren auf einen für sie ungeeigneten Gegenstand angewendet werden. Das gemeinhin verwendete Tuchsegel, das eine elastische, gegen Formveränderungen empfindliche Membrane darstellt und deswegen – in Ermangelung eines besseren Wortes – „fließende" aerodynamische Eigenschaften aufweist, unterscheidet sich sehr von einem starren Flugzeugtragflügel mit „festen" aerodynamischen Eigenschaften. Überdies haben Segelfahrzeuge keine konstante Reisegeschwindigkeit, wie dies bei Flugzeugen aus praktischen Gründen der Fall ist. „Mathematik", sagte der mehr auf die Erfahrung vertrauende Uffa Fox [3.13],

„ist nur nützlich für denjenigen, der gescheit genug ist, die richtige Formel anzuwenden und mit dem richtigen Wert zu beginnen. Zu viele Mathematiker multiplizieren heute eine unbekannte Größe mit einem unlogischen Faktor und gelangen zu Verhältnissen, denen ein Mensch mit Scharfsinn ansehen kann, daß sie falsch sind, auch wenn die Mathematiker glauben, daß das Resultat richtig sei, wenn nur die Rechenregeln korrekt angewendet werden."

Zur Verteidigung mancher Segelmacher muß gesagt werden, daß sie keineswegs die einzigen sind, die „... eine unbekannte Größe mit einem unlogischen Faktor" multiplizieren.

Nicht ein ideales Segel mit vorherbestimmter idealer Form für eine vorher festgelegte Windgeschwindigkeit und einen bestimmten Kurs ist erforderlich, sondern ein „unendlich verstellbares Segel", das sich über einen großen Windgeschwindigkeits- und Kursbereich jeweils zu größter Wirksamkeit trimmen läßt. Dies bedingt verschiedene Segelformen für sehr wenig Wind und für Sturm, unterschiedlich für das Segeln hoch am Wind und auf Raumschotskursen. Um dieses Ziel zu erreichen, ist ein gewisses Maß an Elastizität des Segeltuches unentbehrlich, vorausgesetzt, die Dehnung geht bei Entlastung des Tuches wieder vollständig zurück. Noch einmal sei betont, daß dann das Einstellen der Segelform durch die Mannschaft mittels der vielfältigen Trimmeinrichtungen sehr wahrscheinlich wichtiger ist, als die besten computerentworfenen Segel zu besitzen.

Da die Formänderungen der Segel, die aus der Dehnung des Tuches unter Belastung herrühren, entscheidend die Segelwirksamkeit beeinflussen, muß das Material mit großer Sorgfalt ausgewählt werden. Anhand welcher wichtiger Parameter läßt sich ein gutes Segeltuch von einem schlechten unterscheiden? Warum eignen sich manche Tuche für den einen Segeltyp besser als für den anderen? Wie groß sind die Dehnungen im Segeltuch und wie sind sie verteilt? Dies sind nur einige der von Seglern und Segelmachern schon seit langem diskutierten Fragen.

Zweifellos ist Forschung auf diesem Gebiet zur Unterstützung der Arbeit der Segelmacher notwendig. Sie sollte zumindest zwei praktische Zielsetzungen haben:

1. die Bestimmung von Kriterien für die Qualitätsbeurteilung von Segeltuch,
2. die Einigung auf ein Verfahren zur Messung der Tucheigenschaften, um die Frage beantworten zu können, ob eine bestimmte Tuchprobe den Spezifikationen genügt.

1 Belastung

Die Entwicklung eines Verfahrens zur Ermittlung der Verformung eines Segels bei Belastung durch den Wind ist ein wichtiger Schritt vorwärts. Wissenschaftler der Firma ICI Fibres Limited und der Universität Southampton [3.14] haben Methoden ausgearbeitet, mit denen sich die Formänderungen in einem Segel unter Winddruck messen lassen. Die Fotos 3.6 und 3.7, sowie die Abb. 3.3A und B illustrieren die von ICI angewandte Technik. Das an der Universität Southampton verwendete Verfahren ist aus Foto 3.8 zu ersehen, das eine Genua mit aufgeklebten Dehnungsmeßstreifen im Windkanal zeigt.

Foto 3.6 Versuchsanlage zur Ermittlung der Verformung eines Segels unter Windbelastung. Die zuvor mit Markierungen in genau festgelegten Abständen versehenen Segel werden an einem Drachen-Mast (Höhe 10,7 m) gesetzt. Die Markierungen bilden Bezugspunkte (in Abb. 3.3 durch die Nummer ihrer waagerechten und senkrechten Reihe gekennzeichnet) für stereoskopische Aufnahmen des Segels, aus denen sich die Formänderung des Segeltuches ermitteln läßt.

Foto 3.7 Die mit zwei Präzisionskameras aufgenommenen stereoskopischen Bilder der Segel werden anschließend mit einem Stereoautographen ausgewertet, wobei ein Verfahren ähnlich dem bei der Herstellung von Landkarten aus Luftaufnahmen verwendet wird. Auf diesem Bild zeichnet ein Pantograph einen maßstabsgetreuen Aufriß. Aus diesen Zeichnungen kann dann die Verzerrung des Tuches unter verschiedenen Bedingungen herausgemessen werden.

Foto 3.8 Genuamodell mit aufgeklebten Dehnungsmessern im Windkanal der Universität Southampton. Aus der Messung der Tuchdehnung werden die im Segel auftretenden Kräfte ermittelt.

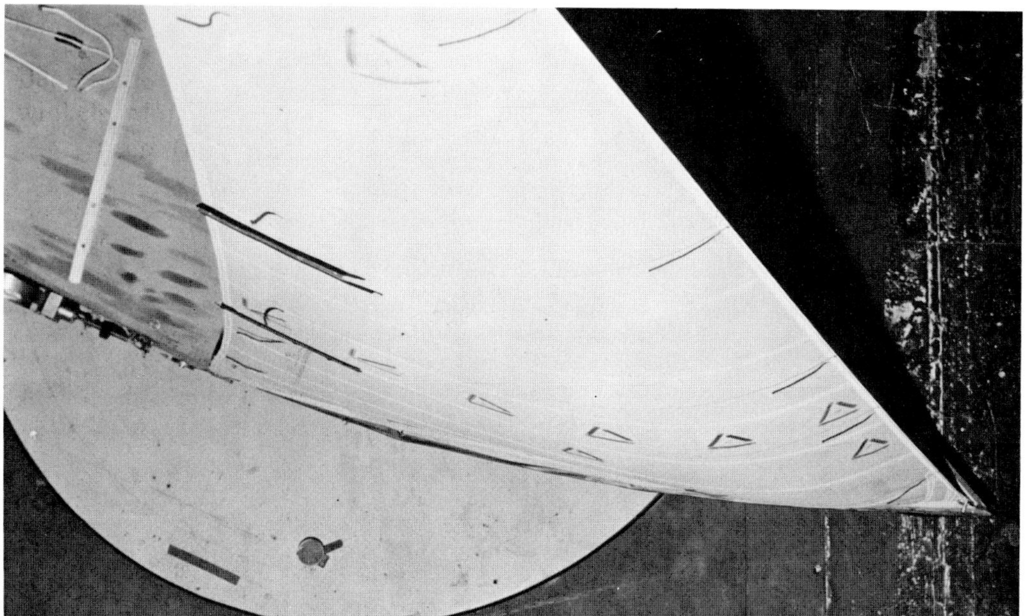

Gewebe verformen sich auf verschiedene Weise, entsprechend der Art und Richtung der äußeren Belastung. Es ist zweckmäßig, die durch diese Belastung hervorgerufene Beanspruchung des Tuches in Zug- und Schubspannungen in Richtung der Kett- und Schußfäden zu zerlegen und drei Formänderungen zu betrachten:

- Längenänderungen in Richtung der Kettfäden
- Längenänderungen in Richtung der Schußfäden und
- Winkeländerungen zwischen Kett- und Schußrichtung (Schrägverzerrung).

Aus Abb. 3.3 ist zu ersehen, wie sich in verschiedenen Punkten eines Segels (siehe Foto 3.6) die Dehnung des Tuches mit der Richtung relativ zu Kette und Schuß ändert. Die Größe der Tuchdehnung in einer bestimmten Richtung wird in jedem Punkt durch die Verbindungsstrecke zum Rand eines „Kleeblattes" dargestellt; ihre Länge ist proportional zur Dehnung. Die Form des Kleeblattes beschreibt gleichsam die Verformung in einem bestimmten Punkt bei bestimmter Windgeschwindigkeit. Die Blattmittellinie zeigt demnach die Richtung der maximalen Dehnung an. Man kann erkennen, daß in manchen Richtungen die Kontraktion des Tuches rechtwinklig zur Verlängerung erfolgt. An einigen Stellen ist die große Kontraktion auf Faltenwurf des Segeltuches zurückzuführen.

Eine andere Lösung des Problems, wie sich die Eigenschaften von Segeltuch messen lassen, ist die Automate/Yendell-Tuchtestmaschine, die im Rahmen des Segelforschungsprogrammes der Universität Southampton entwickelt wurde. Das Prinzip der Maschine geht aus Foto 3.9 hervor. Sie gestattet auf einfache Weise die Bestimmung des Zusammenhanges zwischen Belastung und Dehnung des Gewebes unter realistischeren Bedingungen, als dies bislang möglich war. Durch ein einfaches Hebelsystem läßt sich von Hand, mittels Schraubenwinden, die Tuchprobe in Kette- und Schußrichtung gleichzeitig belasten. Die Höhe der Belastung wird durch Federwaagen gemessen, auf die die Schraubenwinden einwirken. Meßuhren zeigen die entsprechende Tuchdehnung an.

Durch Verlagerung eines Gewichtes auf einem drehbar angeordneten Balken kann in die in beiden Richtungen belastete Tuchprobe eine Diagonal- oder Schubkraft eingeführt werden. Die resultierende Schiebung (Schrägverzerrung) läßt sich mittels eines einfachen Zeigers an einer Skala ablesen.

Die Diagonalbelastungseinrichtung kann auch dazu verwendet werden, das während des Ausrüstungsprozesses beigefügte Füllharz im Tuch zu lösen, das Gewebe also zu ermüden, so daß sich auch Aussagen über die Dehnungseigenschaften des Tuches nach längerem Gebrauch machen lassen.

Mit Hilfe eines schwach vergrößernden Mikroskops kann das genaue Verhalten der Fadengeometrie bei Änderung der Belastung beobachtet werden.

Bemerkenswert an Abb. 3.3A ist noch, daß bei der verhältnismäßig geringen Windgeschwindigkeit von 2,9 m/s stärkere Verformungen im Segel festgestellt wurden, als bei Windgeschwindigkeiten von 7,6 und 12,0 m/s. Diese scheinbare Unregelmäßigkeit erklärt sich durch den Umstand, daß die Beobachtungen bei den höheren Windgeschwindigkeiten kurz nach dem Setzen des Segels gemacht

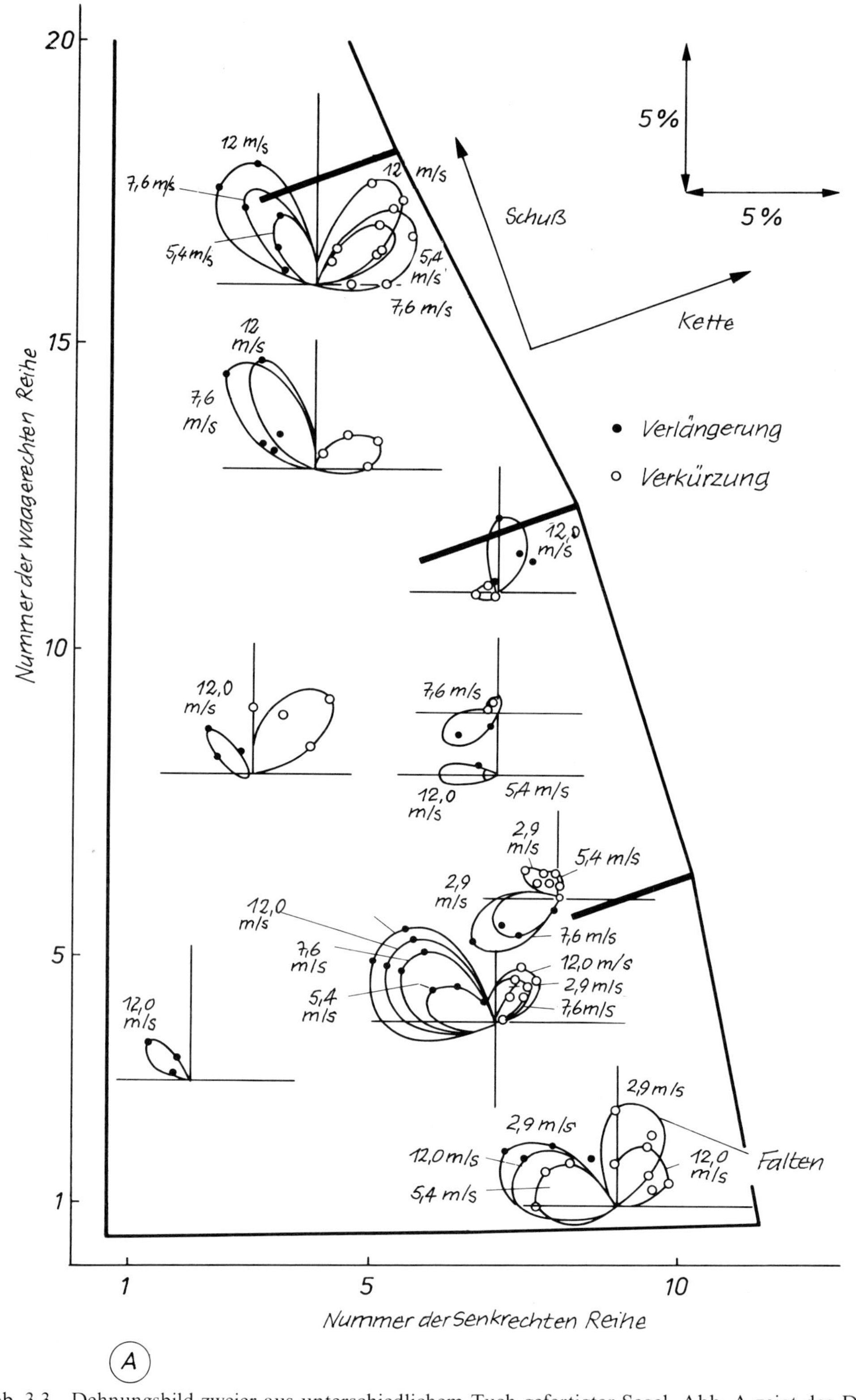

Abb. 3.3 Dehnungsbild zweier aus unterschiedlichem Tuch gefertigter Segel. Abb. A zeigt das Dehnungsverhalten eines Segeltuches guter Qualität, Abb. B das eines Segeltuches minderer Qualität. Deutlich ersichtlich ist die viel größere Verformung im Tuch, insbesondere im Toppbereich des Segels.

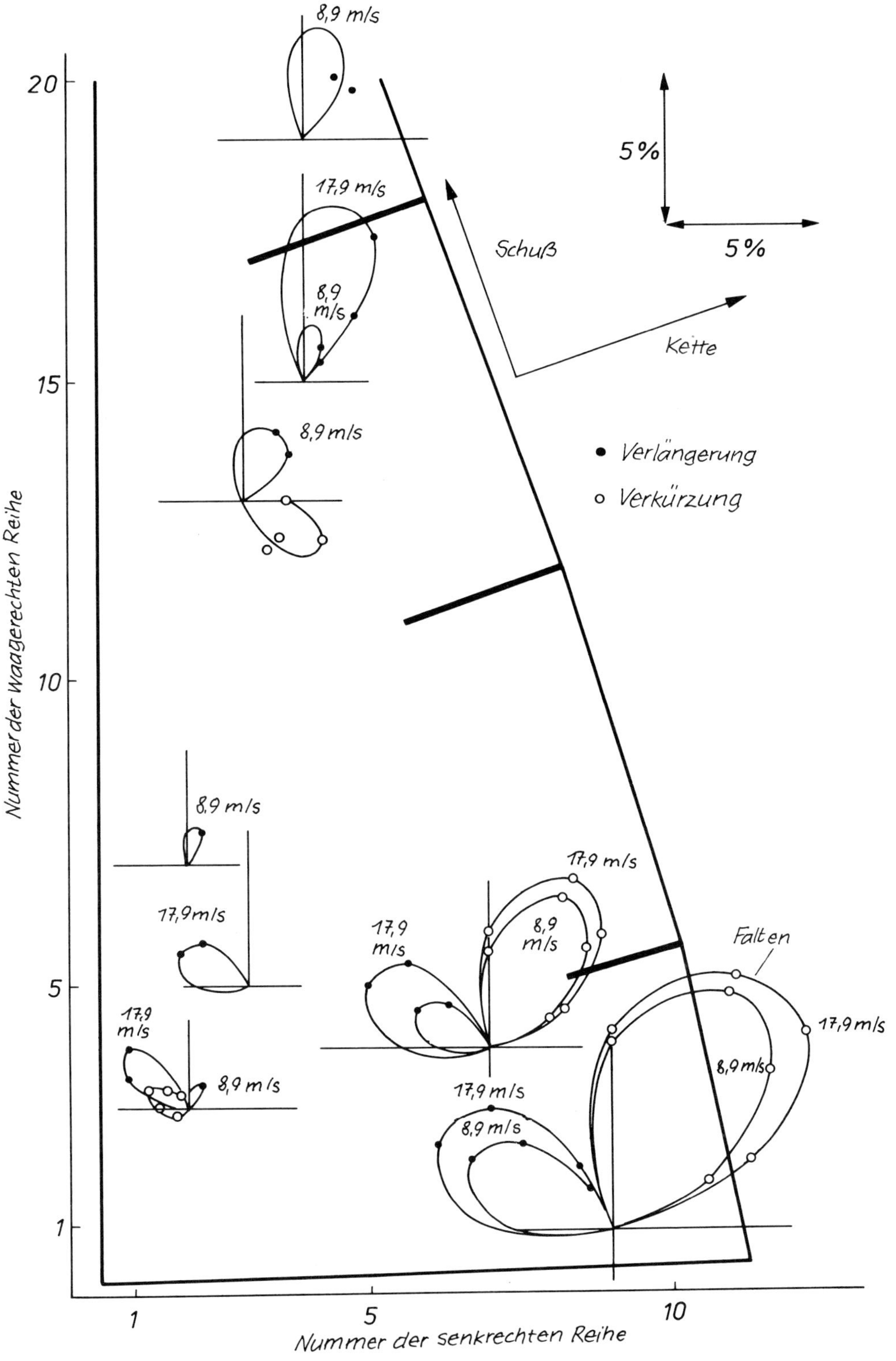

8,9 m/s
17,9 m/s
8,9 m/s
8,9 m/s
8,9 m/s
17,9m/s
17,9 m/s
8,9 m/s
17,9 m/s
17,9 m/s
8,9 m/s
Falten
17,9 m/s
8,9 m/s
17,9 m/s
8,9 m/s
5%
5%
Schuß
Kette
• Verlängerung
○ Verkürzung
20
15
10
5
1
Nummer der Waagerechten Reihe
1
5
10
Nummer der senkrechten Reihe
B

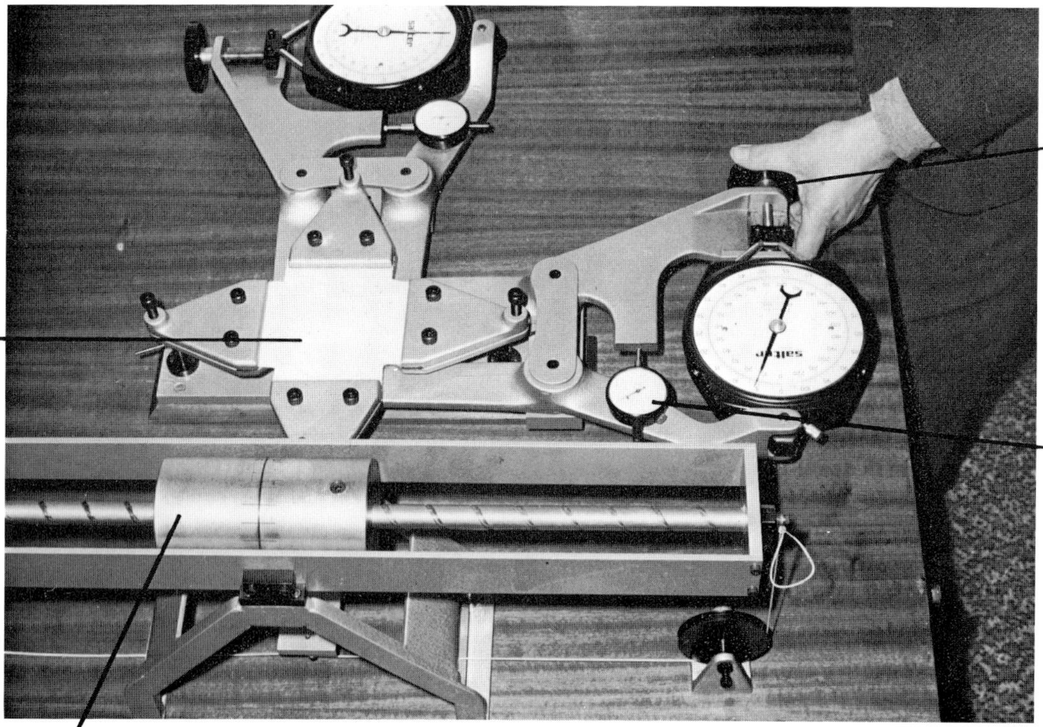

Foto 3.9 Das Automate/Yendell-Tuchtestgerät

wurden, diejenigen bei der niedrigen Geschwindigkeit dagegen erst, nachdem das Segel mehrere Stunden stark wechselnden Windverhältnissen ausgesetzt war. Dies weist darauf hin, daß sich die Formänderungen im Segel nicht sogleich verringern, wenn die Windgeschwindigkeit abnimmt. Als das Segel schließlich geborgen und nach einer gewissen „Erholungszeit" die Entfernungen zwischen den Markierungen nachgemessen wurde, fand man, daß sich die Verformungen des Segels bis auf eine bleibende Dehnung von etwas weniger als 1 Prozent wieder zurückgebildet hatten.

Aus diesen Untersuchungen lassen sich folgende Schlüsse ziehen: Wird ein Segel absichtlich verformt, zum Beispiel mit Hilfe einer Cunningham-Kausch, sollte es seine alte Form wieder annehmen, wenn die Belastung weggenommen wird. Ein Segel aus einem Material, das kriecht oder nach und nach bleibend reckt, mag für einige Regatten gut sein, muß aber früher oder später, auch wenn es abgeändert wird, ausrangiert werden. Mit anderen Worten, ein gutes Tuch muß hinreichend standfest in seinem Dehnungsverhalten sein.

Schrägverzerrung ist im allgemeinen die Hauptursache für die Änderung der

Segelform. Wird ein lose gewebtes Tuch auf Schub belastet, ist die Formänderung vornehmlich darauf zurückzuführen, daß sich die Schuß- und Kettfäden in den Bindungspunkten gegeneinander verschieben. Wenn die Schubkraft weggenommen wird, geht diese Verzerrung nicht zurück, sondern bleibt im wesentlichen erhalten. Die Fotos 3.10A und B, die diesen Sachverhalt verdeutlichen sollen, zeigen ein locker gewebtes Tuch (kein Segeltuch) im unverzerrten und verzerrten Zustand [3.15].

Bei dichter gewebtem Tuch ist die Schrägverzerrung aufgrund dieser Verschiebung der Fäden geringer. Bei kleiner Schiebung (= Winkel im Bogenmaß zwischen den Richtungen von Kette oder Schuß im verzerrten und unverzerrten Zustand) ist die Schub-(Schräg-)Festigkeit eines Tuches eine Folge der Biegung der Garne, die durch die Reibung in den Kreuzungspunkten festgehalten werden. Nimmt die Schubkraft zu, verrutschen mehr und mehr der Fäden in den Bindungspunkten, bis die Kettfäden sich gegeneinander festklemmen (Foto 3.10B), woraufhin die Schubfestigkeit merklich zunimmt.

Während des Ausrüstungsvorganges dem Segeltuch beigefügte Harzfüller sollen die Schubfestigkeit verbessern und das Gewebe formstabiler machen. Viele der zur Zeit verwendeten Harze sind jedoch nicht elastisch genug, um die großen Formänderungen im Segel mitzumachen und eine über lange Zeit beständige Diagonalfestigkeit zu gewährleisten. Überschlagsrechnungen zeigen, daß das Harz zwischen benachbarten Kettfäden in einem schubbelasteten Tuch bei einer Schiebung von 0,1 rad sich von einer Dicke von etwa 0,025 mm auf eine Dicke von rund 0,125 mm ausdehnen müßte, also um 500 Prozent. Da das Harz im Vergleich zu den Garnen des Tuches ziemlich spröde ist, bricht es unter Belastung und löst sich allmählich aus dem Tuch heraus. Die Gewebestruktur lockert sich, das Tuch verformt sich bleibend und durchläuft bei wiederholter Be- und Entlastung nicht mehr den gleichen Spannungs-Dehnungs-Zyklus. Foto 3.11 zeigt, wie sich das Füllharz von der Oberfläche der Fasern wegen der geringen Adhäsion zwischen Harz und Garn ablöst.

Solange nicht bessere Füllharze gefunden sind, scheint der vernünftige Weg zu einem Tuch, das über eine lange Gebrauchszeit eine hohe Schrägfestigkeit aufweist, ein dichteres Gewebe zu sein, dessen Fäden sich schon bei kleinstmöglicher Schiebung festklemmen. Der gegenwärtige Trend hin zu harzfreien Tüchern scheint richtig zu sein.

Es ist allgemein bekannt, daß Segeltuche durch Kalandrieren, ein Vorgang, bei dem das Tuch zwischen erhitzten Walzen unter hohem Druck hindurchläuft, verbessert werden. Durch das Aufeinanderpressen der Garne in den Kreuzungspunkten, wodurch sie zu einem gewissen Maße flachgedrückt werden, wird das Verhalten des Tuches bei Schubbelastung günstiger; gleichzeitig verringert sich die Luftdurchlässigkeit. Es ist etwas umstritten, ob die Effekte des Kalandrierens nicht schnell wieder verloren gehen. Die durch ein Elektronenmikroskop aufgenommenen Fotos 3.12 und 3.13 mögen etwas Licht in diese Frage bringen. Sie zeigen bei zwei verschiedenen Vergrößerungen die Schäden, die an den Garnen durch zu hohe Kalandertemperaturen und -drücke entstehen.

Foto 3.10
Oben – Lose gewebtes Tuch im unverzerrten Zustand
Unten – Das gleiche Tuch 25° geschränkt. 100fache Vergrößerung.

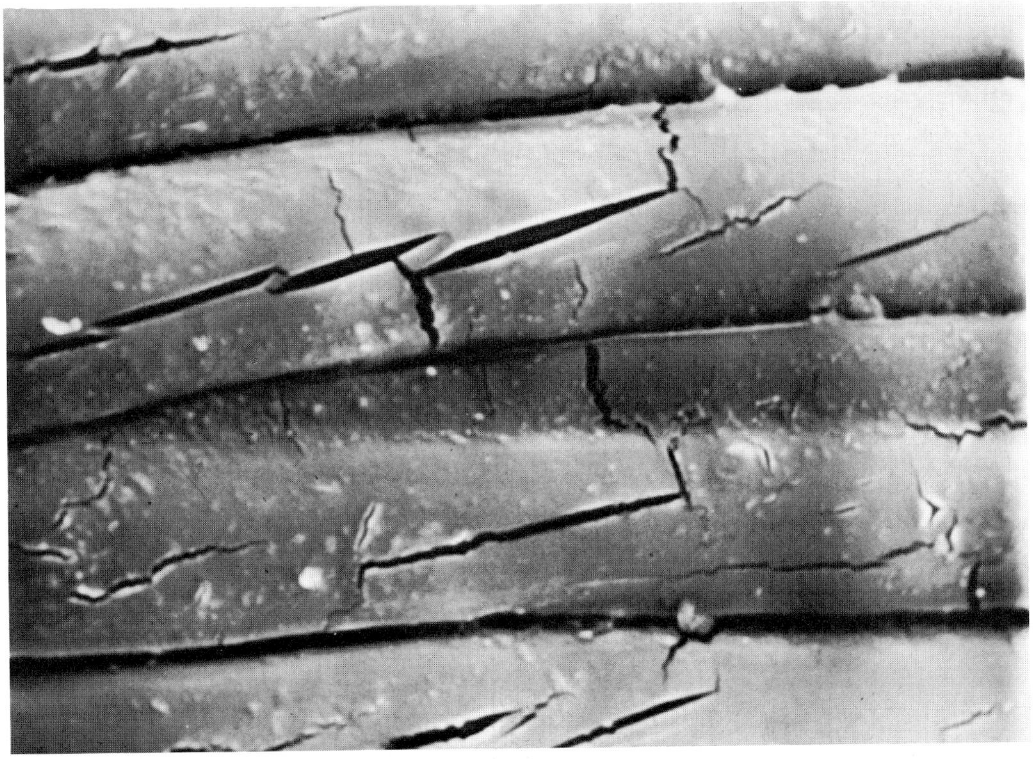

Foto 3.11 Dieses Bild zeigt, wie sich das Harz von den Terylenefasern ablöst. 100fache Vergrößerung.

Foto 3.12 Beschädigung der Garne bei einem unter zu hoher Temperatur und zu hohem Druck kalandrierten Tuch. Vergößerung 110fach.

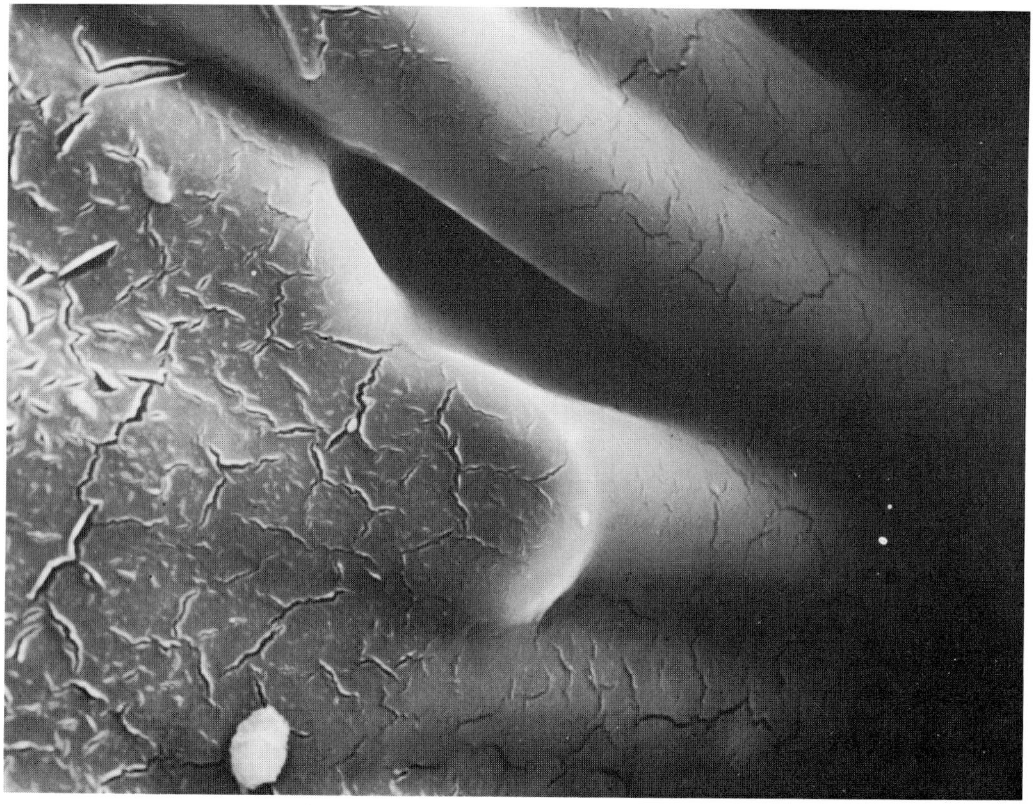

Foto 3.13 Einzelfaser des in Foto 3.12 gezeigten Tuches bei 1100facher Vergrößerung

Die Luftdurchlässigkeit ist ein weiterer Faktor bei der Konstruktion und Ausrüstung von Segeltuchen. Eine von M. Yendell [3.15] an der Universität Southampton durchgeführte Windkanalversuchsreihe mit Modellgenuas zur Klärung des Einflusses der Tuchporosität ergab eine Zunahme der Vortriebskraft um bis zu 15 Prozent als Folge des Verschließens der Poren im Tuch. Die Luftdurchlässigkeit eines Gewebes läßt sich mit verschiedenen Standardverfahren ermitteln. Bei der gebräuchlichsten Methode, die auch bei diesen Untersuchungen angewandt wurde, wird aus der Zeit, die ein bekanntes Luftvolumen benötigt, um unter einem vorgegebenen Druck Δp durch das Tuch zu strömen, deren Durchflußgeschwindigkeit V_p bestimmt.

Das bei der vorstehend erwähnten Versuchsreihe benutzte Prüfgerät besteht aus einem dünnwandigen, auf der einen Seite durch das Teststück verschlossenen Hohlzylinder, der in ein flüssigkeitsgefülltes zylindrisches Gefäß hineinsinkt. Die eingeschlossene Luft wird dabei unter einem konstanten, durch das Gewicht des Hohlzylinders hervorgerufenen Druck gezwungen, durch die Tuchprobe bekannter Fläche zu strömen. Da der Zylinder dünne Wände hat, ändert sich der Innendruck nur geringfügig aufgrund ihrer Verdrängung der Flüssigkeit beim Herabsinken. Bei bekannter Testfläche und Grundfläche des Zylinders läßt sich die Durchflußgeschwindigkeit V_p aus der Zeit ermitteln, die der Zylinder zum Sinken einer bestimmten Distanz benötigt.

Dieses Prüfgerät arbeitet mit einer Druckdifferenz Δp zwischen den beiden Tuchseiten von 240 N/m^2, was in etwa den Druckverhältnissen im Vorlieksbereich einer guten Genua bei einer Windgeschwindigkeit von 9,14 m/s (5 Beaufort) entspricht.

Alle Versuchssegel wurden am gleichen Yachtmodell gesetzt, dessen Masthöhe etwa 2,4 m betrug (Foto 3.32). Ihre Segelform war ähnlich, sie unterschieden sich aber in der Porosität des Tuches und der Größe. Diese Angaben sind in Tabelle 3.1 zusammengestellt. Die Segel Nr. 2a und 2b wurden aus dem Tuch des Segels Nr. 2 angefertigt, um den Einfluß der Segelgröße zu ermitteln.

Tabelle 3.1

Segel Nr.	Fläche m^2	Porosität (V_p) cm/s
1	0,98	4,9
2	1,97	4,0
2a	0,43	4,0
2b	0,44	4,0
3	1,97	1,5
4	1,09	0,6

Die Vortriebskraftbeiwerte C_x und die Krängungskraftbeiwerte C_y (siehe Abb. 3.14) für diese drei Segel zeigt Tabelle 3.2. Die Segelkräfte wurden einmal bei Normalzustand des Tuches gemessen, die Poren im Gewebe durch Besprühen des Segels mit Äthylenglykol, das einen hohen Siedepunkt hat und deshalb langsam verdampft, dann verschlossen und die Messungen wiederholt.

Tabelle 3.2
Einfluß der Segelgröße bei gleicher Porosität
$(\gamma_A - \beta) = 25°$, $V_A = 9{,}45$ m/s

Segel Nr.	durchlässig		Poren verschlossen		Änderung %	
	C_x	C_y	C_x	C_y	C_x	C_y
2	0,321	1,31	0,350	1,37	9	5
2a	0,195	1,28	0,222	1,33	14	4
2b	0,121	1,08	0,141	1,13	16	5

Dieser Versuch macht deutlich, daß die Luftdurchlässigkeit für das Amwindsegeln wichtiger wird, wenn eine Yacht kleinere Segel als gewöhnlich führt.

In einer weiteren Versuchsreihe wurde mit dem Segel Nr. 1 (Tabelle 3.1), dessen Tuch am porösesten war, der Einfluß der Luftdurchlässigkeit bei verschiedenen

Windgeschwindigkeiten und Kurswinkeln untersucht. Bei den vier verschiedenen Windgeschwindigkeiten $V_A = 10{,}12$ m/s, 9,36 m/s, 6,61 m/s und 4,66 m/s wurden für Winkel $(\gamma_A - \beta) = 25°$, 45°, 90°, 135° und 180° zwischen Bootsmittellinie und scheinbarer Windrichtung die Segelkräfte ermittelt. Bei dem Segelzustand „Vor-dem-Wind" wurde das Segel ausgebaumt, um eine realistische Vorm-Wind-Segelstellung zu erreichen. Aus Tabelle 3.3, die die Ergebnisse dieser Untersuchung zeigt, geht hervor, daß der Einfluß der Porosität auf die Segelkräfte erheblich mit der Windgeschwindigkeit zunimmt und sich auf Raumwind- und Vorm-Wind-Kursen nur geringfügig auswirkt. Da sich dieser Sachverhalt im Laufe der Versuche abzeichnete, wurde bei der niedrigen Geschwindigkeit auf die Messungen für $(\gamma_A - \beta) = 90°$, 135°, und 180° verzichtet.

Tabelle 3.3
Einfluß von Windgeschwindigkeit und Kurswinkel (Segel Nr. 1)

$\gamma_A - \beta$	V_A m/s	durchlässig		Poren verschlossen		Änderung %	
		C_x	C_y	C_x	C_y	C_x	C_y
25°	10,12	0,329	1,14	0,361	1,20	10	5
25°	9,36	0,332	1,13	0,353	1,19	6	5
25°	6,61	0,336	1,14	0,350	1,15	4	1
25°	4,66	0,332	1,15	0,334	1,15	1	1
45°	10,12	0,664	1,44	0,742	1,49	12	3
45°	9,36	0,686	1,47	0,740	1,52	8	3
45°	6,61	0,738	1,52	0,772	1,54	5	1
45°	4,66	0,745	1,51	0,753	1,50	1	0
90°	10,12	0,872	1,04	0,894	1,04	3	0
90°	9,36	0,873	1,06	0,890	1,05	2	−1
90°	6,61	0,872	1,05	0,877	1,05	1	0
135°	10,12	0,937	0,52	0,948	0,52	1	0
135°	9,36	0,951	0,53	0,949	0,53	0	0
135°	6,61	0,966	0,54	0,966	0,54	0	0
180°	10,12	1,253	0,25	1,253	0,25	0	0
180°	9,36	1,267	0,25	1,267	0,25	0	0
180°	6,61	1,287	0,26	1,292	0,26	0	0

Da die Tuchporosität sich am stärksten auf die Vortriebskraft beim Segeln am Wind und hohen Windgeschwindigkeiten auswirkt, sind in Tabelle 3.4 die Meßergebnisse aller untersuchten Segel für einen Kurswinkel $(\gamma_A - \beta) = 25°$ zu einem scheinbaren Wind $V_A = 9{,}36$ m/s (für die Segel Nr. 1 und Nr. 4 auch für $V_A = 10{,}12$ m/s) zusammengestellt, um die Auswirkungen verschieden starker Durchlässigkeit bei gleichen Segelbedingungen zu vergleichen. Obwohl sich einige der Segel in der Größe unterscheiden, war mit Ausnahme der Segel Nr. 2a und Nr. 2b das Verhältnis von Rumpfgröße zu Segelgröße näherungsweise gleich.

Tabelle 3.4
Einfluß der Tuchporosität bei $(\gamma_A - \beta) = 25°$

Segel Nr.	V_A m/s	durchlässig		Poren verschlossen		Änderung %	
		C_x	C_y	C_x	C_y	C_x	C_y
1	9,36	0,332	1,13	0,353	1,19	6	5
2	9,36	0,322	1,31	0,350	1,37	9	5
2a	9,36	0,195	1,28	0,222	1,33	14	4
2b	9,36	0,121	1,08	0,141	1,13	16	5
3	9,36	0,342	1,34	0,362	1,37	6	2
4	9,36	0,427	1,57	0,424	1,56	−1	−1
1	10,12	0,329	1,14	0,361	1,20	10	5
4	10,12	0,420	1,55	0,416	1,55	−1	0

Daß die prozentualen Änderungen in den Segelkräften nicht in einem direkten Zusammenhang mit der Tuchporosität der einzelnen Segel stehen, ist aufgrund der möglichen Meßfehler bei der Bestimmung der C_x- und C_y-Beiwerte kaum überraschend. Zu keiner Zeit zeigte jedoch das Segel Nr. 4 eine meßbare Änderung der Segelkräfte infolge Verschließens der Poren. Dieses Segel hatte ein Achtel der Porosität des Segels Nr. 1 und weniger als die Häfte der Durchlässigkeit des Segels Nr. 3.

Die Porosität des Segels Nr. 4 ($V_p = 0{,}6$ cm/s bei $\Delta p = 240$ N/m^2) ist deswegen ein annehmbarer Wert für Segel, die bis zu einer Windgeschwindigkeit von 10 m/s (5 Beaufort) am Wind eingesetzt werden.

Es ist unwahrscheinlich, daß die Luftdurchlässigkeit des Segeltuches bei stärkerem Wind ein wichtiger fahrtbestimmender Faktor ist, da wegen des steilen Anstiegs der Rumpfwiderstandskurve bei großer Geschwindigkeit Änderungen in der Segelkraft von 10 Prozent nur schwerlich einen großen Unterschied in der Fahrtleistung ausmachen.

Es ist wichtig zu erkennen, daß die Porosität des Segeltuches im Laufe der Zeit sich infolge der Verschiebung der Garne im Gewebe und des Ablösens des Harzfüllers erheblich ändern kann. Ein durchlässigeres Tuch erlaubt natürlich einen stärkeren Austausch der Luft quer durch das Gewebe in die Grenzschicht auf der Segelleeseite, was die Ablösung der Strömung begünstigt und den Druckunterschied zwischen der Lee- und Luvseite des Segels reduziert.

C Wie und warum Segelkräfte bestimmt werden

Wenn man das, worüber man spricht, messen und in Zahlen ausdrücken kann, weiß man etwas darüber.

LORD KELVIN

Bei der Diskussion von Abb. 1.2 (Teil 1), welche die aero- und hydrodynamischen Kräfte eines am Wind segelnden Bootes darstellt, bei dem das verlagerbare Mannschaftsgewicht ausreicht, um es nahezu aufrecht zu halten, wurde festgestellt, daß seine Fahrtleistung durch neun Haupteinflußgrößen bestimmt wird. Sie wurden in Tabelle 1.3 angegeben und seien hier wiederholt.

Tabelle 1.3 (aus Teil 1)

Geometrie des Geschwindigkeitsdreiecks (Abb. 3.4)	Segel	Rumpf
V_S	V_A	V_S
V_A	γ_A, δ_G	β
γ_A	F_R, F_K	R, F_S

Wir wollen nun in unserer zur Tabelle 1.3 führenden Erörterung einen Schritt weitergehen. Vereinfacht man das Problem der Leistung einer Yacht auf das Wesentliche, läßt sich folgende Grundgleichung der Fahrtleistung aufstellen:

Fahrtleistung der Yacht = Aerodynamische Eigenschaften der Segel
+ Hydrodynamische Eigenschaften des Rumpfes
+ Geometrie des Segelns
+ erwünschte und unerwünschte gegenseitige Beeinflussung von Segel und Rumpf (3.1)

Diese Gleichung enthält die drei Variablengruppen der Tabelle 1.3, sowie eine weitere, die nachstehend erklärt werden wird. Einige dieser Größen sind weitgehend dem Einfluß der Mannschaft unterworfen, andere sind ihm nahezu gänzlich entzogen. Der Rumpf eines einmal fertiggestellten Bootes hat eine starre unnachgiebige Form und mithin festliegende hydrodynamische Eigenschaften, die von der Besatzung nur wenig durch den Rumpftrimm und die Glätte der benetzten Oberfläche beeinflußt werden können. Im Gegensatz zu den unveränderlichen Rumpfeigenschaften kann ein Boot eine Vielzahl verschiedener Segel haben, die sich in unterschiedlichen Kombinationen setzen lassen, deren Formen nicht von vornherein festliegen, sondern weitgehend veränderlich sind, und die folglich auch keine unveränderlichen festen aerodynamischen Eigenschaften aufweisen, indessen vom Trimm der Segel durch die Mannschaft abhängen.

Die Bedeutung der unter der Rubrik Geometrie des Segelns aufgeführten Größen sind aus Abb. 3.4 deutlich. Jede Änderung des Kurswinkels γ_A bei gegebenen V_W ändert die Geschwindigkeit des scheinbaren Windes V_A, und dies wirkt sich sowohl auf die Luftkräfte am Segel als auch auf die Reaktionskräfte des Rumpfes aus. Betrachten wir nun schließlich die vierte Variablengruppe in der obigen Grundgleichung der Fahrtleistung. Ein Beispiel möge erklären, was mit gegenseitiger Beeinflussung von Segel und Rumpf gemeint ist. Je größer das Seitenverhältnis eines Segels bei gegebener Segelfläche, um so wirksamer ist das Segel auf Am-Wind-Kursen – ein erwünschter Effekt. Ein höheres Segel produziert aber mehr Krängung, und dies wiederum erhöht in der Regel den Rumpfwiderstand und bedingt gleichzeitig eine Abnahme der Segelwirksamkeit – ein offensichtlich unerwünschter Effekt. Ein anderes Beispiel für einen günstigen Interferenzeinfluß ist das Schließen oder Verringern des Spaltes zwischen dem Segelunterliek und dem Deck. Dadurch wird das effektive Seitenverhältnis des Riggs größer und infolgedessen sein induzierter Widerstand kleiner (Foto 3.14).

Kann das Boot nicht aufrecht gesegelt werden, kommt also dem „Kenter"- oder Krängungsmoment Bedeutung zu, muß der Tabelle 1.3 eine weitere Variable hinzugefügt werden – der Krängungswinkel φ. Krängungswinkel bis zu 20° haben nur einen verhältnismäßig geringen Einfluß auf die Fahrtleistung, Winkel über 25° bis 30° wirken sich aber zunehmend nachteiliger auf die in Tabelle 1.3 angegebenen Größen aus. Die Beziehung zwischen dem Krängungsmoment, dem Krängungswinkel, der Vortriebskraft, und dem gesegelten Kurs γ_A ist äußerst kompliziert; aber im allgemeinen kann man sagen: je größer der Krängungswinkel, um so größer ist der Winkel γ_A. Dieser Effekt des Krängungswinkels wird anhand experimenteller Unterlagen bei der Besprechung der sogenannten Gimcrack-Koeffizienten im folgenden Abschnitt aufgezeigt werden.

Wir wollen uns hier auf den aerodynamischen Aspekt der Fahrtleistung einer Yacht konzentrieren und nun untersuchen, was die Größe der Segelkräfte bestimmt. Abb. 3.5 zeigt, wie komplex die Faktoren, welche die an einem Segel hervorgerufenen Kräfte beeinflussen, miteinander verknüpft sind. Sie zeigt nur die wesentlichen Zusammenhänge, viele mußten der Einfachheit wegen weggelassen werden, so zum Beispiel die Rückwirkung (Rückkopplung) zwischen den

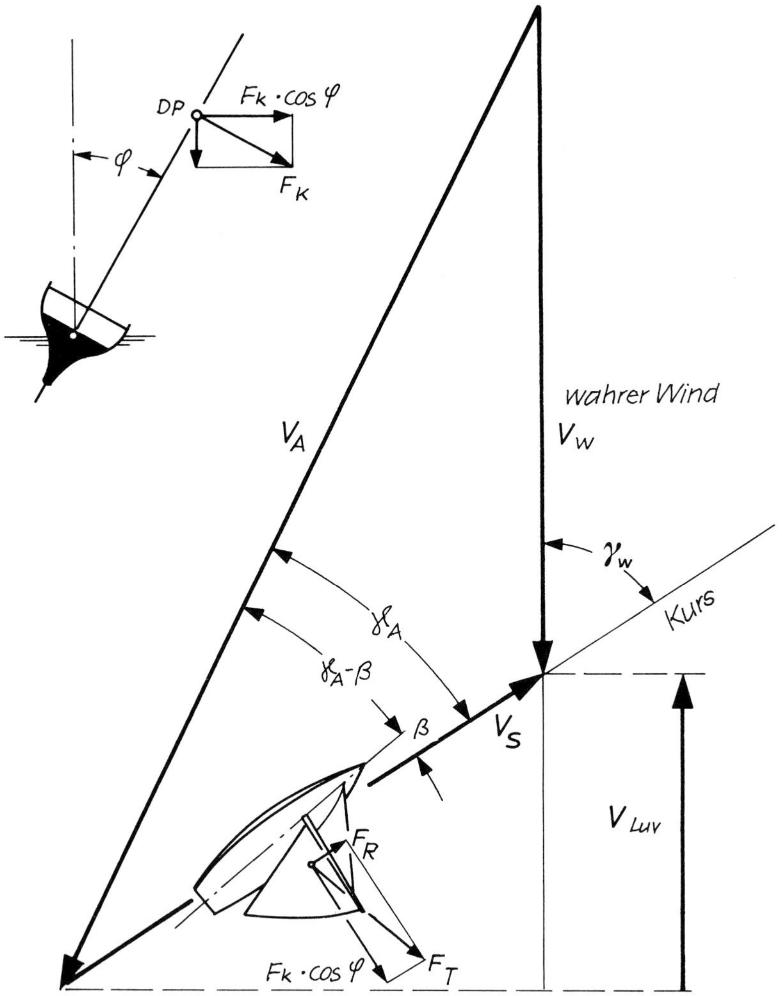

Abb. 3.4 Die Geometrie des Geschwindigkeitsdreieckes und der aerodynamischen Kräfte für ein über Steuerbordbug am Wind segelndes Boot

einzelnen Faktoren, das heißt, die Art und Weise, in der ein Faktor, der auf einen anderen wirkt, wiederum selbst durch diesen beeinflußt wird. Einige der Faktoren, wie beispielsweise 5 und 6, werden durch die Klassenvorschriften bestimmt, andere, wie 7 und 8, hängen vom Können des Segelmachers ab. Viele (1, 2, 9, 10) unterliegen dem Einfluß der Mannschaft, und leider sind nicht alle hinreichend wissenschaftlich untersucht und belegt.

Eine Möglichkeit, das Blockschaubild zu interpretieren, soll am Einfluß des Mastes gezeigt werden. Seine Gegenwart ändert gründlich die Strömung um das Großsegel. Wenn der Mast sich unter der gemeinsamen Einwirkung der Schot, des Baumniederholers und des Windes zusätzlich noch biegt, beeinflußt er weiterhin die Form des Segels, das heißt, dessen Verwindung, die Größe der

Foto 3.14 Es zeigt eine schlecht gesetzte Genua auf einem Flying Dutchman. Der Spalt zwischen Deck und Segelunterliek ermöglicht der Luft, von der Überdruck-Luvseite auf die Unterdruck-Leeseite zu gelangen. Der Pfeil zeigt die Richtung dieser unerwünschten Ausgleichsströmung. Die nahe dem Genuavorliek erkennbaren Falten weisen auf eine zu geringe Spannung im Vorliek hin.

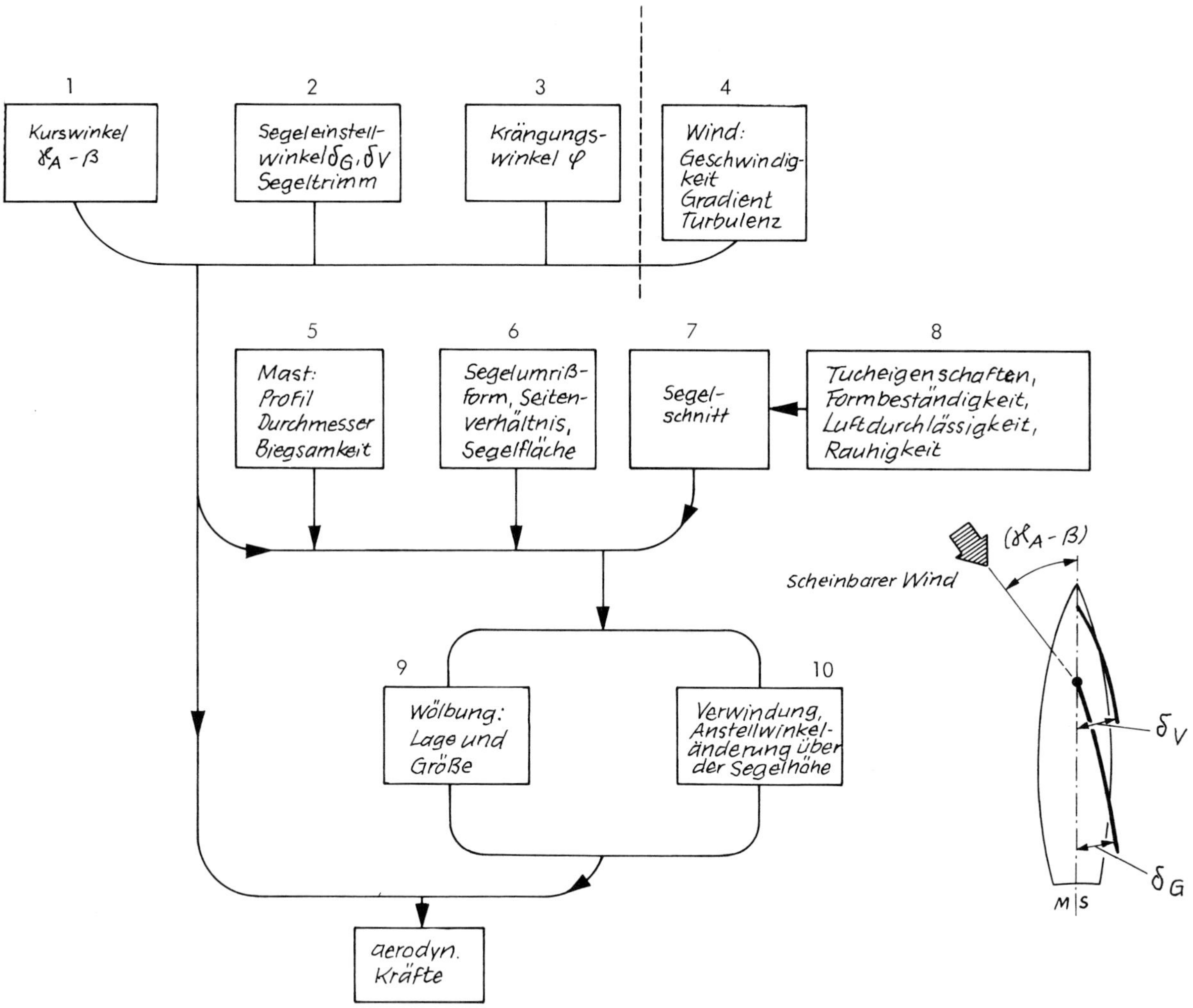

Abb. 3.5 Haupteinflußfaktoren der aerodynamischen Kräfte

Wölbung und ihre Verteilung in Profiltiefen- und Spannweitenrichtung. All diese geometrischen Parameter ändern die Umströmung des Riggs und bewirken folglich Änderungen in der Druckverteilung, aus der die aerodynamischen Kräfte herrühren, und so Änderungen in den Kräften selber.

Das Diagramm in Abb. 3.5 kann zwar als lehrreich angesehen werden, ermöglicht aber keine quantiativen Aussagen über die Auswirkungen all dieser Faktoren auf die Fahrtleistung. Um die Fahrtleistungsgleichung quantitativ zu lösen, müssen die numerischen Werte der Größen in Tabelle 1.3 bekannt sein. Sie können ganz oder teilweise aus Messungen der Eigenschaften der Segel ermittelt werden. Zur Bestimmung der Segelkräfte und zur Untersuchung der Haupteinflußfaktoren dieser Kräfte bieten sich verschiedene Möglichkeiten an. Welcher Weg gewählt wird, hängt von dem angestrebten Ergebnis ab. Manche Versuchstechniken sind fruchtbarer als andere, aber alle unterliegen gewissen Beschränkungen hinsichtlich ihrer Zuverlässigkeit und Genauigkeit. Eine kurze Darstellung der möglichen Verfahren zur Ermittlung der Segelkräfte möge die Einsicht in die Schwierigkeiten und Grenzen, denen sich jeder Forscher gegenüber sieht, erleichtern.

1 Bestimmung der Segelkräfte durch Messung der Kräfte im Rigg

Möchte man die Kräfte an einem Segel unter wirklichen Segelbedingungen in Erfahrung bringen, so ist die logische Vorgehensweise, diese Kräfte auf einer Yacht beim Segeln zu messen. Auf den ersten Blick erscheint dieser Vorschlag vielversprechend, die mit solch einem Unterfangen verbundenen Probleme sind jedoch erheblich. Der einzige ernsthafte Versuch in dieser Richtung wurde seitens Sir Geoffrey Taylors unternommen. Seine Experimente waren aber nicht sehr erfolgreich, und trotz des technischen Fortschrittes in der Zwischenzeit sind viele seiner Probleme noch ungelöst [3.16].

Eine der grundsätzlichen Schwierigkeiten liegt in der Geometrie der Takelage. In den Wanten und Stagen, die unter relativ spitzen Winkeln am Mast angreifen, wären große Kräfte zu messen. Betrachten wir zur Verdeutlichung dieses Problems den einfachsten Fall eines Jollenmastes mit einem Want auf jeder Seite, an dem nur ein Großsegel gesetzt wird (Abb. 3.6). Es sei F_Q die Querkomponente der Zugkraft F_Z im Want infolge einer aerodynamischen Belastung des Riggs am Wind. Es gilt dann folgende Beziehung:

$$F_Q = F_Z \cdot \sin A \cdot \cos B$$

Hieraus folgt:

$$F_Z = \frac{F_Q}{\sin A \cdot \cos B}.$$

Nehmen wir zum Beispiel an, daß

$$A = 11°, \; B = 20° \quad \text{und} \quad F_Q = 445 \text{ N} \quad \text{sei.}$$

Die Zugkraft im Want beträgt dann:

$$F_Z = \frac{445}{0{,}191 \cdot 0{,}94} = \frac{445}{0{,}18} = 2470 \text{ N}.$$

Ist F_Z, das sich mit Hilfe eines Dehnungsmessers ermitteln läßt, bekannt, kann die Querkomponente F_Q infolge der Segelkraft leicht errechnet werden. So weit, so gut. Gibt das Rigg aber nach, biegt sich beispielsweise der Mast bei beweglichen Salingen (Abb. 3.6C), so ändern sich die beiden Winkel A und B und mithin auch die aus den Messungen ermittelbaren Beträge der Kraftkomponenten, Zwar läßt sich dem entgegenhalten, daß die Winkeländerungen gemessen und entsprechend berücksichtigt werden könnten, die relevanten Werte würden aber so klein sein, daß die Messungen für praktische Zwecke mit einem zu großen Fehler

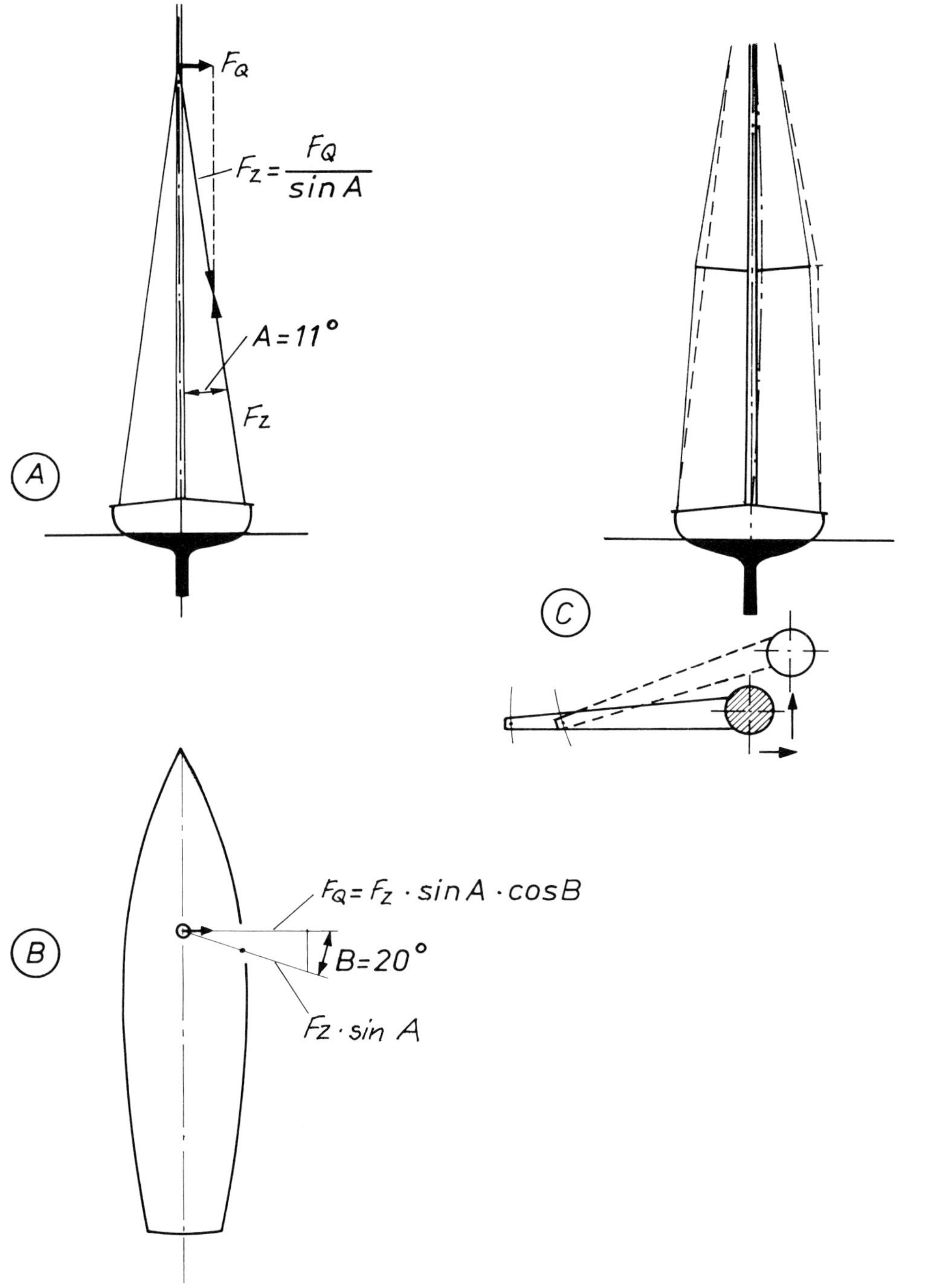

Abb. 3.6 Mit frei beweglichen Salingen läßt sich dem Mast eine vorliche und seitliche Biegung aufzwingen. Die Größe der Durchbiegung hängt dabei von der Länge der Salinge, dem Winkel B, unter dem sie nach achtern abgewinkelt sind, und von der Vorspannung in den Wanten ab.

behaftet wären. Eine weitere Schwierigkeit hängt mit dem Nullabgleich der Meßeinrichtung zusammen, da die aus den Segelkräften resultierenden Belastungen im Rigg von verhältnismäßig großen statischen Kräften, die von der Vorspannung der Wanten abhängen, überlagert werden. Einflüsse, die aus der Änderung der Umgebungstemperatur, der Verlängerung der Wanten oder Nullpunktdrift herrühren, können leicht die Eichung der Meßeinrichtung zunichte machen.

Ist es erst einmal gelungen, durch Messung der Kräfte im Rigg einer Yacht Unterlagen über die an ihren Segeln auftretenden Kräfte zu gewinnen, wäre ihre Übertragung auf andere Yachten mit ähnlichem Segelplan nicht weiter problematisch. Wegen der aufgezeigten Schwierigkeiten wurde dieses Verfahren bislang jedoch noch nicht mit Erfolg angewendet. A. Robb, Konstrukteur einer Herausfordereryacht für den America-Pokal, berichtete in der Diskussion von [3.16] zwar über umfangreiche und brauchbare Ergebnisse liefernde Messungen der Riggkräfte, die von ihm 1961 auf der englischen 12-m-R-Testyacht *Norsaga* (Foto 1.2) durchgeführt wurden. Seither wurde jedoch nichts mehr darüber mitgeteilt. Es hat den Anschein, daß diese Experimente letzten Endes wahrscheinlich nur für Festigkeitsfragen von Wert waren.

2 Bestimmung der Segelkräfte durch Messung von Haltekräften

Die Alternative zur Messung der Kräfte im Rigg wäre, das komplette System Segel-Rigg auf einer Plattform zu errichten, es dem Wind auszusetzen und die zum Ausgleich der aerodynamischen Belastung notwendigen Kräfte zu messen. Zwei Varianten dieses Vorschlages wurden ausgeführt. Im einen Fall ist der Bootsrumpf selbst die Plattform. Die Yacht wird mit zwei Trossen vertäut, die Zugkräfte in den Festmachern durch Dynamometer gemessen und aus diesen die entsprechenden Segelkräfte berechnet. Auf der Grundlage dieses Konzeptes versuchte K. McLaverty [3.17] die Segelkräfte an einer in einem stehenden Gewässer vermurten Yacht der Drachen-Klasse zu ermitteln (Foto 3.15). Weiterhin war beabsichtigt, eine Segelform der Großausführung an einem Windkanalmodell der Yacht (Maßstab 1:4), das so entworfen wurde, daß die Einstellung der Segelform möglich war, zu reproduzieren, um auf diese Weise Unterlagen für die Wechselbeziehung zwischen Modellversuchsergebnissen und Messungen an der Großausführung zu gewinnen.

Bedingt durch die sowohl hinsichtlich der Stärke als auch der Richtung extrem unstetige Natur des atmosphärischen Windes waren die Untersuchungen an der Großausführung im Endergebnis weitgehend ein Fehlschlag. Während am Wind segelnde Yachten auch bei verhältnismäßig rauher See bemerkenswert wenig rollen, sondern einen fast konstanten Krängungswinkel beibehalten, zeigte die vertäute Yacht ein außerordentlich instationäres Rollverhalten. Selbst bei sehr gleichmäßig erscheinendem Wind kam es vor, daß in einem Moment der Drachen nahezu aufrecht schwamm, aber wenige Sekunden später schon das Schandeck eintauchte.

Foto 3.15 In einem stehenden Gewässer vermurter Drachen. Zwei zu Dynamometern laufende Festmachertrossen sind zu erkennen.

Für diese heftigen Rollbewegungen wurde später eine Erklärung gefunden [3.18]. Diese Erscheinung hängt mit den Rolldämpfungseigenschaften des Riggs zusammen, die eng mit der Geschwindigkeit des Bootes durchs Wasser und dem relativ zum Wind gesegelten Kurs in Beziehung stehen.

McLavertys Versuchstechnik wurde von Professor Bradfield von der New York State University modifiziert. Bei seinen Untersuchungen der Eigenschaften von Segeln in Großausführung wird das in geeigneter Weise mit einer Komponentenwaage auf einem Schleppwagen befestigte Rigg bei ruhigen Wetterverhältnissen längs einer geraden Bahn bewegt. Auf diese Weise hofft er, die instationären Einflüsse, die McLaverty so viel Unannehmlichkeiten bereiteten, auszuschalten.

Man könnte die Segelkräfte auch dadurch ermitteln, in dem man das komplette Rigg in Großausführung auf einer eigens dafür konstruierten Plattform aufbaut und an einer geeigneten Stelle dem natürlichen Wind, dessen Geschwindigkeit und Gradient gleichfalls gemessen werden könnten, aussetzt. Ein derartiges Versuchsrigg, das von der Firma ICI in der Yorkshire Moors errichtet wurde, zeigt Foto 3.6. Wie bereits erwähnt, war der Hauptgegenstand dieser Experimente die Messung der in einem Segel unter Winddruck auftretenden Formänderungen.

3 Bestimmung der Segelkräfte durch Korrelation der Ergebnisse von Großausführungs- und Modellversuchen (Gimcrack-Koeffizienten)

Diese Methode fand bei verschiedenen Gelegenheiten Anwendung, insbesondere bei den experimentellen Untersuchungen mit den Yachten *Gimcrack* (USA) [3.4], *Yeoman* und *Norsaga* (GB) [3.4], [3.19]. Wegbereitend für diese Technik war die von Professor Davidson am Stevens Institute of Technology, Hoboken (USA), um 1932 geleistete Arbeit. In seinem 1936 vorgelegten Bericht [3.4], *Some Experimental Studies of the Sailing Yacht,* beschrieb er diese Untersuchungsmethode, sowie einige weitere Versuche, durch die er nachweisen konnte, daß aus Schleppversuchen mit verhältnismäßig kleinen, 1,2 bis 1,8 m langen Yachtmodellen sehr

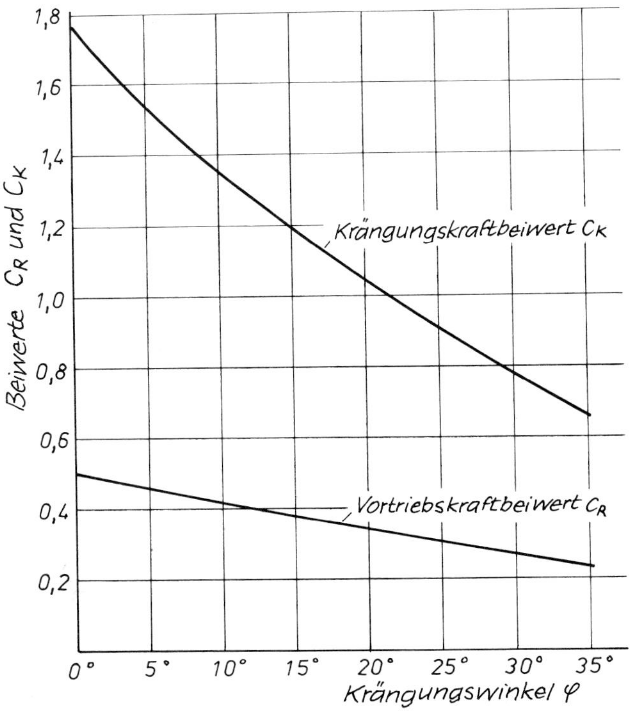

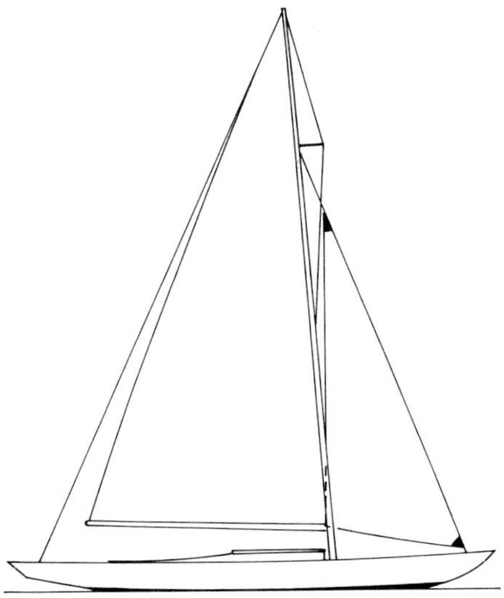

Abb. 3.7 *Gimcrack*-Segelbeiwerte

nützliche und zuverlässige Informationen gewonnen werden können – vorausgesetzt, die Grenzschichtströmung wird mit Hilfe in der Nähe des Vorstevens angebrachter Sandstreifen, Stifte oder Stolperdrähte der Großausführung ähnlich gemacht. Anhand einer Versuchsreihe mit der Yacht *Gimcrack* (Abb. 3.7), die durch Modellschleppversuche ergänzt wurde, bestimmte K.M.S. Davidson 1933 die bekannten *Gimcrack*-Koeffizienten und schuf damit erstmals eine Grundlage für die Vorausberechnung der Fahrtleistung der Großausführung aufgrund ihrer Modellversuchsergebnisse. Aus der Bedingung, daß bei stationärem Bewegungszustand die Wind- und Wasserkräfte numerisch einander gleich, aber entgegengesetzter Richtung sein müssen, folgerte er, daß die Windkräfte aus Messungen der Wasserkräfte an einem mit korrespondierenden Geschwindigkeiten (gleiche Geschwindigkeits-Längen-Verhältnisse, beziehungsweise Froude-Zahlen bei Modell und Großausführung) und gleichen Drift-, Krängungs- und Trimmwinkeln geschleppten Modellrumpf bestimmt werden können.

Die Fahrtgeschwindigkeit der Großausführung V_S, der Krängungswinkel φ, die scheinbare Windgeschwindigkeit V_A und der Kurswinkel γ_A zum scheinbaren Wind (Abb. 3.4) wurden alle durch direkte Messungen auf der einer 6-m-R-Yacht ähnelnden *Gimcrack* ermittelt. Sie wurde von einem erfahrenen Segler gesteuert. War man der Ansicht, daß das Boot mit optimaler Geschwindigkeit nach Luv segelte, wurden die Meßwerte registriert. Tabelle 3.5 gibt in den Zeilen 1, 2 und 3 diese Werte für V_A, γ_A und V_S für verschiedene Krängungswinkel zwischen 0° und 35° wieder. Anschließend wurden anhand dieser Unterlagen im Schlepptank des Stevens Institute die Modellversuche durchgeführt. Der Rumpfwiderstand R und die hydrodynamische Seitenkraft F_S, die jeweils gleich der Vortriebskraft F_R und Krängungskraft F_K sind, wurden für den aufrechten und gekrängten Zustand ermittelt. Abb. 1.12 in Teil 1 veranschaulicht diese entsprechenden Luft- und Wasserkräfte für bestimmte Windgeschwindigkeit und gesegelten Kurs.

Durch wiederholte Versuche und Interpolation wurden der beim Segeln an der Großausführung der Yacht bei entsprechender Geschwindigkeit und gleichem Krängungswinkel tatsächlich auftretende Widerstand R und die Krängungskraft F_K bestimmt. Abb. 3.8 zeigt zum Beispiel die aus den Modellversuchen berechneten Widerstände der *Gimcrack* bei Krängung. Die kurzen Geschwindigkeitsabschnitte schließen die bei den einzelnen Krängungswinkeln wirklich gesegelte Geschwindigkeit mit ein. Die Widerstandskurve bei aufrechter Schwimmlage, ohne Abdrift, ist ebenfalls eingezeichnet. Die Kurven zeigen die starke Zunahme des Widerstandes infolge Krängung. Die vorausberechneten Werte für $F_S = F_K$ und $R = F_R$ sind in Tabelle 3.5 in den Zeilen 4 und 5 angegeben. Mit diesen, die Meßergebnisse an der Großausführung in den Zeilen 1, 2 und 3 ergänzenden Angaben und der bekannten Segelfläche $A_S = 40{,}3\ \mathrm{m}^2$ wurde es möglich, die Segelbeiwerte C_R und C_K in Abhängigkeit vom Krängungswinkel zu berechnen. Die Ergebnisse dieser Rechnungen sind in Tabelle 3.5 in den Zeilen 7 bis 13 aufgeführt, sowie in Abb. 3.7 für C_R und C_K graphisch dargestellt. Das auffallendste Merkmal dieser Kurven ist die recht deutlich ausgeprägte Abnahme der beiden Beiwerte mit zunehmendem Krängungswinkel.

Mit diesen Beiwerten ist nun die Möglichkeit gegeben, die bei ihrer Ermittlung angewendete Vorgehensweise umzudrehen und ausgehend von bekannten Rumpfkräften die Wind- und Fahrtgeschwindigkeiten vorauszubestimmen. Die an einem geometrisch dem der *Gimcrack* ähnlichen Segel entwickelten Kräfte ergeben sich dabei durch Multiplikation der entsprechenden Beiwerte C_R und C_K nach Abb. 3.7 mit der Segelfläche A_S und dem Staudruck des scheinbaren Windes ($q = 0{,}6125\ V_A^2$), mit dem das Segel angeströmt wird.

Tabelle 3.5
Gimcrack-Segelbeiwerte

Zeile	Krängungswinkel φ	0°	5°	10°	15°	20°	25°	30°	35°
	aus Versuchen mit der Großausführung erhaltene Werte								
1	scheinbarer Wind V_A (kn)		6,22	9,33	11,87	14,33	16,97	19,70	22,50
2	Kurswinkel γ_A	25,8°	26,1°	26,5°	27,0°	27,6°	28,6°	29,7°	31,0°
3	Fahrtgeschwindigkeit V_S (kn)		3,32	4,50	5,18	5,60	5,87	5,97	5,97
	aus Modellversuchen ermittelte Werte								
4	Vortriebskraft F_R (N)		116	238	349	458	578	685	778
5	Krängungskraft F_K (N)		390	765	1103	1410	1704	1975	2206
6	Verhältnis $\frac{\text{Widerstand aufrecht}}{\text{Widerstand gekrängt}}$		1,2	1,2	1,2	1,2	1,22	1,35	1,53
	Aerodynamische Beiwerte zur Reproduktion von F_R und F_K								
7	Vortriebskraftbeiwert C_R		0,457	0,417	0,378	0,341	0,307	0,269	0,234
8	Krängungskraftbeiwert C_K		1,54	1,345	1,195	1,045	0,902	0,778	0,666
9	Beiwert der aerodynamischen Gesamtkraft C_T	1,835	1,60	1,405	1,253	1,090	1,037	0,825	
10	C_R/C_K	0,280	0,296	0,310	0,317	0,331	0,340	0,345	
11	Auftriebsbeiwert C_L	1,814		1,397		1,079		0,809	
12	Widerstandsbeiwert C_D	0,286		0,203		0,157		0,137	
13	C_L/C_D	6,35		6,88		6,82		5,92	

Anmerkung: die Vortriebskraft F_R weist in Richtung der Fahrtgeschwindigkeit V_S, die Krängungskraft F_K wirkt senkrecht zu F_R und der durch Mast und Bootslängsachse aufgespannten Ebene. Die horizontale Komponente $F_{K\text{lat}}$ der Krängungskraft bestimmt sich zu $F_K \cdot \cos\varphi$. Siehe Abb. 3.4.

Tabelle übernommen aus [3.4]. Auch: Technical Memo. No. 17, Stevens Institute of Technology, USA, 1936.

Die Vortriebskraft F_R folgt also aus der gebräuchlichen Formel:

$$F_R = 0{,}6125 \cdot C_R \cdot A_S \cdot V_A^2 \quad \text{(N)}, \tag{3.2}$$

desgleichen die Krängungskraft F_K:

$$F_K = 0{,}6125 \cdot C_K \cdot A_S \cdot V_A^2 \quad \text{(N)}. \tag{3.3}$$

Die *Gimcrack*-Segelbeiwerte sind folglich für die Ermittlung der relativen Vorteile verschiedener Rumpfformen aus den Ergebnissen von Schleppversuchen sehr

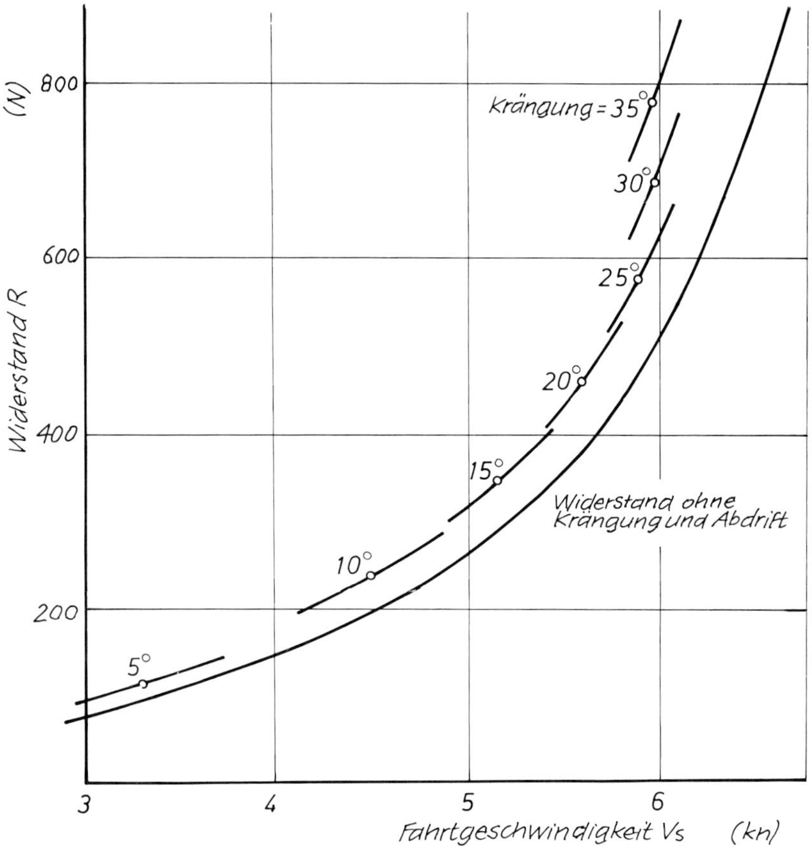

Abb. 3.8 Aus Modellschleppversuchen mit Abdrift ermittelter Widerstand der *Gimcrack* bei Krängung

von Nutzen. In leicht abgeänderter Form werden sie auch heute noch verwendet. Wie wir sehen werden, muß die Genauigkeit der quantitativen Ermittlung der V_{Luv}-Werte für eine gegebene wahre Windgeschwindigkeit V_{W} notwendigerweise davon abhängen, wie sehr das für den untersuchten Rumpf vorgesehene Rigg demjenigen der *Gimcrack*, das als 3/4-Sluprigg mit nicht überlappendem Vorsegel beschrieben werden kann, ähnlich ist. Bedenkt man diese Einschränkungen, so sind die *Gimcrack*-Beiwerte in den vergangenen 40 Jahren mit beträchtlichem Erfolg angewendet worden, obwohl die Versuchung, zuviel in ihre Zahlenwerte hineinzulesen, zuweilen dazu führte, daß der Sache Unkundige irreführende Schlüsse zogen.

Neuere Windkanaluntersuchungen scheinen die Gültigkeit der *Gimcrack*-Koeffizienten aber in Frage zu stellen. Man sollte nicht vergessen, daß sie das Resultat einer äußerst geschickten Verbindung von Schleppversuch, intuitivem Vorgehen und dem Genius von K.M.S. Davidson sind, der diese Beiwerte aus relativ unsicheren Unterlagen ableitete. „Es gab wenig Anlaß für die Annahme“, bemerkte Davidson, „daß Einzelheiten sowohl der Versuche als auch der Berechnungsverfahren nicht geändert werden müssen, oder, daß die *Gimcrack*-Segel-Beiwerte mehr als nur als eine erste Näherung angesehen werden können", – eine sehr bescheidene Feststellung, wie die Folgezeit zeigte, die man aber nicht vergessen sollte.

Warum? Betrachten wir hierzu die beiden Hauptmessungen an der Großausführung, die Ermittlung der scheinbaren Windgeschwindigkeit V_A und des Kurswinkels γ_A, deren Genauigkeit sicherlich die Zuverlässigkeit der *Gimcrack*-Koeffiziente beeinflußte. Wie Davidson selbst mitteilte, waren die auf der *Gimcrack* durchgeführten Messungen von V_A und γ_A relativ grob. Die angezweifelte Genauigkeit der gemessenen V_A- und γ_A-Werte war zwar zum Teil auf die geringere Qualität der Meßgeräte jener Zeit zurückzuführen, und zum Teil auf die aus der Störung des Strömungsfeldes durch die Segel und dem der Größe nach nicht bekannten Windgradienten herrührenden grundsätzlichen Schwierigkeiten, diese beiden Größen zu messen. Weder in den Experimenten von Davidson konnten diese Probleme auf einfache Weise überwunden werden, noch können sie es heute. Trotz der Tatsache, daß aus den Masten der modernen Rennyachten „immer mehr Instrumente sprießen, mit dem Ziel, Intuition durch Wissenschaft zu ersetzen", hat sich die Genauigkeit der Messungen von V_A und γ_A seit dem Versuch von Davidson nicht wesentlich verbessert. Die Elektronik hilft in dieser Hinsicht auch nicht viel weiter.

a) Instrumente

Da heute die Höchstleistung einer Kreuzer-Rennyacht häufig anhand entsprechender Instrumente beurteilt wird, ist es vielleicht ganz interessant zu erfahren, was ihre präzisen elektronischen Geräte wirklich messen und welche möglichen Fehler dabei auftreten können. Um herauszufinden, welchen Einfluß die Segel auf die Anzeige des Winkels γ_A haben, ermittelte E. Kamman [3.20] im Windkanal für den Am-Wind-Segelzustand die örtliche Ablenkung des scheinbaren Windes in verschiedenen Ebenen in der Nähe der Segel eines Yachtmodells. Die Versuche wurden mit einem Modell (Maßstab 1:6) einer toppgetakelten Klasse-III-Rennyacht mit großer Genua bei einer Krängung von 20° durchgeführt (Foto 3.32). Die Winkeländerungen in der Strömungsrichtung wurden mit dem Windrichtungsanzeiger vom Typ Hengist der Firma Brookes und Gatehouse (Abb. 3.9) gemessen. Der Kurswinkel ($\gamma_A - \beta$) des Modells bezüglich der Längsachse des Windkanals, beziehungsweise der scheinbaren Windrichtung, betrug 25°, die Windgeschwindigkeit 7,6 m/s. Die auf einem Dreibein, ähnlich einem Kamerastativ, aufgebaute Windfahne wurde jeweils in eine bestimmte Stellung relativ zum Modell gebracht und die Windrichtung ohne gesetzte Segel gemessen. Dann wurden die Segel gesetzt und die Messung wiederholt, ohne dabei die Position der Windfahne zu verändern. Der Unterschied zwischen beiden Anzeigen wird als die Ablenkung des Windes bezeichnet. Die Meßstellen und die Windablenkung in Richtung und Stärke sind in Abb. 3.9 und 3.10 dargestellt. Die Pfeile zeigen die Richtung an, in die der Wind infolge der Gegenwart der Segel umgelenkt

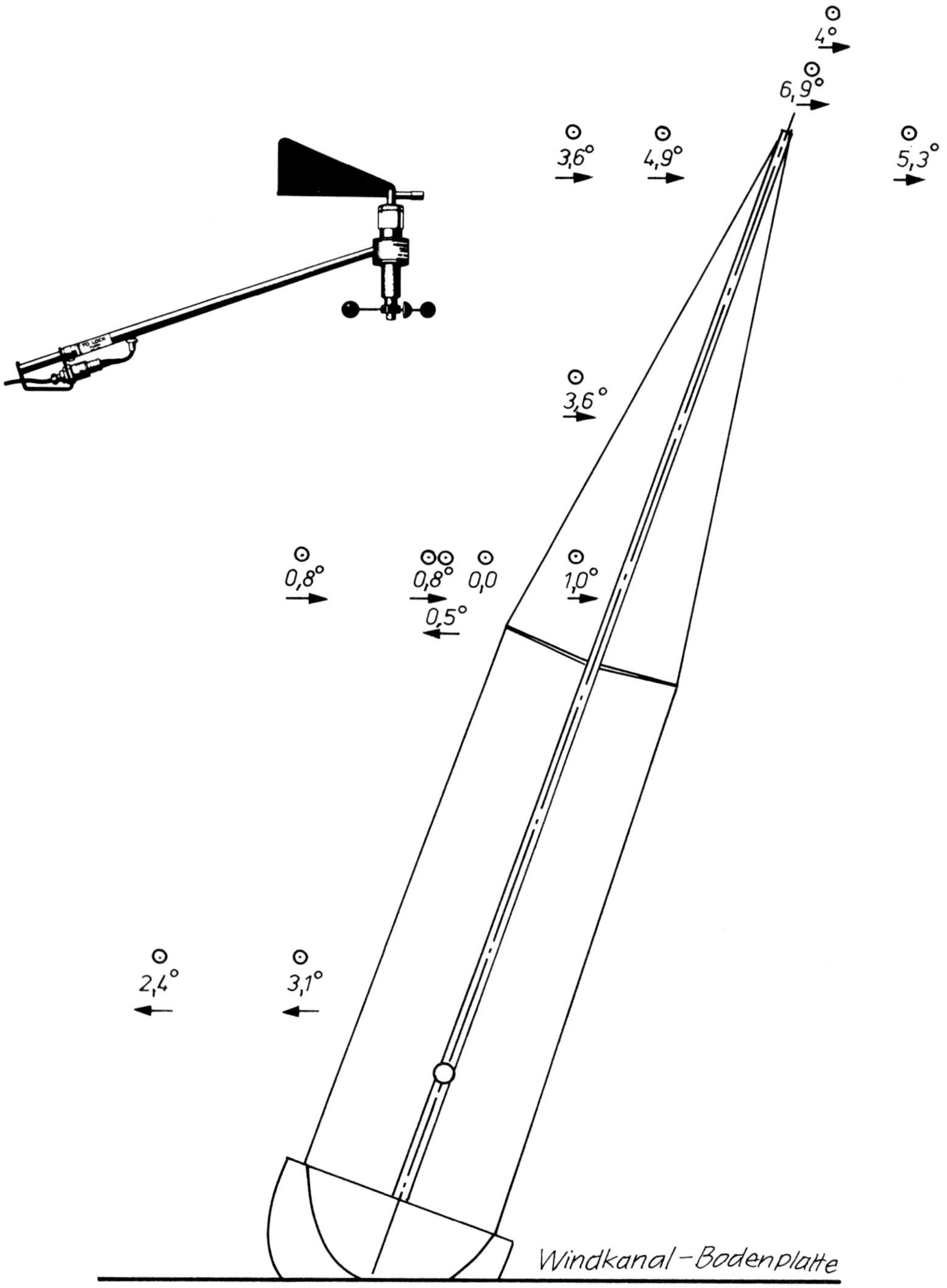

Abb. 3.9 Messungen der Windablenkung. Alle Meßpunkte liegen in einer Querschiffsebene durch den Mast.

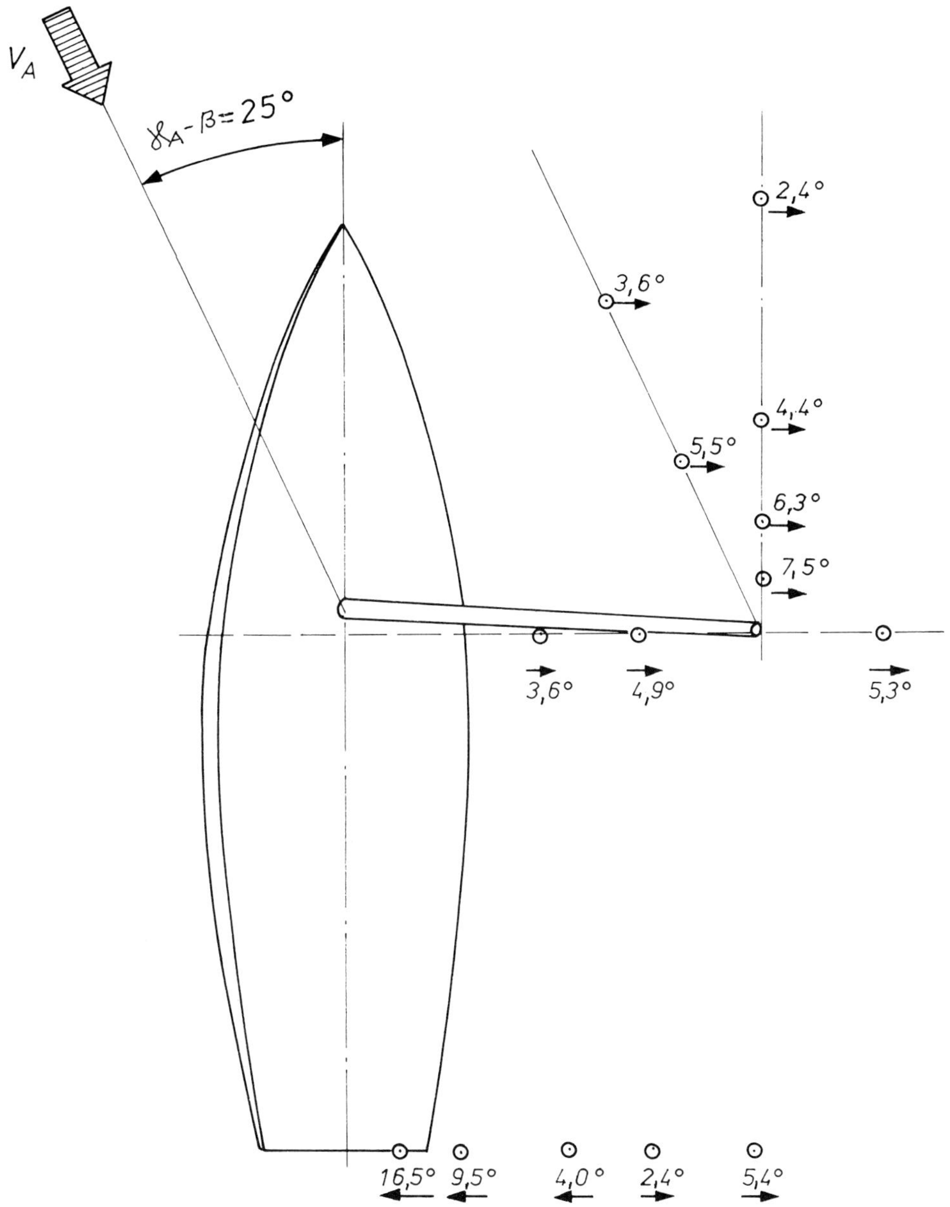

Abb. 3.10 Messungen der Windablenkung. Alle Meßpunkte querab und vorlich des Mastes liegen in einer horizontalen Ebene 2,5 cm über dem Masttopp des Modells. Die fünf Meßpunkte über dem Spiegel befinden sich in einer durch die Längsachse des Modells und den Mast aufgespannten Ebene, wobei der unterste in Baumhöhe, der oberste in Höhe des Masttopps und die restlichen in gleichen Abständen dazwischen liegen.

wird. Diese gemessenen Richtungsänderungen der Anströmung haben ihre Ursache in dem starken Randwirbel, der von dem Masttopp nach hinten abgeht. Hierüber wurde in Kapitel D, Teil 2, ausführlich berichtet. Ein Blick auf die

Fotos 2.27 A und C wird den Leser daran erinnern, daß der Randwirbel keine Erfindung der Einbildung ist.

Der maximale Meßfehler wird auf $\pm 2°$ veranschlagt. Er setzt sich zusammen aus der Meßungenauigkeit des Instruments, die von dem Hersteller mit $\pm 1{,}0°$ angegeben wird, Schwankungen in der Strömungsrichtung im Windkanal, die die Anzeige der Windrichtung um $\pm 0{,}2°$ unsicher machen, aus Abweichungen infolge unterschiedlicher Umlenkung des Windes durch das Untergestell der Windfahne aufgrund der Windrichtungsänderung zwischen zwei Messungen, aus Abweichungen infolge der Größe der Windfahne, sowie aus Einflüssen der Windkanalwände.

Die Ergebnisse scheinen zu zeigen, daß die übliche Anordnung des Windrichtungsanzeigers an der Spitze des Mastes keine ganz zufriedenstellende Lösung ist, da der Fehler in der angezeigten Richtung des scheinbaren Windes in der Größenanordnung um 7° liegen kann, was für die Fahrtleistungsvorhersage aber zu groß ist, wenn lohnende Berechnungen von V_{Luv} gemacht werden sollen. Eine Überschlagsrechnung mit den Angaben in Abb. 1.9 D, Teil 1, in der die Abhängigkeit von V_{Luv} vom Kurswinkel γ_A für verschiedene scheinbare Windgeschwindigkeiten V_A dargestellt ist, zeigt, daß schon eine Abweichung von 5° vom optimalen Kurswinkel leicht einen Distanzunterschied von 25 bis 30 m nach Luv pro gesegelter Seemeile ergeben kann. Dies ist keine vernachlässigbare Entfernung, wenn man bedenkt, daß bei Regatten in der Tat jeder Meter zählt.

Wie in Teil 2 bereits darauf hingewiesen wurde, ist es für eine zuverlässige Anzeige windgeschwindigkeits- und -richtungsmessender Geräte erforderlich, sie in genügendem Abstand von den Segeln anzuordnen. Die Fotos 3.6 und 3.15 zeigen, wie man bei zwei unterschiedlichen Untersuchungen diesen Interferenzeffekt der Segel auf die Meßinstrumente zu reduzieren versuchte. Eine alternative praktische Position für die Windfahne auf einer Regattayacht läßt sich nur schwerlich vorschlagen. Für das Segeln am Wind könnte es aber sinnvoll sein, je eine Windfahne an den Enden der Salinge anzubringen, da dort, wie Abb. 3.9 zeigt, die Ablenkung des Windes verhältnismäßig gering ist. Überlappende Vorsegel und Spinnaker bereiten wahrscheinlich jedoch Probleme, und außerdem könnte diese Anordnung bei raumen und achterlichen Winden ungeeignet sein.

Die Messung der Richtung und Stärke des scheinbaren Windes wird noch durch einen weiteren Faktor erschwert. Dies ist der Windgradient, über dessen Existenz und Auswirkung die Segler seit langem diskutieren. Er läßt sich definieren als die Zuwachsrate der Geschwindigkeit des wahren Windes V_W mit der Höhe über der Wasseroberfläche. In [3.21] wurde hierüber vom Autor berichtet. Es genügt an dieser Stelle zu wiederholen, daß zahlreiche Faktoren diesen Geschwindigkeitsgradienten beeinflussen. Im wesentlichen macht sich der Windgradient in einer Änderung des Winkels γ_A und der scheinbaren Windgeschwindigkeit V_A über der Masthöhe bemerkbar, wie Abb. 3.11 A zeigt. Hieraus ist zu ersehen, daß der Winkel γ_A nahe des Segelunterlieks kleiner ist als am Kopf des Segels. Bei einem Drachen oder Soling beträgt dieser Unterschied beim Segeln am Wind etwa 3 bis 4°. Gleichzeitig mit dem Winkel γ_A nimmt auch die scheinbare Windge-

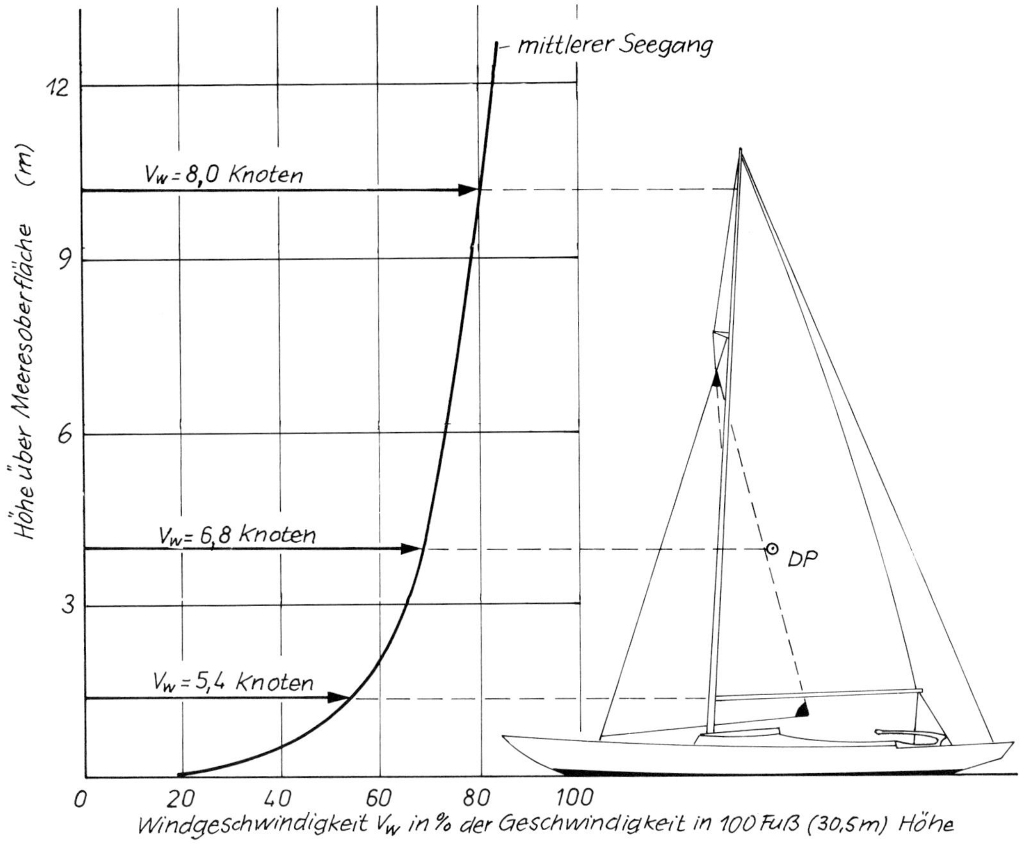

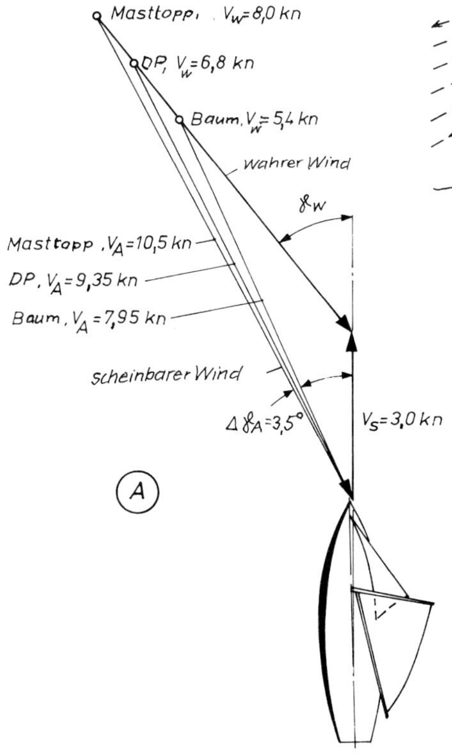

Abb. 3.11 Der Einfluß des Gradienten des wahren Windes auf den scheinbaren Wind

A Die Änderung der Richtung und Stärke des scheinbaren Windes über der Höhe des Mastes beim Segeln am Wind als Folge des Windgradienten (ohne Berücksichtigung des Rumpfeinflusses)

B L.F. Herreshoffs Anschauung von der Wirkung des Rumpfes auf die Windströmung

schwindigkeit V_A zum Masttopp hin zu. Die Zunahme von V_A liegt in etwa bei 20 bis 30 Prozent, kann aber auch viel kleiner sein. Sie ist in großem Maße von dem Einfluß des Rumpfes auf die Strömungsverhältnisse und dem tatsächlichen Gradienten des wahren Windes abhängig. Infolge der verdrängenden Wirkung des Rumpfes auf die Luftströmung erhöht sich die Windgeschwindigkeit über dem Deck und vermindert den Einfluß des Geschwindigkeitsgradienten des wahren Windes auf denjenigen des scheinbaren Windes, was für die diesbezüglich einander widersprechenden Meinungen verantwortlich ist. In extremen Feststellungen wurde gefolgert, daß der Windgradient überhaupt nicht existiert. Abb. 3.11 B zeigt L.F. Herreshoffs Vorstellung, wie die Luftströmung durch das Überwasserschiff des Bootes verändert wird. Um auf der sicheren Seite zu liegen, sollten wir annehmen, daß es recht wahrscheinlich ist, daß häufig zumindest ein geringer Geschwindigkeitsgradient des scheinbaren Windes auftritt und deshalb, abhängig von ihrer Anordnung über dem Deck, die Windmeßinstrumente verschiedene Werte für V_A und $(\gamma_A - \beta)$ anzeigen, wenngleich wir nicht wissen, wie groß diese Unterschiede sind.

Es ist leicht einzusehen, daß fehlerbehaftete Messungen von $(\gamma_A - \beta)$ und V_A jede Berechnung zunichte machen, gleich, ob es sich dabei um die Bestimmung von Segelbeiwerten handelt oder ob die $(\gamma_A - \beta)$- und V_A-Meßwerte als Eingabedaten für ein Gerät dienen, das die Zielgeschwindigkeit nach Luv V_{Luv} berechnet. Man kann zwar versuchen, diese Werte zu korrigieren. So sind beispielsweise die in Zeile 1 der Tabelle 3.5 bei den *Gimcrack*-Versuchen gemessenen V_A-Werte die von Davidson nachträglich für den Windgradienten berichtigten Werte [3.4]. Die in 2,74 m (9 Fuß) Höhe über Deck gemessenen Geschwindigkeiten wurden nach folgender Beziehung auf die Höhe des Segeldruckpunktes DP (4,80 m oder 15,75 Fuß) umgerechnet:

$$(V_A)_h = 0{,}464\, \sqrt[6]{h} \cdot (V_A)_{100}. \qquad (3.4)$$

Hierbei ist h die Höhe über der Wasseroberfläche in Fuß,
$(V_A)_h$ die Windgeschwindigkeit in Knoten in der Höhe h und
$(V_A)_{100}$ die Windgeschwindigkeit in Knoten in 100 Fuß Höhe.

Ob die korrigierten Werte für V_A, mit denen dann die *Gimcrack*-Koeffizienten berechnet wurden, die wirklichen durchschnittlichen V_A-Werte in der Höhe des Druckpunktes waren, läßt sich jetzt nicht mehr feststellen. Es erscheint jedoch äußerst unwahrscheinlich, daß die Experimentatoren ein derartiges Glück hatten und die vorstehend für den Windgradienten angegebene Beziehung genau die an den Versuchstagen herrschende Windstruktur widerspiegelt.

Betrachten wir nun das Segeln nach Instrumenten, so sollten dem Steuermann diejenigen Daten zur Verfügung stehen, die wesentlich für den optimalen Kurs des Bootes sind. Man kann die Auffassung vertreten, daß dies allein der Kurswinkel $(\gamma_A - \beta)$ ist, da die Bestimmung des besten Wertes für $(\gamma_A - \beta)$ gemäß den vorherrschenden Segelbedingungen eigentlich in der Verantwortung des Steuermannes liegt. In Hinblick auf die Ausführungen über die Schwierigkeiten bei der Messung des Winkels $(\gamma_A - \beta)$ sollte der Steuermann oder Navigator aber die Tatsache bedenken, daß die von den Instrumenten übertragenen Daten nur Informationen sind, die in irgendeinem Zusammenhang zu den wahren Werten von $(\gamma_A - \beta)$ stehen, aber nicht die wahren Werte selbst sind. Dies gilt in gleicher Weise auch für andere Meßgeräte, deren Geber in einem gestörten Strömungsfeld der Luft oder des Wassers liegen. Obwohl sie vielleicht eine wichtige Rolle beim Eintrimmen einer Regattayacht spielen, können die Instrumente doch nicht das Geschick oder das seglerische Gefühl des Steuermanns ersetzen. Mehr noch, der effektive Einsatz von Instrumenten beim Segeln wird selbst zu einer zusätzlichen Fertigkeit, die kaum von denjenigen vervollkommnet werden kann, die sich nicht mit der Theorie des Segelns auseinandersetzen.

4 Analytisch bestimmte Segelbeiwerte

„Ich hätte es noch viel komplizierter machen können", sagte die rote Königin voller Stolz.

LEWIS CARROLL

Im Rahmen bestehender aerodynamischer Theorien wurden von J. Milgram Segelbeiwerte auf fast ausschließlich analytischem Weg abgeleitet. Ein Beispiel der in [3.22] vornehmlich in Tabellenform mitgeteilten Ergebnisse zeigt Tabelle 3.6. Die Segelkraftbeiwerte wurden für ein Slup-Rigg mit systematisch variierter Geometrie ermittelt, wobei der Einfluß folgender Variablen untersucht wurde:

Vorsegelüberlappung
Vorsegelhöhe
Baumhöhe
Kurswinkel.

Außerdem sind in [3.22] auch noch die Beiwerte für ein Kat-Rigg mit verschiedenen Seitenverhältnissen angegeben (Tabellen 3.6 A und B), auf die wir im nächsten Kapitel bei der Besprechung von Windkanalergebnissen noch zurückkommen werden.

Diese analytischen Segelbeiwerte wurden mittels eines Computerprogrammes nach der sogenannten Tragflächentheorie, einer Erweiterung der Traglinientheorie, errechnet. Für nähere Angaben hierüber sei der Leser auf die Ausführungen in [3.23] verwiesen. Wie man aus Tabelle 3.6 entnehmen kann, lassen sich diese Segelbeiwerte weder in der bekannten Polarenform (C_L über C_D aufgetragen), noch in einer den *Gimcrack*-Beiwerten ähnlichen Form (Abb. 3.7) darstellen. Stattdessen werden für zwei bestimmte Am-Wind-Segelzustände Zahlenwerte für die Vortriebs- und Seitenkraftbeiwerte, sowie die entsprechenden Auftriebs- und Widerstandsbeiwerte mitgeteilt. In den Tabellen 3.6 A und B sind diese Angaben durch Umrandung hervorgehoben.

Tabelle 3.6 A

High lift catboat series. Aspect ratio = 2.0

CDF = 0.04: Mast CD = 0.40 based on mast diameter of 0.01 × (Span + Foot)

Main aspect ratio = 2.00	Foretriangle aspect ratio = 0.0
Jib span/main span = 0.0	Jib foot/main foot = 0.0
Foretriangle/boom length = 0.00	Jib foot/foretriangle = 0.0
Boom height/main span = 0.10	LP/foretriangle = 0.0
True wind angle = 42.9°	Apparent wind angle = 27.0°
Apparent wind/true wind = 1.50	Boat speed/true wind speed = 0.60

Force coefficients (actual area) / (1969 new int rule area)

	Jib	Main	Total	Jib	Main	Total
Forward	0.000	0.426	0.426	1.000	0.608	0.608
Side	0.000	1.366	1.366	1.000	1.952	1.952
Lift	0.0	1.410	1.410	0.0	2.015	2.015
Drag	0.0	0.244	0.244	0.0	0.348	0.348

Sail area ratios

RU/AC	1.000	0.700	0.700
Vert side force centre/mast ht	0.0	0.481	0.481
Vert forward force cent/mast ht	0.0	0.522	0.522
Hor side force cent/(Boom + Fortri)	0.0	0.354	0.354

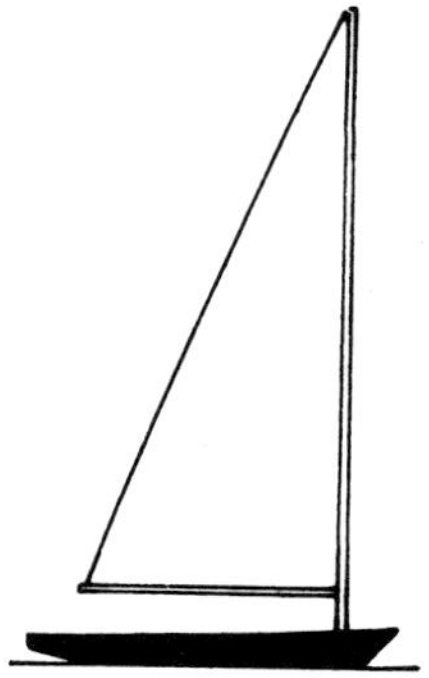

High lift catboat series. Aspect ratio = 2.5

CDF = 0.04: Mast CD = 0.40 based on mast diameter of 0.01 × (Span + Foot)

Main aspect ratio = 2.50	Foretriangle aspect ratio = 0.0
Jib span/main span = 0.0	Jib foot/main foot = 0.0
Foretriangle/boom length = 0.00	Jib foot/foretriangle = 0.0
Boom height/main span = 0.10	LP/foretriangle = 0.0
True wind angle = 42.9°	Apparent wind angle = 27.0°
Apparent wind/true wind = 1.50	Boat speed/true wind speed = 0.60

Force coefficients (actual area) / (1969 new int rule area)

	Jib	Main	Total	Jib	Main	Total
Forward	0.000	0.453	0.453	1.000	0.581	0.581
Side	0.000	1.358	1.358	1.000	1.741	1.741
Lift	0.0	1.416	1.416	0.0	1.815	1.815
Drag	0.0	0.216	0.216	0.0	0.276	0.276

Sail area ratios

RU/AC	1.000	0.780	0.780
Vert side force centre/mast ht	0.0	0.481	0.481
Vert forward force cent/mast ht	0.0	0.517	0.517
Hor side force cent/(Boom + Fortri)	0.0	0.341	0.341

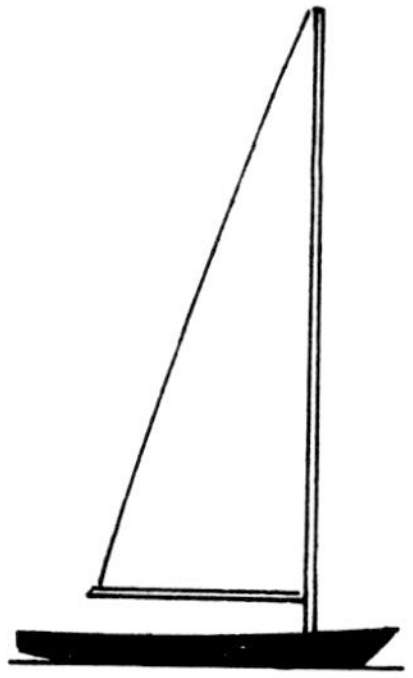

Tabelle 3.6 B

Reduced lift catboat series. Aspect ratio = 2.0

CDF = 0.04: Mast CD = 0.40 based on mast diameter of 0.01 × (Span + Foot)

Main aspect ratio = 2.00	Foretriangle aspect ratio = 0.0
Jib span/main span = 0.0	Jib foot/main foot = 0.0
Foretriangle/boom length = 0.00	Jib foot/foretriangle = 0.0
Boom height/main span = 0.10	LP/foretriangle = 0.0
True wind angle = 45.0°	Apparent wind angle = 32.5°
Apparent wind/true wind = 1.32	Boat speed/true wind speed = 0.40

Force coefficients (actual area)				(1969 new int rule area)		
	Jib	Main	Total	Jib	Main	Total
Forward	0.000	0.428	0.428	1.000	0.611	0.611
Side	0.000	1.073	1.073	1.000	1.533	1.533
Lift	0.0	1.134	1.134	0.0	1.621	1.621
Drag	0.0	0.218	0.218	0.0	0.311	0.311

Sail area ratios

	Jib	Main	Total
RU/AC	1.000	0.700	0.700
Vert side force centre/mast ht	0.0	0.433	0.433
Vert forward force cent/mast ht	0.0	0.473	0.473
Hor side force cent/(Boom + Fortri)	0.0	0.383	0.383

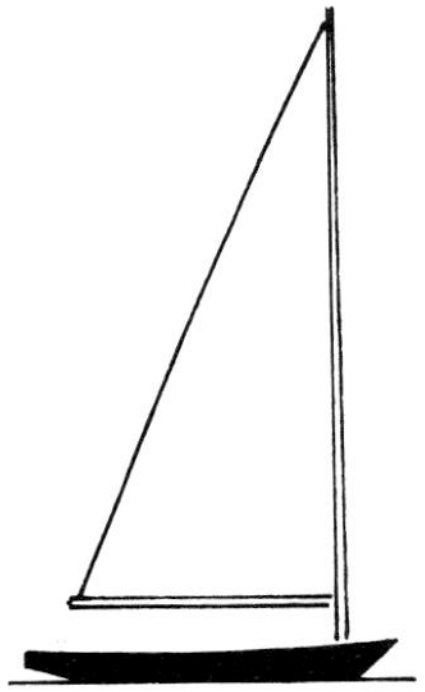

Reduced lift catboat series. Aspect ratio = 2.5

CDF = 0.04: Mast CD = 0.40 based on mast diameter of 0.01 × (Span + Foot)

Main aspect ratio = 2.50	Foretriangle aspect ratio = 0.0
Jib span/main span = 0.0	Jib foot/main foot = 0.0
Foretriangle/boom length = 0.00	Jib foot/foretriangle = 0.0
Boom height/main span = 0.10	LP/foretriangle = 0.0
True wind angle = 45.0°	Apparent wind angle = 32.5°
Apparent wind/true wind = 1.32	Boat speed/true wind speed = 0.40

Force coefficients (actual area)				(1969 new int rule area)		
	Jib	Main	Total	Jib	Main	Total
Forward	0.000	0.451	0.451	1.000	0.578	0.578
Side	0.000	1.065	1.065	1.000	1.365	1.365
Lift	0.0	1.140	1.140	0.0	1.461	1.461
Drag	0.0	0.194	0.194	0.0	0.248	0.248

Sail area ratios

	Jib	Main	Total
RU/AC	1.000	0.780	0.780
Vert side force centre/mast ht	0.0	0.434	0.434
Vert forward force cent/mast ht	0.0	0.467	0.467
Hor side force cent/(Boom + Fortri)	0.0	0.368	0.368

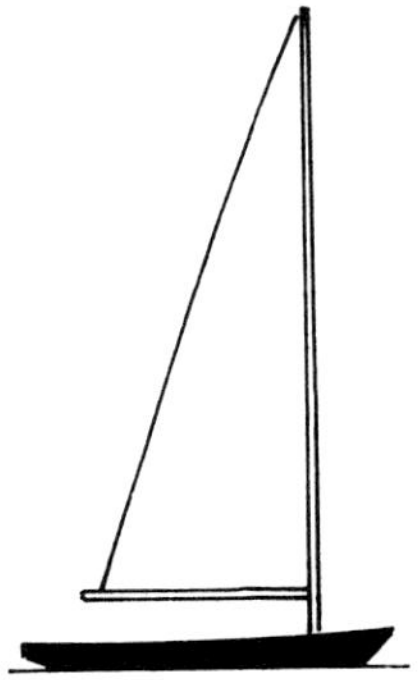

Die obigen Tabellen (übernommen aus [3.22]) geben die Segelbeiwerte für ein Kat-Rigg an. Das hier als Verhältnis von Vorliek- zu Unterlieklänge definierte Seitenverhältnis beträgt 2,0 beziehungsweise 2,5. Die Beiwertpaare (Vortriebskraft – Seitenkraft und Auftrieb – Widerstand) sind der leichteren Auffindbarkeit halber umrandet.

Die Segelbeiwerte in Tabelle 3.6 A werden als angemessen für leichten bis mäßigen Wind angesehen, für Verhältnisse also, in denen das von den Segeln erzeugte Krängungsmoment leicht von der Stabilität des Bootes ausgeglichen wird. Dies ist die sogenannte „high-lift"-Bedingung (hoher Auftrieb). Die zugehörigen Kurswinkel zum wahren und scheinbaren Wind γ_W und γ_A werden hierbei mit 42,9° und 27° als typisch angenommen – ob zutreffend oder nicht, sei dahingestellt.

Die Tabelle 3.6 B gibt die entsprechenden Beiwerte der gleichen Riggs wie in Tabelle 3.6 A an, nun aber für mäßigen bis starken Wind, wo aus Stabilitätsgründen ein geringerer Auftrieb als im vorangehenden Fall erforderlich ist. Dieser Zustand wird folglich als „reduced-lift"-Bedingung bezeichnet (verminderter Auftrieb). Tabelle 3.6 B ist zu entnehmen, daß unter diesen Umständen die entsprechenden Kurswinkel γ_W und γ_A 45° und 32,5° betragen, beide größer als diejenigen im vorstehenden Fall.

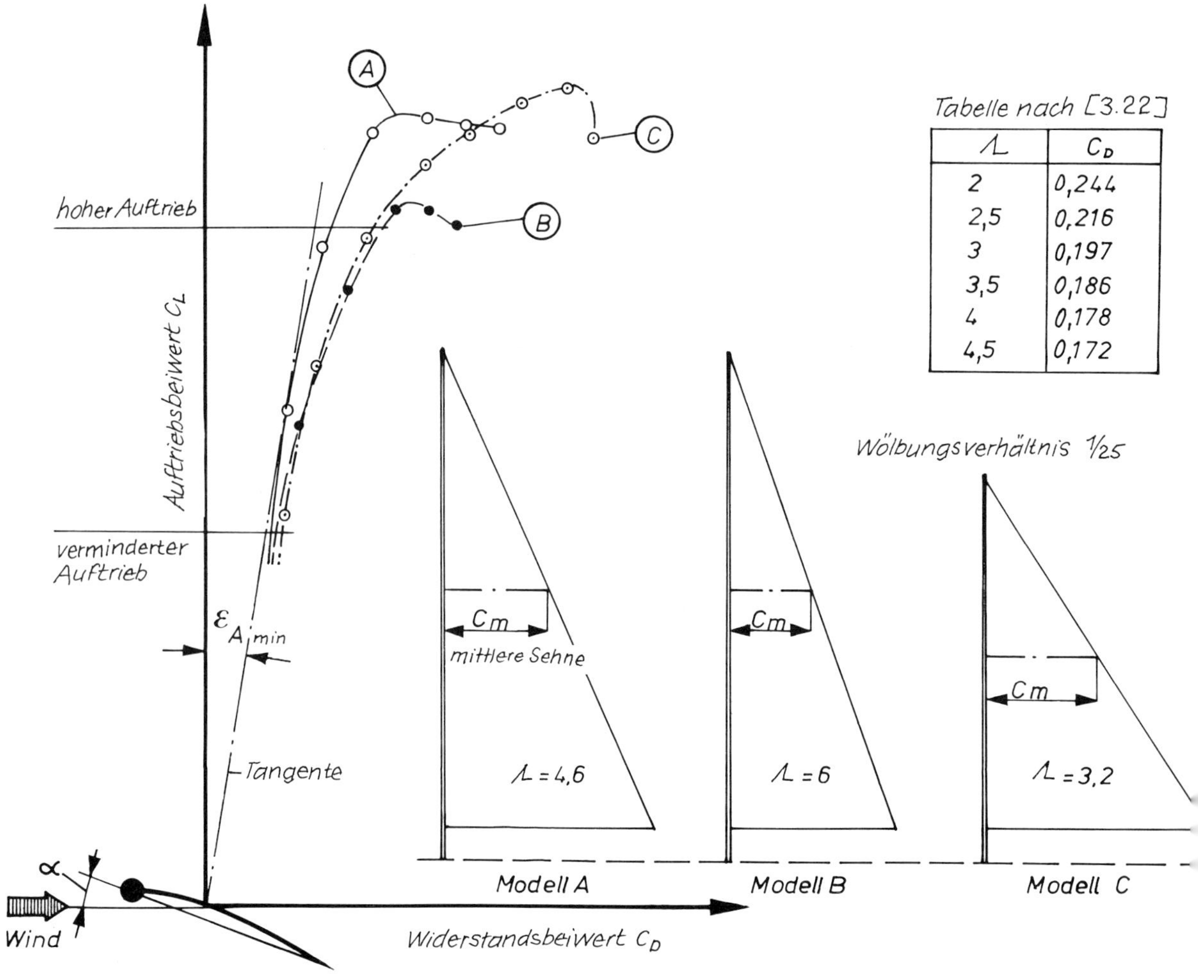

Λ	C_D
2	0,244
2,5	0,216
3	0,197
3,5	0,186
4	0,178
4,5	0,172

Abb. 3.12 Gemeinsamer Einfluß von Seitenverhältnis und Mastdurchmesser auf die Wirksamkeit eines Kat-Riggs

Außer den Kraftbeiwerten enthalten die Tabellen Angaben über die Lage des Segeldruckpunktes. Dies alles ermöglicht zusammen mit bekannten Rumpfeigenschaften die Berechnung der Vortriebskraft, der Seitenkraft, des Krängungsmomentes und des Krängungswinkels. Auf diese Weise läßt sich, zumindest im Prinzip, die Fahrtgeschwindigkeit vorausberechnen, wenn die hydrodynamischen Eigenschaften des Rumpfes aus Schleppversuchen bekannt sind.

Im Vergleich mit den *Gimcrack*-Koeffizienten, die an sich nur für eine bestimmte Riggeometrie anwendbar sind, mögen diese für eine Vielzahl verschiedener Segelpläne theoretisch ermittelten Beiwerte vielversprechender erscheinen, auch trotz der Tatsache, daß ihre Anwendung auf vorher genau festgelegte, durch die gewählten Kurswinkel zum wahren und scheinbaren Wind gegebene Segelzustände begrenzt ist, und deswegen die Fahrtleistung einer Yacht, ausgedrückt durch die Zielgeschwindigkeit nach Luv V_{Luv} bei verschiedenen wahren Windgeschwindigkeiten V_{W}, nicht vollständig voraus berechnet werden kann.

Unvermeidlich stellt sich die Frage, wie gut diese analytischen Beiwerte mit experimentellen Untersuchungsergebnissen, zum Beispiel aus Windkanalversuchen, übereinstimmen, wobei zu bedenken ist, daß eine Reihe praktischer und theoretischer Probleme es erschweren, im Windkanal die – im quantitativen Sinn – absoluten aerodynamischen Eigenschaften eines Segels zu messen. Wie Milgram in [3.23] mitteilte, ergaben Windkanalversuche mit analytisch entworfenen Segeln nur für das Nickmoment keine ausgezeichnete Übereinstimmung. Das klingt ermutigend. Eine Analyse von Ergebnissen aus Windkanalversuchen, die an der Universität Southampton mit drei Kat-Riggs von verschiedenen Seitenverhältnissen durchgeführt wurden [3.21], läßt in dieser Hinsicht jedoch Zweifel aufkommen. Abb. 3.12 zeigt die Polarkurven C_{L} über C_{D} für diese untersuchten Segel. In allen Fällen war die Wölbung, der Mastdurchmesser und die Verwindung (etwa 4° zwischen Unterliek und Kopf) gleich.

Milgrams analytischen Segelbeiwerten zufolge sollte man erwarten, daß aufgrund des abnehmenden induzierten Widerstandes bei zunehmendem Seitenverhältnis, die Am-Wind-Eigenschaften des höheren Riggs besser als diejenigen des niedrigeren sind. Die aus den Unterlagen von Milgram für Kat-Riggs mit unterschiedlichen Seitenverhältnissen, aber gleichem Auftrieb, in der Tabelle in Abb. 3.12 zusammengestellten Widerstandsbeiwerte bestätigen diese Erwartung – die Windkanalversuche jedoch nicht. Aus den Kurven in Abb. 3.12 ist zu ersehen, daß man bei Vergrößerung des Seitenverhältnisses des Segels nicht notwendigerweise annehmen kann, daß die Wirksamkeit des Riggs am Wind automatisch verbessert wird. Dies wäre der Fall, wenn die aerodynamischen Eigenschaften eines Segels nur durch das Seitenverhältnis bestimmt würden, aber dem ist nicht so. Es zeigt sich, daß dem Verhältnis von Mastdurchmesser zu mittlerer Profiltiefe c_{m} des Segels erhebliche Bedeutung zukommt. Das Modell A mit einem Seitenverhältnis von 4,6, entsprechend einem Seitenverhältnis $\Lambda = 2{,}3$ in den Tabellen Milgrams (dort definiert als Verhältnis Vorlieklänge zu Unterlieklänge), ist aerodynamisch günstiger für das Segeln am Wind als Modell B mit größerem Seitenverhältnis. Selbst Modell C mit dem kleinsten Seitenverhältnis ist im Bereich großer C_L-Beiwerte Modell B überlegen, erst im Bereich verminderten Auftriebes kehren sich die Verhältnisse um.

Dieser starke Einfluß des Durchmessers, der Profilform und des stehenden Gutes des Mastes auf die Fahrtleistung des Bootes ist unter den Regattaseglern allgemeinhin bekannt. In dieser Beziehung gibt es zwei unterschiedliche Denkrichtungen, welche der einen oder anderen der zwei letztlich entgegengesetzten Lösungen den Vorzug geben. Die Anhänger der einen Richtung ziehen einen durch so wenig Wanten wie möglich abgestagten Mast mit großem Durchmesser vor, während die Vertreter der gegensätzlichen Konzeption behaupten, für das Segeln hoch am Wind sei ein dünner Mast möglichst mit einem sogenannten Delta-Profil am besten, selbst wenn er mit einer komplizierten, aber durchdachten Verstagung oben gehalten werden muß. Wie dem auch sei, Regattaergebnisse und Versuche mit verschiedenen Mastprofilen bestätigen, daß der Effekt des Mastes auf die Luftströmung wichtiger sein kann, als der des Seitenverhältnisses. Zieht man diese beiden Einflüsse in Betracht, so können geometrisch identische Grundrisse aerodynamisch durchaus unterschiedlich genug sein, um befriedigende quantitative Vergleiche praktisch unmöglich zu machen. In dieser Hinsicht können die analytischen Segelbeiwerte, wie sie in [3.22] mitgeteilt werden, nur als irreführend betrachtet werden.

Betrachten wir noch einmal die Tabellen 3.6A und B. Aus ihren Angaben läßt sich ermitteln, daß beispielsweise für $\Lambda = 2{,}0$ die Verhältnisse von Auftrieb zu Widerstand für den Fall „hoher Auftrieb" 5,8 und für den Fall „verminderter Auftrieb" 5,2 betragen. Dies bedeutet, daß mit zunehmendem Wind die L/D-Verhältnisse abnehmen. Diese Tendenz stimmt aber schwerlich mit Ergebnissen aus Untersuchungen an Großausführungen wie der *Gimcrack* und anderen Yachten überein. Sie steht ebenfalls im Widerspruch zu den Ergebnissen von Fahrtleistungsberechnungen, über die später noch berichtet wird. Bezüglich der Änderung des L/D-Verhältnisses mit dem Auftrieb zeigen alle Tragflügel das gleiche Verhalten, und Segel bilden in dieser Beziehung keine Ausnahme. Aus Abb. 3.12 ist zum Beispiel zu ersehen, daß das L/D-Verhältnis, das sich in der Größe des Gleitwinkels ε_A widerspiegelt, bei „hohem Auftrieb" verhältnismäßig klein ist. Bei Verminderung des Auftriebs, beziehungsweise bei Verminderung des Anstellwinkels, nimmt das L/D-Verhältnis allmählich zu. Es erreicht einen bestimmten Höchstwert (minimaler Gleitwinkel ε_A) und fällt dann wieder ab, kurz bevor das Segel zu killen beginnt. Die in Tabelle 3.5 angegebenen *Gimcrack*-Koeffizienten zeigen genau das gleiche Verhalten. Davidson [3.4] hierzu wörtlich: „Es mögen sich zwar unwillkürlich Einwände gegen die Vorstellung erheben, daß das Verhältnis Auftrieb zu Widerstand mit zunehmendem Krängungswinkel [als Folge höherer Windgeschwindigkeit – Einfügung des Verfassers] anwächst, stichhaltige Gegenbeweise sind aber schwer zu finden."

Diese Verbesserung der Segelwirksamkeit mit der Krängung, vorausgesetzt der Krängungswinkel wird nicht größer als 20 bis 25°, ist natürlich kein rätselhafter Effekt der Krängungswinkelzunahme, sondern recht einfach zu erklären. Nach Gl. (2.30): $C_D = c_d + (C_L^2/\pi \cdot \Lambda)$ ist der Gesamtwiderstandsbeiwert C_D eines Segels infolge der induzierten Widerstandskomponente eine quadratische Funktion des Auftriebes. Es ist deshalb abzusehen, daß in einem bestimmten Anstellwinkelbereich, in dem der Auftrieb hoch ist, der induzierte Widerstand stärker anwächst als der Auftrieb. Folglich muß das *L/D*-Verhältnis abnehmen. Umgekehrt ist zu erwarten, daß bei Verkleinerung des Anstellwinkels und damit des Auftriebs, ein gewisses Optimum in der Änderung von Auftrieb und Widerstand erreicht wird und das *L/D*-Verhältnis ein Maximum annimmt. Wie wir bereits wissen, ist dieses Optimum durch die Tangente an die Polarkurve (Abb. 3.12) gegeben.

Ein Blick auf die beiden Polarkurven in Abb. 1.9, Teil 1, die Verhältnisse bei leichtem und starkem Wind veranschaulichen, wird dem Leser helfen, sich an diese Zusammenhänge zu erinnern und das Verständnis der physikalen Bedeutung des *L/D*-Verhältnisses in bezug auf die Fahrtleistung am Wind erleichtern. Die beobachtete Tendenz der Änderung des *L/D*-Verhältnisses steht im deutlichen Gegensatz zu der aus den Tabellen 3.6A und 3.6B hervorgehenden.

Fassen wir zusammen: wie aufgezeigt, sind die analytischen Segelbeiwerte für eine verläßliche Anwendung keineswegs genau genug, und sie sind irreführend. Ihre entschieden durch die zugrundegelegten theoretischen Annahmen bestimmte Genauigkeit hängt notwendigerweise davon ab, wie gut eben diese Annahmen die realen Verhältnisse, unter denen das reale Segel arbeitet, erfassen. Bei Darstellung des Verfahrens zur Ableitung der analytischen Segelbeiwerte führt Milgram [3.22] aus:

> „Nahezu alle interessierten aerodynamischen Größen bei Segeln werden durch die Druckverteilung um die Segel bestimmt. Die Auswirkungen der Druckverteilung sind derart, daß es sich für den Segelentwurf anbietet, erst die gewünschte Druckverteilung zu ermitteln und dann mit Hilfe der Tragflächentheorie die zum Erhalt dieser Druckverteilungen notwendigen Segelformen zu bestimmen.“

Leider ist jedoch nicht sichergestellt, daß die so entworfenen theoretischen Segelformen den gewünschten Drücken widerstehen und selbst von dem geschicktesten Segelmacher auch realisiert werden können. Aus Abschnitt D5, Teil 2, und Abschnitt B, Teil 3, wissen wir bereits, daß sich dies in der Tat aus verschiedenen Gründen in der Praxis auch nicht verwirklichen läßt. Deswegen sind „die häßlichen empirischen Tatsachen“ – um T. Huxleys Ausspruch zu gebrauchen – wie sie sich im realen Verhalten der Segel manifestieren, so widerspenstig und kaum zu befehlen, sich den Grundvoraussetzungen der theoretischen Segelbeiwerte zu fügen.

Mit einem ein wenig Trost spendenden Zitat A. Einsteins aus seinem Buch *Über die spezielle und die allgemeine Relativitätstheorie (gemeinverständlich)* wollen wir diesen Abschnitt beschließen:

> „Es ist das schönste Los einer ... Theorie, wenn sie selbst zur Aufstellung einer umfassenden Theorie den Weg weist, in der sie als Grenzfall weiterlebt.“

5 Bestimmung der Segelkräfte aus Windkanalversuchen

> Man sei sich so klar wie möglich über die verschiedenen Theorien, an die man glaubt, und vergesse nicht, daß wir alle unbewußt an Theorien glauben oder ohne weiteres von ihnen ausgehen, obwohl die meisten von ihnen fast mit Sicherheit falsch sind.
>
> K.R. POPPER
> Objektive Erkenntnis

Solange wie das Regattasegeln mit Yachten ein populärer Sport ist, gelten der Solent in England (der Badminton Library von 1894 zufolge „kristallklar, mit einer Luft, so gesund wie in der Schweiz und einer nahezu genauso schönen Landschaft“) oder der Long Island Sound in den USA als natürliche Laboratorien, wo die Produkte der besten Konstrukteure im direkten Wettbewerb miteinander verglichen werden können. Auf den ersten Blick scheinen diese Gewässer ein ausgezeichneter Ersatz für Schlepptank und Windkanal. Der Wind, seine Gradienten und Böen, Wellen und Strömungen, einfach alles ist auf natürliche Weise „nachgeahmt“. Leider lassen sich ihre Einflüsse auf das Verhalten der Yacht zum Zwecke einer systematischen Entwicklung schwerlich aus der Analyse von Regattaergebnissen genau genug bestimmen. Auf der anderen Seite – beispielsweise im Windkanal – scheint alles unnatürlich zu sein; die von den Segeln hervorgerufenen Kräfte können hier aber verhältnismäßig einfach gemessen werden, und es ist möglich, die Auswirkungen systematischer Änderungen kontrollierbarer geometrischer und physikalischer Faktoren zu ermitteln. Mit Untersuchungen an der Großausführung einer Yacht unter natürlichen Verhältnissen läßt sich dies weitaus schwieriger erreichen, selbst bei einem noch so sorgfältig kontrolliert erscheinenden Versuch.

Es ist einleuchtend, daß der Aussagewert von Messungen von der strikten Kontrolle aller beteiligten Variablen abhängt, gleich, ob die Experimente mit einer ausgeführten Yacht oder an einem Modell gemacht werden. In dieser Hinsicht bietet der Windkanal deutliche Vorteile. Die Versuche können verhältnismäßig kostengünstig mit maßstäblich verkleinerten, aus Stoff angefertigten Modellsegeln durchgeführt werden (Foto 3.3). Es muß vielleicht nicht betont werden, daß möglichst große Modelle oder gar die Großausführung selbst, die besten Versuchsobjekte sind. Letzteres ist möglich bei Segeln für kleine Boote, aber ein Windkanal in der für ein 12er-Rigg erforderlichen Größe existiert bislang noch nicht. Was auch immer über die Grenzen von Windkanalversuchen gesagt werden kann, sie allein verschaffen uns die für systematische und quantitative Erkenntnisse über den Einfluß der verschiedenen geometrischen Faktoren und Trimmöglichkeiten auf die Wirksamkeit des Riggs verläßlichen Unterlagen.

Es ist nicht beabsichtigt, hier eine ausführliche Diskussion über die Durchführung von Windkanalversuchen zu beginnen, es wird auch nicht der Anspruch erhoben, daß die in den folgenden Abschnitten vorgelegten Segelbeiwerte im absoluten Sinne genau sind. Anhand der beschriebenen Versuche soll nur aufgezeigt werden, wie sich die aerodynamischen Eigenschaften einer gegebenen Besegelung tendentiell verändern, wenn die Segelform in kontrollierter Weise modifiziert wird, beispielsweise durch Änderung des Baumniederholerzuges oder der Spannung im Fall, etc. Aus der Sicht eines Regattaseglers sind derartige Tendenzen wichtiger als genaue Zahlenwerte, besonders in den sogenannten Einheitsklassen wie Finn, Drachen oder Star, in denen die Rümpfe und mithin auch ihre hydrodynamischen Eigenschaften als weitestgehend identisch angesehen werden können. Unterschiede in den erreichbaren Zielgeschwindigkeiten nach Luv V_{Luv} hängen dann nahezu vollständig von der Wirksamkeit des Riggs ab, und diese wiederum vom Trimm des Bootes, dem Stand der Segel etc.

Soweit es die Kunst, die Segel so zu trimmen, daß die beste Fahrtleistung erzielt wird, anbelangt, ist die Kenntnis derjenigen Variablen der Segelform, die hierfür am empfindlichsten oder der Einflußnahme am zugänglichsten sind, von höchster Wichtigkeit. Bei der Aufstellung von Prioritäten sind Windkanalexperimente diesbezüglich von großer Hilfe.

Abb. 3.13 A und B sollen dem Leser das Verständnis von Windkanalversuchsergebnissen, die häufig in Standardbegriffen der Aerodynamik, wie Auftrieb L und Widerstand D dargestellt werden, erleichtern. Abb. 3.13 A zeigt, wie im Prinzip die Kräfte L und D gemessen werden, aus denen sich mit Hilfe des Kräfteparallelogrammes die Gesamtkraft F_T bestimmen läßt. Abb. 3.13 B veranschaulicht, wie dann diese aerodynamische Gesamtkraft F_T in die Vortriebskraft F_R, die das Boot antreibt, und in die Krängungskraft F_K, die für die Krängung und die Abdrift verantwortlich ist, zerlegt werden kann.

Da die Am-Wind-Fahrtleistung eines Segelbootes zum Teil von seinem Abdriftwinkel β abhängt, der wiederum den hydrodynamischen Eigenschaften des Rumpfes unterliegt, können Windkanalversuche allein nicht mehr als einen ungefähren Hinweis auf die Wirksamkeit der Segel liefern, da in diesem Versuch die Abdrift nicht berücksichtigt wird. Mit anderen Worten, es ist nicht möglich, die aerodynamische Gesamtkraft F_T in die Komponenten F_R und F_K parallel und senkrecht zur Bewegungsrichtung des Rumpfes durch das Wasser, das heißt, in Richtung der Fahrtgeschwindigkeit V_S (gesegelter Kurs), zu zerlegen (Abb. 3.14 A). In eben diesen Richtungen werden im allgemeinen die Rumpfkräfte im Schleppversuch gemessen. Da der Abdriftwinkel nicht für alle Boote gleich ist und seine Größe vom gesegelten Kurs γ_A und der Geschwindigkeit V_S abhängt, ist es üblich, die Ergebnisse von Windkanalversuchen in einer etwas anderen wie in Abb. 3.14 A gezeigten Weise darzustellen. Diese ist aus Abb. 3.14 B zu ersehen: die Gesamtkraft F_T wird hierbei in die Komponenten F_X und F_Y parallel und senkrecht zur Rumpflängsachse, die mit der Richtung des scheinbaren Windes V_A den Kurswinkel $(\gamma_A - \beta)$ einschließt, zerlegt. Die entsprechenden trigonometrischen Beziehungen zwischen diesen neuen Komponenten und dem Auftrieb L und dem Widerstand D sind durch folgende Gleichungen, die leicht aus Abb. 3.14 B abgeleitet werden können, gegeben:

$$F_X = L \cdot \sin(\gamma_A - \beta) - D \cdot \cos(\gamma_A - \beta) \tag{3.5}$$

$$F_Y = L \cdot \cos(\gamma_A - \beta) + D \cdot \sin(\gamma_A - \beta). \tag{3.6}$$

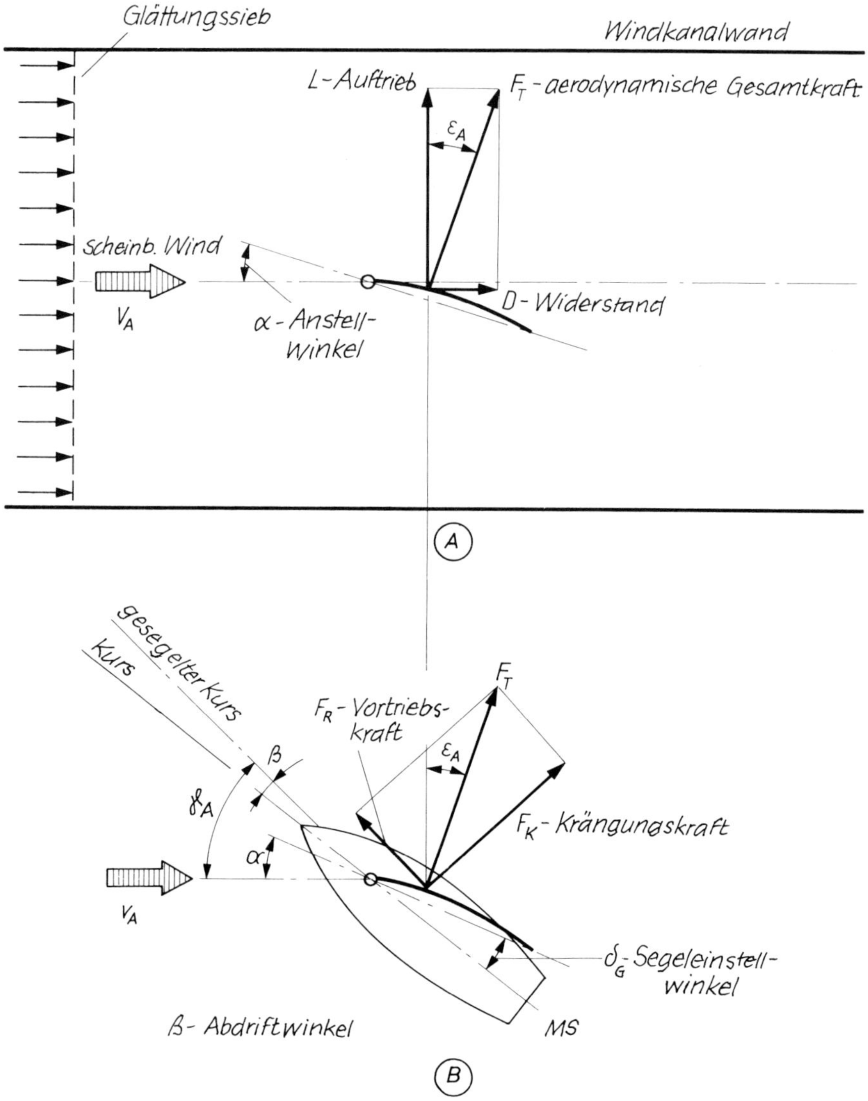

Abb. 3.13 Zum Prinzip der Windkanalmessungen

Für die Beiwerte der Kräfte F_X und F_Y ergibt sich dann folglich:

$$C_X = C_L \cdot \sin(\gamma_A - \beta) - C_D \cdot \cos(\gamma_A - \beta) \tag{3.5A}$$

$$C_Y = C_L \cdot \cos(\gamma_A - \beta) + C_D \cdot \sin(\gamma_A - \beta). \tag{3.6A}$$

Bei der üblichen Versuchsdurchführung mit der im großen Windkanal der Universität Southampton installierten Waage, die in [3.24] beschrieben und zum Teil auf den Fotos 3.3 und 3.16 zu erkennen ist, wird das zu untersuchende Modell mit seiner Längsachse unter einen bekannten Winkel zur Kanallängsrichtung angeordnet. Diesem Winkel entspricht in Abb. 3.14B der Winkel $(\gamma_A - \beta)$, die

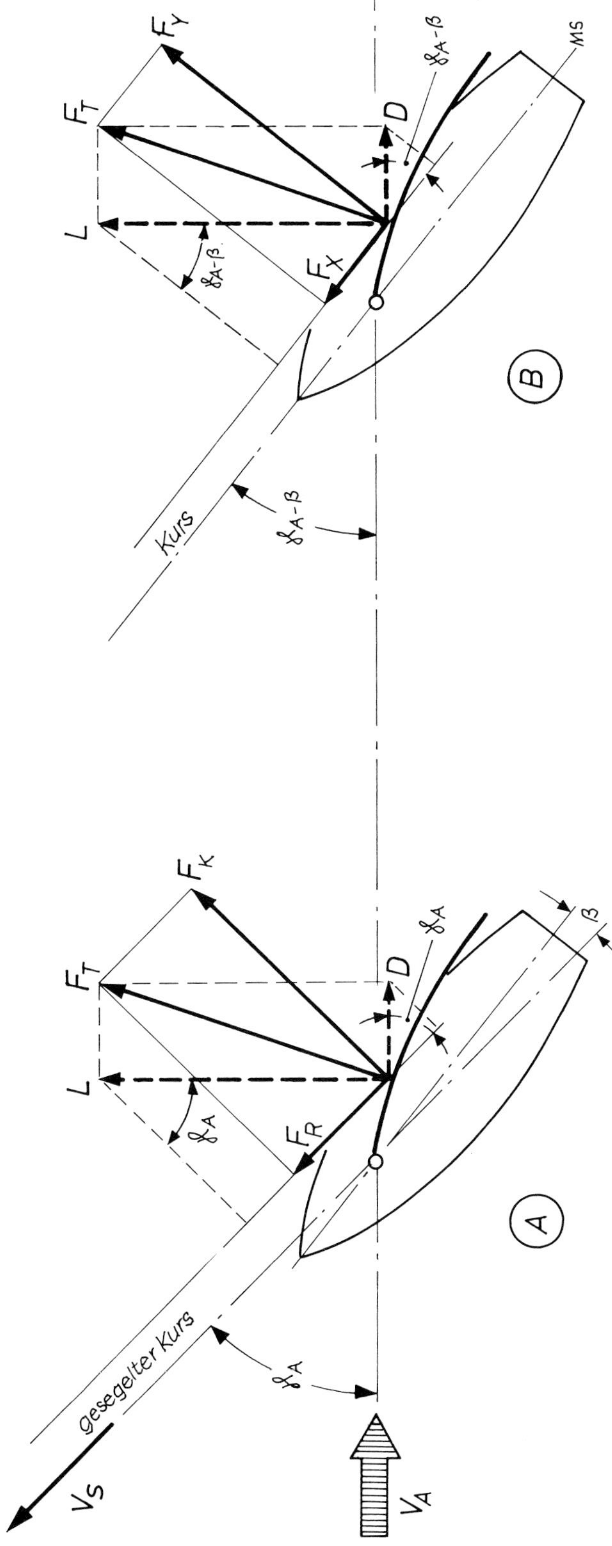

Abb. 3.14 Zur Definition der aerodynamischen Kraftkomponenten F_R, F_K und F_X, F_Y

A

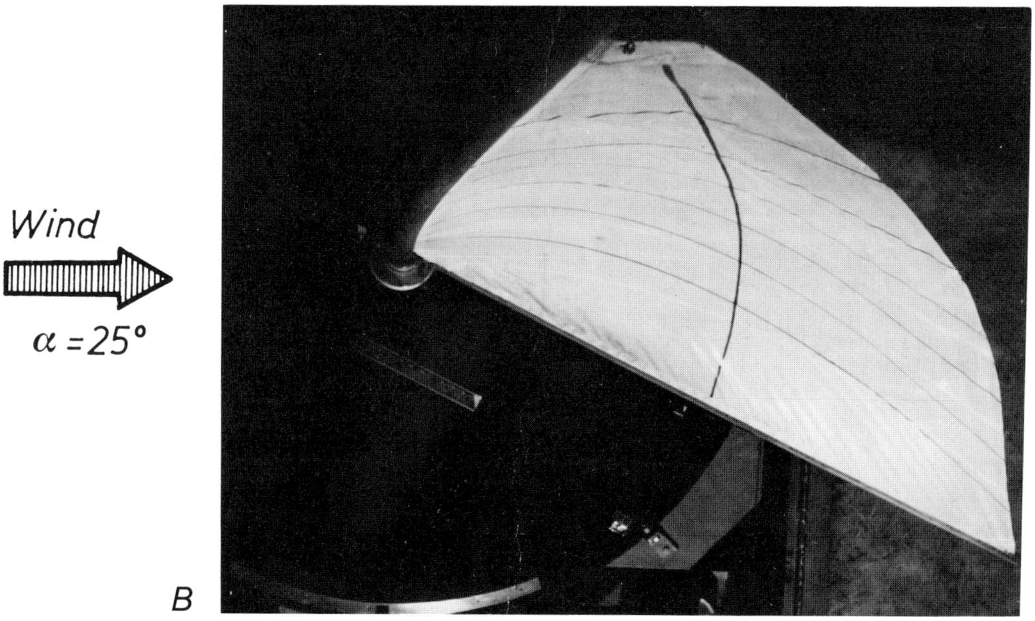

B

Foto 3.16
Oben – Modell eines Finn-Riggs im Maßstab 2:5 im Windkanal der Universität Southampton. Der biegsame Mast ist vollkommen unverstagt. Um die Wölbung und Verwindung unter verschiedenen Versuchsbedingungen bestimmen zu können, wurde das Segel mit parallel zum Baum verlaufenden schwarzen Linien im Abstand von 30 cm versehen und mit einer in der Windkanaldecke direkt über dem Masttopp eingebauten Kamera fotografiert.

Unten – Ein typisches Beispiel dieser Aufnahmen, aus dem sich Segelwölbung und -verwindung bei $\alpha = 25°$ ergeben. Die vom Kopf zum Baum verlaufende Linie kennzeichnet die Punkte auf halber Profillänge.

Windgeschwindigkeit im Kanal repräsentiert V_A. Bei bekannten Segeleinstellwinkeln δ_G (Großsegel) und δ_V (Vorsegel) werden dann für verschiedene Kurswinkel $(\gamma_A-\beta)$ die horizontalen Kraftkomponente L und D gemessen, so daß schließlich Kurven erstellt werden können, die zeigen, wie sich Auftrieb oder Widerstand mit dem Kurswinkel ändern. Die ganze Prozedur wird dann mit geänderter Segelstellung wiederholt, um den Effekt getrennter Änderungen von δ_G und δ_V festzustellen. Sobald Auftrieb und Widerstand einmal bekannt sind, ist es möglich, die Windkanalergebnisse in jeder anderen zweckdienlichen Form darzustellen, zum Beispiel als Polarkurve $C_L=f(C_D)$ oder, wie in Abb. 2.118, Teil 2, gezeigt, als Kurven der Längs- und Seitenkraft F_X und F_Y in Abhängigkeit von $(\gamma_A-\beta)$. Sodann können die im Windkanal ermittelten Segelbeiwerte zur Vorausberechnung der Fahrtgeschwindigkeit verwendet werden.

D Ergebnisse aus dem Windkanal: Einflußfaktoren der Segelkräfte und ihre Auswirkungen auf die Fahrtleistung

1 Untersuchungen am Finn-Rigg

Im folgenden sollen einige Ergebnisse von Messungen der aerodynamischen Eigenschaften des Finn-Dinghy-Riggs, des vermutlich einfachsten Riggs, das je erfunden wurde, mitgeteilt werden. Die Fotos 1.5B, Teil 1, und 3.16, Teil 3, zeigen das Rigg in Großausführung, sowie das im Windkanal der Universität Southampton untersuchte Modellrigg (Maßstab 2:5) [3.25]. Das einzige Segel wird auf diesem Boot am Mast und Baum in einer Nut gesetzt, beide sind mit einem fest am Mast sitzenden Lümmelbeschlag verbunden. Der Mast ist vollkommen unverstagt und so gelagert, daß sich beim Auffieren und Dichtholen das ganze Rigg mitdrehen kann.

Der Mast des Finns ist flexibel, so daß sich unter der gemeinsamen Einwirkung der Luftkräfte und der Belastungen durch Schot- und Baumniederholerzug das gesamte Rigg elastisch verformt, was sich erwartungsgemäß auf die Segelform und die Segelkräfte und mithin auf die Fahrtleistung des Bootes auswirkt. Wie aus Foto 3.16 zu ersehen ist, wurde nicht versucht, den Rumpf zu berücksichtigen. Die Höhe des Großbaumes über dem Boden des Windkanals entsprach jedoch der Höhe des Baumes über der Wasseroberfläche in der Großausführung. Um aus Aufnahmen einer in der Decke des Windkanals angeordneten Kamera die Verwindung und Wölbung des Segels unter den verschiedenen Versuchsbedingungen ermitteln zu können, wurde das Modellsegel mit etwa 30 cm auseinanderliegenden und parallel zum Baum verlaufenden schwarzen Linien versehen.

Gegenstand der Untersuchung waren folgende Punkte:

a) Wie wirkt sich die allmähliche Vergrößerung des Baumniederholerzuges und die damit einhergehende stärkere Mastbiegung auf die aerodynamischen Eigenschaften einer gegebenen Mast-Segel-Kombination aus?

b) Welchen Effekt haben Änderungen der Spannung im Vor- und Unterliek des Segels?

c) Wie ändern sich die Segelkräfte mit der Höhe des Riggs über der „Wasseroberfläche"?
d) Welchen Einfluß hat die Windgeschwindigkeit auf die Segelform, das heißt, auf die Verwindung und Wölbungsverteilung über der Masthöhe?

Bei jedem Versuch wurde der Anstellwinkel α zwischen Baum und Anströmrichtung schrittweise um 2,5° von 2,5° auf 40° erhöht und die jeweiligen horizontalen Komponenten der Windkraft – Auftrieb L und Widerstand D – gemessen. Alle Versuche wurden mit ungekrängtem Riggmodell und mit Ausnahme von Punkt d) bei einer konstanten Windgeschwindigkeit von 8,93 m/s (etwa 5 Beaufort) durchgeführt.

a) Der Einfluß des Baumniederholerzuges

Betrachten wir nun die Ergebnisse der ersten Versuchsreihe, deren Ziel es war, den Einfluß des Baumniederholerzuges und der damit zusammenhängenden Änderungen der Verwindung und Wölbung zu bestimmen. Die Positionen von Segelkopf und Schothorn blieben in den vier Versuchen V, VI, VII und VIII, in denen der Baumniederholerzug allmählich vergrößert wurde, an den Spieren unverändert. Der Abstand des Segelhalses über dem Boden des Windkanals betrug 0,25 m, entsprechend der Höhe des Segelhalses über der Wasseroberfläche bei einem Boot in Großausführung. Aus Abb. 3.15 ist zu ersehen, wie sich die aus den Messungen ermittelten C_L- und C_D-Beiwerte mit dem Anstellwinkel α ändern. Die beigefügte Skizze zeigt das Segel mit den vier verschiedenen und durch die Distanz X bestimmten Baumpositionen, die durch senkrechten Zug nach unten eingestellt wurden. In Abb. 3.16 sind die Auftriebs- und Widerstandsbeiwerte in der bekannten Polarenform aufgetragen, die zugehörigen Anstellwinkel sind längs der Kurven angegeben. Abb. 3.17 beschreibt die Änderung der L/D-Verhältnisse in dem in dieser Versuchsserie betrachteten Anstellwinkelbereich. Die aus den vier unterschiedlichen Baumstellungen und der damit einhergehenden Biegung des Mastes resultierenden verschiedenen Segelformen sind aus Foto 3.17 und Abb. 3.18 zu ersehen. In Tabelle 3.7 sind für die vier Versuche die Wölbungstiefe in Prozent der Sehnenlänge und die Verwindung der verschiedenen Segelprofile sowie die jeweiligen Mittelwerte der Wölbungstiefe des Segels angegeben. Hieraus und aus Abb. 3.18 geht hervor, daß sich die Hauptparameter der Segelgeometrie, nämlich Wölbung und Verwindung, unter der Einwirkung des Baumniederholers zusammen in einer Weise verändern, die, wie wir später sehen werden, hinsichtlich der Wirksamkeit des Segels günstig oder ungünstig sein kann. Wie die Abb. 3.15, 3.16 und 3.17 zeigen, haben sie einen starken Einfluß auf die Eigenschaften des Segels.

So ist beispielsweise aus Abb. 3.17 ersichtlich, daß es möglich ist, durch Anholen des Baumniederholers das maximale L/D-Verhältnis, das wir als eines der

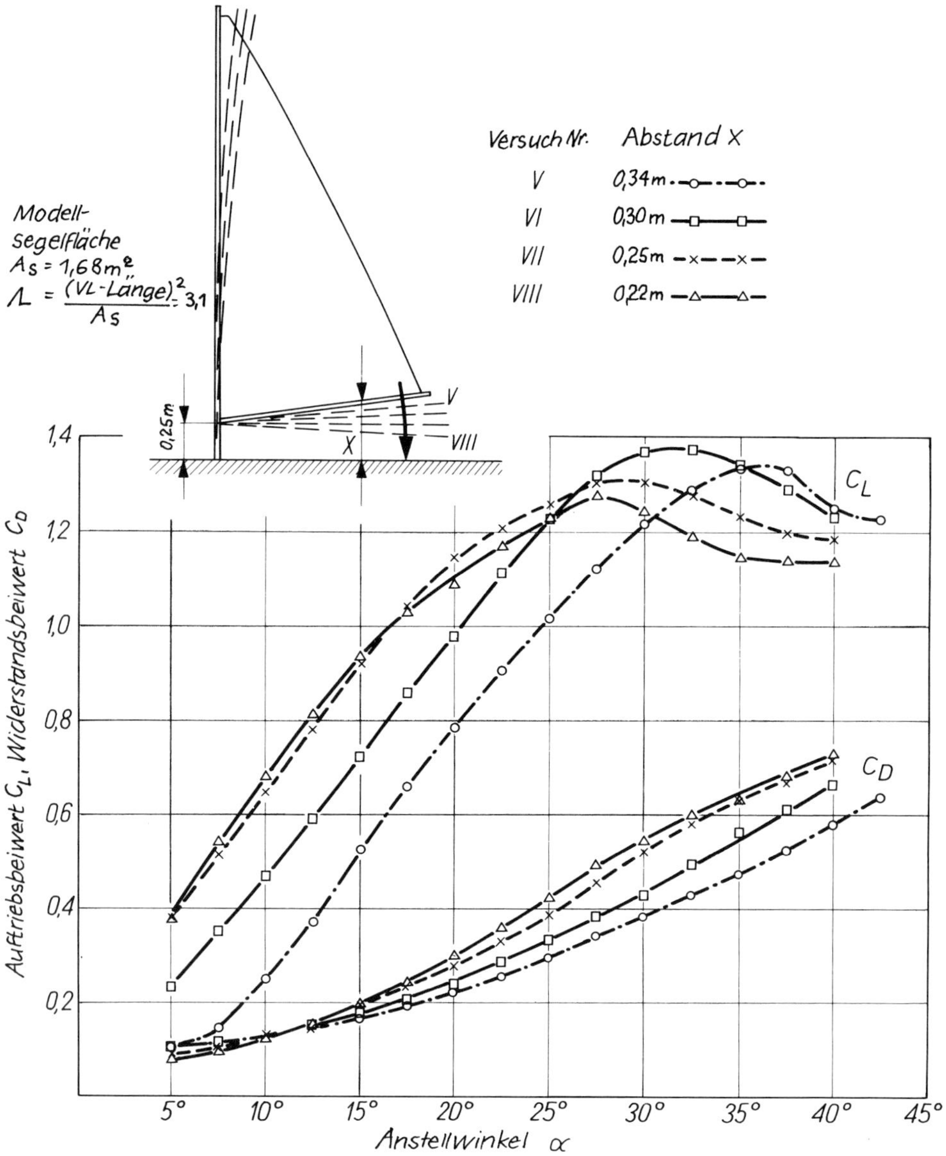

Abb. 3.15 Auftriebs- und Widerstandsbeiwerte des Finn-Riggs bei verschiedenem Baumniederholerzug. Anstellwinkel des Segels gemessen zwischen Baum und Anströmrichtung (siehe Foto 3.16)

Kriterien für das Leistungsvermögen jeder Riggkonfiguration für das Segeln am Wind ansehen können, von 3,6 (Versuch V) auf rund 5,6 (Versuch VIII), also um 55 Prozent, zu verbessern!

Wie das Foto 3.17 zeigt, ist die Segelform im Versuch VIII, die ein weitaus besseres *L*/*D*-Verhältnis produziert als diejenigen im Versuch VI oder VII, aus rein ästhetischer Sicht nicht die schönste. Wir werden sehen, daß ein wunderschön aussehendes, glattes und faltenfreies Segel nicht notwendigerweise auch das aero-

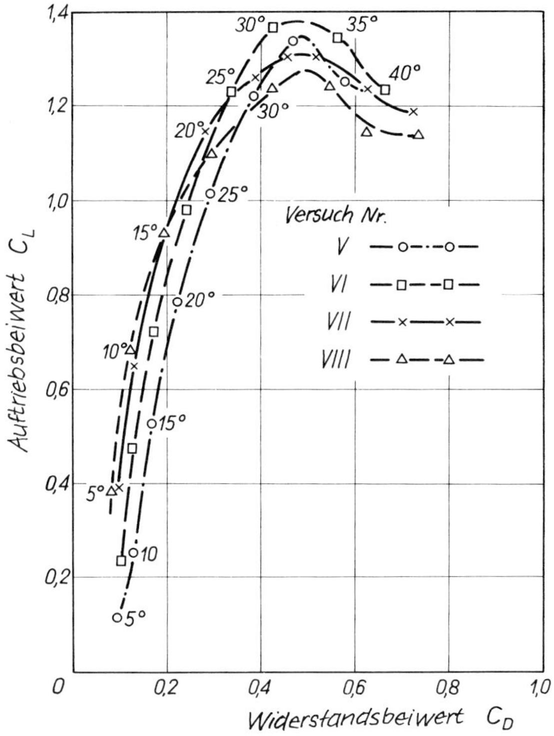

Abb. 3.16 Polardiagramm der Segelbeiwerte des Finn-Riggs bei verschiedenem Baumniederholerzug (siehe Abb. 3.15)

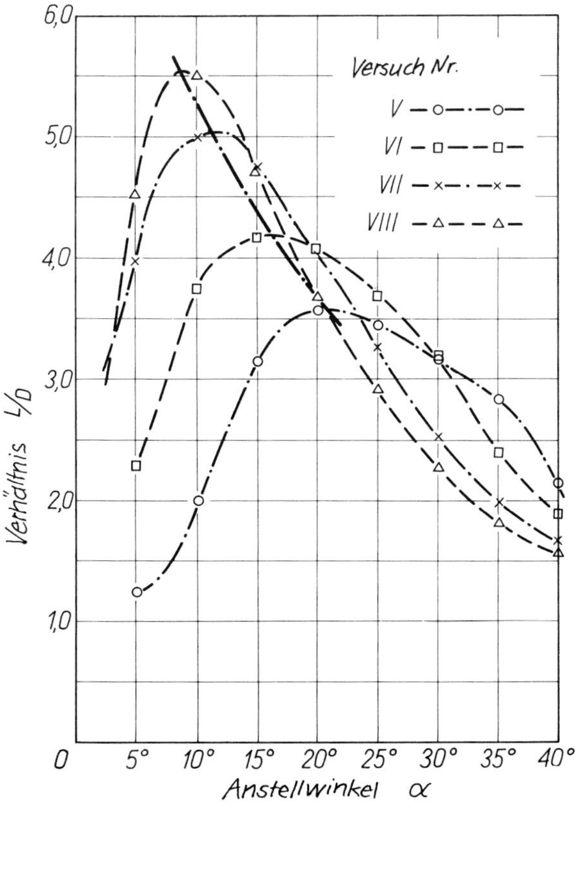

Abb. 3.17 *L/D*-Verhältnis des Finn-Riggs in Abhängigkeit vom Anstellwinkel und Baumniederholerzug (siehe Abb. 3.16)

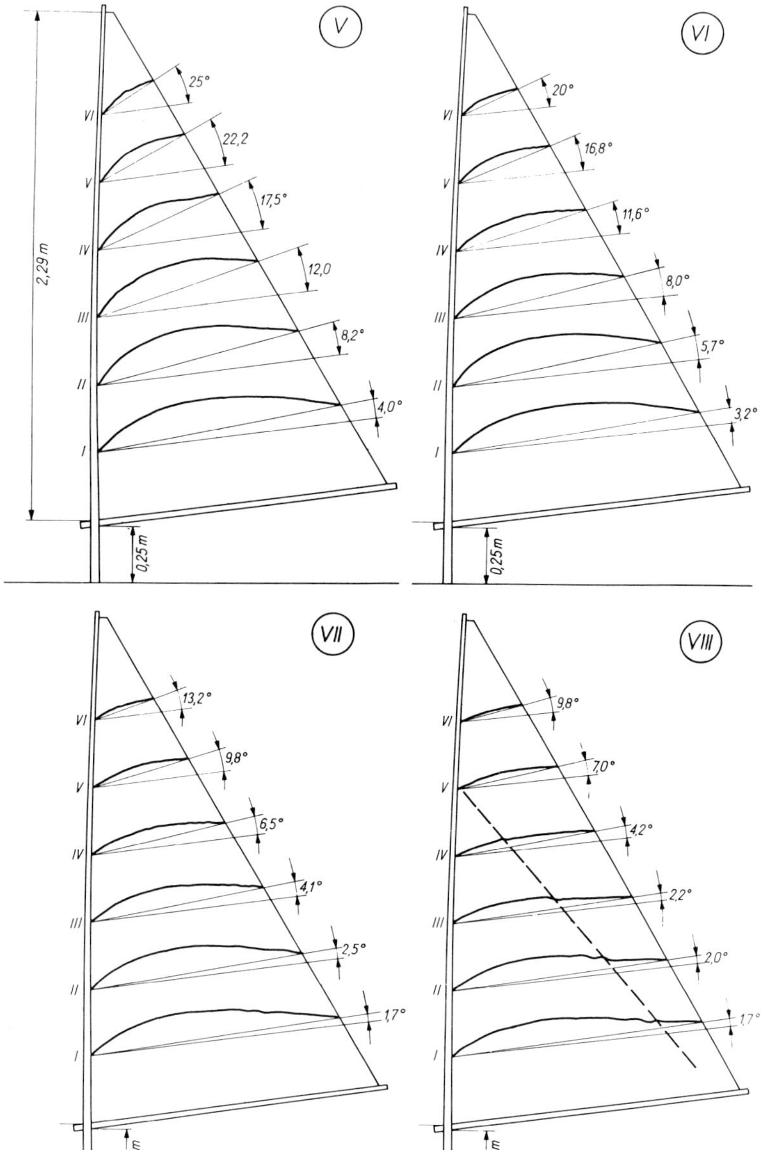

Abb. 3.18 Segelverwindung und -wölbung bei unterschiedlichem Baumniederholerzug; $V_A = 8,93$ m/s, $\alpha = 25°$ (=Anstellwinkel zwischen Baum und Anströmung, siehe Abb. 3.13 A)

dynamisch günstigste ist und quantitativ aufzeigen, daß die richtige Segelform für die eine Windstärke genau die falsche für die andere ist.

b) Der Einfluß der Spannung im Vor- und Unterliek

Ausgangsform war in dieser Untersuchung die Segelkonfiguration aus Versuch VI. Es zeigte sich, daß ein stärkeres Durchsetzen von Vor- und Unterliek

VI VII VIII

Foto 3.17 Aufnahmen des Finn-Riggs bei unterschiedlichem Baumniederholerzug (von einer Cunningham-Kausch wurde kein Gebrauch gemacht). Der aus ästhetischer Sicht beurteilte Stand eines Segels kann als Kriterium der Segelwirksamkeit irreführend sein. Das am besten aussehende, glatte und relativ faltenfreie Segel VI ist nicht notwendigerweise auch das wirksamste; viel hängt von der Windstärke und dem gesegelten Kurs ab.

Tabelle 3.7

Profil	Versuch V		Versuch VI		Versuch VII		Versuch VIII	
	Wölbung (Prozent)	Verwindung (Grad)	Wölbung (Prozent)	Verwindung (Grad)	Wölbung (Prozent)	Verwindung (Grad)	Wölbung (Prozent)	Verwindung (Grad)
I	12,5	4,0	12,3	3,2	10,7	1,7	9,7	1,7
II	15,2	8,2	14,1	5,7	11,6	2,5	9,9	2,0
III	14,0	12,0	13,5	8,0	11,0	4,1	8,2	2,2
IV	12,8	17,3	12,2	11,6	9,2	6,5	6,5	4,2
V	11,7	22,2	11,2	16,8	7,8	9,8	4,7	7,0
VI	10,1	25,0	9,6	20,0	6,7	13,2	3,8	9,8
mittlere Wölbung	12,7		12,0		9,5		7,1	

In allen in Tabelle 3.7 vermerkten Fällen betrug der geometrische Anstellwinkel α zwischen Baum und scheinbarem Wind V_A 25° (siehe Abb. 3.13A).

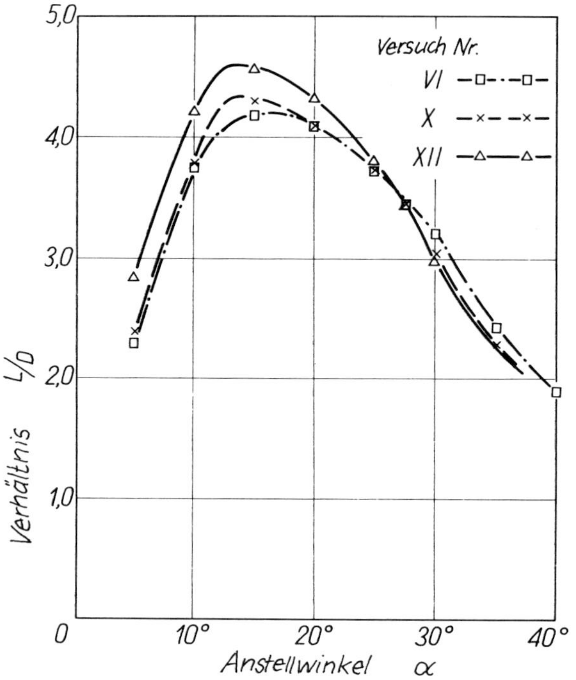

Abb. 3.19 Der Einfluß der Vorliek- und Unterliekspannung auf das *L/D*-Verhältnis

des Segels einen ähnlichen Effekt auf das *L/D*-Verhältnis hat, wie das Abflachen des Segels durch stärkere Mastbiegung beim Dichtnehmen des Baumniederholers. Die Testergebnisse sind in Abb. 3.19 dargestellt. Im Versuch X wurde das Unterliek des Modellsegels 13 mm über die Ausgangsposition (Versuch VI) weiter ausgeholt, und im Versuch XII zusätzlich dazu das Vorliek um das gleiche Maß. Wie den Kurven in Abb. 3.19 zu entnehmen ist, verbessert sich allein durch das stärkere Spannen des Unterlieks das maximale *L/D*-Verhältnis von 4,2 auf 4,35, das sind 3,5 Prozent. Mit stärker durchgesetztem Vor- und Unterliek steigt das *L/D*-Verhältnis weiter auf 4,6 an, was einer Verbesserung von 9,5 Prozent gegenüber dem ursprünglichen maximalen *L/D*-Verhältnis der Segelform aus Versuch VI entspricht.

Da die Verlängerung des Vor- und Unterlieks des Segels verhältnismäßig gering war (ungefähr 0,5 beziehungsweise 1,0 Prozent der Ausgangslänge), ergibt sich aus den vorstehenden Ergebnissen, daß die Art und Weise, wie das Segel an seinen Spieren gesetzt wird, ein wichtiger Faktor der mit einem gegebenen Segel erzielbaren Wirksamkeit ist. Es wäre daher von Vorteil, wenn die Spannungen in den Lieken während des Segelns leicht verändert werden könnten.

c) Der Einfluß der Höhe des Riggs über der Wasseroberfläche

Bei dieser Untersuchung wurde die Segelform aus dem Versuch VII als Grundform verwendet und nur die Höhe des Riggs über dem Boden des Windkanals, der die glatte Wasseroberfläche simulierte, um 40 Prozent von 0,25 m auf 0,15 m reduziert. Die Änderung des *L/D*-Verhältnisses mit dem Anstellwinkel ist für

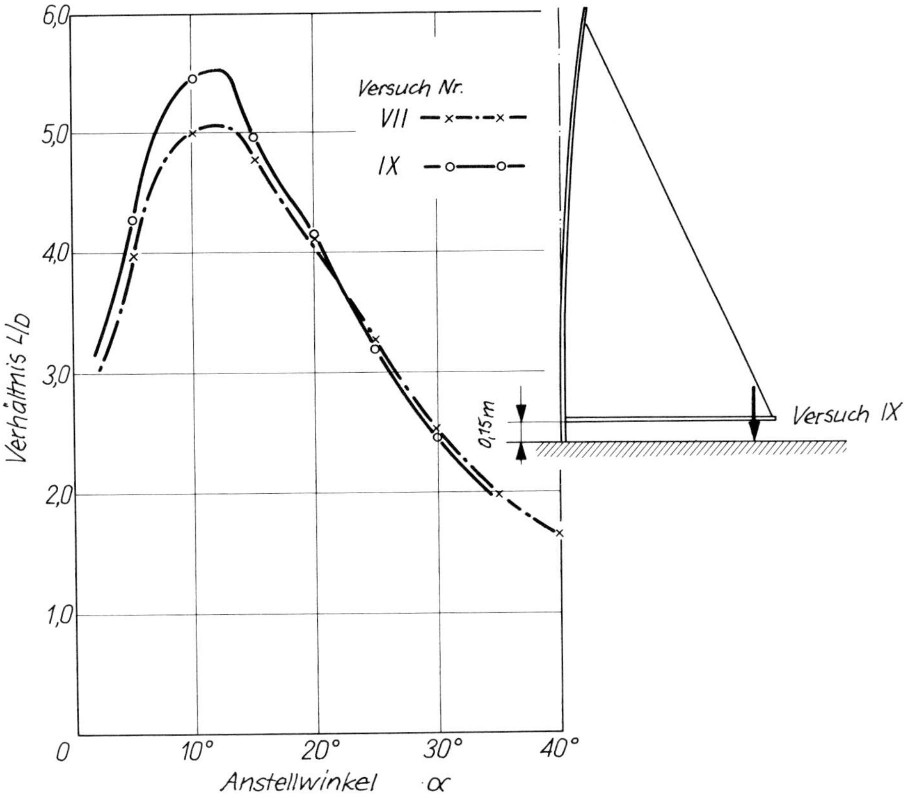

Abb. 3.20 Der Einfluß der Größe des Spaltes zwischen Baum und „Wasseroberfläche" auf das L/D-Verhältnis des Finn-Segels
Versuch VII: Spalt = 25,4 cm
Versuch IX: Spalt = 15,2 cm

beide Fälle in Abb. 3.20 dargestellt. Hieraus ersieht man, daß durch Verringerung des Spaltes zwischen dem Segelunterliek und dem Kanalboden, beziehungsweise letztendlich dem Deck des Rumpfes, das maximale L/D-Verhältnis um etwa 10 Prozent von 5,0 auf 5,55 ansteigt. Dieser durchaus vorhersehbare Effekt ist auf die Verminderung der Randverluste infolge der vom Unterliek abgehenden freien Wirbel zurückzuführen. Im allgemeinen – außer bei sehr wenig Wind, wo ein starker Windgradient nicht vernachlässigt werden kann – gilt: je niedriger das Rigg auf dem Boot angeordnet wird, um so besser. Das obige Experiment bestätigt auch unsere Ergebnisse, zu denen wir bei der Erörterung von Abb. 2.115, Teil 2, gelangt waren.

d) Der Einfluß der Windgeschwindigkeit auf die Segelform

Abb. 3.21 A, B, C zeigt die Formen, die das Modellsegel bei Windkanalgeschwindigkeiten von 5,9 m/s, 7,6 m/s und 10,2 m/s annahm. Die Zahlenwerte für die Wölbung und Verwindung der Segelprofile I–VI sind in Tabelle 3.8 zusammengestellt.

Tabelle 3.8

Profil	Versuch A $V_A=5,9$ m/s		Versuch B $V_A=7,6$ m/s		Versuch C $V_A=10,2$ m/s	
	Wölbung (Prozent)	Verwindung (Grad)	Wölbung (Prozent)	Verwindung (Grad)	Wölbung (Prozent)	Verwindung (Grad)
I	10,0	1,0	10,3	1,6	11,4	2,7
II	11,1	1,0	11,9	2,0	13,1	4,3
III	11,1	0	11,6	2,0	12,0	6,3
IV	10,4	0	10,9	2,6	11,2	8,0
V	10,0	3,0	11,4	6,0	11,0	12,5
VI	9,5	5,0	9,6	8,0	9,5	15,0
mittlere Wölbung	10,3		11,0		11,4	

Diese Angaben zeigen, daß sich die Form des Segels mit der Windgeschwindigkeit, von der die am Segel angreifenden Druckkräfte abhängen, ändert und sich dadurch erheblich von der durch den Zuschnitt des Segelmachers bestimmten unterscheiden kann. Die Tabelle 3.8 zeigt, daß sich dabei die Wölbung weniger verändert als die Verwindung, beide Hauptparameter zeigen aber eine mit der Windgeschwindigkeit zunehmende Tendenz. Diese Formänderung ist nicht nur eine Folge der Dehnung des Tuches unter den anwachsenden Druckkräften, sondern rührt auch aus der aufgrund der gleichen Kräfte zunehmenden Biegung des Mastes her. Die Ergebnisse sind deshalb nicht auf verstagte Masten übertragbar, die weitgehend gerade bleiben.

Bei der Diskussion der Abb. 2.111 bis 2.113 und der Gleichung von Anderson in Teil 2 haben wir festgestellt, daß sich eine übermäßige Verwindung ungünstig auf die Fahrtleistung am Wind auswirkt, da hierdurch das Segel einen großen zusätzlichen induzierten Widerstand erfährt. Im folgenden Abschnitt wollen wir etwas ausführlicher betrachten, welche Nachteile, gemessen an der Zielgeschwindigkeit nach Luv V_{Luv}, sich daraus ergeben können.

2 Der Einfluß der Segelform auf die Fahrtleistung

Wir arbeiten alle auf ein Ziel hin, die einen mit Wissen und Absicht, die anderen ohne zu erkennen, was sie tun.

MARK AUREL

Es ist einleuchtend, daß eine genaue quantitative Beurteilung der Leistungsfähigkeit einer Besegelung nur mit einer vollständigen Fahrtleistungsvorausberechnung für eine Yacht (wozu Angaben über deren hydrodynamische Rumpfkräfte vorliegen müssen) möglich ist. Mit anderen Worten, es wäre erforderlich, die ganze eingangs von Kapitel C aufgestellte Grundgleichung der Fahrtleistung zahlen-

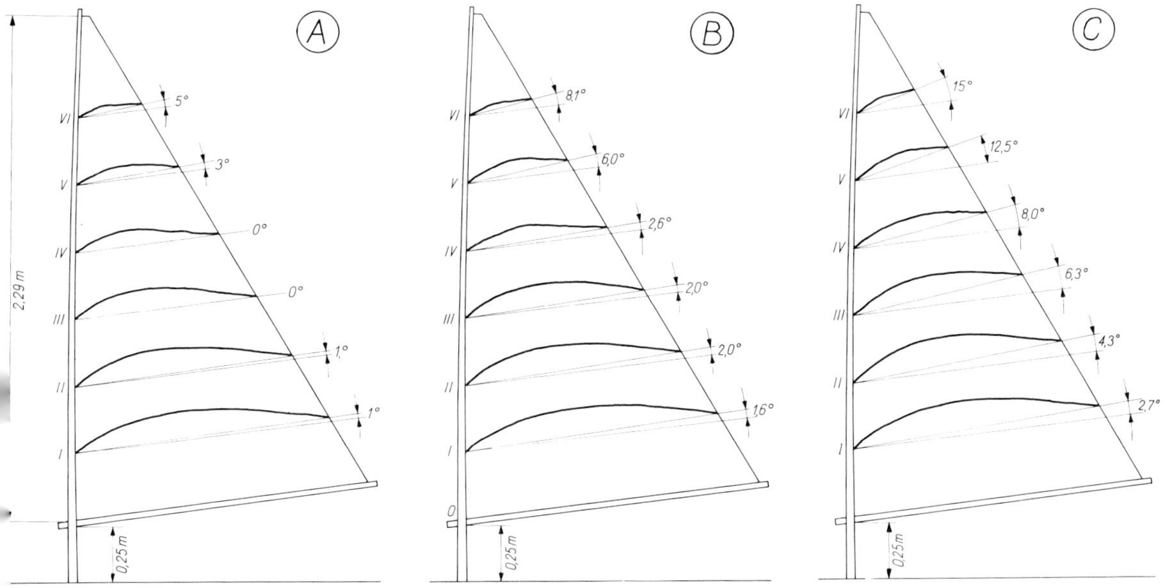

Abb. 3.21 Der Einfluß der Windgeschwindigkeit auf Wölbung und Verwindung

A $V_A = 5{,}9$ m/s
B $V_A = 7{,}6$ m/s
C $V_A = 10{,}2$ m/s

mäßig zu lösen. Dieses Vorgehen ist jedoch nicht immer angemessen, beispielsweise dann, wenn man Segel – wiewohl auch in sehr allgemeiner Form – ohne Bezug auf einen besonderen Rumpf untersuchen möchte und sich mit den so erhaltenen Antworten begnügt, selbst wenn sie nicht den bestmöglichen Versuch zur Bestimmung des absoluten Leistungsvermögens darstellen.

Es stellt sich die Frage, ob solch eine relative Beurteilung von Windkanalversuchsergebnissen überhaupt möglich ist, und wenn, welche Kriterien dazu herangezogen werden sollten. In vorangehenden Kapiteln haben wir bereits das Verhältnis L/D als eines der Merkmale der Segelwirksamkeit verwandt. Wir sollten nun die mit dem Begriff „Segelwirksamkeit“ verbundene Bedeutung etwas genauer umreißen. In Analogie zur Verwendung in der Technik könnte die Wirksamkeit des Segels versuchsweise als Verhältnis der vom Segel für den Vortrieb des Bootes verrichteten Nutzarbeit zu der dem Wind bei gegebenem Anstellwinkel vom Segel entzogenen Energie ausgedrückt werden. Nach Abb. 3.14A läßt sich diese Nutzarbeit durch die Vortriebskraft F_R beschreiben, während die aerodynamische Gesamtkraft F_T als Äquivalent zur entzogenen Windenergie aufgefaßt werden kann. Da beim Segeln am Wind die aerodynamische Gesamtkraft F_T weder viel größer ist als der Auftrieb L oder die Krängungskraft F_K, werden wir diese beiden Kräfte als praktischere Entsprechungen von F_T verwenden.

Man kann nun die Annahme machen, daß sich dann, wenn bei einem bestimmten gesegelten Kurs γ_A eine Änderung in der Anstellung, der Verwindung oder

der Wölbung des Segels einen Anstieg der Vortriebskraft F_R ohne eine gleichzeitige entsprechende Zunahme der Krängungskraft F_K zur Folge hat, dadurch bessere Am-Wind-Eigenschaften ergeben, das heißt, sich die Wirksamkeit des Segels vergrößert. Mit anderen Worten, Besegelungen gleicher Umrißform, aber unterschiedlicher Verwindung und Wölbungsverteilung, sollten bei jeweils gleicher Krängungskraft miteinander verglichen werden, wobei das bessere Rigg dasjenige mit der größeren Vortriebskraft ist. Dieser aerodynamische Vergleich sollte sich über den ganzen Bereich von Auftriebskräften oder Auftriebsbeiwerten erstrekken, die von den Riggs bei verschiedenen Windgeschwindigkeiten vermutlich entwickelt werden.

Wir wollen nun dieses Beurteilungskriterium für die Segelwirksamkeit auf die uns bereits vorliegenden Ergebnisse der Windkanaluntersuchungen mit dem Finn-Rigg anwenden. Abb. 3.22 zeigt nochmals die vier Segelpolaren aus der Versuchsreihe, in der stufenweise der Zug im Baumniederholer vergrößert wurde (Abb. 3.16). Der Kurswinkel γ_A zum scheinbaren Wind ist zu 30° angenommen; zwei verschiedene Windverhältnisse werden betrachtet. Im ersten Fall, bei „starkem Wind“, entspricht in Abb. 3.22 der von einem Steuermann gegebenen Gewichtes noch auszugleichenden Krängungskraft der Beiwert C_{K1}. Man sieht, daß abhängig vom Baumniederholerzug die bei konstantem Krängungskraftbeiwert C_{K1} erreichbaren Vortriebskraftbeiwerte C_R von C_{RB} auf C_{RA} beträchtlich zunehmen, etwa um 60 Prozent. Deutlich ist zu erkennen, daß die Segelkonfiguration V die schlechteste und die Form VIII die beste ist.

Nehmen wir nun an, daß ein anderer, schwererer oder athletischerer Steuermann genau das gleiche Segel der Konfiguration VIII gesetzt hat. Da er in der Lage ist, eine größere als die durch den Beiwert C_{K1} bestimmte Krängungskraft auszugleichen, kann er das Segel etwas stärker anstellen, was der Verschiebung der Segelbeiwerte entlang der Polare vom Punkt A beispielsweise zum Punkt A′ entspricht und in einer Vergrößerung der Vortriebskraft gegenüber der Segelstellung im Polarenpunkt A um rund 20 Prozent resultiert.

Bei „leichtem Wind“, wo der zulässige Krängungskraftbeiwert jetzt durch C_{K2}, also einem viel größeren Wert als C_{K1} gegeben sein möge, kehren sich die Vorteile der einzelnen Segelkonfigurationen gegenüber den Verhältnissen bei starkem Wind ins Gegenteil. Die Konfiguration VIII ist nun am schlechtesten und die Segelform VI wird überlegen. Wie der Punkt C auf der Polarkurve VI zeigt, entwickelt diese Konfiguration bei gegebener Krängungskraft nun eine größere Vortriebskraft als jede andere.

Wir können die vorstehenden tentativen Erkenntnisse bezüglich der Wirksamkeit der Segel auch durch das L/D-Verhältnis ausdrücken und folgerichtig feststellen, daß die Wirksamkeit einer Besegelung gegenüber einer anderen dann besser ist, wenn ihre Polarkurve $C_L = f(C_D)$ relativ zur Polare des Vergleichsriggs vollständig nach links in Richtung geringeren Widerstandes verschoben verläuft. Dies geht bereits anschaulich aus Abb. 3.22 hervor und kann wie folgt ausgedrückt werden: Haben bei gleichem Segelkurs zwei zu verschiedenen Polaren gehörende Polarenpunkte (wie beispielsweise die Punkte A und B) den gleichen

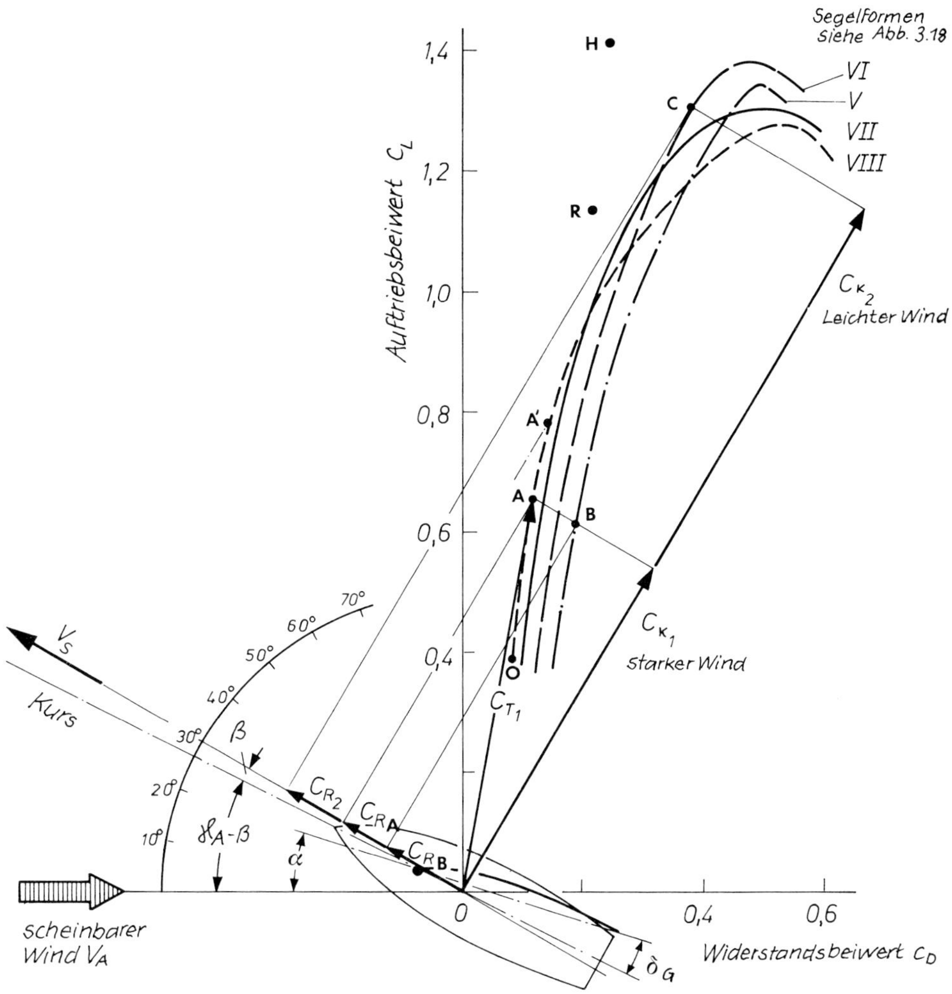

Abb. 3.22 Die Abhängigkeit der Vortriebskraft von der Segelform und des zur Verfügung stehenden Stabilitätsmomentes (bestimmt durch die Größe der zulässigen Krängungskraft).

Die Punkte H und R kennzeichnen Segelbeiwerte nach Milgram aus Tabelle 3.6 für Segel mit $\Lambda = 2$. H: high-lift-Bedingung; R: reduced-lift-Bedingung.

C_K-Beiwert, dann ist derjenige mit dem größeren Verhältnis L/D der günstigere. Dieses Kriterium der Segelwirksamkeit läßt sich auch auf eine noch andere Weise zum Ausdruck bringen: eine Beurteilung der Vortriebseigenschaften zweier verschiedener Riggs sollte bei jeweils gleichem Auftrieb erfolgen, wobei das bessere Rigg sich durch den niedrigeren Widerstand auszeichnet.

Aus den folgenden Gleichungen, die sich analog zu den Gln. (3.6) und (3.6A) aus Abb. 3.14A ableiten lassen,

$$F_R = L \cdot \sin \gamma_A - D \cdot \cos \gamma_A \tag{3.7}$$

$$F_K = L \cdot \cos \gamma_A + D \cdot \sin \gamma_A, \tag{3.7A}$$

ist unmittelbar zu ersehen, daß der Widerstand D nicht nur die Vortriebskraft F_R vermindert, sondern gleichzeitig auch die schädliche Krängungskraft F_K erhöht. Hieraus folgt, daß besonders bei hohen Windgeschwindigkeiten die Einstellung und der Trimm der Segel hauptsächlich auf eine Verringerung des Widerstandes abzielen sollte. Das größtmögliche L/D-Verhältnis im gesamten beim Segeln am Wind verwendbaren Bereich der C_L-Beiwerte ist ein hinreichendes Kriterium für die Segelwirksamkeit. Mit anderen Worten, die Beurteilung des Leistungsvermögens verschiedener Segelkonfigurationen sollte sich über den ganzen praktisch angewandten C_L-Bereich erstrecken. Bei unserem Finn-Rigg liegt dieser ungefähr zwischen $C_L = 0{,}4$ und $C_L = 1{,}3$. Diese Zahlen sind von Fall zu Fall etwas verschieden, wobei besonders der höhere C_L-Wert vom betreffenden Riggtyp abhängt.

Die physikalische Bedeutung für die mit der Windstärke zunehmende Forderung nach einem höheren L/D-Verhältnis wird leichter verständlich, wenn wir nochmal die Abb. 1.9 und 1.21, Teil 1, sowie die Gl. (1.6):

$$\frac{V_{\text{Luv}}}{V_W} = \frac{\cot \gamma_W}{\cot(\gamma_W - \gamma_A) - \cot \gamma_W} = \frac{\cot \gamma_W}{\cot(\gamma_W - \varepsilon_A - \varepsilon_H) - \cot \gamma_W}$$

betrachten.

Aus Abb. 1.9 ist ersichtlich, daß der Gleitwinkel ε_H mit der Fahrtgeschwindigkeit V_S zuerst langsam, dann immer schneller zunimmt. Bei größeren Bootsgeschwindigkeiten, einhergehend mit stärkerem Wind, kann der Kurswinkel γ_A nur unverändert bleiben, wenn das Segel so getrimmt wird, daß sein Gleitwinkel ε_A sich im gleichen Maße verringert, wie ε_H zunimmt. Die Bedeutung dieser Änderung von ε_A für den Kurswinkel γ_W zum wahren Wind geht deutlich aus Abb. 1.21 hervor. Eine andere Möglichkeit, das Problem zu betrachten ist, für den Winkel γ_A in die obige Gleichung einfach zwei Werte, beispielsweise 25° und 30° einzusetzen. Hierbei zeigt sich, daß es günstig ist, den Winkel γ_A klein zu halten, um ein möglichst hohes V_{Luv}/V_W-Verhältnis bei starkem Wind zu erhalten.

Kritische Leser werden fragen, ob die Vorteile aus einer Zunahme der Vortriebskraft F_R nicht wieder durch die Nachteile aufgrund vermehrten Rumpfwiderstandes (infolge eines mit einer Zunahme der Krängungskraft ansteigenden induzierten Widerstandes) aufgezehrt werden. Sie könnten zudem einwenden, daß eine mit einer Zunahme der Vortriebskraft einhergehende Erhöhung von V_S vielleicht in einer Vergrößerung des Kurswinkels γ_W resultiert, was gemäß der Gleichung $V_{\text{Luv}} = V_S \cdot \cos \gamma_W$ die Zielgeschwindigkeit nach Luv V_{Luv} verschlechtern könnte. Mit Gewißheit läßt sich dies ohne eine komplette Fahrtleistungsberechnung nicht beantworten. Vom Verfasser selbst ausgeführte sowie ihm bekannte derartige Berechnungen lassen aber keinen Zweifel daran, daß unter den für die Erörterung der Abb. 3.22 und der Kriterien der Segelwirksamkeit gemachten Voraussetzungen eine Zunahme der Vortriebskraft die Rumpfwiderstandsverluste mehr als wettmacht. Eine Einschränkung sollte vielleicht hinzugefügt werden: vorausgesetzt, der Rumpf ist keine zu ausgefallene Konstruktion.

Die Ergebnisse von Fahrtleistungsvorausberechnungen für das Finn, die in Abb. 1.23 und 1.23A, Teil 1, für einen leichten und einen schweren Steuermann dargestellt sind, erläutern quantitativ diesen Sachverhalt. Die Fotos 1.5A, 1.6, 1.14, 1.15 in Teil 1 illustrieren das Problem noch auf andere Art. Sie zeigen, wie man in verschiedenen Bootsklassen versucht, die zulässige Krängungskraft F_K so weit wie menschenmöglich zu vergrößern, um mehr Vortriebskraft zu erlangen und die Fahrtleistung zu verbessern. Würden die Nachteile eines höheren Rumpfwiderstandes infolge größerer Krängungskraft nicht in vorteilhafter Weise durch eine größere Vortriebskraft der Segel ausgeglichen, es wäre schwer, die Mannschaft dazu zu überreden, außen auf dem Schandeck herumzuturnen, ohne das es einen Zweck hätte. Ein anderes Beispiel, das in dieselbe Richtung geht, ist die von der IYRU erlassene Wettsegelbestimmung über das Gewicht der von einem Regattateilnehmer getragenen Kleidung oder mitgeführten Ausrüstung, das nicht mehr als 15 kg (ursprünglich 20 kg) betragen darf. Bald nach ihrem Inkrafttreten tauchten Gewichtswesten mit Wassertaschen, Lenzern und Pumpen auf, die am Wind gefüllt und vor dem Wind geleert werden und so die Segler ermutigen, so wenig Kleidung wie möglich zu tragen, um vollen Gebrauch der erlaubten 15 kg als Wasserballast zu machen. Kürzlich ging das Gerücht um, daß einige eifrige Verehrer des Hochleistungskultes „Quecksilber in ihre Wassertaschen" gefüllt hätten.

Es bleibt nun noch zu prüfen, ob die relativen Vorzüge der einzelnen Segelkonfigurationen in Abb. 3.22, die wir versuchsweise mit den obigen Beurteilungsmaßstäben der Segelwirksamkeit ermittelt haben, durch die unter Einbeziehung der Rumpfkräfte quantitativ errechneten Fahrtleistungsvoraussagen bestätigt werden. Als Ergebnis derartiger Berechnungen für die durch Abb. 3.16, 3.18 und Tabelle 3.7 definierten vier Finn-Rigg-Eigenschaften V, VI, VII und VIII ist in Abb. 3.23 die Zielgeschwindigkeit nach Luv V_{Luv} in Abhängigkeit von der Geschwindigkeit V_W des wahren Windes aufgetragen. Den Rechnungen liegt die Annahme zugrunde, daß der weit ausreitende leichte Steuermann eine vom Segel entwickelte Krängungskraft F_K von etwa 254 N ausgleichen kann. Überschreitet die Krängungskraft diese Grenze, kann das Boot nicht aufrecht gesegelt werden und seine Fahrtleistung verschlechtert sich. Es wurde das gleiche graphische Verfahren zur Fahrtleistungsermittlung angewendet wie bei dem in Abb. 1.9A bis F, Teil 1, gezeigten Beispiel. Diese mit einem Minimum an Angaben über die hydro- und aerodynamischen Kräfte am Rumpf und Segel auskommende Methode, in der die Grobheit der eingeführten Vereinfachungen durch die Bequemlichkeit und Schnelligkeit des Verfahrens etwas wettgemacht wird, ist in [3.21] ausführlich beschrieben. Folgende Einschränkungen und Vereinfachungen wurden gemacht: das Boot segelt aufrecht, Wölbung und Verwindung des Segels werden nur als abhängig vom Baumniederholerzug angenommen, nicht aber von der Windkraft. Aus der Unstetigkeit des Windes und dem Seegang herrührende Effekte bleiben ebenso unberücksichtigt wie beschleunigte Bewegungen des Bootes infolge Wind, Wellen oder Maßnahmen des Steuermannes, der beispielsweise durch Pumpen oder Schaukeln das beste aus seinem Boot herauszuho-

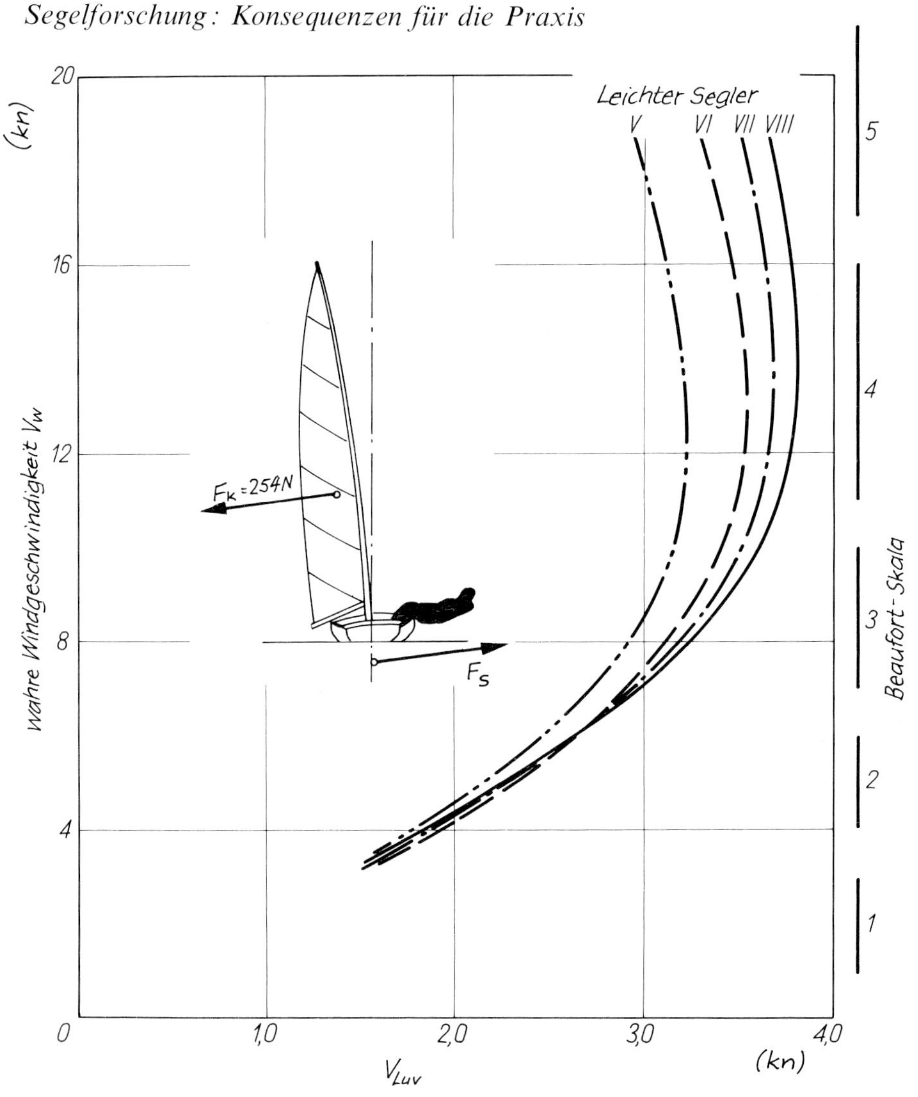

Abb. 3.23 Zielgeschwindigkeit nach Luv V_{Luv} in Abhängigkeit von der wahren Windgeschwindigkeit V_W eines Finn-Dinghies für die vier verschiedenen Segelkonfigurationen nach Abb. 3.18 (siehe ergänzende Abb. 3.22)

len versucht. Diese Einschränkungen mögen vielleicht drastisch erscheinen, aber es ist wenig aus unserer Untersuchung der variablen Segelform zu lernen, solange wir nicht ein hinreichendes Verständnis der Verhältnisse im stationären Segelzustand erlangt haben.

Aus Abb. 3.23 ist zu ersehen, daß die aerodynamischen Eigenschaften eines gegebenen Segels, dessen Form durch Änderung des Baumniederholerzuges modifiziert wird, einen ausgeprägten Einfluß auf das erreichbare V_{Luv} haben. Die Segelkonfiguration V ergibt definitiv die schlechtesten Am-Wind-Eigenschaften im betrachteten Windgeschwindigkeitsbereich. Ab einer wahren Windgeschwindigkeit von 6 Knoten ist das Segel VIII überlegen: bei mäßiger Brise (4 Beaufort) beträgt der Unterschied in V_{Luv} zwischen der schlechtesten (V) und der besten Konfiguration (VIII) etwa 20 Prozent. Bei leichtem Wind ($V_W < 6$ Knoten) ist die Segelform VI, die nach Abb. 3.22 den größten C_L-Beiwert und gleichzeitig ein höheres L/D-Verhältnis als alle anderen Segelformen entwickelt, effektiver als Segel VIII. Es ist jedoch keine Segelform im ganzen Windgeschwindigkeitsbereich überlegen.

Die aus dem allgemein akzeptierten „normalen" flexiblen Mast resultierenden Vorteile hinsichtlich der Fahrtleistung, die bislang diskutiert wurden, dürfen jedoch nicht mit denjenigen verwechselt werden, die sich aus einem Mast mit flexiblem Topp wie dem der englischen 12-m-R-Yacht *Lionheart* ergeben (siehe hierzu Anm. [3.45]).

Der Vergleich zwischen Abb. 3.23 und Abb. 3.22 zeigt, daß eine enge Wechselbeziehung zwischen dem erreichbaren L/D-Verhältnis und V_{Luv} besteht, und zwar derart, daß aus einem hohen Verhältnis L/D auch ein großes V_{Luv} resultiert. Unsere vorangehende, ausschließlich auf der Analyse von Abb. 3.22 basierende versuchsweise Beurteilung der Segelwirksamkeit ist mithin zutreffend, und es gibt keinen ersichtlichen Grund, warum dieses Vorgehen für andere Boote, die aufrecht oder nahezu aufrecht gesegelt werden, innerhalb der durch das Gewicht und die Behendigkeit der Crew gesetzten Grenzen nicht auch angemessen sein sollte.

Es sei darauf hingewiesen, daß die Kurven in Abb. 3.23 die optimale Fahrtleistung beschreiben, das heißt, für jede Windgeschwindigkeit V_W wurden sowohl der Einstellwinkel δ_G als auch der gesegelte Kurs γ_A so gewählt, daß sich für die einzelnen Segelkonfigurationen jeweils die größte Geschwindigkeit nach Luv ergab. Es ist lehrreich, nun zu untersuchen, wie sich diese optimalen Werte für den Kurswinkel γ_A und den Einstellwinkel δ_G mit der Windgeschwindigkeit V_W ändern.

Dieser Zusammenhang geht aus Abb. 3.24 hervor. Die beiden Kurven beziehen sich nur auf die Segelform VII. Ihr Charakter ähnelt jedoch dem der entsprechenden Kurven für die Segel V, VI und VIII. Besonders interessant ist der Verlauf der Kurve für den optimalen Einstellwinkel δ_G. Wie wir uns vielleicht erinnern (siehe Abb. 1.10, Teil 1), ist der Anstellwinkel α des Segels, der die aerodynamischen Kräfte bestimmt, mit dem Einstellwinkel δ_G und dem Kurswinkel γ_A verknüpft, so daß er entweder durch Änderung von δ_G oder γ_A variiert werden kann. Im unteren Windgeschwindigkeitsbereich, bis Windstärke 2 oder 3, bleibt δ_G ziemlich konstant und verhältnismäßig klein, steigt dann mit zunehmender Windstärke V_W aber steil an. Mit anwachsender Windkraft nimmt der Anstellwinkel α von dem Winkel, für den sich die maximal erreichbare Vortriebskraft F_R einstellt (was mit einem großen Wert für die Auftriebskraft L verbunden ist), auf denjenigen Winkel ab, für den sich das höchste L/D-Verhältnis ergibt. Diese Abfolge ist in Abb. 3.22 veranschaulicht, und die Änderung des Segeltrimmes und der Segelstellung von Polarenpunkt O auf der Kurve VIII (entsprechend sehr starkem Wind) über die Punkte A und A′ zum Polarenpunkt C auf der

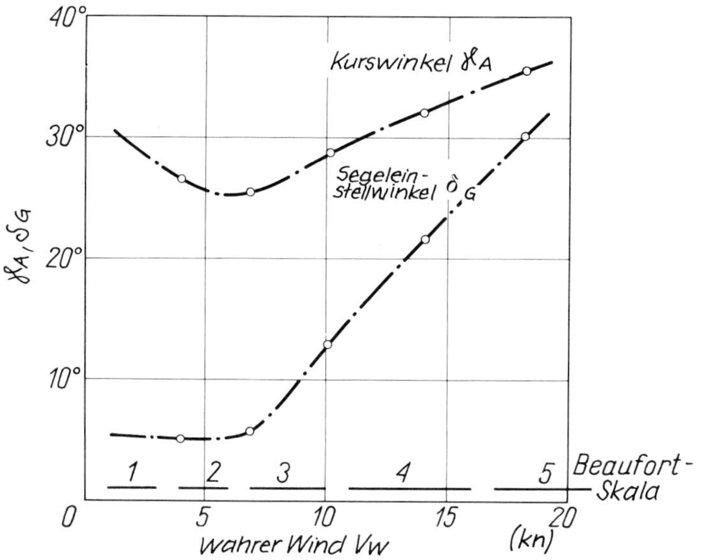

Abb. 3.24 Die Änderung des optimalen Segeleinstellwinkels δ_G und des Kurswinkels γ_A mit der Windgeschwindigkeit V_W. Die Beziehung zwischen δ_G, γ_A und dem Anstellwinkel α ist in Abb. 1.10 dargestellt.

Kurve VI (entsprechend leichtem Wind) läßt sich als Versuch des Steuermannes interpretieren, mit dem zur Verfügung stehendem Stabilitätsmoment, bzw. mit dem maximal zulässigen Krängungskraftbeiwert C_K, die größtmöglichste Geschwindigkeit nach Luv V_{Luv} zu erzielen.

Wie Abb. 3.24 zeigt, ändert sich auch der optimale Kurswinkel γ_A ganz erheblich mit V_W. Bei wenig Wind beträgt der beste Winkel γ_A etwas mehr als 30°, bei 2 bis 3 Windstärken nimmt er auf ein Minimum von 25° ab und steigt dann mit auffrischendem Wind wieder an.

Die Änderung des L/D-Verhältnisses mit dem Anstellwinkel α für das Segel VII ist nochmals in Abb. 3.25 dargestellt (vergleiche Abb. 3.17). Die Pfeile über der Kurve kennzeichnen den bei den verschiedenen Windgeschwindigkeiten V_W für optimale Segelstellung und Kurs verwendeten Anstellwinkel und das zugehörige L/D-Verhältnis im entsprechenden Polarenpunkt. Diese Abbildung bestätigt unsere Schlußfolgerung, zu der wir weiter oben bei der Erörterung von Abb. 3.22 sowie bei der Diskussion der theoretisch abgeleiteten Segelbeiwerte von Milgram gelangt waren, daß nämlich bei leichtem Wind, wenn die Segel einen großen Auftriebsbeiwert erzeugen, das L/D-Verhältnis relativ geringe Werte annimmt. Es nimmt allmählich mit der Windstärke zu und erreicht sein Maximum bei mäßiger Brise. Danach fällt es wieder ab, da das Segel mit stärker werdendem Wind unter einem immer kleineren Winkel α angestellt werden muß, bis schließlich das Segel zu killen beginnt.

In Abb. 3.22 sind außerdem zwei mit H und R gekennzeichnete Punkte eingetragen, deren zugehörige C_L- und C_D-Beiwerte die von J. Milgram für ein Kat-Segel mit ähnlichem Seitenverhältnis analytisch bestimmten aerodynamischen

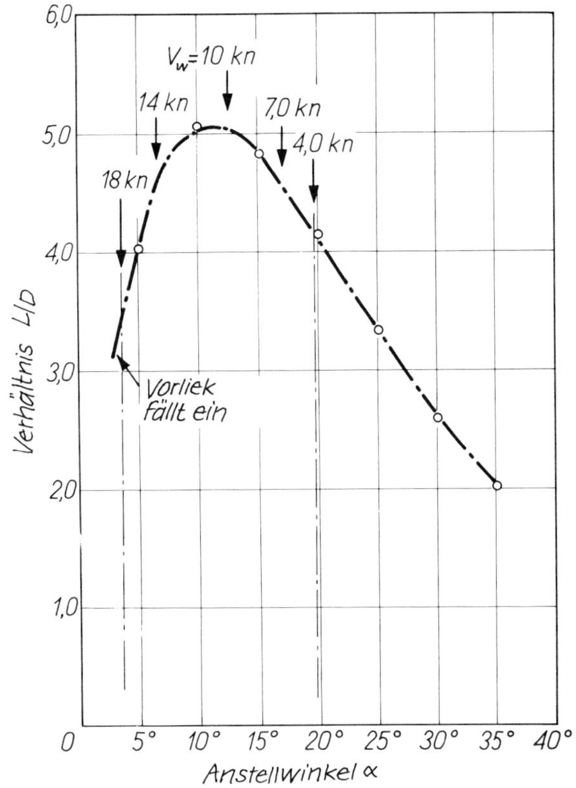

Abb. 3.25 Die Änderung des L/D-Verhältnisses mit dem Anstellwinkel α für optimalen Segeltrimm bei verschiedenen Windgeschwindigkeiten V_W

Eigenschaften beschreiben (siehe Kapitel C, Abschnitt 4). Der Punkt H bezieht sich auf Leichtwindverhältnisse, wo das Krängungsmoment keine Rolle spielt, der Punkt R auf starken Wind, wo dem Krängungsmoment entscheidende Bedeutung zukommt. Aus einem Vergleich der Angaben von Milgram mit den Ergebnissen der Windkanaluntersuchungen ergeben sich vier wichtige Feststellungen:

1. Die sich aus der Theorie errechneten Eigenschaften des Segels sind weit günstiger als die sich aus den Windkanalversuchen ergebenden.
2. Der Punkt R, der die bei starkem Wind anwendbare „reduced-lift"-Bedingung kennzeichnet, liegt in Wirklichkeit nahe der Meßwerte, die für leichten Wind angemessen sind (hohe Auftriebsbeiwerte).
3. Der Punkt H beschreibt einen unrealistisch hohen Auftriebsbeiwert und ein L/D-Verhältnis, die in keiner Beziehung zu Windkanalmessungen an Segeln stehen. Die Unstimmigkeit ist zu groß, als daß sie durch noch so geschickte Korrekturen aufgehoben werden könnte.
4. Schließlich ist es schwierig, aus Angaben über die Eigenschaften einer Besegelung in Form zweier einzelner Wertepaaren (C_L ; C_D) brauchbare Information darüber zu gewinnen, wie ein Segel wirklich arbeitet, oder wie ein gegebenes Rigg oder eine Segelform abgeändert werden sollten, wenn sich Mängel oder Fehler in ihrer Konstruktion zeigen. Mit diesen Problemen wollen wir uns im folgenden Abschnitt befassen.

Foto 3.18 Die obere Zeichnung illustriert das verhältnismäßig einfache Großschotsystem. Das untere Bild, das an eine Fernsprechvermittlungsstelle erinnert, vermittelt eine Vorstellung von der Entwicklung der einfachen Segelkontrolleinrichtungen zu immer komplexeren Systemen, die hohe Anforderungen an das Können der Mannschaft stellen.

3 Segeltrimm

Es kostete große Arbeit und viel Zeit, bis alle diese verschiedenen Einrichtungen zur Vollkommenheit gebracht waren.

DANIEL DEFOE
Robinson Crusoe

Die Tatsache, daß sich mit ein und demselben Segel vollkommen verschiedene Fahrtleistungen des gleichen Bootes erzielen lassen (wie in Abb. 3.23 gezeigt), ist seit den aufsehenerregenden Erfolgen von W. Hütschler in der Starbootklasse Ende der 30er Jahre allgemein bekannt geworden. Durch Einführung eines flexiblen Riggs, bei dem die Biegung des Mastes und folglich die Segelform durch schnelle Verstellung von Stagen und Wanten kontrolliert wird, hat die Starklasse das, was man die moderne Segeltechnik nennen könnte, maßgeblich beeinflußt. Keine andere Regattaklasse hat in dieser Hinsicht die Entwicklung neuer Segel- und Trimmtechniken mehr vorangetrieben als die Starbootklasse, die auch heute noch Gelegenheit bietet, die hohe Kunst des Regattasegelns zu praktizieren. Der Star ist in der Tat ein geradezu klassisches Olympia-Boot.

Aus den einfachen Schoten von Groß- und Vorsegel, die ursprünglich die einzigen Möglichkeiten zur Einstellung der Form und des Anstellwinkels der beiden Segel boten, entstand im Lauf einer Seglergeneration rasch ein hochentwickeltes System aus einer scheinbar endlosen Anzahl von Leinen und Streckern, das dem Segler von heute die Möglichkeit in die Hand gibt, seine Segel genau den sich stets ändernden Wind- und Kursverhältnissen anzupassen. Da in den meisten Rennklassen die Entwicklung des Materials nicht durch die Klassenvorschriften verboten ist, lassen die Spitzensegler hier ihrer Phantasie freien Lauf, um immer neues, unvergleichlich teures Zubehör für das Schnellsegeln zu erfinden. Einiges davon ist auf den Fotos 3.18 bis 3.21 zu sehen.

Obwohl die Seeregattasegler in der Vergangenheit im allgemeinen am längsten brauchten, um einzusehen, welchen Unterschied in der Fahrtleistung eine gute Kontrolle der Segelform ausmachen kann, beginnen sie doch heutzutage immer mehr der Vorteile gewahr zu werden, die beispielsweise ein guter Baumniederholer bietet. Auf vielen Rennyachten der Spitzenklasse hat man bereits das Starboot-Konzept mit einer im Halbkreis gebogenen Schiene (Foto 3.21) übernommen oder kräftige Hydraulikniederhalter angebracht. Mehr noch, es scheint, daß in einigen Fällen sogar jemand unter der Crew bereit ist, dauernd mit dem Baumniederholer zu spielen!

Anstellwinkel, Wölbung und Verwindung werden von den Rennseglern heutzutage beim Trimm der Segel zu größter Wirksamkeit ausgiebig kontrolliert, aber nur sehr wenige können sich mit dem Verständnis dessen rühmen, was sie da wirklich tun. Verstehen bedeutet in diesem Zusammenhang die Fähigkeit, die vorhandenen Verstellvorrichtungen mit der sicheren Kenntnis des beabsichtigten Zweckes einzusetzen. Die Trimmtechnik hat heute ein derartiges Ausmaß an Komplexität erreicht, daß immer mehr Regattasegler vor dem Dilemma zu stehen scheinen, das von Lao-Tse so treffend beschrieben wurde: „Nichts tun ist besser, als damit beschäftigt zu sein, nichts zu tun." Mit anderen Worten: non-operating is better than mal-operating. Wir wollen jetzt über dieses Dilemma der Segler von heute einige quantitative Aussagen machen.

Bei der Erörterung von Abb. 3.24 wurde daraufhingewiesen, daß es für eine gegebene, durch ihre Wölbungsverteilung und Verwindung bestimmte Segelform einen optimalen Anstellwinkel α, beziehungsweise einen optimalen Einstellwinkel δ_G gibt, mit dem das Boot sein bestes V_{Luv} erreicht. Von praktischem Interesse ist nun die Frage, wie hoch die Einbußen in der Fahrtleistung des Bootes sind, wenn der Steuermann nicht die beste Segelstellung (δ_G) wählt, aber den optimalen Kurswinkel γ_A einhält. Eine Antwort hierauf gibt Abb. 3.26, in der für das

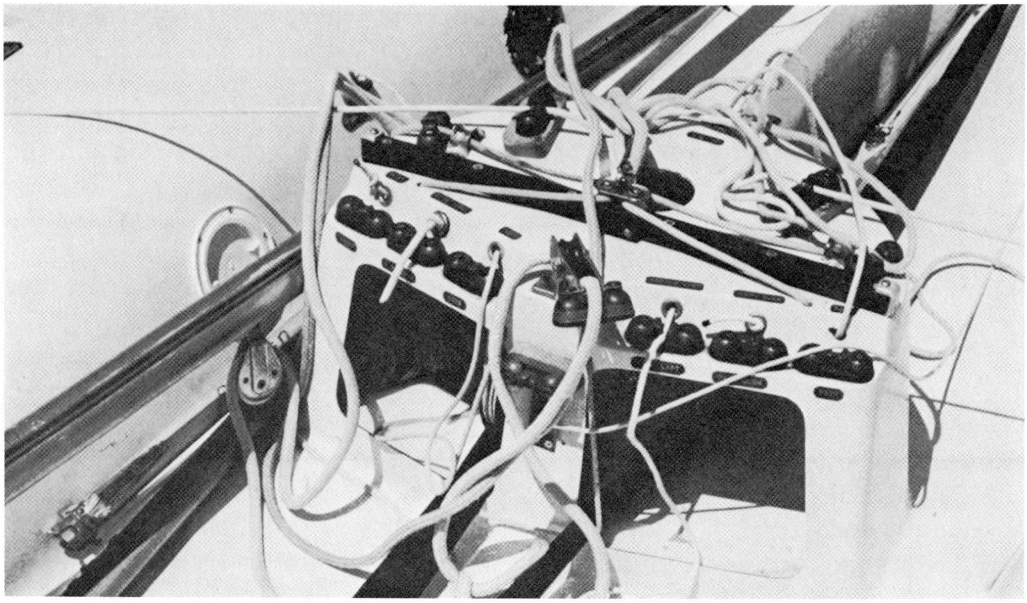

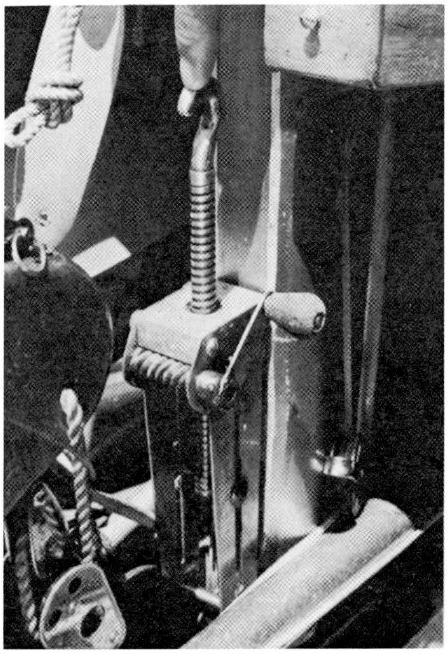

Foto 3.19 Flying Dutchman-Klasse

Oberes Bild – Kontrollkonsolen gibt es nicht nur in den verhältnismäßig kleinen olympischen Klassen, wo sie zuerst aufkamen, sondern auch auf Hochseerennyachten.

Unten links – Spezialbeschlag zum Durchsetzen des Genuavorliekdrahtes. Trotz der Größe ist der Beschlag ziemlich leicht. An der Längsseite ist eine Skala für die Wiederholung von Einstellungen zu erkennen.

Unten rechts – Ein Instrument zur Anzeige der scheinbaren Windrichtung (Brookes and Gatehouse) auf einem englischen FD. Sein Preis beträgt einen Großteil der Kosten des gesamten Bootes.

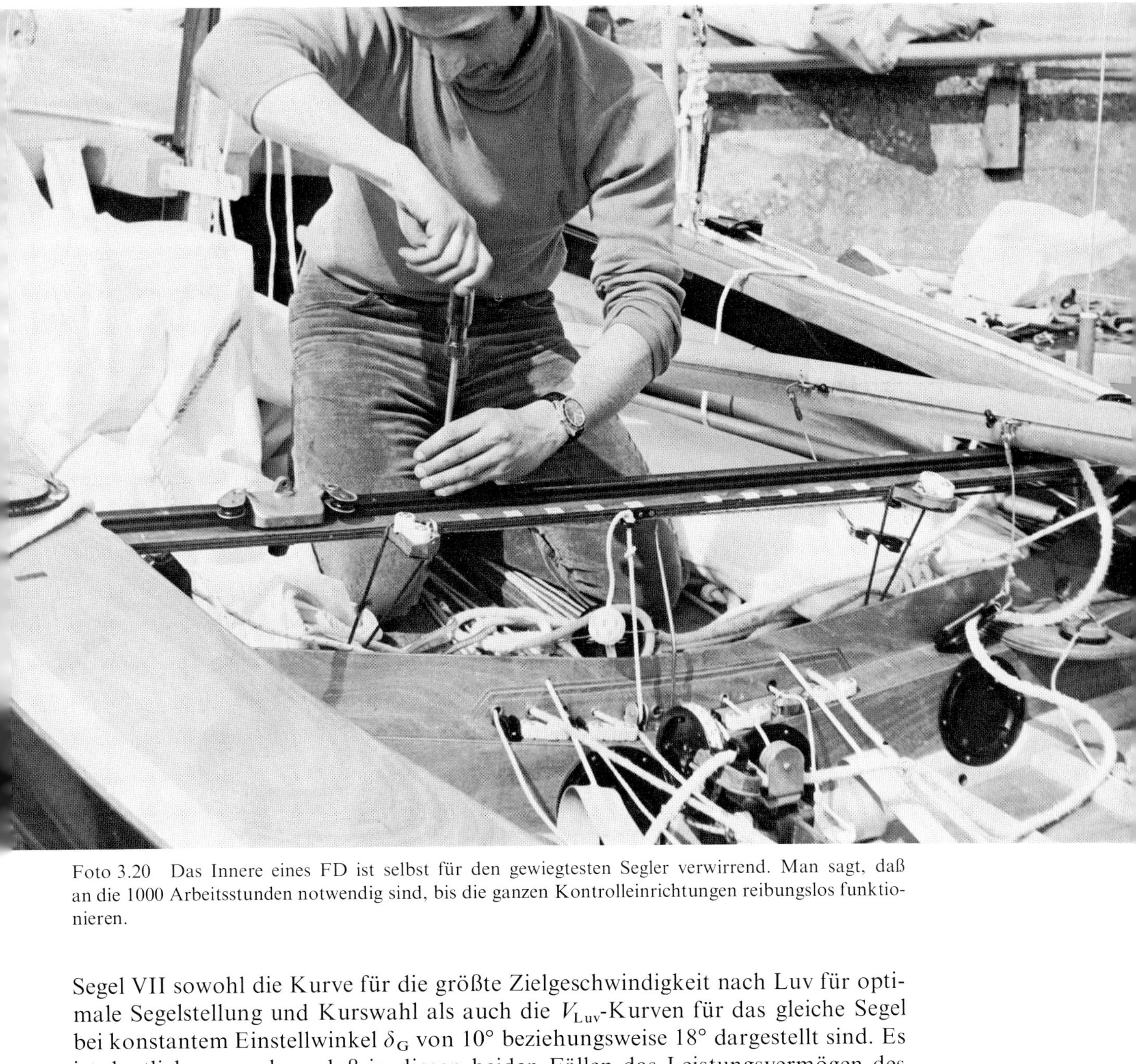

Foto 3.20 Das Innere eines FD ist selbst für den gewiegtesten Segler verwirrend. Man sagt, daß an die 1000 Arbeitsstunden notwendig sind, bis die ganzen Kontrolleinrichtungen reibungslos funktionieren.

Segel VII sowohl die Kurve für die größte Zielgeschwindigkeit nach Luv für optimale Segelstellung und Kurswahl als auch die V_{Luv}-Kurven für das gleiche Segel bei konstantem Einstellwinkel δ_G von 10° beziehungsweise 18° dargestellt sind. Es ist deutlich zu ersehen, daß in diesen beiden Fällen das Leistungsvermögen des Segels nur in einem sehr schmalen Bereich der wahren Windgeschwindigkeit V_W voll ausgenutzt wird. Unter- oder oberhalb dieser Windstärken, bei der es zu einer optimalen Übereinstimmung zwischen V_W und dem richtigen Einstellwinkel δ_G kommt, segelt das Boot nicht so schnell wie es könnte, wenn der Steuermann kontinuierlich den Einstellwinkel δ_G entsprechend der zur Verfügung ste-

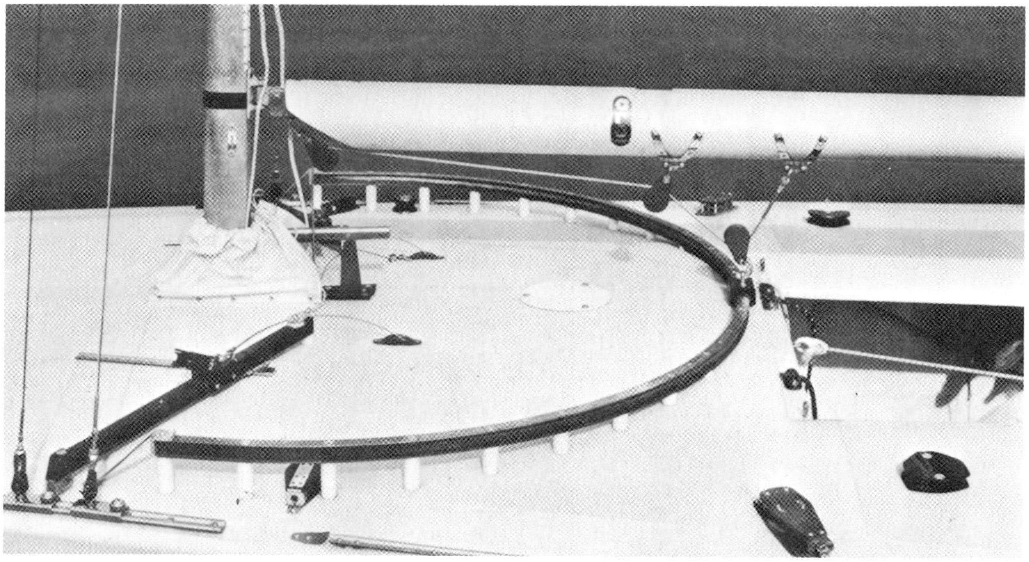

A

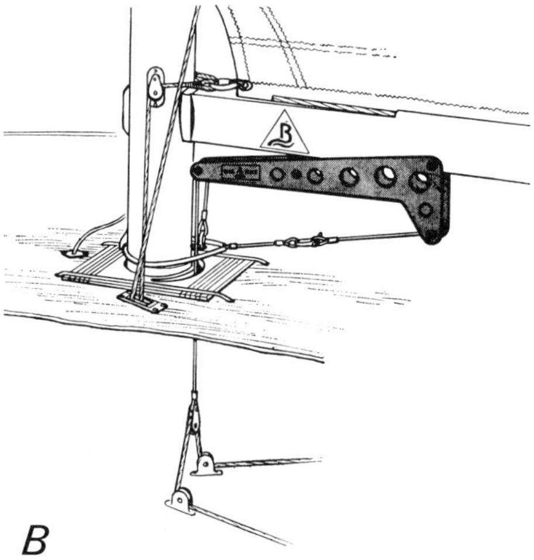

B

C

Foto 3.21

A, B Beispiele der in der Star- und Finnklasse entwickelten kraftvollen Baumniederholersysteme. In beiden Fällen bleibt der Niederholerzug in allen Baumstellungen konstant.

C Ein hydraulischer Baumniederholer, wie er auf modernen Hochseeregattayachten gefahren wird.

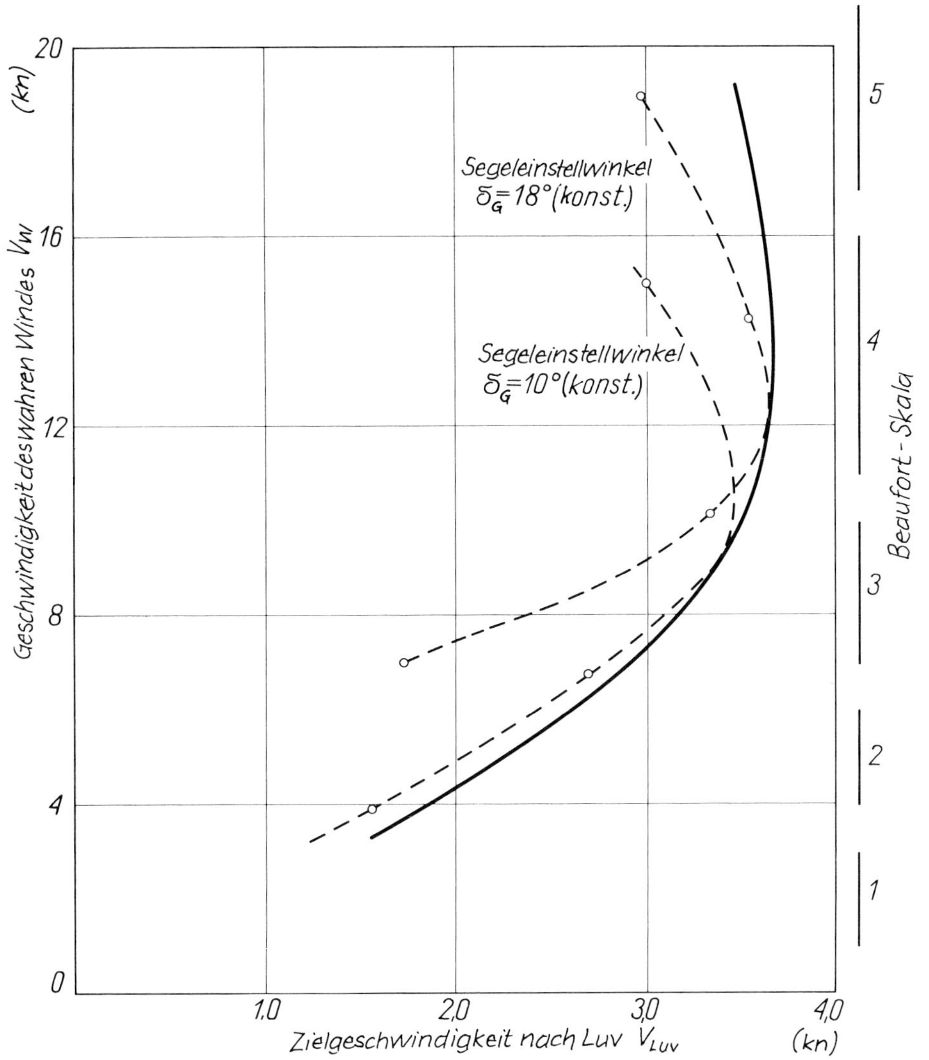

Abb. 3.26 Der Einfluß des Segeleinstellwinkels δ_G auf V_{Luv}

henden und durch die Windstärke bestimmten Stabilität variieren würde. Stellt der Steuermann beispielsweise bei einer wahren Windgeschwindigkeit $V_W =$ 12 Knoten den Baum so ein, daß $\delta_G = 10°$ ist, beträgt die größte erreichbare Geschwindigkeit V_{Luv} nur ungefähr 3,45 Knoten anstatt 3,6 Knoten, die bei einem Einstellwinkel von 17° erzielt worden wären. Hieraus ist die Bedeutung einer langen Großschotschiene und der Geschicklichkeit des Steuermannes, diese sich laufend in den ständig ändernden Windverhältnissen zunutze zu machen, leicht einzusehen.

Aus den Abb. 1.9D, E und F in Teil 1 kann der Leser fernerhin ersehen, wie empfindlich die Fahrtleistung V_{Luv} beim Finn auf eine falsche Wahl

des Kurswinkels zum scheinbaren Wind γ_A,
des Einstellwinkels δ_G
und des Kurswinkels zum wahren Wind γ_W reagiert.

Die obige Art der Darstellung der Fahrtleistung, wie auch diejenige in den Abb. 3.23, 3.24 oder 3.26, gestattet die Beantwortung einer Reihe von Fragen, die mit der Kunst des Segelns zusammenhängen. So zum Beispiel, welchen Kurs man steuern muß, um am schnellsten aufzukreuzen, was es bringt, wenn man mehr auf Höhe oder mehr auf Geschwindigkeit segelt, oder wenn man abfällt, ohne dabei die Schoten aufzufieren etc. Die gegebenen Antworten beziehen sich auf das Finn-Dinghy; dennoch ist das Grundmuster für alle Yachten zutreffend. Anhand dieser Darstellungen der Tendenzen des Verhaltens von Segelbooten läßt sich der Satz von Lao-Tse, daß Nichtstun besser sei, als alles falsch zu machen, nicht beweisen. Was jedoch hieraus bewiesen werden kann, ist, daß sich durch verhältnismäßig kleine Änderungen im Trimm der Segel große Verbesserungen der Geschwindigkeit nach Luv erzielen lassen. Diese Angaben geben indessen keine Antwort auf die Frage, warum die eine Segelkonfiguration besser ist als die andere. Und sie geben überdies keinen klar umrissenen Hinweis auf die wirkliche Ursache für die Unterschiede in der Wirksamkeit der Segel und was getan werden sollte, um das Rigg für gegebene, durch den Wind und den gesegelten Kurs bestimmte Verhältnisse, zu optimieren. Für eine aussagekräftige Erörterung der optimalen Segelform sind dabei folgende Parameter und Faktoren zu betrachten:

Tabelle 3.9

1. Durch den Segeltrimm veränderliche Parameter der Form des Segels und seiner Stellung relativ zu V_A.
2. Kriterien, anhand deren die Segelform und folglich die Angemessenheit der gemachten Einstellungen beurteilt werden können.
3. Zwänge, die es dem Steuermann nicht erlauben, die Vortriebseigenschaften des betreffenden Riggs voll auszunutzen.

Die zugänglichen Parameter unter 1. sind im einzelnen:

Tabelle 3.10

1. Die Einstellwinkel δ_G und δ_V von Groß- und Vorsegel (siehe Abb. 3.5 und 1.10).
2. Der Verwindungswinkel, d.h. die Änderung des Einstellwinkels über der Segelhöhe durch Verdrehung der einzelnen Segelprofile bezüglich des Baumes (Abb. 3.18 und Tabelle 3.7).
3. Die Krümmung der Segelkontur im Vorliekbereich, was die früher erörterte Wirksamkeit der Anschnittkante bestimmt (Abb. 2.62).
4. Die Wölbung, ihre maximale Verteilung in Profilsehnen- und Mastrichtung (siehe Abb. 3.18, aus der auch die Rücklage der größten Wölbungstiefe ersichtlich ist).

Die vorstehenden einzelnen Parameter lassen sich direkt mit eigens zu diesem Zweck entwickelten Trimmvorrichtungen oder indirekt durch die Eigenschaften des verwendeten Materials beeinflussen. Für das Großsegel sind dies beispielsweise:

Tabelle 3.11

1. Großschot
2. Traveller
3. Baumniederholer
4. Cunningham-Kausch
5. Unterliekstrecker
6. Biegsamkeit des Mastes, kontrolliert wiederum durch Wanten, Jumpstag, Achterstag, Salinge, etc.
7. Steifigkeit der Segellatten
8. Unterliek mit Reißverschluß
9. Biegsamkeit des Baumes
10. Achterliekleine etc.

Ein verbreitetes Bedürfnis nach einfachen Antworten befriedigend, werden in den Segelzeitschriften immer wieder Artikel veröffentlicht, in denen Rennsegler Ratschläge erteilen, wie die in Tabelle 3.11 aufgeführten Dinge anzuwenden sind, um bessere Regattaresultate zu erzielen. Kurze Antworten sind – obwohl auf den ersten Blick wünschenswert – nicht immer möglich. In der Tat widersprechen viele Antworten einander, und es findet sich in den meisten dieser Artikel nur verhältnismäßig wenig, was nicht fragwürdig ist. Es gibt mehrere Gründe, warum solche Ratschläge nicht blindlings befolgt, sondern ihnen mit Skepsis und einem Verständnis der zugrundeliegenden Zusammenhänge begegnet werden sollte.

In dieser Hinsicht lohnt es sich, einen Auszug aus einer Trimmanleitung, die von einem bekannten Regattasegler verfaßt wurde, kurz kritisch zu untersuchen. Dies möge helfen, die Aufmerksamkeit des Lesers von irreführenden oder belanglosen Ausführungen auf die wahren kausalen Zusammenhänge zu lenken, von denen letzten Endes der Erfolg oder Mißerfolg der Trimmaßnahmen abhängt.

> „Die Ausführung des Riggs muß es ermöglichen, daß durch Verstellung der Spannung im Rigg und in den Lieken das gleiche Segel für die sich ändernden Bedingungen auf Am-Wind- und Vorm-Wind-Kursen, bei leichtem, wie auch starkem Wind, jeweils die richtige Form annehmen kann. Der Segelmacher muß sein Segel aus dem richtigen Material zuschneiden, so daß es diese veränderlichen Kräfte und Spannungen ertragen kann, ohne die Form zu verlieren. Die Mannschaft muß lernen, wie diese Kräfte entweder automatisch durch den Einfluß der Spannungen im Rigg oder durch Veränderung der Spannung im Baumniederholer und im Vor- und Unterliek des Segels eingebracht werden sollten.
>
> Bei leichten bis mäßigen Winden sind die Probleme am leichtesten verständlich. Die Mannschaft ist in der Lage, den Krängungskräften des Windes entgegenzuwirken, ohne die Segel auffieren zu müssen. Die Wellen sind nicht groß genug, um sich auf den Kreuzwinkel des Bootes auszuwirken. Groß- und Fockschoten können so dicht geholt werden, daß das Boot so hoch am Wind segelt, wie der Steuermann es unter den herrschenden Verhältnissen für richtig erachtet. Es wird mit den besten Booten umher mithalten

können. Die Kräfte auf das Segel sind nicht groß genug, um das Tuch zu verformen. Vorliek und Unterliek sind bis zu den Vermessungsmarken ausgeholt.

Am wirksamsten ist unter diesen idealen Verhältnissen ein mäßig volles Großsegel, bei dem das Verhältnis von Profillänge zu Wölbungstiefe von 10 oder 11 zu 1 im unteren Drittel allmählich auf ungefähr 15 zu 1 im oberen Drittel abnimmt und die größte Wölbung etwa ein Drittel der Länge der Profilsehne hinter dem Vorliek liegt. Das Segel sollte so wenig wie möglich auswehen (alle Profilsehnen nahezu in einer Ebene) und im Achterliekbereich flach verlaufen, ohne sich nach Luv zu biegen."

Die einzigen definitiven Aussagen oder Informationen im vorstehenden Auszug über den Segeltrimm bei leichten bis mäßigen Winden sind, daß das Wölbungsverhältnis von 1/10 im unteren auf 1/15 im oberen Bereich des Segels abnehmen und „so wenig wie möglich" auswehen sollte. Letzteres stimmt mit der Ansicht mancher Autoritäten auf diesem Gebiet überein, nach der der Baumniederholer die ganze Zeit hart angeholt werden sollte.

Wir wissen aber bereits aus den Ausführungen in den Kapiteln D 5 a) und b), Teil 2, daß die Strömung um jedes dreieckige Segel aufgrund der Natur seiner Umrißform im Toppbereich zu vorzeitiger Ablösung neigt. Es wurde darauf hingewiesen, daß durch ein vom Unterliek zum Segelkopf oder zumindest im oberen Bereich zunehmendes Wölbungsverhältnis, zusammen mit einer gewissen negativen Verwindung (Auswehen), ein vorzeitiges Abreißen der Strömung hinausgezögert werden kann (Abb. 2.129). Dies steht im genauen Gegensatz zu dem oben erteilten Rat. Was – so stellt sich die Frage – ist nun richtig?

a) Die Kontrolle des Baumniederholers

Das Problem der Segelverwindung kann durch die Analyse der uns bereits vorliegenden Untersuchung des Baumniederholer-Einflusses beim Finn-Rigg gelöst werden. In Abb. 3.27 sind vier Diagramme dargestellt, aus denen hervorgeht, welche Auswirkungen eine abnehmende Verwindung hat. Sie beziehen sich auf die vier Segelkonfigurationen V bis VIII und basieren auf den Angaben in Abb. 3.18 und Tabelle 3.7. Die ausgezogenen Linien beschreiben die Änderung des in den verschiedenen Segelquerschnitten gemessenen geometrischen Anstellwinkels α der Profilsehne (= geometrischer Anstellwinkel am Baum minus Verwindungswinkel) längs des Mastes. Die gestrichelten Linien beschreiben die Änderung des induzierten Anstellwinkels α_i nach Berechnungen von T. Tanner [3.26].

Nach Gl. (2.23), Teil 2, gilt:

$$\alpha_{ef} = \alpha - \alpha_i ,$$

das heißt, der effektive Anstellwinkel α_{ef}, auf den es letztendlich ankommt, ist die Differenz zwischen dem Wert für α (ausgezogene Kurve) und dem Wert für α_i (gestrichelte Kurve). Diese Differenzen, beziehungsweise diese Werte für

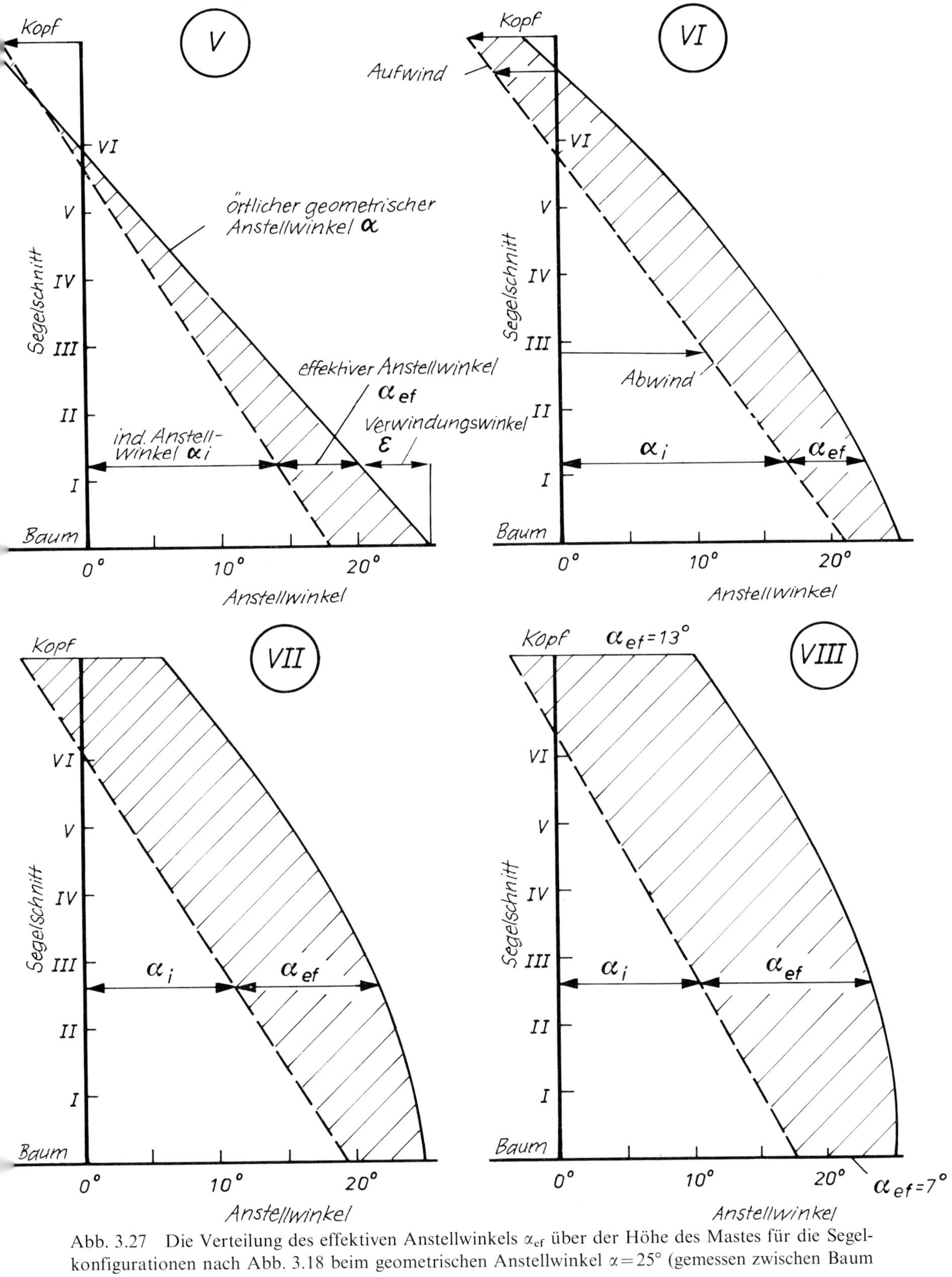

Abb. 3.27 Die Verteilung des effektiven Anstellwinkels α_{ef} über der Höhe des Mastes für die Segelkonfigurationen nach Abb. 3.18 beim geometrischen Anstellwinkel $\alpha = 25°$ (gemessen zwischen Baum und scheinbarer Windrichtung)

den effektiven Anstellwinkel α_{ef} in verschiedener Masthöhe, können innerhalb der schraffierten Flächen in Abb. 3.27 abgelesen werden. Berücksichtigt man, daß die dargestellten Ergebnisse sich auf Messungen bei einem konstanten geometrischen Anstellwinkel $\alpha = 25°$ zwischen Baum und der Richtung des scheinbaren Windes V_A beziehen, kann man folgende Schlußfolgerungen ziehen:

1. Der effektive Anstellwinkel α_{ef} wird durch den anwachsenden Baumniederholerzug und der damit einhergehenden Verwindung des Segels stark beeinflußt. Aus dem Vergleich der vier Diagramme wird deutlich, wie trügerisch der relativ zum Baum gemessene geometrische Anstellwinkel α oder der Einstellwinkel δ_G als Anzeiger der effektiven Anstellwinkel, unter denen die einzelnen Segelprofile tatsächlich angeströmt werden, sind. Bei einem geometrischen Anstellwinkel $\alpha = 25°$ am Unterliek nimmt beispielsweise bei der Segelkonfiguration VIII der effektive Anstellwinkel α_{ef} von ungefähr 7° am Unterliek auf etwa 13° am Segelkopf zu – trotz der Tatsache, daß die Verwindung zwischen dem Segelprofil I und VI bei dieser Konfiguration ungefähr 10° beträgt, was aber sichtlich zu klein ist, um die induzierten Strömungseffekte zu kompensieren. Der größte Teil des Segels wird auf diese Weise unter einem weit größeren als dem kritischen Anstellwinkel angeströmt, während nur der untere Bereich nahe am Baum bei einem Anstellwinkel arbeitet, der hinreichend klein ist, um Ablösung auszuschließen. Ein Blick in Abb. 2.70 wird den Leser daran erinnern, in welchem Bereich effektiver Anstellwinkel der einzelne Flügelschnitt (abhängig von dessen Wölbung) wirksam arbeiten kann, ohne daß es zum Abreißen der Strömung kommt. Hieraus ist zu ersehen, daß der effektive Anstellwinkel $\alpha_{ef} = 13°$ am Kopf der Konfiguration VIII weit über dem kritischen Anstellwinkel des Segelprofils VI liegt, dessen Wöbungsverhältnis nach Tabelle 3.7 etwa 4 Prozent (0,04) beträgt. Wie Abb. 3.27 weiter zeigt, nimmt dagegen bei der Konfiguration V der effektive Anstellwinkel α_{ef} von 7° am Unterliek fast auf Null am Segelkopf ab, so daß der obere Teil des Segels folglich praktisch nichts zum Auftrieb beiträgt. Im Vergleich zur Segelform VIII sind diese Unterschiede im effektiven Anstellwinkel drastisch und müssen als solche zu gleichermaßen drastischen Unterschieden in der Segelwirksamkeit führen. In der Tat geht dies in überzeugender Weise auch aus Abb. 3.23 hervor.
2. Das am Kopf des Segels festgestellte Auftreten von Aufwind anstelle von Abwind, der von Schnitt VI abwärts vorherrscht, ist auf die Verschiebung des hier auftretenden Randwirbels nach unten zurückzuführen (vgl. Abb. 2.114). Dieser interessante Effekt wird durch die Fotos 2.27C und 2.28 bestätigt. Die Änderung des Abwindes über der Höhe des Segels (aufgrund der Abweichung der Auftriebsverteilung über dem Segel von der idealen elliptischen Verteilung) führt zu einer ungleichförmigen Verdrehung der Anströmung, so daß der effektive örtliche Anstellwinkel α_{ef} sich gleichfalls über der Höhe des Segels ändern muß. Das Foto 3.22, durch das gewis-

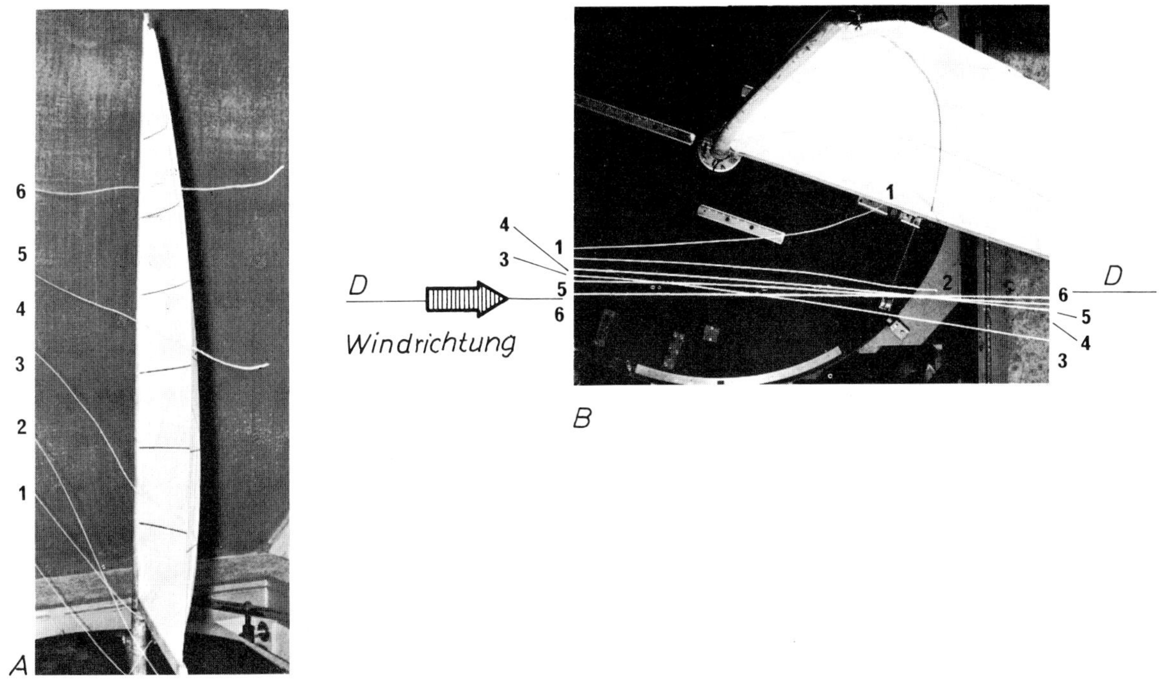

Foto 3.22 Diese Bilder zeigen, wie sehr der Luftstrom zwischen dem Segelprofil nahe des Baumes und den anderen Profilen längs des Mastes verdreht wird; $\alpha = 20°$.

sermaßen das Niveau der Abstraktion, das diese letzten Sätze beinhalten, auf das visuell Wahrnehmbare reduziert wird, beantwortet eine Frage, die der Leser möglicherweise stellen könnte: wie können wir sicher sein, daß unsere theoretischen Überlegungen den realen Verhältnissen entsprechen? Es zeigt, wie die Luftströmung, die sich dem Finn-Segelmodell nähert, durch dieses in der Richtung geändert wird. Auf dem Bild A sind von 1 bis 6 numerierte leichte Fäden zu erkennen, die am Glättungssieb des Windkanales vor dem Segel befestigt wurden (in der Höhe entsprechend den Profilen I–IV (Abb. 3.18)). Die Windgeschwindigkeit im Kanal hat noch nicht die volle Versuchsgeschwindigkeit erreicht, so daß die Fadensonden sich noch nicht völlig nach der Luftströmung ausgerichtet haben. Bild B zeigt die Fäden aus der Sicht der Kamera in der Windkanaldecke über dem Segel bei voller Anströmgeschwindigkeit. Wie man erkennen kann, wird der Faden 1 durch die sich auch am Unterliek ausbildenden starken Randwinkel unter den Baum gezogen. Das Verhalten der restlichen Fäden 2 bis 6 vermittelt eine gute Vorstellung darüber, wie sehr der ankommende Luftstrom über der Masthöhe zwischen Schnitt II und VI verdreht wird. Der Effekt des ungleichförmig induzierten Abwindes ist augenscheinlich: da er die Anströmung in die gleiche Richtung verdreht, in die sich auch das Segel geometrisch verwindet, bewirkt dies einen über der gesamten Höhe des Segels gleichmäßigeren, aber nicht ganz konstanten resultierenden örtlichen effektiven Anstellwinkel α_{ef}. Der größere Abwind beispielsweise in der Höhe des Fadens 3 schlägt sich dort also in einem größeren induzierten Anstellwinkel α_i nieder. Mithin ist der effektive Anstellwinkel α_{ef} nahe am Baum viel kleiner als der zwischen dem Baum und der durch die Linie D-D in Bild B gegebenen ungestörten Anströmrichtung gemessene geometrische Anstellwinkel α von 20°.

3. Bei der Diskussion der Abb. 2.129 B in Teil 2, Kapitel D 5, wurde festgestellt, daß für den Segelzustand am Wind das Segel dann optimal steht, wenn vom Baum bis zum Kopf alle Profilschnitte des Segels unter dem gleichen effektiven Anstellwinkel α_{ef} angeströmt werden. Wir können nun noch die ergänzende Bedingung hinzufügen: das Segel muß so angestellt werden, daß es den für die zur Verfügung stehende Stabilität zulässigen Auftrieb produziert. Betrachtet man die vier Diagramme in Abb. 3.27 aus dieser Sicht, so ergibt sich, daß allein die Segelkonfiguration VI bei dem geometrischen Anstellwinkel $\alpha = 25°$ (nur als Beispiel gewählt) der Forderung nach einem über der ganzen Höhe des Segels konstanten effektiven Anstellwinkel am nächsten kommt. Im Vergleich zu den am wenigsten verwundenen Konfigurationen VIII oder VII, deren effektive Anstellwinkel über der Segelhöhe nicht so konstant verlaufen und zum großen Teil örtlich die kritischen Anstellwinkel überschreiten, ist in diesem Fall deshalb ein erheblich kleinerer Widerstand zu erwarten. Ein solcher Vergleich läßt sich mit Hilfe von Abb. 3.28 anstellen, in der die gleiche Darstellungsweise wie in Abb. 2.111 verwendet wurde. Um eine direkte Gegenüberstellung zu erleichtern, sind darin die Widerstandsbeiwerte C_D aller vier in Rede stehenden Segelformen über dem Quadrat ihrer Auftriebsbeiwerte C_L aufgetragen.

Wenden wir nun unseren Maßstab für die Segelwirksamkeit an: bei gegebenem Auftrieb ist die beste der verschiedenen Segelkonfigurationen diejenige, die den geringsten Widerstand hervorruft. Aus Abb. 3.28 ist zu ersehen, daß bei dem großen geometrischen Anstellwinkel $\alpha = 25°$, bei dem der Auftriebsbeiwert C_L ungefähr 1,3 beträgt ($C_L^2 = 1{,}69$), die Segelkonfiguration VI tatsächlich weniger Widerstand produziert als jede andere Form. Ihre Verwindung ist für diese Auftriebsstärke deshalb nahe dem Optimum, was bereits durch die Angaben in Abb. 3.22 und 3.23 bestätigt wurde. Im Gegensatz dazu entwickelt bei $C_L = 1{,}3$ die Konfiguration VIII mit der geringsten Verwindung den höchsten Widerstand.

Hierbei ist zu bedenken, daß sich dieser Vergleich der Auswirkungen verschieden starker Verwindungen auf einen großen Auftriebsbeiwert bezieht und deshalb nur auf Verhältnisse bei leichtem Wind übertragbar ist. Es ist naheliegend zu vermuten, daß die Bedingungen, die an eine optimale Verwindung bei stärkerem Wind zu stellen sind, unterschiedlich sein werden.

In Abb. 3.28 ist durch die unterhalb der Abszissenachse eingezeichneten dicken Balken zusätzlich der näherungsweise Zusammenhang zwischen dem bei größter Zielgeschwindigkeit nach Luv verwendetem Auftriebsbeiwert C_L, den das Segel erzielen kann, und der wahren Windstärke in Beaufort gegeben. Aus dem Verlauf der C_D (C_L^2)-Kurven bei immer stärker werdendem Wind beziehungsweise abneh-

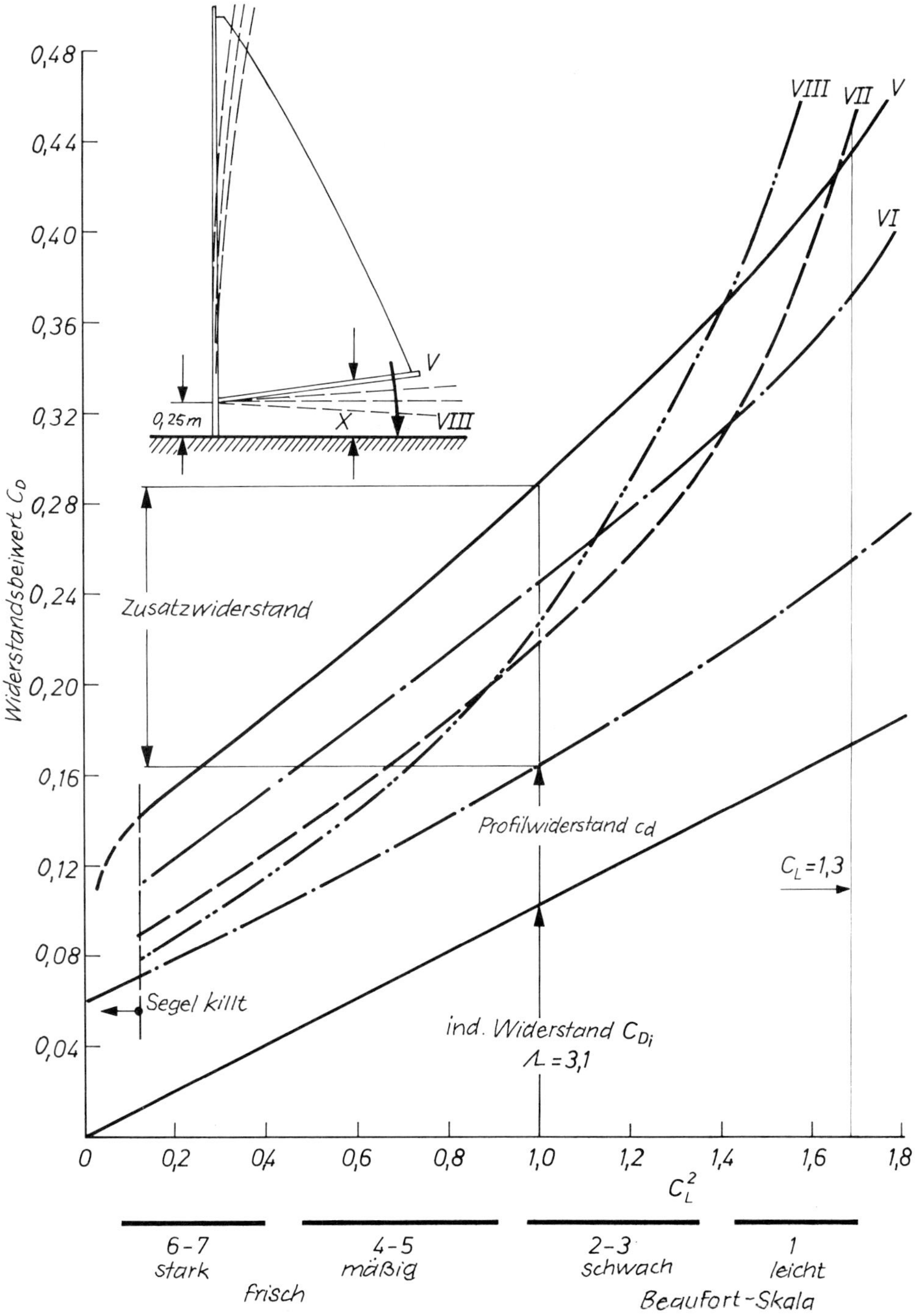

Abb. 3.28 Der Widerstand in Abhängigkeit vom Quadrat des Auftriebs für die vier verschiedenen Segelkonfigurationen V–VIII mit abnehmender Verwindung

Foto 3.23 Ein Lightning-Großsegel, gesetzt an einem mäßig gebogenen Mast. Man beachte die zum Segelkopf hin zunehmende Wölbung. (Für die Wiedergabe dieser Aufnahmen gab Gary Comer von der Land's End Publishing Co., Inc. seine freundliche Genehmigung.)

mendem Auftriebsbeiwert ist zu ersehen, daß sich die Anforderungen an die optimale Verwindung tatsächlich verändern. Wir sind nun in der Lage, eine allgemeine Regel aufzustellen, wie der Baumniederholer zur Kontrolle der Verwindung des Segels angewendet werden sollte.

Je schwächer der Wind ist, das heißt, je größer der geometrische Anstellwinkel ist, unter dem das Segel angeströmt wird, um große Auftriebsbeiwerte zu erzeugen, um so größer muß die Verwindung sein, um eine vorzeitige Ablösung der Strömung im Toppbereich des Segels zu vermeiden oder so klein wie möglich zu halten. Mit anderen Worten, die optimale Verwindung beim Segeln am Wind muß allmählich reduziert werden, wenn der Wind auffrischt, das heißt, wenn das Segel bei immer kleiner werdenden Auftriebsbeiwerten arbeitet. Beim Abfallen sollte die Verwindung nach und nach wieder vergrößert werden. Kurzum – je größer der Auftrieb, um so größer ist die erforderliche Verwindung für optimale Wirksamkeit des Segels.

In Anbetracht des Gesagten ist es interessant, noch einmal Foto 3.17 zu betrachten, das zeigt, wie irreführend die Beurteilung der Qualität eines Segels nach dem bloßen Augenschein sein kann. Das Segel der Konfiguration VIII ist voller Falten, und obwohl es unschön aussieht, ist es bei starkem Wind wirksamer als die glatte, ansehnlichere Konfiguration VI. Es sei angemerkt, daß sich durch Verwendung einer Cunningham-Kausch die Segelform VIII noch weiter verbessern ließe. Auch könnte das Segel selbst von vornherein besser zugeschnitten sein, um mehr mit den Biegeeigenschaften des Mastes zu harmonieren. Ähnliche Kritik läßt sich auch an der Segelform üben. Man kann leicht erkennen, daß das Segel im oberen Bereich übermäßig flach ist, verglichen mit der im unteren Teil eingebauten Wölbung. Diese vertikale Wöbungsverteilung ist genau gegenteilig zu der, die für ein Segel erforderlich ist, das bei großen Auftriebsbeiwerten arbeitet. Foto 3.23 veranschaulicht diesen Sachverhalt. Es zeigt ein herrliches Großsegel für ein Boot der Lightning-Klasse für Leichtwetter, bei dem die Wölbung zum Segelkopf hin zunimmt.

Wir kommen also zu dem Ergebnis, daß der Baumniederholer, wenn er richtig eingesetzt, das heißt ständig bedient wird, die Fahrtleistung eines Segelbootes erheblich verbessern kann. Um effektiv zu sein, muß er genug Kraft entwickeln, augenblicklich zu verstellen sein und nicht durch die Großschot beeinflußt werden, die nur den Einstellwinkel kontrollieren sollte. Foto 3.21 zeigt richtige Trends bei der Lösung dieses Problems. Die Wirksamkeit des Baumniederholers ist größer, wenn sich sein Einfluß nur auf die Kontrolle einer Variablen der Segelform beschränkt – auf die Verwindung. Leider läßt sich dies nicht immer realisieren, da er auch die Wölbung des Segels beeinflußt, besonders bei Bootsklassen mit flexiblen Masten. Dieser zusätzliche Effekt kann nachteilig sein und zumindest teilweise die Vorteile, die der Baumniederholer als Vorrichtung zur Kontrolle der Verwindung bietet, wieder zunichte machen.

b) Der Einfluß des Windgradienten auf die Verwindung

Um unsere Untersuchung des Einflusses der Verwindung auf die Segelwirksamkeit zu vervollständigen, ist noch ein weiterer Aspekt zu betrachten. In Teil 2 haben wir für den effektiven Anstellwinkel, unter dem die einzelnen Segelprofile über der Masthöhe angeströmt werden, Gl. (2.37) hergeleitet, die lautet:

$$\alpha_{ef} = \alpha \pm \alpha_i - \varepsilon \qquad (2.37)\ \text{wiederholt}$$

Hierbei ist α der geometrische Anstellwinkel gemessen zwischen dem Baum und der Richtung des scheinbaren Windes,

α_i der örtlich induzierte Anstellwinkel und

ε der örtliche Verwindungswinkel des Segels (Verdrehung der Profilsehne gegenüber dem Baum)

Berücksichtigen wir nun den Geschwindigkeitsgradienten des scheinbaren Windes, so muß durch eine weitere Korrektur in dieser Gleichung der Richtungsänderung des scheinbaren Windes über der Masthöhe, die eine zunehmende Vergrößerung der effektiven Anstellwinkel im oberen Segelbereich zur Folge hat, Rechnung getragen werden. Andernfalls könnte der Windgeschwindigkeitsgradient eine Ablösung der Strömung nahe dem Kopf des Segels bewirken.

Aus Gl. (2.37) wird schließlich:

$$\alpha_{\mathrm{ef}} = \alpha \pm \alpha_{\mathrm{i}} - \varepsilon + \Delta\gamma_{\mathrm{A}}. \tag{3.8}$$

Hierin bedeutet $\Delta\gamma_A$ die aus dem Windgradienten resultierende Verdrehung der scheinbaren Windrichtung im betrachteten Segelschnitt gegenüber derjenigen am Unterliek (Abb. 3.11).

Wie bei der Diskussion der Abb. 3.11 bereits gesagt, ist der Betrag von $\Delta\gamma_A$ beim Segeln hoch am Wind verhältnismäßig klein, etwa 3 bis 4° zwischen Unterliek und Kopf bei Segeln der Größe von Drachen- oder Soling-Großsegeln. Fällt man immer mehr vom Wind ab, so nimmt er allmählich zu. In [3.21] wurde gezeigt, daß für Riggs der Größe der vorgenannten Bootsklassen der Richtungsunterschied des scheinbaren Windes auf Raumschots-Kursen ungefähr 11° betragen kann. Der tatsächliche Wert ist von dem Geschwindigkeitsprofil des Windes abhängig, das zwei typische Formen annehmen kann, ähnlich der in Abb. 2.23 dargestellten Grenzschichtprofile. In der Tat unterscheidet sich die Strömung des atmosphärischen Windes in der Nähe der Wasser- oder Landoberfläche von der in Teil 2 erörterten Grenzschichtströmung nur in einer Beziehung: der Größe. Mit anderen Worten, die atmosphärische Grenzschicht kann als beträchtliche Ausdehnung der vertrauteren Grenzschicht von Körpern in relativer Bewegung aufgefaßt werden, über die in Teil 2 ausführlich berichtet wurde.

Die bei leichtem und starkem beziehungsweise böigem Wind festgestellten Unterschiede im Geschwindigkeitsgradienten des Windes lassen sich durch den Charakter der Strömung nahe der Wasser- oder Landoberfläche erklären. Bei leichtem Wind und bedecktem Himmel, wenn kein wesentlicher Einfluß senkrechter Wärmeströmung vorhanden ist, herrscht wahrscheinlich eine laminare Strömung innerhalb der gesamten in Bewegung befindlichen Luftmasse vor. Folglich ähnelt das Windgeschwindigkeitsprofil der Kurve in Abb. 2.23A. Wie man hieraus ersieht, ändert sich unter solchen Umständen die Windgeschwindigkeit mit der Höhe deutlich. Nicht selten kann man beobachten, daß bei fast völliger Flaute die größeren Yachten, deren große Riggs in höher liegende und schneller strömende Luftschichten reichen, noch etwas Fahrt laufen, während die kleineren Boote hoffnungslos bekalmt liegen.

Ist der Wind stark und/oder böig, kommt es zu einem gewissen Austausch kinetischer Energie zwischen den höheren und schneller strömenden Luftschichten und den darunterliegenden langsameren. Diese Verhältnisse veranschaulicht Abb. 2.23B. Infolge des Energieaustausches (Impulstransport) zwischen den benachbarten Schichten werden die Strömungsgeschwindigkeitsunterschiede verringert – der Windgradient ist schwächer ausgeprägt.

Um die Einflüsse dieser verschiedenen Geschwindigkeitsgradienten des Windes zu kompensieren und so die Wirksamkeit des Segels über einen weiten Kursbereich zu verbessern, besitzt das Flügelsegel der *Patient Lady III* (Foto 2.31) eine in drei Abschnitte unterteilte Wölbungsklappe. Nach [2.88] kann dieses Segel „sowohl mit geringer als auch großer Verwindung arbeiten, wobei über der gesamten Spannweite noch eine gute Profilform beibehalten wird." Durch eine stärkere Anstellung des untersten Klappenteils gegenüber den beiden anderen läßt sich eine beliebige Verwindung einstellen.

c) Die Kontrolle der Segelwölbung

Lest zum Werk Euch die am besten taugen aus.

SHAKESPEARE
Coriolanus

Ich wollte, es ergäbe sich eine besondere Veranlassung, ihn auf die Probe zu stellen.

SHAKESPEARE
Ende gut, alles gut

Obwohl der effektive Anstellwinkel α_{ef}, unter dem das einzelne Segelprofil angeströmt wird, ein wesentlicher Faktor ist, der Größe und Richtung der aerodynamischen Kräfte bestimmt, darf dennoch die Bedeutung der Wölbung des Segels und ihrer Verteilung in Profiltiefen- und Spannweitenrichtung (Masthöhe) nicht unterschätzt werden. Ihr Einfluß auf die Segelkräfte ist genauso groß wie der des Anstellwinkels. Im Endeffekt hängt die Druckverteilung und schließlich der von jedem einzelnen Flügel- beziehungsweise Segelprofil entwickelte Auftrieb sowohl von seinem effektiven Anstellwinkel als auch von seiner Wölbung ab. Abb. 3.29, in der nach Abb. 2.70 noch einmal die Kurve des Auftriebsbeiwertes c_l über dem Anstellwinkel α für das Kreisbogenprofil mit $f/c=0{,}04$ aufgetragen ist, veranschaulicht diesen Punkt. Der beispielsweise bei einer Anstellung von 4° erzeugte Auftrieb setzt sich aus zwei Anteilen zusammen:

1. Auftrieb ausschließlich infolge Wölbung; diesem Anteil entspricht der Auftriebsbeiwert bei $\alpha=0°$, hier $c_l=0{,}42$.
2. Auftrieb ausschließlich infolge Anstellung, hier $c_l=0{,}39$; der gesamte Auftriebsbeiwert c_l ergibt sich als Summe dieser zwei Komponenten damit zu 0,81.

Untersuchungen haben gezeigt, daß diese beiden Auftriebsanteile additiv sind, da ihre entsprechenden Drücke sich addieren. Diesen Sachverhalt erklären die drei Abb. 3.29 beigefügten Diagramme: Diagramm 1 gibt den Verlauf des Druckbeiwertes C_p über der Saugseite des dünnen Kreisbogenprofils bei $\alpha=0°$ und Diagramm 2 bei $\alpha=3°$ wieder. Zieht man nun diese beiden Verteilungen vonein-

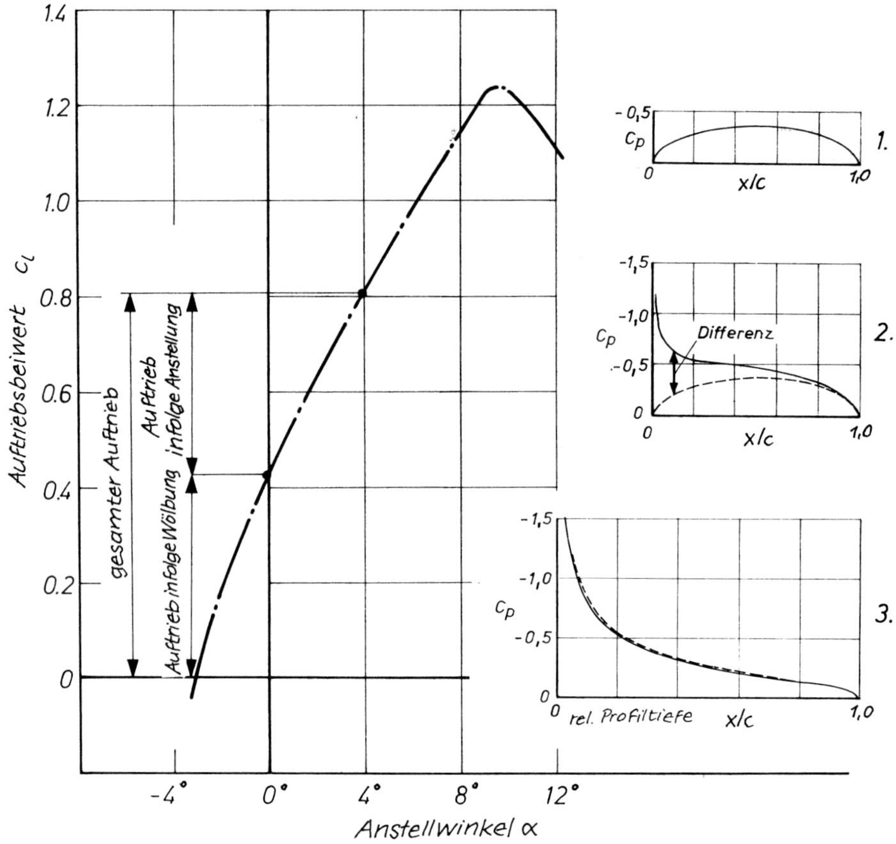

Abb. 3.29 Der Anteil von Wölbung und Anstellung am Auftrieb und der Saugseitendruckverteilung (zweidimensionale Strömung)

ander ab, ergibt sich eine Druckverteilung, die weitgehend mit derjenigen auf der Saugseite einer 3° angestellten ebenen Platte übereinstimmt. Diese ist in dem etwas vergrößerten Diagramm 3 als ausgezogene Kurve dargestellt, die gestrichelte Kurve gibt die Differenz der Saugseitendruckbeiwerte C_p bei $\alpha = 0°$ und $\alpha = 3°$ für das Kreisbogenprofil an. Beide Kurven sind nahezu identisch.

Welchen grundsätzlichen Einfluß die Wölbung auf die Segelkräfte hat, ist aus Abb. 3.30 zu ersehen. Die dargestellten Polarkurven beschreiben den Zusammenhang zwischen den Auftriebs- und Widerstandsbeiwerten für vier als Spiegelbildkombination untersuchte unverwundene und starre Modellsegel vom Seitenverhältnis $\Lambda = 4{,}0$ und relativen Wölbungen zwischen 1/15 und 1/4. Die maximale Wölbung lag ungefähr auf 1/3 der Profillänge hinter dem Mast. Zielsetzung dieser Untersuchung war nicht die Ermittlung irgendwelcher Beiwerte für diese speziellen Segel vom Bermuda-Typ, es sollte vielmehr so deutlich wie möglich aufgezeigt werden, wie sich unter der Voraussetzung, daß die Wölbungsverteilung sowohl horizontal als auch vertikal gleich und unabhängig vom Anstellwinkel ist, $C_{L\,max}$ und das Verhältnis L/D tendentiell mit der relativen Wölbung ändern. Mit Stoffsegeln lassen sich diese Trends in solcher Deutlichkeit nicht demonstrieren, da sich hierbei Wölbungsverteilung, Verwindung und Wölbungsverhältnis laufend mit dem Anstellwinkel ändern, was ein etwas verschwommenes Bild hinsichtlich des Wölbungseinflusses zur Folge hat. Ein Vergleich der Polarkurven der Abb. 3.30 mit denen in Abb. 3.22, insbesondere im Bereich des Maximal-

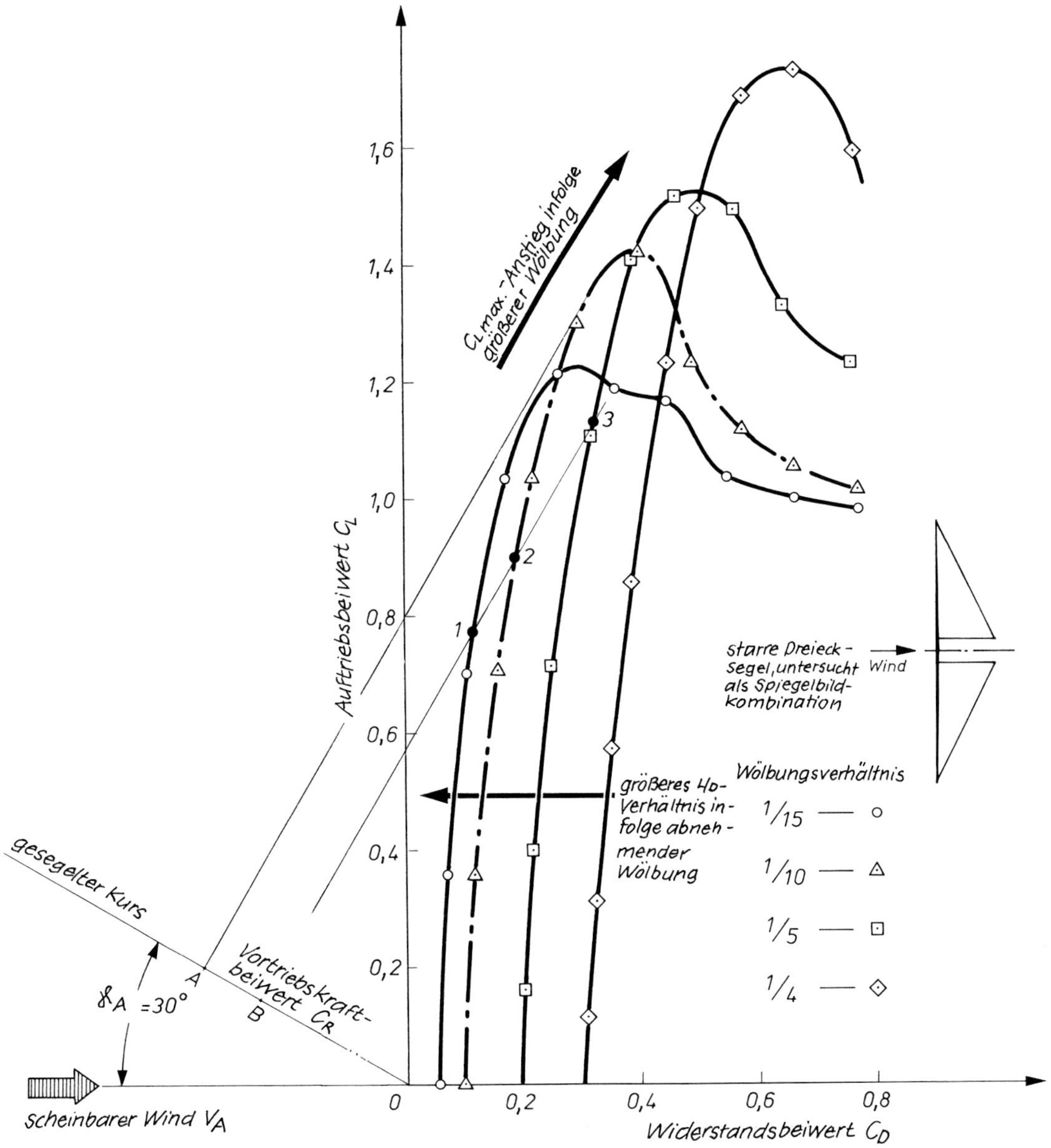

Abb. 3.30 Der Einfluß der Wölbung auf das L/D-Verhältnis und $C_{L\,max}$ (vgl. Abb. 2.70, Teil 2)

auftriebes, gibt Aufschluß darüber, was mit dem verschwommenen Bild gemeint ist.

Aus Abb. 3.30 geht hervor, daß das *L/D*-Verhältnis mit wachsender Wölbung abnimmt. Diese durch einen dicken horizontalen Pfeil kenntlich gemachte Tendenz ist im Bereich von Auftriebsbeiwerten C_L bis ungefähr 1,2 festzustellen. Legen wir einen Kurswinkel γ_A von 30° zum scheinbaren Wind V_A zugrunde (ein durchaus repräsentativer Wert), so ist zu erkennen, daß sich wenig an Vortriebskraft gewinnen läßt, wenn das Wölbungsverhältnis des Segels größer als 1/15 gemacht wird. Das für das Am-Wind-Segeln bei nach oben hin unbegrenztem Auftriebsbeiwert, das heißt, bei leichtem Wind maximal akzeptable Wölbungsverhältnis liegt bei etwa 1/10. Die durch den Punkt A auf der Kursgeraden gehende und die Polarkurve für $f/c = 1/10$ berührende senkrechte Linie veranschaulicht diese Schlußfolgerung grafisch.

Wenn die Windgeschwindigkeit zunimmt und der noch zulässige Auftriebsbeiwert C_L kleiner und kleiner wird, gibt es keinen besseren Weg, die Form des Segels zu optimieren, als es nach und nach immer mehr abzuflachen, bis es einer trommelähnlichen Membrane gleicht, ehe schließlich die Segelfläche durch Reffen oder Segelwechsel verringert wird. Die in Abb. 3.30 durch den Punkt B auf der Kursgeraden gezeichnete senkrechte und die Polarkurven in den Punkten 1, 2 und 3 schneidende Linie illustriert die Tatsache, daß es für einen gegebenen zulässigen Auftriebsbeiwert C_L, der annähernd gleich dem zulässigen Krängungskraftbeiwert C_K ist, eine optimale Wölbung des Segels gibt, die minimalen Widerstand und deswegen die größte Segelwirksamkeit produziert.

Aus Abb. 3.30 ist weiterhin zu ersehen, daß der Höchstauftrieb mit dem Wölbungsverhältnis zunimmt. Er kann jedoch nicht unbeschränkt vergrößert werden, sondern erreicht aufgrund der Strömungsvorgänge unmittelbar an der Vorderkante bei einer bestimmten, von der Profilform abhängigen Wölbung, seinen größtmöglichen Wert. Diese Tendenz ist durch einen dicken aufwärtszeigenden Pfeil ausgezeichnet. Obwohl solche hohen Auftriebsbeiwerte beim Segeln am Wind nicht ausgenützt werden können, könnten sie auf anderen Kursen relativ zum Wind verwendet werden, vorausgesetzt natürlich, daß der Steuermann die Wölbung des Segels genügend vergrößern kann, um größtmöglichen Auftrieb zu erhalten. Bei einem konventionellen Großsegel ist dies nicht möglich, läßt sich aber durch Setzen von Beisegeln, wie beispielsweise eines Spinnakers oder eines Drifters, leicht realisieren. Die Vorteile in Form größerer Vortriebskraft, die bauchige Segel aufgrund ihres höheren Maximalauftriebes bieten, zeigen sich deutlich, wenn die Segelkräfte analog zu Abb. 3.30 für größere Kurswinkel γ_A in ihre Komponenten in und quer zur Fahrtrichtung zerlegt werden, wie dies zum Beispiel Abb. 3.31 für halben Wind zeigt.

Der generelle Verlauf der Polarkurve der Segelkräfte über den beim Segeln bei leichtem und starkem Wind auf den verschiedenen Kursen γ_A hoch am Wind, am Wind und mit halbem Wind verwendeten Bereich von Anstellwinkeln hinaus, bis hin zu $\gamma_A = 170°$, ist aus dem Beispiel in Abb. 3.32 ersichtlich. Die Polare beschreibt die Eigenschaften eines Bermuda-Segels vom Seitenverhältnis $\Lambda = 4$,

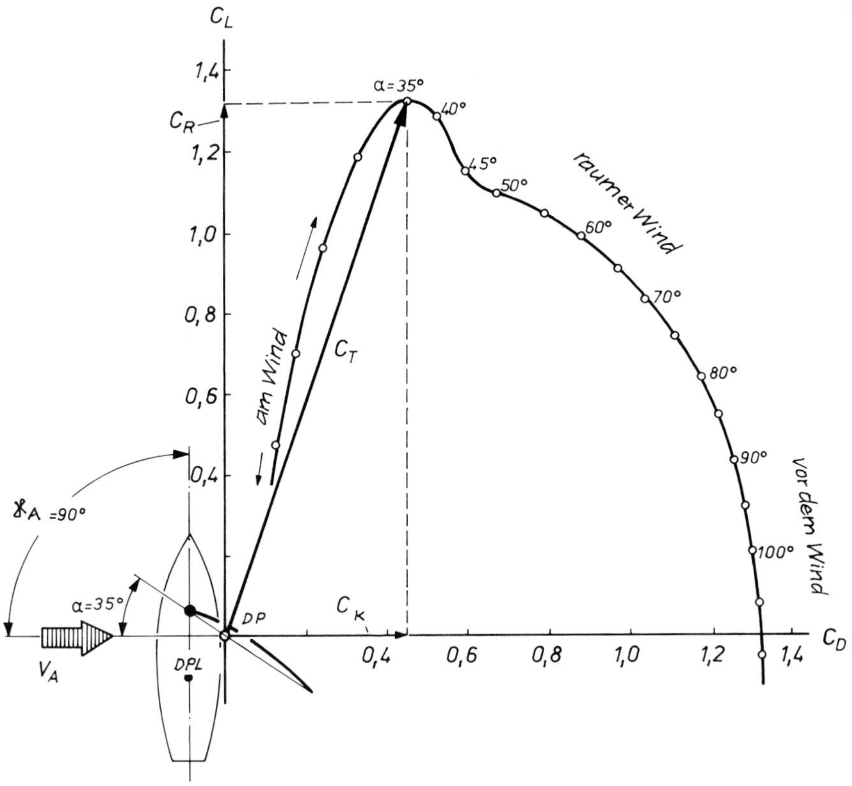

Abb. 3.31 Von einem einzelnen Bermuda-Segel bei raumem Wind entwickelte Kräfte

einem Wölbungsverhältnis von ungefähr 1/10 und einer Verwindung von nur etwa 10°. Der Vergleich der Segelgesamtkraftbeiwerte $C_{T\,I}$ und $C_{T\,II}$ für die beiden verschiedenen, einem Anstellwinkel des Segels von 90° beziehungsweise 105° entsprechenden Baumstellungen zeigt, daß ein Boot bei genau achterlichem Wind schneller segeln wird – wenn auch etwas unsicher –, wenn das Segel nach Lee steht. Die Einschränkung – wenn auch etwas unsicher – bezieht sich auf die Gefahr einer Patenthalse, falls kein Baumniederholer verwendet wird. Die goldene Regel einiger Experten, außer bei leichtem Wind den Baum wegen der Gefahr eines Mastbruches niemals bis zu den Wanten aufzufieren, wird so durch die Angaben in Abb. 3.32 gerechtfertigt. Es gibt auch noch einen anderen Grund, aus dem man keinen zu großen Einstellwinkel für das Großsegel zulassen sollte, selbst wenn die Verwindung des Segels auf ein Minimum reduziert werden könnte. Hierüber wird in dem Abschnitt, der sich mit dem Rollen beim Segeln vor dem Wind befaßt, berichtet werden.

Seine Wölbung erhält das aus ebenen Tuchbahnen zusammengenähte Großsegel durch:

a) eine gewisse Tuchzugabe am Vor- und Unterliek, das heißt, durch Vor- und Unterliekrundung (Abb. 3.33 A),

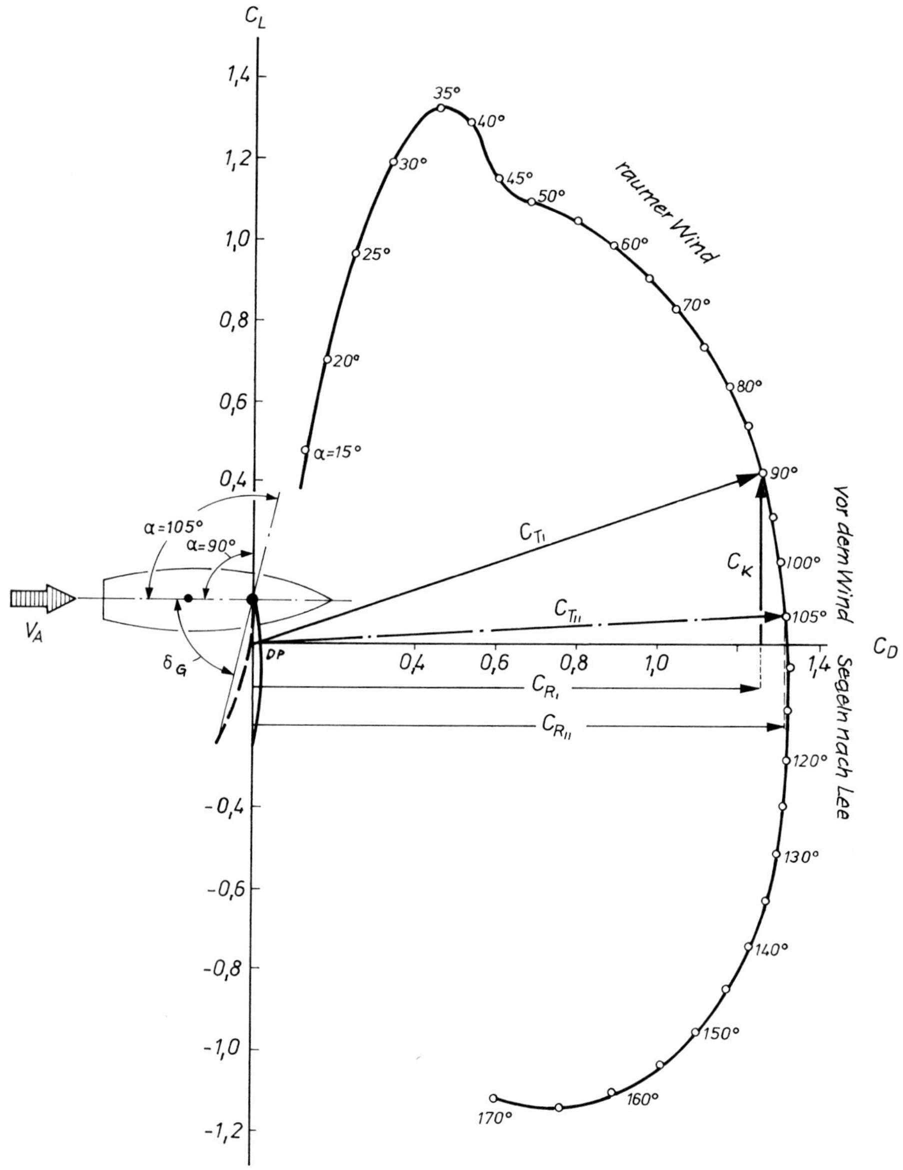

Abb. 3.32 Bei Leestellung des Segels fährt das Boot – wenngleich etwas unsicher – schneller.

b) eine entsprechende Rundung der Bahnkanten beziehungsweise Verbreiterung der Nähte am Vorliek (Abb. 3.33 B),
c) eine gewisse Rundung im Achterlieksbereich hinter dem Grunddreieck des Segels in Verbindung mit passend verjüngten Latten.

Weiterhin hat die Dehnung des Tuches infolge der Belastung sowohl durch den Wind als auch – in einem mehr oder weniger starkem Maße – aufgrund

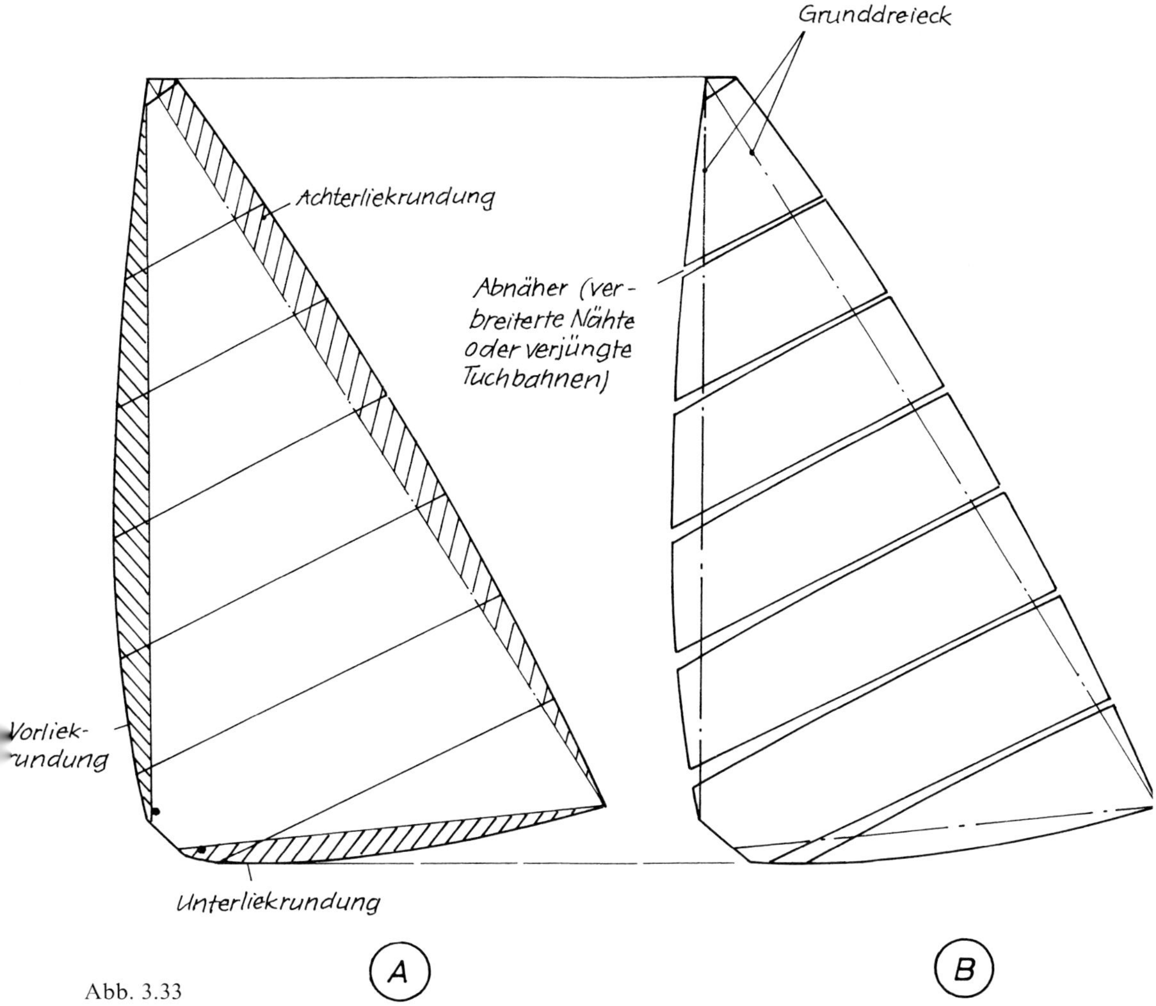

Abb. 3.33

einer Reihe von Reguliereinrichtungen und Trimmhilfen (Tabelle 3.11) Einfluß auf die so vorherbestimmte Wölbung des Segels. Die tatsächliche Größe und Verteilung der Wölbung, auf die ein wesentlicher Teil der Kräfte, die ein gegebenes Segel erzeugen kann, zurückzuführen ist (Abb. 3.29), hängt mithin von dem jeweiligen Können des Segelmachers und des Segeltrimmers ab. Da es keine Wölbung gibt, die für alle Segelzustände am besten ist, zeigt sich das Können des Seglers darin, wie er die Form des Segels den jeweiligen Verhältnissen anpaßt. Diese Aufgabe wird leider durch die Tatsache erschwert, daß praktisch keine der in Tabelle 3.11 angegebenen Kontrolleinrichtungen die Grundvoraussetzung für ein ideales Kontrollsystem erfüllt, das es erlauben würde, jeweils nur einen einzigen Parameter der Segelform zu beeinflussen und eine bestimmte Segelform, wann immer ähnliche Wind- und Kursverhältnisse auftreten, zu reproduzieren. Die Verstellung einer Kontrolleinrichtung verändert gleichzeitig mehrere der in

Tabelle 3.10 angegebenen Parameter der Segelform, so daß das Resultat nicht einem einzigen zugeschrieben werden kann. Dies ist der Kernpunkt der bei Trimmfahrten und Regatten begegneten Schwierigkeiten. So kontrollieren die Schoten mehr als nur den Anstellwinkel. Wird beispielsweise die Großschot gefiert, vergrößert der Baum nicht nur seinen Einstellwinkel, sondern steigt gleichzeitig hoch, wodurch sich die gesamte vertikale und horizontale Verteilung der Wölbung des Segels verändert, ganz zu schweigen von der Verwindung. Um diese Unzulänglichkeit der einfachen Großschotanordnung zu beheben, führte man zusätzliche Kontrollvorrichtungen ein: die lange Großschotschiene und/oder den Baumniederholer. Hinzu kam ein weiteres System (Cunningham-Kausch), um die Lage der maximalen Wölbungstiefe nach vorne zu verschieben, sobald diese unter zunehmendem Winddruck oder starker Mastbiegung zu weit nach achtern wandert. Demnach haben wir bereits 3 oder 4 verschiedene Kontrolleinrichtungen, deren recht unerwünschte Nebeneffekte in unterschiedlichem Maße die Segelwölbung verändern. Sobald es auf jedem Bahnschenkel eines Dreieckskurses bei dauernd wechselndem Wind zehn oder mehr Möglichkeiten zum Verstellen gibt, wäre es für den Steuermann ein hoffnungsloses Unterfangen, ihre beste Kombination zu finden, ohne klare Vorstellungen darüber, welche bestimmte Segelform er zu erreichen sucht und warum.

Aufgrund der großen Komplexität und Veränderlichkeit der modernen Segeltrimmeinrichtungen, ist es wenig einträglich, nur den Trimm anderer zu kopieren. Trimmkenntnis, genau wie jedes andere Wissen, vermehrt sich nicht durch Anhäufung neuer Kontrolleinrichtungen, sondern durch kontinuierliche Entwicklung neuer, fruchtbarer Vorstellungen und Konzepte. Meisterschaft läßt sich auf andere Weise nicht erreichen. Mit anderen Worten, ein hochkompliziertes und unendlich verstellbares Rigg bringt wenig ein, wenn die Crew keine Ahnung davon hat, wie es in den stetig ändernden Segelverhältnissen effektiv einzusetzen ist. „Die gesamte Wissenschaft", – um Albert Einstein zu zitieren – „ist nichts anderes als eine Verfeinerung des Alltagwissens." Dies knüpft an P.W. Bridgmans [3.27] operationalem Ansatz der Erkenntnisgewinnung an, demzufolge Konzepte und Begriffe sich aus Elementen des menschlichen Erfahrungsbereiches zusammenfügen lassen und innerhalb desselben brauchbar sein müssen. Erstrecken sich Vorstellungen jenseits der Erfahrung, werden sie zu unverifizierbaren Hypothesen. Das Wissen wächst, wenn wir herausfinden, wie und in welcher Ordnung die Dinge in Beziehung zueinander stehen.

d) Die Entwicklung des Finn-Mastes

Um hierfür ein Beispiel zu geben, wollen wir kurz die Entwicklung des flexiblen Mastes beim Finn seit seiner Einführung als Olympiaboot (1952) betrachten. Ursprünglich hatte das Finn einen Mast mit der Biegsamkeit einer Telegrafenstange. Und so stand denn auch jeder Segler vor der Wettfahrt vor dem üblichen und in einem alten Bericht wie folgt so treffend beschriebenem Problem: „Soll

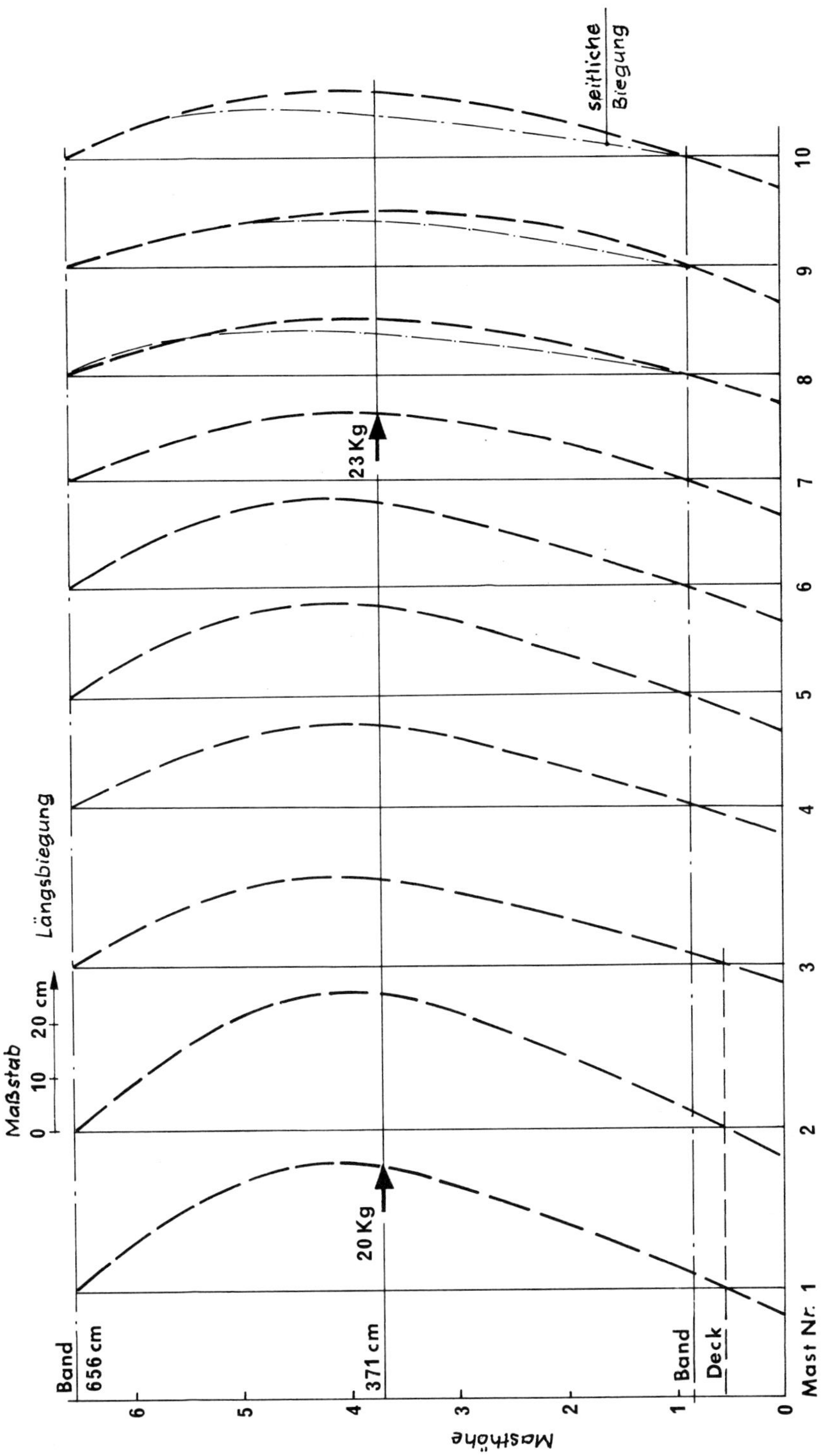

Abb. 3.34 Die Entwicklung der Biegsamkeit des Finn-Mastes

ich das flache oder das volle Großsegel nehmen? Zwar weht es jetzt etwas frisch, aber ich schätze, vor der zweiten Runde flaut es ab – oder nicht? Ene mene, mine meh – pack das Dilemma an dem Zeh!" Sowie der Segler einmal das zu bauchige Segel gewählt hatte, kam er bei starkem Wind nur über die Runden, wenn er entweder die Schot auffierte und das Segel im Toppbereich bei entsprechendem Widerstandszuwachs killen ließ, oder indem er stark anluvte, wobei nun das ganze Segel, und nicht nur der obere Teil, heftig hin und her schlug. Es versteht sich von selbst, daß beide Techniken zu einer rapiden Verschlechterung der Fahrtleistung des Bootes führen.

Da es fast unmöglich war, das Finn mit seinem anfangs harten Mast bei stärkerem Wind aufrecht zu halten, war es nur von harten und recht schweren Steuerleuten erfolgreich zu segeln. Einige Leichtgewichte, die diese ersten Prototypen segelten, behielten sie in unguter Erinnerung: „Es waren schlechte Boote. Die Masten waren steif und die Baumwollsegel wie Säcke. Die Folge war, daß man das Boot bei mehr als Windstärke 2 nicht mehr halten konnte und – gleich wie stark es wehte – nie ließ sich ein Querschlagen verhindern." Beiläufig sei noch erwähnt, daß sich eine Reihe australischer Segler, die in dieser Klasse bei den olympischen Spielen 1956 teilnehmen wollten, nicht wieder von den Rückenverletzungen erholt haben, die sie sich während des Trainings und den Ausscheidungswettfahrten zuzogen. Paul Elvström, der nacheinander die ersten drei olympischen Goldmedaillen im Finn-Dinghy gewann, wog zu jener Zeit, abhängig vom Trainingsstadium, zwischen 82 und 91 kg. Zweifellos verhalf ihm seine superathletische und absolut professionelle Vorgehensweise zu diesem herausragenden olympischen Rekord. Seit jener Zeit hat das Regattasegeln im Finn aufgehört, eine Kunst zu sein und ist mehr und mehr zu einem Sport für Athleten geworden. Etwa sechs Jahre nach der Einführung als Olympia-Klasse setzte dann eine stürmische Entwicklung des Riggs ein. Eine lange Großschotschiene wurde eingeführt, Polyester ersetzte Baumwolle als Ausgangsmaterial für die Segel, und vor allem lernte man Masten zu bauen, die sich bogen, aber nicht brachen und es so dem Steuermann gestatteten, je nach Wunsch, das Segel voll oder flach zu fahren. Mit anderen Worten, der biegsamere Mast erweiterte den Windbereich, in dem ein Segel effektiv eingesetzt werden konnte. Tabelle 3.12 und Abb. 3.34, die auf Messungen von Richard Hart beruhen und freundlicherweise dem Verfasser zur Verfügung gestellt wurden, zeigen, wie sich die Biegsamkeit des Finnmastes über einem Zeitraum von 10 Jahren verändert hat. Zur Ermittlung der Durchbiegung in Längs- beziehungsweise Querschiffsrichtung wurde der an den schwarzen Vermessungsbändern unterstützte Mast auf halber Länge zwischen den Bändern mit einem 20 kg (später 23 kg) schweren Gewicht belastet und die Differenz zwischen den Absenkungen mit und ohne Gewicht festgestellt (Abb. 3.35).

Die weichen, flexiblen Masten änderten das Verhalten des Finn so außerordentlich, daß man glaubte, von nun an könnten auch ganz leichte Segler, die gerade etwas mehr als 64 kg auf die Waage bringen, sich mit den Goliaths unter wirklich gleichen Voraussetzungen messen. Diese Empfindung geht deutlich aus einer

Tabelle 3.12

Nr.	Name	Jahr	Längsbiegung (cm)	seitliche Biegung (cm)
1	Elvström Standard	1962	23,0	11,0
2	Collar	1963	25,0	9,0
3	Benrowitz Standard	1965	16,5	9,5
4	Raudaschl Standard	1966	15,0	10,0
5	North Standard	1967	16,0	12,0
6	Collar (oval)	1967	16,0	11,5
7	Bruder	1968	13,0	–
8	Hart	1970	11,0	8,0
9	Bruder	1970	10,0	9,0
10	RYA Mast 1352	1971	12,0	8,0

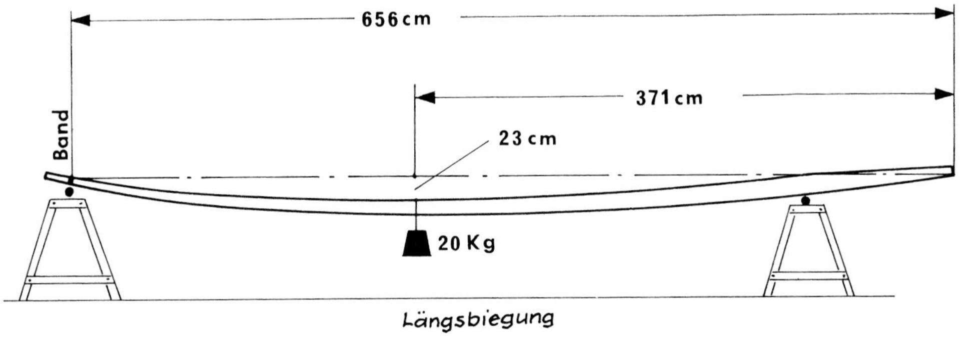

Abb. 3.35 Verfahren zur Messung der Mastbiegung. Als die Masten steifer wurden, erhöhte man das Gewicht von 20 auf 23 kg.

der damals von R. Creagh-Osborne begeistert geäußerten Ansichten hervor (*Yachting World,* April 1964): „David Thomas sagte, es sei zu hart für ihn. Sachte, sachte! Ich finde, diese oft zu hörende Entschuldigung dürfte nicht mehr erlaubt sein. Jeder über 64 kg kann ein Finn segeln, glaubt mir! Aber der Trimm muß stimmen, und je härter sowohl der körperliche als auch der geistige Einsatz, um so schneller läuft es."

Man war der Meinung, daß die auf das Seglergewicht und das folglich zur Verfügung stehende Stabilitätsmoment zurückzuführenden Unterschiede in der Bootsgeschwindigkeit einfach durch eine im umgekehrten Verhältnis zum Gewicht stehende Mastbiegung ausgeglichen werden könnten. Der Wettstreit zwischen schweren und leichten Steuerleuten reduzierte sich gewissermaßen auf die mysteriöse Fähigkeit, dem Holzmast durch Abhobeln und Aufleimen genau das richtige Biegeverhalten zu geben. Ein flexibler Mast erlaubte nicht nur das Flachziehen des Segels, es wehte mit zunehmender Windstärke infolge Verringerung der Spannung im Achterliek auch automatisch stärker aus. Auf diese Weise wird der obere Teil des Segels entlastet, so daß er nicht zur Krängungskraft beiträgt und sich deswegen der Segeldruckpunkt nach unten verschiebt (Abb. 3.36).

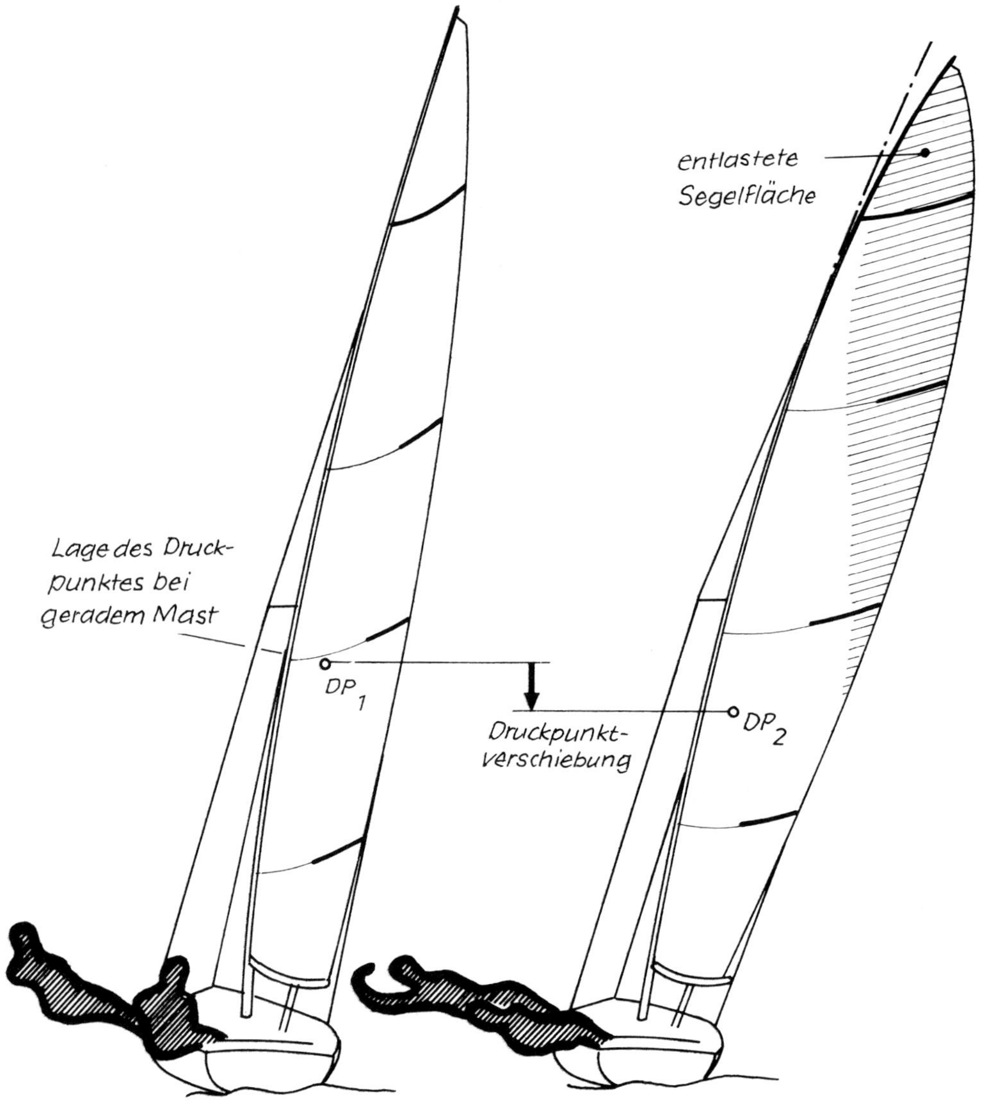

Abb. 3.36 Das Entlasten des Segels im Toppbereich wurde in den meisten Rennbootklassen populär.

Dieses Prinzip der Entlastung des Segels im Toppbereich hat sich in allen Regattaklassen, die flexible Masten zulassen, verbreitet, besonders in jenen, in denen das Gewicht der Besatzung einen wesentlichen Anteil am aufrichtenden Moment hat. Ist das Biegeverhalten des Mastes auf die Segelform und das Gewicht und Ausreitvermögen des Seglers richtig abgestimmt, öffnet sich das Segel automatisch oben im Achterliek, sobald das Boot bei mehr Wind nicht mehr zu halten ist. Die Verwindung ist selbstregelnd und funktioniert wie eine Art Sicherheitsventil.

Zwar ist die Entlastung des Segels im Topp bei starkem Wind viel wirkungsvoller als die altmodische Methode, die gesamte Segelfläche killen zu lassen, es ist aber dennoch ein teurer Weg, die Höhe des Segeldruckpunktes dem Stabilitätsmoment, das die Mannschaft aufzubringen in der Lage ist, anzupassen. Wie bereits früher auf die theoretischen Hintergründe eingehend erörtert wurde, muß die Verwindung des Segels mit einem erhöhten induzierten Widerstand teuer bezahlt werden, was bezogen auf Abb. 3.22 einer Verschiebung der aerodynamischen Eigenschaften beispielsweise von Punkt A auf der Kurve VIII (Segel mit geringer Verwindung) in Richtung Punkt B auf der Kurve V (Segel mit großer Verwindung) gleichkommt. Die damit verbundenen Einbußen an Vortriebskraft des Segels sind nicht zu vernachlässigen: Je weicher der Mast, das heißt, je eher das Achterliek aufzumachen beginnt, um so größer sind die Fahrtleistungsverluste des Bootes. Dies erklärt, warum die Masten schließlich wieder härter wurden. Es brauchte jedoch mehrere Jahre, ehe man, abgesehen von den wahren Gründen, voll erkannt hatte, welche Nachteile eine frühzeitige und starke Verwindung – unumgänglich, wenn die Entlastung effektiv sein soll – einbrachte. Den deutlich sichtbaren Schritt zurück zu steiferen Masten (Abb. 3.34) ermöglichte im Grunde genommen die Wiederentdeckung der Vorteile beweglichen Ballastes, der auf der heutigen Regattaszene in Form schwerer Gewichtskleidung für leichte Segler daherkommt.

In diesem Zusammenhang lohnt es sich, den Protest eines erfahrenen Finnseglers (von Beruf Arzt) gegen die von der IYRU beabsichtigte Reduzierung des Höchstgewichtes für Kleidung und Ausrüstung der Regattateilnehmer (hauptsächlich aus Gründen der Sicherheit und Gesundheit, insbesondere aus Sorge um Wirbelsäulenverletzungen) zu zitieren. Der Auszug stammt aus der *Finn-Fare* vom November 1976, dem offiziellen Mitteilungsorgan der International Finn Association:

> „Weniger Ballastkleidung hieße die Uhr 10 Jahre zurückzustellen. Die Ära des großen schweren Seglers käme wieder ... Wenn die IYRU das Gewicht verringert, besteht zudem die weitere Gefahr, daß einige Segler mit einem Körpergewicht um 70 oder 75 kg Anabolika zur Erhöhung ihres Gewichtes einnehmen, um so das Optimum von 95 kg zu erreichen. Insider wissen, daß in der Vergangenheit Anabolika genommen wurden und auch heute noch im Segelsport verwendet werden. Seien wir keine Heuchler ... Dies beschränkt sich nicht allein auf die Finn-Klasse. Dies geschieht in anderen Klassen genauso und dies gilt auch für Amphetamine und andere anregende Mittel. Es liegen genügend Beweise dafür vor, auch wenn die offizielle Version lautet, der Segelsport sei sauber! Ich bin sicher, daß eine Verringerung des Gewichts der Ballastkleidung einen Anstieg der Anabolika-Einnahme im Jollensegelsport zur Folge haben wird."

Zweifellos liegt eine derartige Bildung zusätzlichen und beweglichen Ballastes beim Streben nach Leistung weit jenseits der sehr weit gespannten Grenze dessen, was für das Establishment annehmbar ist, obgleich die revolutionäre, fortschrittlich gesinnte Jugend dem kaum widerstehen kann. Wie so oft, verbirgt sich im Guten auch etwas Schlechtes.

Im Laufe eines recht langsamen, die Wahrheit enthüllenden Versuch-Irrtum-Lernprozesses merkte man schließlich, daß das Entlasten des Segels im Topp eine teurere Abhilfe für mangelnde Stabilität ist, als ein zusätzliches Gewicht auf dem Rücken des Seglers, selbst wenn, wie P. Barett in *One Design and Offshore Yachtsman* vom Finn-Gold-Pokal 1969 berichtete, dieser zusätzliche Ballast in Form nasser Gewichtskleidung in Extremfällen nahezu unglaubliche 45 kg ausmachte. Offensichtlich gleicht die Verringerung der Verwindung und die damit einhergehende Verminderung des induzierten Widerstandes eine Zunahme des Rumpfwiderstandes infolge vergrößerter Verdrängung aufgrund des zusätzlichen Ballastes, gleich welcher Art, mehr als aus.

e) Andere Wege der Kontrolle der Segelwölbung

Bezüglich der Beeinflussung der Wölbung ist festzustellen, daß durch Biegen des Mastes die durch die Tuchzugabe am Vorliek hervorgerufene Wölbung des Segels herausgezogen werden kann. Die durch die Abnäher in den Bahnkanten eingebaute Wölbung wird davon jedoch wenig beeinflußt. Ist folglich die Rundung des Vorlieks (Abb. 3.33) nicht auf die Mastbiegeeigenschaften, die, wie Abb. 3.34 zeigt, sich erheblich voneinander unterscheiden können, abgestimmt, wird sich unvermeidlich bei einem gewissen Baumniederholer- oder Schotzug die Form des Segels verzerren. Die Segelkonfiguration VIII in Foto 3.17 liefert hierfür ein Beispiel. Deutlich sind die durch hohe Spannungen im Segeltuch hervorgerufenen Zugfalten zu erkennen, die vom Schothorn aus radial zum Vorliek verlaufen. Obwohl sie zum Teil durch einen Vorliekstrecker (Cunningham-Kausch) beseitigt werden könnten, weisen sie auf ein schlechtes Zusammenspiel zwischen Mast und Segel hin, das heißt, das Segel wurde mit zu wenig Vorliekrundung zugeschnitten. Eine derartige Deformation der Segelform und/oder falsch verteilte Wölbung muß sich notwendigerweise ungünstig auf die Umströmung des Segels und dessen aerodynamische Kräfte auswirken.

Wie empfindlich die Segelwöbung auf die Biegung des Mastes reagiert, läßt sich anhand von Abb. 3.37 (nach [3.14]) abschätzen. Aus dem Diagramm ist ersichtlich, daß das Verhältnis Wölbungstiefe zu Sehnenlänge f/c hauptsächlich von der Differenz $(l–c)$ zwischen der gestreckten Länge l der Profil-(Wölbungs-) Linie und der Sehnenlänge c und weniger von der Profilform, beziehungsweise der Lage der maximalen Wölbungstiefe hinter der Vorderkante, abhängt. Der in Abb. 3.37 angegebene Zusammenhang zwischen der relativen Wölbung f/c und dem Verhältnis $(l–c)/c$ für die drei relativen Rücklagen der maximalen Wölbung $x_f/c = 0{,}3$, 0,45 und 0,5 wurde für ein einfaches Profil berechnet, das sich im vorderen Bereich aus einem Kreisbogen und im hinteren Bereich aus einer Tangente an diesen Bogen (wodurch ein von den Segelmachern angestrebtes flach auslaufendes Achterliek entsteht) zusammensetzt. Es ist vorauszusehen, daß die endgültige Wölbung eines Segelprofils, wie beispielsweise dem in

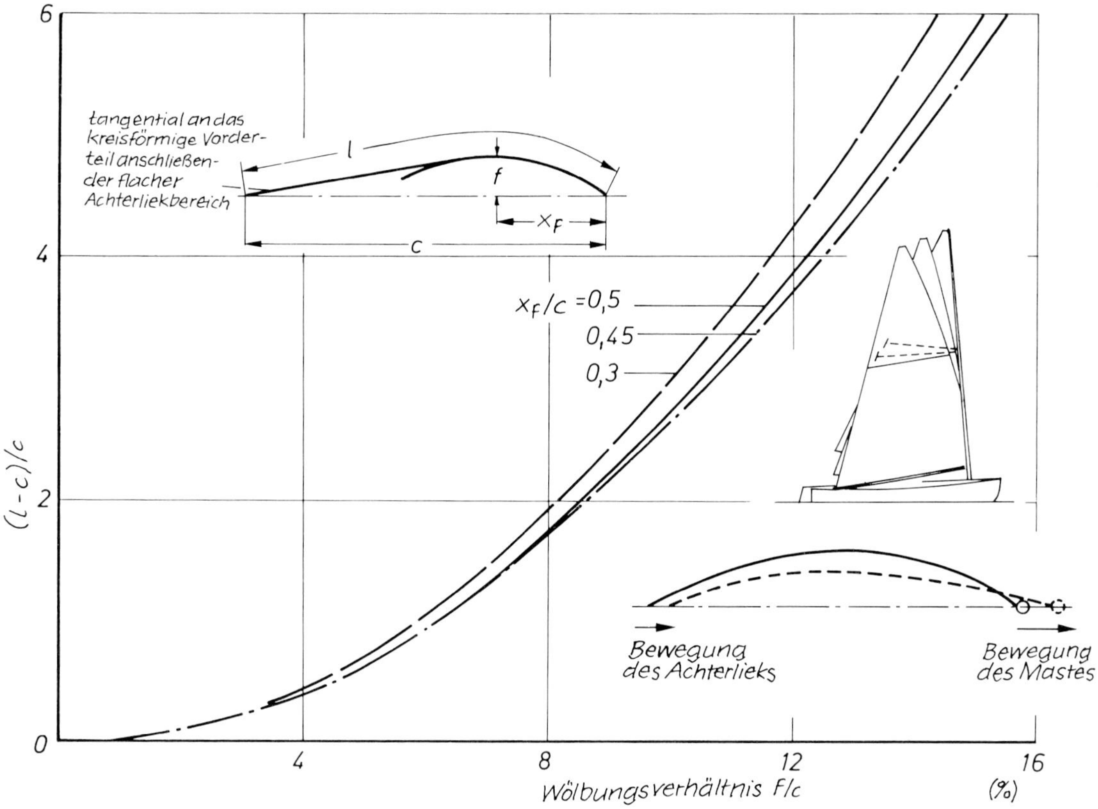

Abb. 3.37 Die Abhängigkeit der Segelwölbung vom Mehrbetrag der Profillinienlänge gegenüber der Sehnenlänge

Abb. 3.37 gegebenen, vom Zusammenwirken der Mastbiegung, dem vorlichen Achterlieksdurchhang, einer Zunahme der Profillinienlänge l aufgrund einer in dieser Richtung erfolgten Verlängerung des Tuches sowie schließlich der vom Segelmacher im betreffenden Querschnitt des Segels eingearbeiteten Tuchzugabe abhängen wird.

Abb. 3.37 ist ebenfalls von Nutzen bei der Betrachtung der bei Vorsegeln bekannten Erscheinung, daß ihre Wölbung mit zunehmender Windstärke immer größer wird. Dies ist teils eine Folge der Verringerung der Profilsehnenlänge c aufgrund des nach vorne sackenden Achterlieks, was durch den achterlichen Durchhang des Vorlieks noch verstärkt wird, und teils eine Folge der Vergrößerung der Profillinienlänge l aufgrund horizontaler Tuchdehnung. Abb. 3.37 ist zu entnehmen, daß eine Vergrößerung der Differenz $(l–c)$ entweder das Wölbungsverhältnis f/c erhöht oder durch eine geringere Rücklage x_f der maximalen Wölbung aufgezehrt werden muß.

Das Durchsetzen des Vorlieks eines Segels bewirkt vornehmlich eine Verschiebung der größten Wölbungstiefe nach vorne. Das Spannen des Vorlieks ruft eine Kontraktion des Tuches in Profilrichtung hervor, gleichzeitig wird aber auch das Achterliek nach vorne gezogen. Um diesen Einfluß der Vorliekspannung auf die Segelform und die Vortriebskraftkomponente bei gegebenem Kurs festzustellen, wurden zwei Modellgenuas mit gleichem Umriß und elastischem Vorliek (Foto 3.8) im Windkanal bei einer konstanten Windgeschwindigkeit von 9,45 m/s untersucht [3.14]. Beide verhältnismäßig bauchigen Segel waren nach der gleichen Schablone zugeschnitten, Segel Nr. 1 aus einem leicht geharzten, und Segel Nr. 2 aus einem sehr weichen Tuch.

Aus Abb. 3.38 ist zu ersehen, welche Wölbungsverhältnisse *f/c* und Rücklagen der maximalen Wölbung sich für die Segel Nr. 1 und 2 bei 5 beziehungsweise 4 verschiedenen Vorlieksverlängerungen einstellten. Im Extremfall wandert die über der Höhe des Segels gewichtet gemittelte Rücklage der größten Wölbungstiefe mit zunehmender Dehnung des Vorlieks von 45 auf 31 Prozent der Profillänge *c* nach vorne. Der Einfluß auf das Wölbungsverhältnis ist nicht so stark. Die Ergebnisse der Untersuchung zeigen an, daß für die Einstellung der Lage

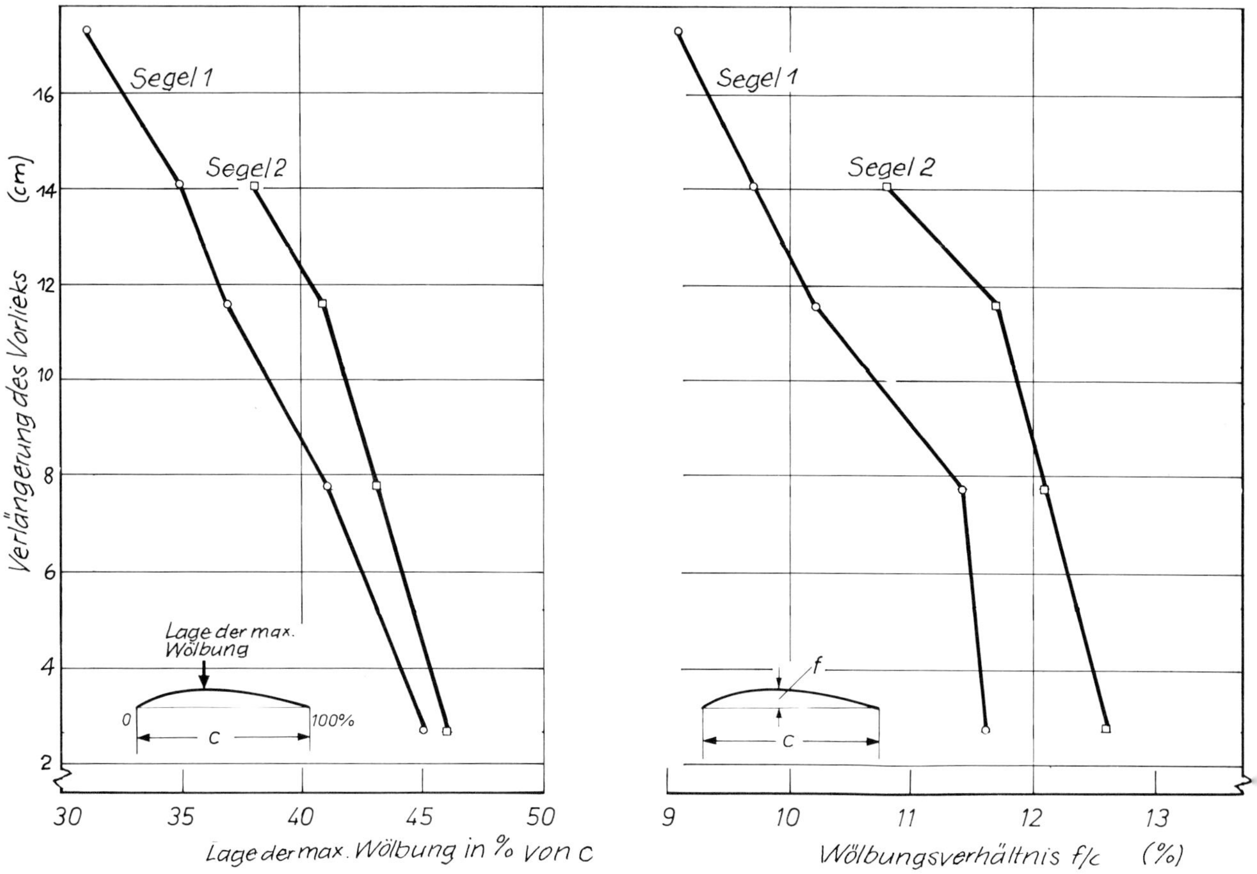

Abb. 3.38 Die Lage der maximalen Wölbung und das Wölbungsverhältnis in Abhängigkeit von der Vorliekverlängerung

der maximalen Wölbung (beispielsweise mit Hilfe einer Cunningham-Kausch), um der durch den Winddruck hervorgerufenen Verformung entgegenzuwirken, nur in der vorderen Hälfte des Segels das elastische Verhalten des Tuches bei Schubbeanspruchung genutzt wird und der achterliche Teil des Segels durch das Dehnen des Vorlieks verhältnismäßig unbeeinflußt bleibt. Er wirkt einfach wie eine Art vorgespannter Träger, der das Achterliek daran hindert, nach vorne durchzuhängen. Hierbei spielt die Schubfestigkeit des Gewebes eine wichtige Rolle.

An eine Genua mit dehnbarem Vorliek, wie auch an ein Großsegel, stellen sich somit zwei Forderungen:

1. Um zur Verschiebung der maximalen Wölbungstiefe nach vorne keine zu großen Kräfte im Fall beziehungsweise Vorliekstrecker erforderlich zu machen, sollte das Tuch im Vorliekbereich eine verhältnismäßig geringe Schubfestigkeit aufweisen.
2. Damit durch den Schotzug nicht nur die Wölbung im Bereich des Unterlieks des Segels verringert wird, muß gleichzeitig das Tuch im Achterlieksbereich eine hohe Schubfestigkeit besitzen, wenn möglich verbunden mit hoher Schußfestigkeit, so daß eine Art starrer Träger entsteht, der horizontale Kräfte bis in den Toppbereich des Segels übertragen kann [3.14].

Wie 1974 in der Segelzeitschrift *Seahorse* berichtet wurde, entwickelte John Oakeley von diesen Vorstellungen ausgehend das sogenannte Compensator-Großsegel (Abb. 3.39). Das Segel besteht aus zwei unterschiedlich schweren Tüchern, wobei das leichtere längs des Vorlieks angeordnet ist. Da dieses Tuch sich stärker dehnt als das schwerere Tuch im Achterlieksbereich, soll der Segelbauch bei zunehmendem Wind nicht so weit nach hinten wandern wie bei einem konventionellen Segel. Außerdem reagiert das leichte Tuch am Vorliek empfindlicher auf eine Änderung der Vorliekspannung, so daß mit Hilfe einer Cunningham-Kausch die Wölbungsrücklage leichter kontrolliert werden kann. Im Toppbereich des Segels sollte ebenfalls schweres Tuch verwendet werden. Zum einen kommt dies der am Kopfbrett auftretenden Spannungskonzentration entgegen, zum anderen verbessert sich dadurch die Wirkung der Cunningham-Kausch, die normalerweise schnell zum Segelkopf hin abnimmt. Es war zugestandenermaßen recht schwierig, eine geeignete Form der Verbindung zwischen dem leichten und schweren Tuch zu finden. Offenbar wurden die mit den unterschiedlichen Tuchspannungen zusammenhängenden Schwierigkeiten durch bogenförmige Nähte gelöst (Abb. 3.39). Bei geraden Verbindungsnähten machten diese Spannungsunterschiede sich verheerend durch einen Knick im Profilverlauf bemerkbar. Es bedurfte einigen Experimentierens, um aus den vielen verschiedenen zur Auswahl stehenden Gewebekonstruktionen, Ausrüstungen und Gewichten die am besten zueinander passenden Tücher zu finden.

Man erhofft sich, daß die Vorteile des Compensator-Großsegels besonders bei den Hochseeregattaseglern Anklang finden werden, da ihnen die IOR verbietet, mehr als ein Großsegel zu verwenden und das konventionelle Segel deswegen

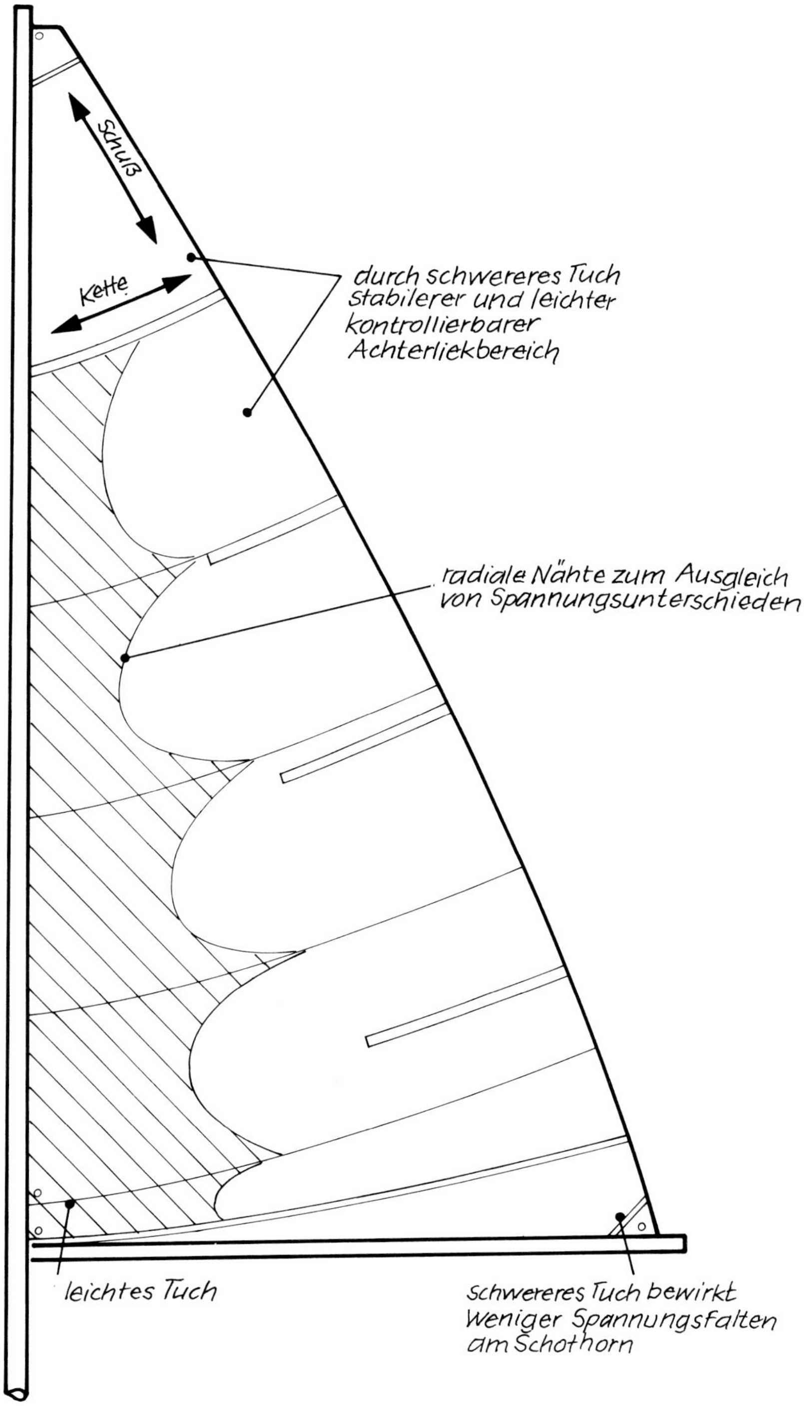

Abb. 3.39 Das Compensator-Großsegel

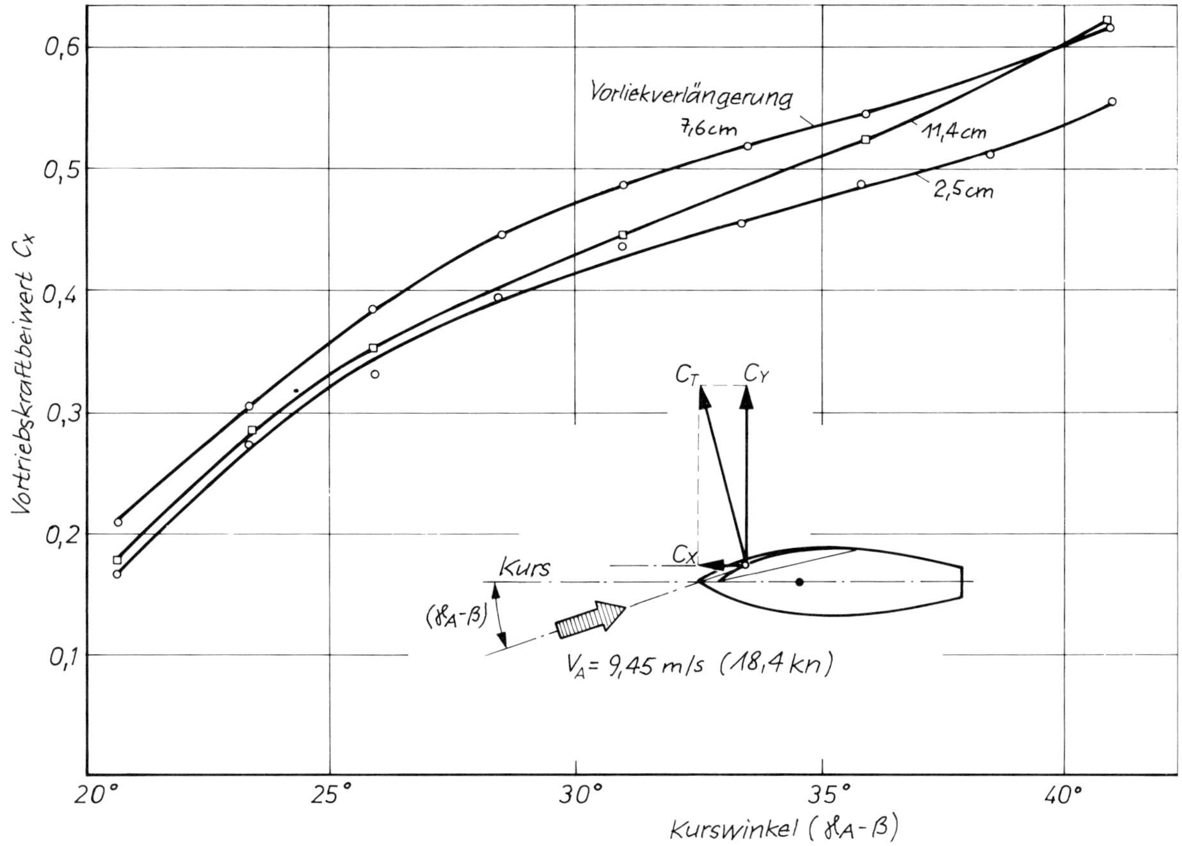

Abb. 3.40 Der Einfluß der Vorliekverlängerung auf die Vortriebseigenschaften des Segels Nr. 2

nicht bei allen Windverhältnissen optimale Vortriebseigenschaften aufweisen kann. Eine nach dieser Methode angefertigte Genua könnte ähnliche Vorteile bieten.

Kehren wir noch einmal zu der erwähnten Windkanal-Untersuchung zurück. Ergänzend zu dem aus Abb. 3.38 zu ersehenden Einfluß der Dehnung des Vorlieks auf die Segelform sind in Abb. 3.40 für die Genua Nr. 2 die entsprechenden Vortriebskraftbeiwerte C_X über dem Kurswinkel $(\gamma_A - \beta)$ aufgetragen (V_A= 9,45 m/s). Hieraus geht deutlich hervor, daß bei einer Verlängerung des Vorlieks um 7,6 cm das Segel eine bis zu 10 Prozent größere Vortriebskraft entwickelt. Noch stärkeres Durchsetzen ließ die Vortriebskraft wieder abnehmen. Die in Abb. 3.40 dargestellten Meßergebnisse sollten nur hinsichtlich ihres Tendenzen aufzeigenden Aussagewertes betrachtet werden. Es war bei der experimentellen Untersuchung des Einflusses der Segelform auf die Vortriebseigenschaften nicht möglich, beziehungsweise gar nicht realistisch, jeden der in Tabelle 3.13 aufgeführten Faktoren als unabhängige Variable zu behandeln.

Tabelle 3.13

a)	Position der Schotleitöse in Querrichtung
b)	Position der Schotleitöse in Längsrichtung
c)	Schotzug
d)	Durchhang des Vorlieks
e)	Verlängerung des Vorlieks

Die Variablen der Tabelle 3.13 wurden vielmehr folgendermaßen kontrolliert: Als unabhängige Variable wurde die Verlängerung des Vorlieks (e) gewählt. Der Durchhang des Vorlieks (d) wurde durch eine hohe Spannung im Vorstagdraht bei einem geringen Wert konstant gehalten. Für jeden Kurswinkel ($\gamma_A - \beta$) wurde die Segelform dann durch Verschieben der Schotleitöse in Längsrichtung (b) und durch Änderung des Schotzuges (c) so eingestellt, daß auf beiden Seiten des Segels etwa 5 cm hinter dem Vorliek befestigte Fadensonden (Foto 3.8) keine Ablösung an der Vorderkante anzeigten. Genauso werden in zunehmendem Maße auch die Segel auf Rennyachten getrimmt. Interessanterweise stellte sich heraus, daß dieses Verfahren so empfindlich und genau ist, daß es möglich war, Segelstellungen mit einer Abweichung der Segelkräfte von nur einem Prozent zu reproduzieren. Fadensonden sind folglich extrem empfindliche Segeltrimmhilfen. Jedoch müssen ihre Grenzen, den Segler beim Trimmen der Segel und des Bootes zu größter Leistung zu leiten, auch beachtet werden.

4 Mehr über Profilvorstage, die Bedeutung der Profilwölbung an der Vorderkante und Trimmfäden

Ich glaube nicht falsch zu urteilen, wenn ich behaupte, daß beim Segeln in erster Linie die geistige Arbeit eine Rolle spielt und erst dann die körperliche Leistung zur Geltung kommt.

MANFRED CURRY
Die Aerodynamik des Segels und die Kunst des Regattasegelns

Die Einführung und schnelle Weiterentwicklung der Profilvorstagsysteme für Vorsegel in den letzten Jahren sind eine Folge der zunehmenden Einsicht unter den Hochseeregattaseglern, daß die Wirksamkeit des Vorsegeldreieckes der wichtigste wettfahrtentscheidende Faktor ist.

Den Erfindern dieser modernen Profilstagsysteme zufolge bieten sie gegenüber dem mit Stagreitern am Vorstag angeschlagenen Segel drei Vorteile:

1. schnelleres Segelwechseln,
2. eine stabilere Segelvorderkante; der Durchhang des Stags ist so gering, daß er vom Segelmacher leicht berücksichtigt werden kann – ein besserer Stand der Segel sollte die Folge sein, und
3. eine aerodynamisch wirkungsvolle Anschnittkante.

Wir wollen uns auf die letzte Behauptung konzentrieren und versuchen, auf folgende Fragen eine Antwort zu finden: bewirken diese über ein Draht- oder Stabvorstag zu schiebenden und sich frei drehenden Profilverkleidungen eine bessere Umströmung der Segelvorderkante? Und wenn dem so ist – wie groß sind die quantitativen Vorteile?

a) Windkanaluntersuchungen an Profilvorstagen

Mit eigens hierfür angefertigten sowie verschiedenen im Handel erhältlichen Profilvorstagen (einige davon zeigt Foto 2.14) durchgeführte Versuche im Windkanal bringen etwas Licht in die aerodynamischen Auswirkungen dieser Profilverkleidungen auf die Wirksamkeit des Segels, da ansonsten, außer den Angaben in den Prospekten der Hersteller, hierüber keine Unterlagen vorliegen. Jedes Profilstag wurde in natürlicher Größe in Verbindung mit dem gleichen, aus Stahlblech angefertigten rechteckigen Segelmodell mit folgenden Abmessungen untersucht:

Spannweite	2,11 m
Profiltiefe	1,19 m
Fläche A_S	2,51 m^2
Wölbung	Kreisbogen, Wölbungsverhältnis 1/10

Das Segelmodell versperrte bis auf einen Spalt von 2,5 cm auf jeder Seite die ganze Kanalbreite, so daß die Umströmung in etwa zweidimensional war. Um eine Vergleichsgrundlage zu erhalten, wurden die Eigenschaften eines Vorsegels mit Stagreitern (Segel + Vorstag + Stagreiter) ebenfalls ermittelt. Die Windgeschwindigkeit betrug in allen Fällen 11,6 m/s, so daß sich für die Reynolds-Zahl [siehe Gl. (2.19 B)] ergibt:

$$R_n = 68\,500 \cdot V \cdot \text{Profiltiefe} = 68\,500 \cdot 11{,}6 \cdot 1{,}19 = 0{,}95 \cdot 10^6.$$

Dies entspricht durchschnittlichen Segelbedingungen in der Großausführung. Wegen der gleichen Reynolds-Zahl sind die Ergebnisse der einzelnen Profilstage deshalb direkt miteinander vergleichbar.

Bei allen Versuchen wurde der Anstellwinkel α der verschiedenen Profilvorstag-Segel-Kombinationen in Schritten von 2,5° von 0° auf 10° gesteigert und jeweils Auftrieb und Widerstand gemessen. Einige Ergebnisse dieser Untersuchung sind in Abb. 3.41 A, B und 3.42 dargestellt. Eine Analyse von Abb. 3.41 A und B zeigt:

1. Eine Profilverkleidung an der Vorderkante des Segels bewirkt eine geringfügige Verschiebung des maximalen L/D-Verhältnisses zu größeren Anstellwinkeln, mit anderen Worten, das größte L/D-Verhältnis tritt bei einem höheren Auftrieb auf.
2. Die Kurven der L/D-Verhältnisse für Segel mit Profilstag verlaufen im Vergleich zu Segeln mit Stagreitern im Bereich des Maximums flacher. Im gesamten gemessenen, beim Segeln am Wind normalerweise verwendeten

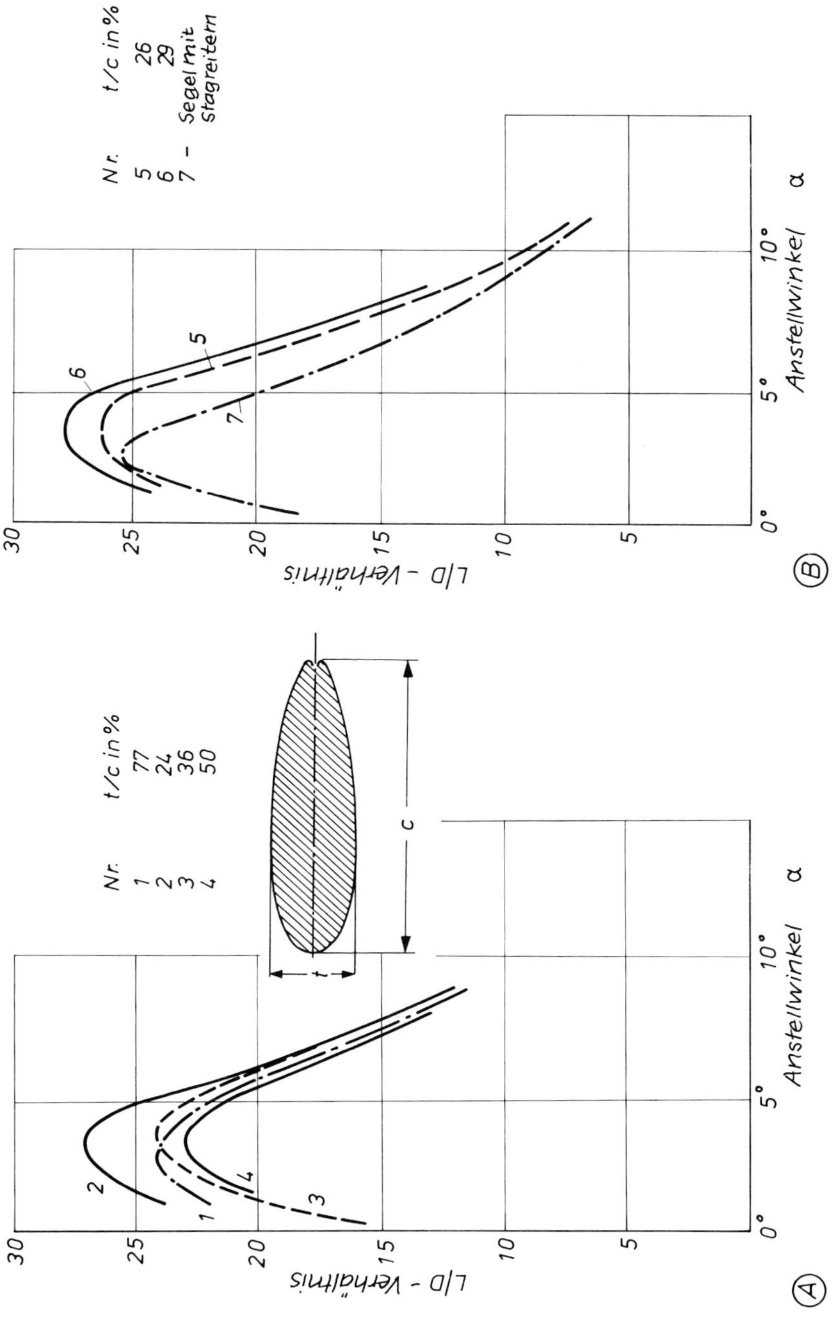

Abb. 3.41 Ergebnisse von Windkanalversuchen an Vorstagprofilen

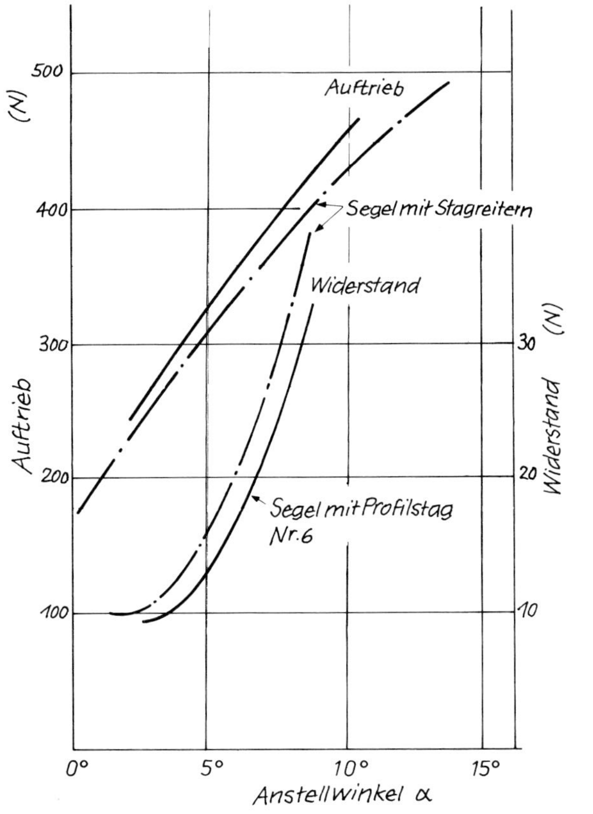

Abb. 3.42 Ergebnisse von Windkanalversuchen an Vorstagprofilen

Anstellwinkelbereich ist das L/D-Verhältnis größer. Dies erleichtert den korrekten Trimm des Segels und das Steuern; mit anderen Worten, ein gutes Vorstagsystem macht das Segel unempfindlicher gegenüber falschen Einstell- oder Anstellwinkeln.

3. Manche Profilstage verbessern das L/D-Verhältnis einer Segel-Profilstag-Kombination stärker als andere. Profilverkleidungen mit einem großen Dikkenverhältnis t/c, wie beispielsweise Profil Nr. 1 oder Nr. 4 (Abb. 3.41 A und Foto 2.14), bedingen, verglichen mit einem gewöhnlichen Vorsegel an Stagreitern, ein ungünstigeres L/D-Verhältnis. Eine Entwicklung noch wirksamerer Profilstagquerschnitte ist durchaus möglich. Hierfür zeigt das Profil Nr. 6 gewisse Tendenzen auf, denen gefolgt werden sollte. Aus Abb. 3.42 ist deutlich zu ersehen, wie vorteilhaft dieses Profilstag im Vergleich zum konventionellen Stagreitersystem ist: bei gleichem Anstellwinkel ergibt sich sowohl ein höherer Auftrieb als auch ein geringerer Widerstand.

Die Versuche zeigen, daß für die Wirksamkeit eines Profilstags an der Vorderkante eines Segels sein Nasenradius, seine Länge im Verhältnis zur Sehnenlänge des Segels und sein Dickenverhältnis t/c die wichtigsten Parameter sind. Leider unterbindet die IOR die Verwendung großer, wirksamerer Profilvorstage.

Die Windkanalergebnisse widerlegten die Behauptungen einiger Hersteller, daß der Widerstand eines Profilvorstags hauptsächlich von seiner Stirnfläche und nur zu einem geringen Maße von seiner relativen Dicke t/c bestimmt wird. Es läßt sich leicht einsehen, daß es wenig sinnvoll ist, das Dickenverhältnis t/c des Profilstags allein zu betrachten, da es – sobald das Segel vorgeheißt wird – nur die Vorderkante eines aus der Kombination von Stag und Segel resultierenden Profils mit viel größerer Sehnenlänge bildet. Wenn man das Segel des irreführenden Argumentes wegen dennoch einmal außer acht läßt, so wird durch genügend Versuchsmaterial gesichert, daß bei stromlinienförmigen Profilen das Dikkenverhältnis t/c und nicht die Stirnfläche von maßgeblicher Bedeutung ist. Die in den Abb. 2.28, 2.29 und 2.30 in Teil 2 mitgeteilten Untersuchungsergebnisse der Aerodynamischen Versuchsanstalt in Göttingen (Deutschland) und des National Physical Laboratory (NPL) in Teddington (England) belegen diesen Sachverhalt. Besonders drastisch gehen aus Abb. 2.30A die Vorteile stromlinienförmiger Gestaltgebung hervor.

Es ist für manche Leser sicher nicht ohne Interesse zu erfahren, daß Profilvorstage weder eine neue, noch eine revolutionäre Erfindung sind. Sie sind einfach eine neue Antwort auf ein altes Problem. Zitieren wir hierzu einen Abschnitt aus den Memoiren von L.F. Herreshoff [3.29]:

> „Einige Jahre später konstruierte ich drei oder vier Riggs mit einer Vorstagspiere, wobei ich davon ausging, daß sich durch den Wegfall des Achterstags der Windwiderstand verringern würde, aber keiner der Eigner dieser Yachten mochte oder behielt die Vorstagspieren, und ich gab sie wieder auf. Die Vorstagspiere ist keine Erfindung von mir, sie wurde in Europa schon 30 oder 40 Jahre lang verwendet und hat vielleicht etwas für sich; die drehbaren, stromlinienförmigen Spieren sind dagegen meine Erfindung.
>
> In der Zeit um 1925 beschäftigte ich mich sehr damit, wie man den Windwiderstand der Takelage beim Segeln am Wind vermindern könnte. Zu jener Zeit arbeitete ich mit Starling Burgess zusammen und wir waren – vielleicht weil er Flugzeuge konstruiert hat – ständig darum bemüht, den Windwiderstand möglichst gering zu halten. Jedenfalls wurden mir Patente bewilligt für ein Rigg mit Doppel-Vorliek-Segeln und drehbaren oder hin und her schwingenden Masten [siehe Abb. 3.43]. In der Hauptsache sollte durch diese Konzeption das stehende Gut reduziert werden; bei einem R-Boot [Foto 3.24] wurden dadurch rund 61 m Drahttauwerk eingespart. Mit anderen Worten, es gab kein Vorstag, keine Mittel- und Oberwanten und kein Achterstag. Es war beabsichtigt, das R-Boot *Live Yankee* mit einem solchen Rigg auszustatten, aber als der Wettfahrtausschuß des New York Yacht Club davon erfuhr, erließ er prompt eine Vorschrift, die drehbare Masten, Doppel-Vorliek-Segel und ähnliche Erfindungen untersagte.“

Ursprünglich als Weiterentwicklung der Yachtbesegelung gedacht, wurde 1967 das Konzept von Herreshoff auf einen Flugzeugtragflügel übertragen (Abb. 3.44). Der anscheinend zu Ehren des Seglers, dessen Erfindung zugrunde lag, Segelflügel

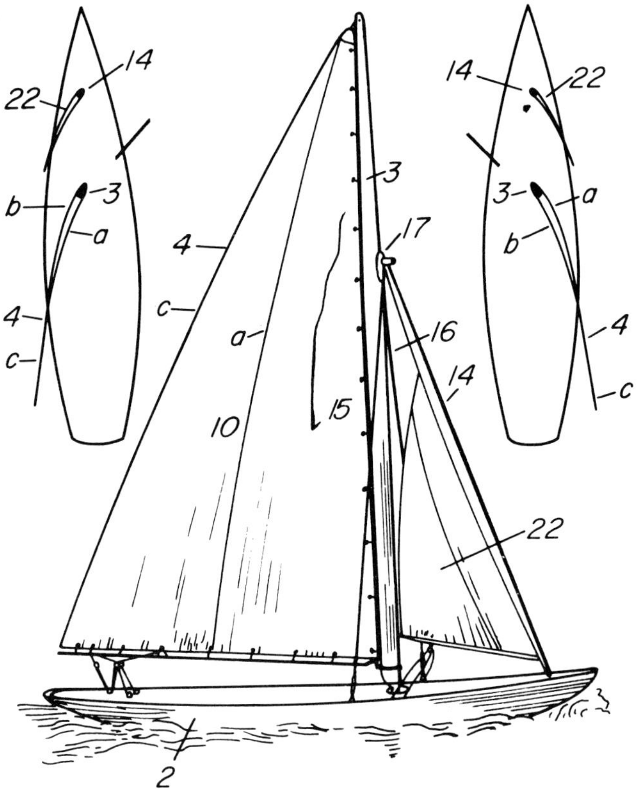

Abb. 3.43 Patentiertes Doppel-Vorliek-Rigg von L.F. Herreshoff

Foto 3.24 Das R-Boot *Live Yankee* von Com. C.A. Welch mit drehbarer stromlinienförmiger Vorstagspiere (1927)

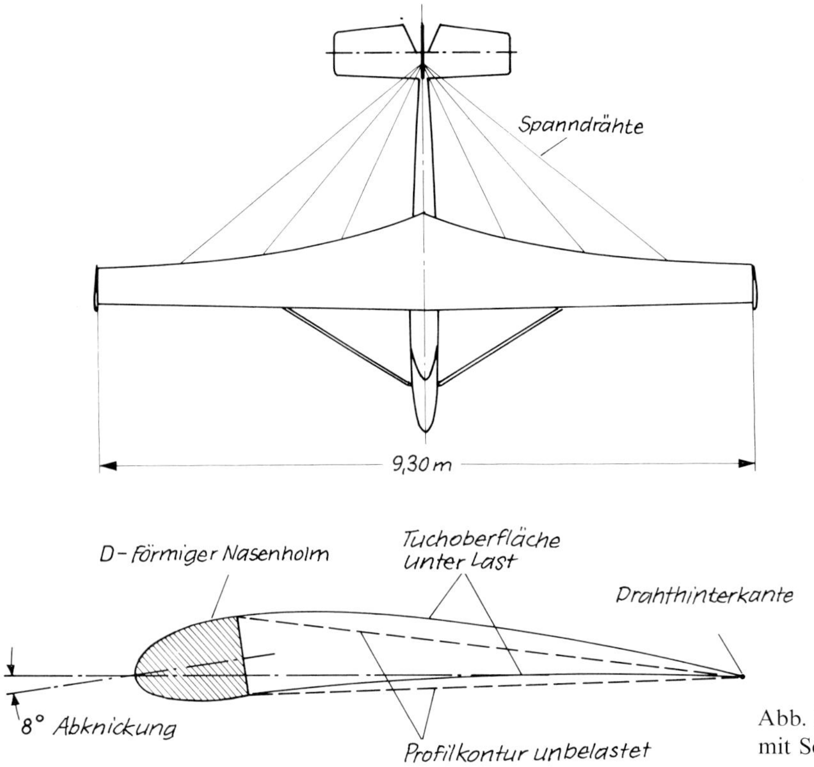

Abb. 3.44 Segelflugzeug mit Segelflügel

genannte neue Tragflügeltyp wurde an der Princeton University (USA) entwickelt und im Windkanal der NASA im Langley Research Center, Virginia (USA), in Großausführung untersucht [3.30]. Aus Abb. 3.44, die einen Querschnitt durch den Flügel zeigt, ist zu ersehen, daß eine möglichst einfache Konstruktion angestrebt wurde. Der Flügel setzt sich zusammen aus einem D-förmigen, um 8° zur Profilsehne nach unten abgewinkelten Nasenholm, starren Rippen an der Flügelspitze und -wurzel und einem Drahtseil an der Hinterkante. Dieses Tragwerk ist mit Tuch bespannt, das Ober- und Unterseite des Segelflügels bildet und mittels an der Flügelhinterkante angebrachten verstellbaren Spanndrähten gestrafft werden kann. Die Quersteuerung des Versuchsmusters erfolgte mit Hilfe der gegeneinander verdrehbar angeordneten Flügelendrippen durch Verwindung des gesamten Tragflügels.

Einige der experimentellen Untersuchungsergebnisse sind hinsichtlich der Anwendungsmöglichkeit dieser Konzeption für spezielle, nur auf Geschwindigkeit entworfene Segelfahrzeuge von Interesse. Die in Abb. 3.45 für den Segelflügel allein gezeigten Auftriebseigenschaften waren mit denjenigen für das komplette Versuchsmuster im Grunde genommen identisch. Der maximale Auftriebsbeiwert von 1,5 wurde bei einem Anstellwinkel von 15° erreicht. Das höchste L/D-Verhältnis des Segelflügels betrug ungefähr 2,8, was im Vergleich zu Flügeln

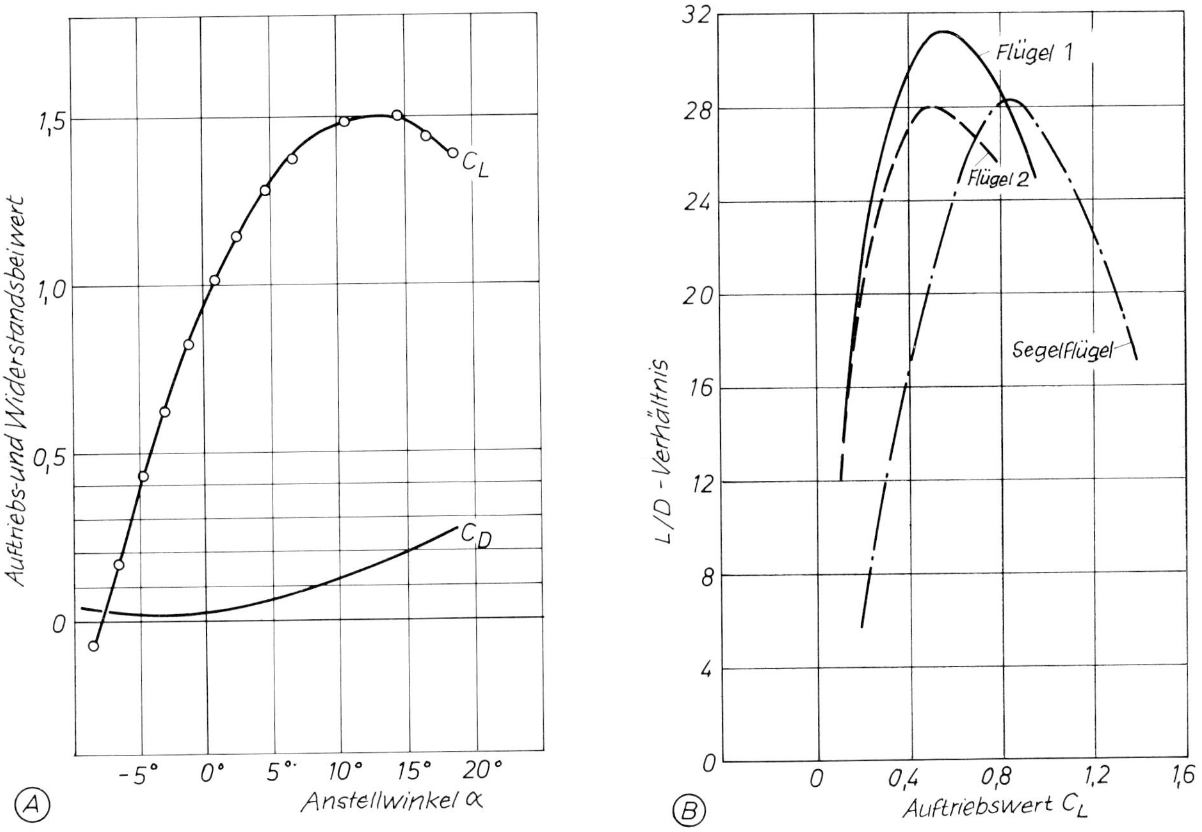

Abb. 3.45
A Aerodynamische Eigenschaften des Segelflügels; $q_0 = 156{,}6$ N/m² (siehe Tabelle 3.2)
B Vergleich des Segelflügels mit konventionellen Tragflügeln:
Segelflügel: $\Lambda = 11$; $c_t/c_r = 0{,}4$; $R_n = 0{,}8 \cdot 10^6$
Flügel 1: $\Lambda = 10$; $c_t/c_r = 0{,}4$; $R_n = 3{,}5 \cdot 10^6$
Flügel 2: $\Lambda = 12$; $c_t/c_r = 0{,}2$; $R_n = 2{,}3 \cdot 10^6$

geringer Dicke sehr hoch ist und in etwa denjenigen von glatten, konventionellen starren Flügeln mit annähernd demselben Seitenverhältnis gleichkommt (Abb. 3.45B).

b) „Gefütterte“ Segel

Den sogenannten gefütterten Segeln, über die bereits in Teil 2 (Abb. 2.73) berichtet wurde, liegen die gleichen Erwägungen zugrunde wie dem Doppel-Vorliek-Segel von Herreshoff. Wie schon früher erwähnt, veranlaßten Gerüchte bezüglich ihrer großen Wirksamkeit die IYRU, sie durch einen Zusatz in den Segelvermessungsvorschriften zu verbieten. Die in Abb. 3.46 dargestellten Ergebnisse von Vergleichsversuchen mit gefütterten und konventionellen Segeln zeigen jedoch, daß hierfür wenig Anlaß bestand. Die Untersuchung beschränkte sich auf die

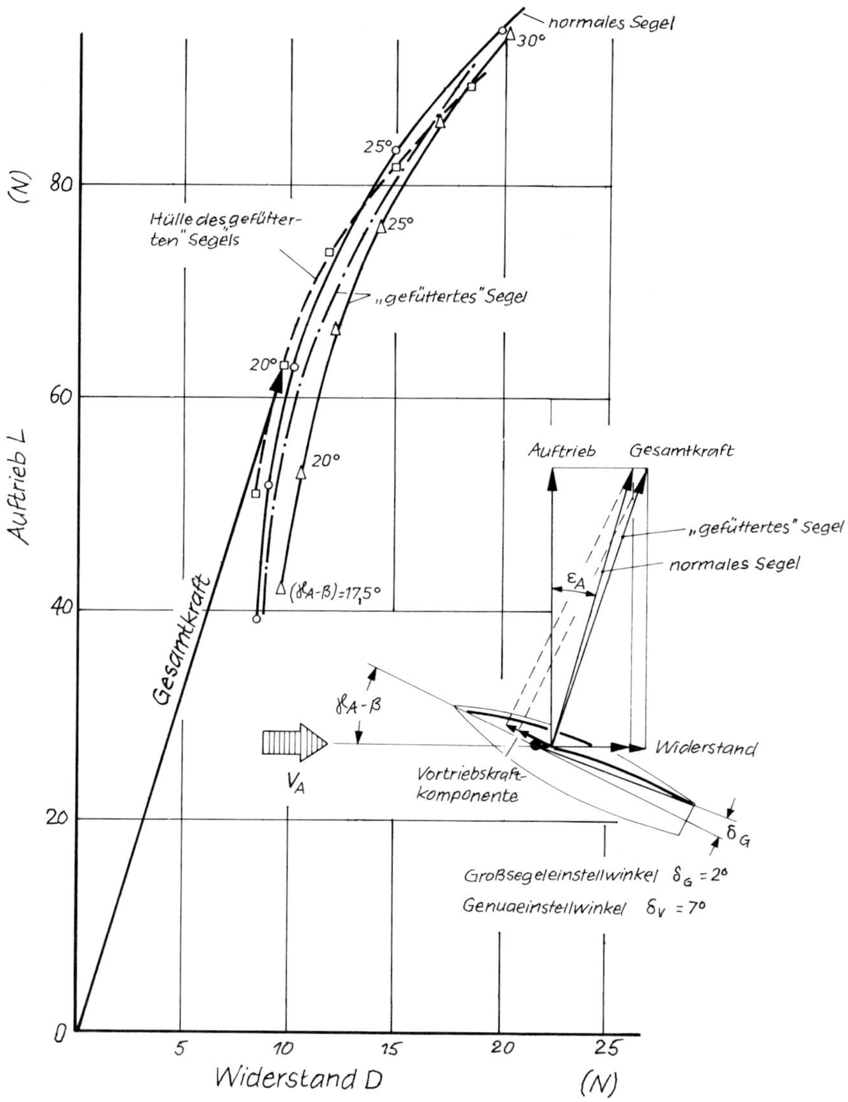

Abb. 3.46 Vergleichsversuche mit „gefütterten" und normalen Vorsegeln. $V_A = 8{,}14$ m/s.

Ermittlung der Auftriebs- und Widerstandskomponenten der Besegelungen. Drei verschiedene Masttopp-Genuas gleicher Abmessung, ein konventionelles Segel, ein gefüttertes Segel sowie die Hülle des gefütterten Segels wurden jeweils im Verband mit einem normalen Großsegel ($\delta_G = 2°$) an einem Yachtmodell untersucht. Die Höhe der Vorsegelmodelle betrug etwa 2,13 m, der Krängungswinkel des Yachtmodells 15° und die Windgeschwindigkeit V_A bei allen Versuchen 8,14 m/s.

Der Einstellwinkel am Unterliek war für alle Genuas gleich ($\delta_V = 7°$), der am Schothorn eingeleitete Schotzug wurde aber in den einzelnen Versuchen jeweils so reguliert, daß die bei laufendem Windkanal sich einstellende Segelform dem Augenschein nach am besten für den vorgegebenen Kurswinkelbereich $(\gamma_A - \beta) = 17°$ bis 30° schien. Sodann wurden die beiden Komponenten der aerodynamischen Gesamtkraft, der Auftrieb L und der Widerstand D, gemessen. Einige zur Überprüfung mit anderen Segeleinstellwinkeln δ_G und δ_V gemachte Versuche ergaben im wesentlichen keine anderen Verhältnisse als die in Abb. 3.46 für die Einstellwinkel $\delta_G = 2°$ und $\delta_V = 7°$ dargestellten.

Bei der Beurteilung der Vortriebseigenschaften der verschiedenen Besegelungen wurde aus bereits früher erläuterten Gründen davon ausgegangen, daß die Wirksamkeit eines Segels im Vergleich zu einem anderen dann besser ist, wenn seine Polarkurve $L = f(D)$ relativ zu derjenigen des anderen Segels in Richtung geringeren Widerstandes verschoben ist. Diese Vorstellung wird durch die der Abb. 3.46 beigefügten Skizze veranschaulicht, aus der zu ersehen ist, daß bei gleichem Auftrieb ein herkömmliches Segel gegenüber einem gefütterten einen geringeren Widerstand erfährt. Das gefütterte Segel bringt somit am Wind keine besseren Leistungen als das normale dünne Segel mit Stagreitern – im Gegenteil, es ist ungünstiger. Der anschließend nur mit der Hülle des gefütterten Segels (also ohne Schaumstoffüllung) durchgeführte Versuch erbrachte ein Ergebnis, das besser war als diejenigen für das gefütterte und konventionelle Segel. Warum?

Es leuchtet ein, daß die glatte Vorderkante der das Vorstag umschließenden Hülle eine wirksamere Anschnittkante ergibt, als es bei der Genua mit Stagreitern der Fall ist. Der Einfluß der verhältnismäßig scharfen Vorderkante des gefütterten Segels auf seine aerodynamischen Eigenschaften ist dagegen nicht sogleich einzuschätzen. In der Aerodynamik ist es jedoch eine allgemeine Erfahrungstatsache, daß die Eigenschaften eines Tragflügels durch eine falsche Formgebung der Profilvorderkante erheblich verschlechtert werden können. Sie sind, wie zu Abb. 2.72, Teil 2, ausgeführt wurde, sehr von der Krümmung der Profilkontur unmittelbar hinter der Vorderkante abhängig. Aus diesem Grunde werden in der Flugtechnik aufwendige mathematische Methoden verwendet, die es gestatten, zu vorgegebenen, erwünschten Strömungsverhältnissen und Druckverteilungen die entsprechende Profilform zu entwerfen.

c) Die Bedeutung der Profilwölbung an der Vorderkante

Unter den verschiedenen geometrischen Profilparametern, wie beispielsweise dem Verhältnis der größten Wölbungstiefe zur Sehnenlänge des Profils, der Rücklage der größten Wölbung oder der Krümmung der Profilkontur in der Umgebung der Vorderkante, ist der letztere zumindest genauso wichtig wie das Wölbungsverhältnis. Abb. 3.47 veranschaulicht in diesem Zusammenhang die Bedeutung des Vorderkantenwinkels ψ zwischen der Tangente im vordersten Punkt der Profillinie und der Sehne beim Segelprofil. Durch eine Veränderung der Vorliekspannung mit Hilfe einer Cunningham-Kausch kann die Lage der maximalen Wölbungstiefe und – was wichtiger ist – dieser Vorderkantenwinkel ψ variiert werden, während das Wölbungsverhältnis im wesentlichen unverändert bleibt. Die Pfeile 1

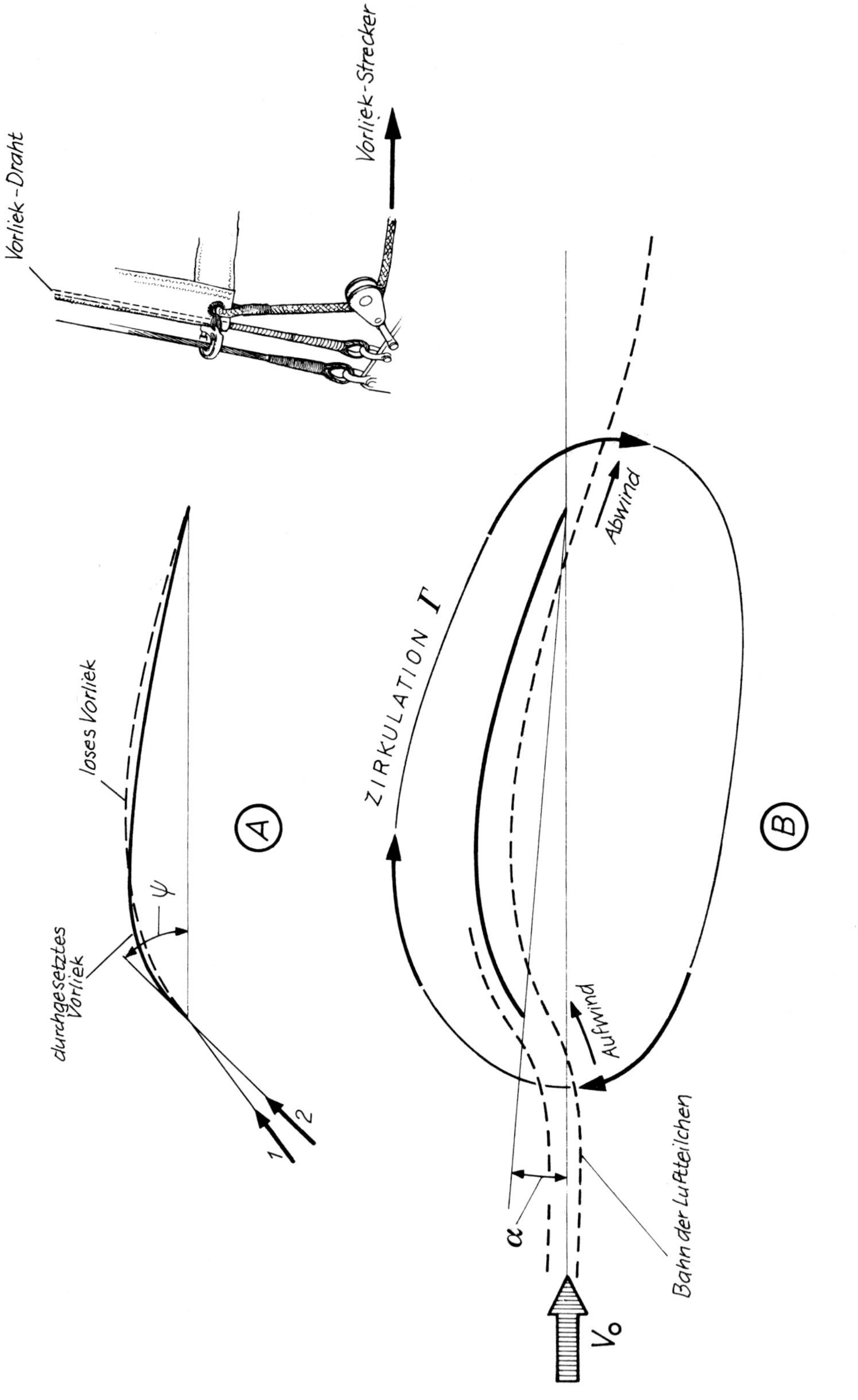

Abb. 3.47 Definition und Bedeutung des Vorderkantenwinkels ψ

und 2 in Abb. 3.47A kennzeichnen diese Änderung des Vorderkantenwinkels, je nach dem, wie stark das Segelvorliek durchgesetzt ist, was natürlich nur innerhalb gewisser Grenzen möglich ist. Selbst wenn die Größe der Wölbung festliegt, verbleibt mithin noch ein Bereich möglicher Formen, die das Segelprofil bei jeweils unterschiedlichen aerodynamischen Eigenschaften annehmen kann.

Die physikalische Bedeutung des Vorderkantenwinkels ψ wird aus Abb. 3.47B deutlich. Sie zeigt schematisch Bahnlinien sich der Vorderkante des Segelprofils nähernder Luftteilchen, die infolge der allmählich immer stärker werdenden aufwärtsgerichteten Zirkulationsgeschwindigkeit (Aufwind), nach oben abgelenkt werden. Soll die Strömung nun in die Vorderkante glatt (stoßfrei) eintreten, muß die Wölbung in der Nähe der Vorderkante tangential zur örtlichen Strömungsrichtung verlaufen. Der Staupunkt S_t liegt dann genau auf der vordersten Stelle des Profils.

Wie in Teil 2 ausgeführt wurde (vgl. Abb. 2.62) ist es nur bei einem ganz bestimmten, als ideal oder optimal zu bezeichnenden Anstellwinkel wahrscheinlich, daß die Strömung an der scharfen Vorderkante eines Profils glatt verläuft, das heißt, sich die Strömung um die Profilober- und Profilunterseite genau an der vordersten Stelle des Profils teilt (= stoßfreier Eintritt = keine Umströmung der scharfen Vorderkante von oben nach unten oder unten nach oben). Es ist deshalb naheliegend, daß es für jede Windgeschwindigkeit eine optimale Kombination von Wölbungsverhältnis, Wölbungsverlauf des Segelprofils an der Vorderkante und dem Segelanstellwinkel beziehungsweise Einstellwinkel gibt, welche die beste Leistung hervorbringt.

Ein weiterer Blick auf Abb. 3.47 sowie die Betrachtung der nachstehend nochmals angeführten Gl. (2.12) aus Teil 2 möge die obige Feststellung erhärten:

$$\Gamma = f(V_0 \cdot c \cdot \alpha). \qquad \text{(2.12) wiederholt}$$

Es ist offensichtlich, daß der Aufwind vor dem Segel und deshalb die Richtung der in die Vorderkante eintretenden Anströmung von der Zirkulationsstärke um das Profil abhängt, die ihrerseits wiederum eine Funktion der ungestörten Windgeschwindigkeit V_0 vor dem Segel und des effektiven örtlichen Segelanstellwinkels α ist. Mit anderen Worten, bei jedem Profil mit scharfer Vorderkante, von dem größte Wirksamkeit verlangt wird, sollte mit jeder Änderung des Anstellwinkels oder der Anströmgeschwindigkeit eine Änderung der Profilwölbung nahe der Vorderkante einhergehen. Bei den gut abgerundeten Vorderkanten dicker Profile ist diese Forderung weniger ausgeprägt, aber nicht aufgehoben.

Es ist bemerkenswert, daß die Vorteile, die eine variable Profilkontur an der Vorderkante mit sich bringt, schon 1920 entdeckt wurden. Wegen ihrer Bauart besaßen Doppeldecker verhältnismäßig dünne Flügelprofile, deren niedriger Höchstauftrieb durch Ablösung an der Vorderkante bestimmt wurde. Abhilfe brachte die sogenannte „Knicknase", eine Wölbungsklappe an der Flügelvorderkante. Windkanalmessungen zeigten, daß durch Abknicken des Nasenbereichs eines Profils dessen maximaler Auftriebsbeiwert von 1,1 bei einem optimalen Klappenausschlag von ungefähr 30° relativ zur Sehne des ansonsten glatten Profils

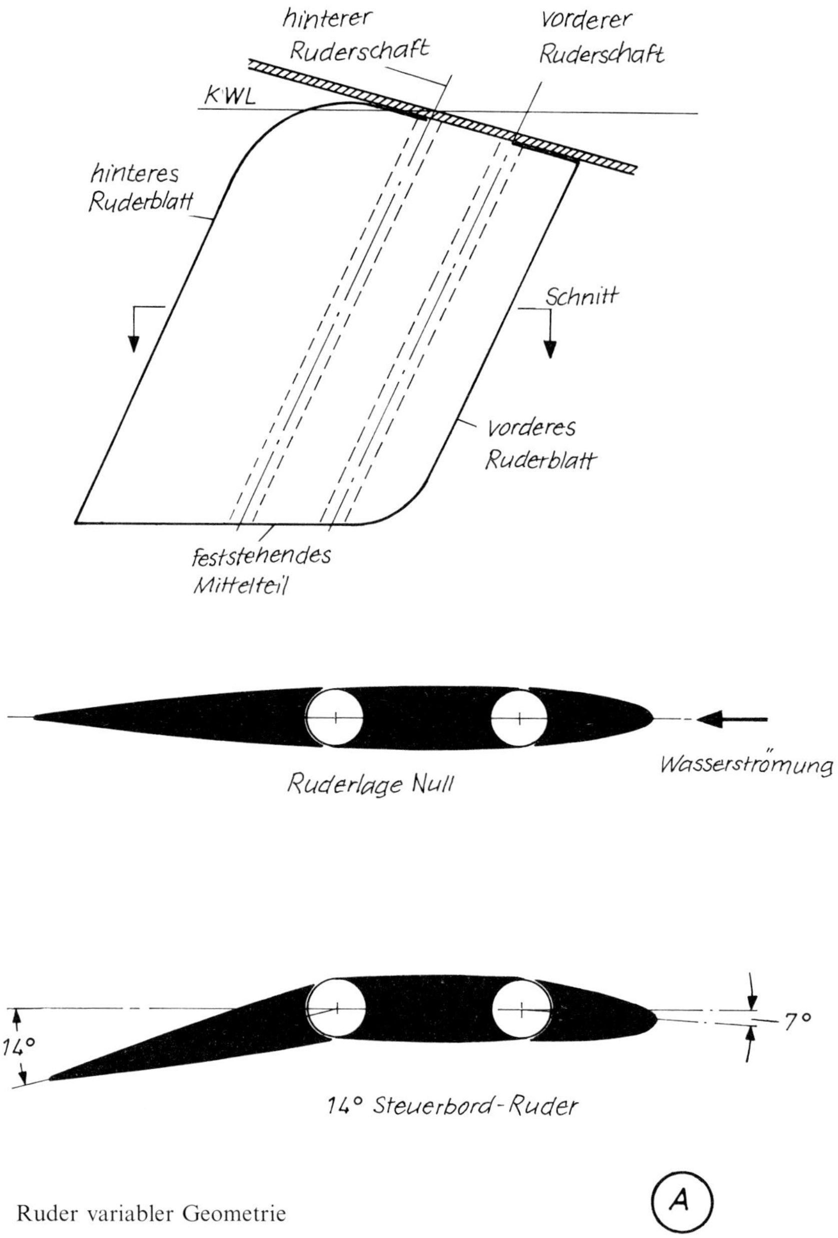

Abb. 3.48 Ruder variabler Geometrie

auf ungefähr 1,7 vergrößert werden konnte. Dieser Reserveauftrieb war höchst wichtig für den Landevorgang, der hohe Auftriebsbeiwerte erfordert.

Auch der Konzeption des sogenannten „Gelenkruders" (Abb. 3.48 A) liegt der Wunsch nach einem hohen Auftrieb und einer bei Bedarf großen Ruderkraft zugrunde. Dieses Ruder wurde von H.C. Herreshoff entwickelt und, wie B. Devereux Barker III in *Yachting* berichtete, ursprünglich für eine 12,5 m lange Yacht der Cougar-Klasse verwendet. Bei dem heutigen Trend, die benetzte

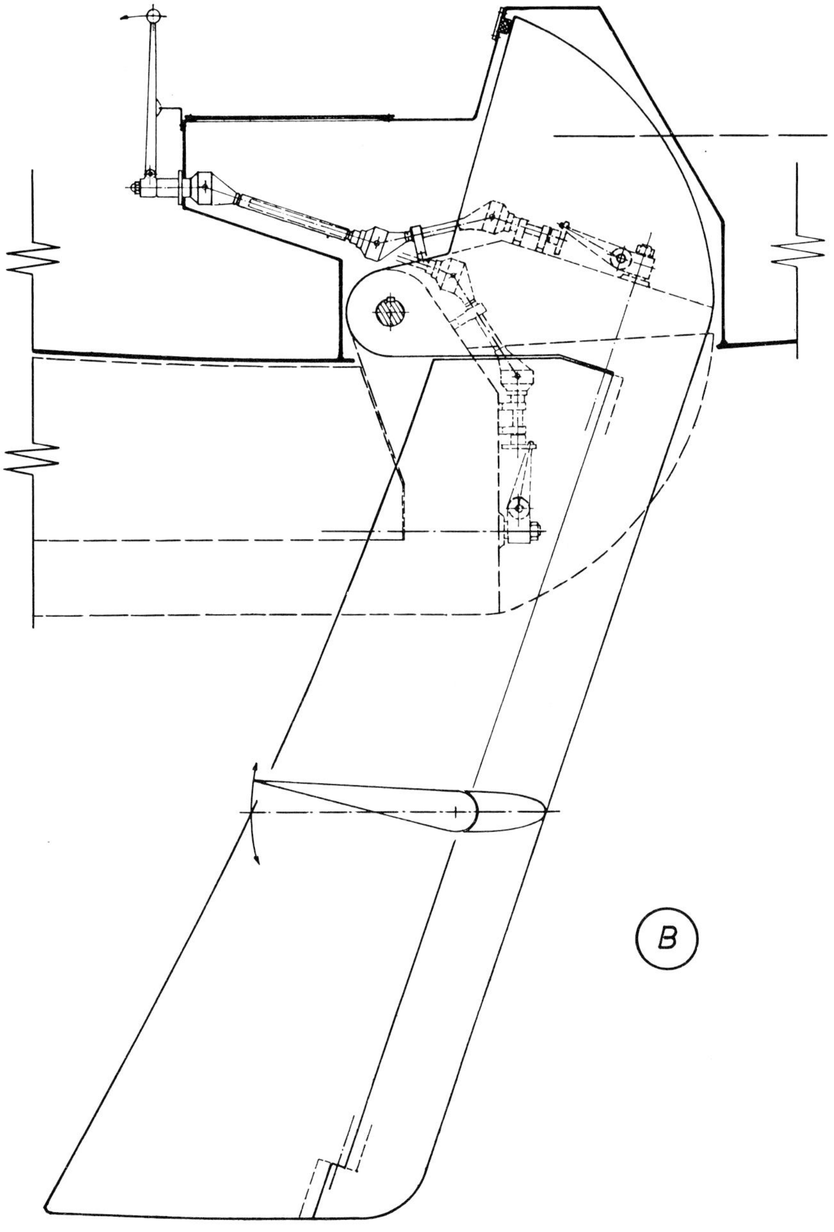

Rumpfoberfläche so klein wie möglich zu halten, ist die Entwicklung von Rudern kleinerer Fläche, aber gleicher Wirkung, für die Konstrukteure ein ganz logischer Schritt. Wie aus Abb. 3.48 A zu ersehen ist, besteht das Gelenkruder aus einem feststehenden Mittelteil und zur gleichen Seite hin drehenden Klappen an der Vorder- und Hinterkante. Der Ausschlag der vorderen Fläche ist mit Hilfe eines Verbindungsgestänges halb so groß wie der Ausschlag der hinteren Fläche. Die

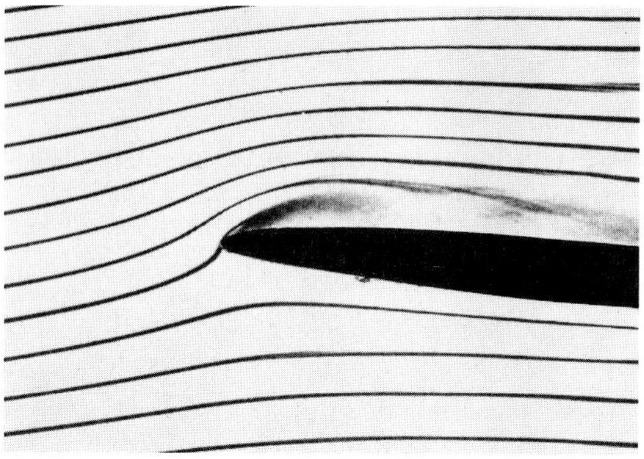

A

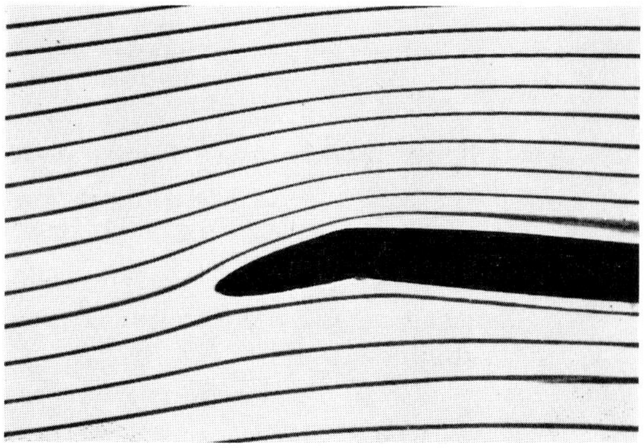

B

Foto 3.25
Oben – Im Schleppkanal der Universität Southampton untersuchte Kielflosse variabler Geometrie
Unten – Umströmung der Flossenvorderkante
A Die Strömung löst an der Vorderkante ab.
B Bei abgeknicktem Vorderteil bleibt die Strömung anliegen.

derart variable Wölbungslinie des Ruders soll eine hervorragende Steuerwirkung bei mäßigem Widerstand bewirken.

Über die Theorie, auf die sich diese Ruderkonzeption stützt, sagt ihr Erfinder:

> „Der Grenzwert der Ruderkraft bei einem Spatenruder mit gerader Wölbungslinie ist dann erreicht, wenn die Saugspitze an der Vorderkante so groß wird, daß die Unterdruckseite des Ruderblattes Luft von der Wasseroberfläche ansaugt. Diese Erscheinung bezeichnet man als ‚Ventilation'. Durch einen Skeg vor dem Ruder läßt sich der maximale Unterdruck und die Ventilationsgefahr vermindern.
>
> Überall da, wo eine sehr hohe Auftriebskraft (oder Seitenkraft) erforderlich ist, ist eine gewölbte Form wegen ihrer viel geringeren Ventilationsneigung der ungewölbten Spatenform oder der Spaten-Skeg-Kombination vorzuziehen."

Den gleichen Gedankengang offenbaren das in Abb. 3.48 B aus der deutschen Segelzeitschrift *Yacht* wiedergegebene Ruder (Patent angemeldet) und der an einem Schleppversuchsmodell untersuchte Flossenkiel mit Vorder- und Hinterkantenwölbungsklappen in Foto 3.25. Sie haben eine gewisse Ähnlichkeit mit den beim Starten und Landen an Flugzeugtragflügeln verwendeten auftriebssteigernden Einrichtungen. Die Klappen ermöglichen es, bei kleinen Geschwindigkeiten infolge der gekrümmten Wölbungslinie einen hohen Auftrieb zu erreichen, ohne die ansonsten bestehende Gefahr des Abreißens der Strömung.

d) Trimmfäden

Ausgehend von der Annahme, daß es beim Segeln hoch am Wind von Vorteil ist, die Form des Segels so einzustellen, daß jedes Profil über der Höhe des Segels unter seinem optimalen Anstellwinkel angeströmt wird, ist die Verwendung von Trimmfäden nahe des Segelvorlieks allgemein übliche Praxis geworden. Einige Rennsegler vertreten die Auffassung, daß man heutzutage ohne diese Fäden unmöglich noch mithalten kann. Auf Am-Wind-Kurs sollten die Schoten und der gesteuerte Kurs so aufeinander abgestimmt werden, daß möglichst viele Strömungsanzeiger glatt am Segel anliegen und nicht hin und her flattern. Man glaubt, daß auf diese Weise das Abreißen der Strömung an der Vorderkante auf beiden Seiten des Segels vermieden werden kann und das Segel dann unter seinem idealen oder optimalen Anstellwinkel angeströmt wird. Die aus einer der Segelzeitschriften in Abb. 3.49 wiedergegebenen drei Skizzen illustrieren – zwar ungenau – dieses Konzept. Wird der Anstellwinkel des Segels zu sehr verringert (Segel zu weit aufgcfiert, Skizze B), verschiebt sich der vordere Staupunkt auf die Leeseite (Saugseite), und das Segel beginnt am Vorliek einzufallen, die Strömung löst auf der Luvseite (Druckseite) ab. Wird dagegen der Anstellwinkel des Segels zu sehr vergrößert (Segel zu dicht geholt, Skizze C), wandert

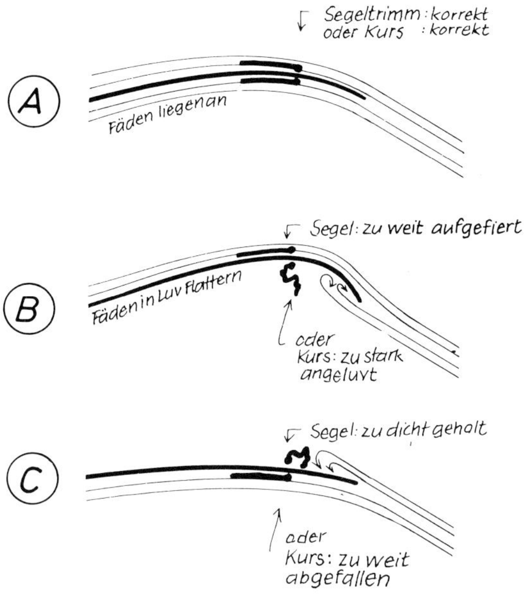

Abb. 3.49 Zum Segeln mit Trimmfäden

der Staupunkt auf die konkave Seite des Segels und die Strömung reißt an der Vorderkante auf der Leeseite ab.

Obwohl die meisten Experten sich darin einig sind, daß die frühzeitige Anzeige von Strömungsablösung eine der wichtigsten Funktionen der Fadensonden ist, warnen einige davor, das Verhalten der Strömungsanzeiger nach irgendwelchen starren Regeln zu deuten. Ihrer Empfehlung nach sollte jeder Eigner sich mit seinem Segelmacher beraten, wie sie am besten zu verwenden sind, sowie durch Ausprobieren die richtige Interpretation der Fäden in seinen eigenen Segeln herausfinden.

Der Gebrauch von Fadensonden steckt noch in den Kinderschuhen, was sich deutlich im empfohlenen Abstand der Fäden hinter dem Vorliek niederschlägt, der zwischen 0,15 und 0,45 m variiert. In diesem Zusammenhang lohnt es sich, der Frage nachzugehen, was diese Fäden denn nun wirklich anzeigen oder nachweisen.

Das Grundprinzip wird von den Strömungsforschern bei der Untersuchung der Strömungsverhältnisse bei Modellflügeln im Windkanal schon lange verwendet. Der grundlegende Zusammenhang zwischen dem Zustand der Grenzschichtströmung auf der Saugseite eines Tragflügels und der Ablösungscharakteristik beim Erreichen des Höchstauftriebs, verursacht durch Abreißen der Strömung nahe der Vorder- und/oder Hinterkante, ist seit den sehr ausführlichen experimentiellen Untersuchungen von G.B. McCullough und D.E. Gault praktisch aufgeklärt. Zur Zufriedenheit des Verfassers, der entsprechende Versuche mit segelähnlichen Profilen (Foto 2.25) durchführte, sind die Schlußfolgerungen von McCullough und Gault in jeder Hinsicht auf die Strömungsverhältnisse bei Segeln

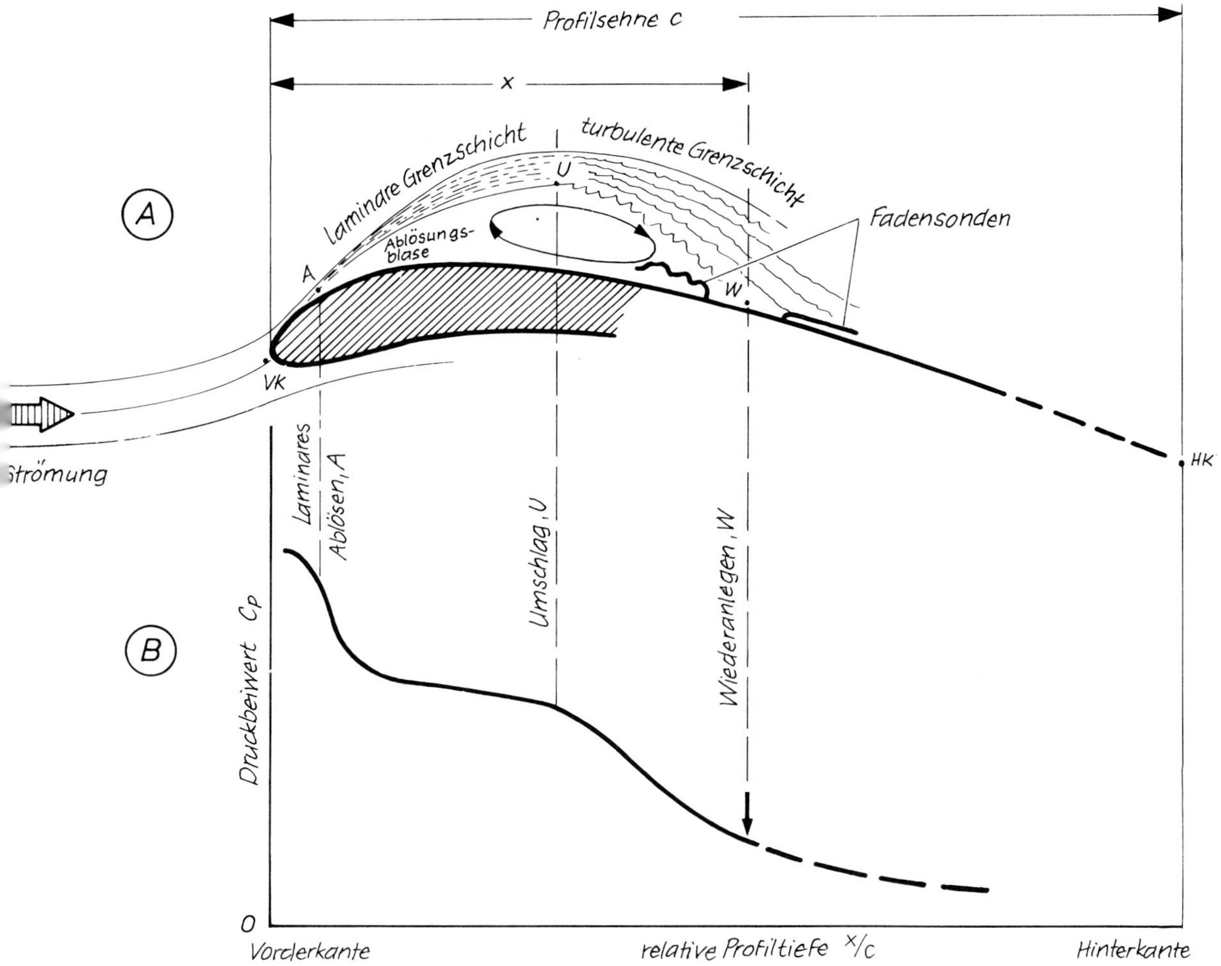

Abb. 3.50 Vereinfachtes Modell des Strömungsvorganges bei Auftreten einer Ablöseblase an der Vorderkante eines dünnen Profils. Der Deutlichkeit halber ist die Ablöseblase in ihrer Ausdehnung senkrecht zur Strömungsrichtung stark vergrößert dargestellt.

übertragbar. Gemäß den Ausführungen in Teil 2 sind die örtlichen Geschwindigkeiten an der Vorderkante um so größer, je kleiner hier der Krümmungsradius der Profilkontur ist, um so höher ist folglich die örtliche Saugspitze und um so wahrscheinlicher kommt es deshalb zu laminarer Ablösung an der Vorderkante. Vorausgesetzt, der Anstellwinkel ist hinreichend klein, legt sich die abgelöste Grenzschicht in der Regel aber kurz hinter der Profilnase wieder an und folgt dann ohne weitere Ablösung der Profilkontur bis zur Hinterkante (siehe Foto 2.25A und Abb. 2.59B).

Bei der Behandlung des Ablösevorganges am dünnen Profil in Teil 2 (Abb. 2.57) wurde erwähnt, daß die sogenannte laminare Ablöseblase für das Verhalten der Grenzschicht auf der Saugseite des Profils und die letztlich hieraus resultierende (Unter-)Druckverteilung eine wichtige Rolle spielt. Abb. 3.50 zeigt ein vereinfachtes Modell der Strömung mit Ablöseblase nahe der Vorderkante (nach McCullough und Gault [3.31], [3,32]). Ihre Beobachtungen ermöglichen eine einheitliche Interpretation der Ablöseerscheinungen am dünnen Flügel. Eine notwendige Bedingung für das Auftreten der Ablöseblase ist ein Druckanstieg (hohe Saugspitze), der steil genug ist, um laminare Ablösung im Punkt A nahe der Vorderkante zu verursachen. Diese Bedingung, obwohl notwendig, ist aber allein nicht hinreichend für die Ausbildung der Ablöseblase. Ist einerseits die Reynolds-Zahl groß genug, was bei schnellen Fahrzeugen der Fall ist, erfolgt der Umschlag der Grenzschicht von der laminaren in die turbulente Strömungsform noch vor dem theoretischen laminaren Ablösepunkt A, also vor dem Punkt, in dem sich die Strömung abgelöst hätte, wäre die Grenzschicht laminar geblieben (Abb. 3.50 A). Unter diesen Umständen ist eine Bildung der Ablöseblase ausgeschlossen. Ist andererseits die Reynolds-Zahl genügend klein, beispielsweise bei leichtem Wind, schlägt die abgelöste laminare Grenzschicht nicht in den turbulenten Zustand um, so daß sich die abgelöste Strömung auch nicht wiederanlegen kann; es entsteht ebenfalls keine Ablöseblase. Mithin ist die Ausbildung einer laminaren Ablöseblase nur in einem bestimmten Reynolds-Zahlenbereich möglich; ihr Charakter hängt von der Wölbung des Profils an der Vorderkante und dem Anstellwinkel ab. All diese Faktoren beeinflussen die sich schließlich einstellende Druckverteilung.

Die Rolle der Ablöseblase besteht nun darin, den Umschlag laminar-turbulent der Grenzschichtströmung zu erleichtern, was als Vorbedingung für ein Wiederanlegen der Strömung an die Flügeloberfläche angesehen wird. Außerdem bewirkt der von der Ablöseblase eingeschlossene Wirbel eine Ablenkung der abgelösten Strömung zur Körperoberfläche hin. Ein Wiederanlegen der Strömung ist jedoch unwahrscheinlich, solange nicht genügend Energie aus der Anströmung entnommen werden kann, um diesen Wirbel innerhalb der Ablöseblase aufrechtzuerhalten und Energieverluste durch Reibung zu kompensieren. Dies erklärt, warum bei niedrigen Reynolds-Zahlen oder geringer Strömungsgeschwindigkeit die einmal abgelöste Strömung sich nicht wiederanlegt. Die langsame Strömung ist nicht energiereich genug, um sowohl den Wirbel in der Ablöseblase als auch die Grenzschichtströmung gegen einen ungünstigen Druckgradienten zu unterstützen.

Wir sind nun in der Lage, das Problem der optimalen Wölbung des Segels bei leichtem Wind aus einer anderen Sicht zu betrachten. Allgemein kann man sagen, daß die Segel bei viel Wind flach und bei wenig Wind bauchig sein sollten. Die Wölbung eines Segels läßt sich jedoch nicht beliebig vergrößern. Es gibt hierfür eine Grenze, die durch die Tatsache bestimmt wird, daß bei kleiner werdender Windgeschwindigkeit früher oder später eine kritische Kombination von Segelwölbung und Reynolds-Zahl erreicht wird, für die sich das Ablöseverhalten plötzlich ändert und die zuerst vorherrschende Ablösung am dünnen Profil in laminare Ablösung an der Profilnase übergeht. Die letztere Ablöseform, in Teil 2 als abruptes Abreißen der Strömung ohne Wiederanlegen beschrieben

(Abb. 2.59 A), zeichnet sich durch den vollkommenen Zusammenbruch der Saugspitze an der Vorderkante aus, der von einem raschen starken Auftriebsabfall und einem großen Widerstandszuwachs begleitet wird. Diese Ablösecharakteristik resultiert daraus, daß die abgelöste laminare Grenzschichtströmung nahe der Vorderkante nicht in der Lage ist, sich wieder an die Flügeloberfläche anzulegen. Unter diesen Umständen zeigen die Fadensonden bei allen Anstellwinkeln, die kleiner sind als der kritische Anstellwinkel, für den der Maximalauftrieb erreicht wird, stetige Strömung auf der Saugseite an, ohne jede Warnung vor irgendeiner bevorstehenden Änderung der Strömungsverhältnisse. Mit anderen Worten, die Fadensonden zeigen kein begrenztes Gebiet abgelöster Strömung nahe der Vorderkante an, wie dies beispielsweise in Abb. 3.50 A veranschaulicht ist. Der Übergang von dem einen in das andere Ablöseverhalten, charakterisiert durch Abreißen der Strömung auf der ganzen Saugseite (Abb. 2.59 A), erfolgt scheinbar augenblicklich. Ein weniger stark gewölbtes Segelprofil ist gegenüber der Ablösung an der Vorderkante unempfindlicher und deswegen bei leichtem Wind, bei dem das Auftreten dieses Ablöseverhaltens wahrscheinlich ist, wirksamer.

Die kritische Reynolds-Zahl, bei dem die Ablösung am dünnen Profil mit Wiederanlegen von der laminaren Ablösung an der Profilnase ohne Wiederanlegen verdrängt wird, liegt etwa bei $6 \cdot 10^4$. Der tatsächliche Wert hängt im Einzelfall von der Krümmung der Profilkontur des Flügels (Segels) ab, die nicht nur durch den Betrag der größten Wölbungstiefe, sondern auch durch die Verteilung der Wölbung über der Profilsehne bestimmt wird. Weiterhin hängt die kritische Reynolds-Zahl von der Turbulenz der Anströmung ab. Eine starke Turbulenz verschiebt die unerwünschte laminare Ablösung an der Vorderkante zu kleineren Reynolds-Zahlen. Hierauf beruht die Wirkungsweise des unmittelbar vor der Flügelvorderkante angeordneten sogenannten Turbulenzdrahtes, mit dessen Hilfe eine laminare Ablösung verzögert oder vermieden werden kann. Eine andere Möglichkeit, den Umschlag laminar-turbulent der Strömung vorzuverlegen, ist die Ausbildung einer scharfen Profilnase, was somit bei Tragflügeln, die bei niedrigen Reynolds-Zahlen arbeiten, zu empfehlen ist. Der bei laminarer Ablösung auftretende Verlust an Unterdruck, hauptsächlich im vorderen Profilbereich, geht deutlich aus Abb. 3.51 hervor, in der für das gleiche Profil die Druckverteilung auf der Saugseite bei zwei verschiedenen Ablöseformen (mit und ohne Wiederanlegen der Strömung) dargestellt ist.

Wir wollen uns nun wieder dem vorherrschenden Ablösungstyp, der teilweisen Ablösung der Strömung an der Vorderkante (Abb. 3.50 A), zuwenden. Das Diagramm in Abb. 3.50 B zeigt schematisch die Verteilung des Druckbeiwertes C_p auf der Profilsaugseite. Hieraus kann man sehen, daß der in der Regel bei Anstellwinkeln größer als 5° oder 6° teilweise zusammenbrechenden Saugspitze im Bereich der Vorderkante ein Gebiet annähernd konstanten Druckes folgt, das in Teil 2 als Druckplateau bezeichnet wurde. Dies ist ein Kennzeichen der laminaren Ablösung mit auftretender Ablöseblase. Im gewissen Abstand vom Ablösepunkt A erfolgt in der abgelösten Strömung der Umschlag in die turbulente Strömungsform (Umschlagpunkt U). Grenzschichtumschlag und anschließende

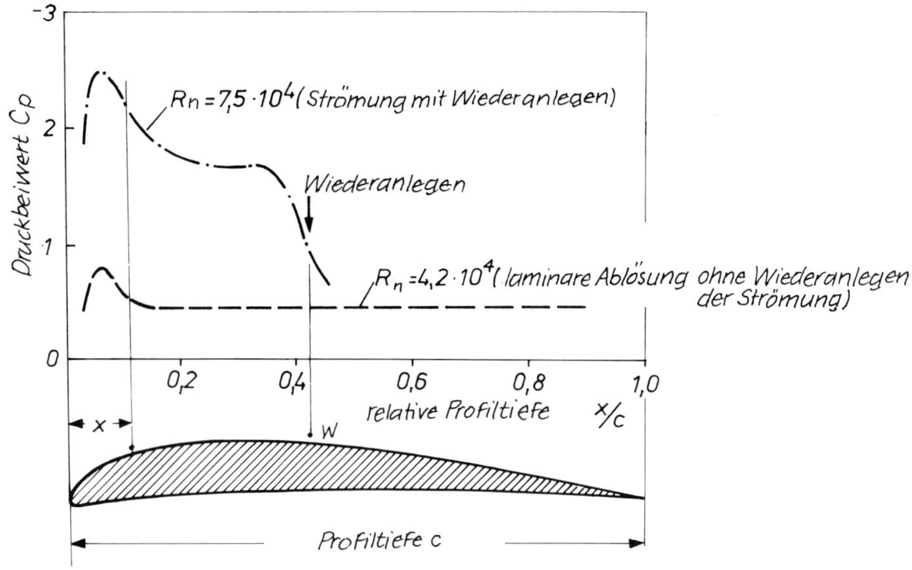

Abb. 3.51 Druckverteilungen am Tragflügelprofil Gö 801 beim gleichen Anstellwinkel $\alpha = 18°$ für die beiden Reynolds-Zahlen $R_n = 4{,}2 \cdot 10^4$ und $R_n = 7{,}5 \cdot 10^4$, für die zwei verschiedene Ablösungsformen auftreten (nach Messungen von Kramer, mitgeteilt in [2.53]).

Ausbildung der turbulenten Strömung sind notwendige Bedingungen für das Wiederanlegen der Strömung weiter stromabwärts im Punkt W (Abb. 3.50).

Mit Hilfe von Fadensonden läßt sich deutlich erkennen, wo sich die Strömung tatsächlich wieder anlegt. Die stromwärts von Punkt W angeordneten Fäden zeigen eine relativ glatte Strömung in Richtung Hinterkante an, während die stromaufwärts von W liegenden Fäden unregelmäßig in Richtung der Vorderkante zeigen und abgelöste Strömung erkennen lassen. Ihre Bewegung ist Folge des zwischen dem Anlegepunkt W und der Vorderkante liegenden Wirbels, der nahe der Oberfläche eine Rückströmung bewirkt. Bei richtiger Anordnung können die Fadensonden somit nicht nur die Ablösung der Strömung aufzeigen, sondern auch – und dies ist wichtiger – den Charakter der Ablösung. Eine derartige Unterscheidung ist keine Spitzfindigkeit, sondern von erheblicher praktischer Bedeutung. Unmittelbar damit hängt nämlich die Frage zusammen, wie die Trimmfäden bezüglich der Vorderkante des Segels angeordnet werden sollten, um ihre Funktion effektiv zu erfüllen. Um die Bedeutung des Abstandes des Wiederanlegepunktes W von der Vorderkante des Segels zu verstehen, müssen wird die Beziehung zwischen der Lage dieses Punktes und der Unterdruckverteilung auf der Leeseite des Segels und der sich daraus ergebenden Wirksamkeit des Segels betrachten.

Die in [3.32] mitgeteilten Beobachtungen der Strömungsverhältnisse bei dem Tragflügelprofil NACA 64A006, die denjenigen segelähnlicher Formen gleichen, ergaben für Anstellwinkel α kleiner als 4,5° auf der Saugseite überall anliegende

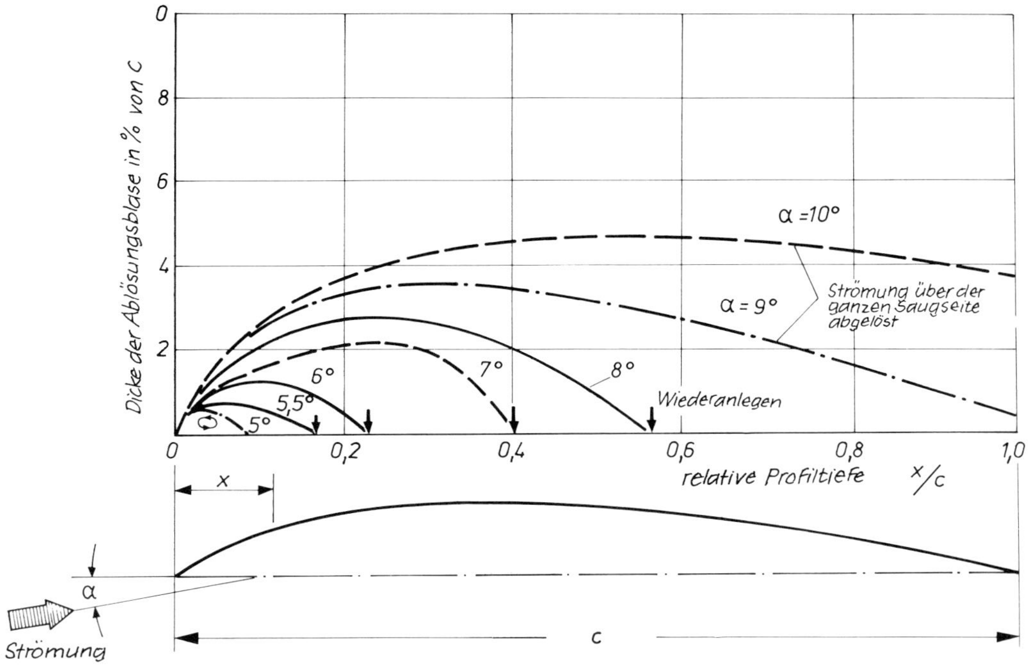

Abb. 3.52 Dicke der unter der abgelösten Grenzschicht liegenden Ablöseblase in Abhängigkeit vom Anstellwinkel. Diese am Profil NACA 64A006 gemachten Beobachtungen sind mit den vom Autor an segelähnlichen Profilen gewonnenen Feststellungen vergleichbar. Man beachte, daß wegen der Untersuchung im zweidimensionalen Strömungszustand die eingetragenen Anstellwinkel effektive Anstellwinkel darstellen (gleiches gilt für Abb. 3.53).

Strömung. Erst bei $\alpha = 4{,}5°$ ($c_l \approx 0{,}5$) trat im Bereich der Vorderkante merkliche intermittierende Ablösung auf. Bei weiterer Anstellwinkelvergrößerung breitete sich die Strömungsablösung an der Vorderkante in Form einer Ablöseblase allmählich stromabwärts aus. Eine ausgeprägte Ablöseblase ist zuerst bei einem Anstellwinkel von 5° zu erkennen, die, wie aus Abb. 3.52 zu ersehen ist, sich über etwa 8 Prozent der Profiltiefe c erstreckt. Die Dicke oder Höhe der unter der abgelösten Grenzschicht liegenden Blase beträgt hierbei etwa 1/2 Prozent von c. Mit wachsender Anstellung nimmt das Gebiet abgelöster Strömung sowohl in der Dicke als auch in seiner Ausdehnung in Richtung der Profilsehne immer mehr zu, bis es bei einem Anstellwinkel von 9°, für den der Maximalauftriebsbeiwert $c_l = 0{,}9$ erreicht wird, die gesamte Saugseite bedeckt. Die größte Dicke der Ablöseblase unter der nahe der Hinterkante wieder an die Profiloberfläche anlegenden Grenzschichtströmung beträgt dann ungefähr 3,5 Prozent der Sehnenlänge c. Die Pfeile in Abb. 3.52 kennzeichnen den jeweiligen Wiederanlegepunkt W, der sich mit größer werdendem Anstellwinkel allmählich zur Profilhinterkante verschiebt.

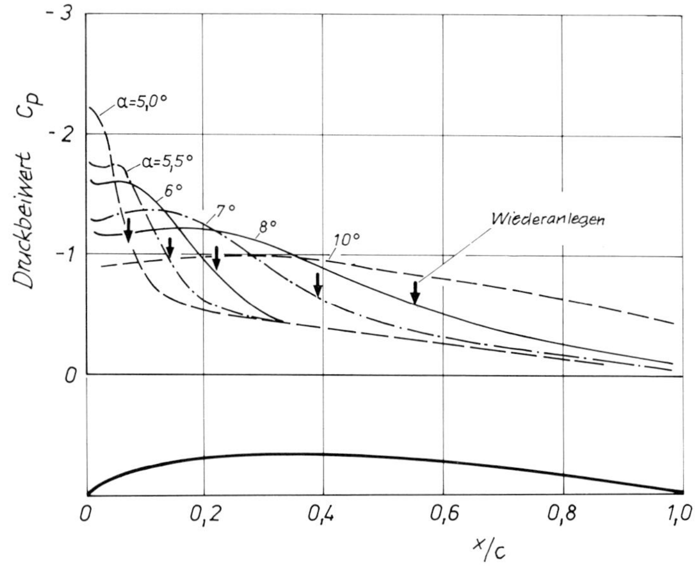

Abb. 3.53 Druckverteilung am dünnen Profil NACA 64A006 bei verschiedenen Anstellwinkeln $\alpha = 5°$ bis 10°. Die Pfeile kennzeichnen die Stelle des Wiederanlegens der Strömung.

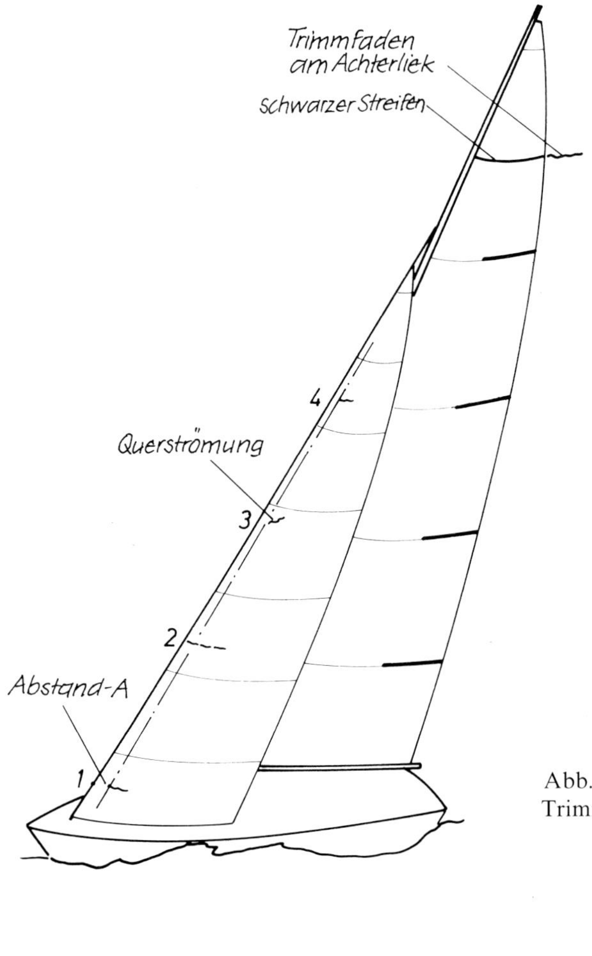

Abb. 3.54 Zur grundsätzlichen Anordnung der Trimmhilfen im Segel

Foto 3.26 Von A. Gentry vorgeschlagene Anbringung von Trimmfäden im Groß- und Vorsegel. (Wiedergabe der Bilder mit freundlicher Genehmigung von A. Gentry)

Die Abb. 3.52 ergänzenden Druckverteilungen auf der Profilsaugseite in Abb. 3.53 zeigen deutlich, daß sich nach dem Zusammenbruch der Saugspitze an der Vorderkante der negative Druck über der Profilsehne in einem mehr oder weniger stark abgeflachten Unterdruckplateau verteilt. Dieses erstreckt sich, wie an Hand der die Lage des Wiederanlegepunktes kennzeichnenden Pfeile hervorgeht, über das von der Blase besetzte Ablösungsgebiet. Es ist ersichtlich, daß sich das Druckplateau mit zunehmendem Anstellwinkel in der Höhe verringert und sich immer weiter ausdehnt. Damit einher geht ein plötzlicher Anstieg des Widerstandes.

Bedenken wir den uns bereits bekannten Sachverhalt, daß die Vortriebskraft eines Segels vorwiegend in seinem vorderen und weniger in seinem hinteren Bereich entsteht (siehe Abb. 2.77), ist es naheliegend zu vermuten, daß es einen gewissen optimalen Abstand des Anlegepunktes *W* von der Vorderkante geben muß, bei dessen Überschreitung sich die Wirksamkeit des einzelnen Segelprofils und schließlich des gesamten Segels rapide verschlechtert. In Teil 2 waren wir bei der Erörterung von Abb. 2.77 und ihrer Bedeutung für die Praxis zu der

Schlußfolgerung gelangt, daß beim Segeln hoch am Wind das Segel so getrimmt werden sollte, daß die Drücke auf der Leeseite sich nahe der Vorderkante konzentrieren. Ist die Druckverteilung dagegen derart, daß große Drücke im Bereich der Hinterkante auftreten, resultiert hieraus eine große Widerstandskomponente. Ausgehend von Abb. 3.53 kann man sagen, daß die Fadensonden dann optimal in Bezug zur Vorderkante angeordnet sind, wenn sie das Wiederanlegen der Strömung zwischen 5 und 15 Prozent der Segelprofillänge hinter dem Vorliek erkennen lassen. Somit ist jede Faustformel, die beispielsweise besagt, daß die Trimmfäden ungeachtet der Segelprofillänge „zwischen 20 und 40 cm hinter dem Vorliek" befestigt sein sollten, für diesen Zweck nicht genau genug. Mit anderen Worten: bei der Anordnung der Fadensonden, beispielsweise entlang dem Vorliek einer Genua, sollte, wie in Abb. 3.54 veranschaulicht, der Abstand A zwischen dem Vorliek und den hier in den vier verschiedenen Segelquerschnitten 1, 2, 3 und 4 angebrachten Fäden sich gemäß der jeweiligen Sehnenlänge des entsprechenden Segelprofils ändern. Die genaue Position und endgültige Anzahl der Fäden in einem Querschnitt läßt sich nur durch Ausprobieren herausfinden.

Dazu sollte man nach einem Vorschlag von A. Gentry [3.33] in einem Segelschnitt, wie dies zum Beispiel im Querschnitt 2 in Abb. 3.54 gezeigt ist, von der Vorderkante aus mehrere Trimmfäden bis ungefähr auf 20 Prozent der Profiltiefe in einer Reihe hintereinander anbringen (Foto 3.26). Ihr Verhalten beim Aufkreuzen wäre dann wie folgt zu interpretieren:

1. Bei sehr starkem Wind und dementsprechend kleinem Anstellwinkel sollten alle Strömungsanzeiger auf der Segelleeseite anliegen.
2. Bei geringerer Windgeschwindigkeit und entsprechend größerem Anstellwinkel des Segels sollte der Kurs nach Luv so gewählt werden, daß die auf etwa 5 bis 10 Prozent der Sehnenlänge angeordneten Fäden hin und her tanzen, wobei die Anzahl der tatsächlich flatternden Fäden ein Maß für die Größe der Ablöseblase ist. Für das einzelne Segel läßt sich nur durch Probieren feststellen, welche Blasengröße eingedenk ihres Zusammenhanges mit der Druckverteilung (Abb. 3.53) noch zulässig ist. Der letzte Trimmfaden in der Reihe, der gerade noch flattern darf, bestimmt, wo in den anderen Segelschnitten (1, 3 und 4 in Abb. 3.54) die einzelnen Fäden befestigt werden sollten.

Abgesehen von Fadensonden wird der korrekte Trimm des Großsegels auch durch einen etwas unterhalb des Segelkopfes quer über das Segel verlaufenden Farbstreifen erleichtert. Ein derartiger Streifen, sowie ein Strömungsfaden direkt am Achterliek (Abb. 3.54), sind überaus hilfreich bei der Beurteilung der Wölbung und Verwindung dieses wichtigen Bereiches des Segels, wo die Gefahr der für die Fahrtleistung des Bootes so folgenreichen Ablösung der Strömung am größten ist.

Die hier vorgeschlagene Anordnung von Trimmfäden und Farbstreifen wird der Crew sicherlich helfen, ein Segel als räumliches Gebilde zu sehen und die

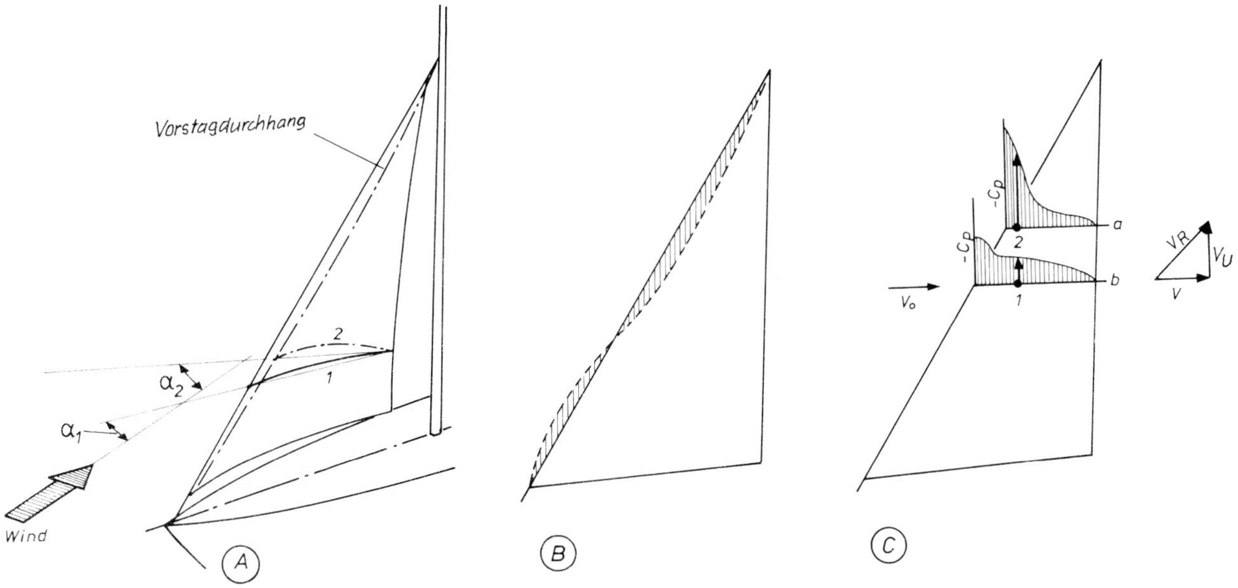

Abb. 3.55 Der nachteilige Einfluß des Vorstagdurchhanges auf die Druckverteilung. In Skizze C kennzeichnet

V – die Anströmung am Segelvorliek,

V_U – die Strömung, die durch den auf der Segelleeseite zwischen den Punkten 1 und 2 bestehenden Druckgradienten hervorgerufen wird, und

V_R – die resultierende Strömung, die durch nahe dem Vorliek zwischen den Segelschnitten a und b angebrachte Fadensonden angezeigt wird.

dreidimensionale Form entsprechend der von Wind und gesegeltem Kurs auferlegten Forderungen zu verändern.

Eine interessante Anordnung von Fadensonden, die von A. Gentry entwickelt wurde, zeigt Foto 3.26. Leser, die mehr über die praktischen Aspekte dieser Anordnung wissen möchten, seien auf [3.33] verwiesen.

In Teil 2 wurde bereits erwähnt, daß es zuweilen vorkommen kann, daß einige Fäden auf der Leeseite des Segels (wie beispielsweise derjenige im Segelschnitt 3 in Abb. 3.54) die Tendenz haben, sich nicht in Profilrichtung auszurichten, sondern stattdessen, ohne zu flattern, schräg nach oben auswehen. Diese Tendenz ist Anzeichen für eine Querströmung in der Grenzschicht, wie sie bei jedem gepfeilten Tragflügel auftritt, die aber bei Vorsegeln entweder verstärkt oder abgeschwächt werden kann. Der Grund hierfür ist in der Schwierigkeit zu suchen, infolge des Durchhanges des Vorstags über der ganzen Segelhöhe den gleichen effektiven Anstellwinkel zu erzielen. Abb. 3.55A veranschaulicht diesen Sachverhalt. Abhängig vom Ausmaß des Vorstagdurchhangs ändert sich sowohl die Wölbung als auch der Anstellwinkel der einzelnen Segelschnitte. So wird beispielsweise aus dem Profil 1 das merklich vollere und unter einem größeren Anstellwinkel α angeströmte Segelprofil 2.

Die Wölbungsunterschiede infolge des durchhängenden Vorstags können vom Segelmacher durch eine geeignete Korrektur ausgeglichen werden, zum Beispiel durch eine S-förmige Vorlieksrundung (Abb. 3.55B). Die Anstellwinkelunterschiede lassen sich dadurch jedoch nicht beseitigen, was verschiedene Druckverteilungen benachbarter Segelprofile zur Folge hat, wie aus Abb. 3.55C hervorgeht. Wie die kleinen C_p-Diagramme veranschaulichen, entwickelt das Segelprofil *b* wegen seiner geringeren Anstellung eine ungünstigere Unterdruckverteilung als das stärker angestellte Profil *a* mit seiner größeren Saugspitze. Somit besteht quer zu der in dem rechts neben dem Profil *b* dargestellten Geschwindigkeitsdreieck durch den Pfeil V gekennzeichneten Grenzschichtströmung in Profilrichtung zwischen den Punkten 1 und 2 ein ausgeprägtes Druckgefälle. Mit anderen Worten, der Druck im Punkt 1 ist höher (weniger Unterdruck) als im Punkt 2. Es hat sich gezeigt, daß unter solchen Umständen bereits ein verhältnismäßig geringer Druckgradient, das heißt ein geringer Druckunterschied, eine starke Querströmung verursacht. Sie ist in Abb. 3.55C durch den Pfeil V_u (Aufwärtsströmung) angedeutet. In der Folge werden die Luftteilchen, die in der Grenzschicht von der Anströmgeschwindigkeit V_0 vor dem Segel auf die Geschwindigkeit V abgebremst werden, das Bestreben haben, in Richtung der aus den beiden Komponenten V und V_u resultierenden Geschwindigkeit V_R zu wandern. Es zeigt sich somit, daß besonders für das Am-Wind-Segeln ein wirklich steif durchgesetztes Vorstag für den optimalen Trimm der Vorsegel eine absolut notwendige Voraussetzung ist.

Schließlich sollte man sich der Tatsache bewußt sein, daß selbst dann, wenn das Segel mit einer gegebenen Wölbung mit Hilfe der Fadensonden korrekt getrimmt wird, dies nicht notwendigerweise bedeuten muß, daß das Boot auch automatisch so gesteuert wird, daß sich die beste Fahrtleistung (ausgedrückt durch das für eine gegebene Windgeschwindigkeit größtmögliche V_{Luv}) ergibt. Wie das? Wir wissen bereits aus Teil 1, Abb. 1.9D, daß es für jedes Boot für eine gegebene Windgeschwindigkeit einen optimalen Kurswinkel γ_A zum scheinbaren Wind gibt, bei dem das größte V_{Luv} erzielt wird. Dieser Kurswinkel γ_A ist weitgehend durch den Anstieg des Rumpfwiderstandes mit der Bootsgeschwindigkeit V_S festgelegt. Wie Abb. 1.9E zeigt, gehört zu diesem γ_A auch ein bestimmter optimaler Einstell- bzw. Anstellwinkel des Segels. Hierbei ist es gleich, ob es sich bei dem fraglichen Segel um ein Vorsegel oder um ein Großsegel (Kat-Rigg) handelt. Nehmen wir nun an, daß das gesetzte Vorsegel für die Windverhältnisse eine zu flache Wölbung aufweist (beispielsweise eine gemäß Abb. 3.49C) und der Steuermann das Boot nach den an diesem Segel angebrachten Trimmfäden zu steuern versucht. Es ist offensichtlich, daß er unter diesen Umständen dazu tendiert, das Boot sehr hoch am Wind zu segeln und es dadurch von seinem optimalen Kurswinkel γ_A abbringt. Bei genau den gleichen Windverhältnissen werden die Strömungsanzeiger an einem zu vollen Segel (Abb. 3.49B) den Steuermann dazu veranlassen, einen etwas raumeren Kurs γ_A zu wählen, so daß das Boot nun in entgegengesetzter Richtung vom optimalen Kurs abkommt. Diese Betrachtung zeigt, daß es nur eine ganz bestimmte Segelform, das heißt Kombination von Wölbung und Profilkrümmung im Bereich der Vorderkante gibt, die ideal für einen gegebenen Einstellwinkel und/oder gesegelten

Kurs γ_A ist. Man sollte sich folglich nicht allzu sehr auf die Trimmfäden verlassen – sie sind sehr empfindliche Strömungsanzeiger, können aber keineswegs aufzeigen, ob das Boot letztlich wirklich optimal gesegelt wird.

5 Die gegenseitige Beeinflussung der Segel

Wissenschaftliche Hypothesen können niemals „gerechtfertigt", „verifiziert" werden. Dennoch kann eine Hypothese A unter Umständen *mehr leisten* als eine Hypothese B – sei es, weil B gewissen Beobachtungsergebnissen widerspricht, das heißt, durch diese „falsifiziert" wird, sei es, daß zum Beispiel mit Hilfe von A eine umfassendere Menge von Prognosen abgeleitet werden kann als mit Hilfe von B.

K.R. POPPER
Logik der Forschung

Mein Kind, ich war immer weise: ich habe nie über das Denken nachgedacht.

GOETHE

Obwohl Tragflügel (Segel) mit einem oder mehreren Schlitzen, wie sie beispielsweise Abb. 3.56 oder Foto 3.28 zeigen, bereits seit Jahrhunderten für den Antrieb von Segelfahrzeugen Verwendung fanden, wurde erst, als man sie in der Flugtechnik wiederentdeckte und als Start- und Landehilfen für das Flugzeug nutzte, der Versuch unternommen, ihre Wirkungsweise zu erklären. Der Schlitzflügel oder Spaltflügel, dessen Profilschnitt Abb. 3.57B zeigt, unterscheidet sich nicht wesentlich von der Vorsegel-Großsegel-Kombination. Die praktischen Ziele sind in beiden Fällen – beim Segelfahrzeug wie beim Flugzeug –, gleich wie viel

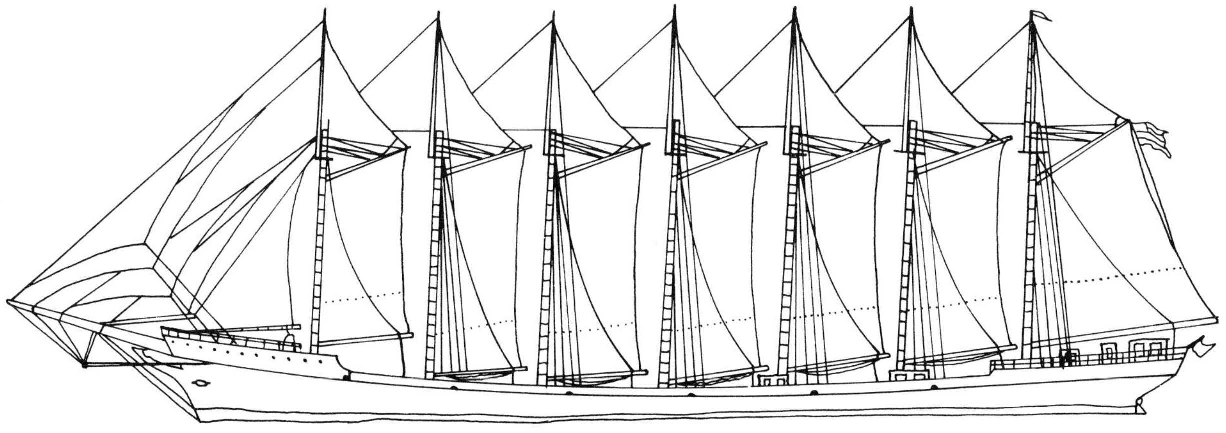

Abb. 3.56 Sieben-Mast-Schoner *Thomas W. Lawson.* Beispiel für die im nordamerikanischen Küstenhandel eingesetzten großen Schoner.

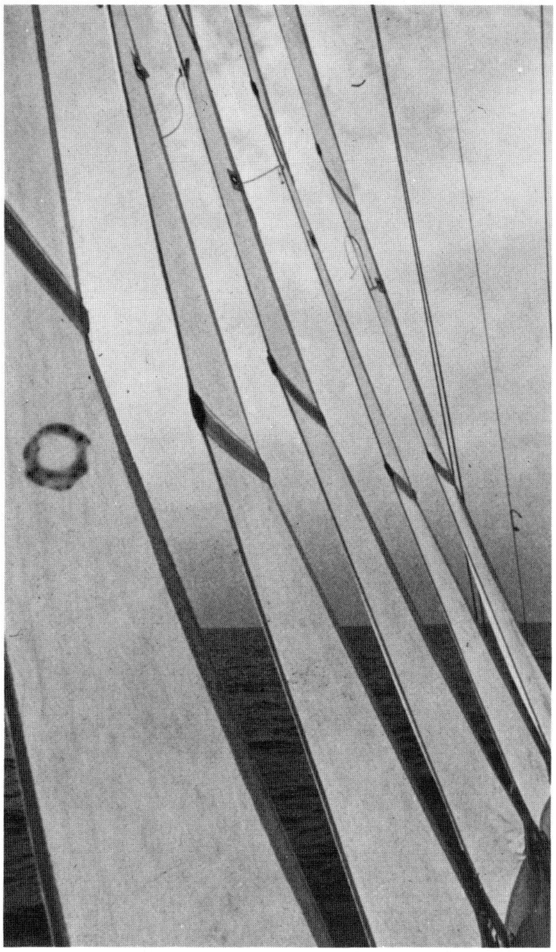

Foto 3.27B Nahaufnahme des Segment-Segels (Foto G. Corbellini)

Foto 3.27A Das sogenannte Segment-Segel. Es besteht aus parallel zum Achterliek verlaufenden schmalen Tuchbahnen. Seinem Erfinder (G. Corbellini) zufolge sind die Segmente selbsteinstellend, so daß die Schot kaum bedient werden muß. Gerefft wird durch Wegnehmen einzelner Bahnen. (Wiedergabe der Aufnahme mit freundlicher Genehmigung der *Yachting World*)

Foto 3.28 Obwohl am Wind der Slup- oder Kuttertakelung unterlegen, vermag die vielfach unterteilte Ketsch-Besegelung auf anderen Kursen größere Vortriebskräfte zu entwickeln. (Beken of Cowes)

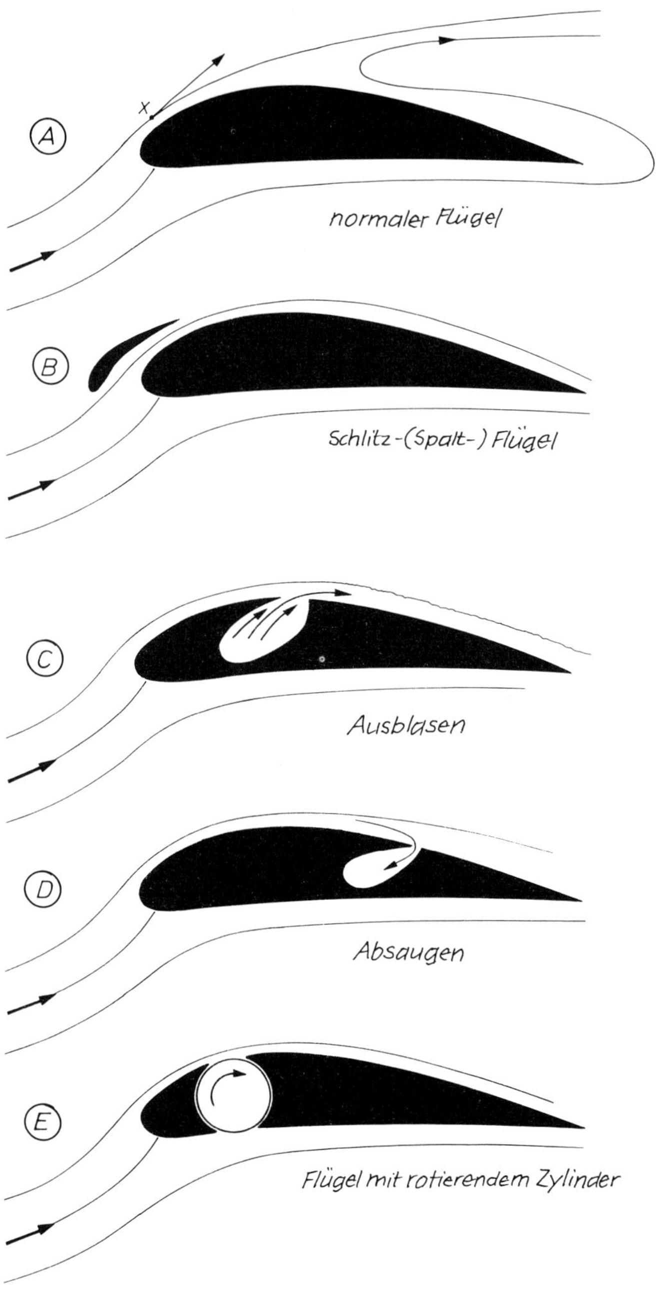

Abb. 3.57 Die Schlitzflügel-Analogie von Prandtl war zum großen Teil für die lange Zeit beibehaltene Theorie verantwortlich, dergemäß die Strömungsablösung am Hauptflügel hinter dem Vorflügel (B) durch die „frische" Strömung, die durch den Schlitz hindurchtritt, verzögert oder vermieden wird.

Schlitze, Klappen oder Segel nun im einzelnen verwendet werden, eine Erhöhung des Auftriebs und eine Verschiebung des Abreißens der Strömung zu größeren Anstellwinkeln.

Wie wir im folgenden sehen werden, lassen sich bei geeigneter Anordnung mehrerer Teilflügel Strömungszustände und daraus resultierende Druckverteilungen realisieren, die ansonsten unmöglich wären. Die Maßnahmen, mit denen diese Ziele erreicht werden, beruhen immer auf den gleichen Grundprinzipien, nämlich der Schaffung von Bedingungen, unter denen die Verluste an Strömungsenergie infolge der Wirkung der Zähigkeit (Reibung) entweder minimiert oder wieder ersetzt werden. Wie gezeigt werden wird, läßt sich auf diese Weise das Abreißen der Grenzschichtströmung unter Verhältnissen vermeiden, wo ohne Spalt oder Spaltwirkung sicher Ablösung auftreten würde.

a) Der Spalteffekt

In [3.33] wurde von A. Gentry darauf hingewiesen, daß sich in der Segelliteratur „einige schwerwiegende Mißverständnisse hinsichtlich der Erklärung des Spalteffektes“ finden; mehr noch: „Alle Erläuterungen in den Segelbüchern über die gegenseitige Beeinflussung von Vorsegel und Großsegel sind falsch.“ Alles, was man zur Verteidigung der Segeltheoretiker sagen kann, ist, daß diese falschen Auffassungen bezüglich des Zusammenwirkens von Vorsegel und Großsegel ursprünglich aus maßgeblichen, voll anerkannten aerodynamischen Theorien abgeleitet wurden und getreu den Stand der Erkenntnis auf diesem Gebiet wiedergaben.

„Da neue Ideen“, wie A.M. Smith in seiner ausgezeichneten Abhandlung *High-Lift Aerodynamics* [3.34] feststellte, „im Gegensatz zur Geburt der Venus, nicht vollkommen ausgereift oder anerkannt erstehen“, scheint ein kurzer Überblick über die Entwicklung der Konzeption und Theorie des Schlitzflügels sowohl lehrreich als auch für die Klärung dieses strittigen Sachverhaltes wünschenswert. Das Problem ist faszinierend und aktuell, denn mehrfach unterteilte Tragflügel finden immer noch das Interesse derjenigen, die von schnellen Segelmaschinen oder wirksameren Besegelungen träumen. Die Fotos 1.19 und 3.27 zeigen diesbezüglich zwei neuere Entwicklungen.

Um 1920 entdeckten oder vielmehr wiederentdeckten zur gleichen Zeit F. Handley-Page und G. Lachmann unabhängig voneinander, daß ein Tragflügel mit unmittelbar davor angeordnetem Vorflügel als Ganzes einen erheblich größeren Maximalauftrieb als ein einzelner Flügel konventioneller Profilform liefert. Handley-Page versuchte dann zu beweisen, daß ein in $n+1$ Elemente unterteilter Flügel einen größeren Auftrieb zu erzeugen vermag als ein aus n Elementen bestehender. Er untersuchte dabei Anordnungen mit bis zu 8 Teilstücken. Abb. 3.58A zeigt das Profil eines dieser extremen mehrfach unterteilten Flügel, ein modifiziertes RAF 19-Profil bei dem Maximalauftrieb entsprechendem Anstellwinkel $\alpha = 42°$ [3.35]. In Abb. 3.58B sind die Kurven der Auftriebsbeiwerte für einen Rechteckflügel vom Seitenverhältnis $\Lambda = 6$ mit diesem nacheinander

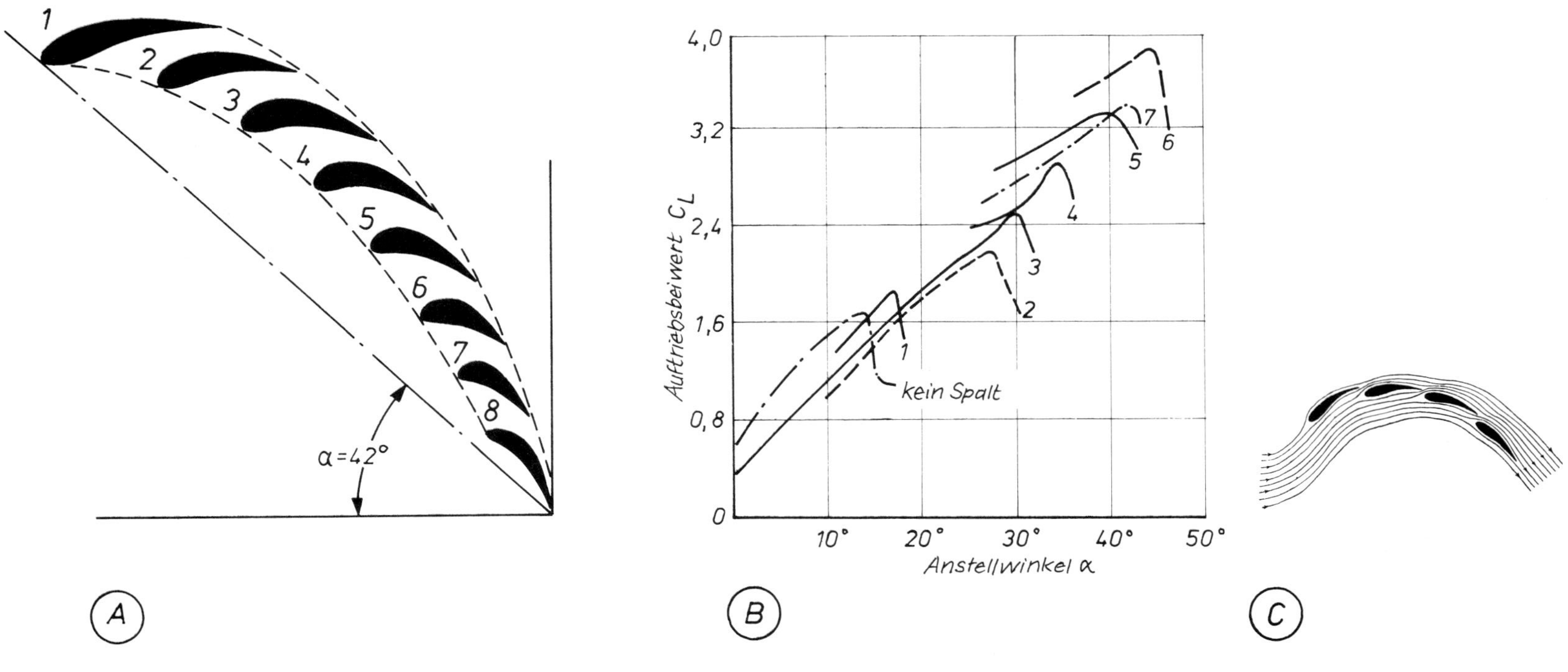

Abb. 3.58 RAF 19-Profil mit 7 Schlitzen des untersuchten Rechteckflügels bei maximalem Auftrieb entsprechender Anstellung. Seitenverhältnis $\Lambda = 6$, $R_n = 2{,}5 \cdot 10^5$.

mit 7 Schlitzen versehenem Profil dargestellt. Diese Versuche zeigen, daß sich mit einem mehrfach unterteilten Flügelprofil zwei- bis dreifach größere Auftriebswerte erzielen lassen, als mit einem Flügel ohne Schlitz. Hierbei nimmt das Verhältnis von Auftrieb zu Widerstand L/D jedoch von etwa 12 bei einem Spalt auf ungefähr 6 bei 7 Schlitzen ab. Dieser ziemlich drastische Abfall des L/D-Verhältnisses, der die Vorteile eines hohen Auftriebs wieder zunichte macht, ist auf den quadratischen Anstieg des induzierten Widerstandes mit dem Auftrieb zurückzuführen [vgl. Gl. (2.28 A)].

Den gleichen Nachteil hinsichtlich des L/D-Verhältnisses wie der Handley-Page-Flügel (Abb. 3.58) erleiden auch das von G. Corbellini entwickelte sogenannte „Segment-Segel", über das in [3.36] berichtet wurde, sowie der mit sieben Masten geriggte Schoner in Abb. 3.50 oder jede andere vielfach unterteilte Besegelung oder mehrfach geschlitzte Flügelanordnung.

Der mehrfach unterteilte Flügel stellt nur eine Weiterentwicklung des Flügels mit einem Spalt dar, so daß sich die Wirkungsweise dieses komplizierteren Systems leichter verstehen läßt, wenn wir die gegenseitige Beeinflussung zwischen dem vorderen und dem nachfolgenden Teilflügel betrachten. Wie aus der schematischen Darstellung in Abb. 3.58 C ersichtlich ist, verleiht jedes Element der Strömung eine gewisse Abwärtskomponente, die dadurch nacheinander immer stärker abgelenkt wird. Die Größe der hinter dem vierten Flügelelement bei maximalem Auftrieb auftretenden Abwärtsgeschwindigkeit ist erheblich und gemäß den durch Gl. (2.28) ausgedrückten Zusammenhängen ein Maß für den induzierten Widerstand, der wiederum das resultierende L/D-Verhältnis bestimmt.

Zahlreiche seit den Versuchen von Handley-Page durchgeführte Untersuchungen mit verschiedenen Flügelanordnungen (einschließlich Segel) lassen keinen Zweifel daran, daß eine Flügelkombination in Tandem-Anordnung oder stark verringertem Abstand zwischen den Einzelflügeln, wobei jeder Flügel nicht nur den hervorgerufenen eigenen Strömungs- beziehungsweise Zirkulationsverhältnissen unterliegt, sondern auch denen der anderen, in der Tat sehr hohe Auftriebskräfte zu erzeugen in der Lage ist. Leider schränkt hierbei das Nebenprodukt – das geringe L/D-Verhältnis – die Verwendungsmöglichkeiten vielfach unterteilter Konfigurationen ein. Unter den Seglern ist bekannt, daß die Yawl-Takelung oder Ketsch-Takelung (Foto 3.28) schlechtere Am-Wind-Eigenschaften aufweist als die Slup- oder Kat-Takelung. Deswegen lassen sich diese oder ähnliche Konfigurationen keineswegs zum Antrieb jedes wirklich schnellen Segelfahrzeugs verwenden, für die, wie in Teil 1 gezeigt wurde, das maximal erreichbare L/D-Verhältnis ein absolut wesentliches Kriterium für das Geschwindigkeitspotential ist. Dennoch läßt sich auf anderen Kursen als am Wind oder auf Booten, die primär nicht nur auf Geschwindigkeit entworfen wurden, eine großen Auftrieb erzeugende Kombination aus einander gegenseitig beeinflussenden Segeln mit Erfolg anwenden.

So weit, so gut. Aber warum entwickelt ein Schlitzflügel einen größeren Auftrieb als ein einzelner Flügel? Der berühmte Strömungsforscher L. Prandtl gab auf diese Frage in seinem anfangs der dreißiger Jahre in Zusammenarbeit mit

O. Tietjens veröffentlichten Buch *Hydro- und Aeromechanik* [2.79] als einer der ersten eine Antwort. Seine durch Abb. 3.57 illustrierte Theorie lautete wie folgt:

„Will man dieses [die Abnahme des Auftriebes des Tragflügels] also verhindern, so muß man dafür sorgen, daß bei zunehmendem Anstellwinkel ein vorzeitiges Abreißen der Strömung vermieden wird. Das ist es nun gerade, was durch die Schlitze der unterteilten Profile bewirkt wird. Das Abreißen der Strömung steht in engem Zusammenhang damit, daß in dem Gebiet des Druckanstieges die direkt an der Flügeloberfläche strömenden Luftteilchen durch Zähigkeitswirkungen abgebremst werden und sich als Totwasser zwischen den Flügel und die äußere Strömung schieben [vgl. Abb. 2.18]. Die durch den Schlitz mit großer Geschwindigkeit strömende Luft erteilt nun den ‚ermatteten' Luftteilchen neuen Impuls und befähigt sie, entgegen dem Druckanstieg bis zur Flügelkante vorzudringen, wodurch also eine Ansammlung von Totwasser und damit ein Abreißen der Strömung vermieden wird. Eine ähnliche Wirkung läßt sich erzielen, wenn man aus Düsen oder Schlitzen in der Saugseite eines Tragflügels Druckluft unter großer Geschwindigkeit ausblasen läßt [Abb. 3.57 C] ...

Anstatt der verzögerten Grenzschicht an der Oberseite des Tragflügels neue kinetische Energie zuzuführen, kann man ein Abreißen der Strömung bei relativ hohen Anstellwinkeln auch dadurch vermeiden, daß man ... das durch die Reibung verzögerte Grenzschichtmaterial mittels eines Sauggebläses durch Spalte oder Siebe in das Innere des Flügels saugt [Abb. 3.57 D] und von dort an einer unschädlichen Stelle wieder nach außen schafft.

Schließlich kann man das Ablösen der Strömung bis zu einem gewissen Grad dadurch verhindern, daß man die vordere abgerundete Kante als rotierenden Zylinder ausführt oder auch einen rotierenden Zylinder im mittleren Teil des Tragflügelprofils anbringt [Abb. 3.57 E] ... Messungen haben gezeigt, daß sich mit solchen mit einem Rotor versehenen Tragflügeln wesentlich höhere Auftriebsbeiwerte (bis $C_L = 2{,}43$ bei $\alpha = 41{,}7°$) erzielen lassen."

Diese Erklärungen und Analogien zum Spalteffekt überzeugten. Prandtl war eine überaus anerkannte Autorität auf dem Gebiet der Strömungsmechanik und Experte für Grenzschichtströmungen, so daß man seine Ansicht zum wissenschaftlichen Paradigma erhob. Mit geringfügigen Änderungen wurde sie in den meisten der nachfolgenden Lehrbücher dieses Gebietes wiederholt. Wie wir jedoch sehen werden, hatte sich Prandtl in seiner Erklärung des Spalteffektes geirrt, aber ein kurzer Auszug aus der etwa 35 Jahre nach Prandtls ersten Ausführungen erschienenen 6. Auflage der auf dem Gebiet der Grenzschichttheorie maßgeblichsten Monographie illustriert die Tatsache, daß falsche Anschauungen eine erstaunliche Fähigkeit zum Überleben besitzen.

„Eine andere Möglichkeit zur Vermeidung der Ablösung besteht darin, den verzögerten Flüssigkeitsteilchen in der Reibungsschicht neue Energie zuzuführen. Dies kann entweder durch Ausblasen von Flüssigkeit aus dem Inne-

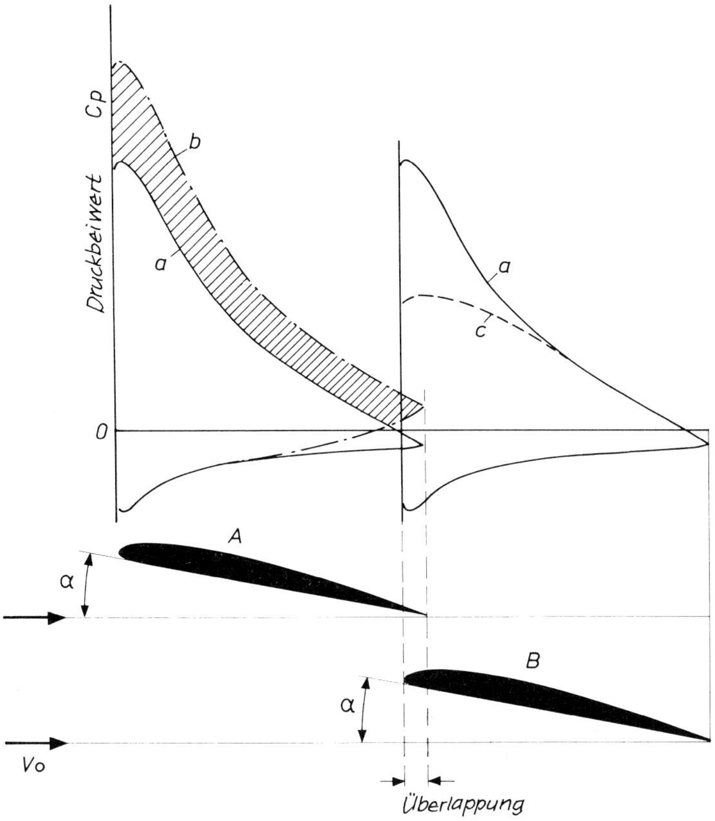

Abb. 3.59 Der gegenseitige Einfluß auf die Druckverteilungen zweier Flügel in Tandem-Anordnung mit geringer Überlappung

ren des Körpers geschehen [siehe wiederum Abb. 3.57 C] oder einfacher dadurch, daß die Energie unmittelbar der Hauptströmung entnommen wird, indem durch einen Schlitz der verzögerten Grenzschicht aus dem Gebiet hohen Druckes Flüssigkeitsteilchen mit großer Energie zugeführt werden (Schlitzflügel, Abb. 3.57 B). In beiden Fällen wird in der wandnahen Schicht durch Energiezufuhr die Geschwindigkeit erhöht und dadurch die Ablösungsgefahr beseitigt."

Eine in der Tat noch vor Prandtl veröffentlichte andere Erklärung gab in England W.L. Le Page, der in einer Reihe von Windkanalversuchen die Möglichkeiten untersuchte, mit Flügeln in verschieden überlappender Tandem-Anordnung durch Ausnutzung der wechselseitigen Induktionseffekte (jeder Flügel wirkt auf die Zirkulation des anderen ein) hohe Auftriebskräfte zu erzeugen [3.37]. Eine der von ihm untersuchten Versuchsanordnungen zeigt Abb. 3.59. Beide Flügel waren annähernd gleich groß. Zur selben Zeit entwickelte A. Betz in Göttingen eine ähnliche Theorie. Die nun folgende Erklärung des Spalteffektes unterscheidet sich erheblich von den Ausführungen Prandtls. Hierbei schließen wir uns eng der in [2.23] wiedergegebenen Darstellung von Betz an.

Der unter dem Winkel α angestellte Vorderflügel A würde für sich allein die durch die Kurve *a* im linken Druckdiagramm in Abb. 3.59 wiedergegebene Druckverteilung über der Profiltiefe aufweisen. Wenn nun der unter dem gleichen Winkel α gegen die Anströmung geneigte Flügel B, der als Einzelflügel ebenfalls ungefähr die gleiche Druckverteilung in Tiefenrichtung aufweisen würde wie der Flügel A, in die Nähe des ersteren gebracht wird, gelangt die Hinterkante des vorderen Flügels A in ein Gebiet größerer Geschwindigkeit und entsprechend niedrigeren Druckes, hervorgerufen durch den hinteren Flügel B. Dies bewirkt eine Änderung der Druckverteilungskurve *a* des Vorderflügels. Da dessen Hinterkante in einem Gebiet mit erheblich größerer Geschwindigkeit als die der Hauptströmung liegt, wird die Geschwindigkeit in allen Punkten entlang der Flügeloberfläche erhöht, was die Ablöseneigung vermindert und einen größeren Auftrieb erlaubt. Aufgrund dieser Änderung der Strömungsverhältnisse erhöht sich der Unterdruck auf der Oberseite des Vorderflügels, wie durch die Kurve *b* in Abb. 3.59 angezeigt wird. Es ist unmittelbar einsichtig, daß der Auftrieb, für den der Flächeninhalt der Druckverteilungskurve *b* ein Maß darstellt, im Vergleich zu dem der Kurve *a*, erheblich zunimmt.

Am hinteren Flügel B treten genau die entsprechenden Erscheinungen auf. Der vordere Flügel bewirkt eine Verringerung der Geschwindigkeit im Gebiet der Überlappung und folglich eine Verringerung des Unterdruckes an der Vorderkante des Hinterflügels. Infolgedessen ist die Saugspitze weniger stark ausgeprägt und die resultierende Druckverteilung ist nun durch die Kurve *c* in Abb. 3.59 gegeben. Die beiden sich in der beschriebenen Weise gegenseitig beeinflussenden Flügeln produzieren einen maximalen Gesamtauftrieb, der größer ist als die Summe der Einzelauftriebe beider Flügel ohne gegenseitige Beeinflussung, wobei der Mehrauftrieb nur vom Vorderflügel herrührt.

Diese Erklärung des Spalteffektes, demzufolge die Strömung zwischen den Flügeln verzögert und nicht beschleunigt wird, und die damit im Gegensatz zur Prandtlschen Ansicht steht, wurde in der Folgezeit auch von anderen Forschern bestätigt [2.15], [3.34]. Dennoch streiten in manchem Lehrbuch beide Auffassungen um Anerkennung, so auch in dem 1976 in den USA erschienenen Buch *Fluid Dynamic Lift* von S.F. Hoerner:

> „Die Beeinflussung der Grenzschicht durch einen Schlitz beruht darauf, daß einer verzögerten Grenzschicht Impuls zugeführt wird. Neben dieser Impulszufuhr in die Grenzschicht scheint für die Wirksamkeit von Schlitzen oder Vorflügeln der folgende Mechanismus von Bedeutung zu sein. Betrachtet man Flügel und Vorflügel als Einheit, so ist [aus Abb. 3.59] zu ersehen, daß die Spitze der negativen Druckverteilung auf dem Vorflügel lastet. Dadurch verringern sich über dem Hauptteil des Flügels Saugspitze und anschließender Druckanstieg merklich. Die auf der Oberseite des Vorflügels entstehende Grenzschicht wird als dünne Schicht zwischen Außenströmung

und dem durch den Schlitz hindurchtretenden ‚Strahl' energiereicher Flüssigkeit stromabwärts fortgetragen."

Betrachten wir nun das umstrittene Problem, ob die Strömung im Spalt zwischen den beiden Flügeln beschleunigt oder verzögert wird, so kann man sagen, daß in gewissem Sinne beide Betrachtungsweisen zutreffend sind. Diese Streitfrage wäre ohne Belang, wenn man sich darüber einigen würde, in welchem Bezugssystem die Beschleunigung oder Verzögerung gemessen oder verglichen wird. Bezüglich des Vorderflügels ist die Strömungsgeschwindigkeit an seiner Hinterkante aufgrund des Einflusses des hinteren Flügels größer als diejenige, die ohne Beeinflussung auftreten würde, so daß sich um den vorderen Flügel eine Zirkulation einstellt, die größer ist als diejenige, die sich ansonsten ohne die Anwesenheit des Hinterflügels ausgebildet hätte. Der Prandtlschen Analogie folgend hat die durch den Spalt hindurchtretende Strömung den gleichen Effekt wie eine Pumpe, die das angehäufte Grenzschichtmaterial von der Oberseite des Vorderflügels absaugt. Dieser günstige Effekt ist derselbe wie bei einem Absaugen der Grenzschicht in das Flügelinnere (Abb. 3.57 D). Die von dieser Pumpe verrichtete Arbeit, die sich selbstverständlich entweder als Saugen oder als Pumpen betrachten läßt, ist der kinetischen Energie der durch den Spalt hindurchgehenden Strömung entzogen. Dies impliziert notwendigerweise, daß die Strömungsgeschwindigkeit an der Vorderkante des hinteren Flügels gegenüber der sich ohne Vorflügel ergebenden vermindert ist.

Zur Klärung der gegenseitigen Beeinflussung zwischen dem vorderen und hinteren Flügel kann man auch die Zirkulation heranziehen, wobei sich durch das Zusammenbringen die Zirkulation um den Vorderflügel im gleichen Maße erhöht, wie die Zirkulation um den hinteren Flügel sich vermindert. Dies geht implizit aus Abb. 3.60 A hervor, denn da die in Teil 2 behandelte Kutta-Joukowskysche-Abflußbedingung erfüllt werden muß, wird sich die Stärke der von dem Vorderflügel entwickelten Zirkulation automatisch entsprechend der höheren Strömungsgeschwindigkeit an seiner Hinterkante einstellen.

Die Wirksamkeit von zwei aufeinander einwirkenden Tragflügeln kann andererseits auch durch die dabei auftretenden Auf- und Abwindeffekte erklärt werden. Aus Abb. 3.60 ist ersichtlich, daß der vordere Flügel sich im Aufwind des Hinter- oder Hauptflügels befindet, was durch den Pfeil unter dem Vorderflügel angedeutet wird. Infolgedessen ist der Anstellwinkel, unter dem die Strömung in den Vorderflügel eintritt, größer als ohne gegenseitige Beeinflussung. Dies steht im Einklang mit unseren früheren Ausführungen in Teil 2. Der hintere Flügel hingegen befindet sich im Abwind des vorderen, wodurch sich seine Anstellung zur Strömungsrichtung reduziert. Infolgedessen kann die Strömung leichter der Oberfläche des Hinterflügels folgen ohne sich abzulösen, was ansonsten der Fall wäre, oder sich schnell wieder anlegen, wenn doch Ablösung auftritt. Aufgrund dieser Wechselwirkung ist die vom Vorderflügel entwickelte Auftriebskraft L_1 dem Betrage nach größer und günstiger gerichtet, als die ohne gegenseitige Beeinflussung sonst entstehende Auftriebskraft L des Vorderflügels. Am hinteren

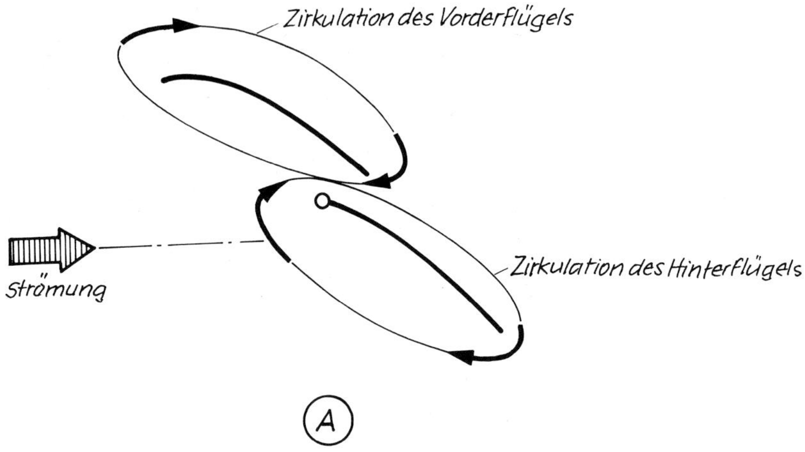

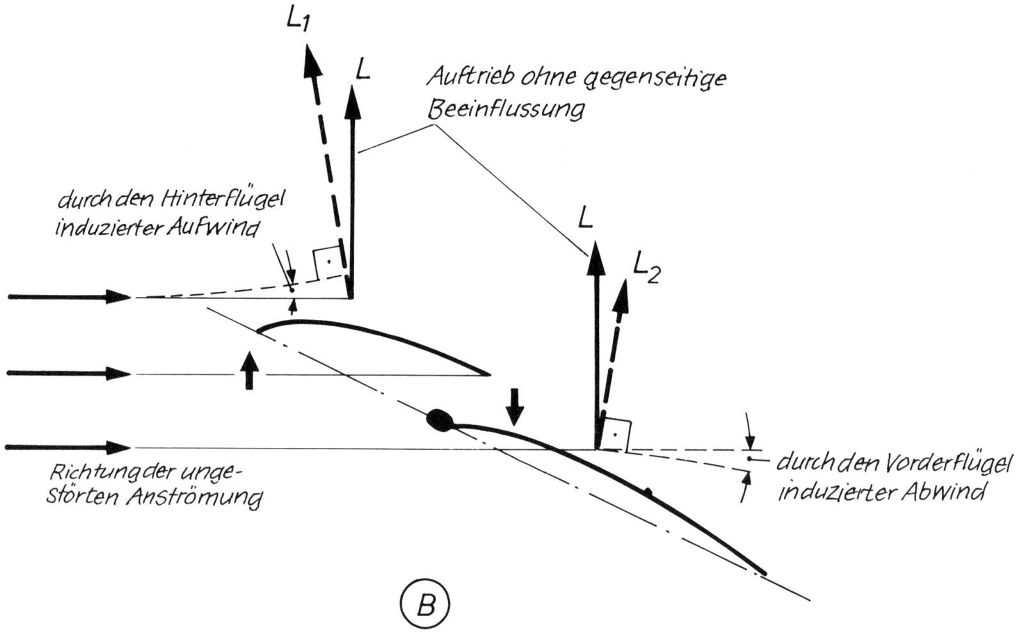

Abb. 3.60 Zwei Deutungen der wechselseitigen Beeinflussung zweier Tragflügel
A Zirkulationseffekt
B Aufwind-Abwind-Effekt

Flügel liegen die Verhältnisse umgekehrt. Der hier entwickelte Auftrieb L_2 ist im Vergleich zum Auftrieb ohne Beeinflussung kleiner und stärker nach hinten geneigt. Mit anderen Worten, der Vorderflügel wird stärker belastet als der Hinterflügel.

Der bereits von einem verhältnismäßig kleinen Hilfsflügel nahe der Vorderkante eines erheblich größeren Hauptflügels auf dessen Umströmung ausgeübte

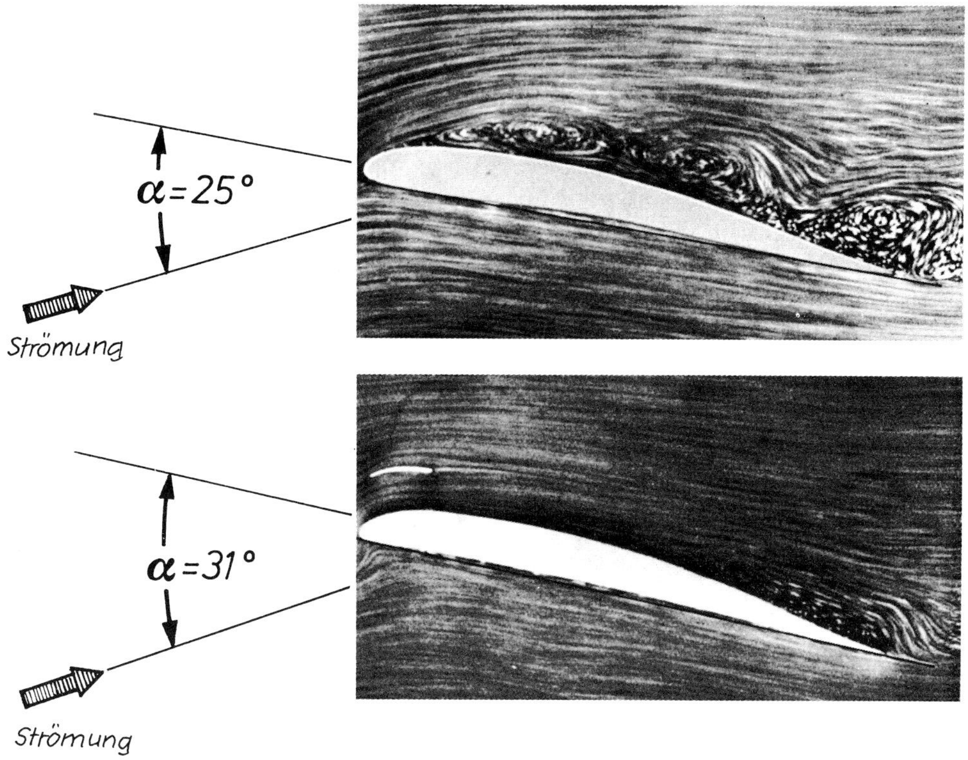

Foto 3.29 Der Vorflügel ist ein wirkungsvolles Hilfsmittel zur Vermeidung von Ablösung. Nach dem gleichen Prinzip arbeitet der Tallboy.

starke Einfluß geht eindrucksvoll aus Foto 3.29 hervor. Ohne Hilfsflügel löst die Strömung schon bei einem Anstellwinkel α von 25° entlang der ganzen Saugseite ab, während mit Hilfsflügel die Strömung bei $\alpha = 31°$ erst an der Hinterkante des Hauptflügels abzulösen beginnt. Nach dem gleichen Prinzip funktioniert auch der Tallboy, ein Segel mit kurzem Unterliek, das bei Leichtwetter an der Kreuz zwischen Genua und Großsegel oder auf Raumschotskursen quer auf dem Vordeck vorgeheißt wird.

Eine Untersuchung [3.38] über die günstigste Anordnung (größter Maximalauftrieb) von Hilfs- und Hauptflügel zueinander zeigte für einen Tragflügel mit dem Profil Clark Y die größte Auftriebserhöhung, wenn die Hinterkante des Hilfsflügels 15 Prozent der Tiefe des Hauptflügels vor und 12 Prozent über dessen Vorderkante lag, und die Sehnen beider Flügel zueinander parallel waren. Es ergab sich dann gegenüber dem Wert für den Hauptflügel allein ein um 40 Prozent größerer maximaler Profilauftriebsbeiwert von 1,8.

Eine vollständige Erklärung der Wechselwirkung zwischen Großsegel und Vorsegel ist erstmalig von A. Gentry [3.33] gegeben worden. Die hier mit seiner freundlichen Genehmigung wiedergegebenen Abb. 3.61 und 3.62 zeigen Stromlinienbilder um Vorsegel und Großsegel mit und ohne gegenseitige Beeinflussung,

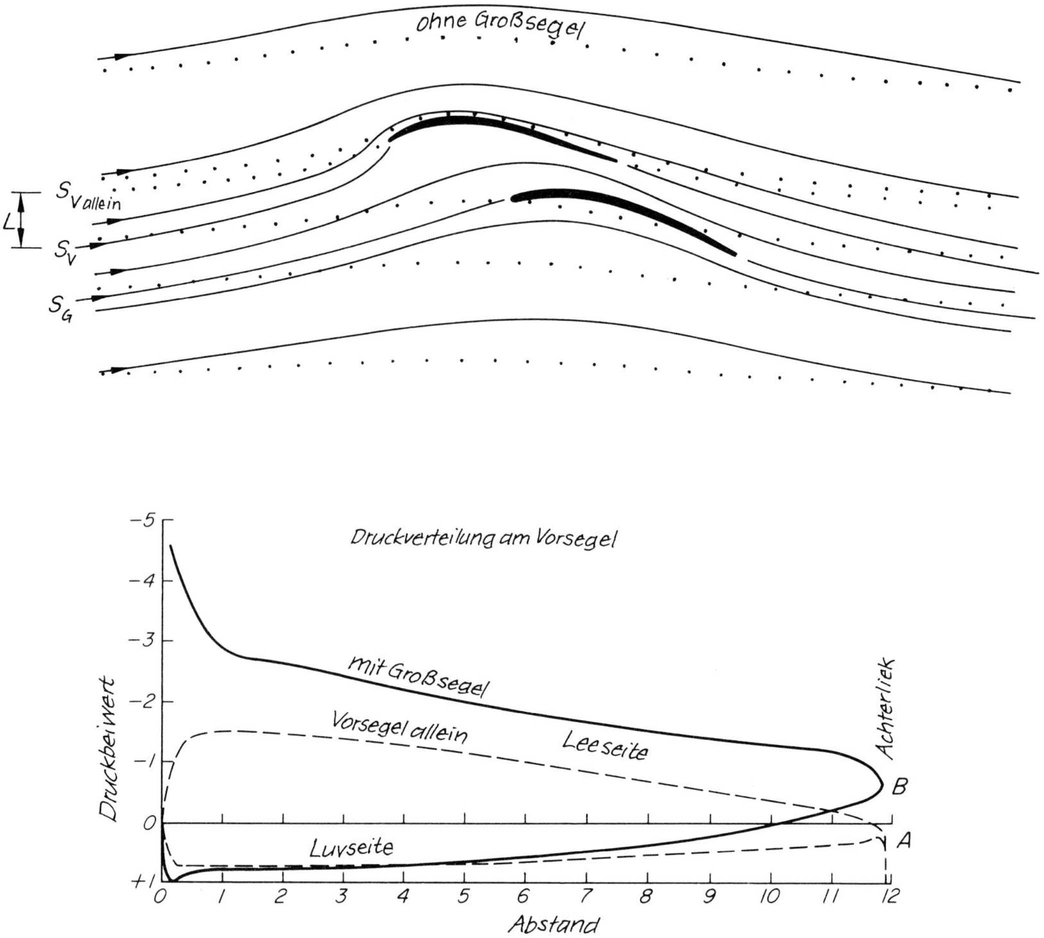

Abb. 3.61 Der Einfluß des Großsegels auf die Strömung und Druckverteilung am Vorsegel (Wiedergabe der Zeichnung mit freundlicher Genehmigung von A. Gentry)

sowie die entsprechenden Druckverteilungen. Der Verlauf der Stromlinien um Vor- und Großsegel als Einzelsegel oder um ihre Kombination wurde mit einem sogenannten Analog-Feld-Plotter ermittelt, dessen Funktionsprinzip auf die elektrodynamische Analogie zurückgeht [2.75]. Die berechneten Druckverteilungen in Abb. 3.61 und 3.62 stimmen qualitativ mit den auf der Betzschen Theorie [2.23] beruhenden Verteilungen in Abb. 3.59 sehr gut überein.

Nach Gentry treten beim Zusammenwirken von Großsegel und Vorsegel im wesentlichen folgende Effekte auf:

b) Der Einfluß des Großsegels auf das Vorsegel (siehe Abb. 3.61)

1. Der Aufwind vor dem Großsegel bewirkt eine Verschiebung des Staupunktes des Vorsegels zu dessen Luvseite.

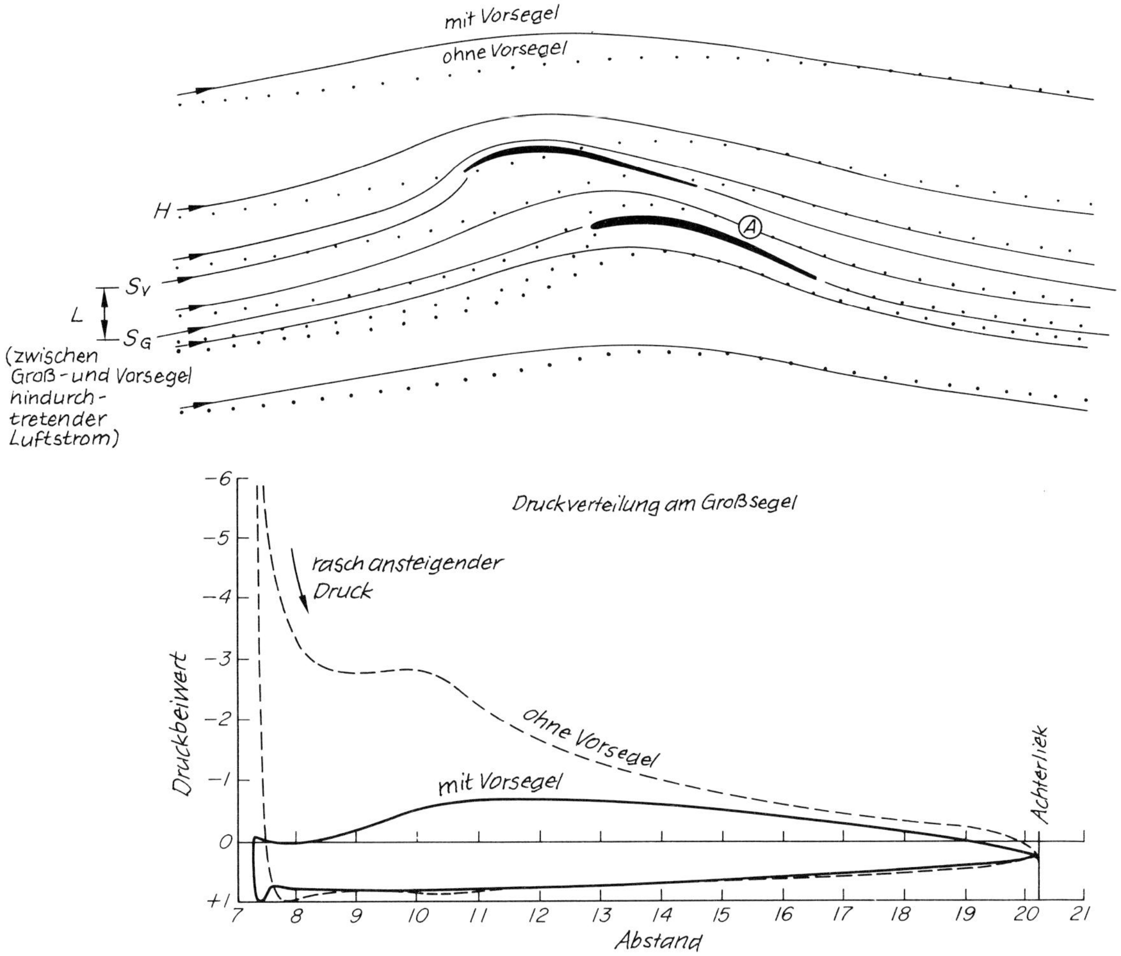

Abb. 3.62 Der Einfluß des Vorsegels auf die Strömung und Druckverteilung am Großsegel (Wiedergabe der Zeichnung mit freundlicher Genehmigung von A. Gentry)

2. Das Achterliek des Vorsegels befindet sich in einem vom Großsegel hervorgerufenen Gebiet hoher Strömungsgeschwindigkeit. Die Geschwindigkeit am Vorsegelachterliek ist deshalb größer, als dies der Fall wäre, wenn das Vorsegel alleine verwendet werden würde.
3. Aufgrund der bei gemeinsamer Verwendung von Groß- und Vorsegel größeren Geschwindigkeit am Achterliek sind die Geschwindigkeiten über der gesamten Leeseite des Vorsegels erheblich erhöht. Dies trägt zu der hohen Wirksamkeit eines Vorsegels bei.
4. Infolge der höheren Geschwindigkeiten auf der Leeseite des Vorsegels reißt die Strömung hier erst bei einem größeren Anstellwinkel ab.
5. Wegen alldem beeinflußt der Trimm und die Form des Großsegels erheblich die Wirksamkeit eines überlappenden Vorsegels. Alles, was eine Verringerung der Strömungsgeschwindigkeit im Achterliekbereich des Vorsegels be-

wirkt, beispielsweise Ablösung im Bereich des Großsegelachterlieks, hat einen verminderten Beitrag des Vorsegels zur Vortriebskraft zur Folge.

6. Der Trimm des Großsegels hat beträchtliche Auswirkungen auf die Kreuzeigenschaften des Bootes, da er direkt den vor dem Vorsegel induzierten Aufwind beeinflußt.

c) Der Einfluß des Vorsegels auf das Großsegel (siehe Abb. 3.62)

1. Das Vorsegel bewirkt eine Verschiebung des Staupunktes des Großsegels in Richtung Mastvorderkante.
2. Infolgedessen verringern sich die zu hohem Unterdruck im vorderen Bereich der Großsegelleeseite führenden Übergeschwindigkeiten erheblich. Der Druckanstieg reduziert sich dadurch ebenfalls.
3. Aufgrund des geringeren Druckanstieges am Großsegel vermindert sich die Gefahr der Ablösung der Grenzschicht.
4. Gegenüber dem Großsegel als Einzelsegel kann ein Großsegel im Verband mit einem Vorsegel stärker angestellt werden, ohne daß es zu Ablösung kommt. Dies ist Folge einer Verminderung der Strömungsgeschwindigkeiten über dem vorderen Bereich der Großsegelleeseite und nicht Folge einer Beschleunigung der Strömung, wie die gängige Theorie besagt.
5. Wird das Vorsegel bezüglich des Großsegels dichter eingestellt, verringert sich kontinuierlich der Unterdruck auf der Leeseite des Großsegels. Werden die Drücke sowohl auf der Luv- als auch auf der Leeseite des Großsegels gleich groß, besteht quer zum Segeltuch kein Druckunterschied mehr, um die Segelform aufrechtzuerhalten und das Segel beginnt zu killen.

d) Einige Windkanalergebnisse über das Zusammenwirken von Segeln

> Als sehr nervöser Anfänger im Yachtjournalismus segelte ich auf der *Myth* von John [Illingworth] mit, und ich erinnere mich noch, wie ich einen von der Stammbesatzung fragte: „Wo möchte der Skipper diese Schot belegt haben?“ Die Antwort war: „Oh, auf diesem Schiff wird überhaupt nichts belegt. Er trimmt die Schoten die ganze Zeit.“
>
> B. HAYMAN
>
> Yachting World

Obwohl bereits vor Jahren die Spitzensegler in den Jollenklassen erkannten, wie wichtig die dauernde Veränderung der Segeleinstellung in Querschiffsrichtung ist, war die Erkenntnis unter den Hochseeregattaseglern, welche Vorteile augenblicklich seitlich verstellbare Vorsegelholepunkte bieten, einer Ausgabe der Zeitschrift *Seahorse* von 1973 zufolge „... der neueste Stand der ‚go-fast‘-Entwicklung.“ Es wurde berichtet, daß bei der amerikanischen SORC-Serie von 1973 auf vielen Yachten der Einstellwinkel der Vorsegel laufend entsprechend den sich ändernden Wind- und Seeverhältnissen mit Barber-Haulern oder doppelten Schoten variiert wurde.

„Die Gewinnerin der SORC-Serie *Muñequita*“, schreibt *Seahorse* weiter, „verwendete ein Doppelschotsystem, wobei die eine Schot zu der normalen unter $8\frac{1}{2}°$ und die andere zu der unter 12° bis 13° zur Bootslängsachse verlaufenden Schotschiene geführt wurde. Skipper Chuck Schreck: ‚Hoch am Wind wird laufend der Genuaholepunkt querschiffs verstellt und mit dem Großsegel gearbeitet‘.

Bei Trimmfahrten für die SORC stellte man fest, daß *Muñequita* sehr empfindlich auf das Ruder reagierte und am besten ohne Ruderdruck lief. Das Doppelschotsystem ermöglichte dieses Maß an Perfektion bei den laufend wechselnden Windverhältnissen, etwas, was für dieses Revier, wie in der Tat für die meisten Regattakurse, kennzeichnend ist. Ein oder auch zwei Mann waren ständig mit dem Trimm der Segel beschäftigt. Man fand heraus, daß sich bei 15 bis 20 Knoten Wind durch Verschieben des Vorsegelholepunktes von der inneren auf die äußere Schiene ein halber Knoten mehr an Fahrt herausholen ließ.

Auch auf der *Salty Goose*, die unter sieben, acht, neun und zehn Grad angeordnete Genuaschienen hat, wird ein Doppelschotsystem verwendet, da ihr Skipper Bob Derecktor unvermeidlicherweise der Ansicht ist, daß für den richtigen Trimm der Holepunkt genau zwischen den Schienen liegen muß!“

Man fragt sich vielleicht, ob sich der Unterschied von einem halben Grad in der Einstellung der Segel wirklich so sehr auf die Fahrtleistung auswirkt. Diese Frage kann verhältnismäßig leicht durch Windkanalexperimente unter kontrollierten Bedingungen beantwortet werden. Betrachten wir hierzu einige Ergebnisse einer derartigen Versuchsreihe, die der Verfasser mit dem Modell (Maßstab 1:4) einer Yacht der Drachen-Klasse (Foto 3.30) durchführte [2.86]. Dabei wurden sowohl das vollständige Modell (Segel + Überwasserrumpf) als auch nur die Segel (einzeln und im Verband) untersucht. In einigen Fällen wurde bei systematisch geänderter Segelführung neben Auftrieb und Widerstand auch das Krängungsmoment ermittelt. Die Untersuchung beschränkte sich auf die aufrechte Schwimmlage. Die relative Windgeschwindigkeit V_A betrug in allen Versuchen 7,62 m/s (14,8 Knoten), entsprechend 4 Beaufort.

Die Schoteinrichtung der Großausführung wurde im Modell nicht reproduziert. Stattdessen fixierten Spezialbeschläge das Genuaschothorn und die Großbaumnock. Diese ermöglichten es, das Schothorn der Genua in Längsrichtung oder in der Höhe ohne Änderung des Einstellwinkels zu verstellen, sowie das Schothorn des Großsegels zur Änderung der Achterliekspannung in der Höhe zu regulieren, ohne dabei den Winkel zwischen Baum und Bootslängsachse zu beeinflussen.

Um die Wölbung und Verwindung des Segels bei verschiedenen Segelstellungen zu ermitteln, wurden die Segel mit im Abstand von 30 cm parallel zum Unterliek

Foto 3.30 Drachen-Modell im Maßstab 1:4 im Windkanal der Universität Southampton. Von links nach rechts: Lord Brabazon of Tara, der Verfasser, D. Phillips-Birt und H. Davies, Vorsitzender des Beratungskomitees für Yachtforschung.

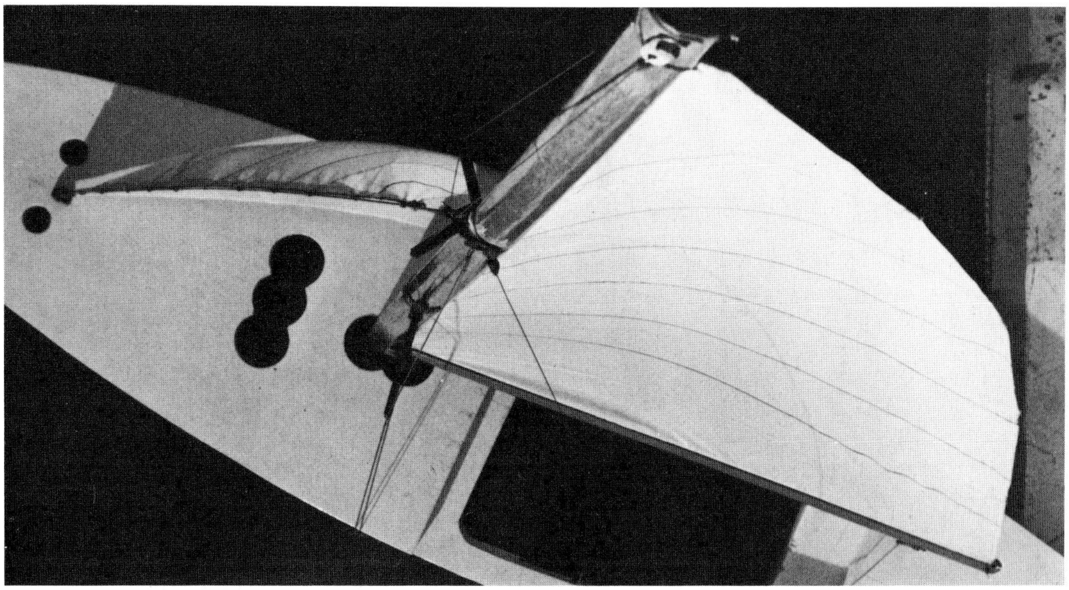

Foto 3.31 Modell des Drachen von oben gesehen

verlaufenden schwarzen Streifen versehen und mit einer in der Windkanaldecke angeordneten Kamera aufgenommen. Ein typisches Bild, aus dem sich Wölbung und Verwindung des Großsegels herausmessen lassen, ist in Foto 3.31 wiedergegeben.

Als 1961 diese Versuche geplant wurden, lagen nur wenig wissenschaftliche Unterlagen über die von einer Yacht am Wind erfahrenen Kräfte vor. Die Auswirkungen der zahlreichen an Schoten und Rigg vornehmbaren Einstellungen waren nahezu völlig unbekannt. Es wurde erwartet, daß auch der Rumpf einen Beitrag zu den aerodynamischen Kräften leistet und die Größe dieses Beitrages von dem Winkel zum scheinbaren Wind und dem Krängungswinkel abhängig ist.

Die Ergebnisse dieser Versuche mit und ohne Rumpf bestätigten, daß der Rumpf einen ausgeprägten Einfluß hat: er erhöhte nicht nur den Widerstand, sondern gleichzeitig auch die Wirksamkeit der Segel als Auftriebskörper. So ist aus Abb. 3.63 zu ersehen, daß sich durch den Rumpf die Vortriebskraft F_X der Genua bei Kurswinkeln $(\gamma_A - \beta)$ zwischen 25° und 30° etwa um 25 Prozent erhöhte. Dieser günstige Rumpfeinfluß rührt von der Verringerung des Schlitzes zwischen Segelunterliek und Wasseroberfläche her. Abb. 3.63 zeigt in überzeugender Weise auch das Auftreten erheblicher Wechselwirkung zwischen Genua und Großsegel. In diesem Versuch wurden die Einstellwinkel von Genua $(\delta_V = 13{,}9°)$ und Großsegel $(\delta_G = 5°)$ konstant gehalten und die Luftkräfte für Kurswinkel $(\gamma_A - \beta)$ zwischen 14,5° und 45° gemessen. Wie man erkennen kann, ist die von dem vollständigen Yachtmodell (Genua + Großsegel + Rumpf) produzierte Vortriebskraft F_X größer als die Summe der von den Einzelsegeln mit Rumpf erzeug-

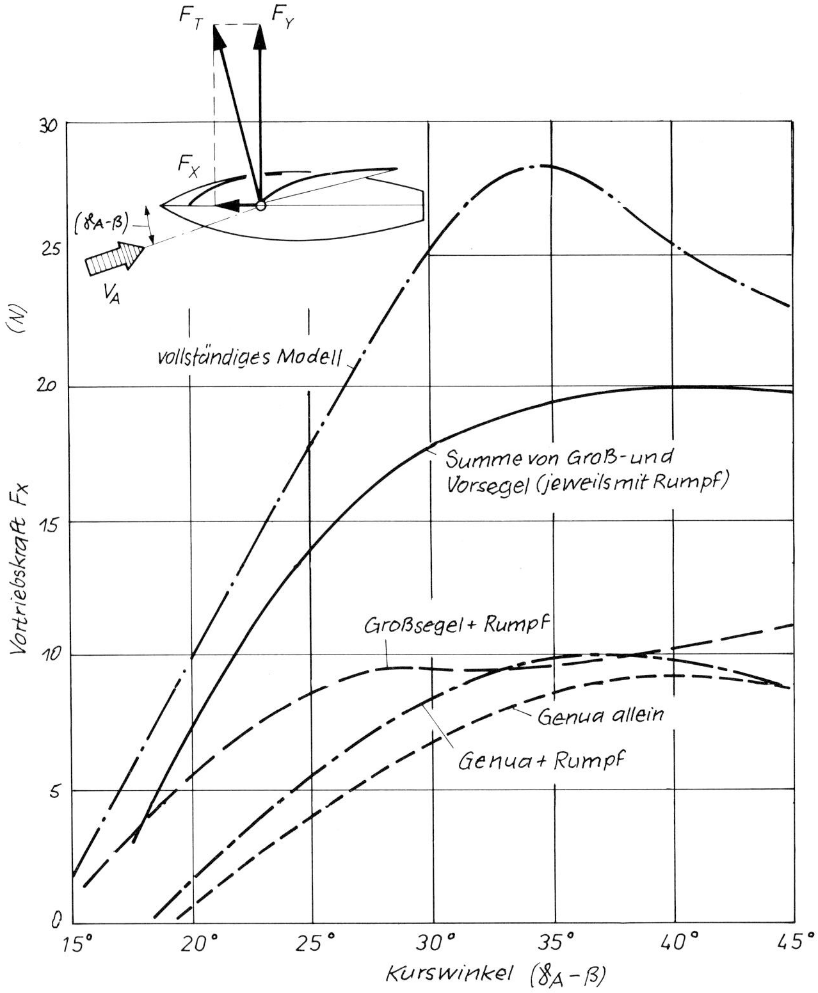

Abb. 3.63 Der Einfluß des Zusammenwirkens von Großsegel, Genua und Rumpf auf die Vortriebskraftkomponente F_X. Während der Versuche wurden der Einstellwinkel der Genua $\delta_V = 13{,}9°$ und der Einstellwinkel des Großsegels $\delta_G = 5°$ konstant gehalten.

ten Vortriebskräfte. Dieses Ergebnis kann zweifellos nur auf den Spalteffekt zurückgeführt werden, und wie Abb. 3.64 zeigt, ist in der Tat die Stellung beider Segel zueinander sehr wichtig.

In einem weiteren Versuch wurde bei konstant gehaltenem Großsegeleinstellwinkel δ_G der Genuaeinstellwinkel δ_V allmählich von 7,5° auf 22,5° erhöht. Aus den Ergebnissen in Abb. 3.64 ist klar zu erkennen, daß sich bei größeren Kurswinkeln $(\gamma_A - \beta)$ durch Vergrößerung des Einstellwinkels δ_V der Genua erhebliche Änderungen der Vortriebskraft F_X ergeben, während gleichzeitig Änderungen sowohl des Krängungsmomentes als auch der Krängungskraft verhältnismäßig gering sind.

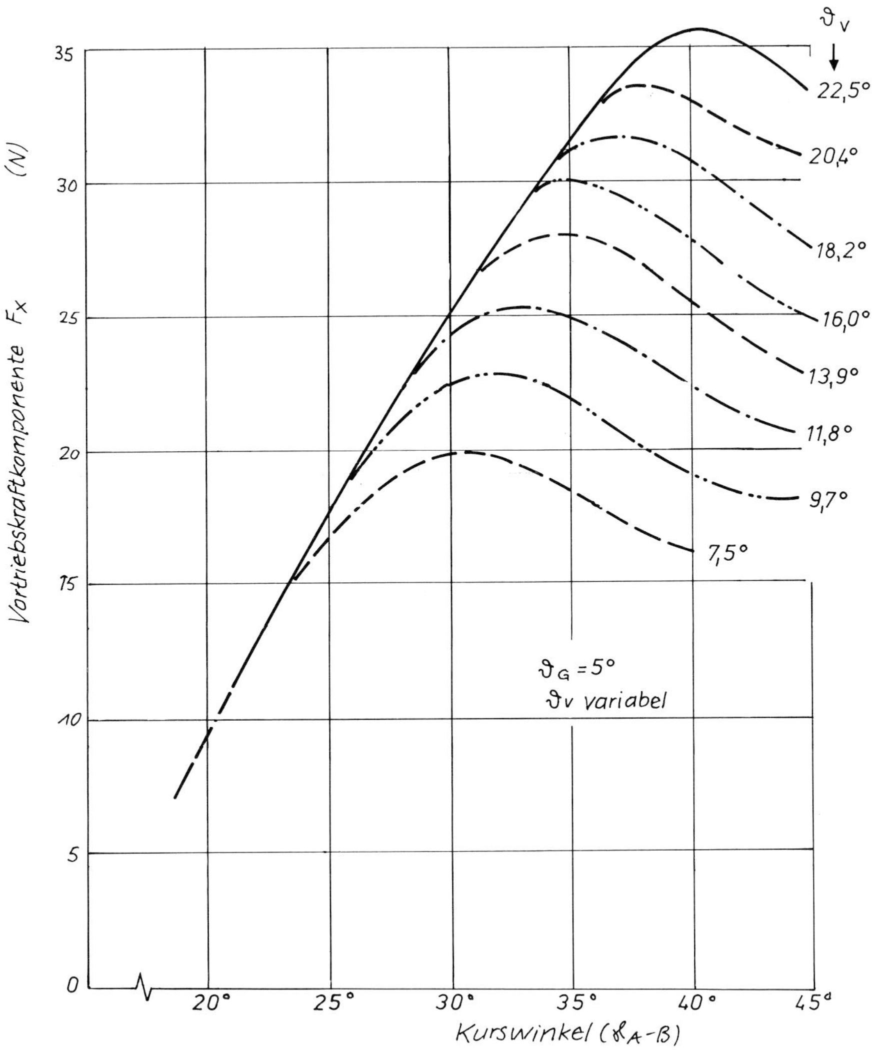

Abb. 3.64 Der Einfluß des Genuaeinstellwinkels δ_V auf die Vortriebskraftkomponente F_X. Für kleinere Einstellwinkel des Großsegels δ_G verschiebt sich die gesamte Kurvenschar vollständig nach links in Richtung kleinerer Kurswinkel $(\gamma_A - \beta)$.

In der Regel ist die Genua, wie jeder andere Vorsegeltyp auch, ein Segel mit ausgezeichneten Vortriebseigenschaften und relativ niedrig liegendem Druckpunkt (DP). Wie aus Abb. 3.65 ersichtlich ist, produziert bei einem Kurswinkel $(\gamma_A - \beta) = 30°$, das heißt, beim Segeln hoch am Wind, die Genua als Einzelsegel 30 Prozent mehr Vortriebskraft pro Flächeneinheit als das Großsegel als Einzelsegel. Nach Abb. 3.66 hat die Genua außerdem einen um 45 Prozent geringeren Anteil am Krängungsmoment als das Großsegel. Hieraus folgt, daß bei einer wegen übermäßiger Krängung und Abdrift notwendig werdenden Verringerung

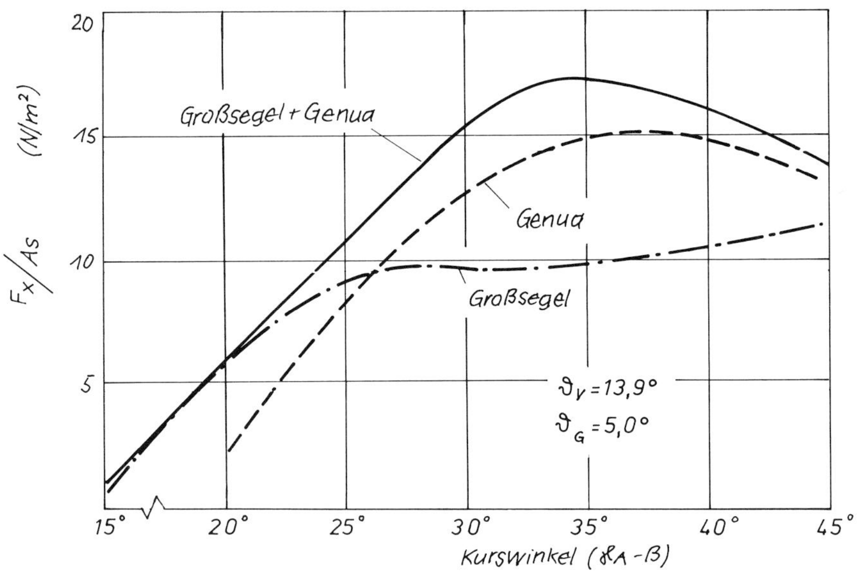

Abb. 3.65 Vortriebskraft F_X pro m^2 Segelfläche. Drachen-Rigg.

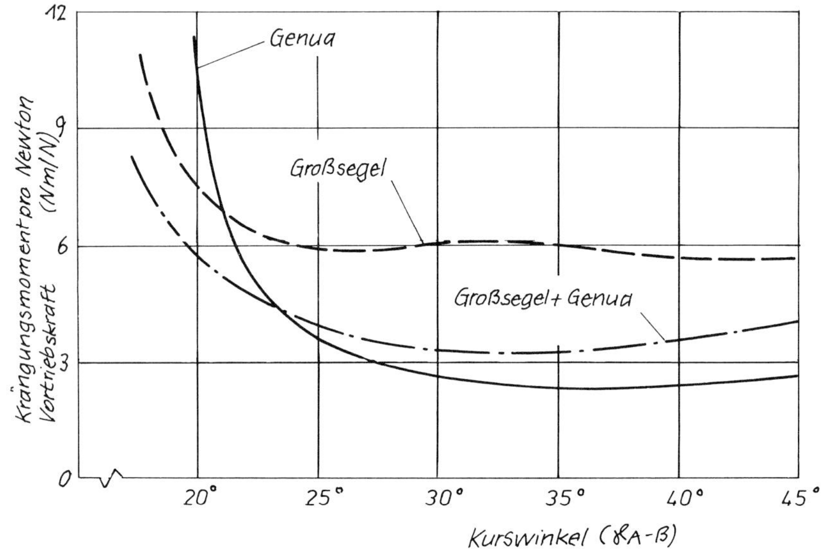

Abb. 3.66 Krängungsmoment pro Newton Vortriebskraft bei verschiedenen Kurswinkeln $(\gamma_A - \beta)$

der Segelfläche das Reffen des Großsegels dem Setzen eines kleineren Vorsegels vorzuziehen ist.

Wie aus Abb. 3.64 abgeleitet werden kann, liegt das Geheimnis, wie sich mit einer vorgegebenen Besegelung der größtmögliche Vortrieb erzielen läßt, in der Wahl der für gegebene Windverhältnisse richtigen Segelstellung, da es für jeden Kurswinkel $(\gamma_A - \beta)$ einen optimalen Genuaeinstellwinkel δ_G gibt, aus dem die größte Vortriebskraft resultiert. An einem komplizierteren Modell (Maßstab

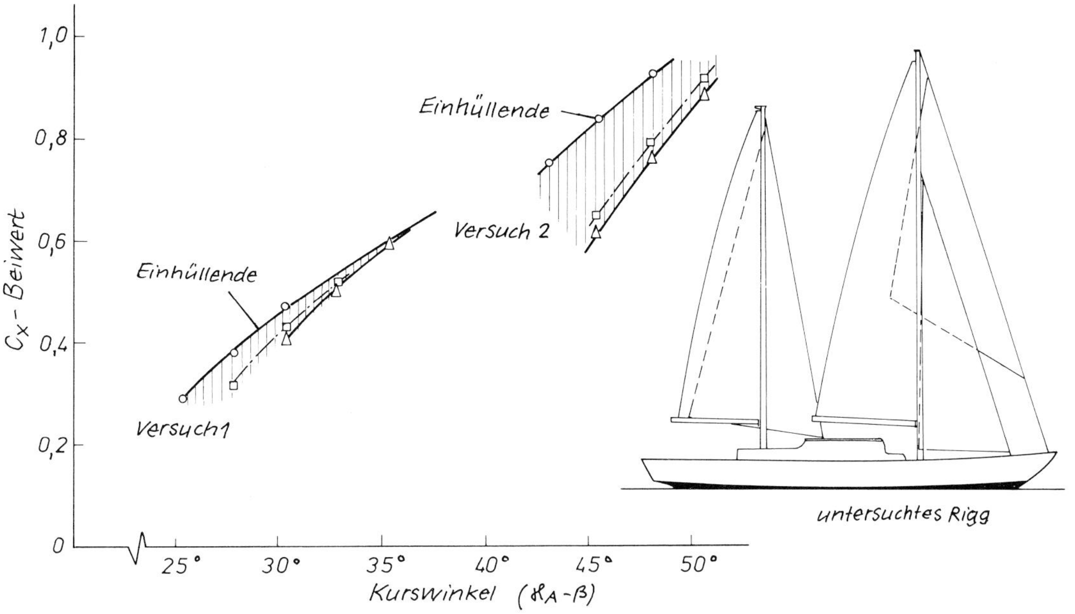

Abb. 3.67 C_x-Werte, gemessen beim Versuch, das Rigg zu seiner besten Leistung zu trimmen.

1:16) einer 24,4-m-Fahrtenketsch (Abb. 3.67) durchgeführte Windkanaluntersuchungen haben gezeigt, daß dabei auf raumen Kursen die richtige Einstellung der Segel zueinander weitaus kritischer und schwieriger zu finden ist, als hoch am Wind [3.39].

Die in Abb. 3.67 mit Versuch 1 und Versuch 2 gekennzeichneten diesbezüglichen Versuchsergebnisse wurden bei einer Windgeschwindigkeit V_A von 6,62 m/s (12,87 Knoten) und einer Krängung von 10° erhalten. Während jeden Versuches wurde jeweils die Stellung der einzelnen Segel zueinander systematisch variiert und für jede Segelstellung über den vorgegebenen Bereich von Kurswinkeln ($\gamma_A - \beta$) Auftrieb L und der Widerstand D gemessen, aus denen dann der Vortriebskraftbeiwert C_X berechnet wurde.

Der beste erreichbare Vortriebskraftbeiwert C_X ist dann durch die Hüllkurve gegeben, die die so erhaltenen einzelnen Kurven C_X über ($\gamma_A - \beta$) nach oben begrenzt. Aus Abb. 3.67 ist zu entnehmen, daß der Streubereich unter den Hüllkurven von Versuch 1 und 2 unterschiedlich groß ist. Die Streuung der Meßwerte ist für Kurse hoch am Wind (Versuch 1) kleiner als diejenige für raumere Kurse. Daß die Meßpunkte im Versuch 2 nicht so eng beieinander liegen, ist nicht eine Folge von Fehlern bei der Versuchsdurchführung, sondern zeigt vielmehr die Schwierigkeiten auf, alle Segel so zu schoten, daß sich der größte Vortrieb ergibt. Je weiter die Yacht vom Wind abfällt, um so problematischer wird bei der Ketsch-Besegelung mit den vielfältigen Wahlmöglichkeiten für Einstellwinkel und Schothornpositionen von Klüver, Fock, Großsegel, Stagsegel und Besan, durch die wiederum Wölbung und Verwindung und die gegenseitige Beeinflussung zwischen den Segeln bestimmt wird, mithin die richtige Einstellung der Segel. Dies erfordert erhöhte Aufmerksamkeit seitens des Rudergängers und größeres Können der Mannschaft beim Segeltrimmen.

Daraus folgt, daß die allgemeinhin anerkannte Ansicht, beim Segeln hoch am Wind zeige sich das wahre seglerische Können, nicht notwendigerweise richtig sein muß, vorausgesetzt natürlich, daß in diesem Fall unter seglerischem Können die Kunst, den optimalen Segeltrimm zu finden, verstanden wird. Auf raumen Kursen und vor dem Wind ist ein Speedometer beim Segeltrimmen zweifellos eine große Hilfe. Das Segeln mit der größten Zielgeschwindigkeit nach Luv bleibt aber selbst mit Fahrtmesser noch eine Kunst, es sei denn, eine Yacht hat einen V_{Luv}-Messer.

Ein bekannter Regattasegler und Segelmacher warf im Zusammenhang mit dem Trimm der Segel folgende Frage auf:

> „Hinter all dem Für und Wider verstellbarer Schotführungen liegt eine grundlegende Frage. Warum sollte die Fockschot nachgetrimmt werden, sobald man sie einmal für den Kreuzschlag eingestellt hat? Oder die Großschot? Die Tatsache, daß die Stärke des Windes dauernd schwankt, etwas, was die Mehrheit der Segler als selbstverständlich annimmt, haben wir bereits in Betracht gezogen, aber für die Steuerleute, die meist instinktiv in einer Folge von Reflexbewegungen mit Großschot und Traveller spielen, muß es darüber hinaus noch eine weitere Erklärung geben.“

Dies ist in der Tat eine sehr gute Frage, die vielen zu denken geben muß! Als Antwort führte er dann drei Gründe an: Erstens – das elastische Verhalten der Segel muß kompensiert werden, so daß für größtmögliche Geschwindigkeit ein Verstellen der Schoten unumgänglich ist. Zweitens – plötzliche Windstöße müssen durch Auffieren der Schoten abgefedert werden. Und drittens – bei verschiedenen Windstärken verwendete, unterschiedlich gewölbte Segel erfordern auch verschiedene Einstellwinkel.

Zweifellos hat er recht. Diesen Faktoren ist Rechnung zu tragen. Es gibt jedoch noch einen fundamentaleren Grund, der im unmittelbaren Zusammenhang zu Abb. 3.64 und den früheren Ausführungen in Teil 1 und Teil 3 (Abschnitt D4d)) steht. Es wurde festgestellt, daß der optimale Kurs beim Aufkreuzen nach Luv, gleich, ob er durch den Kurswinkel γ_A zum scheinbaren Wind oder durch den Kurswinkel γ_W zum wahren Wind angegeben wird, vom Anstieg des Rumpfwiderstandes mit der Fahrtgeschwindigkeit abhängt (vergleiche Abb. 1.16 und 1.21). Die Winkel γ_A und γ_W sind infolgedessen für Schwerdeplacement-Yachten kleiner als für Jollen. Mit anderen Worten, bei Kielbooten steigt der Widerstand so steil an, daß es nichts einbringt, schneller und raumer zu segeln, wiewohl dies sich bei der Jolle auszahlt.

Für das Kanu-Finn liegt nach Abb. 1.9D, je nach Windgeschwindigkeit, der optimale Kurswinkel γ_A zwischen 24° und 30°, und dementsprechend muß sich auch der optimale Einstellwinkel innerhalb weiter Grenzen ändern (Abb. 1.9E). Für ein schweres Kielboot ist dieser Bereich optimaler Kurswinkel γ_A zu kleineren

Werten hin verschoben. Bei einer 12-m-R-Yacht liegt der beste Kurs γ_A beispielsweise zwischen 18° und 25°. Mithin ergeben sich für verschiedene Segelfahrzeugtypen verschiedene Einstellwinkelbereiche der Segel. Demgemäß müssen die Angaben in Abb. 3.64 betrachtet werden. Der geometrische Zusammenhang zwischen dem Segeleinstellwinkel δ_G, dem Kurswinkel $(\gamma_A - \beta)$ und dem Segelanstellwinkel α ist in Abb. 1.10 gegeben.

e) Der Einfluß der Genua-Überlappung auf die Fahrtleistung

Um die Frage zu klären, ob es einen für die Am-Wind-Fahrtleistung optimalen Wert für die Überlappung der Genua gibt, untersuchte T. Tanner am Modell einer Eintonner-Yacht im Windkanal Besegelungen mit unterschiedlich überlappenden Genuas. Die hierbei verwendeten Modellsegel (Maßstab 1:6) sind in Tabelle 3.14 ausgewiesen.

Foto 3.32 T. Tanner mit seinem Modell einer Eintonner-Yacht (Maßstab 1:6) bei der Untersuchung des Einflusses der Genuaüberlappung

Tabelle 3.14

Segel	Beschreibung		Anzahl der Versuche
Großsegel	Seitenverhältnis	3,0	
Genua 1	Länge des Genuaunterlieks in Relation	1,48 J	12
2	zur Basislänge J des Vorsegeldreiecks	1,58 J	13
3		1,62 J	24
4		1,67 J	11
6		1,75 J	9
7		1,82 J	18

Alle Versuche wurden bei einer Windgeschwindigkeit von 7,92 m/s und einer Krängung von 20° durchgeführt. Die Versuchseinrichtungen am Rumpfmodell ermöglichten es, die Position des Großsegel- und Genuaschothorns in Längs- und Querrichtung sowie in der Höhe zu verstellen. Ebenso konnte die Vorliekspannung in beiden Segeln verändert werden. In jedem Versuch wurde jeweils nur ein Parameter (eine Einstellung) geändert und über dem Kurswinkelbereich $(\gamma_A - \beta) = 20°$ bis 40° die Auftriebs- und Widerstandskomponente sowie das Krängungsmoment gemessen.

Die aus dem Windkanal erhaltenen Rohdaten wurden anschließend mit Hilfe eines Computers unter Zugrundelegung des Tannerschen Kriteriums statistisch ausgewertet. Dieses Kriterium besagt, daß diejenige Segelkonfiguration am besten ist, die für den vorgegebenen Kurswinkel $(\gamma_A - \beta)$ das größte V_S/V_W-Verhältnis ergibt (wobei V_S die Fahrtgeschwindigkeit des Bootes und V_W die Geschwindigkeit des wahren Windes ist) [3.3].

In Abb. 3.68 sind für den Kurswinkel $(\gamma_A - \beta) = 30°$ die größten V_S/V_W-Werte über der Genuaunterlieklänge aufgetragen. Hieraus ersieht man, daß eine Genua

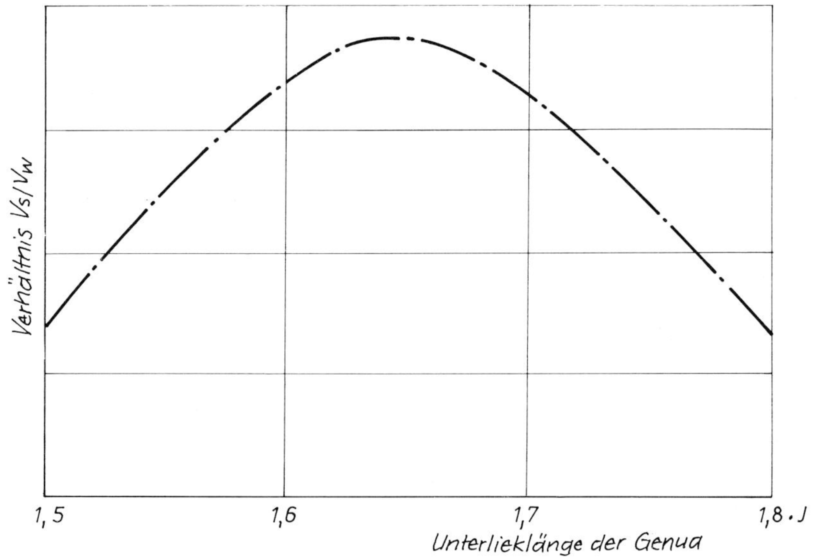

Abb. 3.68 Der Einfluß der Genuaüberlappung auf die Fahrtleistung

mit einer Unterlieklänge von 1,65 J (65 Prozent Überlappung) die beste Fahrtleistung am Wind bringt. Es sei noch angemerkt, daß bei der Aufbereitung der Daten für die Genua eine Segelfläche von 1,56 m^2 verwendet wurde. Dies entsprach der Fläche des Modellvorsegeldreiecks, das heißt, die Größe der Genua-Überlappung blieb unberücksichtigt.

Die Versuche zeigten auch, daß sich durch falsche Einstellung des Vorsegels größere Unterschiede in der Leistung (bis zu 20 Prozent) als die aus der verschiedenen Segelfläche resultierenden ergeben können. Eine größere Sorgfalt bei der Anfertigung der Segel bewirkte ebenfalls Unterschiede in der gleichen Größenordnung.

Eine weitere Ursache für eine unterschiedliche Wirksamkeit von Segeln identischer Form ist die Porosität des Segeltuches. So beobachtete man beispielsweise bei Windkanaluntersuchungen [3.14] einen sofortigen Anstieg der Auftriebskraft um 5 Prozent, als das untersuchte Segel mit Wasser besprüht wurde. Dieser Auftriebszuwachs verschwand jedoch innerhalb von 3 Minuten wieder, da das Segel trocknete. Als schließlich das Segel mit langsam verdampfendem Äthylenglykol besprüht wurde, verblieb eine Auftriebserhöhung auch bis zum Ende verhältnismäßig langer Versuche.

6 Segeln vor dem Wind

> So ist es am Ende vielleicht doch eine größere Kunst, ein Schiff zu führen, als mit Menschen umzugehen. Und wie allen großen Künsten muß auch dieser uneingeschränkte Aufrichtigkeit zugrunde liegen, die wie ein Naturgesetz über unendlich viele der erstaunlichsten Erscheinungsformen verfügt.
>
> JOSEPH CONRAD
> Der Spiegel der See

Ich werde nie meine erste Erfahrung mit dem Rollen vor dem Wind vergessen, die ich als junger Segler machte. Es geschah bei frischem Wind und bewegtem Wasser. Ich erinnere mich noch genau an das unheilvolle, furchtbare Gefühl vollständiger Hilflosigkeit, als ich ganz unverhofft die Kontrolle über meine Jolle verlor. Nach einer Reihe immer stärker werdender Rollbewegungen sah ich den Baum hoch in den Himmel zeigen, dann kam eine plötzliche Patenthalse, das Boot schlug quer und gleich darauf war alles umgeweht und überall war Wasser, kaltes Wasser. In diesem Augenblick begriff ich, wie wichtig es ist, mehr über die Theorie des Segelns zu wissen.

Eines weiß ich gewiß: Es hat Unrecht, wer sagt: „Jeder kann eine Yacht vor dem Wind segeln.“ Rollen und Querschlagen sind schwierige, aber faszinierende Probleme, und über die theoretischen und praktischen Aspekte dieser Erscheinungen gibt es noch sehr viel zu lernen.

Auf Vorm-Wind-Kurs bei frischem Wind und achterlicher See wird das rhythmische Rollen und die Tendenz zum Querschlagen zu einer fast unumgänglichen Eigenschaft aller Segelfahrzeuge, nicht nur kleiner Rennjollen. Es ist heutzutage nicht selten, schwere Kielboote spektakuläre, aber ziemlich unangenehme Rollbewegungen ausführen zu sehen (Foto 3.33).

Ein weiteres Beispiel für instationäres Verhalten, das mit dem Rollen zusammenhängt und verstärkt bei modernen Yachten auftritt, ist eine zu gelegentlichem Querschlagen führende Kursinstabilität. Hiervon scheinen insbesondere Boote mit kurzem Flossenkiel und verringerter benetzter Oberfläche der Rumpfanhänge betroffen zu sein.

In [3.40] wird dazu ausgeführt:

„Das Problem der Kursstabilität trat unlängst näher in den Vordergrund. Eine in der Wasserlinie 8,90 m lange Yacht mit mittleren Abmessungen wurde im Schleppkanal untersucht und anschließend gebaut. Die Modellversuche wiesen darauf hin, daß eine geringere Kiellänge die Fahrtleistung am Wind verbessern würde. In der Großausführung wurden die vorhergesagten guten Eigenschaften am Wind bestätigt, jedoch erwies sich die Yacht bei achterlichem Wind als schwer zu beherrschen. Es wurde berichtet, daß in einer Wettfahrt das Boot vor dem Wind nicht auf Kurs zu halten war und in 3 Stunden 33mal aus dem Ruder lief und querschlug."

Diese beiden unterschiedlichen Bewegungsarten – Rollen und Aus-dem-Kurs-Laufen –, zu denen moderne Hochseeyachten neigen, können, abgesehen vom nachteiligen Einfluß auf die Fahrtleistung, auch gefährlich werden. Normalerweise sind Segelyachten so entworfen, daß sie statisch stabil sind. Die Yacht-Konstrukteure geben sich in der Regel damit zufrieden, wenn das Boot ein gewisses Maß an statischer Querstabilität aufweist. Diese Stabilität wird durch das bei Krängung aus der Verschiebung des Verdrängungsschwerpunktes B nach Lee relativ zum Gewichtsschwerpunkt G herrührende Moment oder durch die metazentrische Höhe GM gmessen (Abb. 3.69A). Die Querstabilität wiederum begrenzt die Segeltragfähigkeit des Bootes und damit sein Leistungsvermögen.

Um festzustellen, ob ein Boot rank oder steif ist, können beispielsweise die Dellenbaugh-Winkel-Methode oder die Winddruck-Koeffizienten-Methode herangezogen werden [3.41]. Diese auf Erfahrung beruhenden Methoden zur Beurteilung der statischen Querstabilität einer Yacht mögen vielleicht zu rechtfertigen sein, da eine gewisse statische Stabilität im allgemeinen auch sicherstellt, daß das Segelfahrzeug nach Einwirkung einer Störung in einem Ausschwingvorgang wieder in die Gleichgewichtslage zurückkehren wird. Wir sagten „im allgemeinen", da, wie wir sehen werden, dies nicht immer der Fall ist. Eine Yacht, die statisch stabil ist, ist nicht notwendigerweise auch dynamisch stabil (siehe Anm. [3.42]). Für das dynamisch instabile Verhalten von Yachten gibt es sowohl aerodynamische als auch hydrodynamische Gründe.

a) Rollen in ruhigem Wasser

Jede ohne Segel in ruhigem Wasser frei schwimmende Yacht kann durch Einwirkung periodisch veränderlicher äußerer Momente oder Kräfte zum Rollen ge-

Foto 3.33 Schwer rollende Yacht vor dem Wind

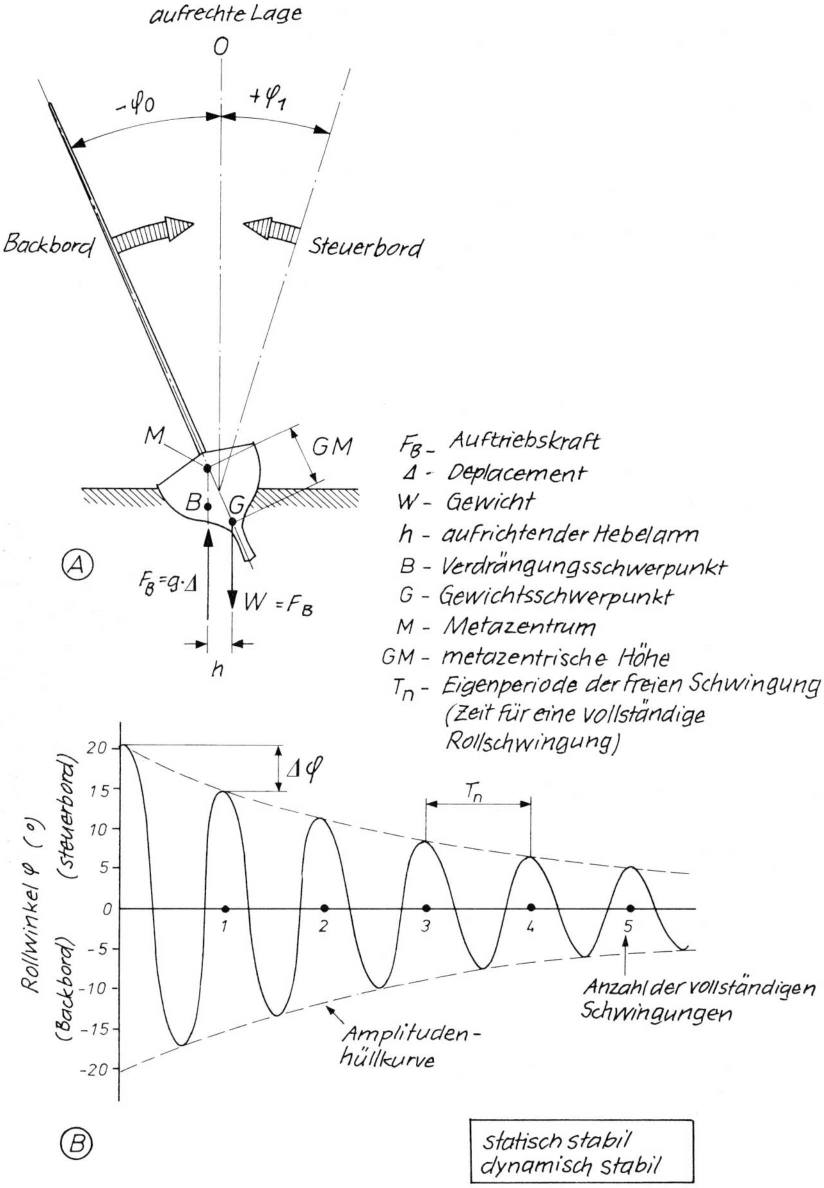

Abb. 3.69 Periodisch stabile Rollbewegung. Die freie Bewegung eines solchen Schwingungssystems besteht immer aus einer Kombination zweier elementarer Bewegungsformen:

a) einem sinusförmigen Bewegungsvorgang, der gewissermaßen den periodischen Umwandlungsprozeß zwischen kinetischer und potentieller Energie beschreibt, und
b) einem exponentiell verlaufenden Abklingvorgang, der die mit der Zeit dem Schwingungssystem verlorengehende Energie kennzeichnet (in Abb. 3.69 B durch die Amplitudenhüllkurve beschrieben).

bracht werden, beispielsweise durch Schaukeln des Rumpfes mit einem Fall, wenn die Yacht im Hafen liegt, oder durch die Mannschaft, die sich quer über Deck hin und her bewegt.

Wir wollen nun annehmen, daß die von außen einwirkende störende Kraft oder das störende Moment plötzlich weggenommen wird, wenn der Mast den Krängungswinkel φ_0 nach Backbord erreicht hat (Abb. 3.69 A). Infolge der Wirkung des aufrichtenden Momentes $W \cdot h$ versucht das Boot dann in die Gleichgewichtslage (aufrechte Schwimmlage) zurückzudrehen. Die in der gekrängten Lage gespeicherte potentielle Energie E_p, die durch den Näherungsausdruck

$$E_p = \Delta \cdot \mathrm{GM} \cdot (1 - \cos \varphi_0)$$

gegeben ist, wird während dieses Vorganges nun in kinetische Energie der Drehbewegung umgewandelt. Wenn der Mast wieder die aufrechte Lage erreicht und die Winkelgeschwindigkeit ω am größten wird, nimmt auch die kinetische Energie, das Produkt aus Trägheitsmoment und dem Quadrat der Winkelgeschwindigkeit, ihren Höchstwert an:

$$E_k = \tfrac{1}{2} I_x \cdot \omega^2.$$

Hierbei ist I_x das Massenträgheitsmoment der Yacht bezüglich der Längsachse durch den Gewichtsschwerpunkt. Rumpf und Mast setzen deshalb ihre Drehbewegung nach Steuerbord fort. Es wird jedoch nicht die gesamte kinetische Energie in potentielle Energie zurückverwandelt, wenn die Yacht nun nach Steuerbord krängt, sondern ein Teil davon wird von der Arbeit aufgezehrt, die gegen den Widerstand, den das Wasser dieser Bewegung entgegensetzt, verrichtet wird. Der Krängungswinkel φ_1, bei dem die Yacht auf der Steuerbordseite momentan zur Ruhe kommt, ist infolgedessen kleiner als der Winkel φ_0 zu Anfang der Rollbewegung. Der Bewegungsvorgang wiederholt sich nun wieder in entgegengesetzter Richtung und die Yacht wird eine Reihe aufeinanderfolgender Rollbewegungen nach Backbord und zurück nach Steuerbord ausführen, jede kleiner als die vorangehende, bis infolge der dämpfenden Wirkung des Wassers sie schließlich in aufrechter Lage zur Ruhe kommt.

In Abb. 3.69 B ist eine derartige freie gedämpfte Rollschwingung grafisch dargestellt. Da die Rollamplitude mit der Zeit beständig kleiner wird, verhält sich der Rumpf hinsichtlich Rollbewegungen dynamisch stabil. Je rascher dieser Abklingvorgang verläuft, umso größer ist die dynamische Stabilität des Rumpfes. Ein Maß für die Abnahme $\Delta\varphi$ der Rollamplitude mit der Zeit ist das sogenannte logarithmische Dekrement d (der Logarithmus des Verhältnisses der Amplitude zur Amplitude nach einer Periode), das im folgenden als Kenngröße zur Beschreibung des Dämpfungsverhaltens beziehungsweise der dynamischen Stabilität der Yacht verwendet wird.

Der Charakter der freien gedämpften Rollschwingung des Rumpfes (der Einfluß der Segel wird vernachlässigt), seine Periode und der Grad der Dämpfung hängen im wesentlichen von drei Faktoren ab:

1. Dem Massenträgheitsmoment des Bootes; ein großes Trägheitsmoment erhöht die für eine vollständige Rollschwingung benötigte Schwingungszeit oder Periode T_n.
2. Der Stabilität des Rumpfes (GM); ein steifer Rumpf (hohe Stabilität) wird schnellere Rollschwingungen ausführen als ein ranker.
3. Den Dämpfungskräften. Sie sind verantwortlich für das allmähliche Abklingen der Rollbewegung und resultieren aus:
   a) den Reibungskräften zwischen der benetzten Oberfläche des Rumpfes und dem umgebenden Wasser;
   b) der Energieabstrahlung infolge Wellenbildung;
   c) dem Energieverlust aufgrund des hydrodynamischen Widerstandes der hin und her schwingenden Anhänge (Kielflosse, Ruder).

Diese Anteile der hydrodynamischen Dämpfung sind nicht alle gleich gewichtig. Bei einem Kielboot spielt das dämpfende Verhalten der Anhänge die dominierende Rolle. Eine hohe Dämpfung ist natürlich erwünscht, da Rollen nicht nur für die Besatzung unangenehm, sondern auch potentiell gefährlich ist.

Über die Wirksamkeit von Kielflosse oder Schwert als Dämpfungs- oder Anti-Roll-Vorrichtung ist bislang nur wenig bekannt. Theoretische Überlegungen sprechen jedoch für die Ansicht, daß durch den heutigen Trend, Kiellänge und benetzte Oberfläche zu verringern, um die Am-Wind-Eigenschaften des Bootes zu verbessern, die hydrodynamische Dämpfung von Rollschwingungen vermindert wird. Im Schleppkanal der Universität Southampton durchgeführte Untersuchungen des Rolldämpfungsverhaltens dreier Kielkonfigurationen für eine 5,5-m-R-Yacht zeigten für den längsten Kiel die beste Rolldämpfung. Weitere Forschung auf diesem Gebiet ist erforderlich, um genauen Aufschluß über den Dämpfungsmechanismus von Rumpf und Kiel und ihre Wechselwirkung zu gewinnen sowie um Modellversuchsergebnisse mit theoretischen Vorausberechnungen des Dämpfungsverhaltens zu korrellieren.

Bei den vorstehend erwähnten Versuchen wurde auch der Rumpfwiderstand gemessen, um festzustellen, ob ein Zusammenhang mit der Dämpfung besteht. Überraschenderweise zeigten die Ergebnisse, daß der Widerstandszuwachs infolge Rollschwingungen relativ großer Amplitude nur in der Größenordnung von 2 Prozent lag.

In [3.43] wird über die Ursachen des Rollens vor dem Wind folgende Auffassung vertreten: „Es ist ziemlich sicher, daß Rollen hauptsächlich durch den Verlust des Richtungsgleichgewichtes infolge Gierens verursacht wird. Dies wird verstärkt durch ein schlechtes Steuern, das den Spinnaker gleichsinnig mitschwingen läßt.“ Vom Autor durchgeführte Versuche beweisen jedoch zweifelsfrei, daß ein Segel allein aus aerodynamischen Gründen ein Boot zu heftigem Rollen veranlassen kann. Diese Rollschwingungen werden durch das Segel selbst erregt, wobei die für ihre Aufrechterhaltung notwendige Energie durch die eigene periodische Bewegung des Segels dem Wind entzogen wird, so daß das Segel als eine Art „Rollgenerator“ betrachtet werden kann. Bei der Untersuchung der selbsterregten Rollschwingung einer Yacht ist das Hauptaugenmerk auf zwei einander entgegengerichtete Vorgänge zu richten: die Erregung durch das Segel und die Dämpfung infolge der energieverbrauchenden Strömungsvorgänge um Rumpf und Anhänge. Ihre jeweilige Ausprägung bestimmt, ob und in welchem Ausmaß das Boot Rollbewegungen ausführt. Dabei wird die Rollamplitude so lange anwachsen, bis die während einer Periode durch das Segel dem Wind entzogene und der Rollbewegung zugeführte Energie gleich dem Energieverlust infolge der dämpfenden Wirkung des Unterwasserschiffes der Yacht ist.

b) Selbsterregte Rollschwingungen

Wir wollen nun die Frage beantworten, warum und wann Rollschwingungen aerodynamisch erregt werden. Nehmen wir dazu an, daß eine Yacht mit Kat-Rigg vor dem Wind segelt (Abb. 3.70 A). Der Kurswinkel γ_A zum scheinbaren Wind V_A beträgt dann 180° und der Anstellwinkel α des Segels bezüglich der scheinbaren Windrichtung ungefähr 90°. Die vom Segel hervorgerufene aerodynamische Gesamtkraft F_T ist mehr oder weniger stetig und wirkt nahezu parallel zum gesegelten Kurs. Wir wollen weiterhin annehmen, daß aus irgendeinem Grund [zum Beispiel durch Welleneinwirkung oder sich am Segel ablösende Kármán-Wirbel (siehe weiter unten)] der Rumpf beispielsweise nach Backbord überholt. Das nach Backbord schwingende Segel erhält dabei eine Winkelgeschwindigkeit, aufgrund deren die Anströmung und die aerodynamische Kraft ihre Richtung und Stärke ändern. Abb. 3.70 B veranschaulicht diesen Sachverhalt für einen etwas oberhalb der Drehachse liegenden schmalen horizontalen Streifen des Segels. Der scheinbare Wind V_A erfährt infolge der durch die Drehbewegung des Segels hervorgerufenen Geschwindigkeit v eine Änderung. Der resultierende Wind V_R, der in jedem Augenblick die Summe der beiden Windvektoren V_A und v ist, nimmt an Stärke zu, und der momentane Anstellwinkel α bezüglich der Profilsehne c des Segels wird kleiner als 90°. Die Umströmung des Segels unterscheidet sich infolgedessen völlig von derjenigen ohne Rollbewegung. Es entsteht eine Zirkulationsströmung (in Abb. 3.70 C als gestrichelte Linie eingezeichnet), aufgrund der die momentane Größe der aerodynamischen Kraft F_T anwächst und sich ihre Wirkungsrichtung in Richtung der Bewegung des Segels neigt. Wie in Abb. 3.70 C gezeigt, kann nun diese Gesamtkraft F_T in zwei Komponenten zerlegt werden:

1. in die in Fahrtrichtung wirkende Vortriebskraft F_R;
2. in die sowohl zum Kurs als auch zum Mast senkrecht gerichtete Krängungskraft F_K, die bestrebt ist, den Rollwinkel (Krängungswinkel) zu vergrößern.

Mit zunehmendem Krängungswinkel wirken das aufrichtende Moment infolge Querstabilität des Rumpfes und Dämpfung aufgrund des Zusammenwirkens von Rumpf und Anhängen der Rollbewegung immer stärker entgegen und beginnen schließlich das Boot in die aufrechte Lage zurückzudrehen. Das Segel schwingt nun nach Steuerbord und der Strömungsvorgang kehrt sich um (Abb. 3.70 D). Die Zirkulation ist jetzt derjenigen des vorangehenden Schwingungsvorganges

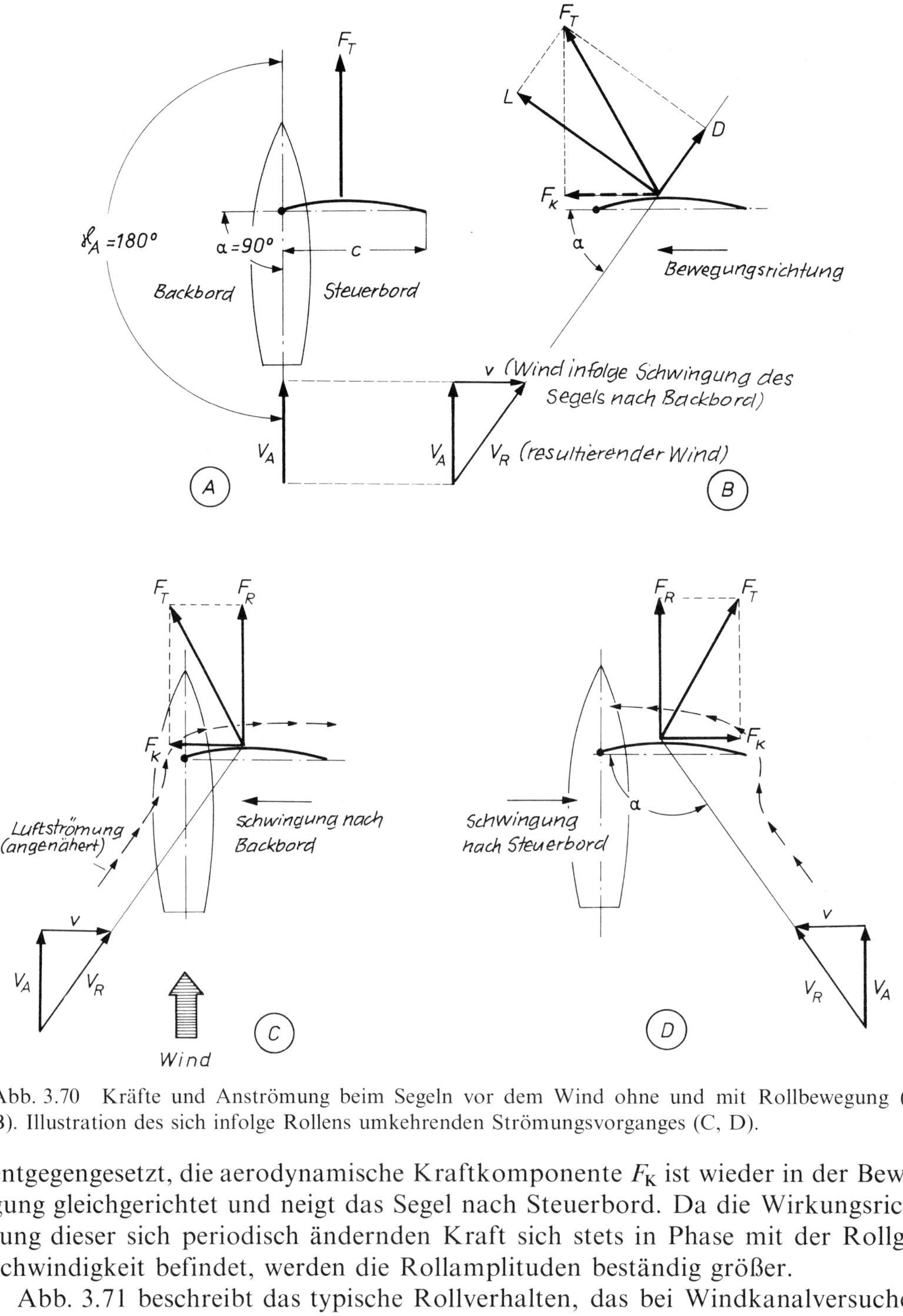

Abb. 3.70 Kräfte und Anströmung beim Segeln vor dem Wind ohne und mit Rollbewegung (A, B). Illustration des sich infolge Rollens umkehrenden Strömungsvorganges (C, D).

entgegengesetzt, die aerodynamische Kraftkomponente F_K ist wieder in der Bewegung gleichgerichtet und neigt das Segel nach Steuerbord. Da die Wirkungsrichtung dieser sich periodisch ändernden Kraft sich stets in Phase mit der Rollgeschwindigkeit befindet, werden die Rollamplituden beständig größer.

Abb. 3.71 beschreibt das typische Rollverhalten, das bei Windkanalversuchen mit dem in Foto 3.34 gezeigten Modell (Maßstab 1:5) des Finn-Riggs bei simuliertem Vorm-Wind-Kurs ($\gamma_A = 180°$, $\delta_G = 85°$) auftrat. Hieraus wird klar ersicht-

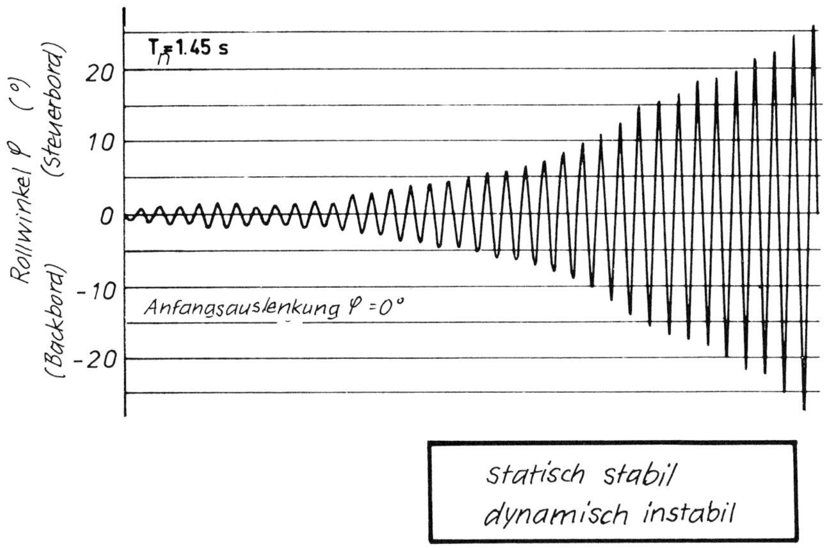

Abb. 3.71 Schwingungsverlauf für das Finn-Riggmodell (Maßstab 1:5) bei mittlerer, die Wirkung der Anhänge simulierender magnetischer Dämpfung (siehe Foto 3.34). $\gamma_A = 180°$, $\delta_G = 85°$, magnetische Dämpfung = 1,0.

lich, daß heftiges Rollen durch ein Segel aus aerodynamischen Gründen hervorgerufen werden kann, und daß sich die Rollschwingung ganz von selbst, ohne irgendeine augenfällige äußere Störung, aufbaut.

Für die Windkanaluntersuchung des selbsterregten Rollens bot sich das Finn-Rigg zum einen wegen seiner Einfachheit (nur ein Segel, unverstagter Mast) an, und zum anderen wegen der untersuchungswürdigen Tatsache, daß Finn-Dinghies vor dem Wind sehr stark rollen. Weitere Versuche wurden mit einem Drachen-Modellrigg mit Spinnaker durchgeführt.

Das durch Abb. 3.71 beschriebene Verhalten einer Yacht ist eindeutig als dynamisch instabil zu bezeichnen. Wie in Abb. 3.69 ist auch hier das Boot statisch stabil, da weiterhin die Tendenz zur Rückkehr in die aufrechte Lage besteht; nur nehmen die Rollamplituden in diesem Fall jedoch beständig zu und nicht ab. Obwohl statisch stabil, ist das Boot dynamisch instabil. Das aufgrund der Kräftebetrachtung in Abb. 3.70 erwartete dynamische Verhalten des Segels wird also durch die Windkanalversuche voll bestätigt.

Es verbleibt nun noch die Beantwortung der Frage, warum das anfänglich im Gleichgewicht befindliche, das heißt keinerlei Rollbewegungen vollführende Segel zu schwingen beginnt, sowie es vom Wind angeströmt wird. Bekanntlich entsteht hinter einer senkrecht angeströmten ebenen oder gewölbten Platte eine Kármánsche Wirbelstraße. In regelmäßiger Folge gehen dabei abwechselnd von der Plattenober- und Plattenunterkante Wirbel in das Totwasser ab (Abb. 3.72). Eine vollständige Aufklärung dieser Erscheinung, die im Laufe der Jahrhunderte von verschiedenen Forschern – Leonardo da Vinci, V. Strouhal, H. Bernard, Th. v. Kármán und anderen – untersucht wurde, ist bislang keineswegs gelungen.

Foto 3.34 Links – Dieses rollende Finn-Dinghy hat fast schon den Krängungswinkel erreicht, der unvermeidlich zu einer Kenterung führt. Rechts – Die Versuchsapparatur zur Untersuchung des Rollverhaltens bei Vorversuchen. Für das weitere Versuchsprogramm wurde sie in einen im Windkanalboden eingelassene spezielle Vertiefung gesetzt, um aus der Kanalversperrung möglicherweise herrührende Einflüsse zu reduzieren. Die Versuchsapparatur, die auf dem Prinzip eines Pendels beruht, beinhaltet

- ein Druckluftlager, das fast reibungslose Drehschwingungen um die Längsachse erlaubt;
- eine variable und kontrollierbare magnetische Dämpfungseinrichtung;
- einen Biegestab in Verbindung mit einem Differentialtransformator zur Messung der Änderung der Widerstandskomponente D infolge Rollens;
- einen Winkelverdrehungsaufnehmer, um den Rollwinkel als Funktion der Zeit zu ermitteln (maximaler Rollwinkel $\pm 30°$);
- Registriergeräte zur Aufzeichnung der Winkelverdrehung und des Widerstandes über der Zeit.

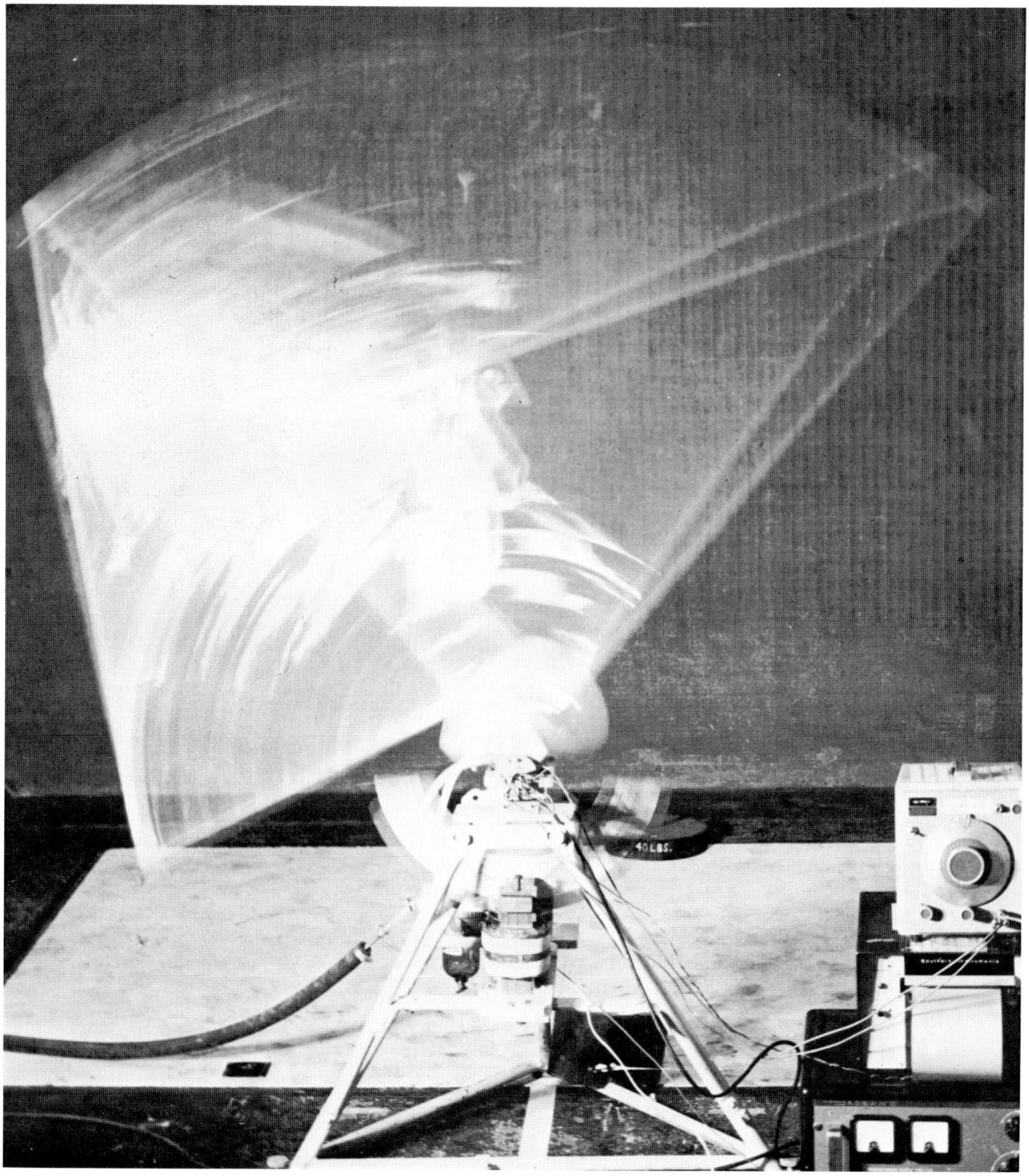

Foto 3.35 Das Modell des Finn-Riggs führt die gleichen selbsterregten Rollschwingungen aus, wie sie häufig bei Booten in Großausführung zu beobachten sind. Die zunehmende Rollamplitude ist deutlich zu erkennen. Das Modell kann dabei einen Zustand äußerst heftiger Bewegungen erreichen.

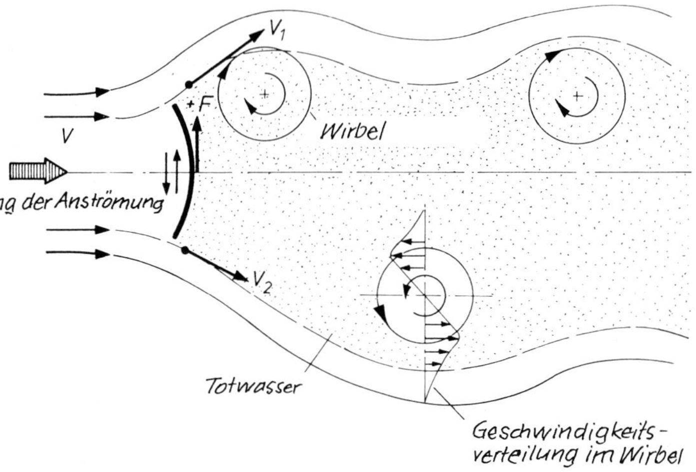

Abb. 3.72 Wirbelzone hinter einer gewölbten Platte oder einem Segel. Das periodische Ablösen der Wirbel ruft eine periodisch sich ändernde Querkraft $\pm F$ an der Platte hervor, die sie quer zur Strömungsrichtung in Schwingungen zu versetzen sucht.

Der grundsätzliche Strömungsmechanismus ist jedoch zumindest für einen nicht schwingenden Körper (also für stationäre Strömung) durch die 1911 von Th. v. Kármán angegebene Stabilitätsbetrachtung der Wirbelanordnung hinreichend gut bekannt. In jedem Augenblick, in dem ein Wirbel in das Totwasser abgeht, erfährt der Körper, abgesehen von der normalen Widerstandskomponente, eine Querkraft. Ob die umgebende Flüssigkeit Luft oder Wasser ist, ändert an den grundlegenden physikalischen Vorgängen nichts. Foto 3.36 zeigt, wie sich solch ein Wirbel am Rand einer gewölbten Platte ausbildet. Die anfänglich entstehende Schicht kleiner Wirbel wird instabil und rollt sich kurz hinter dem Körper zu einem einzigen großen Einzelwirbel zusammen.

Betrachten wir nun Abb. 3.72. Sowie an einem der Plattenränder ein Wirbel ablöst, entsteht zwischen den gegenüberliegenden Kanten ein Geschwindigkeitsunterschied. So ist beispielsweise die Geschwindigkeit V_1 an dem oberen Rand der Platte zu dem hier herausgegriffenen Zeitpunkt größer als die Geschwindigkeit V_2 am unteren Rand, da die Strömungsgeschwindigkeit in der Nähe der Plattenoberkante durch den abgegangenen Wirbel erhöht wird. Nach der Bernouillischen Gleichung ruft dieser Geschwindigkeitsunterschied eine statische Druckdifferenz hervor, aus der die Querkraft $+F$ resultiert, die die Platte in die angezeigte Richtung beschleunigt. Löst sich kurze Zeit später an der gegenüberliegenden Seite der nachfolgende Wirbel ab, entsteht aufgrund der gleichen Wechselwirkung zwischen Wirbel und Anströmung jetzt die in entgegengesetzte Richtung wirkende Querkraft $-F$. Infolge der periodischen Ablösung der Wirbel entsteht auf diese Weise also eine periodisch veränderliche Kraft $\pm F$, die versucht, die Platte in einer senkrecht zur Anströmung liegenden Ebene in Schwingungen zu versetzen. Eine ähnliche, aber weitaus kompliziertere Situation liegt beim Segel vor. Abb. 3.71 zeigt dies anschaulich an dem Verhalten des Finn-Riggmodells: das

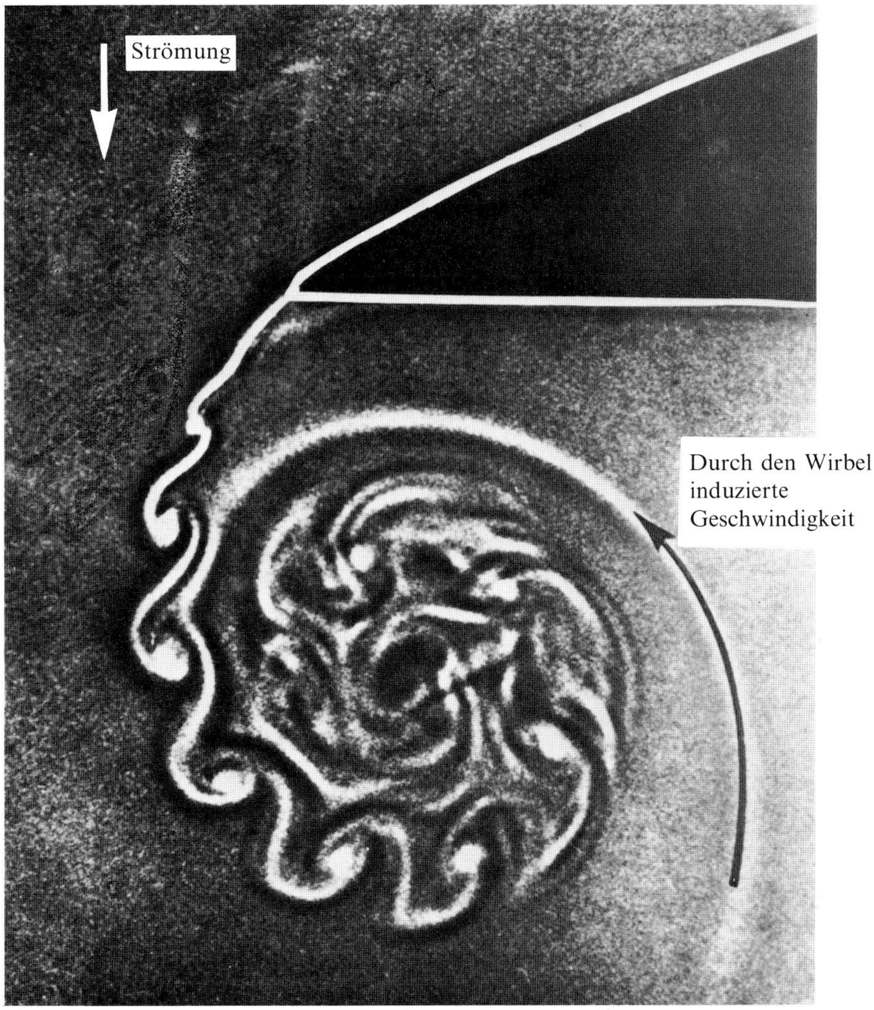

Foto 3.36 Vergrößertes Bild der Wirbelfläche, die sich zu einem einzelnen Wirbel umgestaltet

anfangs in Ruhe und im Gleichgewicht befindliche System beginnt zu schwingen. Die eine periodisch wechselnde Querkraft produzierende Kármánsche Wirbelstraße zwingt es dazu.

Wie vom Autor durchgeführte Versuche im Windkanal und Wasserkanal zeigen, sind die Schwingungen aufgrund der ablösenden Wirbel zu Beginn der Bewegung des Segels erzwungene Schwingungen, die gewissermaßen das Schwingungssystem „anstoßen". Sowie das System einmal in Gang gesetzt ist, werden die periodisch veränderlichen Kräfte, die die Schwingung verstärken und aufrechterhalten, von dem schwingenden Rigg selbst hervorgerufen und gesteuert. Da die Frequenz der periodisch veränderlichen aerodynamischen Kraft automatisch mit der Eigenfrequenz des Bootes übereinstimmt, können die von einem Boot vollführten Rollschwingungen deshalb als selbsterregte Eigenschwingungen bezeichnet werden.

Die selbsterregte Rollschwingung entnimmt die zur Erregung nötige Energie dem durch die eigene periodische Bewegung hervorgerufenem Wind. Der Charakter der aerodynamischen Erregung ist derart, daß man sagen kann: „Je mehr das Boot rollt, um so mehr möchte es rollen." Je stärker die Rollbewegung und je größer die Rollamplitude ist, um so größer ist im allgemeinen (aber nicht immer) die resultierende Windgeschwindigkeit V_R (Abb. 3.70B), von der wiederum die Größe der aerodynamischen Erregerkraft abhängt. Dadurch kann das selbsterregte Rollen so stark werden, daß ein Schwertboot kentert.

Mitunter wird der moderne Masttopp-Spinnaker für die wilden Rollbewegungen verantwortlich gemacht. Die Windkanalversuche lassen jedoch keinen Zweifel daran, daß eine derartige Bewegung von fast jedem Segel aus aerodynamischen Gründen hervorgerufen werden kann, auch bei ruhigem Wasser. Die Erfahrung zeigt zudem, daß Jollen, die ohne Spinnaker vor dem Wind segeln, sehr heftig rollen.

Rollbewegungen können auch durch Einwirkung von Wellen entstehen. Die Schwingungsperiode der von den Wellen erzwungenen Rollbewegung ist von der Geschwindigkeit und dem Kurs der Yacht relativ zu den Wellenkämmen, das heißt, von der Begegnungsfrequenz, abhängig. Wenn die Schwingungsperiode der Rollbewegung einer Yacht unter dem Einfluß von Wellen sich der Eigenperiode der Yacht für die freie Schwingung in ruhigem Wasser nähert, nimmt die Amplitude der resultierenden Schwingung erheblich zu.

Der Charakter der von den Wellen erzwungenen synchronen Rollschwingung gleicht dem der Rollbewegung, die ein Boot ausführt, wenn die Mannschaft im Takt quer über Deck hin und her läuft. Bei hohen und steilen und deshalb energiereichen Wellen können sich bereits mit wenigen Schwingungen sehr starke Rollbewegungen aufbauen. Bei ungünstigen Wetterverhältnissen kann das vom Seegang oder dem Kielwasser eines Motorbootes oder Schiffes erzwungene Rollen gleichzeitig durch selbsterregte aerodynamische Kräfte verstärkt werden, mit mehr oder weniger katstrophalen Ergebnissen – gebrochenen Spieren, Kentern, aus den Lieken gerissene Segel etc.

Da Rollschwingungen sowohl durch aerodynamische Kräfte als auch durch Wellenkräfte hervorgerufen werden können, ist es möglich, daß sich die erregenden periodisch veränderlichen Kräfte addieren oder subtrahieren. Im allgemeinen ist deren Frequenz nicht gleich, so daß sogenannte „Schwebungen" auftreten. In diesem Fall folgt einer Periode kleiner oder gar keiner Rollbewegungen, nämlich dann, wenn die Erregungskräfte einander entgegengesetzt wirken, eine Periode heftigen Rollens, wenn sie sich addieren. Dies wiederholt sich dann fortwährend.

Die analytische Untersuchung der Rollinstabilität von Segelbooten infolge aerodynamischer Kräfte wird durch die Tatsache erschwert, daß das Verhalten eines solchen selbsterregten Schwingungssystems sehr komplexer Natur ist und von zahlreichen Faktoren, wie beispielsweise dem gesegelten Kurs, dem Segeleinstellwinkel, der Verwindung des Segels, dessen Seitenverhältnis und so fort, abhängt. Es ist jedoch einer experimentellen Untersuchung zugänglich. Mit Hilfe der in Foto 3.34 gezeigten Apparatur, welche die wesentlichen Merkmale des realen Systems im Modell nachahmt, konnte systematisch der Einfluß der wichtigsten Parameter untersucht werden.

c) Windkanalversuchsergebnisse

Diese Windkanalexperimente sollten folgende wesentliche Fragen beantworten:

1. Unter welchen Umständen zeigt ein Kat-Rigg (Foto 3.34) stabiles oder instabiles Rollverhalten?
2. Welchen Einfluß haben Faktoren wie
   der Kurswinkel γ_A zum scheinbaren Wind,
   der Einstellwinkel des Segels δ_G,
   die Windgeschwindigkeit V_A,
   die Verwindung des Segels und
   die Dämpfungseigenschaften des Rumpfes
   auf das Rollverhalten des Riggs?

Die Versuche zeigten, daß das durch aerodynamische Kräfte bewirkte instabile Rollverhalten durch verschiedene Maßnahmen vermindert oder beseitigt werden kann. Einige das Verhalten des Bootes und seine Neigung zu instabilem Rollen beeinflussende Faktoren unterliegen dabei zu einem gewissem Ausmaß unmittelbar der Kontrolle der Besatzung. Auf andere Faktoren wiederum, die auf dem Reißbrett des Konstrukteurs festgelegt werden, kann selbst die beste Crew keinen Einfluß nehmen [3.44]. Genauer:

d) Der Einfluß des Kurswinkels γ_A

Die Abb. 3.73 A–E zeigen für Kurswinkel γ_A zwischen 145° und 200° aufgezeichnete Rollschwingungen. Alle Versuche wurden bei einer Windgeschwindigkeit $V_A = 3{,}05$ m/s, konstantem Segeleinstellwinkel $\delta_G = 85°$, sowie gleicher magnetischer Dämpfung durchgeführt. Zu Beginn jedes Versuches für den jeweils gewählten Kurs γ_A wurde das Modellrigg um $\varphi = -5°$ ausgelenkt und dann losgelassen.

Für Kurswinkel γ_A zwischen 145° und 180° zeigte das Modell eine deutliche Instabilität gegenüber Rollbewegungen infolge Einwirkung aerodynamischer Kräfte (negative aerodynamische Dämpfung). Die dem schwingenden System zugeführte Energie ist in diesem Bereich größer als die Energieverluste durch die vorhandene Dämpfung; die Rollamplitude nimmt deshalb beständig zu. Der Grad an Instabilität, der durch den negativen Stabilitätsindex $-d$ gegeben ist und ungefähr bei $\gamma_A = 165°$ ein Maximum erreicht, nimmt mit wachsendem γ_A ab. Entspricht die Stellung des Modells der eines etwas „nach Lee“ segelnden Bootes ($\gamma_A = 200°$), wird das Rigg dynamisch stabil, die Rollschwingungen klingen mit der Zeit ab. Dieses Verhalten ist in Abb. 3.73 E aufgezeichnet, die den Schwingungsverlauf für Anfangsauslenkungen von 5° und 20° zeigt. Wird γ_A größer

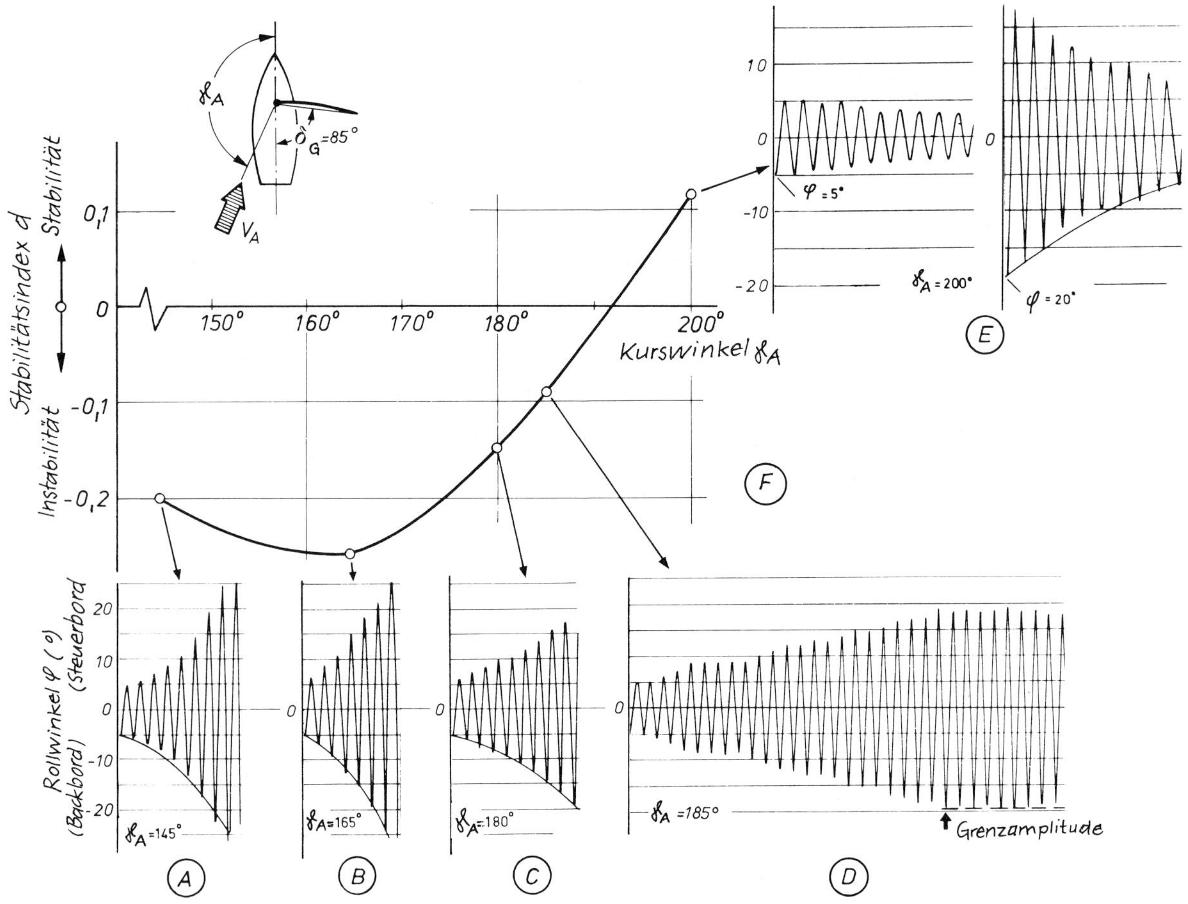

Abb. 3.73 Die Diagramme A–E zeigen den Schwingungsverlauf des Finn-Riggmodells bei verschiedenen Kurswinkeln γ_A relativ zum scheinbaren Wind V_A. Das Ausmaß der Rollstabilität oder -instabilität wird durch den Stabilitätsindex d (logarithmisches Dekrement) gekennzeichnet. Während dieser Versuchsreihe wurden der Segeleinstellwinkel δ_G und die magnetische Dämpfung konstant gehalten. Ein positiver Stabilitätsindex $+d$ bedeutet, daß das Rigg nach einer Störung die Rollbewegung dämpft, ein negativer Stabilitätsindex $-d$ dagegen, daß es die Störung weiter anfacht.

als 180°, ist die aerodynamische Erregung nur bis zur Erreichung einer gewissen Rollamplitude größer als die Dämpfung. Dann stellt sich ein Energiegleichgewicht zwischen Erregung und Dämpfung ein. Ist die Dämpfung so groß, daß sie die während einer Periode durch das Segel zugeführte Energie wieder aufzehrt, wird die Schwingung stationär: die Amplitude nimmt einen zeitlich konstanten endlichen Wert an. Dieses Schwingungsverhalten, das Abb. 3.73D zeigt, kann als Übergang von negativer zu positiver dynamischer Stabilität aufgefaßt werden. Das Schwingungssystem ist instabil bei kleinen Amplituden, wird aber bei größeren Amplituden stabil, die Rollschwingung wächst weder an noch klingt sie mit der Zeit ab. Die Größe der Amplitude φ, bei der dieser Schwingungszustand erreicht wird, nimmt mit wachsendem γ_A ab. Abb. 3.73F zeigt die Beziehung zwischen γ_A und dem als Index der dynamischen Stabilität verwendeten logarithmischen Dekrement *d*.

Das in Abb. 3.73 D gezeigte Rollverhalten, bei dem sich nach einer gewissen Einschwingzeit, in der das System dynamisch instabil ist, eine stationäre Schwingung einstellt, ist aus praktischer Sicht sehr interessant. Im Windkanal wurde nämlich festgestellt, daß das Segel bei stationärem Rollen (Rollwinkel etwa 30°) eine gegenüber der Ruhelage um 60 Prozent größere Vortriebskraft F_R erfährt. Da der Anstieg des hydrodynamischen Widerstandes infolge Rollens kleiner ist als die damit einhergehende Zunahme der Vortriebskraft, könnte es sich für den Regattasegler auszahlen, die damit verbundenen Unannehmlichkeiten zu ertragen, vorausgesetzt, die Rollamplitude läßt sich entsprechend kontrollieren. Dies ist durchaus möglich, da Versuche ergeben haben, daß die Stärke der Rollbewegungen zum großen Teil durch die Verwindung des Segels bestimmt wird, die ihrerseits durch den Baumniederholer kontrolliert werden kann.

Die Tatsache, daß Rollen keine Verschlechterung der Fahrtleistung der Yacht bewirkt, wird durch den folgenden Auszug aus der amerikanischen Segelzeitschrift *Sail* bestätigt:

> „Gewonnen hat schließlich *Magic Twanger*, gemeinsam geführt von Eigner Martin Field und Tim Stearn. *Twanger,* eine modifizierte PJ 37, belegte drei erste Plätze in der aus fünf Wettfahrten bei einem Streichergebnis bestehenden Regattaserie. Am spektakulärsten war ihr Sieg in der entscheidenden Schlußregatta über 250 Seemeilen, trotz wilden Querschlagens und einem Roller, der ihre Luvsalinge ins Wasser drückte."

Wie Abb. 3.73 F zeigt, hat der gesegelte Kurs γ_A einen erheblichen Einfluß auf das Rollen. Bei Leestellung des Segels ($\gamma_A = 200°$) wird das Rigg dynamisch stabil und die Rollschwingungen klingen mit der Zeit ab. Segeln nach Lee gilt jedoch als Kardinalfehler des Steuermannes. Den Windkanalergebnissen zufolge kann damit aber ein Rollen vermieden werden. Das Risiko einer unbeabsichtigten Halse läßt sich ausschließen, wenn man den Großbaum durch einen Bullenstander oder ähnliche Vorkehrungen am Überkommen hindert.

Das folgende Zitat aus einer Segelzeitschrift soll verdeutlichen, daß man Segeln nach Lee als Sicherheitsmaßnahme betrachten kann:

> „Rodney halste als erster, aber ich bemerkte, daß seine Halse etwas zu früh war und er platt vor dem Wind laufen mußte, um gegen den an der Leetonne setzenden Strom vorzuhalten. Wir liefen noch etwa 100 Meter weiter und halsten dann erst, mußten aber feststellen, daß es immer noch zu früh gewesen war; da saßen wir nun beide in unseren Booten, segelten rund 400 Meter bei ausgewachsenem Sturm fast nach Lee, wagten nicht, noch zwei zusätzliche Halsen zu fahren und beteten nur, daß wir heil davonkommen würden – das heißt, ich betete, aber er sah allerdings auch so aus."

Der Verfasser erlebte eine ähnliche Situation, und zu seinem Erstaunen und trotz der Tatsache, daß viele andere es taten, kenterte er nicht. Dies ereignete sich lange bevor er die Gelegenheit erhielt, dieses Problem im Windkanal zu untersuchen.

e) Der Einfluß des Segeleinstellwinkels δ_G

Die Abb. 3.74 A–F zeigen Schwingungsaufzeichnungen für verschiedene Segeleinstellwinkel δ_G (Winkel zwischen Baum und Rumpfmittellinie). Die Versuche wurden bei konstanter Windgeschwindigkeit $V_A = 3{,}05$ m/s, $\gamma_A = 180°$ und konstanter Dämpfung ausgeführt.

Die Rollinstabilität war bei $\delta_G = 85°$ am stärksten ausgeprägt. Durch allmähliches Anholen der Großschot und folglich abnehmendem δ_G verringerte sich die Instabilität jedoch drastisch. Für $\delta_G = 70°$ zeigte das Rigg ein indifferentes

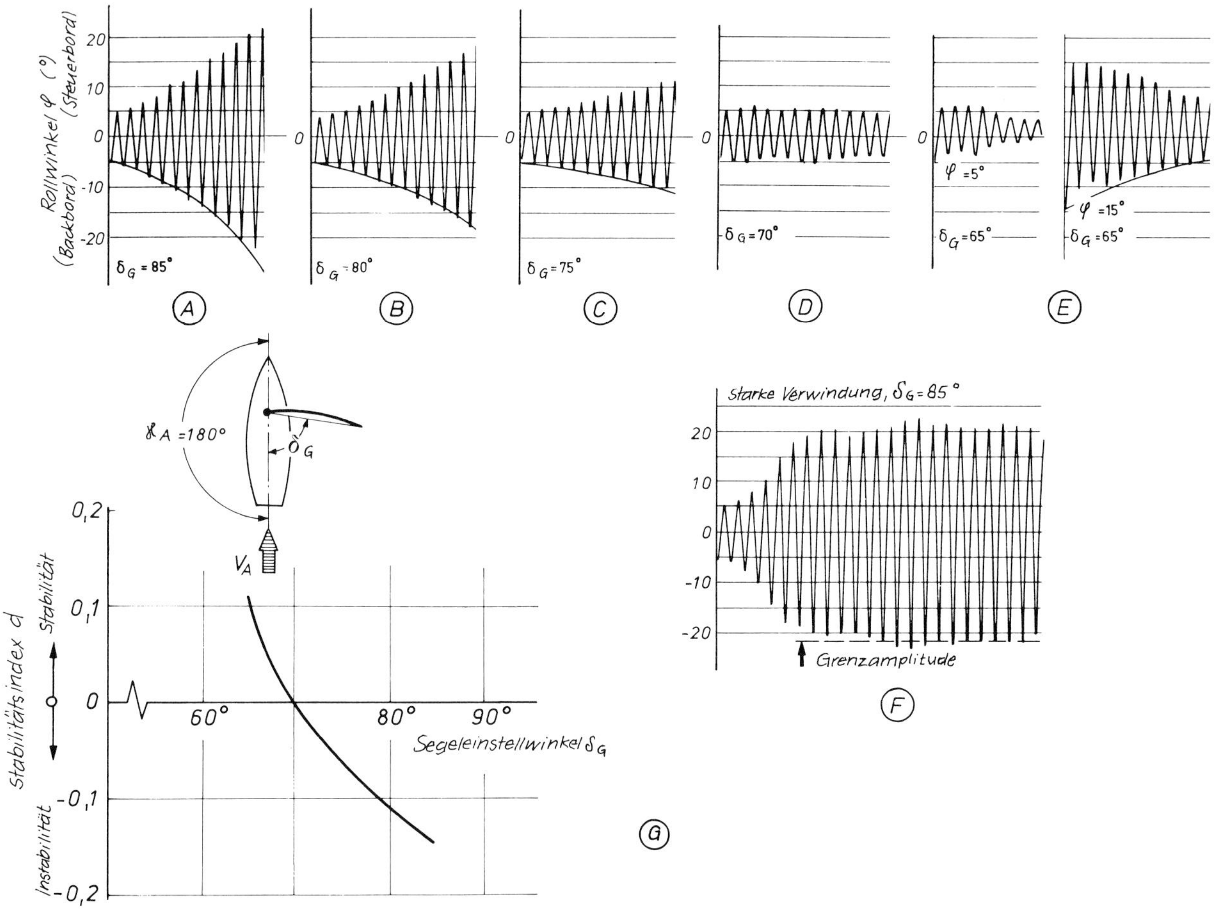

Abb. 3.74 Rollverhalten in Abhängigkeit vom Segeleinstellwinkel δ_G. Während der Versuche wurden der Kurswinkel γ_A und die Dämpfung konstant gehalten.

Rollverhalten. Durch weiteres Dichtnehmen des Baumes wurde das System dann dynamisch stabil, das heißt, die vom Segel entwickelte aerodynamische Kraft bewirkte eine Unterdrückung der Rollbewegung, produzierte also eine positive Dämpfung. Aus Abb. 3.74G ist ersichtlich, daß die dämpfende Wirkung des Riggs, ausgedrückt durch den positiven Wert des Stabilitätsindexes *d*, rasch ansteigt, wenn der Einstellwinkel des Segels δ_G kleiner als 70° wird.

Die positive aerodynamische Dämpfung ist besonders bei großen Anfangsauslenkungen recht erheblich (Abb. 3.74E, $\delta_G = 65°$).

Abb. 3.74F zeigt die unter gleichen Versuchsbedingungen wie in Abb. 3.74A aufgezeichnete Rollschwingung bei stärkerer Verwindung des Segels (Baumniederholer etwas gefiert). Wie man sieht, nimmt der Rollwinkel zu Beginn der Schwingung jetzt sehr viel rascher zu als bei relativ kleiner Verwindung des Segels (Abb. 3.74A), aber nach kurzer Zeit wird die Schwingung mit einer endlichen Amplitude von 22° stationär. Hierbei ist die Vortriebskraft F_R weitaus größer als bei still stehendem oder nur kleine Schwingungen ausführendem Rigg.

f) Der Einfluß der Windgeschwindigkeit

Der Einfluß der Windgeschwindigkeit ist derart, daß starkes Rollen nicht notwendigerweise bei sehr starken Winden auftreten muß, sondern eher bei mäßigem Wind. Aus Abb. 3.75 ist zu ersehen, daß der Instabilität anzeigende negative Stabilitätsindex bei niedriger Windgeschwindigkeit numerisch größer ist. Weitere Einzelheiten sind in [3.44] angegeben. Dieses Problem steht im engen Zusammenhang mit dem Verhältnis von Segelfläche zu Deplacement.

Setzt man mehr Segel, als dem Segeln vor dem Wind angemessen ist, so vergrößern sich die das Rollen verursachenden aerodynamischen Kräfte. In Verbindung mit einem geringen Trägheitsmoment, geringer Verdrängung und unwirksamer hydrodynamischer Dämpfung des Rumpfes kann eine derartige Faktorenkombination zu sehr starkem und gelegentlich katastrophalem Rollen führen. Ein Beispiel aus dem Buch *Schwerwettersegeln* von K. Adlard Coles, soll dies weiter veranschaulichen:

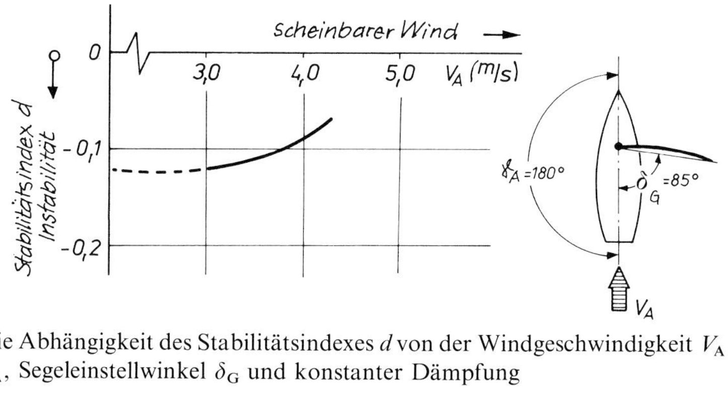

Abb. 3.75 Die Abhängigkeit des Stabilitätsindexes *d* von der Windgeschwindigkeit V_A bei konstantem Kurswinkel γ_A, Segeleinstellwinkel δ_G und konstanter Dämpfung

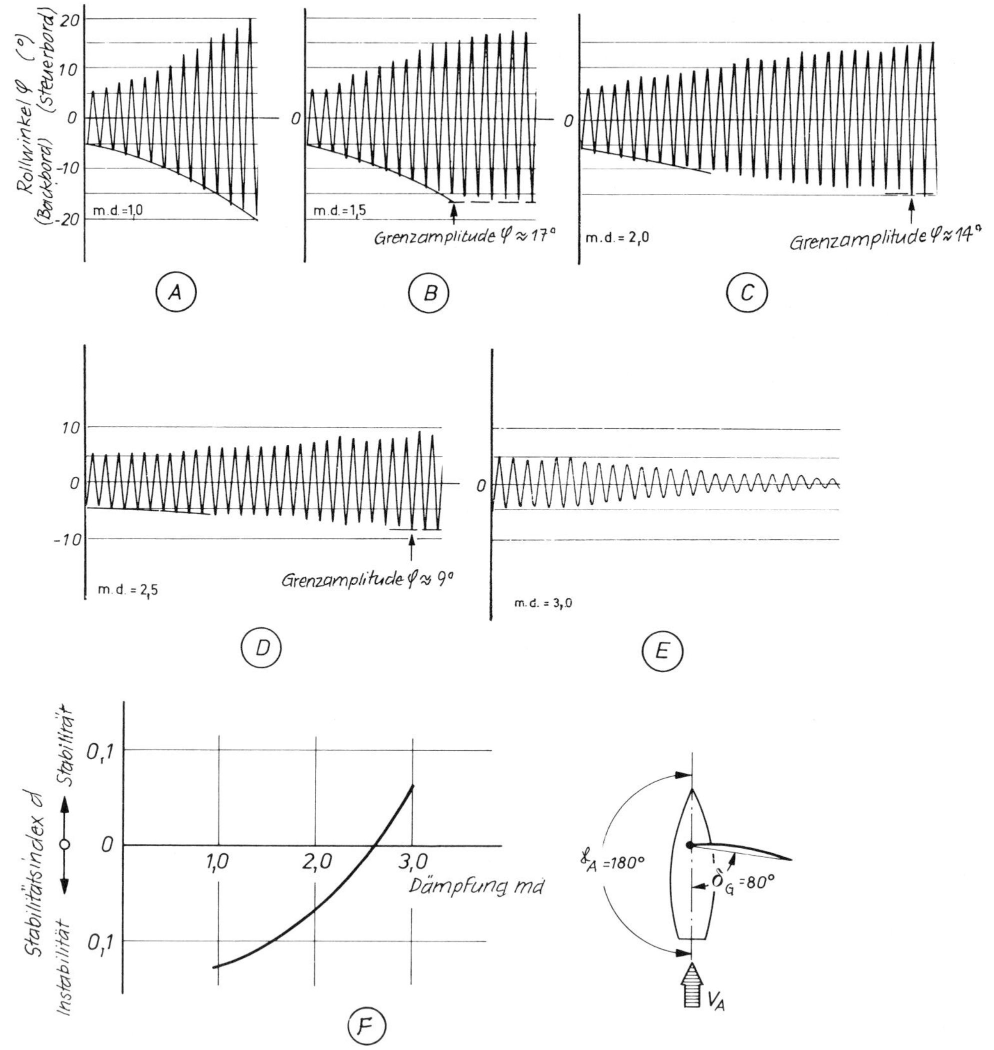

Abb. 3.76 Schwingungsverlauf bei verschieden stark dämpfender Wirkung der Anhänge. Windgeschwindigkeit V_A, gesegelter Kurs γ_A und der Segeleinstellwinkel δ_G wurden konstant gehalten.

„1952 war eine Saison mit frischen und starken Winden. Als wir anfingen, mit *Cahoe II* Regatten zu segeln, erwies sie sich bei leichten und mittleren Winden als schnell, aber bei starkem Wind war sie übertakelt, und was rhythmisches Rollen anbetrifft, hätte sie die Weltmeisterschaft gewinnen können. Das war teils darauf zurückzuführen, daß sie für einen Bleikiel konstruiert war, aber statt dessen einen Eisenkiel erhalten hatte, da Blei in dem Jahr, als sie gebaut wurde, Höchstpreise erreichte.

Nach Rücksprache mit dem Konstrukteur ließ ich daher im folgenden Winter den Segelplan verkleinern, indem ich den Mast verkürzte und das Großsegel herunterschnitt. Die Verkleinerung der Segelfläche war drastisch und entsprach etwa zwei Reffs ... Trotzdem gewann die Yacht erheblich durch diese Änderung. Aus einem ranken Schiff wurde eine steife Yacht ... Verschwunden war die rhythmische Rollbewegung ..."

g) Der Einfluß der Dämpfung

Die in Abb. 3.76 A–E aufgezeichneten Rollschwingungen zeigen den Einfluß verschieden starker, die Wirkung von Rumpf und Anhängen simulierender magnetischer Dämpfung der Testapparatur ($V_A = 3{,}05$ m/s, $\gamma_A = 180°$, $\delta_G = 80°$). Erwartungsgemäß ergeben sich aus dem Zusammenspiel verschieden stark gedämpfter freier Rollschwingungen und der Selbsterregung durch das Segel unterschiedliche Verhalten. Es zeigt sich, daß die Rollamplitude um so langsamer anwächst und der bei stationärer Schwingung schließlich erreichte Grenzwert des Rollwinkels umso kleiner ist, je größer der Dämpfungsgrad wird.

Eine positive hydrodynamische Dämpfung durch den Rumpf und seine Anhänge scheint folglich von wesentlicher Bedeutung zu sein. Wie aus den Abb. 3.76 D–E hervorgeht, gibt es eine gewisse kritische Dämpfung, die das System dynamisch stabil macht. Diese Experimente rechtfertigen die bereits dargelegte Ansicht, daß der heutige Trend, die benetzte Oberfläche des Rumpfes durch Verkleinern der Fläche der Anhänge, um die Fahrtleistung der Yacht zu verbessern, zu einer Abnahme der hydrodynamischen Dämpfung unterhalb eines durch die Forderung nach dynamischer Stabilität auferlegten akzeptablen Minimums führt. Bei ungünstigen Verhältnissen kann es vorkommen, daß die aerodynamische Erregung weitaus größer ist als die hydrodynamische Dämpfung. Unter solchen Umständen wird sich dann eine Rollamplitude von alptraumhaftem Ausmaß aufbauen – etwas, was sowohl Fahrten- als auch Regattaseglern nur zu gut kennen.

h) Rolldämpfungs-Segel

Es wurde auch der Versuch unternommen, eine positive aerodynamische Dämpfung hervorrufendes Rolldämpfungs-Rigg zu entwickeln. Abb. 3.77 zeigt einige Einzelheiten dieses Rolldämpfungs-Segels. Es ist hoch und schmal und im Unterliek viel kürzer als andere Vorsegel; die Fläche beträgt ungefähr 20 Prozent der des Großsegels. Das Schothorn wird auf der dem Großsegel gegenüberliegenden Seite an Deck oder an einen Ausleger befestigt. Wesentlich für die dämpfende Wirkung dieses Segels ist es, daß zwischen dem Mast und dem an der Mastvorderseite verlaufendem „Achterliek" des Segels kein zu großer Spalt vorhanden ist. Wie die Abb. 3.78 A–G zeigen, sind die Dämpfungseigenschaften des Riggs vom Einstellwinkel δ_R des Rolldämpfungs-Segels zur Rumpfmittellinie abhängig. Das Rigg wird dynamisch stabil, wenn δ_R größer als 45° und kleiner als 10° ist, selbst dann, wenn der Rumpf keinen eigenen Beitrag zur Dämpfung leistet. Die Versuche wurden für $V_A = 3{,}05$ m/s, $\gamma_A = 180°$ und $\delta_G = 85°$ ausgeführt. Die

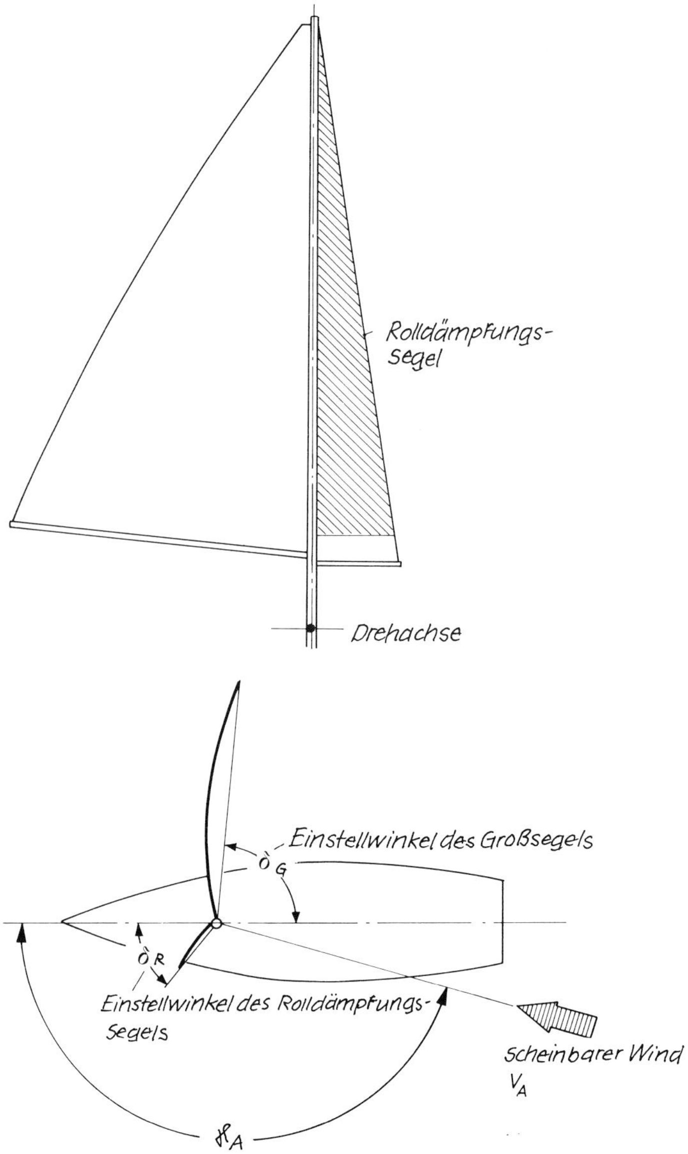

Abb. 3.77 Das Rolldämpfungs-Segel

dämpfende Wirkung des Riggs ist nach Abb. 3.78 H für Einstellwinkel des Rolldämpfungs-Segels δ_R zwischen 65° und 70° am größten.

Windkanalversuche mit einem Rolldämpfungs-Segel in Verbindung mit Spinnaker und Großsegel eines Drachen zeigten das gleiche Verhalten wie das Finn-Rigg mit seinem kleineren Seitenverhältnis. Das Rigg blieb nach Einschalten des Windes in aufrechter Lage, ohne daß nennenswerte Schwingungen auftraten. Ein derartiges Segel ließe sich ohne weiteres auf einer Fahrtenyacht führen. Auch in der IOR gibt es keine Vorschrift, die seine Verwendung bei Regatten verbietet.

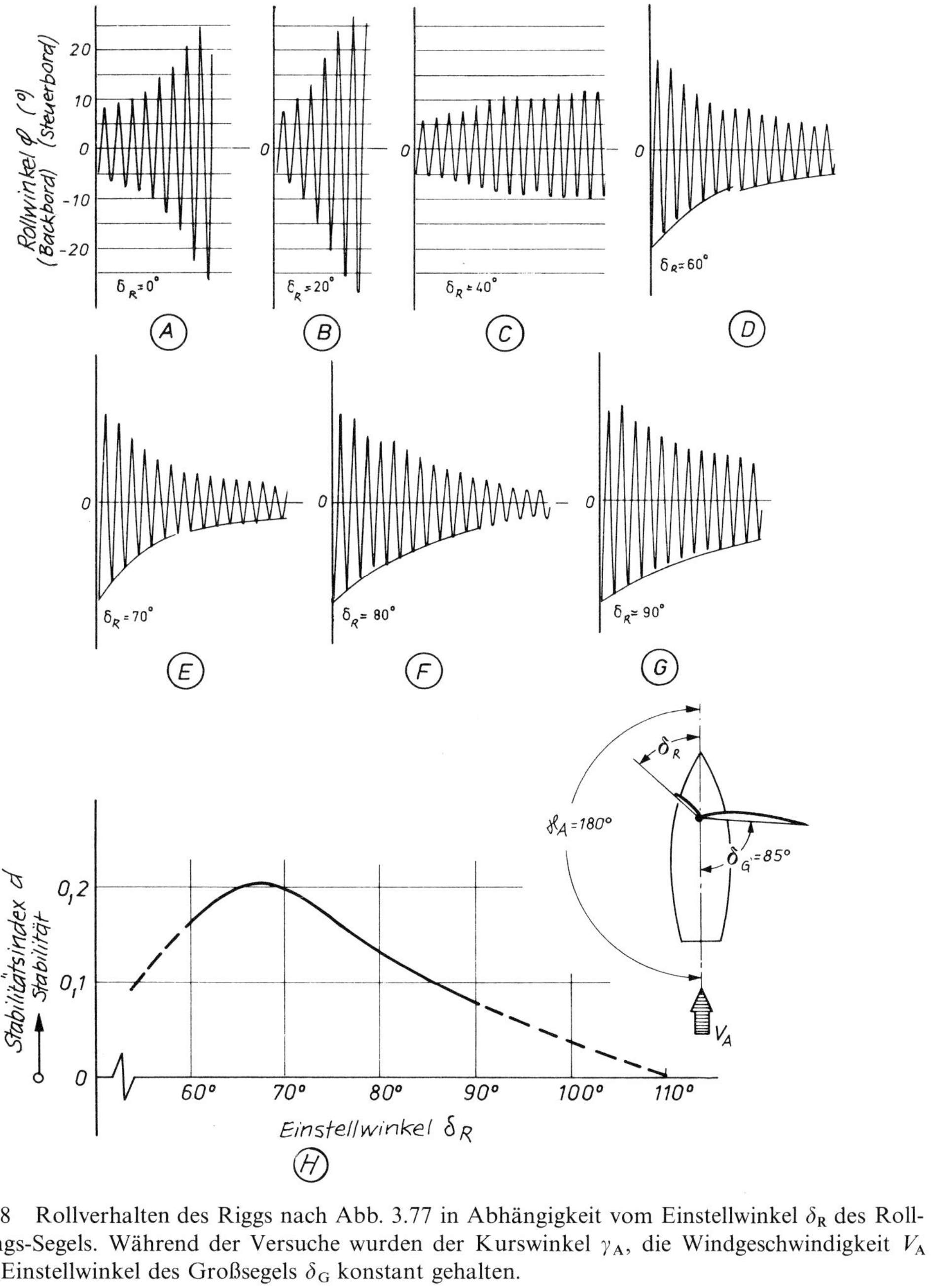

Abb. 3.78 Rollverhalten des Riggs nach Abb. 3.77 in Abhängigkeit vom Einstellwinkel δ_R des Roll-dämpfungs-Segels. Während der Versuche wurden der Kurswinkel γ_A, die Windgeschwindigkeit V_A und der Einstellwinkel des Großsegels δ_G konstant gehalten.

Werden diese Windkanalversuche durch Versuche an großen Yachten bestätigt, dann wäre der Gefahr, von einem rollenden Spinnaker auf die Seite gelegt zu werden – einer Gefahr, mit der fast alle Yachtsegler rechnen müssen –, viel genommen.

Literaturverzeichnis und Anmerkungen zu Teil 3

[3.1] Flewitt, J.R.: The test tank as a basis for improving the design of GRP craft. PI-RPG Symposium, September 1972.

[3.2] Spens, P.G.: A method of determining the effect of sail characteristics on a yacht's close-hauled performance and of comparing the merits of different rigs. SUYR Rep. 15, 1968.

[3.3] Tanner, T.: An approximative method of determining relative efficiencies of sail configurations from wind tunnel tests. SUYR Rep. 12, 1963.

[3.4] Davidson, K.S.M.: Some experimental studies of the sailing yacht. Stevens Institute of Technology, TM. 130. Seit Davidsons Methode wurden weitere Verfahren zur Fahrtleistungsberechnung ausgearbeitet, wovon insbesondere das von H. Barkla ([1.1], Teil 1) hervorzuheben ist. Crewe, P.: Methods of estimating yacht performance and estimation of effects of sail performance on yacht close-hauled behaviour. RINA, 1964. Mills, P.F.: A method of predicting windward performance by the use of a digital computer. SUYR Rep. 21. Sainsbury, J.: Windward performance prediction. SUYR Rep. 8, 1961.

[3.5] Kirkman, K., Pedrick, D.: Scale effects in sailing yacht hydrodynamic testing. SNAME, November 1974.

[3.6] Kerwin, J.K.: Towards better racing rules. Sail, September 1976.

[3.7] Johnson, P.: Yachtman's guide to the rating rule. Lymington: Nautical Publishing Company, 1971. Auch: IOR-Formel verständlich gemacht. Bielefeld: Klasing & Co., 1972.

[3.8] Jones, T.: Cascade. Yacht Racing.

[3.9] McNamara Jr., J.: An open letter to Olin Stephens. Sail, February 1973.

[3.10] Farrar, A.: Stretch luff sails. Yachting World, March 1969.

[3.11] Herreshoff, H.C.: Hydrodynamics and aerodynamics of the sailing yacht. SNAME, November 1964.

[3.12] Milgram, J.: The technology of the design of sails. 1st AIAA Symposium on the Aer/Hydronautics of Sailing, Vol. 8, 1969.

[3.13] Fox, U.: Sail and power. Scribners and Sons, 1937.

[3.14] Yendell, M.: The effect of fabric distortions on the shape and aerodynamic characteristics of a stretch luff genua. SUYR Rep. 29, 1970. Außerdem: persönliche Mitteilungen der ICI Fibres Ltd.

[3.15] Yendell, M.: Unveröffentlichte Berichte über Segeltuche und Tuchporosität. Southampton University.

[3.16] Crago, W.A.: The prediction of yacht performance from tank tests. RINA, 1962.

[3.17] Tanner, T.: A review of three-dimensional sail aerodynamics. University of Southampton, 1969.

[3.18] Marchaj, C.A.: Instability of sailing craft-rolling. SUYR Rep. 33, 1971.

[3.19] Performance trials of the 5,5-Metre class *Yeoman* and comparison of full-scale results with tank model tests. YRC Rep. 1, June 1955, vorgelegt von NPL, Teddington, England.

[3.20] Seminar on instrument sailing, the measurement of full-scale performance and its relation to predicted performance. SUYR Rep. 22, 1968.

[3.21] Marchaj, C.A.: Sailing theory and practice. London: Granada Publ. in Adlard Coles Ltd., 1964. Auch: Segeltheorie und -praxis. Bielefeld: Delius Klasing & Co., 1971.

[3.22] Milgram, J.H.: Sail force coefficients for systematic rig variations. SNAME, Technical Research Rep. 10, 1971.

[3.23] Milgram, J.H.: The analytical design of yacht sails. Trans. SNAME, 1968.

[3.24] Davies, P.O.A.L., Dyke, R.W., Marchaj, C.A.: The wind tunnel balances in the large low speed tunnel at Southampton University. AASU Rep. 208.

[3.25] Marchaj, C.A.: The aerodynamic characteristics of a 2/5th scale Finn sail and its efficiency when sailing to windward. SUYR Rep. 13, 1963.

[3.26] Tanner, T.: The application of lifting line theory to an upright Bermudan mainsail. SUYR Rep. 16, 1966, sowie persönliche Mitteilungen über diesen Gegenstand.

[3.27] Bridgman, P.W.: The logic of modern physics. London: Macmillan, 1932.

[3.28] Fletcher, M., Ross, B.: Tuning a racing yacht. Angus and Robertson, 1972.

[3.29] Herreshoff, L.F.: The common sense of yacht design. New York: The Rudder Publishing Company, 1948.

[3.30] Fink, M.: Full-scale investigation of the aerodynamic characteristics of a model employing a sailwing concept. NASA, TN D-4062, 1967.

[3.31] Gault, D.E.: Boundary-layer and stalling characteristics of the NACA 63-009 airfoil section. NACA Tech. Note 1894, 1949.

[3.32] McCullough, G.B., Gault, D.E.: Boundary-layer and stalling characteristics of the NACA 64A006 airfoil section. NACA Tech. Note 1923, 1949.

[3.33] Gentry, A.E.: How sails work. Artikelserie in Sail, April/November 1973.

[3.34] Smith, A.M.O.: High lift aerodynamics. AIAA Paper No. 74–939, Los Angeles, California, 1974.

[3.35] Handley-Page, F.: The Handley-Page wing. The Aeronautical Journal, June 1921.

[3.36] Corbellini, E.: Segmental sail. Yachting World, June 1976.

[3.37] Le Page, W.L.: Further experiments on tandem aerofoils. ARC, Rep. Mem. 886, 1923.

[3.38] Weick, F.E., Bamber, M.J.: Wind tunnel tests of a Clark Y wing with a narrow auxiliary airfoil in different positions. NACA Rep. 428.

[3.39] Marchaj, C.A.: Rig development tests of a 1/16.6 scale model of an 80 ft cruising ketch. SUYR Rep. 36, 1973.

[3.40] Spens, P., De Saix, P., Brown, P.W.: Some further experimental studies of the sailing yacht. SNAME, November 1967.

[3.41] Kinney, F.S.: Skene's elements of yacht design. New York: Dodd, Mead & Co., 1962.

[3.42] Definition statischer und dynamischer Stabilität:

Ein Körper ist im „Gleichgewicht", wenn sich alle an ihm angreifenden Kräfte und Momente in ihrer Wirkung aufheben. Man bezeichnet den Gleichgewichtszustand eines Körpers als „stabil", wenn nach einer Auslenkung aus der Gleichgewichtslage die neue Orientierung der Kräfte und Momente derart ist, daß sie den Körper wieder in den Ausgangszustand zurückzuführen suchen. Der Gleichgewichtszustand ist „instabil", wenn die Kräfte und Momente das Bestreben haben, die anfängliche Auslenkung aus der Gleichgewichtslage weiter zu vergrößern.

Unter „Stabilität" eines Bootes versteht man sein Vermögen, nach Störungen aus dem stationären Ausgangszustand Kräfte und Momente hervorzubringen, die es wieder in diesen zurückführen. Besitzt das Boot „Instabilität", entfernt es sich bei Störungen immer weiter aus dem Ausgangszustand.

Ein Boot verfügt über „statische Stabilität", wenn infolge einer Auslenkung (Störung) „statische Kräfte und Momente" entstehen, die imstande sind, es in seine Ausgangslage zurückzuführen. Bei der Untersuchung der statischen Stabilität wird nicht das eigentliche Bewegungsverhalten nach der Auslenkung betrachtet, sondern nur Größe und Orientierung statischer Kräfte und Momente. Es wird dabei angenommen, daß keine Trägheitskräfte infolge beschleunigter Bewegungen auftreten.

„Dynamische Stabilität" ist die Fähigkeit eines Bootes, nach einer Störung in einer abklingenden periodischen Bewegung wieder in seine Ausgangslage zurückzukehren. Dieser Begriff ist nicht zu verwechseln mit der „dynamischen metazentrischen Stabilität", wie die zum Aufrichten aus einer gekrängten Lage erforderliche Stabilitätsenergie eines Bootes mitunter noch genannt wird. Bei der Untersuchung der dynamischen Stabilität wird das Bewegungsverhalten eines Systems (Bootes) nach einer Auslenkung aus der Gleichgewichtslage unter Einbeziehung sowohl der Trägheits- und Dämpfungskräfte als auch der statischen Kräfte und Momente betrachtet.

Es ist möglich, daß ein statisch stabiles System um seine Ruhelage schwingt, ohne jemals in diese zurückzukehren. Obwohl statisch stabil, ist das System dann dynamisch instabil.

Unter „metazentrischer Stabilität" versteht man das Vermögen eines Bootes, infolge der Wirkung der Auftriebs- und Gewichtskräfte bei Störungen des Gleichgewichtes um eine gegebene Achse in seine Ausgangslage zurückzukehren. Dies ist dann der Fall, wenn das Metazentrum M über dem Gewichtsschwerpunkt G liegt (siehe Abb. 3.69).

Verhält sich ein Boot stabil gegenüber Neigungen um seine Längsachse (Krängung), verfügt es über „metazentrische Querstabilität".

[3.43] Freer, C.: Do you suffer from spinnaker runs? Yachts and Yachting, September 1975.

[3.44] Marchaj, C.A.: Instability of sailing craft-rolling. SUYR Rep. 33, 1971.

[3.45] Das Rigg der *Lionheart* – Aus unseren Ausführungen in Abschnitt D 3 d), Teil 2, wissen wir, daß ein auftriebserzeugendes Segel einen Widerstand erfährt, der in zwei Komponenten aufgeteilt werden kann: in den Profilwiderstand c_d und in den induzierten Widerstand C_{Di}. Weiterhin wissen wir, daß bei gegebenem Auftrieb und Seitenverhältnis der induzierte Widerstand dann auf einen unvermeidlichen Minimalwert absinkt, wenn das Segel eine elliptische Auftriebsverteilung aufweist, was bei einem unverwundenen Segel bei elliptischem Umriß der Fall wäre. Da ein Segel aber nach Lee ausweht (verwindet) und heute im allgemeinen dreieckig ist, erfährt es einen zusätzlichen induzierten Widerstand infolge der Abweichung seiner Auftriebsverteilung von der elliptischen aufgrund seines Umrisses und seiner Verwindung. Abb. 2.111 und 2.113 zeigen, wie groß dieser zusätzliche Widerstand sein kann (unter Umständen die größte Komponente des Gesamtwiderstandes) – ein Widerstand, der von den Seglern wie den Theoretikern übersehen wurde.

Zu diesem erhöhten induzierten Widerstand des dreieckigen Segels kommt die ausgeprägte Neigung zu vorzeitiger Strömungsablösung im Toppbereich. Diese nicht direkt sichtbare Erscheinung ist weitgehend eine Folge besonderer induzierter Strömungseffekte der Randwirbel und typisch für jeden dreieckigen Umriß (Abb. 2.125A, 2.128, 2.130). Ein großer Teil des Toppbereiches eines dreieckigen Segels trägt somit beim Segeln hoch am Wind nicht zur Vortriebskraft bei. Um dies experimentell nachzuweisen, untersuchte der Autor im Windkanal ein 12er-Rigg mit einer gemäß Abb. 3.79 abgeänderten Großsegelform. Erwartungsgemäß ergab sich, daß bis zu 15 Prozent der Großsegelvorliekläng am Kopf weggeschnitten werden können, ohne daß sich dies auf die Segelwirksamkeit auswirkt, und dies bei unveränderter Mastlänge und damit unnötigem Widerstand des überstehenden Stückes. Worauf es also ankommt, ist nicht die reine Segelfläche, sondern wie diese Fläche entlang des Mastes verteilt ist; mit anderen Worten, die Segelumrißform ist entscheidend.

Auf diesen Überlegungen beruht das vom Autor entwickelte Rigg der *Lionheart,* der englischen America-Pokal-Herausfordereryacht von 1980 (Fotos 3.37 und 3.38). Das im Topp außergewöhnlich flexible Rigg der *Lionheart* ist nach Ansicht des amerikanischen Experten in Sachen 12-m-R-Yachten N. Hoyt der größte Durchbruch im Streben nach höherer Fahrtleistung bei den 12er-Yachten. Ziel war ausschließlich eine drastische Verringerung der zusätz-

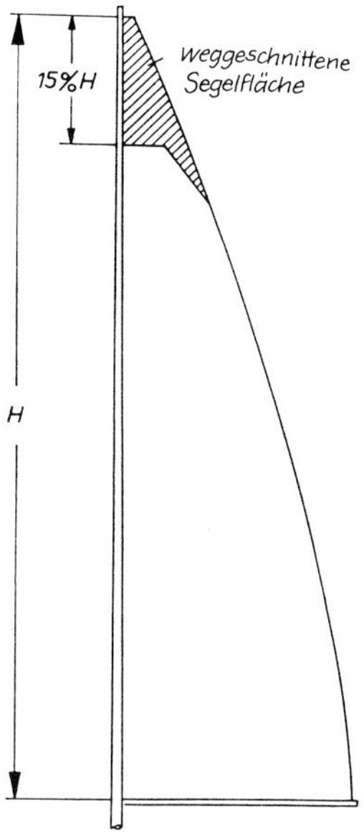

Abb. 3.79

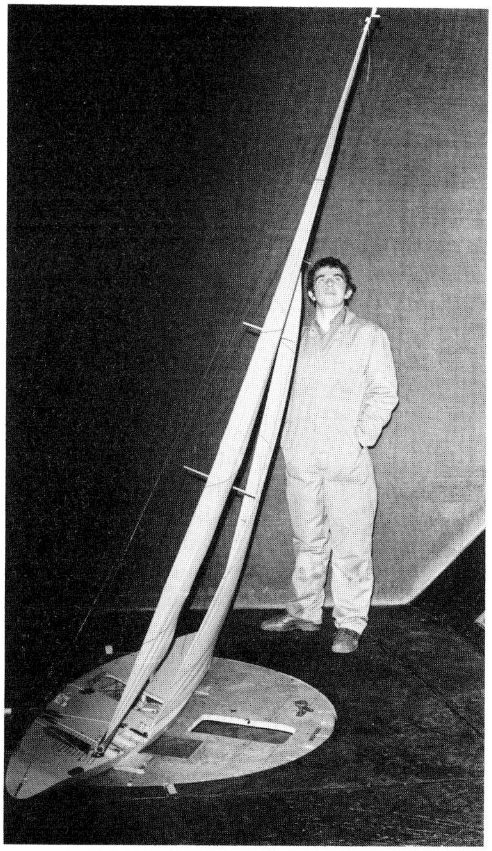

Foto 3.37 A, B

Foto 3.38
Lionheart mit ihrem „elliptischen Rigg" bei Trimmfahrten auf dem Solent. Im letzten Moment vor Beginn der Pokal-Wettfahrten stellten die Australier, die die Ausscheidung für den Herausforderer für sich entschieden hatten, noch auf dieses Rigg um und machten so die Regatten zu einem wirklich spannenden Wettbewerb. Der für die Amerikaner zugegebenermaßen größte Schock war die Geschwindigkeit der *Australia* bei leichtem Wind; sie war erheblich schneller als die Pokalverteidigerin *Freedom*. Die Australier vergaben jedoch ihre Chance, den Pokal zu gewinnen, durch ihr Unvermögen, ihr Schiff zusammenzuhalten; ständig hatten sie mit Materialproblemen zu kämpfen. Zudem zeigte *Australia* große Schwächen am Start.

lichen Widerstandskomponente. Da die Vermessungsbestimmungen der 12-m-R-Yachten weder ständig gebogene Masten noch breitere Kopfbretter erlauben und die Länge der Segellatten streng vorgeschrieben ist, war der einzige Weg, durch den der Großsegelumriß der erwünschten elliptischen Form nahe kommen konnte, den oberen Teil des Mastes innerhalb seiner durch die Elastizität des Materials gesetzten Grenzen zu biegen, unabhängig von der die Segelwölbung kontrollierenden normalen Mastbiegung.

Die Ergebnisse von Windkanalversuchen mit einem Modell (Maßstab 1:10) der *Lionheart* (Foto 3.37A, B) bestätigten gänzlich die erwarteten Vorteile. Wie Abb. 3.80 zeigt, ist die Polarkurve des Riggs mit „elliptischem" Großsegel vollständig nach links in Richtung geringeren Widerstandes verschoben. Bei einem Kurswinkel $(\gamma_A - \beta) = 20°$ produziert es rund 30 Prozent

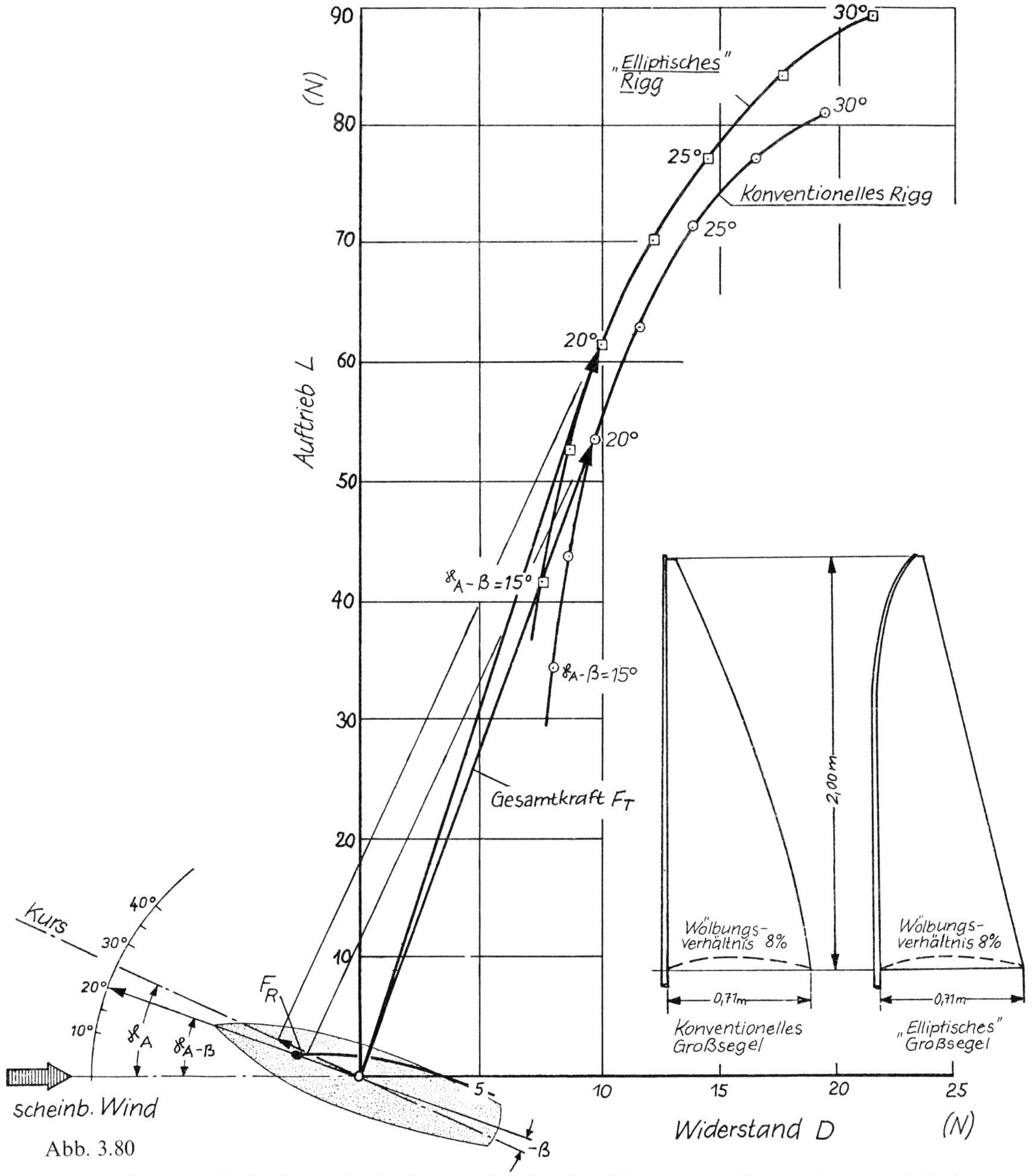

Abb. 3.80

mehr Vortriebskraft F_R als das konventionelle 12er-Rigg, was nach Berechnungen bei einer wahren Windgeschwindigkeit V_w von 12 Knoten die Fahrtgeschwindigkeit am Wind um 0,25 Knoten verbessern würde, entsprechend einer Erhöhung der Zielgeschwindigkeit nach Luv von 4 Prozent. Dies ist ein enormer Vorteil gegenüber einem konventionell geriggten Boot, wenn man die Tatsache bedenkt, daß die Geschwindigkeitsunterschiede, mit denen die amerikanischen Verteidiger normalerweise in ihren Ausscheidungswettfahrten gewinnen, bei ungefähr 0,03 Knoten liegen; das sind weniger als ein halbes Prozent der über dem gesamten Dreieckskurs berechneten Durchschnittsgeschwindigkeit.

Anhang

A Größen und Einheiten

Die in diesem Buch behandelten physikalischen Erscheinungen – die Mechanik der Flüssigkeiten und die Mechanik der Bewegung der Segelyacht – lassen sich quantitativ durch drei unabhängige physikalische Grundgrößen und einige daraus abgeleitete Größen erfassen. Im hier zugrunde gelegten Internationalen Einheitensystem SI sind diese drei Basisgrößen die Masse *m*, die Länge *l* (*L*) und die Zeit *t*. Alle weiteren verwendeten Größen können aus diesen Grundgrößen zusammengesetzt werden.

Um den Größenwert einer physikalischen Größe zu messen, vergleicht man sie mit einer Einheit. Das Internationale Einheitensystem SI definiert hierzu

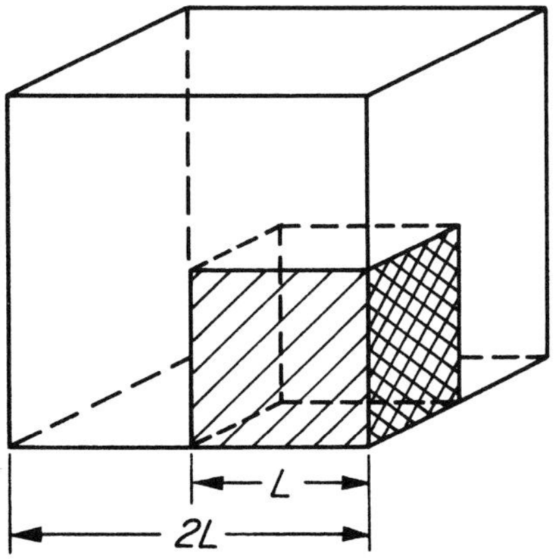

Abb. A 1 Vergleich zweier Würfel der Kantenlängen *L* und 2 *L*. Das Volumen des größeren Würfels beträgt das 8fache des Volumens des kleineren, seine Oberfläche ist dagegen nur 4mal größer.

als Grund- oder Basiseinheiten für die Länge das Meter (m), für die Zeit die Sekunde (s) und für die Masse das Kilogramm (kg).

Einige der meßbaren Merkmale lassen sich vollständig schon durch nur eine dieser Grundgrößen beschreiben. So sind zum Beispiel der Abstand vom Bug zum Heck einer Yacht oder eine Strecke als Größe von der Art einer Länge. Flächeninhalt und Rauminhalt können durch die zweite und dritte Potenz der Länge, also durch die Ausdrücke l^2 und l^3 dargestellt werden. Abb. A 1, bedeutsam für einige mit Modellversuchen zusammenhängede Probleme, veranschaulicht die Beziehungen, die zwischen der Länge l, der Fläche l^2, dem Rauminhalt oder Volumen l^3 und der Abmessung der beiden Würfel bestehen.

Andere meßbare Begriffe leiten sich wiederum aus Grundgrößen ab, so zum Beispiel die Größe Geschwindigkeit als Quotient aus dem Betrag der zurückgelegten Strecke (Länge) und der dazu benötigten Zeit. Mit den Grundeinheiten für die Länge und die Zeit ergibt sich dann für die Einheit der Geschwindigkeit: Meter/Sekunde (m/s).

Führt man mit zwei Größen der gleichen Art mathematische Operationen aus, beispielsweise eine Addition oder Subtraktion, ist nur dann ein vernünftiges Ergebnis zu erhalten, wenn die Größen in den gleichen Einheiten gegeben sind.

Für manche physikalischen Größen werden verschiedene Einheiten nebeneinander verwendet. Die Geschwindigkeit wird beispielsweise entweder in Meter/Sekunde oder Kilometer/Stunde oder auch in Seemeilen/Stunde (= Knoten) gemessen. Alle diese Einheiten drücken aber aus, daß der Größenwert einer Länge durch den Größenwert einer Zeit zu teilen ist. Daher sagt man, die Geschwindigkeit habe die Dimension Länge (l)/Zeit (t), was formelhaft so ausgedrückt wird: dim $V = L/T$.

Entsprechend erhält man für die Dimension der Fläche: dim $A = L^2$ und für die Dichte beispielsweise: dim $\rho = M/L^3$.

In der nachstehenden Tabelle sind einige der in diesem Buch verwendeten Größen, ihre Dimension sowie ihre Einheit zusammengestellt.

Daß man im Internationalen Einheitensystem die Masse und nicht die Kraft als eine unabhängige Größe gewählt hat, wie es, im Gegensatz zu manchen alten technischen Maßsystemen, in physikalischen Maßsystemen schon länger üblich ist, ist vielleicht darauf zurückzuführen, daß Masse eine Eigenschaft der Materie ist, die sich nicht verändert. Es erleichtert das Verständnis der Masse als unveränderliches Merkmal materieller Körper, wenn wir eine der beiden charakteristischen Auswirkungen der physikalischen Größe Masse betrachten, nämlich ihre Schwere (die andere ist ihre Trägheit). Aus dem Schwersein eines Körpers müssen wir auf eine Kraft schließen, die auf ihn einwirkt, durch die er nach unten, genauer, zum Mittelpunkt der Erde hin, gezogen wird. Aristoteles drückte diese Erfahrungstatsache so aus: „Der natürliche Ort aller Dinge ist die Erdoberfläche, also versuchen sie, diesen Ort einzunehmen.“ Diese Kraft, die auf jeden materiellen Körper einwirkt und im wissenschaftlichen Sprachgebrauch als seine Gewichtskraft bezeichnet wird, ist das Ergebnis der zwischen der Körpermasse und der Erdmasse wirkenden Anziehungskraft, ein Spezialfall

Formelzeichen	Größe	Dimension	Einheit Name	Zeichen	Bemerkung
m	Masse	M	Kilogramm	kg	
$l(L)$	Länge	L	Meter	m	
t	Zeit	T	Sekunde	s	
F	Kraft	ML/T^2	Newton	N	Masse · Beschleunigung
a, g	Beschleunigung	L/T^2	Meter durch Sekunde hoch zwei	m/s^2	Erdbeschleunigung $g = 9{,}81$ m/s
φ	ebener Winkel	L/L	Radiant*	rad	
			Grad	°	
ρ	Dichte	M/L^3	Kilogramm durch Meter hoch drei	kg/m^3	
A	Fläche	L^3	Meter hoch zwei	m^2	
$m \cdot V$	Impuls	ML/T	Newtonsekunde	N s	Masse · Geschwindigkeit
p	Druck	$ML/(T^2L^2)$	Newton durch Meterquadrat, Pascal	N/m^2 Pa	
τ	Schubspannung	$ML/(T^2L^2)$	Newton durch Meterquadrat	N/m^2	
V	Geschwindigkeit (linear)	L/T	Meter durch Sekunde	m/s	
ω	Winkelgeschwindigkeit	$L/(LT)$	Radiant durch Sekunde	rad/s	
μ	dynamische Zähigkeit	$M/(LT)$	Pascalsekunde	Pa s	
ν	kinematische Zähigkeit	L^2/T	Meterquadrat durch Sekunde	m^2/s	
V	Volumen	L^3	Meter hoch drei	m^3	
W	Gewicht	ML/T^3	Newton	N	

* Zur Messung des Größenwertes von Winkeln verwendet man zwei Maße: das Gradmaß (Maßeinheit Grad (°)) und das Bogenmaß (Maßeinheit Radiant (rad)). In der Aerodynamik wird häufig das letztere gebraucht. Ein im Bogenmaß gemessener Winkel des Größenwertes 1 rad wird dabei durch zwei Kreisradien gebildet, die aus dem Kreis vom Radius r einen Bogen ausschneiden, dessen Länge gleich dem Radius r ist (Abb. A2).

Da der Umfang eines Kreises gleich $2\pi \cdot r = 6{,}28\, r$ ist, ergibt sich der im Bogenmaß gemessene Vollwinkel um einen Punkt zu: $2\pi \cdot r/r = 2\pi$ rad. Einer Winkelgröße von 360° entspricht somit das Bogenmaß 2π rad $= 6{,}28$ rad, woraus folgt

$$1° \mathrel{\hat{=}} \frac{2\pi}{360} \text{ rad} = 0{,}0175 \text{ rad},$$

und

$$1 \text{ rad} \mathrel{\hat{=}} \frac{360°}{2\pi} = 57{,}3°.$$

der allgemeinen Gravitation, der Anziehung zwischen materiellen Körpern. Die anziehende Wirkung des Gravitations- oder Schwerefeldes der Erde, auf der Erdoberfläche mehr oder weniger konstant, ist dabei vom Abstand zum Erdmittelpunkt abhängig. Sie ist Null im Mittelpunkt der Erde, wo die in alle Richtungen wirkenden Anziehungskräfte sich gegenseitig aufheben. Ein Körper der Masse m erfährt also nicht überall auf der Erde die genau gleiche Gewichtskraft, sie

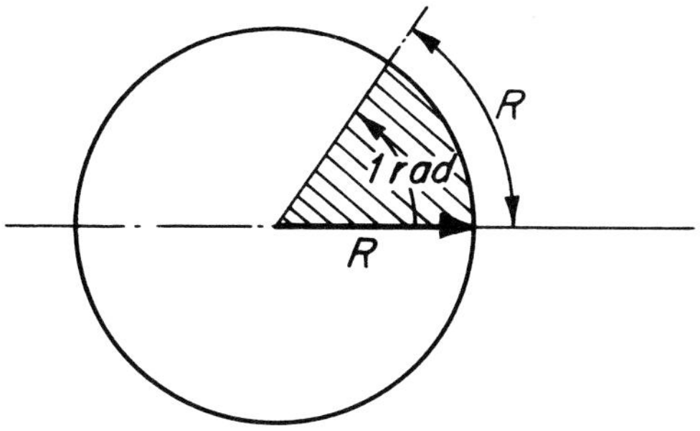

Abb. A2 Zur Definition des Bogenmaßes

ist ortsabhängig. Die Gewichtskraft ist senkrecht zur Erdoberfläche gerichtet und unvermeidbar, das heißt, alle Körper sind schwer.

Da nach dem dynamischen Grundgesetz von Newton gilt:

$$\text{Kraft} = \text{Masse} \cdot \text{Beschleunigung},$$

kann man auch sagen, daß die Gewichtskraft der Masse eine Beschleunigung erteilt. Man bezeichnet diese als Erd- oder Fallbeschleunigung g. Folglich kann man als Sonderfall der obigen Gleichung schreiben:

$$\text{Gewichtskraft} = \text{Masse} \cdot \text{Erdbeschleunigung},$$

oder mit Verwendung der in der vorstehenden Tabelle gegebenen Formelzeichen:

$$W = m \cdot g.$$

Die Erdbeschleunigung g beschreibt somit die Feldstärke des Schwerefeldes der Erde, abhängig von der Erdmasse und dem Abstand vom Erdmittelpunkt. Da der Mond eine geringere Masse als die Erde besitzt, ist auch sein Schwerefeld geringer und damit auch die Gewichtskraft, die ein Körper dort im Vergleich zur Erde erfahren würde. Die Masse des Körpers bleibt aber unverändert, gleich ob er sich auf dem Mond, der Erde oder im Weltraum befindet.

Die Kraft ist im Internationalen Einheitensystem SI eine abgeleitete Größe. Man legt dabei das oben angeführte dynamische Grundgesetz zugrunde und definiert als Krafteinheit 1 Newton diejenige Kraft, die einer Masse von 1 kg eine Beschleunigung von 1 m/s erteilt.

Damit ergibt sich dann für die Gewichtskraft, die ein Körper der Masse $m =$ 1 kg bei der auf der Erdoberfläche mittleren Erdbeschleunigung $g = 9{,}81$ m/s erfährt, zu:

$$W = 1\ \text{kg} \cdot 9{,}81\ \text{m/s} = 9{,}81\ \text{kg m/s} = 9{,}81\ \text{N}.$$

Die Feldstärke des Schwerefeldes der Erde beträgt demnach 9,81 N/kg. Das Schwerefeld des Mondes an der Mondoberfläche ist weitaus schwächer. Eine Masse von 1 kg wird dort nur mit 1,6 N angezogen, rund 1/6 der Anziehungskraft der Erde. Dies erklärt, warum Astronauten auf dem Mond schwere Lasten tragen können und in der Lage sind, spektakuläre Sprünge zu machen.

B Potenzschreibweise

In naturwissenschaftlichen Arbeiten wird eine sehr große oder sehr kleine Zahl häufig als Produkt einer Zahl zwischen 1 und 10 und einer ganzzahligen Potenz von 10 dargestellt. So kann man beispielsweise 1570000 schreiben als $1{,}57 \cdot 10^6$ und 0,000157 als $1{,}57 \cdot 10^{-4}$, was gleichbedeutend ist mit $1{,}57/10^4$. Eine Million (1000000) kann kurz als 10^6 geschrieben werden. Diese Schreibweise mit Zehnerpotenzen hat gewisse Vorteile. So wird die Größenordnung einer Zahl sofort aus der Größe des Exponenten ersichtlich. Man vergleiche hierzu zum Beispiel die Werte für die kinematische Zähigkeit von Luft und Wasser, die in Tabelle 1 und Tabelle 2 (Teil 2) zusammengestellt sind. Große Zahlen lassen sich auf diese Weise platzsparend aufschreiben, was besonders beim Tabellieren von Daten oder bei der Beschriftung graphischer Darstellungen von Vorteil ist.

C Das griechische Alphabet

Α	α	Alpha	A	α
Β	β	Beta	B	β
Γ	γ	Gamma	Γ	γ
Δ	δ	Delta	Δ	δ
Ε	ε	Epsilon	E	ε
Ζ	ζ	Zeta	Z	ζ
Η	η	Eta	H	η
Θ	θ	Theta	Θ	ϑ
Ι	ι	Jota	I	ι
Κ	κ	Kappa	K	κ
Λ	λ	Lambda	Λ	λ
Μ	μ	My	M	μ
Ν	ν	Ny	N	ν
Ξ	ξ	Xi	Ξ	ξ
Ο	ο	Omikron	O	o
Π	π	Pi	Π	π
Ρ	ρ	Rho	P	ρ
Σ	σ	Sigma	Σ	σ
Τ	τ	Tau	T	τ
Υ	υ	Ypsilon	Υ	υ
Φ	ϕ	Phi	Φ	φ
Χ	χ	Chi	X	χ
Ψ	ψ	Psi	Ψ	ψ
Ω	ω	Omega	Ω	ω

Namen- und Sachwortverzeichnis